启航教育 云图 YUN TU

○ 主编 张宇 邝金武

大学数学题源大全

本书适用于大学期末考试、考研、
大学（非数学专业类）竞赛等

北京理工大学出版社
BEIJING INSTITUTE OF TECHNOLOGY PRESS

图书在版编目（CIP）数据

大学数学题源大全 / 张宇，邝金武主编. 北京 ：
北京理工大学出版社，2025. 2.
ISBN 978-7-5763-5079-1

Ⅰ. O13-44

中国国家版本馆 CIP 数据核字第 20255C24S4 号

责任编辑： 多海鹏　　**文案编辑：** 多海鹏
责任校对： 周瑞红　　**责任印制：** 李志强

出版发行 / 北京理工大学出版社有限责任公司
社　　址 / 北京市丰台区四合庄路 6 号
邮　　编 / 100070
电　　话 / （010）68944451（大众售后服务热线）
（010）68912824（大众售后服务热线）
网　　址 / http://www.bitpress.com.cn

版 印 次 / 2025 年 2 月第 1 版第 1 次印刷
印　　刷 / 三河市良远印务有限公司
开　　本 / 787 mm×1092 mm　1/16
印　　张 / 40. 75
字　　数 / 1017 千字
定　　价 / 99. 80 元

前言

本书汇编了大学数学题源 4 100 余题，这些试题主要来自历年（截至 2024 年）的《张宇考研数学题源探析经典 1000 题》《考研数学命题人终极预测 8 套卷》和《张宇考研数学最后 4 套卷》，以及编者最新命制和汇编的一些优秀试题。

这些试题可以应对高等数学、线性代数和概率论与数理统计的**校内期末考试，全国硕士研究生招生考试（分数学一、数学二、数学三），大学生数学（非数学专业类）竞赛初赛**等，集中且真实地体现了近 20 年来大学数学相关的各类考试内容、形式和难度，所以本书适合参加以上各类考试的考生。演算、研究这些试题，可以有针对性地帮助考生快速提高应试能力。而且本书试题对相关考试有一定的预测作用，曾多次在各类考试中命中过类似的题目。

为了让考生更有针对性地应对各类大学数学考试，在每一道试题前，通过标记予以区别，现说明如下。

（1）题前标“Q”的，是适合参加校内期末考试练习的试题。

（2）题前标“K”的，是适合参加考研数学练习的试题。对于考研数学试题，若区分数学一、数学二、数学三，则也在题前给出相应标记。

（3）题前标“J”的，是适合参加大学生数学（非数学专业类）竞赛初赛练习的试题。

本书也可供在校生或自学者在学习高等数学、线性代数和概率论与数理统计课程时使用，同样可供高校教师、科研人员和对数学感兴趣的读者参考。

做题是理解所学知识、在考试中取得好成绩的必由之路，当然，也是锻炼思维、探寻真理的有效手段。希望读者通过做题，全面提高自己解决问题的能力，为未来应对考试或各种实际问题做好科学的准备。

本书的试题，汇聚了近 20 年来各位命题老师、教学老师与编辑老师的智慧和心血，在本书出版之际，我们作为主编，向各位老师表示衷心的感谢和敬意。

2025 年 1 月　于北京

目录

一、高等数学

第 1 章 函数极限与连续 3
第 2 章 数列极限 34
第 3 章 一元函数微分学的概念 46
第 4 章 一元函数微分学的计算 59
第 5 章 一元函数微分学的应用（一）——几何应用 73
第 6 章 一元函数微分学的应用（二）——中值定理、微分等式与微分不等式 ... 98
第 7 章 一元函数微分学的应用（三）——物理应用与经济应用 119
第 8 章 一元函数积分学的概念与性质 126
第 9 章 一元函数积分学的计算 145
第 10 章 一元函数积分学的应用（一）——几何应用 166
第 11 章 一元函数积分学的应用（二）——积分等式与积分不等式 185
第 12 章 一元函数积分学的应用（三）——物理应用与经济应用 194
第 13 章 多元函数微分学 201
第 14 章 二重积分 238
第 15 章 微分方程 264
第 16 章 无穷级数（仅数学一、数学三） 293
第 17 章 多元函数积分学的预备知识（仅数学一） 323
第 18 章 多元函数积分学（仅数学一） 337

二、线性代数

第 1 章 行列式 …………………………………… 365

第 2 章 矩阵 …………………………………… 376

第 3 章 向量组 …………………………………… 394

第 4 章 线性方程组 …………………………………… 404

第 5 章 特征值与特征向量 …………………………………… 419

第 6 章 二次型 …………………………………… 439

三、概率论与数理统计（仅数学一、数学三）

第 1 章 随机事件与概率 …………………………………… 455

第 2 章 一维随机变量及其分布 …………………………………… 462

第 3 章 多维随机变量及其分布 …………………………………… 471

第 4 章 随机变量的数字特征 …………………………………… 482

第 5 章 大数定律与中心极限定理 …………………………………… 498

第 6 章 数理统计 …………………………………… 502

四、答案速查

高等数学

第 1 章 函数极限与连续 …………………………………… 527

第 2 章 数列极限 …………………………………… 532

第 3 章 一元函数微分学的概念 …… 534
第 4 章 一元函数微分学的计算 …… 536
第 5 章 一元函数微分学的应用（一）——几何应用 …… 540
第 6 章 一元函数微分学的应用（二）——中值定理、微分等式与微分不等式 …… 545
第 7 章 一元函数微分学的应用（三）——物理应用与经济应用 …… 548
第 8 章 一元函数积分学的概念与性质 …… 550
第 9 章 一元函数积分学的计算 …… 552
第 10 章 一元函数积分学的应用（一）——几何应用 …… 559
第 11 章 一元函数积分学的应用（二）——积分等式与积分不等式 …… 562
第 12 章 一元函数积分学的应用（三）——物理应用与经济应用 …… 563
第 13 章 多元函数微分学 …… 565
第 14 章 二重积分 …… 572
第 15 章 微分方程 …… 576
第 16 章 无穷级数（仅数学一、数学三） …… 585
第 17 章 多元函数积分学的预备知识（仅数学一） …… 592
第 18 章 多元函数积分学（仅数学一） …… 595

线性代数

第 1 章 行列式 …… 599
第 2 章 矩阵 …… 601
第 3 章 向量组 …… 605
第 4 章 线性方程组 …… 607

第 5 章 特征值与特征向量 611

第 6 章 二次型 617

概率论与数理统计（仅数学一、数学三）

第 1 章 随机事件与概率 624

第 2 章 一维随机变量及其分布 625

第 3 章 多维随机变量及其分布 629

第 4 章 随机变量的数字特征 635

第 5 章 大数定律与中心极限定理 639

第 6 章 数理统计 640

一、高等数学

第1章 函数极限与连续

一、选择题

QK 1. 设$\lim\limits_{x\to 0}\dfrac{1-\sqrt[3]{\cos(2x)}}{x^a\ln(1+x)}=b\neq 0$，则(　　).

(A)$a=-\dfrac{2}{3},b=-1$　　(B)$a=\dfrac{2}{3},b=1$

(C)$a=-1,b=-\dfrac{2}{3}$　　(D)$a=1,b=\dfrac{2}{3}$

QK 2. 设当$x\to 0^+$时，$\ln(1+x^2)\sin^2 x$是比$x^k(\sqrt{1+x^2}-1)$高阶的无穷小，而$x^k(\sqrt{1+x^2}-1)$是比$(1-\cos\sqrt{x})\arctan x$高阶的无穷小，则$k$的取值范围是(　　).

(A)$(0,4)$　　(B)$(0,2)$　　(C)$(2,4)$　　(D)$(2,+\infty)$

QK 3. 极限$\lim\limits_{x\to\infty}\dfrac{e^{\sin\frac{1}{x}}-1}{\left(1+\dfrac{1}{x}\right)^{\alpha}-\left(1+\dfrac{1}{x}\right)}=A\neq 0$的充要条件是(　　).

(A)$\alpha>1$　　(B)$\alpha\neq 1$　　(C)$\alpha>0$　　(D)与α无关

QK 4. 设$f(x)=\sin(\cos x)$，$\varphi(x)=\cos(\sin x)$，则在区间$\left(0,\dfrac{\pi}{2}\right)$内(　　).

(A)$f(x)$是增函数，$\varphi(x)$是减函数　　(B)$f(x)$，$\varphi(x)$都是减函数

(C)$f(x)$是减函数，$\varphi(x)$是增函数　　(D)$f(x)$，$\varphi(x)$都是增函数

QK 5. 设在区间$(-\infty,+\infty)$内$f(x)>0$，且当k为大于0的常数时有$f(x+k)=\dfrac{1}{f(x)}$，则在区间$(-\infty,+\infty)$内函数$f(x)$是(　　).

(A) 奇函数　　(B) 偶函数

(C) 周期函数　　(D) 单调函数

QK 6. 当$x\to 0$时，$f(x)=e^x-\dfrac{1+ax}{1+bx}$为$x$的三阶无穷小，则$a,b$分别为(　　).

(A)$1,0$　　(B)$\dfrac{1}{2},0$　　(C)$\dfrac{1}{2},-\dfrac{1}{2}$　　(D)以上都不对

QK 7. 设当$x\to x_0$时，$f(x)$不是无穷大，则下述结论正确的是(　　).

(A) 设当$x\to x_0$时，$g(x)$是无穷小，则$f(x)g(x)$必是无穷小

(B) 设当 $x \to x_0$ 时,$g(x)$ 不是无穷小,则 $f(x)g(x)$ 必不是无穷小

(C) 设在 $x = x_0$ 的某邻域内 $g(x)$ 无界,则当 $x \to x_0$ 时,$f(x)g(x)$ 必是无穷大

(D) 设在 $x = x_0$ 的某邻域内 $g(x)$ 有界,则当 $x \to x_0$ 时,$f(x)g(x)$ 必不是无穷大

QK 8. 两个无穷小比较的结果是(　　).

(A) 同阶　　(B) 高阶　　(C) 低阶　　(D) 不确定

QK 9. 设函数 $f(x)$ 在点 x_0 的某邻域内有定义,且在点 x_0 处间断,则下列函数在点 x_0 处必定间断的是(　　).

(A) $f(x)\sin x$　　(B) $f(x)+\sin x$　　(C) $f^2(x)$　　(D) $|f(x)|$

QK 10. $f(x)=e^{\frac{1}{x}}\dfrac{\sin(\pi x)}{(x^2-1)|x|}$ 无界的一个区间是(　　).

(A) $(-\infty,-1)$　　(B) $(-1,0)$

(C) $(0,1)$　　(D) $(1,+\infty)$

QK 11. 当 $x \to 0$ 时,$f(x)=x-\sin(ax)$ 与 $g(x)=x^2\ln(1-bx)$ 是等价无穷小,则(　　).

(A) $a=1,b=-\dfrac{1}{6}$　　(B) $a=1,b=\dfrac{1}{6}$

(C) $a=-1,b=-\dfrac{1}{6}$　　(D) $a=-1,b=\dfrac{1}{6}$

QK 12. 设 $f(x)$ 是偶函数,$\varphi(x)$ 是奇函数,则下列函数(假设都有意义)中,是奇函数的是(　　).

(A) $f[\varphi(x)]$　　(B) $f[f(x)]$　　(C) $\varphi[f(x)]$　　(D) $\varphi[\varphi(x)]$

QK 13. 设 $f(x)=\begin{cases} x^2, & x \leqslant 0, \\ x^2+x, & x>0, \end{cases}$ 则(　　).

(A) $f(-x)=\begin{cases} -x^2, & x \leqslant 0, \\ -(x^2+x), & x>0 \end{cases}$　　(B) $f(-x)=\begin{cases} -(x^2+x), & x<0, \\ -x^2, & x \geqslant 0 \end{cases}$

(C) $f(-x)=\begin{cases} x^2, & x \leqslant 0, \\ x^2-x, & x>0 \end{cases}$　　(D) $f(-x)=\begin{cases} x^2-x, & x<0, \\ x^2, & x \geqslant 0 \end{cases}$

QK 14. 设当 $x \to x_0$ 时,$\alpha(x)$,$\beta(x)$ 都是无穷小($\beta(x) \neq 0$),则当 $x \to x_0$ 时,下列表达式中不一定为无穷小的是(　　).

(A) $\dfrac{\alpha(x)}{\beta^2(x)}$　　(B) $\alpha^2(x)+\beta^3(x)\cdot\cos\dfrac{1}{x}$

(C) $\ln[1+\alpha(x)\cdot\beta^2(x)]$　　(D) $|\alpha(x)|+|\beta(x)|$

QK 15. 下列各式正确的是(　　).

(A) $\lim\limits_{x\to\pi}\dfrac{\sin x}{x}=1$　　(B) $\lim\limits_{x\to\infty}x\cdot\sin\dfrac{1}{x}=1$

(C) $\lim\limits_{x\to\infty}\dfrac{1}{x}\sin\dfrac{1}{x}=1$　　(D) $\lim\limits_{x\to\infty}\dfrac{\sin x}{x}=1$

QK 16. 函数 $y=\dfrac{\ln x}{\sin(\pi x)}$ 在区间 $(0,\pi)$ 内的第二类间断点的个数为(　　).

(A)0　　(B)1　　(C)2　　(D)3

QK 17. 若 $x=0$ 是函数 $f(x)=\begin{cases}e^{\frac{\alpha}{x}}, & x<0,\\ x^{\alpha}\sin x, & x>0\end{cases}$ 的第二类间断点，则常数 α 的取值范围为(　　).

(A) $\alpha<0$　　(B) $\alpha>0$　　(C) $\alpha<-1$　　(D) $\alpha>-1$

QK 18. $\lim\limits_{x\to+\infty}\left[\sqrt{(x+a)(x+b)}-x\right]=$(　　).

(A) $\dfrac{a+b}{2}$　　(B) $\dfrac{ab}{2}$　　(C) ab　　(D) $a+b$

QK 19. 设函数 $f(x)=\begin{cases}2, & |x|\leqslant 1,\\ 0, & |x|>1,\end{cases}$ 则 $f[f(x)]=$(　　).

(A)0　　(B)2

(C) $\begin{cases}2, & |x|\leqslant 1,\\ 0, & |x|>1\end{cases}$　　(D) $\begin{cases}2, & |x|>1,\\ 0, & |x|\leqslant 1\end{cases}$

QK 20. 当 $x\to 0^{+}$ 时，与 $\sqrt{x}$ 等价的无穷小量是(　　).

(A) $e^{-\sqrt{x}}-1$　　(B) $\dfrac{\sin x}{\sqrt{x}}$

(C) $\ln\sqrt{1+x}$　　(D) $\ln(1-\sqrt{x})$

QK 21. 设函数 $f(x)=\dfrac{\sin(x-1)}{x^{2}-1}$，则(　　).

(A) $x=-1$ 为可去间断点，$x=1$ 为无穷间断点

(B) $x=-1$ 为无穷间断点，$x=1$ 为可去间断点

(C) $x=-1$ 和 $x=1$ 均为可去间断点

(D) $x=-1$ 和 $x=1$ 均为无穷间断点

QK 22. 若 $\lim\limits_{x\to 0}\left(\dfrac{1-\sin x}{1+\sin x}\right)^{\frac{1}{\tan(kx)}}=e$，则 $k=$(　　).

(A) -2　　(B) -1　　(C) 1　　(D) 2

QK 23. 设函数 $f(x)$ 满足 $\lim\limits_{x \to 1} \dfrac{f(x)}{e^{x-1}-1}=1$，则(　　).

(A) $f(1)=0$　　(B) $\lim\limits_{x \to 1} f(x)=0$

(C) $f'(1)=0$　　(D) $\lim\limits_{x \to 1} f(x)=1$

QK 24. 若函数 $f(x)$ 在 $\mathbf{R}$ 上连续，$g(x)=\int_0^{2x} f\left(x+\dfrac{t}{2}\right)dt$，则当 $x \to 0^+$ 时，$g(x)$ 是 $\sqrt{x}$ 的(　　).

(A) 高阶无穷小　　(B) 低阶无穷小

(C) 等价无穷小　　(D) 同阶非等价无穷小

QK 25. 设 $f(x)$ 满足 $2f(x)+f(1-x)=x^2$，则 $f(x)$ 在 $(-\infty,+\infty)$ 上是(　　).

(A) 单调函数　　(B) 奇函数

(C) 周期函数　　(D) 无界函数

QK 26. 使函数 $f(x)=\dfrac{x(e^x-1)}{(x-1)^2|x-2|}$ 有界的区间为(　　).

(A) $(-1,0)$　　(B) $(0,1)$

(C) $(1,2)$　　(D) $(2,3)$

QK 27. 当 $x \to 1$ 时，$2e^{\frac{1}{x-1}}$ 的极限(　　).

(A) 等于 2　　(B) 等于 0

(C) 为 ∞　　(D) 不存在但不为 ∞

QK 28. $y=|x-x_0|$ 在点 x_0 处(　　).

(A) 不存在极限，也不连续　　(B) 不存在极限，但连续

(C) 存在极限，但不连续　　(D) 存在极限，且连续

QK 29. 当 $x \to 0$ 时，$\dfrac{\cos x-1}{\sin(3x)}$ 是(　　).

(A) 比 x 高阶的无穷小量　　(B) 比 x 低阶的无穷小量

(C) 与 x 同阶但不等价的无穷小量　　(D) 与 x 等价的无穷小量

QK 30. 在下列区间内函数 $f(x)=\dfrac{x\sin(x-3)}{(x-1)(x-3)^2}$ 有界的是(　　).

(A) $(-1,0)$　　(B) $(0,1)$　　(C) $(1,2)$　　(D) $(2,3)$

QK 31. 函数 $f(x)=\dfrac{x-x^3}{\sin x}$ 的可去间断点的个数为(　　).

(A) 无穷多　　(B)3　　(C)2　　(D)1

QK 32. $\lim\limits_{x\to 0}\dfrac{(1+x)^{\tan x}-1}{x^2}=($　　$)$.

(A)1　　(B)2　　(C) -1　　(D) -2

QK 33. 若 $\lim\limits_{x\to -\infty}\left[\sqrt{x^2-x+1}-(ax+b)\right]=0$,则常数 a,b 的值分别为(　　).

(A)$1,\dfrac{1}{2}$　　(B)$1,-\dfrac{1}{2}$　　(C)$-1,\dfrac{1}{2}$　　(D)$-1,-\dfrac{1}{2}$

QK 34. 当 $x\to\left(\dfrac{1}{2}\right)^+$ 时,$\pi-4\arccos(\sqrt{2}x)$ 与 $a\left(x-\dfrac{1}{2}\right)^b$ 为等价无穷小,则(　　).

(A)$a=4,b=2$　　(B)$a=-4,b=2$　　(C)$a=8,b=1$　　(D)$a=-8,b=1$

QK 35. 当 $x\to 0$ 时,$f(x)=\ln(1+x^2)-2\sqrt[3]{(e^x-1)^2}$ 是无穷小量 x^k 的同阶无穷小,则$k=($　　$)$.

(A)1　　(B)2　　(C) $\dfrac{2}{3}$　　(D) $\dfrac{3}{2}$

QK 36. 设 $f(x)=x^2-(\arcsin x)^2$,$g(x)=x^2-(\arctan x)^2$,若当 $x\to 0$ 时,函数 $f(x)$ 是 $kg(x)$ 的等价无穷小,则常数 $k=($　　$)$.

(A) -2　　(B) $-\dfrac{1}{2}$　　(C)2　　(D) $\dfrac{1}{2}$

QK 37. 设 $g(x)=\begin{cases}2-x, & x\leqslant 0,\\ 2+x, & x>0,\end{cases}$ $f(x)=\begin{cases}x^2, & x<0,\\ -x-1, & x\geqslant 0,\end{cases}$ 则 $x=0$ 是 $g[f(x)]$ 的(　　).

(A) 连续点　　(B) 可去间断点

(C) 跳跃间断点　　(D) 第二类间断点

QK 38. 当 $x\to 0$ 时,$f(x)=x-\sin x+\int_0^x t^2 e^{t^2}\,dt$ 是 x 的 k 阶无穷小,则 $k=($　　$)$.

(A)3　　(B)4　　(C)5　　(D)6

QK 39. 当 $x\to 0^+$ 时,下列无穷小量中,与 x 同阶的无穷小是(　　).

(A) $\sqrt{1+x}-1$　　(B)$\ln(1+x)-x$

(C)$\cos(\sin x)-1$　　(D)x^x-1

QK 40. 当 $x\to 0$ 时,$\arcsin x-x$ 与 ax^b 是等价无穷小,则$(a,b)=($　　$)$.

(A)$\left(-\dfrac{1}{6},2\right)$　　(B)$\left(\dfrac{1}{6},2\right)$

(C) $\left(-\frac{1}{6},3\right)$　　(D) $\left(\frac{1}{6},3\right)$

QK 41. 设 $f(x)=\frac{1}{e^{\frac{x}{x-1}}-1}$，则(　　).

(A) $x=0,x=1$ 都是 $f(x)$ 的第一类间断点

(B) $x=0,x=1$ 都是 $f(x)$ 的第二类间断点

(C) $x=0$ 是 $f(x)$ 的第一类间断点，$x=1$ 是 $f(x)$ 的第二类间断点

(D) $x=0$ 是 $f(x)$ 的第二类间断点，$x=1$ 是 $f(x)$ 的第一类间断点

QK 42. 设当 $x\to 0$ 时，$f(x)=(1+ax+bx^2)\cos x-\sqrt{1+x^2}$ 是 x^2 的等价无穷小，则 $(a,b)=$(　　).

(A) (0,2)　　(B) (2,0)　　(C) (1,2)　　(D) (2,1)

QK 43. 设函数 $f(x)=\lim\limits_{n\to\infty}\frac{x^2+nx(1-x)\sin^2(\pi x)}{1+n\sin^2(\pi x)}$，则 $f(x)$(　　).

(A) 处处连续

(B) 只有第一类间断点

(C) 只有第二类间断点

(D) 既有第一类间断点，又有第二类间断点

QK 44. 设函数 $f(x)=\lim\limits_{n\to\infty}\frac{x^{n+3}}{\sqrt{3^{2n}+x^{2n}}}(-\infty<x<+\infty)$，则 $f(x)$ 在区间 $(1,+\infty)$ 上(　　).

(A) 连续　　(B) 有一个可去间断点

(C) 有一个跳跃间断点　　(D) 有一个第二类间断点

QK 45. 设 $\alpha=x(\cos\sqrt{x}-1)$，$\beta=\frac{x}{\ln(1+3\sqrt{x})}$，$\gamma=\frac{\sqrt[3]{1+x^2}-1}{\int_0^x(1+t)^{\frac{1}{t}}\mathrm{d}t}$，则当 $x\to 0^+$ 时，这 3 个无穷小量按照从低阶到高阶的排列次序是(　　).

(A) α,β,γ　　(B) γ,β,α

(C) β,γ,α　　(D) β,α,γ

QK 46.（仅数学一、数学三）设 $x\to 0^+$ 时，$(1+ax)^{\frac{1}{3}}-1$ 与 $\sum\limits_{n=1}^{\infty}(-1)^n\frac{x^n}{4^n(2n)!}$ 是等价无穷小，则 $a=$(　　).

(A) $-\frac{8}{3}$　　(B) $\frac{8}{3}$　　(C) $-\frac{3}{8}$　　(D) $\frac{3}{8}$

QK 47. 设当 $x\to 0$ 时，$e^{\tan x}-e^{x}$ 与 x^{n} 是同阶无穷小，则 n 为（　　）.

(A) 1　　(B) 2　　(C) 3　　(D) 4

QK 48. 设 $f(x)=\begin{cases}1, & x\neq 0,\\ 0, & x=0,\end{cases}$ $g(x)=\begin{cases}x\sin\dfrac{1}{x}, & x\neq 0,\\ 1, & x=0,\end{cases}$ 则下列函数在 $x=0$ 处间断的是（　　）.

(A) $\max\{f(x),g(x)\}$　　(B) $\min\{f(x),g(x)\}$

(C) $f(x)-g(x)$　　(D) $f(x)+g(x)$

QK 49. 当 $x\to 0$ 时，$(3+2\tan x)^{x}-3^{x}$ 是 $3\sin^{2}x+x^{3}\cos\dfrac{1}{x}$ 的（　　）.

(A) 高阶无穷小　　(B) 低阶无穷小

(C) 等价无穷小　　(D) 同阶非等价无穷小

QK 50. 设 $f(x)=\dfrac{\ln|x|}{|x-1|}\sin x$，则 $f(x)$ 有（　　）.

(A) 1个可去间断点，1个跳跃间断点

(B) 1个跳跃间断点，1个无穷间断点

(C) 2个可去间断点

(D) 2个无穷间断点

QK 51. 设 $F(x)=\begin{cases}\dfrac{f(x)}{x}, & x\neq 0,\\ f(0), & x=0,\end{cases}$ 其中 $f(x)$ 在 $x=0$ 处可导，$f'(0)\neq 0$，$f(0)=0$，则 $x=0$ 是 $F(x)$ 的（　　）.

(A) 连续点　　(B) 第一类间断点

(C) 第二类间断点　　(D) 连续点或间断点不能由此确定

QK 52. 若 $f(x)=\dfrac{\sqrt[3]{x}}{\lambda-e^{-kx}}$ 在 $(-\infty,+\infty)$ 上连续，且 $\lim\limits_{x\to-\infty}f(x)=0$，则（　　）.

(A) $\lambda<0,k<0$　　(B) $\lambda<0,k>0$

(C) $\lambda\geqslant 0,k<0$　　(D) $\lambda\leqslant 0,k>0$

QK 53. 设当 $x\to 0$ 时，$f(x)=\ln(1+x^{2})-\ln(1+\sin^{2}x)$ 是 x 的 n 阶无穷小，则正整数 n 等于（　　）.

(A) 1　　(B) 2　　(C) 3　　(D) 4

QK 54. $\lim\limits_{x\to 0}\dfrac{(\cos x)^{\frac{1}{x}}-1}{x}=$（　　）.

(A) $\frac{1}{2}$　　(B) $-\frac{1}{2}$　　(C) 0　　(D) 1

QK 55. 当 $x \to 0$ 时,下列无穷小量中,最高阶的无穷小是(　　).

(A) $\ln(x+\sqrt{1+x^2})$　　(B) $1-\cos x$

(C) $\tan x-\sin x$　　(D) $e^x+e^{-x}-2$

QK 56. 设 $f(x)$ 连续,且满足 $\lim\limits_{x\to 0}\frac{f(x)}{x^3}=1$,又设 $g(x)=\int_0^x \frac{f(t)}{\ln(1+t^2)}dt$, $h(x)=\int_0^{\sin x}\frac{f(t)}{\sqrt{1+t^2}-1}dt$,则当 $x\to 0$ 时, $g(x)$ 是 $h(x)$ 的(　　).

(A) 高阶无穷小　　(B) 低阶无穷小

(C) 同阶但不等价的无穷小　　(D) 等价无穷小

QK 57. 若 $\lim\limits_{x\to 0}\left[-\frac{f(x)}{x^3}+\frac{\sin(x^3)}{x^4}\right]=5$,则 $f(x)$ 是 x 的(　　).

(A) 等价无穷小量　　(B) 同阶但不等价的无穷小量

(C) 高阶无穷小量　　(D) 低阶无穷小量

QK 58. 当 $x\to 0$ 时, $(e^{x^2}-1)\ln(1+x^2)$ 是比 $x^k\arctan x$ 高阶的无穷小,而 $x^k\arctan x$ 是比 $(1-\cos\sqrt{x})\int_0^x \frac{\cos(t^2)}{1+t^\pi}dt$ 高阶的无穷小,则 k 的取值范围是(　　).

(A) $(1,+\infty)$　　(B) $(1,3)$

(C) $(3,4)$　　(D) $(3,+\infty)$

QK 59. 若 $f(x)$ 在 (a,b) 内单调有界,则 $f(x)$ 在 (a,b) 内间断点的类型只能是(　　).

(A) 第一类间断点

(B) 第二类间断点

(C) 既有第一类间断点也有第二类间断点

(D) 结论不确定

QK 60. 设 $f_1(x)=\frac{x}{\sqrt{1+x^2}}$, $f_2(x)=f_1[f_1(x)]$, $f_{k+1}(x)=f_1[f_k(x)]$, $k=1,2,\cdots$,则当 $n>1$ 时, $f_n(x)=$(　　).

(A) $\frac{nx}{\sqrt{1+x^2}}$　　(B) $\frac{nx}{\sqrt{1+nx^2}}$

(C) $\frac{x}{\sqrt{1+nx^2}}$　　(D) $\frac{x}{\sqrt{n+x^2}}$

QK　61. 设当 $x \to 0$ 时，函数 $f(x)=\arcsin(x^n)-x^n$ 与 $g(x)=kx^4(\sec x-\cos x)$ 是等价无穷小，则常数 n,k 的值分别为（　　）.

(A) $2,\frac{1}{6}$　　(B) $2,\frac{1}{3}$　　(C) $3,\frac{1}{12}$　　(D) $3,\frac{1}{6}$

QK　62. 若 $x=0$ 是函数 $f(x)=\begin{cases} e^{\frac{\alpha}{x}}, & x<0, \\ \beta, & x=0, \\ \dfrac{\sin x}{x^\alpha}, & x>0 \end{cases}$ 的可去间断点，则常数 α,β 的取值范围为（　　）.

(A) $\alpha<1,\beta\neq 0$　　(B) $0<\alpha<1,\beta\neq 0$

(C) $\alpha>1,\beta\neq 0$　　(D) $\alpha>1,\beta=0$

QK　63. 设 $\lim\limits_{x\to 0}\left(\dfrac{\tan x}{\arctan x}\right)^{\frac{1}{kx^2}}=e$，则常数 k 的值为（　　）.

(A) $\frac{1}{3}$　　(B) $\frac{2}{3}$　　(C) $\frac{3}{2}$　　(D) 2

QK　64. 已知函数 $f(x)$ 在 $x=a$ 处连续，且 $\lim\limits_{x\to 0}\dfrac{\tan(2x)}{x}f\left(\dfrac{e^{ax}-1}{x}\right)=6$，则 $f(a)=$（　　）.

(A)0　　(B)1　　(C)2　　(D)3

QK　65. 若函数 $f(x)=\begin{cases} \dfrac{x^4+ax+b}{x^2+x-2}, & x\neq 1, \\ 2, & x=1 \end{cases}$ 在 $x=1$ 处连续，则 $\lim\limits_{x\to\infty}\left[\dfrac{\sin(ax)}{x}+x\sin\dfrac{b}{x}\right]=$（　　）.

(A) -3　　(B) -2　　(C)2　　(D)3

QK　66. 若当 $x\to 0$ 时，$\alpha(x)=[\arctan(x^2)]^k$ 与 $\beta(x)=(\arcsin x)^{\frac{4}{k}}$ 均为 $\gamma(x)=\sin^2 x$ 的高阶无穷小，则常数 k 的取值范围为（　　）.

(A) $k>1$　　(B) $1<k<2$　　(C) $1<k<3$　　(D) $2<k<4$

QK　67. 设当 $x\to 0$ 时，函数 $f(x)=\arctan x-\arcsin x$ 是 $g(x)=ax^3$ 的等价无穷小，则常数 a 的值为（　　）.

(A) $-\frac{1}{6}$　　(B) $-\frac{1}{2}$　　(C) $\frac{1}{6}$　　(D) $\frac{1}{2}$

QK 68. 若函数 $f(x)=\begin{cases} e^{\frac{\alpha}{x}}, & x<0, \\ 0, & x=0, \\ \dfrac{\sin x}{x^{\alpha}}, & x>0 \end{cases}$ 在$(-\infty,+\infty)$内处处连续，则常数 α 的取值范围为( ).

(A) $0<\alpha<1$ (B) $0<\alpha\leqslant 1$ (C) $0\leqslant\alpha<1$ (D) $0\leqslant\alpha\leqslant 1$

QK 69. 设 $f(x)=\begin{cases} \dfrac{e^{\frac{1}{x}}-1}{e^{\frac{1}{x}}+1}\arctan\dfrac{1}{x}, & x\neq 0, \\ \dfrac{\pi}{2}, & x=0, \end{cases}$ 则 $x=0$ 是函数 $f(x)$ 的( ).

(A) 跳跃间断点 (B) 可去间断点

(C) 无穷间断点 (D) 连续点

QK 70. 设函数 $f_1(x)=\dfrac{x^2+x}{\sin(\pi x)}$，$f_2(x)=\dfrac{x}{\tan x}$，$f_3(x)=\dfrac{x^2-1}{e^{\frac{1}{x^2}}-e}$ 的第一类间断点的个数依次记为 k_1,k_2,k_3，则 k_1,k_2,k_3 的大小顺序为( ).

(A) $k_1<k_2<k_3$ (B) $k_2<k_1<k_3$

(C) $k_1<k_3<k_2$ (D) $k_3<k_1<k_2$

QK 71. 已知当 $x\to 0$ 时，函数 $f(x)=3\sin x-\sin(2x)$ 与 x^k 是同阶无穷小量，则 $k=$( ).

(A)1 (B)2 (C)3 (D)4

QK 72. 若 $x=0$ 为函数 $f(x)=\dfrac{e^{2x}+ax-1}{x\arctan x}$ 的可去间断点，则常数 a 的值为( ).

(A) -2 (B) -1 (C)1 (D)2

QK 73. 设 $\alpha(x)=1-\cos(x^n)$，$\beta(x)=\sin^3 x$，$\gamma(x)=\int_0^{x^2}\ln(1+t^2)\mathrm{d}t$，$n$ 为正整数. 若当 $x\to 0$ 时，$\alpha(x)$ 是 $\beta(x)$ 的高阶无穷小，$\alpha(x)$ 是 $\gamma(x)$ 的低阶无穷小，则 $n=$( ).

(A)1 (B)2 (C)3 (D)4

QK 74. 设当 $x\to 0^+$ 时，函数 $f(x)=\arctan\sqrt{x}-\sqrt{x}$ 是 $g(x)=x^k$ 的同阶无穷小，则 $k=$( ).

(A) $\dfrac{1}{2}$ (B) $\dfrac{3}{2}$ (C)2 (D)3

QK 75. 设 $g(x)=\begin{cases}\dfrac{\ln(1+x^a)\cdot\sin x}{x^2}, & x>0,\\ 0, & x\leqslant 0,\end{cases}$ 其中 $a>0$，则（　　）.

(A) $x=0$ 必是 $g(x)$ 的第一类间断点

(B) $x=0$ 必是 $g(x)$ 的第二类间断点

(C) $x=0$ 必是 $g(x)$ 的连续点

(D) $g(x)$ 在点 $x=0$ 处的连续性与 a 的取值有关

QK 76. 设 $f(x)=2x+\sqrt{x^2+2x+1}$，$g(x)=\begin{cases}x+2, & x\geqslant 0,\\ x-1, & x<0,\end{cases}$ 则 $\lim\limits_{x\to-\frac{1}{3}} g[f(x)]=$（　　）.

(A) -1　　(B) 2　　(C) -1 或 2　　(D) 不存在

QK 77. 设函数 $f(x)$ 在 $x=0$ 的某邻域内有定义，且 $\lim\limits_{x\to 0}\dfrac{x-f(x)}{\sin x}=1$，则（　　）.

(A) $f(0)=0$　　(B) $\lim\limits_{x\to 0}f(x)=f(0)$

(C) $\lim\limits_{x\to 0}\dfrac{f(x)}{x}=1$　　(D) 当 $x\to 0$ 时，$f(x)$ 是 x 的高阶无穷小

QK 78. 设 $\lim\limits_{x\to 0}\dfrac{xf(x)+\ln(1-2x)}{x^2}=4$，则 $\lim\limits_{x\to 0}\dfrac{f(x)-2}{x}=$（　　）.

(A) 2　　(B) 4　　(C) 6　　(D) 8

QK 79. 当 $n\to\infty$ 时，$\mathrm{e}-\left(1+\dfrac{1}{n}\right)^n$ 与 $\dfrac{c}{n^k}$ 为等价无穷小，则（　　）.

(A) $c=\dfrac{\mathrm{e}}{3}, k=2$　　(B) $c=\dfrac{\mathrm{e}}{2}, k=2$

(C) $c=\dfrac{\mathrm{e}}{3}, k=1$　　(D) $c=\dfrac{\mathrm{e}}{2}, k=1$

QK 80. 函数 $f(x)=\dfrac{(x^2-x)\,|\,x+1\,|}{\mathrm{e}^{\frac{1}{x}}\int_1^x t\,|\sin t|\,\mathrm{d}t}$ 的第一类间断点的个数为（　　）.

(A) 0　　(B) 1　　(C) 2　　(D) 3

QK 81. 设函数 $f(x)$ 与 $g(x)$ 在 $(-\infty,+\infty)$ 上均有 1 个间断点，则 $f[g(x)]$ 在 $(-\infty,+\infty)$ 上（　　）.

(A) 仅有 1 个间断点　　(B) 仅有 2 个间断点

(C) 间断点个数不超过 2　　(D) 间断点个数可为无穷多个

QK 82. 设函数 $f(x)$ 在区间$[-1,1]$上连续,则 $x=0$ 是 $g(x)=\dfrac{\int_0^x f(t)\mathrm{d}t}{x}$ 的(　　).

(A) 可去间断点　　(B) 跳跃间断点

(C) 无穷间断点　　(D) 振荡间断点

QK 83. 当 $x\to\pi$ 时,若有 $\sqrt[4]{\sin\dfrac{x}{2}}-1\sim a(x-\pi)^b$,则 a,b 的值分别为(　　).

(A) $-\dfrac{1}{32},2$　　(B) $\dfrac{1}{32},2$

(C) $-\dfrac{1}{8},1$　　(D) $\dfrac{1}{8},1$

QK 84. 设

$$f(x)=\begin{cases}\left(\dfrac{2^x+\mathrm{e}^x}{2}\right)^{\frac{1}{x}}, & x\neq 0,\\ \sqrt{2\mathrm{e}}, & x=0.\end{cases}$$

记 $I_1=\lim\limits_{x\to+\infty}f(x),I_2=\lim\limits_{x\to-\infty}f(x),I_3=\lim\limits_{x\to 0}f(x)$,则(　　).

(A) $I_1<I_3<I_2$　　(B) $I_2<I_3<I_1$

(C) $I_2<I_1<I_3$　　(D) $I_1<I_2<I_3$

QK 85. 已知 $x=0$ 是函数 $f(x)=\dfrac{\int_0^x \mathrm{e}^{t^2}\mathrm{d}t+ax}{x-b\sin x}$ 的第一类间断点,则(a,b)取值不可以是(　　).

(A) $(1,1)$　　(B) $(-1,1)$　　(C) $(1,-1)$　　(D) $(-1,-1)$

QK 86. 当 $x\to 0$ 时,$\alpha(x)$ 与 $\beta(x)$ 是非零且不相等的等价无穷小量,以下 4 个结论:

①$\alpha(x)+\beta(x)=2\alpha(x)$;②$\alpha(x)+\beta(x)=2\beta(x)$;

③$\alpha(x)-\beta(x)=o(\alpha(x))$;④$\alpha(x)-\beta(x)=o(\beta(x))$.

所有正确结论的序号是(　　).

(A)①③　　(B)③④　　(C)①②③④　　(D)②④

QK 87. 设 $F(x)=\dfrac{1}{x}\int_0^1\sin(xt)^2\mathrm{d}t$,则当 $x\to 0$ 时,$F(x)$(　　).

(A) 不是无穷小　　(B) 与 x 为同阶但不是等价无穷小

(C) 与 x 为等价无穷小　　(D) 是 x 的高阶无穷小

QK 88. 设 $f(x)=\dfrac{x^2-x}{|x|(x^2-1)}$,则下列结论中错误的是(　　).

(A)$x=-1,x=0,x=1$ 为 $f(x)$ 的间断点

(B)$x=-1$ 为无穷间断点

(C)$x=0$ 为可去间断点

(D)$x=1$ 为第一类间断点

QK　89. $\lim\limits_{x\to+\infty} x\left(\sqrt[3]{\dfrac{x-1}{x+2}}-1\right)=$(　　).

(A)1　　(B)0　　(C)-1　　(D)$+\infty$

QK　90. 当 $x\to 0$ 时,$x-\ln(x+\sqrt{1+x^2})\sim cx^k$,则 c,k 分别是(　　).

(A) $\dfrac{1}{3}$,3　　(B) $\dfrac{1}{6}$,3　　(C) $\dfrac{1}{3}$,2　　(D) $\dfrac{1}{6}$,2

QK　91. 若函数 $f(x)=\begin{cases}\dfrac{\cos(\pi x)}{x^2+ax+b}, & x\neq\dfrac{1}{2},\\ 2, & x=\dfrac{1}{2}\end{cases}$ 在点 $x=\dfrac{1}{2}$ 处连续,则(　　).

(A)$a=-\dfrac{2+\pi}{2},b=\dfrac{\pi+1}{4}$　　(B)$a=\dfrac{2+\pi}{2},b=-\dfrac{\pi+1}{4}$

(C)$a=\dfrac{2+\pi}{2},b=\dfrac{\pi+1}{4}$　　(D)$a=\dfrac{\pi+1}{4},b=\dfrac{2+\pi}{2}$

QJK　92. 设 a 与 b 是两个常数,且 $\lim\limits_{x\to+\infty} e^x\left(\int_0^{\sqrt{x}} e^{-t^2}dt+a\right)=b$,则(　　).

(A)a 为任意数,$b=0$　　(B)$a=-\dfrac{\sqrt{\pi}}{2},b=0$

(C)$a=0,b=1$　　(D)$a=-\sqrt{\pi},b=0$

QJK　93. 设 $\alpha(x)$ 是 $x\to 0$ 时的非零无穷小量,且 $\alpha(2x)-\alpha(x)=o(x)$,则 $\lim\limits_{x\to 0}\dfrac{\alpha(x)}{x}$ 的值是(　　).

(A)0　　(B)1　　(C)∞　　(D)0 或 ∞

QJK　94. 已知 $f(x)=\begin{cases}1, & x\text{ 是整数},\\ -1, & x\text{ 不是整数},\end{cases}$ 则 $\lim\limits_{x\to\infty}\int_0^{\frac{1}{x}} f(x)e^{-t^2}dt=$(　　).

(A)0　　(B)1　　(C)e^{-1}　　(D)e

QJK　95. 当 $x\to 0$ 时,$\ln(1+x)-\tan x$ 与 ax^b 是等价无穷小,则$(a,b)=$(　　).

(A)$\left(-\dfrac{1}{2},2\right)$　　(B)$\left(\dfrac{1}{2},2\right)$

(C)$\left(-\dfrac{1}{3},3\right)$　　(D)$\left(\dfrac{1}{3},3\right)$

QJK 96. 设 $f(x)$ 连续，$f(0)=1$，且当 $x\to 0$ 时，$\int_0^{x-\tan x} f(t)\mathrm{d}t$ 与 $(1+\sin^a x)^b-1$ 为等价无穷小，则（　　）.

(A) $a=3, b=\frac{1}{3}$　　(B) $a=3, b=-\frac{1}{3}$

(C) $a=1, b=\frac{1}{3}$　　(D) $a=1, b=-\frac{1}{3}$

QJK 97. 设 $F(x)=\left(\frac{a_1^x+a_2^x+\cdots+a_n^x}{n}\right)^{\frac{1}{x}}$，其中 $a_1, a_2, \cdots, a_n$ 都是不等于 1 的正数，令 $A=\lim\limits_{x\to 0}F(x)$，$B=\lim\limits_{x\to+\infty}F(x)$，$C=\lim\limits_{x\to-\infty}F(x)$，则 A, B, C 的大小关系为（　　）.

(A) $A\leqslant B\leqslant C$　　(B) $B\leqslant C\leqslant A$

(C) $C\leqslant A\leqslant B$　　(D) $A\leqslant C\leqslant B$

QJK 98. 设 $f(x)=\begin{cases}\frac{(x^2-1)\sin x}{(x^2+1)|x|}, & x\neq 0,\\ \text{无定义}, & x=0,\end{cases}$ $g(x)=\begin{cases}x^2\sin\frac{1}{x}, & x\neq 0,\\ \text{无定义}, & x=0,\end{cases}$ 则 $f(x)$ 与 $g(x)$ 在它们各自的定义域上（　　）.

(A) $f(x)$ 无界，$g(x)$ 有界　　(B) $f(x)$ 有界，$g(x)$ 无界

(C) $f(x)$ 与 $g(x)$ 都有界　　(D) $f(x)$ 与 $g(x)$ 都无界

QJK 99. 当 $x\to 0$ 时，下列 3 个无穷小

$$\alpha=\sqrt{1+\tan x}-\sqrt{1+\sin x},\ \beta=\int_0^{x^2}(\mathrm{e}^{t^2}-1)\mathrm{d}t,\ \gamma=\sqrt{1-x^4}-\sqrt[3]{1+3x^4},$$

按后一个无穷小比前一个高阶的次序排列，正确的次序是（　　）.

(A) α, β, γ　　(B) γ, β, α

(C) γ, α, β　　(D) α, γ, β

QJK 100. 设 $f(x)=x-\sin x\cos x\cos(2x)$，$g(x)=\begin{cases}\frac{\ln(1+\sin^4 x)}{x}, & x\neq 0,\\ 0, & x=0,\end{cases}$ 则当 $x\to 0$ 时，$f(x)$ 是 $g(x)$ 的（　　）.

(A) 高阶无穷小　　(B) 低阶无穷小

(C) 同阶非等价无穷小　　(D) 等价无穷小

QJK 101. 要使函数 $f(x)=\left(\frac{1+x2^x}{1+x3^x}\right)^{\frac{1}{x^2}}$ 在 $x=0$ 处连续，应补充定义 $f(0)=$（　　）.

(A) $\frac{\ln 2}{\ln 3}$　　(B) $\ln\frac{2}{3}$

(C) $\frac{2}{3}$ (D) $e^{\frac{2}{3}}$

QJK 102. $\lim\limits_{x\to\infty}\left[\sqrt[3]{(x+a)(x+b)(x+c)}-x\right]=$( ).

(A) $a+b+c$ (B) abc

(C) $\frac{a+b+c}{3}$ (D) $\frac{abc}{3}$

JK 103. 函数 $f(x)=\frac{x^2\ln|x|}{(x^2-1)\sin x}$ 的可去间断点的个数为( ).

(A)1 (B)2 (C)3 (D)4

QJK 104. 设当 $x\to 0$ 时，$f(x)=\ln(1-ax)+\frac{x}{1+bx}$ 与 $g(x)=x^3$ 是同阶无穷小，则常数 a,b 的值分别为( ).

(A) $1,-\frac{1}{2}$ (B) $-1,\frac{1}{2}$ (C) $1,\frac{1}{2}$ (D) $-1,-\frac{1}{2}$

QJK 105. 设函数 $f(x)=(1+x)^{\frac{1}{x}}(x>0)$，存在常数 A,B，使得当 $x\to 0^+$ 时，恒有

$$f(x)=e+Ax+Bx^2+o(x^2),$$

则常数 A,B 的值分别为( ).

(A) $\frac{e}{2},\frac{11}{24}e$ (B) $-\frac{e}{2},\frac{11}{24}e$

(C) $\frac{e}{2},-\frac{11}{24}e$ (D) $-\frac{e}{2},-\frac{11}{24}e$

QJK 106. 当 $x\to 0$ 时，以下无穷小中，阶数最高的是( ).

(A) $\int_0^{\sin x}(1+t)^{\frac{2}{t}}\mathrm{d}t$ (B) $\int_0^{\ln(1+x^2)}\sqrt{\cos^3 t}\,\mathrm{d}t$

(C) $\int_0^{x}(e^{\cos t}-e^{\sin t})\mathrm{d}t$ (D) $\int_0^{x-\tan x}\arctan t\,\mathrm{d}t$

QJK 107. 函数 $f(x)=\frac{(e^{\frac{1}{x-1}}-1)|x|}{(x+1)\ln|x-1|}$ 的第一类间断点的个数为( ).

(A)0 (B)1 (C)2 (D)3

QJK 108. 设 $f(x)$ 在 $x=0$ 的某邻域内连续，且 $f'(0)\xlongequal{存在}A$. 则

$\lim\limits_{a\to 0}\frac{1}{4a^2}\int_{-a}^{a}[f(x+a)-f(x-a)]\mathrm{d}x=$( ).

(A) $\frac{A}{4}$ (B) $\frac{A}{2}$ (C) A (D) $2A$

QJK 109. 考虑下列四个命题：

① 若$\lim\limits_{x\to 0}f(x)f(-x)=0$,则$\lim\limits_{x\to 0}f(x)=0$；

② 若$\lim\limits_{x\to 0}[f(x)+f(-x)]=0$,则$\lim\limits_{x\to 0}f(x)=0$；

③ 若$\lim\limits_{x\to 0}[f(x)+f(2x)]=0$,且 $f(x)>0$,则$\lim\limits_{x\to 0}f(x)=0$；

④ 若$\lim\limits_{x\to 0}[f(x)+f(2x)]=0$,且 $f(x)<0$,则$\lim\limits_{x\to 0}f(x)=0$.

其中所有真命题的序号为(　　).

(A)①②　　(B)③④　　(C)①③④　　(D)①②③④

QJK 110. 设$I=\lim\limits_{x\to 0}\left(\dfrac{e^x+e^{2x}+\cdots+e^{nx}}{n}\right)^{\frac{n}{x}}$，$J=\lim\limits_{x\to+\infty}\left[\dfrac{x^n}{(x-1)(x-2)\cdots(x-n)}\right]^x$,其中 n 为正整数,则(　　).

(A)$I=J$　　(B)$I=J^{-1}$　　(C)$I=J^n$　　(D)$I=J^{-n}$

QJK 111. 设函数 $y=f(x)$ 二阶可导,$f(0)=0$,$f'(0)=1$,且满足微分方程 $y''+(1-x^2)y'=2e^x$,则极限$\lim\limits_{x\to 0}\dfrac{(1-x)f(x)-\sin x}{x^2}$ 等于(　　).

(A) $-\dfrac{3}{2}$　　(B) $-\dfrac{1}{2}$　　(C) $\dfrac{1}{2}$　　(D) $\dfrac{3}{2}$

QJK 112. 设 $f(x)=\begin{cases}e^x, & x\leqslant 0,\\ x^2, & x>0,\end{cases}$ 则$\lim\limits_{x\to 0^+}\left[\int_{-\infty}^{x}f(t)dt\right]^{\frac{1}{x(1-\cos x)}}=$(　　).

(A)$e^{\frac{2}{3}}$　　(B)$e^{\frac{3}{2}}$　　(C) $\dfrac{2}{3}$　　(D) $\dfrac{3}{2}$

QJK 113. 设当 $x\to x_0$ 时,$\alpha(x)$ 与 $\beta(x)$ 是等价无穷小,且 $\alpha(x)\neq\beta(x)$,则当 $x\to x_0$ 时,与 $\alpha(x)-\beta(x)$ 等价的无穷小是(　　).

(A)$2^{\alpha(x)}-2^{\beta(x)}$　　(B) $\sqrt{1+\alpha(x)}-\sqrt{1+\beta(x)}$

(C)$\cos[\alpha(x)]-\cos[\beta(x)]$　　(D)$\ln[1+\alpha(x)]-\ln[1+\beta(x)]$

JK 114. 设当 $t\to 0^+$ 时,函数 $f(t)=\iint\limits_{x^2+y^2\leqslant t^2}\sin(x^2+y^2)^2dxdy$ 与 $g(t)=at^n$ 是等价无穷小,则常数 n,a 的值分别为(　　).

(A) $n=6,a=\pi$　　(B) $n=6,a=\dfrac{\pi}{3}$

(C) $n=5,a=\dfrac{2\pi}{5}$　　(D) $n=4,a=\dfrac{\pi}{2}$

二、填空题

QK 1. $\lim\limits_{x\to 0}x\cot(2x)=$________.

QK　2. $\lim\limits_{x\to 0}(1+3x)^{\frac{2}{\sin x}}=$ ________.

QK　3. $\lim\limits_{x\to 1}\dfrac{\sqrt{3-x}-\sqrt{1+x}}{x^2+x-2}=$ ________.

QK　4. $\lim\limits_{x\to 0}\dfrac{x-\sin x}{(e^{x^2}-1)\ln(1-x)}=$ ________.

QK　5. $\lim\limits_{x\to\infty}\left(\dfrac{x+1}{x-2}\right)^{2x-1}=$ ________.

QK　6. 设 $f(x)$ 是奇函数，且对一切 x 有 $f(x+2)=f(x)+f(2)$，又 $f(1)=a$，a 为常数，n 为整数，则 $f(n)=$ ________.

QK　7. 当 $x\to -1$ 时，无穷小 $\sqrt[3]{x}+1\sim A(x+1)^k$，则 $A=$ ________，$k=$ ________.

QJK　8. 给出以下 5 个函数：100^x，$\log_{10}x^{100}$，e^{10x}，$x^{10^{10}}$，$e^{\frac{1}{100}x^2}$，则对充分大的一切 x，其中最大的是 ________.

QK　9. $\lim\limits_{x\to 0}\dfrac{(1+2x)^{\frac{1}{x^2}}}{e^{\frac{2}{x}}}=$ ________.

QK　10. $\lim\limits_{x\to 0}\dfrac{\int_0^x \sin^2 t\,dt}{x^3}=$ ________.

QK　11. 设 $f(x)=2x+\sqrt{x^2+2x+1}$，$g(x)=\begin{cases}x+2, & x\geqslant 0,\\ x-1, & x<0,\end{cases}$ 则 $g[f(x)]=$ ________.

QK　12. 已知 $\lim\limits_{x\to 0}\dfrac{f(x)}{x}$ 存在，且函数

$$f(x)=\ln(1+x)+2x\cdot\lim_{x\to 0}\frac{f(x)}{\sin x},$$

则 $\lim\limits_{x\to 0}\dfrac{f(x)}{x}=$ ________.

QK　13. 当 $x\to -1$ 时，函数 $f(x)=\dfrac{|x|^x-1}{x(x+1)\ln|x|}$ 的极限为 ________.

QK　14. $\lim\limits_{x\to 0}\left[\dfrac{1}{x}-\dfrac{1}{\ln(x+\sqrt{1+x^2})}\right]=$ ________.

QK　15. $\lim\limits_{x\to 1}\left(\dfrac{x}{x-1}-\dfrac{1}{\ln x}\right)=$ ________.

QK　16. $\lim\limits_{x\to 0}\left(\dfrac{1+e^x}{2}\right)^{\csc x}=$ ________.

QK 17. $\lim\limits_{x\to 0}\dfrac{e^x-\ln(e+x)}{\sin x}=$________.

QK 18. $\lim\limits_{x\to 1}(x^2-1)\tan\left(\dfrac{\pi}{2}x\right)=$________.

QK 19. $\lim\limits_{x\to 0}(x+e^x)^{\frac{e}{x}}=$________.

QK 20. $\lim\limits_{x\to 0}\left(\dfrac{\arcsin x}{x}\right)^{\frac{1}{\sin^2 x}}=$________.

QK 21. 设当 $x\to 0$ 时，$f(x)=\int_0^x \sin(tx)^2\,dt$ 与 x^n 是同阶无穷小，则正整数 $n=$________.

QK 22. 若二次多项式 $f(x)$ 在 $x=0$ 的某邻域内与 $g(x)=\sec x$ 的差为 x^2 的高阶无穷小，则 $f(x)=$________.

QK 23. 当 $x\to 0$ 时，函数 $f(x)=ax+bx^2+\ln(1+x)$ 与 $g(x)=1-\cos x$ 是等价无穷小，则 $ab=$________.

QK 24. 当 $x\to 0$ 时，$f(x)=\dfrac{1}{2}\ln\dfrac{1+x}{1-x}-\arctan x$ 与 $g(x)=ax^b$ 是等价无穷小，则 $ab=$________.

QK 25. 要使函数 $f(x)=\dfrac{1}{x\arctan x}-\dfrac{1}{x^2}$ 在 $x=0$ 处连续，则应补充定义 $f(0)=$________.

QK 26. 设 $f(x-2)=x^2+2x+1$，则 $\lim\limits_{x\to\infty}\dfrac{f(x)}{x^2}=$________.

QK 27. 设 $c>0$，且函数 $f(x)=\begin{cases}x^2+1, & |x|\leqslant c,\\ 5, & |x|>c\end{cases}$ 在 $(-\infty,+\infty)$ 内连续，则 $c=$________.

QK 28. $\lim\limits_{x\to+\infty}\dfrac{x^3+x^2+x}{2^x}=$________.

QK 29. 已知 $f(x)$ 为连续函数，且 $\lim\limits_{x\to 0}\dfrac{1-\cos[xf(x)]}{x^2 f(x)}=1$，则 $f(0)=$________.

QK 30. 当 $x\to 0^+$ 时，$\sqrt{1+\tan\sqrt{x}}-\sqrt{1+\sin\sqrt{x}}$ 是 x 的 k 阶无穷小，则 $k=$________.

QK 31. 极限 $\lim\limits_{x\to 0}\dfrac{\sqrt[3]{1-4x^2\sin x}-1}{x\ln(1+2x^2)}=$________.

QK 32. 极限 $\lim\limits_{x\to 0}\left(\dfrac{1}{x^2}-\dfrac{1}{\sin^2 x}\right)=$________.

QK　33. 极限 $\lim\limits_{x\to+\infty}\left(\sqrt{x^2-5x}-\sqrt{x^2+7}+\dfrac{\sin^4 x}{\sqrt{x}}\right)=$______.

QK　34. 设 a 是常数，且 $x\to 0$ 时，$(1+ax^2)^{\frac{1}{3}}-1\sim\cos x-1$，则 $a=$______.

QK　35. 若 $f(x)=\pi-4\arccos x$ 与 $g(x)=c\left(x-\dfrac{\sqrt{2}}{2}\right)^k$ 是 $x\to\left(\dfrac{\sqrt{2}}{2}\right)^+$ 时的等价无穷小，则 $c^k=$______.

QK　36. 极限 $\lim\limits_{x\to 0}(\sin^2 x)^{\frac{1}{\ln|x|}}=$______.

QK　37. $\lim\limits_{x\to 0}\dfrac{\int_0^3 x\sqrt{9-x^2t^2}\,dt-9x}{\arctan^3 x}=$______.

QJK　38. 设 a 为常数，$[x]$ 表示不超过 x 的最大整数，又设

$$\lim_{x\to 0}\left[\frac{\ln(1+e^{\frac{2}{x}})}{\ln(1+e^{\frac{1}{x}})}+a[x]\right]$$

存在，则 $a=$______，上述极限值 $=$______.

QK　39. 若 $f(x)=\begin{cases}e^x(\sin x+\cos x), & x>0,\\ 2x+a, & x\leqslant 0\end{cases}$ 是 $(-\infty,+\infty)$ 上的连续函数，则 $a=$______.

QK　40. $\lim\limits_{x\to 1}(2e^{x-1}-1)^{\frac{x}{x-1}}=$______.

QK　41. 设函数 $f(x)$ 在 $x=2$ 处连续，且 $f(2)=1$，则 $\lim\limits_{x\to 0}\ln\left\{3-f\left[\dfrac{\sin(2x)}{x}\right]\right\}=$______.

QK　42. 若当 $x\to 0$ 时，有 $\ln\dfrac{1-ax^2}{1+ax^2}\sim\dfrac{1}{10\ 000}x^4+\sin^2(\sqrt{6}x)$，则 $a=$______.

QK　43. 当 $x\to 0$ 时，若有 $\ln\left(\cos\dfrac{2x}{3}\right)\sim Ax^k$，则 $A=$______，$k=$______.

QK　44. 当 $x\to 0$ 时，$1-\cos x\cos(2x)\cos(3x)$ 对于无穷小 x 的阶数等于______.

QK　45. $\lim\limits_{x\to 0}\dfrac{\sin x-\sin(\sin x)}{\tan x-\tan(\tan x)}=$______.

QK　46. 要使函数 $f(x)=\dfrac{\arcsin x-\sin x}{\sin^3 x}$ 在闭区间 $[-1,1]$ 上连续，则应补充定义 $f(0)=$______.

QK　47. 设 $\lim\limits_{x\to 0}\dfrac{f(x)-x}{\tan x-x}=2$，则 $\lim\limits_{x\to 0}\dfrac{f(x)-\sin x}{x-\sin x}=$______.

QK　48. 设 $f(x)=\lim\limits_{n\to\infty}\left(\cos\dfrac{x}{\sqrt{n}}\right)^n$，则 $\lim\limits_{x\to\infty}f(x)=$______.

QK 49. $\lim\limits_{x\to 0}\dfrac{\int_{\sin x}^{x}\sqrt{3+t^2}\,\mathrm{d}t}{x(\mathrm{e}^{x^2}-1)}=$________.

QK 50. 设存在 $0<\theta<1$,使得$\int_0^x \mathrm{e}^t\,\mathrm{d}t=x\mathrm{e}^{\theta x}$,$x>0$,则$\lim\limits_{x\to 0^+}\theta=$________.

QK 51. 当 $x\to 0$ 时,$x-\sin x\cos x\cos(2x)$ 与 cx^k 为等价无穷小,则 $c=$________,$k=$________.

QK 52. $\lim\limits_{x\to 0}\left[\dfrac{\ln(1+x)}{1-\cos x}-\dfrac{2}{x}\right]=$________.

QK 53. 设 $\lim\limits_{x\to\infty}\dfrac{(x-1)(x-2)(x-3)(x-4)(x-5)}{(4x-1)^{\alpha}}=\beta>0$, 则 α,β 的值为________.

QK 54. 设 $a>0$,若$\lim\limits_{x\to 0}\dfrac{(4+\sin x)^x-4^x}{\sqrt{\cos ax}-1}=-\dfrac{1}{2}$,则 $a=$________.

QJK 55. 设当 $x>0$ 时,恒有 $\sqrt{x+1}-\sqrt{x}=\dfrac{1}{2\sqrt{x+\theta(x)}}$,$0<\theta(x)<1$,则极限$\lim\limits_{x\to+\infty}\theta(x)=$________.

QJK 56. $\lim\limits_{x\to+\infty}\left[\dfrac{1}{x}\int_0^x\left(\dfrac{t^2-1}{t^2+1}\right)^2\mathrm{d}t\right]^x=$________.

QJK 57. $f(x)=\dfrac{x^3+1}{|x+1|(x^2-x)}\sin\left(\dfrac{|x-1|}{x+2}\pi\right)$ 的可去间断点为________.

QJK 58. $\lim\limits_{x\to+\infty}\left(\sqrt{x+\sqrt{x+\sqrt{|\sin x|}}}-\sqrt{x}\right)=$________.

QJK 59. 极限$\lim\limits_{t\to 0^+}\dfrac{1}{t^5}\int_0^t\mathrm{d}y\int_y^t\dfrac{\sin(xy)^2}{x}\mathrm{d}x=$________.

QJK 60. 设函数 $f(x)=\dfrac{\ln(1+x^3)}{\arcsin x-x}$,$g(x)=\dfrac{\frac{1}{x}\mathrm{e}^{\frac{1}{x}}}{1+\mathrm{e}^{\frac{2}{x}}}$,则$\lim\limits_{x\to 0^-}f[g(x)]=$________.

QJK 61. 设函数 $f(x)=\lim\limits_{n\to\infty}\cos^n\dfrac{1}{n^x}(0<x<+\infty)$,则 $f(x)$ 在其间断点处的值等于________.

QJK 62. 设 $f(x)$ 在 $x=0$ 的某邻域内连续,$f(0)=0$,$f'(0)=A\neq 0$. 则$\lim\limits_{x\to 0}\dfrac{x^2\int_0^x f(t)\mathrm{d}t}{\int_0^{x^2}f(t)\mathrm{d}t}=$________.

QJK　63. 函数 $f(x)=\lim\limits_{n\to\infty}\dfrac{\sin(\pi x)}{1+(2x)^{2n}}$ 的间断点的个数为________.

三、解答题

QK　1. 求 $\lim\limits_{x\to+\infty}(\sqrt[6]{x^6+x^5}-\sqrt[6]{x^6-x^5})$.

QK　2. 当 $x\to 0$ 时,确定下列无穷小量的阶数:

(1) $\tan(\sqrt{x+2}-\sqrt{2})$;

(2) $\sqrt[3]{1+\sqrt[3]{x}}-1$;

(3) $3^{\sqrt{x}}-1$.

QK　3. 设 $f(x)=\begin{cases}1, & e^{-1}<x<1,\\ x, & 1\leqslant x<e,\end{cases}$ $g(x)=e^x$,求 $f[g(x)]$.

QK　4. 求下列极限:

(1) $\lim\limits_{x\to0}\dfrac{\sqrt[n]{1+\sin x}-1}{\tan x}$;

(2) $\lim\limits_{x\to0}\dfrac{e^x-e^{-x}}{\sin x}$;

(3) $\lim\limits_{x\to0}\dfrac{(1-\cos x)\left(1-\cos\dfrac{x}{2}\right)}{\ln(1+x^4)}$;

(4) $\lim\limits_{x\to0}(x+e^x)^{\frac{1}{x}}$;

(5) $\lim\limits_{x\to\infty}\left(\dfrac{x-1}{x+1}\right)^x$;

(6) $\lim\limits_{x\to0}(\cos x)^{\cot^2 x}$;

(7) $\lim\limits_{x\to0^+}x^{\frac{x}{1+\ln x}}$.

QK　5. 设 $\lim\limits_{x\to0}\dfrac{\sin x}{e^x-a}(\cos x-b)=5$,求 a,b 的值.

QK　6. 确定常数 a 和 b 的值,使 $\lim\limits_{x\to0}\dfrac{\ln(1-2x+3x^2)+ax+bx^2}{x^2}=4$.

QJK　7. 设函数 $f(x)$ 在 $[a,b]$ 上连续,$x_1,x_2,\cdots,x_n,\cdots$ 是 $[a,b]$ 上一个点列,求

$$\lim_{n\to\infty}\sqrt[n]{\frac{1}{n}\sum_{k=1}^{n}e^{f(x_k)}}.$$

QK　8. 求极限 $\lim\limits_{x\to0}\dfrac{[\sin x-\sin(\sin x)]\sin x}{x^4}$.

QK　9. 求极限 $\lim\limits_{x\to0}\dfrac{e^{\tan x}-e^{\sin x}}{x\sin^2 x}$.

QK　10. 求极限 $\lim\limits_{x\to0^+}(\cot x)^{\tan x}$.

QK　11. 求极限 $\lim\limits_{x\to0^+}\dfrac{\ln(1+e^{\frac{2}{x}})}{\ln(1+e^{\frac{1}{x}})}$.

QK 12. 求极限 $\lim\limits_{x\to+\infty}\dfrac{e^{x}-e^{-x}}{e^{x}+e^{-x}}$.

QK 13. 计算 $\lim\limits_{x\to0}\dfrac{(1+x)^{\frac{1}{x}}-(1+2x)^{\frac{1}{2x}}}{\sin x}$.

QK 14. 求极限 $\lim\limits_{n\to+\infty}\left(n\tan\dfrac{1}{n}\right)^{n^{2}}$.

QK 15. 求极限 $\lim\limits_{x\to+\infty}\left(\sqrt{x+\sqrt{x}}-\sqrt{x-\sqrt{x}}\right)$.

QK 16. 求极限 $\lim\limits_{x\to0^{+}}x^{\ln\left(\frac{\ln x-1}{\ln x+1}\right)}$.

QK 17. 当 $x\to0$ 时，$\sqrt{1+ax^{2}}-1$ 与 $\sin^{2}x$ 为等价无穷小，求 a.

QK 18. 求 $\lim\limits_{x\to0}\dfrac{\sqrt{1+x}-1-\dfrac{x}{2}}{e^{x^{2}}-1}$.

QK 19. 求 $\lim\limits_{x\to0}\dfrac{e^{x}+\ln(1-x)-1}{x-\arctan x}$.

QK 20. 求 $\lim\limits_{x\to0}\left(\dfrac{1+x}{1-e^{-x}}-\dfrac{1}{x}\right)$.

QK 21. 求函数 $y=\dfrac{1}{2}(e^{x}-e^{-x})$ 的反函数.

QK 22. 计算 $\lim\limits_{x\to0^{+}}\dfrac{1-\left(\dfrac{\sin x}{x}\right)^{x}}{x^{3}}$.

QK 23. 计算 $\lim\limits_{x\to0}\dfrac{\sqrt{1+\tan x}-\sqrt{1+\sin x}}{x\ln(1+x)-x^{2}}$.

QK 24. 计算 $\lim\limits_{x\to+\infty}\left(\dfrac{\pi}{2}-\arctan x\right)^{\frac{1}{\ln x}}$.

QK 25. 求极限 $\lim\limits_{x\to0}\left[\dfrac{1+\int_{0}^{x}(1+t)^{\frac{1}{t}}\mathrm{d}t}{x}-\dfrac{1}{\sin x}\right]$.

QK 26. 已知 $\lim\limits_{x\to0}\left[a\dfrac{2+e^{\frac{1}{x}}}{1+e^{\frac{4}{x}}}+(1+|x|)^{\frac{1}{x}}\right]$ 存在，求 a 的值.

QK 27. 已知函数 $f(x)=\dfrac{1}{x}-\dfrac{1}{e^{x}-1}$，记 $a=\lim\limits_{x\to0}f(x)$.

(1) 求 a 的值；

(2) 若当 $x\to0$ 时，$f(x)-a$ 与 x^{k} 是同阶无穷小，求 k 的值.

QK 28. 设 $f(x)$ 在 $x=0$ 的某邻域内连续，在 $x=0$ 处可导，且 $f(0)=0$，

$$g(x)=\begin{cases}\dfrac{1}{x^2}\displaystyle\int_0^x tf(t)\mathrm{d}t, & x\neq 0,\\ 0, & x=0,\end{cases}$$

证明 $g(x)$ 在 $x=0$ 处可导且 $g'(x)$ 在 $x=0$ 处连续.

QK 29. 设 $\lim\limits_{x\to 0}f(x)$ 存在，且 $\lim\limits_{x\to 0}\dfrac{\sqrt{1+f(x)\sin x}-1}{e^{2x}-1}=3$，求 $\lim\limits_{x\to 0}f(x)$.

QK 30. 求极限 $\lim\limits_{x\to 0^+}\dfrac{2e^{\frac{1}{x}}+e^{-\frac{1}{x}}}{e^{\frac{2}{x}}-e^{-\frac{1}{x}}}$.

QK 31. 设极限 $\lim\limits_{x\to 0}\dfrac{x-\sin x}{x^k}=c$，其中 k,c 为常数，且 $c\neq 0$，求 k,c.

QK 32. 当 $x\to 0$ 时，$f(x)=x-\sin(ax)$ 与 bx^3 为等价无穷小量，求 a,b.

QK 33. 计算下列极限.

(1) $\lim\limits_{x\to 2}\dfrac{\sqrt{5x-1}-\sqrt{2x+5}}{x^2-4}$；

(2) $\lim\limits_{x\to 0}\left(\dfrac{2+e^{\frac{1}{x}}}{1+e^{\frac{4}{x}}}+\dfrac{\sin x}{|x|}\right)$；

(3) $\lim\limits_{x\to\infty}x^2(a^{\frac{1}{x}}+a^{-\frac{1}{x}}-2)$，$a>0$ 且 $a\neq 1$；

(4) $\lim\limits_{x\to 0}\dfrac{1}{x}\left(\cot x-\dfrac{1}{x}\right)$；

(5) $\lim\limits_{x\to 0^+}\left(\dfrac{\sin x}{x}\right)^{\frac{1}{1-\cos x}}$；

(6) $\lim\limits_{x\to 0}\dfrac{\sqrt[5]{1+3x^4}+\cos(4x)-2}{\sqrt[3]{1-x^2}-1}$.

QK 34. 当 $x\to 0$ 时，$\sin x(\cos x-4)+3x$ 为 x 的几阶无穷小？

QK 35. 判断"分段函数一定不是初等函数"，若正确，试证之；若不正确，试说明它们之间的关系.

QK 36. 求 $f(x)=\dfrac{1}{1-e^{\frac{x}{1-x}}}$ 的连续区间、间断点并判别其类型.

QK 37. 设 $f(x)=\begin{cases}e^{\frac{1}{x-1}}, & x>0,\\ \ln(1+x), & -1<x<0.\end{cases}$ 求 $f(x)$ 的间断点，并说明间断点的类型，如果是可去间断点，则补充或改变定义使它连续.

QK 38. 求极限 $\lim\limits_{x\to 0}\dfrac{(e^x-2)^2+2\sin x-1}{x^3}$.

QJK 39. 求极限 $\lim\limits_{x\to 0}\left[\dfrac{\arctan(1-e^x)}{\sqrt{1+4x^2}}+\left(\dfrac{\arctan x}{\tan x}\right)^{\frac{3}{\sin^2 x}}\right]$.

QK 40. 求$\lim\limits_{x\to 0}\dfrac{(1+x^2)[1-\cos(2x)]-2x^2}{x^4}$.

QK 41. 求$\lim\limits_{x\to 0}\dfrac{\sqrt{1-x^2}\sin^2 x-\tan^2 x}{x^2[\ln(1+x)]^2}$.

QK 42. 求$\lim\limits_{x\to 0}\dfrac{(3+2\tan x)^x-3^x}{3\sin^2 x+x^3\cos\dfrac{1}{x}}$.

QK 43. 求$\lim\limits_{x\to+\infty}\left(\tan\dfrac{\pi x}{1+2x}\right)^{\frac{1}{x}}$.

QK 44. 求$\lim\limits_{x\to+\infty}\left[\left(x^3+\dfrac{x}{2}-\tan\dfrac{1}{x}\right)e^{\frac{1}{x}}-\sqrt{1+x^6}\right]$.

QK 45. 设$\lim\limits_{x\to 0}\dfrac{\ln\left[1+\dfrac{f(x)}{\sin x}\right]}{a^x-1}=A(a>0,a\neq 1)$,求$\lim\limits_{x\to 0}\dfrac{f(x)}{x^2}$.

QK 46. 求$\lim\limits_{x\to 0}\dfrac{\sqrt{\cos x}-\sqrt[3]{\cos x}}{\sin^2 x}$.

QJK 47. 求$\lim\limits_{x\to 1}\dfrac{(1-\sqrt[3]{x})(1-\sqrt[4]{x})\cdots(1-\sqrt[n]{x})}{(1-x)^{n-2}}$.

QJK 48. 当$x\to 0^+$时,试比较无穷小量α,β和γ三者之间的阶,其中

$$\alpha=\int_0^x\cos t^2\,dt,\beta=\int_0^{x^2}\tan\sqrt{t}\,dt,\gamma=\int_0^{\sqrt{x}}\sin(t^3)\,dt.$$

QJK 49. 试讨论函数$g(x)=\begin{cases}x^\alpha\sin\dfrac{1}{x}, & x>0,\\ e^x+\beta, & x\leqslant 0\end{cases}$在点$x=0$处的连续性.

QJK 50. 求函数$F(x)=\begin{cases}\dfrac{x(\pi+2x)}{2\cos x}, & x\leqslant 0,\\ \sin\dfrac{1}{x^2-1}, & x>0\end{cases}$的间断点,并判断它们的类型.

QJK 51. 设$f(x)=\begin{cases}x^2-1, & x\leqslant 0,\\ \ln x, & x>0,\end{cases}$ $g(x)=\begin{cases}2e^x-1, & x\leqslant 0,\\ x^2-1, & x>0,\end{cases}$求$f[g(x)]$.

QJK 52. 已知$\lim\limits_{x\to 1}f(x)$存在,且

$$f(x)=\frac{x-\arctan(x-1)-1}{(x-1)^3}+2x^2e^{x-1}\lim_{x\to 1}f(x),$$

求$f(x)$.

QJK 53. 设$f(x)$是三次多项式,且有

$$\lim_{x\to 2a}\frac{f(x)}{x-2a}=\lim_{x\to 4a}\frac{f(x)}{x-4a}=1(a\neq 0),$$

求$\lim\limits_{x\to 3a}\dfrac{f(x)}{x-3a}$.

QK 54. 设函数 $f(x)=(1+x)^{\frac{1}{x}}(x>0)$,证明:存在常数 A,B,使得当 $x\to 0^{+}$ 时,恒有$f(x)=\mathrm{e}+Ax+Bx^{2}+o(x^{2})$,并求常数 A,B 的值.

QK 55. 已知$\lim\limits_{x\to 0}\dfrac{(1+x)^{\frac{1}{x}}-(A+Bx+Cx^{2})}{x^{3}}=D\neq 0$. 求常数 A,B,C,D 的值.

QK 56. 求极限$\lim\limits_{x\to 0}\left(\dfrac{\mathrm{e}^{x}+x\mathrm{e}^{x}}{\mathrm{e}^{x}-1}-\dfrac{1}{x}\right)$.

QK 57. 求极限$\lim\limits_{n\to\infty}\cos\dfrac{x}{2}\cos\dfrac{x}{4}\cdots\cos\dfrac{x}{2^{n}}$.

QK 58. 求极限$\lim\limits_{x\to\infty}\dfrac{(x+a)^{x+a}(x+b)^{x+b}}{(x+a+b)^{2x+a+b}}$.

QK 59. 求极限$\lim\limits_{x\to 0}\dfrac{\displaystyle\int_{0}^{x}\left[\int_{0}^{u^{2}}\arctan(1+t)\mathrm{d}t\right]\mathrm{d}u}{x(1-\cos x)}$.

QK 60. 求极限$\lim\limits_{x\to 0^{+}}\dfrac{x^{x}-(\sin x)^{x}}{x^{2}\ln(1+x)}$.

QK 61. 求极限$\lim\limits_{x\to 0}\dfrac{\cos x-\mathrm{e}^{-\frac{x^{2}}{2}}}{x^{2}[x+\ln(1-x)]}$.

QK 62. 求极限$\lim\limits_{x\to 0}\dfrac{\sin x-x\cos x}{\sin^{3}x}$.

QK 63. 求极限$\lim\limits_{x\to 0}\dfrac{\mathrm{e}-\mathrm{e}^{\cos x}}{\sqrt[3]{1+x^{2}}-1}$.

QK 64. 求极限$\lim\limits_{x\to 0}\dfrac{\ln(\sin^{2}x+\mathrm{e}^{x})-x}{\ln(x^{2}+\mathrm{e}^{2x})-2x}$.

QK 65. 求极限$\lim\limits_{x\to 1}\dfrac{x-x^{x}}{1-x+\ln x}$.

QJK 66. 求极限$\lim\limits_{x\to 0}\left(\dfrac{a_{1}^{x}+a_{2}^{x}+\cdots+a_{n}^{x}}{n}\right)^{\frac{1}{x}}$,$a_{i}>0$,且 $a_{i}\neq 1,i=1,2,\cdots,n,n\geqslant 2$.

QK 67. 计算下列极限.

(1)$\lim\limits_{x\to\infty}\mathrm{e}^{-x}\left(1+\dfrac{1}{x}\right)^{x^{2}}$;　　(2)$\lim\limits_{x\to 3^{+}}\dfrac{\cos x\ln(x-3)}{\ln(\mathrm{e}^{x}-\mathrm{e}^{3})}$;

(3)$\lim\limits_{x\to 0}\left[\dfrac{\cos x}{\cos(2x)}\right]^{\frac{1}{x^{2}}}$;　　(4)$\lim\limits_{x\to 0}\dfrac{\sin x-x\cos x}{x-\sin x}$;

(5) $\lim\limits_{x\to0}\dfrac{\sin x+x^2\sin\dfrac{1}{x}}{(1+\cos x)\ln(1+x)}$.

JK 68. 已知 $f(x)=\lim\limits_{n\to\infty}\dfrac{x^{2n-1}+ax^2+bx}{x^{2n}+1}$ 是连续函数，求 a,b 的值.

JK 69. 设 $f(x)=\begin{cases}\dfrac{\sin(2x)}{x}, & x<0,\\ 2x+b, & x\geqslant0,\end{cases}$ 判定在什么条件下 $\lim\limits_{x\to0}f(x)$ 存在.

JK 70. 设函数 $f(x)$ 在 $0<x\leqslant1$ 时 $f(x)=x^{\sin x}$，其他的 x 满足关系式

$$f(x)+k=2f(x+1),$$

试求常数 k 使极限 $\lim\limits_{x\to0}f(x)$ 存在.

QK 71. 求极限 $\lim\limits_{x\to0}\dfrac{\int_0^{\sin^2x}\ln(1+t)\mathrm{d}t}{(\sqrt[3]{1+x^3}-1)\sin x}$.

QK 72. 求极限 $\lim\limits_{x\to0}\left[\dfrac{a}{x}-\left(\dfrac{1}{x^2}-a^2\right)\ln(1+ax)\right]$，$a\neq0$.

QJK 73. 设 $f(x)$ 对一切 x_1,x_2 满足 $f(x_1+x_2)=f(x_1)+f(x_2)$，并且 $f(x)$ 在 $x=0$ 处连续. 证明：函数 $f(x)$ 在任意点 x_0 处连续.

QJK 74. 当 $x\to0^+$ 时，$\sin(x^a)$，$(1-\cos x)^{\frac{1}{a}}$ 均是比 x 高阶的无穷小量，求 a 的取值范围.

QJK 75. 确定函数 $f(x)=\dfrac{x(x-1)}{|x|x^2-|x|}$ 的间断点，并判定其类型.

QJK 76. 求极限 $\lim\limits_{x\to0}\left(\dfrac{\arcsin x}{\sin x}\right)^{\frac{1}{1-\cos x}}$.

QJK 77. 已知 $\lim\limits_{x\to0}\dfrac{\sin(2x)+a\sin x+bx}{\int_0^x\sin^4(t-x)\mathrm{d}t}=c\neq0$，求常数 a,b,c 的值.

QK 78. 若 $\lim\limits_{x\to\infty}\left(\dfrac{x^2+1}{x+1}-ax-b\right)=0$，求 a,b.

QK 79. 已知 $\lim\limits_{x\to+\infty}\dfrac{\int_0^x t^2e^{x^2-t^2}\mathrm{d}t+ae^{x^2}}{x^b}=-\dfrac{1}{2}$，求 a,b 的值.

QK 80. 计算 $\lim\limits_{x\to+\infty}\dfrac{\ln\left(\int_0^x e^{t^2}\mathrm{d}t\right)}{x^2}$.

QK　81. 计算极限$\lim\limits_{x\to 0}\dfrac{\int_0^{x^2} t e^t dt}{\int_0^x x^2\sin t dt}$.

QJK　82. 设 $f(x)$ 为$[a,+\infty)$上的连续函数，且 $\lim\limits_{x\to+\infty} f(x)=A$，证明 $f(x)$ 在$[a,+\infty)$上为有界函数.

QK　83. 设函数 $f(x)=\begin{cases}\dfrac{\ln(1+ax^2)}{e^{-\frac{x^2}{6}}-1}, & x<0,\\ 6, & x=0,\\ \dfrac{e^{ax}+x^2-ax-1}{x\sin\dfrac{x}{4}}, & x>0,\end{cases}$ 问 a 为何值时，$f(x)$ 在 $x=0$ 处连续？a 为何值时，$x=0$ 为 $f(x)$ 的可去间断点？

QK　84. 求极限$\lim\limits_{x\to 0}\dfrac{1}{x^2}\ln\sqrt[3]{\cos x}$.

QK　85. 确定常数 a,b，使$\lim\limits_{x\to 0}\dfrac{\int_0^x \frac{1-\cos(t^{\frac{3}{2}})}{t}dt}{ax-\sin x}=b$.

QK　86. 计算下列极限.

(1)$\lim\limits_{x\to 0}\dfrac{(1+x)^{\frac{2}{x}}-e^2[1-\ln(1+x)]}{x}$；

(2)$\lim\limits_{x\to 0}\int_0^x \dfrac{\sin(2t)}{\sqrt{4+t^2}\int_0^x(\sqrt{t+1}-1)dt}dt$；

(3)$\lim\limits_{x\to+\infty}(\sqrt[3]{x^3+2x^2+1}-xe^{\frac{1}{x}})$；

(4)$\lim\limits_{x\to 0}\dfrac{1+\frac{1}{2}x^2-\sqrt{1+x^2}}{(\cos x-e^{\frac{x^2}{2}})\sin\frac{x^2}{2}}$；

(5)$\lim\limits_{x\to 0}\dfrac{1}{x^3}\left[\left(\dfrac{2+\cos x}{3}\right)^x-1\right]$.

JK　87. 求函数 $f(x)=\lim\limits_{n\to\infty}\dfrac{x^{n+2}-x^{-n}}{x^n+x^{-n}}$ 的间断点，并指出其类型.

QK　88. 设 $f(x)=\lim\limits_{n\to\infty}\dfrac{e^{\frac{1}{x}}\arctan\frac{1}{1+x}}{x^2+e^{nx}}$，求 $f(x)$ 的间断点，并判定其类型.

QK 89. 设 $f(x)=\begin{cases}\dfrac{e^{ax}-x^2-ax-1}{2x\arctan x-\ln(1+x^2)}, & x<0,\\ 1, & x=0,\\ \dfrac{e^{ax}-ax-1}{ax\ln(1+x)}, & x>0,\end{cases}$ 问:当常数 $a(a\neq 0)$ 为何值时,

(1)$x=0$ 是函数 $f(x)$ 的连续点?

(2)$x=0$ 是函数 $f(x)$ 的可去间断点?

(3)$x=0$ 是函数 $f(x)$ 的跳跃间断点?

QK 90. 求极限 $\lim\limits_{x\to+\infty}\sqrt{x}(\sqrt{x+2}-2\sqrt{x+1}+\sqrt{x})$.

JK 91. 计算极限 $\lim\limits_{x\to+\infty}\left[\sqrt[4]{x^4+x^3+x^2+x+1}-\sqrt[3]{x^3+x^2+x+1}\dfrac{\ln(x+e^x)}{x}\right]$.

QK 92. 设 $a\geqslant 5$ 且为常数,k 为何值时极限

$$I=\lim_{x\to+\infty}[(x^a+8x^4+2)^k-x]$$

存在,并求此极限值.

QK 93. 求下列极限:

(1)$\lim\limits_{n\to\infty}\ln\left[\dfrac{n-2na+1}{n(1-2a)}\right]^n\left(a\neq\dfrac{1}{2}\right)$;

(2)$\lim\limits_{x\to 0}\dfrac{\sqrt{1+\tan x}-\sqrt{1+\sin x}}{x(1-\cos x)}$;

(3)$\lim\limits_{x\to 0^+}\dfrac{1-\sqrt{\cos x}}{x(1-\cos\sqrt{x})}$;

(4)$\lim\limits_{x\to+\infty}(x+e^x)^{\frac{1}{x}}$;

(5)$\lim\limits_{x\to+\infty}(x+\sqrt{1+x^2})^{\frac{1}{x}}$.

QK 94. 求极限 $\lim\limits_{x\to 0^+}(1+e^{\frac{1}{x}})^{\ln(1+x)}$.

QK 95. 求极限 $\lim\limits_{x\to+\infty}\dfrac{e^x}{\left(1+\dfrac{1}{x}\right)^{x^2}}$.

QK 96. 求极限 $\lim\limits_{x\to 0^+}\dfrac{x^x-(\tan x)^x}{x(\sqrt{1+3\sin^2 x}-1)}$.

JK 97. 设函数 $f(x)=x-[x]$,其中$[x]$表示不超过 x 的最大整数,求极限

$$\lim_{x\to+\infty}\frac{1}{x}\int_0^x f(t)\,dt.$$

JK 98. 设 $I_n=\int_0^1\sin(a+x^n)\,dx$,$n=1,2,\cdots$,其中 a 为实数,证明:$\lim\limits_{n\to\infty}I_n=\sin a$.

QK　99. 设 $f(x)$ 是可微函数，$f(1)=0$，且 $\lim\limits_{x\to 1}f'(x)=\dfrac{1}{3}$，求极限

$$\lim_{x\to 1}\frac{\int_1^x f(t)\,\mathrm{d}t}{\sqrt{(2-x)^3}-1+\frac{3}{2}\ln x}.$$

JK　100. 设函数 $f(x)$ 满足 $f(1)=1$，且有 $f'(x)=\dfrac{1}{x^2+f^2(x)}$，证明：极限 $\lim\limits_{x\to+\infty}f(x)$ 存在，且极限值小于 $1+\dfrac{\pi}{4}$.

JK　101. 设 $x\geqslant 0$ 时，$f(x)$ 满足 $f'(x)=\dfrac{1}{x^2+f^2(x)}$，且 $f(0)=1$，证明：$\lim\limits_{x\to+\infty}f(x)$ 存在且极限值小于 $1+\dfrac{\pi}{2}$.

JK　102. 设 $a>0,b>0,c>0$，

$$A(x)=\begin{cases}\left(\dfrac{a^x+b^x}{2}\right)^{\frac{1}{x}}, & x\neq 0,\\ c, & x=0.\end{cases}$$

(1) 讨论 $A(x)$ 在 $x=0$ 处的连续性；

(2) 讨论 $\lim\limits_{x\to+\infty}A(x)$，$\lim\limits_{x\to-\infty}A(x)$，$\lim\limits_{x\to 0}A(x)$，$A(-1)$，$A(1)$ 五者之间的大小关系.

JK　103. 半径分别为 $R,r(R>r>0)$ 的两个圆相切于坐标轴原点，如图所示.

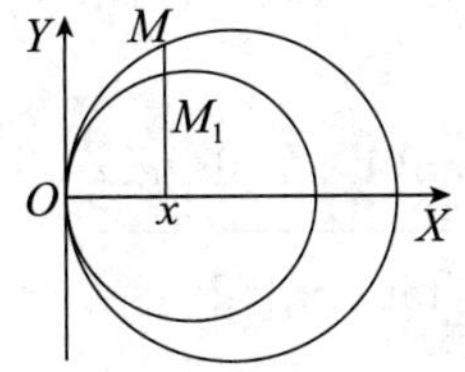

(1) 当 $x\to 0^+$ 时，若线段长 MM_1 与 x^k 同阶，求 k；

(2) 当 $x\to 0^+$ 时，若 $\angle MOM_1$ 与 x^c 同阶，求 c.

QK　104. 设 $x<1$ 且 $x\neq 0$. 证明：$\dfrac{1}{x}+\dfrac{1}{\ln(1-x)}<1$.

QK　105. 设 $f(x)=\begin{cases}\dfrac{g(x)-\mathrm{e}^{-x}}{x}, & x\neq 0,\\ 0, & x=0,\end{cases}$ 其中 $g(x)$ 有二阶连续导数，且 $g(0)=1$，$g'(0)=-1$，求 $f'(x)$，并讨论 $f'(x)$ 在 $(-\infty,+\infty)$ 内的连续性.

JK 106. 设 $a>0,b>0,a\neq b$，求$\lim\limits_{x\to 0}\left(\dfrac{a^x-x\ln a}{b^x-x\ln b}\right)^{\frac{1}{x^2}}$.

JK 107. 设函数

$$f(x)=\begin{cases}\dfrac{\ln(1+x^3)}{\arcsin x-x}, & x<0,\\[2ex] \dfrac{e^{-x}+\dfrac{1}{2}x^2+x-1}{x\sin\dfrac{x}{6}}, & x>0,\end{cases}\qquad g(x)=\frac{e^{\frac{1}{x}}\arctan\dfrac{1}{x}}{1+e^{\frac{2}{x}}},$$

求$\lim\limits_{x\to 0}f[g(x)]$.

JK 108. 记 $f(x)=27x^3+5x^2-2$ 的反函数为 f^{-1}，求极限$\lim\limits_{x\to\infty}\dfrac{f^{-1}(27x)-f^{-1}(x)}{\sqrt[3]{x}}$.

QK 109. 求极限$\lim\limits_{x\to 0}\dfrac{1-\cos x\sqrt{\cos 2x}}{x^2}$.

JK 110. 证明：若单调函数 $f(x)$ 在区间 (a,b) 内有间断点，则必为第一类间断点.

QK 111. 当 $x\in\left(-\dfrac{1}{2},\dfrac{3}{2}\right)$ 时，确定函数 $f(x)=\dfrac{\tan(\pi x)}{|x|(x^2-1)}$ 的间断点，并判定其类型.

QK 112. 设 $f(x)=\arcsin(\sin x)$.

(1) 证明 $f(x)$ 以 2π 为周期；

(2) 求 $f(x)$ 在 $\left[-\dfrac{\pi}{2},\dfrac{3}{2}\pi\right)$ 上的多项式并作图.

JK 113. 求极限$\lim\limits_{x\to 0}\dfrac{\int_0^x\left[\int_0^{u^2}\arctan(1+t)\mathrm{d}t\right]\mathrm{d}u}{\sin x\int_0^1\tan(xt)^2\mathrm{d}t}$.

QK 114. 已知极限 $I=\lim\limits_{x\to 0}\left(\dfrac{a}{x^2}+\dfrac{b}{x^4}+\dfrac{c}{x^5}\int_0^x e^{-t^2}\mathrm{d}t\right)=1$，求常数 a,b,c.

QK 115. 确定常数 A,B,C 的值，使 $e^x(1+Bx+Cx^2)=1+Ax+o(x^3)(x\to 0)$.

QK 116. 求极限$\lim\limits_{x\to 0}\left(\dfrac{1}{\sin^2 x}-\dfrac{\cos^2 x}{x^2}\right)$.

JK 117. 设 $f(x)$ 在 $x=0$ 处二阶导数连续，且

$$\lim_{x\to 0}\left[1+x+x^2+\frac{f(x)}{x}\right]^{\frac{1}{x}}=e^3,$$

试求 $f(0),f'(0),f''(0)$ 以及极限 $\lim\limits_{x\to 0}\left[1+\dfrac{f(x)}{x}\right]^{\frac{1}{x}}$.

JK　118. 设 $f(x;t)=\left(\dfrac{x-1}{t-1}\right)^{\frac{t}{x-t}}$ $((x-1)(t-1)>0,x\neq t)$，函数 $f(x)$ 由下列表达式确定：

$$f(x)=\lim_{t\to x}f(x;t).$$

求出 $f(x)$ 的连续区间和间断点，并研究 $f(x)$ 在间断点处的左右极限.

QK　119. 已知 $\lim\limits_{x\to 0}\left(\cos x-\dfrac{1}{2}x^2\right)^{\frac{a}{x^2}}=\lim\limits_{x\to 0}\dfrac{bx-\sin x}{x(\sqrt{1+x^2}-1)}$，求常数 a,b 的值.

第 2 章 数列极限

一、选择题

QK 1. 已知 $e^{\frac{1}{n}} - e^{\frac{1}{n+1}}$ 与 $\left(\frac{1}{n}\right)^m$ 为 $n \to \infty$ 时的等价无穷小量，则 $m =$（　　）.

(A)1　　(B)2　　(C)3　　(D)4

QK 2. 设 $\lim\limits_{n\to\infty} a_n = 0$，$\lim\limits_{n\to\infty} b_n = 1$，则（　　）.

(A) 对任意 n，$a_n < b_n$ 成立

(B) 存在 N，当 $n > N$ 时，总有 $a_n < b_n$

(C) $\lim\limits_{n\to\infty} \dfrac{b_n}{a_n}$ 必定存在

(D) $\lim\limits_{n\to\infty} a_n b_n$ 可能不存在

QJK 3. 设正项数列 $\{a_n\}$ 单调减少，$\lim\limits_{n\to\infty} a_n = a$，则 $\lim\limits_{n\to\infty}(a_1^n + a_2^n + \cdots + a_n^n)^{\frac{1}{n}} =$（　　）.

(A)0　　(B)a_1　　(C)a　　(D)$+\infty$

QK 4. 设 $\lim\limits_{n\to\infty} a_n = -1$，则当 n 充分大时，有（　　）.

(A) $|a_n| > \dfrac{1}{2}$　　(B) $|a_n| < \dfrac{1}{2}$

(C) $a_n > -1 - \dfrac{1}{n}$　　(D) $a_n < -1 + \dfrac{1}{n}$

QK 5. 极限 $\lim\limits_{n\to\infty}\left(\dfrac{n}{n+1}\right)^{(-1)^n} =$（　　）.

(A)1　　(B)-1　　(C)e　　(D)e^{-1}

QK 6. 设 a，b 均为大于 1 的实数，则 $\lim\limits_{n\to\infty} \dfrac{a^{\frac{1}{n}} - a^{\frac{1}{n+1}}}{b^{\frac{1}{n}} - b^{\frac{1}{n+1}}} =$（　　）.

(A) $\ln \dfrac{a}{b}$　　(B) $\dfrac{\ln a}{\ln b}$

(C) $\dfrac{b\ln a}{a\ln b}$　　(D) $\dfrac{a\ln a}{b\ln b}$

QK 7. 极限 $\lim\limits_{n\to\infty}\left[\dfrac{1}{1\cdot 2} + \dfrac{1}{2\cdot 3} + \cdots + \dfrac{1}{n(n+1)}\right]^n =$（　　）.

(A)e　　(B)e^{-1}　　(C)1　　(D)2

QK　8. 对于$\{a_n\}$，$n=1,2,\cdots$，以下命题：

① 若$0<a_n<1$，则$\lim\limits_{n\to\infty}a_n^n=0$；

② 若$a_n>1$，则$\lim\limits_{n\to\infty}a_n^n=+\infty$；

③ 若$a_n>0$且$\lim\limits_{n\to\infty}\sqrt[n]{a_n}=1$，则$\lim\limits_{n\to\infty}a_n$必存在且大于0；

④ 若$a_n>0$且$\lim\limits_{n\to\infty}a_n$存在且大于0，则$\lim\limits_{n\to\infty}\sqrt[n]{a_n}=1$.

所有假命题的序号为(　　).

(A)①②　　(B)①③　　(C)①③④　　(D)①②③

QK　9. 设数列$\{x_n\}$满足$x_{n+1}=\ln x_n+1$，$x_n>0$，$n=1,2,\cdots$，则$\{x_n\}$(　　).

(A) 单调不减　　(B) 单调不增　　(C) 严格单增　　(D) 严格单减

QK　10. 设数列$\{a_n\}$满足$\lim\limits_{n\to\infty}\dfrac{a_{n+1}}{a_n}=1$，则(　　).

(A)$\{a_n\}$有界　　(B)$\{a_n\}$不存在极限

(C)$\{a_n\}$自某项起同号　　(D)$\{a_n\}$自某项起单调

QK　11. 设$x_n\neq 0$，$n=1,2,\cdots$，$\lim\limits_{n\to\infty}\dfrac{x_n}{x_{n+1}}=0$，则$\lim\limits_{n\to\infty}x_n$(　　).

(A) 为无穷大　　(B) 为无穷小

(C) 为有限常数　　(D) 无法判断

QJK　12. 设函数$f(x)$连续，对于任意的a_1，$a_{n+1}=f(a_n)$，$n=1,2,3,\cdots$. 关于下列两个结论：

① 若$f(x)$严格单增且有上界，则数列$\{a_n\}$收敛；

② 若$f(x)$严格单减且有界，则数列$\{a_n\}$收敛.

正确的选项是(　　).

(A) 仅 ① 正确　　(B) 仅 ② 正确

(C) ①② 都正确　　(D) ①② 都错误

QK　13. 设$a_n=\int_0^1 x^n\sqrt{1-x^2}\,\mathrm{d}x$，$b_n=\int_0^{\frac{\pi}{2}}\sin^n t\,\mathrm{d}t$，则极限$\lim\limits_{n\to\infty}\dfrac{na_n}{b_n}=$(　　).

(A)-1　　(B)0　　(C)1　　(D)$+\infty$

QK　14. 设$f(x)=x^2$，$f[\varphi(x)]=-x^2+2x+3$且$\varphi(x)\geqslant 0$，则$\lim\limits_{n\to\infty}\dfrac{1}{n^3}\sum\limits_{i=1}^{n}i^2(n-i)\cdot\dfrac{1}{n+\varphi(x)}=$(　　).

(A) $\frac{1}{12}$　　(B) $\frac{1}{6}$　　(C) $\frac{1}{3}$　　(D) $\frac{2}{3}$

QK　15. 设数列$\{x_n\}$满足$x_n>0$,且$\lim\limits_{n\to\infty}\frac{x_{n+1}}{x_n}=\frac{1}{2}$,则(　　).

(A)$\lim\limits_{n\to\infty}x_n=0$　　(B)$\lim\limits_{n\to\infty}x_n$存在,但不为零

(C)$\lim\limits_{n\to\infty}x_n$不存在　　(D)$\lim\limits_{n\to\infty}x_n$可能存在,也可能不存在

JK　16. 下列命题错误的是(　　).

(A) 若$\{u_n\}$的一组子列都存在极限,则$\{u_n\}$必存在极限

(B) 若$\{u_{2n}\}$与$\{u_{2n+1}\}$都以A为极限,则$\{u_n\}$必以A为极限

(C) 若$\{u_n\}$以A为极限,则其任一子列$\{u_{n_i}\}$也必定以A为极限

(D) 若$\{u_n\}$有两个子列存在两个不同的极限,则$\{u_n\}$必定不存在极限

JK　17. 已知数列$\{a_n\}$单调,下列结论正确的是(　　).

(A)$\lim\limits_{n\to\infty}(e^{a_n}-1)$存在　　(B)$\lim\limits_{n\to\infty}\frac{1}{1+a_n^2}$存在

(C)$\lim\limits_{n\to\infty}\sin a_n$存在　　(D)$\lim\limits_{n\to\infty}\frac{1}{1-a_n^2}$存在

JK　18. 设$\{x_n\}$与$\{y_n\}$均无界,$\{z_n\}$有界,则(　　).

(A)$\{x_n+y_n\}$必无界　　(B)$\{x_ny_n\}$必无界

(C)$\{x_n+z_n\}$必无界　　(D)$\{x_nz_n\}$必无界

JK　19. 已知数列$\{x_n\}$满足$x_{n+2}-\frac{4}{3}x_{n+1}+\frac{1}{3}x_n=0,n=1,2,3,\cdots$,且$x_1=1,x_2=2$,则$\{x_n\}$收敛于(　　).

(A)1　　(B)-1　　(C) $\frac{5}{2}$　　(D) $-\frac{5}{2}$

QK　20. $\lim\limits_{n\to\infty}\cos(\pi\sqrt{1+4n^2})$(　　).

(A) 等于0　　(B) 等于-1　　(C) 等于1　　(D) 不存在

JK　21. 已知$f(x)$,$g(x)$为闭区域$[a,b]$上的连续函数,且$f(x_n)=g(x_{n+1})$,其中$\{x_n\}$收敛且$x_n\in[a,b]$,$n=1,2,\cdots$,则(　　).

(A) 对于任意的$x\in[a,b]$,均有$f(x)>g(x)$

(B) 对于任意的$x\in[a,b]$,均有$f(x)<g(x)$

(C) 存在$x_0\in[a,b]$,使得$f(x_0)=g(x_0)$

(D)$f(a)=g(a)$且$f(b)=g(b)$

JK　22. 已知数列$\{x_n\}$，其中$-\frac{\pi}{2}\leqslant x_n\leqslant\frac{\pi}{2}$，则（　　）.

(A) 当$\lim\limits_{n\to\infty}e^{\cos x_n}$存在时，$\lim\limits_{n\to\infty}\cos x_n$存在，且$\lim\limits_{n\to\infty}x_n$不一定存在

(B) 当$\lim\limits_{n\to\infty}e^{\cos x_n}$存在时，$\lim\limits_{n\to\infty}\cos x_n$存在，且$\lim\limits_{n\to\infty}x_n$存在

(C) 当$\lim\limits_{n\to\infty}e^{\cos x_n}$存在时，$\lim\limits_{n\to\infty}e^{x_n}$存在，且$\lim\limits_{n\to\infty}x_n$不一定存在

(D) 当$\lim\limits_{n\to\infty}e^{\cos x_n}$存在时，$\lim\limits_{n\to\infty}e^{x_n}$存在，且$\lim\limits_{n\to\infty}x_n$存在

JK　23. 设数列$\{a_n\}$满足$\begin{cases}a_1>2,\\ a_{n+1}=a_n-\frac{a_n-3}{a_n-2},n=1,2,3,\cdots,\end{cases}$则（　　）.

(A)$\{a_n\}$收敛于大于 3 的数　　(B)$\{a_n\}$收敛于 3

(C)$\{a_n\}$发散　　(D)$\{a_n\}$的敛散性与a_1有关

JK　24. 设$\{a_n\}$为非零数列，下列命题正确的是（　　）.

(A) 若$\{\sin a_n\}$收敛，则$\{a_n\}$收敛

(B) 若$\{\arcsin(\sin a_n)\}$收敛，则$\{a_n\}$收敛

(C) 若$\{a_n\}$收敛，则$\left\{\sin\frac{1}{a_n}\right\}$收敛

(D) 若$\{a_n\}$收敛，则$\{\sin a_n\}$收敛

JK　25. 设一正方形边长为 1，作其内切圆，以四个切点为顶点作第二个正方形，对第二个正方形作其内切圆，再以其四个切点为顶点作第三个正方形，以此类推，记第n个正方形的面积为a_n，则$\lim\limits_{n\to\infty}\sum\limits_{k=1}^{n}a_k=$（　　）.

(A)2　　(B)$2\sqrt{2}$　　(C)$4\sqrt{2}$　　(D)$+\infty$

JK　26. 设$b_1>a_1>0,a_{n+1}=\sqrt{a_nb_n},b_{n+1}=\frac{a_n+b_n}{2},n=1,2,\cdots$，则（　　）.

(A)$\{a_n\}$与$\{b_n\}$均收敛且$\lim\limits_{n\to\infty}a_n>\lim\limits_{n\to\infty}b_n$

(B)$\{a_n\}$与$\{b_n\}$均收敛且$\lim\limits_{n\to\infty}a_n<\lim\limits_{n\to\infty}b_n$

(C)$\{a_n\}$与$\{b_n\}$均收敛且$\lim\limits_{n\to\infty}a_n=\lim\limits_{n\to\infty}b_n$

(D)$\{a_n\}$与$\{b_n\}$至多有一个收敛

QK　27. 设数列$\{x_n\}$和$\{y_n\}$满足$\lim\limits_{n\to\infty}x_n\cdot y_n=0$，则当$n\to\infty$时，$\{y_n\}$必为无穷小的充分条件是（　　）.

(A)$\{x_n\}$是无穷小　　(B)$\left\{\frac{1}{x_n}\right\}$是无穷小

(C) $\{x_n\}$ 有界　　　　(D) $\{x_n\}$ 单调递减

QK　28. 下列各项中与 $\lim\limits_{n\to\infty} a_n = A$ 的定义相悖的是(　　).

(A) 对于任意给定的正数 $\alpha > 0$,存在正整数 N,当 $n \geqslant N+2$ 时,有 $|a_n - A| < 2\alpha$

(B) 对于任意给定的正数 $\alpha > 0$,存在正整数 N,当 $n > 2N$ 时,有 $|a_n - A| < \alpha^2$

(C) 对于任意给定的正数 $\alpha > 0$,存在正整数 N,当 $n > N$ 时,有 $|a_n - A| < 2^\alpha$

(D) 对于任意给定的正数 $\alpha > 0$,存在正整数 N,当 $n \geqslant N^2$ 时,有 $|a_n - A| \leqslant \dfrac{2}{\alpha}$

二、填空题

QK　1. 设常数 $a > 0, a \neq 1$,则 $\lim\limits_{n\to\infty} n^2 \left(a^{\frac{1}{n+1}} - a^{\frac{1}{n}}\right) =$ ________.

QK　2. 当 $n \to \infty$ 时,$\left(1+\dfrac{1}{n}\right)^n - \mathrm{e}$ 与 $\dfrac{a}{n}$ 是等价无穷小量,则 $a =$ ________.

QK　3. 当 $n \leqslant x < n+1$ 时,$2n \leqslant f(x) < 2(n+1)$,则 $\lim\limits_{x\to+\infty} \dfrac{f(x)}{x} =$ ________.

QK　4. 当 $0 < a < b$ 时,$\lim\limits_{n\to\infty} \left(\dfrac{1}{a^n} + \dfrac{1}{b^n}\right)^{\frac{1}{n}} =$ ________.

QK　5. 当 $0 \leqslant x \leqslant \dfrac{\pi}{2}$ 时,$\lim\limits_{n\to\infty} \sqrt[n]{\sin^n x + \cos^n x} =$ ________.

QK　6. $\lim\limits_{n\to\infty} \sqrt[n]{1+|x|^{3n}} =$ ________.

QK　7. 设 $x_n = 1 + \dfrac{1}{1+2} + \dfrac{1}{1+2+3} + \cdots + \dfrac{1}{1+2+3+\cdots+n}$,则 $\lim\limits_{n\to\infty} x_n =$ ________.

QK　8. 设 $x > 0$,n 为正整数,记 $f(x) = \lim\limits_{n\to\infty} n^2 \left[x^{\frac{1}{nx}} - x^{\frac{1}{(n+1)x}}\right]$,则 $f'(x) =$ ________.

QK　9. 设 $x > 0$,则 $\lim\limits_{n\to\infty} n^2 \left(\sqrt[n-1]{x} - \sqrt[n]{x}\right) =$ ________.

QK　10. $\lim\limits_{n\to\infty} \left(\sqrt{n+3\sqrt{n}} - \sqrt{n-\sqrt{n}}\right) =$ ________.

JK　11. (仅数学一、数学三) 设正项级数 $\sum\limits_{n=1}^{\infty} a_n$ 收敛,且 $b_n = \displaystyle\int_0^{a_n} \frac{1}{1+x^2} \mathrm{d}x$,$n = 1,2,\cdots$,则 $\lim\limits_{n\to\infty} \left(\dfrac{b_n}{a_n}\right)^{\frac{1}{a_n^2}} =$ ________.

QJK　12. 设 $a_k = \displaystyle\int_0^1 x^2 (1-x)^k \mathrm{d}x$,则 $\lim\limits_{n\to\infty} \sum\limits_{k=1}^{n} a_k =$ ________.

JK　13. 设 $a_n = \sqrt[n^2]{\left(1+\dfrac{1}{n}\right)\left(1+\dfrac{2}{n}\right)^2 \cdots \left(1+\dfrac{n}{n}\right)^n}$,则 $\lim\limits_{n\to\infty} a_n =$ ________.

JK　14. 设 $x_1 = r \in (0,1)$,$x_{n+1} = x_n - x_n^2 (n = 1,2,3,\cdots)$,则 $\lim\limits_{n\to\infty} x_n =$ ________,

$\lim\limits_{n\to\infty}\sum\limits_{k=1}^{n}x_{k+1}^{2}=$________.

JK　15. 设 $u_n=\sum\limits_{k=1}^{n}\dfrac{k}{(n+k)(n+k+1)}$，则 $\lim\limits_{n\to\infty}u_n=$________.

JK　16. 已知数列 $F_n=\dfrac{1}{\sqrt{5}}\left[\left(\dfrac{1+\sqrt{5}}{2}\right)^{n+1}-\left(\dfrac{1-\sqrt{5}}{2}\right)^{n+1}\right]$，则 $\lim\limits_{n\to\infty}\dfrac{F_n}{F_{n+1}}=$________.

三、解答题

QK　1. 设 $x_{n+1}=\sqrt{2+x_n}\ (n=1,2,\cdots)$，$x_1=\sqrt{2}$，证明 $\lim\limits_{n\to\infty}x_n$ 存在，并求 $\lim\limits_{n\to\infty}x_n$.

QK　2. 设 $0\leqslant x_1\leqslant\sqrt{c}$，$x_{n+1}=\dfrac{c(1+x_n)}{c+x_n}$，$n\in\mathbf{N}_+$，$c>1$，证明数列 $\{x_n\}$ 收敛，并求其值.

QK　3. 已知 $a_n=\int_0^1 t^n\,|\ln t|\,\mathrm{d}t$，$n=1,2,\cdots$，计算 $\lim\limits_{n\to\infty}(n^2a_n)^n$.

QK　4. 求 $\lim\limits_{n\to\infty}n^3\left(\sin\dfrac{1}{n}-\dfrac{1}{2}\sin\dfrac{2}{n}\right)$.

QK　5. 设 $a_1=1$，$a_2=2$，$a_{n+2}=\dfrac{2a_na_{n+1}}{a_n+a_{n+1}}\ (n=1,2,\cdots)$.

(1) 求 $b_n=\dfrac{1}{a_{n+1}}-\dfrac{1}{a_n}$ 的表达式；

(2) 求 $\sum\limits_{k=1}^{n}b_k$ 和 $\lim\limits_{n\to\infty}a_n$.

QK　6. 设 $a_1=3$，$a_{n+1}=a_n^2+a_n\ (n=1,2,\cdots)$，求极限

$$\lim_{n\to\infty}\left(\frac{1}{1+a_1}+\frac{1}{1+a_2}+\cdots+\frac{1}{1+a_n}\right).$$

QK　7. 已知 $x_1=\dfrac{1}{2}$，$2x_{n+1}+x_n^2=1$，求 $\lim\limits_{n\to\infty}x_n$.

JK　8. 已知 $(2+\sqrt{2})^n=A_n+B_n\sqrt{2}$，$A_n$，$B_n$ 为整数，$n=1,2,3,\cdots$，求 $\lim\limits_{n\to\infty}\dfrac{A_n}{B_n}$.

JK　9. 设 $f(x)$ 在 $[0,+\infty)$ 上连续，满足 $0\leqslant f(x)\leqslant x$，$x\in[0,+\infty)$，设 $a_1\geqslant 0$，$a_{n+1}=f(a_n)\ (n=1,2,\cdots)$，证明：

(1) $\{a_n\}$ 为收敛数列；

(2) 设 $\lim\limits_{n\to\infty}a_n=t$，则有 $f(t)=t$；

(3) 若条件改为 $0\leqslant f(x)<x$，$x\in(0,+\infty)$，则 $t=0$.

JK　10. (1) 证明方程 $x=2\ln(1+x)$ 在 $(0,+\infty)$ 内有唯一实根 ξ；

(2) 任取 $x_1>\xi$，定义 $x_{n+1}=2\ln(1+x_n)$，$n=1,2,\cdots$，证明 $\lim\limits_{n\to\infty}x_n=\xi$.

JK　11. (1) 证明方程 $e^x + x^{2n+1} = 0$ 在 $(-1,0)$ 内有唯一实根 x_n，$n=0,1,2,\cdots$；

(2) 证明 $\lim\limits_{n\to\infty} x_n$ 存在并求其值 a；

(3) 求 $\lim\limits_{n\to\infty} n(x_n - a)$；

(4) 证明 $x_n + 1 \sim \dfrac{1}{2n}(n \to \infty)$.

QJK　12. 设 $x_1 = 1, x_{n+1} = 1 + \dfrac{x_n}{1+x_n}(n=1,2,\cdots)$，求 $\lim\limits_{n\to\infty} x_n$.

JK　13. 如果数列 $\{x_n\}$ 收敛，$\{y_n\}$ 发散，那么 $\{x_n y_n\}$ 是否一定发散？如果 $\{x_n\}$ 和 $\{y_n\}$ 都发散，那么 $\{x_n y_n\}$ 的敛散性又将如何？

QJK　14. 设 $a>0, x_1>0, x_{n+1} = \dfrac{1}{4}\left(3x_n + \dfrac{a}{x_n^3}\right)$，$n=1,2,\cdots$，试求 $\lim\limits_{n\to\infty} x_n$.

QK　15. 求极限 $\lim\limits_{n\to\infty}\left[n - n^2\ln\left(1+\dfrac{1}{n}\right)\right]$.

QJK　16. 设 $a_1 = 2, a_{n+1} = \dfrac{1}{2}\left(a_n + \dfrac{1}{a_n}\right)(n=1,2,\cdots)$，证明 $\lim\limits_{n\to\infty} a_n$ 存在并求其极限值.

JK　17. 设 $x_1 > 0, x_{n+1} = \ln(x_n + 1)(n=1,2,\cdots)$，求：

(1) $\lim\limits_{n\to\infty}\left(\dfrac{1}{x_n} - \dfrac{1}{x_{n+1}}\right)$；

(2) $\lim\limits_{n\to\infty}\left(\dfrac{x_n}{x_{n+1}}\right)^{\frac{1}{x_n}}$.

JK　18. 证明：设比值极限 $\lim\limits_{n\to\infty}\left|\dfrac{a_n}{a_{n-1}}\right| = q$，若 $q<1$，则 $\lim\limits_{n\to\infty} a_n = 0$；若 $q>1$，则 $\lim\limits_{n\to\infty} a_n = \infty$.

JK　19. 证明：设根值极限 $\lim\limits_{n\to\infty}\sqrt[n]{|a_n|} = q$，若 $q<1$，则 $\lim\limits_{n\to\infty} a_n = 0$；若 $q>1$，则 $\lim\limits_{n\to\infty} a_n = \infty$.

JK　20. 设 x_0 为任意正数，

$$x_n = \frac{2\,022}{2\,023}x_{n-1} + \frac{1}{x_{n-1}^{2\,022}}(n=1,2,\cdots),$$

证明 $\lim\limits_{n\to\infty} x_n$ 存在，并求 $\lim\limits_{n\to\infty} x_n$.

JK　21. 设 $a_1 = 0$，当 $n \geqslant 1$ 时，$a_{n+1} = 2 - \cos a_n$，证明数列 $\{a_n\}$ 收敛，并证明其极限值位于区间 $\left(\dfrac{\pi}{2}, 3\right)$ 内.

JK　22. 设 $a_1 = 1$，当 $n \geqslant 1$ 时，$a_{n+1} = \dfrac{1}{1+a_n}$，证明数列 $\{a_n\}$ 收敛，并求其极限值.

QK　23. 计算 $\lim\limits_{n\to\infty}\left[\left(n^3 - n^2 + \dfrac{n}{2}\right)e^{\frac{1}{n}} - \sqrt{1+n^6}\right]$.

QK　24. 设 $x_1=1, x_n=1+\frac{1}{1+x_{n-1}}(n=2,3,\cdots)$. 证明 $\lim\limits_{n\to\infty}x_n$ 存在,并求该极限.

QK　25. 若对于数列 $\{x_n\}$,存在常数 $k(0<k<1)$,使得 $|x_{n+1}-a|\leqslant k|x_n-a|, n=1,2,\cdots$. 证明 $\{x_n\}$ 收敛于 a.

QK　26. 若对于数列 $\{x_n\}, x_{n+1}=f(x_n), n=1,2,\cdots, f(x)$ 可导,a 是 $f(x)=x$ 的唯一解,且对任意的 $x\in\mathbf{R}$,有 $|f'(x)|\leqslant k<1$. 证明 $\{x_n\}$ 收敛于 a.

QK　27. 设 $a_n>0, \lim\limits_{n\to\infty}b_n=0$,且 $e^{a_n}+a_n=e^{b_n}, n=1,2,\cdots$,求 $\lim\limits_{n\to\infty}a_n$.

QK　28. 设 $c=2\ln(1+b), b>a>0$,且 a 是方程 $x-2\ln(1+x)=0$ 的唯一非零解,证明 $c>a$.

QJK　29. 设数列 $\{x_n\}$ 满足 $0<x_n<\frac{\pi}{2}, \cos x_{n+1}-x_{n+1}=\cos x_n, n=1,2,\cdots$.

(1) 证明 $\lim\limits_{n\to\infty}x_n$ 存在并求其值;

(2) 计算 $\lim\limits_{n\to\infty}\frac{x_{n+1}}{x_n^2}$.

JK　30. 已知数列 $\{x_n\}$ 满足 $0<x_1<\frac{\pi}{4}, x_{n+1}+\tan x_n=2x_n, n=1,2,\cdots$.

(1) 证明 $\lim\limits_{n\to\infty}x_n$ 存在,并求其值;

(2) 求极限 $\lim\limits_{n\to\infty}\left(\frac{1}{x_n^2}-\frac{1}{x_nx_{n+1}}\right)$.

QJK　31. 设 $x_1<0, x_{n+1}=e^{x_n}-1$,求 $\lim\limits_{n\to\infty}\left(\frac{1}{x_n}-\frac{1}{x_{n+1}}\right)$.

JK　32. 设 $a_n=\int_0^1(1-x^2)^{\frac{n}{2}}dx, n=1,2,\cdots$.

(1) 证明 $a_{n+1}<a_n<a_{n-1}$;

(2) 计算 $\lim\limits_{n\to\infty}na_n^2$.

JK　33. 设函数 $f(x)=\ln\frac{e^x-1}{x}(x>0)$,数列 $\{x_n\}$ 满足 $x_{n+1}=f(x_n), n=1,2,\cdots$,且 $x_1=1$.

(1) 证明 $0<f(x)<x$;

(2) 证明 $\{x_n\}$ 收敛,并求 $\lim\limits_{n\to\infty}x_n$.

JK　34. (1) 设 $f(x)=x+\ln(2-x)$,求 $f(x)$ 的最大值;

(2) 设 $x_1=\ln 2, x_n=\sum\limits_{i=1}^{n-1}\ln(2-x_i), n=2,3,\cdots$,证明 $\lim\limits_{n\to\infty}x_n$ 存在并求其极限值.

JK 35. 设 $f(x)$ 具有一阶连续导数，且 $0 \leqslant f'(x) \leqslant \dfrac{1}{1+x^2}$，又 $x_1 = a, x_{n+1} = f(x_n)(n=1,2,\cdots)$. 证明：数列$\{x_n\}$收敛，且其极限是方程 $x=f(x)$ 的唯一根.

JK 36. 设 $a_1=1, a_2=2$，当 $n \geqslant 3$ 时，$a_n = a_{n-1}+a_{n-2}$，证明：

(1) $\dfrac{3}{2}a_{n-1} < a_n < 2a_{n-1}$；

(2) $\lim\limits_{n\to\infty}\dfrac{1}{a_n}=0$.

JK 37. 设 $x_1=1, x_n=\int_0^1 \min\{x, x_{n-1}\}\mathrm{d}x, n=2,3,\cdots$，证明$\lim\limits_{n\to\infty}x_n$存在并求其极限值.

JK 38. 已知 $f_n(x)=\mathrm{C}_n^1\cos x-\mathrm{C}_n^2\cos^2 x+\cdots+(-1)^{n-1}\mathrm{C}_n^n\cos^n x$.

(1) 证明方程 $f_n(x)=\dfrac{1}{2}$ 在区间$\left(0,\dfrac{\pi}{2}\right)$中仅有一根 $x_n, n=1,2,3,\cdots$；

(2) 求$\lim\limits_{n\to\infty}f_n\left(\arccos\dfrac{1}{n}\right)$；

(3) 设 $x_n \in \left(0,\dfrac{\pi}{2}\right)$满足 $f_n(x_n)=\dfrac{1}{2}$，证明$\lim\limits_{n\to\infty}x_n=\dfrac{\pi}{2}$.

JK 39. (1) 设 $f(x)$ 在$(0,+\infty)$内可导，$f'(x)>0, x\in(0,+\infty)$，证明 $f(x)$ 在$(0,+\infty)$内单调增加；

(2) 证明 $f(x)=(n^x+1)^{-\frac{1}{x}}$ 在$(0,+\infty)$内单调增加，其中 n 为正整数；

(3) 设数列 $x_n=\sum\limits_{k=1}^{n}(n^k+1)^{-\frac{1}{k}}$，求$\lim\limits_{n\to\infty}x_n$.

JK 40. (1) 证明曲线 $y=\sin x$ 与 $y=(\ln x)^{\frac{1}{n}}(n=1,2,3,\cdots)$ 在区间$\left[\dfrac{\pi}{2},\mathrm{e}\right]$上有唯一交点 P_n；

(2) 记 P_n 的横坐标为 x_n，求$\lim\limits_{n\to\infty}x_n$.

JK 41. 设 $f(x)$ 在区间$[0,a]$上连续，且当 $x\in(0,a)$ 时，$0<f(x)<x$. 令 $x_1\in(0,a)$，$x_{n+1}=f(x_n)(n=1,2,\cdots)$.

(1) 证明$\lim\limits_{n\to\infty}x_n$存在，并求之；

(2) 如果增设条件：在$[0,a]$上 $f(x)$ 存在连续的一阶导数(在 $x=0$ 处，下面的 $f'(0)$ 与 $f''(0)$ 分别指的是右导数 $f'_+(0)$ 与 $f''_+(0)$)，$f'(0)=1$，$f''(0)$ 存在且不为零. 求

$$\lim_{x\to0^+}\frac{xf(x)}{x-f(x)}.$$

JK 42. (1) 设函数 $f(x)$ 在区间$[a,b]$上具有连续导数，证明

$$\lim_{n\to\infty} n\left\{\int_a^b f(x)\mathrm{d}x-\frac{b-a}{n}\sum_{k=1}^{n} f\left[a+\frac{k(b-a)}{n}\right]\right\}=\frac{b-a}{2}[f(a)-f(b)];$$

(2) 设 $A_n=\frac{n}{n^2+1^2}+\frac{n}{n^2+2^2}+\cdots+\frac{n}{n^2+n^2}$，求 $\lim\limits_{n\to\infty} n\left(\frac{\pi}{4}-A_n\right)$.

JK　43. 设 $f(x)=\frac{1}{\sqrt{2}}\arctan\frac{x}{\sqrt{2}}-\frac{1}{2}\ln\left(1+\frac{x^2}{2}\right)$. 任意 $x\neq 0$，定义 $x_{n+1}=f(x_n)$，$n=1,2,\cdots$.

(1) 证明 $|f'(x)|<1$；

(2) 证明 $\lim\limits_{n\to\infty} x_n$ 存在并求其值.

JK　44. 证明 $\lim\limits_{n\to\infty}\underbrace{\cos\cos\cdots\cos}_{n个} x$ 存在，且极限为 $x=\cos x$ 的根.

JK　45. 设数列 $\{x_n\}$ 满足 $0<x_1<1$，$\ln(1+x_n)=\mathrm{e}^{x_{n+1}}-1(n=1,2,\cdots)$.

(1) 证明当 $0<x<1$ 时，$\ln(1+x)<x<\mathrm{e}^x-1$；

(2) 证明 $\lim\limits_{n\to\infty} x_n$ 存在，并求该极限.

JK　46. 设 $f_n(x)=x+x^2+\cdots+x^n-1(n=2,3,\cdots)$.

(1) 证明方程 $f_n(x)=0$ 在区间 $[0,+\infty)$ 内存在唯一的实根，记为 x_n；

(2) 求(1)中的 $\{x_n\}$ 的极限值 $\lim\limits_{n\to\infty} x_n$.

JK　47. (1) 求定积分 $a_n=\int_0^2 x(2x-x^2)^n\mathrm{d}x$，$n=1,2,\cdots$；

(2) 对于(1)中的 a_n，证明 $a_{n+1}<a_n(n=1,2,\cdots)$ 且 $\lim\limits_{n\to\infty} a_n=0$.

JK　48. 求 $\lim\limits_{n\to\infty}\left[\sqrt{n}(\sqrt{n+1}-\sqrt{n})+\frac{1}{2}\right]^{\frac{\sqrt{n+1}+\sqrt{n}}{\sqrt{n+1}-\sqrt{n}}}$.

JK　49. 设正项数列 $\{x_n\}$ 满足 $x_1=\sqrt{2}$，$x_{n+1}^2=2^{x_n}$，$n=1,2,\cdots$，证明 $\{x_n\}$ 收敛，并求 $\lim\limits_{n\to\infty} x_n$.

JK　50. (1) 当 $0<x<\frac{\pi}{2}$ 时，证明 $\sin x>\frac{2}{\pi}x$；

(2) 设数列 $\{x_n\}$，$\{y_n\}$ 满足 $x_{n+1}=\sin x_n$，$y_{n+1}=y_n^2$，$n=1,2,3,\cdots$，$x_1=y_1=\frac{1}{2}$，当 $n\to\infty$ 时，证明 y_n 是比 x_n 高阶的无穷小量.

JK　51. 设数列 $\{x_n\}$ 满足：$0<x_n<\frac{\pi}{2}$，$x_n\cos x_{n+1}=\sin x_n$，$n=1,2,\cdots$. 证明 $\{x_n\}$ 收敛，并求 $\lim\limits_{n\to\infty} x_n$.

JK　52. 设数列 $\{a_n\}$，$\{b_n\}$ 满足：

$$a_0=\frac{1}{2},a_{n+1}=a_n^2,n=0,1,2,\cdots;$$

$$b_n=\tan b_{n+1},0<-b_n<\frac{\pi}{4},n=0,1,2,\cdots.$$

计算$\lim\limits_{n\to\infty}\frac{a_n}{b_n}$.

JK　53.已知 $f(x)$ 可导，且 $|f'(x)|\leqslant\frac{1}{\mathrm{e}}$，方程 $f(x)=x$ 有唯一解 $x=0$，又 $x_{n+1}=f(x_n),n=1,2,\cdots$. 证明：当 $n\to\infty$ 时，x_n 是 $\mathrm{e}^{-\frac{n}{2}}$ 的高阶无穷小.

JK　54.设 $f_0(x)$ 是$[0,+\infty)$上连续的严格单调增加函数，函数 $f_1(x)=\frac{\int_0^x f_0(t)\mathrm{d}t}{x}$.

(1) 补充定义 $f_1(x)$ 在 $x=0$ 处的值，使得补充定义后的函数(仍记为 $f_1(x)$) 在$[0,+\infty)$上连续；

(2) 在(1)的条件下，证明 $f_1(x)<f_0(x)(x>0)$，且 $f_1(x)$ 也是$[0,+\infty)$上连续的严格单调增加函数；

(3) 令 $f_n(x)=\frac{\int_0^x f_{n-1}(t)\mathrm{d}t}{x}$，$n=1,2,3,\cdots$，证明：对任意的$x>0$，极限$\lim\limits_{n\to\infty}f_n(x)$存在.

JK　55.设比值极限$\lim\limits_{n\to\infty}\left|\frac{a_n}{a_{n-1}}\right|=\frac{1}{2}$，证明$\lim\limits_{n\to\infty}a_n=0$.

JK　56.设 $F(x,y)=\frac{f(y-x)}{2x}$，$F(1,y)=\frac{y^2}{2}-y+5$，$x_0>0$，$x_1=F(x_0,2x_0)$，$\cdots$，$x_{n+1}=F(x_n,2x_n)$，$n=1,2,\cdots$. 证明$\lim\limits_{n\to\infty}x_n$ 存在，并求该极限.

JK　57.设当 $a\leqslant x\leqslant b$ 时，$a\leqslant f(x)\leqslant b$，并设存在常数 k，$0\leqslant k<1$，对于$[a,b]$上的任意两点 x_1 与 x_2，都有 $|f(x_1)-f(x_2)|\leqslant k|x_1-x_2|$. 证明：

(1) 存在唯一的 $\xi\in[a,b]$ 使 $f(\xi)=\xi$；

(2) 对于任意给定的 $x_1\in[a,b]$，定义 $x_{n+1}=f(x_n)$，$n=1,2,\cdots$，则$\lim\limits_{n\to\infty}x_n$ 存在，且$\lim\limits_{n\to\infty}x_n=\xi$.

JK　58.已知函数 $f(x)$ 在$(-\infty,+\infty)$上可微，且 $|f'(x)|<mf(x)(0<m<1)$，任取实数 a_1，定义 $a_{n+1}=\ln f(a_n)(n=1,2,\cdots)$. 证明：

(1) 方程 $x=\ln f(x)$ 在$(-\infty,+\infty)$上必有唯一实根 ξ；

(2) 数列$\{a_n\}$的极限就是(1)中的 ξ.

JK　59.(1) 证明：$\ln(n+1)<1+\frac{1}{2}+\frac{1}{3}+\cdots+\frac{1}{n}<1+\ln n$；

(2) 设 $F_0(x)=\ln x, F_{n+1}(x)=\int_0^x F_n(t)\mathrm{d}t, n=0,1,2,\cdots$,其中 $x>0$,求极限

$$\lim_{n\to\infty}\frac{n!F_n(1)}{\ln n}.$$

QK 60. 计算极限$\lim\limits_{n\to\infty}(1+2^n+3^n)^{\frac{1}{n}}$.

JK 61. 已知数列 $\{x_n\}$的通项 $x_n=(-1)^{n-1}\dfrac{1}{n}, n=1,2,3,\cdots$.

(1)证明 $S_{2n}=\dfrac{1}{n+1}+\dfrac{1}{n+2}+\cdots+\dfrac{1}{n+n}$;

(2)计算$\lim\limits_{n\to\infty}\left[1-\dfrac{1}{2}+\dfrac{1}{3}-\cdots+(-1)^{n-1}\dfrac{1}{n}\right]$.

JK 62. 利用夹逼定理证明:$\lim\limits_{n\to\infty}n^2\left(\dfrac{k}{n}-\dfrac{1}{n+1}-\dfrac{1}{n+2}-\cdots-\dfrac{1}{n+k}\right)=\dfrac{k(k+1)}{2}$.

第 3 章 一元函数微分学的概念

一、选择题

QK 1. 设 $f(x)$ 有连续的导数，$f(0)=0$，$f'(0)=1$. 令 $F(x)=\int_0^1 f(xt)\mathrm{d}t$，则 $F'(0)=$ (　　).

(A) 0　　(B) $\frac{1}{2}$　　(C) 1　　(D) 2

QK 2. 函数 $f(x)=\left|\frac{\sin x}{x}\right|$ 在 $x=\pi$ 处的(　　).

(A) 右导数 $f'_+(\pi)=-\frac{1}{\pi}$　　(B) 导数 $f'(\pi)=\frac{1}{\pi}$

(C) 左导数 $f'_-(\pi)=\frac{1}{\pi}$　　(D) 右导数 $f'_+(\pi)=\frac{1}{\pi}$

QK 3. 设函数 $f(x)=\begin{cases}\sqrt{|x|}\sin\frac{1}{x^2}, & x\neq 0,\\ 0, & x=0,\end{cases}$ 则 $f(x)$ 在点 $x=0$ 处(　　).

(A) 极限不存在　　(B) 极限存在，但不连续

(C) 连续，但不可导　　(D) 可导

QK 4. 函数 $y=f(x)$ 满足条件 $f(0)=1$，$f'(0)=0$，当 $x\neq 0$ 时，$f'(x)>0$，$f''(x)\begin{cases}<0, & x<0,\\ >0, & x>0,\end{cases}$ 则它的图形可能是(　　).

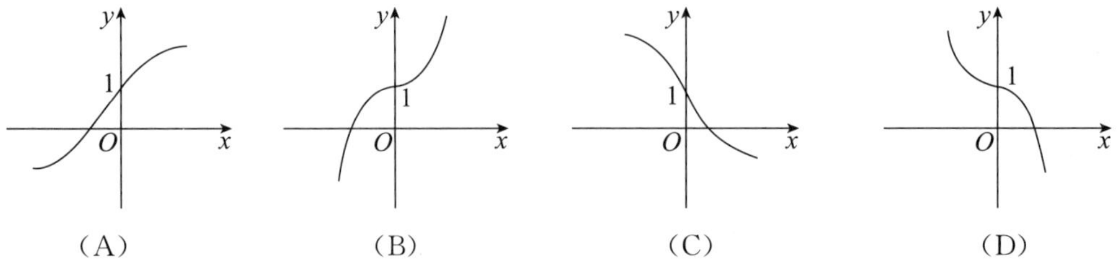

QK 5. 若 $f(x)$ 在点 x_0 处可导，则 $|f(x)|$ 在点 x_0 处(　　).

(A) 必可导　　(B) 连续，但不一定可导

(C) 一定不可导　　(D) 不连续

QK　6. 设函数 $f(x)=\begin{cases} x(1-|x|), & x\text{ 为有理数}, \\ x(1+|x|), & x\text{ 为无理数}, \end{cases}$ 则 $f(x)$ 在 $x=0$ 处(　　).

(A) 不连续　　(B) 连续,但不可导

(C) 可导,且 $f'(0)=0$　　(D) 可导,且 $f'(0)=1$

QK　7. 设函数 $f(x)$ 与 $g(x)$ 在 (a,b) 上可导,考虑下列叙述:

① 若 $f(x)>g(x)$,则 $f'(x)>g'(x)$;② 若 $f'(x)>g'(x)$,则 $f(x)>g(x)$.

因此(　　).

(A)①② 都正确　　(B)①② 都不正确

(C)① 正确,但 ② 不正确　　(D)② 正确,但 ① 不正确

QK　8. 设 $F(x)$ 可导,则下述命题不正确的是(　　).

(A) 若 $F(x)$ 为奇函数,则 $F'(x)$ 必为偶函数

(B) 若 $F'(x)$ 为偶函数,则 $F(x)$ 必为奇函数

(C) 若 $F(x)$ 为偶函数,则 $F'(x)$ 必为奇函数

(D) 若 $F'(x)$ 为奇函数,则 $F(x)$ 必为偶函数

QK　9. 设 $f(x)$ 在点 $x=a$ 处可导,则 $\lim\limits_{x\to 0}\dfrac{f(a+x)-f(a-x)}{x}$ 等于(　　).

(A) $f'(a)$　　(B) $2f'(a)$　　(C) 0　　(D) $f'(2a)$

QK　10. 若函数 $f(x)$ 在 $x=0$ 处可导,且 $f(0)=0$,则 $\lim\limits_{x\to 0}\dfrac{x^2f(x)-f(x^3)}{x^3}$ 等于(　　).

(A) $-2f'(0)$　　(B) $-f'(0)$

(C) $f'(0)$　　(D) 0

QK　11. 设函数 $f(x)$ 为奇函数,且 $f'(0)$ 存在,则函数 $g(x)=\dfrac{f(x)}{x}$ 在 $x=0$ 处(　　).

(A) 左极限存在,右极限不存在

(B) 左极限不存在,右极限存在

(C) 左极限与右极限都存在,但不相等

(D) 极限存在,但不连续

QK　12. 设函数 $f(x)$ 在 $x=0$ 处连续,且 $\lim\limits_{x\to 0}\dfrac{f(x)}{x}$ 存在,则(　　).

(A) $f(0)\neq 0$,但 $f'(0)$ 可能不存在

(B) $f(0)=0$,但 $f'(0)$ 可能不存在

(C) $f'(0)$ 存在，但 $f'(0)$ 不一定等于零

(D) $f'(0)$ 存在，且必定有 $f'(0)=0$

QK 13. 设 $f(x)=x^a|x|$，a 为正整数，则函数 $f(x)$ 在 $x=0$ 处(　　).

(A) 不存在极限　　(B) 存在极限，但不连续

(C) 连续，但不可导　　(D) 连续，且可导

QK 14. 设 $f(x)=\begin{cases}(1+x)^x-1, & x\neq 0,\\ 0, & x=0,\end{cases}$ 则在 $x=0$ 处(　　).

(A) $f(x)$ 连续，但 $f'(0)$ 不存在

(B) $f'(0)$ 存在，但 $f'(x)$ 在 $x=0$ 处不连续

(C) $f'(x)$ 在 $x=0$ 处连续，但 $f''(0)$ 不存在

(D) $f''(0)$ 存在

QK 15. 设 $g(x)=e^{\sqrt{x^2-2x+1}}$，则(　　).

(A) $\lim\limits_{x\to 1}g(x)$ 不存在

(B) $\lim\limits_{x\to 1}g(x)$ 存在，但在 $x=1$ 处 $g(x)$ 不连续

(C) 在 $x=1$ 处 $g(x)$ 导数存在

(D) 在 $x=1$ 处 $g(x)$ 连续，但不可导

QK 16. 当 $x\to 0$ 时，连续函数 $f(x)=1+x-\cos\sqrt[3]{x}+o(x)$，$o(x)$ 表示 x 的高阶无穷小，则(　　).

(A) $f'(0)=1$　　(B) $f'(0)=\dfrac{1}{3}$

(C) $f'(0)$ 不存在　　(D) $f'(0)$ 与 $o(x)$ 有关

QK 17. 设函数 $f(x)$ 为可导函数，且满足条件 $\lim\limits_{x\to 0}\dfrac{f(1)-f(1-x)}{2x}=-1$，则曲线 $y=f(x)$ 在点 $(1,f(1))$ 处的切线斜率为(　　).

(A) 2　　(B) -1　　(C) $\dfrac{1}{2}$　　(D) -2

QK 18. 设 $f(x)$ 在 $x=0$ 处可导，且 $f\left(\dfrac{1}{n}\right)=\dfrac{2}{n}(n=1,2,3,\cdots)$，则 $f'(0)=$(　　).

(A) 0　　(B) 1　　(C) 2　　(D) 3

JK 19. 下列命题错误的是(　　).

(A) 若 $f(x)$ 为可导的奇(偶)函数，则 $f'(x)$ 是偶(奇)函数

(B) 若 $f(x)$ 是以 T 为周期的可导函数，则 $f'(x)$ 也是以 T 为周期的函数

(C) 若 $f(x)$ 是单调的可导函数，则 $f'(x)$ 也是单调函数

(D) 若 $f(x)$ 在点 x_0 处可导，则曲线 $y=f(x)$ 在点 $(x_0, f(x_0))$ 处必定存在切线

QK 20. 若 $f(-x)=-f(x)(-\infty<x<+\infty)$，在 $(-\infty,0)$ 内 $f'(x)>0, f''(x)<0$，则在 $(0,+\infty)$ 内有(　　).

(A) $f'(x)>0, f''(x)<0$　　(B) $f'(x)>0, f''(x)>0$

(C) $f'(x)<0, f''(x)<0$　　(D) $f'(x)<0, f''(x)>0$

QK 21. 设函数 $f(x)$ 可导，且 $y=f(x^3)$. 当自变量 x 在 $x=-1$ 处取得增量 $\Delta x=-0.1$ 时，相应的函数增量 Δy 的线性主部为 0.3，则 $f'(-1)=$(　　).

(A) -1　　(B) 0.1　　(C) 1　　(D) 0.3

QK 22. 下列函数中，在 $x=0$ 处不可导的是(　　).

(A) $f(x)=|x|\tan|x|$　　(B) $f(x)=|x|\tan\sqrt{|x|}$

(C) $f(x)=\sqrt{\cos|x|}$　　(D) $f(x)=\cos\sqrt{|x|}$

QK 23. 设函数 $y=f(x)$ 由 $\begin{cases} x=2t+|t|, \\ y=|t|\tan t \end{cases}$ 所确定，则在 $\left(-\frac{\pi}{2},\frac{\pi}{2}\right)$ 内(　　).

(A) $f(x)$ 连续，$f'(0)$ 不存在　　(B) $f'(0)$ 存在，$f'(x)$ 在 $x=0$ 处不连续

(C) $f'(x)$ 连续，$f''(0)$ 不存在　　(D) $f''(0)$ 存在，$f''(x)$ 在 $x=0$ 处不连续

QK 24. 设 $f(x)$ 可导，$F(x)=f(x)(1+|\sin x|)$，若使 $F(x)$ 在 $x=0$ 处可导，则必有(　　).

(A) $f(0)=0$　　(B) $f'(0)=0$

(C) $f(0)+f'(0)=0$　　(D) $f(0)-f'(0)=0$

QK 25. 设函数 $f(x)=\begin{cases} x^{\frac{5}{3}}\sin\frac{1}{x}, & x\neq 0, \\ 0, & x=0, \end{cases}$ 则 $f(x)$ 在 $x=0$ 处(　　).

(A) 不连续　　(B) 连续，但不可导

(C) 可导，但导函数不连续　　(D) 可导，且导函数连续

QK 26. 设函数 $f(x)$ 在 $x=0$ 处连续，且 $\lim\limits_{x\to 0}\frac{f(x^2)}{x^2}=1$，则(　　).

(A) $f(0)=0$ 且 $f'_-(0)$ 存在　　(B) $f(0)=1$ 且 $f'_-(0)$ 存在

(C) $f(0)=0$ 且 $f'_+(0)$ 存在　　(D) $f(0)=1$ 且 $f'_+(0)$ 存在

QK 27. 设函数 $\varphi(x)$ 在 $x=x_0$ 的某邻域内有定义，并设 $\lim\limits_{x\to x_0}\varphi(x)\xlongequal{存在}A$，又设 $f(x)=$

$|x-x_0|\varphi(x)$,则 $f(x)$ 在 $x=x_0$ 处(　　).

(A) 存在极限,但不连续　　(B) 连续,但不可导

(C) 可导　　(D) 是否可导与 A 的值有关

JK 28. 设 $f(x)$ 在 $x=a$ 处可导,则 $|f(x)|$ 在 $x=a$ 处不可导的充要条件是(　　).

(A) $f(a)=0, f'(a)=0$　　(B) $f(a)=0, f'(a)\neq 0$

(C) $f(a)\neq 0, f'(a)=0$　　(D) $f(a)\neq 0, f'(a)\neq 0$

JK 29. 设 $g(x)$ 在 $\mathbf{R}$ 上二阶可导,且 $g(0)=g'(0)=0$,设

$$f(x)=\begin{cases}\dfrac{g(x)}{x}, & x\neq 0,\\ 0, & x=0,\end{cases}$$

则 $f(x)$ 在 $x=0$ 处(　　).

(A) 不连续　　(B) 连续,但不可导

(C) 可导,但导函数不连续　　(D) 可导,且导函数连续

JK 30. 设函数 $f(x)$ 是定义在 $(-1,1)$ 内的奇函数,且 $\lim\limits_{x\to 0^+}\dfrac{f(x)}{x}=a\neq 0$,则 $f(x)$ 在 $x=0$ 处的导数为(　　).

(A) a　　(B) $-a$　　(C) 0　　(D) 不存在

QK 31. 设 $f(x)=\begin{cases}2x, & x\leqslant 1,\\ x^2, & x>1,\end{cases}$ 则 $f(x)$ 在 $x=1$ 处(　　).

(A) 左、右导数都存在

(B) 左导数存在,但右导数不存在

(C) 左导数不存在,但右导数存在

(D) 左、右导数都不存在

JK 32. 设 $\varphi(x)$ 在 $x=a$ 的某邻域内有定义,$f(x)=|x-a|\varphi(x)$,则 $\varphi(x)$ 在 $x=a$ 处连续是 $f(x)$ 在 $x=a$ 处可导的(　　).

(A) 充分非必要条件　　(B) 必要非充分条件

(C) 充要条件　　(D) 既非充分也非必要条件

JK 33. $|f(x)|$ 在 $x=a$ 处可导是 $f(x)$ 在 $x=a$ 处可导的(　　).

(A) 充分非必要条件　　(B) 必要非充分条件

(C) 充要条件　　(D) 既非充分也非必要条件

JK 34. 设函数 $f(x)$ 对任意的 $x\in(-\infty,+\infty)$,均满足 $f(1+x)=af(x)$,且

$f'(0)=b$，其中 a,b 为非零常数，则(　　).

(A) $f(x)$ 在 $x=1$ 处不可导

(B) $f(x)$ 在 $x=1$ 处可导，且 $f'(1)=a$

(C) $f(x)$ 在 $x=1$ 处可导，且 $f'(1)=b$

(D) $f(x)$ 在 $x=1$ 处可导，且 $f'(1)=ab$

JK 35. 若函数 $f(x)=|(x-1)(x-2)|\ln(x^2+ax+b)$ 在 $x=1$ 与 $x=2$ 处都可导，则常数 a,b 的值分别为(　　).

(A) $-3,3$　　(B) $-3,2$　　(C) $-2,2$　　(D) $-4,5$

JK 36. 对任意的 $x\in(-\infty,+\infty)$，有 $f(x+1)=f^2(x)$，且 $f(0)=\mathrm{e}$，$f'(0)=\mathrm{e}\ln 2$，则 $f'(1)=$(　　).

(A) $2\mathrm{e}\ln 2$　　(B) $\mathrm{e}\ln 2$

(C) $2\mathrm{e}^2\ln 2$　　(D) $\mathrm{e}^2\ln 2$

JK 37. 设函数 $f(x)$ 可导，$f(0)=0$，$f'(0)=1$，$\lim\limits_{x\to 0}\dfrac{f(\sin^3 x)}{\lambda x^k}=\dfrac{1}{2}$，则(　　).

(A) $k=2,\lambda=2$　　(B) $k=3,\lambda=3$

(C) $k=3,\lambda=2$　　(D) $k=3,\lambda=1$

JK 38. 若函数 $f(x)$ 在 $x=0$ 处连续，$\varphi(x)=|f(x)|\arctan x+f(x)|\arctan x|$，则 $\varphi(x)$ 在 $x=0$ 处可导的充要条件是(　　).

(A) $f(x)$ 在 $x=0$ 处可导　　(B) $f(x)$ 的导函数在 $x=0$ 处连续

(C) $f'(0)=0$　　(D) $f(0)=0$

JK 39. 设函数 $f(x)$ 在点 $x=0$ 处二阶可导，且 $f''(0)<0$，又 $\lim\limits_{x\to 0}\dfrac{f(x)}{x}=0$，则存在正数 δ，使得函数 $f(x)$(　　).

(A) 在 $(-\delta,\delta)$ 上单调增加

(B) 在 $(-\delta,\delta)$ 上单调减少

(C) 在 $(-\delta,0)$ 上单调增加，在 $(0,\delta)$ 上单调减少

(D) 在 $(-\delta,0)$ 上单调减少，在 $(0,\delta)$ 上单调增加

JK 40. 设函数 $f(x)$ 在 $x=1$ 处可导，且 $\Delta f(1)$ 是 $f(x)$ 在增量为 Δx 时的函数值增量，则 $\lim\limits_{\Delta x\to 0}\dfrac{\Delta f(1)-\mathrm{d}f(1)}{\Delta x}=$(　　).

(A) $f'(1)$　　(B) 1　　(C) ∞　　(D) 0

JK 41. 设 $f(x)>0, f'(x)>0$，则$\lim\limits_{n\to\infty} n\ln\dfrac{f\left(a+\frac{1}{n}\right)}{f(a)}=$（　　）.

(A)0　　(B)∞　　(C)$\ln f'(a)$　　(D)$\dfrac{f'(a)}{f(a)}$

JK 42. 设函数

$$f(x)=\begin{cases}\dfrac{1}{x^n(1-e^{\frac{1}{x}})}, & x\neq 0,\\ 0, & x=0,\end{cases}\quad n \text{ 是整数},$$

如果 $f(x)$ 在 $x=0$ 处可导，则必须且只需满足（　　）.

(A)$n<-2$　　(B)$n<-1$　　(C)$n>0$　　(D)$n>1$

JK 43. 若 $y=f(x)$ 可导，则当 $\Delta x\to 0$ 时，$\Delta y-\mathrm{d}y$ 为 Δx 的（　　）.

(A) 高阶无穷小　　(B) 低阶无穷小

(C) 同阶但不等价无穷小　　(D) 等价无穷小

JK 44. 若函数 $y=f(x)$ 具有二阶导数，且 $f'(x)>0, f''(x)<0$，Δx 为自变量 x 在 x_0 处的增量，Δy 与 $\mathrm{d}y$ 分别为 $f(x)$ 在 x_0 处的增量与微分，则当 $\Delta x>0$ 时，必有（　　）.

(A)$\mathrm{d}y<\Delta y<0$　　(B)$\Delta y<\mathrm{d}y<0$

(C)$0<\Delta y<\mathrm{d}y$　　(D)$0<\mathrm{d}y<\Delta y$

JK 45. 设函数 $f(x)=\begin{cases}\dfrac{2^x-e^{-x}+x}{\arctan x}, & x\neq 0,\\ a, & x=0\end{cases}$ 在 $x=0$ 处连续，则 $f(x)$ 在 $x=0$ 处（　　）.

(A) 可导，且 $f'(0)=\dfrac{1}{2}(\ln^2 2+1)$

(B) 可导，且 $f'(0)=\dfrac{1}{2}(\ln^2 2-1)$

(C) 不可导

(D) 是否可导与 a 的取值有关

JK 46. 函数 $f(x)=|x^3-4x|\sqrt[3]{x^2-2x-8}$ 的不可导点的个数为（　　）.

(A)0　　(B)1　　(C)2　　(D)3

JK 47. 设 $f(x)$ 在 $x=x_0$ 的某邻域 U 内有定义，在 $x=x_0$ 的去心邻域 $\mathring{U}$ 内可导，则下述命题：

① 设 $f'(x_0)$ 存在，则$\lim\limits_{x\to x_0} f'(x)$ 也必存在；

② 设 $\lim\limits_{x\to x_0}f'(x)$ 存在，则 $f'(x_0)$ 也必存在；

③ 设 $f'(x_0)$ 不存在，则 $\lim\limits_{x\to x_0}f'(x)$ 也必不存在；

④ 设 $\lim\limits_{x\to x_0}f'(x)$ 不存在，则 $f'(x_0)$ 也必不存在.

其中不正确的个数为(　　).

(A)1　　(B)2　　(C)3　　(D)4

JK　48. 设 $f(x)$ 在 $x=x_0$ 处连续，则 $f'(x_0)=0$ 是 $f(x_0)$ 为极值的(　　).

(A) 充分非必要条件

(B) 必要非充分条件

(C) 充要条件

(D) 既非充分也非必要条件

JK　49. 设 $f(x)$ 在 $x=0$ 处连续，且 $\lim\limits_{x\to 0}\dfrac{\ln(1-2x)+2xf(x)}{x^2}=0$，则 $f'(0)$(　　).

(A) 等于 1　　(B) 等于 -1

(C) 不存在　　(D) 所给条件不足，无法判断

JK　50. 设函数 $f(x)=\begin{cases}\sqrt{1-x}, & x<0,\\ 0, & x=0,\\ \sqrt{4+x}, & x>0,\end{cases}$ $F(x)=\int_0^x f(t)\mathrm{d}t$，则函数 $F(x)$ 在 $x=0$ 处(　　).

(A) 不连续　　(B) 连续，但不可导

(C) 可导，但 $F'(0)\neq f(0)$　　(D) 可导，且 $F'(0)=f(0)$

JK　51. 设函数 $f(x)$ 在点 $x=0$ 的某一邻域内可导，且 $f(0)=f'(0)=0$，则 $\lim\limits_{x\to 0}\dfrac{f(x)}{x^2}$ 存在是 $f''(0)$ 存在的(　　).

(A) 充分非必要条件　　(B) 必要非充分条件

(C) 充要条件　　(D) 既非充分也非必要条件

JK　52. 设 $I=\int_{\frac{1}{e}}^{e}\sin(\ln x)\mathrm{d}x$，则有(　　).

(A) $I<0$　　(B) $I=0$

(C) $0<I<1$　　(D) $I>1$

JK　53. 设 $f(x)$ 为连续函数，$f(0)=1$，令 $F(t)=\iint\limits_{x^2+y^2\leqslant t^2}f(x^2+y^2)\mathrm{d}\sigma\ (t\geqslant 0)$，则 $F''(0)$(　　).

(A) 等于 0　　(B) 等于 π　　(C) 等于 2π　　(D) 不存在

JK 54. 设常数 $\alpha>1$，函数 $f(x)=\begin{cases} x^{\alpha}\sin\dfrac{1}{x}, & x>0, \\ 0, & x=0, \\ \dfrac{1}{n^{\alpha}}, & -\dfrac{1}{n}<x\leqslant-\dfrac{1}{n+1}, n=1,2,\cdots, \end{cases}$

则 $f(x)$ 在 $x=0$ 处(　　).

(A) 不连续　　(B) 连续，但不可导

(C) 可导，$f'(0)=\alpha$　　(D) 可导，$f'(0)=0$

JK 55. 设 $I_k=\int_0^{k\pi}e^{\sin x}\sin x\,dx\ (k=1,2,3)$，则有(　　).

(A) $I_2<I_1<I_3$　　(B) $I_3<I_2<I_1$

(C) $I_2<I_3<I_1$　　(D) $I_1<I_2<I_3$

JK 56. 下列三个命题：

① 设 $f(x)$ 在 $x=x_0$ 处连续，在 $x=x_0$ 的某去心邻域内可导，若 $\lim\limits_{x\to x_0}f'(x)$ 存在，则 $f(x)$ 在 $x=x_0$ 处可导且 $f'(x_0)=\lim\limits_{x\to x_0}f'(x)$；

② 设 $f(x)$ 在 $x=x_0$ 处连续，在 $x=x_0$ 的某去心邻域内可导，若 $\lim\limits_{x\to x_0^+}f'(x)$ 与 $\lim\limits_{x\to x_0^-}f'(x)$ 均存在但不相等，则 $f'(x_0)$ 不存在；

③ 设 $f(x)$ 在 $x=x_0$ 的某邻域内可导，若 $\lim\limits_{x\to x_0^+}f'(x)$ 与 $\lim\limits_{x\to x_0^-}f'(x)$ 均存在，则必有 $\lim\limits_{x\to x_0}f'(x)$ 存在.

其中真命题的序号为(　　).

(A)①②　　(B)②③　　(C)①③　　(D)①②③

二、填空题

QK 1. 设 $f(x)=\ln(1-x)-\ln(1+x)$，$-1<x<1$，则 $f''(0)=$________.

QK 2. 设 $f(x)$ 在 $x=0$ 处可导，$f(0)=f'(0)=\sqrt{2}$，则 $\lim\limits_{x\to 0}\dfrac{f^2(x)-2}{x}=$________.

QK 3. 设 $f(x)=\dfrac{\ln|x|}{2x^2-\ln|x|}$，则 $f'(-1)=$________.

QK 4. 设 $y=f(x)$ 由方程 $\sin(xy)+\ln y-x=1$ 确定，则 $\lim\limits_{n\to\infty}n\left[f\left(\dfrac{2}{n}\right)-e\right]=$________.

QK 5. 设 $y=f(x)$ 有反函数 $x=g(y)$，且 $y_0=f(x_0)$，设 $f'(x_0)=1$，$f''(x_0)=2$，则 $g''(y_0)=$________.

JK 6. 设 $f(x)$ 在 $x=0$ 处可导，且 $\lim\limits_{x\to 0}\dfrac{\cos x-1}{2^{f(x)}-1}=1$，则 $f'(0)=$________.

JK　7. 设函数 $f(x)=\begin{cases}\dfrac{\ln(1+bx)}{x}, & x\neq 0,\\ -1, & x=0,\end{cases}$ 且 $1+bx>0$，则当 $f(x)$ 在 $x=0$ 处可导时，$f'(0)=$________.

JK　8. 设 $f(u)$ 在 $u=1$ 的某邻域内有定义，且 $f(1)=0$，$f'(1)\overset{\text{存在}}{=\!=}a$，则 $\lim\limits_{x\to 0}\dfrac{f(\sin^2 x+\cos x)\tan 3x}{(e^{x^2}-1)\sin x}=$________.

QK　9. 设 $f(x)$ 可导，$f(0)=f'(0)=1$，则 $\lim\limits_{x\to 0}\dfrac{f(x)e^x-1}{f(x)\cos x-1}=$________.

JK　10. 设 $f(x)=\begin{cases}\dfrac{x-\arcsin x}{x^2}, & x\neq 0,\\ 0, & x=0,\end{cases}$ 则 $\lim\limits_{n\to\infty}nf\left(\dfrac{2}{3n}\right)=$________.

JK　11. 已知 $f'(2)=-1$，则 $\lim\limits_{x\to 0}\dfrac{x}{f(2-2x)-f(2-x)}=$________.

JK　12. 若 $f(x)=\begin{cases}\ln(1+x^2), & x\leqslant 0,\\ a\sin x+2x, & x>0\end{cases}$ 是可导函数，则 $a=$________.

QK　13. 设 $y=x^3+3x+1$，则 $\left.\dfrac{dx}{dy}\right|_{y=1}=$________.

JK　14. 设 $f(x)$ 在 $x=0$ 处可导，$f\left(\dfrac{1}{n}\right)=\dfrac{2}{n}$，$n=1,2,\cdots$，则 $f'(0)=$________.

QK　15. 设可导函数 $f(x)>0$，则 $\lim\limits_{n\to\infty}n\ln\dfrac{f\left(\dfrac{1}{n}\right)}{f(0)}=$________.

JK　16. 已知 $f(0)=0$，$f'(0)=2$，则 $\lim\limits_{n\to\infty}\left[f\left(\dfrac{1}{n^2}\right)-\dfrac{1}{n^2}+1\right]^{3n^2}=$________.

JK　17. 设 $f(x)=\dfrac{1}{n^2}$，$\dfrac{1}{n^2+1}<x\leqslant\dfrac{1}{n^2}$，$n=1,2,\cdots$，$f(0)=0$，则 $f'_+(0)=$________.

JK　18. 设 $f''(a)$ 存在，$f'(a)\neq 0$，则 $\lim\limits_{x\to a}\left[\dfrac{1}{f'(a)(x-a)}-\dfrac{1}{f(x)-f(a)}\right]=$________.

三、解答题

QK　1. 设 $f(x)$ 在 $x=1$ 处可导，$f'(1)=1$，求 $\lim\limits_{x\to 1}\dfrac{f(x)-f(1)}{x^{10}-1}$.

QJK　2. 用导数定义证明：可导的偶函数的导函数是奇函数，而可导的奇函数的导函数是偶函数.

QJK 3. 用导数定义证明：可导的周期函数的导函数仍是周期函数，且其周期不变.

QK 4. 确定 a，b 的值，使函数 $f(x)=\begin{cases}\sin ax, & x\leqslant 0,\\ \ln(1+x)+b, & x>0\end{cases}$ 在 $(-\infty,+\infty)$ 内可导.

QK 5. 设函数 $f(x)$ 在 $x=a$ 的某个邻域内可导，且 $f(a)=0$，若其绝对值函数 $|f(x)|$ 在 $x=a$ 处也可导，求 $f'(a)$ 的值，并说明理由.

QK 6. 已知函数 $f(x)$ 在 $x=1$ 处可导，且 $\lim\limits_{x\to 0}\dfrac{f(\cos x)-3f(1+\sin^2 x)}{x^2}=2$，求 $f'(1)$.

QK 7. 设 $f(x)$ 是非负连续函数，且 $\lim\limits_{x\to a}\dfrac{f^2(x)-a}{x^2-a^2}=1(a>0)$，求 $f'(a)$.

QJK 8. 设 $f(x)$ 在 $(-\infty,+\infty)$ 内有定义，且对任意的 x，x_1，$x_2\in(-\infty,+\infty)$，有

$$f(x_1+x_2)=f(x_1)\cdot f(x_2),f(x)=1+xg(x),$$

其中 $\lim\limits_{x\to 0}g(x)=1$. 证明：$f(x)$ 在 $(-\infty,+\infty)$ 内处处可导.

JK 9. 函数 $f(x)$ 在 $(-\infty,+\infty)$ 内有定义，在区间 $[0,2]$ 上，$f(x)=x(x^2-4)$. 假若对任意的 x 都满足 $f(x)=kf(x+2)$，其中 k 为常数.

(1) 写出 $f(x)$ 在 $[-2,0)$ 上的表达式；

(2) 问 k 为何值时，$f(x)$ 在 $x=0$ 处可导？

QK 10. 设 $f(x)$ 定义在 $\mathbf{R}$ 上，对于任意的 x_1，x_2，有 $|f(x_1)-f(x_2)|\leqslant(x_1-x_2)^2$，求证：$f(x)$ 是常值函数.

QK 11. 设函数

$$f(x)=\begin{cases}x^3\sin\dfrac{1}{x}, & x\neq 0,\\ 0, & x=0.\end{cases}$$

讨论 $f(x)$ 在 $x=0$ 处的可导性以及 $f'(x)$ 在 $x=0$ 处的连续性.

QK 12. 已知函数 $f(x)=\begin{cases}\dfrac{\int_x^{2x}e^{t^2}\,dt}{x}, & x\neq 0,\\ a, & x=0\end{cases}$ 在 $x=0$ 处可导，求

(1) a 的值；

(2) $f'(0)$.

JK 13. 设函数 $f(x)$，$g(x)$ 在点 $x=0$ 附近有定义，且 $f'(0)=a$，又

$$|g(x)-f(x)|\leqslant\frac{\ln(1+x^2)}{2+\cos x}.$$

证明：$g'(0)=a$.

JK　14. 证明：函数 $f(x)$ 在 x_0 处可导的充要条件是存在一个关于 Δx 的线性函数 $L(\Delta x)=\alpha\Delta x$，使 $\lim\limits_{\Delta x\to 0}\dfrac{|f(x_0+\Delta x)-f(x_0)-L(\Delta x)|}{|\Delta x|}=0$.

JK　15. 设 $f(x)$ 在 $\left(-\dfrac{\pi}{2a},\dfrac{\pi}{2a}\right)(a>0)$ 内有定义，且 $f'(0)=a$，又对任意的 $x,y,x+y\in\left(-\dfrac{\pi}{2a},\dfrac{\pi}{2a}\right)$，有 $f(x+y)=\dfrac{f(x)+f(y)}{1-f(x)f(y)}$，求 $f(x)$.

JK　16. 设 $f''(1)$ 存在，且 $\lim\limits_{x\to 1}\dfrac{f(x)}{x-1}=0$，记

$$\varphi(x)=\int_0^1 f'[1+(x-1)t]\mathrm{d}t,$$

求 $\varphi(x)$ 在 $x=1$ 的某个邻域内的导数，并讨论 $\varphi'(x)$ 在 $x=1$ 处的连续性.

QK　17. 设 $f(x)$ 对任何 x 满足 $f(x+1)=2f(x)$，且 $f(0)=1$，$f'(0)=C$(常数)，求 $f'(1)$.

QK　18. 已知 $f(x)$ 为 $(-\infty,+\infty)$ 上的连续可导函数，$g(x)=f(x|x|)$.

(1) 求证：$g(x)$ 为 $(-\infty,+\infty)$ 上的可导函数；

(2) 计算 $g'(x)$.

QK　19. 设 $g(0)=g'(0)=0$，$f(x)=\begin{cases}g(x)\sin\dfrac{1}{x}, & x\neq 0,\\ 0, & x=0,\end{cases}$ 求 $f'(0)$.

JK　20. 设 $f(x)=\begin{cases}\dfrac{g(x)-\mathrm{e}^{-x}}{x}, & x\neq 0,\\ a, & x=0,\end{cases}$ 其中 $g(x)$ 二阶连续可导，$g(0)=1$，$g'(0)=-1$.

(1) a 为何值时，$f(x)$ 在 $(-\infty,+\infty)$ 上连续？

(2) 当 $f(x)$ 为连续函数时，$f(x)$ 是否可导？若可导，求 $f'(x)$.

JK　21. 设 $f(x)$ 有二阶连续导函数，且 $f(0)=0$，令 $g(x)=\begin{cases}\dfrac{f(x)}{x}, & x\neq 0,\\ f'(0), & x=0.\end{cases}$

(1) 求 $g'(x)$；

(2) 讨论 $g'(x)$ 在点 $x=0$ 处的连续性.

JK　22. 设 $f(x)=\begin{cases}x\arctan\dfrac{1}{\sqrt{x}}, & x>0,\\ \dfrac{\pi}{2}(\mathrm{e}^{\sin x}-1), & x\leqslant 0,\end{cases}$ 讨论 $f(x)$ 在点 $x=0$ 处的连续性和可导性；若可导，讨论其导函数 $f'(x)$ 在 $x=0$ 处的连续性.

JK 23. 设 $f(x)$ 在点 $x=a$ 处可导，且 $f(a)\neq 0$，计算 $I=\lim\limits_{x\to\infty}\left[\dfrac{f\left(a+\dfrac{1}{x}\right)}{f(a)}\right]^x$.

JK 24. 已知 $a_n=1-e^{\frac{1}{n}}-\sin\dfrac{1}{n^2}$，可导函数 $y=f(x)-\sin x$ 在 $x=0$ 处取得极值. 计算 $\lim\limits_{n\to\infty}n\left[f\left(\dfrac{1}{n}\right)-f(a_n)\right]$.

JK 25. 设函数 $y=f(x)=\begin{cases}1-2x^2, & x<-1,\\ x^3, & -1\leqslant x\leqslant 2,\\ 12x-16, & x>2.\end{cases}$

(1) 写出 $f(x)$ 的反函数 $g(x)$ 的表达式；

(2) 讨论 $g(x)$ 是否有不可导点，若有，指出这些点.

JK 26. (1) 设 $f(x)=\sqrt{x+5}\cdot\sqrt[3]{2x-7}$，$g(x)=\sqrt{x-3}\cdot\sqrt[3]{3x-11}$，求 $f'(4)$，$g'(4)$；

(2) 求极限 $I=\lim\limits_{x\to 4}\dfrac{\sqrt{x+5}\cdot\sqrt[3]{2x-7}-3}{1-\sqrt{x-3}\cdot\sqrt[3]{3x-11}}$.

JK 27. 设 $f(x)=\begin{cases}\sin\dfrac{1}{x}, & x\neq 0,\\ 0, & x=0,\end{cases}$ $F(x)=\displaystyle\int_0^x f(t)\mathrm{d}t$. 证明：

(1) $\lim\limits_{x\to 0^+}\dfrac{1}{x}\displaystyle\int_0^{x^2}f(t)\mathrm{d}t=0$；

(2) $F'_+(0)=0$.

JK 28. 设 $f(x)$ 在 x_0 处可导，$\{\alpha_n\}$，$\{\beta_n\}$ 都是趋于 0 的正项数列，求极限

$$\lim_{n\to\infty}\frac{f(x_0+\alpha_n)-f(x_0-\beta_n)}{\alpha_n+\beta_n}.$$

JK 29. 设 $f(x)=\begin{cases}x^{\alpha}\sin\dfrac{1}{x}, & x\neq 0,\\ 0, & x=0,\end{cases}$ 试问当 α 取何值时，$f(x)$ 在点 $x=0$ 处 ① 连续；② 可导；③ 一阶导数连续；④ 二阶导数存在.

JK 30. 设函数 $f(x)$ 在 $x=0$ 的某邻域内连续，且 $\lim\limits_{x\to 0}\dfrac{xf(x)-e^{2x}+1}{x^2}=1$，证明 $f(x)$ 在 $x=0$ 处可导，并求 $f'(0)$.

第4章 一元函数微分学的计算

一、选择题

QK 1. 设 $f(x)=(x-1)^n x^{2n}\sin\left(\frac{\pi}{2}x\right)$，则 $f^{(n)}(1)=$（　　）.

(A) $(n-1)!$　　(B) $n!$　　(C) $n!+1$　　(D) $(n+1)!$

QK 2. 设 $g(x)$ 是有界函数，$f(x)=\begin{cases}\dfrac{\sqrt{1-x^2}-1}{\ln(1+\sqrt{x})}, & 0<x<1,\\ x^2g(x), & \text{其他},\end{cases}$ 则 $f(x)$ 在 $x=0$ 处（　　）.

(A) 极限不存在　　(B) 极限存在但不连续

(C) 连续但不可导　　(D) 可导

QK 3. $f(x)=xe^x$ 的 n 阶麦克劳林公式为（　　）.

(A) $x+x^2+\frac{x^3}{2!}+\cdots+\frac{x^n}{(n-1)!}+\frac{e^{\theta x}(n+\theta x)}{(n+1)!}x^{n+1}, 0<\theta<1$

(B) $x+x^2+\frac{x^3}{2!}+\cdots+\frac{x^n}{(n-1)!}+\frac{e^{\theta x}(n+1+\theta x)}{(n+1)!}x^{n+1}, 0<\theta<1$

(C) $1+x+\frac{x^2}{2!}+\cdots+\frac{x^{n-1}}{(n-1)!}+\frac{e^{\theta x}(n+\theta x)}{n!}x^{n+1}, 0<\theta<1$

(D) $1+x+\frac{x^2}{2!}+\cdots+\frac{x^n}{n!}+\frac{e^{\theta x}(n+1+\theta x)}{(n+1)!}x^{n+1}, 0<\theta<1$

QK 4. 设 $f(x)$ 连续且 $f(x)\neq 0$，$F(x)=\int_0^x f(x-t)\sin t\,dt$，则 $F''(x)+F(x)=$（　　）.

(A) $f(x)\sin x$　　(B) $f(x)\cos x$

(C) $f(x)(\sin x+\cos x)$　　(D) $f(x)$

QK 5. 函数 $f(x)=\ln|x-1|$ 的导数是（　　）.

(A) $f'(x)=\frac{1}{|x-1|}$　　(B) $f'(x)=\frac{1}{x-1}$

(C) $f'(x)=\frac{1}{1-x}$　　(D) $f'(x)=\begin{cases}\dfrac{1}{x-1}, & x>1,\\ \dfrac{1}{1-x}, & x<1\end{cases}$

QK 6. 设 $f(x)=x^2,h(x)=f[1+g(x)]$,其中 $g(x)$ 可导,且 $g'(1)=h'(1)=2$,则 $g(1)=($　　$)$.

(A) -2　　(B) $-\dfrac{1}{2}$　　(C) 0　　(D) 2

QK 7. 设函数 $f(x)$ 可导,$f(1)=f'(1)=\dfrac{1}{4}$,若 $y(x)=e^{\sqrt{f(2x-1)}}$,则 $y'(1)=($　　$)$.

(A) $\sqrt{e}$　　(B) $\dfrac{1}{4}\sqrt{e}$

(C) $\dfrac{1}{2}\sqrt{e}$　　(D) $2\sqrt{e}$

QK 8. 设可导函数 $f(x)$ 满足 $f'(x)=f^2(x)$,且 $f(0)=-1$,则在 $x=0$ 处的三阶导数 $f'''(0)=($　　$)$.

(A) -6　　(B) -4　　(C) 4　　(D) 6

QK 9. 设 $f(x^2)=\dfrac{1}{1+x^2}$,则 $f'(x)=($　　$)$.

(A) $\dfrac{1}{1+x^2}$　　(B) $\dfrac{-1}{(1+x)^2}$　　(C) $\dfrac{1}{(1+x^2)^2}$　　(D) $\dfrac{-1}{(1+x^2)^2}$

QK 10. 设函数 $f(x)=(x-1)(x-2)\cdots(x-10)$,则 $f'(1)=($　　$)$.

(A) $9!$　　(B) $-9!$　　(C) $10!$　　(D) $-10!$

QK 11. 设 $f(x)=xe^{-x}$,则 $f^{(n)}(x)=($　　$)$.

(A) $(-1)^n(1+n)xe^{-x}$　　(B) $(-1)^n(1-n)xe^{-x}$

(C) $(-1)^n(x+n)e^{-x}$　　(D) $(-1)^n(x-n)e^{-x}$

JK 12. 设函数 $f(x)=x^2 2^x$,则对于任意正整数 $n>1$,$f(x)$ 在 $x=0$ 处的 n 阶导数 $f^{(n)}(0)=($　　$)$.

(A) $n(n-1)(\ln 2)^{n-2}$　　(B) $n(n-2)(\ln 2)^{n-1}$

(C) $n(n+1)(\ln 2)^{n-2}$　　(D) $n(n+2)(\ln 2)^{n-1}$

JK 13. 设函数 $f(x)=x^2\sin\sqrt{x^2}$,则使得导数 $f^{(n)}(0)$ 存在的最大正整数 n 等于($\quad$).

(A) 1　　(B) 2　　(C) 3　　(D) 4

QK 14. 设 $f(x)=\begin{cases}\dfrac{\cos x-1}{x}, & x>0,\\ \ln\cos\sqrt{|x|}, & -\dfrac{\pi}{2}<x\leqslant 0,\end{cases}$ 则 $f(x)$ 在 $x=0$ 处($\quad$).

(A) 不连续　　(B) 连续但不可导

(C) 可导且 $f'(0)=\frac{1}{2}$　　(D) 可导且 $f'(0)=1$

JK 15. 设函数 $f(x)=(e^x-1)(e^{2x}-2)\cdots(e^{nx}-n)$,其中 n 为正整数,则 $f'(0)$ 的值为(　　).

(A) $(-1)^{n-1}(n-1)!$　　(B) $(-1)^n(n-1)!$

(C) $(-1)^{n-1}n!$　　(D) $(-1)^n n!$

JK 16. 设 $f(x)=\begin{cases}x^3\arctan\frac{1}{x}, & x\neq 0,\\ 0, & x=0,\end{cases}$ 若 $f^{(n)}(x)$ 在 $x=0$ 处连续,则 n 的最大值是(　　).

(A) 1　　(B) 2　　(C) 3　　(D) 4

JK 17. 函数 $f(x)=(x^2+ax+b)|(x-1)(x-2)(x-3)|$ 在 $(-\infty,+\infty)$ 内有且仅有一个不可导点的一个充分条件是(　　).

(A) $a=-2,b=1$　　(B) $a=5,b=-6$

(C) $a=-4,b=3$　　(D) $a=-2,b=-3$

QK 18. 函数 $F(x)=(x^2-x-2)|x^3-x|$ 不可导的点的个数为(　　).

(A) 1　　(B) 2　　(C) 3　　(D) 4

JK 19. 设 $f(x)=(x-1)(x+2)(x-3)(x+4)\cdots(x-99)(x+100)$,则 $f'(1)=$(　　).

(A) $101!$　　(B) $-101!$

(C) $\frac{101!}{100}$　　(D) $-\frac{101!}{100}$

JK 20. 设函数 $f(2x+3)=xe^{-x}$,则 $f^{(n)}(2x+3)=$(　　).

(A) $(-1)^n(n-x)e^{-x}$　　(B) $(-1)^n(x-n)e^{-x}$

(C) $\left(-\frac{1}{2}\right)^n(n-x)e^{-x}$　　(D) $\left(-\frac{1}{2}\right)^n(x-n)e^{-x}$

JK 21. 设 $f(x)=\frac{1}{2x+1}$,$y=f[f(x)]$,则 $y^{(n)}\Big|_{x=-2}=$(　　).

(A) $4\cdot n!$　　(B) $-4\cdot n!$

(C) $2^{n+1}\cdot n!$　　(D) $-2^{n+1}\cdot n!$

JK 22. 设 $f(x)=(e^x-1)(e^{3x}-3)(e^{5x}-5)\cdots[e^{(2n-1)x}-(2n-1)]$($n$ 为正整数),则

$f'(0)=($　　$)$.

(A)$(-1)^n(2n)!$　　(B)$(-2)^n(n-1)!$

(C)$(-2)^n n!$　　(D)$(-2)^{n-1}(n-1)!$

JK　23. 设 $f(x)=|x|\sin^2 x$，则使 $f^{(n)}(0)$ 存在的阶数 n 的最大值为(　　).

(A)1　　(B)2　　(C)3　　(D)4

JK　24. 设 $f(x)=\int_0^1 t\,|t-x|\,\mathrm{d}t$，则(　　).

(A)$f'(0)$ 存在，但 $f'(x)$ 在 $x=0$ 处不连续

(B)$f'(x)$ 在 $x=0$ 处连续，但 $f''(0)$ 不存在

(C)$f'(1)$ 存在，但 $f'(x)$ 在 $x=1$ 处不连续

(D)$f'(x)$ 在 $x=1$ 处连续，但 $f''(1)$ 不存在

JK　25. 设函数 $y=f(x)$ 在 $x=0$ 的某邻域内二阶可导，$f(0)=3$，$f'(0)=f''(0)=\frac{1}{2}$，则 $\left.\frac{\mathrm{d}^2x}{\mathrm{d}y^2}\right|_{y=3}=($　　$)$.

(A)-4　　(B)-2　　(C)$\frac{1}{3}$　　(D)$\frac{1}{2}$

JK　26. 设 $y=y(x)$ 是由方程 $\sin x-\int_x^y \varphi(t)\mathrm{d}t=0$ 所确定的函数，其中 $\varphi(t)$ 为可导函数，且 $\varphi(0)=\varphi'(0)=1$，则 $y''(0)=($　　$)$.

(A)-3　　(B)-1　　(C)1　　(D)3

JK　27. 设 $f(x)=(x-1)(x-2)^2(x-3)^3\cdots(x-n)^n\ (n>2)$，则 $f^{(n)}(n)=($　　$)$.

(A)$n\cdot n!$

(B)$(n!)^n$

(C)$(n!)!$

(D)$n!\cdot(n-1)!\cdot(n-2)!\cdot\cdots\cdot 3!\cdot 2!\cdot 1!$

JK　28. 设 $f(x)$ 在 $x=a$ 处连续且 $\lim\limits_{x\to a}\frac{|f(x)|}{x-a}$ 存在，则 $f(x)$ 在 $x=a$ 处(　　).

(A) 不可导，但 $|f(x)|$ 可导

(B) 不可导，且 $|f(x)|$ 也不可导

(C) 可导，且 $f'(a)=0$

(D) 可导，但对不同的 $f(x)$，$f'(a)$ 可以等于 0，也可以不等于 0

JK　29. 设 $f(x)=x^4\sin\frac{1}{x}+x\cos x(x\neq 0)$，且当 $x=0$ 时，$f(x)$ 连续，则(　　).

(A) $f''(0)=0$，$f''(x)$ 在 $x=0$ 处不连续

(B) $f''(0)=0$，$f''(x)$ 在 $x=0$ 处连续

(C) $f''(0)=1$，$f''(x)$ 在 $x=0$ 处不连续

(D) $f''(0)=1$，$f''(x)$ 在 $x=0$ 处连续

JK　30. 设 $f_n(x)=x^{n-1}e^{\frac{1}{x}}$，$n=1,2,\cdots$，$x\neq 0$，则 $f_n^{(n)}(x)=$(　　).

(A) $\frac{1}{x^n}e^{\frac{1}{x}}$　　(B) $\frac{(-1)^n}{x^n}e^{\frac{1}{x}}$

(C) $\frac{1}{x^{n+1}}e^{\frac{1}{x}}$　　(D) $\frac{(-1)^n}{x^{n+1}}e^{\frac{1}{x}}$

JK　31. 设 $f(x)=\arctan(2x)$，则 $f^{(2\,017)}(0)=$(　　).

(A) $2\,017!2^{2\,017}$　　(B) $2\,016!2^{2\,017}$

(C) $-(2\,017!)2^{2\,017}$　　(D) $-(2\,016!)2^{2\,017}$

JK　32. 设 $f(x)=\frac{x+1}{x^2-x+1}$，$a_n=\frac{f^{(n)}(0)}{n!}$，$n=0,1,2,\cdots$，则关于 a_n 关系式成立的是(　　).

(A) $a_{n+2}=a_{n+1}+a_n$　　(B) $a_{n+3}=a_n$

(C) $a_{n+4}=a_{n+2}+a_n$　　(D) $a_{n+6}=a_n$

JK　33. (仅数学一、数学二) 设 $y=f(x)$ 由方程组 $\begin{cases}x=t^2-t,\\ y=\sum\limits_{n=1}^{\infty}\frac{nt^{n-1}}{2^n}\end{cases}$ 所确定，则 $\left.\frac{dy}{dx}\right|_{t=1}=$(　　).

(A) 4　　(B) 5　　(C) 6　　(D) 7

二、填空题

QK　1. 设函数 $y=f(x)$ 与函数 $x=y+\arctan y$ 互为反函数，则 $\left.df(x)\right|_{x=0}=$________.

QK　2. 若 $f(t)=\lim\limits_{x\to\infty}t\left(1+\frac{1}{x}\right)^{2tx}$，则 $f'(t)=$________.

QK　3. 设 $y=\ln(1+3^{-x})$，则 $dy=$________.

QK　4. 设 $y=(x+e^{-\frac{x}{2}})^{\frac{2}{3}}$，则 $\left.y'\right|_{x=0}=$________.

QK　5. 设 $f(x)=\lim\limits_{t\to 0}x(1-2t)^{-\frac{x}{t}}$，则 $f'(x)=$________.

QK 6.(仅数学一、数学二)设$\begin{cases}x=(1+t)\ln(1+t),\\y=2t+\cos^2 t,\end{cases}$其中 t 为参数,则$\left.\dfrac{\mathrm{d}^2 y}{\mathrm{d}x^2}\right|_{t=0}=$________.

QK 7.设 $f(x)=(\ln x-1)(\ln^2 x-2)\cdots(\ln^n x-n),n\geqslant 2$,则 $f'(\mathrm{e})=$________.

QK 8.已知函数 $y=y(x)$ 满足$(x+y^2)y'=1,y(-1)=0$,则$\left.\dfrac{\mathrm{d}x}{\mathrm{d}y}\right|_{y=0}=$________.

QK 9.(仅数学一、数学二)设$\begin{cases}x=t-t^2,\\t\mathrm{e}^y+y+1=0,\end{cases}$则$\left.\dfrac{\mathrm{d}y}{\mathrm{d}x}\right|_{t=0}=$________.

QK 10.若 $y=\sin(\mathrm{e}^{-\sqrt{x}})$,则$\left.\dfrac{\mathrm{d}y}{\mathrm{d}x}\right|_{x=1}=$________.

QK 11.设函数 $f(x)=\dfrac{(x-1)(x-2)^2(x-3)^3}{x}$,则 $f''(2)=$________.

QK 12.设函数 $y=x^2\cos x$,则 $y'=$________.

QK 13.设 $y=y(x)$ 由 $\sin(x^2 y)=xy$ 确定,则 $\mathrm{d}y=$________.

QK 14.设函数 $y=f(x)$ 可导,且 $f'(x)=\mathrm{e}^{f(x)}$,则$f''(x)=$________.

QK 15.设函数 $f(x)=x^3+2x-4,g(x)=f[f(x)]$,则 $g'(0)=$________.

QK 16.设 $y=y(x)$ 由方程 $\ln(x^2+y)=x^3 y+\sin x$ 确定,则 $\left.\mathrm{d}y\right|_{x=0}=$________.

QK 17.设 $f'(\ln x)=x\ln x$,则 $f(x)$ 的 n 阶导数 $f^{(n)}(x)=$________.

JK 18.设函数 $f(x)$ 可导,$f(0)=-1,f'(0)=1$,若 $y(x)=|f(x-1)|$,则 $y'(1)=$________.

JK 19.已知函数 $f(x)=x^2\ln(2-x)$,则当 $n\geqslant 3$ 时,$f^{(n)}(0)=$________.

QK 20.设$f(x)$为三次多项式,且 $f(x)+1$ 能被$(x-1)^2$ 整除,$f(x)-1$ 能被$(x+1)^2$ 整除,则$f(x)=$________.

QK 21.设函数 $f(x)$ 在$[1,+\infty)$ 上连续,$\int_1^{+\infty}f(x)\mathrm{d}x$ 收敛,且满足 $f(x)=\dfrac{\ln x}{(1+x)^2}+\dfrac{1+x^2}{1+x^4}\int_1^{+\infty}f(x)\mathrm{d}x$,则$\int_1^{+\infty}f(x)\mathrm{d}x=$________.

JK 22.若 $f(x)=x^5\mathrm{e}^{6x}$,则 $f^{(2\,019)}(0)=$________.

JK 23.设 $y=\arctan x$,则 $y^{(n)}(0)=$________,n 为非负整数.

JK 24.$f(x)$ 与 $g(x)$ 的图像如图所示,设 $u(x)=f[g(x)]$,则 $u'(1)=$________.

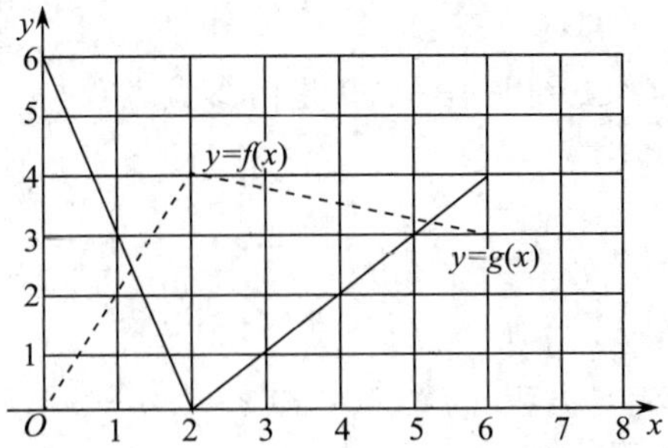

JK 25. 设 $f(x)=(x-1)^n(x^2+5x+1)^n\sin\left(\frac{\pi}{2}x\right)$，则 $f^{(n)}(1)=$________.

QK 26. 设 $y=e^{\tan\frac{1}{x}}\sin\frac{1}{x}$，则 $y'=$________.

QK 27. 设 $y=\ln\sqrt{\frac{1-x}{1+x^2}}$，则 $y'\Big|_{x=0}=$________.

QK 28. 设 $f(x)=\frac{x^4+x^2+x}{x^2-1}$，则 $f'''(0)=$________.

QK 29.（仅数学一、数学二）设 $\begin{cases}x=f(t)-\pi,\\ y=f(e^{3t}-1),\end{cases}$ 其中 f 可导，且 $f'(0)\neq0$，则 $\frac{dy}{dx}\Big|_{t=0}=$________.

QK 30.（仅数学一、数学二）设 $\begin{cases}x=e^{-t},\\ y=\int_0^t\ln(1+u^2)du,\end{cases}$ 则 $\frac{d^2y}{dx^2}\Big|_{t=0}=$________.

QK 31. 设函数 $y=y(x)$ 由方程 $e^{x+y}+\cos(xy)=0$ 确定，则 $\frac{dy}{dx}=$________.

JK 32. 设 $f(x)=(x^2-1)^n$，则 $f^{(n+1)}(-1)=$________.

JK 33. 设 $f(x)$ 在区间 $[a,+\infty)$ 上存在二阶导数，且 $\lim\limits_{x\to+\infty}f(x)=b$，$\lim\limits_{x\to+\infty}f''(x)=0$，其中 a,b 均为常数，则 $\lim\limits_{x\to+\infty}f'(x)=$________.

JK 34. 设 $f''(x_0)$ 存在，且 $\lim\limits_{x\to x_0}\frac{d}{dx}\left[\frac{f(x)-f(x_0)}{x-x_0}\right]=1$，则 $f''(x_0)=$________.

JK 35. 设 $y=\sin^4x+\cos^4x$，则 $y^{(n)}=$________$(n\geqslant1)$.

JK 36. 设 $y=y(x)$ 由 $y^3+(x+1)y+x^2=0$ 及 $y(0)=0$ 所确定，则 $\lim\limits_{x\to0}\frac{\int_0^x y(t)dt}{x(1-\cos x)}=$________.

JK 37. 设 $y=y(x)$ 由方程 $x^2+y=\tan(x-y)$ 所确定且满足 $y(0)=0$，则 $y''(0)=$________.

QK 38.(仅数学一、数学二)设 $y=y(x)$ 是由参数方程 $\begin{cases} x=\int_0^t e^{u^4}du, \\ y=e^{2t^4} \end{cases}$ 所确定的函数,则 $\dfrac{d^2y}{dx^2}=$________.

JK 39.设函数 $f(x)$ 满足方程 $xf(x)+f(1-x)=x^2$,则 $\int f(x)dx=$________.

JK 40.设 $x=x(y)$ 由方程 $y=\int_1^{x-y}\cos^2\left(\dfrac{\pi t}{4}\right)dt$ 确定,则 $\lim\limits_{n\to\infty}\left[nx\left(\dfrac{1}{n}\right)-n\right]=$________.

JK 41.设可导函数 $f(x)$ 是 $e^{-f(x)}$ 的一个原函数,且 $f(0)=0$,则 $f^{(10)}(0)=$________.

JK 42.设函数 $f(x)=(1-x)^n\cos(\pi x)$,$n=1,2,\cdots$,则 $f^{(n)}(1)=$________.

JK 43.设 $y=\dfrac{x^2}{1-x}\sqrt[3]{\dfrac{2+x}{(2-x)^2}}+\sin x$,则 $y'=$________.

JK 44.已知函数 $f(x)$ 是 $\int_1^{e^x}\dfrac{1}{1+t^3}dt$ 的反函数,则 $f'(0)=$________.

JK 45.已知函数 $y=f(x)$ 具有二阶导数,且 $\lim\limits_{x\to0}\dfrac{f'(x)-2}{x}=2$,则 $\left.\dfrac{d^2x}{dy^2}\right|_{x=0}=$________.

JK 46.设 $f(x)$ 在 $x=a$ 处存在二阶导数,则 $\lim\limits_{x\to a}\dfrac{\dfrac{f(x)-f(a)}{x-a}-f'(a)}{x-a}=$________.

JK 47.(仅数学一、数学二)设 $y=y(x)$ 是由 $\begin{cases} x=3t^2+2t+3, \\ y=e^y\sin t+1 \end{cases}$ 所确定的函数,则 $\left.\dfrac{d^2y}{dx^2}\right|_{t=0}=$________.

JK 48.(仅数学一、数学二)设 $\begin{cases} x=\tan t, \\ y=\dfrac{u(t)}{\cos t}, \end{cases}$ 函数 $y=y(x)$ 满足 $(1+x^2)^2y''=y$,则 $\dfrac{d^2u}{dt^2}=$________.

JK 49.设 $f(x)=(x^2+3x-4)^n\cos(x^2-1)$,则 $f^{(n)}(1)=$________.

JK 50.设 $\varphi(x)=\int_0^x e^{t^2}dt$,$f(x)=x^{n-1}\varphi(x)$($n$ 为正整数),则 $f^{(n)}(0)=$________.

JK 51.设 $y=y(x)$ 由方程 $\arctan(xy)+e^{2y}(\cos x+\sin x)=1$ 所确定,则 $\lim\limits_{x\to0}\left[\dfrac{1-y(x)}{1+y(x)}\right]^{\frac{1}{x}}=$________.

JK　52. 设 $f(x)=\lim\limits_{n\to\infty}\left[\dfrac{n}{(n+x)^2}+\dfrac{n}{(n+2x)^2}+\cdots+\dfrac{n}{(n+nx)^2}\right]$，则 $f^{(99)}(0)=$ ________.

JK　53. 已知 $\left[f\left(\dfrac{1}{x}\right)\right]'=\dfrac{\ln(x^2-1)}{x^2}$，则当 $n>2$ 时，$f^{(n)}(x)=$ ________.

JK　54. 设 $f(x)=\int_0^{2x}\ln(t^2-1)\mathrm{d}t$，则当 $n>1$ 时，$f^{(n)}(x)=$ ________.

QJK　55. 已知 $f(x)=\dfrac{(x-1)(x-2)(x-3)\cdots(x-100)}{(x+1)(x+2)(x+3)\cdots(x+100)}$，则 $f'(1)=$ ________.

JK　56.（仅数学一、数学二）设 $y=y(x)$ 是由参数方程 $\begin{cases}x=t\mathrm{e}^t,\\ y=t^2\mathrm{e}^t\end{cases}$ 所确定的函数，则 $\lim\limits_{x\to0}\dfrac{xy'(x)}{\mathrm{e}^{x^2}-1}=$ ________.

三、解答题

QK　1. 设 $f(x)=\sqrt{\dfrac{(1+x)\sqrt{x}}{\mathrm{e}^{x-1}}}+\arcsin\dfrac{1-x}{\sqrt{1+x^2}}$，求 $f'(1)$.

QK　2. 设 $y=\ln\dfrac{\sqrt{1+x^2}-1}{\sqrt{1+x^2}+1}$，求 y'.

QK　3. 求函数的导数：$y=a^{a^x}+a^{x^x}+a^{x^a}+a^{a^a}\ (a>0)$.

QK　4. 求函数的导数：$y=\mathrm{e}^{f(x)}\cdot f(\mathrm{e}^x)$，其中 $f(x)$ 具有一阶导数.

QK　5. 设 $y=f(\ln x)\mathrm{e}^{f(x)}$，其中 f 可微，计算 $\dfrac{\mathrm{d}y}{\mathrm{d}x}$.

QK　6.（仅数学一、数学二）设 $\begin{cases}x=\sin t,\\ y=t\sin t+\cos t,\end{cases}$ 其中 t 为参数，求 $\left.\dfrac{\mathrm{d}^2y}{\mathrm{d}x^2}\right|_{t=\frac{\pi}{4}}$.

QK　7. 设 $y=\mathrm{e}^{x^2}$，求 $\dfrac{\mathrm{d}y}{\mathrm{d}x}$，$\dfrac{\mathrm{d}y}{\mathrm{d}(x^2)}$，$\dfrac{\mathrm{d}^2y}{\mathrm{d}x^2}$.

QK　8. 设 $f(x)$ 在 $x=0$ 的某邻域内具有连续导数，且 $f(0)=1$，$f'(x)=\dfrac{1}{2}f[f(x)-1]$，求 $f''(0)$.

QK　9. 设函数 $y=y(x)$ 由方程 $\arctan\dfrac{x}{y}=\ln\sqrt{x^2+y^2}$ 确定，求 $\dfrac{\mathrm{d}y}{\mathrm{d}x}$ 与 $\dfrac{\mathrm{d}^2y}{\mathrm{d}x^2}$.

QK　10. 设 $y=2x+\sin x$，求其反函数 $x=x(y)$ 的二阶导数 $\dfrac{\mathrm{d}^2x}{\mathrm{d}y^2}$.

QK 11. 设 $f(x)$ 在 $x=0$ 处存在二阶导数，且 $\lim\limits_{x\to 0}\dfrac{f(x)+x}{1-\cos x}=2$，求 $f''(0)$.

JK 12. 已知函数 $f(x)=e^{\sin x}+e^{-\sin x}$，求 $f^{(5)}(\pi)$.

JK 13. 求函数 $f(x)=\sin(x^2+2\sqrt{\pi}x)$ 在 $x_0=-\sqrt{\pi}$ 处的带有佩亚诺余项的泰勒公式，并求 $f^{(n)}(-\sqrt{\pi})$.

JK 14. 求函数 $f(x)=x^2e^x$ 在 $x=0$ 处的 n 阶导数 $f^{(n)}(0)(n\geqslant 3)$.

QK 15.（仅数学一、数学二）设函数 $y=y(x)$ 由参数方程 $\begin{cases}x=1+t^2,\\ y=\cos t\end{cases}$ 所确定，求：

(1) $\dfrac{dy}{dx}$ 和 $\dfrac{d^2y}{dx^2}$；

(2) $\lim\limits_{x\to 1^+}\dfrac{dy}{dx}$ 和 $\lim\limits_{x\to 1^+}\dfrac{d^2y}{dx^2}$.

QK 16.（仅数学一、数学二）设函数 $f(x)$ 二阶可导，$f'(0)=1$，$f''(0)=2$，且 $\begin{cases}x=f(t)-\pi,\\ y=f(e^{3t}-1),\end{cases}$ 求 $\left.\dfrac{dy}{dx}\right|_{t=0}$，$\left.\dfrac{d^2y}{dx^2}\right|_{t=0}$.

QK 17. (1) 证明：当 $x<0$ 时，$e^x(x^2+2)<2$；

(2) 记函数 $f(x)=\max\left\{e^{-x},\dfrac{1}{2}x^2+1\right\}$，若可导函数 $g(x)\geqslant f(x)$，$x\in\mathbf{R}$，证明 $g(0)>1$.

QK 18. 设 $f(x)=(\cos x-4)\sin x+3x$.

(1) 求 $\dfrac{d[f(x)]}{d(x^2)}$；

(2) 当 $x\to 0$ 时，$f(x)$ 为 x 的几阶无穷小？

QK 19. 设 $f'(0)=1$，$f''(0)=0$，求证：在 $x=0$ 处，有

$$\frac{d^2}{dx^2}[f(x^2)]=\frac{d^2}{dx^2}[f^2(x)].$$

QK 20. 设 $f(x)=\begin{cases}x^{3x}, & x>0,\\ x+1, & x\leqslant 0,\end{cases}$ 求 $f''(x)$.

JK 21. 设 $f(x)$ 在 $(-\infty,+\infty)$ 内连续且大于 0，

$$g(x)=\begin{cases}\dfrac{\int_0^x tf(t)dt}{\int_0^x f(t)dt}, & x\neq 0,\\ 0, & x=0.\end{cases}$$

(1) 求 $g'(0)$；

(2) 证明：$g'(x)$ 在 $(-\infty,+\infty)$ 内连续.

JK　22. 设 $y=f(x)$ 与 $x=g(y)$ 互为反函数，$y=f(x)$ 可导，且 $f'(x)\neq 0$，$f(3)=5$，

$$h(x)=f\left[\frac{1}{3}g^2(x^2+3x+1)\right],$$

求 $h'(1)$.

QK　23. 设 $y=[(1+x)(3+x)^9]^{\frac{1}{2}}(2+x)^4$，求 $y'(0)$.

JK　24. 设 $f(x)=\lim\limits_{n\to\infty}x\cos(2x)\cos\frac{x}{2}\cos\frac{x}{4}\cdots\cos\frac{x}{2^n}(x>0)$.

(1) 求证 $f(x)=\cos(2x)\sin x$；

(2) 求 $f^{(20)}(x)$.

JK　25. 设 $f(x)=g'(x)$，$g(x)=\begin{cases}\dfrac{e^x-1}{x}, & x\neq 0,\\ 1, & x=0,\end{cases}$ 求 $f^{(n)}(0)$.

JK　26. (1) 设函数 $\varphi(x)$ 在点 $x=0$ 处连续，在 $(0,\delta)$ 内可导，$\delta>0$，且 $\lim\limits_{x\to 0^+}\varphi'(x)$ 存在，证明 $\varphi'_+(0)=\lim\limits_{x\to 0^+}\varphi'(x)$；

(2) 设函数 $F(x)=\begin{cases}\displaystyle\int_0^x du\int_0^u f(t)dt, & x\leqslant 0,\\ \displaystyle\int_{-x}^0 \ln[1+f(x+t)]dt, & x>0,\end{cases}$ 其中 $f(x)$ 连续且 $f(0)=f'(0)=0$. 求 $F''(0)$.

JK　27. (仅数学一、数学二) 设函数 $y=f(x)$ 由 $\begin{cases}x^x+tx-t^2=0,\\ \arctan(ty)=\ln(1+t^2y^2)\end{cases}$ 确定，求 $\dfrac{dy}{dx}$.

QK　28. 设 $x=f(t)\cos t-f'(t)\sin t$，$y=f(t)\sin t+f'(t)\cos t$，$f''(t)$ 存在，试证：

$$(dx)^2+(dy)^2=[f(t)+f''(t)]^2(dt)^2.$$

JK　29. 求 $y=\dfrac{1}{2}\arctan\sqrt[4]{1+x^4}+\ln\sqrt[4]{\dfrac{\sqrt[4]{1+x^4}+1}{\sqrt[4]{1+x^4}-1}}$ 的反函数的导数.

JK　30. 求函数 $y=[\tan(2x)]^{\cot\frac{x}{2}}$ 的导数.

QK　31. 设 $T=\cos(n\theta)$，$\theta=\arccos x$，求 $\lim\limits_{x\to 1^-}\dfrac{dT}{dx}$.

JK　32. 已知 $y=x^2\sin(2x)$，求 $y^{(50)}$.

JK 33. 计算 $\lim\limits_{x\to 0}\dfrac{(2+\tan x)^{10}-(2-\sin x)^{10}}{\sin x}$.

QK 34. 函数 $y=y(x)$ 由方程 $\cos(x^2+y^2)+e^x-x^2y=0$ 所确定，求 $\dfrac{dy}{dx}$.

JK 35.（仅数学一、数学二）设函数 $y=f(x)$ 由参数方程 $\begin{cases}x=2t+t^2,\\ y=\varphi(t)\end{cases}$ $(t>-1)$ 所确定，其中 $\varphi(t)$ 具有二阶导数，且已知 $\dfrac{d^2y}{dx^2}=\dfrac{3}{4(1+t)}$，证明：函数 $\varphi(t)$ 满足方程 $\varphi''(t)-\dfrac{1}{1+t}\varphi'(t)=3(1+t)$.

JK 36. 设 $y=\dfrac{x^3}{x^2-3x+2}$，求 $y^{(n)}\ (n>1)$.

JK 37. 设 $y=\sin^4 x-\cos^4 x$，求 $y^{(n)}\ (n\geqslant 1)$.

JK 38. 设 $y=e^x\sin x$，求 $y^{(n)}$.

JK 39. 设 $y=\begin{cases}\dfrac{\sin x}{x}, & x\neq 0,\\ 1, & x=0,\end{cases}$ 求 $y^{(n)}(0)$.

QK 40. 设 $f(x)$ 满足 $f(x)+2f\left(\dfrac{1}{x}\right)=\dfrac{3}{x}$，求 $f'(x)$.

QK 41. 设 $\sqrt{x^2+y^2}=e^{\arctan\frac{y}{x}}$，求 y'.

QK 42. 设 $y=y(x)$ 是由 $\sin(xy)=\ln\dfrac{x+e}{y}+1$ 确定的隐函数，求 $y'(0)$ 和 $y''(0)$ 的值.

JK 43. 设 $\varphi(x)=\begin{cases}x^3\sin\dfrac{1}{x}, & x\neq 0,\\ 0, & x=0,\end{cases}$ 又函数 $f(x)$ 在点 $x=0$ 处可导，求 $F(x)=f[\varphi(x)]$ 的导数.

JK 44. 设 $f(t)$ 具有二阶导数，$f\left(\dfrac{1}{2}x\right)=x^2$，求 $f[f'(x)]$，$\{f[f(x)]\}'$.

QK 45. 已知函数 $y=f\left(\dfrac{3x-2}{3x+2}\right)$，$f'(x)=\arctan(x^2)$，求 $\left.\dfrac{dy}{dx}\right|_{x=0}$.

QK 46.（仅数学一、数学二）已知 $u=g(\sin y)$，其中 $g'(v)$ 存在，$y=f(x)$ 由参数方程

$$\begin{cases}x=a\cos t,\\ y=b\sin t\end{cases}\left(0<t<\frac{\pi}{2},a\neq 0\right)$$

所确定，求 du.

JK　47. 设 $y=\ln(1-2x)$，求 $y^{(n)}(0)$.

JK　48. 已知可微函数 $y=y(x)$ 由方程 $y=-ye^{x}+2e^{y}\sin x-7x$ 所确定，求 $y''(0)$.

QK　49. 设 $x=f(y)$ 是函数 $y=x+\ln x$ 的反函数，求 $\frac{d^2 f}{dy^2}$.

QK　50.（仅数学一、数学二）设 $y=y(x)$ 由 $\begin{cases} x=\arctan t, \\ 2y-ty^2+e^t=5 \end{cases}$ 所确定，求 $\frac{dy}{dx}$.

JK　51. 设 n 为正整数，$f(x)=\frac{x}{2x^2-3x+1}$，求导数 $f^{(n)}(0)$.

JK　52. 设 $f(x)$ 为可微函数，证明：若 $x=1$ 时，有 $\frac{df(x^2)}{dx}=\frac{df^2(x)}{dx}$，则必有 $f'(1)=0$ 或 $f(1)=1$.

JK　53. 设 $f(x)=(x^2-3x+2)^n\cos\frac{\pi x^2}{16}$，求 $f^{(n)}(2)$.

JK　54. 设 $y=\frac{x^2-2}{x^2-x-2}$，求 $y^{(n)}(x)$.

JK　55.（仅数学一、数学二）设 $\begin{cases} x=\sin t, \\ y=t\sin t+\cos t, \end{cases}$ 其中 t 为参数，求 $\left.\frac{d^2 y}{dx^2}\right|_{t=\frac{\pi}{4}}$.

JK　56. 设 $y=y(x)$ 由方程 $y-xe^{y-1}=1$ 确定，已知函数 $f(u)$ 可导，若 $z=f(\ln y-\sin x)$，求 $\left.\frac{dz}{dx}\right|_{x=0}$.

JK　57. 设 $u=f[\varphi(x)+y^2]$，其中 $y=y(x)$ 由方程 $y+e^y=x$ 确定，且 $f(x),\varphi(x)$ 均有二阶导数，求 $\frac{du}{dx}$ 和 $\frac{d^2 u}{dx^2}$.

JK　58. 设 $f(x)$ 在区间 $(0,+\infty)$ 上连续，且严格单调增加. 证明：

$$F(x)=\int_1^x f\left(\frac{t}{x}\right)dt-\int_1^x f\left(\frac{1}{t}\right)dt$$

在区间 $(0,+\infty)$ 上也严格单调增加.

JK　59. 设 $y=\frac{1}{(x-a)(x-b)(x-c)}$，$a,b,c$ 是三个互不相等的数，求 $y^{(n)}$.

JK　60. 设 $f(x)$ 具有三阶连续导数，且 $f'''(a)\neq 0$. $f(a+h)$ 在 $x=a$ 处的一阶泰勒公式为

$$f(a+h)=f(a)+hf'(a)+\frac{h^2}{2}f''(a+\theta h)\ (0<\theta<1).$$

求$\lim\limits_{h\to 0}\theta$.

JK 61. 设 $f(x)$ 在 $x=0$ 处连续且$\lim\limits_{x\to 0}\left[\dfrac{e^{f(x)}-\cos x+\sin x}{x}\right]=0$，求 $f(0)$ 并讨论 $f(x)$ 在$x=0$ 处是否可导. 若可导，请求出 $f'(0)$.

JK 62. 设函数 $f(y)$ 的反函数 $f^{-1}(x)$ 及 $f'[f^{-1}(x)]$ 与 $f''[f^{-1}(x)]$ 都存在，且 $f^{-1}[f^{-1}(x)]\neq 0$. 证明：

$$\frac{d^2 f^{-1}(x)}{dx^2}=-\frac{f''[f^{-1}(x)]}{\{f'[f^{-1}(x)]\}^3}.$$

JK 63. 设 n 为正整数，$f(x)=\ln(\sqrt{1+x^2}-x)$，求导数 $f^{(2n+1)}(0)$.

JK 64. 设 $y=\arcsin x$.

(1) 证明其满足方程$(1-x^2)y^{(n+2)}-(2n+1)xy^{(n+1)}-n^2y^{(n)}=0(n\geqslant 0)$；

(2) 求 $y^{(n)}\Big|_{x=0}$.

JK 65. 设 $F(x)=\int_{-\infty}^{+\infty}|x-t|e^{-t^2}dt$，求 $F''(x)$.

JK 66. 设 $y=\sin^4 x+\cos^4 x$，求 $y^{(n)}(n\geqslant 1)$.

JK 67. 设 a,b,n 都是常数，$f(x)=\arctan x-\dfrac{x+ax^3}{1+bx^2}$. 已知$\lim\limits_{x\to 0}\dfrac{f(x)}{x^n}$ 存在，但不为零，求 n 的最大值及相应的a,b 的值.

QK 68. 设 $f(x)=\begin{cases}x^{\lambda}\sin\dfrac{1}{x}, & x>0,\\ 0, & x\leqslant 0,\end{cases}$ 求 $f'(x)$，并讨论 $f'(x)$连续时 λ 的取值范围.

第 5 章 一元函数微分学的应用(一)——几何应用

一、选择题

QK 1. 若曲线 $y=x^2+ax+b$ 和 $2y=xy^3-x^2$ 在点(1,−1)处相切，其中 a,b 是常数，则(　　).

(A)$a=1$，$b=-3$　　(B)$a=1$，$b=1$

(C)$a=-1$，$b=-1$　　(D)$a=-3$，$b=1$

QK 2. 函数 $f(x)=2x+3\sqrt[3]{x^2}$(　　).

(A) 只有极大值,没有极小值

(B) 只有极小值,没有极大值

(C) 在 $x=-1$ 处取极大值,$x=0$ 处取极小值

(D) 在 $x=-1$ 处取极小值,$x=0$ 处取极大值

JK 3. 设 $f(x)$ 在 $(-\infty,+\infty)$ 内可导,且对任意 x_1,x_2,当 $x_1>x_2$ 时,都有 $f(x_1)>f(x_2)$,则(　　).

(A) 对任意 x,$f'(x)>0$　　(B) 对任意 x,$f'(-x)\leqslant 0$

(C) 函数 $f(-x)$ 单调增加　　(D) 函数 $-f(-x)$ 单调增加

QK 4. 曲线 $y=\sqrt{x^2+2x+2}$,当 $x\to-\infty$ 时,它有斜渐近线(　　).

(A)$y=x+1$　　(B)$y=-x+1$

(C)$y=-x-1$　　(D)$y=x-1$

QJK 5. 曲线 $y=\dfrac{1+\mathrm{e}^{-x^2}}{1-\mathrm{e}^{-x^2}}$(　　).

(A) 没有渐近线　　(B) 仅有水平渐近线

(C) 仅有铅直渐近线　　(D) 既有水平渐近线,也有铅直渐近线

QK 6. 曲线 $y=\dfrac{1}{3}x^3+\dfrac{1}{2}x^2+6x+1$ 在点(0,1)处的切线与 x 轴交点的坐标是(　　).

(A)(−1,0)　　(B)$\left(-\dfrac{1}{6},0\right)$

(C)(1,0)　　(D)$\left(\dfrac{1}{6},0\right)$

QK 7. 曲线 $y=\frac{x^2}{\sqrt{1+x^2}}+\frac{1}{x}(x>0)$ 的斜渐近线为(　　).

(A) $y=x$　　(B) $y=-x$　　(C) $y=x+1$　　(D) $y=-x+1$

QJK 8.(仅数学一、数学二) 曲线 $x^2+xy+y^2=1$ 在点 $(1,-1)$ 处的曲率为(　　).

(A) $\frac{\sqrt{3}}{3}$　　(B) $\frac{3\sqrt{2}}{2}$　　(C) $\frac{\sqrt{2}}{3}$　　(D) $\frac{\sqrt{2}}{2}$

QK 9. 曲线 $y=e^x+x^5$ 的极值点与拐点个数分别为(　　).

(A) 0,1　　(B) 1,1　　(C) 0,3　　(D) 1,5

JK 10. 设 $f(x)=\frac{e^x-2}{x}$,则关于 $f(x)$ 的单调性的结论正确的是(　　).

(A) 在区间 $(-\infty,0)$ 内严格单调增,在 $(0,+\infty)$ 内严格单调减

(B) 在区间 $(-\infty,0)$ 内严格单调减,在 $(0,+\infty)$ 内严格单调增

(C) 在区间 $(-\infty,0)$ 与 $(0,+\infty)$ 内都严格单调增

(D) 在区间 $(-\infty,0)$ 与 $(0,+\infty)$ 内都严格单调减

QK 11. 当 $x>0$ 时,曲线 $y=x\sin\frac{1}{x}$(　　).

(A) 有且仅有水平渐近线

(B) 有且仅有铅直渐近线

(C) 既有水平渐近线,也有铅直渐近线

(D) 既无水平渐近线,也无铅直渐近线

QJK 12. 函数 $y=x^x$ 在区间 $\left[\frac{1}{e},+\infty\right)$ 上(　　).

(A) 不存在最大值和最小值　　(B) 最大值是 $e^{\frac{1}{e}}$

(C) 最大值是 $\left(\frac{1}{e}\right)^{\frac{1}{e}}$　　(D) 最小值是 $\left(\frac{1}{e}\right)^{\frac{1}{e}}$

JK 13. 设 $f(x)=(x-2)\ln(1-x)-2x$,则在 $(0,1)$ 内函数 $f(x)$(　　).

(A) 单调增加且其图形是凹的　　(B) 单调增加且其图形是凸的

(C) 单调减少且其图形是凹的　　(D) 单调减少且其图形是凸的

QK 14. 若曲线 $y=x^2\ln\left(1+\frac{k}{x}\right)-kx$ 有水平渐近线 $y=-2$,则常数 $k=$(　　).

(A) 2　　(B) 4　　(C) 1 或 -1　　(D) 2 或 -2

QK 15. 曲线 $y=\frac{x}{e^x-1}$ 的渐近线的条数为(　　).

(A)1　　(B)2　　(C)3　　(D)4

JK　16. 已知函数 $y=f(x)$ 连续，其二阶导函数的图像如图所示，则曲线 $y=f(x)$ 的拐点个数为(　　).

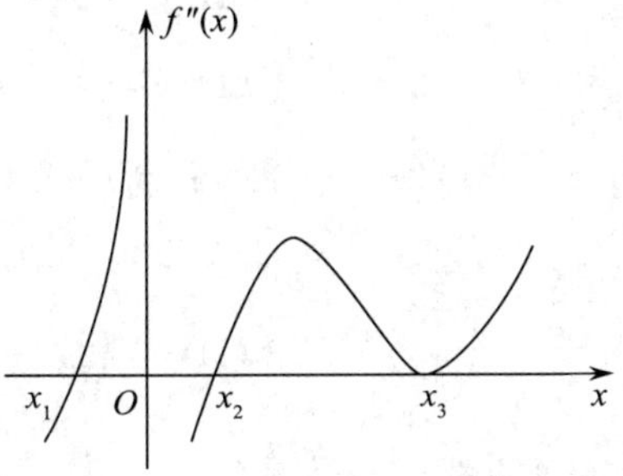

(A)1　　(B)2　　(C)3　　(D)4

JK　17. 设 $f(x)$ 在 $[a,b]$ 上可导，且在点 $x=a$ 处取最小值，在点 $x=b$ 处取最大值，则(　　).

(A) $f'_+(a)\leqslant 0, f'_-(b)\leqslant 0$　　(B) $f'_+(a)\leqslant 0, f'_-(b)\geqslant 0$

(C) $f'_+(a)\geqslant 0, f'_-(b)\leqslant 0$　　(D) $f'_+(a)\geqslant 0, f'_-(b)\geqslant 0$

JK　18. 设函数 $f(x)$ 具有连续导数，且 $\lim\limits_{x\to 0}\dfrac{f'(x)+f(x)}{\sqrt{1+x}-1}=-1$，则(　　).

(A) 当 $f(0)=0$ 时，$f(0)$ 是 $f(x)$ 的极大值

(B) 当 $f(0)=0$ 时，$f(0)$ 是 $f(x)$ 的极小值

(C) 当 $f(0)>0$ 时，$f(0)$ 是 $f(x)$ 的极大值

(D) 当 $f(0)<0$ 时，$f(0)$ 是 $f(x)$ 的极小值

QJK　19. 曲线 $y=x\mathrm{e}^{-\frac{x^2}{2}}$ 的拐点个数为(　　).

(A)1　　(B)2　　(C)3　　(D)4

QK　20. 曲线 $y=x\ln\left(2+\dfrac{1}{x-1}\right)$ 的斜渐近线方程为(　　).

(A) $y=x\ln 2+1$　　(B) $y=x\ln 2+\dfrac{1}{2}$

(C) $y=x\ln 2-1$　　(D) $y=x\ln 2-\dfrac{1}{2}$

QK　21. 函数 $y=x\cos x-\sin x\left(-\dfrac{\pi}{2}<x<2\pi\right)$ 的极值点是(　　).

(A) $x=0$　　(B) $x=\pi$

(C) $x=\frac{\pi}{2}$　　(D) $x=\frac{3}{2}\pi$

QJK 22. 曲线 $r=\sqrt{2}e^{\theta}$ 在 $\theta=\pi$ 处所对应点的切线方程为(　　).

(A) $y=x+\sqrt{2}e^{\pi}$　　(B) $y=x-\sqrt{2}e^{\pi}$

(C) $y=x+e^{\pi}$　　(D) $y=x-e^{\pi}$

QK 23. 曲线 $y=2^{\frac{1}{x}}+\ln(e^{2x}+1)(x>0)$ 的斜渐近线为(　　).

(A) $y=x+e$　　(B) $y=x-e$

(C) $y=2x+1$　　(D) $y=2x-1$

QJK 24. 曲线 $y=\frac{x^2+5}{x^2-4}$ 的渐近线的条数是(　　).

(A)3　　(B)2　　(C)1　　(D)0

JK 25. 设函数 $f(x)=\begin{cases}\cos|x|-1, & x\leqslant 0,\\ x\ln x, & x>0,\end{cases}$ 则 $x=0$ 是 $f(x)$ 的(　　).

(A) 可导点,极值点　　(B) 不可导点,极值点

(C) 可导点,非极值点　　(D) 不可导点,非极值点

JK 26. 已知某圆柱体底面半径与高随时间变化的速率分别为 2 cm/s, −3 cm/s,且圆柱体的体积与表面积随时间变化的速率分别为 $-100\pi\ \text{cm}^3/\text{s}$, $40\pi\ \text{cm}^2/\text{s}$,则圆柱体的底面半径与高分别为(　　).

(A)5 cm,5 cm　　(B)10 cm,5 cm

(C)5 cm,10 cm　　(D)10 cm,10 cm

QJK 27. 函数 $f(x)=(x-1)^2(x-2)^2(x-3)^2$ 的极值点个数为(　　).

(A)3　　(B)4　　(C)5　　(D)6

JK 28. 设函数 $f(x)=\int_0^x \frac{(t+3)(t^2-1)}{e^{t^2}\sqrt{1+t^4}}dt$,则 $f(x)$(　　).

(A) 有 1 个极大值点、2 个极小值点

(B) 有 2 个极大值点、1 个极小值点

(C) 有 3 个极大值点,没有极小值点

(D) 有 3 个极小值点,没有极大值点

QK 29. 由方程 $2y^3-2y^2+2xy+y-x^2=0$ 确定的函数 $y=y(x)$(　　).

(A) 有驻点且为极小值点　　(B) 有驻点且为极大值点

(C) 有驻点但不是极值点　　(D) 没有驻点

JK　30. 设函数 $f(x)=\max\limits_{0\leqslant y\leqslant 1}\dfrac{|x-y|}{x+y+1}$，$0\leqslant x\leqslant 1$，则 $f(x)$ 在 $[0,1]$ 上的最小值与最大值分别为(　　).

(A) $0,2-\sqrt{3}$　　(B) $0,\dfrac{1}{2}$

(C) $\dfrac{\sqrt{3}-1}{2},\dfrac{1}{2}$　　(D) $2-\sqrt{3},\dfrac{1}{2}$

JK　31. 设 $f(x)=e^{\frac{1}{x}}\sqrt{x^2-4x+5}+x\left[\dfrac{1}{x}\right]$，其中 $[x]$ 表示不超过 x 的最大整数，则曲线 $y=f(x)$ 的渐近线的条数为(　　).

(A)0　　(B)1　　(C)2　　(D)3

QK　32. 曲线 $y=\sqrt{4x^2-3x+7}-2x$ 的渐近线的条数为(　　).

(A)0　　(B)1　　(C)2　　(D)3

QJK　33. 设函数 $f(x)$ 在 $(-\infty,+\infty)$ 内连续，其一阶导函数 $f'(x)$ 的图形如图所示，并设在 $f'(x)$ 存在处 $f''(x)$ 也存在，则曲线 $y=f(x)$ 的拐点个数为(　　).

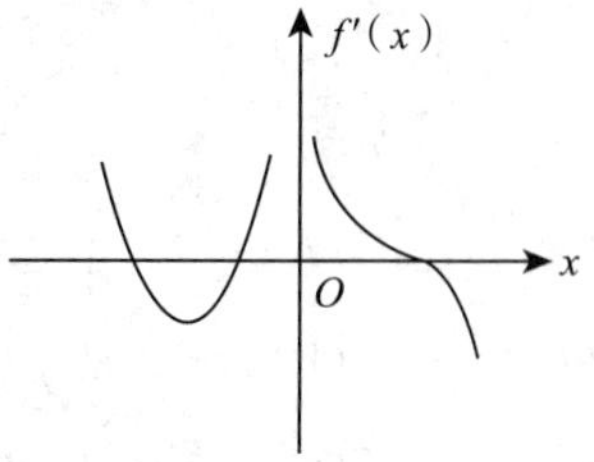

(A)1　　(B)2

(C)3　　(D)4

JK　34. 设函数 $f(x)=x^4-\dfrac{4}{3}x^3+2x^2+ax+b$ 在 $(-\infty,+\infty)$ 上有定义，其中 a，b 是常数，则(　　).

(A) 对任意实数 b，$f(x)$ 在区间 $(-\infty,0)$ 上单调减少

(B) 对任意实数 a，$f(x)$ 在区间 $(-1,+\infty)$ 上单调增加

(C) 对无穷多个实数 a，$f(x)$ 在区间 $(0,1)$ 内单调减少

(D) 对某个实数 b，$f(x)$ 在 $(-\infty,+\infty)$ 上是单调函数

QK　35. 设曲线 $y=x^3+ax+b$ 和 $3y=2x^3-xy^2-4$ 在点 $(1,-2)$ 处相切，其中 a，b 是常数，则(　　).

(A) $a=2,\ b=-5$　　(B) $a=-5,\ b=2$

(C) $a=-4,\ b=1$　　(D) $a=1,\ b=-4$

JK　36. 设函数 $f(x)=\displaystyle\int_0^x\frac{(1-t^2)\arctan(1+t^2)}{e^{-t}+t^2}dt\ (-\infty<x<+\infty)$，则(　　).

(A) $f(x)$ 仅有极小值　　(B) $f(x)$ 仅有极大值

(C) $f(x)$ 既有极小值又有极大值　　(D) $f(x)$ 没有极值

QJK　37.(仅数学一、数学二) 设函数 $y=y(x)$ 由参数方程 $\begin{cases} x=(1-t)\ln(1+t), \\ y=t+\cos^2 t \end{cases}$ 确定，则曲线 $y=y(x)$ 在 $t=0$ 对应的点处的曲率等于(　　).

(A) $\dfrac{\sqrt{2}}{6}$　　(B) $\dfrac{\sqrt{2}}{4}$　　(C) $\sqrt{2}$　　(D) $\dfrac{3\sqrt{2}}{2}$

JK　38. 曲线 $f(x)=\begin{cases} e^{\frac{1}{x}}, & x<0, \\ (3-x)\sqrt{x}, & x \geqslant 0 \end{cases}$ 的拐点个数为(　　).

(A)1　　(B)2　　(C)3　　(D)4

JK　39. 设 $f(x)$ 在 $x=0$ 的某邻域内连续且在 $x=0$ 处存在二阶导数 $f''(0)$，又设

$$\lim_{x\to 0}\frac{\int_0^x tf(x-t)\mathrm{d}t}{x^4}=a\ (\text{常数 } a>0),$$

则(　　).

(A) $x=0$ 不是 $f(x)$ 的驻点

(B) $x=0$ 是 $f(x)$ 的驻点，但不是 $f(x)$ 的极值点

(C) $x=0$ 是 $f(x)$ 的极小值点

(D) $x=0$ 是 $f(x)$ 的极大值点

QJK　40. 设函数 $f(x)$ 在 $(-\infty,+\infty)$ 内连续，其一阶导函数 $f'(x)$ 的图形如图所示，并设在 $f'(x)$ 存在处 $f''(x)$ 亦存在，则函数 $f(x)$ 及曲线 $y=f(x)$(　　).

(A) 只有 1 个极大值点与 1 个拐点

(B) 有 1 个极小值点，1 个极大值点与 1 个拐点

(C) 有 1 个极小值点，1 个极大值点与 2 个拐点

(D) 有 1 个极小值点，1 个极大值点与 3 个拐点

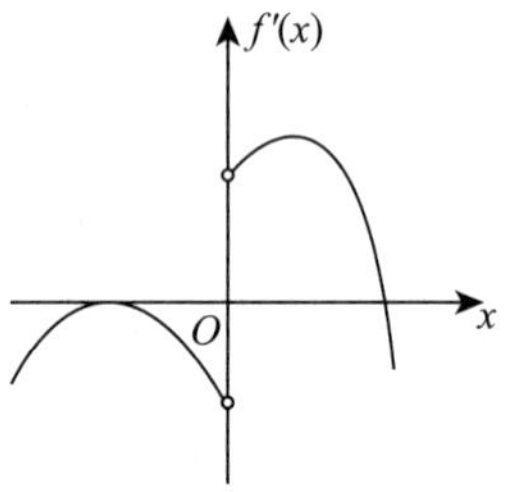

QK　41. 曲线 $y=e^{\frac{1}{x^2}}\arctan\dfrac{x^2+x+1}{(x-1)(x+2)}$ 的渐近线有(　　).

(A)1 条　　(B)2 条　　(C)3 条　　(D) 4 条

JK　42.(仅数学一、数学二) 设函数 $y=y(x)$ 是由方程 $\begin{cases} x=2t+|t|, \\ y=5t^2+4t|t| \end{cases}$ 所确定，则在 $t=0$ 处，函数 $y=y(x)$(　　).

(A) 导数存在，但 $y'(0)\neq 0$　　(B) 导数 $y'(0)=0$，但不是极值点

(C) 是极小值点　　　　　　　　(D) 是极大值点

JK　43.(仅数学一、数学二) 曲线 $y=\ln x$ 的最大曲率是(　　).

(A) $\dfrac{1}{3^{\frac{2}{3}}}$　　(B) $\dfrac{2}{3^{\frac{2}{3}}}$　　(C) $\dfrac{1}{3^{\frac{3}{2}}}$　　(D) $\dfrac{2}{3^{\frac{3}{2}}}$

QJK　44. 曲线 $y=\sqrt[3]{x^2-4}$ 的拐点的个数为(　　).

(A)0　　(B)1　　(C)2　　(D)3

JK　45. 设 $y=f'(x)$ 与 $y=g''(x)$ 的图形分别如图(a),(b) 所示,曲线 $y=f(x)$ 和曲线 $y=g(x)$ 的拐点个数分别为 m,n,则(　　).

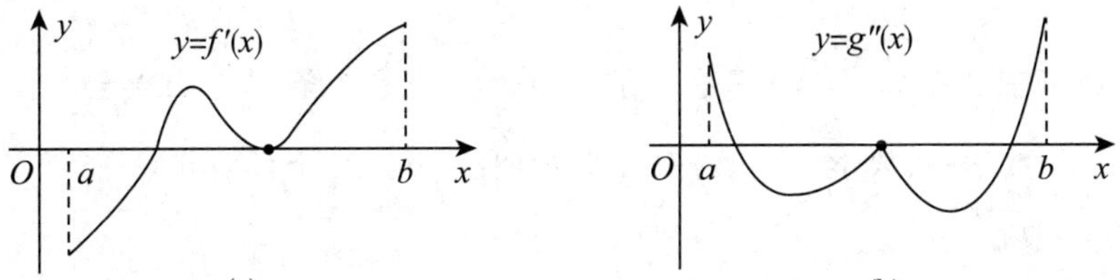

(a)　　　　(b)

(A)$m=2,n=2$　　　　(B)$m=2,n=3$

(C)$m=3,n=2$　　　　(D)$m=3,n=3$

QJK　46. 函数 $f(x)=|x^2+3x-1|$ 的拐点个数为(　　).

(A)0　　(B)1　　(C)2　　(D)3

JK　47. 函数 $f(x)=\int_0^x e^{-t}\dfrac{t(t+2)}{(t+3)^2}dt$(　　).

(A) 有 1 个极小值、1 个极大值、1 条渐近线

(B) 有 1 个极小值、1 个极大值、2 条渐近线

(C) 有 2 个极小值、1 个极大值、2 条渐近线

(D) 有 2 个极小值、2 个极大值、2 条渐近线

JK　48. 关于函数 $f(x)=|x|e^{-|x-1|}$ 的极值个数,正确的是(　　).

(A) 有 2 个极大值、1 个极小值　　(B) 有 1 个极大值、2 个极小值

(C) 有 2 个极大值,没有极小值　　(D) 没有极大值,有 2 个极小值

QK　49. 两曲线 $y=\dfrac{1}{x}$ 与 $y=ax^2+b$ 在点 $\left(2,\dfrac{1}{2}\right)$ 处相切,则(　　).

(A)$a=-\dfrac{1}{16},b=\dfrac{3}{4}$　　　　(B)$a=\dfrac{1}{16},b=\dfrac{1}{4}$

(C)$a=-1,b=\dfrac{9}{2}$　　　　(D)$a=1,b=-\dfrac{7}{2}$

QK 50. 设 $f(x)=\dfrac{x^2\arctan x}{x-1}$，则曲线 $y=f(x)$ 的渐近线条数为(　　).

(A)1　　(B)2　　(C)3　　(D)4

QK 51. 设周期函数 $f(x)$ 在 $(-\infty,+\infty)$ 内可导，周期为 4，又 $\lim\limits_{x\to 0}\dfrac{f(1)-f(1-x)}{2x}=-1$，则曲线 $y=f(x)$ 在点 $(5,f(5))$ 处的切线斜率为(　　).

(A) $\dfrac{1}{2}$　　(B)0　　(C) -1　　(D) -2

JK 52. 设 $f(x)=e^{\frac{1}{x}}+\sqrt{x^2+x+1}+\sqrt{x^2-x+1}$，则曲线 $y=f(x)$ 的渐近线(　　).

(A) 只有 1 条　　(B) 只有 2 条　　(C) 只有 3 条　　(D) 至少有 4 条

JK 53.（仅数学一、数学二）设 $f(x)$ 表示曲线 $y=e^x$ 上任意点 (x,e^x) 处的曲率，则 $f(x)$ 的最大值是(　　).

(A) $\dfrac{\sqrt{3}}{9}$　　(B) $\dfrac{2\sqrt{3}}{9}$　　(C) $\dfrac{\sqrt{3}}{3}$　　(D) $\dfrac{2\sqrt{3}}{3}$

QJK 54.（仅数学一、数学二）设函数 $y=y(x)$ 由参数方程 $\begin{cases}x=\dfrac{1}{2}+\arctan t,\\ y=-\dfrac{1}{3}t^3-t+\dfrac{1}{2}\end{cases}$ 确定，则曲线 $y=y(x)$(　　).

(A) 在区间 $\left(\dfrac{1}{2}-\dfrac{\pi}{2},\dfrac{1}{2}\right)$ 上是凸的，在 $\left(\dfrac{1}{2},\dfrac{1}{2}+\dfrac{\pi}{2}\right)$ 上是凹的

(B) 在区间 $\left(\dfrac{1}{2}-\dfrac{\pi}{2},\dfrac{1}{2}\right)$ 上是凹的，在 $\left(\dfrac{1}{2},\dfrac{1}{2}+\dfrac{\pi}{2}\right)$ 上是凸的

(C) 在区间 $\left(\dfrac{1}{2}-\dfrac{\pi}{2},\dfrac{1}{6}\right)$ 上是凸的，在 $\left(\dfrac{1}{6},\dfrac{1}{2}+\dfrac{\pi}{2}\right)$ 上是凹的

(D) 在区间 $\left(\dfrac{1}{2}-\dfrac{\pi}{2},\dfrac{1}{6}\right)$ 上是凹的，在 $\left(\dfrac{1}{6},\dfrac{1}{2}+\dfrac{\pi}{2}\right)$ 上是凸的

JK 55.（仅数学一、数学二）已知抛物线 $L: y=ax^2+bx+c$ 在其上的点 $P(1,2)$ 的曲率圆的方程为 $\left(x-\dfrac{1}{2}\right)^2+\left(y-\dfrac{5}{2}\right)^2=\dfrac{1}{2}$，则 $(a,b,c)=$(　　).

(A)(2,3,−3)　　(B)(2,−3,3)　　(C)(−2,3,−3)　　(D)(−2,−3,3)

JK 56. 设 $f(x)$ 在 $[0,+\infty)$ 上可导，且 $f'(x)$ 在 $(0,+\infty)$ 上单调减少，$f(0)=0$，则当 $b>a>0$ 时，下列关系正确的是(　　).

(A)$af(b) > bf(a)$　　(B)$af(b) < bf(a)$

(C)$bf(b) > af(a)$　　(D)$bf(b) < af(a)$

QK　57. 设函数 $f(x)$ 在$(-\infty, +\infty)$内连续,其导函数的图形如图所示,则 $f(x)$ 有(　　).

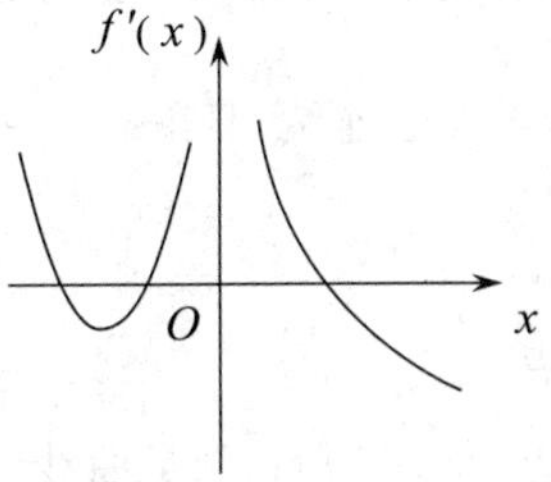

(A)1 个极小值点和 2 个极大值点　　(B)2 个极小值点和 1 个极大值点

(C)2 个极小值点和 2 个极大值点　　(D)3 个极小值点和 1 个极大值点

QK　58. 当 $x > 0$ 时,$f(x) = x^{\frac{1}{x}}$(　　).

(A) 有 1 个极小值、1 个极大值、1 条渐近线

(B) 有 1 个极小值、1 个极大值、2 条渐近线

(C) 没有极小值,有 1 个极大值、1 条渐近线

(D) 没有极大值,有 1 个极小值、2 条渐近线

JK　59.(仅数学一、数学二)设函数 $f(x)$ 在 $x=0$ 处的某邻域内具有二阶连续导数,曲线 $y=f(x)$ 在点$(0,0)$处的曲率圆为 $x^2+y^2+4y=0$,则 $\lim\limits_{x\to 0}\dfrac{f(x)}{x^2}=$(　　).

(A) $-\dfrac{1}{4}$　　(B) $\dfrac{1}{4}$　　(C) -1　　(D) 1

JK　60. 设函数 $f(x)$ 在闭区间$[a,b]$上非零且可导,且 $f'(x)$ 与 $f(x)$ 同号,则当 $x \in (a,b)$ 时,有(　　).

(A)$f(x) > f(a)$　　(B)$f(x) > f(b)$

(C)$|f(x)| > |f(a)|$　　(D)$|f(x)| > |f(b)|$

QJK　61. 函数 $f(x) = |2x^3 - 3x^2 + 4|$ 在闭区间 $[-2,2]$ 上的最大值与最小值之和为(　　).

(A)4　　(B)7　　(C)24　　(D)27

JK　62. 设函数 $f(x) = e^{|\arctan \ln(1+x)|}$,则(　　).

(A)$x=0$ 是 $f(x)$ 的驻点　　(B)$x=0$ 是 $f(x)$ 的极小值点

(C)$x=0$ 是 $f(x)$ 的极大值点　　(D) 以上结论都不正确

QJK 63. 设 $f(x)=|x(3-x)|$，则(　　).

(A) $x=0$ 是 $f(x)$ 的极值点，但 $(0,0)$ 不是曲线 $y=f(x)$ 的拐点

(B) $x=0$ 不是 $f(x)$ 的极值点，但 $(0,0)$ 是曲线 $y=f(x)$ 的拐点

(C) $x=0$ 是 $f(x)$ 的极值点，且 $(0,0)$ 是曲线 $y=f(x)$ 的拐点

(D) $x=0$ 不是 $f(x)$ 的极值点，且 $(0,0)$ 也不是曲线 $y=f(x)$ 的拐点

QK 64. 设 $f(x)$ 的导数在 $x=0$ 处连续，且 $\lim\limits_{x\to 0}\dfrac{f'(x)}{x}=3$，则 $x=0$(　　).

(A) 是 $f(x)$ 的极小值点

(B) 是 $f(x)$ 的极大值点

(C) 不是 $f(x)$ 的极值点，但 $(0,f(0))$ 是曲线 $f(x)$ 的拐点

(D) 不是 $f(x)$ 的极值点，且 $(0,f(0))$ 也不是曲线 $f(x)$ 的拐点

QK 65. 设函数 $y(x)=\dfrac{x^2+3}{\sqrt{x^2-4}}$，则曲线 $y=y(x)$(　　).

(A) 仅有铅直渐近线

(B) 仅有水平渐近线

(C) 既有铅直渐近线，又有水平渐近线

(D) 既有铅直渐近线，又有斜渐近线

JK 66. 设函数 $f(x)$ 在 $(0,+\infty)$ 上可导，给出下列命题：

① 若曲线 $y=f(x)$ 有水平渐近线 $y=1$，则 $\lim\limits_{x\to+\infty}f'(x)=0$；

② 若曲线 $y=f(x)$ 有斜渐近线 $y=x$，则 $\lim\limits_{x\to+\infty}f'(x)=1$；

③ 若 $\lim\limits_{x\to+\infty}\dfrac{f(x)}{x}=1$，则曲线 $y=f(x)$ 的斜渐近线斜率为 1；

④ 若曲线 $y=f(x)$ 的斜渐近线斜率为 1，则 $\lim\limits_{x\to+\infty}\dfrac{f(x)}{x}=1$.

正确命题的个数为(　　).

(A) 1　　(B) 2　　(C) 3　　(D) 4

JK 67. 如图所示，从曲线 $y=f(x)$ 上任一点 P 分别作切线交 x 轴于点 T，作垂线交 x 轴于点 Q，三角形 PTQ 的面积为 $\dfrac{1}{2}$，则(　　).

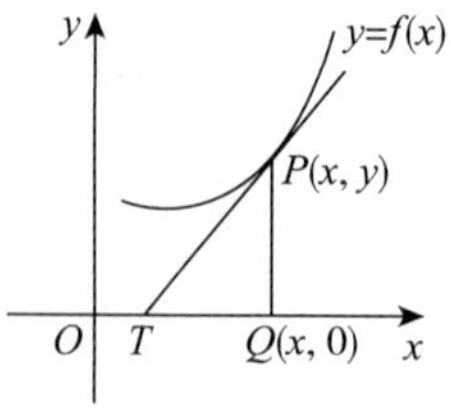

(A) $y'=y$　　(B) $y'=-y$

(C) $(y')^2=y$　　(D) $y'=y^2$

QJK　68. 设 $f'(x)=[g(x)]^2$，且在 $(-\infty,+\infty)$ 内 $g(x)<0, g''(x)<0, g'(0)=0$，则下列结论正确的是(　　).

(A) $(0,f(0))$ 是曲线 $y=f(x)$ 的拐点

(B) $x=0$ 是函数 $y=f(x)$ 的极大值点

(C) 曲线 $y=f(x)$ 在 $(-\infty,+\infty)$ 上是凹的

(D) $f(0)$ 是 $f(x)$ 在 $(-\infty,+\infty)$ 上的最大值

JK　69. 设 $f(x)$ 连续，当 $x\to 0$ 时，$e^{f(x)}-1$ 与 $x-\ln(1+x)$ 是等价无穷小量，以下结论：

① $f(x)$ 在 $x=0$ 处取得极大值；

② $(0,f(0))$ 是曲线 $f(x)$ 的拐点；

③ $f(x)$ 在 $x=0$ 处的二次泰勒多项式为 $\frac{1}{2}x^2$.

正确结论的个数为(　　).

(A) 0　　(B) 1　　(C) 2　　(D) 3

JK　70. 设 n 为正整数，则关于函数 $f(x)=\left(1+x+\frac{x^2}{2!}+\cdots+\frac{x^n}{n!}\right)e^{-x}$ 的极值，下列说法正确的是(　　).

(A) 仅有极小值　　(B) 仅有极大值

(C) 既无极小值也无极大值　　(D) 是否有极值依赖于 n 的取值

QK　71. 曲线 $y=a^x$ 与直线 $y=x$ 相交的充要条件是(　　).

(A) $0<a\leqslant 1$　　(B) $0<a\leqslant e$

(C) $0<a\leqslant e^{\frac{1}{e}}$　　(D) $0<a\leqslant \frac{1}{e^e}$

QJK　72. 设 $f(x)$ 是连续的奇函数，若 $x=-1$ 是 $f(x)$ 在 $(-\infty,0)$ 上的唯一零点，且 $f'(-1)=1$，则 $\int_0^x f(t)\mathrm{d}t$ 的严格单调增区间为(　　).

(A) $(-\infty,0)$　　(B) $(0,+\infty)$

(C) $(-\infty,-1),(0,1)$　　(D) $(-1,0),(1,+\infty)$

JK　73. 曲线 $y(x)=\ln|e^{2x}-1|$ 的斜渐近线为(　　).

(A) $y=2x+\frac{1}{e}$　　(B) $y=2x$

(C) $y=-2x+\frac{1}{e}$　　(D) $y=-2x$

QJK　74. 设 $f(x)$ 在 $[a,b]$ 上存在二阶导数，$f(a)=f(b)=0$，并满足 $f''(x)+[f'(x)]^2-4f(x)=0$. 则在区间 (a,b) 内 $f(x)$(　　).

(A) 存在正的极大值，不存在负的极小值

(B) 存在负的极小值，不存在正的极大值

(C) 既有正的极大值，又有负的极小值

(D) 恒等于零

QK　75. 曲线 $y=e^{-\frac{1}{x}}+\sqrt{x^2-x+1}-x$ 共有渐近线(　　).

(A) 1 条　　(B) 2 条　　(C) 3 条　　(D) 4 条

QK　76. 曲线 $y=\frac{1}{x}+\frac{x}{1-e^x}$ 的渐近线(　　).

(A) 只有水平的与铅直的，无斜的

(B) 只有水平的与斜的，无铅直的

(C) 只有铅直的与斜的，无水平的

(D) 水平的、铅直的与斜的都有

JK　77. 设函数 $f(x)=\begin{cases}1+\sin\frac{\pi}{2}x, & x\leqslant 1,\\ 2-\sqrt{x-1}, & x>1.\end{cases}$ 对 $f(x)$ 给出两个命题：① 点 $x=1$ 是 $f(x)$ 的一个极值点；② 点 $(1,2)$ 是曲线 $y=f(x)$ 的一个拐点. 则(　　).

(A) ① 和 ② 都正确　　(B) ① 正确，但 ② 不正确

(C) ① 不正确，但 ② 正确　　(D) ① 和 ② 都不正确

JK　78. 设函数 $f(x)$ 满足 $f\left(\frac{1}{x}\right)-4f(x)=\frac{2}{x}$，则函数 $f(x)$(　　).

(A) 在 $x=-2$ 处取极小值 $\frac{8}{15}$，在 $x=2$ 处取极大值 $-\frac{8}{15}$

(B) 在 $x=-2$ 处取极小值 $-\frac{8}{15}$，在 $x=2$ 处取极大值 $\frac{8}{15}$

(C) 在 $x=-2$ 处取极大值 $-\frac{8}{15}$，在 $x=2$ 处取极小值 $\frac{8}{15}$

(D) 在 $x=-2$ 处取极大值 $\frac{8}{15}$，在 $x=2$ 处取极小值 $-\frac{8}{15}$

JK　79. 设函数 $f(x)$ 在 $x=0$ 的某邻域内有定义，则以下结论正确的是(　　).

(A) 若 $f(0)=0, f'(0)=0$，则 $x=0$ 必不是极值点

(B) 若 $f'(0)=0, f''(0)=0$，则 $x=0$ 必是极值点

(C) 若 $f(0)=0, f'(0)>0$，则存在 $\delta>0$，使得 $f(x)$ 在 $(0,\delta)$ 内单调递增

(D) 若 $f'(0)=0, f''(0)>0$，则存在 $\delta>0$，使得 $f(x)$ 在 $(-\delta,0)$ 内单调递减

QK 80. 曲线 $y=e^{-\frac{1}{x}}+\sqrt{x^2-x+1}$ 的渐近线的条数为(　　).

(A)0 条　　(B)1 条　　(C)2 条　　(D) 至少 3 条

JK 81. 设函数 $f(x)$ 有连续导数，且满足 $f(x)+3\int_0^x f(t)\mathrm{d}t=\frac{3}{2}x^2+\frac{2}{3}$，则 $f(x)$ 必存在(　　).

(A) 极大值 $-\frac{1}{3}$　　(B) 极大值 $-\frac{1}{3}\ln 3$

(C) 极小值 $\frac{1}{3}$　　(D) 极小值 $\frac{1}{3}\ln 3$

JK 82. (仅数学一、数学二) 已知曲线 $y=f(x)$ 在其点 $(0,1)$ 处的曲率圆方程为 $(x-1)^2+y^2=2$，且当 $x\to 0$ 时，二阶可导函数 $f(x)$ 与 $a+bx+cx^2$ 的差为 $o(x^2)$，则(　　).

(A) $a=0, b=1, c=\frac{3}{2}$　　(B) $a=1, b=0, c=1$

(C) $a=1, b=1, c=-1$　　(D) $a=1, b=0, c=-1$

JK 83. 设函数 $f(x)=\int_0^1 |x^2-t|\mathrm{d}t$，则 $f(x)$ 在 $[0,1]$ 上的最大值和最小值分别为(　　).

(A) $\frac{1}{4},\frac{1}{6}$　　(B) $\frac{1}{3},\frac{1}{4}$　　(C) $\frac{1}{2},\frac{1}{4}$　　(D) $\frac{1}{2},\frac{1}{3}$

JK 84. 要使曲线 $y=\frac{x}{e^{ax}+b}$ 有 3 条渐近线，则常数 a,b 的取值范围为(　　).

(A) $a<0, b<0$　　(B) $a>0, b<0$ 且 $b\neq -1$

(C) $a\neq 0, b<0$　　(D) $a\neq 0, b<0$ 且 $b\neq -1$

QJK 85. 函数 $f(x)=\int_0^x \sin^2(\pi t)\mathrm{d}t-\frac{x^2}{2}$ 在区间 $(-\infty,+\infty)$ 上的驻点共有(　　).

(A)1 个　　(B)2 个　　(C)3 个　　(D)4 个

JK 86. 若可导函数 $f(x)$ 满足 $f'(x)<2f(x)$，则当 $b>a>0$ 时，有(　　).

(A) $b^2f(a)>a^2f(b)$　　(B) $b^2f(\ln a)>a^2f(\ln b)$

(C) $b^2f(a)<a^2f(b)$　　(D) $b^2f(\ln a)<a^2f(\ln b)$

JK 87. 设 $f(x)$ 是可导函数，且 $f(1+x)+2f(1-x)=\int_0^x (1+t)^{\frac{1}{t}}\mathrm{d}t+\sin^2 x$，则曲线 $f(x)$ 在 $x=1$ 处的切线方程为(　　).

(A) $y=-\mathrm{e}x+\mathrm{e}$　　(B) $y=\mathrm{e}x-\mathrm{e}$

(C) $y=\mathrm{e}x+\mathrm{e}$　　(D) $y=-\mathrm{e}x-\mathrm{e}$

JK 88. 当 $x>0$ 时，函数 $f(x)$ 满足关系式 $x^2 f'(x)+(-1+\ln x)f(x)=0$，且 $f(1)=1$，则 $f(x)$ 的最大值为(　　).

(A) $\mathrm{e}^{-\mathrm{e}}$　　(B) e^{e}　　(C) $\mathrm{e}^{-\frac{1}{\mathrm{e}}}$　　(D) $\mathrm{e}^{\frac{1}{\mathrm{e}}}$

JK 89. 设 $g(x)$ 在 $x=0$ 的某邻域内连续且 $\lim\limits_{x\to 0}\dfrac{g(x)}{x}=\dfrac{1}{4}$. 又设 $f(x)$ 在该邻域内存在二阶导数且满足 $x^2 f''(x)-[f'(x)]^2=xg(x)$，则(　　).

(A) $f(0)$ 是 $f(x)$ 的极大值

(B) $f(0)$ 是 $f(x)$ 的极小值

(C) $f(0)$ 不是 $f(x)$ 的极值

(D) $f(0)$ 是否为 $f(x)$ 的极值要由具体的 $g(x)$ 决定

JK 90. 若曲线 $y=[x(\mathrm{e}^{\frac{1}{x}}-1)]^{kx}$ 有水平渐近线 $y=\mathrm{e}$，则常数 $k=$(　　).

(A) $\dfrac{1}{2}$　　(B) 1　　(C) 2　　(D) 4

QJK 91. 设函数 $\varphi(x)$ 在点 $x=1$ 的某邻域内具有二阶导数，且 $\varphi(1)>0$，$f(x)=(x-1)^2\varphi(x)$，则(　　).

(A) 函数 $f(x)$ 在点 $x=1$ 处取得极大值

(B) 函数 $f(x)$ 在点 $x=1$ 处取得极小值

(C) 函数 $f(x)$ 在点 $x=1$ 处不取得极值

(D) 点 $(1,0)$ 是曲线 $y=f(x)$ 的拐点

二、填空题

QK 1. 曲线 $y=x+x^{\frac{5}{3}}$ 的凹区间是________.

QK 2. 曲线 $y=\mathrm{e}^{-\frac{1}{x^2}}$ 的水平渐近线是________.

QJK 3. 若曲线 C：$y=f(x)$ 由方程 $2x-y=2\arctan(y-x)$ 确定，则曲线 C 在点 $\left(1+\dfrac{\pi}{2},2+\dfrac{\pi}{2}\right)$ 处的切线方程是 $y=$________.

QK 4. 函数 $y=(x-1)^2(x-2)^2(-3\leqslant x\leqslant 4)$ 的值域是________.

QK 5. 曲线 $y=x^{\frac{5}{3}}+3x+5$ 的拐点坐标为________.

QK 6. 曲线 $y=\dfrac{2x^2-3}{5x^2+2\sin x}$ 的水平渐近线为________.

QK 7. 曲线 $y=(2x-1)e^{\frac{1}{x}}$ 的斜渐近线为 ________.

QK 8.(仅数学一、数学二) 曲线 $\begin{cases}x=3t^2,\\ y=3t-t^3\end{cases}$ 在 $t=1$ 处的曲率 $k=$________.

QK 9.(仅数学一、数学二) 曲线 $\begin{cases}x=e^t\sin(2t),\\ y=e^t\cos t\end{cases}$ 在点(0,1)处的法线方程为 ________.

QK 10. $y=e^x+\dfrac{e^{-x}}{2}$ 的极小值为________.

QJK 11.(仅数学一、数学二) 曲线 $\begin{cases}x=\cos^3 t,\\ y=\sin^3 t\end{cases}$ 上对应于 $t=\dfrac{\pi}{6}$ 点处的法线方程是________.

QK 12. 曲线 $y=\dfrac{x^2}{x+2}$ 的斜渐近线为________.

JK 13. 设函数 $f(x)$ 连续，$\lim\limits_{x\to1}\dfrac{f(x)-1}{\ln x}=2$，则曲线 $y=f(x)$ 在点 $x=1$ 处的切线方程为 ________.

JK 14. 已知 $x^2+ax^{-3}\geqslant\dfrac{10}{3}(x>0)$ 恒成立，则 a 的取值范围为 ________.

QJK 15. 已知 $x^2-2ax+1-e^x\geqslant0(x<0)$ 恒成立，则 a 的取值范围是________.

QK 16. 函数 $f(x)=\int_0^x e^{-t}\cos t\,dt$ 在 $[0,\pi]$ 上的最大值为 ________.

JK 17. 曲线 $\sin x+y+e^{2xy}=0$ 在点(0,−1)处的切线方程为________.

QK 18. 已知曲线 $y=x^2+a\ln x(a>0)$ 在其拐点处的切线方程是 $y=4x-3$，则 $a=$________.

QJK 19. 曲线 $y=\ln^2 x-\dfrac{4x}{e^2}$ 的拐点为________.

QK 20. 曲线 $y=x(x-1)^{\frac{1}{3}}$ 的拐点为________.

QJK 21.(仅数学一、数学二) 曲线 $x^2-xy+y^2=1$ 在点(1,1)处的曲率为 ________.

JK 22.(仅数学一、数学二) 曲线 $\begin{cases}x=1-\cos t,\\ y=t-\sin t\end{cases}$ 在 $t=\dfrac{3\pi}{2}$ 对应点处的切线在 y 轴上的

截距为________.

QK 23.(仅数学一、数学二)曲线$\begin{cases}x=\cos^3 t,\\y=\sin^3 t\end{cases}$在$t=\dfrac{\pi}{6}$对应点处的曲率为________.

JK 24.(仅数学一、数学二)设函数$y=y(x)$由参数方程$\begin{cases}x=2e^t+t+1,\\y=4(t-1)e^t+t^2\end{cases}$确定,则曲线$y=y(x)$在$t=0$对应点处的曲率为________.

QK 25.(仅数学一、数学二)设$y=f(x)$是由方程$x(1+y)-e^y+1=0$确定的隐函数,则曲线$y=f(x)$在点(0,0)处的曲率为________.

QK 26.(仅数学一、数学二)曲线

$$\begin{cases}x=t-\ln(1+t^2),\\y=\arctan t\end{cases}$$

在$t=2$处的曲率为________.

QK 27.曲线$y=\dfrac{1}{x^2-1}$的凸区间为________.

QK 28.设$y=x^3-3x^2-9x+2$,则y在$[-2,2]$上的最小值点为________.

QJK 29.若直线$y=2x+3$是曲线$y=(ax+b)e^{\frac{1}{x}}$的渐近线,则$a+b$的值为________.

QK 30.(仅数学一、数学二)曲线$4x^2+y^2=4$在点(0,2)处的曲率为________.

JK 31.(仅数学一、数学二)曲线$y=x^{x^2}(x>0)$在点(1,1)处的切线方程为________.

QJK 32.曲线$\begin{cases}x=t^3+3t+1,\\y=3t^5+5t^3+2\end{cases}$在其拐点处的法线方程为________.

QK 33.设曲线$y=ax^3+bx^2+cx+d$经过$(-2,44)$,$x=-2$为驻点,$(1,-10)$为拐点,则a,b,c,d的值分别为________.

QJK 34.若函数$f(x)=e^{-ax}-ex$的极值点小于零,则常数a的取值范围为________.

JK 35.设函数$f(x)>0$且二阶可导,曲线$y=\sqrt{f(x)}$有拐点$(1,\sqrt{2})$,$f'(1)=2$,则$f''(1)=$________.

JK 36.设函数$y=f(x)$由方程$\int_x^{2y+x}e^{-(t-x)^2}dt=x^2+3\sin x$确定,则曲线$y=f(x)$上点(0,0)处的切线方程为________.

JK 37.曲线$(2-x^{n^2})y=1$在点(1,1)处的切线与x轴的交点为$(x_n,0)$,$n=1,2,\cdots$,

则$\lim\limits_{n\to\infty}x_n^{\frac{n^2}{2}}=$________.

QK　38. 若函数 $f(x)=a\sin x+\dfrac{1}{3}\sin(3x)$ 在 $x=\dfrac{\pi}{3}$ 处取得极值，则 $a=$________.

JK　39.（仅数学一、数学二）设摆线$\begin{cases}x=t-\sin t,\\ y=1-\cos t\end{cases}(0<t<\pi)$上任意一点$(x,y)$处的切线的倾斜角为 α，则$\dfrac{\cos\alpha}{\sqrt{y}}=$________.

QK　40.（仅数学一、数学二）曲线 $2y^3-2y^2+2xy-x^2=1$ 在$(1,1)$处的曲率半径为________.

QK　41. 曲线 $y=\ln\left(e-\dfrac{1}{x}\right)$ 全部的渐近线为________.

QJK　42.（仅数学一、数学二）曲线 $y=\sqrt{1+x^2}$ 的曲率及曲率的最大值分别为________.

QK　43. 曲线 $r=\cos(2\theta)$ 在 $\theta=\dfrac{\pi}{4}$ 处的切线方程为________.

JK　44. 曲线 $y=\displaystyle\int_2^x\frac{x}{4+t^3}\mathrm{d}t$ 在其拐点处的切线方程为________.

QK　45.（仅数学一、数学二）曲线 $e^x-e^y=xy$ 在点$(0,0)$处的曲率圆的方程为________.

QK　46.（仅数学一、数学二）由参数方程$\begin{cases}x=\dfrac{t}{t-1},\\ y=\displaystyle\int_t^{+\infty}e^{-s^2}\mathrm{d}s\end{cases}$确定的曲线 $y=f(x)$ 在其上对应于参数 $t=0$ 的点________处的曲率半径 $R=$________.

JK　47. 若曲线 $y=f(x)$ 过点$(1,0)$且与曲线$\begin{cases}x=e^{-t^2}+\displaystyle\int_0^t e^{-u^2}\mathrm{d}u,\\ y=2\displaystyle\int_0^t e^{-u^2}\mathrm{d}u\end{cases}$在该点处具有公共的切线，则$\lim\limits_{x\to\infty}xf\left(\dfrac{x+1}{x-1}\right)=$________.

JK　48. 已知曲线 $y=f(x)$ 与 $y=\arctan 2x$ 在点$(0,0)$处具有公共的切线，则$\lim\limits_{x\to\infty}x\left[f\left(\dfrac{1}{3x}\right)-f\left(\dfrac{1}{2x}\right)\right]=$________.

JK　49. 已知曲线 $y=f(x)$ 与 $y=\ln(2x^2-1)$ 在点$(1,0)$处有公共的切线，则

$\lim\limits_{n\to\infty} n\left[f\left(\frac{n+1}{n}\right)-f\left(\frac{n+2}{n}\right)\right]=$________.

QK 50.(仅数学一、数学二)设函数 $y=y(x)$ 由参数方程 $\begin{cases}x=\ln(1+e^t),\\ y=-t^2+3\end{cases}$ 确定,则曲线 $y=y(x)$ 在参数$t=0$ 对应的点处的曲率 $k=$________.

QK 51.(仅数学一、数学二)$y^2=4x$ 在原点处的曲率圆方程为________.

JK 52.已知数列$\{a_n\}=\left\{\frac{(1+n)^3}{(1-n)^2}\right\}$,$n=2,3,\cdots$,则该数列最小值为________.

JK 53.设 $y=y(x)$ 是由参数方程$\begin{cases}te^x-xe^t+t+1=0,\\ y=\int_0^t e^{u^2+1}\mathrm{d}u\end{cases}$ 所确定的函数,则曲线 $y=y(x)$ 在点$(1,0)$ 处的切线方程为 ________.

JK 54.(仅数学一、数学二)设 $y=f(x)$ 是由方程$\int_0^y e^{-t^2}\mathrm{d}t=2y-\ln(1+x)$ 所确定的二阶可导函数,则曲线 $y=f(x)$ 在点$(0,0)$ 处的曲率半径为________.

QK 55.设函数 $f(x)=xe^{-x}-\sqrt{4x^2-3x+5}$,则曲线 $y=f(x)$ 的斜渐近线为________.

JK 56.设 $f(x)$ 是四次多项式,其最高次幂项的系数为 1,已知曲线 $y=f\left(\sin\frac{\pi x}{2}\right)-\sin f(x)$ 在$x=0$,$x=1$ 处与 x 轴相切,则 $f(x)$ 的表达式为________.

QJK 57.(仅数学一、数学二)设 $y=y(x)$ 是由$\begin{cases}x=3t^2+2t+3\\ y=e^y\sin t+1\end{cases}$ 所确定,则曲线 $y=y(x)$ 在 $t=0$ 对应的点处的曲率 $k=$________.

QK 58.曲线 $y=f(x)=2\int_0^x xe^{-t^2}\mathrm{d}t+e^{-x^2}$ 在 $x\to+\infty$ 时的斜渐近线方程为________.

QJK 59.(仅数学一、数学二)曲线$\begin{cases}x=\int_0^t e^{-u^2}\mathrm{d}u,\\ y=te^{-t^2}+\int_0^t e^{-u^2}\mathrm{d}u\end{cases}$ 在其拐点处的法线方程为________.

JK 60.使不等式 $x^2\leqslant e^{\alpha x}$ 对任意 $x\in(0,+\infty)$ 成立的正数 α 的最小取值为________.

JK 61.(仅数学一、数学二)设 $y=y(x)$ 由方程 $x^2=\int_0^{y-x}e^{-t^2}\mathrm{d}t$ 确定,则曲线 $y=y(x)$

上 $x=0$ 对应的点处的曲率半径 $R=$________.

QJK　62. 设两曲线 $y=f(x)$ 与 $y=\int_0^{\arctan x} e^{-t^2}dt$ 在点(0,0)处有相同的切线，则 $\lim\limits_{n\to\infty} nf\left(\frac{2}{n}\right)=$________.

JK　63. 若直线 $y=e$ 是曲线 $y=\left(\dfrac{a-\sin\frac{1}{x}}{a+\sin\frac{1}{x}}\right)^x$ 的渐近线，则常数 $a=$________.

JK　64. 设函数 $f(x)=x^{\frac{8}{3}}+ax^{\frac{5}{3}}$ 在 $x=\frac{5}{2}$ 处取得极值，则曲线 $y=f(x)$ 的凸区间为________.

JK　65.（仅数学一、数学二）曲线 $r=a(1+\cos\theta)$（常数 $a>0$）在点 $\left(a,\frac{\pi}{2}\right)$ 处的曲率 $k=$________.

三、解答题

QK　1. 球的半径以 5 cm/s 的速度匀速增长，问球的半径为 50 cm 时，球的表面积和体积的增长速度各是多少？

QK　2. 设曲线 $f(x)=x^n$ 在点(1,1)处的切线与 x 轴的交点为 $(x_n,0)$，计算 $\lim\limits_{n\to\infty} f(x_n)$.

QK　3. 作函数的图形 $y=x^2+\frac{1}{x}$.

JK　4. 如图所示，设曲线 L 的方程 $y=f(x)$，且 $f''>0$，又 MT，MP 分别为该曲线在点 $M(x_0,y_0)$ 处的切线和法线. 已知线段 MP 的长度为 $\dfrac{[1+(y_0')^2]^{\frac{3}{2}}}{y_0''}$，其中 $y_0'=y'(x_0)$，$y_0''=y''(x_0)$，试推导出点 $P(\xi,\eta)$ 的坐标表达式.

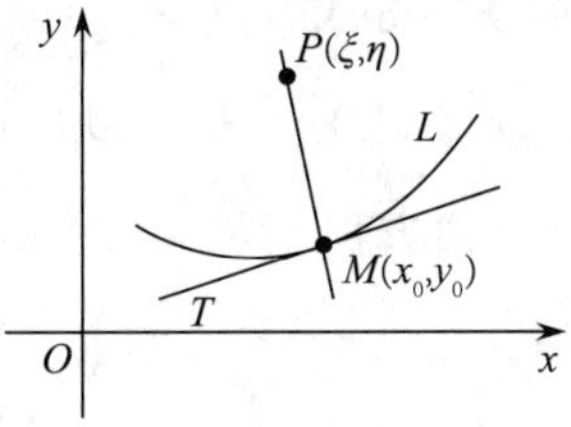

JK　5. 在区间[0,1]上函数 $f(x)=nx(1-x)^n$ 的最大值记为 $M(n)$，求 $\lim\limits_{n\to\infty} M(n)$.

QK　6. 若点(1,3)为曲线 $y=ax^3+bx^2+1$ 的拐点，求 a，b 的值.

JK　7. 将长为 a 的一段铁丝截成两段，用其中一段围成正方形，另一段围成圆，为使正方形与圆的面积之和最小，问两段铁丝的长各为多少？

QK 8.(仅数学一、数学二)设 $y=y(x)$ 由参数方程 $\begin{cases}x=1+t^2,\\ y=\cos t\end{cases}$ 所确定,求曲线 $y=y(x)$ 在 $t=\frac{\pi}{2}$ 对应点处的切线方程.

QJK 9.设函数 $y=y(x)$ 由方程 $x^3-y^3-3x-3y+2=0$ 确定,求 $y=y(x)$ 的极值.

QK 10.已知函数 $y=y(x)$ 由方程 $x^2+xy+y^3=3$ 确定,判断曲线 $y=y(x)$ 在点 $(1,1)$ 附近的凹凸性.

QK 11.确定函数 $f(x)=\ln(1+x^2)$ 的单调区间、极值以及该函数图形的凹凸区间和拐点.

QJK 12.已知 $f(x)=(x+1)e^{\frac{1}{2x}}$.

(1) 求函数 $f(x)$ 的单调区间和该函数图形的凹凸区间;

(2) 求曲线 $y=f(x)$ 的渐近线.

JK 13.已知曲线 $L:y=e^{-x}(x\geqslant 0)$,设 P 是 L 上的动点,V 是 L 上从点 $A(0,1)$ 到点 P 的一段弧绕 x 轴旋转一周所得的旋转体体积,当 P 运动到点 $\left(1,\frac{1}{e}\right)$ 时,沿 x 轴正向的速度为 1,求此时 V 关于时间 t 的变化率.

QK 14.设 $y=2x^2+ax+3$ 在 $x=1$ 处取得极值,求 a 的值,并判定 $x=1$ 是极小值点还是极大值点.

JK 15.用火车在两地之间运送货物,设每节车厢的装载量相同.若每次拖挂 8 节车厢,则一天最多能来回 10 次;若每次拖挂 12 节车厢,则一天最多只能来回 8 次.已知车厢增多的节数与来回减少的次数成正比,问每次拖挂多少节车厢才能使一天的运货总量最大?

JK 16.当 $x>0$ 时,比较 $\frac{x^2-1}{x^2+1},\frac{x^2-1}{2x},\ln x$ 的大小.

QJK 17.求常数 a 的取值范围,使不等式 $\ln x\leqslant a(x-1)$ 对于任何 $x>0$ 都成立.

JK 18.设 $y=f(x)$ 由方程 $|x|y^3+y-1=0$ 确定,求 $y=f(x)$ 的极大值.

QK 19.已知 $y=y(x)(x>0)$ 由方程 $y^3=x(x^2-2y)$ 所确定,且曲线 $y=y(x)$ 有斜渐近线 $y=ax+b$,求 a,b 的值.

JK 20.设函数 $y=y(x)$ 由方程 $e^y+4xy+x^2=1$ 确定.

(1) $y(x)$ 在 $x=0$ 处是否取得极值?说明理由.

(2) 证明:$y(x)$ 在 $(0,+\infty)$ 内是单调递减函数.

JK 21.设 $y=\tan^n x$ 在 $x=\frac{\pi}{4}$ 处的切线在 x 轴上的截距为 x_n,试求 $\lim\limits_{n\to\infty}y(x_n)$.

QK　22. 求曲线 $y_1=\dfrac{1}{x}$ 与抛物线 $y_2=\sqrt{x}$ 的交角.

QJK　23. 设函数 $f(x)$ 在 $x=2$ 处可微,且满足

$$2f(2+x)+f(2-x)=3+2x+o(x),$$

这里 $o(x)$ 表示比 x 高阶的无穷小(当 $x\to 0$ 时),试求微分 $\mathrm{d}f(x)\Big|_{x=2}$,并求曲线 $y=f(x)$ 在点 $(2,f(2))$ 处的切线方程.

JK　24. 求函数 $f(x)=|x|\mathrm{e}^{-|x-1|}$ 的极值.

JK　25. 设 $f(x)=\begin{cases}\lim\limits_{n\to\infty}\dfrac{1}{n}\left(1+\cos\dfrac{x}{n}+\cos\dfrac{2x}{n}+\cdots+\cos\dfrac{n-1}{n}x\right), & x>0,\\ 1, & x=0,\\ f(-x), & x<0.\end{cases}$

(1) 求 $f'(0)$;

(2) 求 $f(x)$ 在 $[-\pi,\pi]$ 上的最大值.

QJK　26. 设 $x=\int_0^y \mathrm{e}^{-t^2}\mathrm{d}t$,其反函数是 $y=y(x)$,求 $y=y(x)$ 的拐点.

QK　27. (仅数学一、数学二) 设函数 $y=y(x)$ 由参数方程

$$\begin{cases}x=t^3+9t,\\ y=t^2-2t\end{cases}$$

确定,求曲线 $y=y(x)$ 的凹区间.

JK　28. (仅数学一、数学二) 设有曲线弧 $y=\sin x\ (0<x<\pi)$.

(1) 求出曲线弧的最小曲率半径;

(2) 求与曲线弧在曲率半径最小的点处相切且具有相同曲率和凹向的抛物线的方程.

JK　29. (仅数学一、数学二) 求曲线 $y=\ln x$ 上曲率最大的点,并在该点附近用抛物线 $y=ax^2+bx+c$ 近似代替 $y=\ln x$,求 a,b,c.

QK　30. 求方程 $(x+2)\mathrm{e}^{\frac{1}{x}}-k=0$ 不同实根的个数,其中 k 为参数.

QK　31. 求方程 $a^x=bx$ 不同实根的个数,其中 a,b 为参数,$a>1$.

QK　32. (仅数学一、数学二) 求 $\begin{cases}x=t-a\sin t,\\ y=1-a\cos t\end{cases}$ 所确定的 $y=y(x)$ 的全部极值,其中 $0<a<1$.

JK　33. 设 $f(x)=\left(1-\dfrac{a}{x}\right)^x$,其中 $x>a>0$.

(1) 求 $f(x)$ 的水平渐近线;

(2) 证明 $e^a f(x) < 1$.

JK 34. 求常数 k 的取值范围,使得当 $x > 0$ 时,$f(x) = k\ln(1+x) - \arctan x$ 单调增加.

QK 35. 设 $f(x) = x^3 + 4x^2 - 3x - 1$,试讨论方程 $f(x) = 0$ 在 $(-\infty, 0)$ 内的实根情况.

JK 36. 在数 $1, \sqrt{2}, \sqrt[3]{3}, \cdots, \sqrt[n]{n}, \cdots$ 中求出最大值.

QJK 37. 已知 $f(x)$ 是周期为 5 的连续函数,它在 $x = 0$ 的某邻域内满足关系式:

$$f(1+\sin x) - 3f(1-\sin x) = 8x + \alpha(x),$$

其中 $\alpha(x)$ 是当 $x \to 0$ 时比 x 高阶的无穷小,且 $f(x)$ 在 $x = 1$ 处可导,求 $y = f(x)$ 在点 $(6, f(6))$ 处的切线方程.

JK 38. 试证明:曲线 $y = \dfrac{x-1}{x^2+1}$ 恰有三个拐点,且位于同一条直线上.

QK 39. 求函数 $y = e^x \cos x$ 的极值.

JK 40. (仅数学一、数学二) 求曲线 $y = e^x$ 上的最大曲率及其曲率圆方程.

JK 41. 曲线 $y = \dfrac{1}{\sqrt{x}}$ 的切线与 x 轴和 y 轴围成一个图形,记切点的横坐标为 a,求切线方程和该图形的面积. 当切点沿曲线趋于无穷时,该面积的变化趋势如何?

JK 42. 设 $f(x)$ 在 x_0 处 n 阶可导,且 $f^{(m)}(x_0) = 0 (m = 1, 2, \cdots, n-1)$,$f^{(n)}(x_0) \neq 0$ $(n \geqslant 2)$,证明:

(1) 当 n 为偶数且 $f^{(n)}(x_0) < 0$ 时,$f(x)$ 在 x_0 取得极大值;

(2) 当 n 为偶数且 $f^{(n)}(x_0) > 0$ 时,$f(x)$ 在 x_0 取得极小值.

JK 43. 设 $f(x)$ 在 x_0 处 n 阶可导,且 $f^{(m)}(x_0) = 0 (m = 2, \cdots, n-1)$,$f^{(n)}(x_0) \neq 0$ $(n > 2)$. 证明:当 n 为奇数时,$(x_0, f(x_0))$ 为拐点.

QK 44. 在左半平面 $(x < 0)$ 上,求曲线 $y = \dfrac{1}{x}$ 和 $y = x^2$ 的公切线.

QK 45. (仅数学一、数学二) 求曲线 $\begin{cases} x = \dfrac{t^3 + 2t^2}{t^2 - 1}, \\ y = \dfrac{2t^3 + t^2}{t^2 - 1} \end{cases}$ 的斜渐近线.

JK 46. 求曲线 $r = \dfrac{1}{3\theta - \pi}$ 的斜渐近线.

JK 47. 已知曲线的极坐标方程 $r = 1 - \cos\theta$,求曲线上对应于 $\theta = \dfrac{\pi}{6}$ 处的切线与法线

的直角坐标方程.

JK　48. 已知 $f'(-x)=x[f'(x)+1]$，求 $f(x)$ 的极值点，并说明是极大值点还是极小值点.

QK　49.（仅数学一、数学二）设函数 $y=y(x)$ 由参数方程 $\begin{cases}x=t^3+3t+1,\\ y=t^3-3t+1\end{cases}$ 确定，求曲线 $y=y(x)$ 为凹时，x 的取值范围.

JK　50. 设函数 $f(x)=\begin{cases}a\mathrm{e}^{2x}-4x^2, & x>0,\\ bx+1, & x\leqslant 0\end{cases}$ 在点 $x=0$ 处可导.

(1) 求常数 a,b 的值；

(2) 求当 $x>0$ 时，曲线 $y=f(x)$ 的凹凸区间及拐点.

JK　51. 设函数 $y=y(x)$ 是由方程 $\mathrm{e}^{-y}-y+\int_0^x(\mathrm{e}^{-t^2}+1)\mathrm{d}t=1$ 所确定的.

(1) 证明 $y(x)$ 是单调增加函数；

(2) 当 $x\to+\infty$ 时，曲线 $y=y'(x)$ 是否有水平渐近线？若有，求出其水平渐近线；若没有，说明理由.

JK　52. 设 $f(x)$ 是周期为 4 的奇函数，可导且 $f'(x)=2(x-1)$，$x\in[0,2]$，求曲线 $y=f(x)$ 在点 $(7,f(7))$ 处的切线方程.

QK　53. 已知两曲线由 $y=f(x)$ 与 $xy+\mathrm{e}^{x+y}=1$ 所确定，且在点 $(0,0)$ 处的切线相同，写出此切线方程，并求极限 $\lim\limits_{n\to\infty}nf\left(\dfrac{2}{n}\right)$.

JK　54. 曲线 $y=y(x)$ 可表示为 $x=t^3-t$，$y=t^4+t$，t 为参数. 证明：

(1) $y=y(x)$ 在 $t=0$ 处取拐点；

(2) $g(t)=\sqrt{\left(\dfrac{\mathrm{d}x}{\mathrm{d}t}\right)^2+\left(\dfrac{\mathrm{d}y}{\mathrm{d}t}\right)^2}$ 在 $t=0$ 处取得极大值.

QK　55. 设 $y=y(x)$ 满足 $y'+y=\mathrm{e}^{-x}\cos x$，且 $y(0)=0$，求 $y(x^2)$ 的值域.

JK　56. 根据正整数 n 奇偶性的不同情况，分别讨论函数 $f(x)=x^n\mathrm{e}^{-x}$ 的单调性，求函数在实数范围内的最值.

JK　57. 在曲线 $y=x^2$ 上求一点 (x_0,y_0)，其中 $x_0\in[0,8]$，使过此点的切线与直线 $x=8$，$y=0$ 所围成的位于第一象限的三角形面积最大.

JK　58.（仅数学一、数学二）设函数 $f(x)=\int_0^1|t(t-x)|\mathrm{e}^{-t^2}\mathrm{d}t$，$0\leqslant x\leqslant 1$，求 $f(x)$ 在极值点处的曲率.

QJK　59. 设 $y=f(x)$ 由方程 $\mathrm{e}^{2x+y}+\sin(xy)=\mathrm{e}$ 确定，求曲线 $y=f(x)$ 在点 $(0,1)$ 处

的切线的斜率.

JK 60. 设函数 $f(x)$,$g(x)$ 具有二阶导数,且 $g''(x)>0$,若 $g(1)=2$ 是 $g(x)$ 的极值,$f'(2)>0$,讨论 $f[g(x)]$ 在 $x=1$ 处是否取得极值,是极大值还是极小值.

QK 61. 求曲线 $y=x^2+5x+4$ 过点(0,3)的切线方程.

QK 62. 设 $f(x)=e^{\frac{1}{x}}+\sqrt{x^2+x+1}+\sqrt{x^2-x+1}$,求 $x>0$ 时曲线 $y=f(x)$ 的斜渐近线方程.

QK 63. 求方程 $2y^3-2y^2+2xy+y-x^2=0$ 确定的函数 $y=y(x)$ 的极值.

JK 64. 设函数 $f(x)$ 可导,且满足 $xf'(x)=f'(-x)+1$,$f(0)=0$,求:

(1) $f'(x)$;

(2) 函数 $f(x)$ 的极值.

QJK 65. 求函数 $f(x)=\begin{cases}x^{2x}, & x>0,\\ x+2, & x\leqslant 0\end{cases}$ 的单调区间和极值.

JK 66. 设函数 $f(x)$ 满足 $3f(x)+4x^2f\left(-\dfrac{1}{x}\right)+\dfrac{7}{x}=0(x\neq 0)$,求 $f(x)$ 的极大值与极小值.

QK 67. 求 $x>0$ 时曲线 $y=\dfrac{x^2\arctan x}{x-1}$ 的斜渐近线方程.

JK 68. 求函数 $f_n(x)=x^n e^{-n^2x}(n=2,3,\cdots)$ 在 $[0,+\infty)$ 上的最值,并求极限 $\lim\limits_{n\to\infty}f_n(x)$,$x\geqslant 0$.

JK 69. 设 a 为常数,讨论两曲线 $y=e^x$ 与 $y=\dfrac{a}{x}$ 的公共点的个数及相应的 a 的取值范围.

QK 70. 设 $f(x)$ 在 $x=0$ 处连续,且 $x\neq 0$ 时,$f(x)=(1+2x)^{\frac{1}{x}}$,求曲线 $y=f(x)$ 在 $x=0$ 对应的点处的切线方程.

JK 71. (仅数学一、数学二)设曲线 $y=f(x)$ 的参数方程为 $\begin{cases}x=x(t)=t-\sin t,\\ y=y(t)=1-\cos t,\end{cases}$ $0\leqslant t\leqslant 2\pi$. $P(x,y)$ 是曲线 $y=f(x)$ 上的任一点,$0<x<\pi$. 在点 P 处作曲线的切线,记该切线在 x 轴上的截距为 $u(x)$,求 $\lim\limits_{x\to 0^+}\dfrac{u(x)}{x}$.

QJK 72. 已知函数 $f(x)$ 在 $x=0$ 处具有一阶导数,且

$$\lim_{x\to 0}\frac{xf(x)+e^{x^2}\sin x}{x^2}=1.$$

求 $f(x)$ 在 $x=0$ 处的切线方程.

QK 73. 防空洞的截面拟建成矩形加半圆(如图所示),截面的面积为 5 平方米,问底宽

x 为多少时才能使建造时所用的材料最省?

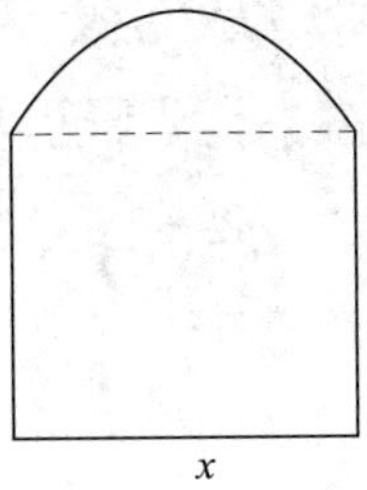

JK　74. 已知矩形的周长为 $2p$,将它绕其中一边旋转一周而构成一旋转体(圆柱体),求该圆柱体体积最大时的半径与高.

JK　75. 设 $f(x)$ 在区间 $(-\infty,+\infty)$ 内连续,且当 $x(1+x)\neq 0$ 时,$f(x)=\dfrac{1}{\ln|1+x|}-\dfrac{1}{x}$.

(1) 求 $f(0)$ 与 $f(-1)$ 的值;

(2) 讨论 $f(x)$ 的单调区间、极值.

QJK　76. 设 $f(x)=(1+\sin 2x)^{\frac{1}{x}}$(当 $x\neq 0$),且 $f(x)$ 在 $x=0$ 处连续. 求 $f(0)$ 的值并求曲线 $y=f(x)$ 在点 $(0,f(0))$ 处的切线方程.

QJK　77. 求 $y=\sqrt{4x^2+x}\ln\left(2+\dfrac{1}{x}\right)$ 的全部渐近线.

JK　78. 设 $f(x)$ 满足方程 $\dfrac{1}{x}f''(x)+3x[f'(x)]^2=\left(1+\dfrac{1}{x}\right)\ln^2(1+x)-x$,若 $x_0(x_0>0)$ 是 $f(x)$ 的一个驻点,证明:x_0 是 $f(x)$ 的极大值点.

QJK　79. 设函数 $f(x)=\begin{cases}3x^2+2x^3, & x\leqslant 0,\\ \ln(1+x)-x^2, & x>0,\end{cases}$ 求 $f'(x)$ 的极小值.

JK　80. 求曲线 $f(x)=\displaystyle\int_{-\infty}^{+\infty}|x-t|e^{-t^2}dt$ 在 $x\to+\infty$ 时的斜渐近线.

第6章 一元函数微分学的应用(二)——中值定理、微分等式与微分不等式

一、选择题

QK 1.设函数 $f(x)=xe^{\frac{1}{1-x^2}}$，$-1<x<1$，则(　　).

(A)$f(x)$ 在 $(-1,1)$ 内有一个零点

(B)$f(x)$ 在 $(-1,1)$ 内有两个零点

(C)$f'(x)$ 在 $(-1,1)$ 内有一个零点

(D)$f'(x)$ 在 $(-1,1)$ 内有两个零点

QK 2.在区间$[0,8]$内，对函数 $f(x)=\sqrt[3]{8x-x^2}$，罗尔定理(　　).

(A) 不成立　　(B) 成立，并且 $f'(2)=0$

(C) 成立，并且 $f'(4)=0$　　(D) 成立，并且 $f'(8)=0$

QK 3.若函数 $f(x)$ 在区间(a,b)内可导，且 x_1,x_2 是(a,b)内任意两点，则至少存在一点 ξ，使(　　).

(A)$f(x_2)-f(x_1)=(x_1-x_2)f'(\xi)$，$\xi\in(a,b)$

(B)$f(x_1)-f(x_2)=(x_1-x_2)f'(\xi)$，$\xi$ 在 x_1,x_2 之间

(C)$f(x_1)-f(x_2)=(x_2-x_1)f'(\xi)$，$x_1<\xi<x_2$

(D)$f(x_2)-f(x_1)=(x_2-x_1)f'(\xi)$，$x_1<\xi<x_2$

QK 4.若函数 $f(x)$ 在区间(a,b)内可导，x_1 和 x_2 是区间(a,b)内任意两点，且 $x_1<x_2$，则至少存在一点 ξ，使(　　).

(A)$f(b)-f(a)=f'(\xi)(b-a)$，其中 $a<\xi<b$

(B)$f(b)-f(x_1)=f'(\xi)(b-x_1)$，其中 $x_1<\xi<b$

(C)$f(x_2)-f(x_1)=f'(\xi)(x_2-x_1)$，其中 $x_1<\xi<x_2$

(D)$f(x_2)-f(a)=f'(\xi)(x_2-a)$，其中 $a<\xi<x_2$

QJK 5.设函数 $f(x)=x(2x-3)(4x-5)$，则方程 $f'(x)=0$ 的实根个数为(　　).

(A)0　　(B)1　　(C)2　　(D)3

QJK 6.若函数 $f(x)=(x-1)(x-2)(x-3)(x-4)$，则 $f'(x)$ 的零点的个数为(　　).

(A)4　(B)3　(C)2　(D)1

QK　7. 设函数 $f(x)=x-e\ln x$，则 $f(x)$ 的零点个数为(　　).

(A)0　(B)1　(C)2　(D)3

JK　8. 设方程 $\frac{\tan x}{x}=k$ 在 $\left(0,\frac{\pi}{4}\right)$ 内有实根，则常数 k 的取值范围为(　　).

(A) $0<k<\frac{4}{\pi}-1$　(B) $\frac{4}{\pi}-1<k<\frac{4}{\pi}$

(C) $1<k<\frac{4}{\pi}$　(D) $\frac{4}{\pi}-1<k<1$

JK　9. 设 $f(x)$ 在 $[0,4]$ 上一阶可导且 $f'(x)\geqslant\frac{1}{4}$，$f(2)\geqslant 0$，则在下列区间上必有 $f(x)\geqslant\frac{1}{4}$ 成立的是(　　).

(A) $[0,1]$　(B) $[1,2]$　(C) $[2,3]$　(D) $[3,4]$

JK　10. 设 $f(x)$ 为可导函数，$a<b$. 若 $f(a)=f(b)=0$，$f'(a)\cdot f'(b)>0$，则方程 $f'(x)=0$ 在 (a,b) 内(　　).

(A) 至少有一个实根　(B) 至多有一个实根

(C) 至少有两个实根　(D) 至多有两个实根

QK　11. 设 $f(x)$ 在 $[-1,1]$ 上二阶可导，且 $f''(x)>0$，$f(0)=-1$，则(　　).

(A) $\int_{-1}^{1}f(x)\mathrm{d}x>0$　(B) $\int_{-1}^{1}f(x)\mathrm{d}x<0$

(C) $\int_{-1}^{1}f(x)\mathrm{d}x>-2$　(D) $\int_{-1}^{1}f(x)\mathrm{d}x<-2$

JK　12. 设函数 $f(x)$ 在区间 $[0,+\infty)$ 内二阶可导，并且 $f(0)>0$，$f'(0)=0$，$f''(x)\leqslant a<0$，则(　　).

(A) $f(x)$ 在 $[0,+\infty)$ 内没有零点

(B) $f(x)$ 在 $[0,+\infty)$ 内至少有一个零点

(C) $f(x)$ 在 $[0,+\infty)$ 内恰好有一个零点

(D) $f(x)$ 在 $[0,+\infty)$ 内至少有两个零点

QK　13. 设 $f(x)=(x-1)^2\ln(1+x^5)$，则下列结论中不成立的是(　　).

(A) $f(x)$ 在 $[0,1]$ 上至少有两个零点

(B) $f'(x)$ 在 $(0,1)$ 内至少有一个零点

(C) $f''(x)$ 在 $(0,1)$ 内至少有一个零点

(D)$f'(x)$ 在 $(0,1)$ 内不变号

JK 14. 设 $f(x)$ 是过原点且一阶导数连续的曲线，$f''(x)<0$，任给 $x\in(0,1)$，记 $P=\dfrac{f(x)}{x}$，$Q=f'(0)$，$R=f(1)$，则其大小顺序排列正确的是(　　).

(A)$Q>P>R$　　(B)$P>R>Q$

(C)$P>Q>R$　　(D)$Q>R>P$

JK 15. 设 $f(x)$ 在 $[0,1]$ 上连续，在 $(0,1)$ 内可导，且 $f(0)=1$，$f(1)=0$，则在 $(0,1)$ 内至少存在一点 ξ，使(　　).

(A)$f'(\xi)=-\dfrac{f(\xi)}{\xi}$　　(B)$f'(\xi)=\dfrac{f(\xi)}{\xi}$

(C)$f(\xi)=-\dfrac{f'(\xi)}{\xi}$　　(D)$f(\xi)=\dfrac{f'(\xi)}{\xi}$

JK 16. 设 a 为常数，$f(x)=a\mathrm{e}^x-1-x-\dfrac{x^2}{2}$，则 $f(x)$ 在区间 $(-\infty,+\infty)$ 内的零点个数情况为(　　).

(A) 当 $a>0$ 时 $f(x)$ 无零点，当 $a\leqslant 0$ 时 $f(x)$ 恰有一个零点

(B) 当 $a>0$ 时 $f(x)$ 恰有两个零点，当 $a\leqslant 0$ 时 $f(x)$ 无零点

(C) 当 $a>0$ 时 $f(x)$ 恰有两个零点，当 $a\leqslant 0$ 时 $f(x)$ 恰有一个零点

(D) 当 $a>0$ 时 $f(x)$ 恰有一个零点，当 $a\leqslant 0$ 时 $f(x)$ 无零点

QK 17. 方程 $3^x=2x^2+1$ 的实根个数是(　　).

(A)3　　(B)4　　(C)5　　(D)6

QJK 18. 设函数 $f(x)=\sqrt{\dfrac{1+x}{1-x}}$ 在 $x=0$ 处的 2 次泰勒多项式为 $a+bx+cx^2$，则(　　).

(A)$a=1,b=1,c=1$　　(B)$a=1,b=1,c=\dfrac{1}{2}$

(C)$a=0,b=-1,c=\dfrac{1}{2}$　　(D)$a=0,b=-1,c=1$

JK 19. 设函数 $f(x)=a\mathrm{e}^x-bx\ (a>0)$ 有两个零点，则 $\dfrac{b}{a}$ 的取值范围是(　　).

(A)$\left(0,\dfrac{1}{\mathrm{e}}\right)$　　(B)$(0,\mathrm{e})$

(C)$\left(\dfrac{1}{\mathrm{e}},+\infty\right)$　　(D)$(\mathrm{e},+\infty)$

JK　20. 已知函数 $f(x)=a\left(\ln|x|+\dfrac{3}{2}\right)-bx^2$ 有 4 个不同的零点,则 $\dfrac{b}{a}$ 的取值范围是(　　).

(A) $\left(0,\dfrac{e}{2}\right)$　　(B) $\left(\dfrac{e}{2},+\infty\right)$

(C) $\left(0,\dfrac{e^2}{2}\right)$　　(D) $\left(\dfrac{e^2}{2},+\infty\right)$

JK　21. 设 $g(x)$ 在 $(-\infty,+\infty)$ 内存在二阶导数,且 $g''(x)<0$. 令 $f(x)=g(x)+g(-x)$,则当 $x\neq0$ 时(　　).

(A) $f'(x)>0$　　(B) $f'(x)<0$

(C) $f'(x)$ 与 x 同号　　(D) $f'(x)$ 与 x 反号

QK　22. 若函数 $f(x)=\dfrac{x^2-2x+k}{x^3-3x^2+k}$ 有三个间断点,则常数 k 的取值范围为(　　).

(A) $k<0$　　(B) $k>4$

(C) $1<k<4$　　(D) $0<k<4$

QK　23. 若方程 $\ln x=kx$ 有两个实根,则常数 k 的取值范围为(　　).

(A) $0<k<1$　　(B) $0<k<\dfrac{1}{e}$

(C) $1<k<e$　　(D) $\dfrac{1}{e}<k<e$

JK　24. 若函数 $f(x)=|\ln x-ax|$ 有两个不可导点,则常数 a 的取值范围为(　　).

(A) $a\leqslant0$　　(B) $0<a<e^{-1}$

(C) $a<e^{-1}$　　(D) $a\geqslant e^{-1}$

QK　25. 设函数 $f(x)$ 在区间 $[0,1]$ 上连续,在区间 $(0,1)$ 内可导,且 $f'(x)>0$, $f(0)=1$,则当 $x\in(0,1)$ 时,有(　　).

(A) $f(x)<e^{f(x)-1}$　　(B) $f(x)>e^{f(x)-1}$

(C) $f(x)<e^{-f(x)+1}$　　(D) $f(x)>e^{f(x)+1}$

QJK　26. 若函数 $f(x)=\dfrac{1}{xe^{-x}-a}$ 在 $(-\infty,+\infty)$ 内处处连续,则常数 a 的取值范围为(　　).

(A) $a<0$　　(B) $a>e^{-1}$

(C) $a<e^{-1}$　　(D) $0<a<e^{-1}$

JK　27. 设函数 $f(x)$ 在区间 $[0,2]$ 上二阶可导,且 $f''(x)>0$,则有(　　).

(A)$f(1)-f(0)<\frac{f(2)-f(0)}{2}<f(2)-f(1)$

(B)$f(2)-f(1)<\frac{f(2)-f(0)}{2}<f(1)-f(0)$

(C)$\frac{f(2)-f(0)}{2}<f(1)-f(0)<f(2)-f(1)$

(D)$f(1)-f(0)<f(2)-f(1)<\frac{f(2)-f(0)}{2}$

QK 28. 设 $0<k<1$，则方程 $\ln\left(1+\frac{1}{x}\right)=\frac{k}{x}$ 在 $(0,+\infty)$ 内(　　).

(A) 有且仅有一个实根　　(B) 至多有一个实根

(C) 至少有一个实根　　(D) 恰好有两个实根

QK 29. 若方程 $x-\mathrm{e}\ln x-k=0$ 在 $(0,1]$ 上有解，则 k 的最小值为(　　).

(A)-1　　(B)$\frac{1}{\mathrm{e}}$　　(C)1　　(D)e

QJK 30. 已知函数 $f(x)=\ln x-\frac{x}{\mathrm{e}}+a(x>0)$ 有两个零点，则 a 的取值范围是(　　).

(A)$(-1,0)$　　(B)$(0,1)$　　(C)$(-\infty,0)$　　(D)$(0,+\infty)$

JK 31. 设函数 $f(x)$ 的一阶导数在 $[a,+\infty)(a>0)$ 上连续，$\lim\limits_{x\to+\infty}f'(x)=0$，则(　　).

(A)$\lim\limits_{x\to+\infty}[f(2x)+f(x)]=0$

(B)$\lim\limits_{x\to+\infty}[f(2x)-f(x)]=0$

(C)$\lim\limits_{x\to+\infty}[f(x+1)-f(x)]=0$

(D)$\lim\limits_{x\to+\infty}[f(x+1)+f(x)]=0$

JK 32. 设函数 $f(x)$ 在区间 $[-2,2]$ 上可导，且 $f'(x)>2f(x)>0$，则(　　).

(A)$\frac{f(-2)}{f(-1)}>1$　　(B)$\frac{f(0)}{f(-1)}>\mathrm{e}^2$

(C)$\frac{f(1)}{f(-1)}<\mathrm{e}^2$　　(D)$\frac{f(2)}{f(-1)}<\mathrm{e}^3$

JK 33. 设 $f(x),g(x)$ 在 $(-\infty,+\infty)$ 内可导，且

$$\begin{vmatrix} f(x) & g(x) \\ f'(x) & g'(x) \end{vmatrix}<0.$$

又 $a<b$，$f(a)=f(b)=0$，则 $g(x)$ 在 $[a,b]$ 上(　　).

(A) 恒正　　(B) 恒负

(C) 至少有一个零点　　(D) 至多有一个零点

JK 34. 已知 $f(x)$ 在 $[a,b]$ 上二阶可导，且 $f(a)=f(b)=0$，又 $f(x)$ 满足方程 $f''(x)+\cos f'(x)=e^{f(x)}$，则在 (a,b) 内 $f(x)$(　　).

(A) 不小于 0　　(B) 不大于 0

(C) 恒为 0　　(D) 恒不为 0

QJK 35. 设函数 $f(x)=\begin{vmatrix} x-2 & 2 & 0 \\ 2 & x-1 & 2 \\ 0 & 2 & x \end{vmatrix}$，则存在 $\xi\in(-2,4)$，使得 $f'(x)$ 在 $x=\xi$ 处的切线平行于直线(　　).

(A) $y+2=0$　　(B) $x-4=0$

(C) $2y+40x-7=0$　　(D) $2y-40x+7=0$

JK 36. 设函数 $f(x)$ 在所讨论的区间上可导，则下述命题正确的是(　　).

(A) 若 $f(x)$ 在 (a,b) 内有界，则 $f'(x)$ 在 (a,b) 内亦有界

(B) 若 $f'(x)$ 在 (a,b) 内有界，则 $f(x)$ 在 (a,b) 内亦有界

(C) 若 $f(x)$ 在 $(a,+\infty)$ 内有界，则 $f'(x)$ 在 $(a,+\infty)$ 内亦有界

(D) 若 $f'(x)$ 在 $(a,+\infty)$ 内有界，则 $f(x)$ 在 $(a,+\infty)$ 内亦有界

JK 37. 设 $f(x)$ 二阶可导，且对任意的 x,h，存在 θ，使得 $f(x+h)=f(x)+hf'(x+\theta h)(0<\theta<1)$，$f''(x)$ 连续且 $f''(x)\neq 0$，则 $\lim\limits_{h\to 0}\theta=$(　　).

(A) $\frac{1}{4}$　　(B) $\frac{1}{3}$　　(C) $\frac{1}{2}$　　(D) 1

QK 38. 若 $f(x)=x-\ln^2 x+k\ln x-1$ 为增函数，则常数 k 的取值范围为(　　).

(A) $k\geqslant 2\ln 2-2$　　(B) $k\geqslant 2\ln 2+2$

(C) $k\geqslant 2\ln 2-1$　　(D) $k\geqslant 2\ln 2+1$

QJK 39. 曲线 $y=\ln(1+x^2)-2x\arctan x+x^2$ 与直线 $y=1$ 的交点个数为(　　).

(A) 0　　(B) 1　　(C) 2　　(D) 4

JK 40. 设 $f(x)$ 在区间 $[a,b]$ 上存在一阶导数，且 $f'(a)\neq f'(b)$，则必存在 $x_0\in(a,b)$ 使(　　).

(A) $f'(x_0)>f'(a)$

(B) $f'(x_0)>f'(b)$

(C) $f'(x_0)=\frac{1}{7}[5f'(b)+2f'(a)]$

(D)$f'(x_0)=\frac{1}{3}[5f'(b)-2f'(a)]$

JK 41. 设 $f(x)$ 在$[0,+\infty)$上可导，$f(0)=0$，且存在常数 $k>0$，使得 $|f'(x)|\leqslant k|f(x)|$ 在$[0,+\infty)$上成立，则在$(0,+\infty)$上(　　).

(A)当且仅当 $0<k<1$ 时，$f(x)$ 恒为零

(B)当且仅当 $k>1$ 时，$f(x)$ 恒不为零

(C)当 $k=1$ 时，$f(x)$ 不恒为零

(D)k 为任意正常数时，$f(x)$ 均恒为零

JK 42. 设函数 $f(x)$ 在区间$[a,+\infty)$内连续，且当 $x>a$ 时，$f'(x)>l>0$，其中 l 为常数. 若 $f(a)<0$，则在区间$\left(a,a+\frac{|f(a)|}{l}\right)$内方程 $f(x)=0$ 的实根个数为(　　).

(A)0　　(B)1　　(C)2　　(D)3

JK 43. 设函数 $f(x)$ 在$[0,1]$上可导，且 $f(0)=0$，$|f'(x)|\leqslant\frac{1}{2}|f(x)|$，则在$(0,1)$内 $f(x)$(　　).

(A)恒为正　　(B)恒为负

(C)恒为零　　(D)有正有负也有零

二、填空题

QK 1. 如果 $f(x)$ 在$[a,b]$上连续，无零点，但有使 $f(x)$ 取正值的点，则 $f(x)$ 在$[a,b]$上的符号为________.

QK 2. 已知方程 $x^4-2x^2+a=0$ 有四个不同的实根，则常数 a 的取值范围为________.

JK 3. 由拉格朗日中值定理有 $e^x-1=xe^{x\theta(x)}$，其中 $0<\theta(x)<1$，则 $\lim\limits_{x\to0^+}\theta(x)=$________.

QK 4. $f(x)=\frac{\tan x}{1+x^2}$ 在 $x=0$ 处的 3 次泰勒多项式为________.

QJK 5. 设函数 $f(x)$ 在 $x=1$ 处一阶导数连续，且 $f'(1)=2$，则 $\lim\limits_{x\to1^+}\frac{f(x)-f(1)}{\ln x}=$________.

QK 6. 设 $\lim\limits_{x\to a}\frac{f(x)-b}{x-a}=A$，则 $\lim\limits_{x\to a}\frac{\cos f(x)-\cos b}{x-a}=$________.

JK 7. 设 $f(x)=\arctan\frac{1+x}{1-x}$，整数 $n\geqslant0$，则 $f^{(2n+1)}(0)=$________.

JK 8. 设 $f(x)$ 在$[a,b]$上可导，且 $f(a)f(b)<0$，又当 $x\in(a,b)$ 时，有 $f'(x)>$

$-f(x)$,则 $f(x)$ 在$[a,b]$上的零点个数为________.

QK　9. 设 $f_n(x)=x(x-1)(2x-1)(3x-1)\cdots(nx-1)$,$n$ 为正整数,则 $f_n''(x)$ 在区间$(0,1)$内有________个零点.

QK　10. 若曲线 $y=\left(\dfrac{x^2+a}{x^2-a}\right)^{x^2}$ 有渐近线 $y=\mathrm{e}$,则常数 a 的值为________.

QJK　11. 已知方程 $\mathrm{e}^x=kx$ 有且仅有一个实根,则 k 的取值范围是________.

JK　12. 设 $f(x)$ 在$[0,1]$上可导,$f(0)=0$,$|f'(x)|\leqslant|f(x)|$,则 $f(1)=$________.

QK　13. 设常数 $k>0$,则 $f(x)=\dfrac{\ln x}{x}+k$ 在$(0,+\infty)$内的零点个数为________.

QK　14. 设 ξ 为 $f(x)=\arcsin x$ 在区间$[0,b]$上使用拉格朗日中值公式中的 ξ,则 $\lim\limits_{b\to 0}\dfrac{\xi}{b}=$________.

JK　15. 设存在 $0<\theta<1$,使得 $\arcsin x=\dfrac{x}{\sqrt{1-(\theta x)^2}}$,$-1\leqslant x\leqslant 1$,则 $\lim\limits_{x\to 0}\theta=$________.

JK　16. 设 $f(x)$ 在$(x_0-\delta,x_0+\delta)$内有三阶连续导数,且 $f''(x_0)=0$,$f'''(x_0)\neq 0$,当 $0<|h|<\delta$ 时,有 $f(x_0+h)-f(x_0)=hf'(x_0+\theta h)$,$0<\theta<1$,则 $\lim\limits_{h\to 0}\theta=$________.

三、解答题

QK　1. 设 ξ_a 为函数 $f(x)=\arctan x$ 在区间$[0,a]$上使用拉格朗日中值定理时的中值,求 $\lim\limits_{a\to 0^+}\dfrac{\xi_a}{a}$.

JK　2. 设 $b>a>\mathrm{e}$,证明:$a^b>b^a$.

JK　3. 证明:不等式 $1+x\ln(x+\sqrt{1+x^2})\geqslant\sqrt{1+x^2}$,$-\infty<x<+\infty$.

JK　4. 设 $\lim\limits_{x\to 0}\dfrac{f(x)}{x}=1$,且 $f''(x)>0$. 证明:$f(x)>x$.

QJK　5. 若 $\dfrac{a_n}{n+1}+\dfrac{a_{n-1}}{n}+\cdots+a_0=0$,证明:方程 $a_nx^n+a_{n-1}x^{n-1}+\cdots+a_0=0$ 在$(0,1)$内至少有一个实根.

JK　6. 设在$[1,+\infty)$上,$f''(x)<0$,$f(1)=2$,$f'(1)=-3$. 证明:$f(x)=0$ 在$(1,+\infty)$内只有一个实根.

QK　7. 证明方程 $\dfrac{1}{x-1}+\dfrac{2}{x-2}+\dfrac{3}{x-3}=0$ 有两个实根,并判定这两个根的范围.

QK 8. 证明：当 $x>1$ 时，$\frac{\pi}{4}<x\left(\frac{\pi}{2}-\arctan x\right)<1$.

QK 9. 设 $x>0$，证明 $\frac{1}{1+x}<\ln\left(1+\frac{1}{x}\right)<\frac{1}{x}$.

JK 10. (1) 将 $\sin x$ 在 $x=0$ 处展开成一阶带拉格朗日余项的泰勒公式；

(2) 证明 $\left|\frac{\sin x}{x}-1\right|\leqslant\frac{1}{2}|x|, x\neq 0$.

JK 11. 设 $f(x)$ 在 $[0,+\infty)$ 上连续，$f(0)=0$，在 $(0,+\infty)$ 上 $f'(x)$ 存在且单调递增. 证明：当 $x>0$ 时，$\frac{f(x)}{x}$ 单调递增.

QK 12. 求函数 $y=\ln x$ 在 $x=2$ 处带拉格朗日余项的 n 阶泰勒展开式.

JK 13. 设 $f(x)$ 在区间 $[0,1]$ 上可导，$f(0)=0, f(1)=1$，且 $f(x)$ 不恒等于 x. 证明：存在 $\xi\in(0,1)$，使得 $f'(\xi)>1$.

JK 14. 设函数 $f(x)$ 在区间 $[a,b]$ 上连续，在区间 (a,b) 内二阶可导，$f(a)=f(b)=0$，且存在一点 $c\in(a,b)$，使得 $f(c)>0$. 证明：存在一点 $\xi\in(a,b)$，使得 $f''(\xi)<0$.

QK 15. 设函数 $y=f(x)$ 在区间 (α,β) 内二阶可导，且其图像在 (α,β) 内有三个点满足关系 $y=ax^2+bx+c$. 证明：必然存在一个点 $\xi\in(\alpha,\beta)$，使得 $f''(\xi)=2a$.

QJK 16. 设 $0<a<b$，证明：$\ln\frac{b}{a}>\frac{2(b-a)}{a+b}$.

QK 17. 设 $x\in(-1,1)$，证明：$x\ln\frac{1+x}{1-x}+\cos x\geqslant 1+\frac{x^2}{2}$.

QJK 18. 设 $x>0$，证明：$(x^2-1)\ln x\geqslant(x-1)^2$.

QK 19. 利用导数证明：当 $x>1$ 时，$\frac{\ln(1+x)}{\ln x}>\frac{x}{1+x}$.

JK 20. 设 $f(x)=\begin{vmatrix} 2x-1 & x+1 & 3x+1 & 4x \\ e^{x-1} & 2^x & (x+1)^2 & x+3 \\ \sin x & \arctan(x+1) & \ln(1+x) & 2x+1 \\ \tan x & \arcsin x+\frac{\pi}{4} & e^x-1 & 3x+1 \end{vmatrix}$，试证明：存在 $\xi\in(0,1)$，使得 $f'(\xi)=0$.

QK 21. 设函数 $f(x)$ 在 $[0,1]$ 上连续，在 $(0,1)$ 内可导，且 $\int_0^1 x[f(x)-2]\mathrm{d}x=0$. 证明：存在 $\xi\in(0,1)$，使得 $\xi^2f'(\xi)+2\xi f(\xi)=1$.

JK　22. 设 n 为正奇数，$f(x)=x^n+x-1$.

(1) 证明：对于给定的 n，$f(x)$ 存在唯一的零点 x_n 且 $x_n>0$；

(2) 证明 $\lim\limits_{n\to\infty}x_n$ 存在，并求此极限.

JK　23. 设函数 $f(x)$ 在区间 $[a,b]$ 上具有连续导数，$f'(x)>0$，且 $a\leqslant f(x)\leqslant b$. 求证：

(1) 对任意 $x_1,x_2\in(a,b)$，存在 $c\in(a,b)$，使得 $f'(c)=\sqrt{f'(x_1)f'(x_2)}$；

(2) 存在 $\xi\in(a,b)$，使得 $f[f(a)]-f[f(b)]=[f'(\xi)]^2(a-b)$.

QK　24. 在区间 $[0,\pi]$ 上讨论方程 $\sin^3x\cos x=a\ (a>0)$ 的实根的个数.

JK　25. (1) 证明拉格朗日中值定理：设 $f(x)$ 在区间 $[a,b]$ 上连续，在区间 (a,b) 内可导，则存在 $\xi\in(a,b)$，使得

$$f(b)-f(a)=f'(\xi)(b-a);$$

(2) 对于二次多项式 $f(x)=px^2+qx+r(p\neq0)$，及任意区间 $[a,b]$，求出上述定理中的 ξ，并证明 ξ 的唯一性.

JK　26. 设函数 $f(x)$ 在 $[0,1]$ 上连续且 $f(0)=f(1)=0$，在 $(0,1)$ 内二阶可导且 $f''(x)<0$，记 $M=\max\limits_{0\leqslant x\leqslant 1}\{f(x)\}>0$.

(1) 证明对任意正整数 n，存在唯一的 $x_n\in(0,1)$，使得 $f'(x_n)=\dfrac{M}{n}$；

(2) 对 (1) 中得到的 $\{x_n\}$，证明 $\lim\limits_{n\to\infty}x_n$ 存在，且 $\lim\limits_{n\to\infty}f(x_n)=M$.

QK　27. 设 $f(x)=\begin{vmatrix}1 & x-1 & 2x-1\\ 1 & x-2 & 3x-2\\ 1 & x-3 & 4x-3\end{vmatrix}$，证明：存在 $\xi\in(0,1)$，使得 $f'(\xi)=0$.

JK　28. 设函数 $f(x)$ 在 $[a,b]$ 上连续，在 (a,b) 内可导，且 $f(a)=f(b)=0$，求证：

(1) 存在 $\xi\in(a,b)$，使 $f(\xi)+\xi f'(\xi)=0$；

(2) 存在 $\eta\in(a,b)$，使 $\eta f(\eta)+f'(\eta)=0$.

QK　29. 设函数 $f(x)=\arctan x$，若 $f(x)=f'(\xi)\sin x$，求极限 $\lim\limits_{x\to0}\dfrac{\xi^2}{x^2}$.

QJK　30. 设函数 $f(x)$ 在区间 $[a,b]$ 上连续，在区间 (a,b) 内可导，$f'(x)\neq0$，且 $f(a)=0$，$f(b)=2$. 证明：在区间 (a,b) 内存在两个不同的点 ξ,η，使

$$f'(\eta)[f(\xi)+\xi f'(\xi)]=f'(\xi)[bf'(\eta)-1].$$

JK　31. 设 $f(x)$ 可导，证明：$f(x)$ 的两个零点之间一定有 $f(x)+f'(x)$ 的零点.

JK　32. 设 $f(x)$ 在 $[0,1]$ 上连续，证明：存在 $\xi\in(0,1)$，使得

$$\int_0^1 f(x)\mathrm{d}x = f(\xi) - \xi^2 + \frac{1}{3}.$$

QK 33. 设 $f(x)$ 在$[0,1]$上连续，在$(0,1)$内二阶可导，$\lim\limits_{x\to0^+}\dfrac{f(x)}{x}=1$，$\lim\limits_{x\to1^-}\dfrac{f(x)}{x-1}=2$，证明：

(1) 存在 $\xi\in(0,1)$，使 $f(\xi)=0$；

(2) 存在 $\eta\in(0,1)$，使 $f''(\eta)=f(\eta)$.

JK 34. 设 $f(x)$ 在$[0,1]$上二阶可导，$f(0)=0$，$f(x)$ 在$(0,1)$内取得最大值 2，在$(0,1)$内取得最小值，证明：

(1) 存在 $\xi\in(0,1)$，使 $f'(\xi)>2$；

(2) 存在 $\eta\in(0,1)$，使 $f''(\eta)<-4$.

QK 35. 设 $f_n(x)=\cos x+\cos^2 x+\cdots+\cos^n x\ (n=1,2,\cdots)$. 证明：

(1) 对于每个 n，方程 $f_n(x)=1$ 在 $\left[0,\dfrac{\pi}{3}\right)$ 内有且仅有一个根 x_n；

(2) $\lim\limits_{n\to\infty}x_n=\dfrac{\pi}{3}$.

JK 36. 若方程 $x^x(1-x)^{1-x}=k$ 在区间$(0,1)$内有且仅有两个不同的实根，求 k 的取值范围.

JK 37. 设任给正数 x 均有 $kx^2>x-\ln(1+x)>\dfrac{kx^2}{1+x}$，其中 k 为常数，求 k 的值.

QK 38. 设函数 $f(x)$ 在$(a,+\infty)$内有二阶导数，且 $f(a+1)=0$，$\lim\limits_{x\to a^+}f(x)=0$，$\lim\limits_{x\to+\infty}f(x)=0$. 求证在$(a,+\infty)$内至少有一点 ξ，使 $f''(\xi)=0$.

JK 39. (1) 当 $x>0$ 时，证明方程 $2\ln(1+x)=x$ 有唯一实根 ξ；

(2) 任取 $x_0>0$，令 $x_n=2\ln(1+x_{n-1})\ (n=1,2,\cdots)$，证明 $\lim\limits_{n\to\infty}x_n$ 存在，并求其值.

JK 40. 设 $g(x)$ 可导，$|g'(x)|<1$，且当 $a\leqslant x\leqslant b$ 时，$a<g(x)<b$，又 $x+g(x)-2f(x)=0$，若$\{x_n\}$满足 $x_{n+1}=f(x_n)$，$n=0,1,2,\cdots$，$x_0\in[a,b]$. 证明：

(1) 存在唯一的 $\xi\in(a,b)$，使 $f(\xi)=\xi$；

(2) $\lim\limits_{n\to\infty}x_n$ 存在，并求其值.

JK 41. 设函数 $f(x)$ 在$[0,+\infty)$内二阶可导，且对于任意 $x\in(0,+\infty)$ 都有 $f''(x)\neq0$，过曲线 $y=f(x)\ (0<x<+\infty)$ 上的任意一点$(x_0,f(x_0))$作切线，证明：除切点外，该切线与曲线 $y=f(x)$ 无交点.

QK 42. 证明：方程 $x^\alpha=\ln x\ (\alpha<0)$ 在$(0,+\infty)$上有且仅有一个实根.

JK 43. 设 $0<k<1$，$f(x)=kx-\arctan x$. 证明：$f(x)$ 在$(0,+\infty)$中有唯一的零点，

即存在唯一的 $x_0 \in (0,+\infty)$，使 $f(x_0)=0$.

JK 44. 设函数 $f(x)$ 在 $(-\infty,+\infty)$ 内二阶可导，且 $f(x)$ 和 $f''(x)$ 在 $(-\infty,+\infty)$ 内有界. 证明：$f'(x)$ 在 $(-\infty,+\infty)$ 内有界.

QJK 45. 证明：当 $x>0$ 时，不等式 $e^{\frac{x}{1+x}}<1+x$ 成立.

QJK 46. 若 $x>-1$，证明：当 $0<\alpha<1$ 时，有 $(1+x)^{\alpha}<1+\alpha x$；当 $\alpha<0$ 或 $\alpha>1$ 时，有 $(1+x)^{\alpha}>1+\alpha x$.

QK 47. 设 $x\in(0,1)$，证明：

(1) $(1+x)\ln^2(1+x)<x^2$；

(2) $\dfrac{1}{\ln 2}-1<\dfrac{1}{\ln(1+x)}-\dfrac{1}{x}<\dfrac{1}{2}$.

JK 48. 设函数 $f(x)$ 在区间 $[a,b]$ 上连续 $(a,b>0)$，在 (a,b) 内可导. 证明：在 (a,b) 内至少有一点 ξ，使等式 $\dfrac{1}{a-b}\begin{vmatrix} a & b \\ f(a) & f(b)\end{vmatrix}=f(\xi)-\xi f'(\xi)$ 成立.

QK 49. 叙述并证明一元函数微分学中的罗尔定理.

QK 50. 证明：当 $0<x<\dfrac{\pi}{2}$ 时，$\tan x>x+\dfrac{x^3}{3}+\dfrac{2}{15}x^5+\dfrac{1}{63}x^7$.

JK 51. 设函数 $f(x)$ 在 $[0,2]$ 上连续，在 $(0,2)$ 内可导，且 $f(0)=f(2)=1$，$f(1)=-1$. 证明：

(1) 存在一点 $\xi\in(0,2)$，使得 $f'(\xi)=2\,023f(\xi)$；

(2) 存在两个不同的点 $\xi_1,\xi_2\in(0,2)$，使得 $f'(\xi_1)+f'(\xi_2)=0$.

JK 52. 设 $\varphi(x)=x^x(1-x)^{1-x}\ (0<x<1)$，求方程 $\varphi(x)=r\left(\dfrac{1}{2}\leqslant r<1\right)$ 在区间 $(0,1)$ 内根的个数.

QK 53. 证明：$e^x+e^{-x}\geqslant 2x^2+2\cos x$，$-\infty<x<+\infty$.

QK 54. 设函数 $f(x)$ 在区间 $[0,1]$ 上二阶可导，$f(0)=0$，且 $f(1)=1$. 证明：

(1) 存在 $x_0\in(0,1)$，使得 $f'(x_0)=1$；

(2) 存在 $\xi\in(0,1)$，使得 $\xi f''(\xi)+(1+\xi)f'(\xi)=1+\xi$.

JK 55. 设函数 $f(x)$ 在 $[a,b]$ 上二阶可导，且 $f(a)=f(b)=0$. 证明：

(1) 对任意 $x\in(a,b)$，存在 $\xi\in(a,b)$，使得 $f''(\xi)=\dfrac{2f(x)}{(x-a)(x-b)}$；

(2) 存在两个不同的点 $\eta_1,\eta_2\in(a,b)$，使得 $f'(\eta_1)+f'(\eta_2)=0$.

QJK 56. 设 $f(x),g(x)$ 在 $[a,b]$ 上二阶可导，且 $f(a)=f(b)=g(a)=0$，证明：存在 $\xi\in(a,b)$，使 $f''(\xi)g(\xi)+2f'(\xi)g'(\xi)+f(\xi)g''(\xi)=0$.

QK 57. $f(x)$ 在 $[a,b]$ 上连续，在 (a,b) 内可导，且 $f'(x)\neq 0$.

证明：存在 $\xi,\eta\in(a,b)$，使得 $\dfrac{f'(\xi)}{f'(\eta)}=\dfrac{e^b-e^a}{b-a}e^{-\eta}$.

QK 58. 设 a 为正常数，$f(x)=xe^a-ae^x-x+a$. 证明：当 $x>a$ 时，$f(x)<0$.

JK 59. 设 $0<x<y,a>0,b>0$. 证明：

$$(a^x+b^x)^{\frac{1}{x}}>(a^y+b^y)^{\frac{1}{y}}.$$

JK 60. 证明：当 $x>-2$ 时，$(x-2)e^{\frac{x-2}{2}}-xe^x+2e^{-2}<0$.

QJK 61. 设 $f(x)$ 在 $\left[0,\dfrac{\pi}{2}\right]$ 上具有连续的二阶导数，且 $f'(0)=0$. 证明：存在 $\xi,\eta,\omega\in\left(0,\dfrac{\pi}{2}\right)$，使得 $f'(\xi)=\dfrac{\pi}{2}\eta\sin 2\xi f''(\omega)$.

QK 62. 设 $f_n(x)=x+x^2+\cdots+x^n,n=2,3,\cdots$.

(1) 证明方程 $f_n(x)=1$ 在 $[0,+\infty)$ 有唯一实根 x_n；

(2) 求 $\lim\limits_{n\to\infty}x_n$.

QK 63. 设 $f(x)$ 在 $[a,b]$ 上二阶可导，且 $f'(a)=f'(b)=0$，证明：存在 $\xi\in(a,b)$，使

$$|f''(\xi)|\geqslant\frac{4}{(b-a)^2}|f(b)-f(a)|.$$

JK 64. (1) 设 $0<x<+\infty$，证明存在 η，$0<\eta<1$，使

$$\sqrt{x+1}-\sqrt{x}=\frac{1}{2\sqrt{x+\eta}};$$

(2) 求出(1)中 η 关于 x 的函数具体表达式 $\eta=\eta(x)$，并求出当 $0<x<+\infty$ 时函数 $\eta(x)$ 的值域.

QK 65. 叙述并证明一元函数微分学中的拉格朗日中值定理.

JK 66. 设常数 $b>a>\dfrac{b}{4}$. 证明

$$f(x)=2x^3-3(a+b)x^2+6abx+ab^2$$

有且仅有一个实零点，并且是负的.

JK 67. $f(x)$ 在 $(-\infty,+\infty)$ 上连续，$\lim\limits_{x\to\infty}f(x)=+\infty$，且 $f(x)$ 的最小值 $f(x_0)<x_0$，证明：$f[f(x)]$ 至少在两点处取得最小值.

JK　68. 设 $f(x)$ 在 $[a,b]$ 上有定义，在 (a,b) 内可导，$b-a\geqslant 4$.

求证：存在 $\xi\in(a,b)$，使得 $f'(\xi)<1+f^2(\xi)$.

QK　69. 证明：当 $0<a<b<\pi$ 时，

$$b\sin b+2\cos b+\pi b>a\sin a+2\cos a+\pi a.$$

QK　70. 证明不等式：

(1) 当 $x\in\left(0,\dfrac{\pi}{2}\right)$ 时，$x<\tan x$；

(2) 当 $x\in\left(0,\dfrac{\pi}{2}\right)$ 时，$(x^2+\sqrt{4+x^4})\cos x<2$.

JK　71. 设函数 $f(x)$ 在 $[0,1]$ 上二阶可导，$f(0)=1$，且 $f(x)\geqslant 0$，$f'(x)\leqslant 0$，$f''(x)\leqslant f(x)$. 证明：

(1) $[f'(x)]^2-[f(x)]^2$ 在 $[0,1]$ 上为单调递增函数；

(2) $f'(0)\geqslant-\sqrt{2}$.

JK　72. 若方程 $x\left(\dfrac{\pi}{2}-\arctan x\right)=k$ 在区间 $[1,+\infty)$ 内有实根，求常数 k 的取值范围.

JK　73. 证明：当 $x>0$ 时，$e^{\frac{x}{x+1}}<\left(1+\dfrac{1}{x}\right)^x<e$.

QK　74. 设函数 $f(x)$ 在区间 $[0,1]$ 上具有二阶导数，且 $f(0)=f(1)$，证明：在 $(0,1)$ 内至少存在一点 ξ，使得 $f'(\xi)=(e^{-\xi}-1)f''(\xi)$.

QK　75. 设函数 $f(x)$ 在区间 $[0,1]$ 上连续，在区间 $(0,1)$ 内可导，且 $f(0)=0$，$f\left(\dfrac{1}{2}\right)=2$，$f(1)=1$. 证明：至少存在一点 $\xi\in(0,1)$，使得

$$f'(\xi)-f(\xi)+\xi=0.$$

QJK　76. (1) 证明：当 $0<x<1$ 时，$x-\dfrac{1}{x}<2\ln x$；

(2) 设 $f(x)$ 是 $(0,+\infty)$ 上的可微正值函数，且满足 $f(x)+f'(x)<0$，证明：当 $0<x<1$ 时，$xf(x)>\dfrac{1}{x}f\left(\dfrac{1}{x}\right)$.

QK　77. 证明：当 $0<x<1$ 时，$(1-x)^{\frac{1}{x}}<\dfrac{1}{e}-\dfrac{x}{2e}$.

JK　78. 设 $f(x)$ 在 (a,b) 内连续，且 $x_1,x_2,\cdots,x_n$ 为 (a,b) 内任意 n 个点，证明：存在 $\xi\in(a,b)$，使 $f(\xi)=\dfrac{1}{n}\sum\limits_{i=1}^{n}f(x_i)$.

QK 79. 设函数 $f(x)$ 在区间 $[0,1]$ 上连续，在 $(0,1)$ 内可导，且 $f(0)=0,f(1)=1$. 证明：

(1) 存在 $x_0\in(0,1)$，使得 $f(x_0)=2-3x_0$；

(2) 存在 $\xi,\eta\in(0,1)$，且 $\xi\neq\eta$，使得 $[1+f'(\xi)][1+f'(\eta)]=4$.

QK 80. 设 $f(x),g(x)$ 在 $[a,b]$ 上二阶可导，$g''(x)\neq 0,f(a)=f(b)=g(a)=g(b)=0$. 证明：

(1) 在 (a,b) 内，$g(x)\neq 0$；

(2) 在 (a,b) 内至少存在一点 ξ，使 $\dfrac{f(\xi)}{g(\xi)}=\dfrac{f''(\xi)}{g''(\xi)}$.

JK 81. 讨论方程 $2x^3-9x^2+12x-a=0$ 实根的情况.

QK 82. 证明恒等式：$\arcsin x+\arccos x=\dfrac{\pi}{2}(-1\leqslant x\leqslant 1)$.

QK 83. 设函数 $f(x)$ 可导，且 $|f'(x)|\leqslant 1,f(0)=1$，证明 $|f(x)|\leqslant 1+x,0<x<1$.

QK 84. 求曲线 $y=\mathrm{e}^{-\frac{x}{2}}$ 与曲线 $y=x^3-3x$ 的交点个数.

JK 85. 若 $f'(x)=1+x^2+x^3+o(x^3)(x\to 0)$，$g(x)=\begin{cases}\dfrac{x}{f(x)-f(0)}, & x\neq 0,\\ a, & x=0,\end{cases}$ 且 $g(x)$ 连续.

(1) 求 a 的值；

(2) 当 $x\to 0$ 时，计算 $g(x)$ 到 3 阶的带佩亚诺余项的泰勒公式.

JK 86. 设函数 $f(x)$ 在 $[0,+\infty)$ 上可导.

(1) 若 $f(0)=\lim\limits_{x\to+\infty}f(x)=0$，求证：存在 $\xi\in(0,+\infty)$，使 $f'(\xi)=0$；

(2) 若 $0\leqslant f(x)\leqslant \ln\dfrac{2x+1}{x+\sqrt{1+x^2}}$，求证：存在 $\xi\in(0,+\infty)$，使

$$f'(\xi)=\frac{2}{2\xi+1}-\frac{1}{\sqrt{1+\xi^2}}.$$

QJK 87. 设正值函数 $f(x)$ 二阶可导且满足 $[f'(x)]^2>f(x)f''(x)$，函数 $f(x)-x$ 在 $x=0$ 处取得极值 1，证明：$f(x)\leqslant \mathrm{e}^x$.

QJK 88. 设 $f(x)$ 在 $[2,4]$ 上一阶可导且 $f'(x)\geqslant M>0,f(2)>0$. 证明：

(1) 对任意的 $x\in[3,4]$，均有 $f(x)>M$；

(2) 存在 $\xi \in (3,4)$，使得 $f(\xi) > M \cdot \dfrac{e^{\xi-3}}{e-1}$.

JK　89. 确定常数 k 的取值范围，使方程 $x - \arctan x = kx^3$ 在 $(0,1]$ 内有实根.

QK　90. 已知方程 $\dfrac{1}{x} - \dfrac{1}{e^x - 1} = k$ 在区间 $(-\infty,0)$ 内有实根，求常数 k 的取值范围.

QK　91. 证明：当 $x > 0$ 时，$0 < \dfrac{1}{x} - \dfrac{1}{e^x - 1} < \dfrac{1}{2}$.

QK　92. 设 $f(x)$ 在 $[0,+\infty)$ 上二阶可导，$f''(x) < 0$，任取 $0 < x_1 < x_2$，证明：

(1) $f(x_2) - f(x_1) = f'(\xi_2)x_2 - f'(\xi_1)x_1$，其中 $0 < \xi_1 < x_1$，$0 < \xi_2 < x_2$，且 ξ_1,ξ_2 均唯一；

(2) 在 (1) 的条件下，$\xi_1 < \xi_2$.

QJK　93. 设函数 $f(x)$ 在 $[a,b]$ 上连续，在 (a,b) 内可导，且 $f(a)=a$，$f(b)=b$. 证明：

(1) 至少存在一点 $\xi \in (a,b)$，使得 $f(\xi) = a + b - \xi$；

(2) 至少存在一点 $\eta \in (a,b)$，使得 $f'(\eta) = 1$；

(3) 存在两个不同的点 $\eta_1,\eta_2 \in (a,b)$，使得 $f'(\eta_1)f'(\eta_2) = 1$；

(4) 至少存在一点 $\xi_1 \in (a,b)$，使得 $f'(\xi_1) + f(\xi_1) - \xi_1 = 1$.

QK　94. 讨论常数 a 的值，确定曲线 $y = ae^x$ 与 $y = 1 + x$ 的公共点的个数.

JK　95. 设函数 $f(x)$ 在 $[0,2]$ 上连续，在 $(0,2)$ 内二阶可导，且 $\lim\limits_{x\to\frac{1}{2}} \dfrac{f(x)}{\cos \pi x} = 0$，$2\int_{\frac{1}{2}}^{1} f(x)\mathrm{d}x = f(2)$. 证明：存在 $\xi \in (0,2)$，使得 $f''(\xi) = 0$.

QK　96. 设函数 $f(x)$ 在 $[0,2]$ 上二阶可导，且 $f(0) = f(2)$. 证明：

(1) 存在一点 $\xi \in (0,2)$，使得 $f'(\xi) = \xi - 1$；

(2) 存在一点 $\eta \in (0,2)$，使得 $\eta f''(\eta) + f'(\eta) - 2\eta + 1 = 0$.

JK　97. 设函数 $f(x)$ 在 $[a,b]$ 上二阶可导，且 $f''(x)$ 在 $[a,b]$ 上恒大于零或恒小于零，$f(a) = f(b) = 0$. 证明：存在两个不同的点 $\xi_1,\xi_2 \in (a,b)$，使得 $2[f'(\xi_i)]^2 + f(\xi_i)f''(\xi_i) = 0 (i = 1,2)$.

QK　98. 讨论方程 $axe^x + b = 0 (a > 0)$ 实根的情况.

QK　99. 设函数 $\varphi(x)$ 可导，且 $\varphi(0)=0$，$\varphi'(x)$ 单调减少，证明：$\forall x \in (0,1)$，$\varphi(1)x < \varphi(x) < \varphi'(0)x$ 成立.

JK　100. 当 $0 < x < \dfrac{\pi}{2}$ 时，比较 $(\sin x)^{\cos x}$ 与 $(\cos x)^{\sin x}$ 的大小.

QK 101. 设函数 $f(x)$ 在闭区间$[1,3]$上具有三阶导数，且$\int_1^2 f(x)\mathrm{d}x=\int_1^2 f(x+1)\mathrm{d}x$，$f'(2)=0$. 证明：存在 $\xi\in(1,3)$，使得 $f'''(\xi)=0$.

JK 102. 设函数 $f(x)$ 在区间 I 上有定义，若实数 $x_0\in I$，且满足 $f(x_0)=x_0$，则称 x_0 为$f(x)$ 在区间 I 上的一个不动点. 设函数 $f(x)=3x^2+\frac{1}{x^2}-\frac{18}{25}$，则 $f(x)$ 在区间$(0,+\infty)$上是否有不动点？若有，求出所有不动点；若没有，说明理由.

JK 103. 设实数 $\rho\geqslant 1$，证明：不等式$\frac{\rho-1}{\rho}a+\frac{1}{\rho}a^{1-\rho}b^{\rho}\geqslant b$ 对一切正实数a,b 都成立.

JK 104. 设 $f(x)$ 在闭区间$[0,1]$上连续，且$\int_0^1 f(x)\mathrm{d}x=0$，$\int_0^1 \mathrm{e}^x f(x)\mathrm{d}x=0$. 证明在开区间$(0,1)$内存在两个不同的 ξ_1 与 ξ_2，使

$$f(\xi_1)=0,f(\xi_2)=0.$$

JK 105. 设 n 为正整数，$F(x)=\int_1^{nx}\mathrm{e}^{-t^3}\mathrm{d}t+\int_{\mathrm{e}}^{\mathrm{e}^{(n+1)x}}\frac{t^2}{t^4+1}\mathrm{d}t$.

(1) 证明对于给定的 n，$F(x)$ 有且仅有 1 个(实) 零点，并且是正的，记该零点为 a_n；

(2) 证明$\{a_n\}$ 随 n 的增加而严格单调减少且$\lim\limits_{n\to\infty}a_n=0$.

JK 106. e^{π} 与 π^{e} 谁大谁小，请给出结论并给予严格的证明(不准用计算器).

QJK 107. 设 $0<x<\frac{\pi}{3}$，证明：$\frac{1}{4}<\frac{1-\cos x}{x^2}<\frac{1}{2}$.

QK 108. 设函数 $f(x)$ 在$[0,3]$上连续，在$(0,3)$内可导，且 $f(0)+f(1)+f(2)=3$，$f(3)=1$. 试证：必存在 $\xi\in(0,3)$，使 $f'(\xi)=0$.

JK 109. 证明：对任意正整数 n，均有$\frac{2}{2n+1}<\ln\frac{n+1}{n}<\frac{1}{\sqrt{n^2+n}}$.

JK 110. 证明：当 $x\in(0,+\infty)$ 时，$0<\frac{\arctan x}{\ln(1+x)}<\frac{\sqrt{2}+1}{2}$.

JK 111. 设 $f(x)$ 满足

①$a\leqslant f(x)\leqslant b,x\in[a,b]$；

② 对 $\forall x,y\in[a,b]$，$|f(x)-f(y)|\leqslant\frac{1}{2}|x-y|$.

又$\{x_n\}$ 满足 $a\leqslant x_1\leqslant b$，$x_{n+1}=\frac{1}{2}[x_n+f(x_n)]$.

(1) 证明 c 是 $f(x)=x$ 在$[a,b]$上的唯一解；

(2) 证明$\lim\limits_{n\to\infty}x_n=c$.

JK　112. 设 $f(x)$ 二阶可导，$f''(x)<0$，$f'(0)\leqslant\frac{2}{3}$，$f(0)=0$，$f(1)=\frac{1}{2}$，并设 $0<x_n<1$，且 $x_{n+1}=f(x_n)$，$n=1,2,\cdots$.

(1) 证明 $\frac{f(x)}{x}$ 在 $(0,+\infty)$ 内单调减少；

(2) 证明 $\lim\limits_{n\to\infty}x_n$ 存在.

JK　113. 设 $f_n(x)=x^3+a^nx-1$，其中 n 是正整数，$a>1$.

(1) 证明方程 $f_n(x)=0$ 有唯一正根 r_n；

(2) 若 $S_n=r_1+r_2+\cdots+r_n$，证明 $S=\lim\limits_{n\to\infty}S_n$ 存在，且 $\frac{1}{a-1}-\frac{1}{a^4-1}\leqslant S\leqslant\frac{1}{a-1}$.

JK　114. 设 $-\infty<x<+\infty$，$y>0$. 证明

$$xy\leqslant e^{x-1}+y\ln y,$$

并指出何时等号成立.

QK　115. 设 $f(x)$ 在区间 $[0,1]$ 上连续，在区间 $(0,1)$ 内存在二阶导数，且 $f(0)=f(1)$. 证明：存在 $\xi\in(0,1)$ 使 $2f'(\xi)+\xi f''(\xi)=0$.

JK　116. 设常数 $a>0$，函数 $g(x)$ 在区间 $[-a,a]$ 上存在二阶导数，且 $g''(x)>0$.

(1) 令 $h(x)=g(x)+g(-x)$，证明在区间 $[0,a]$ 上 $h'(x)\geqslant 0$，当且仅当 $x=0$ 时 $h'(x)=0$；

(2) 证明 $2a\int_{-a}^{a}g(x)e^{-x^2}\,dx\leqslant\int_{-a}^{a}g(x)\,dx\int_{-a}^{a}e^{-x^2}\,dx$.

JK　117. 设函数 $f(x)$ 在 $x=x_0$ 的某邻域 U 内存在连续的二阶导数.

(1) 设当 $h>0$，$(x_0-h)\in U$，$(x_0+h)\in U$，恒有

$$f(x_0)<\frac{1}{2}[f(x_0+h)+f(x_0-h)],\tag{*}$$

证明 $f''(x_0)\geqslant 0$；

(2) 如果 $f''(x_0)>0$，证明必存在 $h>0$，$(x_0-h)\in U$，$(x_0+h)\in U$，使 $(*)$ 式成立.

JK　118. 设 $f(x)$ 在区间 $[0,+\infty)$ 内具有二阶导数，且 $|f(x)|\leqslant 1$，$0<|f''(x)|\leqslant 2\,(0\leqslant x<+\infty)$. 证明：$|f'(x)|\leqslant 2\sqrt{2}$.

JK　119. 设 $F(x)=\int_{-1}^{1}|x-t|e^{-t^2}\,dt-\frac{1}{2}(e^{-1}+1)$，讨论 $F(x)$ 在区间 $[-1,1]$ 上的

零点个数.

JK 120.设函数 $f(x)$ 在 (a,b) 内存在二阶导数,且 $f''(x)<0$.试证:

(1) 若 $x_0\in(a,b)$,则对于 (a,b) 内的任意 x,都有

$$f(x_0)\geqslant f(x)-f'(x_0)(x-x_0),$$

当且仅当 $x=x_0$ 时等号成立;

(2) 若 $x_1,x_2,\cdots,x_n\in(a,b)$,且 $x_i<x_{i+1}(i=1,2,\cdots,n-1)$,则

$$f\left(\sum_{i=1}^{n}k_ix_i\right)>\sum_{i=1}^{n}k_if(x_i),$$

其中常数 $k_i>0(i=1,2,\cdots,n)$ 且 $\sum\limits_{i=1}^{n}k_i=1$.

JK 121.设 $\alpha,\beta\in\left[0,\dfrac{\pi}{2}\right]$,且 $\alpha\neq\beta$,证明:$1<\dfrac{e^{\alpha}\cos\beta-e^{\beta}\cos\alpha}{e^{\alpha}-e^{\beta}}<\sqrt{2}$.

QJK 122.设 $f(x)$ 在 $(-\infty,+\infty)$ 上二阶可导,且 $f''(x)\geqslant0$.

(1) 证明:对于任意 $x_0,x\in(-\infty,+\infty)$,都有 $f(x)\geqslant f(x_0)+f'(x_0)(x-x_0)$;

(2) 证明:若存在常数 $M>0$,使得对于任意 $x\in(-\infty,+\infty)$,均有 $|f(x)|\leqslant M$,则 $f(x)$ 为常值函数.

QK 123.设函数 $f(x)$ 在 $[0,2]$ 上一阶可导,$f(0)=0$,$f(x)$ 在 $x=x_0$ 处取得最大值 Mx_0,$x_0\in(0,2)$,且 $f'(x)\leqslant M$.证明:

(1) 当 $x\in[0,x_0]$ 时,有 $f(x)=Mx$;

(2) $M=0$.

JK 124. 设函数 $f(x)$ 在 $(-\infty,+\infty)$ 上二阶导数连续,$f(1)\leqslant0$,$\lim\limits_{x\to\infty}[f(x)-|x|]=0$.证明:

(1) 存在 $\xi\in(1,+\infty)$,使得 $f'(\xi)>1$;

(2) 存在 $\eta\in(-\infty,+\infty)$,使得 $f''(\eta)=0$.

JK 125.设 $f(x)$ 在 $[-a,a]$ $(a>0)$ 上二阶可导,且

$$f(-a)=-1,f(a)=1,f'(-a)=f'(a)=0,|f''(x)|\leqslant1.$$

证明:(1) $f'(x)\leqslant a-|x|$;

(2) $a>\sqrt{2}$.

JK　126. 设连续周期函数 $f(x)$ 的周期为 1，且 $f(1)=0$，在 $(0,1)$ 内可导，令 $M=\max\limits_{x\in[0,1]}\{|f(x)|\}$. 证明：存在 $\xi\in(1,2)$，使得 $|f'(\xi)|\geqslant 2M$.

QJK　127. 设 $f(x)$ 在 $[0,1]$ 上连续，在 $(0,1)$ 内可导，且 $f(0)=f(1)=0$，$M=\max\limits_{0\leqslant x\leqslant 1}\{|f(x)|\}>0$. 证明：

(1) 在 $(0,1)$ 内存在不同的 ξ 和 η，使得

$$\frac{1}{|f'(\xi)|}+\frac{1}{|f'(\eta)|}=\frac{1}{M};$$

(2) 对(1)中的 ξ,η，有 $(|f'(\xi)|-2M)(|f'(\eta)|-2M)\leqslant 0$.

QJK　128. 设 $f(x)$ 在 $[a,b]$ 上二阶可导，$|f'(x)|\leqslant\frac{1}{2}$，$f'(x_0)=0$，$f''(x_0)=c\neq 0$，$x_0\in(a,b)$，且满足 $x_0=f(x_0)$.

(1) $\forall x_1\in[a,b]$，$x_{n+1}=f(x_n)(n=1,2,\cdots)$，证明 $\lim\limits_{n\to\infty}x_n$ 存在，且 $\lim\limits_{n\to\infty}x_n=x_0$；

(2) 求 $\lim\limits_{n\to\infty}\frac{x_{n+1}-x_0}{(x_n-x_0)^2}$.

JK　129. 设 $f(x_0+h)=f(x_0)+hf'(x_0)+\frac{h^2}{2!}f''(x_0)+\frac{h^3}{3!}f'''(x_0+\theta h)$，其中 $0<\theta<1$，$f^{(4)}(x)$ 连续且 $f^{(4)}(x_0)\neq 0$，求 $\lim\limits_{h\to 0}\theta$.

JK　130. 证明：当 $0<a<b<1$ 或 $1<a<b$ 时，$\frac{b^a}{a^b}<\frac{b}{a}$.

QJK　131. 若用 $\frac{2(x-1)}{x+1}$ 来近似 $\ln x$，证明：当 $x\in[1,2]$ 时，其误差不超过 $\frac{1}{12}(x-1)^3$.

QK　132. 若函数 $f(x)$ 在 $(-\infty,+\infty)$ 内满足关系式 $f'(x)=f(x)$，且 $f(0)=1$. 证明：$f(x)=\mathrm{e}^x$.

JK　133. 求使不等式 $\left(1+\frac{1}{n}\right)^{n+\alpha}\leqslant\mathrm{e}\leqslant\left(1+\frac{1}{n}\right)^{n+\beta}$ 对所有的自然数 n 都成立的最大的数 α 和最小的数 β.

JK　134. 设 n 为自然数，试证：$\left(1+\frac{1}{2n+1}\right)\left(1+\frac{1}{n}\right)^n<\mathrm{e}<\left(1+\frac{1}{2n}\right)\left(1+\frac{1}{n}\right)^n$.

QK　135. 设 $f(x)$ 在 $[0,1]$ 上连续，在 $(0,1)$ 内可导，且 $f(0)f(1)>0$，$f(1)+\int_0^1 f(x)\mathrm{d}x=0$.

试证：至少存在一点 $\xi\in(0,1)$，使 $f'(\xi)=\xi f(\xi)$.

JK 136. (1) 设 $f(x)$ 在 $[a,b]$ 上可导，若 $f'_+(a)\neq f'_-(b)$，证明对于任意的介于 $f'_+(a)$ 与 $f'_-(b)$ 之间的 μ，都存在 $\xi\in(a,b)$，使得 $f'(\xi)=\mu$；

(2) 设 $f(x)$ 在区间 $[-1,1]$ 上三阶可导，证明：存在 $\xi\in(-1,1)$，使得

$$\frac{f'''(\xi)}{6}=\frac{f(1)-f(-1)}{2}-f'(0).$$

JK 137. 设函数 $f(x)$ 在 $[-2,2]$ 上二阶可导，且 $|f(x)|\leqslant 1$，又 $f^2(0)+[f'(0)]^2=4$.

试证：在 $(-2,2)$ 内至少存在一点 ξ，使得 $f(\xi)+f''(\xi)=0$.

JK 138. 设 $f(x)$ 为 $[0,+\infty)$ 上的可导函数，且 $f(0)=1$，$f'(x)>0$，$\lim\limits_{x\to+\infty}f(x)=+\infty$.

证明：当 $x>0$ 时，$\frac{\pi}{2}<\arctan f(x)+\frac{1}{f(x)}<\frac{\pi}{4}+1$.

第7章 一元函数微分学的应用(三)——物理应用与经济应用

一、选择题

QK 1.(仅数学三)设某商品需求量 Q 对价格 P 的弹性为 $\eta(\eta>0)$,R 为收益,则(　　).

(A)当 $\eta>1,\Delta P<0$ 时,$\Delta R>0$

(B)当 $\eta>1,\Delta P>0$ 时,$\Delta R>0$

(C)当 $\eta<1,\Delta P<0$ 时,$\Delta R>0$

(D)当 $\eta<1,\Delta P>0$ 时,$\Delta R<0$

QK 2.(仅数学一、数学二)设二阶可导函数 $y=f(t)$ 表示某人在10 min内心跳次数的变化曲线,如图所示,则关于此人心跳次数的增长速度,说法正确的是(　　).

(A)0 ～ 3 min 增速变小;7 ～ 10 min 增速变大

(B)0 ～ 3 min 增速变大;7 ～ 10 min 增速变小

(C)0 ～ 3 min 增速变大;7 ～ 10 min 增速变大

(D)0 ～ 3 min 增速变小;7 ～ 10 min 增速变小

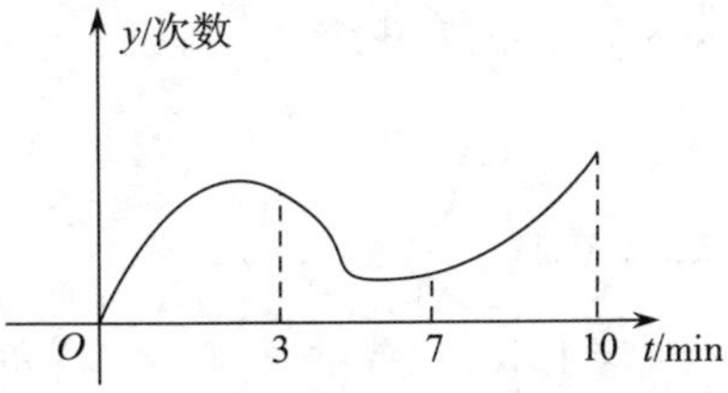

JK 3.(仅数学三)设 m,n,k 均为常数,且 m,n,k 不为零,则下列函数的弹性函数不是常数的是(　　).

(A)$y=mx$　　(B)$y=\dfrac{m}{x}$

(C)$y=mx+n$　　(D)$y=x^k$

QK 4.(仅数学三)已知一公司生产某产品的平均成本为 $\overline{C}(Q)=Q+e^{-3Q}$,其中 Q 为产量,则边际成本为(　　).

(A)$3Q-(1+2Q)e^{-3Q}$　　(B)$2Q-(1+3Q)e^{-3Q}$

(C)$3Q+(1-2Q)e^{-3Q}$　　(D)$2Q+(1-3Q)e^{-3Q}$

JK 5.(仅数学一、数学二)有一圆柱体底面半径与高随时间变化的速率分别为 2 cm/s,-3 cm/s. 当底面半径为10 cm,高为 5 cm 时,圆柱体的体积与表面积随时间变化的速率分别为(　　).

(A)$125\pi\ \text{cm}^3/\text{s},40\pi\ \text{cm}^2/\text{s}$　　(B)$125\pi\ \text{cm}^3/\text{s},-40\pi\ \text{cm}^2/\text{s}$

(C)$-100\pi\ \text{cm}^3/\text{s},40\pi\ \text{cm}^2/\text{s}$　　(D)$-100\pi\ \text{cm}^3/\text{s},-40\pi\ \text{cm}^2/\text{s}$

QK 6.(仅数学一、数学二)一个气球以40 cm^3/s的速率充气,当球半径$r=10$ cm时,球半径的增长率为(　　).

(A) $\frac{1}{10\pi}$ cm/s　　(B) $\frac{1}{\pi}$ cm/s

(C)π cm/s　　(D)10π cm/s

QK 7.(仅数学三)设某商品的需求函数为$Q=2\ 010-2p$,Q为需求量(单位:件),p为价格(单位:元).当$p=505$时,有(　　).

(A) 若价格上涨1元,则收益增加10元;若价格上涨10%,则收益增加0.1%

(B) 若价格上涨1元,则收益减少10元;若价格上涨10%,则收益减少0.1%

(C) 若价格上涨1%,则收益增加10元;若价格上涨10元,则收益增加0.1%

(D) 若价格上涨1%,则收益减少10元;若价格上涨10元,则收益减少0.1%

JK 8.(仅数学一、数学二)设某物体运动的路程s和加速度a与时间t的关系分别为$s=s(t)$,$a=a(t)$.已知该物体从$t=0$时刻至$t=1$时刻运动的路程是2,在$t=1$时刻的速度为2,则$\int_0^1 ta(t)\mathrm{d}t=$(　　).

(A)0　　(B)1　　(C)2　　(D)3

二、填空题

QK 1.(仅数学一、数学二)落在平静水面的石头,产生同心波纹,若最外一圈波半径的增大率总是6 m/s,问在2 s末扰动水面面积的增大率为________ m^2/s.

QK 2.(仅数学三)设商品需求函数为$Q=20-3P$,其中P为价格,则该商品的边际收益为________.

QK 3.(仅数学三)设某商品的价格函数为$p=100-\frac{1}{10}Q$,其中Q为销量,$Q<1\ 000$,p为价格(单位:元/件),成本函数为$C=1\ 000+20Q$.欲使利润最大,应把价格p定为________.

QK 4.(仅数学三)设某商品的需求函数为$Q=16\ 000-p^3$(其中Q为需求量,p为价格),则当$p=10$时,该商品的需求弹性为________.

QK 5.(仅数学三)设某商品的需求函数为$Q=\frac{40\ 000}{p^2}+100$(其中$Q$为需求量,$p$为价格),则当$p=10$时,收益$R$对价格$p$的弹性为________.

QK 6.(仅数学一、数学二)质点P沿抛物线$x=y^2(y>0)$移动,P的横坐标x的变化速度为5 cm/s.当$x=9$时,点P到原点O的距离变化速度为________.

JK 7.(仅数学一、数学二) 一动点 P 在曲线 $9y=4x^2$ 上运动,设坐标轴的单位长度是 1 cm,若 P 点横坐标的变化率是30 cm/s,则当 P 点经过点(3,4)时,P 点到原点距离的变化率为________.

QK 8.(仅数学三) 设某商品的需求函数为 $Q=300-p^2$,Q 为需求量(单位:件),p 为价格(单位:元),则当收益最大时,需求对价格的弹性为 ________.

QK 9.(仅数学三) 设生产某商品的固定成本为 50 000 元,可变成本为 30 元 / 件,价格函数为 $p=60-\dfrac{Q}{1\ 200}$(p 是单价,单位:元;Q 是销量,单位:件).已知产销平衡,则使得利润最大的单价 $p=$________.

QJK 10.(仅数学三) 设商品的需求函数为 $Q=2\ 940-20p$,其中 Q,p 分别表示需求量和价格,如果商品需求弹性 $\eta=1.1$,则收益函数 $R=pQ$ 对价格的边际为 ________.

QJK 11.(仅数学三) 设某项目用于研发和宣传的总成本为 a 万元,当研发与宣传所用成本分别为 x 万元和 y 万元时,收益为 $R=2x^{\frac{1}{3}}y^{\frac{1}{2}}$(万元),则收益最大时,研发所用成本为________.

QK 12.(仅数学三) 假设某种商品的需求量 Q 是单价 p(单位:元)的函数:$Q=12\ 000-80p$,商品的总成本 C 是需求量 Q 的函数:$C=25\ 000+50Q$,每单位商品需要纳税 2 元,则使销售利润最大的商品单价为________.

JK 13.(仅数学三) 设某商品的平均成本为 $\bar{C}=k_0+k_1Q^3-k_2Q^2$,其中 k_0,k_1,k_2 为正常数,Q 为产量,则总成本曲线的拐点为________.

JK 14.(仅数学三) 设某商品对价格的需求函数 $Q=P^{-P}$,则需求量 Q 对价格 P 的弹性为 ________.

QJK 15.(仅数学三) 已知某商品的需求函数为 $Q=Q_0e^{-\lambda P}$,Q_0 为市场饱和需求量,当价格 $P=8$ 元 / 件时,需求量为 $\dfrac{Q_0}{4}$,这种商品的进货价为 5 元 / 件,当 $P=$________ 元 / 件时,可使利润最大.

三、解答题

QK 1.(仅数学一、数学二) 设某物体的温度 T 与时间 t 满足函数关系:

$$T=a(1-e^{-kt})+b,$$

其中 T 的单位是 ℃，t 的单位是 min. 若物体的初始温度是 20 ℃，现将该物体放入 200 ℃ 的高温介质中.

(1) 求 a 和 b；

(2) 若物体温度以 2 ℃/min 的速率开始上升，求 k.

J K 2.(仅数学三) 设某商品的需求函数为 $Q=\mathrm{e}^{-\frac{P}{3}}$，求需求弹性函数和收益弹性函数，并求 $P=3$，$P=4$，$P=5$ 时的需求弹性和收益弹性，并解释其经济意义.

Q K 3.(仅数学三) 设某商品的供给函数为 $Q=4+5P$，求供给弹性函数及 $P=6$ 时的供给弹性，并解释其经济意义.

Q K 4.(仅数学三) 设某企业每周生产某产品 x 件的总成本(单位：百元) 为

$$C(x)=x^2+x-1,$$

需求函数为 $x=101-P$，其中 P 是产品的单价(单位：百元). 问：每周生产多少件该产品时，该企业获利最大？ 最大利润为多少？

Q J K 5.(仅数学三) 设某厂生产 Q 件某种产品的总成本函数为 $C(Q)=1\ 000+2Q$(万元)，价格函数为 $P=\dfrac{200}{\sqrt{Q}}$，其中 P 为产品的价格(单位：万元)，若需求量等于产量.

(1) 求需求对价格的弹性；

(2) 当产量 Q 为多少时总利润最大？ 并求最大总利润.

Q K 6.(仅数学一、数学二) 已知一容器中水增加的速率为 1 m^3/min，且水的体积与水面高度 y 满足 $V=\dfrac{\pi}{2}y^2$，当水面上升到高为 1 m 时，求水面高度上升的速率.

J K 7.(仅数学一、数学二) 溶液自深为 18 cm、上端圆的直径为 12 cm 的正圆锥形漏斗中，漏入一直径为10 cm 的圆柱形筒中. 开始时漏斗中盛满了溶液，已知当溶液在漏斗中深为 12 cm 时，其液面下落的速率为1 cm/min，问此时圆柱形筒中的液面上升的速率是多少？

Q J K 8.(仅数学一、数学二) 设一质点的运动方程为

$$\begin{cases} x=3\sin(\omega t)-4\cos(\omega t), \\ y=4\sin(\omega t)+3\cos(\omega t), \end{cases}$$

求该质点在 $t=0$ 时的运动速度及加速度的大小(ω 为大于零的常数).

J K 9.(仅数学一、数学二) 设一质点沿曲线 $r=2\theta$ 运动，若角度 $\theta=t^2$(t 表示时间)，当

$\theta=\dfrac{\pi}{2}$ 时,求质点的速度 v、加速度 a.

QK　10.(仅数学一、数学二)一容器内表面是由曲线 $y=x^2(0\leqslant x\leqslant 2$,单位:m)绕 y 轴旋转一周所得到的曲面.现以1 m^3/min 的速率注入某液体,求:

(1) 容器的体积;

(2) 当液面升高到 1 m 时液面上升的速率.

QK　11.(仅数学三)某企业投资 12 百万元建成一条生产线,投产后为使收益率保持为 24 百万元/年,必须在时间 t 追加投入 $\varphi(t)=8+2t^{\frac{3}{4}}$(百万元/年),试确定该生产线在何时停产,可使企业获得最大利润?并求最大利润.

QJK　12.(仅数学三)某产品的总成本 C(单位:万元)的变化率是产量 x(单位:百台)的函数 $C'(x)=4+\dfrac{x}{4}$,固定成本为 1 万元.总收入 R 的变化率是产量 x 的函数 $R'(x)=8-x$.问产量为多少时,总利润 $L=R-C$ 最大?并求出这个最大利润.

JK　13.(仅数学一、数学二)港口甲到港口乙距离等于 1 000 km,货船从港口甲出发,沿江以匀速度 v 逆流而上驶往港口乙,假定货船在单位时间内的燃料消耗 A 与 $v^{\frac{3}{2}}$(单位:km/h)成正比,比例常数为 1,又知道江水流速为 20 km/h.问货船速率 v 等于何值时,航程中消耗燃料的量最小?

JK　14.(仅数学一、数学二)设有一陨石是质量均匀的球体,且在坠落过程中陨石体积减少的速率与陨石的表面积成正比,设陨石始终保持球体状,若它在进入大气层开始燃烧的前 3 s 内减少了其体积的$\dfrac{7}{8}$,问此陨石完全燃烧尽需要多长时间?

JK　15.(仅数学一、数学二)设一机器启动后,机身温度会不断升高,升高速度为 20 ℃/h.启动后立即采取降温措施,用强力电风扇将恒温空气吹向机器,使它降温.已知冷却速度和机身与空气的温差成正比,比例系数为 $k(k>0)$.设恒温空气为 15 ℃,且 t 时刻温度为 $T(t)$.

(1) 证明机器温度 T 是关于时间 t 的单调增加函数,且 $T(t)$ 有上界;

(2) 已知机器在启动 1 h 时温度的升高率为 14(℃/h),求在启动 2 h 时温度的升高率.

QJK　16.(仅数学三)已知生产某产品的边际成本为 $C'(x)=x^2-4x+6$(单位:元/件),边际收益为 $R'(x)=105-2x$,其中 x 为产量.已知没有产品时没有收益,且固定成本为 100 元. 若生产的产品都会售出，则产量为多少时，利润最大？并求出最大利润.

QK 17.（仅数学三）一商家销售某种商品的价格满足关系 $p=7-0.2x$（万元 / 单位），x 为销售量，成本函数为 $C=3x+1$（万元），其中 x 服从正态分布 $N(5p,1)$，每销售一单位商品，政府要征税 t 万元，求该商家获得最大期望利润时的销售量.

QJK 18.（仅数学三）设某种商品的需求函数是 $Q=a-bP$，其中 Q 是该产品的销售量，P 是该产品的价格，常数 $a>0,b>0$，且该产品的总成本函数为 $C=\frac{1}{3}Q^3-\frac{17}{2}Q^2+108Q+36$. 已知当边际收益 $MR=56$ 以及需求的价格弹性 $\eta=-\frac{41}{13}$ 时，出售该产品可获得最大利润，试确定常数 a 和 b 的值，并求利润最大时的产量.

JK 19.（仅数学三）设某商品需求量 Q 是价格 p 的单调减少函数：$Q=Q(p)$，其中需求弹性 $\eta=\frac{2p^2}{192-p^2}>0$.

(1) 设 $R=R(p)$ 为总收益函数，证明 $\frac{\mathrm{d}R}{\mathrm{d}p}=Q(1-\eta)$；

(2) 求当 $p=6$ 时，总收益对价格的弹性，并说明其经济意义.

QJK 20.（仅数学一、数学二）设有一个内表面为旋转抛物面的容器，其深为 a m，容器口直径为 $2a$ m，若以每秒 Q m^3 的速率往容器内注水，求：

(1) 容器的容积及内表面的面积；

(2) 当容器中水深为 $\frac{1}{2}a$ m 时，水面上升的速率.

JK 21.（仅数学一、数学二）半径为 $\frac{1}{2}$ 的圆在抛物线 $x=\sqrt{y}$ 凹的一侧上滚动.

(1) 求圆心 (ξ,η) 的轨迹方程；

(2) 当圆心以速率 V_0 匀速上升时，求圆心的横坐标 ξ 的增长速度.

JK 22.（仅数学一、数学二）顶角为 $60°$，底圆半径为 a 的正圆锥形漏斗内盛满水，下接底圆半径为 $b(b<a)$ 的圆柱形水桶（假设水桶的体积大于漏斗的体积），水由漏斗注入水桶，问当漏斗水平面下降速度与水桶水平面上升速度相等时，漏斗中水平面高度是多少？

QK 23.（仅数学三）设需求函数为 $p=a-bQ$，总成本函数为 $C=\frac{1}{3}Q^3-7Q^2+$

$100Q+50$,其中 $a,b>0$ 为待定的常数,已知当边际收益 $MR=67$,且需求价格弹性 $\eta_p=-\frac{89}{22}$ 时,总利润是最大的.求总利润最大时的产量,并确定 a,b 的值.

JK　24.(仅数学三)设某商品的购进价格(最初成本)为 A(万元),在时刻 t 商品产生的效益率为 $v(t)=\frac{2A}{73}e^{-\frac{t}{365}}$(万元/天),而在时刻 t 转售出去的售价为 $r(t)=\frac{10A}{11}e^{-\frac{t}{730}}$(万元).

(1) 设使用了 T 天后转售该商品,T 为多少时售出总收益最大?

(2) 若银行存款的年利率为 5%,且以连续复利计算,T 为多少时售出总收益的现值最大?

JK　25.(仅数学三)设某产品的成本函数为 $C=3Q^2+100Q+100\,500$,需求函数为 $Q=\frac{1}{2}(10\,000-p)$,其中 C 为成本,单位:元;Q 为需求量(产量),单位:件;p 为价格,单位:元.

(1) 问产量为多少时可获得最大利润?并求最大利润.

(2) 求需求 Q 对价格 p 的弹性.

(3) 当价格 $p=6\,000$ 元时,若价格下降 2%,求收益变化百分之几?是增加还是减少?

QK　26.(仅数学三)某集邮爱好者有一个珍品邮票,如果现在($t=0$)就出售,总收入为 R_0 元.如果收藏起来待来日出售,t 年末总收入为 $R(t)=R_0e^{\xi(t)}$,其中 $\xi(t)$ 为随机变量,服从正态分布 $N\left(\frac{2}{5}\sqrt{t},1\right)$,假定银行年利率为 r,并且以连续复利计息.试求收藏多少年后,再出售可使得总收入的期望现值最大,并求 $r=0.06$ 时 t 的值.

QJK　27.(仅数学三)某种商品数量为 x 单位时的平均成本 $\overline{C}(x)=1$,价格函数为 $P(x)=10-2x$,国家向企业每件商品征税为 t.

(1) 生产多少商品时,企业利润最大?

(2) 在企业取得最大利润的情况下,t 为何值时能使总税收最大?

JK　28.(仅数学一、数学二)设一质点在单位时间内由点 A 从静止开始作直线运动至点 B 停止,两点 A,B 间距离为 1,证明:该质点在(0,1)内总有一时刻的加速度的绝对值不小于 4.

第 8 章 一元函数积分学的概念与性质

一、选择题

JK 1. 设 $f(x)$ 是 $(-\infty,+\infty)$ 上可导的奇函数，对于任意的 $x\in(-\infty,+\infty)$，均有 $f(x+1)-f(x)=f(1)$，$f\left(\frac{1}{2}\right)=0$，则以下是偶函数的是（　　）.

(A) $\int_0^x[\sin f(t)+f(t+1)]\mathrm{d}t$

(B) $\int_0^x[\sin f'(t)+f'(t+1)]\mathrm{d}t$

(C) $\int_0^x[\cos f(t)+f(t+2)]\mathrm{d}t$

(D) $\int_0^x[\cos f'(t)+f'(t+2)]\mathrm{d}t$

QK 2. 设 $f'(x)$ 为连续函数，则下列命题错误的是（　　）.

(A) $\frac{\mathrm{d}}{\mathrm{d}x}\int_a^b f(x)\mathrm{d}x=0$

(B) $\frac{\mathrm{d}}{\mathrm{d}x}\int_a^b f(x)\mathrm{d}x=f(x)$

(C) $\int_a^x f'(t)\mathrm{d}t=f(x)-f(a)$

(D) $\frac{\mathrm{d}}{\mathrm{d}x}\int_a^x f(t)\mathrm{d}t=f(x)$

JK 3. 设 $f(x)=\begin{cases}e^{x^2}+x^2, & x\neq 0,\\ 0, & x=0,\end{cases}$ 则 $\int_0^x f(t)\mathrm{d}t$ 是（　　）.

(A) 可导的奇函数

(B) 连续，但在 $x=0$ 处不可导的奇函数

(C) 可导的偶函数

(D) 连续，但在 $x=0$ 处不可导的偶函数

QJK 4. 下列反常积分发散的是（　　）.

(A) $\int_0^{+\infty}\frac{e^{-x}}{\sqrt{x}}\mathrm{d}x$　　　　(B) $\int_0^{+\infty}x^2e^{-x^2}\mathrm{d}x$

(C)$\int_0^{+\infty}\frac{\mathrm{d}x}{x\ln^2 x}$　　　　(D)$\int_0^{+\infty}\frac{\mathrm{d}x}{(x+2)\ln^2(x+2)}$

JK　5. 设 $f(x)$ 在区间 $(-\infty,+\infty)$ 内连续，下述 4 个命题不正确的是(　　).

(A) 如果对于任意的常数 a，总有 $\int_{-a}^{a}f(x)\mathrm{d}x=0$，则 $f(x)$ 必是奇函数

(B) 如果对于任意的常数 a，总有 $\int_{-a}^{a}f(x)\mathrm{d}x=2\int_0^a f(x)\mathrm{d}x$，则 $f(x)$ 必是偶函数

(C) 如果对于任意的常数 a 及某正常数 w，总有 $\int_a^{a+w}f(x)\mathrm{d}x$ 与 a 无关，则 $f(x)$ 有周期 w

(D) 如果存在某常数 $w>0$，使 $\int_0^w f(x)\mathrm{d}x=0$，则 $\int_0^x f(t)\mathrm{d}t$ 有周期 w

JK　6. 设 $F(x)$ 可导，下述命题

①$F'(x)$ 为偶函数的充要条件是 $F(x)$ 为奇函数；

②$F'(x)$ 为奇函数的充要条件是 $F(x)$ 为偶函数；

③$F'(x)$ 为周期函数的充要条件是 $F(x)$ 为周期函数.

正确的个数是(　　).

(A)0 个　　(B)1 个　　(C)2 个　　(D)3 个

JK　7. 设 $f(x)$ 为连续函数，$F(x)$ 是 $f(x)$ 的一个原函数，则下列命题错误的是(　　).

(A) 若 $F(x)$ 为奇函数，则 $f(x)$ 必定为偶函数

(B) 若 $f(x)$ 为奇函数，则 $F(x)$ 必定为偶函数

(C) 若 $f(x)$ 为偶函数，则 $F(x)$ 必定为奇函数

(D) 若 $F(x)$ 为偶函数，则 $f(x)$ 必定为奇函数

QK　8. 设 $f(x)$ 在 $[a,b]$ 上非负，在 (a,b) 内 $f''(x)>0$，$f'(x)<0$. $I_1=\frac{b-a}{2}[f(b)+f(a)]$，$I_2=\int_a^b f(x)\mathrm{d}x$，$I_3=(b-a)f(b)$，则 I_1,I_2,I_3 的大小关系为(　　).

(A)$I_1\leqslant I_2\leqslant I_3$　　　　(B)$I_2\leqslant I_3\leqslant I_1$

(C)$I_1\leqslant I_3\leqslant I_2$　　　　(D)$I_3\leqslant I_2\leqslant I_1$

QJK　9. 设 $f(x)$ 连续，则在下列变上限积分中，必为偶函数的是(　　).

(A)$\int_0^x t[f(t)+f(-t)]\mathrm{d}t$　　　　(B)$\int_0^x t[f(t)-f(-t)]\mathrm{d}t$

(C)$\int_0^x f(t^2)\mathrm{d}t$　　　　(D)$\int_0^x f^2(t)\mathrm{d}t$

J K　10. 设 $\varphi(x)$ 在$[a,b]$上连续，且 $\varphi(x)>0$，则函数 $y=\Phi(x)=\int_a^b|x-t|\varphi(t)\mathrm{d}t$ 的图形(　　).

(A) 在(a,b)内为凸　　(B) 在(a,b)内为凹

(C) 在(a,b)内有拐点　　(D) 在(a,b)内有间断点

Q K　11. 设函数 $f(x)$ 在$[a,b]$上可积，$\Phi(x)=\int_a^x f(t)\mathrm{d}t$，则 $\Phi(x)$ 在$[a,b]$上(　　).

(A) 可导　　(B) 连续　　(C) 不可导　　(D) 不连续

Q J K　12. 设 $f(x)=\begin{cases}1, & x>0,\\ 0, & x=0,\\ -1, & x<0,\end{cases}$ $F(x)=\int_0^x f(t)\mathrm{d}t$，则(　　).

(A) $F(x)$ 在 $x=0$ 处不连续

(B) $F(x)$ 在$(-\infty,+\infty)$内连续，但在 $x=0$ 处不可导

(C) $F(x)$ 在$(-\infty,+\infty)$内可导，且满足 $F'(x)=f(x)$

(D) $F(x)$ 在$(-\infty,+\infty)$内可导，但不一定满足 $F'(x)=f(x)$

Q K　13. 设下列不定积分存在，则下列命题正确的是(　　).

(A) $\int f'(2x)\mathrm{d}x=\frac{1}{2}f(2x)+C$

(B) $\left[\int f(2x)\mathrm{d}x\right]'=2f(2x)$

(C) $\int f'(2x)\mathrm{d}x=f(2x)+C$

(D) $\left[\int f(2x)\mathrm{d}x\right]'=\frac{1}{2}f(2x)$

Q K　14. 设 $f(x)$ 为$[a,b]$上的连续函数，$[c,d]\subseteq[a,b]$，则下列命题正确的是(　　).

(A) $\int_a^b f(x)\mathrm{d}x=\int_a^b f(t)\mathrm{d}t$

(B) $\int_a^b f(x)\mathrm{d}x\geqslant\int_c^d f(x)\mathrm{d}x$

(C) $\int_a^b f(x)\mathrm{d}x\leqslant\int_c^d f(x)\mathrm{d}x$

(D) $\int_a^b f(x)\mathrm{d}x$ 与 $\int_a^b f(t)\mathrm{d}t$ 不能比较大小

Q K　15. 设曲线段(见图)的方程为 $y=f(x)$，函数 $f(x)$ 在区间$[0,a]$上有连续导数，则定积分 $\int_0^a xf'(x)\mathrm{d}x$ 等于(　　).

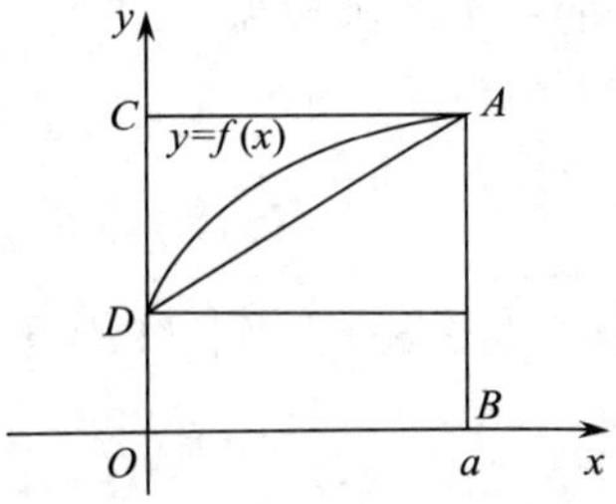

(A) 曲边梯形 $ABOD$ 的面积　　(B) 梯形 $ABOD$ 的面积

(C) 曲边三角形 ACD 的面积　　(D) 三角形 ACD 的面积

JK　16. 设函数 $g(x)$ 在 $\left[0,\frac{\pi}{2}\right]$ 上连续，若在 $\left(0,\frac{\pi}{2}\right)$ 内 $g'(x)\geqslant 0$，则对任意的 $x\in\left(0,\frac{\pi}{2}\right)$，有(　　).

(A) $\int_x^{\frac{\pi}{2}} g(t)\mathrm{d}t \geqslant \int_x^{\frac{\pi}{2}} g(\sin t)\mathrm{d}t$　　(B) $\int_x^1 g(t)\mathrm{d}t \leqslant \int_x^1 g(\sin t)\mathrm{d}t$

(C) $\int_x^1 g(t)\mathrm{d}t \geqslant \int_x^1 g(\sin t)\mathrm{d}t$　　(D) $\int_x^{\frac{\pi}{2}} g(t)\mathrm{d}t \leqslant \int_x^{\frac{\pi}{2}} g(\sin t)\mathrm{d}t$

QJK　17. 设 $I_1=\int_0^{\frac{\pi}{2}} \frac{\sin x}{x}\mathrm{d}x$，$I_2=\int_0^{\frac{\pi}{2}} \frac{x}{\sin x}\mathrm{d}x$，则(　　).

(A) $I_1<1<I_2$　　(B) $I_2<1<I_1$

(C) $1<I_1<I_2$　　(D) $I_1<I_2<1$

QK　18. 设 $M=\int_{-1}^1 \left(\frac{x}{1+x^2}+\cos^3 x\right)\mathrm{d}x$，$N=\int_{-1}^1 [\cos^4 x+\ln(x+\sqrt{1+x^2})]\mathrm{d}x$，$P=\int_{-1}^1 (x^3-\cos^5 x)\mathrm{d}x$，则(　　).

(A) $N>M>P$　　(B) $P>M>N$

(C) $M>N>P$　　(D) $M>P>N$

JK　19. 设 $f(x)=\begin{cases} e^{x^2}+x^2, & x\neq 0, \\ a, & x=0, \end{cases}$ 其中 a 为常数，令 $F(x)=\int_{-1}^x f(t)\mathrm{d}t$，则以下命题：

① 当 $a=1$ 时，$F(x)$ 在 $x=0$ 处可导；

② 当 $a\neq 1$ 时，$F(x)$ 在 $x=0$ 处可导；

③ 当 $a=1$ 时，$F(x)$ 在 $x=0$ 处不可导；

④ 当 $a\neq 1$ 时，$F(x)$ 在 $x=0$ 处不可导.

所有真命题的序号为(　　).

(A)①②　　(B)①④　　(C)③④　　(D)②③

QK 20. 函数 $\sin x+\cos x$ 的一个原函数为(　　).

(A) $-\sin x+\cos x$　　(B) $\sin x+\cos x$

(C) $-\sin x-\cos x$　　(D) $\sin x-\cos x$

QK 21. 设 $f(x)$ 的一个原函数是 $x\cos x$，则 $f(x)$ 等于(　　).

(A) $\sin x-x\cos x$　　(B) $\sin x+x\cos x$

(C) $\cos x-x\sin x$　　(D) $\cos x+x\sin x$

QK 22. 函数 $2(e^{2x}-e^{-2x})$ 的一个原函数为(　　).

(A) $e^{2x}-e^{-2x}$　　(B) $e^{2x}+e^{-2x}$

(C) $2(e^{2x}-e^{-2x})$　　(D) $2(e^{2x}+e^{-2x})$

QK 23. 已知函数 $f(x)$ 的一个原函数为 e^{-2x}，则 $f'(x)$ 等于(　　).

(A) $-2e^{-2x}$　　(B) $2e^{-2x}$

(C) $4e^{-2x}$　　(D) $-4e^{-2x}$

QK 24. 设 $f(x)$ 是连续函数，且 $F(x)=\int_x^{x^2} f(t)\mathrm{d}t$，则 $F'(x)$ 等于(　　).

(A) $2xf(x^2)-f(x)$　　(B) $2xf(x^2)+f(x)$

(C) $x^2f(x^2)-f(x)$　　(D) $x^2f(x^2)+f(x)$

JK 25. 设 $f(x)$ 为连续函数，$f(0)=0$，$f'(0)=4$，$F(x)=\int_0^x (x^2-t^2)f(t)\mathrm{d}t$，则当 $x\to 0$ 时，$F'(x)$ 为 x^3 的(　　).

(A) 低阶无穷小量　　(B) 高阶无穷小量

(C) 等价无穷小量　　(D) 同阶但非等价无穷小量

QJK 26. 设 $f(x)$ 为连续函数，则 $\frac{\mathrm{d}}{\mathrm{d}x}\int_0^{x^2} tf(x^4-t^2)\mathrm{d}t$ 等于(　　).

(A) $-x^3f(x^4)$　　(B) $-4x^3f(x^4)$

(C) $x^3f(x^4)$　　(D) $2x^3f(x^4)$

JK 27. 下列命题错误的是(　　).

(A) 若 $f(x)$ 在区间 (a,b) 内某个原函数是常数，则 $f(x)$ 在 (a,b) 内恒为零，即 $f(x)\equiv 0$

(B) 若 $f(x)$ 在区间 (a,b) 内某个原函数是常数，则 $f(x)$ 在 (a,b) 内所有原函数都为常数

(C) 若 $f(x)$ 在区间 (a,b) 内不连续，则 $f(x)$ 在 (a,b) 内必无原函数

(D) 若 $F(x)$ 为 $f(x)$ 的一个原函数，则 $F(x)$ 必定为连续函数

QK 28. 设 $y=f(x)$ 在 $[a,b]$ 上为连续函数，则曲线 $y=f(x)$，$x=a$，$x=b$ 及 x 轴所围成的曲边梯形的面积为(　　).

(A) $\int_a^b f(x)\mathrm{d}x$　　(B) $\left|\int_a^b f(x)\mathrm{d}x\right|$

(C) $\int_a^b |f(x)|\mathrm{d}x$　　(D) 不能用定积分表示

QK 29. 已知 $f(x)$ 的一个原函数为 $\cos x$，则 $f'(x)$ 等于(　　).

(A) $\cos x$　　(B) $-\cos x$

(C) $\sin x$　　(D) $-\sin x$

JK 30. 设函数 $f(x)$ 在 $[-1,1]$ 上二阶可导，$f''(x)>0$，且满足 $|f(x)|\leqslant x^2$，记 $I=\int_{-1}^1 f(x)\mathrm{d}x$，则(　　).

(A) $I>0$　　(B) $I<0$

(C) $I=0$　　(D) I 与 0 的大小关系不确定

JK 31. 设 $f(x)$ 在 $[0,1]$ 上连续，且为单调减少的正值函数，记 $I_1=\int_0^1 f(x)\mathrm{d}x$，$I_2=\int_0^1 f(\sin x)\mathrm{d}x$，$I_3=\int_0^1 \sin f(x)\mathrm{d}x$，则(　　).

(A) $I_1<I_2<I_3$　　(B) $I_3<I_2<I_1$

(C) $I_2<I_3<I_1$　　(D) $I_3<I_1<I_2$

QJK 32. 设函数 $f(x)$ 在区间 $[0,2]$ 上连续，且满足 $f(x)=\int_0^1 \mathrm{e}^{x+t}f(t)\mathrm{d}t+x$，则 $\dfrac{f(0)}{f(2)}=$(　　).

(A) $\dfrac{1}{3\mathrm{e}^2}$　　(B) $\dfrac{1}{2\mathrm{e}^2}$　　(C) $\dfrac{1}{3}$　　(D) $\dfrac{1}{2}$

QK 33. $\int \mathrm{e}^{-|x|}\mathrm{d}x=$(　　).

(A) $\begin{cases}-\mathrm{e}^{-x}+C, & x\geqslant 0,\\ \mathrm{e}^{x}+C, & x<0\end{cases}$　　(B) $\begin{cases}-\mathrm{e}^{-x}+C, & x\geqslant 0,\\ \mathrm{e}^{x}-2+C, & x<0\end{cases}$

(C) $\begin{cases}-\mathrm{e}^{-x}+C, & x\geqslant 0,\\ \mathrm{e}^{x}+C+2, & x<0\end{cases}$　　(D) $\begin{cases}\mathrm{e}^{x}+C, & x\geqslant 0,\\ -\mathrm{e}^{-x}+C, & x<0\end{cases}$

JK 34. 设 $f(x)=\begin{cases}x\ln x, & x>0,\\ x^2+x, & x\leqslant 0,\end{cases}$ 若 $\int_a^b f(x)\mathrm{d}x\ (a<b)$ 取得最小值，则 $(a,b)=$(　　).

(A)$(-1,1)$　　(B)$(-1,2)$

(C)$(0,1)$　　(D)$(1,2)$

QK　35. 设 $f(x)$ 是 $(0,+\infty)$ 内的正值连续函数，且 $f'(x)<0$，$g(x)=\int_1^x f(t)\mathrm{d}t$，则 $g\left(\frac{1}{2}\right)$ 和 $g\left(\frac{3}{2}\right)$ 的可能取值是(　　).

(A)$-2,1$　　(B)$-2,3$　　(C)$2,-1$　　(D)$2,-3$

JK　36. 已知$\int_1^{+\infty}\frac{1}{x^a+x^b}\mathrm{d}x$ 收敛，且 $a>b$，则(　　).

(A)$a\leqslant 1$　　(B)$b\leqslant 1$　　(C)$a>1$　　(D)$b>1$

QK　37. 设 $I_1=\int_0^1\frac{\cos x}{\sqrt{1-x^2}}\mathrm{d}x$，$I_2=\int_0^1\frac{\sin x}{\sqrt{1-x^2}}\mathrm{d}x$，$I_3=\int_0^1\frac{x}{\sqrt{1-x^2}}\mathrm{d}x$，则(　　).

(A)$I_1<I_2<I_3$　　(B)$I_2<I_3<I_1$

(C)$I_3<I_2<I_1$　　(D)$I_2<I_1<I_3$

JK　38. 下列反常积分收敛的是(　　).

(A)$\int_1^{+\infty}\frac{\mathrm{d}x}{(x^2-1)\sqrt{1+x}}$　　(B)$\int_0^{+\infty}\frac{\mathrm{d}x}{(x+1)^2\sqrt{1+x}}$

(C)$\int_{-1}^{2}\frac{\mathrm{d}x}{(x-2)^2\sqrt{1+x}}$　　(D)$\int_{-2}^{1}\frac{\mathrm{d}x}{(x+2)^2\sqrt{1-x}}$

QJK　39. 下列反常积分中收敛的是(　　).

(A)$\int_0^2\frac{\mathrm{d}x}{\sqrt{x^2+x^3}}$　　(B)$\int_0^2\frac{\mathrm{d}x}{x\sqrt{x+2}}$

(C)$\int_1^{+\infty}\frac{x\,\mathrm{d}x}{\sqrt{x+1}\ \ln(1+x)}$　　(D)$\int_0^{+\infty}\frac{x\,\mathrm{d}x}{\mathrm{e}^{x^4}}$

JK　40. 对于反常积分 $I=\int_1^2\left[\frac{1}{x\ln^2 x}-\frac{k}{(x-1)^2}\right]\mathrm{d}x$，其中 k 为常数，下列结论正确的是(　　).

(A)$k=1$ 时反常积分收敛　　(B)$k\neq 1$ 时反常积分收敛

(C)$k=0$ 时反常积分收敛　　(D)$k\neq 0$ 时反常积分收敛

JK　41. 设 $a,b>0$，反常积分$\int_1^{+\infty}\frac{1}{x^a\ln^b x}\mathrm{d}x$ 收敛，则(　　).

(A)$a>1$ 且 $b>1$　　(B)$a>1$ 且 $b<1$

(C)$a<1$ 且 $b>1$　　(D)$a<1$ 且 $b<1$

JK　42. 设 $f(x)=\begin{cases}\cos x, & x>0,\\ \sin x, & x\leqslant 0,\end{cases}$ $g(x)=\begin{cases}x\sin\dfrac{1}{x}, & x\neq 0,\\ 0, & x=0,\end{cases}$ 则在区间 $(-1,1)$ 内（　）.

(A) $f(x)$ 与 $g(x)$ 都存在原函数

(B) $f(x)$ 不存在原函数，$g(x)$ 存在原函数

(C) $f(x)$ 存在原函数，$g(x)$ 不存在原函数

(D) $f(x)$ 与 $g(x)$ 都不存在原函数

QJK　43. 设 m 与 n 都是常数，反常积分 $\int_0^{+\infty}\dfrac{x^n(1-e^{-x})}{(1+x)^m}dx$ 收敛，则 m 与 n 的取值范围为（　）.

(A) $n<-2, m>n+1$　　(B) $n<-2, m<n+1$

(C) $n>-2, m<n+1$　　(D) $n>-2, m>n+1$

JK　44. 设 $f(x)$ 在 $[0,1]$ 上二阶可导，$f(0)=0, f'(x)>0, f''(x)>0$，则对于 $M=\int_0^{\frac{1}{2}}f(x)dx, N=\int_{\frac{1}{2}}^1\left[f(x)-f\left(\frac{1}{2}\right)\right]dx, P=\frac{1}{4}\cdot\left[f(1)-f\left(\frac{1}{2}\right)\right]$，其大小顺序排列正确的是（　）.

(A) $N<M<P$　　(B) $P<M<N$

(C) $M<P<N$　　(D) $M<N<P$

JK　45. 已知函数 $f(x)=f(x+4)$，$f(0)=0$，且在 $(-2,2)$ 上有 $f'(x)=|x|$，则 $f(19)=$（　）.

(A) -1　　(B) $-\dfrac{1}{2}$　　(C) $\dfrac{1}{2}$　　(D) 1

JK　46. 设在区间 $(-\infty,+\infty)$ 内 $f(x)$ 与 $g(x)$ 均可导，且 $f(x)<g(x)$，a, b, x_0 都是实数，则（　）.

(A) $f'(x)<g'(x)$　　(B) $\int_a^b f(x)dx<\int_a^b g(x)dx$

(C) $\lim\limits_{x\to x_0}f(x)<\lim\limits_{x\to x_0}g(x)$　　(D) 以上没有一项是对的

QJK　47. 设 $I_1=\int_1^x\dfrac{2}{1+t^2}dt, I_2=\int_1^x\dfrac{\ln t}{t-1}dt, I_3=\int_1^x\dfrac{1}{\sqrt{t}}dt$，且 $x>1$，则（　）.

(A) $I_1<I_2<I_3$　　(B) $I_1<I_3<I_2$

(C) $I_2<I_3<I_1$　　(D) $I_3<I_1<I_2$

QK 48. 设 $F(x)$ 是 $f(x)$ 的一个原函数,则下列命题正确的是(　　).

(A) $\int \frac{1}{x} f(\ln ax)\mathrm{d}x = \frac{1}{a}F(\ln ax) + C$

(B) $\int \frac{1}{x} f(\ln ax)\mathrm{d}x = F(\ln ax) + C$

(C) $\int \frac{1}{x} f(\ln ax)\mathrm{d}x = aF(\ln ax) + C$

(D) $\int \frac{1}{x} f(\ln ax)\mathrm{d}x = \frac{1}{x}F(\ln ax) + C$

JK 49. 设函数 $f(x)=\begin{cases} x^2, & x \leqslant 0, \\ 2x+a, & x>0, \end{cases}$ 其中 a 为常数, $F(x)=\int_{-1}^{x} f(t)\mathrm{d}t$, 则函数 $F(x)$ 在 $x=0$ 处(　　).

(A) 不一定连续　　(B) 一定连续但不可导

(C) 一定连续但不一定可导　　(D) 一定可导

QK 50. 设 $F(x)$ 是 $x\cos x$ 的一个原函数,则 $\mathrm{d}[F(x^2)]$ 等于(　　).

(A) $2x^2\cos x\mathrm{d}x$　　(B) $2x^3\cos x\mathrm{d}x$

(C) $2x^2\cos x^2\mathrm{d}x$　　(D) $2x^3\cos x^2\mathrm{d}x$

JK 51. $f(x)=\begin{cases} 2x\cos\frac{1}{x^2}+\frac{2}{x}\sin\frac{1}{x^2}, & x\neq 0, \\ 0, & x=0, \end{cases}$ $F(x)=\begin{cases} x^2\cos\frac{1}{x^2}, & x\neq 0, \\ 0, & x=0. \end{cases}$ 则在 $(-\infty,+\infty)$ 内,下列说法正确的是(　　).

(A) $f(x)$ 不连续且不可微, $F(x)$ 可微,且为 $f(x)$ 的原函数

(B) $f(x)$ 不连续,不存在原函数,因而 $F(x)$ 不是 $f(x)$ 的原函数

(C) $f(x)$ 和 $F(x)$ 均为可微函数,且 $F(x)$ 为 $f(x)$ 的一个原函数

(D) $f(x)$ 连续,且 $F'(x)=f(x)$

QJK 52. 若反常积分 $\int_0^{+\infty} \frac{x^p}{\mathrm{e}^x}\mathrm{d}x$ 收敛,则常数 p 的取值范围为(　　).

(A) $p<-1$　　(B) $p>0$

(C) $p>-1$　　(D) $p>1$

QJK 53. 设函数 $f(x)$ 的一个原函数为 $F(x)=\sin^2 2x$, 则 $f^{(n)}(x)=$(　　).

(A) $\sin\left(4x+\frac{n\pi}{2}\right)$　　(B) $2\sin\left(4x+\frac{n\pi}{2}\right)$

(C) $2^{2n}\sin\left(4x+\frac{n\pi}{2}\right)$　　(D) $2^{2n+1}\sin\left(4x+\frac{n\pi}{2}\right)$

JK 54. 设 $0<a<b$，则 $\lim\limits_{n\to\infty}\sum\limits_{i=1}^{n}\frac{1}{an+i(b-a)}=$（　　）.

(A) $\frac{1}{b-a}$　　(B) $\frac{1}{a}-\frac{1}{b}$

(C) $\ln b-\ln a$　　(D) $\frac{\ln b-\ln a}{b-a}$

JK 55. 设 $I_k=\int_0^k \sin(x^2-4x+3)\mathrm{d}x\ (k=1,2,3)$，则有（　　）.

(A) $I_1<I_2<I_3$　　(B) $I_3<I_2<I_1$

(C) $I_1<I_3<I_2$　　(D) $I_2<I_3<I_1$

QK 56. 设 $f(x)$ 为连续函数，$I=\int_0^{\frac{s}{t}} tf(tx)\mathrm{d}x$，则有（　　）.

(A) $\frac{\mathrm{d}I}{\mathrm{d}t}=\frac{\mathrm{d}I}{\mathrm{d}x}=0$　　(B) $\frac{\mathrm{d}I}{\mathrm{d}s}=\frac{\mathrm{d}I}{\mathrm{d}t}=0$

(C) $\frac{\mathrm{d}I}{\mathrm{d}s}=\frac{\mathrm{d}I}{\mathrm{d}x}=0$　　(D) $\frac{\mathrm{d}I}{\mathrm{d}s}=\frac{\mathrm{d}I}{\mathrm{d}t}=\frac{\mathrm{d}I}{\mathrm{d}x}=0$

QK 57. 函数 $f(x)=\begin{cases}x\cos x, & x\leqslant 0,\\ x\mathrm{e}^{x-1}, & 0<x\leqslant 1,\\ 2x\mathrm{e}^{x^2-1}-1, & x>1\end{cases}$ 的一个原函数为（　　）.

(A) $F(x)=\begin{cases}x\sin x+\cos x, & x\leqslant 0,\\ (x-1)\mathrm{e}^{x-1}, & 0<x\leqslant 1,\\ \mathrm{e}^{x^2-1}-x, & x>1\end{cases}$

(B) $F(x)=\begin{cases}x\sin x+\cos x+1, & x\leqslant 0,\\ (x-1)\mathrm{e}^{x-1}+\mathrm{e}^{-1}, & 0<x\leqslant 1,\\ \mathrm{e}^{x^2-1}-x+\mathrm{e}^{-1}, & x>1\end{cases}$

(C) $F(x)=\begin{cases}x\sin x+\cos x-1, & x\leqslant 0,\\ (x-1)\mathrm{e}^{x-1}+\mathrm{e}^{-1}, & 0<x\leqslant 1,\\ \mathrm{e}^{x^2-1}-x-\mathrm{e}^{-1}, & x>1\end{cases}$

(D) $F(x)=\begin{cases}x\sin x+\cos x-\mathrm{e}^{-1}, & x\leqslant 0,\\ (x-1)\mathrm{e}^{x-1}+1, & 0<x\leqslant 1,\\ \mathrm{e}^{x^2-1}-x+1, & x>1\end{cases}$

JK 58.设函数 $f(x)$ 连续,$F(x)=\int_0^x (x-2t)f(t)\mathrm{d}t$.考虑下列命题：

① 若 $f(x)$ 为奇函数,则 $F(x)$ 为偶函数；

② 若 $f(x)$ 为奇函数,则 $F(x)$ 也为奇函数；

③ 若 $f(x)$ 为增函数,则 $F(x)$ 为减函数；

④ 若 $f(x)$ 为增函数,则 $F(x)$ 也为增函数.

其中正确的是(　　).

(A)①③　　(B)②③　　(C)①④　　(D)②④

QJK 59.下列反常积分发散的是(　　).

(A)$\int_0^{+\infty} \frac{\mathrm{d}x}{x\ln^2 x}$

(B)$\int_0^{+\infty} x^2\mathrm{e}^{-x^2}\mathrm{d}x$

(C)$\int_0^{+\infty} \frac{\mathrm{d}x}{(x+2)\ln^2(x+2)}$

(D)$\int_0^{+\infty} \frac{\mathrm{e}^{-x}}{\sqrt{x}}\mathrm{d}x$

QK 60.设 $I_k=\int_0^k \arctan(x^2-4x)\mathrm{d}x\ (k=1,2,3)$,则有(　　).

(A)$I_1<I_2<I_3$

(B)$I_1<I_3<I_2$

(C)$I_2<I_3<I_1$

(D)$I_3<I_2<I_1$

JK 61.设 $M=\int_0^{\frac{\pi}{2}} \frac{1}{1+\tan^3 x}\mathrm{d}x$,$N=\int_0^{\frac{\pi}{2}} \frac{1}{1+\sin^3 x}\mathrm{d}x$,$P=\int_0^{\frac{\pi}{2}} \frac{\sin^3 x}{1+\sin^3 x}\mathrm{d}x$,则 M,N,P 的大小关系为(　　).

(A)$P>M>N$

(B)$M>N>P$

(C)$N>P>M$

(D)$N>M>P$

QK 62.设函数 $f(x)$ 与 $g(x)$ 在$[0,1]$上连续,且 $f(x)\leqslant g(x)$,则对任意 $c\in(0,1)$,有(　　).

(A)$\int_{\frac{1}{2}}^c f(t)\mathrm{d}t\geqslant\int_{\frac{1}{2}}^c g(t)\mathrm{d}t$

(B)$\int_{\frac{1}{2}}^c f(t)\mathrm{d}t\leqslant\int_{\frac{1}{2}}^c g(t)\mathrm{d}t$

(C)$\int_c^1 f(t)\mathrm{d}t\geqslant\int_c^1 g(t)\mathrm{d}t$

(D)$\int_c^1 f(t)\mathrm{d}t\leqslant\int_c^1 g(t)\mathrm{d}t$

QK 63.设 $N=\int_{-a}^a x^2\sin^3 x\mathrm{d}x$,$P=\int_{-a}^a (x^3\mathrm{e}^{x^2}-1)\mathrm{d}x$,$Q=\int_{-a}^a \cos^2 x^3\mathrm{d}x$,$a\geqslant 0$,则(　　).

(A)$N\leqslant P\leqslant Q$

(B)$N\leqslant Q\leqslant P$

(C)$Q\leqslant P\leqslant N$

(D)$P\leqslant N\leqslant Q$

JK　64. 设函数 $f(x)$ 在区间 $[0,1]$ 上连续,则 $\int_0^1 f(x)\mathrm{d}x=$(　　).

(A) $\lim\limits_{n\to\infty}\sum\limits_{k=1}^{n} f\left(\dfrac{3k-1}{3n}\right)\dfrac{1}{3n}$　　(B) $\lim\limits_{n\to\infty}\sum\limits_{k=1}^{n} f\left(\dfrac{3k-1}{3n}\right)\dfrac{1}{n}$

(C) $\lim\limits_{n\to\infty}\sum\limits_{k=1}^{3n} f\left(\dfrac{k-1}{3n}\right)\dfrac{1}{n}$　　(D) $\lim\limits_{n\to\infty}\sum\limits_{k=1}^{3n} f\left(\dfrac{k}{3n}\right)\dfrac{3}{n}$

QJK　65. 设 $M=\int_{-\frac{1}{2}}^{\frac{1}{2}}\left(1+\dfrac{x}{1+x^2}\right)\mathrm{d}x$, $N=\int_0^1 \dfrac{(1+x)\ln^2(1+x)}{x^2}\mathrm{d}x$, $K=\int_0^1 \dfrac{\mathrm{e}^x}{1+x}\mathrm{d}x$,则(　　).

(A) $M>N>K$　　(B) $N>K>M$

(C) $K>M>N$　　(D) $K>N>M$

JK　66. 设 $f(x)$ 是实数集上连续的偶函数,在 $(-\infty,0)$ 上有唯一零点 $x_0=-1$,且 $f'(x_0)=1$,则函数 $F(x)=\int_0^x f(t)\mathrm{d}t$ 的严格单调增区间是(　　).

(A) $(-\infty,-1)$　　(B) $(-1,0)$

(C) $(-1,1)$　　(D) $(1,+\infty)$

JK　67. 设 $f(x)$ 在 $[0,2]$ 上单调连续,$f(0)=1$,$f(2)=2$,且对任意 $x_1,x_2\in[0,2]$,总有 $f\left(\dfrac{x_1+x_2}{2}\right)>\dfrac{f(x_1)+f(x_2)}{2}$,$g(x)$ 是 $f(x)$ 的反函数,$P=\int_1^2 g(x)\mathrm{d}x$,则(　　).

(A) $3<P<4$　　(B) $2<P<3$

(C) $1<P<2$　　(D) $0<P<1$

QK　68. 下列反常积分中,发散的是(　　).

(A) $\int_0^{+\infty} x\mathrm{e}^{-x}\mathrm{d}x$　　(B) $\int_{-\infty}^{+\infty} x\mathrm{e}^{-x^2}\mathrm{d}x$

(C) $\int_{-\infty}^{+\infty} \dfrac{\arctan x}{1+x^2}\mathrm{d}x$　　(D) $\int_{-\infty}^{+\infty} \dfrac{x}{1+x^2}\mathrm{d}x$

QJK　69. 下列反常积分中,收敛的是(　　).

(A) $\int_0^1 \dfrac{\sin x}{1-x^2}\mathrm{d}x$　　(B) $\int_1^{+\infty} \dfrac{1}{x\ln x}\mathrm{d}x$

(C) $\int_{\frac{1}{2}}^{+\infty} \dfrac{\cos \pi x}{(2x-1)^{\frac{3}{2}}}\mathrm{d}x$　　(D) $\int_0^{+\infty} \dfrac{1}{x^2+x^3}\mathrm{d}x$

JK　70. 设 $f(x)$ 是以 2 为周期的连续函数,$G(x)=2\int_0^x f(t)\mathrm{d}t-x\int_0^2 f(t)\mathrm{d}t$,则(　　).

(A)$G(x)$ 是以 2 为周期的周期函数，$G'(x)$ 也是以 2 为周期的周期函数

(B)$G(x)$ 是以 2 为周期的周期函数，$G'(x)$ 不是以 2 为周期的周期函数

(C)$G(x)$ 不是以 2 为周期的周期函数，$G'(x)$ 是以 2 为周期的周期函数

(D)$G(x)$ 不是以 2 为周期的周期函数，$G'(x)$ 也不是以 2 为周期的周期函数

JK 71. 设 $f(u)$ 为 $(-\infty,+\infty)$ 内的连续函数，a 为常数，则下述积分为 x 的偶函数的是(　　).

(A)$\int_a^x \mathrm{d}u\int_0^u f(v^2)\mathrm{d}v$　　(B)$\int_a^x \mathrm{d}u\int_0^u f(v^3)\mathrm{d}v$

(C)$\int_a^x \mathrm{d}u\int_0^u [f(v)]^2\mathrm{d}v$　　(D)$\int_a^x \mathrm{d}u\int_0^u [f(v)]^3\mathrm{d}v$

QK 72. 设 $I_k=\int_{(k-1)\pi}^{k\pi}\left|\frac{\sin x}{x}\right|\mathrm{d}x$，$k=1,2,3$，则(　　).

(A)$I_1<I_2<I_3$　　(B)$I_2<I_3<I_1$

(C)$I_2<I_1<I_3$　　(D)$I_3<I_2<I_1$

JK 73. 设 $f(x)$ 在 $[0,+\infty)$ 上有连续导数，且 $f(0)>0$，$f'(x)\geqslant 0$，若 $F(x)=f(x)+f'(x)$，则 $\int_0^{+\infty}\frac{1}{f(x)}\mathrm{d}x$ 收敛是 $\int_0^{+\infty}\frac{1}{F(x)}\mathrm{d}x$ 收敛的(　　).

(A) 必要非充分条件　　(B) 充分非必要条件

(C) 充分必要条件　　(D) 既非充分也非必要条件

JK 74. 设 $f(t)$ 为连续函数，a 是常数，下述命题正确的是(　　).

(A) 若 $f(t)$ 为奇函数，则 $\int_a^x \mathrm{d}y\int_0^y f(t)\mathrm{d}t$ 是 x 的奇函数

(B) 若 $f(t)$ 为偶函数，则 $\int_0^x \mathrm{d}y\int_a^y f(t)\mathrm{d}t$ 是 x 的奇函数

(C) 若 $f(t)$ 为奇函数，则 $\int_0^x \mathrm{d}y\int_y^x f(t)\mathrm{d}t$ 是 x 的奇函数

(D) 若 $f(t)$ 为偶函数，则 $\int_0^x \mathrm{d}y\int_0^x f(t)\mathrm{d}t$ 是 x 的奇函数

JK 75. 已知 $\int_0^2 \frac{1}{|\ln x|^a}\mathrm{d}x$ 收敛，a 为常数，则(　　).

(A)$1<a\leqslant 2$　　(B)$a<1$

(C)$1\leqslant a<2$　　(D)$a>2$

JK 76. 设函数 $f(x)$ 在 $x=0$ 处三阶可导，则下列命题：

① 若 $\lim\limits_{x\to 0}\frac{f(x)}{x^2}=1$，则 $\lim\limits_{x\to 0}\frac{f'(x)}{x}=2$；② 若 $\lim\limits_{x\to 0}\frac{f'(x)}{x}=2$，则 $\lim\limits_{x\to 0}\frac{f(x)}{x^2}=1$；

③ 若$\lim\limits_{x\to 0}\dfrac{f(x)}{x^3}=1$，则$\lim\limits_{x\to 0}\dfrac{f'(x)}{x^2}=3$；④ 若$\lim\limits_{x\to 0}\dfrac{f'(x)}{x^2}=3$，则$\lim\limits_{x\to 0}\dfrac{f(x)}{x^3}=1$.

所有不正确命题的序号为(　　).

(A)①②　　(B)①③　　(C)②④　　(D)③④

JK　77. 已知 $f(x)=\lim\limits_{t\to 0^+}\dfrac{x+e^{\frac{x}{t}}}{1+e^{\frac{x}{t}}}$，则下列命题：

①$f(x)$ 在$[-1,1]$上有原函数；　②$f(x)$ 在$[-1,1]$上可积；

③$F(x)=\int_{-1}^{x}f(t)dt$ 在$x=0$处可导；　④$F(x)=\int_{-1}^{x}f(t)dt$ 在$x=0$处连续但不可导.

正确命题的个数为(　　).

(A)0　　(B)1　　(C)2　　(D)3

JK　78. 已知 $\alpha>0$，则对于反常积分$\int_0^1\dfrac{\ln x}{x^{\alpha}}dx$ 的敛散性的判别，下列选项中正确的是(　　).

(A) 当 $\alpha\geqslant 1$ 时，积分收敛

(B) 当 $\alpha<1$ 时，积分收敛

(C) 敛散性与 α 的取值无关，必收敛

(D) 敛散性与 α 的取值无关，必发散

JK　79. 设 $a_n=\sum\limits_{i=1}^{n}\dfrac{\sqrt{i(i-1)}}{n^2+i(i-1)}(n=2,3,\cdots)$，则$\lim\limits_{n\to\infty}a_n=$(　　).

(A)$2\ln 2$　　(B)$2\ln\dfrac{1}{2}$

(C) $\dfrac{1}{2}\ln\dfrac{1}{2}$　　(D) $\dfrac{1}{2}\ln 2$

QJK　80. 设 p 为常数，若反常积分$\int_0^1\dfrac{\ln x}{x^p(1-x)^{1-p}}dx$ 收敛，则 p 的取值范围是(　　).

(A)$(-1,1)$　　(B)$(-1,2)$

(C)$(-\infty,1)$　　(D)$(-\infty,2)$

JK　81. 设 $a>0$，$f(x)=\begin{cases}\dfrac{\arctan x}{x^{\frac{a+1}{2}}}, & 0<x<1,\\ \dfrac{\ln\left(1+\sin\dfrac{1}{x^a}\right)}{x^b\ln\cos\dfrac{1}{x}}, & 1\leqslant x<+\infty.\end{cases}$ 若$\int_0^{+\infty}f(x)dx$ 收敛，则

(　　).

(A)$a>3$ 且 $a+b>3$　　(B)$a>3$ 且 $a+b<3$

(C)$a<3$ 且 $a+b>3$　　(D)$a<3$ 且 $a+b<3$

JK　82.下列反常积分中,收敛的是(　　).

(A)$\int_0^{+\infty}\frac{1}{x^2+x^3}dx$　　(B)$\int_2^{+\infty}\frac{1}{x\ln x}dx$

(C)$\int_0^{\frac{\pi}{2}}\frac{1}{\sqrt{\sin 2x}}dx$　　(D)$\int_1^{+\infty}\frac{1}{\sqrt{x}\ln x}dx$

JK　83.若反常积分$\int_0^1 x^a(1-x)^b\ln x\,dx$ 收敛,则(　　).

(A)$a<-1$ 且 $a+b>-3$　　(B)$b<-2$ 且 $a+b>-3$

(C)$a>-1$ 且 $b<-2$　　(D)$a>-1$ 且 $b>-2$

JK　84.若反常积分$\int_0^{+\infty}\frac{\ln x}{(1+x)x^{1-p}}dx$ 收敛,p 为常数,则(　　).

(A)$p<0$　　(B)$0<p<1$

(C)$1<p<2$　　(D)$p>2$

JK　85.设 $f(x)$ 是$[0,1]$上的可导函数,$f(0)=f(1)=1$,$\max\limits_{0\leqslant x\leqslant 1}\{|f'(x)|\}=1$,则(　　).

(A)$\frac{1}{4}<\int_0^1 f(x)dx<\frac{1}{2}$　　(B)$\frac{1}{2}<\int_0^1 f(x)dx<\frac{3}{4}$

(C)$\frac{3}{4}<\int_0^1 f(x)dx<\frac{5}{4}$　　(D)$\frac{5}{4}<\int_0^1 f(x)dx<\frac{7}{4}$

JK　86.$f(x)=\begin{cases}x^2+1, & x\leqslant 0,\\ \cos x+\frac{\pi}{4}, & x>0,\end{cases}$ $F(x)=\int_{-1}^{x}f(t)dt$,则(　　).

(A)$F(x)$ 为 $f(x)$ 的一个原函数

(B)$F(x)$ 在$(-\infty,+\infty)$上可微,但不是 $f(x)$ 的原函数

(C)$F(x)$ 在$(-\infty,+\infty)$上不连续

(D)$F(x)$ 在$(-\infty,+\infty)$上连续,但不是 $f(x)$ 的原函数

JK　87.对于下列 4 个反常积分:

$$①\int_0^{+\infty}e^{-x}\sin x\,dx;②\int_0^{+\infty}\frac{\arctan x}{x^2}dx;③\int_0^1\frac{dx}{x^2\sqrt{1-x^2}};④\int_0^1\frac{\ln(1+\sqrt{x})}{x}dx.$$

其中收敛的是(　　).

(A)①③　　(B)②③　　(C)①④　　(D)②④

二、填空题

QK 1. $\lim\limits_{n\to\infty}\frac{1}{n}\left[\left(x+\frac{2}{n}\right)+\left(x+\frac{4}{n}\right)+\cdots+\left(x+\frac{2n}{n}\right)\right]=$________.

QK 2. $x^x(1+\ln x)$ 的全体原函数为________.

JK 3. 若$\int f(x)\mathrm{d}x=F(x)+C$ 且 $x=at+b(a\neq 0)$，则$\int f(t)\mathrm{d}t=$________.

QK 4. 若 $f'(x^2)=\frac{1}{x}(x>0)$，则 $f(x)=$________.

QJK 5. $\int_{-2}^{2}x^3\mathrm{e}^{\sqrt{1+x^2}}\cos x\,\mathrm{d}x=$________.

JK 6. 设 $f(x)$ 连续，则$\frac{\mathrm{d}}{\mathrm{d}x}\int_0^x\left[\sin^2\int_0^t f(u)\mathrm{d}u\right]\mathrm{d}t=$________.

QJK 7. $\lim\limits_{n\to\infty}\left(\frac{1}{\sqrt{n^2+n}}+\frac{1}{\sqrt{n^2+2n}}+\frac{1}{\sqrt{n^2+3n}}+\cdots+\frac{1}{\sqrt{n^2+n^2}}\right)=$________.

JK 8. 已知$\int_5^{+\infty}\left(\frac{a}{x-3}-\frac{1}{x-1}\right)\mathrm{d}x=b$，$a$，$b$ 为常数，则 $ab=$________.

QK 9. 设$\int\frac{1}{x}f(x)\mathrm{d}x=\sin x+C$，则$\int f(x)\mathrm{d}x=$________.

QK 10. 将$\frac{1}{x(x+2)^2}$分解为部分分式的形式为________.

JK 11. $\lim\limits_{n\to\infty}\sin\frac{\pi}{n}\sum_{k=1}^{n}\frac{1}{2+\cos\frac{k\pi}{n}}=$________.

JK 12. 若反常积分$\int_1^{+\infty}\left(\mathrm{e}^{\frac{x^2+1}{x^2}}-\mathrm{e}\right)x^k\mathrm{d}x$ 收敛，则 k 的取值范围是________.

QJK 13. 极限$\lim\limits_{n\to\infty}\frac{1}{n}\left(\frac{1}{n+1}+\frac{2}{n+2}+\cdots+\frac{3n}{4n}\right)=$________.

QJK 14. $\lim\limits_{n\to\infty}\frac{1}{n}\sum_{i=1}^{n}[\ln(3n-2i)-\ln(n+2i)]=$________.

JK 15. $\lim\limits_{n\to\infty}\ln\sqrt[n]{\left(1+\frac{1}{n}\right)^2\left(1+\frac{2}{n}\right)^2\cdots\left(1+\frac{n}{n}\right)^2}=$________.

QK 16. $\lim\limits_{n\to\infty}\frac{\sqrt[n]{(n+1)(n+2)\cdots(n+n)}}{n}=$________.

JK 17. 若反常积分$\int_0^{+\infty}\mathrm{e}^{-ax}\cos bx\,\mathrm{d}x$ 收敛，则 a，b 的取值范围分别为________.

JK 18. $\lim\limits_{n\to\infty}\left[\dfrac{1}{n+\dfrac{1}{n}}+\dfrac{1}{n+\dfrac{1+1}{n}}+\dfrac{1}{n+\dfrac{4+1}{n}}+\cdots+\dfrac{1}{n+\dfrac{(n-1)^2+1}{n}}\right]=$________.

QJK 19. 设连续函数 $f(x)$ 满足等式 $f(x)=\dfrac{x^2}{(1+x^2)^2}+\dfrac{1}{1+x^2}\int_0^1 f(x)\mathrm{d}x+\int_{-1}^1 f(x)\mathrm{d}x$，则$\int_1^3 f(x-2)\mathrm{d}x=$________.

JK 20. $\lim\limits_{n\to\infty}\left[\left(1+\dfrac{1}{n^2}\right)\left(1+\dfrac{4}{n^2}\right)\cdots\left(1+\dfrac{n^2}{n^2}\right)\right]^{\frac{1}{n}}=$________.

JK 21. 已知 $f(x)=\lim\limits_{n\to\infty}\sum\limits_{i=1}^{n}\dfrac{1-x}{nx+(1-x)i}(0<x<1)$，则 $x^2f(x)$ 的拐点为________.

三、解答题

QK 1. 判别积分$\int_0^{+\infty}\dfrac{\mathrm{d}x}{1+\sqrt{x}}$的敛散性.

QJK 2. 计算$\lim\limits_{n\to\infty}\left(\dfrac{\sin\frac{\pi}{n}}{n+1}+\dfrac{\sin\frac{2\pi}{n}}{n+\frac{1}{2}}+\cdots+\dfrac{\sin\pi}{n+\frac{1}{n}}\right)$.

JK 3. 设 $f(x)$ 在$[0,+\infty)$内连续，且 $f(x)>0$，证明函数 $F(x)=\dfrac{\int_0^x tf(t)\mathrm{d}t}{\int_0^x f(t)\mathrm{d}t}$ 在$(0,+\infty)$内单调增加.

JK 4. (1) 设 $f(x)$ 是以 T 为周期的连续函数，证明对任意实数 a，都有

$$\int_a^{T+a}f(x)\mathrm{d}x=\int_0^T f(x)\mathrm{d}x;$$

(2) 求极限$\lim\limits_{t\to+\infty}\dfrac{1}{t}\int_0^t(x-[x])\mathrm{d}x$，其中$[x]$表示不超过 x 的最大整数.

JK 5. 设 $f(x)$ 为连续函数，$F(x)=\int_0^x f(t)\mathrm{d}t$. 试证明：

(1) $F(x)$ 的奇偶性正好与 $f(x)$ 的奇偶性相反；

(2) 若 $f(x)$ 为奇函数，则 $f(x)$ 的一切原函数均为偶函数；若 $f(x)$ 为偶函数，则有且仅有一个原函数为奇函数.

QK 6. 已知 $f(x)$ 在$[-1,1]$上连续，$f(x)=3x-\sqrt{1-x^2}\int_0^1 f^2(x)\mathrm{d}x$，求 $f(x)$.

JK　7. 证明：$\int_0^1 \frac{x\sin\frac{\pi}{2}x}{1+x}\mathrm{d}x > \int_0^1 \frac{x\cos\frac{\pi}{2}x}{1+x}\mathrm{d}x$.

JK　8. (1) 证明 $I=\int_2^{+\infty}\frac{1}{x\ln^p x}\mathrm{d}x\begin{cases}p>1\text{ 时,收敛},\\ p\leqslant 1\text{ 时,发散};\end{cases}$

(2) 当 $p>1$ 时,求出 I 的最小值.

JK　9. 求极限 $\lim\limits_{n\to\infty}\sum\limits_{i=1}^{n}\sqrt{\frac{(n+i-1)(n+i)}{n^4}}$.

QJK　10. 计算 $\int_2^{+\infty}\frac{\mathrm{d}x}{x(\ln x)^k}$($k$ 为常数).

QK　11. 设 $F(x)$ 是 $f(x)$ 的一个原函数,$F(1)=\frac{\sqrt{2}}{4}\pi$,若在定义域 $(0,+\infty)$ 上,有 $f(x)F(x)=\frac{\arctan\sqrt{x}}{\sqrt{x}(1+x)}$,求 $f(x)$.

JK　12. (1) 证明:当 $|x|$ 充分小时,不等式 $0\leqslant\tan^2x-x^2\leqslant x^4$ 成立;

(2) 设 $x_n=\sum\limits_{k=1}^{n}\left(\tan\frac{1}{\sqrt{n+k}}\right)^2$,求 $\lim\limits_{n\to\infty}x_n$.

JK　13. 设 $f(x)$ 和 $g(x)$ 是对 x 的所有值都有定义的函数,具有下列性质:

(1) $f(x+y)=f(x)g(y)+f(y)g(x)$;

(2) $f(x)$ 和 $g(x)$ 在 $x=0$ 处可微,且当 $x=0$ 时,$f(0)=0$,$g(0)=1$,$f'(0)=1$,$g'(0)=0$.

证明:$f(x)$ 对所有 x 都可微,且 $f'(x)=g(x)$.

JK　14. 设当 $x\in[-1,1]$ 时,$f(x)$ 连续,$F(x)=\int_{-1}^{1}|x-t|f(t)\mathrm{d}t$,$x\in[-1,1]$.

(1) 若 $f(x)$ 为偶函数,证明:$F(x)$ 也是偶函数;

(2) 若 $f(x)>0$(当 $-1\leqslant x\leqslant 1$),证明:曲线 $y=F(x)$ 在区间 $[-1,1]$ 上是凹的.

JK　15. 判别 $\int_1^{+\infty}\left[\ln\left(1+\frac{1}{x}\right)-\frac{1}{1+x}\right]\mathrm{d}x$ 的敛散性.

QJK　16. 设函数 $f(x)$ 在点 $x=0$ 的某一邻域内可导,且 $f(0)=0$,$f'(0)\neq 0$,当 $x\neq 0$ 时,$f(x)\neq 0$,求 $\lim\limits_{x\to 0}\frac{\int_0^x tf^2(t)\mathrm{d}t}{\left[\int_0^x f(t)\mathrm{d}t\right]^2}$.

QJK　17. 设 $f(x)=\int_{2x}^{3x}\cos t^2\mathrm{d}t$,求 $\lim\limits_{x\to 0}\frac{\int_0^x tf(x^2-t^2)\mathrm{d}t}{x^2(1-\cos x)}$.

JK　18. 已知 $f(x)=a^{x^3}$,$a>0$ 且 $a\neq 1$. 求 $\lim\limits_{n\to\infty}\frac{1}{n^4}\ln[f(1)f(2)\cdots f(n)]$.

QK 19. 设函数 $f(x)=\begin{cases}\dfrac{1}{x^3}\displaystyle\int_0^x \tan t^2\mathrm{d}t, & x\neq 0,\\ a, & x=0\end{cases}$ 在 $x=0$ 处连续，求 a.

QJK 20. 设 $f(x)$ 为连续函数，且 $f(x)=x^3+\sqrt{1-x^2}\displaystyle\int_0^1 f(x)\mathrm{d}x$，求 $f(x)$.

JK 21. 设 $f(x)$ 可导，且 $f(x)=x+x\displaystyle\int_0^1 f(x)\mathrm{d}x+x^2\lim_{x\to 0}\frac{f(x)}{x}$，求 $f(x)$.

JK 22. 设 $f(x)$ 连续，且积分 $\displaystyle\int_0^1[f(x)+xf(xt)]\mathrm{d}t$ 的结果与 x 无关，求 $f(x)$.

JK 23. 设 $f(x)=\begin{cases}\displaystyle\lim_{n\to\infty}\left(\frac{|x|^{1/n}}{n+\frac{1}{n}}+\frac{|x|^{2/n}}{n+\frac{2}{n}}+\cdots+\frac{|x|^{n/n}}{n+\frac{n}{n}}\right), & x\neq 0,\\ 0, & x=0,\end{cases}$ 求 $f'(x)$.

JK 24. $f(x)=\begin{cases}\mathrm{e}^{-x}, & x\neq 0,\\ \displaystyle\lim_{n\to\infty}2\left[\frac{n}{(n+1)^2}+\frac{n}{(n+2)^2}+\cdots+\frac{n}{(n+n)^2}\right], & x=0,\end{cases}$ 求 $f'(0)$.

JK 25. 计算极限 $\displaystyle\lim_{n\to\infty}\left[1-\frac{1}{2}+\frac{1}{3}+\cdots+(-1)^{n-1}\frac{1}{n}\right]$.

JK 26. 设常数 $\alpha>0$，$I_1=\displaystyle\int_0^{\frac{\pi}{2}}x^{\alpha}\mathrm{e}^{\sin x}\mathrm{d}x$，$I_2=\displaystyle\int_0^{\frac{\pi}{2}}x^{\alpha}\mathrm{e}^{\cos x}\mathrm{d}x$，比较 I_1 与 I_2 的大小.

JK 27. 求极限 $\displaystyle\lim_{n\to\infty}\frac{1}{n}\sum_{i=1}^{2n}\ln\frac{i}{n}$.

JK 28. 计算 $\displaystyle\lim_{n\to\infty}\sum_{i=1}^{n}\frac{1}{\sqrt{|2i(n-2i)|}}$.

JK 29. 设 $f(x)$ 是 $[0,1]$ 上的连续正值函数，

$$I_1=\int_0^1\ln f(x)\mathrm{d}x,\ I_2=\ln\int_0^1 f(x)\mathrm{d}x,\ I_3=\int_0^1[f(x)+\ln x]\mathrm{d}x,$$

比较 I_1,I_2,I_3 的大小，并说明理由.

JK 30. 判别 $\displaystyle\int_0^1\left(1-\frac{\sin x}{x}\right)^{-\frac{1}{3}}\mathrm{d}x$ 的敛散性.

JK 31. 求 p 的取值范围，使得 $\displaystyle\int_1^{+\infty}\sin\frac{\pi}{x}\cdot\frac{\mathrm{d}x}{\ln^p x}$ 收敛.

JK 32. 设 $f(x)=\displaystyle\lim_{n\to\infty}\frac{x}{n}\left(\mathrm{e}^{-\frac{x^2}{n^2}}+\mathrm{e}^{-\frac{4x^2}{n^2}}+\cdots+\mathrm{e}^{-x^2}\right)$，求：

(1) $f(x)$ 的表达式；

(2) 曲线 $y=\mathrm{e}^{x^2}f(x)$ 的拐点.

第 9 章　一元函数积分学的计算

一、选择题

QK　1. 设函数 $f(x)$ 有连续导数，当 $x>0$ 时，满足 $f(\ln x)=\frac{1}{x^2}$，则 $\int_0^1 xf'(x)\mathrm{d}x=$ (　　).

(A) $\frac{3\mathrm{e}^{-2}-1}{2}$　　(B) $\frac{3\mathrm{e}^{2}-1}{2}$

(C) $\frac{\mathrm{e}^{-2}+1}{2}$　　(D) $\frac{\mathrm{e}^{2}+1}{2}$

QJK　2. 函数 $f(x)=\int_0^x \frac{1}{x}(t^2-t)\mathrm{d}t\,(x>0)$ 的最小值为(　　).

(A) $-\frac{3}{16}$　　(B) -1　　(C) 0　　(D) $-\frac{1}{2}$

QK　3. 设 $f(x)=\ln x-x\int_1^{\mathrm{e}}\frac{f(x)}{x}\mathrm{d}x$，则 $f(x)=$ (　　).

(A) $\ln x-\frac{x}{2\mathrm{e}}$　　(B) $\ln x+\frac{x}{2\mathrm{e}}$

(C) $\ln x-2\mathrm{e}x$　　(D) $\ln x+2\mathrm{e}x$

QK　4. $\int\frac{\sin x\cos x}{\sin^4 x+\cos^4 x}\mathrm{d}x=$ (　　).

(A) $\frac{1}{2}\arctan(\cos 2x)+C$　　(B) $-\frac{1}{2}\arctan(\cos 2x)+C$

(C) $\arctan(-\cos 2x)+C$　　(D) $\frac{1}{2}\ln\left|\frac{\sin 2x-1}{\sin 2x+1}\right|+C$

JK　5. 若 $[x]$ 表示不超过 x 的最大整数，则积分 $\int_0^4 [x]\mathrm{d}x$ 的值为(　　).

(A) 0　　(B) 2　　(C) 4　　(D) 6

QK　6. 积分 $\int\frac{x\mathrm{e}^x}{(1+x)^2}\mathrm{d}x=$ (　　).

(A) $-\frac{\mathrm{e}^x}{1+x}+C$　　(B) $-\frac{\mathrm{e}^x}{(1+x)^2}+C$

(C) $\frac{\mathrm{e}^x}{1+x}+C$　　(D) $\frac{\mathrm{e}^x}{(1+x)^2}+C$

QJK 7. 积分$\int \frac{dx}{\sqrt{x}+\sqrt[3]{x}}=$(　　).

(A) $\sqrt[3]{x}+\ln|\sqrt[3]{x}+1|+C$

(B) $6\sqrt[3]{x}+6\ln|\sqrt[3]{x}+1|+C$

(C) $2\sqrt{x}-3\sqrt[3]{x}+6\sqrt[6]{x}-6\ln(\sqrt[6]{x}+1)+C$

(D) $3\sqrt[6]{x}\arctan\sqrt[6]{x}+C$

QJK 8. 积分$\int \left(\frac{\ln x}{x}\right)^2 dx=$(　　).

(A) $-\frac{1}{x}(\ln^2 x+2\ln x+1)+C$

(B) $\frac{1}{x}\ln^2 x-\frac{2}{x}\ln x+\frac{1}{x}+C$

(C) $\frac{1}{x}\ln^2 x+2\ln x-\frac{2}{x}+C$

(D) $-\frac{1}{x}(\ln^2 x+2\ln x+2)+C$

QK 9. 设 $f(x)$ 是$\frac{1}{x\mathrm{e}^x}$的一个原函数,且 $f(1)=0$,则$\int_0^1 xf(x)dx=$(　　).

(A) $\frac{1}{\mathrm{e}}+\frac{1}{2}$　　(B) $\frac{1}{\mathrm{e}}-\frac{1}{2}$

(C) $-\frac{1}{\mathrm{e}}+\frac{1}{2}$　　(D) $-\frac{1}{\mathrm{e}}-\frac{1}{2}$

QK 10. 定积分$\int_0^1 \mathrm{e}^{-\sqrt{x}}dx=$(　　).

(A) 2　　(B) $2-\frac{4}{\mathrm{e}}$　　(C) $1-\frac{2}{\mathrm{e}}$　　(D) $1-\frac{1}{\mathrm{e}}$

QK 11. 若 e^{-x} 是 $f(x)$ 的一个原函数,则$\int_1^{\sqrt{2}} \frac{1}{x^2}f(\ln x)dx=$(　　).

(A) $-\frac{1}{4}$　　(B) -1　　(C) $\frac{1}{4}$　　(D) 1

JK 12. 若连续周期函数 $y=f(x)$(不恒为常数)对任何 x,恒有$\int_{-1}^{x+6} f(t)dt+\int_{x-3}^{4} f(t)dt=14$ 成立,则 $f(x)$ 的周期是(　　).

(A) 7　　(B) 8　　(C) 9　　(D) 10

JK 13. 设 $f(x)$ 是$[-a,a]$上的连续偶函数，$a>0$，$g(x)=\int_{-a}^{a}|x-t|\cdot f(t)\mathrm{d}t$，则在$[-a,a]$上(　　).

(A)$g(x)$是单调递增函数　　(B)$g(x)$是单调递减函数

(C)$g(x)$是偶函数　　(D)$g(x)$是奇函数

QK 14. 若函数 $y(x)=\int_{2}^{x^2}e^{-\sqrt{t}}\mathrm{d}t$，则$\left.\dfrac{\mathrm{d}^2[y(x)]}{\mathrm{d}x^2}\right|_{x=-1}=$(　　).

(A)0　　(B)1　　(C)$4e^{-1}$　　(D)$4e$

JK 15. 设 $f(x)$ 是以 2 为周期的连续函数，$\int_{0}^{2}f(x)\mathrm{d}x=1$，$g(x)$ 是过点$\left(-\dfrac{1}{2},0\right)$和$(0,1)$的直线，则$\int_{0}^{2}f[g(x)]\mathrm{d}x=$(　　).

(A)-2　　(B)-1　　(C)1　　(D)2

JK 16. 设$\int_{0}^{+\infty}\dfrac{\sin x}{x}\mathrm{d}x=a$，则$\int_{0}^{+\infty}\dfrac{\sin^2 x}{x^2}\mathrm{d}x=$(　　).

(A)$\dfrac{1}{2}a$　　(B)a　　(C)$2a$　　(D)a^2

QK 17. 设 $f(x)$ 是$\dfrac{\sin x}{x}$的一个原函数，且 $f(1)=0$，则$\int_{0}^{1}xf(x)\mathrm{d}x=$(　　).

(A)$-\dfrac{1}{2}\cos 1-\dfrac{1}{2}\sin 1$　　(B)$-\dfrac{1}{2}\cos 1+\dfrac{1}{2}\sin 1$

(C)$\dfrac{1}{2}\cos 1+\dfrac{1}{2}\sin 1$　　(D)$\dfrac{1}{2}\cos 1-\dfrac{1}{2}\sin 1$

QJK 18. 设函数 $f(x)$ 在$[a,b]$上连续，且 $f(x)>0$，则方程$\int_{a}^{x}f(t)\mathrm{d}t+\int_{b}^{x}\dfrac{1}{f(t)}\mathrm{d}t=0$在$(a,b)$内的根有(　　).

(A)0 个　　(B)1 个　　(C)2 个　　(D)无穷多个

QK 19. 设 $A=\int_{-\frac{\pi}{2}}^{\frac{\pi}{2}}x\cdot\ln(x+\sqrt{1+x^2})\mathrm{d}x$，$B=\int_{-\frac{\pi}{2}}^{\frac{\pi}{2}}\sin x\cdot\ln(x+\sqrt{1+x^2})\mathrm{d}x$，$C=\int_{-\frac{\pi}{2}}^{\frac{\pi}{2}}\cos x\cdot\ln(x+\sqrt{1+x^2})\mathrm{d}x$，则 A,B,C 之间的大小关系为(　　).

(A)$A>C>B$　　(B)$A>B>C$

(C)$B>C>A$　　(D)$B>A>C$

JK 20. 设 $f(x)$ 为正值连续函数且 $f(x)<a$，a 为正常数，则对 $\forall b\in(0,1)$，一定有(　　).

(A)$a\int_0^1 \sqrt{f(bx)}\,\mathrm{d}x < \sqrt{b}$ (B)$a\int_0^1 \sqrt{f(bx)}\,\mathrm{d}x < b$

(C)$b\int_0^1 \sqrt{f(bx)}\,\mathrm{d}x < \sqrt{a}$ (D)$b\int_0^1 \sqrt{f(bx)}\,\mathrm{d}x < a$

JK 21. 设 $f(x)=\min\{x^2,-3x+10\}$,两个结果

$$①\int_{-6}^{-4} f(x)\,\mathrm{d}x=\frac{181}{6},\quad ②\int_{-6}^{4} f(x)\,\mathrm{d}x=\frac{437}{6}$$

中(　　).

(A)① 与 ② 都错 (B)① 与 ② 都对

(C)① 错,② 对 (D)① 对,② 错

QJK 22. 设函数 $f(x)$ 在$[-1,1]$上连续,则下列定积分中与$\int_0^{\pi} xf(\sin x)\,\mathrm{d}x$ 不相等的是(　　).

(A)$\pi\int_0^{\frac{\pi}{2}} f(\cos x)\,\mathrm{d}x$ (B)$\pi\int_0^{\frac{\pi}{2}} f(\sin x)\,\mathrm{d}x$

(C) $\frac{\pi}{2}\int_0^{\pi} f(\cos x)\,\mathrm{d}x$ (D) $\frac{\pi}{2}\int_0^{\pi} f(\sin x)\,\mathrm{d}x$

JK 23. $\int_0^{2\pi} \frac{1}{1+\cos^2 x}\,\mathrm{d}x=$(　　).

(A) $\frac{\sqrt{2}}{2}\pi$ (B) $\sqrt{2}\pi$ (C) $\frac{3\sqrt{2}}{2}\pi$ (D)$2\sqrt{2}\pi$

QK 24. 设函数 $f(x)=\int_0^1 |t(t-x)|\,\mathrm{d}t\ (0<x<1)$,则 $f(x)$ 的单调区间及曲线 $y=f(x)$ 的凹凸区间分别为(　　).

(A) 单调增区间$\left(\frac{\sqrt{2}}{2},1\right)$;单调减区间$\left(0,\frac{\sqrt{2}}{2}\right)$;在$(0,1)$内曲线为凹

(B) 单调减区间$\left(\frac{\sqrt{2}}{2},1\right)$;单调增区间$\left(0,\frac{\sqrt{2}}{2}\right)$;在$(0,1)$内曲线为凹

(C) 单调增区间$\left(\frac{\sqrt{2}}{2},1\right)$;单调减区间$\left(0,\frac{\sqrt{2}}{2}\right)$;在$(0,1)$内曲线为凸

(D) 单调减区间$\left(\frac{\sqrt{2}}{2},1\right)$;单调增区间$\left(0,\frac{\sqrt{2}}{2}\right)$;在$(0,1)$内曲线为凸

JK 25. 设常数 $a>0$,函数 $f(x)$ 在闭区间$[-a,a]$上连续,且 $f(x)+f(-x)\neq 0$,则$\int_{-a}^{a} \frac{f(x)}{f(x)+f(-x)}\,\mathrm{d}x=$(　　).

(A) 0　　(B) $\frac{a}{2}$　　(C) a　　(D) $2a$

JK　26. 设 $f(x)$ 在 $x=0$ 的某邻域内连续，在 $x=0$ 处可导，且 $f(0)=0$，$\varphi(x)=\begin{cases}\frac{1}{x^2}\int_0^x tf(t)\mathrm{d}t, & x\neq 0,\\ 0, & x=0,\end{cases}$ 则 $\varphi(x)$ 在 $x=0$ 处(　　).

(A) 不连续　　(B) 连续但不可导

(C) 可导但 $\varphi'(x)$ 在 $x=0$ 处不连续　　(D) 可导且 $\varphi'(x)$ 在 $x=0$ 处连续

JK　27. 设 $f(x)=\int_0^1 \ln\sqrt{x^2+y^2}\,\mathrm{d}y$，$0\leqslant x\leqslant 1$，则 $f'_+(0)=$(　　).

(A) $-\frac{\pi}{2}$　　(B) $\frac{\pi}{2}$　　(C) $-\pi$　　(D) π

JK　28. 设函数 $f(x)=\int_0^1 |x-t|\,\mathrm{d}t+\int_0^x\sqrt{x^2-t^2}\,\mathrm{d}t\ (0<x<+\infty)$，则 $f(x)$(　　).

(A) 仅有最小值　　(B) 仅有最大值

(C) 既有最小值又有最大值　　(D) 既无最小值又无最大值

QK　29. 下列反常积分中，收敛的是(　　).

(A) $\int_1^{+\infty}\frac{\mathrm{d}x}{\sqrt{x^2-1}}$　　(B) $\int_1^{+\infty}\frac{\mathrm{d}x}{x^2\sqrt{x^2-1}}$

(C) $\int_1^{+\infty}\frac{\mathrm{d}x}{\sqrt{x(x-1)}}$　　(D) $\int_1^{+\infty}\frac{\mathrm{d}x}{x(x^2-1)}$

QK　30. 下列积分发散的是(　　).

(A) $\int_0^{+\infty}x\mathrm{e}^{-x^2}\mathrm{d}x$　　(B) $\int_0^1 x^2(\ln x)^2\mathrm{d}x$

(C) $\int_{\mathrm{e}}^{+\infty}\frac{\mathrm{d}x}{x(\ln\sqrt{x})^2}$　　(D) $\int_0^{\frac{\pi}{2}}\frac{\mathrm{d}x}{\sqrt{\cos x}\sin x}$

JK　31. 积分 $\int\frac{1}{1+x^3}\mathrm{d}x=$(　　).

(A) $\frac{1}{6}\ln\frac{(1+x)^2}{x^2-x+1}+C$

(B) $\frac{1}{6}\ln\frac{(x+1)^2}{x^2-x+1}+\frac{1}{\sqrt{3}}\arctan\frac{2x-1}{\sqrt{3}}+C$

(C) $\frac{1}{3}\ln|x+1|+\frac{1}{\sqrt{3}}\arctan\frac{2x-1}{\sqrt{3}}+C$

(D) $\frac{1}{6}\ln\frac{(x+1)^2}{x^2-x+1}+\frac{2}{\sqrt{3}}\arctan\frac{2x-1}{\sqrt{3}}+C$

QJK 32. 设 $f(x)=(2x+1)\ln(2x+1)$，则 $f^{(100)}(x)=(\quad)$.

(A) $\frac{2^{98}\cdot 98!}{(2x+1)^{99}}$　　(B) $\frac{2^{99}\cdot 98!}{(2x+1)^{99}}$

(C) $-\frac{2^{100}\cdot 98!}{(2x+1)^{99}}$　　(D) $\frac{2^{100}\cdot 98!}{(2x+1)^{99}}$

JK 33. 设函数 $f(x)$ 在 $(-\infty,+\infty)$ 上连续，且对 $\forall x_1,x_2\in(-\infty,+\infty)$，有

$$f(x_1+x_2)+2f(x_1-x_2)=3f(x_1)-f(x_2),$$

则 $\int_0^2 f(x-1)\mathrm{d}x=(\quad)$.

(A) -1　　(B) 0　　(C) 1　　(D) 2

JK 34. 设可导函数 $y=f(x)$ 在 $[0,+\infty)$ 上的值域是 $[0,+\infty)$，$f(0)=0$，$f'(x)>0$，$x=\varphi(y)$ 是 $y=f(x)$ 的反函数，常数 $a,b>0$. 记 $I=\int_0^a f(x)\mathrm{d}x+\int_0^b\varphi(y)\mathrm{d}y$，当 $a<\varphi(b)$ 时，则(　　).

(A) $I>ab$　　(B) $I<ab$

(C) $I=ab$　　(D) I 与 ab 的大小关系不确定

JK 35. 已知函数 $f(x)$ 一阶导数连续，$\max\limits_{0\leqslant x\leqslant 1}\{|f'(x)|\}=M$，$f(0)=0$，则(　　).

(A) $0\leqslant\int_0^1|f(x)|\mathrm{d}x\leqslant\frac{M}{2}$　　(B) $\frac{M}{2}\leqslant\int_0^1|f(x)|\mathrm{d}x\leqslant M$

(C) $M\leqslant\int_0^1|f(x)|\mathrm{d}x\leqslant\frac{3M}{2}$　　(D) $\frac{3M}{2}\leqslant\int_0^1|f(x)|\mathrm{d}x\leqslant 2M$

二、填空题

QK 1. 函数 $F(x)=\int_1^x(1-\ln\sqrt{t})\mathrm{d}t\ (x>0)$ 的递减区间为________.

QK 2. 已知 $g(x)=\int_0^x f(t)\mathrm{d}t$，$\int_0^{\frac{\pi}{2}}f'(x)\sin x\,\mathrm{d}x=2$，$f\left(\frac{\pi}{2}\right)=3$，则 $\int_0^{\frac{\pi}{2}}g(x)\sin x\,\mathrm{d}x=$________.

QJK 3. 设 $f(x)=\begin{cases}x+1, & x<0,\\ 0, & x=0,\\ x^2, & x>0,\end{cases}$ 则 $\int_{-2}^0 f(x+1)\mathrm{d}x=$________.

QK 4. $\int_0^{+\infty}x\mathrm{e}^{-x}\mathrm{d}x=$________.

JK　5. $\int_0^1 \ln \frac{1}{1-x} dx =$ ________.

QK　6. $\int_{-2}^{2} \frac{x+\sin x+|x|}{2+x^2} dx =$ ________.

QK　7. $\int_1^{e} \sin(\ln x) dx =$ ________.

QJK　8. $\int_1^{+\infty} \frac{\ln(x+\sqrt{1+x^2})}{x^2} dx =$ ________.

QK　9. 定积分 $\int_{-\frac{\pi}{2}}^{\frac{\pi}{2}} x^2(\sin x+1) dx =$ ________.

JK　10. 若 $\int \sin[f(x)] dx = x\sin[f(x)] - \int \cos[f(x)] dx$，则 $f(x) =$ ________.

QK　11. 设 $f(x)$ 为连续函数，且 $F(x) = \int_{\frac{1}{x}}^{\ln x} f(t) dt$，则 $F'(x) =$ ________.

JK　12. 定积分 $\int_{-3}^{1} x\sqrt{(3+x)(1-x)} dx$ 的值为 ________.

QJK　13. 若 $\int_0^{+\infty} \frac{a}{(1+x^2)^2} dx = \pi$，则常数 $a =$ ________.

QK　14. $\int_1^{+\infty} \frac{dx}{x\sqrt{x-1}} =$ ________.

JK　15. 定积分 $\int_{-1}^{1} \frac{\sqrt{1-x^2}}{1+e^{x^3}} dx =$ ________.

JK　16. $\int_{-2}^{2} \frac{e^x}{e^x+1}\sqrt{4-x^2} dx =$ ________.

JK　17. $\int_{-\frac{\pi}{2}}^{\frac{\pi}{2}} \frac{e^x \sin^4 x}{1+e^x} dx =$ ________.

QK　18. 已知 $f(x)$ 在 $[0,1]$ 上有连续的导数，$\int_0^1 f(x) dx = 1$，$f(1) = 0$，则 $\int_0^1 x f'(x) dx =$ ________.

QK　19. $\int_0^1 \frac{4x-3}{x^2-x+1} dx =$ ________.

QJK　20. $\int_0^{\frac{\pi}{4}} \sec^3\theta d\theta =$ ________.

QJK　21. 已知函数 $f(x) = \int_1^x \sqrt{1+t^3} dt$，则 $\int_0^1 x f(x) dx =$ ________.

QK　22. 设连续函数 $f(x)$ 满足 $\int_0^x f(t) dt = xe^x$，则 $\int_1^{e} \frac{f(\ln x)}{x} dx =$ ________.

JK 23. $\int_{\sqrt{5}}^{5}\frac{1}{\sqrt{|x^2-9|}}\mathrm{d}x=$________.

QK 24. $\int_{-\infty}^{+\infty}|x|\mathrm{e}^{-x^2}\mathrm{d}x=$________.

QK 25. 已知 $f(x)$ 是连续的偶函数，且$\int_0^1 f(x)\mathrm{d}x=2$，则$\int_0^2 xf(1-x)\mathrm{d}x=$________.

JK 26. 设 $g(x)=x^2$，$g[f(x)]=-x^2+2x+3$，且 $f(x)>0$，则$\int_0^1\frac{1}{f(x)}\mathrm{d}x=$________.

JK 27. 设 $y=f(x)=x\int_0^2\mathrm{e}^{-(xt)^2}\mathrm{d}t+x^2$，其在 $x=0$ 的某邻域内与 $x=g(y)$ 互为反函数，则$g''(0)=$________.

QJK 28. $f(x)=\int_0^{x^2}(t-1)\sqrt{t}\,\mathrm{e}^{\sqrt{t}}\mathrm{d}t$ 的极小值为________.

JK 29. 设 $f(x)$ 有连续导数，$f(4)=2$，$f(1)=0$，则$\int_1^2 xf(x^2)f'(x^2)\mathrm{d}x=$________.

QK 30. 定积分$\int_0^2\max\{x^{\frac{1}{2}},x^2\}\mathrm{d}x=$________.

QK 31. 定积分$\int_0^{\frac{\pi}{2}}\sin\varphi\cos^3\varphi\mathrm{d}\varphi=$________.

QJK 32. 不定积分$\int\frac{2x^2+1}{x^2(x^2+1)}\mathrm{d}x=$________.

QK 33. $\int_1^{\mathrm{e}^2}\frac{\ln x}{\sqrt{x}}\mathrm{d}x=$________.

QK 34. 设 $f'(\ln x)=\begin{cases}1, & 0<x\leqslant 1,\\ x, & x>1,\end{cases}$ 且 $f(0)=0$，则 $f(x)=$________.

JK 35. $\int\mathrm{e}^x\left(\frac{1-x}{1+x^2}\right)^2\mathrm{d}x=$________.

QK 36. 计算下列定积分.

(1)$\int_0^2|x-x^2|\mathrm{d}x=$________;

(2)$\int_{-\frac{\pi}{2}}^{\frac{\pi}{2}}\frac{3\mathrm{e}^x\sin^2 x}{1+\mathrm{e}^x}\mathrm{d}x=$________.

JK 37. $\int\frac{x\ln(x+\sqrt{1+x^2})}{(1+x^2)^2}\mathrm{d}x=$________.

J K　38. $\int_0^1 \frac{x}{e^x + e^{1-x}} dx =$ ________.

J K　39. 若直线 $y = 2x - \frac{1}{2}$ 是曲线 $y = \sqrt{ax^2 + bx + 1}$ 的一条斜渐近线，则定积分 $\int_b^a \sqrt{(a-x)(x-b)} dx =$ ________.

Q K　40. 设 $f(x) = \int_{-x}^{x} \frac{\sin xt}{t} dt, x \neq 0$，则 $\int x^2 f'(x) dx =$ ________.

Q J K　41. $\int_0^{\pi} \frac{dx}{2 + \tan^2 x} =$ ________.

J K　42. 设可微函数 $f(x)$ 及其反函数 $g(x)$ 满足关系式 $\int_1^{f(x)} g(t) dt = \frac{1}{3}(x^{\frac{3}{2}} - 8)(x > 0)$，则 $f(x) =$ ________.

Q K　43. $\int \frac{\ln(\tan x)}{\sin x \cos x} dx =$ ________.

J K　44. $\int \frac{\ln(x+1) - \ln x}{x(x+1)} dx =$ ________.

Q J K　45. 设 $G(x) = \int_{x^2}^{1} \frac{t}{\sqrt{1+t^3}} dt$，则 $\int_0^1 x G(x) dx =$ ________.

Q K　46. 设 $f(3x+1) = x e^{\frac{x}{2}}$，则 $\int_0^1 f(x) dx =$ ________.

J K　47. 积分 $\int \frac{2^x \cdot 3^x}{9^x - 4^x} dx =$ ________.

J K　48. 积分 $\int \frac{\ln x}{x\sqrt{1 + \ln x}} dx =$ ________.

Q K　49. 已知函数 $F(x)$ 的导函数为 $f(x) = \frac{1}{\sin^2 x + 2\cos^2 x}$，且 $F\left(\frac{\pi}{4}\right) = 0$，则 $F(x) =$ ________.

J K　50. $\lim\limits_{x \to +\infty} \int_x^{x+a} \frac{\ln^n t}{2+t} dt =$ ________(a 为常数，n 为自然数).

Q K　51. 积分 $\int \frac{dx}{x\sqrt{a^2 - x^2}} =$ ________.

J K　52. 积分 $\int \frac{\sqrt{1 + \cos x}}{\sin x} dx =$ ________.

J K　53. $\lim\limits_{x \to +\infty} \int_{x-\frac{1}{x}}^{x+\frac{1}{x}} \frac{y^{1+y}}{(1+y)^y} dy =$ ________.

JK 54. 设 b 为常数且积分 $\int_1^{+\infty}\left[\frac{x^2+bx+1}{x(x+2)}-1\right]dx=c$（存在），则 $b=$________，$c=$________.

QJK 55. 积分 $I=\int_{-\frac{\pi}{4}}^{\frac{\pi}{4}}\frac{\cos^3 x}{1+e^{-x}}dx=$________.

QK 56. 计算下列不定积分.

(1) $\int\frac{1}{\sqrt{x(4-x)}}dx=$________；

(2) $\int\sin^3 x\cos^2 x\,dx=$________；

(3) $\int\frac{2x-6}{x^2-6x+13}dx=$________；

(4) $\int\frac{1}{\sin^2 x\cos^4 x}dx=$________；

(5) $\int\frac{\sin x-3\cos x}{\sin^3 x}dx=$________；

(6) $\int\frac{x^3}{\sqrt{1-x^2}}dx=$________；

(7) $\int\frac{1}{(1-x)\sqrt{1-x}}dx=$________；

(8) $\int\frac{dx}{e^x+e^{-x}}=$________.

JK 57. $\int_1^2\frac{2x^2+x+1}{(2x-1)(2x^2+x-1)}dx=$________.

JK 58. 反常积分 $\int_0^1\arctan\sqrt{\frac{x}{1-x}}\,dx=$________.

QJK 59. 已知 $\begin{cases}x=a(t-\sin t),\\ y=a(1-\cos t)\end{cases}$ $(0\leqslant t\leqslant\pi)$，则 $\int_0^{\pi a}y^3\,dx=$________.

JK 60. 反常积分 $\int_{-2}^{2}\frac{1}{\sqrt{|2x-x^2|}}dx=$________.

JK 61. 设 n 为正整数，则 $\lim\limits_{n\to\infty}(\sqrt{n^4+1}-\sqrt{n^4-1})\int_0^{n\pi}x\,|\sin x|\,dx=$________.

QJK 62. 设 e^{-x^2} 是 $f(x)$ 的一个原函数，则 $\int_0^{+\infty}x^3 f''(x)dx=$________.

QK 63. $\int_0^{2\pi}x\sin^8 x\,dx=$________.

QK 64. 设 $G'(x)=e^{-x^2}$，$\lim\limits_{x\to+\infty}G(x)=0$，则 $\lim\limits_{x\to+\infty}\int_0^x t^2G(t)dt=$________.

JK 65. 定积分 $\int_0^{\frac{\pi}{4}}\ln(1+\tan x)dx=$________.

JK 66. 定积分 $\int_0^{2\pi}\frac{dx}{2-\sin^2 x}=$________.

QK 67. 设 $a_n=\frac{3}{2}\int_0^{\frac{n}{n+1}}x^{n-1}\sqrt{1+x^n}\,dx$，则 $\lim\limits_{n\to\infty}na_n=$________.

JK　68. 设 $I(\alpha)=\int_0^{\frac{\pi}{2}}\frac{1}{1+\tan^\alpha x}\mathrm{d}x$，则 $I'(\alpha)=$________.

QK　69. 设 $\int\frac{f(x)}{x}\mathrm{d}x=x\arctan x+C$（$C$ 为任意常数），则 $\int xf(x)\mathrm{d}x=$________.

QK　70. $\int_0^{\frac{\pi}{2}}x(\sin^6 x+\cos^6 x)\mathrm{d}x=$________.

JK　71. $\int\frac{1}{\sqrt[3]{(x+1)^2(x-1)^4}}\mathrm{d}x=$________.

QK　72. 设 $\int_0^{+\infty}ax^2\mathrm{e}^{-2x}\mathrm{d}x=1$，则常数 $a=$________.

QJK　73. 设函数 $f(x)$ 满足 $f\left(x+\frac{1}{x}\right)=\frac{x^4+1}{x^3+x^2+x}$，则 $\int\left[f(x)+f\left(\frac{1}{x}\right)\right]\mathrm{d}x=$________.

QJK　74. $\int_0^2|x-1|^3\sqrt{x^2-2x+2}\,\mathrm{d}x=$________.

JK　75. 设 $f(x)=\mathrm{e}^{-x^2}$，则 $\int_0^1 f'(x)f''(x)\mathrm{d}x=$________.

QK　76. 设 $y=\frac{x}{\sqrt{1+x^2}}$，则 $\int_{\frac{1}{2}}^{\frac{\sqrt{3}}{2}}xy\,\mathrm{d}y=$________.

JK　77. 设 $a_n=\int_0^1 x^n\sqrt{1-x^2}\,\mathrm{d}x\ (n=0,1,2,\cdots)$，则 $\lim\limits_{n\to\infty}\left(\frac{a_n}{a_{n-2}}\right)^n=$________.

JK　78. $\sum\limits_{n=1}^{\infty}\int_n^{n+1}2^{-\sqrt{x}}\mathrm{d}x=$________.

JK　79. 设 n 为非负整数，则 $\int_0^1 x^2\ln^n x\,\mathrm{d}x=$________.

JK　80. 已知 $\int_1^{+\infty}\left[\frac{2x^3+ax+1}{x(x+2)}-(2x-4)\right]\mathrm{d}x=b$，$a,b$ 为常数，则 $ab=$________.

QK　81. 设连续函数 $f(x)$ 满足：$f(x+1)-f(x)=x\ln x$，$\int_0^1 f(x)\mathrm{d}x=0$，则 $\int_1^2 f(x)\mathrm{d}x=$________.

QK　82. 设 $f\left(x+\frac{1}{x}\right)=\frac{x+x^3}{1+x^4}$，则 $\int_2^4 2f(x)\mathrm{d}x=$________.

JK　83. $\int_{-2}^{2}\max\left\{x^2,\frac{1}{\sqrt[3]{x^2}}\right\}\mathrm{d}x=$________.

J K　84. 已知 $f(x)$ 连续，$f(x^2+1)-f(x^2)=x(x>0)$，$\int_0^1 f(x)\mathrm{d}x=1$，则$\int_1^2 f(x)\mathrm{d}x=$ ________.

J K　85. $\lim\limits_{n\to\infty}\int_{-1}^{2}(\arctan nx)^3\mathrm{d}x=$ ________.

三、解答题

Q K　1. 求$\int_0^1 \arcsin\sqrt[3]{x}\,\mathrm{d}x$.

Q K　2. 求$\int_0^2 (2x+1)\sqrt{2x-x^2}\,\mathrm{d}x$.

J K　3. 已知 $f(x)=\begin{cases}x, & 0\leqslant x\leqslant 1,\\ 2-x, & 1<x\leqslant 2,\end{cases}$ 求$\int_{2n}^{2n+2} f(x-2n)\mathrm{e}^{-x}\mathrm{d}x$，$n=2,3,\cdots$.

Q K　4. 求下列积分：

(1)$\int \dfrac{\ln(\sin x)}{\sin^2 x}\mathrm{d}x$；　　(2)$\int \dfrac{x+5}{x^2-6x+13}\mathrm{d}x$；

(3)$\int_{-\frac{\pi}{2}}^{\frac{\pi}{2}}(x^3+\sin^2 x)\cos^2 x\,\mathrm{d}x$.

Q K　5. 计算积分$\int_0^3 (|x-1|+|x-2|)\mathrm{d}x$.

Q J K　6. 设 $x\mathrm{e}^{-x}$ 为 $f(x)$ 的一个原函数，求$\int xf(x)\mathrm{d}x$.

Q J K　7. 求函数 $f(x)=\int_1^x (x^2-t^2)\arctan t\,\mathrm{d}t$ 的极值.

Q K　8. 求$\int_0^1 \dfrac{\mathrm{d}x}{(x+1)(x^2+1)}$.

J K　9. 设 $F(x)>0$ 为 **R** 上的连续可导函数，$F(0)=\sqrt{\pi}$，且 $F(x)F'(x)=\dfrac{\cos x}{2\sin^2 x+\cos^2 x}$. 求 $F(x)$.

J K　10. 求$\int_0^{\frac{\pi}{4}} \dfrac{\mathrm{d}x}{\sin^2 x+3\cos^2 x}$.

Q K　11. 求反常积分$\int_0^{+\infty} \dfrac{\ln x}{(1+x)^3}\mathrm{d}x$.

Q K　12. 设曲线 $s(x)=\int_0^x |\sin t|\,\mathrm{d}t\,(x>0)$.

(1) 计算 $\lim\limits_{x\to+\infty}\dfrac{s(x)}{x}$；

(2) 曲线 $s(x)$ 是否有斜渐近线？若有，求之；若没有，说明理由.

J K　13. 设 $f(x)=\dfrac{2^x-1}{2^x+1}, x\in\mathbf{R}$.

(1) 判别 $f(x)$ 的奇偶性；

(2) 计算 $\displaystyle\int_{-1}^{1}\frac{1}{2^x+1}\mathrm{d}x$.

Q J K　14. 求不定积分 $\displaystyle\int\frac{\sin x}{\sin x+\cos x}\mathrm{d}x$.

Q K　15. 设 $f(x)=\begin{cases}\dfrac{1}{1+x}, & x\geqslant 0,\\ \dfrac{1}{1+\mathrm{e}^x}, & x<0,\end{cases}$ 求 $\displaystyle\int_0^2 f(x-1)\mathrm{d}x$.

J K　16. 设 $g(x)=\displaystyle\int_0^x f(t)\mathrm{d}t$，其中

$$f(x)=\begin{cases}\dfrac{1}{2}(x^2+1), & 0\leqslant x<1,\\ \dfrac{1}{3}(x-1), & 1\leqslant x\leqslant 2,\end{cases}$$

求 $g(x)$，并判定其在 $[0,2]$ 上的连续性与可导性.

Q K　17. 求 $\displaystyle\int\frac{x+5}{x^2-6x+13}\mathrm{d}x$.

Q K　18. 求 $\displaystyle\int_0^1 x\sqrt{1-x}\,\mathrm{d}x$.

Q K　19. 设 $f(x)$ 是 $(0,+\infty)$ 上的可导函数，且满足 $\displaystyle\int x^3 f'(x)\mathrm{d}x=x^2\cos x-4x\sin x-6\cos x+C$，$f(2\pi)=\dfrac{1}{2\pi}$，求 $\displaystyle\int f(x)\mathrm{d}x$.

Q K　20. 求 $\displaystyle\int\frac{2x+1}{x^2}\mathrm{e}^{-2x}\mathrm{d}x$.

J K　21. 设 $\displaystyle\lim_{x\to\infty}\left(\frac{1+x}{x}\right)^{ax}=\int_0^{+\infty}\frac{x}{1+x^4}\mathrm{d}x$，求 a.

J K　22. 求 $\displaystyle\int\frac{x\ln x}{(x^2-1)^{\frac{3}{2}}}\mathrm{d}x$.

J K　23. 求 $\displaystyle\int_{-\frac{\pi}{4}}^{\frac{\pi}{4}}5\cos x\cdot\arctan\mathrm{e}^x\,\mathrm{d}x$.

Q K　24. 求 $\displaystyle\int x\arctan x\,\mathrm{d}x$.

QK 25. 设 $f(x)=\int_0^x e^{-t^2+2t}dt$,求$\int_0^1 (x-1)^2 f(x)dx$.

QJK 26. 设 $y'(x)=\arctan(x-1)^2$,且 $y(0)=0$,求$\int_0^1 y(x)dx$.

JK 27. 求$\int_0^{-\ln 2}\sqrt{1-e^{2x}}dx$.

QK 28. 求$\int_2^{+\infty}\frac{dx}{x\sqrt{x^2+4x}}$.

QK 29. 求$\int_0^4 \frac{3}{4}x^2\sqrt{4x-x^2}dx$.

JK 30. 求$\int\frac{x^4+1}{x(x^2+1)^2}dx$.

JK 31. 求$\int\frac{1}{e^{2x}+3e^x+2}dx$.

JK 32. 设 $f(x)=\min\{(x-k)^2,(x-k-2)^2\}$,$k$ 为任意实数,$g(k)=\int_0^1 f(x)dx$.求 $g(k)$ 在 $-2\leqslant k\leqslant 2$ 上的最值.

JK 33. 设正值函数 $f(x)$ 在$[1,+\infty)$上连续,求函数

$$F(x)=\int_1^x\left[\left(\frac{2}{x}+\ln x\right)-\left(\frac{2}{t}+\ln t\right)\right]f(t)dt$$

的最小值点.

JK 34. 设 $f(x)$ 在 $x=0$ 处可导,又 $g(x)=\begin{cases}x+\dfrac{1}{2}, & x<0,\\ \dfrac{\sin\frac{x}{2}}{x}, & x>0,\end{cases}$ 求

$$I=\lim_{x\to 0}\frac{xf(x)(1+x)^{-\frac{x+1}{x}}+g(x)\int_0^{2x}\cos t^2dt}{xg(x)}.$$

QJK 35. 设 $|t|\leqslant 1$,求积分 $I(t)=\int_{-1}^1|x-t|e^{2x}dx$ 的最大值.

JK 36. 设 $x\geqslant 0$,记 x 到 $2k$ 的最小距离为 $f(x)$,$k=0,1,2,\cdots$.

(1) 证明 $f(x)$ 以 2 为周期;

(2) 求$\int_0^1 f(nx)dx$ 的值($n=1,2,\cdots$).

JK 37. 设 $\lambda\in\mathbf{R}$,求证:

$$\int_0^{\frac{\pi}{2}} \frac{1}{1+(\tan x)^{\lambda}}\mathrm{d}x=\int_0^{\frac{\pi}{2}} \frac{1}{1+(\cot x)^{\lambda}}\mathrm{d}x=\frac{\pi}{4}.$$

JK　38. 设函数 $f(x)$ 在 $[-\pi,\pi]$ 上连续.

(1) 证明 $\int_0^{\pi} xf(\sin x)\mathrm{d}x=\frac{\pi}{2}\int_0^{\pi} f(\sin x)\mathrm{d}x$；

(2) 当 $f(x)=\frac{x}{1+\cos^2 x}+\int_{-\pi}^{\pi} f(x)\sin x\,\mathrm{d}x$ 时，利用(1)的结论求 $f(x)$.

QJK　39. 设 $f(x)$ 为 $[-a,a]$ 上连续的偶函数.

(1) 证明 $\int_{-a}^{a}\frac{f(x)}{1-\mathrm{e}^x}\mathrm{d}x=\int_0^a f(x)\mathrm{d}x$；

(2) 求 $\int_{-\frac{\pi}{2}}^{\frac{\pi}{2}}\frac{\sin^6 x}{1-\mathrm{e}^x}\mathrm{d}x$.

QK　40. 设函数 $y=y(x)$ 满足 $\Delta y=\frac{1-x}{\sqrt{2x-x^2}}\Delta x+o(\Delta x)$，且 $y(1)=1$，计算 $\int_1^2 y(x)\mathrm{d}x$.

QJK　41. 计算 $I=\int_0^1 |t^2-3xt+2x^2|\mathrm{d}t$.

QK　42. 设 $f'(x)=\arcsin(x-1)^2$ 及 $f(0)=0$，求 $\int_0^1 f(x)\mathrm{d}x$.

QK　43. 设 $f(x)=\begin{cases}2, & x>1,\\ x, & 0\leqslant x\leqslant 1,\\ \sin x, & x<0,\end{cases}$ 求 $\int f(x)\mathrm{d}x$.

JK　44. 求不定积分 $\int\sqrt{\frac{a+x}{a-x}}\mathrm{d}x$.

QK　45. 求不定积分 $\int\frac{\mathrm{d}x}{1+\sqrt{1-x^2}}$.

JK　46. 求 $\int\frac{\mathrm{d}x}{x^4+1}$.

QJK　47. 求 $\int\frac{\mathrm{d}x}{2+\sin x}$.

QK　48. 求 $\int\frac{\sin^2 x}{\cos^3 x}\mathrm{d}x$.

QK　49. 求 $\int\frac{1-x}{\sqrt{9-4x^2}}\mathrm{d}x$.

QK 50. 求$\int(x^5+3x^2-2x+5)\cos x\,dx$.

JK 51. 求$\int\sqrt{\frac{1-x}{1+x}}\cdot\frac{dx}{x}$.

QJK 52. 求下列积分：

(1)$\int\frac{x^3\arccos x}{\sqrt{1-x^2}}dx$； (2)$\int\frac{1-\ln x}{(x-\ln x)^2}dx$.

QK 53. 计算$I=\int_0^1\frac{f(x)}{\sqrt{x}}dx$，其中$f(x)=\int_1^{\sqrt{x}}e^{-t^2}dt$.

JK 54. 对于实数$x>0$，定义对数函数$\ln x=\int_1^x\frac{dt}{t}$. 依此定义试证：

(1)$\ln\frac{1}{x}=-\ln x(x>0)$；

(2)$\ln(xy)=\ln x+\ln y(x>0,y>0)$.

JK 55. 已知$I(\alpha)=\int_0^{\pi}\frac{\sin x\,dx}{\sqrt{1-2\alpha\cos x+\alpha^2}}$，求积分$\int_{-3}^{2}I(\alpha)d\alpha$.

JK 56. 计算$\int\frac{dx}{x(x^6+4)}$.

QK 57. 计算$\int_1^{\frac{5}{4}}\sqrt{x^2-1}\,dx$.

JK 58. 计算积分：$\int_{-1}^{2}[x]\max\{1,e^{-x}\}dx$，其中$[x]$表示不超过$x$的最大整数.

QK 59. 计算$I_n=\int_{-1}^{1}(x^2-1)^n dx(n=1,2,\cdots)$.

QK 60. 设$f(x)$是$(-\infty,+\infty)$上的连续非负函数，且$f(x)\int_0^x f(x-t)dt=\sin^4x$，求$f(x)$在区间$[0,\pi]$上的平均值.

JK 61. 设$I_n=\int_0^{\frac{\pi}{4}}\tan^n x\,dx(n=0,1,2,\cdots)$，证明：

(1)$I_n+I_{n-2}=\frac{1}{n-1}(n=2,3,\cdots)$，并由此计算$I_n$；

(2)$\frac{1}{2(n+1)}<I_n<\frac{1}{2(n-1)}(n=2,3,\cdots)$.

QK 62. 计算下列积分.

(1)$\int x^2\sqrt{1-x^2}\,dx$； (2)$\int\frac{dx}{(2x^2+1)\sqrt{x^2+1}}$；

(3) $\int \frac{\arcsin\sqrt{x}}{\sqrt{x}}\mathrm{d}x$；　(4) $\int \arccos x\,\mathrm{d}x$；

(5) $\int \frac{\arctan \mathrm{e}^x}{\mathrm{e}^x}\mathrm{d}x$；　(6) $\int \frac{\mathrm{d}x}{(x^2+1)(x^2+x+1)}$；

(7) $\int \frac{1}{x^3+4x^2+5x+2}\mathrm{d}x$；　(8) $\int_0^{\frac{\pi}{2}} \mathrm{e}^x\cos x\,\mathrm{d}x$；

(9) $\int_0^1 \frac{\ln(1+x)}{(2-x)^2}\mathrm{d}x$；　(10) $\int_0^1 \ln(x+\sqrt{x^2+3})\mathrm{d}x$；

(11) $\int_0^{+\infty} \frac{x\mathrm{e}^{-3x}}{(1+\mathrm{e}^{-3x})^2}\mathrm{d}x$；　(12) $\int_0^1 x\ln(1-x)\mathrm{d}x$；

(13) $\int_0^{\pi} \frac{x\sin x}{1+\sin^2 x}\mathrm{d}x$；　(14) $\int_0^1 \arctan\sqrt{x}\,\mathrm{d}x$；

(15) $\int \frac{\mathrm{d}x}{2+\cos x}$；　(16) $\int_0^1 \frac{x}{\sqrt{1-x^2}}\arcsin x\,\mathrm{d}x$；

(17) $\int \frac{\mathrm{d}x}{x+\sqrt{x+2}}$；　(18) $\int_{-\frac{\pi}{4}}^{\frac{\pi}{4}} \frac{2^{x-1}}{2^x+1}\cos^4 2x\,\mathrm{d}x$；

(19) $\int \frac{x^2}{\sqrt{4-x^2}}\mathrm{d}x$；　(20) $\int_0^2 [(x-1)^3+2x]\sqrt{1-\cos 2\pi x}\,\mathrm{d}x$；

(21) $\int_0^{+\infty} \frac{1}{(x^2+1)(1+x^5)}\mathrm{d}x$；　(22) $\int \frac{4x}{(2x+1)^3}\mathrm{d}x$；

(23) $\int \frac{x^3}{(x-1)^{100}}\mathrm{d}x$；　(24) $\int_1^{+\infty} \frac{\mathrm{d}x}{x^2(x+1)}$；

(25) $\int \frac{\cos\theta}{\sin\theta-2\cos\theta}\mathrm{d}\theta$；　(26) $\int \frac{2x+1}{x^2}\mathrm{e}^{-2x}\,\mathrm{d}x$；

(27) $\int \frac{x+\sin x}{1+\cos x}\mathrm{d}x$.

JK 63. 设

$$F(x)=\int_0^1 |x-t|\,\mathrm{e}^t\mathrm{d}t\,(-\infty<x<+\infty).$$

(1) 求 $F(x)$ 在区间 $(-\infty,+\infty)$ 内的分段表达式；

(2) 求 $F(x)$ 在区间 $[-2,3]$ 上的最小值与最大值.

QJK 64. 求 $\int_0^{\frac{3\pi}{4}} \frac{\mathrm{d}x}{1+\sin^2 x}$.

JK 65. 设常数 $a>0$，请用两种方法计算定积分：

$$I=\int_0^a \frac{\mathrm{d}x}{x+\sqrt{a^2-x^2}}.$$

JK 66. 设

$$f(x)=\begin{cases}\dfrac{1}{\ln(1+x)}-\dfrac{1}{x}, & x\in(-1,+\infty),\text{但 } x\neq 0,\\ \dfrac{1}{2}, & x=0.\end{cases}$$

(1) 证明：$f(x)$ 在 $x=0$ 处连续；

(2) 求区间$(-1,+\infty)$上的 $f'(x)$，并由此讨论区间$(-1,+\infty)$上 $f(x)$ 的单调性.

JK 67. 求定积分 $I=\int_0^{\ln 2}\frac{x\mathrm{e}^x}{\mathrm{e}^x+1}\mathrm{d}x+\int_{\ln 2}^{\ln 3}\frac{x\mathrm{e}^x}{\mathrm{e}^x-1}\mathrm{d}x$.

JK 68. 求不定积分 $I=\int\frac{x^2+1}{x(x-1)^2}\ln x\,\mathrm{d}x$.

QK 69. 已知 $f(x)=\frac{\mathrm{e}^x+\mathrm{e}^{-x}}{2}$，求$\int\left[\frac{f'(x)}{f(x)}+\frac{f(x)}{f'(x)}\right]\mathrm{d}x$.

QK 70. 设 $f(x)$ 的一个原函数为 $F(x)=\ln^2(x+\sqrt{1+x^2})$，求$\int xf'(x)\mathrm{d}x$.

QK 71. 求$\int_{-2}^{2}\mathrm{e}^{|x|}(x+x^2)\mathrm{d}x$.

QK 72. 计算下列不定积分.

(1) $\int\cos^3x\,\mathrm{d}x$；

(2) $\int\sin^3x\,\mathrm{d}x$；

(3) $\int\sec x\,\mathrm{d}x$；

(4) $\int\sec^3x\,\mathrm{d}x$；

(5) $\int\frac{1}{a^2-x^2}\mathrm{d}x\ (a\neq 0)$；

(6) $\int\frac{1}{x^2-a^2}\mathrm{d}x\ (a\neq 0)$；

(7) $\int\frac{1}{a^2+x^2}\mathrm{d}x\ (a\neq 0)$；

(8) $\int\frac{1}{a^2+(x+b)^2}\mathrm{d}x\ (a\neq 0)$；

(9) $\int\frac{1}{a^2-(x+b)^2}\mathrm{d}x\ (a>0)$；

(10) $\int\frac{1}{(x+b)^2-a^2}\mathrm{d}x\ (a>0)$；

(11) $\int\frac{1}{\sqrt{x^2-a^2}}\mathrm{d}x\ (a>0)$；

(12) $\int\frac{1}{\sqrt{a^2-x^2}}\mathrm{d}x\ (a>0)$；

(13) $\int\frac{1}{\sqrt{x^2+a^2}}\mathrm{d}x\ (a>0)$；

(14) $\int\csc^3x\,\mathrm{d}x$；

(15) $\int\tan^2x\,\mathrm{d}x$；

(16) $\int\tan^3x\,\mathrm{d}x$；

(17) $\int \tan^4 x\,dx$；　　(18) $\int \cot^3 x\,dx$；

(19) $\int \frac{\cos x}{1+\sin x}dx$；　　(20) $\int \frac{1}{a^2\sin^2 x+b^2\cos^2 x}dx\ (ab\neq 0)$；

(21) $\int \frac{1}{\sin 2x}dx$；　　(22) $\int \frac{1}{\cos 2x}dx$；

(23) $\int \frac{1}{a+b\cos x}dx\ (a>0,b>0)$；　　(24) $\int \frac{1}{a+b\sin x}dx\ (a>0,b>0)$.

JK　73. 计算不定积分 $\int \ln\left(1+\sqrt{\frac{1+x}{x}}\right)dx\ (x>0)$.

QJK　74. 计算不定积分 $\int e^{2x}\arctan\sqrt{e^x-1}\,dx$.

JK　75. 设 $|x|\leqslant 1$，求积分 $I(x)=\int_{-1}^{1}|t-x|e^{2t}dt$ 的最大值.

JK　76. 设函数 $f(x)=\int_0^1|t^2-x^2|dt\ (x>0)$，求 $f'(x)$，并求 $f(x)$ 的最小值.

QK　77. 设 $f(x)=x$，$g(x)=\begin{cases}\cos x, & x\leqslant\pi,\\ 0, & x>\pi,\end{cases}$ 求 $F(x)=\int_0^x f(t)g(x-t)dt\ (x\geqslant 0)$.

JK　78. $F(x)=\int_0^{\frac{\pi}{2}}|\sin x-\sin t|dt\ (x\geqslant 0)$ 在 $x\to 0^+$ 处的二次泰勒多项式为 $a+bx+cx^2$，求 a,b,c 的值.

JK　79. 设 $a_n=\int_0^{+\infty}xn^{-\frac{x}{n}}dx$，$n=2,3,\cdots$，求 $\{a_n\}$ 的最小值.

QJK　80. 求不定积分 $\int \frac{2\sin x\cos x\cdot\sqrt{1+\sin^2 x}}{2+\sin^2 x}dx$.

QK　81. 求不定积分 $\int \frac{dx}{2\sin x+\sin 2x}$.

JK　82. 计算定积分 $\int_0^{\pi}(e^{\cos x}-e^{-\cos x})dx$.

QJK　83. 计算定积分 $\int_0^{\pi}\sqrt{1-\sin x}\,dx$.

QK　84. 求 $\int_{e^{\frac{1}{4}}}^{e^{\frac{1}{2}}}\frac{dx}{x\sqrt{\ln x(1-\ln x)}}$.

QK　85. 设函数 $f(x)$ 在 $[0,\pi]$ 上连续，且 $f(x)=x+\int_0^{\pi}f(x)\sin^5 x\,dx$，求 $\int_0^{\pi}f(x)\cos^4 x\,dx$.

JK 86. 证明：$\int_0^{+\infty}\frac{x^2}{1+x^4}dx=\int_0^{+\infty}\frac{1}{1+x^4}dx=\frac{\pi}{2\sqrt{2}}$.

QK 87. 计算$\int_0^{+\infty}\frac{\ln(ex)}{1+x^2}dx$.

QK 88. 求$\int\frac{\ln(\sin x)}{\sin^2 x}dx$.

JK 89. 设$f(x)$在$(0,+\infty)$内连续，$f(1)=1$，若对于任意的正数a,b，积分$\int_a^{ab}f(x)dx$与a无关，计算$I=\int_{-1}^{1}\frac{f(e^x+1)}{1+x^2}dx$.

JK 90. 设$f(x)$在$[0,+\infty)$上可导，$f(0)=0$，其反函数为$g(x)$，若$\int_x^{x+f(x)}g(t-x)dt=x^2\ln(1+x)$. 求$f(x)$.

JK 91. 设$f(x)=\lim\limits_{t\to\infty}t^2\sin\frac{x}{t}\cdot\left[g\left(2x+\frac{1}{t}\right)-g(2x)\right]$，$g(x)$的一个原函数为$\ln(x+1)$，求$\int_0^1 f(x)dx$.

JK 92. 设$I_n=\int_0^{\frac{\pi}{2}}\frac{\sin^2 nt}{\sin t}dt$，其中$n$为正整数.

(1) 证明$I_n-I_{n-1}=\frac{1}{2n-1}(n\geqslant 2)$，并求$I_n$；

(2) 记$x_n=2I_n-\ln n$，证明$\lim\limits_{n\to\infty}x_n$存在.

JK 93. 设

$$f(x)=\begin{cases}\dfrac{2+x(\arcsin x)^2}{\sqrt{4-x^2}}, & -1\leqslant x\leqslant 1,\\[2ex] \dfrac{\arctan x}{x^2}, & x>1,\end{cases}$$

求$\int_{-1}^{+\infty}f(x)dx$.

JK 94. 设$f(x)$在区间$(-\infty,+\infty)$内具有连续的一阶导数，并设

$$f(x)=2\int_0^x f'(x-t)t^2dt+\sin x,$$

求$f(x)$.

QJK 95. 设n为正整数，$I_n=\int_0^{\frac{\pi}{2}}\frac{\sin 2nx}{\sin x}dx$.

(1) 证明$I_n-I_{n-1}=(-1)^{n-1}\cdot\frac{2}{2n-1}(n\geqslant 2)$；

(2) 求$\int_0^{\frac{\pi}{2}} \frac{\sin 6x}{\sin x}\mathrm{d}x$.

JK　96. 求反常积分$\int_0^1 \frac{x^b - x^a}{\ln x}\mathrm{d}x\ (a,b>0)$.

JK　97. 在区间$\left(-\frac{1}{\mathrm{e}-1},+\infty\right)$上设

$$f(x)=\min\{x,\ln[1+(\mathrm{e}-1)x]\},$$

求$\int f(x)\mathrm{d}x$，并写出详细的推导过程.

JK　98. 设 a,b 为常数，且 $b>a$，$\varphi(x)=\int_a^b\left(|x-t|\int_a^t \mathrm{e}^{-u^2}\mathrm{d}u\right)\mathrm{d}t\ (a<x<b)$，求$\varphi'''(x)$.

JK　99. 求$\int_{\mathrm{e}^{-2n\pi}}^1 \left|\left[\cos\left(\ln\frac{1}{x}\right)\right]'\right|\ln\frac{1}{x}\mathrm{d}x$（$n$ 为正整数）.

JK　100. 设 $f(x)$ 在$[a,b]$上有连续的导数，证明：$\lim\limits_{n\to\infty}\int_a^b f(x)\sin nx\,\mathrm{d}x=0$.

JK　101. 计算$\int_0^1 x^x\mathrm{d}x$.

JK　102. 设 α 是常数，考虑积分 $I=\int_0^{+\infty}\frac{\mathrm{d}x}{(1+x^2)(1+x^\alpha)}$.

(1) 证明上述积分总是收敛的；

(2) 求上述积分的值.

第 10 章 一元函数积分学的应用(一)——几何应用

一、选择题

QK 1. 曲线 $y=x(x-1)(2-x)$ 与 x 轴所围成的封闭图形的面积为(　　).

(A) $-\int_0^2 x(x-1)(2-x)\mathrm{d}x$

(B) $\int_0^2 x(x-1)(2-x)\mathrm{d}x$

(C) $\int_0^1 x(x-1)(2-x)\mathrm{d}x-\int_1^2 x(x-1)(2-x)\mathrm{d}x$

(D) $-\int_0^1 x(x-1)(2-x)\mathrm{d}x+\int_1^2 x(x-1)(2-x)\mathrm{d}x$

QJK 2. 螺线 $r=3\theta$ 上相应于 θ 从 0 变到 2π 的一段弧与极轴所围成的面积为(　　).

(A) $2\pi^3$　　(B) $4\pi^3$　　(C) $8\pi^3$　　(D) $12\pi^3$

QK 3. 连续曲线段 $y=f(x)$, $x=a$, $x=b$ 及 $y=c$ 围成封闭图形 D，其中 $x\in(a,b)$，$0<c<f(x)$，则 D 绕 $y=c$ 旋转一周所围成的旋转体体积为(　　).

(A) $\int_a^b \pi f^2(x)\mathrm{d}x$　　(B) $\int_a^b \pi[f(x)-c]^2\mathrm{d}x$

(C) $\int_a^b \pi[f(x)+c]^2\mathrm{d}x$　　(D) $\int_a^b \pi[f^2(x)-c]\mathrm{d}x$

JK 4. 心形线 $r=2(1+\cos\theta)$ 和 $\theta=0$, $\theta=\dfrac{\pi}{2}$ 围成的图形绕极轴旋转一周所成旋转体的体积 $V=$(　　).

(A) 20π　　(B) 40π　　(C) 80π　　(D) 160π

JK 5. 设 $f(x)$ 连续，$f(0)=1$，$f'(0)=2$. 下列曲线与曲线 $y=f(x)$ 必有公共切线的是(　　).

(A) $y=\int_0^x f(t)\mathrm{d}t$　　(B) $y=1+\int_0^x f(t)\mathrm{d}t$

(C) $y=\int_0^{2x} f(t)\mathrm{d}t$　　(D) $y=1+\int_0^{2x} f(t)\mathrm{d}t$

QK 6. 由曲线 $y=\sin^{\frac{3}{2}}x\,(0\leqslant x\leqslant\pi)$ 与 x 轴围成的图形绕 x 轴旋转一周所成旋转体的体积为(　　).

(A) $\dfrac{4}{3}$　　(B) $\dfrac{2}{3}$　　(C) $\dfrac{4}{3}\pi$　　(D) $\dfrac{2}{3}\pi$

QK 7. 抛物线 $y^2=2x$ 与直线 $y=x-4$ 所围成的图形的面积为(　　).

(A) $\frac{8}{5}$　　(B)18　　(C) $\frac{18}{5}$　　(D)8

QK　8.(仅数学一、数学二) 曲线 $y=\frac{2}{3}x^{\frac{3}{2}}$ 上相应于 x 从 3 到 8 的一段弧的长度为(　　).

(A) $\frac{38}{3}$　　(B) $\frac{28}{3}$　　(C)9　　(D)6

QK　9. 曲线 $y=\ln x$ 与 x 轴及直线 $x=\frac{1}{e}$, $x=e$ 所围成的图形的面积是(　　).

(A) $e-\frac{1}{e}$　　(B) $2-\frac{2}{e}$　　(C) $e-\frac{2}{e}$　　(D) $e+\frac{1}{e}$

QJK　10. 曲线 $y=x(x-1)^3(x-2)$ 与 x 轴围成的图形的面积为(　　).

(A) $\int_0^2 x(x-1)^3(x-2)\mathrm{d}x$

(B) $-\int_0^2 x(x-1)^3(x-2)\mathrm{d}x$

(C) $\int_0^1 x(x-1)^3(x-2)\mathrm{d}x-\int_1^2 x(x-1)^3(x-2)\mathrm{d}x$

(D) $-\int_0^1 x(x-1)^3(x-2)\mathrm{d}x+\int_1^2 x(x-1)^3(x-2)\mathrm{d}x$

QK　11. 曲线 $x=\varphi_1(y)$, $x=\varphi_2(y)$, $y=c$, $y=d(c<d)$ 所围成的封闭图形的面积为(　　).

(A) $\int_c^d[\varphi_2(y)-\varphi_1(y)]\mathrm{d}y$　　(B) $\int_c^d[\varphi_1(y)-\varphi_2(y)]\mathrm{d}y$

(C) $\left|\int_c^d[\varphi_2(y)-\varphi_1(y)]\mathrm{d}y\right|$　　(D) $\int_c^d|\varphi_2(y)-\varphi_1(y)|\mathrm{d}y$

QK　12. 曲线 $y=f_1(x)$, $y=f_2(x)$, $x=a$, $x=b(a<b)$ 所围成的封闭图形绕 x 轴旋转一周所得旋转体的体积为(　　).

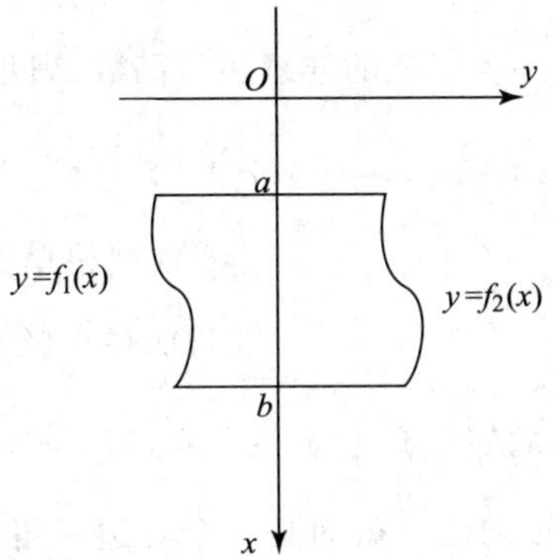

(A) $\int_a^b \pi[f_2^2(x)-f_1^2(x)]\mathrm{d}x$　　(B) $\int_a^b \pi[f_1^2(x)-f_2^2(x)]\mathrm{d}x$

(C) $\int_a^b \pi|f_2^2(x)-f_1^2(x)|\mathrm{d}x$　　(D) $\left|\int_a^b \pi[f_2^2(x)-f_1^2(x)]\mathrm{d}x\right|$

JK 13. 曲线 $y=|\ln x|$ 与 $y=0, x=\dfrac{1}{e}$ 和 $x=e$ 围成的封闭图形的面积为(　　).

(A) $-\int_{\frac{1}{e}}^{1}\ln x\,dx-\int_{1}^{e}\ln x\,dx$　　(B) $-\int_{\frac{1}{e}}^{1}\ln x\,dx+\int_{1}^{e}\ln x\,dx$

(C) $\int_{\frac{1}{e}}^{1}\ln x\,dx-\int_{1}^{e}\ln x\,dx$　　(D) $\int_{\frac{1}{e}}^{1}\ln x\,dx+\int_{1}^{e}\ln x\,dx$

QJK 14.(仅数学一、数学二)曲线 $y=-x^3+x^2+2x$ 与 x 轴所围成的封闭图形绕 x 轴旋转一周所得旋转体的侧面积为(　　).

(A) $\int_{-1}^{0}2\pi y\sqrt{1+y'^2}\,dx-\int_{0}^{2}2\pi y\sqrt{1+y'^2}\,dx$

(B) $-\int_{-1}^{0}2\pi y\sqrt{1+y'^2}\,dx+\int_{0}^{2}2\pi y\sqrt{1+y'^2}\,dx$

(C) $\int_{-1}^{0}2\pi y\sqrt{1+y'^2}\,dx+\int_{0}^{2}2\pi y\sqrt{1+y'^2}\,dx$

(D) $-\int_{-1}^{0}2\pi y\sqrt{1+y'^2}\,dx-\int_{0}^{2}2\pi y\sqrt{1+y'^2}\,dx$

QK 15. 曲线 $y=x^2-2x-3$ 与 $x=-2, x=3$ 及 x 轴围成平面图形 D,则 D 绕 x 轴旋转一周所得旋转体的体积为(　　).

(A) $\int_{-2}^{3}\pi(x^2-2x-3)^2\,dx$

(B) $-\int_{-2}^{-1}\pi(x^2-2x-3)^2\,dx+\int_{-1}^{3}\pi(x^2-2x-3)^2\,dx$

(C) $-\int_{-2}^{-1}\pi(x^2-2x-3)^2\,dx-\int_{-1}^{3}\pi(x^2-2x-3)^2\,dx$

(D) $\int_{-2}^{-1}\pi(x^2-2x-3)^2\,dx-\int_{1}^{2}\pi(x^2-2x-3)^2\,dx$

JK 16. 设 $f(x)$ 是 $(-\infty,+\infty)$ 上的连续正值函数,满足 $f(x)+\int_{x-1}^{x}f(t)\,dt=C$,其中 C 为正常数,则函数 $e^{2x}f(x)$ 在 $(-\infty,+\infty)$ 上(　　).

(A) 严格单调递减　　(B) 严格单调递增

(C) 存在极小值　　(D) 存在极大值

JK 17. 如图所示,设立体的底是介于 $y=x^2-1$ 和 $y=0$ 之间的平面区域,它垂直于 x 轴的任一截面是一个等边三角形,则此立体的体积为(　　).

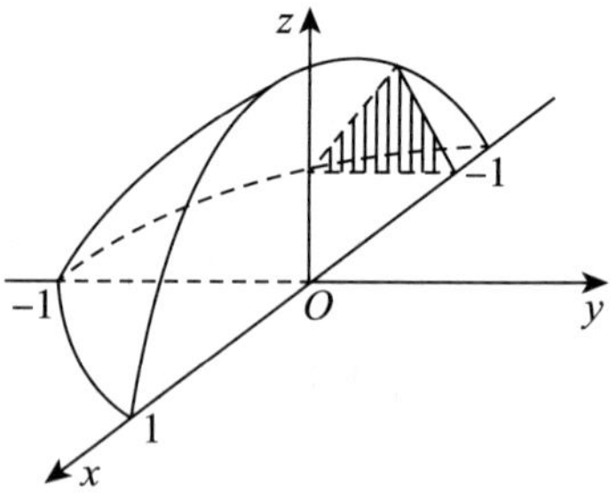

(A) $\dfrac{\sqrt{3}}{15}$　　(B) $\dfrac{2\sqrt{3}}{15}$

(C) $\frac{3\sqrt{3}}{15}$　　(D) $\frac{4\sqrt{3}}{15}$

JK 18.(仅数学一、数学二)设函数 $f(x)$ 在区间$[0,+\infty)$上一阶导数连续,$f(0)=1$,且对任意 $t>0$,曲线 $y=f(x)$ 与直线$x=0,x=t,y=0$ 所围图形的面积与曲线 $y=f(x)$ 在$[0,t]$上的一段弧长相等,则 $f(x)$ 为(　　).

(A) $\frac{e^x+e^{-x}}{2}$　　(B) $\frac{e^x-e^{-x}}{2}$　　(C) e^x-e^{-x}　　(D) e^x+e^{-x}

QK 19.(仅数学一、数学二)从点 $O(0,0)$ 到点 $A(2\pi,0)$,有铁路、公路和盘山路三种路线(见图),它们的方程分别为

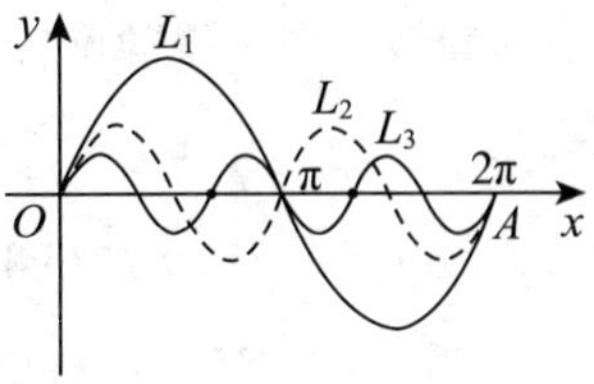

$L_1: y=\sin x$;

$L_2: y=\frac{1}{2}\sin 2x$;

$L_3: y=\frac{1}{3}\sin 3x$.

记它们的路线长度分别为 l_1,l_2,l_3,则(　　).

(A) $l_2<l_1<l_3$　　(B) $l_3<l_2<l_1$

(C) $l_1<l_3<l_2$　　(D) $l_1=l_2=l_3$

QJK 20.由曲线 $y=\sqrt{2x-x^2}$ 与直线 $y=x$ 围成的平面图形绕直线 $x=2$ 旋转一周得到的旋转体的体积为(　　).

(A) $\frac{\pi^2}{2}+\frac{2\pi}{3}$　　(B) $\frac{\pi^2}{2}+\frac{4\pi}{3}$

(C) $\frac{\pi^2}{2}-\frac{2\pi}{3}$　　(D) $\frac{\pi^2}{2}-\frac{4\pi}{3}$

JK 21.设 n 为正整数,A_n 是在第一象限内曲线 $y=n\cos nx$ 与该曲线在点 $\left(\frac{\pi}{2n},0\right)$ 处的切线所围成的平面图形的面积.则(　　).

(A) A_n 与 n 有关　　(B) A_n 与 n 无关

(C) 无法判断　　(D) 以上结论都不正确

QJK 22.(仅数学一、数学二)记 l_1 为椭圆 $x^2+2y^2=2$ 的周长,l_2 为曲线 $y_1=\sin x$ 在 $0\leqslant x\leqslant 2\pi$ 上的弧长,l_3 为曲线 $y_2=\frac{1}{2}\sin 2x$ 在 $0\leqslant x\leqslant 2\pi$ 上的弧长,则(　　).

(A) $l_1>l_2=l_3$　　(B) $l_1=l_2<l_3$

(C) $l_2>l_3=l_1$　　(D) $l_1=l_2=l_3$

QK 23. 设 $f'(x)$ 在区间 $[0,4]$ 上连续，曲线 $y=f'(x)$ 与直线 $x=0,x=4,y=0$ 围成如图所示的三个区域，其面积分别为 $S_1=3,S_2=4,S_3=2$，且 $f(0)=1$，则 $f(x)$ 在 $[0,4]$ 上的最大值与最小值分别为(　　).

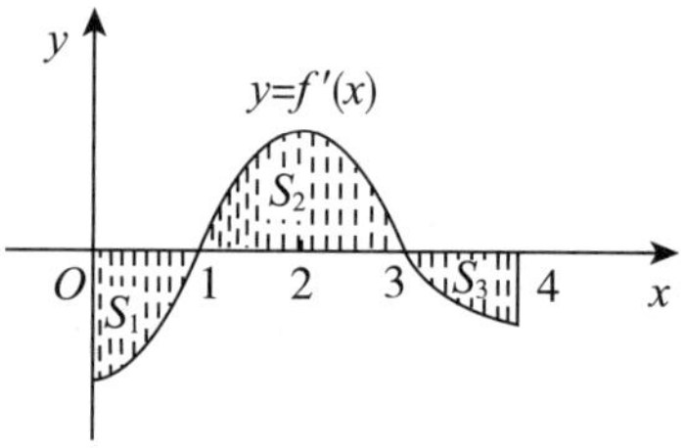

(A)4，-2　　(B)2，-2

(C)4，-3　　(D)2，-3

JK 24. 设由曲线 $y=\dfrac{\sin x}{x}$，$n\pi\leqslant x\leqslant(n+1)\pi$，$n=1,2,3,\cdots$ 与 x 轴所围成区域绕 y 轴旋转一周所得的旋转体的体积为 V_n，并记以其为通项的数列为 $\{V_n\}$，则下列说法正确的是(　　).

(A) $\{V_n\}$ 严格单调增加　　(B) $\{V_n\}$ 是常数数列

(C) $\{V_n\}$ 严格单调减少　　(D) $\lim\limits_{n\to\infty}V_n$ 不存在

JK 25. 两个相同直径为 $2R>0$ 的圆柱体，它们的中心轴垂直相交，则两圆柱体公共部分的体积为(　　).（所画出的图形的体积是要求体积的 $\dfrac{1}{8}$，如图所示）

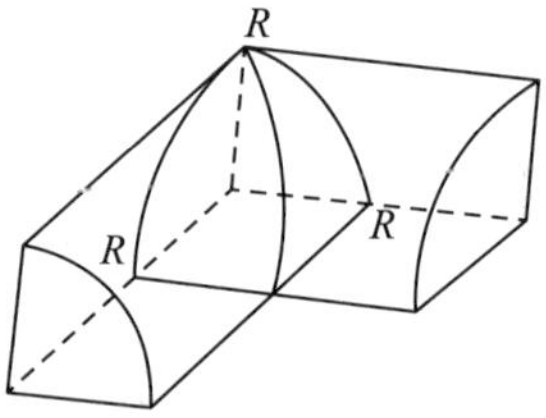

(A) $\dfrac{4\pi}{3}R^3$　　(B) $\dfrac{16}{3}R^3$

(C) $\dfrac{2\pi}{3}R^3$　　(D) $\dfrac{8}{3}R^3$

QK 26. 曲线 $y=\int_0^x \mathrm{e}^{-\sqrt{t}}\,\mathrm{d}t$ 与 y 轴及其 $x\to+\infty$ 方向的水平渐近线所围图形的面积为(　　).

(A)4　　(B)8　　(C)12　　(D)16

QK 27. 圆域 $D=\{(x,y)\mid(x-a)^2+(y-b)^2\leqslant R^2\}\ (b>R>0)$ 绕 x 轴旋转一周所形成的旋转体的体积为(　　).

(A) $2\pi^2aR^2$　　(B) $2\pi^2bR^2$

(C) $2\pi^2abR$　　(D) $\pi^2b^2R^2$

JK 28. 设曲线 $y=2\sqrt{x}$ 与其上点 $(t,2\sqrt{t})$ 处的切线以及直线 $x=1,x=3$ 围成平面区域的面积记为 $A(t)$，这里 $t>0$，则当 $A(t)$ 取得最小值时相应切线的方程为(　　).

(A) $y=\sqrt{2}x+\dfrac{1}{\sqrt{2}}$　　(B) $y=x+\dfrac{1}{2}$

(C) $y=\frac{x}{2}+2$　　(D) $y=\frac{x}{\sqrt{2}}+\sqrt{2}$

QK　29.(仅数学一、数学二)设连续曲线弧 $y=f(x)$，$x=a$，$x=b(a<b)$ 及 x 轴围成封闭图形 D，设 D 绕 x 轴旋转一周得旋转体 V，则下列命题错误的是(　　).

(A) V 的体积微元 $\mathrm{d}v=\pi[f(x)]^2\mathrm{d}x$

(B) D 的面积微元 $\mathrm{d}A=|f(x)|\mathrm{d}x$

(C) V 的侧面面积微元 $\mathrm{d}S=2\pi|f(x)|\mathrm{d}x$

(D) V 的侧面面积微元 $\mathrm{d}S=2\pi|f(x)|\sqrt{1+[f'(x)]^2}\mathrm{d}x$

QJK　30.双纽线 $(x^2+y^2)^2=x^2-y^2$ 所围成的区域面积用定积分表示为(　　).

(A) $2\int_0^{\frac{\pi}{4}}\cos 2\theta\mathrm{d}\theta$　　(B) $4\int_0^{\frac{\pi}{4}}\cos 2\theta\mathrm{d}\theta$

(C) $2\int_0^{\frac{\pi}{4}}\sqrt{\cos 2\theta}\mathrm{d}\theta$　　(D) $\frac{1}{2}\int_0^{\frac{\pi}{4}}(\cos 2\theta)^2\mathrm{d}\theta$

QK　31.设 $f(x)$，$g(x)$ 在闭区间 $[a,b]$ 上连续，且 $f(x)\leqslant g(x)\leqslant m$($m$ 为常数)，则曲线 $y=g(x)$，$y=f(x)$，$x=a$，$x=b$ 所围成的封闭图形绕 $y=m$ 旋转一周所得旋转体体积为(　　).

(A) $\int_a^b\pi[2m-f(x)+g(x)][f(x)-g(x)]\mathrm{d}x$

(B) $\int_a^b\pi[2m-f(x)-g(x)][f(x)-g(x)]\mathrm{d}x$

(C) $\int_a^b\pi[m-f(x)+g(x)][f(x)-g(x)]\mathrm{d}x$

(D) $\int_a^b\pi[m-f(x)-g(x)][f(x)-g(x)]\mathrm{d}x$

QK　32.(仅数学一、数学二)设椭圆 $\frac{x^2}{2}+\frac{y^2}{4}=1$ 的弧长为 S_1，曲线 $y=\cos x(0\leqslant x\leqslant 2\pi)$ 的弧长为 S_2，则(　　).

(A) $S_1=S_2$　　(B) $S_1=\sqrt{2}S_2$

(C) $S_1=2S_2$　　(D) $S_1=2\sqrt{2}S_2$

JK　33.曲线 $y=f(x)=\int_x^{\sqrt{3}}x\sin t^2\mathrm{d}t$ 与直线 $x=0$，$x=\sqrt{3}$，$y=0$ 所围平面图形绕 y 轴旋转一周所形成的旋转体的体积为(　　).

(A) $\frac{1}{3}\pi\sin 3-\pi\cos 3$　　(B) $-\frac{1}{3}\pi\sin 3-\pi\cos 3$

(C) $\frac{2}{3}\pi\sin 3-2\pi\cos 3$　　(D) $-\pi\cos 3-\sin 3$

JK　34. 设 $f(x)=\int_{-1}^{x} t\,|t|\,\mathrm{d}t$，$D$ 是由曲线 $y=f(x)$ 与 x 轴围成的平面图形，则 D 绕 x 轴旋转一周所形成的旋转体的体积为(　　).

(A) $\frac{\pi}{14}$　　(B) $\frac{\pi}{7}$　　(C) $\frac{\pi}{5}$　　(D) $\frac{2\pi}{5}$

JK　35. 过点 $(p,\sin p)$ 作曲线 $y=\sin x$ 的切线(见图)，设该曲线与切线及 y 轴所围成图形的面积为 S_1，曲线与直线 $x=p$ 及 x 轴所围成图形的面积为 S_2，则(　　).

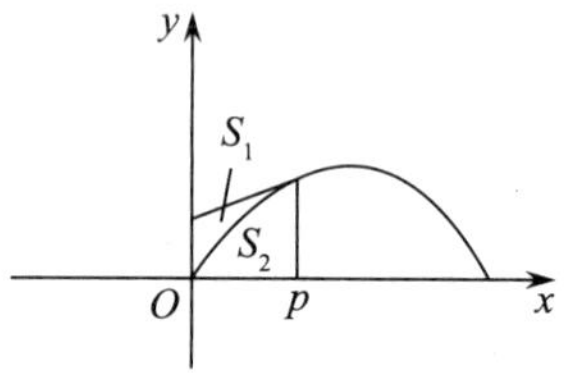

(A) $\lim\limits_{p\to 0^+}\frac{S_2}{S_1+S_2}=\frac{1}{3}$　　(B) $\lim\limits_{p\to 0^+}\frac{S_2}{S_1+S_2}=\frac{1}{2}$

(C) $\lim\limits_{p\to 0^+}\frac{S_2}{S_1+S_2}=\frac{2}{3}$　　(D) $\lim\limits_{p\to 0^+}\frac{S_2}{S_1+S_2}=1$

QK　36. 抛物线 $y^2=2x$ 与直线 $y=x-4$ 所围成的图形的面积为(　　).

(A) $\frac{8}{5}$　　(B) 18　　(C) $\frac{18}{5}$　　(D) 8

JK　37. 如图所示，抛物线 $y=(\sqrt{2}-1)x^2$ 把 $y=x(b-x)\,(b>0)$ 与 x 轴所围成的闭区域分为面积为 S_A 与 S_B 的两部分，则(　　).

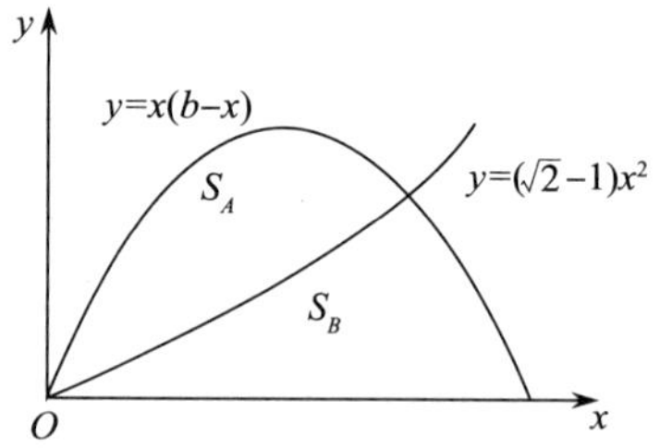

(A) $S_A<S_B$　　(B) $S_A=S_B$

(C) $S_A>S_B$　　(D) S_A 与 S_B 大小关系与 b 的数值有关

QJK　38. 圆域 $D=\{(x,y)\,|\,(x-a)^2+(y-b)^2\leqslant R^2\}\,(b>R>0)$ 绕直线 $y=-1$ 旋转一周所形成的旋转体的体积为(　　).

(A) $4\pi^2(b+1)R^2$　　(B) $2\pi^2(b+1)R^2$

(C) $4\pi^2(b-1)R^2$　　(D) $2\pi^2(b-1)R^2$

JK　39. 如图所示，设连续函数 $f(x)(0\leqslant x<+\infty)$ 满足条件：① $f(0)=0,0\leqslant f(x)\leqslant kx(k>0)$；② 平行 y 轴的动直线 MN 与曲线 $y=f(x)$ 及直线 $y=kx$ 分别交于点 P_1,P_2；③ 曲线 $y=f(x)$ 与直线 MN，x 轴所围图形的面积 S 恒等于线段 P_1P_2 的长度. 则 $f(x)$ 的表达式为(　　).

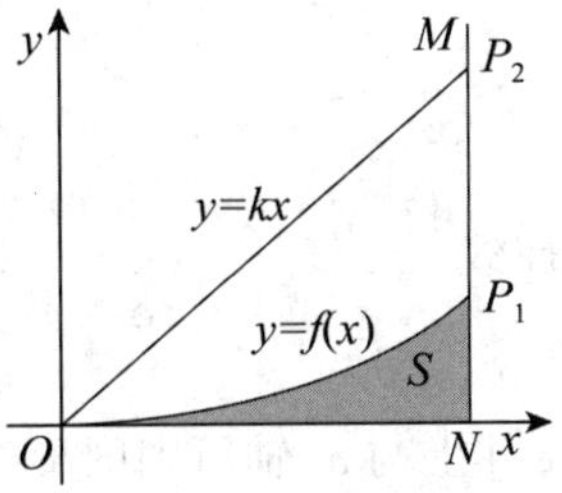

(A) $\dfrac{k}{2}(1-e^{-x})$　　(B) $k(1-e^{-x})$

(C) $\dfrac{k}{2}(e^{x}-1)$　　(D) $k(e^{x}-1)$

二、填空题

QK　1. 曲线 $y=x^2$ 与 $y=1$ 围成的封闭图形绕 $y=1$ 旋转一周所得旋转体的体积为________.

QK　2. 曲线 $y=\dfrac{1}{x(1+\ln^2 x)}$ 下方$(e\leqslant x<+\infty)$，x 轴上方无界区域的面积为________.

QK　3. 设 $f(x)$ 连续，$f(0)=1$，则曲线 $y=\int_0^x f(t)\,dt$ 在 $(0,0)$ 处的切线方程是________.

QK　4. 曲线 $y=x^2$ 与直线 $y=x+2$ 所围成的平面图形的面积为________.

QK　5. 由曲线 $y=x^3$，$y=0$ 及 $x=1$ 所围图形绕 x 轴旋转一周得到的旋转体的体积为________.

QK　6. 函数 $y=\ln x$ 在区间 $[1,e]$ 上的平均值为________.

QK　7. 抛物线 $y^2=ax(a>0)$ 与 $x=1$ 所围面积为 $\dfrac{4}{3}$，则 $a=$________.

JK　8. 曲线 $y=\dfrac{1}{x^2+4x+5}$ 与 x 轴在区间 $(0,+\infty)$ 上所围成的面积为________.

QK　9. 曲线 $y=(x-1)(x-2)$ 与 x 轴围成的封闭图形的面积为________.

QJK　10. 曲线 $y=e^{-x^2}$ 与 $y=e^{-x}$ 所围的有限平面图形绕 y 轴旋转一周所形成的旋转体

的体积为 ________.

QK 11. 若曲线 $y=x^3$ 与直线 $y=kx$ 所围成的平面图形的面积为 8，则该平面图形绕 x 轴旋转一周所形成的旋转体的体积为 ________.

JK 12. 设 A_n 为由曲线 $y=2n^2-x^2$ 与直线 $y=nx$（n 为正整数）所围闭区域的面积，则 $\lim\limits_{n\to\infty}A_n\left(\tan\dfrac{1}{n}-\sin\dfrac{1}{n}\right)=$ ________.

QK 13.（仅数学一、数学二）曲线 $\begin{cases}x=3(t-\sin t),\\ y=3(1-\cos t)\end{cases}$ $(0\leqslant t\leqslant 2\pi)$ 的弧长为 ________.

QK 14. 曲线 $y=\dfrac{\ln x}{\sqrt{x}}$ 在 $[1,e^2]$ 上与 x 轴所围图形的面积是 ________.

QK 15. 设平面区域 D 由曲线段 $y=\sin \pi x\ (0\leqslant x\leqslant 1)$ 与 x 轴围成，则 D 绕 y 轴旋转一周所成旋转体的体积为 ________.

JK 16. 已知 $\dfrac{1}{1+e^{\frac{1}{x}}}$ 是函数 $f(x)$ 的一个原函数，则 $f(x)$ 在 $[-1,1]$ 上的平均值为 ________.

JK 17. 设函数 $f(x)$ 非负连续，且 $f(x)\displaystyle\int_0^1 f(xt)\mathrm{d}t=2x^2$，则 $f(x)$ 在区间 $[0,2]$ 上的平均值为 ________.

QJK 18. 平面区域 $D=\left\{(x,y)\,\middle|\,\dfrac{1}{1+x^2}\leqslant y\leqslant\dfrac{1}{\sqrt{1+x^2}}\right\}$ 绕 x 轴旋转一周形成的旋转体体积为 ________.

QJK 19. 曲线 $y=\dfrac{\sqrt{x}\ln x}{1+x^2}\ (x\geqslant 1)$ 与 x 轴之间的图形绕 x 轴旋转一周所得的旋转体的体积为 ________.

QK 20.（仅数学一、数学二）曲线 $L: y=x^2-\dfrac{1}{8}\ln x\left(\dfrac{1}{2}<x<2\right)$ 的弧长为 ________.

QJK 21.（仅数学一、数学二）设平面区域 $D=\{(x,y)\mid y-3\leqslant 2x\leqslant -y+3, 0\leqslant y\leqslant 3\}$，平面薄板 D 的面密度为 $\rho(x,y)=y$，则 D 的质心为 ________.

JK 22. 位于曲线 $y=\dfrac{1}{\sqrt{1+x^2}}\ (0\leqslant x<+\infty)$ 下方，x 轴上方的无界区域绕 x 轴旋转一周所得旋转体体积为 ________.

QK　23.(仅数学一、数学二) 曲线 $y=\ln(1-x^2)$ 上相应于 $0\leqslant x\leqslant\frac{1}{2}$ 的弧长为 ________.

JK　24. 设曲线 $y=\cos x\left(0\leqslant x\leqslant\frac{\pi}{2}\right)$ 与 x 轴，y 轴所围图形被曲线 $y=a\sin x\,(a>0)$ 分成面积相等的两部分，则常数 a 的值为 ________.

QK　25. 设 $D=\left\{(x,y)\,\middle|\,0\leqslant y\leqslant\sqrt{4x-x^2},x\leqslant 1\right\}$，则 D 绕 y 轴旋转一周所形成的旋转体的体积为 ________.

QK　26.(仅数学一、数学二) 曲线 $r=1+\cos\theta$ 介于 $0\leqslant\theta\leqslant\pi$ 的弧长为________.

QJK　27.(仅数学一、数学二) 曲线 $9y^2=4x^3\,(y>0)$ 上从 $x=0$ 到 $x=1$ 的一段弧的长度为________.

JK　28.(仅数学一、数学二) 圆 $(x-R)^2+y^2=r^2\,(0<r<R)$ 绕 y 轴旋转一周所围成圆环体的表面积为________.

JK　29.(仅数学一) 一实心球体 $x^2+y^2+z^2\leqslant 25$ 被平面 $x+2y-2z=12$ 截下小的那部分球体的体积 $V=$________.

QK　30.(仅数学一、数学二) 椭圆 $\frac{x^2}{4}+\frac{y^2}{3}=1$ 绕 x 轴旋转一周生成的旋转曲面 S 的面积 $=$________.

JK　31. 若直线 $y=x+2$ 是曲线 $y=(ax+b)e^{\frac{1}{x}}$ 的斜渐近线，则反常积分 $\int_a^{+\infty}\frac{1}{(x^2+b)^{\frac{3}{2}}}dx$ 的值为 ________.

QK　32. 设 D 是由曲线 $y=x^2$ 与直线 $y=ax\,(a>0)$ 所围成的平面图形，已知 D 分别绕两坐标轴旋转一周所形成的旋转体的体积相等，则常数 a 的值为 ________.

QK　33. 设 $f(x)$ 具有二阶连续导数，若曲线 $y_1=f(x)$ 过点 $(0,0)$，且与曲线 $y_2=a^x\,(a>1)$ 在点 $(1,a)$ 处相切，$\int_0^1 xf''(x)dx=2\ln 2-2$，则 $a=$________.

QJK　34. 已知函数 $f(x)$ 在 $[0,1]$ 上连续，在 $(0,1)$ 内是函数 $\frac{\sin\pi x}{x}$ 的一个原函数，且 $f(1)=0$，则 $f(x)$ 在区间 $[0,1]$ 上的平均值为________.

QJK　35. 已知函数 $f(x)$ 在 $\left[0,\frac{3\pi}{2}\right]$ 上连续，在 $\left(0,\frac{3\pi}{2}\right)$ 内是函数 $\frac{\cos x}{2x-3\pi}$ 的一个原函数，且 $f(0)=0$，则 $f(x)$ 在区间 $\left[0,\frac{3\pi}{2}\right]$ 上的平均值为________.

QJK 36.(仅数学一、数学二)曲线 $y=\frac{1}{9}\int_0^3 x\sqrt{9-x^2t^2}\,dt(x\geqslant 0)$ 的长度为________.

QJK 37.已知函数 $f(x)=x\int_1^x \frac{e^{t^2}}{t}dt$,则 $f(x)$ 在$[0,1]$上的平均值为________.

JK 38.圆周 $x^2+y^2=16$ 与直线 $L:\sqrt{3}x+y=4$ 围成的小的那块弓形状的图形绕该直线 L 旋转一周生成的旋转体(形如橄榄状)的体积 $V=$________.

QK 39.曲线 $y=e^{-\frac{x}{2}}\sqrt{\sin x}$ 在 $[0,2\pi]$ 上与 x 轴围成的图形绕 x 轴旋转一周所成的旋转体的体积为________.

QJK 40.曲线 $r=1+\cos\theta$ 与其在点 $\left(\frac{\pi}{4},1+\frac{\sqrt{2}}{2}\right)$ 处的切线及 x 轴所围图形面积为________.

QJK 41.(仅数学一、数学二)双纽线 $r^2=a^2\cos 2\theta(a>0)$ 绕极轴旋转一周所围成的旋转曲面的面积 $S=$________.

JK 42.(仅数学一、数学二)当 $x\geqslant 0$ 时,曲线 $y=\frac{1}{4}\int_0^2 x\sqrt{12-x^2t^2}\,dt$ 的全长为________.

JK 43.(仅数学一、数学二)设 L 是位于 x 轴的区间 $\left[-\frac{\pi}{2},\frac{\pi}{2}\right]$ 上的质线,已知 L 上任一点 $x\in\left[-\frac{\pi}{2},\frac{\pi}{2}\right]$ 处的线密度为 $\rho(x)=1+\sin x$,则该质线的质心坐标 $\bar{x}=$________.

JK 44.圆域 $D=\{(x,y)\mid(x-3)^2+(y-4)^2\leqslant 5\}$ 绕直线 $4x-3y-20=0$ 旋转一周所形成的旋转体的体积为________.

QK 45.(仅数学一、数学二)曲线 $r=1+\cos\theta$ 介于 $0\leqslant\theta\leqslant\pi$ 的弧长为________.

JK 46.曲线 $r=2\cos(3\theta)$ 从 $\theta=0$ 到 $\theta=\frac{\pi}{6}$ 所围面积为________.

QK 47.(仅数学一、数学二)曲线 $y=\ln\sin x\left(\frac{\pi}{6}\leqslant x\leqslant\frac{\pi}{3}\right)$ 的弧长为________.

QK 48.(仅数学一、数学二)曲线 $r=e^{\theta}$ 从 $\theta=0$ 到 $\theta=1$ 的弧长为________.

QK 49.(仅数学一、数学二)已知函数 $y=y(x)$ 由方程 $y^4-6xy+3=0(1\leqslant y\leqslant 2)$ 所确定,则曲线 $y=y(x)$ 从点 $\left(\frac{2}{3},1\right)$ 到点 $\left(\frac{19}{12},2\right)$ 的长度为________.

JK　50. 设 $f(x)$ 为$[0,3]$上的非负连续函数，且满足 $f(x)\int_1^2 f(xt-x)\mathrm{d}t=2x^2, x\in[0,3]$，则 $f(x)$ 在区间$[1,3]$上的平均值为________.

JK　51. 非负连续函数 $f(x)$ 满足 $f(0)=0, f(1)=1$. 已知以曲线 $y=f(x)$ 为曲边，以$[0,x]$为底的曲边梯形，其面积与 $f(x)$ 的 $n+1$ 次幂成正比，则 $f(x)$ 的表达式为________.

三、解答题

QK　1. 求曲线 $y=x^3$，$x=1$ 与 x 轴围成的封闭图形绕 $x=2$ 旋转一周所得旋转体的体积.

QK　2. 求曲线 $y=x\mathrm{e}^{-\frac{x^2}{2}}$ 与其渐近线之间的面积.

QK　3. 求曲线 $y=\sin^4 x$ 在$[0,\pi]$上与 x 轴所围图形绕 y 轴旋转一周所得的旋转体的体积.

QJK　4. 求曲线 $y^2=(1-x^2)^3$ 所围图形的面积.

QJK　5. 求曲线$\sqrt{x}+\sqrt{y}=1$ 与坐标轴所围图形的面积.

QK　6. 求摆线 $x=t-\sin t, y=1-\cos t$ 的一拱与 x 轴围成的图形的面积.

QK　7. 求阿基米德螺线 $r=a\theta$ 的第一圈与极轴所围图形的面积.

QJK　8. 求 $r=\sqrt{2}\sin\theta$ 及 $r^2=\cos 2\theta$ 围成图形公共部分的面积.

QJK　9. 把星形线 $x^{\frac{2}{3}}+y^{\frac{2}{3}}=a^{\frac{2}{3}}$ 绕 x 轴旋转一周，计算所得旋转体体积.

QK　10. 设直线 $y=ax\ (0<a<1)$ 与抛物线 $y=x^2$ 所围成图形为 S_1，它们相交后的部分与直线$x=1$ 所围成图形为 S_2. 求 a 的值，使平面图形 S_1 与 S_2 绕 x 轴旋转一周所得旋转体体积之和最小.

QK　11. 过曲线 $y=x^2$ 上点$(1,1)$作切线，求切线方程，并求该切线与曲线及 x 轴所围图形绕 x 轴旋转一周所得旋转体体积.

QK　12. 求曲线 $y=x^2-2x\ (1\leqslant x\leqslant 3)$，$y=0$，$x=1$ 与 $x=3$ 所围封闭图形面积，并求该平面图形绕 y 轴旋转一周所得旋转体体积.

QK　13. 设 D 是由曲线 $y=ax^2\ (a>0)$ 与 $y=x^3$ 所围成的平面图形，V_1, V_2 分别表示 D 绕 x 轴与直线 $x=a$ 旋转一周所形成的旋转体的体积. 若 $V_1=V_2$，求 a 的值.

QJK　14. 求曲线 $y=\dfrac{1}{x^2+1}$ 和 x 轴之间区域的面积.

QJK　15. 设 D_1 是抛物线 $y=x^2$ 与直线 $x=1, x=2$ 及 $y=0$ 所围成的平面区域，D_2 是

由抛物线$y=x^2$与直线$y=0,x=1$围成的平面区域. 求D_1绕x轴旋转一周而成的旋转体体积V_1,D_2绕y轴旋转一周而成的旋转体体积V_2.

QK 16.(仅数学一、数学二)求摆线的一拱$\begin{cases}x=a(t-\sin t),\\y=a(1-\cos t)\end{cases}(0\leqslant t\leqslant 2\pi,a>0)$与$x$轴围成的平面图形绕$x$轴旋转一周所形成的旋转体的体积与表面积.

QK 17.(仅数学一、数学二)求曲线$\begin{cases}x=1+\sqrt{2}\cos t,\\y=-1+\sqrt{2}\sin t\end{cases}\left(t\in\left[\frac{\pi}{4},\frac{3\pi}{4}\right]\right)$绕$x$轴旋转一周所得旋转体的体积及表面积.

QK 18.(仅数学一、数学二)设$a>0$,求摆线$\begin{cases}x=a(\theta-\sin\theta),\\y=a(1-\cos\theta)\end{cases}(0\leqslant\theta\leqslant 2\pi)$绕$y$轴旋转一周所得旋转面的面积.

QK 19.(仅数学一、数学二)求由参数方程$\begin{cases}x=e^t\cos t,\\y=e^t\sin t\end{cases}\left(t\in\left[0,\frac{\pi}{2}\right]\right)$确定的曲线绕$x$轴旋转一周所成曲面的面积.

JK 20.(仅数学一、数学二)计算上半心形线$\begin{cases}x=a(1+\cos\theta)\cos\theta,\\y=a(1+\cos\theta)\sin\theta\end{cases}(0\leqslant\theta\leqslant\pi)$绕$x$轴旋转一周所得旋转体的体积$V$.

QK 21.(仅数学一、数学二)设摆线方程为$x=2(t-\sin t),y=2(1-\cos t)$,求其相应于$0\leqslant t\leqslant 2\pi$的一拱与$x$轴所围成的位于第一象限的图形的面积.

QK 22.设$y=x^2$定义在$[0,2]$上,t为$[0,2]$上任意一点,问当t取何值时,能使图中阴影部分面积之和最小.

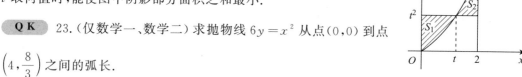

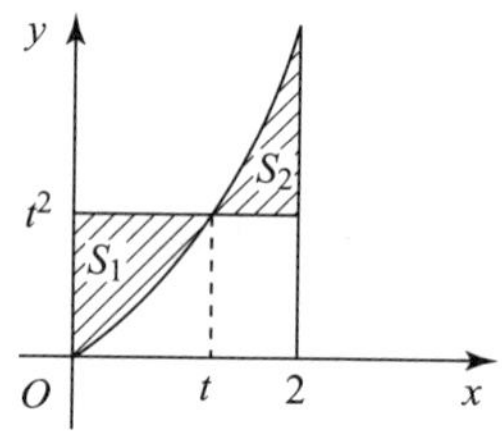

QK 23.(仅数学一、数学二)求抛物线$6y=x^2$从点$(0,0)$到点$\left(4,\frac{8}{3}\right)$之间的弧长.

JK 24.设抛物线$C:y=x^2$与两条相互垂直的直线L_1,L_2同时相切,其中一个切点为(t,t^2),$t>0$,将C,L_1,L_2所围成图形的面积记为$A(t)$.

(1) 求函数$A(t)$的表达式;

(2) 求函数$A(t)$的最小值.

JK 25.设$a>0,0<b<1$,由曲线$y=e^x$,直线$y=1$与直线$x=ab$所围平面区域的

面积记为 S_1,由曲线 $y=e^x$,直线 $x=ab$ 与直线 $y=e^a$ 所围平面区域的面积记为 S_2,若 $S_1=S_2$,求 $\lim\limits_{a\to 0^+} b$.

JK　26.设 O 为坐标原点,$A(1,0)$,$B(1,1)$,$C(0,1)$,记边长为 1 的正方形 $OABC$ 内位于曲线 $y=x^2+t$(t 为实数)下方图形的面积为 $S(t)$.

(1) 求 $S(t)$ 的表达式;

(2) $S(t)$ 在 $[-1,1]$ 上是否满足拉格朗日中值定理的条件,说明理由.

QJK　27.(1) 如图所示,设曲线 L 具有如下性质:中间曲线 $y=2x^2$ 上每一点 P 都使得图中 A 的面积等于 B 的面积,求曲线 L 的方程;

(2) 如图所示,若让 A,B 绕 y 轴旋转一周所得的旋转体体积相等,求曲线 L 的方程.

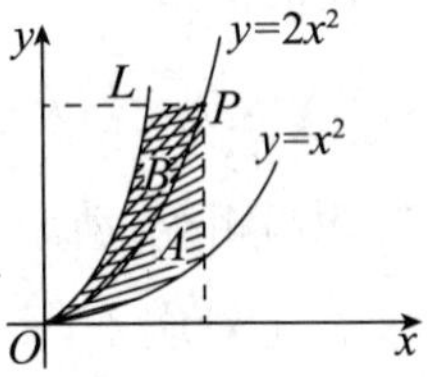

JK　28.如图所示,阴影部分由曲线 $y=\sin x(0\leqslant x\leqslant \pi)$,直线 $y=a(0\leqslant a<1)$,$x=\pi$ 以及 y 轴围成.此图形绕直线 $y=a$ 旋转一周形成旋转体 S.问 a 为何值时,S 有最小体积,S 有最大体积?

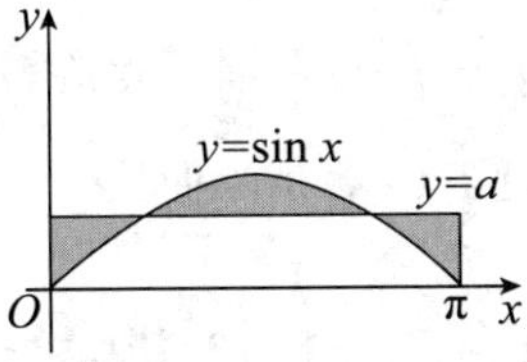

QK　29.(仅数学一、数学二)求星形线 $x=\cos^3 t$,$y=\sin^3 t$ 的全长.

JK　30.(仅数学一、数学二)在摆线 $x=t-\sin t$,$y=1-\cos t$ 上求一点,将摆线第一拱的弧长分为 1∶3.

QJK　31.(仅数学一、数学二)求曲线 $r\theta=1$ 自 $\theta=\dfrac{3}{4}$ 至 $\theta=\dfrac{4}{3}$ 一段的弧长.

QJK　32.(仅数学一、数学二)求曲线 $y=\int_0^x \sqrt{\cos t}\,dt$ 的全长.

JK　33.(仅数学一、数学二)设函数 $y=f(x)$ 在区间 $[0,1]$ 上非负、存在二阶导数,且 $f(0)=0$,有一块质量均匀的平板 D,其占据的区域是曲线 $y=f(x)$ 与直线 $x=1$ 以及 x 轴围成的平面图形.用 $\overline{x}$ 表示平板 D 的质心的横坐标.求证:

(1) 若 $f'(x)>0(0\leqslant x\leqslant 1)$,则 $\overline{x}>\dfrac{1}{2}$(见图(a));

(2) 若 $f''(x)>0(0\leqslant x\leqslant 1)$,则 $\overline{x}>\dfrac{2}{3}$(见图(b)).

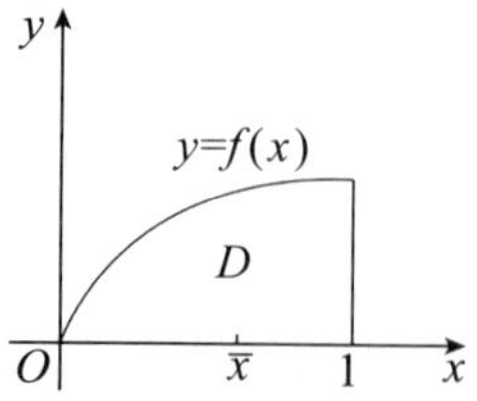

(a)

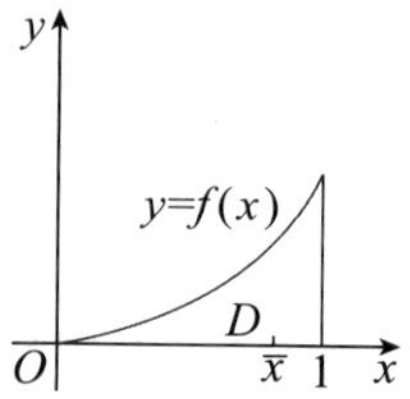

(b)

JK 34.(仅数学一、数学二)求由曲线 $y^2=x^3-x^4$ 所围成的平面图形的形心.

QK 35.求由曲线 $y=x^2$ 与直线 $y=x$ 在第一象限内所围成的图形绕该直线旋转所成立体的体积.

QK 36.(仅数学一、数学二)设动点 $M(x,y,z)$ 到 xOy 面的距离与其到定点 $(1,-1,1)$ 的距离相等,动点 M 的轨迹为 Σ,若 L 是 Σ 和柱面 $2z=y^2$ 的交线在 xOy 面上的投影曲线,求 L 上对应于 $1\leqslant x\leqslant 2$ 的一段弧的长度.

JK 37.设 $k>1$,D 是由曲线 $y=\dfrac{1}{x\ln^k x}$ 与它的水平渐近线之间的从 $x=2$ 延伸到 $x\to+\infty$ 的无界区域,当 k 为何值时,D 的面积最小,并求出最小值.

QK 38.设函数 $f(x)$ 满足 $xf'(x)-3f(x)=-6x^2$,且由曲线 $y=f(x)$ 与直线 $x=1$ 及 x 轴所围成的平面图形 D 绕 x 轴旋转一周所得旋转体的体积最小,试求 D 的面积.

JK 39.(仅数学一、数学二)设 $P(x,y)$ 为曲线

$$L:\begin{cases}x=\cos t,\\ y=2\sin^2 t\end{cases}\left(0\leqslant t\leqslant\frac{\pi}{2}\right)$$

上一点,作过原点 $O(0,0)$ 和点 P 的直线 OP,由曲线 L、直线 OP 以及 x 轴所围成的平面图形记为 A.

(1) 求平面图形 A 的面积 $S(x)$ 的表达式;

(2) 将平面图形 A 的面积 $S(x)$ 表示为 t 的函数 $S=S_1(t)$,并求 $\dfrac{\mathrm{d}S_1}{\mathrm{d}t}$ 取得最大值时点 P 的坐标.

JK 40.(仅数学一、数学二)已知曲线 $y=\int_0^x\sqrt{\sin t}\,\mathrm{d}t\ (0\leqslant x\leqslant\pi)$.

(1) 求该曲线的弧长;

(2) 证明:该曲线与直线 $x=\pi$,$y=0$ 所围平面图形的面积大于 π.

QJK 41.求曲线 $y=\sqrt{x}$ 与 $y=x$ 所围平面有界区域绕直线 $y=x$ 旋转一周所得旋转体的体积.

QK 42.直线 $y=x$ 将椭圆 $x^2+3y^2=6y$ 分为两块,设小块面积为 A,大块面积为 B,求

$\dfrac{A}{B}$ 的值.

QK 43. 求曲线 $y=\sqrt{x}$ 的一条切线 l，使该曲线与切线 l 及直线 $x=0, x=2$ 所围成图形的面积最小.

JK 44. 设函数 $f(x)$ 在闭区间 $[0,1]$ 上连续，在开区间 $(0,1)$ 内大于零，并且满足 $xf'(x)=f(x)+\dfrac{3a}{2}x^2$（$a$ 为常数），又曲线 $y=f(x)$ 与 $x=1, y=0$ 所围的图形 S 的面积为 2. 求函数 $y=f(x)$，并问 a 为何值时，图形 S 绕 x 轴旋转一周所得的旋转体的体积最小？

QJK 45. 设抛物线 $y=ax^2+bx+c$ 通过 $(0,0)$ 和 $(1,2)$ 两点，其中 $a<-2$. 求 a, b, c 的值，使得该抛物线与曲线 $y=-x^2+2x$ 所围成区域的面积最小.

JK 46. 设由曲线 $y=y(x)=\lim\limits_{a\to-\infty}\dfrac{x}{1+x^2-e^{ax}}$ 和直线 $y=\dfrac{1}{2}x$ 围成的平面图形为 D，求：

(1) D 的面积 S；

(2) D 绕 y 轴旋转一周围成的旋转体的体积 V.

QJK 47.（仅数学一、数学二）设星形线的方程为 $\begin{cases}x=a\cos^3 t, \\ y=a\sin^3 t\end{cases}$ $(a>0)$，求：

(1) 它所围成的面积；

(2) 它的弧长；

(3) 它绕 x 轴旋转一周围成的旋转体的体积和表面积.

JK 48. 设 $f(x)=\lim\limits_{n\to\infty}\dfrac{x}{e^{-nx}-(x^2+1)}$，求曲线 $y=f(x)$ 与直线 $y=-\dfrac{x}{2}$ 所围成平面图形绕 Ox 轴旋转一周所形成旋转体的体积.

QJK 49. 设 D_1, D_2 分别表示心形线 $r=a(1+\cos\theta)$ 所围成的平面图形与心形线 $r=a(1-\cos\theta)$ 所围成的平面图形，其中 $a>0$，D 为 D_1 与 D_2 的公共部分. 求：

(1) D 的面积；

(2) D 绕极轴旋转一周所形成的旋转体的体积.

JK 50. 设 $f(x)=a|\cos x|+b|\sin x|$ 在 $x=-\dfrac{\pi}{3}$ 处取得极小值，且 $\int_{-\frac{\pi}{2}}^{\frac{\pi}{2}}[f(x)]^2\mathrm{d}x=2$. 求常数 a, b 的值.

QJK 51. 设 D 是由曲线 $y=x^2$ 及该曲线在点 $P(t, t^2)(0<t<2)$ 处的切线与直线 $x=0, x=2$ 所围成的平面图形. 当 D 的面积最小时，求：

(1) 切点 P 的坐标；

(2)D 绕 y 轴及直线 $y=-1$ 旋转一周所形成的旋转体的体积.

QK　52. 过点 $\left(\frac{3}{2},\frac{1}{2}\right)$ 作曲线 $y=x^2-x$ 的切线，求该曲线与切线围成图形的面积.

JK　53. 设 $k>0$，$F(x)=\begin{cases} e^{kx}, & x\leqslant 0, \\ e^{-kx}, & x>0, \end{cases}$ S 表示夹在 x 轴与曲线 $y=F(x)$ 之间的区域的面积. 若 k 值增大，证明 S 的值必定减小.

QK　54.（仅数学一、数学二）设曲线弧方程为 $y=\int_{-\frac{\pi}{2}}^{x}\sqrt{\cos t}\,dt\left(-\frac{\pi}{2}\leqslant x\leqslant\frac{\pi}{2}\right)$，求其弧长.

QK　55. 求曲线 $y=e^{-\frac{x}{2}}\sqrt{\sin x}\ (x\geqslant 0)$ 绕 x 轴旋转一周所成旋转体的体积.

JK　56. 设 $f(x)$ 在 $(-\infty,+\infty)$ 内非负连续，且

$$\int_0^x tf(x^2)f(x^2-t^2)\,dt=\sin^2 x^2,$$

求 $f(x)$ 在 $[0,\pi]$ 上的平均值.

QJK　57.（仅数学一、数学二）设平面区域 D 由 $y=0$，$y=a$，$x=0$，$x=\sqrt{a^2+y^2}$ 围成 $(a>0)$. 求 D 绕 y 轴旋转一周所生成的旋转体的体积 V，以及旋转体的表面积 S（表面积 = 侧面积 + 上下底面积）.

JK　58.（仅数学一、数学二）设函数 $y=f(x)$ 在区间 $[0,a]$ 上非负，$f''(x)>0$，且 $f(0)=0$. 有一块质量均匀分布的平板 D，其占据的区域是曲线 $y=f(x)$ 与直线 $x=a$ 以及 x 轴围成的平面图形. 用 $\bar{x}$ 表示平板 D 的质心的横坐标（见图）. 证明：$\bar{x}>\frac{2}{3}a$.

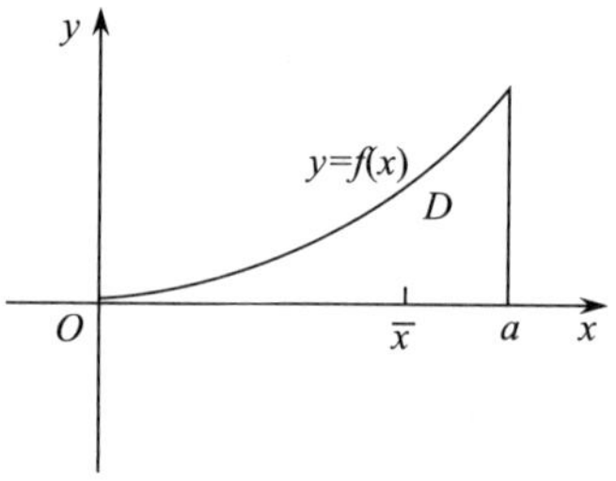

JK　59.（仅数学一、数学二）设曲线 $L: y=\frac{e^x+e^{-x}}{2}\ (x\geqslant 0)$，$P$ 为 L 上任意一点，记 L 上从点 $A(0,1)$ 到点 P 的一段弧绕 x 轴旋转一周所得旋转体的侧面积为 S，当点 P 沿 x 轴的正向速度为 2 时，S 对时间 t 的变化率为 $\frac{\pi(e+1)^2}{e}$，求此时点 P 的坐标.

QJK　60. 已知曲线段 $L: x=\ln y\ (1\leqslant y\leqslant\sqrt{3})$，有界区域 D 由 L 与 y 轴及直线 $y=\sqrt{3}$ 围成.

(1) 求 D 绕 y 轴旋转一周所成的旋转体的体积；

(2)（仅数学一、数学二）求曲线段 L 的长.

JK　61. 设曲线 $y=\sqrt{x-1}$，过原点作切线，求此切线与所给曲线及 x 轴所围图形的面积.

JK　62. 证明：由平面图形 $0 \leqslant a \leqslant x \leqslant b, 0 \leqslant y \leqslant f(x)$ 绕 y 轴旋转一周所成的旋转体的体积为

$$V=2\pi\int_a^b x f(x)\mathrm{d}x.$$

QK　63. 求圆盘 $x^2+y^2 \leqslant a^2$ 绕 $x=-b(b>a>0)$ 旋转一周所成旋转体的体积.

JK　64. (仅数学一、数学二) 设平面图形 D 由摆线

$$x=a(t-\sin t), y=a(1-\cos t), 0 \leqslant t \leqslant 2\pi, a>0$$

的第一拱与 x 轴围成，求该图形 D 对 y 轴的面积矩 M_y.

QJK　65. 设函数 $f(x)$ 可导，$f(0)=0$ 且 $f'(\ln x)=\begin{cases}1, & 0<x \leqslant 1, \\ \sqrt{x}, & x>1.\end{cases}$

(1) 求 $f(x)$ 的表达式；

(2) 记曲线 $y_1=f(x), y_2=-f(-x)$ 及直线 $x=1$ 围成的位于第一象限内的图形为 D，求 D 的面积 S.

JK　66. (仅数学一、数学二) 设 $y=f(x)$ 是由方程 $\arctan \dfrac{x}{y}=\ln \sqrt{x^2+y^2}-\dfrac{1}{2}\ln 2+\dfrac{\pi}{4}$ 确定的函数，且满足 $f(1)=1$.

(1) 求曲线 $y=f(x)$ 在点 $(1,1)$ 处的曲率；

(2) 求定积分 $\displaystyle\int_0^1 \frac{x-f(x)}{x+f(x)}\mathrm{d}x$.

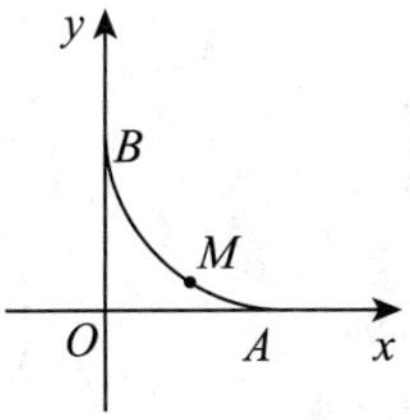

JK　67. (仅数学一、数学二) 如图所示，在曲线 $x=4\cos^3 t, y=4\sin^3 t\left(t \in\left[0, \dfrac{\pi}{2}\right]\right)$ 上两点 $A(4,0)$ 与 $B(0,4)$ 之间求一点 M，使曲线 BM 的长度是曲线 AM 长度的 3 倍.

JK　68. 求连接两点 $A(0,1)$ 与 $B(1,0)$ 的一条可微曲线，它位于弦 AB 的上方，并且对于此弧上的任意一条弦 AP，该曲线与弦 AP 之间的面积为 x^4，其中 x 为点 P 的横坐标.

JK　69. (1) 设一个圆的半径为 a，圆外有一条距圆心为 ρ 的直线 L，记圆绕 L 旋转一周所得旋转体体积为 V_0，求 V_0；

(2) 两个相互外切的圆同时内切于半径为 R 的圆 M，三圆心共线. 连接三圆心的直线垂直于圆 M 外的直线 EF，且圆心 M 到 EF 的距离为 $2R$. 求两个小圆的半径，使得这 3 个圆所围成的平面图形绕 EF 旋转时所得旋转体体积最大.

QJK 70.(仅数学一、数学二)设 $D=\{(x,y)\mid\sqrt{x^2+y^2}-x\leqslant x^2+y^2\leqslant\sqrt{x^2+y^2}+x\}$,求:

(1)D 的面积;

(2)D 的周长;

(3)D 绕 y 轴旋转一周所形成的旋转体的体积.

JK 71.设 D 是由曲线 $y=1-ax^2$,$y=\dfrac{1}{a}x^2(a>0,x\geqslant 0)$ 与 y 轴所围成的平面图形.

(1) 求 D 绕 y 轴旋转一周所形成的旋转体的体积 $V(a)$;

(2)(仅数学一、数学二)问 a 为何值时,$V(a)$ 取最大值?并求此时 D 绕 x 轴旋转一周所形成的旋转体的侧面积 A.

JK 72.已知曲线 $L:y=\ln\sqrt{x}\ (2\leqslant x\leqslant 4)$,在 L 上的任意点 $P(x,y)$ 作切线,记切线与曲线 L 在 $2\leqslant x\leqslant 4$ 时所围成的有界区域的面积为 S.

(1) 求一点 P_0,使上述面积 S 关于 x 的变化率为零;

(2) 当点 $P(x,y)$ 在曲线上移动至 $\left(\mathrm{e},\dfrac{1}{2}\right)$ 时,横坐标关于时间的变化率为 1,求此时面积关于时间的变化率 $\dfrac{\mathrm{d}S}{\mathrm{d}t}$.

第 11 章 一元函数积分学的应用(二)——积分等式与积分不等式

一、选择题

QJK 1. 设 $f(x)$ 为连续函数,且 $\int_0^{\pi} f(x\sin x)\sin x\,dx = 1$,则 $\int_0^{\pi} f(x\sin x)x\cos x\,dx =$ (　　).

(A) 0　　(B) 1　　(C) -1　　(D) π

QK 2. 若函数 $f(x)$ 的二阶导数连续,且满足 $f''(x)-f(x)=x$,则 $\int_{-\pi}^{\pi} f(x)\cos x\,dx =$ (　　).

(A) $f'(\pi)-f'(-\pi)$　　(B) $-\dfrac{f'(\pi)-f'(-\pi)}{2}$

(C) $f(\pi)-f(-\pi)$　　(D) $-\dfrac{f(\pi)-f(-\pi)}{2}$

QK 3. 设 $a>0$,则在 $[0,a]$ 上方程 $\int_0^x \sqrt{4a^2-t^2}\,dt + \int_a^x \dfrac{1}{\sqrt{4a^2-t^2}}\,dt = 0$ 根的个数为 (　　).

(A) 0　　(B) 1　　(C) 2　　(D) 3

QK 4. 当 $x \geqslant 0$ 时,函数 $f(x)$ 可导,有反函数 $g(x)$,且恒等式 $\int_1^{f(x)} g(t)\,dt = x^2-1$ 成立,则函数 $f(x)=$ (　　).

(A) $2x+1$　　(B) $2x-1$

(C) x^2+1　　(D) x^2

QK 5. 设函数 $f(x)$ 在 $[0,2]$ 上二阶可导,且 $f(0)=f(2)=0$,则(　　).

(A) 当 $f''(x)>0$ 时,$\int_0^2 f(x)\,dx < f(1)$

(B) 当 $f''(x)<0$ 时,$\int_0^2 f(x)\,dx < f(1)$

(C) 当 $\int_0^2 f(x)\,dx > 0$ 时,$f(1)>0$

(D) 当 $f(1)>0$ 时,$\int_0^2 f(x)\,dx > 0$

QK 6. 设函数 $f(x)$ 在[0,1]上二阶可导,且$\int_0^1 f(x)\mathrm{d}x=0$,则(　　).

(A) 当 $f'(x)<0$ 时,$f\left(\frac{1}{2}\right)<0$

(B) 当 $f''(x)<0$ 时,$f\left(\frac{1}{2}\right)<0$

(C) 当 $f'(x)>0$ 时,$f\left(\frac{1}{2}\right)<0$

(D) 当 $f''(x)>0$ 时,$f\left(\frac{1}{2}\right)<0$

JK 7. 设 $F(x)=\int_{-1}^1 |t-x| \mathrm{e}^{-t^2}\mathrm{d}t-\frac{1}{2}(1+\mathrm{e}^{-1})$,则 $F(x)=0$ 在区间[−1,1]上的实根个数(　　).

(A) 恰为 0　　(B) 恰为 1　　(C) 恰为 2　　(D) 至少为 3

QJK 8. 设 $f(x)$ 是[0,1]上连续且单调减少的正值函数,则对于任意的 $a,b(0<a<b<1)$,下列结论不正确的是(　　).

(A)$a\int_0^b f(x)\mathrm{d}x>b\int_0^a f(x)\mathrm{d}x$

(B)$b\int_0^a f(x)\mathrm{d}x>a\int_0^b f(x)\mathrm{d}x$

(C)$a\int_0^b \sqrt{f(x)}\mathrm{d}x<b\int_0^a \sqrt{f(x)}\mathrm{d}x$

(D)$b\int_0^a \sqrt{f(x)}\mathrm{d}x<b\int_0^b \sqrt{f(x)}\mathrm{d}x$

JK 9. 已知函数 $f(x),g(x)$ 可导,且 $f'(x)>0,g'(x)<0$,则(　　).

(A)$\int_{-1}^0 f(x)g(x)\mathrm{d}x>\int_0^1 f(x)g(x)\mathrm{d}x$

(B)$\int_{-1}^0 |f(x)g(x)|\mathrm{d}x>\int_0^1 |f(x)g(x)|\mathrm{d}x$

(C)$\int_{-1}^0 f[g(x)]\mathrm{d}x>\int_0^1 f[g(x)]\mathrm{d}x$

(D)$\int_{-1}^0 f[f(x)]\mathrm{d}x>\int_0^1 g[g(x)]\mathrm{d}x$

JK 10. 设函数 $f(x)$ 在闭区间[0,2]上二阶可导,且 $f''(x)>0$,又 $f(0)=2f(1)=f(2)=2$,则(　　).

(A)$1<\int_0^2 f(x)\mathrm{d}x<2$　　(B) $\frac{3}{2}<\int_0^2 f(x)\mathrm{d}x<\frac{5}{2}$

(C)$2<\int_0^2 f(x)\mathrm{d}x<3$　　(D)$3<\int_0^2 f(x)\mathrm{d}x<4$

JK　11. 设函数 $f(x)$ 可导,则任给 $a<b$,均有 $\frac{1}{b-a}\int_a^b f(x)\mathrm{d}x=f\left(\frac{a+b}{2}\right)$ 是 $f(x)$ 为直线的(　　).

(A) 充分非必要条件　　(B) 必要非充分条件

(C) 充要条件　　(D) 既非充分也非必要条件

JK　12. $\lim\limits_{n\to\infty}\int_0^1 (n+1)x^n\ln(1+x)\mathrm{d}x=$(　　).

(A)$\ln 2$　　(B)1　　(C)e^2　　(D)$+\infty$

二、填空题

QK　已知连续函数 $f(x)$ 满足 $\int_0^x f(t)\mathrm{d}t+\int_0^x tf(x-t)\mathrm{d}t=\frac{1}{2}(x-\mathrm{e}^{-x}\sin x)$,则 $f(x)=$________.

三、解答题

QK　1. 设 $f(x)$ 在$[a,b]$上连续且单调增加,证明:至少存在一点 $\xi\in[a,b]$,使得

$$\int_a^b f(x)\mathrm{d}x=f(a)(\xi-a)+f(b)(b-\xi).$$

QK　2. 设函数 $f(x)$ 在区间$[0,1]$上可导,且 $\int_0^1 f(x)\mathrm{d}x=1$. 证明:

(1) 存在 $\xi\in(0,1)$,使得 $f(\xi)=1$;

(2) 存在 $\eta\in(0,1)$,且 $\eta\neq\xi$,使得 $\eta f'(\eta)+f(\eta)=1$.

QK　3. 设数列$\{a_n\}$的通项 $a_n=\int_0^{+\infty}\frac{\mathrm{d}x}{(1+x^2)^n}$,$n=2,3,\cdots$,计算 $\lim\limits_{n\to\infty}\left(\frac{a_{n+1}}{a_n}\right)^{\ln(1+\mathrm{e}^{2n})}$.

QJK　4. 证明:$\int_0^1\left(\int_x^{\sqrt{x}}\frac{\sin t}{t}\mathrm{d}t\right)\mathrm{d}x=1-\sin 1$.

QK　5. 设函数 $f(x)$ 是$[0,1]$上的连续函数,利用分部积分法证明:

$$\int_0^1\left[\int_{x^2}^{\sqrt{x}} f(t)\mathrm{d}t\right]\mathrm{d}x=\int_0^1(\sqrt{x}-x^2)f(x)\mathrm{d}x.$$

QK　6. 设 $f(x)$ 在$[a,b]$上连续,且 $f(x)>0$,证明:至少存在一点 $\xi\in(a,b)$,使得

$$\int_a^b f(x)\mathrm{d}x=\int_a^{\xi} f(x)\mathrm{d}x+\int_{a+b-\xi}^b f(x)\mathrm{d}x.$$

QK　7. 设 $f(x)$ 为$[0,1]$上的连续函数,

(1) 证明:$\int_0^{\frac{\pi}{2}} f(\sin x)\mathrm{d}x=\int_0^{\frac{\pi}{2}} f(\cos x)\mathrm{d}x$;

(2) 证明：$\int_0^{\pi} xf(\sin x)\mathrm{d}x = \frac{\pi}{2}\int_0^{\pi} f(\sin x)\mathrm{d}x$；

(3) 计算$\int_0^{\pi} \frac{x\sin x}{1+\cos^2 x}\mathrm{d}x$.

JK 8. 已知函数 $f(x)$ 在区间$[a,b]$上连续并单调增加，求证：

$$\int_a^b \left(\frac{b-x}{b-a}\right)^n f(x)\mathrm{d}x \leqslant \frac{1}{n+1}\int_a^b f(x)\mathrm{d}x\ (n \in \mathbf{N}).$$

QJK 9. 设 $f(x)$ 二阶可导，$f''(x) \geqslant 0$，$g(x)$ 为连续函数，若 $a > 0$，求证：

$$\frac{1}{a}\int_0^a f[g(x)]\mathrm{d}x \geqslant f\left[\frac{1}{a}\int_0^a g(x)\mathrm{d}x\right].$$

QJK 10. 设函数 $f(x)$ 一阶导数连续.

(1) 如果 $f'(x) < 0$，求证：$\int_{-\pi}^{\pi} f(x)\sin x\,\mathrm{d}x < 0$；

(2) 如果 $f(x)$ 存在二阶导数，且 $f''(x) > 0$. 求证：$\int_{-\pi}^{\pi} f(x)\cos x\,\mathrm{d}x < 0$.

JK 11. (1) 证明不等式

$$\ln(n+1) < 1 + \frac{1}{2} + \frac{1}{3} + \cdots + \frac{1}{n} < 1 + \ln n;$$

(2) 证明数列 $a_n = 1 + \frac{1}{2} + \frac{1}{3} + \cdots + \frac{1}{n} - \ln(n+1)$ 单调增加，且 $0 < a_n < 1$.

JK 12. 当 $x \geqslant 0$ 时，在曲线 $y = \mathrm{e}^{-2x}$ 上面作一个台阶曲线，台阶的宽度皆为1(如图所示). 求图中无穷多个阴影部分的面积之和 S.

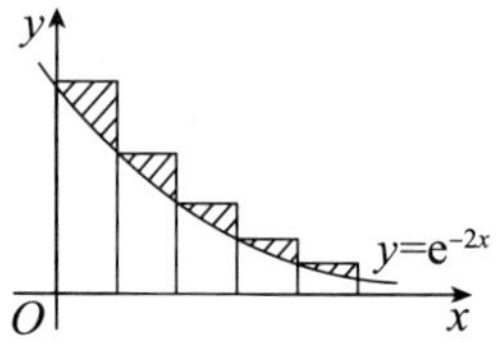

JK 13. 设 $f''(x) < 0$，$0 \leqslant x \leqslant 1$，证明$\int_0^1 f(x^{\alpha})\mathrm{d}x \leqslant f\left(\frac{1}{\alpha+1}\right)$，其中 $\alpha > 0$.

QJK 14. 设 $f(x)$ 在$[-1,1]$上具有连续二阶导数，且 $f(0)=0$，试证在$[-1,1]$上至少存在一点 c，使 $f''(c) = 3\int_{-1}^{1} f(x)\mathrm{d}x$.

QK 15. (1) 证明当 $0 \leqslant x \leqslant 1$ 时，$\mathrm{e}^{x^2} \leqslant 1 + 2\mathrm{e}x$；

(2) 计算$\lim\limits_{t\to+\infty}\int_0^1 \frac{t\mathrm{e}^{x^2}}{t^2x^2+1}\mathrm{d}x$.

JK　16. 设函数 $f(x)$ 在 $[-l,l]$ 上连续，在 $x=0$ 处可导，且 $f'(0)\neq 0$.

(1) 证明对于任意 $x\in(0,l)$，至少存在一个 $\theta\in(0,1)$，使

$$\int_0^x f(t)\mathrm{d}t+\int_0^{-x} f(t)\mathrm{d}t=x[f(\theta x)-f(-\theta x)];$$

(2) 对于(1)中的 θ，求极限 $\lim\limits_{x\to 0^+}\theta$.

QK　17. 设函数 $f(x)$ 在 $[0,1]$ 上连续，$(0,1)$ 内可导，

$$f(1)=k\int_0^{\frac{1}{k}} x\mathrm{e}^{1-x}f(x)\mathrm{d}x\ (k>1).$$

证明：至少存在一点 $\xi\in(0,1)$，使 $f'(\xi)=(1-\xi^{-1})f(\xi)$.

QK　18. 证明：$\dfrac{2}{\sqrt[4]{\mathrm{e}}}\leqslant\displaystyle\int_0^2 \mathrm{e}^{x^2-x}\mathrm{d}x\leqslant 2\mathrm{e}^2$.

JK　19. 设 $f(x)$ 在 $[a,b]$ 上连续，且 $f(x)>0$，证明：

$$\ln\left[\frac{1}{b-a}\int_a^b f(x)\mathrm{d}x\right]\geqslant\frac{1}{b-a}\int_a^b \ln f(x)\mathrm{d}x.$$

K　20. 设 $f(x)$ 在闭区间 $[0,1]$ 上有二阶导数，且 $f\left(\dfrac{1}{2}\right)=1,f''(x)>0$，证明：

$$\int_0^1 f(x)\mathrm{d}x\geqslant 1.$$

QK　21. 设函数 $f(x),g(x)$ 在区间 $[a,b]$ 上连续，对任意的 $x\in[a,b]$，满足 $\displaystyle\int_a^x g(t)\mathrm{d}t\leqslant\int_a^x f(t)\mathrm{d}t$，且 $\displaystyle\int_a^b g(t)\mathrm{d}t=\int_a^b f(t)\mathrm{d}t$. 证明：$\displaystyle\int_a^b xf(x)\mathrm{d}x\leqslant\int_a^b xg(x)\mathrm{d}x$.

QK　22. 设 $f(x)$ 在 $[0,1]$ 上可导，$f(0)=0$，且对任意的 $x\in[0,1]$，有 $0<f'(x)<1$. 求证：

$$\left[\int_0^1 f(x)\mathrm{d}x\right]^2>\int_0^1[f(x)]^3\mathrm{d}x.$$

JK　23. 设函数 $\displaystyle\int_0^x f(t)\mathrm{d}t$ 在 $[0,1]$ 上二阶导数连续，$\displaystyle\int_0^1 f(x)\mathrm{d}x=1,\int_0^{\frac{1}{2}} f(x)\mathrm{d}x>\frac{1}{4}$，证明：

(1) 存在 $\xi\in(0,1)$，使得 $f'(\xi)\leqslant 2$；

(2) 若当 $0<x<1$ 时，$f'(x)\neq 2$，则 $\displaystyle\int_0^x f(t)\mathrm{d}t>x^2$.

K　24. 设函数 $f(x)$ 在区间 $[0,3]$ 上连续，证明：

(1) 若 $\displaystyle\int_0^1 f(x)\mathrm{d}x=\mathrm{e}^2\int_0^3 f(x)\mathrm{d}x$，则存在 $c\in(1,3)$，使得 $\displaystyle\int_0^c f(x)\mathrm{d}x+f(c)=0$；

(2) 若$\int_0^1 f(x)\mathrm{d}x=\int_0^2 f(x)\mathrm{d}x=1$,则存在两个不同的点$\xi,\eta\in(1,3)$,使得

$$\mathrm{e}^{\xi}\left[\int_0^{\xi} f(x)\mathrm{d}x+f(\xi)\right]=\mathrm{e}^{\eta-1}.$$

QK 25. 设$f(x)$在区间$[a,b]$上连续,且$f(x)>0$,$F(x)=\int_a^x f(t)\mathrm{d}t+\int_b^x \frac{\mathrm{d}t}{f(t)}$,$x\in[a,b]$. 证明:

(1) 在区间$[a,b]$上,$F'(x)\geqslant 2$;

(2) 方程$F(x)=0$在区间(a,b)内有且仅有一根.

JK 26. 设函数$f(x)$在$[0,1]$上具有连续的导数,证明:

$$\int_0^1 |f(x)|\mathrm{d}x\leqslant \max\left\{\int_0^1 |f'(x)|\mathrm{d}x,\left|\int_0^1 f(x)\mathrm{d}x\right|\right\}.$$

JK 27. 设$f(x)$在$[a,b]$上连续,在(a,b)内可导,且$f(a)=0$,$|f'(x)|\leqslant k$,证明:

$$\int_a^b f(x)\mathrm{d}x\leqslant k\frac{(b-a)^2}{2}.$$

QJK 28. (1) 证明以柯西—施瓦茨(Cauchy—Schwarz)命名的公式:设$f(x)$与$g(x)$在闭区间$[a,b]$上连续,则有

$$\left[\int_a^b f(x)g(x)\mathrm{d}x\right]^2\leqslant\int_a^b f^2(x)\mathrm{d}x\int_a^b g^2(x)\mathrm{d}x.$$

(2) 证明:设$f(x)$在闭区间$[0,1]$上连续,则有

$$\left[\int_0^1 f(x)\mathrm{d}x\right]^2\leqslant\int_0^1 f^2(x)\mathrm{d}x.$$

JK 29. 设$f(x)$在区间$[-a,a](a>0)$上具有二阶连续导数,$f(0)=0$.

(1) 写出$f(x)$的带拉格朗日余项的一阶麦克劳林公式;

(2) 证明:存在$\eta\in[-a,a]$,使$a^3f''(\eta)=3\int_{-a}^a f(x)\mathrm{d}x$.

QK 30. 设$f(x)$在闭区间$[a,b]$上连续,常数$k>0$,并设

$$\varphi(x)=\int_x^b f(t)\mathrm{d}t-k\int_a^x f(t)\mathrm{d}t.$$

证明:(1) 存在$\xi\in[a,b]$,使$\varphi(\xi)=0$;

(2) 若增设条件$f(x)\neq 0$,则(1)中的ξ是唯一的,且必定有$\xi\in(a,b)$.

JK 31. 设$f(x)$在$[0,1]$上连续,且$\int_0^1 f(x)\mathrm{d}x=0$,$\int_0^1 xf(x)\mathrm{d}x=1$. 试证明:

(1) 存在$x_1\in[0,1]$,使得$|f(x_1)|>4$;

(2) 存在$x_2\in[0,1]$,使得$|f(x_2)|\leqslant 4$.

JK 32. 设函数$f(x)$在闭区间$[a,b]$上连续,在开区间(a,b)内可导,且$|f'(x)|\leqslant$

$M, f(a)+f(b)=0$. 证明：$\left|\int_a^b f(x)\mathrm{d}x\right| \leqslant \dfrac{M}{4}(b-a)^2$.

QJK 33. 设函数 $f(x)$ 在闭区间 $[0,2\pi]$ 上具有二阶导数，且 $f''(x)>0$. 证明：

(1) $\int_0^{2\pi} f(x)\cos x\,\mathrm{d}x > 0$;

(2) $\int_0^{2\pi} f'(x)\sin x\,\mathrm{d}x < 0$.

QK 34. 设函数 $f(x)$ 在闭区间 $[a,b]$ 上可导，且 $|f'(x)| \leqslant M$, $f(a)=0$. 证明：至少存在一点 $\xi \in (a,b)$，使得 $|f(\xi)| \leqslant \dfrac{1}{2}M(b-a)$.

QK 35. 设函数 $f(x)$ 在 $[0,1]$ 上连续，且单调减少，证明：

(1) 对任意的 $x \in (0,1)$，有 $\int_0^x f(t)\mathrm{d}t > x\int_0^1 f(x)\mathrm{d}x$;

(2) 对任意的 $x \in (0,1]$，有 $\int_0^x (x-t)f(t)\mathrm{d}t > \dfrac{x^2}{2}\int_0^1 f(x)\mathrm{d}x$;

(3) $\int_0^1 xf(x)\mathrm{d}x < \dfrac{1}{2}\int_0^1 f(x)\mathrm{d}x$.

QJK 36. 设 $f(x)$ 在 $(0,2)$ 内连续，满足 $\lim\limits_{x\to 0}\left(1+x^2\sin\dfrac{1}{x}\right)^{\frac{2}{x}} = \lim\limits_{x\to 0}\dfrac{3}{x^2}\int_1^{\cos x} f(t)\mathrm{d}t$，求 $f(1)$.

JK 37. 设函数 $f(x)$ 在闭区间 $[0,2]$ 上具有连续导数，且 $f(1)=0$. 证明：

$$\left|\int_0^2 f(x)\mathrm{d}x\right| \leqslant \max_{0\leqslant x\leqslant 2}|f'(x)|.$$

QK 38. 设函数 $f(x)$ 在 $[0,1]$ 上连续，且单调增加，$f(0)=0$，证明：对任意的 $x \in [0,1)$，有

$$\mathrm{e}^{1-x}\int_0^x f(t)\mathrm{d}t < \int_0^1 f(x)\mathrm{d}x.$$

QK 39. 设函数 $f(x)$ 在闭区间 $[0,2\pi]$ 上可导，且 $f'(x)>0$, $F(x)=\int_0^x f(t)\mathrm{d}t$. 证明：

(1) $\int_0^{2\pi} f(x)\sin x\,\mathrm{d}x < 0$;

(2) $\int_0^{2\pi} F(x)\cos x\,\mathrm{d}x > 0$.

JK 40. 设 $f(x)$ 在区间 $[0,1]$ 上连续，且 $\int_0^1 f(x)\mathrm{d}x \neq 0$. 证明：在区间 $(0,1)$ 内存在两个不同的点 x_1, x_2，使得

$$\frac{\pi}{4}\int_0^1 f(x)\mathrm{d}x=\left[\frac{1}{\sqrt{1-x_2^2}}\int_0^{x_2} f(t)\mathrm{d}t+f(x_2)\arcsin x_2\right](1-x_1).$$

JK　41. 证明：$\int_1^{e^2}\frac{\ln x}{1+x}\mathrm{d}x+\int_1^{e^{\frac{1}{2}}}\frac{\ln x}{1+x}\mathrm{d}x=\int_1^{e^2}\frac{\ln x}{x}\mathrm{d}x$.

JK　42. (1) 设 $f(x)$ 在$[a,b]$上非负、连续且不恒为零，证明必有

$$\int_a^b f(x)\mathrm{d}x>0;$$

(2) 是否存在$[0,2]$上的可导函数 $f(x)$，满足

$$f(0)=f(2)=1,\ |f'(x)|\leqslant 1,\ \left|\int_0^2 f(x)\mathrm{d}x\right|\leqslant 1,$$

并说明理由.

JK　43. 设 $S(x)=\int_0^x f(t)\mathrm{d}t$，其中 $f(x)=|\arcsin(\sin x)|$.

(1) 写出 $f(x)$ 在$[0,\pi]$上的表达式；

(2) 计算 $\lim\limits_{x\to+\infty}\frac{S(x)}{\sqrt{1+x^2}}$.

JK　44. 设 $0\leqslant f(x)\leqslant\pi$，$f'(x)\geqslant m>0(a\leqslant x\leqslant b)$，证明：$\left|\int_a^b\sin f(x)\mathrm{d}x\right|\leqslant\frac{2}{m}$.

QJK　45. 设函数 $f(x)$ 在$(-\infty,+\infty)$内具有二阶连续导数，证明：$f''(x)\geqslant 0$ 的充分必要条件是对不同的实数 a,b，

$$f\left(\frac{a+b}{2}\right)\leqslant\frac{1}{b-a}\int_a^b f(x)\mathrm{d}x.$$

JK　46. (1) 设 $f(x)$ 是以 T 为周期的连续函数. 证明：$\int_0^x f(t)\mathrm{d}t$ 可以表示为一个以 T 为周期的函数 $\varphi(x)$ 与 kx 之和，并求出此常数 k；

(2) 对于(1)中的 $f(x)$，求 $\lim\limits_{x\to\infty}\frac{1}{x}\int_0^x f(t)\mathrm{d}t$；

(3) 以$[x]$表示不超过 x 的最大整数，$g(x)=x-[x]$，求 $\lim\limits_{x\to\infty}\frac{1}{x}\int_0^x g(t)\mathrm{d}t$.

JK　47. 设 $f(x)$ 在闭区间$[a,b]$上具有连续的二阶导数，且 $f(a)=f(b)=0$，当 $x\in(a,b)$ 时，$f(x)\neq 0$. 试证明：

$$\int_a^b\left|\frac{f''(x)}{f(x)}\right|\mathrm{d}x\geqslant\frac{4}{b-a}.$$

JK　48. 设 $f(x)$ 在$[a,b]$上存在连续的二阶导数. 试证明：存在 $\xi,\eta\in(a,b)$，使

(1) $\int_a^b f(t)\,\mathrm{d}t = f\left(\frac{a+b}{2}\right)(b-a) + \frac{1}{24}f''(\xi)(b-a)^3$；

(2) $\int_a^b f(t)\,\mathrm{d}t = \frac{1}{2}[f(a)+f(b)](b-a) - \frac{1}{12}f''(\eta)(b-a)^3$.

JK　49. 设 $f(x)=\frac{\ln(1+x)}{1+x}(x>0)$，定义 $A(x)=\int_0^x f(t)\,\mathrm{d}t$，令

$$A = A(1) + A\left(\frac{1}{2}\right) + A\left(\frac{1}{3}\right) + \cdots + A\left(\frac{1}{n}\right) + \cdots,$$

试证：$\frac{7}{24} < A < 1$.

JK　50. 求极限 $\lim\limits_{n\to\infty}\frac{\sum\limits_{k=1}^{n}\frac{1}{k}}{\ln n}$.

JK　51. 设 $f(x)=\int_0^x \mathrm{e}^{t^2}\,\mathrm{d}t, x>0$.

(1) 证明 $\int_0^x \mathrm{e}^{t^2}\,\mathrm{d}t = xf'[x\cdot\theta(x)]$，且 $\theta(x)$ 唯一，其中 $0<\theta(x)<1$；

(2) 求 $\lim\limits_{x\to0^+}\theta(x)$.

第 12 章 一元函数积分学的应用(三)——物理应用与经济应用

一、选择题

QK 1.(仅数学一、数学二)由曲线 $y=f_1(x)$,$y=f_2(x)$ 及直线 $x=a$,$x=b(a<b)$ 所围成的平面板铅直地没入容重为 r($r=\rho g$ 表示单位体积液体的重力)的液体中,x 轴铅直向下,液面与 y 轴重合,如图所示,则平面板所受液压力为(　　).

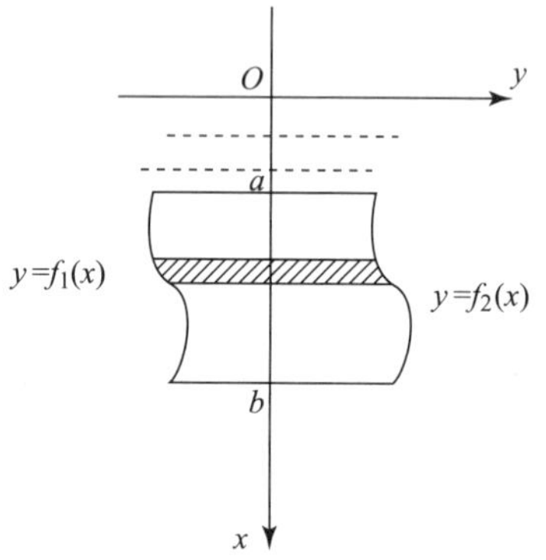

(A)$\int_a^b x[f_2(x)-f_1(x)]\mathrm{d}x$

(B)$\int_a^b rx[f_1(x)-f_2(x)]\mathrm{d}x$

(C)$\left|\int_a^b r[f_2(x)-f_1(x)]\mathrm{d}x\right|$

(D)$\int_a^b rx\,|f_2(x)-f_1(x)|\,\mathrm{d}x$

K 2.(仅数学一、数学二)甲、乙两人赛跑,图中实线和虚线分别为甲和乙的速度曲线(单位:$\mathrm{m}\cdot\mathrm{s}^{-1}$),三块阴影部分面积依次为 15,20,10,且当 $t=0$ 时,甲在乙前面 10 m 处,则在 $[0,t_3]$ 上,甲、乙相遇的次数为(　　).

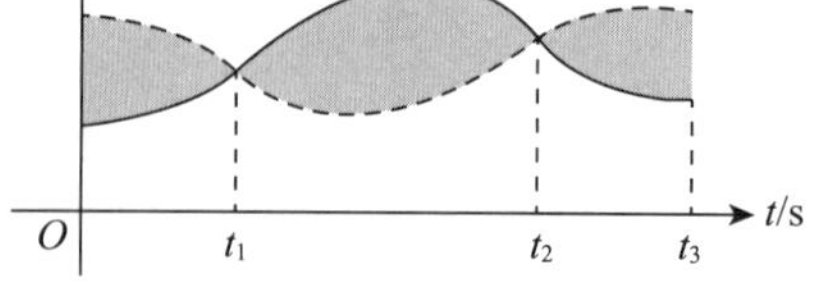

(A)1　　(B)2　　(C)3　　(D)4

K　3.(仅数学一、数学二)有一椭圆形薄板,长、短半轴分别为 a 与 b.薄板垂直立于液体中,其长轴与液面相齐.设液体的比重为 γ,则液体对薄板的侧压力为(　　).

(A) $\frac{2}{3}\gamma a^2 b$　　(B) $\frac{2}{3}\gamma ab^2$

(C) $\frac{4}{3}\gamma a^2 b$　　(D) $\frac{4}{3}\gamma ab^2$

JK　4.(仅数学一、数学二)已知曲线 $\begin{cases} x=\cos^3 t, \\ y=\sin^3 t \end{cases}$ 上每一点处的线密度等于该点到坐标原点距离的立方,G 为引力常数,则该曲线在第一象限的部分对坐标原点处单位质点的引力在 x 轴上的分量大小为(　　).

(A) $\frac{1}{5}G$　　(B) $\frac{2}{5}G$

(C) $\frac{3}{5}G$　　(D) $\frac{4}{5}G$

QK　5.(仅数学三)设某商品的收益函数曲线为 $f_1(x)$,其边际收益函数曲线为 $f_2(x)$,且收益函数在 $[x,x+1]$ 上的平均值函数曲线为 $f_3(x)$,其中 x 为销量,则以下 3 条曲线:

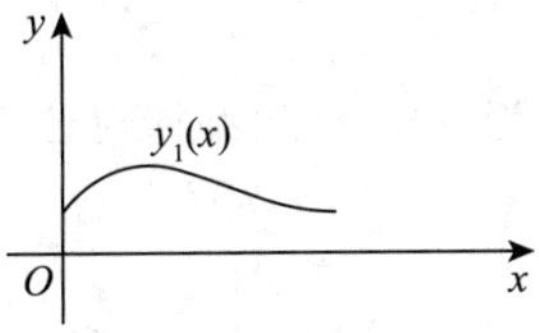

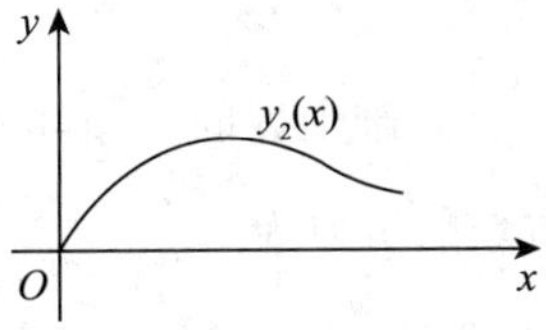

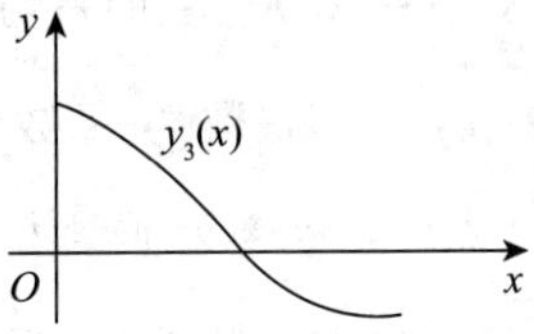

对应关系正确的是(　　).

(A) $f_1(x)=y_2(x),f_2(x)=y_1(x),f_3(x)=y_3(x)$

(B) $f_1(x)=y_2(x),f_2(x)=y_3(x),f_3(x)=y_1(x)$

(C) $f_1(x)=y_3(x),f_2(x)=y_2(x),f_3(x)=y_1(x)$

(D) $f_1(x)=y_3(x),f_2(x)=y_1(x),f_3(x)=y_2(x)$

JK　6.(仅数学一、数学二)一三角形平面薄板铅直地浸没于水中,设当该薄板的一条边与水面相平齐时,薄板一侧所受的水压力的大小为 F_1,当倒转薄板使原来与水面相平齐的那条边与水面平行而该边相对的顶点与水面相齐时,薄板一侧所受的水压力的大小为 F_2,则(　　).

(A) $F_2=\frac{3}{2}F_1$　　(B) $F_2=\frac{4}{3}F_1$

(C) $F_2=2F_1$　　(D) $F_2=3F_1$

二、填空题

QK 1.(仅数学一、数学二)某质点以速度 $v=3t^2+2t$(m/s)做直线运动,则它在 $t=0$ 到 $t=3$ s 这段时间上的平均速度为________.

QJK 2.(仅数学一、数学二)已知有密度均匀、长度为1且质量为2的细棒 AB,记 G 为万有引力常数,假设有一质量为1的质点在 BA 的延长线上距 A 为 a 处,则细棒 AB 对该质点的引力为________.

K 3.(仅数学三)已知某商品的边际需求函数为 $Q'(p)=-4p$,其中 Q 为需求量,p 为价格,最大需求量为100,则该商品的边际收益函数为________.

K 4.(仅数学三)某企业生产某产品,在单位时间内分摊到该产品的固定成本为 c_0 元.又设在单位时间内生产 x 件产品的边际成本为 $ax+b$(元/件),$a>0,b>0$,均为常数.则成本函数 $C(x)=$________.

K 5.(仅数学三)某商品的需求量 Q 对价格 P 的弹性为 $P\ln 3$,该商品的市场最大需求量为1 500件,则需求函数 $Q=$________.

QJK 6.(仅数学一、数学二)在宽为 $2R$ 的河面上,任一点处的流速与该点到两岸距离之积成正比.已知河道中心线处水的流速为 v_0,则河面上距河道中心线 r 处河水的流速 $v(r)$ 在区间 $[-R,R]$ 上的平均值 $\bar{v}=$________.

QJK 7.(仅数学一、数学二)位于 x 轴上区间 $[-a,a]$ 内质量为 m 的均匀细棒对位于 y 轴上点 $(0,-a)$ 处质量为 m_0 的质点的引力为________.

K 8.(仅数学三)设某商品需求量为 D,供给量为 S,各自对价格 p 的弹性分别为3和2,且当 $p=1$ 时该商品的需求量和供给量的比为2∶1,则在供需平衡条件下的平衡价格为________.

QK 9.(仅数学三)设某商品的边际收益为 $10-\dfrac{1}{50}Q$(其中 Q 为需求量),$Q<1\ 000$,则该商品的价格函数为 $p=$________.

JK 10.(仅数学一、数学二)设沿 y 轴上的区间 $[0,1]$ 放置一长度为1且线密度为 ρ 的均匀细杆,在 x 轴上 $x=1$ 处有一单位质点,则该细杆对此质点的引力(G 为引力常量)沿 x 轴正向的分力为________.

三、解答题

QK 1.(仅数学一、数学二)设有一锥形贮水池(锥顶朝下),深15 m,口径20 m,盛满水,以水泵将水全部抽出,问需做多少功?(重力加速度 $g=9.8$ m/s^2,水的密度 $\rho=1\ 000$ kg/m^3)

QK　2.(仅数学一、数学二) 水从一根底面半径为 1 cm 的圆柱形管道中流出. 因为水有黏性,在流动过程中受到管道壁的阻滞,所以流动的速度是随着到管道中心的距离而变化的,距管道中心越远,水流速度越小. 在距离管道中心 r cm 处的水的流动速度为 $10(1-r^2)$ cm/s. 问水是以多大流量(以 cm^3/s 为单位) 流过管道的?

QK　3.(仅数学一、数学二) 一块 1 000 kg 的冰块要被吊起 30 m 高,而这块冰以 0.02 kg/s 的速度溶化,假设冰块以0.1 m/s 的速度被吊起,吊索的线密度为 4 kg/m. 求把这块冰吊到指定高度需做的功.(设重力加速度 $g=10\ \mathrm{m/s^2}$)

K　4.(仅数学三) 某厂生产的产品的边际成本为产量 Q 的函数,边际成本为 $C'(Q)=Q^2-5Q+50$,固定成本为$C_0=150$ 万元,若产销平衡,且每单位产品的售价为 $P=100$ 万元,求:

(1) 总成本函数 $C(Q)$;

(2) 当产量为多少时,总利润最大? 并求最大利润.

K　5.(仅数学三) 某产品的边际收益为 $R'(Q)=36-4Q$(单位:万元). 当销售量 Q 由 8 个单位减少到 5 个单位时,求收益 R 的变化量.

QJK　6.(仅数学一、数学二) 已知一容器的外表面由 $y=|x|^3(0\leqslant y\leqslant 1)$ 绕 y 轴旋转而成,现在该容器盛满了水,水的密度为 ρ,重力加速度为 g,将容器内的水全部抽出至少需做多少功?

K　7.(仅数学三) 当某商品销售量为 a 时,边际收入(即总收入的变化率) 为 $C'(a)=200-\dfrac{a}{50}$,求销售量为2 000 时的平均单位收入.

QK　8.(仅数学一、数学二) 一底为 8 cm,高为 6 cm 的等腰三角形片,铅直地沉没在水中,顶在上,底在下且与水面平行,而顶离水面 3 cm,求它每面所受的压力. 设重力加速度 $g=9.8\ \mathrm{m/s^2}$,水的密度 $\rho=10^3\ \mathrm{kg/m^3}$.

QJK　9.(仅数学一、数学二) 在一高为 1 m、底面圆半径为 1 m 的圆柱形容器内储存某种液体,并将容器横放.

(1) 如果容器内储满了液体后,以 $0.2\ \mathrm{m^3/min}$ 的速率将液体从容器顶端抽出,当液面在$y=0$ 时,求液面下降的速率;

(2) 如果液体的密度为 $1\ \mathrm{N/m^3}$(单位体积液体的重力),求抽完全部液体需做多少功?

JK　10.(仅数学一、数学二) 以 yOz 面上的平面曲线段 $y=f(z)(z\geqslant 0)$ 绕 z 轴旋转一周所成旋转曲面与 xOy 面围成一个无上盖容器(见图),现以 $3\ \mathrm{cm^3/s}$ 的速率把水注入容器内,水面的面积以 $\pi\ \mathrm{cm^2/s}$ 增大. 已知容器底面积为 $16\pi\ \mathrm{cm^2}$,求曲线$y=f(z)$ 的方程.

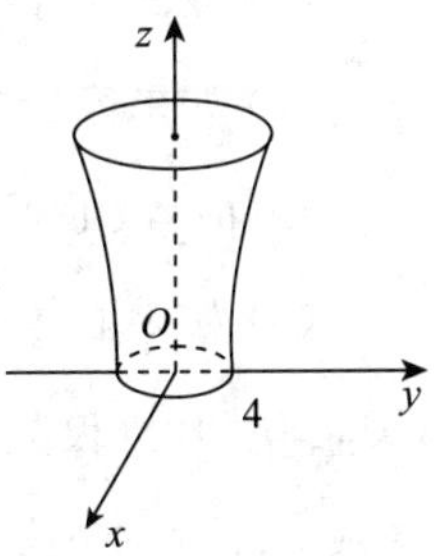

JK　11.(仅数学一、数学二) 某城市的人口密度近似为 $p(r)=$

$\frac{4}{r^2+20}$，$p(r)$ 表示距市中心 r km 区域的人口数，单位为每平方千米 10 万人.

(1) 试求距市中心 2 km 区域内的人口数；

(2) 若人口密度近似为 $p(r)=1.2e^{-0.2r}$ 单位不变，试求距市中心 2 km 区域内的人口数.

QK 12.(仅数学一、数学二) 半径为 1 的球沉入水中，球的上顶与水平面齐平. 球与水的密度相同，记为 ρ，重力加速度记为 g，现将球打捞出水，至少需做多少功？

QK 13.(仅数学一、数学二) 一个均质的物体，高 4 m，水平截面面积是高度 h(从顶部算起) 的函数 $S=20+3h^2$. 已知物体的密度与水的密度同为10^3 kg/m^3，此物体沉在水中，上表面与水面平齐，问将此物体打捞出水，至少需做功多少？(设重力加速度 $g=10$ m/s^2)

JK 14.(仅数学一、数学二) 某闸门的形状与大小如图所示，其中直线 l 为对称轴，闸门上部为矩形 $ABCD$，下部由二次抛物线与线段 AB 所围成. 当水面与闸门上端相平时，欲使闸门矩形部分承受的水压力与闸门下部承受的水压力之比为 5∶4，闸门矩形部分的高 h 应为多少？

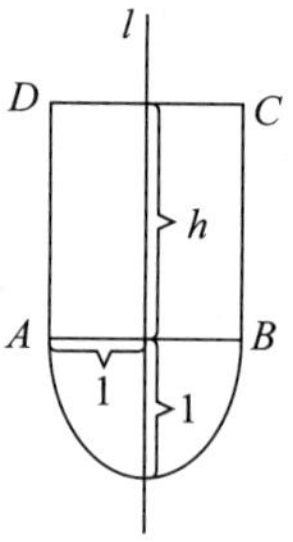

JK 15.(仅数学一、数学二) 设曲线 $L: y=\tan(x^2)\left(0\leqslant x\leqslant\sqrt{\frac{\pi}{4}}\right)$.

(1) 求直线 $y=1$，曲线 L 以及 y 轴围成的平面图形绕 y 轴旋转一周所得到的旋转体体积 A；

(2) 假定曲线 L 绕 y 轴旋转一周所得到的旋转曲面为 S，该旋转曲面作为容器盛满水(水的质量密度(单位体积水的重力) 等于 1)，如果将其中的水抽完，求外力做功 W.

QJK 16.(仅数学一、数学二) 设半径为 $R=2$ m 的半球形水池盛满了水，记水的密度为 ρ，求：

(1) 将水全部从上口抽出需做的功；

(2) 当做功为一半时抽去水的百分比.

JK 17.(仅数学一、数学二) 在一高为 4 m、椭圆底长轴为 2 m，短轴为 1 m 的柱形容器内储存某种液体，并将容器水平放置. 问：

(1) 液面在 $y(-1\leqslant y\leqslant 1)$ 处时，容器内液体的体积 V 与 y 的函数关系是什么？

(2) 如果容器内储满了液体后，以 0.16 m^3/min 的速率将液体从容器顶端抽出，当液面在 $y=0$ 时，液面下降的速率是多少？

(3) 如果液体的密度为 1(N/m^3，单位体积液体的重力)，抽完全部液体需做多少功？

QJK 18.(仅数学一、数学二) 设有一半径为 R，中心角为 φ 的圆弧形细棒，其线密度为常数 ρ，在圆心处有一质量为 m 的质点 M，试求这细棒对质点 M 的引力.

JK　19.(仅数学一、数学二)边长为 2 的等边三角形薄平板铅直沉没在水中,且一条边与水面相齐.记重力加速度为 g,水的密度为 ρ.

(1) 求该平板一侧所受压力;

(2) 当水面开始以 0.1 的速度上涨时,求平板一侧所受水压力的变化率.

K　20.(仅数学三)设某商品库存费用 S(万元)对库存时间 t 的变化率等于平均库存费用 $\frac{S}{t}$ 减去 $\frac{1}{t^2}$,且 $S(t_0)=S_0$, $t_0S_0>\frac{1}{2}$.求:

(1) $S=S(t)$ 的表达式;

(2) 最佳库存时间.

JK　21.(仅数学一、数学二)铁锤将一铁钉击入木板,设木板对铁钉的阻力与铁钉击入木板的深度成正比,在击第一次时,将铁钉击入木板 1 cm.如果铁锤每次打击铁钉所做的功相等,问铁锤击第二次时,铁钉又击入多少?

K　22.(仅数学一、数学二)设一厂房容积为 V m^3.开始时经测算,空气中含有某种有害气体 m_0 g.现在打开通风机,每分钟通入 Q m^3 的新鲜空气.假设通入的新鲜空气中不含这种有害气体,同时排出等量的含有有害气体的浑浊空气,并使厂房内空气始终保持均匀.

(1) 求厂房内该有害气体的瞬时含量 m 与通风经历的时间 t 的函数关系;

(2) 问通风经历多少时间可使厂房内该有害气体量为原始的一半?

K　23.(仅数学三)设出售某种商品,已知某边际收益是 $R'(x)=(10-x)e^{-x}$,边际成本是

$$C'(x)=(x^2-4x+6)e^{-x},$$

且固定成本是 2.求使这种商品的总利润达到最大值的产量和相应的最大总利润.

QJK　24.(仅数学一、数学二)有一内表面为旋转抛物面的水缸,其深为 a(单位:m),缸口直径为 $2a$,缸内盛满了水,设水的密度为 ρ(单位:千克/m^3).若以 Q m^3/s 的速率将缸中的水全部抽出,问:

(1) 共需多少时间?

(2) 需做多少功?

K　25.(仅数学三)当生产某种商品到第 Q 件时,平均成本的边际值为 $-\frac{1}{16}-\frac{20}{Q^3}$,又知每件商品的销售价为

$$P=\frac{247}{8}-\frac{11}{16}Q+\frac{10}{Q^2}\text{(单位:万元)},$$

而每销售一件商品需纳税 2 万元. 已知生产 2 件商品时的平均成本为 6.25 万元，求生产多少件商品，税后利润最大？并求此时的销售价格.

JK 26.（仅数学一、数学二）一容器的内表面是由曲线 $x = y + \sin y\left(0 \leqslant y \leqslant \frac{\pi}{2}\right.$，单位：m）绕 y 轴旋转一周所得的旋转面（见图）. 现以 $\frac{\pi}{16}$ m^3/s 的速率往容器中加水，求当水面高度为 $\frac{\pi}{4}$ m 时水面上升的速率.

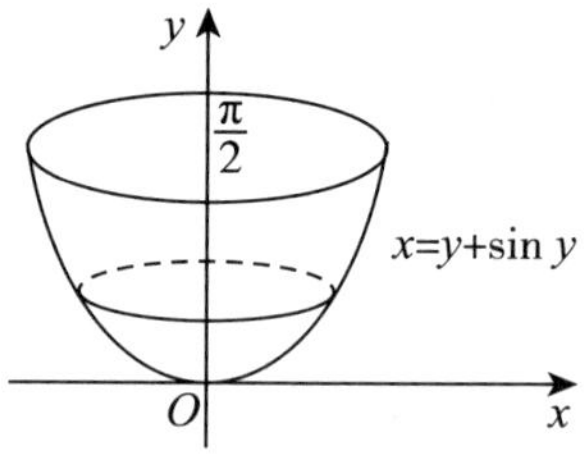

K 27.（仅数学一、数学二）(1) 宽度为 6 m 的金属板，三分之一作为侧边，做成排水沟（见图）. 问折起角度多大时，排水沟的截面积 S 最大；

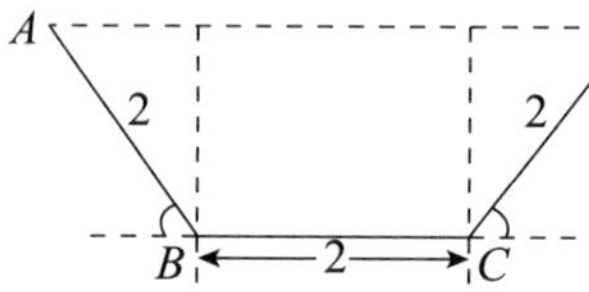

(2) 设一抛物线过(1)中所求得截面的 A，D 及 BC 中点，记该抛物线与直线段 AD 所围成封闭平面的面积 $\tilde{S}$，求 $\frac{S}{\tilde{S}}$；

(3) 若排水沟长为 1 m，其横截面原为(1)中等腰梯形的形状，因淤泥沉积形成了(2)中抛物线的形状. 现清除淤泥，恢复(1)中的形状，则将淤泥搬运出排水沟，至少做多少功？（设单位体积的淤泥重为 ρ $\mathrm{N/m^3}$）

JK 28.（仅数学一、数学二）在长为 l、质量为 M 的均匀细杆 AB 的延长线上有一个单位质量的质点，若质点与点 B 的距离为 a，G 为引力常数.

(1) 求它们之间的引力；

(2) 当质点从与点 B 相距 l_1 处向右移动至 l_2 处时，求引力所做的功 W.

JK 29.（仅数学三）设 Y_t，C_t，I_t 分别是 t 期的国民收入、消费和投资. 三者之间有如下关系

$$\begin{cases} Y_t = C_t + I_t, \\ C_t = \alpha Y_t + \beta, \quad (0 < \alpha < 1, \beta \geqslant 0, \gamma > 0). \\ Y_{t+1} = Y_t + \gamma I_t \end{cases}$$

求 Y_t.

第 13 章 多元函数微分学

一、选择题

QK 1. 设二元函数 $z=xy$，则点 $(0,0)$ 为其（　　）.

(A) 驻点且为极值点

(B) 驻点但不为极值点

(C) 极值点但不为驻点

(D) 连续点，不是驻点，也不是极值点

QK 2. 函数 $f(x,y)=\ln(x+y+\sqrt{1+x^2+y^2})$ 在点 $(0,0)$ 处（　　）.

(A) 可微且 $\mathrm{d}z\Big|_{\substack{x=0\\y=0}}=\mathrm{d}x+\mathrm{d}y$　　(B) 可微且 $\mathrm{d}z\Big|_{\substack{x=0\\y=0}}=0$

(C) 连续但偏导数不存在　　(D) 不连续

QK 3. 设函数 $u=u(x,y)$ 在有界闭区域 D 上连续，在 D 的内部具有连续偏导数，且满足 $\left(\dfrac{\partial u}{\partial x}\right)^2+\left(\dfrac{\partial u}{\partial y}\right)^2=1+u^2$，则（　　）.

(A) $u(x,y)$ 的最大值和最小值都在 D 的边界上取得

(B) $u(x,y)$ 的最大值和最小值都在 D 的内部取得

(C) $u(x,y)$ 的最大值在 D 的内部取得，最小值在 D 的边界上取得

(D) $u(x,y)$ 的最小值在 D 的内部取得，最大值在 D 的边界上取得

QK 4. 函数 $f(x,y)=\begin{cases}x\arctan\dfrac{y}{x}, & x\neq 0,\\ 0, & x=0\end{cases}$ 不连续的点集为（　　）.

(A) y 轴上的所有点　　(B) $x=0,y\geqslant 0$ 的点集

(C) 空集　　(D) $x=0,y\leqslant 0$ 的点集

QK 5. 考虑二元函数 $f(x,y)$ 的下面 4 条性质：

① $f(x,y)$ 在点 (x_0,y_0) 处连续；

② $f(x,y)$ 在点 (x_0,y_0) 处的两个偏导数连续；

③ $f(x,y)$ 在点 (x_0,y_0) 处可微；

④ $f(x,y)$ 在点 (x_0,y_0) 处的两个偏导数存在.

若用“$P\Rightarrow Q$”表示可由性质 P 推出性质 Q，则有(　　).

(A) ②⇒③⇒①　　(B) ③⇒②⇒①

(C) ③⇒④⇒①　　(D) ③⇒①⇒④

QK 6. 设函数 $f(x,y)=\begin{cases}0, & xy=0,\\ x\sin\dfrac{1}{y}+y\sin\dfrac{1}{x}, & xy\neq 0,\end{cases}$ 则极限 $\lim\limits_{\substack{x\to 0\\ y\to 0}}f(x,y)$(　　).

(A) 等于 1　　(B) 等于 2

(C) 等于 0　　(D) 不存在

QK 7. 设函数 $z=1-\sqrt{x^2+y^2}$，则点 $(0,0)$ 是函数 z 的(　　).

(A) 极小值点且是最小值点　　(B) 极大值点且是最大值点

(C) 极小值点但非最小值点　　(D) 极大值点但非最大值点

QK 8. 设 $f(x,y)=\arcsin\sqrt{\dfrac{y}{x}}$，则 $f'_x(2,1)=$(　　).

(A) $-\dfrac{1}{4}$　　(B) $\dfrac{1}{4}$　　(C) $-\dfrac{1}{2}$　　(D) $\dfrac{1}{2}$

QK 9. $z'_x(x_0,y_0)=0$ 和 $z'_y(x_0,y_0)=0$ 是函数 $z=z(x,y)$ 在点 (x_0,y_0) 处取得极值的(　　).

(A) 必要非充分条件　　(B) 充分非必要条件

(C) 充要条件　　(D) 既非充分也非必要条件

QK 10. 极限 $\lim\limits_{\substack{x\to 0\\ y\to 0}}\dfrac{x^2y}{x^4+y^2}$(　　).

(A) 等于 0　　(B) 不存在

(C) 等于 $\dfrac{1}{2}$　　(D) 存在且不等于 0 及 $\dfrac{1}{2}$

QJK 11. 设 $f(u)$ 具有二阶连续导数，且 $g(x,y)=f\left(\dfrac{y}{x}\right)+yf\left(\dfrac{x}{y}\right)$，则 $x^2\dfrac{\partial^2 g}{\partial x^2}-y^2\dfrac{\partial^2 g}{\partial y^2}=$(　　).

(A) $\dfrac{2y}{x}f'\left(\dfrac{y}{x}\right)$　　(B) $\dfrac{2x}{y}f'\left(\dfrac{x}{y}\right)$

(C) $\dfrac{2y}{x}f'\left(\dfrac{x}{y}\right)$　　(D) $\dfrac{2x}{y}f'\left(\dfrac{y}{x}\right)$

QJK 12. 设函数 $z=z(x,y)$ 由方程 $F\left(\dfrac{y}{x},\dfrac{z}{x}\right)=0$ 确定，其中 F 为可微函数，且 $F'_2\neq 0$.

则 $x\dfrac{\partial z}{\partial x}+y\dfrac{\partial z}{\partial y}=$(　　).

(A) x　　(B) y　　(C) z　　(D) 0

QJK　13.(仅数学一)已知$\dfrac{ay\mathrm{d}y+x\mathrm{d}x}{x^2+y^2-1}(x^2+y^2<1)$是某二元函数的全微分,则 $a=$(　　).

(A) 1　　(B) -1　　(C) 2　　(D) -2

JK　14.已知函数 $f(x,y)=x|x|+x|y|+y|x|+y|y|$,则以下命题:

① $\lim\limits_{\substack{x\to0\\y\to0}}f(x,y)=f(0,0)$;

② $\dfrac{\partial f(0,0)}{\partial x}=0$;

③ $\dfrac{\partial f(0,0)}{\partial y}=1$;

④ $\mathrm{d}f(0,0)=0$.

正确命题的个数为(　　).

(A) 1　　(B) 2　　(C) 3　　(D) 4

QJK　15.设函数 f 与 g 均可微,$z=f[xy,\ln x+g(xy)]$,则 $x\dfrac{\partial z}{\partial x}-y\dfrac{\partial z}{\partial y}=$(　　).

(A) f'_1　　(B) f'_2　　(C) $f'_1+f'_2$　　(D) $f'_1-f'_2$

QK　16.函数 $f(x,y)=x+y\sin x$(　　).

(A) 有极大值点,没有极小值点

(B) 没有极大值点,有极小值点

(C) 既有极大值点,也有极小值点

(D) 既没有极大值点,也没有极小值点

QK　17.设函数 $f(x,y)$ 连续,$f(0,0)=0$,又设 $F(x,y)=|x-y|f(x,y)$,则 $F(x,y)$ 在点 $(0,0)$ 处(　　).

(A) 连续,但不可微　　(B) 连续,但偏导数不存在

(C) 偏导数存在,但不可微　　(D) 可微

QK　18.函数 $z=x^3+y^3-3x^2-3y^2$ 的极小值点是(　　).

(A) $(0,0)$　　(B) $(2,2)$　　(C) $(0,2)$　　(D) $(2,0)$

JK　19.设函数 $f(x,y)=|x|+y|y|$,则(　　).

(A) $f'_x(0,0)$ 存在,$f'_y(0,0)$ 存在

(B) $f'_x(0,0)$ 存在，$f'_y(0,0)$ 不存在

(C) $f'_x(0,0)$ 不存在，$f'_y(0,0)$ 存在

(D) $f'_x(0,0)$ 不存在，$f'_y(0,0)$ 不存在

JK 20. 设 $f(x,y)=\begin{cases}\sin x\cos y, & x\neq 0,\\ 1-\cos y, & x=0,\end{cases}$ 则(　　).

(A) $f'_x(0,0)=0$

(B) $\lim\limits_{x\to 0}\lim\limits_{y\to 0}f(x,y)=0$

(C) $f''_{yx}(0,0)=1$

(D) $f'_y(0,0)=1$

QK 21. 已知 $\mathrm{d}u(x,y)=[axy^3+\cos(x+2y)]\mathrm{d}x+[3x^2y^2+b\cos(x+2y)]\mathrm{d}y$，则(　　).

(A) $a=2,b=-2$

(B) $a=3,b=2$

(C) $a=2,b=2$

(D) $a=-2,b=2$

QK 22. 设 $u=\arcsin\dfrac{x}{\sqrt{x^2+y^2}}(y<0)$，则 $\dfrac{\partial u}{\partial y}=$(　　).

(A) $\dfrac{x}{x^2+y^2}$

(B) $\dfrac{-x}{x^2+y^2}$

(C) $\dfrac{|x|}{x^2+y^2}$

(D) $\dfrac{-|x|}{x^2+y^2}$

QK 23. 函数 $z=f(x,y)$ 在点 (x_0,y_0) 处连续是它在该点偏导数存在的(　　).

(A) 必要非充分条件

(B) 充分非必要条件

(C) 充要条件

(D) 既非充分也非必要条件

QK 24. 设函数 $f(x,y)=x^2+xy$，则点 $(0,0)$(　　).

(A) 不是驻点也不是极值点

(B) 不是驻点，但是极值点

(C) 是驻点但不是极值点

(D) 是驻点也是极值点

QK 25. 设 $f(x,y)=(x-y^2+1)\mathrm{e}^{-x}$，则函数 $f(x,y)$(　　).

(A) 有一个极小值，没有极大值

(B) 有一个极大值，没有极小值

(C) 有一个极大值，一个极小值

(D) 没有极值

QK 26. 设 $f(x,y)=x^3-y^3-3x+3y$，则(　　).

(A) $f(1,-1)$ 是极大值，$f(-1,1)$ 是极小值

(B) $f(1,-1)$ 是极小值，$f(-1,1)$ 是极大值

(C) $f(1,1)$ 是极大值，$f(-1,-1)$ 是极小值

(D) $f(1,1)$ 是极小值，$f(-1,-1)$ 是极大值

QK　27. 设 $f(x,y)$ 在点 (a,b) 处的偏导数存在，$\lim\limits_{x\to 0}\dfrac{f(a+x,b)-f(a-x,b)}{x}=$ (　　).

(A) $f'_1(a,b)$　　(B) $f'_1(a+x,b)$

(C) $2f'_1(a,b)$　　(D) 0

QK　28. 设 $z=\sqrt{x^2+y^2}$，则点 $(0,0)$ (　　).

(A) 为 z 的驻点且为极小值点

(B) 为 z 的驻点但不为极小值点

(C) 不为 z 的驻点但为极小值点

(D) 不为 z 的驻点也不为极小值点

QK　29. 设有二元函数 $xy-z\ln y+z^2=1$，根据隐函数存在定理，存在点 $(1,1,0)$ 的一个邻域，在此邻域内该方程(　　).

(A) 只能确定一个具有连续偏导数的隐函数 $z=z(x,y)$

(B) 可确定两个具有连续偏导数的隐函数 $y=y(x,z)$ 和 $z=z(x,y)$

(C) 可确定两个具有连续偏导数的隐函数 $x=x(y,z)$ 和 $z=z(x,y)$

(D) 可确定两个具有连续偏导数的隐函数 $x=x(y,z)$ 和 $y=y(x,z)$

JK　30. 已知函数 $z=z(x,y)$ 在区域 D 内满足方程 $\dfrac{\partial^2 z}{\partial x^2}\cdot\dfrac{\partial^2 z}{\partial y^2}+a\dfrac{\partial z}{\partial x}+b\dfrac{\partial z}{\partial y}+c=0$ (常数 $c>0$)，则在 D 内函数 $z=z(x,y)$ (　　).

(A) 存在极大值　　(B) 存在极小值

(C) 无极值　　(D) 无法判断

QJK　31. 设函数 $u=u(x,y)$ 的定义域为 $\{(x,y)\mid x+y\neq 0\}$，其全微分为 $\mathrm{d}u=\dfrac{y}{(x+y)^2}\mathrm{d}x-\dfrac{x+ky}{(x+y)^2}\mathrm{d}y$，则 k 等于(　　).

(A) 0　　(B) 1　　(C) 2　　(D) 3

JK　32. (仅数学一) 设可微函数 $f(u,v)$ 满足 $f(x-y,x+\mathrm{e}^y)=x^2-y^2$，则 $f(u,v)$ 在点 $(1,2)$ 处的方向导数的最大值等于(　　).

(A) 1　　(B) $\sqrt{2}$　　(C) $\sqrt{3}$　　(D) 2

QK　33. 设方程 $x+y^2+\sin(xy)=0$，则在点 $(0,0)$ 的某邻域内，该方程(　　).

(A) 只可以确定一个具有连续导数的隐函数 $x=x(y)$

(B) 只可以确定一个具有连续导数的隐函数 $y=y(x)$

(C) 可以确定两个具有连续导数的隐函数 $x=x(y)$ 和 $y=y(x)$

(D) 不可以确定任何一个具有连续导数的隐函数

QK 34. 设 $f(x,y)$ 有二阶连续偏导数，$f(x,0)=2x+1$，$f'_y(1,y)=y+1-e^{-y}$，$f''_{xy}(x,y)=2x+y$，则 $f(x,y)=$(　　).

(A) $x^2y+\dfrac{1}{2}xy^2-e^{-y}-2x$　　(B) $xy^2-\dfrac{1}{2}x^2y-e^{-y}-2x$

(C) $x^2y+\dfrac{1}{2}xy^2+e^{-y}+2x$　　(D) $xy^2+\dfrac{1}{2}xy^2+e^{-y}+2x$

QK 35. 下列二元函数 $f(x,y)$ 在点(0,0)处可微的是(　　).

(A) $f(x,y)=\begin{cases}\dfrac{xy}{x^2+y^2}, & x^2+y^2\neq 0,\\ 0, & x^2+y^2=0\end{cases}$

(B) $f(x,y)=\begin{cases}\dfrac{x^2-y^2}{x^2+y^2}, & x^2+y^2\neq 0,\\ 0, & x^2+y^2=0\end{cases}$

(C) $f(x,y)=\begin{cases}(x^2+y^2)\sin\dfrac{1}{\sqrt{x^2+y^2}}, & x^2+y^2\neq 0,\\ 0, & x^2+y^2=0\end{cases}$

(D) $f(x,y)=\begin{cases}\sqrt{x^2+y^2}\sin\dfrac{1}{x^2+y^2}, & x^2+y^2\neq 0,\\ 0, & x^2+y^2=0\end{cases}$

QK 36. 函数 $f(x,y)=\begin{cases}(x^2+y^2)\sin\dfrac{1}{x^2+y^2}, & x^2+y^2\neq 0,\\ 0, & x^2+y^2=0\end{cases}$ 在点(0,0)处(　　).

(A) 不连续　　(B) 连续但偏导数不存在

(C) 偏导数存在但不可微　　(D) 可微

QK 37. 函数 $f(x,y)=\begin{cases}\dfrac{\sin(x^2+y^2)}{x^2+y^2}, & (x,y)\neq(0,0),\\ 1, & (x,y)=(0,0)\end{cases}$ 在 $D=\{(x,y)\mid x^2+y^2\leqslant 1\}$ 上(　　).

(A) 有最大值，无最小值　　(B) 有最小值，无最大值

(C) 既无最大值，又无最小值　　(D) 既有最大值，又有最小值

JK 38. 设 $f(x,y)$ 在点(0,0)的邻域内连续，且 $\lim\limits_{(x,y)\to(0,0)}\dfrac{f(x,y)-4xy}{x^2+y^2}=1$，则(　　).

(A) 点(0,0)是 $f(x,y)$ 的极小值点

(B) 点(0,0)是 $f(x,y)$ 的极大值点

(C) 点(0,0)不是 $f(x,y)$ 的极值点

(D) 所给条件不足以判断点(0,0)是否为 $f(x,y)$ 的极值点

JK 39. 已知函数 $f(x,y)$ 在点(0,0)的某邻域内连续,且

$$\lim_{\substack{x\to 0\\ y\to 0}}\frac{f(x,y)-axy}{(x^2+y^2)^2}=1,$$

其中 a 为非零常数,则 $f(0,0)$(　　).

(A) 是极大值　　(B) 是极小值

(C) 不是极值　　(D) 是否取极值与 a 有关

QK 40. 设 $u(x,y)$ 在平面有界闭区域 D 上具有二阶连续偏导数,且

$$\frac{\partial^2 u}{\partial x\partial y}\neq 0,\frac{\partial^2 u}{\partial x^2}\cdot\frac{\partial^2 u}{\partial y^2}=0,$$

则 $u(x,y)$ 的(　　).

(A) 最大值点和最小值点必定都在 D 的内部

(B) 最大值点和最小值点必定都在 D 的边界上

(C) 最大值点在 D 的内部,最小值点在 D 的边界上

(D) 最小值点在 D 的内部,最大值点在 D 的边界上

QK 41. 函数 $z=xy(3-x-y)$ 的极值点是(　　).

(A)(0,0)　　(B)(1,1)　　(C)(3,0)　　(D)(0,3)

JK 42. 设 $F(x,y)$ 在 (x_0,y_0) 的某邻域内有二阶连续偏导数,且 $F(x_0,y_0)=0$, $F'_x(x_0,y_0)=0,F''_{xx}(x_0,y_0)>0,F'_y(x_0,y_0)<0$,则由方程 $F(x,y)=0$ 在 (x_0,y_0) 的某邻域内确定的隐函数 $y=y(x)$ 在 x_0 处(　　).

(A) 取得极大值　　(B) 取得极小值

(C) 不取极值　　(D) 无法判断

JK 43. 设二元函数

$$z=f(x,y)=\begin{cases}\dfrac{2x|y|}{\sqrt{x^2+y^2}}, & (x,y)\neq(0,0),\\ 0, & (x,y)=(0,0).\end{cases}$$

则命题

①$f'_x(0,0)=0,f'_y(0,0)=0$;

② 若 $z=f[\sin t,\ln(1+t)]$，则 $\left.\frac{\mathrm{d}z}{\mathrm{d}t}\right|_{t=0}=0$.

正确与否的结论是(　　).

(A)① 正确，② 不正确　　(B)① 不正确，② 正确

(C)① 与 ② 都正确　　(D)① 与 ② 都不正确

QK　44. 设函数 $f(u)$ 二阶导数连续，且 $f(u)>0, f'(0)=0$，则函数 $z=f(x)\ln f(y)$ 在点(0,0) 处取得极大值的一个充分条件是(　　).

(A) $f(0)<1, f''(0)<0$　　(B) $f(0)>1, f''(0)>0$

(C) $f(0)<1, f''(0)>0$　　(D) $f(0)>1, f''(0)<0$

QK　45. 设 $f(x,y)$ 为连续函数，且 $\lim\limits_{\substack{x\to 0\\ y\to 0}}\frac{f(x,y)-f(0,0)}{x^3+y^3-3x^2-3y^2}=1$，则(　　).

(A) $f(0,0)$ 为 $f(x,y)$ 的极小值　　(B) $f(0,0)$ 为 $f(x,y)$ 的极大值

(C) $f(0,0)$ 不是 $f(x,y)$ 的极值　　(D) 不能确定

QK　46. 设函数 $z=z(x,y)=\begin{cases} xy\sin\frac{1}{\sqrt{x^2+y^2}}, & (x,y)\neq(0,0), \\ 0, & (x,y)=(0,0), \end{cases}$ 则函数 $z(x,y)$ 在点(0,0) 处(　　).

(A) 不连续，而两个偏导数 $z'_x(0,0)$ 与 $z'_y(0,0)$ 存在

(B) 连续，而两个偏导数 $z'_x(0,0)$ 与 $z'_y(0,0)$ 不存在

(C) 连续，两个偏导数 $z'_x(0,0)$ 与 $z'_y(0,0)$ 都存在，但不可微

(D) 可微

JK　47. (仅数学一) 设 $z=f(x,y)$ 在点 $O(0,0)$ 的某邻域内有定义，向量 $\boldsymbol{e}^+=\boldsymbol{i}, \boldsymbol{e}^-=-\boldsymbol{i}$，$\frac{\partial z}{\partial \boldsymbol{e}^+}$ 与 $\frac{\partial z}{\partial \boldsymbol{e}^-}$ 表示相应的方向导数，则 $\left.\frac{\partial z}{\partial \boldsymbol{e}^+}\right|_{(0,0)}$ 与 $\left.\frac{\partial z}{\partial \boldsymbol{e}^-}\right|_{(0,0)}$ 都存在是 $\left.\frac{\partial z}{\partial x}\right|_{(0,0)}$ 存在的(　　).

(A) 充分非必要条件　　(B) 必要非充分条件

(C) 充要条件　　(D) 既非充分也非必要条件

QJK　48. (仅数学一) 设 $Q(x,y)=\frac{x}{y^2}(y>0)$，且 $P(x,y)\mathrm{d}x+Q(x,y)\mathrm{d}y$ 是某二元函数的全微分，则 $P(x,y)$ 可取为(　　).

(A) $y^2-\frac{x^2}{y^3}$　　(B) $\frac{1}{y^2}-\frac{x^2}{y^3}$

(C) $x^2-\frac{1}{y}$　　(D) $\frac{1}{x^2}-\frac{1}{y}$

JK　49. 设 $f(x,y)=\frac{x}{y^2}e^{-\left(\frac{x}{y}\right)^2}$，$y\neq 0$，记 $I_1=\lim\limits_{y\to 0}\left[\int_0^1 f(x,y)\mathrm{d}x\right]$，$I_2=\int_0^1[\lim\limits_{y\to 0}f(x,y)]\mathrm{d}x$，则(　　).

(A) $I_1>I_2$　　(B) $I_1<I_2$

(C) $I_1=I_2$　　(D) I_1 与 I_2 的大小关系不确定

QK　50. 若 $f(x,y)$ 在点 $(0,0)$ 的全微分 $\mathrm{d}f=0$，则点 $(0,0)$ 处的全增量 Δf 可以为(　　).

(A) $\sqrt{|\Delta x\Delta y|}$　　(B) $\frac{\Delta x\Delta y}{\sqrt{(\Delta x)^2+(\Delta y)^2}}$

(C) $\frac{\sin[(\Delta x)^2-(\Delta y)^2]}{\sqrt{(\Delta x)^2+(\Delta y)^2}}$　　(D) $[(\Delta x)^2+(\Delta y)^2]\sin\frac{1}{(\Delta x)^2+(\Delta y)^2}$

JK　51. 设 $f(x,y)=\begin{cases}xy, & |x|\geqslant|y|,\\ -xy, & |x|<|y|,\end{cases}$ 则 $f''_{xy}(0,0)$ 和 $f''_{yx}(0,0)$ 依次为(　　).

(A) 1,1　　(B) 1, −1　　(C) −1,1　　(D) −1, −1

QJK　52. 设 $y=f(x)$ 是由方程 $F\left(\ln\frac{x}{y},\frac{x^2-y^2}{xy}\right)=0$ 确定的函数，其中函数 $F(u,v)$ 具有连续偏导数，且 $F'_u\cdot F'_v>0$，则 $\frac{\mathrm{d}y}{\mathrm{d}x}=$(　　).

(A) $\frac{y}{x}$　　(B) $\frac{x}{y}$

(C) $-\frac{y}{x}$　　(D) $-\frac{x}{y}$

QK　53. 设 $f(x,y)=e^{x+y}\left[x^{\frac{1}{3}}(y-1)^{\frac{1}{3}}+y^{\frac{1}{3}}(x-1)^{\frac{2}{3}}\right]$，则在点 $(0,1)$ 处的两个偏导数 $f'_x(0,1)$ 和 $f'_y(0,1)$ 的情况为(　　).

(A) 两个偏导数均不存在　　(B) $f'_x(0,1)$ 不存在，$f'_y(0,1)=\frac{4}{3}e$

(C) $f'_x(0,1)=\frac{e}{3}$，$f'_y(0,1)=\frac{4}{3}e$　　(D) $f'_x(0,1)=\frac{e}{3}$，$f'_y(0,1)$ 不存在

JK　54. 设函数 $f(x,y)$ 在区域 $D=\{(x,y)\mid x^2+y^2<3\}$ 上可微，$f(0,0)=0$，且对任意 $(x,y)\in D$，有 $\frac{\partial f}{\partial x}<-\frac{1}{2}$，$\frac{\partial f}{\partial y}>\frac{1}{2}$，则下列结论正确的是(　　).

(A) $f(1,1)<0$　　(B) $f(-1,-1)<-1$

(C) $f(1,-1)>0$　　(D) $f(-1,1)>1$

QK 55. 设函数 $f(x,y)$ 在点 $(0,0)$ 处的某一邻域内有定义，且 $\lim\limits_{\substack{x\to 0\\ y\to 0}}\dfrac{f(x,y)-f(0,0)}{\cos(x^2+y^2)-1}=1$，则下列结论不正确的是(　　).

(A) $f(x,y)$ 在点 $(0,0)$ 处连续　　(B) $f'_x(0,0)$ 与 $f'_y(0,0)$ 都存在但不为零

(C) $f'_x(0,0)=f'_y(0,0)=0$　　(D) $f(x,y)$ 在点 $(0,0)$ 处可微

QJK 56. 设 $f(x,y)$ 在点 $(0,0)$ 处连续，若 $\lim\limits_{\substack{x\to 0\\ y\to 0}}\dfrac{f(x,y)-2x-3y}{(x^2+y^2)^\alpha}=1$，其中 $\alpha>0$，则 $f(x,y)$ 在点 $(0,0)$ 处可微的充分必要条件是(　　).

(A) $\alpha<\dfrac{1}{2}$　　(B) $\alpha=\dfrac{1}{2}$　　(C) $\alpha>\dfrac{1}{2}$　　(D) $\alpha>1$

JK 57. 设函数 $z=z(x,y)$ 具有二阶连续偏导数，$\dfrac{\partial^2 z}{\partial x^2}=\dfrac{\partial^2 z}{\partial y^2}$，且满足 $z(x,3x)=x^2$，$z'_1(x,3x)=x^3$，则 $z''_{12}(x,3x)=$(　　).

(A) $\dfrac{5}{4}x^2-\dfrac{1}{12}$　　(B) $\dfrac{5}{4}x^2+\dfrac{1}{12}$

(C) $\dfrac{4}{5}x^2-\dfrac{1}{12}$　　(D) $\dfrac{4}{5}x^2+\dfrac{1}{12}$

QK 58. 函数 $z=\dfrac{x^2}{2}+xy+\dfrac{y^2}{2}-2x-2y+5$(　　).

(A) 有无穷多个极小值点，没有极大值点

(B) 有无穷多个极大值点，没有极小值点

(C) 有无穷多个极大值点，也有无穷多个极小值点

(D) 既没有极大值点，也没有极小值点

JK 59. 设 $f(x,y)=\begin{cases} x\sin\dfrac{1}{y}+y\sin\dfrac{1}{x}, & xy\neq 0,\\ 0, & xy=0,\end{cases}$ 记 $I_1=\lim\limits_{x\to 0}[\lim\limits_{y\to 0}f(x,y)]$，$I_2=\lim\limits_{\substack{x\to 0\\ y\to 0}}f(x,y)$，则(　　).

(A) I_1 存在，I_2 不存在　　(B) I_1 不存在，I_2 存在

(C) I_1 存在，I_2 存在　　(D) I_1 不存在，I_2 不存在

JK 60. 设 $u=xe^{-y}z^2$，若函数 $z=z(x,y)$ 由方程 $e^{x+y-z}+xyz=1$ 确定，记 $a=\left.\dfrac{\partial u}{\partial x}\right|_{(1,0,1)}$；若该方程也可确定函数 $y=y(x,z)$，记 $b=\left.\dfrac{\partial u}{\partial x}\right|_{(1,0,1)}$，则(　　).

(A) $a=3,\ b=3$　　(B) $a=3,\ b=\dfrac{3}{2}$

(C) $a=\frac{3}{2}$, $b=3$　　(D) $a=\frac{3}{2}$, $b=\frac{3}{2}$

QK　61. 设 $f(x,y)$ 在有界闭区域 D 上连续，在 D 内有一阶偏导数. 若 $f(x,y)$ 在 D 的边界 ∂D 上的值均为 0，且 $\frac{\partial f(x,y)}{\partial x}+\frac{\partial f(x,y)}{\partial y}=f(x,y)$，则 $f(x,y)$(　　).

(A) 在 D 内有正的最大值

(B) 在 D 内有负的最小值

(C) 只在 D 的边界 ∂D 上取到最大值

(D) 在 D 的边界 ∂D 上可以取到最小值

QK　62. 已知 $F(x,y,z)=f(\pi y-\sqrt{2}z)-e^{2x-z}$，其中 f 可微. 若 $aF'_x+bF'_y+cF'_z=0$，则 (a,b,c) 可以是(　　).

(A) $\left(2,\frac{2\sqrt{2}}{\pi},1\right)$　　(B) $\left(1,\frac{2\sqrt{2}}{\pi},2\right)$

(C) $\left(1,2,\frac{2\sqrt{2}}{\pi}\right)$　　(D) $\left(2,1,\frac{2\sqrt{2}}{\pi}\right)$

QK　63. 已知 $f(x,y)$ 在点 $(0,0)$ 的某邻域内连续，且 $\lim\limits_{\substack{x\to 0\\ y\to 0}}\frac{f(x,y)-x^k y}{(x^2+y^2)^2}=1$，则(　　).

(A) $k=1$ 时，$(0,0)$ 是极小值点

(B) $k=2$ 时，$(0,0)$ 是极大值点

(C) $k=3$ 时，$(0,0)$ 是极小值点

(D) $k=4$ 时，$(0,0)$ 是极大值点

QJK　64. 设函数 $z=f(x,y)$ 具有二阶连续偏导数，且满足等式 $9\frac{\partial^2 z}{\partial x^2}-\frac{\partial^2 z}{\partial y^2}=0$. 若变换 $\begin{cases}u=x-3y,\\ v=x+ay\end{cases}$ 可把上述等式化简为 $\frac{\partial^2 z}{\partial u\partial v}=0$，则常数 $a=$(　　).

(A) -3　　(B) -2　　(C) 2　　(D) 3

JK　65.（仅数学一、数学二）一长方体的三条棱长分别用 x,y,z 表示，若 x,y 均以 1 cm/s 的速率增加，z 以 2 cm/s 的速率减少，则当 $x=2$ cm，$y=z=1$ cm 时，表面积 S 与体对角线长度 l 的变化率分别为(　　).

(A) $2\ \mathrm{cm^2/s}$, $\frac{\sqrt{6}}{6}$ cm/s　　(B) $-2\ \mathrm{cm^2/s}$, $\frac{\sqrt{6}}{6}$ cm/s

(C) $2\ \mathrm{cm^2/s}$, $-\frac{\sqrt{6}}{6}$ cm/s　　(D) $-2\ \mathrm{cm^2/s}$, $-\frac{\sqrt{6}}{6}$ cm/s

JK 66. 设 $z=f(u,v)$，$u=x-2y$，$v=x+ay$，函数 f 具有二阶连续偏导数，且 $\frac{\partial^2 z}{\partial u^2}=\frac{\partial^2 z}{\partial v^2}$，$\frac{\partial^2 z}{\partial u^2}+\frac{\partial^2 z}{\partial u\partial v}\neq 0$. 若 $\frac{\partial^2 z}{\partial x\partial y}=0$，则常数 $a=$（　　）.

(A) -2　　(B) -1　　(C) 1　　(D) 2

JK 67. 设函数 $u=u(x,y)$ 具有二阶连续偏导数，函数 $F(s,t)$ 具有一阶连续偏导数，且 $\left(\frac{\partial F}{\partial s}\right)^2+\left(\frac{\partial F}{\partial t}\right)^2\neq 0$，$F\left(\frac{\partial u}{\partial x},\frac{\partial u}{\partial y}\right)=0$，则有（　　）.

(A) $\frac{\partial^2 u}{\partial x^2}\cdot\frac{\partial^2 u}{\partial y^2}=\left(\frac{\partial^2 u}{\partial x\partial y}\right)^2$　　(B) $\frac{\partial^2 u}{\partial x^2}\cdot\frac{\partial^2 u}{\partial y^2}=-\left(\frac{\partial^2 u}{\partial x\partial y}\right)^2$

(C) $\frac{\partial^2 u}{\partial x^2}+\frac{\partial^2 u}{\partial y^2}=\left(\frac{\partial^2 u}{\partial x\partial y}\right)^2$　　(D) $\frac{\partial^2 u}{\partial x^2}-\frac{\partial^2 u}{\partial y^2}=\left(\frac{\partial^2 u}{\partial x\partial y}\right)^2$

JK 68. 设 $f(x,y)=|x-y|\varphi(x,y)$，其中 $\varphi(x,y)$ 在点$(0,0)$的某邻域内连续，则 $\varphi(0,0)=0$ 是 $f(x,y)$ 在点$(0,0)$处可微的（　　）.

(A) 必要非充分条件　　(B) 充分非必要条件

(C) 充要条件　　(D) 既非充分也非必要条件

QK 69. 设 $y=f(x,t)$，而 t 是由方程 $F(x,y,t)=0$ 所确定的 x,y 的函数，其中 f,F 均具有一阶连续偏导数，则 $\frac{dy}{dx}=$（　　）.

(A) $\frac{f'_x\cdot F'_t+f'_t\cdot F'_x}{F'_t}$　　(B) $\frac{f'_x\cdot F'_t-f'_t\cdot F'_x}{F'_t}$

(C) $\frac{f'_x\cdot F'_t+f'_t\cdot F'_x}{f'_t\cdot F'_y+F'_t}$　　(D) $\frac{f'_x\cdot F'_t-f'_t\cdot F'_x}{f'_t\cdot F'_y+F'_t}$

JK 70. 若函数 $u=xyf\left(\frac{x+y}{xy}\right)$，其中 f 是可微函数，且 $x^2\frac{\partial u}{\partial x}-y^2\frac{\partial u}{\partial y}=G(x,y)u$，则函数 $G(x,y)=$（　　）.

(A) $x+y$　　(B) $x-y$　　(C) x^2-y^2　　(D) $(x+y)^2$

QK 71. 设 $f(x,y)$ 与 $G(x,y)$ 均为可微函数，且 $G'_y(x,y)\neq 0$. 已知(x_0,y_0)是 $f(x,y)$ 在约束条件 $G(x,y)=0$ 下的一个极值点，则下列选项正确的是（　　）.

(A) 若 $f'_x(x_0,y_0)=0$，则 $f'_y(x_0,y_0)=0$

(B) 若 $f'_x(x_0,y_0)=0$，则 $f'_y(x_0,y_0)\neq 0$

(C) 若 $f'_x(x_0,y_0)\neq 0$，则 $f'_y(x_0,y_0)=0$

(D) 若 $f'_x(x_0,y_0)\neq 0$，则 $f'_y(x_0,y_0)\neq 0$

J K　72. 设二元函数 $f(x,y)=\int_0^{x-y}\frac{1+u^2}{1+e^{-u^2}\cos^2 u}du$，则下列结论正确的是(　　).

(A) $f(1,1)<-2$　　(B) $f(1,-1)>2$

(C) $f(-1,-1)>2$　　(D) $f(-1,1)>-2$

Q K　73. 设 $dz_1=x\,dx+y\,dy$，$dz_2=y\,dx+x\,dy$，则点 $(0,0)$(　　).

(A) 是 z_1 的极大值点，也是 z_2 的极大值点

(B) 是 z_1 的极小值点，也是 z_2 的极小值点

(C) 是 z_1 的极大值点，不是 z_2 的极值点

(D) 是 z_1 的极小值点，不是 z_2 的极值点

J K　74. 设 $z=z(x,y)$ 是由方程 $F(xy,yz,zx)=0$ 所确定的函数，其中函数 $F(u,v,w)$ 具有一阶连续偏导数，且 $F'_u(1,1,1)=1$，$F'_v(1,1,1)=2$，$F'_w(1,1,1)=3$，$z(1,1)=1$，则 $dz\big|_{(1,1)}=$(　　).

(A) $\frac{3}{5}dx+\frac{4}{5}dy$　　(B) $-\frac{3}{5}dx-\frac{4}{5}dy$

(C) $\frac{4}{5}dx+\frac{3}{5}dy$　　(D) $-\frac{4}{5}dx-\frac{3}{5}dy$

Q J K　75. 设函数 $z=z(x,y)$ 由方程 $F\left(\frac{y}{x},\frac{z}{y}\right)=0$ 确定，其中 F 具有一阶连续偏导数. 若 $ax\frac{\partial z}{\partial x}+by\frac{\partial z}{\partial y}-z=0$，则(　　).

(A) $a=1,b=-1$　　(B) $a=-1,b=1$

(C) $a=1,b=1$　　(D) $a=-1,b=-1$

Q J K　76. 设 $z=z(x,y)$ 是由方程 $y-2z=\varphi(x-3z)$ 所确定的函数，其中 φ 为可导函数. 若 $a\frac{\partial z}{\partial x}+b\frac{\partial z}{\partial y}=1$，则常数 a,b 的值分别为(　　).

(A) $3,2$　　(B) $-3,-2$　　(C) $-3,2$　　(D) $3,-2$

J K　77. 设二元函数 $z=f(x,y)$ 的全微分 $dz=(3x^2-3)dx+(6y-6)dy$，则(　　).

(A) $f(1,1)$ 是极小值，$f(-1,1)$ 不是极值

(B) $f(1,1)$ 是极大值，$f(-1,1)$ 不是极值

(C) $f(1,1)$ 是极大值，$f(-1,1)$ 是极小值

(D) $f(1,1)$ 是极小值，$f(-1,1)$ 是极大值

Q K　78. 设函数 $z=f(x,y)$ 的全微分为 $dz=(x^2-1)dx-(y^2-1)dy$，则(　　).

(A) $f(1,1)$ 是极大值，$f(-1,-1)$ 是极小值

(B) $f(1,1)$ 是极小值，$f(-1,-1)$ 是极大值

(C) $f(1,-1)$ 是极大值，$f(-1,1)$ 是极小值

(D) $f(1,-1)$ 是极小值，$f(-1,1)$ 是极大值

QK 79. 函数 $f(x,y)=3axy-x^3-y^3\ (a>0)$（　　）.

(A) 没有极值　　(B) 既有极大值也有极小值

(C) 仅有极小值　　(D) 仅有极大值

QK 80. 函数 $f(x,y)=\begin{cases}\dfrac{\sqrt[3]{1+xy}-1}{\sqrt{x^2+y^2}}, & (x,y)\neq(0,0),\\ 0, & (x,y)=(0,0)\end{cases}$ 在点 $(0,0)$ 处（　　）.

(A) 偏导数存在但不连续　　(B) 连续但偏导数不存在

(C) 连续，偏导数存在但不可微　　(D) 可微

JK 81. 设 $f(x)$ 为二阶可导函数，且 $x=0$ 是 $f(x)$ 的驻点，则二元函数 $z=f(x)f(y)$ 在点 $(0,0)$ 处取得极大值的一个充分条件是（　　）.

(A) $f(0)<0,f''(0)>0$　　(B) $f(0)<0,f''(0)<0$

(C) $f(0)>0,f''(0)>0$　　(D) $f(0)=0,f''(0)\neq 0$

JK 82. 已知四个点 $P_1(-2,1,1)$，$P_2(2,-1,1)$，$P_3(1,-2,1)$，$P_4(-1,2,1)$ 都满足方程 $F(x,y,z)=x^2+xy+y^2+z^2-2z-2=0$，则分别在上述四个点的某邻域内，由 $F(x,y,z)=0$ 可确定出唯一的连续且具有一阶连续偏导数的函数是（　　）.

(A) $z=z(x,y)$ 并满足 $z(-2,1)=1$

(B) $y=y(x,z)$ 并满足 $y(2,1)=-1$

(C) $x=x(y,z)$ 并满足 $x(-2,1)=1$

(D) $y=y(x,z)$ 并满足 $y(-1,1)=2$

QJK 83. 设函数 $\varphi(x)$ 与 $\psi(x)$ 均具有二阶连续导数，$u=x\varphi(x+ay)+y\psi(x+ay)$，若 $\dfrac{\partial^2 u}{\partial x^2}-2\dfrac{\partial^2 u}{\partial x\partial y}+\dfrac{\partial^2 u}{\partial y^2}=0$，则 $a=$（　　）.

(A) -1　　(B) 1　　(C) -2　　(D) 2

JK 84. 设 $z=z(x,y)$ 是由方程 $\int_{2x-3y}^{z} f(2x-3y+z-t)\mathrm{d}t=\sin(2x-3y+z)$ 所确定的函数，其中 f 为连续函数，则（　　）.

(A) $3\dfrac{\partial z}{\partial x}+2\dfrac{\partial z}{\partial y}=0$　　(B) $3\dfrac{\partial z}{\partial x}-2\dfrac{\partial z}{\partial y}=0$

(C)$2\frac{\partial z}{\partial x}+3\frac{\partial z}{\partial y}=0$　　(D)$2\frac{\partial z}{\partial x}-3\frac{\partial z}{\partial y}=0$

JK　85. 函数 $f(x,y)=\begin{cases}\frac{\sqrt{|xy|}}{x^2+y^2}\sin(x^2+y^2), & x^2+y^2\neq 0,\\ 0, & x^2+y^2=0\end{cases}$ 在点(0,0)处(　　).

(A) 不连续　　(B) 连续但偏导数不存在

(C) 偏导数存在但不可微　　(D) 可微

QK　86. 设函数 $g(x)$ 可微，$f(x,y)=\mathrm{e}^{x-yg(x)}$，$g'(1)=-1$，$\left.\frac{\partial f}{\partial x}\right|_{\substack{x=1\\y=1}}=1$，则 $\left.\frac{\partial f}{\partial y}\right|_{\substack{x=1\\y=1}}=$(　　).

(A) $\frac{1}{2}(1-\ln 3)$　　(B) $-\frac{1}{2}(1+\ln 3)$

(C) $\frac{1}{2}(1-\ln 2)$　　(D) $-\frac{1}{2}(1+\ln 2)$

QK　87. 设 $z=\frac{x\cos y-y\cos x}{1+\sin x+\sin y}$，则全微分 $\mathrm{d}z\Big|_{(0,0)}=$(　　).

(A)$\mathrm{d}x+\mathrm{d}y$　　(B)$-\mathrm{d}x+\mathrm{d}y$

(C)$\mathrm{d}x-\mathrm{d}y$　　(D)$-\mathrm{d}x-\mathrm{d}y$

JK　88. 设 z 是 x,y 的函数，且具有二阶连续的偏导数，并设经自变量的非奇异线性变换 $\begin{cases}u=x-2y,\\ v=x+ay\end{cases}$ 之后，方程 $6\frac{\partial^2 z}{\partial x^2}+\frac{\partial^2 z}{\partial x\partial y}-\frac{\partial^2 z}{\partial y^2}=3\frac{\partial z}{\partial x}-\frac{\partial z}{\partial y}$ 变换成 $k\frac{\partial^2 z}{\partial u\partial v}=\frac{\partial z}{\partial u}$，则常数 a 与常数 k 的和 $a+k=$(　　).

(A)3　　(B)6　　(C)8　　(D)11

JK　89. 下列结论正确的是(　　).

(A)$z=f(x,y)$ 在点(x_0,y_0)某邻域内两个偏导数存在，则 $z=f(x,y)$ 在点(x_0,y_0)处连续

(B)$z=f(x,y)$ 在点(x_0,y_0)某邻域内连续，则 $z=f(x,y)$ 在点(x_0,y_0)处两个偏导数存在

(C)$z=f(x,y)$ 在点(x_0,y_0)某邻域内两个偏导数存在且有界，则 $z=f(x,y)$ 在点(x_0,y_0)处连续

(D)$z=f(x,y)$ 在点(x_0,y_0)某邻域内连续，则 $z=f(x,y)$ 在点(x_0,y_0)某邻域

内两个偏导数有界

QJK 90. 已知 $F(a,b)=\int_0^{\frac{\pi}{2}}(a\sin x-\sin^2 x+b)^2\cos x\,\mathrm{d}x$，则使 $F(a,b)$ 取得最小值的 a,b 分别为（　　）.

(A) $1,\frac{1}{6}$　　(B) $1,-\frac{1}{6}$　　(C) $-1,\frac{1}{6}$　　(D) $-1,-\frac{1}{6}$

QK 91. 已知函数 $f(x,y)=x\mathrm{e}^{\cos y}+\frac{x^2+\mathrm{e}^2}{2}$，则（　　）.

(A) $(-\mathrm{e},2\pi)$ 是 $f(x,y)$ 的极小值点

(B) $(-\mathrm{e},2\pi)$ 是 $f(x,y)$ 的极大值点

(C) $\left(-\frac{1}{\mathrm{e}},3\pi\right)$ 是 $f(x,y)$ 的极小值点

(D) $\left(-\frac{1}{\mathrm{e}},3\pi\right)$ 是 $f(x,y)$ 的极大值点

JK 92. 设函数 $f(x,y)=\begin{cases}1, & y=x^3,x\neq 0,\\ 0, & 其他,\end{cases}$ 则以下结论中（　　）.

① $\lim\limits_{\substack{x\to 0\\ y=x^3}}f(x,y)=1$；　② $\frac{\partial f(0,0)}{\partial x}=0$；

③ $\frac{\partial f(0,0)}{\partial y}=1$；　④ $f(x,y)$ 在点 $(0,0)$ 处可微.

正确结论的个数为（　　）.

(A) 1　　(B) 2　　(C) 3　　(D) 4

JK 93.（仅数学一）设函数 $f(x,y)=\begin{cases}xy, & xy\neq 0,\\ y, & x=0,\\ x, & y=0,\end{cases}$ $\boldsymbol{l}=(\cos\alpha,\sin\alpha)$ 为任意不平行于坐标轴的单位向量，给出以下结论：

① $\frac{\partial f(0,0)}{\partial y}=1$；　② $\frac{\partial f(0,0)}{\partial \boldsymbol{l}}=0$；

③ $(1,1)$ 是 $f(x,y)$ 在点 $(0,0)$ 的梯度；　④ $(1,0)$ 是 $f(x,y)$ 在点 $(0,0)$ 的梯度.

正确结论的个数为（　　）.

(A) 1　　(B) 2　　(C) 3　　(D) 4

JK 94. 设函数 $f(x,y)$ 在点 $(0,1)$ 的某邻域内一阶偏导数连续，$f(0,1)=0$，$f'_y(0,1)=1$，则 $f\left(x,\int_1^t \ln x\,\mathrm{d}x\right)=0$（　　）.

(A) 在点$(0,1)$附近可确定$t=t(x)$，且$t'(0)=-f'_x(0,1)$

(B) 在点$(0,1)$附近可确定$t=t(x)$，且$t'(0)=-1$

(C) 在点$(0,e)$附近可确定$t=t(x)$，且$t'(0)=-f'_x(0,1)$

(D) 在点$(0,e)$附近可确定$t=t(x)$，且$t'(0)=-1$

JK 95. 设函数$f(x,y)$具有二阶连续偏导数，且在点(x_0,y_0)处取极大值，记$a=\left.\frac{\partial^2 f}{\partial x^2}\right|_{(x_0,y_0)}$，$b=\left.\frac{\partial^2 f}{\partial y^2}\right|_{(x_0,y_0)}$，则(　　).

(A)$a>0,b>0$　　(B)$a\geqslant 0,b\geqslant 0$

(C)$a<0,b<0$　　(D)$a\leqslant 0,b\leqslant 0$

QK 96. 设$f(x,y)$为可微函数，$f(0,0)=0$，$f'_x(x,y)>1$，$f'_y(x,y)<-1$，则(　　).

(A)$f(-1,-1)<0$　　(B)$f(-1,1)<-2$

(C)$f(1,-1)<2$　　(D)$f(1,1)>0$

QK 97. 设函数$f(x)$具有二阶连续导数，且$f'(0)=0$，则函数$F(x,y)=e^{-x^2}f(y)$在点$(0,0)$处取得极小值的一个充分条件为(　　).

(A)$f(0)<0,f''(0)<0$　　(B)$f(0)<0,f''(0)>0$

(C)$f(0)>0,f''(0)<0$　　(D)$f(0)>0,f''(0)>0$

JK 98. 二元函数$f(x,y)=\begin{cases}\dfrac{xy}{|x|^m+|y|^n}, & x^2+y^2\neq 0,\\ 0, & x^2+y^2=0,\end{cases}$其中$m,n$为正整数，函数在$(0,0)$处不连续，但偏导数存在，则$m,n$需满足(　　).

(A)$m\geqslant 2,n<2$　　(B)$m\geqslant 2,n\geqslant 2$

(C)$m<2,n\geqslant 2$　　(D)$m<2,n<2$

二、填空题

QK 1. 设函数$z=f(x,y)$连续，且$\lim\limits_{(x,y)\to(1,0)}\frac{f(x,y)-3x+y+5}{(x-1)^2+y^2}=\frac{1}{4}$，则$\left.dz\right|_{(1,0)}=$________.

QJK 2. 已知$f(x,y)=(xy+xy^2)e^{x+y}$，则$\frac{\partial^{10} f}{\partial x^5\partial y^5}=$________.

QK 3. 设$u=\arctan\frac{x+y}{1-xy}$，则$\left.\frac{\partial^2 u}{\partial x\partial y}\right|_{(1,0)}=$________.

QK 4. 函数$u=\arcsin\frac{\sqrt{x^2+y^2}}{z}$的定义域为________.

QJK 5. 设 $u=\dfrac{x}{\sqrt{x^2+y^2}}$，则在极坐标 $\begin{cases}x=r\cos\theta,\\ y=r\sin\theta\end{cases}$ 下，$\dfrac{\partial u}{\partial\theta}=$________.

QK 6. 设 $z=z(x,y)$ 是由方程 $x^2y-z=\varphi(x+y+z)$ 所确定的函数，其中 φ 可导，且 $\varphi'\neq-1$，则 $\dfrac{\partial z}{\partial x}=$________.

QK 7. 设 $z=\arctan[xy+\cos(x+y)]$，则 $\mathrm{d}z\Big|_{(0,\pi)}=$________.

QK 8. 设函数 $f(u)$ 可导，$z=yf(x^{y^2})$，则 $2x\dfrac{\partial z}{\partial x}+y\dfrac{\partial z}{\partial y}=$________.

JK 9. 设 $F(x,y)=\int_0^{x-y}(x-y-t)\mathrm{e}^t\mathrm{d}t$，则 $\dfrac{\partial^2 F}{\partial x^2}+\dfrac{\partial^2 F}{\partial y^2}=$________.

QK 10. 函数 $z=x^y$ 在点(1,2) 处的全微分为 $\mathrm{d}z=$________.

JK 11. 设函数 $z=z(x,y)$ 由方程 $\sin(x-y)+\int_1^z \mathrm{e}^{-t^2}\mathrm{d}t=0$ 确定，则 $\mathrm{d}z\Big|_{(0,0)}=$________.

QK 12. 设 $z=z(x,y)$ 是由方程 $3x+xyz+z^3=1$ 所确定的函数，则 $\dfrac{\partial^2 z}{\partial x^2}\Bigg|_{\substack{x=0\\y=0}}=$________.

JK 13. 设函数 $f(x,y)$ 存在二阶偏导数，$f''_{xx}(x,y)=3$，且 $f(0,y)=4$，$f'_x(0,y)=-y$，则 $f(x,y)=$________.

JK 14.（仅数学三）设某两种商品的需求函数为 $Q=\dfrac{a}{p_A^2p_B}(a>0)$，其中商品 A 的价格为 p_A，商品 B 的价格为 p_B，则需求对商品 A 的价格弹性为________.

JK 15.（仅数学三）以 p_A，p_B 分别表示 A，B 两种商品的价格，设商品 A 的需求函数为

$$Q_A=500-p_A^2-p_Ap_B+2p_B^2,$$

则当 $p_A=10$，$p_B=20$ 时，商品 A 的需求量对自身价格的弹性 $\eta_{AA}(\eta_{AA}>0)$ 为________.

QJK 16. 设 $z=f(x,y)$ 由 $\int_1^z \mathrm{e}^{-\frac{t^2}{2}}\mathrm{d}t+\ln(xy^2)=0$ 所确定，则 $\mathrm{d}z\Big|_{(1,-1)}=$________.

JK 17. 设 $f(x,y)=x\mathrm{e}^{-xy}$，则当 $n\geqslant 1$ 时，$\dfrac{\partial^n f}{\partial x^n}\Bigg|_{(0,1)}=$________.

QK 18. 函数 $f(x,y)=1+x+2y+x^2+xy^2$ 在点(0,0) 处的二阶泰勒多项式为________.

QK 19. 已知函数 $f(x,t)=\int_0^{\frac{x}{2\sqrt{at}}}\mathrm{e}^{-u^2}\mathrm{d}u$，$t>0$，若 $a\dfrac{\partial^2 f}{\partial x^2}+b\dfrac{\partial f}{\partial t}\equiv 0$，$a,b$ 为常数且

$a>0$,则$b=$________.

QK　20. 设 $z=f(x^2+y^2,x+y)$,其中函数 $f(u,v)$ 具有二阶连续偏导数,且 $f''_{uu}(5,3)=2$, $f''_{uv}(5,3)=3$, $f''_{vv}(5,3)=4$,则 $\left.\dfrac{\partial^2 z}{\partial x\partial y}\right|_{\substack{x=1\\y=2}}=$________.

QK　21. 设 $z=x^y$, $x=\sin t$, $y=\tan t$,则导数 $\dfrac{dz}{dt}=$________.

QK　22. 设可微函数 $z=f(x,y)$ 与 xOy 面的交线方程为 $y=\int_0^x e^{t^2}dt+x$,且 $f'_x(0,0)=1$,则 $f'_y(0,0)=$________.

QK　23. 设函数 $f(u)$ 可导, $z=f(\cos y-\cos x)+xy$,则 $\dfrac{1}{\sin x}\cdot\dfrac{\partial z}{\partial x}+\dfrac{1}{\sin y}\cdot\dfrac{\partial z}{\partial y}=$________.

QK　24. 设 f 可微,则由方程 $f(cx-az,cy-bz)=0$ 确定的函数 $z=z(x,y)$ 满足 $az'_x+bz'_y=$________.

QK　25. 设 $z=e^{\sin xy}$,则 $dz=$________.

QK　26. 设 $u=x^4+y^4-4x^2y^2$,则 $\dfrac{\partial^2 u}{\partial x^2}=$________.

QJK　27. 设 $f(x,y)=x+(y-1)\arcsin\sqrt{xy}$,则 $f'_x(x,1)=$________.

QK　28. 设函数 $z=\left(1+\dfrac{x}{y}\right)^2$,则 $dz\Big|_{(1,1)}=$________.

QK　29. 若 $z=\sin(xy)$,则 $\dfrac{\partial^2 z}{\partial x\partial y}=$________.

JK　30. 设 $z=z(x,y)$ 是由方程 $z^3-3x^2z-6yz+3x-3y=1$ 所确定的函数,则 $\left.\dfrac{\partial^2 z}{\partial x\partial y}\right|_{(0,0)}=$________.

QK　31. 函数 $f(x,y)=e^{2x}(x+y^2+2y)$ 的极小值为________.

JK　32. 设 $z=z(x,y)$ 是由方程 $e^{x-2y+3z}-2xe^{-y}\cos z=1$ 所确定的函数,则 $dz\Big|_{\substack{x=0\\y=0}}=$________.

JK　33. 设 $f(x,y)=e^{ay}\cos(\ln x)$,常数 $a\neq 0$,则 $\dfrac{\partial^2 f(x,y)}{\partial x^2}+\dfrac{1}{a^2x^2}\cdot\dfrac{\partial^2 f(x,y)}{\partial y^2}+\dfrac{\partial f(x,y)}{\partial x}=$________.

JK　34. 设 $z=z(x,y)$ 是由 $z+e^z=xy$ 所确定的二元函数,则当 $z=0$ 时,

$\dfrac{\partial^2 z}{\partial x \partial y}=$________.

QJK 35. 已知 x,y,z,t 四个变量之间满足关系 $x+y-z=\mathrm{e}^z, x\mathrm{e}^{x^2}=\tan t, y=\cos t$，则$\left.\dfrac{\mathrm{d}z}{\mathrm{d}t}\right|_{t=0}=$________.

JK 36. 设 $z=\int_0^{x^2 y} f(t,\mathrm{e}^t)\mathrm{d}t$，$f$ 一阶偏导连续，则$\dfrac{\partial^2 z}{\partial x \partial y}=$________.

QJK 37. 设 $f(u)$ 可导，$P(x,y)=\dfrac{1}{x}f\left(\dfrac{x}{y}\right)+y, Q(x,y)=-\left[\dfrac{1}{y}f\left(\dfrac{x}{y}\right)+x\right]$，其中 $xy\neq 0$，则$\dfrac{\partial Q}{\partial x}-\dfrac{\partial P}{\partial y}=$________.

JK 38. 设 $f(x,y,z)=\sqrt{\dfrac{x^4+y^4+z^4}{x^2+y^2+z^2}}$，则 $xf'_x(x,y,z)+yf'_y(x,y,z)+zf'_z(x,y,z)=$________.

QK 39. 设 $g(x,y)=f(2xy,x^2-y^2)$，其中 $f(u,v)$ 具有二阶连续偏导数，且$\dfrac{\partial^2 f}{\partial u^2}+\dfrac{\partial^2 f}{\partial v^2}=1$，则$\left.\dfrac{\partial^2 g}{\partial x^2}\right|_{\substack{x=1\\y=2}}+\left.\dfrac{\partial^2 g}{\partial y^2}\right|_{\substack{x=1\\y=2}}=$________.

QK 40. 设函数 $f(x,y)=\mathrm{e}^{-x}(ax+b-y^2)$，若 $f(-1,0)$ 为其极大值，则 a,b 满足________.

JK 41. 设 $z_1(x,y)=\dfrac{y}{x-y}, z_2(x,y)=\dfrac{y}{x+y}$，则$\left.\dfrac{\partial^n z_1}{\partial x^n}\right|_{(0,1)}+\left.\dfrac{\partial^n z_2}{\partial x^n}\right|_{(0,1)}=$________.

JK 42. 已知 $f(u)$ 可导且 $f(u)\neq 0$，对于 $z=\dfrac{y}{f(x^2-y^2)}, xy\neq 0$，则$\dfrac{1}{x}\dfrac{\partial z}{\partial x}+\dfrac{1}{y}\dfrac{\partial z}{\partial y}=$________.

JK 43. (仅数学一) 曲面 $x^2+2y^2+3z^2=1$ 的切平面与三个坐标平面围成的有限区域的体积的最小值为________.

QK 44. 设函数 $z=z(x,y)$ 由方程 $(x+1)z+2y\ln z-\arctan(xy)=1$ 确定，则$\left.\dfrac{\partial z}{\partial x}\right|_{(0,2)}=$________.

JK 45. 设函数 $f(x,\sin x)=x+\sin x, f'_x(x,y)=1+2\cos x$，则 $\left.f'_y(x,y)\right|_{y=\sin x}=$________.

JK 46. 设 $\mathrm{e}^x+y^2+|z|=3$，其中 x,y,z 为实数，若 $\mathrm{e}^x y^2|z|\leqslant k$ 恒成立，则 k 的取值范围是________.

QK　47. 设函数 $f(x,y)=\int_0^{xy} e^{xt^2}\,dt$，则 $\left.\dfrac{\partial^2 f}{\partial x\partial y}\right|_{(1,1)}=$ ________.

JK　48. 已知函数 $f(x,y)$ 满足 $d[f(x,y)]=\dfrac{(x+2y)dx+ydy}{(x+y)^2}$，$f(1,1)=\ln 2-\dfrac{1}{2}$，则 $f(2,2)=$ ________.

K　49.（仅数学三）设需求函数为 $Q=\dfrac{1}{10}p_A^{-\frac{3}{4}}p_B^{-\frac{7}{8}}M^{\frac{1}{4}}$，$p_A,p_B$ 分别为 A，B 两种商品的价格，M 为收入. 若 $\dfrac{\partial(\ln Q)}{\partial(\ln M)}=\dfrac{1}{4}$，则需求对收入的弹性为________.

QK　50. 设 $y=y(x)$ 及 $z=z(x)$ 由方程 $e^z-xyz=0$ 及 $xz^2=\ln y$ 所确定，则 $\left.\dfrac{dz}{dx}\right|_{x=\frac{1}{2}}=$ ________.

JK　51. 设 $f(x,y)=\begin{cases}\dfrac{1-e^{-xy}}{x}, & x\neq 0,\\ y, & x=0,\end{cases}$ 则 $\lim\limits_{\substack{x\to 0\\ y\to 1}}\left[\dfrac{\partial f(x,y)}{\partial x}-\dfrac{\partial f(0,1)}{\partial x}\right]=$ ________.

JK　52. 若可微函数 $z=f(x,y)$ 在平面区域 $D=\{(x,y)\mid x^2+y^2\leqslant 5\}$ 上的最大值点为(1,2)，且 $f(1,2)=M$，则曲线 $f(x,y)=M$ 在点(1,2)处的切线方程为________.

JK　53. 设 $z=z(u,v)$ 具有二阶连续偏导数，且 $\dfrac{\partial^2 z}{\partial u\partial v}=0$，又设 $u=x^2-y$，$v=f(xy)$，其中 f 二阶可导，满足 $f'+xyf''=0$，则 $\dfrac{\partial^2 z}{\partial x\partial y}=$ ________.

QK　54. 设函数 $f(u)$ 具有二阶连续导数，$F(x,y)=f\left(\dfrac{1}{r}\right)$，$r=\sqrt{x^2+y^2}$，则 $\dfrac{\partial^2 F}{\partial x^2}+\dfrac{\partial^2 F}{\partial y^2}=$ ________.

QK　55. 已知函数 $f(x,y)$ 连续，且满足 $\lim\limits_{\substack{x\to 1\\ y\to 0}}\dfrac{f(x,y)-2x+y+1}{\sqrt{(x-1)^2+y^2}}=0$，则 $\lim\limits_{t\to 0}\dfrac{f(1+t,0)-f(1,2t)}{t}=$ ________.

JK　56. 设函数 $z=f[\varphi(x),\varphi(xy)]$，其中函数 $f(u,v)$ 具有二阶连续偏导数，且 $d\left[\left.f(u,v)\right|_{\substack{u=0\\ v=0}}\right]=2du+3dv$，函数 φ 具有二阶连续导数，且 $\lim\limits_{x\to 1}\dfrac{\varphi(x)}{(x-1)^2}=2$，则 $\left.\dfrac{\partial^2 z}{\partial x\partial y}\right|_{\substack{x=1\\ y=1}}=$ ________.

QK　57. 函数 $f(x,y)=3+9x-6y+4x^2-5y^2+2xy+x^3+2xy^2-y^3$ 在点(1，−1)展开至 $n=2$ 的泰勒公式为 $f(x,y)=$ ________ $+R_2$，其中余项 $R_2=$ ________.

JK 58. 设常数 $a>0$，由方程组 $\begin{cases}xyz=a^3,\\x^2+y^2=2az\end{cases}$ 确定的满足 $y(a)=a,z(a)=a$ 的函数组 $y=y(x),z=z(x)$ 的 $y'(a)=$________，$z'(a)=$________.

QK 59. 设函数 $f(x,y)=\mathrm{e}^x\ln(1+y)$ 的二阶麦克劳林多项式为 $y+\frac{1}{2}(2xy-y^2)$，则其拉格朗日型余项 $R_2=$________.

QK 60. 设函数 $z=z(x,y)$ 由方程 $F\left(x+\frac{z}{y},y+\frac{z}{x}\right)=0$ 确定，$F(u,v)$ 可微，且 $z(2,3)=12$，则 $2\frac{\partial z}{\partial x}\Big|_{\substack{x=2\\y=3}}+3\frac{\partial z}{\partial y}\Big|_{\substack{x=2\\y=3}}=$________.

QK 61. 设二元函数 $z=\frac{y}{f(x^2+y^2)}$，其中 $f(u)$ 为可微函数，则 $\frac{1}{x}\frac{\partial z}{\partial x}-\frac{1}{y}\frac{\partial z}{\partial y}=$________.

QK 62. 设函数 $f(u,v)$ 具有连续偏导数，且 $f(1,3)=-3$，$z=yf(x^3,x+y)$. 若 $\mathrm{d}z\Big|_{\substack{x=1\\y=2}}=10\mathrm{d}x-5\mathrm{d}y$，则 $f'_u(1,3)=$________.

JK 63. 设 $z=z(x,y)$ 是由方程 $F(2x+y-3z,x^2+y^2-4z)=0$ 所确定的函数，其中函数 $F(u,v)$ 具有连续偏导数，且 $F'_u(1,1)=2$，$F'_v(1,1)=3$，已知 $z(1,2)=1$，则 $\frac{\partial z}{\partial x}\Big|_{(1,2)}=$________.

JK 64. 设函数 $u(x),v(x)$ 在 $(-\infty,+\infty)$ 上可导，$f(x,y)=u(x+2y)+v(x-2y)$，且 $f(x,0)=\sin 2x$，$\frac{\partial f}{\partial y}\Big|_{y=0}=0$，则 $u(x)=$________.

JK 65. 由方程 $xyz+\sqrt{x^2+y^2+z^2}=\sqrt{2}$ 所确定的函数 $z=z(x,y)$ 在点 $(1,0,-1)$ 处的全微分 $\mathrm{d}z\Big|_{(1,0,-1)}=$________.

JK 66. 设 $F(u,v)$ 对其变元 u,v 具有二阶连续偏导数，并设 $z=F\left(\frac{y}{x},x^2+y^2\right)$，则 $\frac{\partial^2 z}{\partial x\partial y}=$________.

QJK 67. 设函数 $z=z(x,y)$ 由

$$x=\cos\varphi\cos\theta,y=\cos\varphi\sin\theta,z=\sin\varphi\ \left(0<\theta<\frac{\pi}{2},\ 0<\varphi<\frac{\pi}{2}\right)$$

确定，则 $\frac{\partial^2 z}{\partial x^2}=$________.

JK　68. 已知函数 $F(u,v,w)$ 可微，$F'_u(0,0,0)=1$，$F'_v(0,0,0)=2$，$F'_w(0,0,0)=3$，函数 $z=f(x,y)$ 由

$$F(2x-y+3z,4x^2-y^2+z^2,xyz)=0$$

确定，且满足 $f(1,2)=0$，则 $f'_x(1,2)=$________.

QJK　69. 函数 $f(x,y,z)=-2x^2$ 在 $x^2-y^2-2z^2=2$ 条件下的极大值是________.

JK　70. 设函数 $f(x,y)$ 的一阶偏导数连续，在点 $(1,0)$ 的某邻域内有

$$f(x,y)=1-x-2y+o(\sqrt{(x-1)^2+y^2})$$

成立. 记 $z(x,y)=f(e^y,x+y)$，则 $\mathrm{d}[z(x,y)]\Big|_{(0,0)}=$________.

JK　71. 设二元函数 $F(u,v)$ 具有连续偏导数，$z=z(x,y)$ 是由方程 $F(x-2z,y-3z)=0$ 所确定的可微函数，且 $2F'_u+3F'_v\neq 0$，则 $2\dfrac{\partial z}{\partial x}+3\dfrac{\partial z}{\partial y}=$________.

JK　72. 设函数 $f(u,v)$ 具有连续偏导数，$z=f(xy,x+y)$. 若 $\dfrac{\partial z}{\partial x}\Big|_{\substack{x=2\\y=3}}=6$，$\dfrac{\partial z}{\partial y}\Big|_{\substack{x=2\\y=3}}=5$，则 $f'_u(6,5)+f'_v(6,5)=$________.

JK　73. 设存在二元可微函数 $u(x,y)$，满足

$$\mathrm{d}u(x,y)=(axy^3-y^2\cos x)\mathrm{d}x+(1+by\sin x+3x^2y^2)\mathrm{d}y,$$

则常数 $a=$________，$b=$________，函数 $u(x,y)=$________.

JK　74. 二元函数 $f(x,y)=x^y$ 在点 $(e,0)$ 处的二阶（即 $n=2$）泰勒展开式（不要求写余项）为________.

JK　75. 设函数 $z=xy\ln x$，则 $\mathrm{d}(\mathrm{d}z)=$________.

三、解答题

QK　1. 设 $f(x)=x\cdot a^x(1-a)$，$x>0$.

(1) 当 $0<a<1$ 时，求 $f(x)$ 的最大值；

(2) 当 $x>0$，$0<y<1$ 时，证明 $xy^x(1-y)<\dfrac{1}{e}$.

QJK　2. (1) 设 $y=\dfrac{1}{x(1-x)}$，求 $\dfrac{\mathrm{d}^n y}{\mathrm{d}x^n}$；

(2) 设 $z=\dfrac{y^2}{x(1-x)}$，求 $\dfrac{\partial^n z}{\partial x^n}$.

QK　3. 已知 $z=a^{\sqrt{x^2-y^2}}$，其中 $a>0$，$a\neq 1$，求 $\mathrm{d}z$.

QK　4. （仅数学三）厂家生产的一种产品同时在两个市场销售，售价分别为 p_1 和 p_2，销

售量分别为 q_1 和 q_2，需求函数分别为 $q_1=24-0.2p_1$ 和 $q_2=10-0.05p_2$，总成本函数为 $C=35+40(q_1+q_2)$.

试问：厂家如何确定两个市场的售价，能使其获得的总利润最大？最大总利润为多少？

QK 5. 设 f 在点 (a,b) 处的偏导数存在，求 $\lim\limits_{x\to 0}\dfrac{f(a+x,b)-f(a-x,b)}{x}$.

QK 6. 求函数 $u(x,y,z)=xyze^{x+y+z}$ 的全微分.

JK 7. 设函数 $u(x,y)=\varphi(x+y)+\varphi(x-y)+\int_{x-y}^{0}\psi(t)\mathrm{d}t$，其中函数 φ 具有二阶导数，ψ 具有一阶导数，求 $\dfrac{\partial^2 u}{\partial x^2}-\dfrac{\partial^2 u}{\partial y^2}$.

QJK 8. 求函数 $f(x,y)=x^3-3xy-y^2-y-9$ 的极值.

JK 9. 求函数 $f(x,y)=xy$ 在约束条件 $x+y=2$ 下的极值.

QK 10.（仅数学三）设某企业生产甲、乙两种产品，售价分别为10千元/件与9千元/件，生产 x 件甲产品、y 件乙产品的总成本为 $C(x,y)=200+2x+3y+0.01(3x^2+xy+3y^2)$（单位：千元），问甲、乙两种产品的产量各为多少时，企业获利最大？并求最大利润.

QK 11.（仅数学三）设生产甲、乙两种产品的产量分别为 x 和 y 时的成本为

$$C(x,y)=2x^3+xy+\frac{1}{3}y^2+100.$$

(1) 求甲、乙两种产品的产量分别为 x 和 y 时的边际成本；

(2) 求当 $x=10, y=20$ 时的边际成本，并说明它们的经济意义.

QK 12.（仅数学三）某工厂生产两种型号的机床，其产量分别为 x 台和 y 台，成本函数为

$$C(x,y)=x^2+2y^2-xy\text{（单位：万元）},$$

若根据市场调查预测，这两种机床共需 8 台，问应如何安排生产，才能使成本最小？并求最小成本.

QK 13. 若 $f(x,y)$ 在 $(0,0)$ 点的某个邻域内有定义，$f(0,0)=0$，且

$$\lim_{(x,y)\to(0,0)}\frac{f(x,y)-\sqrt{x^2+y^2}}{\sqrt{x^2+y^2}}=a,$$

其中 a 为常数.

(1) 讨论函数 $f(x,y)$ 在 $(0,0)$ 点的连续性；

(2) 当 a 为何值时，函数 $f(x,y)$ 在 $(0,0)$ 点可微？并求 $\mathrm{d}f\big|_{(0,0)}$.

QK 14. 设函数 $f(x,y)=\begin{cases}\dfrac{x^3+y^3}{x^2+y^2}, & (x,y)\neq(0,0),\\ 0, & (x,y)=(0,0).\end{cases}$ 回答以下问题，并说明理由：

(1) 函数 $f(x,y)$ 在点(0,0)处是否连续?

(2) 函数 $f(x,y)$ 在点(0,0)处的两个一阶偏导数是否存在? 若存在,求出这两个偏导数.

(3) 函数 $f(x,y)$ 在点(0,0)处是否可微? 若可微,求出函数的微分.

QJK　15. 已知方程 $2z-e^z+1+\int_y^{x^2}\sin(t^2)dt=0$ 在 $(x_0,y_0,z_0)=(1,1,0)$ 的某个邻域中确定了一个隐函数 $z=z(x,y)$,求 $\left.\frac{\partial^2 z}{\partial x\partial y}\right|_{(1,1)}$.

QJK　16. 求二元函数 $f(x,y)=x^3+y^3-3x-3y$ 的极值.

QJK　17. 求函数 $f(x,y)=x^3+y^2+6xy$ 的极值.

QK　18. 求下列极限:

(1) $\lim\limits_{(x,y)\to(0,0)}\frac{\sin(x^2y)}{x^2+y^2}$;

(2) $\lim\limits_{(x,y)\to(0,0)}\frac{x^2y}{x^4+y^2}$.

QK　19. 设函数 $z=z(x,y)$ 由 $(z+y)^x=x^2$ 确定,求 $\left.\frac{\partial z}{\partial x}\right|_{(1,1)}$.

QJK　20. 求二元函数 $f(x,y)=x^2y^2+x\ln x$ 的极值.

QK　21. 设 $f(u)$ 具有二阶连续导数,且 $z=xf\left(\frac{y}{x}\right)+yf\left(\frac{x}{y}\right)$,求 $\frac{\partial^2 z}{\partial x\partial y}$.

JK　22. 求函数 $u=xy+2xz$ 在约束条件 $x^2+y^2+z^2=10$ 下的最值.

JK　23. 求函数 $u=xyz$ 在条件 $\frac{1}{x}+\frac{1}{y}+\frac{1}{z}=\frac{1}{a}(x>0,y>0,z>0,a>0)$ 下的极值.

QK　24. 设函数 $z=f(r)$ 具有二阶连续导数,$r=\sqrt{x^2+y^2}$,满足 $\frac{\partial^2 z}{\partial x^2}+\frac{\partial^2 z}{\partial y^2}=\sin\sqrt{x^2+y^2}$,$f(\pi)=0$,且 $\lim\limits_{t\to 0}f'(t)=0$,求积分 $\int_0^\pi f(t)dt$.

JK　25. 已知圆 $(x-1)^2+y^2=1$ 内切于椭圆 $\frac{x^2}{a^2}+\frac{y^2}{b^2}=1(a>0,b>0,a\neq b)$.

(1) 证明 $a^2-a^2b^2+b^4=0$;

(2) 求上述椭圆所围区域的面积达到最小时的椭圆方程.

QK　26. 求函数 $f(x,y)=2x^2+3y^2-3x+1$ 在区域 $D:x^2+3y^2\leqslant 3$ 上的最大值与最小值.

QK　27. 函数 $f(x,y)=\sqrt[3]{x^2y}$ 在点(0,0)处:

(1) 是否连续,说明理由;

(2) 偏导数是否存在,说明理由;

(3) 是否可微,说明理由.

QJK 28. 设函数 $u=yf\left(\frac{x}{y}\right)+xg\left(\frac{y}{x}\right)$,其中函数 f,g 具有二阶连续偏导数,求 $x\frac{\partial^2 u}{\partial x^2}+y\frac{\partial^2 u}{\partial x\partial y}$.

JK 29. 设函数 $u=f(\ln\sqrt{x^2+y^2})$,满足 $\frac{\partial^2 u}{\partial x^2}+\frac{\partial^2 u}{\partial y^2}=(x^2+y^2)^{\frac{3}{2}}$,且极限

$$\lim_{x\to 0}\frac{\int_0^1 f(xt)\mathrm{d}t}{x}=-1,$$

试求函数 $f(x)$ 的表达式.

QJK 30.(仅数学三)设某公司产品的生产函数为

$$Q(x,y)=16x^{0.25}y^{0.75},$$

其中 x 和 y 分别表示劳动力和资本投入的单位数,Q 表示生产量的单位数.设每个劳动力的成本是 50 元,每个资本的成本为 100 元.假设公司的总预算是 500 000 元.问:如何分配这笔钱用于劳动力投入和资本投入,可使生产量最高,最高值为多少?(保留整数即可)

QJK 31. 在曲线 $L:\begin{cases}x^2+y^2+z^2=4,\\x+y+z=3\end{cases}$ 上求点(x,y,z),使得 $W=xyz$ 分别为最大值与最小值,并求出此最大值与最小值.

JK 32.(仅数学一)设函数 $f(u,v)$ 可微,证明曲面 $f(ax-bz,ay-cz)=0$ 上任一点的切平面都与某一定直线平行,其中 a,b,c 是不同时为零的常数.

JK 33.(仅数学一)证明曲面 $\mathrm{e}^{2x-z}=f(\pi y-\sqrt{2}z)$ 是柱面,其中 f 可微.

JK 34.(仅数学一)在 xOz 面上有抛物线 $z=2-x^2$.

(1) 求抛物线 $z=2-x^2$ 绕 Oz 轴旋转一周所得的旋转抛物面方程;

(2) 在旋转抛物面位于第一卦限部分上求一点,使该点处的切平面与三坐标面围成的四面体的体积最小;

(3) 设 $V=\ln(4-z)^3-24(\ln x+\ln y)$,其中 $x=x(y,z)$ 由方程 $z+x^2+y^2=2$ 所确定,求 $\left.\frac{\partial V}{\partial z}\right|_{(1,1,0)}$.

QJK 35. 求函数 $u=\frac{1}{x}+\frac{1}{y}+\frac{1}{z}$ 在条件 $\frac{1}{x^2}+\frac{1}{y^2}+\frac{1}{z^2}=\frac{1}{a^2}$ 下的极值.

QJK 36. 求二元函数 $\varphi(x,y)=3(x^2+y^2)+4x^3$ 的极大值与极小值,并问 $\varphi(x,y)$ 有

无最大值与最小值？若有求出之，若无，应说明理由.

K　37.（仅数学一、数学二）某容器中盛有工业原料，将原料倒出后，容器壁上残留 a kg 含有该原料浓度为 c_0 的残液，现用总量为 b kg 的清水清洗三次，每次清洗后容器壁上仍残留 a kg 含该原料的残液，三次清洗后的浓度分别为 c_1, c_2, c_3.

（1）如何分配三次的用水量，使最终浓度 c_3 为最小？

（2）若用清水总量 b kg 不变，分 n 次清洗，n 次清洗后的浓度分别为 $c_1, c_2, \cdots, c_n$，如何分配 n 次的用水量，使最终浓度 c_n 最小，并求 $\lim\limits_{n\to\infty}(c_n)_{\min}$.

J K　38. 证明：当 $x \geqslant 0, y \geqslant 0$ 时，$(x^2+y^2)e^{-(x+y)} \leqslant \dfrac{4}{e^2}$.

J K　39.（仅数学三）设生产某种产品需投入甲、乙两种原料，x 和 y 分别为两种原料的投入量（单位：吨），Q 为产出量，且生产函数为 $Q(x,y)=Ax^{\frac{3}{4}}y^{\frac{1}{4}}$，其中常数 $A>0$. 已知甲种原料每吨的价格为 3 万元，乙种原料每吨的价格为 2 万元，如果投入总价值为 32 万元的这两种原料，当每种原料各投入多少吨时，才能获得最大的产出量？

Q K　40.（仅数学三）某商家销售甲、乙两种商品，设 Q_1 和 Q_2 分别是两种商品的销售量（单位：吨），P_1 和 P_2 分别是两种商品的价格（单位：万元 / 吨），已知两种商品的需求函数分别为

$$Q_1=40-8P_1, Q_2=20-2P_2.$$

商品的总成本函数为 $C=1+Q_1+2Q_2$（单位：万元）.

（1）若无论是销售甲种还是乙种商品，每销售一吨商品，政府要征税 t 万元，求该商家获得最大利润时两种商品的销售量和价格；

（2）当 t 为何值时，政府征得的税收总额最大？

Q J K　41. 设 $F(u,v)$ 可微，$y=y(x)$ 由方程 $F[xe^{x+y}, f(xy)]=x^2+y^2$ 所确定，其中 $f(x)$ 是连续函数且对任意的 $x, y>0$ 满足关系式

$$\int_1^{xy} f(t)\mathrm{d}t = x\int_1^y f(t)\mathrm{d}t + y\int_1^x f(t)\mathrm{d}t,$$

又 $f(1)=1$. 求：

（1）$f(x)$ 的表达式；

（2）$\dfrac{\mathrm{d}y}{\mathrm{d}x}$.

Q K　42.（仅数学三）在同一个市场上销售两种不同商品 A，B. 设 Q_A, Q_B 分别是它们的需求量，P_A, P_B 分别为其价格，生产这两种商品每件所需成本分别为

$$\overline{C}_A = 4.5 \text{ 万元 / 件}, \overline{C}_B = 2 \text{ 万元 / 件}.$$

已知需求函数为

$$Q_A = 95 - 10P_A + 20P_B, Q_B = 70 + 20P_A - 50P_B,$$

试确定其价格，以使利润最大.

QJK 43. 设 $z = u(x, y)e^{ax+y}$，$\frac{\partial u}{\partial y} \neq 0$，$\frac{\partial^2 u}{\partial x \partial y} = 0$，求常数 a，使 $\frac{\partial^2 z}{\partial x \partial y} - \frac{\partial z}{\partial x} - \frac{\partial z}{\partial y} + z = 0$.

JK 44.（仅数学三）某厂家生产的一种产品同时在两个市场销售，售价分别为 p_1 和 p_2，销售量分别为 q_1 和 q_2. 需求函数分别为：$q_1 = 2 - ap_1 + bp_2$，$q_2 = 1 - cp_2 + dp_1$. 总成本函数 $C = 3 + k(q_1 + q_2)$. 其中 a, b, c, d, k 都为大于 0 的常数，且 $4ac \neq (b + d)^2$. 试问厂家如何确定两个市场的售价，能够使获得的总利润最大.

JK 45.（仅数学三）设生产某种产品必须投入两种要素，x_1 和 x_2 分别为两要素的投入量，Q 为产出量. 如果生产函数为 $Q = 2x_1^{\alpha} x_2^{\beta}$，其中 α, β 为正常数，且 $\alpha + \beta = 1$. 假设两种要素价格分别为 p_1, p_2. 试问产出量为 12 时，两要素各投入多少，可以使得投入总费用最小？

QK 46. 设 $z = f(2x - y) + g(x, xy)$，其中函数 $f(t)$ 二阶可导，$g(u, v)$ 具有连续二阶偏导数，求 $\frac{\partial^2 z}{\partial x \partial y}$.

QJK 47. 求函数 $z = x^2 + y^2 + 2x + y$ 在区域 $D = \{(x, y) \mid x^2 + y^2 \leqslant 1\}$ 上的最大值与最小值.

JK 48. 求内接于椭球面 $\frac{x^2}{a^2} + \frac{y^2}{b^2} + \frac{z^2}{c^2} = 1 (a > 0, b > 0, c > 0)$ 的长方体的最大体积.

JK 49. 在球面 $x^2 + y^2 + z^2 = 5R^2 (x > 0, y > 0, z > 0)$ 上，求函数 $f(x, y, z) = \ln x + \ln y + 3\ln z$ 的最大值，并利用所得结果证明不等式 $abc^3 \leqslant 27\left(\frac{a + b + c}{5}\right)^5 (a > 0, b > 0, c > 0)$.

QK 50. 设 $f(x, y)$ 在点 $O(0,0)$ 的某邻域 U 内连续，且 $\lim\limits_{(x,y) \to (0,0)} \frac{f(x, y) - xy}{x^2 + y^2} = a$，常数 $a > \frac{1}{2}$. 试讨论 $f(0,0)$ 是否为 $f(x, y)$ 的极值？若为极值，是极大值还是极小值？

QJK 51. 设 z 关于变量 x, y 具有连续的二阶偏导数，并作变量变换 $x = e^{u+v}$，$y = e^{u-v}$，请将方程

$$x^2 \frac{\partial^2 z}{\partial x^2} + y^2 \frac{\partial^2 z}{\partial y^2} + x \frac{\partial z}{\partial x} + y \frac{\partial z}{\partial y} = 0$$

变换成 z 关于 u, v 的偏导数的方程.

QJK 52. 设 $z = z(x, y)$ 具有二阶连续偏导数，试确定常数 a 与 b，使得经变换 $u = x +$

$ay, v=x+by$，可将 z 关于 x,y 的方程 $\frac{\partial^2 z}{\partial x^2}-4\frac{\partial^2 z}{\partial x\partial y}+3\frac{\partial^2 z}{\partial y^2}=0$ 化为 z 关于 u,v 的方程 $\frac{\partial^2 z}{\partial u\partial v}=0$，并求出其解 $z=z(x+ay,x+by)$.

JK　53.（仅数学一）设 $F(u,v)$ 具有连续的一阶偏导数，且 F'_u 与 F'_v 不同时为零.

（1）求曲面 $F\left(\frac{x-a}{z-c},\frac{y-b}{z-c}\right)=0$ 上任意一点 $(x_0,y_0,z_0)(z_0\neq c)$ 处的切平面方程；

（2）证明不论（1）中的点 (x_0,y_0,z_0) 如何，只要 $z_0\neq c$，这些平面都经过同一个定点，并求出此定点.

JK　54.（仅数学一）求曲面 $9x^2+16y^2+144z^2=169$ 上的点到平面 $3x-4y+12z=156$ 的距离 d 的最大值.

JK　55. 已知 $\triangle ABC$ 的面积为 S，三边长分别为 a,b,c. 在该三角形内求一点 P，使该点到 $\triangle ABC$ 三边的距离的乘积为最大，并求出乘积最大时的这三个距离及此乘积的最大值.

QJK　56. 设函数 $z=y^2\ln(1-x^2)$，求 $\frac{\partial^n z}{\partial x^n}$.

QK　57. 设函数 $f(x,y)$ 可微，又 $f(0,0)=0$，$f'_1(0,0)=a$，$f'_2(0,0)=b$，且 $\varphi(t)=f[t,f(t,t^2)]$，求 $\varphi'(0)$.

JK　58.（仅数学一）求椭球体 $\frac{x^2}{2}+\frac{y^2}{2}+\frac{z^2}{4}\leqslant 1$ 被平面 $x+y+z=0$ 所截得的椭圆的面积.

JK　59. 设函数 $z=x\ln[(1+y^2)e^{x^2\sin y}]$，求 $\frac{\partial^4 z}{\partial y^2\partial x^2}$.

JK　60. 设函数 $u=f(x,y,z)$ 有连续的一阶偏导数，且函数 $y=y(x)$ 及 $z=z(x)$ 分别由 $e^{xy}-xy=2$ 和 $z=\int_0^x \sin t^2\,dt$ 确定. 求 $\frac{du}{dx}$.

JK　61. 在第一象限的椭圆 $\frac{x^2}{4}+y^2=1$ 上求一点，使过该点的法线与原点的距离最大.

QJK　62. 设函数 $f(u,v)$ 具有二阶连续偏导数，函数 $g(x,y)=xy-f\left(\frac{y}{x},\frac{x}{y}\right)$，求

$$x^2\frac{\partial^2 g}{\partial x^2}+2xy\frac{\partial^2 g}{\partial x\partial y}+y^2\frac{\partial^2 g}{\partial y^2}.$$

QK　63. 设函数 $z=xyf\left(\frac{y}{x}\right)$，其中 $f(u)$ 可导，且满足 $x\frac{\partial z}{\partial x}+y\frac{\partial z}{\partial y}=y^2(\ln y-\ln x)$，求：

（1）$f(x)$ 的表达式；

(2) $f(x)$ 与 x 轴所围图形的面积及该图形绕 x 轴旋转一周所得旋转体的体积.

QJK 64. 求函数 $f(x,y)=(y-x)(y-x^2)$ 的极值.

JK 65. 求 $g(x,y)=\pi x^2+y^2+\frac{\sqrt{3}}{9}(1-\pi x-2y)^2$ 在有界区域 $\{(x,y)\mid \pi x+2y\leqslant 1, x\geqslant 0, y\geqslant 0\}$ 上的最小值.

QK 66. 设函数 $f(x,y)=2e^{x^2 y}-e^x-e^{-x}$.

(1) 计算 $\lim\limits_{x\to 0}\frac{f(x,y)}{x^2}$;

(2) $f(x,y)$ 在点 $(0,0)$ 处是否取得极值? 若是,求出此极值;若不是,说明理由.

QK 67.(仅数学三) 已知某产品的投入产出函数为

$$f(x,y)=200x^{\frac{1}{4}}y^{\frac{3}{4}},$$

其中 x 为劳动力的投入量,y 为资本的投入量. 设每单位的劳动力投入成本为 250 元,每单位的资本投入成本为 150 元,若生产商的总预算是 50 000 元,问:劳动力投入及资本投入各为多少时,产量最大?

QJK 68. 设 $f(u,v)$ 存在二阶连续偏导数且 $f'_u+f'_v\neq 0$, $z=z(x,y)$ 是由方程 $f(z-x,z-y)=1$ 确定的隐函数,求 $\frac{\partial^2 z}{\partial x\partial y}$.

JK 69. 设 $a>0,b>0$,函数 $f(x,y)=2\ln|x|+\frac{(x-a)^2+by^2}{2x^2}$ 在 $x<0$ 时的极小值为 2,且 $f''_{yy}(-1,0)=1$.

(1) 求 a,b 的值;

(2) 求 $f(x,y)$ 在 $x>0$ 时的极值.

QJK 70.(仅数学一) 求曲线 $C:\begin{cases}x^2+y^2-2z^2=0,\\ x+y+3z=5\end{cases}$ 上距离 xOy 平面最远和最近的点的坐标.

JK 71. 求函数 $u=\sqrt{x^2+y^2+z^2}$ 在约束条件 $x+2y=1$ 与 $x^2+2y^2+z^2=1$ 下的最值.

JK 72. 已知 $f(x,y)$ 满足 $e^{-2x}\frac{\partial f}{\partial x}=4y+2y^2+2x+1$,且 $f(0,y)=2y+y^2$. 求:

(1) $f(x,y)$ 的表达式;

(2) $f(x,y)$ 的极值.

JK 73. 设 $D=\{(x,y)\mid x^2+y^2\leqslant 2(x+y)\}$,求二元函数

$$f(x,y)=x^3+y^3-3x-3y$$

在闭区域 D 上的最大值与最小值.

QJK　74. 设函数 $f(x,y)$ 可微，$f(0,0)=0$，$\frac{\partial f}{\partial x}=-f(x,y)$，$\frac{\partial f}{\partial y}=e^{-x}\cos y$，求 $f(x,x)$ 在$[0,+\infty)$的部分与 x 轴围成的图形绕 x 轴旋转一周所成的旋转体体积.

QJK　75. 对于任意二阶连续可导的函数 $f(u)$，$z=\int_0^y e^{t^2}dt+f(x+ay)$ 均是方程 $\frac{\partial^2 z}{\partial x\partial y}+\frac{\partial^2 z}{\partial y^2}=2ye^{y^2}$ 的解，求 a 的值.

JK　76. 设 a,b 满足 $\int_a^b |x|dx=\frac{1}{2}$，$a\leqslant 0$，$b\geqslant 0$，求曲线 $y=x^2+ax$ 与直线 $y=bx$ 所围平面区域面积的最大值和最小值.

JK　77. 设函数 $z=f(x,y)$ 一阶偏导数连续，且在平面任意有界区域 D 上均有

$$\iint_D (f'_x)^2 d\sigma=\iint_D [2xzf'_x-(xz)^2]d\sigma$$

成立，且 $f(0,y)=e^{\frac{y^2}{2}}$，求：

(1)$z=f(x,y)$ 的表达式；

(2) $\frac{\ln z}{z}$ 的极值.

JK　78. 设函数 $f(x,y)$ 一阶偏导数连续，$f(x,y)dx+xydy$ 是某二元函数 $u(x,y)$ 的全微分，$u(0,0)=1$，且对于任意的 t，有

$$1+\int_0^t f(x,1)dx=\int_1^0 f(x,t)dx.$$

(1) 求 du；

(2) 求 $u(x,y)$ 的极值点.

JK　79. 求曲线 $x^2-xy+y^2=1\left(x>0,y>0 \text{ 且 } y\neq\frac{\sqrt{3}}{3}\right)$ 上的一点 P，使该点处的切线与 x 轴，y 轴所围面积最小.

JK　80. 设函数 $u=u(x,y)$ 在区域 $D=\{(x,y)\mid 2x^2+3y^2\leqslant 4\}$ 上连续，在区域 D 的内部有二阶连续偏导数，且满足 $-2\frac{\partial^2 u}{\partial x^2}-3\frac{\partial^2 u}{\partial y^2}=u^2$. 在区域 D 的边界 $2x^2+3y^2=4$ 上 $u(x,y)\geqslant 0$.

证明：当 $2x^2+3y^2\leqslant 4$ 时，$u(x,y)\geqslant 0$.

QJK 81. 求 $f(x,y)=x+xy-x^2-y^2$ 在闭区域 $D=\{(x,y)\mid 0\leqslant x\leqslant 1,0\leqslant y\leqslant 2\}$ 上的最大值和最小值.

QK 82. 已知 $\begin{cases} z=x^2+y^2, \\ x^2+2y^2+3z^2=20, \end{cases}$ 其中 $y\neq 0$，求 $\dfrac{\mathrm{d}y}{\mathrm{d}x},\dfrac{\mathrm{d}z}{\mathrm{d}x}$.

JK 83. 设函数 $f(x,y)$ 具有二阶连续偏导数，在点 $(1,0)$ 的某邻域内，$f(x,y)=1-2x+3y+o(\sqrt{(x-1)^2+y^2})$，问：函数 $g(x,y)=f(\cos x,x^2+y^2)$ 在点 $(0,0)$ 处是否取得极值？若取得极值，则判断取极大值还是极小值；若不取得极值，则说明理由.

QJK 84. 求 $f(x,y)=2x^2+3y^2$ 在有界闭区域 $D=\{(x,y)\mid(x-1)^2+y^2\leqslant 4\}$ 上的最大值与最小值.

JK 85. 设函数 $u=f(x,y)$ 可微，且满足 $x\dfrac{\partial f}{\partial x}+y\dfrac{\partial f}{\partial y}=0$. 证明：$f(x,y)$ 在极坐标系下仅是 θ 的函数.

JK 86.（仅数学一）在曲线 Γ：$\begin{cases} z=x^2+y^2, \\ x+y+2z=2 \end{cases}$ 上求一点，使函数 $f(x,y,z)=x^2+y^2-z^2$ 在该点处沿其梯度方向的方向导数最大.

QJK 87. 已知 $f(u)$ 有二阶连续导数，且 $z=f\left(\dfrac{y}{x}\right)$ 在 $x>0$ 时满足 $\dfrac{\partial^2 z}{\partial x^2}+\dfrac{\partial^2 z}{\partial y^2}=0$. 求 z 的表达式.

QK 88.（仅数学三）某工厂生产两种产品，售价分别为 p_1 万元 / 千件，p_2 万元 / 千件. 已知需求量（需求量等于产量）分别为

$$q_1=10-0.05p_1,q_2=30-0.25p_2.$$

总成本函数为

$$C=100+60q_1+20q_2,$$

问厂家怎样安排生产才能使得总利润最大？

JK 89. 设 $f(x,y)=kx^2+2kxy+y^2$ 在点 $(0,0)$ 处取得极小值，求 k 的取值范围.

JK 90.（仅数学三）设生产函数和成本函数分别为 $\begin{cases} Q=f(x,y)=lx^{\alpha}y^{\beta}, \\ C=ax+by, \end{cases}$ 当成本预算为 S 时，两种要素投入量 x 和 y 为多少时，产量 Q 最大，并求最大产量.

JK 91. 设 $F(u,v)$ 具有连续的一阶偏导数，$z=z(x,y)$ 由方程

$$F\left(\frac{x-a}{z-c},\frac{y-b}{z-c}\right)=0(z\neq c)$$

所确定，并设$(x-a)F'_u+(y-b)F'_v\neq 0$. 当$(x,y,z)\neq(a,b,c)$时，求$\left(\dfrac{x-a}{z-c}\right)\dfrac{\partial z}{\partial x}+\left(\dfrac{y-b}{z-c}\right)\dfrac{\partial z}{\partial y}$.

JK 92. 求函数$u=\sqrt{x^2+y^2+z^2}$在约束条件$\begin{cases}z=x^2+y^2,\\x+y+z=4\end{cases}$下的最大值与最小值.

JK 93. 设函数$f(x,y)$具有二阶连续偏导数，且满足$f(x,0)=x^2$，$f'_y(x,0)=\sqrt{2}x$，$f''_{yy}(x,y)=4$，求$f(x,y)$在约束条件$x^2+2y^2=4$下的最大值与最小值.

QJK 94. 设$u=f(x,y)$的所有二阶偏导数连续，试将下列表达式转换为极坐标系中的形式.

(1) $\left(\dfrac{\partial u}{\partial x}\right)^2+\left(\dfrac{\partial u}{\partial y}\right)^2$;

(2) $\dfrac{\partial^2 u}{\partial x^2}+\dfrac{\partial^2 u}{\partial y^2}$.

QK 95.（仅数学三）某公司可通过电台及报纸两种方式做销售某种商品的广告，根据统计资料，销售收入R（万元）与电台广告费x_1（万元）及报纸广告费用x_2（万元）之间的关系有如下经验公式：

$$R=15+14x_1+32x_2-8x_1x_2-2x_1^2-10x_2^2.$$

(1) 在广告费用不限的情况下，求最优广告策略；

(2) 若提供的广告费用为 1.5 万元，求相应的最优广告策略.

QJK 96. 已知函数$u=u(x,y)$满足方程$\dfrac{\partial^2 u}{\partial x^2}-\dfrac{\partial^2 u}{\partial y^2}+k\left(\dfrac{\partial u}{\partial x}+\dfrac{\partial u}{\partial y}\right)=0$. 试选择参数$a,b$，利用变换$u(x,y)=v(x,y)e^{ax+by}$将原方程变形，使新方程中不出现一阶偏导数.

JK 97. 求二元函数$z=f(x,y)=x^2y(4-x-y)$在由直线$x+y=6$，x轴和y轴所围成的封闭区域D上的极值、最大值与最小值.

JK 98. 设$u=f(x,y,z)$，$\varphi(x^2,e^y,z)=0$，$y=\sin x$，其中f,φ具有一阶连续的偏导数，且$\dfrac{\partial\varphi}{\partial z}\neq 0$，求$\dfrac{du}{dx}$.

JK 99. 已知x,y,z为实数，且$e^x+y^2+|z|=3$，证明$e^xy^2|z|\leqslant 1$.

QK 100. 设$z=z(x,y)$是由方程$z-y-x+xe^z=0$确定的二元函数，求dz.

JK 101. 设$x=x(y,z)$，$y=y(z,x)$，$z=z(x,y)$均为由方程$f(x,y,z)=0$所确定的具有连续偏导数的函数，且f'_x,f'_y,f'_z均不为零. 证明$x'_y\cdot y'_z\cdot z'_x=-1$.

QJK 102. 设 $z=f(u)$ 具有二阶连续导数，$u=\ln r, r=\sqrt{x^2+y^2}$，满足

$$(x^2+y^2)\left(\frac{\partial^2 z}{\partial x^2}+\frac{\partial^2 z}{\partial y^2}\right)+x\frac{\partial z}{\partial x}+y\frac{\partial z}{\partial y}=(x^2+y^2)^{\frac{3}{2}},$$

$$f(0)=0, f'(0)=2.$$

求 $f(u)$ 的表达式.

QK 103. 设函数 $f(x,y)=3x+4y-ax^2-2ay^2-2bxy$. 求：当 a,b 满足何种条件时，$f(x,y)$ 有唯一的极大值，并说明理由.

QK 104. 设 $D=\{(x,y)\mid x^2+2y^2\leqslant 4\}$，函数 $f(x,y)$ 具有二阶连续偏导数，满足 $f(x,0)=x^2, f'_y(x,0)=\sqrt{2}x, f''_{yy}(x,y)=4$，求 $f(x,y)$ 在闭区域 D 上的最大值与最小值.

JK 105. 设 $z=z(x,y)$ 是由方程 $x^2-xy+y^2-yz-z^2+12=0$ 所确定的函数，求 $z=z(x,y)$ 的极值.

QK 106. 设函数 $z=z(x,y)$ 由 $G(x,y,z)=F(xy,yz)=0$ 确定，其中 F 为可微函数，且 $G'_z\neq 0$，求 $x\frac{\partial z}{\partial x}-y\frac{\partial z}{\partial y}$.

QK 107. 设函数 $f(u,v)$ 可微，若 $z=f[x,f(x,x)]$，求 $\frac{\mathrm{d}z}{\mathrm{d}x}$.

QK 108. 设 $u=f(x,y,z)$ 有连续偏导数，$y=y(x)$ 和 $z=z(x)$ 分别由方程 $\mathrm{e}^{xy}-y=0$ 和 $\mathrm{e}^z-xz=0$ 所确定，求 $\frac{\mathrm{d}u}{\mathrm{d}x}$.

QK 109. 函数 $z=f(x,y)$ 的全增量

$$\Delta z=(2x-3)\Delta x+(2y+4)\Delta y+o\left(\sqrt{(\Delta x)^2+(\Delta y)^2}\right),$$

且 $f(0,0)=0$.

(1) 求 z 的极值；

(2) 求 z 在 $x^2+y^2=25$ 上的最值；

(3) 求 z 在 $x^2+y^2\leqslant 25$ 上的最值.

JK 110. (仅数学一) 求椭球面 $\frac{x^2}{3}+\frac{y^2}{2}+z^2=1$ 被平面 $x+y+z=0$ 截得的椭圆的长半轴与短半轴.

JK 111. 设 $u(x,y)\in C^2$，证明无零值的函数 $u(x,y)$ 可分离变量(即 $u(x,y)=f(x)\cdot g(y)$) 的充分必要条件是

$$u\frac{\partial^2 u}{\partial x\partial y}=\frac{\partial u}{\partial x}\frac{\partial u}{\partial y}.$$

JK　112. 设 $z=z(u,v)$ 具有二阶连续偏导数，且 $z=z(x+y,x-y)$ 满足微分方程

$$\frac{\partial^2 z}{\partial x^2}+2\frac{\partial^2 z}{\partial x\partial y}+\frac{\partial^2 z}{\partial y^2}=1.$$

(1) 求 $z=z(u,v)$ 所满足关于 u,v 的微分方程；

(2) 由(1)求出 $z=z(x+y,x-y)$ 的一般表达式.

JK　113. 设 $u=u(x,y)$ 可微，又设 $x=r\cos\theta,y=r\sin\theta$.

(1) 当 $r\neq 0$ 时，请用 u 对 r,θ 的一阶偏导数表示 $x\frac{\partial u}{\partial y}-y\frac{\partial u}{\partial x}$；

(2) 设 $x\frac{\partial u}{\partial y}-y\frac{\partial u}{\partial x}=\frac{x+y}{\sqrt{x^2+y^2}}(x^2+y^2\neq 0)$，求 $u(x,y)$ 的表达式.

QJK　114. 设函数 $f(u)$ 在 $(0,+\infty)$ 内具有二阶导数，且 $z=f(\sqrt{x^2+y^2})$ 满足等式 $\frac{\partial^2 z}{\partial x^2}+\frac{\partial^2 z}{\partial y^2}=0$.

(1) 验证 $f''(u)+\frac{f'(u)}{u}=0$；

(2) 若 $f(1)=0,f'(1)=1$，求函数 $f(u)$ 的表达式.

JK　115. 设函数 $z=z(x,y)$ 由方程

$$x^2-6xy+10y^2-2yz-z^2+32=0$$

确定，讨论函数 $z(x,y)$ 的极大值与极小值.

QJK　116. 求二元函数 $z=f(x,y)=x^2+4y^2+9$ 在区域 $D=\{(x,y)\mid x^2+y^2\leqslant 4\}$ 上的最大值与最小值.

JK　117. 设函数 $f(x)$ 在 $[1,+\infty)$ 上连续，$f(1)=1$，且满足

$$\int_1^{xy} f(t)\mathrm{d}t=x\int_1^{y} f(t)\mathrm{d}t+y\int_1^{x} f(t)\mathrm{d}t\,(x\geqslant 1,y\geqslant 1).$$

求：(1) $f(x)$ 的表达式；

(2) 由方程 $F[x\mathrm{e}^{x+y},f(xy)]=x^2+y^2$ 确定的隐函数 $y=y(x)$ 的导数 $\frac{\mathrm{d}y}{\mathrm{d}x}$ ($F(u,v)$ 是可微的二元函数).

JK　118. (仅数学一) 在第一卦限内作椭球面 $\frac{x^2}{a^2}+\frac{y^2}{b^2}+\frac{z^2}{c^2}=1$ 的切平面，使该切平面在三坐标轴上的截距之和最小. 求满足要求的切点坐标，并求截距之和的最小值.

JK　119. 设函数 $u=xz+ay^3(z\geqslant 0)$，且 $x^2+y^2+z^2=1$.

(1) 当 $a=\frac{1}{3}$ 时,求 u 的最大值;

(2) 当 $a=t$(t 为变量)时,u 是否有最大值?若有,求出最大值;若没有,说明理由.

JK 120. 求正数 a,b 的值,使得椭圆 $\frac{x^2}{a^2}+\frac{y^2}{b^2}=1$ 包含圆 $x^2+y^2=2y$,且面积最小.

JK 121. 设 $f(x,y)$ 具有二阶连续偏导数. 证明:由方程 $f(x,y)=0$ 所确定的隐函数 $y=\varphi(x)$ 在 $x=a$ 处取得极值 $b=\varphi(a)$ 的必要条件是

$$f(a,b)=0, f'_x(a,b)=0, f'_y(a,b)\neq 0.$$

且当 $r(a,b)>0$ 时,$b=\varphi(a)$ 是极大值;当 $r(a,b)<0$ 时,$b=\varphi(a)$ 是极小值,其中

$$r(a,b)=\frac{f''_{xx}(a,b)}{f'_y(a,b)}.$$

JK 122. 设 $f(x)$ 二阶可导,且 $f(0)=0, f'(0)=0$,若 $g(x,y)=\int_0^y f(xt)\mathrm{d}t$ 满足方程

$$\frac{\partial^2 g}{\partial x\partial y}-xyg(x,y)=xy^2\sin xy,$$

求 $g(x,y)$.

JK 123. 记平面区域 $D=\{(x,y)\mid x^2+y^2<a\}$,其中 a 为正常数. 证明:

(1) 若 $f(x,y)$ 在 D 内存在偏导数,且 $\frac{\partial f}{\partial x}=0, \frac{\partial f}{\partial y}=0$,则 $f(x,y)$ 恒为常数;

(2) 若 $u(x,y), v(x,y)$ 在 D 内存在偏导数,且满足 $\frac{\partial u}{\partial x}=\frac{\partial v}{\partial y}, \frac{\partial u}{\partial y}=-\frac{\partial v}{\partial x}, u^2+v^2=C$($C$ 为某常数),则 $u(x,y)$ 与 $v(x,y)$ 都恒为常数.

JK 124. 设 $z=z(x,y)$ 满足方程 $y\frac{\partial z}{\partial x}-x\frac{\partial z}{\partial y}=(y-x)z$,作变换

$$u=x^2+y^2, v=\frac{1}{x}-\frac{1}{y}, w=x+y-\ln z\ (x>0, y>0, z>0),$$

已知 $w=w(u,v)$,求原方程经过变换后化为 u,v,w 所满足的微分方程.

JK 125. 求证:$f(x,y)=Ax^2+2Bxy+Cy^2$ 在约束条件 $g(x,y)=1-\frac{x^2}{a^2}-\frac{y^2}{b^2}=0$ 下有最大值和最小值,且它们是方程 $k^2-(Aa^2+Cb^2)k+(AC-B^2)a^2b^2=0$ 的根.

JK 126. 试分析下列各个结论是函数 $z=f(x,y)$ 在点 $P_0(x_0,y_0)$ 处可微的充分条件还是必要条件.

(1) 二元函数的极限 $\lim\limits_{(x,y)\to(x_0,y_0)} f(x,y)$ 存在;

(2) 二元函数 $z=f(x,y)$ 在点 (x_0,y_0) 的某个邻域内有界；

(3) $\lim\limits_{x\to x_0} f(x,y_0)=f(x_0,y_0)$，$\lim\limits_{y\to y_0} f(x_0,y)=f(x_0,y_0)$；

(4) $F(x)=f(x,y_0)$ 在点 x_0 处可微，$G(y)=f(x_0,y)$ 在点 y_0 处可微；

(5)(仅数学一) 曲面 $z=f(x,y)$ 在点 $(x_0,y_0,f(x_0,y_0))$ 处存在切平面；

(6) $\lim\limits_{x\to x_0}[f'_x(x,y_0)-f'_x(x_0,y_0)]=0$，$\lim\limits_{y\to y_0}[f'_y(x_0,y)-f'_y(x_0,y_0)]=0$；

(7) $\lim\limits_{(x,y)\to(x_0,y_0)} \dfrac{f(x,y)-f(x_0,y_0)}{\sqrt{(x-x_0)^2+(y-y_0)^2}}=0$.

JK 127. 设

$$(1) f(x,y)=\begin{cases}\dfrac{x^2y^2}{(x^2+y^2)^{3/2}}, & 当(x,y)\neq(0,0),\\ 0, & 当(x,y)=(0,0);\end{cases}$$

$$(2) g(x,y)=\begin{cases}(x^2+y^2)\sin\dfrac{1}{x^2+y^2}, & 当(x,y)\neq(0,0),\\ 0, & 当(x,y)=(0,0).\end{cases}$$

讨论它们在点(0,0)处的

① 偏导数的存在性；

② 函数的连续性；

③(仅数学一) 方向导数的存在性；

④ 函数的可微性.

JK 128.(仅数学一)(1) 对于光滑曲面，若曲面上任一点处的切平面都平行于某个常向量，证明此曲面为柱面；

(2) 设 a,b,c 为任意常数，证明光滑曲面 $F(cy-bz,az-cx,bx-ay)=0$ 是一个柱面.

JK 129. 设函数 $f(x,y)$ 可微，$f'_y(x,y)=xf(x,y)$，$f(1,0)=1$，且当 $x\neq 0$ 时，

$$\lim_{h\to 0}\left[\frac{f(x+h,0)}{f(x,0)}\right]^{\frac{1}{h}}=e^{\frac{1}{x}},$$

求 $f(x,y)$ 的表达式.

第 14 章 二重积分

一、选择题

QK 1. 设区域 D 是由曲线 $y=x^2$ 与 $x=y^2$ 在第一象限内围成的图形，$y=x$ 将 D 分成 D_1 与 D_2 两部分，如图所示，$f(x,y)$ 为连续函数，则(　　).

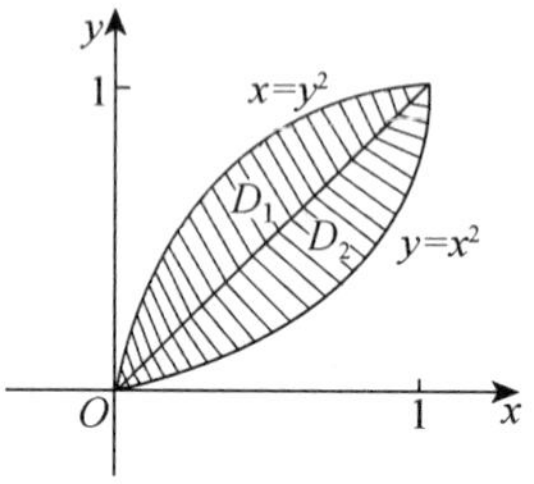

(A)$\iint\limits_{D_1} f(x,y)\mathrm{d}x\mathrm{d}y=-\iint\limits_{D_2} f(y,x)\mathrm{d}x\mathrm{d}y$

(B)$\iint\limits_{D_1} f(x,y)\mathrm{d}x\mathrm{d}y=\iint\limits_{D_2} f(x,y)\mathrm{d}x\mathrm{d}y$

(C)$\iint\limits_{D} f(x,y)\mathrm{d}x\mathrm{d}y=\iint\limits_{D} f(y,x)\mathrm{d}x\mathrm{d}y$

(D)$\iint\limits_{D_1} f(x,y)\mathrm{d}x\mathrm{d}y=-\iint\limits_{D_2} f(x,y)\mathrm{d}x\mathrm{d}y$

QK 2. 设 $I_1=\iint\limits_{D}\sin\sqrt{x^2+y^2}\,\mathrm{d}\sigma$，$I_2=\iint\limits_{D}\sin(x^2+y^2)\mathrm{d}\sigma$，$I_3=\iint\limits_{D}\sin(x^2+y^2)^2\mathrm{d}\sigma$，其中 $D=\left\{(x,y)\,\middle|\,x^2+y^2\leqslant 1\right\}$，则(　　).

(A)$I_3>I_2>I_1$　　(B)$I_1>I_2>I_3$

(C)$I_2>I_1>I_3$　　(D)$I_3>I_1>I_2$

QK 3. 设 $I_1=\iint\limits_{D}(x^3+y^2)\mathrm{d}x\mathrm{d}y$，$I_2=\iint\limits_{D}(x^3-y^2)\mathrm{d}x\mathrm{d}y$，$I_3=\iint\limits_{D}(x^3+y^3)\mathrm{d}x\mathrm{d}y$，其中 $D=\left\{(x,y)\,\middle|\,x^2+y^2\leqslant 4\right\}$，则(　　).

(A)$I_1<I_2<I_3$　　(B)$I_3<I_1<I_2$

(C)$I_2<I_3<I_1$　　(D)$I_1<I_3<I_2$

QK 4. 如图所示，区域 D 是由曲线 $y=x^3$，$y=-1$，$y=1$ 及 y 轴围成的封闭图形，D_1 为 D 位于第一象限的图形，D_2 为 D 位于第三象限的图形，则以 D 为底，以 $z=x^3+y$ 为顶的曲顶柱体体积为(　　).

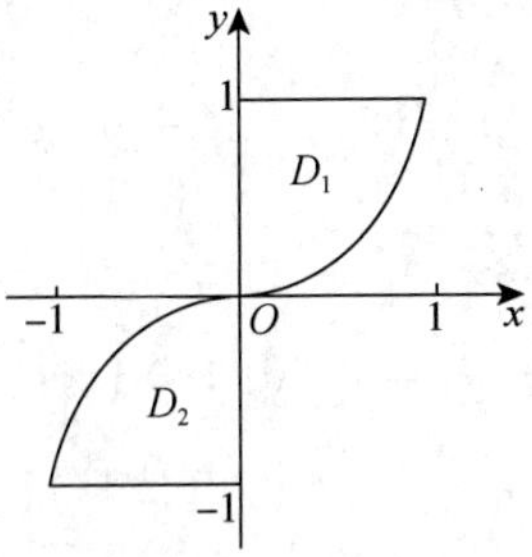

(A)$\iint\limits_{D}(x^3+y)\mathrm{d}x\,\mathrm{d}y$

(B)$\iint\limits_{D}2x^3\mathrm{d}x\,\mathrm{d}y$

(C)$-\iint\limits_{D_1}(x^3+y)\mathrm{d}x\,\mathrm{d}y+\iint\limits_{D_2}(x^3+y)\mathrm{d}x\,\mathrm{d}y$

(D)$\iint\limits_{D_1}(x^3+y)\mathrm{d}x\,\mathrm{d}y-\iint\limits_{D_2}(x^3+y)\mathrm{d}x\,\mathrm{d}y$

QK 5. 正方形$\{(x,y)\mid |x|\leqslant 1,|y|\leqslant 1\}$被其对角线划分为四个区域$D_k(k=1,2,3,4)$,如图所示,$I_k=\iint\limits_{D_k}y\mathrm{e}^x\mathrm{d}x\,\mathrm{d}y$,则$\max\limits_{1\leqslant k\leqslant 4}\{I_k\}=$(　　).

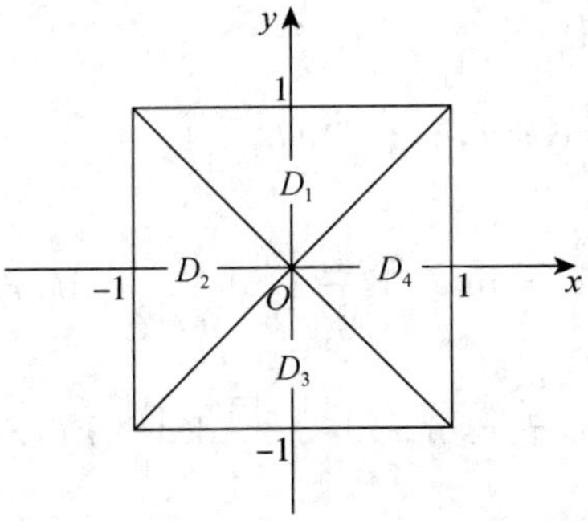

(A)I_1　　(B)I_2　　(C)I_3　　(D)I_4

QK 6. 设平面区域$D=\left\{(x,y)\middle| x^2+y^2\leqslant\left(\frac{\pi}{4}\right)^2\right\}$,三个二重积分

$$M=\iint\limits_{D}(x^3+y^3)\mathrm{d}x\,\mathrm{d}y,N=\iint\limits_{D}\cos(x+y)\mathrm{d}x\,\mathrm{d}y,P=\iint\limits_{D}(\mathrm{e}^{-\sqrt{x^2+y^2}}-1)\mathrm{d}x\,\mathrm{d}y$$

的大小关系是(　　).

(A)$M>P>N$　　(B)$N>M>P$

(C)$M>N>P$　　(D)$N>P>M$

JK 7. 设 D_1 是中心在(0,1)点,边长为 2 且平行于坐标轴的正方形区域,D_2,D_3 分别为 D_1 的内切圆区域与外接圆区域,并设

$$f(x,y)=(2y-x^2-y^2)e^{-x^2-y^2},$$

对于

$$I_1=\iint\limits_{D_1}f(x,y)d\sigma,I_2=\iint\limits_{D_2}f(x,y)d\sigma,I_3=\iint\limits_{D_3}f(x,y)d\sigma,$$

其大小顺序是(　　).

(A) $I_1<I_2<I_3$　　(B) $I_2<I_1<I_3$

(C) $I_3<I_2<I_1$　　(D) $I_3<I_1<I_2$

QK 8. 累次积分 $\int_0^{2R}dy\int_0^{\sqrt{2Ry-y^2}}f(x^2+y^2)dx\ (R>0)$ 化为极坐标形式的累次积分为(　　).

(A) $\int_0^{\pi}d\theta\int_0^{2R\sin\theta}f(r^2)rdr$　　(B) $\int_0^{\frac{\pi}{2}}d\theta\int_0^{2R\cos\theta}f(r^2)rdr$

(C) $\int_0^{\frac{\pi}{2}}d\theta\int_0^{2R\sin\theta}f(r^2)rdr$　　(D) $\int_0^{\pi}d\theta\int_0^{2R\cos\theta}f(r^2)rdr$

JK 9. 设 $f(x,y)$ 为连续函数,将 $\iint\limits_{D}f(x,y)dxdy$,$D$:$0\leqslant x\leqslant 1,0\leqslant y\leqslant 1$ 化为极坐标系下先 θ 后 r 的累次积分为(　　).

(A) $\int_0^{\sqrt{2}}dr\int_{\arccos\frac{1}{r}}^{\arcsin\frac{1}{r}}rf(r\cos\theta,r\sin\theta)d\theta$

(B) $\int_0^1dr\int_0^{\frac{\pi}{2}}rf(r\cos\theta,r\sin\theta)d\theta+\int_1^{\sqrt{2}}dr\int_{\arccos\frac{1}{r}}^{\arcsin\frac{1}{r}}rf(r\cos\theta,r\sin\theta)d\theta$

(C) $\int_0^{\frac{\pi}{4}}d\theta\int_0^{\sec\theta}rf(r\cos\theta,r\sin\theta)dr+\int_{\frac{\pi}{4}}^{\frac{\pi}{2}}d\theta\int_0^{\csc\theta}rf(r\cos\theta,r\sin\theta)dr$

(D) $\int_0^1dr\int_0^{\frac{\pi}{2}}f(r\cos\theta,r\sin\theta)d\theta+\int_1^{\sqrt{2}}dr\int_{\arccos\frac{1}{r}}^{\arcsin\frac{1}{r}}f(r\cos\theta,r\sin\theta)d\theta$

QK 10. 单位圆域 $x^2+y^2\leqslant 1$ 被直线 $y=\pm x$ 划分为四个区域 $D_i(i=1,2,3,4)$,如图所示,记 $I_i=\iint\limits_{D_i}x\cos y\,dxdy,i=1,2,3,4$,则 $\max\limits_{1\leqslant i\leqslant 4}\{I_i\}$ 等于(　　).

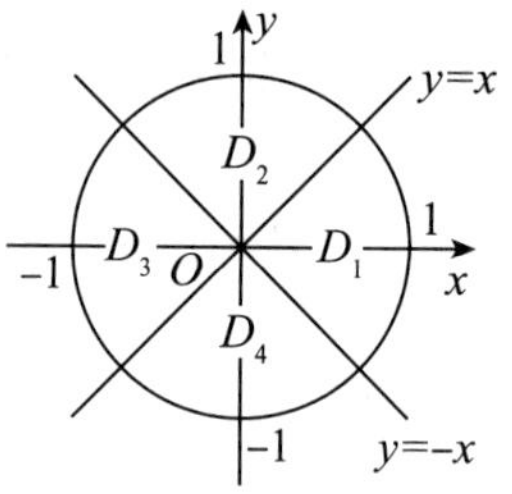

(A) I_1　　(B) I_2

(C) I_3　　(D) I_4

QK 11. 设平面区域 $D:(x-2)^2+(y-1)^2\leqslant 1$，若比较 $I_1=\iint\limits_D (x+y)^2\mathrm{d}\sigma$ 与 $I_2=\iint\limits_D (x+y)^3\mathrm{d}\sigma$ 的大小，则(　　).

(A) $I_1=I_2$　　(B) $I_1>I_2$

(C) $I_1<I_2$　　(D) 无法判断 I_1 与 I_2 的大小关系

QK 12. 设平面区域 D 由曲线 $y=\sin x\left(-\frac{\pi}{2}\leqslant x\leqslant\frac{\pi}{2}\right)$，$x=-\frac{\pi}{2}$，$y=1$ 围成，则 $\iint\limits_D (xy^3-1)\mathrm{d}\sigma=$(　　).

(A) 2　　(B) -2　　(C) π　　(D) $-\pi$

QK 13. $\int_0^{+\infty}\mathrm{d}y\int_y^{2y}\mathrm{e}^{-x^2}\mathrm{d}x=$(　　).

(A) 1　　(B) $\frac{1}{2}$　　(C) $\frac{1}{3}$　　(D) $\frac{1}{4}$

QK 14. 设 $M=\iint\limits_D \ln(x^2+y^2)\mathrm{d}x\mathrm{d}y$，$N=\iint\limits_D [\ln(x^2+y^2)]^2\mathrm{d}x\mathrm{d}y$，$P=\iint\limits_D (x^2+y^2-1)\mathrm{d}x\mathrm{d}y$，其中 $D=\{(x,y)\mid 1\leqslant x^2+y^2\leqslant 2\}$，则必有(　　).

(A) $M<N<P$　　(B) $N<M<P$

(C) $M<P<N$　　(D) $N<P<M$

QK 15. $\int_0^1 y^2\mathrm{d}y\int_1^y\frac{1}{\sqrt{1+x^4}}\mathrm{d}x=$(　　).

(A) $\frac{1}{6}(1-\sqrt{2})$　　(B) $\frac{1}{6}(\sqrt{2}-1)$

(C) $\frac{1}{3}(1-\sqrt{2})$　　(D) $\frac{1}{3}(\sqrt{2}-1)$

JK 16. 设 $f(x)$ 是连续的正值函数，$I=\int_0^1 f(x)\mathrm{d}x=\iint\limits_D f(x)f(y)\mathrm{d}x\mathrm{d}y$，$D=\{(x,y)\mid 0\leqslant y\leqslant 1,0\leqslant x\leqslant y\}$，则 $I=$(　　).

(A) 0　　(B) 1　　(C) 2　　(D) 3

JK 17. 设函数 $f(x,y)$ 连续，则 $\int_{\frac{\sqrt{2}}{4}}^{\frac{1}{2}}\mathrm{d}x\int_{\frac{1}{4x}}^{2x}f(x,y)\mathrm{d}y+\int_{\frac{1}{2}}^{\frac{\sqrt{2}}{2}}\mathrm{d}x\int_x^{\frac{1}{2x}}f(x,y)\mathrm{d}y=$(　　).

(A) $\int_{\frac{\pi}{4}}^{\arctan 2}\mathrm{d}\theta\int_{\frac{1}{2\sin 2\theta}}^{\frac{1}{\sin 2\theta}}f(r\cos\theta,r\sin\theta)r\mathrm{d}r$

(B) $\int_{\frac{\pi}{4}}^{\arctan 2}\mathrm{d}\theta\int_{\frac{1}{2\sin 2\theta}}^{\frac{1}{\sin 2\theta}}f(r\cos\theta,r\sin\theta)\mathrm{d}r$

(C) $\int_{\frac{\pi}{4}}^{\arctan 2} d\theta \int_{\frac{1}{\sqrt{2\sin 2\theta}}}^{\frac{1}{\sqrt{\sin 2\theta}}} f(r\cos\theta, r\sin\theta) dr$

(D) $\int_{\frac{\pi}{4}}^{\arctan 2} d\theta \int_{\frac{1}{\sqrt{2\sin 2\theta}}}^{\frac{1}{\sqrt{\sin 2\theta}}} f(r\cos\theta, r\sin\theta) r dr$

QK 18. 设函数 $f(x)=x\int_x^{\pi}\left(\frac{\sin u}{u}\right)^2 du$，则$\int_0^{\pi} f(x)dx=$（　　）.

(A) $\frac{\pi}{6}$　　(B) $\frac{\pi}{4}$　　(C) $\frac{\pi}{3}$　　(D) $\frac{\pi}{2}$

JK 19. $\int_{-1}^{1} dy \int_{-\frac{\pi}{2}}^{\arcsin y} |x| y^2 dx=$（　　）.

(A) $-\frac{\pi^2}{12}$　　(B) $\frac{\pi^2}{12}$　　(C) $-\frac{\pi^2}{6}$　　(D) $\frac{\pi^2}{6}$

JK 20. $\lim\limits_{t\to 0^+}\frac{1}{t^6}\int_0^t dx\int_x^t (e^{x^2y^2}-1)dy=$（　　）.

(A) $\frac{1}{36}$　　(B) $\frac{1}{30}$　　(C) $\frac{1}{18}$　　(D) $\frac{1}{9}$

QK 21. 设函数 $f(x,y)=1+\frac{xy}{\sqrt{1+y^3}}$，则积分 $I=\int_0^1 dx\int_{x^2}^1 f(x,y)dy=$（　　）.

(A) $\frac{1}{3}(\sqrt{2}+1)$　　(B) $\frac{1}{6}(\sqrt{2}-1)$

(C) $\frac{1}{6}(\sqrt{2}+1)$　　(D) $\frac{1}{3}(\sqrt{2}-1)$

JK 22. 设区域 $D=\left\{(x,y)\left|\frac{x^2}{a^2}+\frac{y^2}{b^2}\leqslant 1\right.\right\}$，其中常数 $a>b>0$. D_1 是 D 在第一象限的部分，$f(x,y)$ 在 D 上连续，等式$\iint_D f(x,y)d\sigma=4\iint_{D_1} f(x,y)d\sigma$ 成立的一个充分条件是（　　）.

(A) $f(-x,-y)=f(x,y)$

(B) $f(-x,-y)=-f(x,y)$

(C) $f(-x,y)=f(x,-y)=-f(x,y)$

(D) $f(-x,y)=f(x,-y)=f(x,y)$

QK 23. 二次积分$\int_0^2 dx\int_0^{x^2} f(x,y)dy$ 写成另一种次序的积分是（　　）.

(A) $\int_0^4 dy\int_{\sqrt{y}}^2 f(x,y)dx$　　(B) $\int_0^4 dy\int_0^{\sqrt{y}} f(x,y)dx$

(C) $\int_0^4 dy\int_{x^2}^2 f(x,y)dy$　　(D) $\int_0^2 dy\int_0^{\sqrt{y}} f(x,y)dx$

QK 24.设函数 $f(x,y)$ 连续，则 $\int_1^2 dy\int_1^y f(x,y)dx+\int_1^2 dy\int_y^{4-y} f(x,y)dx=$( ).

(A) $\int_1^2 dx\int_1^{4-x} f(x,y)dy$ (B) $\int_1^2 dx\int_x^{4-x} f(x,y)dy$

(C) $\int_1^2 dy\int_1^{4-y} f(x,y)dx$ (D) $\int_1^2 dy\int_y^2 f(x,y)dx$

QK 25.设函数 $f(t)$ 连续，区域 $D=\left\{(x,y)\,\middle|\,x^2+y^2\leqslant 2y\right\}$，则 $\iint\limits_D f(xy)dxdy=$( ).

(A) $\int_{-1}^1 dx\int_{-\sqrt{1-x^2}}^{\sqrt{1-x^2}} f(xy)dy$ (B) $2\int_0^2 dy\int_0^{\sqrt{2y-y^2}} f(xy)dx$

(C) $\int_0^{\pi} d\theta\int_0^{2\sin\theta} f(r^2\sin\theta\cos\theta)dr$ (D) $\int_0^{\pi} d\theta\int_0^{2\sin\theta} f(r^2\sin\theta\cos\theta)r dr$

QK 26.已知 $I=\int_0^2 dx\int_0^{\frac{x^2}{2}} f(x,y)dy+\int_2^{2\sqrt{2}} dx\int_0^{\sqrt{8-x^2}} f(x,y)dy$，则 $I=$( ).

(A) $\int_0^2 dy\int_{\sqrt{2y}}^{\sqrt{8-y^2}} f(x,y)dx$ (B) $\int_0^2 dy\int_1^{\sqrt{8-y^2}} f(x,y)dx$

(C) $\int_0^1 dy\int_{\sqrt{2y}}^{\sqrt{8-y^2}} f(x,y)dx$ (D) $\int_0^2 dy\int_{\sqrt{2y}}^1 f(x,y)dx$

JK 27.设 D 是由曲线 $(2x+3y+1)^2+(x+4y-3)^2=1$ 围成的平面闭区域，则二重积分 $\iint\limits_D[(2x+3y+1)^2+(x+4y-3)^2]dxdy=$( ).

(A) $\frac{1}{10}\pi$ (B) $\frac{1}{5}\pi$ (C) $\frac{2}{5}\pi$ (D) π

JK 28.设 $x\geqslant 0,y\geqslant 0$，曲线 $l_1:x^2+y^2-xy=1$，$l_2:x^2+y^2-xy=2$，直线 $l_3:y=\frac{\sqrt{3}}{3}x$，$l_4:y=\sqrt{3}x$. 区域 D_1 由 $l_1,l_2,x=0,y=0$ 围成，D_2 由 $l_1,l_2,l_3,y=0$ 围成，D_3 由 $l_1,l_2,l_4,x=0$ 围成，则对于 $I_i=\iint\limits_{D_i}\sqrt[3]{y-x}\,d\sigma$，有( ).

(A) $I_1<I_2<I_3$ (B) $I_3<I_1<I_2$

(C) $I_2<I_3<I_1$ (D) $I_2<I_1<I_3$

JK 29.设区域 $D=\left\{(x,y)\,\middle|\,x^{\frac{2}{3}}+y^{\frac{2}{3}}\leqslant\pi^{\frac{2}{3}}\right\}$，区域 $D_k(k=1,2,3,4)$ 是 D 的第 k 象限部分，

$$I_k=\iint\limits_{D_k}\sin(y-x)dxdy,$$

则积分值大于零的是(　　).

(A)I_1　　(B)I_2　　(C)I_3　　(D)I_4

JK　30. 设 $I=\iint\limits_D (x+y)\mathrm{d}x\mathrm{d}y$，$J=\iint\limits_D \max\{x+y,1\}\mathrm{d}x\mathrm{d}y$，$K=\iint\limits_D \min\{x+y,1\}\mathrm{d}x\mathrm{d}y$，其中 $D=\{(x,y)\mid 0\leqslant x\leqslant 1,0\leqslant y\leqslant 1\}$，则 I,J,K 满足等式(　　).

(A)$I+J=2K$　　(B)$J+K=2I$

(C)$I+K=2J$　　(D)$J-K=\dfrac{1}{2}I$

QK　31.(仅数学一、数学二)由 $\begin{cases}x=t-\sin t,\\ y=1-\cos t\end{cases}$ $(0\leqslant t\leqslant 2\pi)$，$y=0$ 所围平面图形 D 的形心纵坐标等于(　　).

(A) $\dfrac{1}{6}$　　(B) $\dfrac{2}{3}$　　(C) $\dfrac{5}{6}$　　(D) $\dfrac{11}{2}$

JK　32. $\lim\limits_{n\to\infty}\dfrac{\pi}{2n^4}\sum\limits_{i=1}^{n}\sum\limits_{j=1}^{n} i^2\sin\dfrac{\pi j}{2n}=$(　　).

(A) $\dfrac{1}{2}$　　(B) $\dfrac{1}{3}$　　(C) $\dfrac{1}{4}$　　(D) $\dfrac{1}{5}$

JK　33. 设 $J_i=\iint\limits_{D_i}\sqrt[3]{x-y}\,\mathrm{d}x\mathrm{d}y\ (i=1,2,3)$，其中 $D_1=\{(x,y)\mid 0\leqslant x\leqslant 1,0\leqslant y\leqslant 1\}$，$D_2=\{(x,y)\mid 0\leqslant x\leqslant 1,0\leqslant y\leqslant \sqrt{x}\}$，$D_3=\{(x,y)\mid 0\leqslant x\leqslant 1,x^2\leqslant y\leqslant 1\}$，则(　　).

(A)$J_1<J_2<J_3$　　(B)$J_3<J_1<J_2$

(C)$J_2<J_3<J_1$　　(D)$J_2<J_1<J_3$

JK　34. 设 $D_t=\{(x,y)\mid -t\leqslant x\leqslant t,-t\leqslant y\leqslant t\}\ (t>0)$，$f(x)$ 为可导函数，且 $f(0)=0$，$f'(0)\neq 0$，若当 $t\to 0^+$ 时，函数 $F(t)=\iint\limits_{D_t} f(x^2)\mathrm{d}x\mathrm{d}y$ 是 t^k 的同阶无穷小，则 $k=$(　　).

(A)2　　(B)3　　(C)4　　(D)5

JK　35. 设函数 $f(x)$ 连续，$D_t=\{(x,y)\mid t^2\leqslant x^2+y^2\leqslant 4t^2\}\ (t>0)$，

$$F(t)=\iint\limits_{D_t}\frac{(2x^2+1)f(x^2+y^2)}{x^2+y^2+1}\mathrm{d}x\mathrm{d}y,$$

则 $F'(t)=$(　　).

(A)$2\pi[2f(4t^2)-f(t^2)]$　　(B)$2\pi[f(4t^2)-f(t^2)]$

(C)$2\pi[4tf(4t^2)-tf(t^2)]$　　(D)$2\pi[2tf(4t^2)-tf(t^2)]$

QK 36. 设 $I_k=\iint\limits_{D_k}(4x^2+y^2-4)\mathrm{d}x\,\mathrm{d}y\,(k=1,2,3)$，其中 $D_1=\{(x,y)\mid x^2+y^2\leqslant 4\}$，$D_2=\{(x,y)\mid 4x^2+y^2\leqslant 4\}$，$D_3=\{(x,y)\mid x^2+y^2\leqslant 1\}$，则(　　).

(A) $I_1<I_2<I_3$　　(B) $I_3<I_2<I_1$

(C) $I_2<I_3<I_1$　　(D) $I_2<I_1<I_3$

QK 37. 设平面区域 $D=\{(x,y)\mid(x-1)^2+(y-1)^2\leqslant 2\}$，$I_1=\iint\limits_D(x+y)\mathrm{d}\sigma$，$I_2=\iint\limits_D\ln(1+x+y)\mathrm{d}\sigma$，则正确的是(　　).

(A) $8\pi>I_1>I_2$　　(B) $I_1>8\pi>I_2$

(C) $I_1>I_2>8\pi$　　(D) $I_2>8\pi>I_1$

QK 38. $\int_0^1\mathrm{d}y\int_0^1\sqrt{\mathrm{e}^{2x}-y^2}\,\mathrm{d}x+\int_1^{\mathrm{e}}\mathrm{d}y\int_{\ln y}^1\sqrt{\mathrm{e}^{2x}-y^2}\,\mathrm{d}x=$(　　).

(A) $\dfrac{\pi}{8}(\mathrm{e}^2-1)$　　(B) $\dfrac{\pi}{8}(\mathrm{e}^2+1)$

(C) $\dfrac{\pi}{4}(\mathrm{e}^2-1)$　　(D) $\dfrac{\pi}{4}(\mathrm{e}^2+1)$

JK 39. 设函数 $f(x)=\iint\limits_{u^2+v^2\leqslant x^2}\arctan(1+\sqrt{u^2+v^2})\mathrm{d}u\,\mathrm{d}v\,(x>0)$，则 $\lim\limits_{x\to0^+}\dfrac{f(x)}{\mathrm{e}^{-2x}-1+2x}=$(　　).

(A) $-\dfrac{\pi^2}{8}$　　(B) $-\dfrac{\pi^2}{4}$　　(C) $\dfrac{\pi^2}{8}$　　(D) $\dfrac{\pi^2}{4}$

JK 40. 设 $D=\{(x,y)\mid t^2\leqslant x^2+y^2\leqslant\pi\}\,(t\geqslant 0)$，$f(t)=\iint\limits_D\sqrt{x^2+y^2}\sin(x^2+y^2)\mathrm{d}x\,\mathrm{d}y$，则函数 $f(t)$ 在 $[0,\sqrt{\pi}]$ 上的平均值为(　　).

(A) π^2　　(B) $2\pi^2$　　(C) $\pi\sqrt{\pi}$　　(D) $2\pi\sqrt{\pi}$

QK 41. 设 $D=\left\{(x,y)\,\middle|\,x^2+y^2\leqslant\dfrac{3}{4}\right\}$，记 $I=\iint\limits_D\mathrm{e}^{-(x^2+y^2)}\mathrm{d}x\,\mathrm{d}y$，$J=\iint\limits_D\cos(x^2+y^2)\mathrm{d}x\,\mathrm{d}y$，$K=\iint\limits_D[1-\sin(x^2+y^2)]\mathrm{d}x\,\mathrm{d}y$，则 I,J,K 的大小顺序为(　　).

(A) $I<J<K$　　(B) $J<K<I$

(C) $I<K<J$　　(D) $K<I<J$

JK 42. 设 $f(t)=\int_0^{t^2}\mathrm{d}x\int_{\sqrt{x}}^t\mathrm{e}^{-x^2-y^2}\mathrm{d}y$，$g(t)=\int_{-t}^t\mathrm{d}x\int_{-\sqrt{t^2-x^2}}^{\sqrt{t^2-x^2}}\sin\sqrt{x^2+y^2}\,\mathrm{d}y$，则 $\lim\limits_{t\to0^+}\dfrac{f(t)}{g(t)}=$(　　).

(A) $\dfrac{1}{\pi}$　　(B) $\dfrac{1}{2\pi}$　　(C) $\dfrac{1}{4\pi}$　　(D) $\dfrac{1}{8\pi}$

QK 43.(仅数学一)球面 $x^2+y^2+z^2=4a^2$ 与柱面 $x^2+y^2=2ax$ 所围成立体体积等于(　　).

(A)$4\int_0^{\frac{\pi}{2}}d\theta\int_0^{2a\cos\theta}\sqrt{4a^2-r^2}\,dr$

(B)$8\int_0^{\frac{\pi}{2}}d\theta\int_0^{2a\cos\theta}r\sqrt{4a^2-r^2}\,dr$

(C)$4\int_0^{\frac{\pi}{2}}d\theta\int_0^{2a\cos\theta}r\sqrt{4a^2-r^2}\,dr$

(D)$\int_{-\frac{\pi}{2}}^{\frac{\pi}{2}}d\theta\int_0^{2a\cos\theta}r\sqrt{4a^2-r^2}\,dr$

QK 44.$\int_{-1}^{1}dx\int_{|x|}^{\sqrt{2-x^2}}\sin(x^2+y^2)dy=$(　　).

(A) $\frac{\pi}{4}(\cos 2-1)$　　(B) $\frac{\pi}{4}(-\cos 2+1)$

(C) $\frac{\pi}{4}(\cos 2+1)$　　(D) $\frac{\pi}{4}(-\cos 2-1)$

JK 45. 设 $f(u)$ 为 u 的连续函数,并设 $f(0)=a>0$. 又设平面区域 $\sigma_t=\left\{(x,y)\,\middle|\,|x|+|y|\leqslant t,t\geqslant 0\right\}$,$\Phi(t)=\iint\limits_{\sigma_t}f(x^2+y^2)dx\,dy$. 则 $\Phi(t)$ 在 $t=0$ 处的右导数 $\Phi'_+(0)=$(　　).

(A)a　　(B)$2\pi a$　　(C)πa　　(D)0

JK 46.设平面区域 D 由 $x=0,y=0,x+y=\frac{1}{4},x+y=1$ 围成,若 $I_1=\iint\limits_D[\ln(x+y)]^3dx\,dy$,$I_2=\iint\limits_D(x+y)^3dx\,dy$,$I_3=\iint\limits_D[\sin(x+y)]^3dx\,dy$,则 I_1,I_2,I_3 的大小顺序为(　　).

(A)$I_1<I_2<I_3$　　(B)$I_3<I_2<I_1$

(C)$I_1<I_3<I_2$　　(D)$I_3<I_1<I_2$

JK 47.设平面区域 $D=\{(x,y)\mid x^2+y^2\leqslant t^2,t>0\}$,则极限 $\lim\limits_{t\to 0^+}\frac{1}{t^2}\iint\limits_D e^{x^2-y^2}\cos(x+y)d\sigma=$(　　).

(A)π　　(B)2π　　(C)3π　　(D)4π

QK 48. 设 $I_1=\iint\limits_D\sin\sqrt{\frac{x+y}{4}}dx\,dy$,$I_2=\iint\limits_D\sin\frac{x+y}{4}dx\,dy$,$I_3=\iint\limits_D\sin\left(\frac{x+y}{4}\right)^2dx\,dy$,其中 $D=\{(x,y)\mid(x-1)^2+(y-1)^2\leqslant 2\}$,则(　　).

(A)$I_1<I_2<I_3$　　(B)$I_3<I_2<I_1$

(C) $I_3 < I_1 < I_2$　　(D) $I_2 < I_3 < I_1$

JK　49. 设 $I_1 = \iint\limits_D (|x| + |y|) e^{-|x|-|y|} \mathrm{d}x\mathrm{d}y, I_2 = \iint\limits_D (x^2 + y^2) e^{-x^2-y^2} \mathrm{d}x\mathrm{d}y, I_3 = \iint\limits_D (x^3 + y^3) e^{-x^3-y^3} \mathrm{d}x\mathrm{d}y$，其中 $D = \{(x,y) \mid |x| + |y| \leqslant 1\}$，则(　　).

(A) $I_1 < I_2 < I_3$　　(B) $I_2 < I_3 < I_1$

(C) $I_3 < I_1 < I_2$　　(D) $I_3 < I_2 < I_1$

JK　50. 设 $D = \{(x,y) \mid |x| + |y| \leqslant t\}$，则 $\lim\limits_{t \to 0^+} \frac{1}{t^2} \iint\limits_D e^{x^2+y^2} \mathrm{d}x\mathrm{d}y =$ (　　).

(A) 1　　(B) $\sqrt{2}$　　(C) 2　　(D) 4

JK　51. 设

$$I_1 = \iint\limits_D \cos(|x| - |y|) \mathrm{d}x\mathrm{d}y, I_2 = \iint\limits_D \cos(|x| + |y|) \mathrm{d}x\mathrm{d}y, I_3 = \iint\limits_D \cos|x + y| \mathrm{d}x\mathrm{d}y,$$

其中 D 是由直线 $y = 3 - x, y = 3 + x, y = -3 + x, y = -3 - x$ 围成的闭区域，则(　　).

(A) $I_1 < I_2 < I_3$　　(B) $I_3 < I_2 < I_1$

(C) $I_3 < I_1 < I_2$　　(D) $I_2 < I_3 < I_1$

QK　52. 设 $D = \{(x,y) \mid 0 \leqslant x \leqslant 1, -1 \leqslant y \leqslant 0\}$，$f(x) = \begin{cases} x^2, & 0 \leqslant x \leqslant 1, \\ 0, & \text{其他}, \end{cases}$ 则 $\iint\limits_D f(x) f(x - y) \mathrm{d}x\mathrm{d}y =$ (　　).

(A) $\frac{1}{36}$　　(B) $\frac{1}{21}$　　(C) $\frac{1}{18}$　　(D) $\frac{1}{15}$

JK　53. 设 $D = \{(x,y) \mid 0 \leqslant x \leqslant t, 0 \leqslant y \leqslant t\}$ $(t > 0)$，直线 $x + y = t$ 将 D 分成 D_1，D_2 两部分(D_1 位于直线 $x + y = t$ 下方)，函数 $f(x)$ 在 $(-\infty, +\infty)$ 上连续，在点 $x = 0$ 处可导，且 $f(0) = 0, f'(0) \neq 0$. 令 $F_1(t) = \iint\limits_{D_1} f(x) \mathrm{d}x\mathrm{d}y, F_2(t) = \iint\limits_{D_2} f(x) \mathrm{d}x\mathrm{d}y$，则 $\lim\limits_{t \to 0^+} \frac{F_1(t)}{F_2(t)} =$ (　　).

(A) $\frac{1}{4}$　　(B) $\frac{1}{2}$　　(C) 1　　(D) 2

QK　54. $\int_{-\frac{1}{4}}^{0} \mathrm{d}x \int_{-\frac{1}{2}-\sqrt{x+\frac{1}{4}}}^{-\frac{1}{2}+\sqrt{x+\frac{1}{4}}} f(x,y) \mathrm{d}y + \int_0^2 \mathrm{d}x \int_{x-1}^{-\frac{1}{2}+\sqrt{x+\frac{1}{4}}} f(x,y) \mathrm{d}y$ 交换积分次序后为(　　).

(A) $\int_{-\frac{1}{2}}^{1} \mathrm{d}y \int_{y^2+y}^{y+1} f(x,y) \mathrm{d}x$　　(B) $\int_{-\frac{1}{2}}^{1} \mathrm{d}y \int_{y+1}^{y^2+y} f(x,y) \mathrm{d}x$

(C) $\int_{-1}^{1} dy \int_{y^2+y}^{y+1} f(x,y) dx$　　(D) $\int_{-1}^{1} dy \int_{y+1}^{y^2+y} f(x,y) dx$

QK 55. 设 $I_k = \iint\limits_{x^2+y^2 \leqslant k^2} e^{-(x^2+y^2)} \sin\sqrt{x^2+y^2}\, dx\, dy (k=1,2,3)$，则(　　).

(A) $I_1 < I_2 < I_3$　　(B) $I_3 < I_2 < I_1$

(C) $I_2 < I_3 < I_1$　　(D) $I_1 < I_3 < I_2$

QK 56. 设 $f(x,y)$ 为连续函数，交换累次积分 $\int_0^{2\pi} dx \int_0^{\sin x} f(x,y) dy$ 的积分次序后为(　　).

(A) $\int_0^1 dy \int_{\arcsin y}^{\pi-\arcsin y} f(x,y) dx + \int_{-1}^{0} dy \int_{\pi-\arcsin y}^{2\pi+\arcsin y} f(x,y) dx$

(B) $\int_0^1 dy \int_{\arcsin y}^{\pi-\arcsin y} f(x,y) dx - \int_{-1}^{0} dy \int_{\pi-\arcsin y}^{2\pi+\arcsin y} f(x,y) dx$

(C) $\int_0^1 dy \int_{\arcsin y}^{\pi-\arcsin y} f(x,y) dx + \int_{-1}^{0} dy \int_{\pi+\arcsin y}^{2\pi-\arcsin y} f(x,y) dx$

(D) $\int_0^1 dy \int_{\arcsin y}^{\pi-\arcsin y} f(x,y) dx - \int_{-1}^{0} dy \int_{\pi+\arcsin y}^{2\pi-\arcsin y} f(x,y) dx$

JK 57. 设积分

$$I_1 = \iint\limits_{D_1} (x+y)^{10} d\sigma, I_2 = \iint\limits_{D_1} (x+y)^{11} d\sigma, I_3 = \iint\limits_{D_2} (x+y)^{10} d\sigma, I_4 = \iint\limits_{D_2} (x+y)^{11} d\sigma,$$

区域 $D_1 = \{(x,y) \mid (x-2)^2 + (y-1)^2 \leqslant 2\}$，$D_2 = \{(x,y) \mid x^2 + (y+1)^2 \leqslant 2\}$，下列选项正确的是(　　).

(A) $I_1 < I_2 < I_3 < I_4$　　(B) $I_4 < I_3 < I_2 < I_1$

(C) $I_4 < I_3 < I_1 < I_2$　　(D) $I_1 < I_3 < I_2 < I_4$

JK 58. 设 $D = \{(x,y) \mid 1 < x \leqslant e, 1 < y \leqslant e\}$，记

$$I_1 = \iint\limits_{D} [x\ln(x+\sqrt{1+x^2}) - \sqrt{1+x^2}] \sin(\ln y) d\sigma,$$

$$I_2 = \iint\limits_{D} [y\ln(y+\sqrt{1+y^2}) - \sqrt{1+y^2}] \sin(\ln y) d\sigma,$$

则(　　).

(A) $I_1 > I_2$　　(B) $I_1 < I_2$

(C) $I_1 = I_2$　　(D) 无法判断 I_1 与 I_2 的大小关系

二、填空题

QK 1. 二重积分 $\iint\limits_{|x|+|y| \leqslant 1} \ln(x^2+y^2) dx\, dy$ 的符号为________.

QK 2. 由曲线 $y = \ln x$ 及直线 $x + y = e + 1$，$y = 0$ 所围成的平面图形的面积可用二重

积分表示为________,其值等于________.

QK　3. 若 $f(x,y)$ 为关于 x 的奇函数,且积分区域 D 关于 y 轴对称,则当 $f(x,y)$ 在 D 上连续时,必有 $\iint\limits_D f(x,y)\mathrm{d}x\mathrm{d}y=$________.

QK　4. $\int_1^2 \mathrm{d}x\int_0^1 x^y \ln x\mathrm{d}y=$________.

JK　5. $\int_0^t \mathrm{d}y\int_{\sqrt{y}}^{\sqrt{t}} \sqrt{1+x^3}\mathrm{d}x=$________.

QK　6. 已知曲线 L 的极坐标方程为 $r=\sin(3\theta)\left(0\leqslant\theta\leqslant\frac{\pi}{3}\right)$,$D$ 为曲线 L 围成的区域,则 $\iint\limits_D \sqrt{x^2+y^2}\mathrm{d}x\mathrm{d}y=$________.

QK　7. 设

$$D=\{(x,y)\mid 4x^2+y^2<1,x\geqslant 0,y\geqslant 0\},$$

则积分 $I=\iint\limits_D(1-12x^2-y^2)\mathrm{d}x\mathrm{d}y=$________.

JK　8. $\int_0^1 \mathrm{d}x\int_1^x \frac{\tan y}{y}\mathrm{d}y=$________.

JK　9. $\int_{-1}^1 \mathrm{d}x\int_{x^2}^{\sqrt{2-x^2}}(x+1)y\mathrm{d}y=$________.

JK　10. $\int_0^1 x^2\mathrm{d}x\int_x^1 \mathrm{e}^{-y^2}\mathrm{d}y=$________.

QK　11. $\int_{-1}^1 \mathrm{d}x\int_{-1}^x \frac{x}{\sqrt{1-x^2+y^2}}\mathrm{d}y=$________.

JK　12. (仅数学一、数学二) 设 $D=\{(x,y)\mid 2(x-1)^2+3(y-2)^2\leqslant 6\}$,则 $\iint\limits_D(x+y)\mathrm{d}x\mathrm{d}y=$________.

JK　13. 设 $f(x,y)$ 为连续函数,则 $\int_0^1 \mathrm{d}x\int_{1-\sqrt{2x-x^2}}^{2-x} f(x,y)\mathrm{d}y$ 交换积分次序后等于________.

QK　14. 设 $f(x)$ 为连续函数,则二次积分 $\int_1^{\mathrm{e}}\mathrm{d}y\int_{\ln y}^1 \frac{f(x)}{y}\mathrm{d}x$ 的定积分形式为________.

QK　15. (仅数学一、数学二) 设 $D=\{(x,y)\mid x^2+y^2\leqslant 4y,x^2+y^2\geqslant 2y\}$,则平面图形 D 的形心坐标为________.

QK　16. 由曲线 $y=x^2$,$y=x+2$ 所围成的平面薄片,其上各点处的面密度 $\mu=1+x^2$,则此薄片的质量 $M=$________.

QK 17. 设 $D=\{(x,y)\mid 1\leqslant x^2+y^2\leqslant e^2\}$，则二重积分 $\iint\limits_D \ln(x^2+y^2)^{\frac{1}{2}}\mathrm{d}\sigma=$______.

QK 18. 设 $f(u)$ 为连续函数，D 是由 $y=1,x^2-y^2=1$ 及 $y=0$ 所围成的平面闭区域，则 $I=\iint\limits_D xf(y^2)\mathrm{d}\sigma=$______.

JK 19. 设区域 D 是曲线 $y=\sin x, x=-\dfrac{\pi}{2}, y=1$ 围成的平面区域，则 $\iint\limits_D (xy^5-1)\mathrm{d}\sigma=$______.

JK 20. 设 $f(u)$ 为连续函数，则二次积分 $\int_0^{\frac{\pi}{2}}\mathrm{d}\theta\int_{2\cos\theta}^{2} f(r^2)r\mathrm{d}r$ 在直角坐标系下化为二次积分______.

JK 21. 设 $f(x,y)$ 为连续函数，则直角坐标系下的二次积分 $\int_0^1\mathrm{d}x\int_0^{\sqrt{x-x^2}} f(x,y)\mathrm{d}y$ 可化为极坐标系下的二次积分______.

QK 22.（仅数学一、数学二）水在内半径为 R 的圆柱形管道内流动，如果管道中心轴上水的流速为 v_0，在距中心轴为 r 的点处流速 $v=v_0\left(1-\dfrac{r^2}{R^2}\right)$，则其一个截面圆上的平均流速为 $\overline{v}=$______.

QK 23. 某城市人口分布密度 P 随着与市中心距离 r 的增加而逐渐减少，根据统计规律可建立模型 $P(r)=\dfrac{32}{r^2+16}$（万人 $/\mathrm{km}^2$），则在离市中心 4 km 范围内人口的平均密度为 $\overline{P}=$______.

QJK 24. 设 $D=\left\{(r,\theta)\mid 0\leqslant\theta\leqslant\dfrac{\pi}{4}, 0\leqslant r\leqslant\sec\theta\right\}$，则 $\iint\limits_D\sqrt{1-(x-y)^2}\,\mathrm{d}\sigma=$______.

JK 25. 设 $f(x)$ 为连续函数，a 与 m 是常数且 $a>0$，将二次积分 $I=\int_0^a\mathrm{d}y\int_0^y \mathrm{e}^{m(a-x)}f(x)\mathrm{d}x$ 化为定积分，则 $I=$______.

QK 26. $\int_0^1\mathrm{d}x\int_{x^2}^1\dfrac{xy}{\sqrt{1+y^3}}\mathrm{d}y=$______.

QJK 27. 设 $f(x)$ 是 D 上连续的奇函数，其中 D 由 $y=4-x^2, y=-3x, x=1$ 所围成，则 $I=\iint\limits_D f(x)\ln(y+\sqrt{1+y^2})\mathrm{d}x\mathrm{d}y=$______.

QJK　28. 设平面区域 $D=\{(x,y)\mid\sqrt{x}+\sqrt{y}\leqslant 1\}$，则二重积分 $I=\iint\limits_D\sqrt[3]{\sqrt{x}+\sqrt{y}}\,\mathrm{d}\sigma=$ ________.

QJK　29. 设区域 $D=\{(x,y)\mid -1\leqslant x\leqslant 1,-1\leqslant y\leqslant 1\}$，则二重积分 $\iint\limits_D|x-y|\,\mathrm{d}x\mathrm{d}y=$ ________.

QK　30. 设函数 $f(x,y)$ 连续，交换累次积分次序 $\int_0^1\mathrm{d}y\int_{2y-2}^0 f(x,y)\mathrm{d}x=$ ________.

JK　31. 已知平面区域 $D=\{(x,y)\mid |x|\leqslant y,(x^2+y^2)^3\leqslant y^4\}$，则 $\iint\limits_D\dfrac{|x|}{\sqrt{x^2+y^2}}\mathrm{d}x\mathrm{d}y=$ ________.

JK　32. $\int_{-1}^0\mathrm{d}x\int_{(1-x^{\frac{2}{3}})^{\frac{3}{2}}}^{(1-x^2)^{\frac{1}{2}}}(1-\sin x\cos y)\mathrm{d}y+\int_0^1\mathrm{d}x\int_{(1-x^{\frac{2}{3}})^{\frac{3}{2}}}^{(1-x^2)^{\frac{1}{2}}}(1-\sin x\cos y)\mathrm{d}y=$ ________.

QK　33. 已知 $f(x)=\begin{cases}\mathrm{e}^x, & 0\leqslant x\leqslant 1,\\ 0, & \text{其他},\end{cases}$ 则 $\int_{-\infty}^{+\infty}\mathrm{d}x\int_{-\infty}^{+\infty}f(y)f(x-y)\mathrm{d}y=$ ________.

QK　34. $\int_0^1\mathrm{d}y\int_y^1\left(\dfrac{\sin x^2}{x}-\sin y^2\right)\mathrm{d}x=$ ________.

QK　35. $\int_0^1\mathrm{d}y\int_y^1\left(\dfrac{\mathrm{e}^{x^2}}{x}-\mathrm{e}^{y^2}\right)\mathrm{d}x=$ ________.

JK　36. 若 $y(x)=\int_0^x\arctan(u-1)^2\mathrm{d}u$，则 $y(x)$ 在区间 $[0,1]$ 上的平均值为________.

JK　37. $\int_{-1}^1\mathrm{d}x\int_{|x|}^{\sqrt{2-x^2}}\dfrac{x+y}{1+x^2+y^2}\mathrm{d}y=$ ________.

JK　38. 设 $D_t=\{(x,y)\mid 2x^2+3y^2\leqslant 6t\}\ (t\geqslant 0)$，

$$f(x,y)=\begin{cases}\dfrac{\sqrt[3]{1-xy}-1}{\mathrm{e}^{xy}-1}, & xy\neq 0,\\ a, & xy=0\end{cases}$$

为连续函数，令 $F(t)=\iint\limits_{D_t}f(x,y)\mathrm{d}x\mathrm{d}y$，则 $F'_+(0)=$ ________.

QJK　39. $I=\int_0^1\mathrm{d}x\int_1^{x^2}\dfrac{xy^2}{\sqrt{1+y^4}}\mathrm{d}y=$ ________.

JK　40. 设 $f(x)$ 在 $[0,1]$ 上连续，曲线 $y=f(x)$，$x=0$，$x=1$ 与 x 轴围成图形的面积为 1，则 $\int_0^1\mathrm{d}x\int_0^x xyf(x^2)f(y^2)\mathrm{d}y=$ ________.

QK　41. 设 D 由曲线 $(x^2+y^2)^2=2xy$ 围成，则 $\iint\limits_D xy\,\mathrm{d}\sigma=$ ________.

JK 42. 设 $f(x,y)$ 为连续函数，其中 $D: x^2+y^2\leqslant t^2$，则 $I=\lim\limits_{t\to 0^+}\dfrac{1}{\pi t^2}\iint\limits_D f(x,y)\mathrm{d}\sigma=$ ________.

QK 43. 设 $I=\int_0^1\mathrm{d}x\int_{e^x}^{e^{2x}}f(x,y)\mathrm{d}y$，则交换积分次序后 $I=$ ________.

QK 44.（仅数学一）空间曲线 $\begin{cases}(z+2)^2-x^2=4,\\(z-2)^2+y^2=4\end{cases}$ 在 xOy 平面上的投影围成的区域记为 D，则二重积分 $\iint\limits_D(x^2+y^2)\mathrm{d}\sigma=$ ________.

QK 45. $\int_{-\sqrt{2}}^0\mathrm{d}x\int_{-x}^{\sqrt{4-x^2}}(x^2+y^2)^{\frac{1}{2}}\mathrm{d}y+\int_0^2\mathrm{d}x\int_{\sqrt{2x-x^2}}^{\sqrt{4-x^2}}(x^2+y^2)^{\frac{1}{2}}\mathrm{d}y=$ ________.

JK 46. 设 $f(x)$ 为连续函数，$F(t)=\int_1^t\mathrm{d}y\int_y^t f(x)\mathrm{d}x$，则 $F'(t)=$ ________.

JK 47. 已知函数 $f(t)=\int_1^{t^2}\mathrm{d}x\int_t^{\sqrt{x}}e^{\frac{x}{y}}\mathrm{d}y$，则 $f'(\pi)=$ ________.

QJK 48. 设连续函数 $z=f(x,y)$ 满足 $\lim\limits_{\substack{x\to 0\\y\to 1}}\dfrac{f(x,y)-2x+y-2}{\sqrt{x^2+(y-1)^2}}=0$，则

$\lim\limits_{r\to 0^+}\dfrac{1}{r^2}\iint\limits_{x^2+(y-1)^2\leqslant r^2}f(x,y)\mathrm{d}x\mathrm{d}y=$ ________.

QK 49. $f(x)=\int_x^1\cos t^2\mathrm{d}t$ 在 $[0,1]$ 上的平均值为________.

QK 50.（仅数学一、数学二）设 $D=\{(x,y)\mid 9x^2+4y^2\leqslant 36, y\geqslant 0\}$，则 D 的形心坐标为 ________.

JK 51. $\int_{-1}^1\mathrm{d}y\int_{-1}^y y\sqrt{1+x^2-y^2}\,\mathrm{d}x=$ ________.

QJK 52. $\int_{\frac{1}{4}}^{\frac{1}{2}}\mathrm{d}y\int_{\frac{1}{2}}^{\sqrt{y}}e^{\frac{y}{x}}\mathrm{d}x+\int_{\frac{1}{2}}^1\mathrm{d}y\int_y^{\sqrt{y}}e^{\frac{y}{x}}\mathrm{d}x=$ ________.

QK 53. 设 $D=\{(x,y)\mid (x-1)^2+(y-1)^2\leqslant 2\}$，则 $\iint\limits_D(x+y)\mathrm{d}\sigma=$ ________.

JK 54. 设平面区域 $D=\left\{(r,\theta)\middle|0\leqslant r\leqslant\dfrac{1}{\cos\theta},0\leqslant r\leqslant\dfrac{\pi}{\sin\theta}\right\}$，则 $\iint\limits_D|r^2\cos\theta-r\sin^2(r\sin\theta)|\mathrm{d}r\mathrm{d}\theta=$ ________.

三、解答题

JK 1. 计算 $I=\iint\limits_D\dfrac{1+y+y\ln(x+\sqrt{1+x^2})}{1+x^2+y^2}\mathrm{d}\sigma$，其中 $D=\{(x,y)\mid x^2+y^2\leqslant 1, x\geqslant 0\}$.

QK 2. 计算 $\int_1^2\mathrm{d}x\int_{\sqrt{x}}^x\sin\dfrac{\pi x}{2y}\mathrm{d}y+\int_2^4\mathrm{d}x\int_{\sqrt{x}}^2\sin\dfrac{\pi x}{2y}\mathrm{d}y$.

QK　3. 计算 $\int_0^2 dx \int_0^{\sqrt{2x-x^2}} (x^2+y^2)dy$.

QK　4. 变换二次积分的积分次序：$\int_0^{\pi} dx \int_{-\sin\frac{x}{2}}^{\sin x} f(x,y)dy$.

JK　5. 设函数 $f(x,y)$ 连续，且

$$f(x,y)=x+\iint_D yf(u,v)\,du\,dv,$$

其中 D 由 $x=\frac{1}{y}, y=1, x=2$ 围成，求 $f(x,y)$.

QJK　6. 设平面区域 $D=\{(x,y)\mid x^2+y^2\leqslant 4, x\leqslant 0\}$，求

$$\iint_D (1+|x|+xy)\sqrt{4-x^2-y^2}\,dx\,dy.$$

QJK　7. 计算二重积分 $\iint_D (x-y)\,dx\,dy$，其中区域 $D=\{(x,y)\mid \sqrt{2x-x^2}\leqslant y\leqslant 2, 0\leqslant x\leqslant 2\}$.

QK　8. 设 $D=\{(x,y)\mid x^2+y^2\leqslant 2x\}$，计算 $\iint_D |x-y|\,d\sigma$.

QK　9. 计算 $\iint_D xy\,dx\,dy$，其中 D 是由直线 $y=x-4$ 与曲线 $y^2=2x$ 所围成的区域.

QK　10. 变换二次积分的积分次序：$\int_{-6}^{2} dx \int_{\frac{x^2}{4}-1}^{2-x} f(x,y)dy$.

QK　11. 变换二次积分的积分次序：$\int_0^1 dy \int_{1-y}^{1+y^2} f(x,y)dx$.

QK　12. 求下列曲面所围成的立体的体积：

(1) $z=1-x^2-y^2, z=0$；(2) $z=\frac{1}{4}(x^2+y^2), x^2+y^2=8x, z=0$.

QJK　13. 设 $D=\left\{(x,y)\,\middle|\, x^2+y^2\geqslant 1, (x-1)^2+y^2\leqslant 1\right\}$. 求 $\iint_D \frac{x+y}{\sqrt{x^2+y^2}}d\sigma$.

JK　14. 计算：$I=\iint_D \sqrt{\frac{1-x^2-y^2}{1+x^2+y^2}}\,dx\,dy$. 其中 D 是由圆弧 $y=\sqrt{1-x^2}\ (x>0)$ 与直线 $y=x$，$y=0$ 所围成的区域.

JK　15. 计算 $\iint_D (x^2+y^2)^{\frac{3}{2}}d\sigma$，其中 $D=\{(x,y)\mid x^2+y^2\leqslant 1, x^2+y^2\leqslant 2x\}$.

QK　16. 设 $f(x)$ 为连续的奇函数，平面区域 D 由 $y=-x^3, x=1$ 与 $y=1$ 围成，计算

$$I=\iint_D [x^2+f(xy)]\,d\sigma.$$

JK　17. 设 $D=\{(x,y)\mid x^2+y^2\leqslant 1 \text{ 且 } x+y\geqslant 0\}$，$f$ 为连续函数，计算

$$I=\iint_D xy[x+f(x^2-y^2)]\mathrm{d}x\mathrm{d}y.$$

QK 18. 计算$\int_0^1 \mathrm{d}y\int_{3y}^3 \mathrm{e}^{x^2}\mathrm{d}x$.

QK 19. 计算$\int_0^1 \mathrm{d}y\int_{\sqrt{y}}^1 \sqrt{x^3+1}\,\mathrm{d}x$.

QK 20. 计算$\int_0^1 \mathrm{d}x\int_{x^2}^1 x^3\sin y^3\mathrm{d}y$.

JK 21. 计算$\int_1^2 \mathrm{d}x\int_0^x \frac{y\sqrt{x^2+y^2}}{x}\mathrm{d}y$.

QK 22. 计算下列各题.

(1) $I=\int_{-\sqrt{2}}^0 \mathrm{d}x\int_{-x}^{\sqrt{4-x^2}}(x^2+y^2)\mathrm{d}y+\int_0^2\mathrm{d}x\int_{\sqrt{2x-x^2}}^{\sqrt{4-x^2}}(x^2+y^2)\mathrm{d}y$;

(2) $\iint_D \sqrt{x^2+y^2}\,\mathrm{d}x\mathrm{d}y$，其中$D=\{(x,y)\mid 0\leqslant x\leqslant 1,0\leqslant y\leqslant 1\}$;

(3) 若D是由直线$x=-2,y=0,y=2$以及曲线$x=-\sqrt{2y-y^2}$所围成的平面区域，计算$I=\iint_D y\,\mathrm{d}x\mathrm{d}y$;

(4) 若D是由圆$x^2+y^2=4$与$(x+1)^2+y^2=1$所围成的平面区域(如图阴影部分)，计算$I=\iint_D(\sqrt{x^2+y^2}+y)\,\mathrm{d}\sigma$.

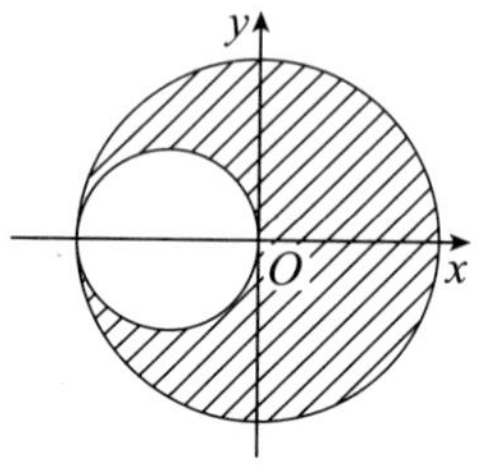

JK 23. 设平面区域$D(t)=\left\{(x,y)\middle| x^2+y^2\leqslant 1,-\frac{2}{t-2}\leqslant y\leqslant 1\right\}$，其中$4\leqslant t\leqslant 6$.

令

$$f(t)=\iint_{D(t)}[(t-2)y+2]\mathrm{d}\sigma,$$

求$f(t)$在区间$[4,6]$上的最大值.

JK 24. 计算二重积分$I=\iint_D\sqrt{x^2+|y-x^2|}\,\mathrm{d}x\mathrm{d}y$，其中$D=\{(x,y)\mid 0\leqslant x\leqslant 1,0\leqslant y\leqslant 1\}$.

JK　25. 已知 $f(t)=\iint\limits_{D(t):x^2+y^2\leqslant t^2}(e^{x^2+y^2}-ky^2)d\sigma$ 在 $t\in(0,+\infty)$ 内是单调增加函数，k 为常数，求 k 的取值范围.

QK　26. 设积分区域 $D=\{(x,y)\mid 0\leqslant x\leqslant y\leqslant 2\pi\}$，计算二重积分

$$I=\iint\limits_D |\sin(y-x)|\,d\sigma.$$

QJK　27. 求平面图形 $x^2+y^2\leqslant 1,(x^2+y^2)^2\geqslant 4(x^2-y^2),x\geqslant 0,y\geqslant 0$ 的面积，如下图所示.

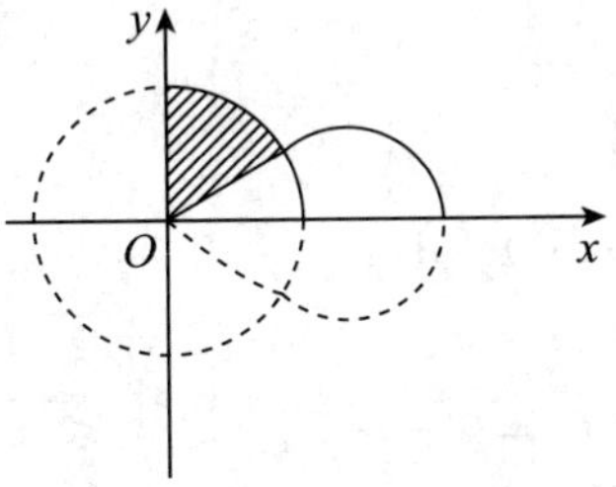

QK　28.（仅数学一、数学二）设均匀平面薄片在 xOy 平面上占有区域 D，D 由 $y=\sin x$ 及直线 OA 围成，其中 O 为原点，$A\left(\frac{\pi}{2},1\right)$，如图所示，求薄片重心坐标.

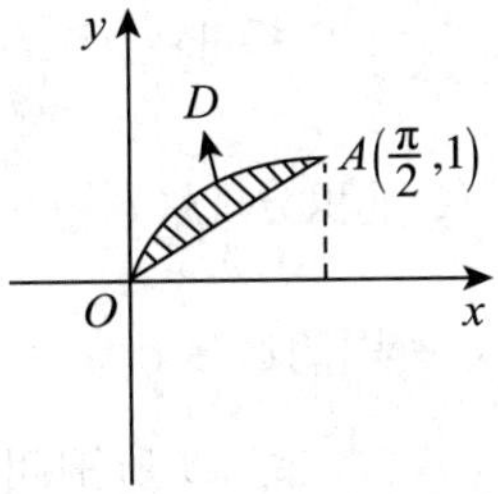

QK　29. 设 $D=\{(r,\theta)\mid r\leqslant 1,r\leqslant 2\cos\theta,\sin\theta\geqslant 0\}$，计算 $\iint\limits_D\left(2x-\frac{1}{2}\right)d\sigma$.

QK　30. 计算累次积分 $I=\int_0^{\frac{a}{2}}dx\int_{\frac{a}{2}-\sqrt{\frac{a^2}{4}-x^2}}^{\sqrt{ax-x^2}}(x^2+y^2)dy\,(a>0)$.

QK　31. 计算二重积分 $I=\iint\limits_D(x^2+y^2)dx\,dy$，其中区域 D 由曲线 $y=\sqrt{2x}$，$x^2+y^2=2x$ 及直线 $x=2$ 所围成.

JK　32. 设 $f(x)$ 连续，$x\in[0,a]$ 且 $\int_0^a f(x)dx=\sqrt{2}$，求 $\int_0^a dx\int_x^a f(x)f(y)dy$.

QJK　33. 计算 $I=\iint\limits_D(x^2+y^2)dx\,dy$，$D$：$x^2+y^2\leqslant 4$，$y\geqslant -x$，$y\geqslant\sqrt{2x-x^2}$.

JK 34. 证明：$\int_0^1 dx\int_0^1 (xy)^{xy}dy=\int_0^1 x^x dx$.

QK 35. 交换累次积分 I 的积分次序：

$$I=\int_0^1 dx\int_0^{\frac{1}{2}x^2} f(x,y)dy+\int_1^3 dx\int_0^{\sqrt{9-x^2}} f(x,y)dy.$$

JK 36. 交换累次积分 I 的积分次序：

$$I=\int_{\frac{1}{4}}^1 dy\int_0^{\sqrt{1-y^2}} f(x,y)dx+\int_0^{\frac{1}{4}} dy\int_0^{\frac{1}{2}(1-\sqrt{1-4y})} f(x,y)dx+\int_0^{\frac{1}{4}} dy\int_{\frac{1}{2}(1+\sqrt{1-4y})}^{\sqrt{1-y^2}} f(x,y)dx.$$

QJK 37. 求 $I=\iint\limits_D(|x|+|y|)dxdy$. 其中 D 是由曲线 $xy=2$，直线 $y=x-1$ 及 $y=x+1$ 所围成的区域.

QK 38. 计算：$\int_0^1 dx\int_{x^2}^x (x^2+y^2)^{-\frac{1}{2}}dy$.

QK 39. 计算：$\iint\limits_D e^{\frac{y}{x+y}}d\sigma$，其中 $D=\{(x,y)\mid 0\leqslant y\leqslant 1-x,y\leqslant x\}$.

JK 40. 计算

$$I=\int_{-1}^1 dx\int_x^{2-|x|}[e^{|y|}+\sin(x^3y^3)]dy.$$

QK 41. 设区域 $D=\{(x,y)\mid x^2+y^2\leqslant 4,x\geqslant 0,y\geqslant 0\}$，求 $\iint\limits_D x^2(x^2+y^2)dxdy$.

QK 42. 按两种不同积分次序化二重积分 $\iint\limits_D f(x,y)dxdy$ 为二次积分，其中 D 为：

(1) 直线 $y=x$，抛物线 $y^2=4x$ 所围闭区域；

(2) 直线 $y=0$，曲线 $y=\sin x\,(0\leqslant x\leqslant\pi)$ 所围闭区域；

(3) $(x-1)^2+(y+1)^2\leqslant 1$ 所确定的闭区域.

JK 43. 设平面区域 D 由曲线 $y=\sqrt{3(1-x^2)}$ 与直线 $y=\sqrt{3}x$ 及 y 轴所围成. 计算二重积分

$$\iint\limits_D (x^2+y^2)dxdy.$$

JK 44. 设 D 是由 $y=|x|$ 及 $y=1$ 围成的有界区域，计算二重积分

$$\iint\limits_D \frac{x^2-x\cos y-y^2}{x^2+y^2}dxdy.$$

QK 45. 计算二重积分 $\iint\limits_D\sqrt{1-x^2-y^2}\,d\sigma$，其中 $D=\{(x,y)\mid x^2+y^2\leqslant y\}$.

JK　46. 设平面区域 $D=\{(x,y)\mid x^3\leqslant y\leqslant 1,-1\leqslant x\leqslant 1\}$，$f(x)$ 是定义在 $[-a,a]$ $(a\geqslant 1)$ 上的任意连续函数，求 $\iint\limits_D[(x+1)f(x)+(x-1)f(-x)]\sin y\,\mathrm{d}x\,\mathrm{d}y$.

JK　47. 计算 $I=\int_0^1\mathrm{d}y\int_y^{\sqrt{2y-y^2}}\dfrac{1}{\sqrt{x^2+y^2}\cdot\sqrt{4-x^2-y^2}}\mathrm{d}x$.

QK　48. 计算 $\iint\limits_D f(x,y)\mathrm{d}\sigma$，其中 $D=\{(x,y)\mid x^2+y^2\geqslant 2x\}$，

$$f(x,y)=\begin{cases}y, & 1\leqslant x\leqslant 2,0\leqslant y\leqslant x,\\ 0, & \text{其他}.\end{cases}$$

QJK　49. 设平面区域 $D=\{(x,y)\mid x+y\leqslant 1,x\geqslant 0,y\geqslant 0\}$，计算 $\iint\limits_D\dfrac{\mathrm{e}^{-(x+y)}}{\sqrt{xy}}\mathrm{d}\sigma$.

QK　50. 设有界区域 D 是由圆 $x^2+y^2=1$ 和直线 $y=x$ 以及 x 轴所围成的在第一象限的图形，计算二重积分 $\iint\limits_D\mathrm{e}^{(x+y)^2}(x^2-y^2)\mathrm{d}x\,\mathrm{d}y$.

QK　51. 计算二重积分 $\iint\limits_D\big|x-|y|\big|\mathrm{d}\sigma$，其中 $D=\{(x,y)\mid x^2+y^2\leqslant 2x,x\leqslant 1\}$.

QK　52. 设平面区域 $D=\{(x,y)\mid (x-1)^2+y^2\geqslant 1,(x-2)^2+y^2\leqslant 4,y\geqslant x\}$，计算 $\iint\limits_D(x^2+y^2)\mathrm{d}\sigma$.

JK　53. 设区域 D 为 $x^2+y^2\leqslant 2x$ 与 $|y|\leqslant\sqrt{3}x$ 的重合部分，计算

$$\iint\limits_D\max\{2-(x^2+y^2),x^2+y^2\}\mathrm{d}x\,\mathrm{d}y.$$

JK　54. 计算 $\iint\limits_D\max\{x,y\}\mathrm{d}\sigma$，其中 D 是 $x^2+y^2\leqslant 2x$ 与 $x^2+y^2\leqslant 2y$ 重合的部分.

JK　55. 设 $D=\left\{(x,y)\mid 1-|x|\leqslant y\leqslant\sqrt{1-x^2}\right\}$，求二重积分 $\iint\limits_D\dfrac{x^3+y^3}{(x^2+y^2)^3}\mathrm{d}x\,\mathrm{d}y$.

QK　56. 计算 $\iint\limits_D[(x+1)^2+(y-1)^2]\mathrm{d}x\,\mathrm{d}y$，其中 $D=\{(x,y)\mid x^2+y^2\leqslant 2x,x^2+y^2\leqslant 2y\}$.

QK　57. 设平面区域 $D=\{(x,y)\mid x^3+y^3\geqslant(x^2+y^2)^2,x+y\geqslant 1\}$，计算 $\iint\limits_D\dfrac{x+y}{x^2+y^2}\mathrm{d}\sigma$.

JK　58. 设平面区域 $D=\{(r,\theta)\mid r\leqslant 1,r\leqslant 2\cos\theta,\sin\theta\geqslant 0\}$，计算 $\iint\limits_D r^2\left(\cos\theta+\dfrac{1}{2}r\sin 2\theta\right)\mathrm{d}r\,\mathrm{d}\theta$.

JK 59. 设函数 $f(x)$ 满足 $f(x)=x\int_0^{x^2} f(x^2-t)\mathrm{d}t+\iint\limits_D f(x+y)\mathrm{d}\sigma+a$，其中 D 是由 $y=x^3$ 与 $y=1$，$y=-1$ 及 y 轴所围平面有界闭区域，$f(1)=0$，且 $f(x)$ 在$[0,1]$上的平均值为 3，求常数 a 的值.

JK 60. 设 $f(x)$ 满足 $f'(x)+f^2(x)=0$，$f(0)=1$，计算二重积分$\iint\limits_D f\left(\frac{x}{y}\right)\mathrm{e}^{f\left(\frac{x}{y}\right)}\mathrm{d}\sigma$，其中平面区域 $D=\{(x,y)\mid 0\leqslant x\leqslant 1-y, 0<y<1\}$.

JK 61. 设 $f(x)=\iint\limits_{D(x)}\frac{v\ln\sqrt{u^2+v^2}}{u+v}\mathrm{d}u\mathrm{d}v$，其中 $D(x)=\left\{(u,v)\,\middle|\,\frac{1}{4}\leqslant u^2+v^2\leqslant x^2, u>0, v>0\right\}\left(x>\frac{1}{2}\right)$，求曲线 $y(x)=\int_1^x f(t)\mathrm{d}t\left(x>\frac{1}{2}\right)$ 的拐点.

QJK 62.（仅数学一、数学二）设函数 $f(x)$ 在$[0,2]$上连续，在$(0,2)$内二阶可导，$f''(x)<0$，且 $f(0)=0$，$f'(1)=0$，又设曲线 $y=f(x)$ 上任一点(x,y)处的曲率半径恒等于 1.

（1）求函数 $f(x)$；

（2）计算$\iint\limits_D xy\mathrm{d}x\mathrm{d}y$，其中 D 是由直线 $x=0$，$x=2$，$y=2$ 及曲线 $y=f(x)$ 围成的平面区域.

JK 63. 设平面区域 D 是由封闭曲线 $x^2+y^2=a(x+\sqrt{x^2+y^2})$ 所围成的有界闭区域，其中常数 $a>0$. 计算 $I=\iint\limits_D[x^2\ln(y+\sqrt{1+y^2})+x\sqrt{x^2+y^2}]\mathrm{d}\sigma$.

JK 64. 计算二重积分$\iint\limits_D f(x,y)\mathrm{d}x\mathrm{d}y$，其中 $f(x,y)=\begin{cases}\dfrac{y+1}{x^2+y^2+1}, & x^2+y^2\leqslant 2,\\ x^2+y+1, & x^2+y^2>2,\end{cases}$ D 是由直线 $y=x$，$y=-x$ 及 $x=\sqrt{2}$ 围成的闭区域.

QK 65. 设 $I(a)=\iint\limits_D(x+y)\mathrm{d}x\mathrm{d}y$，其中 D 由直线 $x=a$，$x=0$，$y=a$，$y=-a$ 及曲线 $x^2+y^2=ax(a>0)$ 所围成，计算 $I(a)$.

JK 66. 设 $f(u)$ 在区间$[-1,1]$上连续，且$\int_{-1}^1 f(u)\mathrm{d}u=A$. 求二重积分 $I=\iint\limits_{|x|+|y|\leqslant 1} f(x+y)\mathrm{d}x\mathrm{d}y$ 的值.

JK 67. 设平面区域 D 用极坐标表示为

$$D=\left\{(r,\theta)\,\middle|\,\frac{1}{4}\cos\theta\leqslant r\leqslant\frac{1}{2}\cos\theta, \frac{1}{4}\sin\theta\leqslant r\leqslant\frac{1}{2}\sin\theta\right\}.$$

求二重积分$\iint\limits_D\frac{1}{xy}\mathrm{d}\sigma$.

QK　68. 设 $D=\{(x,y)\mid x^2+y^2\leqslant x+y\}$，计算二重积分 $\iint\limits_D \max\{x,y\}\mathrm{d}\sigma$.

QJK　69. 设 $D=\{(x,y)\mid |x|\leqslant 2,\ |y|\leqslant 2\}$，求二重积分

$$I=\iint\limits_D |x^2+y^2-1|\,\mathrm{d}\sigma.$$

JK　70. 设 $D=\left\{(x,y)\,\middle|\,\dfrac{x^2}{a^2}+\dfrac{y^2}{b^2}\leqslant 1\right\}$，常数 $a>0,b>0,a\neq b$. 求二重积分

$$I=\iint\limits_D[(x-1)^2+(2y+3)^2]\mathrm{d}\sigma.$$

JK　71. 求 $\lim\limits_{\delta\to 0^+}\int_\delta^1 \mathrm{d}y\int_y^1\left(\dfrac{\mathrm{e}^{x^2}}{x}-\mathrm{e}^{y^2}\right)\mathrm{d}x$.

QK　72. (1) 求 $\int_0^1 \ln(u^2+1)\mathrm{d}u$；

(2) 设 $D=\{(x,y)\mid |x|+|y|\leqslant 1\}$，求二重积分

$$I=\iint\limits_D \ln[(x+y)^2+1]\mathrm{d}\sigma.$$

JK　73. 设平面区域 D 是由参数方程 $\begin{cases}x=a(t-\sin t),\\ y=a(1-\cos t)\end{cases}$ $(0\leqslant t\leqslant 2\pi)$ 给出的曲线与 x 轴围成的区域，求二重积分 $\iint\limits_D y^2\mathrm{d}\sigma$，其中常数 $a>0$.

QK　74. 求二重积分 $I=\iint\limits_D xy\,\mathrm{d}x\,\mathrm{d}y$，其中 D 是由曲线 $y=\sqrt{a^2-x^2}$，$x^2+y^2=2ax\,(a>0)$ 与两坐标轴围成的区域，如图阴影部分所示.

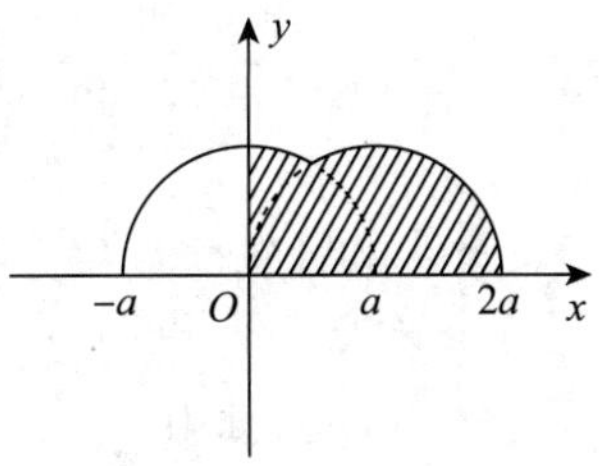

QK　75. 设 $D: 0\leqslant x\leqslant 2, 0\leqslant y\leqslant 2$.

(1) 求 $I=\iint\limits_D |xy-1|\,\mathrm{d}x\,\mathrm{d}y$；

(2) 设 $f(x,y)$ 在 D 上连续，且

$$\iint\limits_D f(x,y)\mathrm{d}x\,\mathrm{d}y=0,\ \iint\limits_D xyf(x,y)\mathrm{d}x\,\mathrm{d}y=1.$$

证明：存在 $(\xi,\eta)\in D$，使 $|f(\xi,\eta)|\geqslant\dfrac{1}{I}$.

QK 76.变换二次积分的积分次序：

$$\int_0^1 dx\int_{1+\sqrt{1-x^2}}^{\sqrt{4-x^2}} f(x,y)dy+\int_1^{\sqrt{3}} dx\int_1^{\sqrt{4-x^2}} f(x,y)dy.$$

QK 77.(仅数学一、数学二)设 D 为 xOy 平面上由摆线 $\begin{cases}x=a(t-\sin t),\\ y=a(1-\cos t)\end{cases}(0\leqslant t\leqslant 2\pi)$ 与 x 轴所围成的区域，求 D 的形心的坐标 $(\overline{x},\overline{y})$.

QK 78.计算 $\int_0^1 dy\int_{\arcsin y}^{\frac{\pi}{2}}\cos x\sqrt{1+\cos^2 x}\,dx$.

JK 79.设 $p(x)$ 在 $[a,b]$ 上非负连续，$f(x)$ 与 $g(x)$ 在 $[a,b]$ 上连续且有相同的单调性，其中 $D=\{(x,y)\mid a\leqslant x\leqslant b,a\leqslant y\leqslant b\}$，判别

$$I_1=\iint_D p(x)f(x)p(y)g(y)dx\,dy,I_2=\iint_D p(x)f(y)p(y)g(y)dx\,dy$$

的大小，并说明理由.

JK 80.平面区域 $D=\{(x,y)\mid |x|+|y|\leqslant 1\}$，计算如下二重积分：

(1) $I_1=\iint_D \frac{af(x)+bf(y)}{f(x)+f(y)}d\sigma$，其中 $f(t)$ 为定义在 $(-\infty,+\infty)$ 上的连续正值函数，常数 $a>0,b>0$；

(2) $I_2=\iint_D (e^{\lambda x}-e^{-\lambda y})d\sigma$，常数 $\lambda>0$.

JK 81.求 $V(t)=\iint_{D_t}[(t-1)y+1]dx\,dy$ 的最大值，其中 $D_t=\{(x,y)\mid x^2+y^2\leqslant 1,-\frac{1}{t-1}\leqslant y\leqslant 1\}$，$2\leqslant t\leqslant 3$.

QK 82.设 $D=\{(x,y)\mid x^2+y^2\leqslant 2x,x^2+y^2\leqslant 2y\}$，计算二重积分 $\iint_D x^2 dx\,dy$.

JK 83.设 $D=\{(x,y)\mid 0\leqslant y\leqslant x\}$，计算二重积分 $\iint_D \frac{\max\{\sqrt{x^2+y^2},1\}}{(x^2+y^2+1)^2}dx\,dy$.

QK 84.计算二重积分 $\iint_D |x^2+y^2-1|d\sigma$，其中

$$D=\{(x,y)\mid 0\leqslant y\leqslant 2,-y\leqslant x\leqslant y\}.$$

JK 85.设平面区域 $D=\left\{(x,y)\,\middle|\,\frac{1}{\sqrt{3}}x\leqslant y\leqslant\sqrt{3}x,1\leqslant x\leqslant 2\right\}$.求二重积分

$$\iint_D y e^{\frac{y}{x}}dx\,dy.$$

QJK 86.计算二重积分 $\iint_D x^2[\sin(xy)+xy^2]dx\,dy$，其中 D 是由曲线 $y=2-x^2(x\geqslant -1)$ 与直线 $y=x,x=-1$ 所围成的闭区域.

QK　87. 计算二重积分$\iint\limits_{D}\sin x^{2}\cos y^{2}\mathrm{d}x\mathrm{d}y$，其中

$$D=\{(x,y)\mid 1\leqslant x^{2}+y^{2}\leqslant 4,x+y>0\}.$$

QK　88. 计算二重积分$\iint\limits_{D}\frac{2\sqrt{x}+3\sqrt{y}}{\sqrt{x}+\sqrt{y}}\mathrm{d}x\mathrm{d}y$，其中 $D=\{(x,y)\mid x^{2}+y^{2}\leqslant 4,\sqrt{x}+\sqrt{y}\geqslant\sqrt{2}\}$.

QK　89. 设 D 是 xOy 面上圆 $x^{2}+y^{2}=1$ 与直线 $y=x$ 所围成的上半圆区域，若

$$\iint\limits_{D}x(a+\sin y)\mathrm{d}x\mathrm{d}y+\int_{0}^{1}\mathrm{d}y\int_{y}^{1}\left(\frac{\mathrm{e}^{x^{2}}}{x}-\mathrm{e}^{y^{2}}\right)\mathrm{d}x=0,$$

求常数 a 的值.

QJK　90. 计算$\iint\limits_{D}\frac{1-x^{2}y^{3}}{(x+\sqrt{1-y^{2}})^{2}}\mathrm{d}x\mathrm{d}y$，其中 $D=\{(x,y)\mid x^{2}+y^{2}\leqslant 1,-x\leqslant y\leqslant x\}$.

JK　91. 设 $z=z(x,y)$ 是由方程 $F(xz-y,x-yz)=0$ 确定的隐函数，其中 $F(u,v)$ 具有连续偏导数，且满足 $xF'_{u}\neq yF'_{v}$.

(1) 求偏导数$\frac{\partial z}{\partial x},\frac{\partial z}{\partial y}$；

(2) 设$G(x,y)=z^{2}+(xz+y)\frac{\partial z}{\partial x}+(x+yz)\frac{\partial z}{\partial y}$，计算二重积分 $\iint\limits_{x^{2}+y^{2}\leqslant 2}G(x,y)\mathrm{d}x\mathrm{d}y$.

QJK　92. 设函数 $f(x,y)=\begin{cases}x+y, & y\leqslant 1,\\ x^{2}+xy^{2}, & y>1,\end{cases}$ $D=\{(x,y)\mid x^{2}+y^{2}\leqslant 2\}$，计算二重积分$\iint\limits_{D}f(x,y)\mathrm{d}x\mathrm{d}y$.

QK　93. 计算 $I=\int_{1}^{2}\mathrm{d}x\int_{\frac{1}{x}}^{1}y\mathrm{e}^{xy}\mathrm{d}y$.

JK　94. 设函数 $f(x)=\begin{cases}x, & 0\leqslant x\leqslant 2,\\ 0, & x<0\text{ 或 }x>2,\end{cases}$ 计算

$$I=\iint\limits_{D}\frac{f(x+y)}{f(\sqrt{x^{2}+y^{2}})}\mathrm{d}x\mathrm{d}y,$$

其中 $D=\{(x,y)\mid x^{2}+y^{2}\leqslant 4\}$.

QK　95. 利用极坐标计算二重积分$\iint\limits_{D}\ln(1+x^{2}+y^{2})\mathrm{d}x\mathrm{d}y$，其中 D 是由圆周$x^{2}+y^{2}=1$ 及坐标轴所围的位于第一象限的闭区域.

QJK　96. 设 $F(x,y)=\frac{\partial^{2}f(x,y)}{\partial x\partial y}$ 在 $D=\{(x,y)\mid a\leqslant x\leqslant b,c\leqslant y\leqslant d\}$ 上连续，求

$$I=\iint\limits_D F(x,y)\mathrm{d}x\,\mathrm{d}y,$$

并判断：I 与 $2(M-m)$ 的大小关系，其中 M 和 m 分别是 $f(x,y)$ 在 D 上的最大值和最小值.

QK 97.（仅数学一、数学二）设平面均质薄片由 $y=\ln x$，$y=0$，$x=\mathrm{e}$ 围成，其面密度 $\mu=1$，求此薄片绕直线 $x=t$ 的转动惯量 $I(t)$，并求 $I(t)$ 的最小值.

QK 98. 求二重积分 $I=\iint\limits_D x\,|\,y-x^3\,|\,\mathrm{d}x\,\mathrm{d}y$，其中 $D=\{(x,y)\mid x^2+y^2\leqslant 2,y\geqslant 0\}$.

JK 99. 设平面区域 $D=\left\{(x,y)\middle| x^2+y^2\leqslant 8,y\geqslant \dfrac{x^2}{2}\right\}$，求二重积分 $I=\iint\limits_D[(x-1)^2+y^2]\mathrm{d}\sigma$.

QJK 100.（1）设平面区域 $D=\{(x,y)\mid 0\leqslant x\leqslant 2,0\leqslant y\leqslant 2\}$，求二重积分 $\iint\limits_D|\,x^2+y^2-1\,|\,\mathrm{d}\sigma$；

（2）设 $f(x,y)$ 在上述 D 上连续，且 $\iint\limits_D f(x,y)\mathrm{d}\sigma=-\dfrac{\pi}{4}$，$\iint\limits_D f(x,y)(x^2+y^2)\mathrm{d}\sigma=\dfrac{20}{3}$，证明：存在点 $(\xi,\eta)\in D$，使 $|\,f(\xi,\eta)\,|\geqslant 1$.

JK 101. 设 $D=\{(x,y)\mid x^2+y^2\leqslant 1,\ |\,y\,|\leqslant|\,x\,|\}$，求 $I=\iint\limits_D[\sqrt{1-(x^2+y^2)}+\sqrt{1-y^2}]\mathrm{d}\sigma$.

JK 102. 证明：$\dfrac{\pi}{4}(1-\mathrm{e}^{-1})<\left(\int_0^1 \mathrm{e}^{-x^2}\mathrm{d}x\right)^2<\dfrac{\pi}{4}(1-\mathrm{e}^{-2})$.

JK 103. 设 $f(x,y)$ 在 $\begin{cases}a\leqslant x\leqslant b,\\ c\leqslant y\leqslant d\end{cases}$ 上连续，$g(x,y)=\int_a^x \mathrm{d}u\int_c^y f(u,v)\mathrm{d}v$，证明：

$$g''_{xy}=g''_{yx}=f(x,y)(a<x<b,c<y<d).$$

JK 104. 设平面区域 $D=\{(x,y)\mid 2x^2+y^2\leqslant 2\sqrt{x^2+y^2},y\geqslant x\geqslant 0\}$，若 $\iint\limits_D \dfrac{f(x,y)}{\sqrt{1-x^2}}\mathrm{d}\sigma=a>0$，$f(x,y)$ 是 D 上的连续函数.

（1）计算 $\iint\limits_D \dfrac{1}{\sqrt{1-x^2}}\mathrm{d}\sigma$；

（2）证明：存在 $(\xi,\eta)\in D$，使得 $|\,f(\xi,\eta)\,|\geqslant \dfrac{\sqrt{2}}{\pi}a$.

JK 105. 已知函数 $f(x,y)$ 二阶偏导数连续，任给 x,y，均有 $f(x+1,y)=f(x,y)$，$f(x,y+1)=f(x,y)$，且 $\iint\limits_D\{[f'_x(x,y)]^2+[f'_y(x,y)]^2\}\mathrm{d}\sigma=a$，其中

$$D=\{(x,y)\mid -1\leqslant x\leqslant 1,-1\leqslant y\leqslant 1\}.$$

(1) 计算 $I=\iint\limits_D f(x,y)[f''_{xx}(x,y)+f''_{yy}(x,y)]\mathrm{d}\sigma$；

(2) 若 $I\geqslant 0$，证明 $\mathrm{d}[f(x,y)]=0$.

QJK　106. 计算二重积分 $\iint\limits_D \left|x^2+y^2-\sqrt{2}(x+y)\right|\mathrm{d}x\mathrm{d}y$，其中 $D:x^2+y^2\leqslant 4$.

QJK　107. (1) 计算 $\int_0^{+\infty}\mathrm{e}^{-x^2}\mathrm{d}x$；

(2) 当 $x\to 1^-$ 时，求与 $\int_0^{+\infty}x^{t^2}\mathrm{d}t$ 等价的无穷大量.

JK　108. 设 $f(x)$ 连续. 证明：

$$\iint\limits_{|y|\leqslant|x|\leqslant 1} f(\sqrt{x^2+y^2})\mathrm{d}x\mathrm{d}y=\pi\int_0^1 xf(x)\mathrm{d}x+\int_1^{\sqrt{2}}\left(\pi-4\arccos\frac{1}{x}\right)xf(x)\mathrm{d}x.$$

JK　109. (仅数学一、数学二) 一个半径为 1、高为 3 的开口圆柱形水桶，在距底为 1 处有两个小孔(小孔的面积忽略不计)，两小孔连线与水桶轴线相交，试问该水桶最多能装多少水？

JK　110. (1) 设 $\varphi(x)$ 在区间 $[0,1]$ 上具有二阶连续的导数，且 $\varphi(0)=\varphi(1)=0$. 证明：

$$\int_0^1\varphi(x)\mathrm{d}x=-\frac{1}{2}\int_0^1(x-x^2)\varphi''(x)\mathrm{d}x；$$

(2) 设二元函数 $f(x,y)$ 在区域 $D=\left\{(x,y)\,\middle|\,0\leqslant x\leqslant 1,0\leqslant y\leqslant 1\right\}$ 上具有连续的 4 阶导数，且 $\left|\dfrac{\partial^4 f}{\partial x^2\partial y^2}\right|\leqslant 3$，并设在 D 的边界上 $f(x,y)\equiv 0$. 证明 $\left|\iint\limits_D f(x,y)\mathrm{d}\sigma\right|\leqslant\dfrac{1}{48}$.

JK　111. 设函数 f 为 $[0,1]$ 上的连续函数，且 $0\leqslant f(x)<1$，利用二重积分证明：

$$\int_0^1\frac{f(x)}{1-f(x)}\mathrm{d}x\geqslant\frac{\int_0^1 f(x)\mathrm{d}x}{1-\int_0^1 f(x)\mathrm{d}x}.$$

JK　112. 设 a,b,c,d 都是常数，$a>0,b>0$，且 $\begin{vmatrix}a&b\\c&d\end{vmatrix}\neq 0$. 又设平面区域

$$D=\{(x,y)\mid 1\leqslant ax+by\leqslant 2,x\geqslant 0,y\geqslant 0\},$$

求二重积分 $I=\iint\limits_D \mathrm{e}^{\frac{cx+dy}{ax+by}}\mathrm{d}x\mathrm{d}y$.

JK　113. 设函数 $f(x)$ 在 $[0,1]$ 上连续且其在 $[0,1]$ 上的平均值 $\bar{f}=\dfrac{1}{2}$，满足 $f(x)+a\int_1^x f(y)f(y-x)\mathrm{d}y=1$，求常数 a 的值.

第 15 章 微分方程

一、选择题

QK 1. 若 $y=(x+1)\mathrm{e}^{-x}$ 是线性微分方程 $y''+ay'+by=c(x+1)\mathrm{e}^{x}$ 的解，则( ).

(A) $a=-2,\ b=1, c=0$ (B) $a=-2,\ b=1, c=1$

(C) $a=2,\ b=1, c=0$ (D) $a=2,\ b=1, c=-1$

QK 2. 设以下的 a, b, A, B 为常数，微分方程 $y''+4y=x+\cos 2x$ 的特解可设为( ).

(A) $ax+b+x(A\cos 2x+B\sin 2x)$

(B) $x(ax+b+A\cos 2x+B\sin 2x)$

(C) $ax+b+Ax\cos 2x$

(D) $ax+b+A\sin 2x$

QK 3. 设函数 $f(x)$ 二阶导数连续且满足方程

$$f(x)-1=\int_0^x f(1-t)\,\mathrm{d}t,$$

则 $f(x)=$( ).

(A) $\cos x+\dfrac{1+\sin 1}{\cos 1}\sin x$ (B) $\cos x-\dfrac{1+\sin 1}{\cos 1}\sin x$

(C) $\sin x+\dfrac{\cos 1}{1+\sin 1}\cos x$ (D) $\sin x-\dfrac{\cos 1}{1+\sin 1}\cos x$

QK 4. 设函数 $p(x), q(x), f(x)$ 均连续，$y_1(x), y_2(x), y_3(x)$ 是微分方程 $y''+p(x)y'+q(x)y=f(x)$ 的三个线性无关的解，C_1 与 C_2 是两个任意常数，则该方程的通解是( ).

(A) $(C_1+C_2)y_1+(C_1-C_2)y_2-(C_1+C_2)y_3$

(B) $(C_1-C_2)y_1+(C_2-C_1)y_2+(C_1-C_2)y_3$

(C) $(C_1+C_2)y_1+(1-C_1)y_2+(1-C_2)y_3$

(D) $(C_1-C_2)y_1+(1-C_1)y_2+C_2y_3$

JK 5. 已知一阶微分方程 $y'=f(x,y)$ 的通解为 $y=g(x,C)$，若 $k\neq 0$，则一阶微分方程 $y'=f(kx,ky)$ 的通解是( ).

(A) $y=kg(kx,C)$　　(B) $y=kg\left(\frac{x}{k},C\right)$

(C) $y=\frac{1}{k}g(kx,C)$　　(D) $y=\frac{1}{k}g\left(\frac{x}{k},C\right)$

JK　6. 函数 $y=Cx+\frac{x^3}{6}$(其中 C 是任意常数) 对微分方程 $\frac{d^2y}{dx^2}=x$ 而言(　　).

(A) 是通解　　(B) 是特解

(C) 是解,但既非通解也非特解　　(D) 不是解

QK　7. 设以下的 A,B,C 为常数,微分方程 $y''+2y'-3y=e^x\sin^2x$ 有特解形式为(　　).

(A) $e^x(A+B\cos 2x+C\sin 2x)$　　(B) $e^x(Ax+B\cos 2x+C\sin 2x)$

(C) $e^x(A+Bx\cos 2x+Cx\sin 2x)$　　(D) $xe^x(A+B\cos 2x+C\sin 2x)$

QK　8. 微分方程 $(x^2+y^2)dx+(y^3+2xy)dy=0$ 是(　　).

(A) 可分离变量的微分方程　　(B) 齐次方程

(C) 一阶线性方程　　(D) 全微分方程

QK　9. $(3+2y)x\,dx+(x^2-2)dy=0$(　　).

(A) 只属于可分离变量型方程

(B) 属于齐次型方程

(C) 只属于全微分方程

(D) 兼属于可分离变量型、一阶线性方程和全微分方程

QK　10. 微分方程 $y''+4y=\sin^2x$ 有特解形如(　　).

(A) $A\sin^2x$　　(B) $A\cos^2x$

(C) $x(A+B\cos 2x+C\sin 2x)$　　(D) $A+x(B\cos 2x+C\sin 2x)$

JK　11. 微分方程 $y'+xy=e^{-\frac{x^2}{2}}$ 满足 $y(0)=0$ 的积分曲线的拐点个数为(　　).

(A) 1　　(B) 2　　(C) 3　　(D) 4

QK　12. 设三阶常系数齐次线性微分方程有特解 $\cos x$ 与 e^{2x},则该微分方程为(　　).

(A) $y'''+2y''+y'+2y=0$　　(B) $y'''-2y''+y'-2y=0$

(C) $y'''+2y''-y'+2y=0$　　(D) $y'''-2y''-y'+2y=0$

QK　13. 微分方程 $y''+2y'-3y=2xe^x$ 的特解 y^* 的形式为(A,B 为任意常数)(　　).

(A) Axe^x　　(B) $(Ax+B)e^x$

(C) Ax^2e^x　　(D) $x(Ax+B)e^x$

QK 14.(仅数学三)下列差分方程中,不是二阶差分方程的是(　　).

(A)$y_{t+3}-3y_{t+2}-y_{t+1}=2$　　(B)$\Delta^2 y_t+\Delta y_t=0$

(C)$\Delta^2 y_t-\Delta y_t=0$　　(D)$\Delta^3 y_t+y_t+3=0$

QK 15.(仅数学三)以函数 $y_t=A\cdot 2^t+8$ 为通解的差分方程是(　　).

(A)$y_{t+2}-3y_{t+1}+2y_t=0$　　(B)$y_t-3y_{t-1}+2y_{t-2}=0$

(C)$y_{t+1}-2y_t=-8$　　(D)$y_{t+1}-2y_t=8$

QJK 16.已知函数 $y=y(x)$ 在任意点 x 处的增量 $\Delta y=\dfrac{xy}{1+x^2}\Delta x+o(\Delta x)$,且 $y(0)=1$,则 $y'(1)=$(　　).

(A)$\dfrac{\sqrt{2}}{2}$　　(B)$\sqrt{2}$　　(C)2　　(D)$2\sqrt{2}$

QJK 17.以函数 $y_1=x\mathrm{e}^x$,$y_2=\mathrm{e}^x\sin x$ 为特解的最低阶常系数齐次线性微分方程是(　　).

(A)$y'''-3y''+4y'-2y=0$　　(B)$y'''+y''-y'+y=0$

(C)$y^{(4)}-2y'''+y''+2y'-2y=0$　　(D)$y^{(4)}-4y'''+7y''-6y'+2y=0$

QK 18.若某三阶常系数齐次线性微分方程具有特解 $y=2x\mathrm{e}^x$ 与 $y=3\mathrm{e}^{-2x}$,则该微分方程为(　　).

(A)$y'''-y''-4y'+4y=0$　　(B)$y'''+3y''-4y=0$

(C)$y'''+2y''-y'-2y=0$　　(D)$y'''-3y'+2y=0$

QK 19.设 y_1,y_2 是一阶线性非齐次微分方程 $y'+p(x)y=q(x)$ 的两个特解,存在常数 λ,μ,使 $\lambda y_1-\mu y_2$ 是该方程相应的齐次方程的特解,则 λ,μ 的关系为(　　).

(A)$\lambda-\mu=0$　　(B)$\lambda+\mu=0$

(C)$\lambda-\mu=1$　　(D)$\lambda+\mu=1$

JK 20.二阶常系数微分方程 $y''+y=3x\sin x$ 的特解 y^* 的形式为(　　).

(A)$Ax^2\sin x$　　(B)$(Ax+B)\sin x$

(C)$Ax^2\sin x+Bx^2\cos x$　　(D)$x(Ax+B)\sin x+x(Cx+D)\cos x$

QK 21.在下列微分方程中,以 $y=C_1\mathrm{e}^x+C_2\cos x+C_3\sin x$($C_1$,$C_2$,$C_3$ 为任意常数)为通解的是(　　).

(A)$y'''+y''+y'-y=0$　　(B)$y'''+y''-y'-y=0$

(C)$y'''-y''-y'-y=0$　　(D)$y'''-y''+y'-y=0$

JK 22.微分方程 $y''+4y=2x\cos x$ 的特解 y^* 的形式为(　　).

(A) $Ax\cos x$　　(B) $Ax\sin x$

(C) $x(A\cos x+B\sin x)$　　(D) $(Ax+B)\cos x+(Cx+D)\sin x$

JK　23. 微分方程 $y'+\frac{1}{y}e^{y^2+3x}=0$ 的通解是(　　).

(A) $2e^{3x}+3e^{y^2}=C$　　(B) $2e^{3x}+3e^{-y^2}=C$

(C) $2e^{3x}-3e^{-y^2}=C$　　(D) $e^{3x}-e^{-y^2}=C$

QK　24. 微分方程 $x\,dy=(y-\sqrt{x^2+y^2})dx\ (x>0)$ 满足 $y(1)=0$ 的特解是(　　).

(A) $\sqrt{x^2+y^2}+y=x^2$　　(B) $\sqrt{x^2+y^2}+y=1$

(C) $\sqrt{x^2+y^2}-y=x^2$　　(D) $\sqrt{x^2+y^2}-y=1$

QK　25. 微分方程 $y''-6y'+8y=e^x+e^{2x}$ 的一个特解的形式为(其中 a,b 为常数)(　　).

(A) ae^x+be^{2x}　　(B) ae^x+bxe^{2x}

(C) axe^x+be^{2x}　　(D) axe^x+bxe^{2x}

QJK　26. 微分方程 $y''-y=e^x+1$ 的特解的形式为(其中 a,b 为常数)(　　).

(A) ae^x+b　　(B) axe^x+b

(C) ae^x+bx　　(D) axe^x+bx

QK　27. 已知 $y_1=xe^x+e^{2x}$ 和 $y_2=xe^x+e^{-x}$ 是二阶常系数非齐次线性微分方程的两个解,则此方程为(　　).

(A) $y''-2y'+y=e^{2x}$　　(B) $y''-y'-2y=xe^x$

(C) $y''-y'-2y=e^x-2xe^x$　　(D) $y''-y=e^{2x}$

QK　28. 设非齐次线性微分方程 $y'+P(x)y=Q(x)$ 有两个不同的解 $y_1(x),y_2(x)$,C 为任意常数,则该方程的通解为(　　).

(A) $C[y_1(x)-y_2(x)]$　　(B) $y_1(x)+C[y_1(x)-y_2(x)]$

(C) $C[y_1(x)+y_2(x)]$　　(D) $y_1(x)+C[y_1(x)+y_2(x)]$

JK　29. 设 $f(x)$ 满足微分方程 $f''(x)+xf'(x)=\ln(1+x)-\frac{\arctan x}{x+1}$,且 $f(x)$ 有驻点 $x=x_0>0$,则(　　).

(A) x_0 不是 $f(x)$ 的极值点　　(B) x_0 是 $f(x)$ 的极大值点

(C) x_0 是 $f(x)$ 的极小值点　　(D) 无法判断 x_0 是不是 $f(x)$ 的极值点

JK　30. 设可导函数 $f(x)$ 满足方程 $xf'(x)-f(x)+e^{\frac{1}{x}}=0$,且 $f(1)=e$,则曲线 $y=$

$f(x)$(　　).

(A) 有两条渐近线,但无拐点　　(B) 有两条渐近线,且有拐点

(C) 仅有一条渐近线,且有拐点　　(D) 仅有一条渐近线,但无拐点

QK　31. 设 $p(x)$ 在$[a,+\infty)$ 上是连续的非负函数,若微分方程 $\mathrm{d}y+p(x)y\mathrm{d}x=0$ 的任一解均满足 $\lim\limits_{x\to+\infty}y(x)=0$,则 $p(x)$ 必然满足(　　).

(A) $\lim\limits_{x\to+\infty}p(x)=0$　　(B) $\lim\limits_{x\to+\infty}p(x)=+\infty$

(C) $\int_a^{+\infty}p(x)\mathrm{d}x$ 收敛　　(D) $\int_a^{+\infty}p(x)\mathrm{d}x$ 发散

JK　32. 设曲线 $y=y(x)$ 是方程 $y''-y=\mathrm{e}^x+4\cos x$ 的解,且其在点$(0,1)$ 处与抛物线$y=x^2-x+1$ 相切,则 $y=$(　　).

(A) $\frac{9}{4}\mathrm{e}^x-\frac{3}{4}\mathrm{e}^{-x}+\frac{1}{2}x^2\mathrm{e}^x+2\sin x$　(B) $\frac{9}{4}\mathrm{e}^x+\frac{3}{4}\mathrm{e}^{-x}+\frac{1}{2}x\mathrm{e}^x-2\cos x$

(C) $\frac{3}{4}\mathrm{e}^x-\frac{9}{4}\mathrm{e}^{-x}+\frac{1}{2}x^2\mathrm{e}^x+2\sin x$　(D) $\frac{3}{4}\mathrm{e}^x+\frac{9}{4}\mathrm{e}^{-x}+\frac{1}{2}x\mathrm{e}^x-2\cos x$

QK　33. 设函数 $y=f(x)$ 满足方程 $f'(x)-f(x)=2x\mathrm{e}^x$,且曲线 $y=f(x)$ 没有极值点但有拐点,则 $f(x)=$(　　).

(A)$\mathrm{e}^x(x+C),1\leqslant C<2$　　(B)$\mathrm{e}^x(x^2+C),1\leqslant C<2$

(C)$\mathrm{e}^x(x+C),0\leqslant C<1$　　(D)$\mathrm{e}^x(x^2+C),0\leqslant C<1$

JK　34. 设函数 $p(x)$ 在区间$[a,b]$ 上连续,$y(x)$ 在区间$[a,b]$ 上具有二阶导数且满足

$$y''(x)+p(x)y'(x)-y(x)=0,y(a)=y(b)=0,$$

则在$[a,b]$ 上,$y(x)$(　　).

(A) 有正的最大值,无负的最小值

(B) 有负的最小值,无正的最大值

(C) 既有正的最大值,又有负的最小值

(D) 既无正的最大值,又无负的最小值

QK　35. 设 $y=\mathrm{e}^{2x}+(1+x)\mathrm{e}^x$ 是二阶常系数非齐次线性微分方程 $y''+\alpha y'+\beta y=\gamma\mathrm{e}^x$ 的一个特解,则该方程的通解为(C_1,C_2 为任意常数)(　　).

(A)$y=(C_1+C_2x)\mathrm{e}^x+\mathrm{e}^{2x}$　　(B)$y=(C_1+C_2x)\mathrm{e}^x-\mathrm{e}^{2x}$

(C)$y=C_1\mathrm{e}^x+C_2\mathrm{e}^{2x}+x\mathrm{e}^x$　　(D)$y=C_1\mathrm{e}^x+C_2\mathrm{e}^{2x}+2x\mathrm{e}^x$

JK　36. 设函数 $y=f(x)$ 满足微分方程 $y'+y=\frac{\mathrm{e}^{-x}\cos x}{2\sqrt{\sin x}}$,且 $f(\pi)=0$,则曲线 $y=f(x)(x\geqslant0)$ 绕 x 轴旋转一周所生成旋转体的体积是(　　).

(A) $\frac{\pi}{5(1+e^{-2\pi})}$　　(B) $\frac{\pi}{5(1-e^{-2\pi})}$

(C) $\frac{\pi}{5(1+e^{-\pi})}$　　(D) $\frac{\pi}{5(1-e^{-\pi})}$

QK　37.(仅数学一、数学二)设某河流宽为 2,两岸是平行直线,如图所示,船只从点 $O(0,0)$ 出发,速度大小为 1,方向始终垂直于河岸,河中任一点处的水流速度大小与该点到两岸的距离的乘积成正比,比例系数为 1,则船只的航行路线方程为(　　).

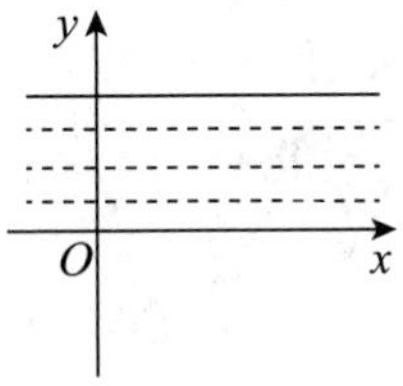

(A) $x=y^3-\frac{y^2}{3}$　　(B) $x=y^2-\frac{y^3}{3}$

(C) $y=x^3-\frac{x^2}{3}$　　(D) $y=x^2-\frac{x^3}{3}$

JK　38.设 $y=y(x)$ 满足条件

$$\begin{cases} y''+2y'+4y=0, \\ y(0)=y'(0)=2, \end{cases}$$

则 $\int_0^{+\infty} y(x)\mathrm{d}x$ 和 $\int_0^{+\infty} y^2(x)\mathrm{d}x$ 的值分别为(　　).

(A) $\frac{3}{2},\frac{13}{4}$　　(B) $\frac{2}{3},\frac{13}{4}$　　(C) $\frac{3}{2},\frac{13}{2}$　　(D) $\frac{2}{3},\frac{13}{2}$

QK　39.微分方程 $y'=\frac{y}{x}-\frac{y^2}{x^2}$ 的通解为(　　).

(A) $\frac{x}{y}=C+\ln|x|$　　(B) $\frac{y}{x}=C-\ln x$

(C) $y=C+\ln x$　　(D) $y=C-\ln|x|$

QK　40.(仅数学一)欧拉方程 $x^2y''+3xy'+y=0(x>0)$ 的通解为(　　).

(A) $y=x^2(C_1+C_2\ln x)$　　(B) $y=x(C_1+C_2\ln x)$

(C) $y=\frac{1}{x}(C_1+C_2\ln x)$　　(D) $y=\frac{1}{x^2}(C_1+C_2\ln x)$

QK　41.以 $e^x\sin^2 x$ 为特解的最低阶常系数齐次线性微分方程为(　　).

(A) $y'''-3y''+7y'-5y=0$　　(B) $y'''-y''+7y'-5y=0$

(C) $3y'''-y''+7y'-5y=0$　　(D) $y'''-3y''-5y'+7y=0$

QK　42.设以下 A,B,a,b 均为常数,则微分方程 $y''-4y'+5y=e^{2x}\sin x-3x+2$ 的特解形式为(　　).

(A) $(a\sin x+b\cos x)e^{2x}+Ax+B$

(B)$x(a\sin x+b\cos x)\mathrm{e}^{2x}+Ax+B$

(C)$(a\sin x+b\cos x)\mathrm{e}^{2x}+x(Ax+B)$

(D)$x(a\sin x+b\cos x)\mathrm{e}^{2x}+x(Ax+B)$

QK 43. 以 $y=x$ 与 $y=x\mathrm{e}^{-2x}$ 为特解的最低阶常系数齐次线性微分方程为(　　).

(A)$y'''+2y''=0$　　(B)$y'''+4y''+4y'-4y=0$

(C)$y^{(4)}+2y'''=0$　　(D)$y^{(4)}+4y'''+4y''=0$

JK 44. 设 $y(x)$ 是初值问题 $\begin{cases}y''+2y'+y=\mathrm{e}^{-x},\\ y(0)=a,y'(0)=b\end{cases}$ 的解，则 $\int_0^{+\infty}xy'(x)\mathrm{d}x=$(　　).

(A)$-1-b-2a$　　(B)$-1+b-2a$

(C)$-1-b+2a$　　(D)$-1+b+2a$

JK 45. 设函数 $y=\varphi(x)$ 是微分方程 $y'+\mathrm{e}y=\left(1-\dfrac{1}{x}\right)^x$ 的一个解，则 $\lim\limits_{x\to+\infty}\varphi(x)=$(　　).

(A)e　　(B)e^2　　(C)$\dfrac{1}{\mathrm{e}}$　　(D)$\dfrac{1}{\mathrm{e}^2}$

JK 46. 设函数 $y=x\mathrm{e}^x$ 是微分方程 $y''+py'+qy=0$(p,q 为常数)的一个解，$y=\varphi(x)$ 为微分方程 $y''+py'+qy=x$ 满足初始条件 $y(0)=y'(0)=0$ 的特解，则 $\lim\limits_{x\to0}\dfrac{\varphi(x)}{x^3}=$(　　).

(A)0　　(B)$\dfrac{1}{6}$　　(C)$\dfrac{1}{3}$　　(D)1

JK 47. 设 $y=x^4$，$y=x^4+1$，$y=x^4+x^2$ 是某二阶非齐次线性微分方程的三个特解，$y=\varphi(x)$ 是该方程满足初始条件 $y\big|_{x=1}=-5$，$y'\big|_{x=1}=-8$ 的特解，则在区间(0,1)内(　　).

(A) 函数 $y=\varphi(x)$ 单调增加，且其图形是凹的

(B) 函数 $y=\varphi(x)$ 单调增加，且其图形是凸的

(C) 函数 $y=\varphi(x)$ 单调减少，且其图形是凹的

(D) 函数 $y=\varphi(x)$ 单调减少，且其图形是凸的

JK 48. 方程 $y^{(4)}-2y'''-3y''=\mathrm{e}^{-3x}-2\mathrm{e}^{-x}+x$ 的特解形式(其中 a,b,c,d 为常数)是(　　).

(A)$ax\mathrm{e}^{-3x}+bx\mathrm{e}^{-x}+cx^3$　　(B)$a\mathrm{e}^{-3x}+bx\mathrm{e}^{-x}+cx+d$

(C)$a\mathrm{e}^{-3x}+bx\mathrm{e}^{-x}+cx^3+dx^2$　　(D)$ax\mathrm{e}^{-3x}+b\mathrm{e}^{-x}+cx^3+dx$

JK　49. 设二阶线性常系数齐次微分方程 $y''+by'+y=0$ 的每一个解 $y(x)$ 都在区间 $(0,+\infty)$ 上有界，则实数 b 的取值范围是(　　).

(A) $[0,+\infty)$　　(B) $(-\infty,0]$

(C) $(-\infty,4]$　　(D) $(-\infty,+\infty)$

JK　50. 微分方程 $y''-2y'-3y=e^{3x}(e^{-4x}+1)$ 的特解形式为(A,B 为待定常数)(　　).

(A) $y^*=xe^{-x}(A+Be^{4x})$　　(B) $y^*=e^{-x}(Ax+Be^{4x})$

(C) $y^*=e^{3x}(A+Be^{-4x})$　　(D) $y^*=e^{3x}(Ax+Be^{-4x})$

JK　51. 设函数 $y=f(x)$ 满足方程 $(x+1)^3y'+(x+1)^2y+1=0$，且 $f(0)=0$，则在区间 $(-1,1)$ 内(　　).

(A) 函数 $f(x)$ 单调增加且其图形是凹的

(B) 函数 $f(x)$ 单调减少且其图形是凹的

(C) 函数 $f(x)$ 单调增加且其图形是凸的

(D) 函数 $f(x)$ 单调减少且其图形是凸的

QK　52. (仅数学三) 若差分方程 $y_{t+1}+ay_t=b\cdot\lambda^t$ 的通解为 $y_t=C\left(\frac{1}{2}\right)^t+3\cdot\left(\frac{3}{2}\right)^t$，则 a,b,λ 分别为(　　).

(A) $\frac{1}{2},6,\frac{3}{2}$　　(B) $-\frac{1}{2},3,\frac{3}{2}$

(C) $-\frac{1}{2},2,\frac{3}{2}$　　(D) $\frac{3}{2},18,\frac{1}{2}$

JK　53. 若微分方程 $y'+py=e^{qx}$ (p,q 为常数) 的任何积分曲线均有拐点，则(　　).

(A) $p+q>0$　　(B) $p+q<0$

(C) $p=-q\neq 0$　　(D) $p+q\neq 0,pq\neq 0$

JK　54. 已知曲线 $y=y(x)$ 上点 $P(x,y)(y\neq 0)$ 处的法线与 x 轴，y 轴的交点分别为 Q,R，且 $|PR|=|RQ|$，则曲线方程为(　　).

(A) $2x^2+y^2=C$　　(B) $x^2-2y^2=C$

(C) $x^2+2y^2=C$　　(D) $2x^2-y^2=C$

JK　55. 已知 $f(xy)=yf(x)+xf(y)$ 对任意正的 x,y 均成立，且 $f'(1)=e$，则 $f(xy)$ 的极小值为(　　).

(A) e　　(B) e^{-1}　　(C) 1　　(D) -1

QJK　56. 设 $f(x)$ 在 $[0,+\infty)$ 上连续且有水平渐近线 $y=b\neq 0$，则(　　).

(A) 当 $a>0$ 时，$y'+ay=f(x)$ 的任意解都满足 $\lim\limits_{x\to+\infty}y(x)=\dfrac{b}{a}$

(B) 当 $a>0$ 时，$y'+ay=f(x)$ 的任意解都满足 $\lim\limits_{x\to+\infty}y(x)=\dfrac{a}{b}$

(C) 当 $a<0$ 时，$y'+ay=f(x)$ 的任意解都满足 $\lim\limits_{x\to+\infty}y(x)=\dfrac{b}{a}$

(D) 当 $a<0$ 时，$y'+ay=f(x)$ 的任意解都满足 $\lim\limits_{x\to+\infty}y(x)=\dfrac{a}{b}$

J K 57. 设 $p(x)$ 为正值连续函数，则方程 $y'+p(x)y=0$ 的所有积分曲线上横坐标相同的点的切线(　　).

(A) 相交于一点　　(B) 平行但不重合

(C) 或者相交于一点，或者互相平行　　(D) 重合

Q K 58. 若二阶常系数齐次微分方程 $y''+ay'+by=0$ 的解在 $(-\infty,+\infty)$ 上均有周期性，则(　　).

(A) $a<0,b<0$　　(B) $a>0,b>0$

(C) $a=0,b<0$　　(D) $a=0,b>0$

J K 59. 设函数 $y-y(x)$ 由方程 $\dfrac{x^2}{a^2+k}+\dfrac{y^2}{b^2+k}=1(y\geqslant 0)$ 确定，其中参数 $|a|\neq|b|,k>0$，则 $y=y(x)$ 满足微分方程(　　).

(A) $(a^2-b^2)\dfrac{dy}{dx}=\left(x+y\dfrac{dy}{dx}\right)\left(x\dfrac{dy}{dx}-y\right)$

(B) $(a^2-b^2)\dfrac{dy}{dx}=\left(x-y\dfrac{dy}{dx}\right)\left(x\dfrac{dy}{dx}+y\right)$

(C) $(a^2+b^2)\dfrac{dy}{dx}=\left(x+y\dfrac{dy}{dx}\right)\left(x\dfrac{dy}{dx}+y\right)$

(D) $(a^2+b^2)\dfrac{dy}{dx}=\left(x-y\dfrac{dy}{dx}\right)\left(x\dfrac{dy}{dx}-y\right)$

二、填空题

Q K 1. (仅数学一、数学二) 微分方程 $(1+x^2)y''-2xy'=0$ 的通解为________.

Q K 2. 微分方程 $y'+y\tan x=\cos x$ 的通解为 $y=$________.

Q K 3. 微分方程 $(6x+y)dx+xdy=0$ 的通解是________.

Q J K 4. 微分方程 $\dfrac{d^4y}{dx^4}+3\dfrac{d^3y}{dx^3}=0$ 的通解是________.

Q K 5. 微分方程 $xdy-ydx=ydy$ 的通解是________.

JK　6. 用待定系数法确定微分方程 $y''-2y'=x^2+e^{2x}+1$ 的特解形式(不必求出系数)是________.

QJK　7. 微分方程 $y'\sec^2 y-\sec^2 y-1=0$ 的通解是________.

QK　8. 已知某齐次线性微分方程的通解为 $y=C_1+e^x(C_2\cos 2x+C_3\sin 2x)$，则该微分方程为________.

QK　9. 以 $y_1=x^2$ 和 $y_2=x^2-e^{2x}$ 为特解的一阶非齐次线性微分方程为________.

JK　10. 微分方程 $x+yy'=y-xy'$ 的通解为________.

QK　11. 微分方程 $\frac{dy}{dx}=\frac{y}{x+y^2}$ 满足初始条件 $y\big|_{x=2}=1$ 的特解是________.

QJK　12. 设 $y=y(x)$ 满足 $y'+2(\ln x+1)y=0, y(1)=1$，则 $y(x)$ 在 $(0,1]$ 上的最大值为________.

QK　13. 设 $y=1, y=e^{-x}, y=2e^{-x}$ 为某二阶常系数线性微分方程的解，则该微分方程为________.

QK　14. 设函数 $y=y(x)$ 满足方程 $y''-2y'+y=0$，且在 $x=0$ 处取得极值 -1，则曲线 $y=y(x)$ 的拐点坐标为________.

JK　15. 设 $y=y(x)$ 满足关系式 $e^{2x}(y''+y')+y=e^{-x}$，且 $x=-\ln t, t>0, y\left(\ln\frac{2}{\pi}\right)=\frac{\pi}{2}$，则 $y(x)=$________.

QJK　16. 已知某三阶常系数齐次线性微分方程有两个特解，分别为 $e^{-\frac{1}{2}x}\cos\frac{\sqrt{3}}{2}x$ 与 e^x，则该微分方程为________.

QK　17. (仅数学三) 差分方程 $4y_{x+2}-2y_{x+1}=\frac{1}{2^x}$ 满足 $y_0=1$ 的解为________.

JK　18. (仅数学三) $\Delta y_x=x^2$ 满足 $y_0=1$ 的解为________.

QK　19. (仅数学三) 差分方程 $y_{x+1}-y_x=x\cdot 2^x$ 的通解为________.

QK　20. (仅数学三) 已知某一阶差分方程的通解为 $y_t=\frac{1}{2}t^2-\frac{1}{2}t+C$，$C$ 为任意常数，则该差分方程为________.

QK　21. 微分方程 $y'+1=e^{-y}\sin x$ 满足条件 $y(0)=0$ 的特解为________.

JK　22. (仅数学三) $y_{x+2}-\Delta^2 y_x=1$ 的通解为________.

QK　23. 设曲线 $y=y(x)$ 过原点且在原点处与曲线 $y=\sin x$ 有公共切线，且函数 $y(x)$

满足方程$y''+4y'+4y=0$,则$\int_0^{+\infty}y(x)\mathrm{d}x=$________.

JK 24.微分方程$\frac{\mathrm{d}y}{\mathrm{d}x}-\frac{1}{x}=\mathrm{e}^{-y}$的通解为________.

QJK 25.(仅数学一)欧拉方程$x^2\frac{\mathrm{d}^2y}{\mathrm{d}x^2}+4x\frac{\mathrm{d}y}{\mathrm{d}x}+2y=0(x>0)$的通解为________.

QK 26.微分方程$y'=\frac{y(1+x)}{x}$的通解是______.

JK 27.微分方程$x^2y'-xy=2y^2$满足$y|_{x=1}=1$的特解为______.

QK 28.微分方程$y''-4y'+3y=\mathrm{e}^{-x}$的通解为______.

QJK 29.微分方程$3\mathrm{e}^x\tan y\mathrm{d}x+(1-\mathrm{e}^x)\sec^2 y\mathrm{d}y=0$的通解是________.

QK 30.(仅数学三)已知$y_0=\frac{1}{4}$,则$\Delta y_x-4y_x=3$的特解为________.

QK 31.设曲线$y=y(x)$满足微分方程$y'''-y'=0$,且该曲线在原点处有拐点并以$y-2x=0$为切线,则$y(x)=$________.

JK 32.设函数$y=y(x)$在$(-\infty,+\infty)$内可导,$y(1)=1$,且当$x\neq0$时满足方程$y'(x)=\frac{y(x)}{x}+x\int_0^1 y(x)\mathrm{d}x$,则$\int_0^1 y(x)\mathrm{d}x=$________.

JK 33.微分方程$(y^2+1)\mathrm{d}x=y(y-2x)\mathrm{d}y$的通解是________.

JK 34.设可导函数$f(x)$满足$f'(x)=f(\pi-x)$,且$f(0)=1$,则$f\left(\frac{\pi}{2}\right)=$________.

JK 35.设$x>0$,则微分方程$\frac{\mathrm{d}y}{\mathrm{d}x}=\frac{y+x^2}{x}$的通解为$y=$________.

QK 36.微分方程的通解________包含所有的解.

JK 37.设一阶非齐次线性微分方程$y'+p(x)y=Q(x)$有两个线性无关的解y_1,y_2,若$\alpha y_1+\beta y_2$也是该方程的解,则应有$\alpha+\beta=$________.

QK 38.微分方程$y''+2y'-3y=x\mathrm{e}^x$的通解为$y=$________.

JK 39.微分方程$y'\tan x=y\ln y$的通解是________.

QK 40.微分方程$y'+\frac{1}{x}y=\frac{\sin x}{x}$的通解是________.

JK 41.已知$\int_0^1 f(tx)\mathrm{d}t=\frac{1}{2}f(x)+1$,则$f(x)=$________.

QK 42.设函数$y=y(x)$满足方程$y''-2y'+2y=0$,且$y(0)=0,y'(0)=1$,则

$\int y(x)\mathrm{d}x =$ ________.

QK 43. 设函数 $y(x)$ 满足方程 $y''(x)+4y'(x)+4y(x)=0$，且 $y(0)=0, y'(0)=1$，则曲线 $y=y(x)$ 的拐点坐标为 ________.

QK 44. 设函数 $y=y(x)$ 满足方程 $y''+4y'+4y=0$，且 $y(0)=0, y'(0)=1$，则函数 $y=y(x)$ 的单调增区间为 ________.

JK 45. 已知 $y=f(x)$ 是微分方程 $xy'-y=\sqrt{2x-x^2}$ 满足初始条件 $f(1)=0$ 的特解，则 $\int_0^1 f(x)\mathrm{d}x =$ ________.

JK 46. 已知函数 $y(x)(x>0)$ 可微且满足方程 $y(x)-1=\int_1^x \left[\frac{y^2(t)}{t^2}+\frac{y(t)}{t}\right]\mathrm{d}t$，则 $y(x)=$ ________.

JK 47. 微分方程 $\frac{xy'-y}{x^2}=\frac{1}{2}\left(\frac{y^2}{x^2}+4\right)$ 满足初始条件 $y\Big|_{x=2}=0$ 的特解为 $y=$ ________.

JK 48. 微分方程 $2(y\mathrm{d}x+x\mathrm{d}y)+x\mathrm{d}x-5y\mathrm{d}y=0$ 满足 $y\Big|_{x=0}=1$ 的特解为________.

JK 49. 设 $y(x)$ 为可导函数，且满足 $y(0)=2$ 及 $\frac{\mathrm{d}y}{\mathrm{d}x}+y(x)=\int_0^x 2y(t)\mathrm{d}t+\mathrm{e}^x$，则 $y(x)=$ ________.

JK 50. 设 $f(u,v)$ 具有连续偏导数，且满足 $f'_u(u,v)+f'_v(u,v)=uv$，则函数 $y(x)=\mathrm{e}^{-2x}f(x,x)$ 满足条件 $y(0)=1$ 的表达式为________.

JK 51. 微分方程 $(x+y)\mathrm{d}y+(y+1)\mathrm{d}x=0$ 满足 $y(1)=2$ 的特解是________.

QK 52. 微分方程 $y''=\frac{1}{\sqrt{1+x^2}}$ 的通解为________.

QK 53. 用待定系数法确定微分方程 $y''-7y'=(x-1)^2$ 的特解形式(系数的值不必求出)是________.

JK 54. 设 $x>0$，微分方程 $xy'-y=\sqrt{x^2-y^2}$ 满足 $y(1)=\frac{1}{2}$ 的特解是 $y=$________.

JK 55. 设 $\mathrm{e}^x\cos 2x$ 与 $3x$ 为某 n 阶常系数齐次线性微分方程的两个特解，并设 n 为尽可能小的正整数，$y^{(n)}$ 前的系数为 1，则该微分方程为________.

JK 56. (仅数学一) 微分方程 $\frac{\mathrm{d}y}{\mathrm{d}x}=x^3y^3-xy$ 满足 $y(0)=\frac{1}{2}$ 的特解是 $y=$________.

QK 57. 以 $y_1(x)=e^x$，$y_2(x)=xe^x$，$y_3(x)=\cos x$，$y_4(x)=\sin x$ 为特解的四阶常系数齐次线性微分方程是________.

QJK 58. 设 $y_0=2xe^{-3x}$ 是二阶常系数齐次线性微分方程 $y''+ay'+by=0$ 的一个特解，函数 $y(x)$ 是该方程满足条件 $y(0)=2, y'(0)=-5$ 的解，则 $\int_0^{+\infty} y(x)dx=$________.

QK 59. 设可微函数 $f(x)$ 满足方程 $f(x)=e^x+e^x\int_0^x f(t)dt$，则 $\int_{-\infty}^0 f(x)dx=$________.

JK 60.（仅数学一、数学二）微分方程 $\frac{d^2y}{dx^2}+\frac{1}{1-y}\left(\frac{dy}{dx}\right)^2=0$ 满足条件 $y\big|_{x=0}=0$，$\frac{dy}{dx}\Big|_{x=0}=2$ 的特解是 $y=$________.

JK 61.（仅数学一）微分方程 $\frac{dy}{dx}+\frac{y}{x}=2y^2\ln x$ 满足初始条件 $y\Big|_{x=e}=\frac{1}{e}$ 的特解为 $y=$________.

JK 62. 已知函数 $y=y(x)$ 满足 $y'-2\sqrt{2}x\sqrt{y}=0$，且其积分曲线的拐点的横坐标为 -2，则 $y(x)=$________.

JK 63. 若微分方程 $\frac{dy}{dx}+(a+\sin^2 x)y=0$ 的所有解都以 π 为周期，则 $a=$________.

QJK 64.（仅数学三）已知生产某产品的固定成本为 $a(a>0)$，生产 x 个单位的边际成本与平均成本之差为 $\frac{x}{a}-\frac{a}{x}$，且当产量的数值等于 a 时，相应的总成本为 $2a$，则总成本 C 与产量 x 的函数关系式为________.

QJK 65.（仅数学一）欧拉方程 $x^2y''+3xy'+3y=0(x>0)$ 满足条件 $y(1)=0$，$y'(1)=\sqrt{2}$ 的解 $y=$________.

QJK 66.（仅数学一）微分方程 $y'+xy=xy^3$ 满足条件 $y(0)=\frac{\sqrt{2}}{2}$ 的特解为________.

JK 67.（仅数学三）差分方程 $y_{t+1}-2y_t=\sin\frac{\pi t}{2}$ 满足条件 $y_0=0$ 的特解为________.

QK 68.（仅数学三）$\Delta^2 y_x+\Delta y_x-y_{x+2}-2y_{x+1}=y_x$ 的通解为________.

JK 69.（仅数学一、数学二）设曲线 $y=y(x)$ 在点 $\left(1,\frac{1}{4}\right)$ 处与直线 $4x-4y-3=0$ 相切，且 $y=y(x)$ 满足方程 $y''=6\sqrt{y}$，则该曲线在相应 $x\in[-1,1]$ 上点 (x,y) 的曲率为________.

JK 70. 微分方程$(y^2-2x)\mathrm{d}y-y\mathrm{d}x=0$满足$x=1$时$y=2$的特解是$y=$________.

JK 71. 微分方程$\frac{\mathrm{d}y}{\mathrm{d}x}-\frac{y}{2x}=\frac{1}{2y}\tan\frac{y^2}{x}$满足初始条件$y(2)=\sqrt{\frac{\pi}{2}}$的特解是________.

JK 72. 设$y<0$，微分方程$y\mathrm{d}x-(x-\sqrt{x^2+y^2})\mathrm{d}y=0$满足$y\Big|_{x=0}=-1$的特解为$y=$________.

JK 73. 设$y(x)$是微分方程$y''+(x+1)y'+x^2y=x$的满足$y(0)=0,y'(0)=1$的解，并设$\lim\limits_{x\to0}\frac{y(x)-x}{x^k}$存在且不为零，则正整数$k=$________，该极限值$=$________.

QK 74. 微分方程$y'=(1-y^2)\tan x$满足$y(0)=2$的特解为$y=$________.

JK 75. 微分方程$\frac{\mathrm{d}^5y}{\mathrm{d}x^5}-\frac{1}{x}\frac{\mathrm{d}^4y}{\mathrm{d}x^4}=0$的通解是________.

QJK 76. 已知$y=u(x)x$是微分方程$x\frac{\mathrm{d}y}{\mathrm{d}x}-y=\frac{1}{2}(y^2+4x^2)$的解，则在初始条件$y\Big|_{x=2}=0$下，上述微分方程的特解是$y=$________.

QJK 77. 设函数$y=y(x)$满足方程$y''-2y'+5y=0$，且$\lim\limits_{x\to0}\frac{y(x)-2}{x}=2$，则$\int y(x)\mathrm{d}x=$________.

JK 78. 设$f(x)$在$(-\infty,+\infty)$内有定义，且对任意$x\in(-\infty,+\infty)$，$y\in(-\infty,+\infty)$，$f(x+y)=f(x)\mathrm{e}^y+f(y)\mathrm{e}^x$成立，$f'(0)$存在且等于$a$，$a\neq0$，则$f(x)=$________.

JK 79. 设y''前的系数为 1 的某二阶常系数非齐次线性微分方程的两个特解为$y_1^*=(1-x+x^2)\mathrm{e}^x$与$y_2^*=x^2\mathrm{e}^x$，则该微分方程为________.

QJK 80. 微分方程$x\frac{\mathrm{d}y}{\mathrm{d}x}=y\ln\frac{y}{x}$满足初始条件$y(1)=1$的特解是________.

QK 81. 以$y=7\mathrm{e}^{3x}+2x$为一个特解的三阶常系数齐次线性微分方程是________.

JK 82. 设$y(x)\neq0$且为连续函数，$\int y(x)\mathrm{d}x$与$\int\frac{\mathrm{d}x}{y(x)}$分别为$y(x)$与$\frac{1}{y(x)}$的某两个原函数，又设$\int y(x)\mathrm{d}x\cdot\int\frac{\mathrm{d}x}{y(x)}=-1$，且$y(0)=1$，并设$\lim\limits_{x\to+\infty}y(x)=0$，则$y(x)=$________.

QK 83. 设$y=\sin x$，$y=\sin(2x)$，$y=\sin(3x)$是某二阶非齐次线性微分方程的三个特解，则该微分方程满足初始条件$y\left(\frac{\pi}{2}\right)=0$，$y'\left(\frac{\pi}{2}\right)=2$的特解为________.

QK 84.(仅数学三)差分方程 $y_{x+1}+\frac{1}{2}y_x=\left(\frac{1}{3}\right)^{x+1}$ 的通解为________.

JK 85.设定义在$(0,+\infty)$上的可导函数 $f(x)$ 满足方程

$$\int_1^{xy}f(t)\mathrm{d}t-y^2\int_1^x f(t)\mathrm{d}t-x^2\int_1^y f(t)\mathrm{d}t=\frac{1}{4}(x^2-1)(y^2-1),$$

且 $f(1)=0$,则 $f(x)=$________.

QK 86.(仅数学三)若某线性差分方程的通解为 $y_t=C\cdot 2^t+t\cdot 2^{t-1}$($C$ 为任意常数),则该差分方程为________.

JK 87.设函数 $f(x)$ 在$(-\infty,+\infty)$内可导,且满足 $\mathrm{e}^x f(x)-2\int_0^x \mathrm{e}^t f(t)\mathrm{d}t=1-x$,则$\int_{-\infty}^{+\infty}\frac{1}{f(x)}\mathrm{d}x=$________.

QK 88.微分方程 $y\mathrm{d}x-x\mathrm{d}y=y^2\mathrm{e}^y\mathrm{d}y$ 的通解为________.

JK 89.满足微分方程 $y'+\frac{y}{(1+x^2)\arctan x}=1$ 且过点$\left(1,-\frac{2\ln 2}{\pi}\right)$的曲线表达式为________.

QJK 90.设函数 $y=\mathrm{e}^{2x}+x\mathrm{e}^x$,$y=\mathrm{e}^{-x}+x\mathrm{e}^x$,$y=\mathrm{e}^{2x}-\mathrm{e}^{-x}+x\mathrm{e}^x$ 是某二阶常系数非齐次线性微分方程的三个特解,则该微分方程满足初始条件 $y(0)=3,y'(0)=4$ 的特解为________.

JK 91.已知在区间$\left(-\frac{\pi}{2},\frac{\pi}{2}\right)$内的可导函数 $f(x)$ 满足

$$f(x)\cos x+2\int_0^x f(t)\sin t\mathrm{d}t=x+1,$$

则 $f(x)=$________.

QJK 92.微分方程 $y''+4y=2x^2$ 在原点处与直线 $y=x$ 相切的特解为________.

JK 93.(仅数学一)微分方程 $x^2\frac{\mathrm{d}^2y}{\mathrm{d}x^2}-2y=\frac{\ln x}{x}$ 的通解是 $y=$________.

JK 94.(仅数学三)一阶线性差分方程 $2y_{t+1}+8y_t=5t\mathrm{e}^t$ 的通解为 $y_t=$________.

JK 95.设当 $x\geqslant 0$ 时,$f(x)$ 有连续的二阶导数,并且满足 $f(x)=-1+x+2\int_0^x(x-t)f(t)f'(t)\mathrm{d}t$,则 $f(x)=$________.

QJK 96.若四阶常系数齐次线性微分方程有一个解为 $y=x\mathrm{e}^x\cos 2x$,则该方程的通解为________.

J K　97. 设 $y_1=e^x$，$y_2=x^2$ 为某二阶线性齐次微分方程的两个特解，则该微分方程为________.

三、解答题

Q K　1.（仅数学三）某商品市场价格 $p=p(t)$ 随时间变化，$p(0)=p_0$. 而需求函数 $Q_A=b-ap(a,b>0)$，供给函数 $Q_B=-d+cp(c,d>0)$，且 p 随时间变化率与超额需求 (Q_A-Q_B) 成正比. 求价格函数 $p=p(t)$.

Q K　2. 设函数 $y(x)$ 是微分方程 $y'+\frac{1}{x^2}y=2e^{\frac{1}{x}}$ 满足 $y\left(\frac{1}{2}\right)=0$ 的解.

(1) 求 $y=y(x)$ 的表达式；

(2) 求曲线 $y(x)$ 的斜渐近线.

Q K　3.（仅数学三）某商品的需求函数与供给函数分别为 $Q_1=39-3P-6P'+P''$，$Q_2=99-15P+2P'$，其中 P 为价格，初始条件为 $P(0)=8$，$P'(0)=14$，求当供需平衡时的价格函数 $P(x)$.

Q K　4.（仅数学三）设某商品的消费量 G 随收入 I 的变化满足方程

$$\frac{dG}{dI}=IG+ke^{\frac{I^2}{2}},$$

其中 k 为常数，且当 $I=0$ 时，$G=G_0$，求消费量 G 与收入 I 的关系式.

Q K　5.（仅数学三）求下列一阶差分方程的通解：

(1) $2y_{t+1}+10y_t-5t=0$；

(2) $2y_{t+1}-y_t=3\left(\frac{1}{2}\right)^t$.

Q J K　6. 设 $f(x)$ 是 $(0,+\infty)$ 上的连续函数，且对任意 $x>0$ 满足

$$x\int_0^1 f(tx)dt=-2\int_0^x f(t)dt+xf(x)+x^4,\ f(1)=0.$$

求函数 $f(x)$.

J K　7. 已知函数 $f(x)$，$g(x)$ 满足方程 $f'(x)-g(x)=e^x$ 及 $g'(x)-f(x)=0$，$f(0)=g(0)=0$，计算 $\int_0^1 e^{-x^2}[f'(x)-2xg'(x)]dx$.

J K　8.（仅数学一、数学二）设非负函数 $y(x)$ 是微分方程 $2yy'=\cos x$ 满足条件 $y(0)=0$ 的解，求曲线 $f_n(x)=n\int_0^{\frac{x}{n}}y(t)dt\,(0\leqslant x\leqslant n\pi)$ 的弧长.

Q J K　9. 设函数 $y=f(x)$ 满足

$$f'(x)+2f(x)+2x\int_0^1 f(xt)\mathrm{d}t+\mathrm{e}^{-x}=0,$$

且 $f(x)-x$ 在 $x=0$ 处取得极值，求 $f(x)$ 的表达式.

QK 10. 求微分方程 $y'(x)+y(x)=\dfrac{(-x)^{n-1}}{3^n\mathrm{e}^x}$ 的通解，其中 n 为任意正整数.

QJK 11. 求微分方程 $(3x^2+2xy-y^2)\mathrm{d}x+(x^2-2xy)\mathrm{d}y=0$ 的通解.

QK 12. 若 $f(x)$ 在 $(-\infty,+\infty)$ 上连续，且 $f(x)=\int_0^x f(t)\mathrm{d}t$，试证：

$$f(x)\equiv 0(-\infty<x<+\infty).$$

QK 13. 已知曲线 $y=y(x)$ 经过点 $(1,\mathrm{e}^{-1})$，且在点 (x,y) 处的切线方程在 y 轴上的截距为 xy，求该曲线方程的表达式.

QK 14. 设函数 $y=y(x)$ 满足条件 $y''-2y'+y=0$，$y(0)=2$，$y'(0)=2$，求反常积分 $\int_{-\infty}^0 y(x)\mathrm{d}x$.

QJK 15. 设函数 $f(x)$ 具有连续的一阶导数，且满足 $f(x)=\int_0^x (x^2-t^2)f'(t)\mathrm{d}t+x^2$，求 $f(x)$ 的表达式.

JK 16. 设函数 $f(u)$ 具有二阶连续导数，且 $\lim\limits_{u\to 0}\dfrac{f(u)}{u}=2$，又 $z=f(\mathrm{e}^y\cos x)$ 满足

$$\frac{\partial^2 z}{\partial x^2}+\frac{\partial^2 z}{\partial y^2}=\mathrm{e}^{2y}z,$$

求 $f(u)$ 的表达式.

QK 17. 设可导函数 $f(x)$ 满足方程 $f(x)\mathrm{e}^{-x}-1=\int_0^x f^2(t)\mathrm{d}t$，$f(x)\neq 0$，求 $f(x)$ 的表达式.

QJK 18.（仅数学一、数学二）从一艘破裂的油轮中渗漏出来的油，在海面上逐渐扩散形成油层. 设在扩散的过程中，其形状一直是一个厚度均匀的圆柱体，其体积也始终保持不变. 已知其厚度 h 的减少率与 h^3 成正比，试证明：其半径 r 的增加率与 r^3 成反比.

QK 19.（仅数学三）已知某商品的需求量 x 对价格 p 的弹性 $\eta=-3p^3$，而市场对该商品的最大需求量为 1（万件），求需求函数.

QK 20. 已知 $y_1=x\mathrm{e}^x+\mathrm{e}^{-x}$ 是某二阶非齐次线性微分方程的特解，$y_2=(x+1)\mathrm{e}^x$ 是相应二阶齐次线性微分方程的特解，求此非齐次线性微分方程.

QK 21.（仅数学三）求下列函数的一阶与二阶差分.

(1) $y_x=1-2x^2$；

(2) $y_x = x \cdot 3^x$.

QJK　22. 已知函数 $f(x)$ 满足方程 $x^4 f'(x) + 2x^3 f(x) + 2 = 0$，且 $f(-2) = 0$，求：

(1) 函数 $f(x)$ 的解析式；

(2) 曲线 $y = f(x)(x \leqslant -2)$ 与 x 轴所围图形的面积及该图形绕 x 轴旋转一周所形成的旋转体的体积.

JK　23. 设 $f(x)$ 在 $(0, +\infty)$ 内可导，且满足 $\lim\limits_{t\to\infty} t^2 \sin \dfrac{x}{(1+x^2)t} \cdot \left[f\left(x+\dfrac{1}{t}\right) - f\left(x-\dfrac{1}{t}\right)\right] = f(x)\ln x$，若 $f(1) = 1$，求 $f(x)$.

JK　24.（仅数学三）在耐用商品的消费中，有两种主要因素影响人们是否购买. 一是通过广告会产生购买力；二是通过已购买者对未购买者的直接宣传产生购买力. 现假设总人口数为 K，用 $N(t)$ 表示 t 时刻已购买此商品的人数. 因此购买人数的变化率为下述两部分之和：① 与未购买者数成正比，比例系数为 a；② 与未购买者人数和已购买者人数的乘积成正比，比例系数为 b. 试建立 $N(t)$ 所满足的微分方程，并求解.

JK　25.（仅数学三）设某商品需求价格弹性为 3，供给价格弹性为 2，且当价格 $P = 1$ 时，社会对该商品的需求量 D 与供给量 S 分别为 D_0, S_0.

(1) 求该商品在供求平衡时的平衡价格；

(2) 若价格是时间 t 的函数，且价格的变化率与超额需求量 $D - S$ 成正比，与价格 P 成反比，比例系数为 $k(k > 0)$，求价格对 t 的函数 $P(t)$，已知 $P(0) = P_0$；

(3) 求 $\lim\limits_{t\to+\infty} P(t)$.

JK　26.（仅数学一、数学二）正方体冰块放在空气中，其边长为 m，在温度恒定的情况下，冰块的融化速度（即体积减少速度）与冰块的表面积成正比，比例常数为 $k > 0$. 假设冰块在融化过程中始终保持正方体形状. 经过一个小时的融化，冰块的体积减小了四分之一. 求冰块完全融化需要的时间.（结果保留整数）

QK　27.（仅数学三）求下列一阶非齐次线性差分方程满足初始条件的特解.

(1) $\Delta y_x = 3, y_0 = 2$；

(2) $y_{x+1} + 4y_x = 2x^2 + x - 1, y_0 = 1$.

JK　28.（仅数学一、数学二）如图所示，正圆柱形水桶中装满水，当打开水桶底部的水龙头时，随着水的流出，水面高度 y 逐渐下降. 当水面高度 y 较大时，水的流出速率较快；当水面高度 y 越来越小时，流出速率也越来越小. 假定水面高度 y 的下降速率与 y 的平方根成正比，即

$$\frac{dy}{dt}=-k\sqrt{y},\qquad ①$$

其中 k 为正的比例常数.

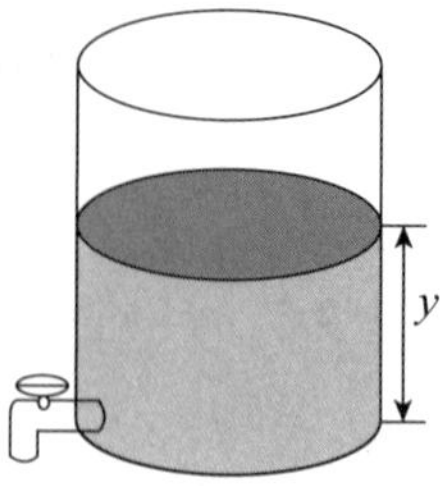

(1) 求时间 t 对于水面高度 y 的函数 $t=t(y)$;

(2) 设 $k=\frac{1}{10}$. 当 $t=0$ 时, $y=9$,需要多长时间水桶中的水才能流光?(t 的单位是 min, y 的单位是 m)

J K 29. 已知曲线 $y=y(x)(x>0)$ 上点 $(x,y(x))$ 处的切线在 y 轴上的截距等于函数 $y(x)$ 在区间 $[0,x]$ 上的平均值,求 $y(x)$ 的一般表达式.

J K 30.(仅数学一、数学二)汽车后面通过长为 a m 不可拉伸的钢绳拉着一个重物,设汽车的初始位置在坐标原点,重物的初始位置在点 $A(0,a)$. 若汽车沿 x 轴正向前进,求重物运动的轨迹方程.

Q J K 31. 求解 $(1+e^{-\frac{x}{y}})y\mathrm{d}x+(y-x)\mathrm{d}y=0$.

Q J K 32. 求一个以 $y_1=te^t$, $y_2=\sin 2t$ 为其两个特解的四阶常系数齐次线性微分方程,并求其通解.

Q J K 33. 求微分方程 $y''+2y'+2y=2e^{-x}\cos^2\frac{x}{2}$ 的通解.

J K 34. 求 $y''-y=e^{|x|}$ 的通解.

J K 35. 利用变换 $y=f(e^x)$ 求微分方程 $y''-(2e^x+1)y'+e^{2x}y=e^{3x}$ 的通解.

J K 36.(仅数学三)求差分方程 $y_{t+1}-ay_t=2t+1$ 的通解.

Q J K 37. 设 $y(x)$ 是方程 $y^{(4)}-y''=0$ 的解,且当 $x\to 0$ 时, $y(x)$ 是 x 的三阶无穷小,求 $y(x)$.

Q J K 38. 求方程 $2x\frac{dy}{dx}-y=-x^2$ 的通解.

J K 39.(仅数学一、数学二)求微分方程 $y''(3y'^2-x)=y'$ 满足初值条件 $y(1)=y'(1)=1$ 的特解.

JK　40.（仅数学一、数学二）求微分方程 $y\dfrac{d^2y}{dx^2}-\left(\dfrac{dy}{dx}\right)^2=y^4$ 的通解.

JK　41. 设 L 是一条平面曲线，其上任意一点 $P(x,y)(x>0)$ 到坐标原点的距离恒等于该点处的切线在 y 轴上的截距，且 L 经过点 $\left(\dfrac{1}{2},0\right)$.

(1) 试求曲线 L 的方程；

(2) 求 L 位于第一象限部分的一条切线，使该切线与 L 以及两坐标轴所围图形的面积最小.

JK　42. 设微分方程 $xf''(x)-f'(x)=2x$.

(1) 求上述微分方程的通解；

(2) 求得的解在 $x=0$ 处是否连续？若不是，能否对每一个解补充定义，使其在 $x=0$ 处连续，并讨论补充定义后的 $f(x)$ 在 $x=0$ 处的 $f'(0)$ 及 $f''(0)$ 的存在性，要求写出推理过程.

QJK　43. 求二阶常系数线性微分方程 $y''+\lambda y'=2x+1$ 的通解，其中 λ 为常数.

QJK　44. 设 $y_1(x)=x(1-2x)$，$y_2(x)=2x(1-x)$，$y_3(x)=x(e^x-2x)$ 是微分方程

$$y''+p(x)y'+q(x)y=f(x)$$

的三个解，其中 $p(x)$，$q(x)$，$f(x)$ 是 $(0,+\infty)$ 上的连续函数，求此微分方程及其通解.

JK　45.（仅数学三）求一阶非齐次线性差分方程 $\Delta y_x+5y_x=x\cdot(-4)^x$ 的通解.

QJK　46. 设 $f(x)$ 是以 2π 为周期的二阶可导函数，满足关系式 $f(x)+2f'(x+\pi)=\sin x$，求 $f(x)$.

JK　47.（仅数学一、数学二）求 $y'^2-yy''=1$ 的通解.

JK　48.（仅数学一、数学二）求解 $y''=e^{2y}+e^y$，且 $y(0)=0$，$y'(0)=2$.

JK　49. (1) 用 $x=e^t$ 化简微分方程

$$x^2\frac{d^2y}{dx^2}+3x\frac{dy}{dx}+5y=16x\ln x \text{ 为}\frac{d^2y}{dt^2}+2\frac{dy}{dt}+5y=16te^t；$$

(2) 求解 $\dfrac{d^2y}{dt^2}+2\dfrac{dy}{dt}+5y=16te^t$.

JK　50. 设 $f(x)$ 在区间 $[0,+\infty)$ 上具有连续的一阶导数，且满足 $f(0)=1$ 及

$$f'(x)+f(x)-\frac{1}{x+1}\int_0^x f(t)dt=0.$$

(1) 求导函数 $f'(x)$；

(2) 证明：当 $x>0$ 时，有 $e^{-x}<f(x)<1$.

JK 51.用变量代换 $x=\tan t\left(-\frac{\pi}{2}<t<\frac{\pi}{2}\right)$ 将微分方程

$$(1+x^2)^2\frac{d^2y}{dx^2}+2x(1+x^2)\frac{dy}{dx}+y=\frac{1}{\sqrt{1+x^2}}$$

化为以 $y=y(t)$ 为未知函数的微分方程,并求原方程满足初值条件 $y\Big|_{x=0}=y'\Big|_{x=0}=1$ 的特解.

QK 52.(仅数学一)有一登山爱好者,欲攀登一表面为椭圆抛物面 $z=75-x^2-2y^2$ 的小山.为了挑战自我,他总是沿着最陡峭的路线攀登.设他从山脚下的点 $P_0(5,5,0)$ 处出发,求攀登路线的表达式.

JK 53.(仅数学一)求解微分方程 $(1+x)^3\frac{d^3y}{dx^3}-3(1+x)^2\frac{d^2y}{dx^2}+6(1+x)\frac{dy}{dx}-6y=0$.

JK 54.设函数 $f(t)$ 在 $[0,+\infty)$ 上连续,且满足方程

$$f(t)=e^{4\pi t^2}+\iint\limits_{x^2+y^2\leqslant 4t^2}f\left(\frac{1}{2}\sqrt{x^2+y^2}\right)d\sigma,$$

求 $f(t)$.

JK 55.求微分方程 $e^{-y}\frac{dy}{dx}+\frac{e^{-y}}{2x}=\frac{1}{2}$ 满足 $y(-2)=0$ 并且在定义的区间上可导的特解 $y(x)$,并求它的定义区间.

QJK 56.设 $f(x)$ 在 $(0,+\infty)$ 内有定义,对任意 $x,y\in(0,+\infty)$,有 $f(xy)=yf(x)+xf(y)$,且 $f'(1)=2$.

(1) 证明 $f'(x)-\frac{f(x)}{x}=2$;

(2) 求 $f(x)$;

(3) 求 $f(x)$ 的极值.

JK 57.设函数 $f(x)$ 在 $(0,+\infty)$ 上连续,在 $x=1$ 处可导且 $f'(1)=1$;又对任意 x,$y\in(0,+\infty)$,恒有

$$f(xy)=f(x)+f(y).$$

(1) 求函数 $f(x)$;

(2) 计算 $\iint\limits_D f(1+\sqrt{x^2+y^2})dxdy$,其中 $D=\left\{(x,y)\mid 0\leqslant x\leqslant y\leqslant\sqrt{1-x^2}\right\}$.

QK 58.设微分方程 $x\frac{dy}{dx}=2y-x$,在它的所有解中求一个解 $y=y(x)$,使该曲线 $y=y(x)$ 与直线 $x=1$,$x=2$ 及 x 轴围成的图形绕 x 轴旋转一周所生成的旋转体体积最小.

JK 59.(仅数学一、数学二)一容器在开始时盛有盐水 100 L,其中含净盐 10 kg,然后

以每分钟 2 L 的速率注入清水，同时又以 2 L/min 的速率将含盐均匀的盐水放出，并设容器中装有搅拌器使容器中的溶液总保持均匀. 求经过多长时间，容器内含盐的浓度为初始浓度的一半?

QJK 60. 设微分方程

$$x^2\ln x\frac{d^2y}{dx^2}-x\frac{dy}{dx}+y=\ln^2 x\ (x>1).$$

(1) 作自变量变换 $t=\ln x$ 以及因变量变换 $z=\frac{dy}{dt}-y$，请将原微分方程变换为 z 关于 t 的微分方程；

(2) 求原微分方程的通解.

JK 61. 设微分方程

$$x^2y'+2xy=2(e^x-1).$$

(1) 求上述微分方程的通解；

(2) 求使 $\lim\limits_{x\to 0}y(x)$ 存在的那个解及此极限值.

JK 62. 设 $f(x)$ 在区间 $[0,+\infty)$ 上可导，$f(0)=0$，$g(x)$ 是 $f(x)$ 的反函数，且

$$\int_0^{f(x)}g(t)dt+\int_0^x f(t)dt=xe^x-e^x+1.$$

求 $f(x)$，并证明 $f(x)$ 在区间 $[0,+\infty)$ 上的确存在反函数.

QJK 63. 设微分方程及初始条件为

$$\begin{cases}x\dfrac{dy}{dx}-(2x^2-1)y=x^3, x\geqslant 1,\\ y(1)=y_1.\end{cases}$$

(1) 求满足上述微分方程及初始条件的特解；

(2) 是否存在常数 y_1，使对应解 $y=y(x)$ 存在斜渐近线，请求出此 y_1 及相应的斜渐近线方程.

QK 64. 设 $f(x)$ 在区间 $(-\infty,+\infty)$ 上连续，且满足

$$f(x)\left[\int_0^x e^t f(t)dt+1\right]=x+1.$$

求 $f(x)$ 的表达式，并要求证明所得到的 $f(x)$ 的确在 $(-\infty,+\infty)$ 上连续.

QJK 65. (仅数学一、数学二) 位于上半平面的凹曲线 $y=y(x)$ 在点 $(0,1)$ 处的切线斜率为 0，在点 $(2,2)$ 处的切线斜率为 1. 已知曲线上任一点处的曲率半径与 $\sqrt{y}$ 及 $(1+y'^2)$ 的乘积成正比，求该曲线方程.

QJK 66.(仅数学一)求$(5x^2y^3-2x)y'+y=0$的通解.

JK 67.设函数$f(x)$满足微分方程$xf'(x)-2f(x)=-(a+1)x$(其中a为正常数),且$f(1)=1$,由曲线$y=f(x)$与直线$y=0$所围成的平面图形记为D.已知D的面积为$\frac{9}{8}$,求D绕直线$x=\frac{3}{2}$旋转一周所形成的旋转体的体积.

JK 68.设函数$f(x)$满足方程$f'(x)+f(x)=2e^x$,且$f(0)=2$,记由曲线$y=\frac{f'(x)}{f(x)}$与直线$y=1,x=t(t>0)$及y轴所围平面图形绕x轴旋转一周所形成的旋转体的体积为$V(t)$,求$\lim\limits_{t\to+\infty}V(t)$.

JK 69.设函数$f(u)$在$(0,+\infty)$上具有二阶连续导数,且$f(\pi)=f'(\pi)=0$,函数$z=f(\sqrt{x^2+y^2})$满足

$$\frac{\partial^2 z}{\partial x^2}+\frac{\partial^2 z}{\partial y^2}-\frac{1}{x}\frac{\partial z}{\partial x}=\sin\sqrt{x^2+y^2}-z,$$

求函数$f(x)$的解析式.

QK 70.设函数$f(x)$与$g(x)$满足$f'(x)=g(x),g'(x)=f(x)-2e^{-x}$,且$f(0)=2$,$g(0)=1$,求不定积分$\int[f(x)\cos x+g(x)\sin x]\mathrm{d}x$.

JK 71.已知函数$y=y(x)$满足方程$x^2-y^2y'=2x+y'$,且$y(-1)=0$,求函数$y=y(x)$的极值.

JK 72.设连续函数$y=y(x)$满足方程$xy'-y=x$,且$y(1)=0$,求曲线$y=y(x)$与x轴围成的平面图形的面积及该平面图形绕y轴旋转一周所形成的旋转体的体积.

JK 73.将以$y=y(x)$为未知函数的微分方程$y''+(x+y^2+e^y)(y')^3=0$化为以$x=x(y)$为未知函数的形式,并求其通解.

JK 74.(仅数学一、数学二)有一容器内盛清水100 L,现将每升含盐量4 g的盐水以5 L/min的速率注入容器,同时混合液以3 L的速率流出容器,问在任一时刻t容器内的含盐量是多少?在20 min末容器内的含盐量是多少?(结果保留1位小数)

QJK 75.设定义在$[0,+\infty)$上的函数$y=f(x)$满足微分方程$f''(x)=f(x)-2$,且有$f(0)=1,f'(0)=0$.记曲线$y=f(x)$在点$x=\ln 2$处的切线为L.

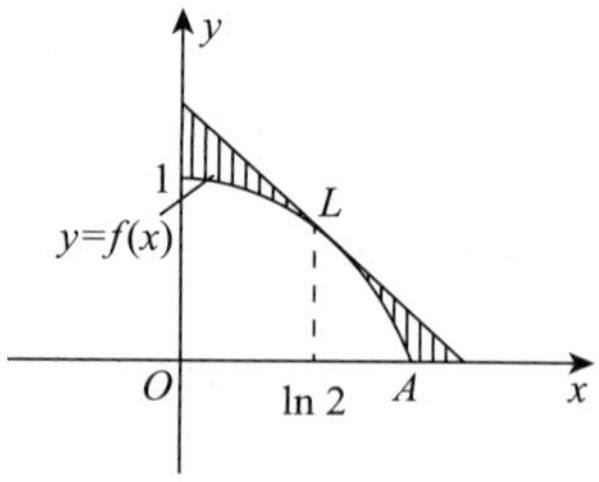

(1)求函数$y=f(x)$的表达式;

(2)曲线$y=f(x)$,直线L及坐标轴所围的位于第一象限

的区域 D 如图中阴影部分所示，求 D 绕 x 轴旋转一周所得的旋转体的体积 V.

QK　76. (1) 将 $x=x(y)$ 的微分方程 $\frac{d^2x}{dy^2}+(y+\sin x)\left(\frac{dx}{dy}\right)^3=0$ 化成 $y=y(x)$ 的微分方程，并求出满足初值条件 $x(0)=0, x'(0)=\frac{2}{3}$ 的特解 $y(x)$；

(2) 利用(1)的结论，求由曲线 $x=x(y)$，直线 $y=y(\pi)$ 及 y 轴围成的平面图形 D 绕 y 轴旋转一周而成的旋转体体积 V.

QJK　77. 设函数 $f(x)\geqslant 0$ 在 $[1,+\infty)$ 上连续，若曲线 $y=f(x)$，直线 $x=1$，$x=t(t>1)$ 与 x 轴所围成的平面图形的面积为

$$S(t)=t^2f(t)-1.$$

求 $y=f(x)$ 所满足的微分方程，并求该微分方程满足条件 $y\Big|_{x=1}=1$ 的解.

JK　78. 求微分方程 $\left(x+y\cos\frac{y}{x}\right)dx-x\cos\frac{y}{x}dy=0$ 满足初值条件 $y\Big|_{x=1}=0$ 的特解.

QJK　79. 设函数 $y=f(x)$ 满足方程 $y''+2y'+y=3xe^{-x}$ 及条件 $y(0)=\frac{1}{3}, y'(0)=-2$，求反常积分 $\int_0^{+\infty}f(x)dx$.

JK　80. 已知曲线 $y=f(x)$ 与曲线 $\int_0^{x^2+y}e^{-t^2}dt=2y-x\cos x$ 相切于 $(0,0)$ 点，且 $y=f(x)$ 满足微分方程 $y''-2y'-3y=3x-1$. 求函数 $f(x)$.

JK　81. 设 $y=y(x)$ 是区间 $(-\pi,\pi)$ 内过点 $\left(-\frac{\pi}{\sqrt{2}},\frac{\pi}{\sqrt{2}}\right)$ 的光滑曲线($y(x)$ 的一阶导数连续). 当 $-\pi<x<0$ 时，曲线上任一点处的法线都过原点；当 $0\leqslant x<\pi$ 时，函数 $y(x)$ 满足 $y''+y+x=0$. 求函数 $y(x)$ 的表达式.

QK　82. (仅数学一、数学二) 求满足微分方程 $yy''+1=(y')^2$，及初始条件 $y(0)=1$，$y'(0)=\sqrt{2}$ 的特解，并验证你所得到的解的确满足上述方程及所给初始条件.

JK　83. (仅数学一、数学二) 设 $L: y=f(x)$ 是第一象限内的光滑曲线，已知 L 与 x 轴相切于点 $(1,0)$，$f''(x)\geqslant 0$，且 L 上任意两点间的弧长等于这两点处的切线在 y 轴上截下的线段之长，求曲线 L 的方程.

QJK　84. 已知微分方程 $e^y=t+\frac{1}{y'}$ 满足 $y(0)=0$.

(1) 求该微分方程的特解 $y=y(t)$；

(2) 设 $\begin{cases} x=\sqrt{1+t^2}, \\ y=y(t), \end{cases}$ 计算 $\left.\dfrac{d^2y}{dx^2}\right|_{t=1}$.

QJK 85. 设函数 $y=y(x)$ 是微分方程 $2xy'-4y=2\ln x-1$ 满足条件 $y(1)=\dfrac{1}{4}$ 的解，求曲线 $y=y(x)$ 在 $[1,e]$ 上的平均值.

QK 86. 设曲线 $y=y(x)(x>0)$ 经过点 $(1,0)$，该曲线上任一点 $P(x,y)$ 到 y 轴的距离等于该点处的切线在 y 轴上的截距，求 $y(x)$ 在区间 $(0,1)$ 上与 x 轴所围平面图形的面积.

QK 87.（仅数学三）某商品的收益 R 关于需求量 x 的增长率等于收益 4 次方的 2 倍减去需求量的立方再除以需求量与收益立方之积的 4 倍，且当 $x=10$ 时，$R=0$，确定收益 R 与需求量 x 之间的关系.

QK 88.（仅数学三）设某产品的销售量 $x(t)$ 是时间 t 的可导函数，如果产品的销售量对时间的增长速率 $\dfrac{dx}{dt}$ 与销售量 $x(t)$ 和销售量接近于饱和水平的程度 $N-x(t)$ 之积成正比，比例系数为 k（N 为饱和水平）.

(1) 求销售量 $x(t)$ 的表达式；

(2) 分析何时产品最为畅销.

QK 89. 若函数 $f(x)$ 满足关系式 $f'(x)+af(x)=\int_x^0 f(t)dt$，$a>0$，求 $\int_0^{+\infty} f(x)dx$.

JK 90. 已知函数 $y=y(x)$ 满足

$$x(\ln x-1)y'(x)+(3-\ln x^2)y(x)=0, x>e,$$

且 $y(e^2)=\dfrac{e^4}{2}$，求 $y=y(x)$ 的最小值.

QK 91. 设函数 $f(x)$ 在 $(-\infty,+\infty)$ 上连续，且满足 $f(x)-\int_0^x f(t)dt=-\dfrac{1}{2}+\sin x$.

(1) 求 $f(x)$ 的表达式；

(2) 求曲线 $y=f(x)$ 与 $y=0$ 在 $\left[\dfrac{\pi}{4},\dfrac{5\pi}{4}\right]$ 上围成的图形绕 x 轴旋转一周所成旋转体的体积.

JK 92. 设连续函数 $f(x)$ 满足方程 $f(x)=xe^x-\int_0^x tf(x-t)dt$，求函数 $f(x)$ 的解析式.

QJK 93.（仅数学一、数学二）现有容量为 10 000 m^3 的污水处理池，开始时池中全部是清水，现含污染物的质量浓度为 $\dfrac{1}{3}$ kg/m^3 的污水流经该处理池，流速为 50 m^3/min，已知每分钟处理 2% 的污染物，求：

(1) 任意时刻 t 池中污染物总质量 $y(t)$ 的表达式；

(2) 经过多长时间，从池中流出的污染物的质量浓度为 $\frac{1}{30}\ \mathrm{kg/m^3}$.

JK　94. 设函数 $y(x)$ 满足微分方程 $y^{(4)}-y''=0$，且当 $x\to 0$ 时 $y(x)\sim x^3$. 求 $y(x)$.

JK　95. (仅数学一、数学二) 求微分方程 $\frac{\mathrm{d}^2y}{\mathrm{d}x^2}=2y(y-a)(2y-a)$ 满足条件 $y(0)=1$，$y'(0)=\sqrt{2}(1-a)$ 的解，其中 $x>0$，常数 $a>1$.

QJK　96. 已知微分方程(Ⅰ)的通解为 $y_1=\mathrm{e}^x(C_1\cos 2x+C_2\sin 2x)$，微分方程(Ⅱ)为 $y''+2y'+2y=0$，其通解记为 y_2. 又曲线 y_1 与 y_2 在原点有公切线，且 y_2-x 在 $x=\frac{\pi}{2}$ 处取得极值. 求 y_1 与 y_2 的表达式.

QK　97. 求一条曲线 $L:y=y(x)$，其中 $y(x)$ 在 $(-\infty,+\infty)$ 内连续可微，并使得曲线 L 上每一点处的切线与横轴交点的坐标等于切点横坐标的一半.

QK　98. 若二阶常系数线性微分方程 $y''+ay'+by=0$ 的通解为 $y=(C_1+C_2x)\mathrm{e}^x$，求非齐次方程 $y''+ay'+by=x$ 满足条件 $y(0)=2,y'(0)=0$ 的特解.

QK　99. 求微分方程 $y'=2(x^2+y)x$ 满足初始条件 $y(1)=-1$ 的特解.

JK　100. 设函数 $f(x)$ 在区间 $(0,+\infty)$ 内连续可导，且 $\lim\limits_{x\to 1}\frac{f(x)-1}{x-1}=\frac{1}{3}$. 当 $x>0$ 时，曲线 $y=f(x)$ 上点 $(x,f(x))$ 处的切线在 y 轴上的截距等于 $\frac{1}{x}\int_0^x f(t)\mathrm{d}t$，求 $f(x)$.

JK　101. (仅数学一、数学二) 设 $f(x)$ 为可导的正值偶函数，且 $f(x)$ 不为常值函数，$f(0)=1$. 已知对于 x 轴上的任意闭区间 $[a,b]$，以 $[a,b]$ 为底边，以曲线 $y=f(x)$ 为曲边的曲边梯形的面积在数值上总等于曲线 $y=f(x)$ 在 $[a,b]$ 上的弧长，求函数 $f(x)$ 的解析式.

JK　102. 已知二阶微分方程 $y''+ay'+by=c\mathrm{e}^x$ 有特解 $y=\mathrm{e}^{-x}(1+x\mathrm{e}^{2x})$，求此微分方程的通解.

QJK　103. 设 $f(x)$ 具有一阶连续导数，且满足 $x=\int_0^x f(t)\mathrm{d}t+\int_0^x tf(t-x)\mathrm{d}t$，求 $f(x)$ 的表达式.

JK　104. (仅数学一、数学二) 已知函数 $y=y(x)$ 可导，将区间 $[0,x]$ 上以 $y=y(x)$ 为

曲边的曲边梯形面积记为 S，在$[0,x]$上的弧长为 $aS(a>0)$，且 $y(0)=\frac{1}{a}$，求曲线 $y=y(x)$ 的表达式.

JK　105. 设函数 $y(x)$ 在区间$[1,+\infty)$上具有一阶连续导数，且满足 $y(1)=-\frac{1}{6}$ 及

$$x^2y'(x)+\int_1^x(2t+4)y'(t)\mathrm{d}t+2\int_1^x y(t)\mathrm{d}t=-\frac{1}{x^2}+1,$$

求 $y(x)$.

JK　106. 已知微分方程 $y'+y=\mathrm{e}^{\sin x}$，证明方程存在唯一的以 2π 为周期的解.

QJK　107. 设常数 $a>1,b>0$. 证明：

(1) 当 $x\to+\infty$ 时，$\frac{1}{a^x}=o\left(\frac{1}{x^b}\right)$；

(2) 微分方程 $y'+a^xy=x^b(x>0)$ 的任一解 $y(x)$ 满足 $\lim\limits_{x\to+\infty}y(x)=0$.

JK　108.（仅数学一、数学二）设位于坐标轴原点的甲追踪位于 x 轴上点 $A(1,0)$ 处的乙，甲始终对准乙. 已知乙以匀速 v_0 沿平行于 y 轴正向的方向前进，甲的速度是 kv_0，$k>0$，设甲追踪乙的曲线方程是 $y=y(x)$.

(1) 证明 $y=y(x)$ 满足方程 $k(1-x)y''=\sqrt{1+(y')^2}$，且 $y(0)=0,y'(0)=0$；

(2) k 为何值时，甲可追上乙，并求出甲追上乙时的坐标.

QJK　109.（仅数学一、数学二）已知凹曲线 $L:y=y(x)$ 位于 x 轴上方区域内，$y=y(x)$ 二阶可导，且 L 上任一点 P 处的法线与 x 轴相交，其交点记为 Q，如果点 P 处的曲率半径始终等于线段 PQ 之长，并且 L 在点$(0,1)$处的切线与 y 轴垂直，求：

(1) $y=y(x)$ 的表达式；

(2) $f(x)=\int_0^x y(t)\mathrm{d}t$ 的拐点.

QJK　110. 求微分方程 $\begin{cases} y''+y=x, & x\leqslant\frac{\pi}{2}, \\ y''+4y=0, & x>\frac{\pi}{2} \end{cases}$ 满足条件 $y\big|_{x=0}=0$，$y'\big|_{x=0}=0$ 且在 $x=\frac{\pi}{2}$ 处可导的特解.

QK　111.（仅数学一、数学二）设定义在$(0,+\infty)$内的函数 $y=f(x)$ 满足微分方程

$xy''+3y'=3$，且有 $f(1)=3$，$\int_1^2 f(x)\mathrm{d}x=\frac{5}{2}$. 求：

(1) 函数 $y=f(x)$ 的表达式；

(2) 函数 $y=f(x)$ 的单调区间与极值；

(3) 曲线 $y=f(x)$ 在 $x\geqslant 1$ 的部分绕其斜渐近线旋转一周所得的旋转体的体积 V.

JK　112. 设函数 $p_1(x)$，$p_2(x)$ 连续，$y_1(x)$，$y_2(x)$ 是二阶齐次线性微分方程 $y''+p_1(x)y'+p_2(x)y=0$ 的两个线性无关解，记 $W(x)=y_1y_2'-y_2y_1'$. 证明：

(1) $W'(x)+p_1(x)W(x)=0$；

(2) 在任何区间 I 上 $W(x)\neq 0$.

JK　113. 设微分方程 $xy'+2y=2(\mathrm{e}^x-1)$.

(1) 求上述微分方程的通解，并求 $\lim\limits_{x\to 0}y(x)$ 存在的那个解（将该解记为 $y_0(x)$），以及极限值 $\lim\limits_{x\to 0}y_0(x)$；

(2) 补充定义使 $y_0(x)$ 在 $x=0$ 处连续，写出 $y_0(x)$，并请证明无论是 $x\neq 0$ 还是 $x=0$，$y_0'(x)$ 均连续，并请写出 $y_0'(x)$ 的表达式.

JK　114. (1) 设 $y(1)=-\frac{1}{6}$，$y'(1)=0$. 计算变限积分

$$\int_1^x [t^2y''(t)+4(t+1)y'(t)+2y(t)]\mathrm{d}t,$$

使得结果中不含 $y''(x)$，也不含积分号；

(2) 求微分方程

$$x^2y''(x)+4(x+1)y'(x)+2y(x)=\frac{2}{x^3},x\in(0,+\infty)$$

满足初始条件 $y(1)=-\frac{1}{6}$，$y'(1)=0$ 的特解.

QJK　115. 求微分方程 $(y+\sqrt{x^2+y^2})\mathrm{d}x=x\mathrm{d}y$ 的通解，并求满足 $y(1)=0$ 的特解.

JK　116. (仅数学一、数学二) 求 $(x+2)y''+xy'^2=y'$ 的通解.

JK　117. 设函数 $f(x)$ 连续且满足 $x^2f'(x)=f^2(x)$，$f(1)=\frac{1}{3}$，求 $f^{(n)}(x)$.

JK　118. (仅数学一、数学二) 设函数 $f(x)$ 为连续正值函数，$x\in[0,+\infty)$. 若平面区域

$$D_x=\{(s,t)\,|\,0\leqslant s\leqslant x,0\leqslant t\leqslant f(s)\}$$

的形心纵坐标 $\bar{t}$ 等于函数 $y=f(x)$ 在$[0,x]$上的平均值 $\bar{f}$，求 $f(x)$.

JK 119. 设函数 $y=f(x)$ 存在二阶导数，且 $f'(x)\neq 0$.

(1) 请用 $y=f(x)$ 的反函数的一阶导数、二阶导数表示$\frac{\mathrm{d}y}{\mathrm{d}x}$及$\frac{\mathrm{d}^2y}{\mathrm{d}x^2}$；

(2) 求满足微分方程

$$\frac{\mathrm{d}^2y}{\mathrm{d}x^2}-2\left(\frac{\mathrm{d}y}{\mathrm{d}x}\right)^2+3x\left(\frac{\mathrm{d}y}{\mathrm{d}x}\right)^3=y\left(\frac{\mathrm{d}y}{\mathrm{d}x}\right)^3$$

的 x 与 y 所表示的关系式的曲线，它经过点$(1,0)$，且在此点处的切线斜率为$\frac{1}{2}$，在此曲线上任意点处的 $f'(x)\neq 0$.

第 16 章 无穷级数(仅数学一、数学三)

一、选择题

QK 1.有以下命题:

① 若 $\sum_{n=1}^{\infty}(u_{2n-1}+u_{2n})$ 收敛,则 $\sum_{n=1}^{\infty}u_n$ 收敛;

② 若 $\sum_{n=1}^{\infty}u_n$ 收敛,则 $\sum_{n=1}^{\infty}u_{n+100}$ 收敛;

③ 若 $\sum_{n=1}^{\infty}u_n$ 为正项级数,且 $\lim_{n\to\infty}\frac{u_{n+1}}{u_n}>1$,则 $\sum_{n=1}^{\infty}u_n$ 发散;

④ 若 $\sum_{n=1}^{\infty}(u_n+v_n)$ 收敛,则 $\sum_{n=1}^{\infty}u_n$ 与 $\sum_{n=1}^{\infty}v_n$ 都收敛.

则其中正确的是( ).

(A)①② (B)②③ (C)③④ (D)①④

JK 2.若级数 $\sum_{n=1}^{\infty}a_n^2$ 收敛,则下述结论不成立的是( ).

(A) $\sum_{n=1}^{\infty}(-1)^n a_n$ 必收敛

(B) $\sum_{n=1}^{\infty}a_n^3$ 必收敛

(C) $\sum_{n=1}^{\infty}\frac{a_n}{n}$ 必收敛

(D) $\sum_{n=1}^{\infty}a_n a_{n+1}$ 必收敛

QK 3.当 $|x|<1$ 时,级数 $\sum_{n=1}^{\infty}\frac{1}{n}x^n$ 的和函数是( ).

(A) $\ln(1-x)$

(B) $\ln\frac{1}{1-x}$

(C) $\ln(x-1)$

(D) $-\ln(x-1)$

QK 4.设幂级数 $\sum_{n=0}^{\infty}a_n x^n$ 的收敛半径为 2,则幂级数 $\sum_{n=1}^{\infty}na_n(x-1)^{n+1}$ 的收敛区间为( ).

(A) $(-3,1)$

(B) $(-2,2)$

(C) $(-1,1)$

(D) $(-1,3)$

QK 5.下列命题中正确的是( ).

(A) 若 $u_n<v_n(n=1,2,3,\cdots)$,则 $\sum_{n=1}^{\infty}u_n\leqslant\sum_{n=1}^{\infty}v_n$

(B) 若 $u_n<v_n(n=1,2,3,\cdots)$,且 $\sum_{n=1}^{\infty}v_n$ 收敛,则 $\sum_{n=1}^{\infty}u_n$ 收敛

(C) 若$\lim\limits_{n\to\infty}\frac{u_n}{v_n}=1$,且$\sum\limits_{n=1}^{\infty}v_n$ 收敛,则$\sum\limits_{n=1}^{\infty}u_n$ 收敛

(D) 若 $w_n<u_n<v_n(n=1,2,3,\cdots)$,且$\sum\limits_{n=1}^{\infty}w_n$ 与$\sum\limits_{n=1}^{\infty}v_n$ 收敛,则$\sum\limits_{n=1}^{\infty}u_n$ 收敛

QK 6. 下列结论正确的是( ).

(A) $\sum\limits_{n=0}^{\infty}a_nx^n$ 在收敛域上必绝对收敛

(B) $\sum\limits_{n=0}^{\infty}a_nx^n$ 的收敛半径为 R,则 R 一定是正常数

(C) 若$\sum\limits_{n=0}^{\infty}a_nx^n$ 的收敛半径为 R,则其和函数 $S(x)$ 在 $(-R,R)$ 内必可微

(D) $\sum\limits_{n=0}^{\infty}x^n$ 和 $\sum\limits_{n=-\infty}^{+\infty}x^n$ 都是幂级数

JK 7. 已知级数 ①$\sum\limits_{n=1}^{\infty}\left[1-\frac{1}{2}+\frac{1}{3}-\frac{1}{4}+\cdots+\frac{(-1)^{n+1}}{n}\right]$ 和级数 ②$\sum\limits_{n=1}^{\infty}\left(1+\frac{1}{2}+\cdots+\frac{1}{n}\right)$,则( ).

(A) 级数 ① 收敛,级数 ② 发散　　(B) 级数 ① 发散,级数 ② 收敛

(C) 两级数都收敛　　(D) 两级数都发散

QK 8. 设级数$\sum\limits_{n=1}^{\infty}a_n^2$ 收敛,则级数$\sum\limits_{n=1}^{\infty}(-1)^na_n$( ).

(A) 必绝对收敛　　(B) 必条件收敛

(C) 必发散　　(D) 可能收敛,也可能发散

QK 9. 已知级数$\sum\limits_{n=1}^{\infty}a_n$ 绝对收敛,$\sum\limits_{n=1}^{\infty}b_n$ 条件收敛,则以下级数中,绝对收敛的是( ).

(A) $\sum\limits_{n=1}^{\infty}(|a_n|-|b_n|)$　　(B) $\sum\limits_{n=1}^{\infty}(a_n+b_n)$

(C) $\sum\limits_{n=1}^{\infty}(a_n^2+b_n^2)$　　(D) $\sum\limits_{n=1}^{\infty}a_nb_n$

QK 10. 若$\sum\limits_{n=1}^{\infty}nu_n$ 绝对收敛,则( ).

(A) $\sum\limits_{n=1}^{\infty}(-1)^nu_n$ 条件收敛　　(B) $\sum\limits_{n=1}^{\infty}(-1)^nu_n$ 绝对收敛

(C) $\sum\limits_{n=1}^{\infty}[u_n+(-1)^n]$ 条件收敛　　(D) $\sum\limits_{n=1}^{\infty}[u_n+(-1)^n]$ 绝对收敛

QK 11. 设$\sum\limits_{n=1}^{\infty}(u_{n+1}-u_n)$ 收敛,则下列级数中收敛的是( ).

(A) $\sum\limits_{n=1}^{\infty}\frac{u_n}{n}$　　(B) $\sum\limits_{n=1}^{\infty}(-1)^n\frac{1}{u_n}$

(C) $\sum_{n=1}^{\infty}\left(1-\frac{u_n}{u_{n+1}}\right)$　　(D) $\sum_{n=1}^{\infty}(u_{n+1}^2-u_n^2)$

QK　12. 已知级数 $\sum_{n=1}^{\infty}(-1)^{n-1}u_n$ 条件收敛，$u_n>0$，则级数 $\sum_{n=1}^{\infty}(u_{2n}-2u_{2n-1})$(　　).

(A) 发散　　(B) 绝对收敛

(C) 条件收敛　　(D) 敛散性无法判断

QK　13. 设 $a_n>0(n=1,2,\cdots)$，下述命题正确的是(　　).

(A) 设存在 $N>0$，当 $n>N$ 时，$\frac{a_{n+1}}{a_n}<1$，则 $\sum_{n=1}^{\infty}a_n$ 必收敛

(B) 设 $\sum_{n=1}^{\infty}a_n$ 收敛，则必存在 $N>0$，当 $n>N$ 时，$\frac{a_{n+1}}{a_n}<1$

(C) 设存在 $N>0$，当 $n>N$ 时，$\frac{a_{n+1}}{a_n}\geqslant 1$，则 $\sum_{n=1}^{\infty}a_n$ 必发散

(D) 设 $\sum_{n=1}^{\infty}a_n$ 发散，则必存在 $N>0$，当 $n>N$ 时，$\frac{a_{n+1}}{a_n}\geqslant 1$

JK　14. 已知幂级数 $\sum_{n=1}^{\infty}\left(1+\frac{1}{2}+\cdots+\frac{1}{n}\right)x^n$，则和函数 $S(x)=$(　　).

(A) $\frac{\ln(1-x)}{1-x}$，$|x|<1$　　(B) $\frac{\ln(1-x)}{x-1}$，$|x|<1$

(C) $\frac{\ln(1+x)}{1+x}$，$|x|<1$　　(D) $\frac{\ln(1+x)}{x-1}$，$|x|<1$

JK　15. 设 $a_n=\cos(n\pi)\cdot\ln\left(1+\frac{1}{\sqrt{n}}\right)$，$n=1,2,\cdots$，则(　　).

(A) $\sum_{n=1}^{\infty}a_n$ 收敛，$\sum_{n=1}^{\infty}a_n^2$ 收敛　　(B) $\sum_{n=1}^{\infty}a_n$ 发散，$\sum_{n=1}^{\infty}a_n^2$ 收敛

(C) $\sum_{n=1}^{\infty}a_n$ 收敛，$\sum_{n=1}^{\infty}a_n^2$ 发散　　(D) $\sum_{n=1}^{\infty}a_n$ 发散，$\sum_{n=1}^{\infty}a_n^2$ 发散

QK　16. (仅数学一) 设 $f(x)=\begin{cases}x^2, & 0\leqslant x\leqslant\frac{1}{2},\\ x-1, & \frac{1}{2}<x<1,\end{cases}$ $S(x)=\sum_{n=1}^{\infty}b_n\sin(n\pi x)$，其中 $b_n=2\int_0^1 f(x)\sin(n\pi x)\mathrm{d}x\ (n=1,2,\cdots)$，则 $S\left(-\frac{5}{2}\right)=$(　　).

(A) $\frac{1}{8}$　　(B) $\frac{1}{4}$　　(C) $-\frac{1}{8}$　　(D) $-\frac{1}{4}$

JK　17. 设 $a>1$，$\sum_{n=1}^{\infty}a^{-\ln n}$ 收敛，则(　　).

(A) $a > e$　　(B) $1 < a < e$

(C) $1 < a \leqslant e$　　(D) $a \geqslant e$

QK 18. 若数项级数 $\sum_{n=1}^{\infty} a_n$ 条件收敛，则幂级数 $\sum_{n=1}^{\infty} na_n(x+2)^n$ 在 $x=-\sqrt{2}$ 处(　　).

(A) 绝对收敛　　(B) 条件收敛

(C) 发散　　(D) 敛散性不能确定

QK 19. 级数 $\sum_{n=1}^{\infty} a_n$ 收敛是级数 $a_1 - a_1 + a_2 - a_2 + \cdots + a_n - a_n + \cdots$ 收敛的(　　).

(A) 充分非必要条件　　(B) 必要非充分条件

(C) 充要条件　　(D) 既非充分也非必要条件

QK 20. 设 $\sum_{n=0}^{\infty} a_n x^n$ 在 $x=3$ 处条件收敛，则 $\sum_{n=0}^{\infty} \frac{a_n}{n+1}(x-1)^n$ 在 $x=-1$ 处(　　).

(A) 必绝对收敛　　(B) 必条件收敛

(C) 必发散　　(D) 敛散性要看具体的 $\{a_n\}$

QK 21. (仅数学一) 函数 $f(x)=\begin{cases} \cos \frac{\pi x}{l}, & 0 \leqslant x < \frac{l}{2}, \\ 0, & \frac{l}{2} \leqslant x < l \end{cases}$ 展成余弦级数时，应对 $f(x)$ 进行(　　).

(A) 周期为 $2l$ 的延拓　　(B) 偶延拓

(C) 周期为 l 的延拓　　(D) 奇延拓

QK 22. 下列命题错误的是(　　).

(A) 级数 $\sum_{n=1}^{\infty} a_n$ 与 $\sum_{n=k}^{\infty} a_n$ 敛散性相同

(B) 级数 $\sum_{n=1}^{\infty} a_n$ 收敛，$\sum_{n=1}^{\infty} b_n$ 发散，则级数 $\sum_{n=1}^{\infty} (a_n + b_n)$ 必发散

(C) 若级数 $\sum_{n=1}^{\infty} a_n$ 与 $\sum_{n=1}^{\infty} b_n$ 都收敛，则 $\sum_{n=1}^{\infty} (a_n + b_n) = \sum_{n=1}^{\infty} a_n + \sum_{n=1}^{\infty} b_n$

(D) 若级数 $\sum_{n=1}^{\infty} (a_n + b_n)$ 收敛，则 $\sum_{n=1}^{\infty} (a_n + b_n) = \sum_{n=1}^{\infty} a_n + \sum_{n=1}^{\infty} b_n$

JK 23. 设常数 $k > 0$，则级数 $\sum_{n=1}^{\infty} (-1)^n \frac{n^{3/2} - k}{n^{5/2}}$(　　).

(A) 发散　　(B) 绝对收敛

(C) 条件收敛　　(D) 收敛性与 k 有关

QK 24. 若级数 $\sum_{n=0}^{\infty} a_n 2^n$ 条件收敛，则幂级数 $\sum_{n=0}^{\infty} na_n(x+1)^n$ 的收敛区间为(　　).

(A) $(-3,1)$　　(B) $(-1,3)$

(C) $(-2,2)$　　(D) $(-4,2)$

QK　25. 若幂级数 $\sum_{n=0}^{\infty} a_n x^n$ 在 $x=2$ 处条件收敛,则幂级数 $\sum_{n=0}^{\infty} na_n(x+1)^n$ 在 $x=-2$ 处(　　).

(A) 绝对收敛　　(B) 条件收敛

(C) 发散　　(D) 可能收敛,也可能发散

QK　26. 已知幂级数 $\sum_{n=1}^{\infty} \frac{(x-a)^n}{n}$ 在 $x=-1$ 处收敛,则实数 a 的取值范围是(　　).

(A) $-2<a\leqslant 0$　　(B) $-2\leqslant a<0$

(C) $-1<a\leqslant 1$　　(D) $-1\leqslant a<1$

JK　27. 设 $\{a_n\}$ 是等差数列,$a_1>0$,公差 $d>0$,$S_n=a_1+a_2+\cdots+a_n$,则级数 $\sum_{n=1}^{\infty} \frac{(-1)^{n-1}}{S_n}$(　　).

(A) 发散　　(B) 条件收敛

(C) 绝对收敛　　(D) 敛散性取决于公差 d

QK　28. 设幂级数 $\sum_{n=0}^{\infty} a_n(x-2)^n$ 在 $x=-2$ 处条件收敛,$a_n>0$,$n=0,1,2,\cdots$,则 $\sum_{n=0}^{\infty} a_n(x-2)^{2n+1}$ 的收敛域为(　　).

(A) $(0,2)$　　(B) $(0,4)$

(C) $[-2,2)$　　(D) $[-4,4)$

QK　29. 已知幂级数 $\sum_{n=0}^{\infty} a_n x^n$ 的收敛域为 $(-4,4]$,则幂级数 $\sum_{n=0}^{\infty} a_n x^{2n+1}$ 的收敛域为(　　).

(A) $(-2,2]$　　(B) $[-2,2]$

(C) $(-4,4]$　　(D) $[-4,4]$

JK　30. 设级数 $\sum_{n=1}^{\infty} (a_n-a_{n-1})$ 收敛,正项级数 $\sum_{n=1}^{\infty} b_n$ 收敛,则级数 $\sum_{n=1}^{\infty} a_n b_n$(　　).

(A) 条件收敛　　(B) 绝对收敛

(C) 发散　　(D) 敛散性不确定

QK　31. 设 $f(x)=\int_0^{\sin x} \sin(t^2)\mathrm{d}t$,$g(x)=\sum_{n=1}^{\infty} \frac{x^{2n+1}}{n^n+2}$,则当 $x\to 0$ 时,$f(x)$ 是 $g(x)$ 的(　　)无穷小.

(A) 低阶　　(B) 同阶非等价

(C) 等价　　(D) 高阶

JK 32. 已知级数 $\sum_{n=1}^{\infty}(-1)^n n\sqrt{n}\tan\frac{1}{n^{\alpha}}$ 绝对收敛,级数 $\sum_{n=1}^{\infty}\frac{(-1)^n}{n^{3-\alpha}}$ 条件收敛,则(　　).

(A) $0<\alpha\leqslant\frac{1}{2}$　　(B) $1<\alpha<\frac{5}{2}$

(C) $1<\alpha<3$　　(D) $\frac{5}{2}<\alpha<3$

JK 33. 设 $f(x)$ 在区间 $[0,1]$ 上连续,且 $0\leqslant f(x)\leqslant 1$,又设 $a_n=\int_0^{\frac{1}{n}}\sqrt{1+f^n(x)}\,\mathrm{d}x$,则级数 $\sum_{n=1}^{\infty}(-1)^n a_n$(　　).

(A) 发散　　(B) 条件收敛

(C) 绝对收敛　　(D) 敛散性与具体的 $f(x)$ 有关

JK 34. 设 a 为正数,若级数 $\sum_{n=1}^{\infty}\frac{a^n n!}{n^n}$ 收敛,而 $\sum_{n=2}^{\infty}\frac{\sqrt{n+2}-\sqrt{n-2}}{n^a}$ 发散,则(　　).

(A) $a\leqslant\frac{1}{2}$　　(B) $\frac{1}{2}<a<\mathrm{e}$

(C) $a>\mathrm{e}$　　(D) $a-\mathrm{e}$

QK 35. 下列命题正确的是(　　).

(A) 设 $\sum_{n=1}^{\infty}a_n$ 收敛,则 $\lim_{n\to\infty}na_n=0$

(B) 设 $\sum_{n=1}^{\infty}a_n$ 收敛,且当 $n\to\infty$ 时 a_n 与 b_n 是等价无穷小,则 $\sum_{n=1}^{\infty}b_n$ 亦收敛

(C) 设 $\sum_{n=1}^{\infty}a_n$ 与 $\sum_{n=1}^{\infty}|b_n|$ 都收敛,则 $\sum_{n=1}^{\infty}|a_nb_n|$ 也收敛

(D) 设 $\sum_{n=1}^{\infty}a_n$ 与 $\sum_{n=1}^{\infty}b_n$ 都收敛,则 $\sum_{n=1}^{\infty}a_nb_n$ 也收敛

JK 36. 幂级数 $\sum_{n=1}^{\infty}\left(\frac{1}{2^n}-\sin\frac{1}{2^n}\right)x^n$ 的收敛域为(　　).

(A) $(-2,2)$　　(B) $[-2,2]$

(C) $(-8,8)$　　(D) $[-8,8]$

JK 37. 设 $f(x)$ 在点 $x=0$ 的某一邻域内有连续的二阶导数,且 $\lim_{x\to 0}\frac{f(x)}{x}=0$,则级数 $\sum_{n=1}^{\infty}\sqrt{n}f\left(\frac{1}{n}\right)$(　　).

(A) 绝对收敛　　(B) 条件收敛

(C) 发散　　(D) 不确定

QK 38. $\lim\limits_{n\to\infty}a_n$ 存在是级数 $\sum\limits_{n=1}^{\infty}(a_n-a_{n+1})$ 收敛的(　　).

(A) 充分条件而非必要条件　　(B) 必要条件而非充分条件

(C) 既非充分又非必要条件　　(D) 充分必要条件

QJK 39. 函数项级数 $\sum\limits_{n=1}^{\infty}\dfrac{(2x+1)^n}{n}$ 的收敛域为(　　).

(A)$(-1,1)$　　(B)$(-1,0)$

(C)$[-1,0]$　　(D)$[-1,0)$

JK 40. 设数列$\{a_n\}$单调增加且有上界,θ 为常数,则级数 $\sum\limits_{n=1}^{\infty}(a_n-a_{n+1})\sin(n\theta)$(　　).

(A) 发散　　(B) 条件收敛

(C) 绝对收敛　　(D) 敛散性与 θ 有关

JK 41. 设当 $|x|<1$ 时 $f(x)=\dfrac{x+1}{x^2-x+1}$ 展开成收敛于它自身的幂级数 $f(x)=\sum\limits_{n=0}^{\infty}a_nx^n$,则关于它的系数 $a_n(n=0,1,2,\cdots)$ 成立的关系式为(　　).

(A)$a_{n+2}=a_{n+1}+a_n$　　(B)$a_{n+3}=a_n$

(C)$a_{n+4}=a_{n+2}+a_n$　　(D)$a_{n+6}=a_n$

QK 42. 考虑下列 3 个级数:① $\sum\limits_{n=1}^{\infty}\dfrac{1}{\alpha^n+\beta^n}$,② $\sum\limits_{n=1}^{\infty}\dfrac{\alpha^n}{\alpha^n+\beta^n}$,③ $\sum\limits_{n=1}^{\infty}\dfrac{\beta^n}{\alpha^n+\beta^n}$,则当 $0<\alpha<1<\beta$ 时,收敛的级数是(　　).

(A)①②　　(B)②③　　(C)①③　　(D)①②③

QK 43. 设级数 $\sum\limits_{n=2}^{\infty}|u_n-u_{n-1}|$ 收敛,且正项级数 $\sum\limits_{n=1}^{\infty}v_n$ 收敛,则级数 $\sum\limits_{n=1}^{\infty}u_nv_n^2$(　　).

(A) 条件收敛　　(B) 绝对收敛

(C) 发散　　(D) 敛散性无法判断

QK 44. 设 $a_n\leqslant b_n\leqslant c_n$,则下列结论正确的是(　　).

(A) 若级数 $\sum\limits_{n=1}^{\infty}a_n$ 与 $\sum\limits_{n=1}^{\infty}c_n$ 都发散,则级数 $\sum\limits_{n=1}^{\infty}b_n$ 也发散

(B) 若级数 $\sum\limits_{n=1}^{\infty}b_n$ 与 $\sum\limits_{n=1}^{\infty}c_n$ 都收敛,则级数 $\sum\limits_{n=1}^{\infty}a_n$ 也收敛

(C) 若级数 $\sum\limits_{n=1}^{\infty}a_n$ 与 $\sum\limits_{n=1}^{\infty}b_n$ 都发散,则级数 $\sum\limits_{n=1}^{\infty}c_n$ 也发散

(D) 若级数 $\sum\limits_{n=1}^{\infty}a_n$ 与 $\sum\limits_{n=1}^{\infty}c_n$ 都收敛,则级数 $\sum\limits_{n=1}^{\infty}b_n$ 也收敛

QK 45. 设 $\sum_{n=1}^{\infty} a_n$ 收敛，下面 4 个级数：

① $\sum_{n=1}^{\infty} a_n^2$；　② $\sum_{n=1}^{\infty}(a_n - a_{n+1})$；

③ $\sum_{n=1}^{\infty}(a_{2n-1} + a_{2n})$；　④ $\sum_{n=1}^{\infty}(a_{2n-1} - a_{2n})$.

必收敛的个数为(　　).

(A)1　(B)2　(C)3　(D)4

JK 46. 已知级数 $\sum_{n=1}^{\infty}\left(1-\frac{1}{x_n}-\ln x_n\right)$ 收敛，则 $\sum_{n=1}^{\infty}\ln x_n$ 绝对收敛是 $\sum_{n=1}^{\infty}\left(1-\frac{1}{x_n}\right)$ 绝对收敛的(　　).

(A) 充要条件　(B) 必要非充分条件

(C) 充分非必要条件　(D) 既非充分也非必要条件

JK 47. 设 $u_n = \sqrt{\arctan(n+k) - \arctan n}$，$k$ 为正常数，则 $\sum_{n=1}^{\infty}(-1)^n u_n$(　　).

(A) 绝对收敛　(B) 条件收敛

(C) 发散　(D) 敛散性与 k 有关

JK 48. 设级数 $\sum_{n=1}^{\infty}(-1)^n\sqrt{n}\tan\frac{1}{n^p}$ 绝对收敛，级数 $\sum_{n=1}^{\infty}(-1)^n\sin\frac{1}{n^{3-p}}$ 条件收敛，则(　　).

(A)$0 < p \leqslant \frac{1}{2}$　(B) $\frac{3}{2} < p < 2$

(C) $\frac{1}{2} < p \leqslant \frac{3}{2}$　(D)$2 \leqslant p < 3$

JK 49. 已知级数 $\sum_{n=2}^{\infty} a_n$ 条件收敛，则下列级数中必定绝对收敛的是(　　).

(A) $\sum_{n=2}^{\infty}\frac{a_n}{n}$　(B) $\sum_{n=2}^{\infty}\frac{a_n}{\ln n}$

(C) $\sum_{n=2}^{\infty} a_n(e^{\frac{1}{n}}-1)$　(D) $\sum_{n=2}^{\infty} a_n\left(\cos\frac{1}{n}-1\right)$

QJK 50. (仅数学一) 已知函数 $f(x)$ 以 2π 为周期，$a_n = \frac{1}{\pi}\int_{-\pi}^{\pi} f(x)\cos(nx)\mathrm{d}x$，$n=0,1,2,\cdots$，$b_n = \frac{1}{\pi}\int_{-\pi}^{\pi} f(x)\sin(nx)\mathrm{d}x$，$n=1,2,\cdots$，则下列选项中可使得 $f(x) = \frac{a_0}{2} + \sum_{n=1}^{\infty}[a_n\cos(nx) + b_n\sin(nx)]$ 在 $[-\pi,\pi]$ 上处处成立的 $f(x)$ 的图像是(　　).

(A) 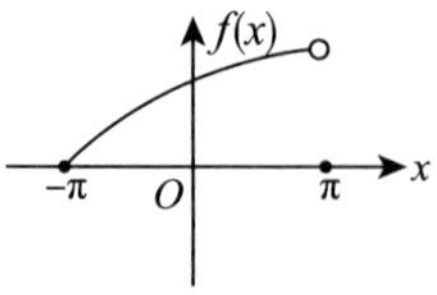

(B) 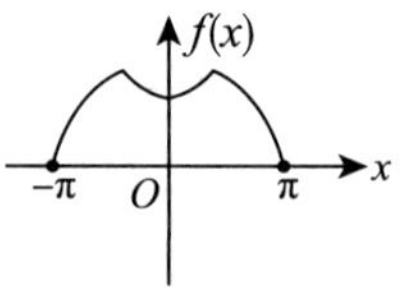

(C) 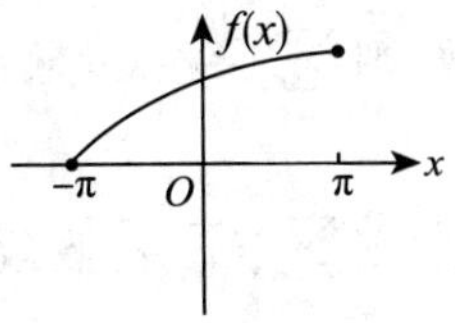

(D) 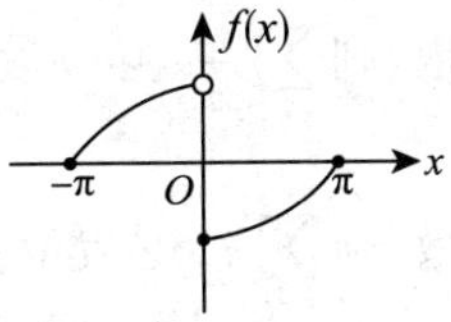

QJK 51. 下列命题正确的是(　　).

(A) 若 $\sum_{n=1}^{\infty}u_n^2$ 与 $\sum_{n=1}^{\infty}v_n^2$ 都收敛,则 $\sum_{n=1}^{\infty}(u_n+v_n)^2$ 收敛

(B) 若 $\sum_{n=1}^{\infty}|u_nv_n|$ 收敛,则 $\sum_{n=1}^{\infty}u_n^2$ 与 $\sum_{n=1}^{\infty}v_n^2$ 都收敛

(C) 若正项级数 $\sum_{n=1}^{\infty}u_n$ 发散,则 $u_n\geqslant\frac{1}{n}$

(D) 若级数 $\sum_{n=1}^{\infty}u_n$ 收敛,且 $u_n\geqslant v_n(n=1,2,\cdots)$,则 $\sum_{n=1}^{\infty}v_n$ 收敛

JK 52. 已知 $a_n=\int_0^{\frac{\pi}{6}}\frac{\sin^n x}{\cos x}dx,n=0,1,2,\cdots$,则 $\sum_{n=1}^{\infty}n^2(a_{n+1}-a_{n-1})=$(　　).

(A) -2　　(B) -1　　(C) 1　　(D) 2

JK 53. 设 $f(x)=\sum_{n=1}^{\infty}n^2x^n$,则 $\lim_{x\to0}\left[\frac{f(x)}{x}\right]^{\frac{1}{x}}=$(　　).

(A) 1　　(B) $e^{\frac{1}{2}}$　　(C) $e^{\frac{3}{2}}$　　(D) e^4

JK 54. 设 a 为常数且 a^2 不为整数,则关于数项级数

$$\frac{1}{\sqrt{1}-a}-\frac{1}{\sqrt{1}+a}+\frac{1}{\sqrt{2}-a}-\frac{1}{\sqrt{2}+a}+\cdots+\frac{1}{\sqrt{n}-a}-\frac{1}{\sqrt{n}+a}+\cdots$$

的敛散性,结论正确的是(　　).

(A) 条件收敛　　(B) 绝对收敛

(C) 发散　　(D) 敛散性与 a 有关

QK 55. 无穷级数 $\sum_{n=1}^{\infty}\int_0^1(1-\sqrt{x})^n dx$ 的和为(　　).

(A) $\frac{1}{2}$　　(B) 1　　(C) $\frac{3}{2}$　　(D) 2

QK 56. 若 $\sum_{n=0}^{\infty}a_n(2x-3)^n$ 在 $x=-1$ 处条件收敛,则 $\sum_{n=0}^{\infty}a_n\cdot4^n$ 与 $\sum_{n=0}^{\infty}a_n\cdot6^n$ 的敛散性为(　　).

(A) 收敛,收敛　　(B) 收敛,发散

(C) 发散,收敛　　(D) 发散,发散

QK 57. 设 $a_n>0(n=1,2,\cdots)$,下列 4 个命题:

① 若$\sum\limits_{n=1}^{\infty}a_n$发散,则$\sum\limits_{n=1}^{\infty}\dfrac{1}{a_n}$必收敛； ② 若$\sum\limits_{n=1}^{\infty}a_n$收敛,则$\sum\limits_{n=1}^{\infty}\dfrac{1}{a_n}$必发散；

③ 若$\sum\limits_{n=1}^{\infty}a_n$发散,则$\sum\limits_{n=1}^{\infty}a_n^2$必发散； ④ 若$\sum\limits_{n=1}^{\infty}a_n$收敛,则$\sum\limits_{n=1}^{\infty}\sqrt{a_n}$必收敛.

正确的个数为(　　).

(A)1 个　　(B)2 个　　(C)3 个　　(D)4 个

QK　58. 函数$f(x)=\dfrac{1}{\sqrt{3+2x-x^2}}$展开为$(x-1)$的幂级数,则其收敛半径$R$等于(　　).

(A) $\sqrt{2}$　　(B)2　　(C)4　　(D)1

QK　59. 设数列$\{a_n\}$单调减少,$\lim\limits_{n\to\infty}a_n=0$,$S_n=\sum\limits_{k=1}^{n}a_k(n=1,2,\cdots)$无界,则幂级数$\sum\limits_{n=1}^{\infty}a_n(x-1)^n$的收敛域为(　　).

(A)$(-1,1]$　　(B)$[-1,1)$

(C)$[0,2)$　　(D)$(0,2]$

JK　60. 已知$\sum\limits_{n=1}^{\infty}a_n^2$与$\sum\limits_{n=1}^{\infty}\dfrac{1}{b_n^2}$收敛,$\lambda$为正常数,则级数$\sum\limits_{n=1}^{\infty}(-1)^n\dfrac{|a_n|}{\sqrt{b_n^2+\lambda}}$(　　).

(A) 绝对收敛　　(B) 条件收敛

(C) 发散　　(D) 敛散性与λ有关

JK　61. 设级数$\sum\limits_{n=1}^{\infty}\dfrac{a^n}{(1+a)(1+a^2)\cdots(1+a^n)}$,$a>0$,则(　　).

(A) 级数发散

(B) 级数收敛

(C) 当$a<1$时级数收敛,当$a>1$时级数发散

(D) 当$a<1$时级数发散,当$a>1$时级数收敛

JK　62. 若幂级数$\sum\limits_{n=1}^{\infty}a_n(x+1)^n$在$x=2$处条件收敛,则幂级数$\sum\limits_{n=1}^{\infty}na_n(x-1)^n$与$\sum\limits_{n=1}^{\infty}\dfrac{a_n}{n}(x+2)^n$在$x=3$处的敛散性分别为(　　).

(A) 绝对收敛,条件收敛　　(B) 发散,绝对收敛

(C) 条件收敛,发散　　(D) 绝对收敛,发散

QJK　63. 若幂级数$\sum\limits_{n=1}^{\infty}\dfrac{1}{n}(x-a)^n$在$x=-5$处条件收敛,则$x=-5$与$x=-1$依次为

幂级数 $\sum_{n=1}^{\infty}\frac{(x-a)^{2n}}{a^n}$ 的(　　).

(A) 收敛点,收敛点　　(B) 收敛点,发散点

(C) 发散点,收敛点　　(D) 发散点,发散点

JK　64. 下列级数中发散的是(　　).

(A) $\sum_{n=2}^{\infty}\frac{\sqrt{\ln n}}{n^3}$　　(B) $\sum_{n=2}^{\infty}\frac{\ln n}{n^2}$

(C) $\sum_{n=2}^{\infty}\frac{(-1)^n}{n-\ln n}$　　(D) $\sum_{n=3}^{\infty}\frac{1}{n\ln n\ln(\ln n)}$

JK　65. 设 $\lim_{n\to\infty}\alpha_n=l$,则对于级数 $\sum_{n=1}^{\infty}n^{-\alpha_n}$ 下列说法正确的是(　　).

(A) 当 $l>1$ 时,$\sum_{n=1}^{\infty}n^{-\alpha_n}$ 收敛;当 $l<1$ 时,$\sum_{n=1}^{\infty}n^{-\alpha_n}$ 收敛

(B) 当 $l>1$ 时,$\sum_{n=1}^{\infty}n^{-\alpha_n}$ 收敛;当 $l<1$ 时,$\sum_{n=1}^{\infty}n^{-\alpha_n}$ 发散

(C) 当 $l>1$ 时,$\sum_{n=1}^{\infty}n^{-\alpha_n}$ 发散;当 $l<1$ 时,$\sum_{n=1}^{\infty}n^{-\alpha_n}$ 收敛

(D) 当 $l>1$ 时,$\sum_{n=1}^{\infty}n^{-\alpha_n}$ 发散;当 $l<1$ 时,$\sum_{n=1}^{\infty}n^{-\alpha_n}$ 发散

QK　66. 设正项级数 $\sum_{n=1}^{\infty}a_n$ 收敛,正项级数 $\sum_{n=1}^{\infty}b_n$ 发散,则

① $\sum_{n=1}^{\infty}a_nb_n$ 必收敛;　② $\sum_{n=1}^{\infty}a_nb_n$ 必发散;

③ $\sum_{n=1}^{\infty}a_n^2$ 必收敛;　④ $\sum_{n=1}^{\infty}b_n^2$ 必发散.

其中结论正确的个数为(　　).

(A)1 个　　(B)2 个　　(C)3 个　　(D)4 个

QK　67. 设 $a_n\neq0(n=0,1,\cdots)$,且幂级数 $\sum_{n=0}^{\infty}a_nx^{2n+1}$ 的收敛半径为 4,则(　　).

(A) $\lim_{n\to\infty}\left|\frac{a_{n+1}}{a_n}\right|=\frac{1}{2}$　　(B) $\lim_{n\to\infty}\left|\frac{a_{n+1}}{a_n}\right|=\frac{1}{4}$

(C) $\lim_{n\to\infty}\left|\frac{a_{n+1}}{a_n}\right|=\frac{1}{16}$　　(D) $\lim_{n\to\infty}\left|\frac{a_{n+1}}{a_n}\right|$ 不一定存在

QK　68. 已知 $a_1=a_2=1,a_{n+2}=a_{n+1}+a_n,n=1,2,\cdots$,则 $\sum_{n=1}^{\infty}\frac{a_n}{3^n}=$(　　).

(A) $\frac{1}{5}$　　(B) $\frac{3}{5}$　　(C) $\frac{5}{3}$　　(D)2

J K 69. 设曲线族 $y_n(x)=|\sin x|^{\frac{n}{2}}, n=1,2,\cdots, V_n$ 表示 $y_n(x)$ 在 $[0,2\pi]$ 上与 x 轴所围图形绕 x 轴旋转一周所得旋转体的体积，则 $\sum_{n=3}^{\infty}\frac{(-1)^n}{n}\cdot\frac{V_{n-2}}{V_n}=$（　　）.

(A) $-\ln 2+1$　　(B) $\ln 2+1$

(C) $-\ln 2-1$　　(D) $\ln 2-1$

Q J K 70. 设 $a_n>0, \lim_{n\to\infty}\frac{\ln a_n}{\ln n}=q$，则（　　）.

(A) 当 $q<-1$ 时，级数 $\sum_{n=1}^{\infty}a_n$ 收敛；当 $q>-1$ 时，级数 $\sum_{n=1}^{\infty}a_n$ 发散

(B) 当 $q<1$ 时，级数 $\sum_{n=1}^{\infty}a_n$ 收敛；当 $q>1$ 时，级数 $\sum_{n=1}^{\infty}a_n$ 发散

(C) 当 $q<-1$ 时，级数 $\sum_{n=1}^{\infty}a_n$ 发散；当 $q>-1$ 时，级数 $\sum_{n=1}^{\infty}a_n$ 收敛

(D) 当 $q<1$ 时，级数 $\sum_{n=1}^{\infty}a_n$ 发散；当 $q>1$ 时，级数 $\sum_{n=1}^{\infty}a_n$ 收敛

J K 71. 下列级数中收敛的是（　　）.

(A) $\sum_{n=1}^{\infty}\left[n\ln\left(1+\frac{1}{n}\right)\right]^n$　　(B) $\sum_{n=1}^{\infty}(\sqrt[3]{n+1}-\sqrt[3]{n})$

(C) $\sum_{n=1}^{\infty}\frac{(-1)^n}{\sqrt{n+1}+(-1)^n}$　　(D) $\sum_{n=2}^{\infty}\frac{1}{(\ln n)^{\ln n}}$

Q K 72.（仅数学一）设函数 $f(x)$ 连续且满足 $f(x+\pi)+f(x)=0$，则 $f(x)$ 以 2π 为周期的傅里叶系数 $(n=1,2,\cdots)$（　　）.

(A) $a_{2n}=0, b_{2n}=0$　　(B) $a_{2n}=0, b_{2n-1}=0$

(C) $a_{2n-1}=0, b_{2n-1}=0$　　(D) $a_{2n-1}=0, b_{2n}=0$

Q K 73. 设 $\sum_{n=0}^{\infty}a_nx^n, \sum_{n=0}^{\infty}b_nx^n$ 的收敛半径均为 $r(0<r<+\infty)$，则以下级数的收敛半径仍为 r 的是（　　）.

(A) $\sum_{n=0}^{\infty}(a_n+b_n)x^n$　　(B) $\sum_{n=0}^{\infty}(a_n+nb_n)x^n$

(C) $\sum_{n=0}^{\infty}\left(a_n+\frac{b_n}{2^n}\right)x^n$　　(D) $\sum_{n=0}^{\infty}\left(a_n+\frac{b_n}{n+1}\right)x^n$

J K 74. 已知级数 $\sum_{n=1}^{\infty}[\ln n+a\ln(1+n)+b\ln(2+n)]$ 收敛，则（　　）.

(A) $a=-2, b=1$　　(B) $a=1, b=-2$

(C) $a=-3, b=2$　　(D) $a=2, b=-3$

Q K 75. 设 $a_n>0, a_{n+1}<\frac{1}{2}a_n(n=1,2,3,\cdots)$，若当 $n\to\infty$ 时，na_n 与 $\frac{1}{2^n}$ 是同阶无穷小，

则幂级数 $\sum_{n=1}^{\infty} 4^n a_n (x-1)^n$ 的收敛域为(　　).

(A) $\left(\frac{1}{2},\frac{3}{2}\right)$　　(B) $\left[\frac{1}{2},\frac{3}{2}\right)$

(C) $\left(\frac{1}{2},\frac{3}{2}\right]$　　(D) $\left[\frac{1}{2},\frac{3}{2}\right]$

QK 76. 设 $a_n \neq 0(n=0,1,2,\cdots)$,下列命题正确的是(　　).

(A) 若幂级数 $\sum_{n=0}^{\infty} a_n x^n$ 的收敛半径 $R \neq 0$,则 $\lim_{n\to\infty}\left|\frac{a_{n+1}}{a_n}\right| = \frac{1}{R}$

(B) 若 $\lim_{n\to\infty}\left|\frac{a_{n+1}}{a_n}\right|$ 不存在,则幂级数 $\sum_{n=0}^{\infty} a_n x^n$ 没有收敛半径

(C) 若 $\sum_{n=0}^{\infty} a_n x^n$ 的收敛域为 $[-1,1]$,则 $\sum_{n=0}^{\infty} n a_n x^n$ 的收敛域也是 $[-1,1]$

(D) 若 $\sum_{n=0}^{\infty} a_n x^n$ 的收敛区间为 $(-1,1)$,则 $\sum_{n=0}^{\infty} n a_n x^n$ 的收敛区间也是 $(-1,1)$

QK 77. 设 $b_n > 0(n=1,2,\cdots)$,下述命题正确的是(　　).

(A) 设 $\sum_{n=1}^{\infty} b_n$ 发散,$\sum_{n=1}^{\infty}(a_n - a_{n+1})$ 发散,则 $\sum_{n=1}^{\infty} a_n b_n$ 必发散

(B) 设 $\sum_{n=1}^{\infty} b_n$ 发散,$\sum_{n=1}^{\infty}(a_n - a_{n+1})$ 收敛,则 $\sum_{n=1}^{\infty} a_n b_n$ 必发散

(C) 设 $\sum_{n=1}^{\infty} b_n$ 收敛,$\sum_{n=1}^{\infty}(a_n - a_{n+1})$ 收敛,则 $\sum_{n=1}^{\infty} a_n b_n$ 必收敛

(D) 设 $\sum_{n=1}^{\infty} b_n$ 收敛,$\sum_{n=1}^{\infty}(a_n - a_{n+1})$ 发散,则 $\sum_{n=1}^{\infty} a_n b_n$ 必收敛

QK 78. 设 $u_n > 0(n=1,2,\cdots)$,S_n 为级数 $\sum_{n=1}^{\infty} u_n$ 的部分和,则级数 $\sum_{n=1}^{\infty}\left(\frac{1}{S_n}-\frac{1}{S_{n+1}}\right)$ 与 $\sum_{n=1}^{\infty}\frac{u_n}{S_n^2}$ 的敛散性为(　　).

(A) $\sum_{n=1}^{\infty}\left(\frac{1}{S_n}-\frac{1}{S_{n+1}}\right)$ 与 $\sum_{n=1}^{\infty}\frac{u_n}{S_n^2}$ 都收敛

(B) $\sum_{n=1}^{\infty}\left(\frac{1}{S_n}-\frac{1}{S_{n+1}}\right)$ 与 $\sum_{n=1}^{\infty}\frac{u_n}{S_n^2}$ 都发散

(C) $\sum_{n=1}^{\infty}\left(\frac{1}{S_n}-\frac{1}{S_{n+1}}\right)$ 收敛,$\sum_{n=1}^{\infty}\frac{u_n}{S_n^2}$ 发散

(D) $\sum_{n=1}^{\infty}\left(\frac{1}{S_n}-\frac{1}{S_{n+1}}\right)$ 发散,$\sum_{n=1}^{\infty}\frac{u_n}{S_n^2}$ 收敛

二、填空题

QK 1.(仅数学一)设 $f(x)=\begin{cases}x^2, & -\pi\leqslant x<0,\\ -5, & 0\leqslant x<\pi,\end{cases}$ 则其以 2π 为周期的傅里叶级数在 $x=\pm\pi$ 处收敛于________.

QK 2.记 $a_n=\int_0^{+\infty}x^n e^{-x}dx$, $n=0,1,2,\cdots$,则 $\sum\limits_{n=0}^{\infty}\frac{1}{a_n}=$________.

QK 3.设 a 为常数,若级数 $\sum\limits_{n=1}^{\infty}(u_n-a)$ 收敛,则 $\lim\limits_{n\to\infty}u_n=$________.

QK 4.级数 $\sum\limits_{n=1}^{\infty}(-1)^{n-1}\frac{1}{n^p}$,当________时绝对收敛;当________时条件收敛;当________时发散.

QK 5.设 $\sum\limits_{n=1}^{\infty}u_n$ 收敛,且 $v_n=\frac{1}{u_n}$,则 $\sum\limits_{n=1}^{\infty}v_n$ 的敛散性为________.

QK 6.正项级数 $\sum\limits_{n=1}^{\infty}u_n$ 收敛的充分必要条件为其部分和数列 $\{S_n\}$________.

JK 7.设 a 为正常数,则级数 $\sum\limits_{n=1}^{\infty}\left[\frac{1}{\sqrt{n}}-\frac{\sin(an)}{n^2}\right]$ 的敛散性为________.

QK 8.(仅数学一)设 $f(x)=\pi x+x^2$, $-\pi\leqslant x<\pi$,且周期 $T=2\pi$.当 $f(x)$ 在 $[-\pi,\pi)$ 上的傅里叶级数为 $\frac{a_0}{2}+\sum\limits_{n=1}^{\infty}[a_n\cos(nx)+b_n\sin(nx)]$,则 $b_3=$________.

QK 9.幂级数 $\sum\limits_{n=1}^{\infty}\frac{(-1)^{n-1}}{n3^n}x^{n-1}$ 的收敛域为________.

QK 10.幂级数 $\sum\limits_{n=1}^{\infty}(-1)^n\frac{4^n}{2n+1}x^{2n+1}$ 的收敛区间为________.

QK 11. $\sum\limits_{n=1}^{\infty}\frac{n!}{n^n}e^{-nx}$ 的收敛域为________.

QJK 12. $\sum\limits_{n=1}^{\infty}(-1)^{n-1}\cdot\frac{x^{\frac{n}{2}}}{n}$ 在 $[0,1]$ 内的和函数 $S(x)=$________.

JK 13.设级数 $\sum\limits_{n=1}^{\infty}a_nx^n$ 的系数 a_n 满足关系式 $a_n=\frac{a_{n-1}}{n}+1-\frac{1}{n}$, $n=2,3,\cdots$, $a_1=2$,则当 $|x|<1$ 时,级数 $\sum\limits_{n=1}^{\infty}a_nx^n$ 的和函数 $S(x)=$________.

QK 14. $\sum\limits_{n=0}^{\infty}x^2 2^{-nx}$ $(x>0)$ 的和函数 $S(x)=$________.

QK 15. $\sum\limits_{n=0}^{\infty}\frac{n+2}{n!}=$________.

QK　16. $\sum_{n=1}^{\infty}(-1)^n \frac{2^{n+1}}{n!} =$ ________.

QJK　17. 级数 $\sum_{n=1}^{\infty} \frac{e^{-nx}}{\left(1+\frac{1}{n}\right)^{n^2}}$ 的收敛域为 $(a,+\infty)$，则 $a =$ ________.

QJK　18.（仅数学一）设函数

$$f(x)=\begin{cases} x-1, & 0<x\leqslant 1, \\ 0, & -1\leqslant x\leqslant 0, \end{cases}$$

若 $a_n=\int_{-1}^{1} f(x)\cos(n\pi x)\mathrm{d}x\ (n=0,1,\cdots)$，则 $\sum_{n=1}^{\infty}(-1)^n a_n =$ ________.

QK　19. 已知幂级数 $\sum_{n=1}^{\infty} a_n(x+1)^n$ 在 $x=2$ 处收敛，在 $x=-4$ 处发散，则幂级数 $\sum_{n=1}^{\infty} a_n(x-3)^n$ 的收敛域为________.

QK　20. 幂级数 $\sum_{n=1}^{\infty}(-1)^{n-1} n x^{n-1}$ 在收敛域 $(-1,1)$ 内的和函数 $S(x)$ 为________.

JK　21.（仅数学一）设 $f(x)=\cos^{2\,015} x$，$S(x)=\frac{a_0}{2}+\sum_{n=1}^{\infty}[a_n\cos(nx)+b_n\sin(nx)]$ 是 $f(x)$ 的以 2π 为周期的傅里叶级数，则 $a_{100} =$ ________.

QK　22. 函数 $f(x)=\frac{1}{x}$ 展开成的 $(x-1)$ 的幂级数为________.

QK　23.（仅数学一）设 $f(x)=\begin{cases} -1, & -\pi<x\leqslant 0, \\ 1+x^2, & 0<x\leqslant \pi, \end{cases}$ 则其以 2π 为周期的傅里叶级数在点 $x=\pi$ 处收敛于 ________.

QK　24. 幂级数 $\sum_{n=1}^{\infty} \frac{1}{\sqrt{n}}(x-2)^n$ 的收敛域为________.

QK　25. 级数 $\sum_{n=0}^{\infty}(-1)^n \frac{x^n}{\sqrt{n+1}}$ 的收敛半径为________.

QK　26. 幂级数 $\sum_{n=1}^{\infty} \frac{1}{n\cdot 3^n} x^n$ 的收敛半径为________.

QJK　27. 设幂级数 $\sum_{n=0}^{\infty} \frac{(-1)^n x^{2n}}{n!}$ 的和函数为 $S(x)$，则 $\int_0^{+\infty} x^3 S(x)\mathrm{d}x =$ ________.

QK　28. 级数 $\sum_{n=1}^{\infty} \frac{2n+1}{2^n}$ 的和为 ________.

QK　29. 设幂级数 $\sum_{n=1}^{\infty} n a_n(x+1)^n$ 的收敛区间为 $(-3,1)$，则 $\sum_{n=1}^{\infty} a_n(x-1)^{2n}$ 的收敛区间

为 ________.

QK 30.(仅数学一)设 $f(x)=2-x\ (0\leqslant x<2)$，而 $S(x)=\sum\limits_{n=1}^{\infty}b_n\sin\dfrac{n\pi x}{2}\ (-\infty<x<+\infty)$,其中

$$b_n=\int_0^2 f(x)\sin\frac{n\pi x}{2}\mathrm{d}x\ (n=1,2,3,\cdots),$$

则 $S(3)=$ ________.

QK 31.若 $\sum\limits_{n=0}^{\infty}a_nx^n$ 在 $x=-3$ 处为条件收敛,则其收敛半径 $R=$ ________.

QK 32.设 $a_n=\int_0^1 x(1-x)^{n-1}\mathrm{d}x$,则 $\sum\limits_{n=1}^{\infty}(-1)^n a_n=$ ________.

QK 33.级数 $\sum\limits_{n=1}^{\infty}(-1)^{n-1}\dfrac{x^n}{n}$ 的收敛域是________.

QK 34.函数 $f(x)=\ln(3+x)$ 展开为 x 的幂级数为________.

QK 35.函数 $f(x)=\cos x$ 展开成 $x+\dfrac{\pi}{3}$ 的幂级数为________.

JK 36.设 $x_1=r>0,x_{n+1}=x_n+x_n^3,n=1,2,3,\cdots$,则数项级数 $\sum\limits_{n=1}^{\infty}\dfrac{x_n}{1+x_n^2}=$ ________.

JK 37.$\sum\limits_{n=1}^{\infty}(-1)^{n-1}\dfrac{2n^2}{(2n)!}\dfrac{1}{2^n}$ 的和为________.

JK 38.若函数 $f(x)=\sin^4 x$ 的幂级数展开式为 $f(x)=\sum\limits_{n=0}^{\infty}a_nx^n(-\infty<x<+\infty)$,则 $a_4=$ ________.

QJK 39.幂级数 $\sum\limits_{n=1}^{\infty}\dfrac{(-1)^n(n+1)}{n!}x^n$ 的和函数 $S(x)$ 的单调递增区间为 ________.

QK 40.(仅数学一)设 $f(x)$ 是周期为 2 的周期函数,且 $f(x)=1+x,x\in[0,1]$.若 $f(x)=\dfrac{a_0}{2}+\sum\limits_{n=1}^{\infty}a_n\cos(n\pi x)$,则 $\sum\limits_{n=1}^{\infty}a_{2n}=$ ________.

QK 41.$\sum\limits_{n=1}^{\infty}\dfrac{1}{4^n(2n-1)}=$ ________.

QK 42.(仅数学一)设 $x^2=\sum\limits_{n=0}^{\infty}a_n\cos(nx)(-\pi\leqslant x\leqslant\pi)$,则 $a_2=$ ________.

QK 43.幂级数 $\sum\limits_{n=1}^{\infty}\dfrac{2n-1}{2^n}x^{2n-2}$ 的和函数 $S(x)=$ ________.

QK 44.$f(x)=\dfrac{1}{6+x-x^2}$ 展开的麦克劳林级数为 $f(x)=$ ________,它成立的区间为

________.

JK　45. 设$\sum_{n=1}^{\infty}(-1)^{n-1}u_n=2$，$\sum_{n=1}^{\infty}u_n=6$，又$v_n=3u_{2n-1}-u_{2n}$，则$\sum_{n=1}^{\infty}v_n=$________.

JK　46.(仅数学一)设函数$f(x)$在$[0,1]$上连续，$\lim_{x\to\frac{1}{2}}f(x)\sec(\pi x)=1$，$S(x)=\sum_{n=1}^{\infty}b_n\sin(n\pi x)$，$-\infty<x<+\infty$，其中$b_n=2\int_0^1 f(x)\sin(n\pi x)\mathrm{d}x\ (n=1,2,3,\cdots)$，则$S\left(\frac{3}{2}\right)=$________.

QJK　47. $\lim_{n\to\infty}\left(\frac{1}{2}+\frac{3}{2^2}+\frac{5}{2^3}+\cdots+\frac{2n-1}{2^n}\right)=$________.

三、解答题

QK　1. 已知方程$x^n+nx-1=0$在$(0,+\infty)$上存在唯一的根，记作$a_n(n=1,2,\cdots)$.

证明：级数$\sum_{n=1}^{\infty}(-1)^n a_n$条件收敛.

JK　2. 已知函数$y=f(x)=x\ln x+\sum_{n=0}^{\infty}\frac{x^{n+2}}{(n+1)\cdot(n+1)!}$. 求$f(x)$的定义域，证明$y=f(x)$满足微分方程$xy'-y=xe^x$，且$\lim_{x\to0^+}y(x)=0$.

QJK　3. 设幂级数$y(x)=\sum_{n=0}^{\infty}a_nx^n(-\infty<x<+\infty)$满足$y''+2xy'+2y=0$，且$y(0)=1$，$y'(0)=0$.

(1) 证明：$a_{n+2}=-\frac{2}{n+2}a_n$，$n=0,1,2,\cdots$；

(2) 求$y(x)$的表达式.

JK　4. 设$\frac{x^2-x-1}{x^2(x+1)}=\sum_{n=0}^{\infty}a_n(x-1)^n$，$x\in(0,2)$，求$a_n$的表达式.

JK　5. 设$a_n=\frac{1}{\sqrt{n}}-\sqrt{\ln\left(1+\frac{1}{n}\right)}\ (n=1,2,\cdots)$，判定级数$\sum_{n=1}^{\infty}a_n$的敛散性.

QK　6. 设曲线$y=x^n$与$y=x^{n+1}$所围成的封闭区域的面积为$a_n(n=1,2,\cdots)$，求级数$\sum_{n=1}^{\infty}a_{2n-1}$的和.

QK　7. 设曲线$y=x^{\frac{1}{n}}$与其在点$(1,1)$处的切线和y轴所围成的平面图形的面积为a_n，其中$n=2,3,\cdots$.

(1) 求a_n的表达式；

(2) 求幂级数$\sum_{n=2}^{\infty}a_nx^n$的收敛域与和函数$S(x)$.

QK 8. 将幂级数$\sum_{n=1}^{\infty}(-1)^n n(x-1)^n$的和函数展开成$x-\frac{1}{2}$的幂级数.

QK 9. 将函数$f(x)=\frac{1}{x^2-3x+2}$展开成x的幂级数,并指出其收敛区间.

QK 10. 求幂级数$\sum_{n=1}^{\infty}\frac{x^n}{4n-3}$的和函数$(x\geqslant 0)$.

JK 11. 已知x_n为方程$e^x+\ln x=n(n=3,4,\cdots)$的正根,并设

$$a_n=\left(\frac{x_n}{n}\right)^p,p>0.$$

(1) 证明x_n唯一存在,且$1<x_n<\ln n$;

(2) 讨论p取何值时,级数$\sum_{n=3}^{\infty}a_n$收敛;p取何值时,级数$\sum_{n=3}^{\infty}a_n$发散,并说明理由.

QJK 12. (1) 求微分方程$y'(x)+y(x)=\frac{(-x)^{n-1}}{3^n e^x}$的通解,其中$n$为任意正整数;

(2) 记$a_n(x)$,$n=1,2,\cdots$是(1)中满足条件$y(0)=0$的特解,求级数$\sum_{n=1}^{\infty}a_n(x)$的和函数.

QJK 13. 设$f(x)=\frac{1}{1-x-x^2}$,记$a_n=\frac{f^{(n)}(0)}{n!}(n=0,1,2,\cdots)$.

(1) 证明$a_0=a_1=1,a_{n+2}=a_{n+1}+a_n,n=0,1,2,\cdots$;

(2) 求级数$\sum_{n=0}^{\infty}\frac{a_{n+1}}{a_n a_{n+2}}$的和.

QJK 14. 设曲线$y_n(x)=xn^{-x}(n=2,3,4,\cdots)$在区间$[0,+\infty)$上与$x$轴所围无界区域的面积为$S(n)$.

(1) 求$S(n)$的表达式;

(2) 证明级数$\sum_{k=2}^{\infty}S(k^k)$收敛.

QJK 15. (1) 设$\sum_{n=1}^{\infty}u_n$为正项级数,证明:$\sum_{n=1}^{\infty}u_n$收敛的充要条件是其部分和数列$\{s_n\}$有界;

(2) 设$\{x_n\}$为单调递增的有界正数数列,证明:$\sum_{n=1}^{\infty}\left(1-\frac{x_n}{x_{n+1}}\right)$收敛.

JK 16. 判别级数$\sum_{n=1}^{\infty}\sin(\pi\sqrt{n^2+a^2})$的敛散性.

JK 17. 设函数$f(x)$是区间$(-\infty,+\infty)$上的可导函数,$|f'(x)|<kf(x)$,其中$0<k<1$.任取实数a_0,定义$a_n=\ln f(a_{n-1}),n=1,2,\cdots$,证明:$\sum_{n=1}^{\infty}(a_n-a_{n-1})$绝对收敛.

QJK 18. 设$a_n=\frac{2^n}{(5^n+2^n)n}$,求幂级数$\sum_{n=1}^{\infty}a_n x^n$的收敛半径、收敛区间与收敛域.

QK　19. 将 $y=\sin x$ 展开为 $x-\frac{\pi}{4}$ 的幂级数.

QK　20. 已知 $y(x)=2+\sum_{n=1}^{\infty}\frac{x^{2n}}{(2n)!}(-\infty<x<+\infty)$ 是微分方程 $y''-y=a$ 的解.

(1) 求常数 a；

(2) 求 $y(x)$.

JK　21. 设 $y=f(x)$ 由方程组 $\begin{cases} x=\sum_{n=1}^{\infty}\frac{(t-1)^n}{n}, \\ y=\sum_{n=1}^{\infty}\frac{nt^{n-1}}{2^n} \end{cases}$ 所确定，求 $\left.\frac{\mathrm{d}y}{\mathrm{d}x}\right|_{t=1}$.

QK　22. 设 $\frac{u_n}{u_{n-1}}=\frac{n}{2(n+2)}$，$x_n=x_{n-1}+u_n$，$n=1,2,\cdots$，且 $u_0=x_0=1$.

(1) 证明 $\lim_{n\to\infty}x_n$ 存在；

(2) 求 $\lim_{n\to\infty}x_n$.

JK　23. 设 $\lambda>1$，n 为正整数，证明：

(1) 方程 $x^n+n^{\lambda}x=1$ 有唯一的正值解 x_n；

(2) 级数 $\sum_{n=1}^{\infty}x_n$ 收敛.

JK　24. 从点 $P_1(1,0)$ 作 x 轴的垂线，交抛物线 $y=x^2$ 于点 $Q_1(1,1)$，从点 Q_1 作这条抛物线的切线，将它与 x 轴的交点记为 P_2，再从点 P_2 作 x 轴的垂线，交抛物线于点 Q_2，依次重复上述过程得到一系列的点：P_1,Q_1；P_2,Q_2；$\cdots$；P_n,Q_n；$\cdots$，如图所示.

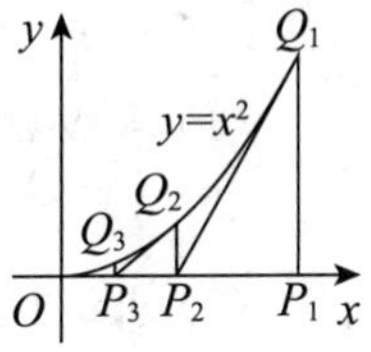

(1) 求 $\overline{OP_n}$；

(2) 求级数 $\sum_{n=1}^{\infty}n\overline{P_nQ_n}$ 的和.

JK　25. 设 $b_n>0$，当 $n\geqslant 2$ 时，$b_n=b_{n-1}+(n-1)b_{n-2}$，$b_0=b_1=1$ 且 $\frac{b_n}{b_{n-1}}$ 有界，求 $\sum_{n=0}^{\infty}b_n\frac{x^n}{n!}$ 的和函数.

JK　26. 设常数 $p>1$.

(1) 求 $\lim_{n\to\infty}\frac{1}{n}\left[\left(\frac{1}{n}\right)^p+\left(\frac{2}{n}\right)^p+\cdots+\left(\frac{n-1}{n}\right)^p+\left(\frac{n}{n}\right)^p\right]$；

(2) 证明级数 $\sum_{n=1}^{\infty}\frac{n}{1+2^p+\cdots+n^p}$ 收敛.

JK　27. 求级数 $\sum_{n=1}^{\infty}\frac{(-1)^n n}{2^{2n-1}(2n+1)!}$ 的和.

QJK 28. 设幂级数 $\sum_{n=0}^{\infty} a_n (x-b)^n$ 在 $x=0$ 处收敛，在 $x=2b$ 处发散，求幂级数 $\sum_{n=0}^{\infty} a_n x^n$ 的收敛半径 R 与收敛域，并分别求幂级数 $\sum_{n=0}^{\infty}(n+1)a_{n+1}x^n$ 和 $\sum_{n=1}^{\infty}\frac{a_{n-1}}{n}x^n$ 的收敛半径.

QK 29.（仅数学一）设 $f(x)=\frac{1}{2}-\frac{\pi}{4}\sin x, 0\leqslant x\leqslant \pi$. 将 $f(x)$ 展开成以 2π 为周期的余弦级数，并求 $\sum_{n=1}^{\infty}\frac{(-1)^n}{4n^2-1}$ 的和.

JK 30. 设 $u_n=(-1)^n\ln\left(1+\frac{1}{\sqrt{n}}\right)$，判定 $\sum_{n=1}^{\infty}u_n$ 与 $\sum_{n=1}^{\infty}u_n^2$ 的敛散性，如果收敛，指出是绝对收敛，还是条件收敛.

QK 31. 将 $f(x)=\frac{1}{x^2-3x-4}$ 展开为 $x-1$ 的幂级数，并指出收敛区间.

QK 32. 设 $f(x)=\frac{1}{1-2x-x^2}$.

(1) 将 $f(x)$ 展开为 x 的幂级数；

(2) 分别判断级数 $\sum_{n=0}^{\infty}\frac{n!}{f^{(n)}(0)}$，$\sum_{n=0}^{\infty}\frac{f^{(n)}(0)}{n!}$ 的敛散性.

QK 33. 求解下列各题.

(1) 求级数 $\sum_{n=0}^{\infty}\frac{x^{2n}}{(2n)!}$ 的和函数；

(2) 求级数 $\sum_{n=1}^{\infty}n\left(\frac{1}{2}\right)^{n-1}$ 的和；

(3) 求 $x+\frac{1}{3}x^3+\frac{1}{5}x^5+\cdots+\frac{1}{2n-1}x^{2n-1}+\cdots$ 的收敛域与和函数.

QK 34. 求幂级数 $\sum_{n=0}^{\infty}\frac{(-1)^n}{3n+1}x^{3n}$ 的收敛域与和函数，并求 $\sum_{n=0}^{\infty}\frac{(-1)^n}{3n+1}$ 的和.

QK 35. 求幂级数 $\sum_{n=1}^{\infty}\left(\frac{1}{2n+1}-1\right)x^{2n}$ 的收敛域与和函数.

JK 36. 将函数 $f(x)=x\arctan\frac{1+x}{1-x}-\ln\sqrt{1+x^2}$ 展开成 $\frac{\pi}{4}x+\sum_{n=0}^{\infty}a_n x^{2n+2}(-1\leqslant x<1)$ 的形式，求 a_n 的表达式.

JK 37. 设曲线 $y=\frac{1}{x^3}\ (x>0)$，$y=\frac{x}{n^4}$ 及 $y=\frac{x}{(n+1)^4}$ 所围成区域的面积为 $a_n(n=1,2,\cdots)$，求 $\sum_{n=1}^{\infty}a_n$ 的和.

QJK　38. 判断级数 $\sum_{n=1}^{\infty}\left(\ln\frac{1}{n}-\ln\sin\frac{1}{n}\right)$ 的敛散性.

JK　39. 设函数 $y=y(x)$ 满足 $(1-x)y'+2y=0, y(0)=1, a_n(x)=\int_0^x y(t)\sin^n t\,dt$, $n=1,2,\cdots$.

(1) 求 $y(x)$ 的表达式;

(2) 证明 $\sum_{n=1}^{\infty}a_n(1)$ 收敛.

JK　40. 已知 $\ln\left|\frac{x+2}{x-1}\right|-\frac{1}{(1+x)^2}+1=\sum_{n=0}^{\infty}a_n x^n(-1<x<1)$, 求 a_n.

QJK　41. 设 n 为正整数, $y=y_n(x)$ 是微分方程 $xy'-ny=0$ 满足条件 $y_n(1)=(n+1)(n+3)$ 的解.

(1) 求 $y_n(x)$;

(2) 求级数 $\sum_{n=1}^{\infty}y_n(x)$ 的收敛域及和函数.

QJK　42. 求幂级数 $\sum_{n=0}^{\infty}\frac{(-2)^n+2}{2^n(2n+1)}x^{2n}$ 的收敛域及和函数 $S(x)$.

QJK　43. 设 $a_n=\int_0^1 x^2\ln^n x\,dx$, $n=0,1,2,\cdots$.

(1) 求 a_n 的表达式;

(2) 计算 $\sum_{n=0}^{\infty}\frac{a_n}{n!}$.

JK　44. 设数列 $\{a_n\}$ 满足 $a_1=1,(n+1)a_{n+1}=\left(n+\frac{1}{2}\right)a_n$, 证明:当 $|x|<1$ 时,幂级数 $\sum_{n=1}^{\infty}a_n x^n$ 收敛,并求其和函数.

JK　45. 设数列 $\{a_n\},\{b_n\}$ 满足 $\int_{a_n}^{\tan a_n}e^{x^2}dx=\ln(1+b_n)^{b_n}$, $a_n>0, b_n>0, n=1,2,\cdots$, 且级数 $\sum_{n=1}^{\infty}a_n$ 收敛. 证明:

(1) $\lim_{n\to\infty}b_n=0$;

(2) 级数 $\sum_{n=1}^{\infty}\frac{b_n^2}{a_n^2}$ 收敛.

QJK　46. 求函数 $f(x)=\frac{1}{x^2}$ 展开成 $x+1$ 的幂级数的收敛域,并求 $\sum_{n=1}^{\infty}n^2(x+1)^n$ 的和函数 $S(x)$.

JK 47. 设 $a_n=\int_0^{+\infty} e^{-n^2x^2}\,dx$，$n=1,2,\cdots$，求 $\sum\limits_{n=1}^{\infty}(-1)^n a_n a_{n+2}$.

JK 48.（仅数学一）记 a_n 为曲线 $y(t)=\int_0^{\frac{t}{n}} n\sqrt{\sin\theta}\,d\theta$ 的全长，$0\leqslant t\leqslant n\pi$，$n=1,2,\cdots$.

(1) 求 a_n 的表达式；

(2) 求级数 $\sum\limits_{n=1}^{\infty}\dfrac{x^n}{a_n-3}$ 的和函数 $S(x)$，$x\geqslant 0$.

JK 49. 设 $0\leqslant x\leqslant 1$ 时，$a_n(x)$ 满足

$$x(1-x)a_n'(x)+[(n+2)x-n]a_n(x)=0,\ n=1,2,\cdots,$$

$$a_n\left(\frac{1}{2}\right)=\frac{1}{2^{n+2}}.$$

(1) 求 $a_n(x)$ 的表达式；

(2) 判别 $\sum\limits_{n=1}^{\infty}a_n(x)\ (0\leqslant x\leqslant 1)$ 的敛散性.

JK 50. 已知函数 $f(x)$ 满足 $f''(x)+f'(x)=0$ 及 $f''(x)+2f'(x)+f(x)=-1$，且 $f(0)=0$.

(1) 求 $f(x)$ 的表达式；

(2) 设 $a>0$，级数 $\sum\limits_{n=2}^{\infty}f(n^{-a}\ln n)$ 收敛，求 u 的取值范围.

QK 51.（仅数学三）设 a_n 是差分方程 $y_{n+1}+4y_n=5$ 满足 $y_1=-3$ 的特解.

(1) 求 a_n；

(2) 求幂级数 $\sum\limits_{n=0}^{\infty}\dfrac{a_n}{4^n(2n+1)}x^{2n}$ 的收敛域与和函数 $S(x)$.

QK 52. 求 $\sum\limits_{n=2}^{\infty}\dfrac{x^n}{n(n-1)}$ 的收敛域与和函数，并计算 $\sum\limits_{n=2}^{\infty}\dfrac{1}{2^n n(n-1)}$.

QK 53.（仅数学一）已知 $f(x)=|x|$，$-\pi\leqslant x\leqslant\pi$.

(1) 将 $f(x)$ 展开成余弦级数；

(2) 求 $\sum\limits_{n=1}^{\infty}\dfrac{1}{(2n-1)^2}$.

JK 54.（仅数学一）如果级数 $1+\sum\limits_{n=1}^{\infty}a_n x^n$ 在收敛区间 $(-R,R)$ 内的和函数是微分方程 $y'-\dfrac{y}{6}=\dfrac{xy^7}{6}$ 的一个解，求该级数的和函数.

JK 55.（仅数学一）证明 $\sum\limits_{n=1}^{\infty}\dfrac{(-1)^{n-1}\cos nx}{n^2}=\dfrac{\pi^2}{12}-\dfrac{x^2}{4}$，$-\pi\leqslant x\leqslant\pi$，并求数项级数

$\sum_{n=1}^{\infty}\frac{(-1)^{n-1}}{n^2}$ 的和.

JK　56. 已知函数 $f(x)=\begin{cases}\ln(e^x-1)-\ln x, & x>0,\\ 0, & x=0,\end{cases}$ 数列 $\{x_n\}$ 满足 $x_{n+1}=f(x_n)$，$n=1,2,\cdots$，且 $x_1=1$.

(1) 求 $f(x)$ 的单调区间，并求 $f'_+(0)$；

(2) 证明 $\sum_{n=1}^{\infty}x_n$ 收敛.

JK　57. 求幂级数 $\sum_{n=0}^{\infty}\frac{n^2+1}{2^n n!}x^n$ 的和函数 $S(x)$，并计算 $\int_{-\infty}^{0}S(x)\mathrm{d}x$.

QK　58. 求幂级数 $\sum_{n=1}^{\infty}\frac{[3+(-1)^n]^n}{n}x^n$ 的收敛域与和函数.

JK　59. 设 $a_0=1, a_1=-2, a_2=\frac{7}{2}, a_{n+1}=-\left(1+\frac{1}{n+1}\right)a_n(n\geqslant 2)$. 证明：当 $|x|<1$ 时，幂级数 $\sum_{n=0}^{\infty}a_n x^n$ 收敛，并求其和函数 $S(x)$.

JK　60. 设函数 $f(x)=\frac{7+2x}{2-x-x^2}$，当 $-1<x<1$ 时，其幂级数展开式为 $f(x)=\sum_{n=0}^{\infty}a_n x^n$.

(1) 求 $a_n(n=0,1,2,\cdots)$；

(2) 求级数 $\sum_{n=0}^{\infty}\frac{a_{n+1}-a_n}{(a_n-2)(a_{n+1}-2)}$ 的和.

QK　61. (仅数学一) 将 $f(x)=1-x^2\left(-\frac{1}{2}\leqslant x\leqslant\frac{1}{2}\right)$ 展开为傅里叶级数.

JK　62. (仅数学一) 证明 $\sum_{n=1}^{\infty}\frac{\cos(nx)}{n^2}=\frac{1}{12}(3x^2-6\pi x+2\pi^2)(0\leqslant x\leqslant\pi)$，并求数项级数 $\sum_{n=1}^{\infty}\frac{(-1)^{n-1}}{(2n-1)^3}$ 的和.

QJK　63. (1) 求定积分 $a_n=\int_0^2 x(2x-x^2)^n\mathrm{d}x, n=1,2,\cdots$；

(2) 对于(1)中的 a_n，求幂级数 $\sum_{n=1}^{\infty}a_n x^n$ 的收敛半径及收敛区间.

QK　64. 设 $b_n=1+\frac{1}{2}+\cdots+\frac{1}{n}$，求幂级数 $\sum_{n=1}^{\infty}\frac{x^n}{b_n}$ 的收敛半径、收敛区间；在收敛区间端点处，讨论对应的数项级数是发散还是收敛？如果是收敛，讨论是条件收敛还是绝对收敛？

QK　65. 判断下列正项级数的敛散性：

(1) $\sum\limits_{n=1}^{\infty}\left(\dfrac{n}{3n+2}\right)^{n}$；(2) $\sum\limits_{n=1}^{\infty}\int_{0}^{\frac{1}{n}}\dfrac{\sqrt{x}}{1+x^{2}}\mathrm{d}x$；(3) $\sum\limits_{n=1}^{\infty}(\sqrt[3]{n+1}-\sqrt[3]{n})$.

QK 66. 根据阿贝尔定理，已知 $\sum\limits_{n=0}^{\infty}a_n(x-x_0)^n$ 在某点 $x_1(x_1\neq x_0)$ 的敛散性，证明该幂级数的收敛半径可分为以下三种情况：

(1) 若在 x_1 处收敛，则收敛半径 $R\geqslant|x_1-x_0|$；

(2) 若在 x_1 处发散，则收敛半径 $R\leqslant|x_1-x_0|$；

(3) 若在 x_1 处条件收敛，则收敛半径 $R=|x_1-x_0|$.

JK 67. 已知 $f_n(x)$ 满足 $f_n'(x)=f_n(x)+x^{n-1}\mathrm{e}^x$（$n$ 为正整数），且 $f_n(1)=\dfrac{\mathrm{e}}{n}$，求函数项级数 $\sum\limits_{n=1}^{\infty}f_n(x)$ 之和.

QK 68. 证明：级数 $\sum\limits_{n=2}^{\infty}\dfrac{(-1)^n}{\sqrt{n+(-1)^n}}$ 条件收敛.

QK 69. 求级数 $\sum\limits_{n=1}^{\infty}\dfrac{x^{2n}}{8n^2+2n-1}$ 在收敛区间内的和函数.

QK 70. 设 $F(x)$ 是 $f(x)$ 的一个原函数，且 $F(0)=1$，$F(x)f(x)=\cos(2x)$，$a_n=\int_0^{n\pi}|f(x)|\mathrm{d}x\ (n=1,2,\cdots)$.

(1) 求 a_n；

(2) 求幂级数 $\sum\limits_{n=2}^{\infty}\dfrac{a_n}{n^2-1}x^n$ 的收敛域与和函数.

JK 71. 设 $f(x)=\begin{cases}\dfrac{1+x^2}{x}\arctan x, & x\neq 0,\\ 1, & x=0,\end{cases}$ 试将 $f(x)$ 展开成 x 的幂级数，并求级数 $\sum\limits_{n=1}^{\infty}\dfrac{(-1)^n}{1-4n^2}$ 的和.

QK 72. 设 $a_0=4$，$a_1=1$，$a_{n-2}=n(n-1)a_n$，$n\geqslant 2$.

(1) 求幂级数 $\sum\limits_{n=0}^{\infty}a_nx^n$ 的和函数 $S(x)$；

(2) 求 $S(x)$ 的极值.

JK 73. 设 n 为正整数，$F(x)=\int_1^{nx}\mathrm{e}^{-t^3}\mathrm{d}t+\int_{\mathrm{e}}^{\mathrm{e}^{(n+1)x}}\dfrac{t^2}{t^4+1}\mathrm{d}t$.

(1) 证明：对于给定的 n，$F(x)$ 有且仅有一个零（实）点，并且是正的，记该零点为 a_n；

(2) 证明幂级数 $\sum\limits_{n=1}^{\infty}a_nx^n$ 在 $x=-1$ 处条件收敛，并求该幂级数的收敛域.

JK 74. 设 $a_n=\int_0^{\frac{\pi}{4}}\tan^n x\,dx, n=1,2,\cdots$.

(1) 证明：$a_{n+1}<a_n(n\geqslant 1)$，且 $\frac{1}{2(n+1)}<a_n<\frac{1}{2(n-1)}(n\geqslant 2)$；

(2) 求幂级数 $\sum\limits_{n=1}^{\infty}a_n x^n$ 的收敛半径、收敛区间及收敛域.

QJK 75. 设 $a_n=\int_0^{n\pi}x\mid\sin x\mid dx, n=1,2,\cdots$，试求 $\sum\limits_{n=1}^{\infty}\frac{a_n}{2^n}$ 的值.

JK 76. 设 $\sum\limits_{n=1}^{\infty}u_n$ 和 $\sum\limits_{n=1}^{\infty}v_n$ 都是正项级数. 证明：

(1) 若 $\sum\limits_{n=1}^{\infty}u_n$ 收敛，则 $\sum\limits_{n=1}^{\infty}\sqrt{u_n u_{n+1}}$ 收敛；

(2) 若 $\sum\limits_{n=1}^{\infty}\sqrt{u_n u_{n+1}}$ 收敛，且 u_n 单调减少，则 $\sum\limits_{n=1}^{\infty}u_n$ 收敛；

(3) 若 $\sum\limits_{n=1}^{\infty}v_n$ 和 $\sum\limits_{n=1}^{\infty}u_n$ 都收敛，则 $\sum\limits_{n=1}^{\infty}u_n v_n$ 都收敛；

(4) 若 $\sum\limits_{n=1}^{\infty}u_n$ 收敛，则 $\sum\limits_{n=1}^{\infty}\frac{u_n}{n}$ 收敛.

QK 77. 设 $u_1=2, u_{n+1}=\frac{1}{2}\left(u_n+\frac{1}{u_n}\right)(n=1,2,\cdots)$. 证明：级数 $\sum\limits_{n=1}^{\infty}\left(\frac{u_n}{u_{n+1}}-1\right)$ 收敛.

QK 78. 设 $a_n=\int_0^{\frac{1}{2}}\left(\frac{1}{2}-x\right)x^n(1-x)^n dx, n=1,2\cdots$. 证明：级数 $\sum\limits_{n=1}^{\infty}a_n$ 收敛，并求其和.

JK 79. 设 $f(x)$ 是区间 $[1,+\infty)$ 上单调减少且非负的连续函数，$a_n=\sum\limits_{k=1}^{n}f(k)-\int_1^n f(x)dx(n=1,2,\cdots)$. 证明：

(1) $\lim\limits_{n\to\infty}a_n$ 存在；

(2) 反常积分 $\int_1^{+\infty}f(x)dx$ 与无穷级数 $\sum\limits_{n=1}^{\infty}f(n)$ 同敛散.

QK 80. (1) 求幂级数 $\sum\limits_{n=1}^{\infty}\frac{(-1)^n}{4n^2-1}x^{2n}$ 的收敛半径、收敛区间及收敛域，并求收敛区间内的和函数；

(2) 求数项级数 $\sum\limits_{n=1}^{\infty}\frac{(-1)^n}{4n^2-1}$ 的和.

QK 81. 将函数 $f(x)=\arctan\frac{x-1}{x-3}$ 展开成 $x-2$ 的幂级数，并求出此展开式成立的开区间.

QK 82. 求级数$\sum_{n=1}^{\infty}\frac{(x-2)^n}{n\cdot 4^n}$的收敛区间.

QK 83. 求级数$\sum_{n=2}^{\infty}\frac{x^{n-2}}{n\cdot 3^n}$的收敛域及其和函数.

QK 84. 设级数$\sum_{n=1}^{\infty}a_n$条件收敛,判别级数$\sum_{n=1}^{\infty}na_n(x-1)^n$在点$x_1=\sqrt{3}$,$x_2=3$处的收敛性.

QK 85. 求$\lim_{n\to\infty}\frac{1}{4^n}\left(1+\frac{1}{n}\right)^{n^2}$.

JK 86. 设级数$\sum_{n=1}^{\infty}(-1)^n\sqrt{n}\tan\frac{1}{n^a}$绝对收敛,$\sum_{n=1}^{\infty}\frac{(-1)^n}{n^{2-a}}$条件收敛,求$a$的取值范围.

QK 87. 求幂级数$\sum_{n=1}^{\infty}\frac{n}{2^n+(-3)^n}x^{2n-1}$的收敛半径与收敛区间.

QK 88. 将函数$f(x)=\arctan\frac{1+x}{1-x}$展开为$x$的幂级数.

QK 89.(仅数学一)设$f(x)=x$,$-\frac{1}{2}\leqslant x\leqslant\frac{1}{2}$,在$\left[-\frac{1}{2},\frac{1}{2}\right]$上将$f(x)$展开为傅里叶级数.

JK 90. 求幂级数$\sum_{n=1}^{\infty}\frac{(-1)^n x^{2n+1}}{n(2n-1)}$的和函数.

QJK 91. 求极限$\lim_{n\to\infty}\sum_{k=1}^{n}\frac{3k-1}{2^k}$.

QK 92. 将函数$f(x)=\frac{x}{(x-1)^2}$展开成$x-3$的幂级数.

JK 93. 设$f(x)$在$x=0$的某邻域内具有一阶连续导数,且$\lim_{x\to 0}\frac{f(x)}{x}=1$.

证明:级数$\sum_{n=1}^{\infty}\left[f\left(\frac{1}{n}\right)-f\left(\frac{1}{n+1}\right)\right]$收敛.

JK 94. 设$f(x)$是幂级数$\sum_{n=0}^{\infty}a_n x^n$在$(-\infty,+\infty)$上的和函数,数列$\{a_n\}$满足:$a_0=0$,$a_1=1$,当$n\geqslant 1$时,$a_{n+1}=-\frac{2na_n+5a_{n-1}}{n(n+1)}$.

(1) 求$f(x)$的表达式;

(2) 求积分$\int_0^{+\infty}e^{-x}f(x)dx$.

JK 95. 设幂级数$\sum_{n=1}^{\infty}a_n x^{2n}$的和函数为$S(x)(-\infty<x<+\infty)$,已知$S(x)$满足方程

$\int_0^x S(t)\mathrm{d}t + S'(x) = 2\sin x$，且 $S(0)=0$，求：

(1) $S(x)$ 的解析式；

(2) 级数 $\sum_{n=1}^{\infty}(2n+1)a_n$ 的和.

JK　96. 求函数 $f(x)$ 与 $g(x)$，使得 $\sum_{n=0}^{\infty}\dfrac{4(n+1)}{(2n)!}x^{2n} = f(x)\mathrm{e}^x + g(x)\mathrm{e}^{-x}(-\infty < x < +\infty)$，并将函数 $\dfrac{f(x)}{g(x)}$ 展开成 $x+1$ 的幂级数.

QK　97.（仅数学一）设 $f(x)$ 是以 2π 为周期的函数，$f(x)=\begin{cases} x, & -\pi \leqslant x < 0, \\ 0, & 0 \leqslant x < \pi. \end{cases}$ 将 $f(x)$ 展开为傅里叶级数.

JK　98. 设 a_n 表示由曲线 $y=x^n$ 与 $y=x^{n+1}$ 所围成的平面图形的面积，$n=1,2,\cdots$.

(1) 求幂级数 $\sum_{n=1}^{\infty}a_n x^n$ 的收敛域与和函数 $S(x)$；

(2) 求数项级数 $\sum_{n=1}^{\infty}\dfrac{(-1)^n}{n(n+1)2^n}$ 的和.

JK　99. 设数列 $\{a_n\}$ 定义为 $a_n = 1+\sqrt{2}+\sqrt{3}+\cdots+\sqrt{n}$，$n=1,2,\cdots$. 证明：

(1) 不等式 $a_n < \dfrac{2}{3}(n+1)^{\frac{3}{2}}$ 对 $n \geqslant 1$ 恒成立；

(2) 级数 $\sum_{n=1}^{\infty}\dfrac{1}{a_n}$ 收敛.

QJK　100. 设 A_n 是曲线 $y=x^n$ 与 $y=x^{n+1}(n=1,2,\cdots)$ 所围区域的面积，记 $S_1=\sum_{n=1}^{\infty}A_n$，$S_2=\sum_{n=1}^{\infty}A_{2n-1}$，求 S_1 与 S_2 的值.

JK　101. 已知 $\sum_{n=1}^{\infty}\dfrac{1}{n^2}=\dfrac{\pi^2}{6}$.

(1) 设 $f(x)=\sum_{n=1}^{\infty}\dfrac{1}{n^2}x^n$，证明：当 $0<x<1$ 时，$f(x)+f(1-x)+\ln x\ln(1-x)=\dfrac{\pi^2}{6}$；

(2) 求 $I=\int_0^1 \dfrac{1}{2-x}\ln\dfrac{1}{x}\mathrm{d}x$.

JK　102. 求幂级数 $\sum_{n=2}^{\infty}\dfrac{\frac{1}{2^n}+(-1)^n\cdot\frac{1}{3^n}}{n}(x-1)^n$ 的收敛域与和函数 $S(x)$.

JK　103. 设 $a_0=0, a_1=1, a_{n+1}=3a_n+4a_{n-1}(n=1,2,\cdots)$.

(1) 令 $b_n=\dfrac{a_{n+1}}{a_n}(n=1,2,\cdots)$,证明$\lim\limits_{n\to\infty}b_n=4$;

(2) 求幂级数 $\sum\limits_{n=1}^{\infty}\dfrac{a_n}{n!}x^n$ 的收敛半径、收敛区间、收敛域及和函数.

QK 104.(仅数学一)将函数 $f(x)=x^2(0\leqslant x\leqslant \pi)$ 展开成余弦级数,并求 $\sum\limits_{n=1}^{\infty}\dfrac{1}{n^2}$ 的和.

QK 105.求数项级数 $\sum\limits_{n=1}^{\infty}\dfrac{1}{(4n^2-1)4^n}$ 的和.

JK 106.设幂级数 $y=\sum\limits_{n=0}^{\infty}a_nx^n$ 在它的收敛区间内所表示的和函数 $y=y(x)$ 满足微分方程

$$y''+4xy=0$$

及初始条件 $y(0)=a,y'(0)=b$.求该幂级数的具体表达式(即求 $a_n,n=0,1,2,\cdots$)及该幂级数的收敛区间.

JK 107.设 $f(x)$ 在$[0,+\infty)$上连续,反常积分$\int_0^{+\infty}f^2(x)\mathrm{d}x$ 收敛.令

$$a_n=\int_0^1 f(nx)\mathrm{d}x\ (n=1,2,\cdots),$$

证明:级数 $\sum\limits_{n=1}^{\infty}\dfrac{a_n^2}{n}$ 收敛.

JK 108.设函数 $f_n(x)=\int_0^x t(1-t)\sin^{2n}t\,\mathrm{d}t\ (x>0)$,其中 n 为正整数.

(1) 证明 $f_n(x)$ 在区间$(0,+\infty)$上存在最大值;

(2) 记 a_n 为函数 $f_n(x)$ 在$(0,+\infty)$上的最大值$(n\geqslant 1)$,证明级数 $\sum\limits_{n=1}^{\infty}a_n$ 收敛.

QK 109.设幂级数 $\sum\limits_{n=0}^{\infty}a_nx^n$ 的收敛半径 $R=1$,求幂级数 $\sum\limits_{n=0}^{\infty}\dfrac{a_n}{n!}x^n$ 的收敛半径.

QK 110.设 $x>2$,证明 $\ln\dfrac{x+2}{x-2}=\ln\left(\dfrac{x+1}{x-1}\right)^2+2\sum\limits_{n=1}^{\infty}\dfrac{1}{2n-1}\left(\dfrac{2}{x^3-3x}\right)^{2n-1}$.

QK 111.已知 $a_0=3,a_1=5$,且 $a_{n+1}=\dfrac{1}{n+1}\cdot\left(\dfrac{2}{3}-n\right)a_n(n\geqslant 1)$,证明当 $|x|<1$ 时,幂级数 $\sum\limits_{n=0}^{\infty}a_nx^n$ 收敛,并求和函数.

JK 112.将函数 $f(x)=\dfrac{x^2-5x+12}{x^3-3x^2-9x+27}$ 展开成 $x-1$ 的幂级数.

JK 113.设 $a_n(x)$ 满足

$a'_n(x)-\frac{n}{(1+x)\ln(1+x)}a_n(x)+\ln^n(1+x)=0,x>0,n=1,2,\cdots,a_n(1)=0.$

(1) 求 $a_n(x)$ 的表达式;

(2) 判别 $\sum_{n=1}^{\infty}\int_0^1 a_n(x)\mathrm{d}x$ 的敛散性.

QK　114. 设 $a_n=\int_0^1 x^n\sqrt{1-x^2}\,\mathrm{d}x,b_n=\int_0^{\frac{\pi}{2}}\sin^n t\,\mathrm{d}t,n=1,2,\cdots$,计算 $\sum_{n=1}^{\infty}(-1)^n\frac{a_n}{b_n}$.

JK　115. 设数列$\{x_n\}$满足 $\sin^2 x_n\sin x_{n+1}+2\sin x_{n+1}=1,x_0=\frac{\pi}{6}$,证明:

(1) 级数 $\sum_{n=0}^{\infty}(\sin x_{n+1}-\sin x_n)$ 收敛;

(2) $\lim\limits_{n\to\infty}\sin x_n$ 存在,且其极限值 c 是方程 $x^3+2x-1=0$ 的唯一正根.

JK　116. (1) 设 $f(x)$ 为任意阶可导函数,且 $f(x)=\sum_{n=0}^{\infty}a_nx^n$,若 $f(x)$ 为奇函数,证明:

$$f(x)=\sum_{n=1}^{\infty}a_{2n-1}x^{2n-1};$$

(2) 将函数 $f(x)=\int_0^x \mathrm{e}^{x^2-t^2}\mathrm{d}t$ 展开为 x 的幂级数.

JK　117. 设数列$\{a_n\}$满足 $a_1=a_2=1$,且 $a_{n+1}=a_n+a_{n-1},n=2,3,\cdots$. 证明:当 $|x|<\frac{1}{2}$ 时幂级数 $\sum_{n=1}^{\infty}a_nx^{n-1}$ 收敛,并求其和函数与系数 a_n.

JK　118. 试判断级数 $\sum_{n=2}^{\infty}\sin\left(n\pi+\frac{1}{\ln n}\right)$ 的敛散性.

JK　119. 设 $y(x)=\sum_{n=1}^{\infty}\frac{[(n-1)!]^2}{(2n)!}(2x)^{2n}(|x|<1)$.

(1) 求 $y(0),y'(0)$,并证明:$(1-x^2)y''-xy'=4$;

(2) 求 $\sum_{n=1}^{\infty}\frac{[(n-1)!]^2}{(2n)!}(2x)^{2n}(|x|<1)$ 的和函数及级数 $\sum_{n=1}^{\infty}\frac{[(n-1)!]^2}{(2n)!}$ 的值.

QJK　120. 设数列$\{a_n\}$,$\{b_n\}$满足 $\mathrm{e}^{b_n}=\mathrm{e}^{a_n}-a_n(n=1,2,3,\cdots)$,求证:

(1) 若 $a_n>0$,则 $b_n>0$;

(2) 若 $a_n>0(n=1,2,3,\cdots)$,且 $\sum_{n=1}^{\infty}a_n$ 收敛,则 $\sum_{n=1}^{\infty}\frac{b_n}{a_n}$ 收敛.

JK　121. 设幂级数 $y=\sum_{n=0}^{\infty}a_nx^n$ 在它的收敛区间内是微分方程

$$2(x-x^2)\frac{\mathrm{d}y}{\mathrm{d}x}+(1-2x)y-2=0$$

的一个解.

(1) 求该幂级数的系数 a_n 的表达式($n=0,1,2,\cdots$);

(2) 由(1)的结果求该幂级数的收敛半径、收敛区间及收敛域.

JK 122. 函数 $f(x)=\arctan\left(1-\dfrac{2}{x}\right)$.

(1) 将 $f(x)$ 展开成 $x-1$ 的幂级数,并求此幂级数的收敛域;

(2) 在此收敛域上,该幂级数是否都收敛于 $f(x)$? 如果在某处收敛而不收敛于 $f(x)$ 在该处的值,那么收敛于什么? 均要求说明理由.

QJK 123. 设数列 $\{a_n\}$ 满足 $a_0=1,a_1=1,a_{n+1}=3a_n+4a_{n-1}(n=1,2,3,\cdots)$.

(1) 求幂级数 $\sum\limits_{n=0}^{\infty}a_nx^n$ 的收敛半径、收敛区间以及收敛区间内的和函数 $S(x)$;

(2) 证明该幂级数的收敛域等于收敛区间.

JK 124. 设正数列 $\{a_n\}$ 满足 $a_1=a_2=1,a_n=a_{n-1}+a_{n-2},n=3,4,\cdots$,且 $\lim\limits_{n\to\infty}\dfrac{a_n}{a_{n+1}}=\dfrac{\sqrt{5}-1}{2}$. 已知某常数项级数的部分和为

$$S_n=\frac{1}{2}+\frac{1}{2^2}+\frac{2}{2^3}+\frac{3}{2^4}+\frac{5}{2^5}+\frac{8}{2^6}+\frac{13}{2^7}+\cdots+\frac{a_n}{2^n}(n\geqslant 1).$$

(1) 证明此级数收敛;

(2) 求出此级数的和 S.

JK 125. 设 $a_1=1,a_{n+1}=\arctan a_n(n=1,2,\cdots)$,求幂级数

$$\sum_{n=1}^{\infty}\arctan(a_n-a_{n+1})(x+1)^n$$

的收敛域.

第 17 章 多元函数积分学的预备知识(仅数学一)

一、选择题

QK 1. 设直线 $l:\begin{cases}x+y-z+1=0,\\x-y+3z+3=0,\end{cases}$ 平面 $\Pi: x-2y-z+3=0$,则直线 l(　　).

(A) 平行于 Π,但不在 Π 上　　(B) 在 Π 上

(C) 垂直于 Π　　(D) 与 Π 相交但不垂直

QK 2. 过点 $P(2,0,3)$ 且与直线 $\begin{cases}x-2y+4z-7=0,\\3x+5y-2z+1=0\end{cases}$ 垂直的平面的方程是(　　).

(A) $(x-2)-2(y-0)+4(z-3)=0$

(B) $3(x-2)+5(y-0)-2(z-3)=0$

(C) $-16(x-2)+14(y-0)+11(z-3)=0$

(D) $-16(x+2)+14(y-0)+11(z-3)=0$

QK 3. 设有曲面 Σ 为 $z=x+f(y-z)$,其中函数 $f(u)$ 可导,则该曲面上任意一点 (x,y,z) 处的切平面的法向量 $\boldsymbol{n}$ 与向量 $\boldsymbol{i}+\boldsymbol{j}+\boldsymbol{k}$ 的夹角 θ 为(　　).

(A) $\dfrac{\pi}{2}$　　(B) $\dfrac{\pi}{3}$ 或 $\dfrac{2\pi}{3}$

(C) $\dfrac{\pi}{4}$ 或 $\dfrac{3\pi}{4}$　　(D) 0 或 π

QK 4. 设向量场 $\boldsymbol{A}=(x^2z,xy^2,yz^2)$,在点 $P(2,2,1)$ 处沿方向 $\boldsymbol{l}=(2,2,1)$,则 $\operatorname{div}\boldsymbol{A}\Big|_P$,$\dfrac{\partial}{\partial \boldsymbol{l}}\operatorname{div}\boldsymbol{A}\Big|_P$ 分别等于(　　).

(A) $8,\dfrac{32}{3}$　　(B) $8,32$

(C) $16,\dfrac{32}{3}$　　(D) $16,32$

QK 5. 已知向量 $\overrightarrow{AB}$ 的始点 $A(4,0,5)$,$|\overrightarrow{AB}|=2\sqrt{14}$,$\overrightarrow{AB}$ 的方向余弦为 $\cos\alpha=\dfrac{3}{\sqrt{14}}$,$\cos\beta=\dfrac{1}{\sqrt{14}}$,$\cos\gamma=-\dfrac{2}{\sqrt{14}}$,则 B 的坐标为(　　).

(A) $(10,-2,1)$　　(B) $(-10,-2,1)$

(C)(10,2,1)　　(D)(10,−2,−1)

QK　6.设平面方程为 $Ax+Cz+D=0$,其中 A,C,D 均不为零,则平面(　　).

(A) 平行于 x 轴　　(B) 平行于 y 轴

(C) 平行于 z 轴　　(D) 经过 y 轴

QK　7.曲线 $x^2+y^2+z^2=a^2$ 与 $x^2+y^2=2az(a>0)$ 的交线是(　　).

(A) 抛物线　　(B) 双曲线

(C) 圆　　(D) 椭圆

QJK　8.已知 $\boldsymbol{a}\neq\boldsymbol{0},\boldsymbol{b}\neq\boldsymbol{0},\boldsymbol{c}\neq\boldsymbol{0}$,且 $\boldsymbol{a},\boldsymbol{b},\boldsymbol{c}$ 互相垂直,则向量 $\boldsymbol{r}=x\boldsymbol{a}+y\boldsymbol{b}+z\boldsymbol{c}$ 的模为(　　).

(A) $|\boldsymbol{r}|=x|\boldsymbol{a}|+y|\boldsymbol{b}|+z|\boldsymbol{c}|$

(B) $|\boldsymbol{r}|=|x\boldsymbol{a}|+|y\boldsymbol{b}|+|z\boldsymbol{c}|$

(C) $|\boldsymbol{r}|=(x^2+y^2+z^2)^{\frac{1}{2}}$

(D) $|\boldsymbol{r}|=(x^2|\boldsymbol{a}|^2+y^2|\boldsymbol{b}|^2+z^2|\boldsymbol{c}|^2)^{\frac{1}{2}}$

QK　9.曲面 $x^2+4y^2+z^2=4$ 与平面 $x+z=a$ 的交线在 yOz 平面上的投影方程是(　　).

(A) $\begin{cases}(a-z)^2+4y^2+z^2=4,\\ x=0\end{cases}$　　(B) $\begin{cases}x^2+4y^2+(a-x)^2=4,\\ z=0\end{cases}$

(C) $\begin{cases}x^2+4y^2+(a-x)^2=4,\\ x=0\end{cases}$　　(D) $(a-z)^2+4y^2+z^2=4$

QK　10.与直线 $L_1:\begin{cases}x=1,\\ y=-2+t,\\ z=1+t\end{cases}$ 及直线 $L_2:\dfrac{x+1}{1}=\dfrac{y+1}{2}=\dfrac{z-1}{1}$ 都平行,且过原点的平面 π 的方程为(　　).

(A) $x+y+z=0$　　(B) $x-y+z=0$

(C) $x+y-z=0$　　(D) $x-y+z+2=0$

QK　11.点 $P(1,0,1)$ 到直线 $\begin{cases}2x-y-z+1=0,\\ x+y-3z=0\end{cases}$ 的距离 $d=$(　　).

(A) $\dfrac{\sqrt{2}}{3}$　　(B) $\dfrac{\sqrt{3}}{2}$　　(C) $\sqrt{2}$　　(D) $\sqrt{3}$

JK　12.在曲线 $x=t,y=-t^2,z=t^3$ 的所有切线中,与平面 $x+2y+z=4$ 平行的切

线(　　).

(A) 只有 1 条　　(B) 只有 2 条

(C) 至少有 3 条　　(D) 不存在

JK 13. 设 $F(u,v)$ 具有连续偏导数，a,b 是非零常数，$a\dfrac{\partial F}{\partial u}+b\dfrac{\partial F}{\partial v}\neq 0$，则曲面 $F(x-az,y-bz)=0$ 上任一点处的切平面都平行于一条固定直线(　　).

(A) $x=\dfrac{y}{a}=\dfrac{z}{b}$　　(B) $\dfrac{x}{a}=y=\dfrac{z}{b}$

(C) $\dfrac{x}{a}=\dfrac{y}{b}=z$　　(D) $x=\dfrac{y}{b}=\dfrac{z}{a}$

QJK 14. 已知曲面 $2z=x^2+y^2$ 上点 M 的切平面平行于平面 $x-y+z=1$，则 M 点的坐标是(　　).

(A) $(-1,-1,1)$　　(B) $(-1,1,1)$

(C) $(1,-1,1)$　　(D) $(1,1,1)$

QK 15. 若非零向量 $\boldsymbol{a},\boldsymbol{b}$ 满足关系式 $|\boldsymbol{a}-\boldsymbol{b}|=|\boldsymbol{a}+\boldsymbol{b}|$，则必有(　　).

(A) $\boldsymbol{a}-\boldsymbol{b}=\boldsymbol{a}+\boldsymbol{b}$　　(B) $\boldsymbol{a}=\boldsymbol{b}$

(C) $\boldsymbol{a}\cdot\boldsymbol{b}=0$　　(D) $\boldsymbol{a}\times\boldsymbol{b}=\boldsymbol{0}$

QJK 16. 若 $\boldsymbol{a}\perp\boldsymbol{b}$，$\boldsymbol{a},\boldsymbol{b}$ 均为非零向量，x 是非零实数，则有(　　).

(A) $|\boldsymbol{a}+x\boldsymbol{b}|>|\boldsymbol{a}|+|x||\boldsymbol{b}|$　　(B) $|\boldsymbol{a}-x\boldsymbol{b}|<|\boldsymbol{a}|-|x||\boldsymbol{b}|$

(C) $|\boldsymbol{a}+x\boldsymbol{b}|>|\boldsymbol{a}|$　　(D) $|\boldsymbol{a}-x\boldsymbol{b}|<|\boldsymbol{a}|$

QK 17. 已知等边三角形 $\triangle ABC$ 的边长为 1，且 $\overrightarrow{BC}=\boldsymbol{a}$，$\overrightarrow{CA}=\boldsymbol{b}$，$\overrightarrow{AB}=\boldsymbol{c}$，则 $\boldsymbol{a}\cdot\boldsymbol{b}+\boldsymbol{b}\cdot\boldsymbol{c}+\boldsymbol{c}\cdot\boldsymbol{a}=$(　　).

(A) $\dfrac{1}{2}$　　(B) $\dfrac{2}{3}$　　(C) $-\dfrac{1}{2}$　　(D) $-\dfrac{3}{2}$

QK 18. 设 $\boldsymbol{c}=\alpha\boldsymbol{a}+\beta\boldsymbol{b}$，$\boldsymbol{a},\boldsymbol{b}$ 均为非零向量，且 $\boldsymbol{a}$ 与 $\boldsymbol{b}$ 不平行. 若这些向量起点相同，且 $\boldsymbol{a},\boldsymbol{b},\boldsymbol{c}$ 的终点在同一直线上，则必有(　　).

(A) $\alpha\beta\geqslant 0$　　(B) $\alpha\beta\leqslant 0$

(C) $\alpha+\beta=1$　　(D) $\alpha^2+\beta^2=1$

QK 19. 一质点的运动轨迹为曲线 $C:\begin{cases}x=-3t+1,\\ y=1+4\sin t,\\ z=\cos t\end{cases}$(单位:m)，其中 t 为时间变量(单位:s)，则质点在点(1,1,1)处的速度大小为(单位:m/s)(　　).

(A)2 (B)3 (C)4 (D)5

QK 20. 设 $\boldsymbol{a}$ 与 $\boldsymbol{b}$ 为非零向量,则 $\boldsymbol{a}\times\boldsymbol{b}=\mathbf{0}$ 是( ).

(A)$\boldsymbol{a}=\boldsymbol{b}$ 的充要条件 (B)$\boldsymbol{a}\perp\boldsymbol{b}$ 的充要条件

(C)$\boldsymbol{a}\parallel\boldsymbol{b}$ 的充要条件 (D)$\boldsymbol{a}\parallel\boldsymbol{b}$ 的必要但不充分条件

QK 21. 两张平行平面 $\pi_1:Ax+By+Cz+D_1=0$ 与 $\pi_2:Ax+By+Cz+D_2=0$ 之间的距离为( ).

(A)$|D_1-D_2|$ (B)$|D_1+D_2|$

(C)$\dfrac{|D_1-D_2|}{\sqrt{A^2+B^2+C^2}}$ (D)$\dfrac{|D_1+D_2|}{\sqrt{A^2+B^2+C^2}}$

QK 22. 设 $\boldsymbol{a},\boldsymbol{b},\boldsymbol{c}$ 均为非零向量,则与 $\boldsymbol{a}$ 不垂直的向量是( ).

(A)$(\boldsymbol{a}\cdot\boldsymbol{c})\boldsymbol{b}-(\boldsymbol{a}\cdot\boldsymbol{b})\boldsymbol{c}$ (B)$\boldsymbol{b}-\dfrac{\boldsymbol{a}\cdot\boldsymbol{b}}{|\boldsymbol{a}|^2}\boldsymbol{a}$

(C)$\boldsymbol{a}\times\boldsymbol{b}$ (D)$\boldsymbol{a}+(\boldsymbol{a}\times\boldsymbol{b})\times\boldsymbol{a}$

QK 23. 两条平行直线 $L_1:\begin{cases}x=1+t,\\y=-1+2t,\\z=t,\end{cases}$ $L_2:\begin{cases}x=2+t,\\y=-1+2t,\\z=1+t\end{cases}$ 之间的距离为( ).

(A)$\dfrac{2}{3}$ (B)$\dfrac{2}{3}\sqrt{3}$ (C)1 (D)2

QK 24. 设平面 $\Pi_1:x-2y+z+5=0$,$\Pi_2:x+y-2z+3=0$,则 Π_1 与 Π_2 的夹角为( ).

(A)$\dfrac{\pi}{6}$ (B)$\dfrac{\pi}{4}$ (C)$\dfrac{\pi}{3}$ (D)$\dfrac{\pi}{2}$

JK 25. 若曲面 $\dfrac{x^2}{a^2}+\dfrac{y^2}{b^2}+\dfrac{z^2}{c^2}=1(0<c<a<b)$ 与平面 $z=ky(k>0)$ 的交线是圆,则 $k=$( ).

(A)$\dfrac{c\sqrt{b^2-a^2}}{b\sqrt{a^2-c^2}}$ (B)$\dfrac{a\sqrt{b^2-c^2}}{b\sqrt{a^2-c^2}}$ (C)$\dfrac{c\sqrt{b^2-a^2}}{a\sqrt{b^2-c^2}}$ (D)$\dfrac{b\sqrt{a^2-c^2}}{c\sqrt{b^2-a^2}}$

QK 26. 设 $f(x,y)=\mathrm{e}^{-(x^2+2y^2)}$,曲线 $y=y(x)$ 上任一点 P 的切线方向始终指向 $f(x,y)$ 变化率最大的方向,且 $y(1)=2$,则 $y(x)=$( ).

(A)$2x^2$ (B)x^2+x

(C)$\mathrm{e}^{-x^2+1}+x$ (D)$2\mathrm{e}^{-x^2+1}$

QJK　27. 直线 $L:\begin{cases}z=2y,\\x=1\end{cases}$ 绕 z 轴旋转一周而成的旋转曲面方程为(　　).

(A) $4x^2+4y^2+z^2=4$　　(B) $4x^2+4y^2-z^2=4$

(C) $x^2+y^2+4z^2=4$　　(D) $x^2+y^2-4z^2=4$

QK　28. 直线 $L:\begin{cases}x+y-z-2=0,\\-x+3y-z-2=0\end{cases}$ 关于坐标面 $z=0$ 的对称直线的方程为(　　).

(A) $\dfrac{x-1}{1}=\dfrac{y-1}{1}=\dfrac{z-1}{-2}$　　(B) $\dfrac{x-1}{1}=\dfrac{y-1}{1}=\dfrac{z}{-2}$

(C) $\dfrac{x-1}{-2}=\dfrac{y-1}{1}=\dfrac{z-1}{1}$　　(D) $\dfrac{x-1}{-2}=\dfrac{y-1}{1}=\dfrac{z}{1}$

QK　29. 直线 $L_1:\dfrac{x}{2}=\dfrac{y+3}{3}=\dfrac{z}{4}$ 与直线 $L_2:\begin{cases}x=1+t,\\y=-2+t,\\z=2+2t\end{cases}$ 之间的关系是(　　).

(A) 垂直　　(B) 平行

(C) 相交但不垂直　　(D) 为异面直线

JK　30. 曲面 $\sqrt{x}+\sqrt{y}+\sqrt{z}=\sqrt{a}\,(a>0)$ 上任意一点处的切平面在三个坐标轴上的截距之和为(　　).

(A) a　　(B) $\sqrt{a}$　　(C) 0　　(D) $2\sqrt{a}$

QK　31. 设点 $M_0(x_0,y_0,z_0)$, $M_1(x_1,y_1,z_1)$. 直线 $l:\dfrac{x-x_1}{m}=\dfrac{y-y_1}{n}=\dfrac{z-z_1}{p}$, $\boldsymbol{s}=(m,n,p)$. 平面 $\Pi:Ax+By+Cz+D=0$. 则下列命题错误的是(　　).

(A) 点 M_0 到 M_1 的距离 $d=\sqrt{(x_1-x_0)^2+(y_1-y_0)^2+(z_1-z_0)^2}$

(B) 点 M_0 到平面 Π 的距离 $d=\dfrac{|Ax_0+By_0+Cz_0+D|}{\sqrt{A^2+B^2+C^2}}$

(C) 点 M_0 到平面 Π 的距离 $d=\dfrac{Ax_0+By_0+Cz_0+D}{\sqrt{A^2+B^2+C^2}}$

(D) 点 M_0 到直线 l 的距离 $d=\dfrac{|\overrightarrow{M_0M_1}\times\boldsymbol{s}|}{|\boldsymbol{s}|}$

QK　32. 设有直线 $l_1:\dfrac{x}{1}=\dfrac{y+1}{1}=\dfrac{z-3}{-2}$ 与直线 $l_2:\begin{cases}2x+y+4=0,\\y+2z+2=0,\end{cases}$ 则直线 l_1 与 l_2 的夹角为(　　).

(A) $\dfrac{\pi}{6}$　　(B) $\dfrac{\pi}{4}$　　(C) $\dfrac{\pi}{3}$　　(D) $\dfrac{\pi}{2}$

QK 33. 设直线 $l_1:\dfrac{x-3}{2}=\dfrac{y}{1}=\dfrac{z-1}{0}$，$l_2:\dfrac{x+1}{1}=\dfrac{y-2}{0}=\dfrac{z}{1}$，则 l_1 与 l_2（　　）.

(A) 平行　　(B) 垂直

(C) 相交但不垂直　　(D) 异面

QK 34. 曲线 $S:\begin{cases}x^2+y^2+z^2=2,\\ x+y+z=0\end{cases}$ 在点$(1,-1,0)$处的切线方程为（　　）.

(A) $\dfrac{x-1}{2}=\dfrac{y+1}{1}=\dfrac{z}{1}$　　(B) $\dfrac{x-1}{2}=\dfrac{y+1}{2}=\dfrac{z}{3}$

(C) $\dfrac{x-1}{-1}=\dfrac{y+1}{-1}=\dfrac{z}{1}$　　(D) $\dfrac{x-1}{1}=\dfrac{y+1}{1}=\dfrac{z}{-2}$

QK 35. 三个非零向量 $\boldsymbol{a},\boldsymbol{b}$ 与 $\boldsymbol{c}$，则 $\boldsymbol{a}\times\boldsymbol{b}+\boldsymbol{b}\times\boldsymbol{c}+\boldsymbol{c}\times\boldsymbol{a}=\boldsymbol{0}$ 是 $\boldsymbol{a},\boldsymbol{b},\boldsymbol{c}$ 共面的（　　）.

(A) 充分非必要条件　　(B) 必要非充分条件

(C) 充要条件　　(D) 既非充分也非必要条件

QK 36. 以下 4 个平面方程：①$7x+5y+2z+10=0$，②$-7y-5y+2z-10=0$，③$7x-y+14z+26=0$，④$x-7y+14z-26=0$，是平面 $x+2y-2z+6=0$ 和平面 $4x-y+8z-8=0$ 的交角的平分面方程的是（　　）.

(A)①②　　(B)②③

(C)②④　　(D)①④

JK 37. 曲面 $x^{\frac{2}{3}}+y^{\frac{2}{3}}+z^{\frac{2}{3}}=4$ 上任一点的切平面在三个坐标轴上的截距的平方和为（　　）.

(A)48　　(B)64　　(C)36　　(D)16

JK 38. 设 $\boldsymbol{a},\boldsymbol{b}$ 均为非零向量，且 $|\boldsymbol{a}|=|\boldsymbol{b}|$. 若 $\lim\limits_{x\to1^+}\dfrac{|(x\boldsymbol{a}-\boldsymbol{b})\times(\boldsymbol{a}-x\boldsymbol{b})|}{(\boldsymbol{a}-x\boldsymbol{b})\cdot(x\boldsymbol{a}+\boldsymbol{b})}=\dfrac{1}{2}$，则向量 $\boldsymbol{a},\boldsymbol{b}$ 的夹角为（　　）.

(A)$\arctan\dfrac{1}{2}$　　(B)$\arctan\left(-\dfrac{1}{2}\right)$

(C)$\pi-\arctan\dfrac{1}{2}$　　(D) $\dfrac{\pi}{2}-\arctan\dfrac{1}{2}$

二、填空题

QK 1. 设 $|\boldsymbol{a}+\boldsymbol{b}|=|\boldsymbol{a}-\boldsymbol{b}|$，且 $\boldsymbol{a}=(3,-5,8)$，$\boldsymbol{b}=(-1,1,z)$，则 $z=$________.

QK 2. 过点$(1,2,-1)$且垂直于平面 $2x-y+3z=5$ 的直线方程为________.

QK 3. 过点$(1,2,-1)$且过 z 轴的平面方程为________.

QK　4. 已知 $\boldsymbol{F}=x^3\boldsymbol{i}+y^3\boldsymbol{j}+z^3\boldsymbol{k}$，则在点 $(1,0,-1)$ 处的 $\operatorname{div}\boldsymbol{F}$ 为________.

QK　5. 设 $u=x^2+3y+yz$，则 $\operatorname{div}(\mathbf{grad}\ u)=$________.

QK　6. 设 $\boldsymbol{A}=2\boldsymbol{a}+\boldsymbol{b}$，$\boldsymbol{B}=k\boldsymbol{a}+\boldsymbol{b}$，其中 $|\boldsymbol{a}|=1$，$|\boldsymbol{b}|=2$，且 $\boldsymbol{a}\perp\boldsymbol{b}$. 若 $\boldsymbol{A}\perp\boldsymbol{B}$，则 $k=$ ________.

QK　7. 曲面 $z-e^z+2xy=3$ 在点 $(1,2,0)$ 处的切平面方程为________.

QK　8. 三平面 $x+3y+z=1$，$2x-y-z=0$，$-x+2y+2z=3$ 的交点是________.

QK　9. 过点 $(1,0,1)$ 与 $(0,1,1)$ 且与曲面 $z=1+x^2+y^2$ 相切的平面方程为________.

QK　10. 曲面 $z=2x+y+\ln(1+x^2+y^2)$ 在点 $(0,0,0)$ 处的切平面方程为________.

QK　11. 函数 $f(x,y)=2x^2+y^2$ 在点 $(0,1)$ 处的最大方向导数为________.

QK　12. 设 $\boldsymbol{F}(x,y,z)=xy\boldsymbol{i}-y\cos z\boldsymbol{j}+z\sin x\boldsymbol{k}$，则 $\mathbf{rot}\ \boldsymbol{F}(1,1,0)=$________.

JK　13. 空间曲线 $L:\begin{cases}y^2=z,\\x=2(y-1)\end{cases}$ 在 $y=1$ 处的切线方程为________.

JK　14. 曲线 $\begin{cases}x^2+2y^2+3z^2=6,\\x+y+z=3\end{cases}$ 在点 $(1,1,1)$ 处的切线方程为________.

JK　15. 设函数 $z=f(x,y)$ 在点 $(0,0)$ 附近有定义，且 $f'_x(0,0)=3$，则曲线 $\begin{cases}z=f(x,y),\\y=0\end{cases}$ 在点 $(0,0,f(0,0))$ 处的法平面方程为________.

QK　16. $f(x,y,z)=x^2\int_1^y e^t\,dt+2z$ 在点 $(1,1,2)$ 处的梯度为________.

QK　17. 函数 $u(x,y,z)=xy-2z^2$ 在点 $(1,1,-2)$ 处的最大方向导数为________.

QK　18. 设 $\boldsymbol{F}(x,y,z)=y^2\boldsymbol{i}+2xz\boldsymbol{j}+x^2y\boldsymbol{k}$，则 $\mathbf{rot}\ \boldsymbol{F}(1,0,1)=$________.

QK　19. 设 $z=z(x,y)$ 是由方程 $3x+6y+xyz+z^3=1$ 所确定的函数，则函数 $z=z(x,y)$ 在点 $(0,0)$ 处沿该点梯度方向的方向导数为________.

QK　20. $f(x,y,z)=xy+yz+xz$ 在点 $(1,0,-1)$ 处方向导数的最小值为________.

QK　21. 点 $(1,2,1)$ 到平面 $x+2y+2z-13=0$ 的距离是________.

JK　22. xOz 坐标面上的抛物线 $z^2=x-2$ 绕 x 轴旋转而成的旋转抛物面的方程是________.

QK　23. 函数 $u=e^z-z+xy$ 在点 $(2,1,0)$ 处沿曲面 $e^z-z+xy=3$ 的法线方向的方向导数为________.

JK 24. 设 $f(x,y)$ 在点 $P_0(x_0,y_0)$ 处可微, $\boldsymbol{u}=\dfrac{\boldsymbol{i}-2\boldsymbol{j}}{\sqrt{5}}$, $\boldsymbol{v}=\dfrac{-\boldsymbol{i}-\boldsymbol{j}}{\sqrt{2}}$, 若 $\left.\dfrac{\partial f}{\partial \boldsymbol{u}}\right|_{P_0}=0$, $\left.\dfrac{\partial f}{\partial \boldsymbol{v}}\right|_{P_0}=1$, 则 $\left.\mathrm{d}[f(x,y)]\right|_{P_0}=$________.

JK 25. 若二元函数 $u(x,y)=x^2-xy+y^2$ 在点 $(-1,1)$ 处沿 $\boldsymbol{l}=(\cos\theta,\sin\theta)$ 的变化率为零, $\pi<\theta<2\pi$, 则 $\theta=$________.

QK 26. 已知向量 $\boldsymbol{a}=(2,-1,-2)$, $\boldsymbol{b}=(1,1,z)$, 则使 $\boldsymbol{a}$ 和 $\boldsymbol{b}$ 的夹角 $(\widehat{\boldsymbol{a},\boldsymbol{b}})$ 达到最小的 z 为________.

JK 27. 已知 $\triangle ABC$ 的顶点坐标为 $A(1,2,1)$, $B(1,0,1)$, $C(0,1,z)$, 则当 $z=$________时, $\triangle ABC$ 的面积最小.

QK 28. 已知直线 $l_1:\begin{cases}x+y=0,\\2y+z+1=0\end{cases}$ 和 $l_2:\begin{cases}x=1-t,\\y=-1+2t,\\z=1+t,\end{cases}$ 则过直线 l_1 和 l_2 的平面是________.

QK 29. 点 $(1,2,3)$ 到直线 $\dfrac{x}{1}=\dfrac{y-4}{-3}=\dfrac{z-3}{-2}$ 的距离为________.

QK 30. 已知 $|\boldsymbol{a}|=2$, $|\boldsymbol{b}|=2$, $(\widehat{\boldsymbol{a},\boldsymbol{b}})=\dfrac{\pi}{3}$, 则 $\boldsymbol{u}=2\boldsymbol{a}-3\boldsymbol{b}$ 的模 $|\boldsymbol{u}|=$________.

QK 31. 设 $\boldsymbol{a},\boldsymbol{b},\boldsymbol{c}$ 的模 $|\boldsymbol{a}|=|\boldsymbol{b}|=|\boldsymbol{c}|=2$, 且满足 $\boldsymbol{a}+\boldsymbol{b}+\boldsymbol{c}=\boldsymbol{0}$, 则 $\boldsymbol{a}\cdot\boldsymbol{b}+\boldsymbol{b}\cdot\boldsymbol{c}+\boldsymbol{c}\cdot\boldsymbol{a}=$________.

QK 32. 过直线 $\begin{cases}x=1+t,\\y=1+2t,\\z=1+3t\end{cases}$ 且和点 $(2,2,2)$ 的距离为 $\dfrac{1}{\sqrt{3}}$ 的平面方程是________.

QK 33. 设常数 $a>0$, 曲线 $\begin{cases}xyz=a^3,\\x^2+y^2=2az\end{cases}$ 上点 (a,a,a) 处的切线方程是________.

JK 34. 曲线 $\begin{cases}x^2+y^2+z^2=6,\\x^2+y^2-z^2=4\end{cases}$ 在点 $(1,2,1)$ 处的切线与 y 轴的夹角的余弦是________.

QK 35. 已知向量场 $\boldsymbol{A}=(y^2+z)\boldsymbol{i}+(z^2+x)\boldsymbol{j}+(x^2+y)\boldsymbol{k}$, 在点 $M(2,3,-1)$ 处的最大环量面密度的值为________.

QK 36. 向量 $\boldsymbol{a}=(4,-3,4)$ 在向量 $\boldsymbol{b}=(2,2,1)$ 上的投影为________.

JK　37. 设 $\boldsymbol{x}=2\boldsymbol{a}+\boldsymbol{b}$, $\boldsymbol{y}=k\boldsymbol{a}+\boldsymbol{b}$,其中 $|\boldsymbol{a}|=1$, $|\boldsymbol{b}|=2$,且 $\boldsymbol{a}\perp\boldsymbol{b}$. 若以 $\boldsymbol{x}$ 和 $\boldsymbol{y}$ 为邻边的平行四边形面积为 6,则 k 的值为________.

QK　38. 若直线 L_1: $\dfrac{x-1}{1}=\dfrac{y+1}{2}=\dfrac{z-1}{\lambda}$ 与直线 L_2: $x+1=y-1=z$ 相交,则 $\lambda=$ ________.

QK　39. 函数 $u=3x^2y-2yz+z^3$, $v=4xy-z^3$, 点 $P(1,-1,1)$. u 在点 P 处沿 $\mathbf{grad}\, v|_P$ 方向的方向导数等于________.

JK　40. 设 a,b,c 都是不为零的常数,三元函数 $u=\sqrt{a^2x^2+b^2y^2+c^2z^2}$,则当点 $(x,y,z)\neq(0,0,0)$ 时, $\mathbf{rot}(\mathbf{grad}\, u)=$ ________.

QK　41. 点 $(-1,2,0)$ 在平面 $x+2y-z+1=0$ 上的投影为________.

JK　42. 设 Ω 是以 $A(1,1,1)$, $B(2,2,2)$, $C(3,0,3)$, $D(0,1,1)$ 为顶点的四面体,则 Ω 的体积为________.

JK　43. 已知点 $P(1,2,3)$ 与 $Q(3,2,1)$,点 M 在平面 $x+y+2z-3=0$ 上,若点 M 与 P, Q 的距离之和最小,则点 M 的坐标为 ________.

QK　44. 设 L 表示过直线 $\begin{cases}x+2y-3z=2,\\ 2x-y+z=1\end{cases}$ 的平面与 xOy 面垂直相交的交线,则点 $P(1,2,-4)$ 到直线 L 的距离为________.

QK　45. 设一直线经过点 $P(1,0,1)$ 且与已知直线 $\dfrac{x+1}{2}=\dfrac{y}{-1}=\dfrac{z-1}{1}$ 垂直相交,则交点的坐标为________.

JK　46. 通过点 $A(1,0,0)$, $B(0,1,0)$,且与圆锥面 $x^2+y^2=z^2$ 的交线为抛物线的平面方程为 ________.

JK　47. 已知函数 $f(x,y)$ 在点 $(0,0)$ 处可微, $f(0,0)=0$, $f'_x(0,0)=1$, $f'_y(0,0)=-1$,且 $\boldsymbol{n}=(-1,1,1)$,则 $\lim\limits_{\substack{x\to 0\\ y\to 0}}\dfrac{(x,y,f(x,y))\cdot\boldsymbol{n}}{\mathrm{e}^{\sqrt{x^2+y^2}}-1}=$ ________.

JK　48. 设函数 $f(x,y)=\begin{cases}\dfrac{x^2|y|}{x^2+y^2}, & (x,y)\neq(0,0),\\ 0, & (x,y)=(0,0),\end{cases}$ 则 $f(x,y)$ 在点 $(0,0)$ 处沿 $\boldsymbol{l}=(1,1)$ 的方向导数是________.

QJK　49. 已知函数 $z=f(x,y)$ 可微,其在点 $P_0(1,2)$ 处沿从 P_0 到 $P_1(2,3)$ 的方向的方

向导数为 $2\sqrt{2}$，沿从 P_0 到 $P_2(1,0)$ 的方向的方向导数为 -3，则 z 在点 P_0 处的最大方向导数为________.

QJK 50. 设二元函数 $f(u,v)$ 可微，$f(3,2)=1$，$f'_1(3,2)=2$，$f'_2(3,2)=3$，则曲面 $z=yf(2x-y,xy)$ 在点 $(2,1,1)$ 处的法线方程为________.

QJK 51. 设 Σ 为由曲线 $\begin{cases}3x^2+2y^2=33,\\ z=0\end{cases}$ 绕 y 轴旋转一周所形成的旋转曲面，Π 为曲面 Σ 在点 $M(1,3,2)$ 处的切平面，则坐标原点到平面 Π 的距离为________.

QK 52. 设函数 $f(x,y)$ 可微，$f(x,y)$ 在点 $P_0(1,1)$ 处指向点 $P_1(-7,16)$ 的方向导数等于 $\frac{13}{17}$，指向点 $P_2(6,-11)$ 的方向导数等于 $-\frac{16}{13}$，则 $f(x,y)$ 在点 $P_0(1,1)$ 处的最大方向导数为________.

QJK 53. 曲线 Γ：$\begin{cases}2x^2+3y^2+z^2=9,\\ z^2=3x^2+y^2\end{cases}$ 在点 $M(1,-1,2)$ 处的法平面与三坐标面所围成的四面体的体积为________.

QK 54. 设 $u=\ln f(x^2+y^2+z^2)$，其中函数 f 具有二阶连续导数，$f(3)=3$，$f'(3)=5$，$f''(3)=2$，则 $\operatorname{div}(\mathbf{grad}\ u)\Big|_{(1,1,1)}=$________.

QK 55. 经过点 $M_0(1,-1,1)$ 并且与两直线 L_1：$\frac{x}{1}=\frac{y+2}{-2}=\frac{z-3}{1}$ 和 L_2：$\frac{x-2}{-1}=\frac{y}{1}=\frac{z+1}{2}$ 都相交的直线 L 的方程为________.

QK 56. 直线 L：$\begin{cases}x-2y+z=1,\\ 2x+y+7z=12\end{cases}$ 在 yOz 平面上的投影直线 l 绕 z 轴旋转一周生成的旋转曲面的方程为________.

QK 57. 直线 $\frac{x-3}{1}=\frac{y+2}{-1}=\frac{z+1}{2}$ 与平面 $2x+y+z-5=0$ 的夹角为________.

QK 58. 过原点且过直线 l：$\frac{x+2}{1}=\frac{y+2}{2}=\frac{z}{1}$ 的平面方程为________.

QK 59. 过三点 $A(1,1,-1)$，$B(-2,-2,2)$ 和 $C(1,-1,2)$ 的平面方程是________.

QJK 60. 设曲线 Γ 位于曲面 $z=x^2+y^2$ 上，Γ 在 xOy 坐标面上的投影方程为 $\begin{cases}x^2+y^2+2x+2y=2,\\ z=0,\end{cases}$ 则曲线 Γ 在点 $(1,-1,2)$ 处的切线方程为________.

JK 61. 已知可微函数 $f(x,y)$ 满足 $f(tx,ty)=tf(x,y)$，$t>0$，且 $f_1'(1,-2)=4$，则曲面 $z=f(x,y)$ 在点 $P_0(1,-2,2)$ 处的切平面方程为________.

JK 62. 设 $f(z)$，$g(y)$ 都是可微函数，则曲线 $\begin{cases} z=g(y), \\ x=f(z) \end{cases}$ 在点 (x_0,y_0,z_0) 处的法平面方程为________.

QK 63. 设一个矢量场 $\boldsymbol{A}(x,y,z)$，它在某点的矢量大小与该点到原点的距离平方成正比(比例常数为 k)，方向指向原点，则 $\operatorname{div}\boldsymbol{A}=$________.

三、解答题

QK 1. 求过点 $(1,2,3)$ 且与曲面 $z=x+(y-z)^3$ 的所有切平面皆垂直的平面方程.

QK 2. 设 a,b 为实数，函数 $z=2+ax^2+by^2$ 在点 $(1,2)$ 处的方向导数中，沿方向 $\boldsymbol{l}=\boldsymbol{i}+2\boldsymbol{j}$ 的方向导数最大，最大值为 10. 求 a,b.

QK 3. 求直线 $l:\dfrac{x-1}{1}=\dfrac{y}{1}=\dfrac{z-1}{-1}$ 在平面 $\Pi:3x-y+3z=5$ 上的投影直线 l_0 的方程.

QK 4. 设 $\boldsymbol{a}=3\boldsymbol{i}+4\boldsymbol{k}$，$\boldsymbol{b}=-\boldsymbol{i}+2\boldsymbol{j}-2\boldsymbol{k}$，求与向量 $\boldsymbol{a}$ 和 $\boldsymbol{b}$ 均垂直的单位向量.

QK 5. 求到平面 $2x-3y+6z-4=0$ 和平面 $12x-15y+16z-1=0$ 距离相等的点的轨迹方程.

QJK 6. 设有空间直线 $l:\dfrac{x-1}{1}=\dfrac{y}{1}=\dfrac{z-1}{-1}$ 和平面 $\pi:x-y+2z-1=0$，求

(1) 直线 l 在平面 π 上的投影直线 l_0 的方程；

(2) 投影直线 l_0 绕 y 轴旋转一周所成的旋转曲面的方程 $F(x,y,z)=0$.

QK 7. 设二元函数 $u(x,y)=x^2+2xy+y^2+x+9y$，平面曲线 $l:x^2+2xy+5y^2=4$. 在 l 上求点 $P(x_0,y_0)$，使 $u(x,y)$ 在点 P 沿方向 $\boldsymbol{l}=(5,13)$ 的方向导数 $\dfrac{\partial u}{\partial \boldsymbol{l}}$ 为最大，并求这个最大值.

JK 8. 求直线 $L:\begin{cases} 2y+3z-5=0, \\ x-2y-z+7=0 \end{cases}$ 在平面 $\pi:x-y+3z+8=0$ 的投影方程.

JK 9. 曲面 $S:\dfrac{x^2}{a^2}+\dfrac{y^2}{b^2}-\dfrac{z^2}{c^2}+1=0$，平面 $P:Ax+By+Cz+D=0$.

其中 $abc\neq 0$，A,B,C 不同时为零. 讨论并回答下述问题：

S 是否存在与 P 平行的切平面，并请推导出存在这种切平面的充要条件. 当存在时，请区分出是存在唯一一个，还是正好两个，还是可以多于两个.

JK 10. 设函数 $f(x,y)=\begin{cases}\dfrac{x^5}{(y-x^2)^2+x^6}, & x^2+y^2\neq 0,\\ 0, & x^2+y^2=0.\end{cases}$ 求使方向导数 $\left.\dfrac{\mathrm{d}f}{\mathrm{d}\boldsymbol{\tau}}\right|_{(0,0)}$ (方向 $\boldsymbol{\tau}=(\cos\alpha,\sin\alpha),\alpha\in[0,2\pi)$) 最大和最小时 α 的值.

JK 11. 求以 $M_0(1,1,1)$ 为顶点,以曲线 C(C 是平面 $z=0$ 上 $y^2=x$ 被 $x=1$ 截下的有限部分)为准线的锥面方程.

JK 12. 求抛物面 $\Sigma: z=x^2+y^2$ 上的点到空间图形 $\Omega: x^2+y^2\leqslant z\leqslant 1$ 的形心的最短距离.

QJK 13. 在曲面 $\Sigma: x^2+2y^2+z^2=1$ 上求一点,使函数 $f(x,y,z)=2x^2+y^2+z$ 在该点沿方向 $\boldsymbol{n}$ 的方向导数最大,其中 $\boldsymbol{n}$ 是曲面 Σ 在点 $P\left(\dfrac{1}{2},-\dfrac{1}{2},\dfrac{1}{2}\right)$ 的外侧法向量.

JK 14. 设 $f(x,y)=\begin{cases}\dfrac{xy^3}{x^2+y^2}, & (x,y)\neq(0,0),\\ 0, & (x,y)=(0,0).\end{cases}$

(1) 函数 $f(x,y)$ 在原点处是否连续?说明理由.

(2) 函数 $f(x,y)$ 在原点处沿任意给定的方向 $\boldsymbol{u}=(a,b)(a^2+b^2=1)$ 的方向导数是否存在?若存在,求出方向导数;若不存在,说明理由.

(3) 函数 $f(x,y)$ 在原点处是否可微?若可微,求出函数的微分;若不可微,说明理由.

JK 15. 设直线 L 在 yOz 平面上的投影直线为 $\begin{cases}2y-3z=1,\\ x=0,\end{cases}$ 在 xOz 平面上的投影直线为 $\begin{cases}x+z=2,\\ y=0,\end{cases}$ 求直线 L 在 xOy 平面上的投影直线方程.

QK 16. 设 $u=\ln\sqrt{x^2+y^2+z^2}$,计算

(1) $\mathbf{grad}\ u$;(2) $\mathrm{div}(\mathbf{grad}\ u)$;(3) $\mathbf{rot}(\mathbf{grad}\ u)$.

JK 17. 求平面 P 的方程,已知 P 与曲面 $z=x^2+y^2$ 相切,并且经过直线 L:

$$\begin{cases}6y+z+1=0,\\ x-5y-z-3=0.\end{cases}$$

JK 18. 求直线 $L: \dfrac{x-3}{2}=\dfrac{y-1}{3}=z+1$ 绕直线 $L_1: \begin{cases}x=2,\\ y=3\end{cases}$ 旋转一周所产生的曲面方程.

QK 19. 已知 $|\boldsymbol{a}|=2$, $|\boldsymbol{b}|=\sqrt{2}$,且 $|\boldsymbol{a}\times\boldsymbol{b}|=2$,求 $(\boldsymbol{a}\cdot\boldsymbol{b})^2$.

QK　20. 设 $|\boldsymbol{a}|=4$, $|\boldsymbol{b}|=3$, $(\widehat{\boldsymbol{a},\boldsymbol{b}})=\frac{\pi}{6}$. 求以 $\boldsymbol{a}+2\boldsymbol{b}$ 和 $\boldsymbol{a}-3\boldsymbol{b}$ 为邻边的平行四边形的面积.

QK　21. 设一平面过原点及点 $(4,-1,2)$，且与平面 $6x-3y+2z=0$ 垂直，求此平面方程.

QK　22. 求过两点 $A(0,1,0)$，$B(-1,2,1)$ 且与直线 $\begin{cases}x=-2+t,\\ y=1-4t,\\ z=2+3t\end{cases}$ 平行的平面方程.

QK　23. 求点 $M_0(3,-1,2)$ 到直线 $l:\begin{cases}x+y-z+1=0,\\ 2x-y+z-4=0\end{cases}$ 的距离.

JK　24. 设函数 $z=f(x,y)$ 在点 $(1,-1)$ 处可微，且满足

$$f[xy+e^x,\sin(xy)-e^y]=3e^x+4e^y+o\left(\sqrt{x^2+y^2}\right),$$

求函数 $z=f(x,y)$ 在点 $(1,-1)$ 处的梯度及该点处的最大方向导数.

QJK　25. 求经过直线 $L:\frac{x-6}{2}=\frac{y-3}{1}=\frac{2z-1}{-2}$ 且与椭球面 $S:x^2+2y^2+3z^2=21$ 相切的切平面方程.

JK　26. 设有直线 $L:\begin{cases}2x+y=0,\\ 4x+2y+3z=6\end{cases}$ 和曲线 $C:\begin{cases}x^2+y^2+z^2=6,\\ x+y+z=0.\end{cases}$

(1) 求曲线 C 在点 $(1,-2,1)$ 处的切线和法平面方程；

(2) 求通过直线 L 且与平面 $x-z=0$ 垂直的平面方程.

JK　27. 设可微函数 $z=z(x,y)$ 在平面上任一点 (x,y) 处沿 x 轴正向 $\boldsymbol{i}$ 与 y 轴正向 $\boldsymbol{j}$ 的方向导数分别为 $[e^{-x}-f(x)]y$ 与 $f(x)$，其中 $f(x)$ 的一阶导数连续，且 $f(0)=1$.

(1) 求 $z(x,y)$ 的表达式.

(2) 判断 $z(x,y)$ 是否有极值，若有，求之；若无，说明理由.

QJK　28. 设 Σ 是直线 $\frac{x-1}{2}=\frac{y}{1}=\frac{z}{-1}$ 绕 y 轴旋转一周所形成的曲面，在曲面 Σ 上求一点，使函数 $f(x,y,z)=x^2+y^2+z^2$ 在该点处沿方向 $\boldsymbol{l}=(1,-1,0)$ 的方向导数最大.

QJK　29. 求常数 a,b,c 的值，使函数

$$f(x,y,z)=axy^2+byz+cx^3z^2$$

在点 $(1,2,-1)$ 处沿 z 轴正向的方向导数有最大值 64.

K 30. 求函数 $f(x,y)=x^2-xy+y^2$ 在点 $M(1,1)$ 沿与 x 轴的正向组成 α 角的方向 l 上的方向导数，在怎样的方向上此方向导数有：

(1) 最大的值；

(2) 最小的值；

(3) 等于 0.

JK 31. 设在平面区域 D 上数量场 $u(x,y)=50-x^2-4y^2$，试问在点 $P_0(1,-2)\in D$ 处沿什么方向时 $u(x,y)$ 升高最快，并求一条路径，使从点 $P_0(1,-2)$ 处出发沿这条路径 $u(x,y)$ 升高最快.

K 32. 设数量场 $u=x^2+2y^2+3z^2+xy+3x-2y-6z$，求：

(1) 梯度为零向量的点；

(2) 在点 $(2,0,1)$ 处，沿哪一个方向 u 的变化率最大，并求此最大变化率；

(3) 使其梯度垂直于 z 轴的点.

第 18 章 多元函数积分学(仅数学一)

一、选择题

QK 1. 设曲线弧 L 分段光滑，则下列命题错误的是(　　).

(A) 若 L 关于 y 轴对称，$f(x,y)$ 为 L 上的连续函数且为 x 的奇函数，则 $\int_L f(x,y)\mathrm{d}s=0$

(B) 若 L 关于 y 轴对称，$f(x,y)$ 为 L 上的连续函数且为 y 的奇函数，则 $\int_L f(x,y)\mathrm{d}s=0$

(C) 若 L 关于 y 轴对称，L_1 为其在 y 轴右侧的弧段，$f(x,y)$ 为 L 上的连续函数且为 x 的偶函数，则 $\int_L f(x,y)\mathrm{d}s=2\int_{L_1} f(x,y)\mathrm{d}s$

(D) 若 L 的方程关于 x,y 地位对称，$f(x,y)$ 为 L 上的连续函数，则 $\int_L f(x,y)\mathrm{d}s=\int_L f(y,x)\mathrm{d}s$

QK 2. 设 L 为曲线 $\begin{cases}x^2+y^2+z^2=9,\\x+y+z=0,\end{cases}$ 则 $\oint_L(3x^2-y^2-z^2)\mathrm{d}s=$(　　).

(A) 27π　　(B) 18π　　(C) 12π　　(D) 6π

QK 3. 设 L 为第一卦限内沿曲线 $\begin{cases}(x-1)^2+y^2=1,\\x^2+y^2+z^2=4\end{cases}$ 从 $A(0,0,2)$ 到 $B(2,0,0)$ 的一段，则 $I=\int_L y\mathrm{d}x-y(x-1)\mathrm{d}y+y^2z\mathrm{d}z=$(　　).

(A) $\frac{\pi}{2}-\frac{2}{3}$　　(B) $\frac{\pi}{4}-\frac{1}{3}$　　(C) $\frac{2}{3}-\frac{\pi}{2}$　　(D) $\frac{1}{3}-\frac{\pi}{4}$

QK 4. 设 a,b,c 是常数，则 $\iiint\limits_{x^2+y^2+z^2\leqslant a^2}[(b+2c)x^2+(c-2b)y^2+(b+c+1)z^2]\mathrm{d}v$(　　).

(A) 与 a,b 有关但与 c 无关　　(B) 与 b,c 有关但与 a 无关

(C) 与 a,c 有关但与 b 无关　　(D) 与 a,b,c 都有关

QK 5. 设 Σ 为锥面 $z=\sqrt{x^2+y^2}\,(0\leqslant z\leqslant 2)$，取下侧，则 $\iint\limits_{\Sigma}\mathrm{d}y\mathrm{d}z+2\mathrm{d}z\mathrm{d}x+3\mathrm{d}x\mathrm{d}y=$(　　).

(A)6π　　(B)-6π　　(C)12π　　(D)-12π

QK　6. 设空间曲面 $\Sigma_1: z=\dfrac{x^3+y^3}{3}$，$\Sigma_2: z=\dfrac{x^2-y^2}{2}$，$\Sigma_3: z=\dfrac{x^2y^2}{2}$ 被柱面 $x^2+y^2=1$ 所截部分的面积分别为 S_1,S_2,S_3，则(　　).

(A)$S_1>S_2>S_3$　　(B)$S_2>S_1>S_3$

(C)$S_3>S_1>S_2$　　(D)$S_3>S_2>S_1$

QJK　7. 设 Σ 为曲面 $x^2+y^2+z^2=1(x\geqslant 0,y\geqslant 0,z\geqslant 0)$，则 $\iint\limits_{\Sigma} xyz(y^2z^2+z^2x^2+x^2y^2)\mathrm{d}S=$(　　).

(A) $\dfrac{1}{16}$　　(B) $\dfrac{1}{32}$　　(C) $\dfrac{\pi}{16}$　　(D) $\dfrac{\pi}{32}$

QJK　8. 设 $f(u)$ 为可导函数，且 $f(0)=0,f'(0)=1,F(t)=\iiint\limits_{x^2+y^2+z^2\leqslant t^2} f(x^2+y^2+z^2)\mathrm{d}v(t>0)$. 若当 $t\to 0^+$ 时，$F(t)$ 是 at^n 的等价无穷小，则常数 a,n 的值分别为(　　).

(A)$\pi,4$　　(B) $\dfrac{\pi}{2},4$　　(C) $\dfrac{4}{5}\pi,5$　　(D) $\dfrac{2}{5}\pi,5$

QK　9. 设 $\overset{\frown}{AB}$ 为曲线 $y=x^2$ 上自点 $A(-1,1)$ 到点 $B(1,1)$ 的弧段.

$$I_1=\int_{\overset{\frown}{AB}}(x^3y+y^2)\mathrm{d}s,\ I_2=\int_{\overset{\frown}{AB}}xy^2\mathrm{d}s,\ I_3=\int_{\overset{\frown}{AB}}(xy-y^2)\mathrm{d}s,$$

则(　　).

(A)$I_1>I_2>I_3$　　(B)$I_2>I_3>I_1$

(C)$I_3>I_1>I_2$　　(D)$I_1>I_3>I_2$

QJK　10. 在力场 $\boldsymbol{F}=\left(-\dfrac{1}{y},\dfrac{x}{y^2}\right)$ 中将质点从点 $A(1,2)$ 沿曲线 $L:(x-1)^2+(y-1)^2=1$ 顺时针方向移动到点 $B(2,1)$ 所做的功为(　　).

(A) $\dfrac{1}{2}$　　(B) $-\dfrac{1}{2}$　　(C) $\dfrac{3}{2}$　　(D) $-\dfrac{3}{2}$

QK　11. 设平面曲线 $L: f(x,y)=1$ 过第一象限的点 A 和第三象限的点 B，$f(x,y)$ 有一阶连续偏导数，Γ 为 L 上从点 A 到点 B 的一段弧，设 $I_1=\int_{\Gamma}f(x,y)\mathrm{d}x$，$I_2=\int_{\Gamma}f(x,y)\mathrm{d}s$，$I_3=\int_{\Gamma}f'_x(x,y)\mathrm{d}x+f'_y(x,y)\mathrm{d}y$，则(　　).

(A)$I_1>I_3>I_2$　　(B)$I_2>I_3>I_1$

(C)$I_3>I_1>I_2$　　(D)$I_3>I_2>I_1$

QK　12. 设 L 为曲线 $\left(x-\frac{1}{2}\right)^2+\left(y-\frac{1}{2}\right)^2=\frac{1}{2}$，取逆时针方向，$I=\oint_L 4y\,dx+(x+y)^2dy$，$J=\oint_L 4x\,dx+(x+y)^2dy$，$K=\oint_L 4xy\,dx+(x+y)^2dy$，则 I,J,K 的大小顺序为(　　).

(A) $I<K<J$　　(B) $J<K<I$

(C) $I<J<K$　　(D) $K<I<J$

QK　13. 设 Σ 为球面 $x^2+y^2+z^2=R^2$(常数 $R>0$) 的上半部分，方向为上侧. 则下述对坐标的曲面积分(即第二型曲面积分) 不为零的是(　　).

(A) $\iint\limits_{\Sigma} x^2\,dy\,dz$　　(B) $\iint\limits_{\Sigma} x\,dy\,dz$

(C) $\iint\limits_{\Sigma} z\,dz\,dx$　　(D) $\iint\limits_{\Sigma} y\,dx\,dy$

QK　14. 两个半径为 R 的直交圆柱体所围成立体的表面积 S 等于(　　).

(A) $4\int_0^R dx\int_0^{\sqrt{R^2-x^2}}\frac{R}{\sqrt{R^2-x^2}}dy$　　(B) $8\int_0^R dx\int_0^{\sqrt{R^2-x^2}}\frac{R}{\sqrt{R^2-x^2}}dy$

(C) $16\int_0^R dx\int_{-\sqrt{R^2-x^2}}^{\sqrt{R^2-x^2}}\frac{R}{\sqrt{R^2-x^2}}dy$　　(D) $16\int_0^R dx\int_0^{\sqrt{R^2-x^2}}\frac{R}{\sqrt{R^2-x^2}}dy$

QK　15. 设 C 为从 $A(0,0)$ 到 $B(4,3)$ 的直线段，则 $\int_C (x-y)ds$ 为(　　).

(A) $\int_0^4\left(x-\frac{3}{4}x\right)dx$　　(B) $\int_0^4\left(x-\frac{3}{4}x\right)\sqrt{1+\frac{9}{16}}\,dx$

(C) $\int_0^3\left(\frac{4}{3}y-y\right)dy$　　(D) $\int_0^4\left(\frac{4}{3}y-y\right)\sqrt{1+\frac{9}{16}}\,dy$

QK　16. 设 $f(x)$ 为连续函数，$F(y)=\int_0^y f(x)dx$，则 $\int_0^1 dz\int_0^z F(y)dy=$(　　).

(A) $\int_0^1(1-x)^2f(x)dx$　　(B) $\int_0^1\frac{(1-x)^2}{2}f(x)dx$

(C) $\int_0^1\frac{(1-x)^2}{3}f(x)dx$　　(D) $\int_0^1\frac{(1-x)^2}{4}f(x)dx$

QK　17. 设 $\overset{\frown}{AB}$ 为抛物线 $y^2=x$ 上从点 $A(1,-1)$ 到点 $B(1,1)$ 的一段弧，则 $\int_{\overset{\frown}{AB}} xy\,ds=$(　　).

(A) 0　　(B) $\frac{1}{5}$　　(C) $\frac{2}{5}$　　(D) $\frac{4}{5}$

QK 18. 设 Σ 是正圆锥面 $z=\sqrt{x^2+y^2}\,(0\leqslant z\leqslant 1)$，则曲面积分 $\iint\limits_{\Sigma} z\,\mathrm{d}S=$（　　）.

(A) $\frac{2\sqrt{2}}{3}\pi$　　(B) $\frac{\sqrt{2}}{3}\pi$　　(C) $\sqrt{2}\pi$　　(D) π

QJK 19. 设 L 为球面 $x^2+y^2+z^2=1$ 与平面 $x+y+z=0$ 的交线，则 $\oint_L (x+z)y\,\mathrm{d}s=$（　　）.

(A) 2π　　(B) $-\pi$　　(C) $-\frac{\pi}{3}$　　(D) $-\frac{2\pi}{3}$

QJK 20. 设 $f(t)$ 具有连续导函数，且 $f(t)$ 在 $[0,4]$ 上的平均值为 $a\,(a\neq 0)$，又 L 为曲线 $y=\sqrt{2x-x^2}$，起点为 $O(0,0)$，终点为 $A(2,0)$，则 $\int_L f(x^2+y^2)(x\,\mathrm{d}x+y\,\mathrm{d}y)=$（　　）.

(A) 0　　(B) a　　(C) $2a$　　(D) $4a$

JK 21. 设 Σ 为球面 $x^2+y^2+z^2=R^2\,(R>0)$ 的上半个，$\Sigma_{上}$ 为球面 $x^2+y^2+z^2=R^2$ 的上半个并且其法向量 $\boldsymbol{n}$ 与 z 轴正向的夹角 γ 满足 $0\leqslant\gamma\leqslant\frac{\pi}{2}$. 则下列四组积分中，同一组的两个积分均为零的是（　　）.

(A) $\iint\limits_{\Sigma} y\,\mathrm{d}S,\ \iint\limits_{\Sigma_{上}} x\,\mathrm{d}y\mathrm{d}z$　　(B) $\iint\limits_{\Sigma} x\,\mathrm{d}S,\ \iint\limits_{\Sigma_{上}} y\,\mathrm{d}z\mathrm{d}x$

(C) $\iint\limits_{\Sigma} xy\,\mathrm{d}S,\ \iint\limits_{\Sigma_{上}} x^2\,\mathrm{d}y\mathrm{d}z$　　(D) $\iint\limits_{\Sigma} z\,\mathrm{d}S,\ \iint\limits_{\Sigma_{上}} y\,\mathrm{d}x\mathrm{d}y$

QJK 22. 设区域 Ω 由 $x=0,y=0,z=0,x+2y+z=1$ 所围成，则三重积分 $\iiint\limits_{\Omega} x\,\mathrm{d}v$ 等于（　　）.

(A) $\int_0^1 \mathrm{d}x\int_0^1 \mathrm{d}y\int_0^{1-x-2y} x\,\mathrm{d}z$　　(B) $\int_0^1 \mathrm{d}x\int_0^{\frac{1-x}{2}} \mathrm{d}y\int_0^{1-x-2y} x\,\mathrm{d}z$

(C) $\int_0^1 \mathrm{d}x\int_0^1 \mathrm{d}y\int_0^1 x\,\mathrm{d}z$　　(D) $\int_0^1 \mathrm{d}x\int_0^{\frac{1-y}{2}} \mathrm{d}z\int_0^{1-x-2y} x\,\mathrm{d}y$

QJK 23. 设 Ω 是由 $x^2+y^2=z^2$ 与 $z=a\,(a>0)$ 所围成的区域，则三重积分 $\iiint\limits_{\Omega}(x^2+y^2)\mathrm{d}v$ 在柱面坐标系下累次积分的形式为（　　）.

(A) $\int_0^{\pi}\mathrm{d}\theta\int_0^a r\,\mathrm{d}r\int_r^a r^2\,\mathrm{d}z$　　(B) $\int_0^{2\pi}\mathrm{d}\theta\int_0^a r\,\mathrm{d}r\int_0^a r^2\,\mathrm{d}z$

(C) $\int_0^{\pi}\mathrm{d}\theta\int_0^a r\,\mathrm{d}r\int_0^a r^2\,\mathrm{d}z$　　(D) $\int_0^{2\pi}\mathrm{d}\theta\int_0^a r\,\mathrm{d}r\int_r^a r^2\,\mathrm{d}z$

QK 24. 设 $\Omega_1: x^2+y^2+z^2\leqslant R^2, z\geqslant 0$；$\Omega_2: x^2+y^2+z^2\leqslant R^2$，且 $x\geqslant 0, y\geqslant 0, z\geqslant 0$，

则有(　　).

(A) $\iiint\limits_{\Omega_1} x\,dv = 4\iiint\limits_{\Omega_2} x\,dv$　　(B) $\iiint\limits_{\Omega_1} y\,dv = 4\iiint\limits_{\Omega_2} y\,dv$

(C) $\iiint\limits_{\Omega_1} z\,dv = 4\iiint\limits_{\Omega_2} z\,dv$　　(D) $\iiint\limits_{\Omega_1} xyz\,dv = 4\iiint\limits_{\Omega_2} xyz\,dv$

QJK 25. 设 $\Omega: z \geqslant \sqrt{3(x^2+y^2)}, x^2+y^2+z^2 \leqslant 1$. 则三重积分 $\iiint\limits_{\Omega} z^2\,dv$ 等于(　　).

(A) $\int_0^{2\pi} d\theta \int_0^{\frac{\pi}{3}} \sin\varphi\cos^2\varphi\,d\varphi \int_0^1 r^4\,dr$　　(B) $\int_0^{2\pi} d\theta \int_0^{\frac{\pi}{6}} \sin\varphi\cos^2\varphi\,d\varphi \int_0^1 r^4\,dr$

(C) $\int_0^{2\pi} d\theta \int_0^{\frac{\pi}{3}} \sin\varphi\cos\varphi\,d\varphi \int_0^1 r^2\,dr$　　(D) $\int_0^{2\pi} d\theta \int_0^{\frac{\pi}{6}} \sin\varphi\cos\varphi\,d\varphi \int_0^1 r^2\,dr$

QK 26. 设 Ω 为 $x^2+y^2+z^2 \leqslant 1$,则三重积分 $I = \iiint\limits_{\Omega} \frac{z\ln(x^2+y^2+z^2+1)}{x^2+y^2+z^2}\,dv$ 等于(　　).

(A) 0　　(B) π　　(C) $\frac{4\pi}{3}$　　(D) 2π

QK 27. 设 $L: \frac{x^2}{a^2}+\frac{y^2}{b^2}=1$,则曲线积分 $\oint_L \frac{-y\,dx+x\,dy}{x^2+y^2}$(　　).

(A) 与 L 的取向无关,与 a,b 的值有关

(B) 与 L 的取向无关,与 a,b 的值无关

(C) 与 L 的取向有关,与 a,b 的值有关

(D) 与 L 的取向有关,与 a,b 的值无关

JK 28. 设曲线 L 是区域 D 的正向边界,那么 D 的面积为(　　).

(A) $\frac{1}{2}\oint_L x\,dy - y\,dx$　　(B) $\oint_L x\,dy + y\,dx$

(C) $\oint_L x\,dy - y\,dx$　　(D) $\frac{1}{2}\oint_L x\,dy + y\,dx$

JK 29. 设 $P(x,y,z)$, $Q(x,y,z)$ 与 $R(x,y,z)$ 在空间区域 Ω 内连续并且有连续的一阶偏导数,则"当 $(x,y,z)\in\Omega$ 时,$\frac{\partial P}{\partial x}+\frac{\partial Q}{\partial y}+\frac{\partial R}{\partial z}\equiv 0$"是"对于 Ω 内的任意一张逐片光滑的封闭曲面 Σ, $\oiint\limits_{\Sigma} P(x,y,z)\,dy\,dz + Q(x,y,z)\,dz\,dx + R(x,y,z)\,dx\,dy = 0$"的(　　).

(A) 充分非必要条件　　(B) 必要非充分条件

(C) 充要条件　　(D) 既非充分也非必要条件

QK 30. 设 $I_1 = \iiint\limits_{\Omega}(x^3+\cos^2 y+z)\,dv$, $I_2 = \iiint\limits_{\Omega}(x^3+\sin y+z)\,dv$, $I_3 = \iiint\limits_{\Omega}(x^3-\cos^2 y+$

$z^3)\mathrm{d}v$，其中 $\Omega=\{(x,y,z)\mid x^2+y^2+z^2\leqslant 1\}$，则下列结论正确的是（　　）.

(A) $I_1<I_2<I_3$　　(B) $I_3<I_1<I_2$

(C) $I_2<I_3<I_1$　　(D) $I_3<I_2<I_1$

QK　31. 设 $\Omega_1=\{(x,y,z)\mid 0\leqslant x\leqslant 1,0\leqslant y\leqslant 1,0\leqslant z\leqslant 1\}$，$\Omega_2=\{(x,y,z)\mid 0\leqslant x\leqslant 1,0\leqslant y\leqslant 1,-1\leqslant z\leqslant 0\}$，且 $I_1=\iiint\limits_{\Omega_1}xyz^2\mathrm{e}^{xyz}\mathrm{d}v$，$I_2=\iiint\limits_{\Omega_2}xyz^2\mathrm{e}^{xyz}\mathrm{d}v$，则（　　）.

(A) $I_1=I_2$　　(B) $I_1<I_2$

(C) $I_1>I_2$　　(D) 以上结论都不对

QK　32. 设 $f(x)$ 为 x 的连续奇函数，$g(x)$ 为 x 的连续偶函数，点 $A(1,1)$，$B(-1,-1)$，$\overset{\frown}{AB}$ 为曲线 $y=x^3$ 上的弧段，则（　　）.

(A) $\int_{\overset{\frown}{BO}}f(x)\mathrm{d}s=\int_{\overset{\frown}{OA}}f(x)\mathrm{d}s$

(B) $\int_{\overset{\frown}{BO}}g(y)\mathrm{d}s=-\int_{\overset{\frown}{OA}}g(y)\mathrm{d}s$

(C) $\int_{\overset{\frown}{BO}}f(y)g(x)\mathrm{d}s=\int_{\overset{\frown}{OA}}f(y)g(x)\mathrm{d}s$

(D) $\int_{\overset{\frown}{BO}}f(y)g(x)\mathrm{d}s=-\int_{\overset{\frown}{OA}}f(y)g(x)\mathrm{d}s$

QJK　33. 设曲面 $\Sigma:|x|+|y|+|z|=1$，Σ_1 是 Σ 在第一卦限中的部分，则有（　　）.

(A) $\oiint\limits_{\Sigma}(x\sin y+|z|)\mathrm{d}S=8\iint\limits_{\Sigma_1}(xy+z)\mathrm{d}S$

(B) $\oiint\limits_{\Sigma}(y\sin z+|x|)\mathrm{d}S=8\iint\limits_{\Sigma_1}(yz+x)\mathrm{d}S$

(C) $\oiint\limits_{\Sigma}(z\sin x+|y|)\mathrm{d}S=8\iint\limits_{\Sigma_1}(zx+y)\mathrm{d}S$

(D) $\oiint\limits_{\Sigma}[\sin(xyz)+|xyz|]\mathrm{d}S=8\iint\limits_{\Sigma_1}xyz\,\mathrm{d}S$

QK　34. 已知曲面 $x^2+y^2+z^2=1$ 被曲面 $z-4=-6(x^2+y^2)$ 截成三段，自上而下记三段曲面的面积分别为 S_1,S_2,S_3，则（　　）.

(A) $S_3>S_2>S_1$　　(B) $S_3>S_1>S_2$

(C) $S_2>S_3>S_1$　　(D) $S_2>S_1>S_3$

QJK　35. 已知平面区域 D 由曲线 $L_1:y=\sqrt{1-x^2}\,(0\leqslant x\leqslant 1)$ 与 $L_2:\begin{cases}x=\cos^3 t,\\ y=\sin^3 t\end{cases}\left(0\leqslant t\leqslant\dfrac{\pi}{2}\right)$ 围成. ∂D 为 D 的边界，取顺时针方向，则 $I=\oint_{\partial D}\mathrm{e}^{xy}y^2\mathrm{d}x+[\mathrm{e}^{xy}(1+$

$xy)+x]dy=$(　　).

(A) $-\frac{5\pi}{32}$　　(B) $\frac{5\pi}{32}$　　(C) $-\frac{5\pi}{16}$　　(D) $\frac{5\pi}{16}$

K　36. 使得 $\oint_L (2y^3-3y)dx - x^3dy$ 的值最大的平面正向边界曲线 L 为(　　).

(A) $3x^2+y^2=1$　　(B) $2x^2+y^2=1$

(C) $x^2+3y^2=1$　　(D) $x^2+2y^2=1$

QJK　37. 设 $f(x)$ 是可导函数,且 $f(0)=0$,$f'(0)$ 已知,Σ 是球面 $x^2+y^2+z^2=t^2(t>0)$,Γ 是曲线 $\begin{cases}x^2+y^2+z^2=t^2,\\ x+y+z=0,\end{cases}$ 则 $\lim\limits_{t\to0^+}\dfrac{\oiint\limits_{\Sigma} f(x^2+y^2+z^2)dS}{\oint_{\Gamma}(x^2+y^2+z^2)^{\frac{3}{2}}ds}=$(　　).

(A) $f'(0)$　　(B) $2f'(0)$　　(C) $3f'(0)$　　(D) $4f'(0)$

K　38. 下列命题中不正确的是(　　).

(A) 设 $f(u)$ 有连续导数,则 $\int_L f(x^2+y^2)(xdx+ydy)$ 在全平面内与路径无关

(B) 设 $f(u)$ 连续,则 $\int_L f(x^2+y^2)(xdx+ydy)$ 在全平面内与路径无关

(C) 设 $P(x,y)$,$Q(x,y)$ 在区域 D 内有连续的一阶偏导数,又 $\frac{\partial Q}{\partial x}=\frac{\partial P}{\partial y}$,则 $\int_L Pdx+Qdy$ 在区域 D 内与路径无关

(D) $\int_L \frac{-y}{x^2+y^2}dx+\frac{x}{x^2+y^2}dy$ 在区域 $D=\{(x,y)\mid(x,y)\neq(0,0)\}$ 上与路径有关

QJK　39. 曲线积分 $I=\int_{\widehat{AB}}(2x\cos y+y\sin x)dx-(x^2\sin y+\cos x)dy$,其中曲线 $\widehat{AB}$ 为位于第一象限中的圆弧 $x^2+y^2=1$,$A(1,0)$,$B(0,1)$,则 I 为(　　).

(A) 0　　(B) -1　　(C) -2　　(D) 2

QJK　40. 设 Σ 为半球面 $x^2+y^2+z^2=R^2(z\leqslant0,R>0)$ 的上侧,则曲面积分 $\iint\limits_{\Sigma}(x+1)dydz+(y+2)dzdx+(z+3)dxdy=$(　　).

(A) $2\pi R^3+3\pi R^2$　　(B) $2\pi R^3-3\pi R^2$

(C) $-2\pi R^3+3\pi R^2$　　(D) $-2\pi R^3-3\pi R^2$

JK　41. 设 L 是星形线:$x^{\frac{2}{3}}+y^{\frac{2}{3}}=a^{\frac{2}{3}}(a>0)$,则 $\oint_L(x^{\frac{4}{3}}+y^{\frac{4}{3}})ds=$(　　).

(A)$2a^{\frac{7}{3}}$　　(B)$4a^{\frac{7}{3}}$　　(C)$2a^3$　　(D)$4a^3$

二、填空题

QK　1. 设 C 为曲线 $x=e^t\cos t, y=e^t\sin t, z=e^t$ 上对应于 t 从 0 到 2 的这段弧，则曲线积分 $\int_C \frac{1}{x^2+y^2+z^2}ds=$________.

QK　2. 空间曲线 $x=3t, y=3t^2, z=2t^3$ 从 $O(0,0,0)$ 到 $A(3,3,2)$ 的弧长为________.

QK　3. 设 $\Omega=\{(x,y,z)\mid\sqrt{x^2+y^2}\leqslant z\leqslant 1\}$，则 Ω 的形心的竖坐标 $\bar{z}=$________.

QK　4. 锥面 $z=\sqrt{x^2+y^2}$ 被抛物柱面 $z^2=2x$ 截下的曲面的面积为________.

QK　5. 设 Σ 为空间区域 $\{(x,y,z)\mid x^2+2y^2\leqslant 1, 0\leqslant z\leqslant 1\}$ 表面的外侧，则曲面积分 $\oiint_\Sigma x^2dydz+y^2dzdx+z^2dxdy=$________.

QK　6. 设 $\Omega=\{(x,y,z)\mid x^2+y^2+z^2\leqslant 1, x\geqslant 0, y\geqslant 0, z\geqslant 0\}$，则 $\iiint_\Omega(x^2+2y^2+3z^2)dxdydz=$________.

QK　7. 设曲线 L 的方程为 $2x=y^2(0\leqslant y\leqslant 1)$，则 $\int_L yds=$________.

QJK　8. 设 Γ 是空间圆周 $\begin{cases}x^2+y^2+z^2=a^2,\\ x+y+z=\frac{3}{2}a\end{cases}$ $(a>0)$，则 $\oint_\Gamma(2yz+2zx+2xy)ds=$________.

QJK　9. 设 Γ 是球面 $x^2+y^2+z^2=1$ 与平面 $x=y$ 的交线，则 $\oint_\Gamma(x^2+y^2)ds=$________.

QJK　10. 设曲面 $z=\sqrt{1-x^2-y^2}$ 与平面 $z=-x$ 的交线为 L，起点为 $A(0,1,0)$，终点为 $B(0,-1,0)$，则 $\int_L(x+y-z)dx+|y|dz=$________.

QJK　11. 设 L 为曲线 $y=2\sqrt{1-x^2}$ 上从点(0,2)到点(1,0)的一段弧，则曲线积分 $\int_L(2y+1)dx+(3x+2)dy=$________.

QJK　12. 设函数 $f(x,y)$ 在区域 $D=\{(x,y)\mid x^2+4y^2\leqslant 4\}$ 上二阶偏导数连续，∂D 是 D 取正向的边界曲线，则 $\oint_{\partial D}[f'_x(x,y)-y]dx+f'_y(x,y)dy=$________.

QK　13. 设 L 为从点 $A(-1,0)$ 到点 $B(3,0)$ 的上半个圆周 $(x-1)^2+y^2=2^2, y\geqslant 0$，则 $\int_L\frac{(x-y)dx+(x+y)dy}{x^2+y^2}=$________.

QJK 14. 曲面 $\Sigma: z=\sqrt{4-x^2-y^2}\,(z \leqslant 1)$ 的形心坐标为________.

QK 15. 由曲面 $z=8-x^2-y^2$ 与平面 $z=2x$ 围成的空间有界闭区域 Ω 的体积为________.

QK 16. 设 Ω 为 $x^2+y^2-z^2=0$ 与 $z=1$ 所围成的闭区域,则 $\iiint\limits_{\Omega}(x+y+z)\,\mathrm{d}x\,\mathrm{d}y\,\mathrm{d}z=$________.

QK 17. 设曲线 $\Gamma: x=a\cos t, y=a\sin t, z=bt\,(0 \leqslant t \leqslant 2\pi)$,则 $\int_{\Gamma}(x^2+y^2)\,\mathrm{d}s=$________.

QK 18. 设 $\Gamma: \begin{cases}(x-1)^2+(y-1)^2+(z-1)^2=3, \\ x+y+z=3,\end{cases}$ 则 $\oint_{\Gamma}(x^2+y^2+z^2)\,\mathrm{d}s=$________.

QK 19. 设 Σ 为圆柱面 $x^2+y^2=a^2\,(a>0)$ 介于 $z=0$ 和 $z=h\,(h>0)$ 之间的部分,则 $\iint\limits_{\Sigma} x^2\,\mathrm{d}S=$________.

QJK 20. 空间曲面 $z=xy$ 被圆柱体 $x^2+y^2 \leqslant 1$ 所截部分的面积 $A=$________.

QK 21. 设 Σ 为球面 $x^2+y^2+z^2=1$ 被锥面 $z=\sqrt{x^2+2y^2}$ 截得的小的那部分,则第一型曲面积分 $\iint\limits_{\Sigma} z\,\mathrm{d}S=$________.

QK 22. 设 Σ 为曲面 $x^2+y^2+2z^2=1\,(z \geqslant 0)$ 的上侧,则 $\iint\limits_{\Sigma}\sqrt{1-x^2-2z^2}\,\mathrm{d}x\,\mathrm{d}y=$________.

QK 23. 一质点在变力 $\boldsymbol{F}=(1-x^2)y^3\boldsymbol{i}-x^3(1+y^2)\boldsymbol{j}$ 的作用下从圆周 $L: x^2+y^2=1$ 上的任一点出发沿逆时针方向运动一周,则变力 $\boldsymbol{F}$ 对质点所做的功等于________.

QK 24. 设封闭曲面 $S: x^2+y^2+z^2=R^2\,(R>0)$,法向量向外,则

$$\oiint\limits_{S}\frac{x^3\,\mathrm{d}y\,\mathrm{d}z+y^3\,\mathrm{d}z\,\mathrm{d}x+z^3\,\mathrm{d}x\,\mathrm{d}y}{x^2+y^2+z^2}=\_\_\_\_\_\_\_\_.$$

QK 25. 已知曲线积分 $\int_{L}[\mathrm{e}^x\cos y+yf(x)]\,\mathrm{d}x+(x^3-\mathrm{e}^x\sin y)\,\mathrm{d}y$ 与路径无关,则 $f(x)=$________.

QK 26. 设曲线 L 的方程为 $y=x^2\,(0 \leqslant x \leqslant \sqrt{2})$,则曲线积分 $\int_{L} x\,\mathrm{d}s=$________.

QJK 27. 设曲面 $\Sigma: x^2+y^2+z^2=4\,(x+y+z \geqslant \sqrt{3})$,取上侧,则 $I=\iint\limits_{\Sigma} x\,\mathrm{d}y\,\mathrm{d}z+y\,\mathrm{d}z\,\mathrm{d}x+z\,\mathrm{d}x\,\mathrm{d}y=$________.

QJK 28. 设 $\Omega=\{(x,y,z)\mid x^2+y^2+z^2\leqslant 1\}$，则三重积分 $\iiint\limits_{\Omega} e^{|z|}\,dv=$ ________.

QK 29. 设 L 是球面 $x^2+y^2+z^2=R^2(R>0)$ 与平面 $x+y+z=0$ 的交线，则 $\oint_L (y^2-2x-2y-2z)ds=$ ________.

QK 30. 设 S 为椭球面 $\frac{x^2}{9}+\frac{y^2}{4}+z^2=1$，已知 S 的面积为 A，则第一型曲面积分 $\iint\limits_{S}[(2x+3y)^2+(6z-1)^2]dS=$ ________.

JK 31. 设 S 为球面 $x^2+y^2+z^2=R^2$ 被锥面 $z=\sqrt{Ax^2+By^2}$ 截下的小的那部分，其中 A,B,R 均为正常数且 $A\neq B$，则第一型曲面积分 $\iint\limits_{S} z\,dS=$ ________.

QK 32. 设 Σ 为球面 $x^2+y^2+z^2=1$，则第一型曲面积分 $\iint\limits_{\Sigma} x(4x-z)dS=$ ________.

QJK 33. 设空间曲线 $L:\begin{cases}x^2+y^2+z^2=a^2,\\ x-y=0,\end{cases}$ 其中常数 $a>0$，则空间第一型曲线积分 $\oint_L x^2 ds=$ ________.

QK 34. 已知 $\Omega=\{(x,y,z)\mid x^2+y^2+(z-1)^2\leqslant 1, z\geqslant 1, y\geqslant 0\}$，则 $I=\iiint\limits_{\Omega}\frac{4dv}{\sqrt{x^2+y^2+z^2}}=$ ________.

QK 35. 设 S 为球面 $x^2+y^2+z^2=1$ 的外侧，则曲面积分 $\oiint\limits_{S} z^3\,dx\,dy=$ ________.

JK 36. 设由平面图形 $a\leqslant x\leqslant b, 0\leqslant y\leqslant f(x)$ 绕 x 轴旋转所成旋转体 Ω 的密度为1，则该旋转体 Ω 对 x 轴的转动惯量为 ________.

QK 37. 设 $f(x)$ 为连续函数，Ω 是由球面 $x^2+y^2+z^2=1$ 围成的空间闭区域，则三重积分 $\iiint\limits_{\Omega}(y^2+z^2)f(x)dx\,dy\,dz$ 的定积分形式为 ________.

QK 38. 设 Σ 是球面 $x^2+y^2+z^2=1$ 外侧在第一卦限的部分，则 $\iint\limits_{\Sigma} z^2\,dx\,dy=$ ________.

QJK 39. 设 Σ 是 $z=x^2+y^2$ 被平面 $z=1$ 所截下的有限部分，则 $\iint\limits_{\Sigma}|xyz|\,dS=$ ________.

QJK 40. 微分方程 $(2xy+e^x\sin y)dx+(x^2+e^x\cos y)dy=0$ 的通解为 ________.

QJK 41. 设曲线 $\Gamma:\begin{cases}y-z=0,\\ x^2+y^2+z^2=1,\end{cases}$ 从 z 轴正向看去，Γ 沿逆时针方向，则 $\oint_{\Gamma} xyz\,dz=$ ________.

JK　42. 设 $D=\{(x,y)\mid x^2+y^2\leqslant 4\}$，$\partial D$ 为 D 的正向边界，则

$$\oint_{\partial D}\frac{(x\mathrm{e}^{x^2+4y^2}+y)\mathrm{d}x+(4y\mathrm{e}^{x^2+4y^2}-x)\mathrm{d}y}{x^2+4y^2}=\_\_\_\_\_\_\_\_.$$

JK　43. 设 Σ 为曲面 $z=\sqrt{1-x^2-y^2}$，α,β 分别为曲面 Σ 的外法线向量与 x 轴，z 轴的夹角，则 $\iint\limits_{\Sigma}(|xy|\cos\alpha+z^2\cos\beta)\mathrm{d}S=\_\_\_\_\_\_\_\_$.

QJK　44. 设 Σ 为曲面 $z=\sqrt{1-x^2-y^2}$ 被曲面 $x^2+y^2=x$ 所截部分的上侧，则 $\iint\limits_{\Sigma}xy^2\mathrm{d}z\mathrm{d}x+z^2\mathrm{d}x\mathrm{d}y=\_\_\_\_\_\_\_\_$.

QK　45. 设 $y'=f(x,y)$ 是一条简单封闭曲线 L(取正向)，$f(x,y)\neq 0$，其所围区域记为 D，D 的面积为 1，则 $I=\oint_L xf(x,y)\mathrm{d}x-\dfrac{y}{f(x,y)}\mathrm{d}y=\_\_\_\_\_\_\_\_$.

QK　46. 设 Σ 为球面 $(x-1)^2+(y-1)^2+(z-1)^2=3$，则 $\oiint\limits_{\Sigma}(x^2+2y^2+3z^2)\mathrm{d}S=\_\_\_\_\_\_\_\_$.

JK　47. $\displaystyle\int_0^1\mathrm{d}x\int_0^{1-x}\mathrm{d}y\int_0^{\frac{y}{2}}\frac{\cos z}{(2z-1)^2}\mathrm{d}z=\_\_\_\_\_\_\_\_$.

QK　48. 设空间区域 $\Omega=\left\{(x,y,z)\,\middle|\,z\geqslant x^2+y^2,\dfrac{\sqrt{\pi}}{2}\leqslant z\leqslant\sqrt{\pi}\right\}$，则 $\iiint\limits_{\Omega}\sin z^2\mathrm{d}v=\_\_\_\_\_\_\_\_$.

QK　49. 设 $\Omega=\{(x,y,z)\mid -1\leqslant x\leqslant 1,-1\leqslant y\leqslant 1,-1\leqslant z\leqslant 1\}$，则 $\iiint\limits_{\Omega}(x^3+y^2)\mathrm{d}x\mathrm{d}y\mathrm{d}z=\_\_\_\_\_\_\_\_$.

QJK　50. 微分方程 $yx^{y-1}\mathrm{d}x+x^y\ln x\mathrm{d}y=0$ 的通解为________.

QK　51. 设 L 是曲线 $x^2+y^2-2x-2y+1=0$ 沿顺时针一周，则曲线积分

$$\oint_L y\cos x\mathrm{d}x+(xy^2+\sin x)\mathrm{d}y=\_\_\_\_\_\_\_\_.$$

QK　52. 设奇函数 $f(x)$ 有连续导数，若对于平面内的任意简单封闭曲线 C，均有曲线积分 $\oint_C[f(x)-\mathrm{e}^x]y^2\mathrm{d}x-2yf(x)\mathrm{d}y=0$，则 $f(x)=\_\_\_\_\_\_\_\_$.

QJK　53. 设 l 为平面曲线 $y=x^2$ 从点 $O(0,0)$ 到点 $A(1,1)$ 的有向弧，则平面第二型曲线积分 $\int_l y\mathrm{e}^{y^2}\mathrm{d}x+(x\mathrm{e}^{y^2}+2xy^2\mathrm{e}^{y^2})\mathrm{d}y=\_\_\_\_\_\_\_\_$.

JK　54. 若 $\varphi(r)$ 是在 $(0,+\infty)$ 上具有一阶连续导数的函数，$\mathrm{div}[\varphi(r)\boldsymbol{r}]=r^2$，其中 $\boldsymbol{r}=(x,y,z)$，$r=|\boldsymbol{r}|$，则 $\varphi(r)=\_\_\_\_\_\_\_\_$.

J K　55. 设函数 $f(x,y)$ 在区域 $D=\{(x,y)\mid x^2+y^2\leqslant 1\}$ 上二阶偏导数连续，且满足 $(f''_{xx}+f''_{yy})e^{x^2+y^2}=1$，则 $\iint\limits_D (xf'_x+yf'_y)d\sigma=$________.

J K　56. 曲面 $(x^2+y^2+z^2)^3=xyz$ 所围立体的体积为________.

三、解答题

Q K　1. 计算 $I=\iiint\limits_\Omega (x^2+y^2)dv$，其中 Ω 为平面曲线 $\begin{cases}y^2=2z,\\x=0\end{cases}$ 绕 z 轴旋转一周形成的曲面与平面 $z=8$ 所围成的区域.

Q K　2. 计算 $\int_\Gamma y dx+z dy+x dz$，其中 Γ 为螺旋线 $x=a\cos t, y=a\sin t, z=bt$ 从 $t=0$ 到 $t=2\pi$ 的一段，如图所示.

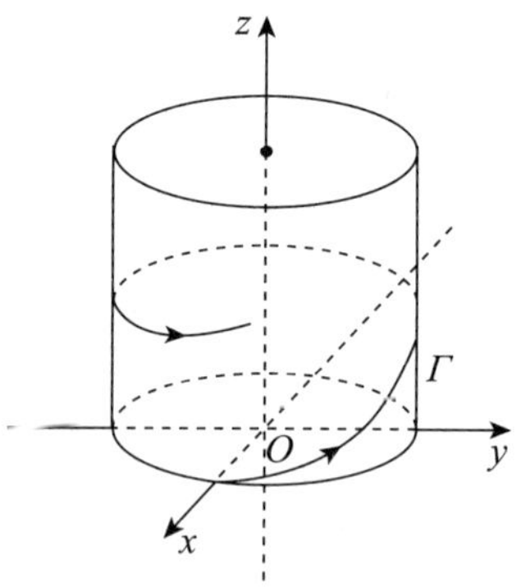

Q K　3. 计算 $I=\int_0^1 dx\int_0^x dy\int_0^y \frac{\sin z}{(1-z)^2}dz$.

Q K　4. 设 $\Omega=\{(x,y,z)\mid x^2+y^2+z^2\leqslant 1\}$，求 $\iiint\limits_\Omega z^2 dxdydz$.

Q K　5. 设 L 为椭圆 $\frac{x^2}{3}+\frac{y^2}{5}=1$，其周长为 a，求 $\oint_L (4xy+5x^2+3y^2)ds$.

Q K　6. 求 $\oint_L x^2 ds$，其中 L 为 $x^2+y^2=a^2 (a>0)$.

Q K　7. 设 Σ 是曲面 $x=\sqrt{1-3y^2-3z^2}$ 的前侧，计算曲面积分

$$I=\iint\limits_\Sigma y dydz+(x^3+2)dzdx+z^2 dxdy.$$

Q K　8. 计算曲线积分 $\oint_\Gamma (x^2+y^2+z)ds$，其中 Γ：$\begin{cases}x^2+y^2+z^2=R^2,\\x+y+z=R\end{cases}$ $(R>0)$.

Q J K　9. 设 Σ 为曲面 $z=\sqrt{x^2+y^2} (1\leqslant x^2+y^2\leqslant 4)$ 的下侧，$f(x)$ 是连续函数，计算

$$I=\iint\limits_\Sigma [xf(xy)+2x-y]dydz+[yf(xy)+2y+x]dzdx+[zf(xy)+z]dxdy.$$

QJK　10. 计算曲面积分$\iint_{\Sigma} x^2 \mathrm{d}y\mathrm{d}z + y^3 \mathrm{d}z\mathrm{d}x + z^4 \mathrm{d}x\mathrm{d}y$，其中 Σ 为半球面 $z = 1 - \sqrt{1 - x^2 - y^2}$，取上侧.

QJK　11. 设空间有界闭区域 Ω 由柱面 $x^2 - y = 0$ 和平面 $z = 1, y = z$ 围成，求 Ω 的形心竖坐标 $\bar{z}$.

QJK　12. 计算 $I = \iiint_{\Omega} (x + y + z)^2 \mathrm{d}x\mathrm{d}y\mathrm{d}z$，其中 $\Omega: \frac{x^2}{a^2} + \frac{y^2}{b^2} + \frac{z^2}{c^2} \leqslant 1 (a > 0, b > 0, c > 0)$.

QK　13. 设 Σ 为平面 $y + z = 5$ 被柱面 $x^2 + y^2 = 25$ 所截得的部分，计算曲面积分

$$I = \iint_{\Sigma} (x + y + z) \mathrm{d}S.$$

QK　14. 设函数 $u = u(x)(x > 0)$ 可导，且 $u(1) = 1$. 已知曲线积分

$$\int_L (x + 4y) u(x) \mathrm{d}x + [2x + u^3(x)] u(x) \mathrm{d}y$$

在右半坐标平面内与路径无关，求$\int_{(1,0)}^{(8,1)} (x + 4y) u(x) \mathrm{d}x + [2x + u^3(x)] u(x) \mathrm{d}y$.

QK　15. 求$(y^3 - 3xy^2 - 3x^2 y)\mathrm{d}x + (3xy^2 - 3x^2 y - x^3 + y^2)\mathrm{d}y = 0$ 的通解.

QK　16. 计算$\int_{\overset{\frown}{AB}} \frac{-y}{x^2 + y^2} \mathrm{d}x + \frac{x}{x^2 + y^2} \mathrm{d}y$，其中$\overset{\frown}{AB}$ 是自点 $A(-1, 0)$ 沿 $y = x^2 - 1$ 到点 $B(2, 3)$ 的弧段.

QK　17. 设空间曲线 $L: \begin{cases} z = x^2 + 2y^2, \\ z = 6 - 2x^2 - y^2, \end{cases}$ 从 z 轴正向往负向看为逆时针方向，计算曲线积分

$$I = \oint_L (z^2 - y) \mathrm{d}x + (x^2 - z) \mathrm{d}y + (x - y^2) \mathrm{d}z.$$

QJK　18. 计算三重积分$\iiint_{\Omega} \left(\frac{x^2}{a^2} + \frac{y^2}{b^2} + \frac{z^2}{c^2} \right) \mathrm{d}v$，其中 Ω 由椭球面$\frac{x^2}{a^2} + \frac{y^2}{b^2} + \frac{z^2}{c^2} = 1 (a > 0, b > 0, c > 0)$ 围成.

QJK　19. 设 $f(x)$ 具有一阶连续导数，$f(0) = 0$，且平面第二型曲线积分

$$\int_L [xy(1 + y) - f(x) y] \mathrm{d}x + [f(x) + x^2 y] \mathrm{d}y$$

与路径 L 无关.

(1) 求 $f(x)$；

(2) 求$\int_{(1,1)}^{(x,y)} [xy(1 + y) - f(x) y] \mathrm{d}x + [f(x) + x^2 y] \mathrm{d}y$.

QJK 20. 计算$\iiint\limits_{\Omega} z^2 \mathrm{d}x\,\mathrm{d}y\,\mathrm{d}z$，其中 Ω 为 $z \geqslant \sqrt{x^2+y^2}$ 与 $x^2+y^2+z^2 \leqslant 2R^2$ 重合的区域.

QK 21. 计算$\int_L (x+y)\mathrm{d}x+(y-x)\mathrm{d}y$，其中 L 是曲线 $x=2t^2+t+1, y=t^2+1$ 上从点(1,1) 到点(4,2) 的弧段.

QJK 22. 设 Σ 是锥面 $z=\sqrt{x^2+y^2}\,(0\leqslant z\leqslant 1)$ 的上侧，求

$$\iint\limits_{\Sigma} x\,\mathrm{d}y\,\mathrm{d}z+2y\,\mathrm{d}z\,\mathrm{d}x+3(z-1)\mathrm{d}x\,\mathrm{d}y.$$

QJK 23. 设 L 为平面曲线 $x^2+y^2=2x\,(y\geqslant 0)$ 上从点 $O(0,0)$ 到点 $A(2,0)$ 的一段弧，连续函数 $f(x)$ 满足

$$f(x)=x^2+\int_L [yf(x)+\mathrm{e}^x y]\mathrm{d}x+(\mathrm{e}^x-xy^2)\mathrm{d}y.$$

求 $f(x)$ 的表达式.

QJK 24. 设函数 $f(x), g(x)$ 二阶导数连续，$f(0)=0, g(0)=0$，且对于平面上任一简单闭曲线 L，均有

$$\oint_L [y^2 f(x)+2y\mathrm{e}^x+2yg(x)]\mathrm{d}x+2[yg(x)+f(x)]\mathrm{d}y=0.$$

(1) 求 $f(x), g(x)$ 的表达式；

(2) 设 L_1 为任一条从点(0,0) 到点(1,1) 的曲线，利用(1) 中的 $f(x), g(x)$，求

$$\int_{L_1} [y^2 f(x)+2y\mathrm{e}^x+2yg(x)]\mathrm{d}x+2[yg(x)+f(x)]\mathrm{d}y.$$

QJK 25. 设 $f(x)$ 在$(0,+\infty)$ 上二阶可导，满足 $f(1)=-\dfrac{1}{2}, f'(1)=-2$，并且使得曲线积分

$$I=\int_L [4f(x)+2x^3]y\,\mathrm{d}x+[3xf(x)-x^2 f'(x)]\mathrm{d}y$$

与路径无关，其中 L 为沿曲线 $y=1+\sqrt{2x-x^2}$ 由点(0,1) 到点(2,1) 的有向弧段.

(1) 利用变换 $z=\dfrac{f(x)}{x}$ 求函数 $f(x)$；

(2) 求曲线积分 I 的值.

QJK 26. 设 $f(x)$ 在$[0,1]$ 上连续，证明：

$$\int_0^1 \mathrm{d}x\int_0^x \mathrm{d}y\int_0^y f(x)f(y)f(z)\mathrm{d}z=\frac{1}{3!}\left[\int_0^1 f(t)\mathrm{d}t\right]^3.$$

JK 27. 在密度为 1 的半球体 $0\leqslant z\leqslant \sqrt{R^2-x^2-y^2}$ 的底面接上一个相同材料的柱体：

$-h \leqslant z<0, x^2+y^2 \leqslant R^2(h>0)$,确定 h 的值,使整个球柱体的重心恰好落在球心上.

QK 28.设 $f(x)$ 为定义在 $[0,+\infty)$ 上的连续函数,且满足

$$f(t)=\iiint\limits_{\Omega: x^2+y^2+z^2 \leqslant t^2} f\left(\sqrt{x^2+y^2+z^2}\right) \mathrm{d} v+t^3,$$

求 $f(1)$.

QK 29.计算 $\oint_L \mathrm{e}^{\sqrt{x^2+y^2}} \mathrm{~d} s$,其中 L 为由圆周 $x^2+y^2=a^2(a>0)$ 及直线 $y=x$ 和 $y=0$ 在第一象限内所围成的区域的边界.

QK 30.计算曲线积分 $\int_C \sqrt{x^2+y^2} \mathrm{~d} x+\left[2 x+y \ln \left(x+\sqrt{x^2+y^2}\right)\right] \mathrm{d} y$,其中有向曲线 $C: y=\sqrt{1-\frac{(x-3)^2}{4}}$,方向从点 $(5,0)$ 到点 $(1,0)$.

QK 31.计算曲线积分

$$\int_L\left(\frac{x y^2}{\sqrt{4+x^2 y^2}}+\frac{1}{\pi} x\right) \mathrm{d} x+\left(\frac{x^2 y}{\sqrt{4+x^2 y^2}}-x+y\right) \mathrm{d} y,$$

其中 L 是摆线 $\begin{cases}x=a(t-\sin t), \\ y=a(1-\cos t)\end{cases}(a>0)$ 上自 $O(0,0)$ 至 $A(2 \pi a, 0)$ 的一段有向曲线弧.

QJK 32.计算曲线积分 $I=\int_l\left[u_x^{\prime}(x, y)+x y\right] \mathrm{d} x+u_y^{\prime}(x, y) \mathrm{d} y$,其中 l 是从点 $A(0,1)$ 沿曲线 $y=\frac{\sin x}{x}$ 到点 $B(\pi, 0)$ 的曲线段. $u(x, y)$ 在 $x O y$ 平面上具有二阶连续偏导数,且 $u(0,1)=1, u(\pi, 0)=\pi$.

JK 33.证明

$$\oint_{\Gamma} x f(y) \mathrm{d} y-\frac{y}{f(x)} \mathrm{d} x \geqslant 2 \pi,$$

其中 Γ 为圆周曲线 $(x-a)^2+(y-a)^2=1(a>0)$ 正向, $f(x)$ 连续取正值.

QJK 34.设函数 $g(x)$ 具有连续导数,曲线积分

$$\int_L\left[\mathrm{e}^{2 x}+g^{\prime}(x)-2 g(x)\right] y \mathrm{~d} x-g^{\prime}(x) \mathrm{d} y$$

与路径无关.

(1) 求满足条件 $g(0)=-\frac{1}{4}, g^{\prime}(0)=-\frac{1}{2}$ 的函数 $g(x)$;

(2) 利用(1)中的 $g(x)$,计算 $\int_{(0,0)}^{(1,1)}\left[\mathrm{e}^{2 x}+g^{\prime}(x)-2 g(x)\right] y \mathrm{~d} x-g^{\prime}(x) \mathrm{d} y$ 的值.

QJK 35.设 $\Sigma: x^2+y^2+z^2=4(z \geqslant 0)$,取上侧,试求曲面积分

$$I=\iint_{\Sigma}\frac{x\,\mathrm{d}y\mathrm{d}z+y\mathrm{d}z\mathrm{d}x+z\mathrm{d}x\mathrm{d}y}{\sqrt{x^2+(y-1)^2+z^2}}.$$

QK 36. 设 $f(x,y,z)$ 为连续函数，S 为曲面 $z=\frac{1}{2}(x^2+y^2)$ 介于 $z=2$ 与 $z=8$ 之间的上侧部分，求

$$\iint_S[yf(x,y,z)+x]\mathrm{d}y\mathrm{d}z+[xf(x,y,z)+y]\mathrm{d}z\mathrm{d}x+[2xyf(x,y,z)+z]\mathrm{d}x\mathrm{d}y.$$

QJK 37. 设 S 为平面 $x-y+z=1$ 介于三坐标平面间的有限部分，法向量与 z 轴正半轴交角为锐角，$f(x,y,z)$ 连续，计算

$$I=\iint_S[f(x,y,z)+x]\mathrm{d}y\mathrm{d}z+[2f(x,y,z)+y]\mathrm{d}z\mathrm{d}x+[f(x,y,z)+z]\mathrm{d}x\mathrm{d}y.$$

JK 38. 设向量场

$$\boldsymbol{F}=\left(x^2yz^2,\frac{1}{z}\arctan\frac{y}{z}-xy^2z^2,\frac{1}{y}\arctan\frac{y}{z}+z(1+xyz)\right).$$

(1) 计算 $\operatorname{div}\boldsymbol{F}\Big|_{(1,1,1)}$ 的值；

(2) 设空间区域 Ω 由锥面 $y^2+z^2=x^2$ 与球面 $x^2+y^2+z^2=a^2$，$x^2+y^2+z^2=4a^2$ 所围成($x>0$)，其中 a 为正常数，记 Ω 表面的外侧为 Σ，计算积分

$$I=\oiint_{\Sigma}x^2yz^2\mathrm{d}y\mathrm{d}z+\left(\frac{1}{z}\arctan\frac{y}{z}-xy^2z^2\right)\mathrm{d}z\mathrm{d}x+\left[\frac{1}{y}\arctan\frac{y}{z}+z(1+xyz)\right]\mathrm{d}x\mathrm{d}y.$$

QJK 39. 计算曲线积分

$$I=\oint_L y^2\mathrm{d}x+z^2\mathrm{d}y+x^2\mathrm{d}z,$$

其中曲线 L 为 $\begin{cases}x^2+y^2+z^2=4,\\x^2+y^2=2x\end{cases}$ $(z\geqslant 0)$，从 x 轴的正向往负向看去，取逆时针方向.

QK 40. 设 $f(x)$ 二阶导数连续，$f(0)=0$，$f'(0)=1$，且

$$\int_C[f'(x)+6f(x)+4\mathrm{e}^{-x}]y\mathrm{d}x+f'(x)\mathrm{d}y$$

与路径无关. 计算

$$I=\int_{(0,0)}^{(1,1)}[f'(x)+6f(x)+4\mathrm{e}^{-x}]y\mathrm{d}x+f'(x)\mathrm{d}y$$

的值.

QJK 41. 设 Γ 为曲线

$$\begin{cases}x^2+y^2+z^2=1,\\x+z=1\end{cases}$$

在第一卦限上从 $A(1,0,0)$ 到 $B(0,0,1)$ 的一段,求第二型曲线积分

$$I=\int_{\Gamma} y\mathrm{d}x+z\mathrm{d}y+x\mathrm{d}z.$$

J K　42. 设 $\rho(x,y,z)$ 为从原点到椭球面 Σ: $\frac{x^2}{a^2}+\frac{y^2}{b^2}+\frac{z^2}{c^2}=1(a,b,c>0)$ 上点 $P(x,y,z)$ 处的切平面的距离. 计算 $\oiint\limits_{\Sigma}\rho(x,y,z)\mathrm{d}S$.

K　43. 已知函数

$$f(x,y)=\begin{cases}\frac{x^2y}{x^2+y^2}, & x^2+y^2\neq 0,\\ 0, & x^2+y^2=0.\end{cases}$$

(1) 求 $f''_{xy}(0,0)$;

(2) 微分方程 $(y^2-6x)y'+2y=0$ 的解中哪一条积分曲线 $y=y(x)$ 满足条件 $x\Big|_{y=1}=f''_{xy}(0,0)$;

(3) 求曲线积分 $\int_L f(x,y)\mathrm{d}s$,其中 L 为 $x^2+y^2=1$ 位于第一象限的部分.

J K　44. 设 Ω 为球锥体:$\sqrt{x^2+y^2}\leqslant z\leqslant\sqrt{a^2-x^2-y^2}\,(a>0)$,密度为常数 ρ,求该球锥体对位于原点处单位质量的质点的引力.

J K　45. 求柱面 $x^{\frac{2}{3}}+y^{\frac{2}{3}}=a^{\frac{2}{3}}\,(a>0)$ 位于曲面 $z=\sqrt{a^2-x^2-y^2}$ 内一部分的面积.

J K　46. 求函数 $f(x,y,z)=x^2+y^2+z^2$ 在区域 $x^2+y^2+z^2\leqslant x+y+z$ 内的平均值.

J K　47. 计算 $\lim\limits_{n\to\infty}\sum\limits_{i=1}^{n}\sum\limits_{j=1}^{n}\sum\limits_{k=1}^{n}\frac{8k}{(n+i)(n^2+j^2)n\pi}$.

Q K　48. 计算 $\int_{\Gamma}(x^2+y^2+z^2)\mathrm{d}s$,其中 Γ: $\begin{cases}x^2+y^2=a^2,\\ z=1\end{cases}(a>0)$.

Q K　49. 设 $\Omega=\{(x,y,z)\mid x^2+y^2\leqslant 3z,1\leqslant z\leqslant 4\}$,求三重积分 $\iiint\limits_{\Omega}\frac{1}{\sqrt{x^2+y^2+z}}\mathrm{d}v$.

Q J K　50. 设空间曲线 L: $\begin{cases}z=\sqrt{R^2-x^2-y^2},\\ x^2+y^2=Rx,\end{cases}$ 其中常数 $R>0$,从 z 轴正向朝 z 轴负向看去,L 为逆时针转的,求空间第二型曲线积分 $\oint_L y^2\mathrm{d}x+z^2\mathrm{d}y+x^2\mathrm{d}z$.

Q J K　51. 设常数 a,b,c 均为正数,且各不相等. 有向曲面 $S=\{(x,y,z)\mid z=\sqrt{1-x^2-y^2},z\geqslant 0$,上侧$\}$. 求第二型曲面积分

$$I=\iint_S \frac{ax^3\mathrm{d}y\mathrm{d}z+by^3\mathrm{d}z\mathrm{d}x+(cz^3-1)\mathrm{d}x\mathrm{d}y}{x^2+y^2+z^2}.$$

QJK 52.设有向曲面 $S:z=x^2+y^2,x\geqslant 0,y\geqslant 0,z\leqslant 1$,法向量与 z 轴正向夹角为钝角.求第二型曲面积分 $I=\iint_S (x+y)\mathrm{d}y\mathrm{d}z+z\mathrm{d}x\mathrm{d}y$.

QK 53.设 $\Omega=\{(x,y,z)\mid x^2+y^2+z^2\leqslant R^2,R>0\}$,求三重积分

$$I=\iiint_\Omega [(x-1)^2+(2y-2)^2+(3z+4)^2]\mathrm{d}v.$$

QK 54.计算三重积分 $I=\iiint_\Omega \frac{x+y+1}{(x^2+y^2+z^2+1)^2}\mathrm{d}x\mathrm{d}y\mathrm{d}z$,其中 Ω 是由曲面 $z=x^2+y^2$ 与平面 $z=1$ 所围成的空间闭区域.

QK 55.计算三重积分 $\iiint_\Omega |x^2+y^2+z^2-1|\mathrm{d}v$,其中 $\Omega=\{(x,y,z)\mid x^2+y^2+z^2\leqslant 2\}$.

QK 56.求 $\iiint_\Omega (x+y+z)\mathrm{d}x\mathrm{d}y\mathrm{d}z$,其中 Ω 为 $x^2+y^2-z^2=0$ 与 $z=1$ 所围成的区域.

QK 57.求曲面 $z=2(x^2+y^2),x^2+y^2=x,x^2+y^2=2x$ 和 $z=0$ 所围几何体的体积.

QJK 58.求曲面 $\Sigma:(x^2+y^2+z^2)^2=a^2(x^2+y^2-z^2)$(常数 $a>0$)围成的立体在第一卦限部分 Ω 的体积.

QJK 59.计算曲面积分 $I=\iint_\Sigma (ax+by+cz+d)^2\mathrm{d}S$,其中 Σ 是球面 $x^2+y^2+z^2=R^2$.

QJK 60.计算 $\iint_\Sigma \left(z+2x+\frac{4}{3}y\right)\mathrm{d}S$,其中 Σ 为平面 $\frac{x}{2}+\frac{y}{3}+\frac{z}{4}=1$ 在第一卦限的部分.

JK 61.求 $\oint_L |y|\mathrm{d}x+|x|\mathrm{d}y$,其中 L 是以 $A(1,0),B(0,1),C(-1,0)$ 为顶点的三角形的正向边界曲线.

QJK 62.计算曲面积分

$$\iint_\Sigma \frac{ax\mathrm{d}y\mathrm{d}z+(z+a)^2\mathrm{d}x\mathrm{d}y}{(x^2+y^2+z^2)^{\frac{1}{2}}},$$

其中 Σ 为下半球面 $z=-\sqrt{a^2-x^2-y^2}$ 的上侧,a 为大于零的常数.

QJK 63.设锥面 $\Sigma(0\leqslant z\leqslant 1)$ 的顶点是 $A(0,0,1)$,准线是 $\begin{cases}(x+1)^2+y^2=1,\\ z=0,\end{cases}$ 直线 L 过顶点 A 和准线上的一点 $M_1(x_1,y_1,0)$.

(1) 求直线 L 与锥面 Σ 的方程;

(2) 计算 $\iint_\Sigma \frac{x^2}{\sqrt{x^2+(z-1)^2}}\mathrm{d}S$.

JK　64. 设 $D \subset \mathbf{R}^2$ 是有界单连通闭区域，$I(D)=\iint\limits_{D}(1-x^2-y^2)\,\mathrm{d}x\,\mathrm{d}y$ 取得最大值的积分域记为 D_1.

(1) 求 $I(D_1)$ 的值；

(2) 计算 $\oint_{\partial D_1}\dfrac{(x\mathrm{e}^{x^2+2y^2}+y)\,\mathrm{d}x+(2y\mathrm{e}^{x^2+2y^2}-x)\,\mathrm{d}y}{x^2+2y^2}$，其中 ∂D_1 是 D_1 的正向边界.

QJK　65. 计算曲线积分

$$I=\oint_{\Gamma} yz\,\mathrm{d}x-zx\,\mathrm{d}y+3xy\,\mathrm{d}z,$$

其中 Γ 为曲线 $\begin{cases}x^2+y^2-2y=0,\\2y-z+1=0,\end{cases}$ 从 z 轴正向往下看，Γ 为逆时针方向.

QJK　66. 已知 Σ 为曲面 $4x^2+y^2+z^2=1(x\geqslant 0,y\geqslant 0,z\geqslant 0)$ 的上侧，L 为 Σ 的边界曲线，其正向与 Σ 的正法向量满足右手法则，计算曲线积分

$$I=\oint_{L}(yz^2-\cos z)\,\mathrm{d}x+2xz^2\,\mathrm{d}y+(2xyz+x\sin z)\,\mathrm{d}z.$$

QJK　67. 计算 $I=\oint_{L}(y^2-z^2)\,\mathrm{d}x+(2z^2-x^2)\,\mathrm{d}y+(3x^2-y^2)\,\mathrm{d}z$，其中 L 是平面 $x+y+z=2$ 与柱面 $|x|+|y|=1$ 的交线，从 z 轴正向看 L，L 是逆时针方向.

JK　68. 设曲线 L 是 xOy 平面上有界单连通闭区域 D 的正向边界，当曲线 L 的方程为 $x^2+y^2=1$ 时，$I=\oint_{L}\left(ax+\dfrac{a}{3}x^3-\dfrac{1}{2}x\mathrm{e}^{x^2+y^2}\right)\mathrm{d}y+\left(\dfrac{1}{2}y\mathrm{e}^{x^2+y^2}-\dfrac{a}{3}y^3\right)\mathrm{d}x$ 的值最大，求

(1) 常数 a 的值；

(2) I 的最大值.

QJK　69. 设

$$I_1=\int_{L} f(x,y)\,\mathrm{d}x+(6xy-6x)\,\mathrm{d}y,\ I_2=\int_{L}(6x^2y+6xy+x)\,\mathrm{d}x+f(x,y)\,\mathrm{d}y.$$

已知曲线积分 I_1 与 I_2 均在整个 xOy 平面内与路径无关，且 $f(0,0)=0$，求函数 $f(x,y)$ 的极值.

JK　70. 设曲面 $\Sigma: z=ax^2+y^2+b$ 在点 $(1,0,2)$ 处的切平面为 $\pi: z=2x$.

(1) 求 a,b 的值；

(2) 若切平面 π 与曲面 Σ 及圆柱面 $(x-1)^2+y^2=1$ 所围成的立体为 Ω，求 Ω 的形心竖坐标.

QJK 71.计算曲面积分 $I=\iint\limits_{\Sigma}(xyz+x)\mathrm{d}y\mathrm{d}z+(xyz+y)\mathrm{d}z\mathrm{d}x+(x^2+y^2+z)\mathrm{d}x\mathrm{d}y$，其中 Σ 为柱面$x^{\frac{2}{3}}+y^{\frac{2}{3}}=1(0\leqslant z<2)$ 的外侧.

JK 72.设 Σ 为任意闭曲面，

$$I=\oiint\limits_{\Sigma_{外侧}}\left(x-\frac{1}{3}x^3\right)\mathrm{d}y\mathrm{d}z-\frac{4}{3}y^3\mathrm{d}z\mathrm{d}x+\left(3y-\frac{1}{3}z^3\right)\mathrm{d}x\mathrm{d}y.$$

(1) 证明 Σ 为椭球面 $x^2+4y^2+z^2=1$ 时，I 达到最大值；

(2) 求 I 的最大值.

QJK 73.设直线 L 过点 $A(0,1,0)$ 与点 $B(1,1,1)$，Σ 是由直线 L 绕 z 轴旋转一周所得曲面$(0\leqslant z\leqslant 1)$，取下侧，$f(x)$ 连续.

(1) 求 Σ 的表达式；

(2) 计算$\iint\limits_{\Sigma}yf(xy)\mathrm{d}y\mathrm{d}z-xf(xy)\mathrm{d}z\mathrm{d}x+(z^2+1)\mathrm{d}x\mathrm{d}y$.

QJK 74.计算 $I=\iint\limits_{\Sigma}2z\mathrm{d}y\mathrm{d}z-2y\mathrm{d}z\mathrm{d}x+(5z-z^2)\mathrm{d}x\mathrm{d}y$，其中 Σ 是由 $\begin{cases}z=\mathrm{e}^y,\\x=0\end{cases}(1\leqslant y\leqslant 2)$ 绕 z 轴旋转一周所成的曲面，并取外侧.

QJK 75.已知 $z^2\mathrm{d}x+ayz\mathrm{d}y+(y^2+2xz+z^2)\mathrm{d}z$ 是某三元函数 $u(x,y,z)$ 的全微分，且 $u(1,1,0)=1$，求：

(1) a 的值；

(2) $u(x,y,z)$ 的表达式.

QJK 76.设曲面 $\Sigma: z=\sqrt{2-x^2-y^2}$，取上侧，$\boldsymbol{n}=(\cos\alpha,\cos\beta,\cos\gamma)$ 是 Σ 的单位外法向量.计算

$$I=\iint\limits_{\Sigma}[(z^2-y^2)\cos\alpha+(x^2-z^2)\cos\beta+(y^2-x^2)\cos\gamma]\mathrm{d}S.$$

QJK 77.设锥面 Σ 的顶点为原点，准线为曲线 $\Gamma:\begin{cases}z=y^2,\\x=1\end{cases}(|y|\leqslant 1)$.

(1) 求 Σ 的方程；

(2) 计算$\iint\limits_{\Sigma}y\mathrm{d}y\mathrm{d}z+x\mathrm{d}z\mathrm{d}x+z\mathrm{d}x\mathrm{d}y$，$\Sigma$ 取上侧.

QJK 78.确定常数 λ，使得在右半平面 $x>0$ 上的向量

$$\boldsymbol{A}(x,y)=2xy(x^4+y^2)^{\lambda}\boldsymbol{i}-x^2(x^4+y^2)^{\lambda}\boldsymbol{j}$$

为某个二元函数 $u(x,y)$ 的梯度,并求 $u(x,y)$ 的表达式.

JK　79. 设连续函数 $f(u)$ 满足 $f(0)=0,f'(0)=1$,求极限

$$\lim_{t\to 0^+}\frac{1}{t^5}\iiint_{\Omega_t} f(x^2+y^2+z^2)\mathrm{d}v,$$

其中 $\Omega_t=\left\{(x,y,z)\,\middle|\,\sqrt{x^2+y^2}\leqslant z\leqslant\sqrt{t^2-x^2-y^2}\right\}(t>0)$.

JK　80. 设 $P(x,y,z)$ 为球面 $S:x^2+y^2+z^2-2z=0$ 上的动点,球面 S 在点 $P(x,y,z)$ 处的法线与平面 $x+z=0$ 平行.

(1) 求点 P 的轨迹 Γ 的方程;

(2) 计算曲线积分 $\oint_\Gamma y^2\mathrm{d}x+z^2\mathrm{d}y+x^2\mathrm{d}z$,从 z 轴正向看下去,Γ 取逆时针方向.

QJK　81. 计算曲面积分 $I=\iint_\Sigma xy\mathrm{d}y\mathrm{d}z+y^2\mathrm{d}z\mathrm{d}x+z^2\mathrm{d}x\mathrm{d}y$, Σ 为上半球面 $(x-1)^2+y^2+z^2=1(z\geqslant 0)$ 被锥面 $z^2=x^2+y^2$ 所截得的部分, Σ 的法线方向向上.

JK　82. 计算曲面积分 $I=\iint_\Sigma \dfrac{x\mathrm{d}y\mathrm{d}z+y\mathrm{d}z\mathrm{d}x+z\mathrm{d}x\mathrm{d}y}{(x^2+y^2+z^2)^{\frac{3}{2}}}$,其中 Σ 是曲面 $1-\dfrac{z}{7}=\dfrac{(x-2)^2}{25}+\dfrac{(y-1)^2}{16}(z\geqslant 0)$ 的上侧.

JK　83. 在半径为 a 的均匀半球体的圆形平面一侧拼接一个底半径及高均与球半径相等的圆锥体,记拼接后的整个立体为 Ω,Ω 的整个边界曲面为 Σ. 求:

(1)Ω 的形心;

(2)Σ 的形心.

QJK　84. 求 $I=\oiint_\Sigma \dfrac{\mathrm{e}^z}{\sqrt{x^2+y^2}}\mathrm{d}x\mathrm{d}y$,$\Sigma$ 是由 $z=\sqrt{x^2+y^2}$,$z=1$,$z=2$ 所围闭区域的边界曲面,取外侧.

JK　85. 求 $I=\int_L \dfrac{(x+y-z)\mathrm{d}x+(y+z-x)\mathrm{d}y+(z+x-y)\mathrm{d}z}{\sqrt{x^2+y^2+z^2}}$,其中曲线为

$L:\begin{cases}x^2+y^2+z^2=1,\\ x+y+z=1\end{cases}$ 自点 $A(1,0,0)$ 至点 $C(0,0,1)$ 的长弧段.

JK　86. 设半径为 R 的球之球心位于以原点为中心、a 为半径的定球面上($2a>R>0$,a 为常数). 试确定 R 为何值时前者夹在定球面内部的表面积为最大,并求出此最大值.

JK　87. 设曲线 $C:x^2+y^2+x+y=0$,取逆时针方向,证明:

$$\frac{\pi}{2} \leqslant \oint_C -y\sin(x^2)\mathrm{d}x + x\cos(y^2)\mathrm{d}y \leqslant \frac{\pi}{\sqrt{2}}.$$

QJK 88. 设 $f(x)$ 具有一阶连续导数，$f(0)=0$，且表达式

$$[xy(1+y)-f(x)y]\mathrm{d}x + [f(x)+x^2y]\mathrm{d}y$$

为某二元函数 $u(x,y)$ 的全微分.

(1) 求 $f(x)$；

(2) 求 $u(x,y)$ 的一般表达式.

QJK 89. 计算 $\iiint\limits_{\Omega} xy\mathrm{d}v$，其中 Ω 为柱面 $x^2+y^2=1$ 及平面 $z=1,z=0,x=0,y=0$ 所围在第一卦限内的闭区域.

QK 90. 设 $\Omega=\left\{(x,y,z)\left|\frac{x^2}{a^2}+\frac{y^2}{b^2}+\frac{z^2}{c^2}\leqslant 1, z\geqslant 0\right.\right\}$，其中常数 $a>b>c>0$. 求三重积分 $\iiint\limits_{\Omega} z^2\mathrm{d}v$.

QK 91. 计算 $\iiint\limits_{\Omega}(x^2+y^2+z^2)\mathrm{d}v$，其中 Ω 是由曲面 $x^2+y^2+z^2=1$ 所围成的闭区域.

QK 92. 计算 $\iiint\limits_{\Omega} z\mathrm{d}v$，其中 Ω 是由 $x^2+y^2-2z^2=1$，$z=1$ 及 $z-2$ 所围成的区域.

QK 93. 计算 $\iiint\limits_{\Omega}\mathrm{e}^{|z|}\mathrm{d}x\mathrm{d}y\mathrm{d}z$，其中 Ω 是由 $x^2+y^2+z^2=1$ 所围成的区域.

QJK 94. 已知曲线 L 的方程为 $y=1+|x|$，$x\in[-1,1]$，起点是 $(-1,2)$，终点为 $(1,2)$，求曲线积分

$$\int_L xy\mathrm{d}x + x^2\mathrm{d}y.$$

QJK 95. 求 $\int_{\widehat{AB}} y(1+2x)\mathrm{d}x+(x^2+2x+y^2)\mathrm{d}y$，其中 $\widehat{AB}$ 是 $x^2+y^2=2x$ 的上半圆周由点 $A(2,0)$ 至点 $B(0,0)$ 的弧段.

QK 96. 设 $f(x,y,z)$ 为曲面 Σ 上的连续函数，Σ 为平面 $x+y+z=1$ 介于第一卦限的部分，且

$$f(x,y,z)=xy+z\iint\limits_{\Sigma} f(u,v,w)\mathrm{d}S,$$

求 $f(x,y,z)$.

QJK 97. 计算三重积分 $\iiint\limits_{\Omega}(x+y+1)^2\mathrm{d}x\mathrm{d}y\mathrm{d}z$，其中 Ω 是介于两旋转抛物面 $z=4(x^2+y^2)$ 和 $z=x^2+y^2$ 之间、平面 $z=2$ 下方的空间闭区域(见图).

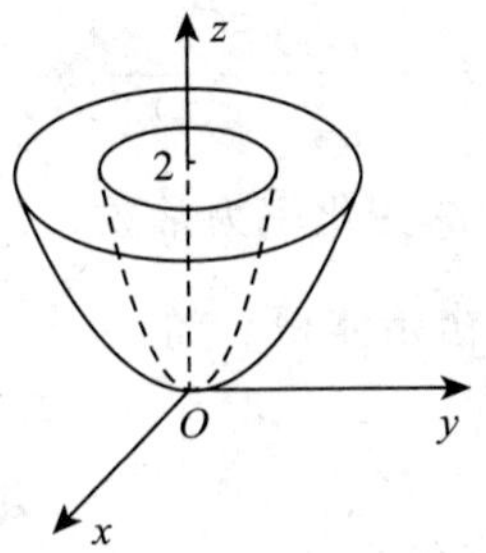

QK　98. 计算曲面积分 $I=\oiint\limits_{\Sigma}\dfrac{(x^2+x)\mathrm{d}y\mathrm{d}z+(y^2+y)\mathrm{d}z\mathrm{d}x+(z^3+z^2)\mathrm{d}x\mathrm{d}y}{4x^2+9y^2+36z^2}$,其中 Σ 为曲面 $\dfrac{x^2}{9}+\dfrac{y^2}{4}+z^2=1$ 的内侧.

QJK　99. 设一空间物体是由曲面 $z=x^2+y^2$ 及平面 $z=2x$ 所围成的,其体积密度为 $\rho=y^2$,求它对 z 轴的转动惯量.

QJK　100. 计算曲面积分 $I=\iint\limits_{\Sigma}\dfrac{x\mathrm{d}y\mathrm{d}z+y\mathrm{d}z\mathrm{d}x+z\mathrm{d}x\mathrm{d}y}{(x^2+y^2+z^2)^{\frac{3}{2}}}$,其中 Σ 分别取下面两种曲面:

(1) Σ 是曲面 $z=\sqrt{a^2-x^2-y^2}$ 的上侧,其中 $a>0$;

(2) Σ 是曲面 $z=\sqrt{1-\dfrac{x^2}{2}-\dfrac{y^2}{3}}$ 的上侧.

JK　101. 设有抛物线 $\begin{cases}z=2-x^2,\\ y=0\end{cases}$ 绕 z 轴旋转得到旋转抛物面,其位于第一卦限部分上的动点 P 点处的切平面与三坐标面围成四面体.

(1) 求该四面体体积的表达式 V,并求其最小值;

(2) 设 $W=\ln V$,且 $x=x(y,z)$ 由方程 $z+x^2+y^2=2$ 所确定,求 $\left.\dfrac{\partial W}{\partial z}\right|_{(1,1,0)}$.

JK　102. 设曲线 $y=x(t-x)(t>0)$ 与 x 轴的两个交点分别为原点和 A,又曲线在 A 点的切线交 y 轴于 B 点. $\overline{AB}$ 是由 A 至 B 的直线段. 求 t 的值,使得

$$I(t)=\int_{\overline{AB}}\left(\frac{\sin y}{x+1}-y+1\right)\mathrm{d}x+[x+1+\cos y\cdot\ln(x+1)]\mathrm{d}y$$

最小,并求出 $I(t)$ 的最小值.

JK　103. 有一个体积为 V、表面积为 S 的雪堆,其融化的速率与当时表面积成正比,即 $\dfrac{\mathrm{d}V}{\mathrm{d}t}=-kS$(其中 k 为正的常数),设融化期间雪堆的外形始终保持其抛物面形状,即在任何时刻 t,其外形曲面方程总为

$$z=h(t)-\frac{x^2+y^2}{h(t)},z\geqslant 0.$$

(1) 证明雪堆融化期间，其高度的变化率为常数；

(2) 已知经过 24 小时融化了其初始体积 V_0 的一半，试问余下一半体积的雪堆需再经多长时间才能全部融化完？

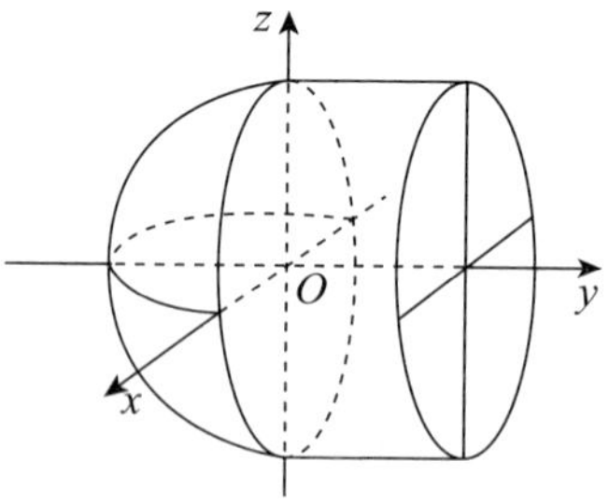

QK 104. 计算三重积分 $\iiint\limits_{\Omega}(x\sqrt{1-z^2}+y\sqrt{1-x^2}+z\sqrt{1-y^2})\mathrm{d}v$，其中 Ω 由平面 $y=1$，圆柱面 $x^2+z^2=1$ 和半球面 $y=-\sqrt{1-x^2-z^2}$ 围成，如图所示.

QJK 105. 计算曲线积分 $I=\int_{\Gamma}y\mathrm{d}x+z\mathrm{d}y+x\mathrm{d}z$，其中曲线 Γ 为 $\begin{cases}x^2+y^2+z^2=1,\\x+z=1\end{cases}$ 的第一卦限部分上从点 $A(1,0,0)$ 到点 $B(0,0,1)$ 的一段有向弧.

QJK 106. 求抛物柱面 $y=\sqrt{x}$ 被平面 $z=0,z=y$ 和 $y=1$ 所截部分的面积.

QJK 107. 设 $f(x,y)$ 在全平面有连续偏导数，曲线积分 $\int_L f(x,y)\mathrm{d}x+x\cos y\mathrm{d}y$ 在全平面与路径无关，且 $\int_{(0,0)}^{(t,t^2)}f(x,y)\mathrm{d}x+x\cos y\mathrm{d}y=t^2$，求 $f(x,y)$.

QJK 108. 设 $f(x),g(x)$ 二阶导数连续，且 $f(0)=-2,g(0)=0$. 对于任意一条逐段光滑的封闭曲线 L，有

$$\oint_L 2[xf(y)+g(y)]\mathrm{d}x+[x^2g(y)+2xy^2+2xf(y)]\mathrm{d}y=0.$$

(1) 求 $f(x),g(x)$；

(2) 计算 $\int_{(1,1)}^{(0,0)}2[xf(y)+g(y)]\mathrm{d}x+[x^2g(y)+2xy^2+2xf(y)]\mathrm{d}y$.

JK 109. 设函数 $f(x,y,z)$ 在区域 $\Omega=\{(x,y,z)\mid x^2+y^2+z^2\leqslant 1\}$ 上具有连续的二阶偏导数，且满足

$$\frac{\partial^2 f}{\partial x^2}+\frac{\partial^2 f}{\partial y^2}+\frac{\partial^2 f}{\partial z^2}=\sqrt{x^2+y^2+z^2},$$

计算 $I=\iiint\limits_{\Omega}\left(x\frac{\partial f}{\partial x}+y\frac{\partial f}{\partial y}+z\frac{\partial f}{\partial z}\right)\mathrm{d}x\mathrm{d}y\mathrm{d}z$.

JK 110. 设锥面 Σ 的顶点是 $A(0,1,1)$，准线是 $\begin{cases}x^2+y^2=1,\\z=0,\end{cases}$ 直线 L 过顶点 A 和准线上任一点 $M_1(x_1,y_1,0)$. Ω 是 $\Sigma(0\leqslant z\leqslant 1)$ 与平面 $z=0$ 所围成的锥体.

(1) 求 L 和 Σ 的方程;

(2) 求 Ω 的形心坐标.

JK　111. 设 a,b 为实数,函数 $z=1+ax^2+by^2$ 在点(1,1)处的方向导数中,沿方向 $\boldsymbol{l}=2\boldsymbol{i}+4\boldsymbol{j}$ 的方向导数最大,且最大值为 $2\sqrt{5}$.

(1) 求 a,b;

(2) 求曲面 $z=1+ax^2+by^2$ 被曲面 $z=2(x^2+3y^2)$ 所截部分的面积.

JK　112. 设闭曲线 $L:\begin{cases}x^2+y^2+z^2=1,\\x^2+y^2+z^2=2z\end{cases}$ 的方向与 z 轴正向满足右手法则,求曲线积分

$$\oint_L |y-x|\,\mathrm{d}x+z\,\mathrm{d}z.$$

JK　113. 设点 $P(x_0,y_0,z_0)$ 是曲面 $S:\dfrac{x^2}{2}+\dfrac{y^2}{4}+\dfrac{z^2}{6}=1$ 在第一卦限部分上的点,Σ 是曲面 S 在该点的切平面的第一卦限部分的上侧.

(1) 求曲面积分 $I=\iint\limits_{\Sigma}x\,\mathrm{d}y\mathrm{d}z+y\,\mathrm{d}z\mathrm{d}x+z\,\mathrm{d}x\mathrm{d}y$;

(2) 问 x_0,y_0,z_0 取何值时,I 的值最小?

JK　114. 设函数 $f(x)$ 在 $(0,+\infty)$ 内具有二阶连续导数,且 $f(1)=f'(1)=\dfrac{3}{2}$,函数 $z=f\left(\dfrac{y}{x}\right)$ 满足方程 $x^2\dfrac{\partial^2 z}{\partial x^2}+y^2\dfrac{\partial^2 z}{\partial y^2}=\dfrac{y}{x}$,$L$ 为线段 $y=2x(1\leqslant x\leqslant 2)$. 求曲线积分 $\int_L f\left(\dfrac{y}{x}\right)\mathrm{d}s$.

JK　115. 求平面 $x+2y+2z=0$ 包含在椭球体 $x^2+2y^2+4z^2\leqslant 8$ 内部的那部分平面块的面积.

JK　116. 设某曲线 L 的线密度 $\mu=x^2+y^2+z^2$,其方程为

$$x=\mathrm{e}^t\cos t,\ y=\mathrm{e}^t\sin t,\ z=\sqrt{2}\,\mathrm{e}^t,\ -\infty<t\leqslant 0.$$

(1) 求曲线 L 的弧长 l;

(2) 求曲线 L 对 z 轴的转动惯量 J;

(3) 求曲线 L 对位于原点处质量为 m 的质点的引力(k 为引力常数).

二、线性代数

第1章 行列式

一、选择题

QK 1. $\begin{vmatrix} 2x & -x & 1 & 3 \\ 2 & 3x & -1 & 2 \\ 1 & 2 & -x & 1 \\ 1 & 2 & 3 & x \end{vmatrix}$ 中 x^3 的系数为(　　).

(A)2　　(B)-2　　(C)3　　(D)-3

QK 2. 一个值不为零的 n 阶行列式，经过若干次矩阵的初等变换后，该行列式的值(　　).

(A) 保持不变　　(B) 保持不为零

(C) 保持相同的正、负号　　(D) 可以变为任何值

K 3. 设3阶行列式 $|\boldsymbol{A}|=\begin{vmatrix} a_{11} & a_{12} & a_{13} \\ a_{21} & a_{22} & a_{23} \\ a_{31} & a_{32} & a_{33} \end{vmatrix}$，其中 $a_{ij}=1$ 或 $-1, i=1,2,3; j=1,2,3$. 则 $|\boldsymbol{A}|$ 的最大值是(　　).

(A)3　　(B)4　　(C)5　　(D)6

QK 4. 设 a,b,c 是方程 $x^3-2x+4=0$ 的三个根，则行列式 $\begin{vmatrix} a & b & c \\ b & c & a \\ c & a & b \end{vmatrix}$ 的值等于(　　).

(A)1　　(B)0　　(C)-1　　(D)-2

QK 5. 行列式

$$\begin{vmatrix} x & 1 & 0 & 1 \\ 0 & 1 & x & 1 \\ 1 & x & 1 & 0 \\ 1 & 0 & 1 & x \end{vmatrix}$$

展开式中的常数项为(　　).

(A)4　(B)2　(C)1　(D)0

QK 6. 不恒为零的函数 $f(x)=\begin{vmatrix} a_1+x & b_1+x & c_1+x \\ a_2+x & b_2+x & c_2+x \\ a_3+x & b_3+x & c_3+x \end{vmatrix}$(　　).

(A) 没有零点　(B) 至多有 1 个零点

(C) 恰有 2 个零点　(D) 恰有 3 个零点

K 7. 若 $f(x)=\begin{vmatrix} 3x+1 & x+11 & x-2 \\ x+1 & x+4 & -1 \\ x & 7 & x-1 \end{vmatrix}$,则 $f(x)$ 的拐点为(　　).

(A)(1,7)　(B)(−1,−1)　(C)(0,0)　(D)(−2,−2)

QK 8. $\begin{vmatrix} 1 & 3 & 9 & 27 \\ 1 & -1 & 1 & -1 \\ 2 & 4 & 8 & 16 \\ 1 & -2 & 4 & -8 \end{vmatrix}=$(　　).

(A)240　(B)480　(C)−240　(D)−480

K 9. 多项式 $f(x)=\begin{vmatrix} x & 2x & -x & 1 \\ 2 & 1 & 0 & 0 \\ 1 & 0 & -1 & 0 \\ -2 & 0 & 0 & 2 \end{vmatrix}$的常数项是(　　).

(A)1　(B)−2　(C)3　(D)4

QK 10. 排列 $123ijk689$ 是偶排列,那么 i,j,k 分别为(　　).

(A)$i=4,j=5,k=7$　(B)$i=4,j=7,k=5$

(C)$i=7,j=4,k=5$　(D)$i=5,j=7,k=4$

K 11. 行列式 $\begin{vmatrix} a_1 & a_2 & \cdots & a_n & 0 \\ 1 & 0 & \cdots & 0 & b_1 \\ 0 & 1 & \cdots & 0 & b_2 \\ \vdots & \vdots & & \vdots & \vdots \\ 0 & 0 & \cdots & 1 & b_n \end{vmatrix}$的值为(　　).

(A)$\sum_{j=1}^{n} a_j b_j$　(B)$-\sum_{j=1}^{n} a_j b_j$

(C)$(-1)^n \sum_{j=1}^{n} a_j b_j$　(D)$(-1)^{n+1} \sum_{j=1}^{n} a_j b_j$

QK 12. 设矩阵 $\boldsymbol{A}=\begin{bmatrix}1 & -3 & 1 & -2\\ 2 & -5 & -2 & -2\\ 0 & -4 & 5 & 1\\ -3 & 9 & -6 & 7\end{bmatrix}$，$M_{3j}$ 是 $\boldsymbol{A}$ 的第3行第 j 列元素的余子式 $(j=1,2,3,4)$，则 $M_{31}+3M_{32}-2M_{33}+2M_{34}=$(　　).

(A)0　　(B)1　　(C)-2　　(D)-3

QK 13. 设 $\boldsymbol{A}=[\boldsymbol{\alpha}_1,\boldsymbol{\alpha}_2,\boldsymbol{\alpha}_3]$，$\boldsymbol{\alpha}_1,\boldsymbol{\alpha}_2,\boldsymbol{\alpha}_3$ 为线性无关的3维列向量，$\boldsymbol{P}$ 为3阶矩阵，且 $\boldsymbol{PA}=[-\boldsymbol{\alpha}_1,-2\boldsymbol{\alpha}_2,-3\boldsymbol{\alpha}_3]$，则 $|\boldsymbol{P}-\boldsymbol{E}|=$(　　).

(A)6　　(B)-6　　(C)24　　(D)-24

QK 14. $\boldsymbol{A}$ 是 n 阶方阵，$\boldsymbol{A}^*$ 是 $\boldsymbol{A}$ 的伴随矩阵，则 $|\boldsymbol{A}^*|=$(　　).

(A)$|\boldsymbol{A}|$　　(B)$|\boldsymbol{A}^{-1}|$　　(C)$|\boldsymbol{A}^{n-1}|$　　(D)$|\boldsymbol{A}^n|$

QK 15. 设 $\boldsymbol{A},\boldsymbol{B}$ 是 n 阶方阵，满足 $\boldsymbol{AB}=\boldsymbol{O}$，则必有(　　).

(A)$\boldsymbol{A}=\boldsymbol{O}$ 或 $\boldsymbol{B}=\boldsymbol{O}$　　(B)$\boldsymbol{A}+\boldsymbol{B}=\boldsymbol{O}$

(C)$|\boldsymbol{A}|=0$ 或 $|\boldsymbol{B}|=0$　　(D)$|\boldsymbol{A}|+|\boldsymbol{B}|=0$

K 16. $\boldsymbol{A}$ 是 n 阶矩阵，$|\boldsymbol{A}|=3$，则 $|(\boldsymbol{A}^*)^*|=$(　　).

(A)$3^{(n-1)^2}$　　(B)3^{n^2-1}　　(C)3^{n^2-n}　　(D)3^{n-1}

QK 17. 设 $\boldsymbol{A}$ 为 $m\times n$ 矩阵，$\boldsymbol{B}$ 为 $n\times m$ 矩阵，且 $m>n$，则必有(　　).

(A)$|\boldsymbol{AB}|=0$

(B)$|\boldsymbol{BA}|=0$

(C)$|\boldsymbol{AB}|=|\boldsymbol{BA}|$

(D)$||\boldsymbol{BA}|\boldsymbol{BA}|=|\boldsymbol{BA}||\boldsymbol{BA}|$

QK 18. $\boldsymbol{A}$ 是 n 阶矩阵，则 $\left|-2\begin{bmatrix}\boldsymbol{A}^* & \boldsymbol{O}\\ \boldsymbol{A}+\boldsymbol{A}^* & \boldsymbol{A}\end{bmatrix}\right|=$(　　).

(A)$(-2)^n|\boldsymbol{A}|^n$　　(B)$(4|\boldsymbol{A}|)^n$

(C)$(-2)^{2n}|\boldsymbol{A}^*|^n$　　(D)$|4\boldsymbol{A}|^n$

K 19. n 阶行列式 $D_n=\begin{vmatrix}0 & 0 & \cdots & 0 & a & b\\ 0 & 0 & \cdots & a & b & 0\\ \vdots & \vdots & & \vdots & \vdots & \vdots\\ a & b & \cdots & 0 & 0 & 0\\ b & 0 & \cdots & 0 & 0 & a\end{vmatrix}$ 的值为(　　).

(A) $(-1)^{\frac{n^2-n}{2}}a^n+(-1)^{\frac{n^2+n}{2}}b^n$　　(B) $(-1)^{\frac{n^2+n+2}{2}}a^n+(-1)^{\frac{n^2+n}{2}}b^n$

(C) $(-1)^{\frac{n^2-n+4}{2}}a^n+(-1)^{\frac{n^2-3n+2}{2}}b^n$　　(D) $(-1)^{\frac{n^2-3n+2}{2}}a^n+(-1)^{\frac{n^2-n+4}{2}}b^n$

QK 20. 设 $f(x)=\begin{vmatrix} x & a_1 & a_2 & \cdots & a_n \\ a_1 & x & a_2 & \cdots & a_n \\ a_1 & a_2 & x & \cdots & a_n \\ \vdots & \vdots & \vdots & & \vdots \\ a_1 & a_2 & a_3 & \cdots & x \end{vmatrix}$ ($a_1,a_2,\cdots,a_n$ 为互不相同的正实数,$n>2$),则方程 $f'(x)=0$ 的实根个数为(　　).

(A) 1　　(B) $n-1$　　(C) n　　(D) $n+1$

QK 21. 设 $\boldsymbol{\alpha}_1,\boldsymbol{\alpha}_2,\cdots,\boldsymbol{\alpha}_n$ 是 n 维列向量,$\boldsymbol{A}=[\boldsymbol{\alpha}_1,\boldsymbol{\alpha}_2,\cdots,\boldsymbol{\alpha}_n]$,$\boldsymbol{B}=[\boldsymbol{\alpha}_n,\boldsymbol{\alpha}_1,\boldsymbol{\alpha}_2,\cdots,\boldsymbol{\alpha}_{n-1}]$. 若 $|\boldsymbol{A}|=1$,则 $|\boldsymbol{A}-\boldsymbol{B}|=$(　　).

(A) $1+(-1)^n$　　(B) $1+(-1)^{n+1}$

(C) $(-1)^n$　　(D) 0

K 22. 设 $\boldsymbol{A}$ 是 3 阶方阵,满足 $|3\boldsymbol{A}+2\boldsymbol{E}|=0$,$|\boldsymbol{A}-\boldsymbol{E}|=0$,$|3\boldsymbol{E}-2\boldsymbol{A}|=0$,则 $|\boldsymbol{A}|=$(　　).

(A) 2　　(B) 1　　(C) -1　　(D) -2

QK 23. 设 $D=\begin{vmatrix} 3 & 0 & 4 & 0 \\ 2 & 2 & 2 & 2 \\ 0 & -7 & 0 & 0 \\ 5 & 3 & -2 & 2 \end{vmatrix}$,则其第 4 行各元素的余子式之和为(　　).

(A) 28　　(B) -28　　(C) 20　　(D) -29

K 24. 设 $\boldsymbol{A},\boldsymbol{B},\boldsymbol{C},\boldsymbol{D}$ 都是 2×2 矩阵,$r\left(\begin{bmatrix} \boldsymbol{A} & \boldsymbol{B} \\ \boldsymbol{C} & \boldsymbol{D} \end{bmatrix}\right)=2$,则行列式 $\begin{vmatrix} |\boldsymbol{A}| & |\boldsymbol{B}| \\ |\boldsymbol{C}| & |\boldsymbol{D}| \end{vmatrix}=$(　　).

(A) $|\boldsymbol{A}||\boldsymbol{D}|$　　(B) $-|\boldsymbol{B}||\boldsymbol{C}|$　　(C) 0　　(D) 1

K 25. 设 4 阶行列式的第 2 列元素依次为 $2,a_{22},a_{32},3$,第 2 列元素的余子式依次为 $1,-1,1,-1$,第 4 列元素的代数余子式依次为 $3,1,4,2$,且行列式的值为 1,则 a_{22},a_{32} 的取值为(　　).

(A) $a_{22}=-4,a_{32}=-2$　　(B) $a_{22}=4,a_{32}=-2$

(C) $a_{22}=-\dfrac{12}{5},a_{32}=-\dfrac{12}{5}$　　(D) $a_{22}=\dfrac{12}{5},a_{32}=\dfrac{12}{5}$

K　26. 设 $f(x)=\begin{vmatrix} x+1 & 2 & 3 & \cdots & n \\ 1 & x+2 & 3 & \cdots & n \\ 1 & 2 & x+3 & \cdots & n \\ \vdots & \vdots & \vdots & & \vdots \\ 1 & 2 & 3 & \cdots & x+n \end{vmatrix}$，则 $f^{(n-1)}(0)=$(　　).

(A) $\frac{1}{2}n(n+1)$　　(B) $\frac{1}{2}(n+1)!$

(C) $n!$　　(D) $(n+1)!$

二、填空题

QK　1. 设行列式 $D=\begin{vmatrix} 2 & 0 & -1 & 1 \\ 3 & 1 & 0 & 1 \\ 4 & 1 & 1 & 0 \\ 5 & -1 & 0 & a \end{vmatrix}$，$A_{ij}$ 表示元素 $a_{ij}(i,j=1,2,3,4)$ 的代数余子式. 若 $A_{11}-A_{21}+A_{41}=4$，则 $a=$________.

QK　2. $\begin{vmatrix} 2 & 1 & 0 & -1 \\ -1 & 2 & -5 & 3 \\ 3 & 0 & a & b \\ 1 & -3 & 5 & 0 \end{vmatrix}-\begin{vmatrix} 2 & 1 & 0 & -1 \\ -1 & 2 & -5 & 3 \\ 3 & 0 & a & b \\ 1 & -1 & 1 & 0 \end{vmatrix}=$________.

QK　3. 设 $D_3=\begin{vmatrix} 1 & 1 & 1 \\ 1 & 2 & 5 \\ 34 & 1 & 34 \end{vmatrix}$，则 $5A_{11}+2A_{12}+A_{13}=$________.

QK　4. 已知 $D_n=\begin{vmatrix} 1 & 2 & 3 & \cdots & n \\ 1 & 2 & 0 & \cdots & 0 \\ 1 & 0 & 3 & \cdots & 0 \\ \vdots & \vdots & \vdots & & \vdots \\ 1 & 0 & 0 & \cdots & n \end{vmatrix}(n>2)$，则 $A_{11}+A_{12}+\cdots+A_{1n}=$________.

QK　5. 设 3 阶矩阵 $\boldsymbol{A}$ 的伴随矩阵为 $\boldsymbol{A}^*$，且 $|\boldsymbol{A}|=\frac{1}{2}$，则 $|\boldsymbol{A}^{-1}+2\boldsymbol{A}^*|=$________.

QK　6. $\begin{vmatrix} a_1 & 0 & 0 & b_1 \\ 0 & a_2 & b_2 & 0 \\ 0 & b_3 & a_3 & 0 \\ b_4 & 0 & 0 & a_4 \end{vmatrix}=$________.

K 7. 设 n 阶矩阵 $\boldsymbol{A}=\begin{bmatrix}0&1&1&\cdots&1&1\\1&0&1&\cdots&1&1\\1&1&0&\cdots&1&1\\\vdots&\vdots&\vdots&&\vdots&\vdots\\1&1&1&\cdots&0&1\\1&1&1&\cdots&1&0\end{bmatrix}$，则 $|\boldsymbol{A}|=$________.

K 8. 设 $D_n=\begin{vmatrix}a+2&2a&0&\cdots&0&0\\1&a+2&2a&\cdots&0&0\\0&1&a+2&\cdots&0&0\\\vdots&\vdots&\vdots&&\vdots&\vdots\\0&0&0&\cdots&a+2&2a\\0&0&0&\cdots&1&a+2\end{vmatrix}$，其中 $n\geqslant 3$.

则 $\dfrac{D_n-aD_{n-1}}{D_{n-1}-aD_{n-2}}=$________.

QK 9. 设 $\boldsymbol{A},\boldsymbol{B}$ 均是 n 阶矩阵，其中 $|\boldsymbol{A}|=-2$，$|\boldsymbol{B}|=3$，$|\boldsymbol{A}+\boldsymbol{B}|=6$，则 $\big||\boldsymbol{A}|\boldsymbol{B}^*+|\boldsymbol{B}|\boldsymbol{A}^*\big|=$________.

QK 10. 设 $\boldsymbol{A}$ 是 n 阶矩阵，$f(x)=\begin{vmatrix}x^4-1&-x^2+1\\x^4&x^6+1\end{vmatrix}$，若 $f(\boldsymbol{A})=-\boldsymbol{E}$，则 $(\boldsymbol{E}-\boldsymbol{A})^{-1}=$________.

K 11. 行列式

$$D_{n+1}=\begin{vmatrix}a^n&(a+1)^n&\cdots&(a+n)^n\\a^{n-1}&(a+1)^{n-1}&\cdots&(a+n)^{n-1}\\\vdots&\vdots&&\vdots\\a&a+1&\cdots&a+n\\1&1&\cdots&1\end{vmatrix}=\_\_\_\_\_\_\_\_.$$

QK 12. $\boldsymbol{A}=\begin{bmatrix}a\\b\\c\\d\end{bmatrix}[x,y,z,w]$，其中 a,b,c,d,x,y,z,w 是任意常数，则 $|\boldsymbol{A}|=$________.

QK 13. 设 $x_i\neq 0, i=1,2,3,4$，则行列式

$$D=\begin{vmatrix} a+x_1 & a & a & a \\ a & a+x_2 & a & a \\ a & a & a+x_3 & a \\ a & a & a & a+x_4 \end{vmatrix}=\_\_\_\_\_\_\_\_.$$

K 14. n 阶行列式 $\begin{vmatrix} 2 & 0 & \cdots & 0 & 2 \\ -1 & 2 & \cdots & 0 & 2 \\ \vdots & \vdots & & \vdots & \vdots \\ 0 & 0 & \cdots & 2 & 2 \\ 0 & 0 & \cdots & -1 & 2 \end{vmatrix}=\_\_\_\_\_\_\_\_.$

K 15. $D_n=\begin{vmatrix} b & -1 & 0 & \cdots & 0 & 0 \\ 0 & b & -1 & \cdots & 0 & 0 \\ \vdots & \vdots & \vdots & & \vdots & \vdots \\ 0 & 0 & 0 & \cdots & b & -1 \\ a_n & a_{n-1} & a_{n-2} & \cdots & a_2 & b+a_1 \end{vmatrix}=\_\_\_\_\_\_\_\_.$

Q K 16. 已知3阶行列式 $|\boldsymbol{A}|=-9$,其第2行元素为[1,1,2],第3行元素为[2,2,1],则 $A_{31}+A_{32}-3A_{33}=\_\_\_\_\_\_\_\_.$

K 17. 已知3阶行列式 $|\boldsymbol{A}|$ 的元素 a_{ij} 均为实数,且 a_{ij} 不全为0.若

$$a_{ij}=-A_{ij}(i,j=1,2,3),$$

其中 A_{ij} 是 a_{ij} 的代数余子式,则 $|\boldsymbol{A}|=\_\_\_\_\_\_\_\_.$

K 18. 设 $n(n>1)$ 阶行列式 $|\boldsymbol{A}|=4$,$\boldsymbol{A}$ 中各列元素之和均为2,记 $\boldsymbol{A}$ 的元素 a_{ij} 的代数余子式为 A_{ij},则 $\sum\limits_{i=1}^{n}\sum\limits_{j=1}^{n}A_{ij}=\_\_\_\_\_\_\_\_.$

Q K 19. 设多项式函数 $f(x)=\begin{vmatrix} x & 1 & 2 & 3 \\ 2 & x+1 & -1 & 4 \\ 0 & 2 & x & 4 \\ 5 & 1 & 0 & x-1 \end{vmatrix}$,则 $f(x)$ 的四阶导数 $f^{(4)}(x)=\_\_\_\_\_\_\_\_.$

Q K 20. 设 $\boldsymbol{A}$ 是 n 阶实对称矩阵,满足 $\boldsymbol{A}^2=\boldsymbol{A}$,且 $r(\boldsymbol{A})=r$,则 $|\boldsymbol{E}+\boldsymbol{A}|=\_\_\_\_\_\_\_\_.$

Q K 21. 设 $\boldsymbol{A}$ 是 n 阶矩阵,且 $|\boldsymbol{A}|=5$,则 $|(2\boldsymbol{A})^*|=\_\_\_\_\_\_\_\_.$

K 22. $|\boldsymbol{A}_n|=\begin{vmatrix} 6 & 5 & 0 & \cdots & 0 & 0 \\ 1 & 6 & 5 & \cdots & 0 & 0 \\ 0 & 1 & 6 & \cdots & 0 & 0 \\ \vdots & \vdots & \vdots & & \vdots & \vdots \\ 0 & 0 & 0 & \cdots & 6 & 5 \\ 0 & 0 & 0 & \cdots & 1 & 6 \end{vmatrix}=$________.

K 23. 设 n 阶行列式 $|\boldsymbol{A}|=a$，将 $\boldsymbol{A}$ 的每一列减去其余各列的行列式记成 $|\boldsymbol{B}|$，则 $|\boldsymbol{B}|=$________.

K 24. 已知 $\boldsymbol{A},\boldsymbol{B}$ 为 3 阶相似矩阵，$\lambda_1=1,\lambda_2=2$ 为 $\boldsymbol{A}$ 的两个特征值，行列式 $|\boldsymbol{B}|=2$，则行列式 $\begin{vmatrix} (\boldsymbol{A}+\boldsymbol{E})^{-1} & \boldsymbol{O} \\ \boldsymbol{O} & (2\boldsymbol{B})^* \end{vmatrix}=$________.

K 25. 设 $\boldsymbol{A},\boldsymbol{B}$ 是两个相似的 3 阶矩阵，$\boldsymbol{A}^*$ 是 $\boldsymbol{A}$ 的伴随矩阵，且 $\boldsymbol{A}$ 有特征值 1，$\boldsymbol{B}$ 有特征值 2,3，则行列式 $|\boldsymbol{A}^*\boldsymbol{B}-\boldsymbol{A}^{-1}|=$________.

K 26. 设 n 阶行列式

$$D_n=\begin{vmatrix} 2 & 1 & 0 & \cdots & 0 & 0 \\ 1 & 2 & 1 & \cdots & 0 & 0 \\ 0 & 1 & 2 & \cdots & 0 & 0 \\ \vdots & \vdots & \vdots & & \vdots & \vdots \\ 0 & 0 & 0 & \cdots & 2 & 1 \\ 0 & 0 & 0 & \cdots & 1 & 2 \end{vmatrix},$$

则 $\sum_{i=1}^{n} D_i=$________.

K 27. 设 $\boldsymbol{A}_{m\times n},\boldsymbol{B}_{n\times n},\boldsymbol{C}_{n\times m}$，其中 $\boldsymbol{AB}=\boldsymbol{A},\boldsymbol{BC}=\boldsymbol{O},r(\boldsymbol{A})=n$，则 $|\boldsymbol{CA}-\boldsymbol{B}|=$________.

三、解答题

QK 1. 计算行列式

$$D_5=\begin{vmatrix} 0 & 0 & 0 & x & y \\ 0 & 0 & x & y & 0 \\ 0 & x & y & 0 & 0 \\ x & y & 0 & 0 & 0 \\ y & 0 & 0 & 0 & x \end{vmatrix}.$$

Q K　2. 计算行列式

$$\begin{vmatrix} 1 & 1 & 1 & 1+x \\ 1 & 1 & 1-x & 1 \\ 1 & 1+y & 1 & 1 \\ 1-y & 1 & 1 & 1 \end{vmatrix}.$$

Q K　3. 证明行列式

$$\begin{vmatrix} a-b-c & 2a & 2a \\ 2b & b-c-a & 2b \\ 2c & 2c & c-a-b \end{vmatrix}=(a+b+c)^3.$$

Q K　4. 证明

$$\begin{vmatrix} y+z & z+x & x+y \\ x+y & y+z & z+x \\ z+x & x+y & y+z \end{vmatrix}=2\begin{vmatrix} x & y & z \\ z & x & y \\ y & z & x \end{vmatrix}.$$

K　5. 计算 n 阶行列式

$$D_n=\begin{vmatrix} a_1-x & a_2 & \cdots & a_n \\ a_1 & a_2-x & \cdots & a_n \\ \vdots & \vdots & & \vdots \\ a_1 & a_2 & \cdots & a_n-x \end{vmatrix}.$$

K　6. 计算行列式

$$D_{n+1}=\begin{vmatrix} a_0 & a_1 & a_2 & \cdots & a_{n-1} & a_n \\ -1 & x & 0 & \cdots & 0 & 0 \\ 0 & -1 & x & \cdots & 0 & 0 \\ \vdots & \vdots & \vdots & & \vdots & \vdots \\ 0 & 0 & 0 & \cdots & -1 & x \end{vmatrix}.$$

K　7. 计算行列式

$$D_n=\begin{vmatrix} 1+a_1 & 1 & \cdots & 1 \\ 2 & 2+a_2 & \cdots & 2 \\ \vdots & \vdots & & \vdots \\ n & n & \cdots & n+a_n \end{vmatrix},$$

其中 $a_1a_2\cdots a_n\neq 0$.

QK 8. $|\boldsymbol{A}|$ 是 n 阶行列式,其中有 1 行(或 1 列)元素全是 1.证明:这个行列式的全部代数余子式的和等于该行列式的值.

QK 9.计算 $D_5=\begin{vmatrix}1-x & x & 0 & 0 & 0\\ -1 & 1-x & x & 0 & 0\\ 0 & -1 & 1-x & x & 0\\ 0 & 0 & -1 & 1-x & x\\ 0 & 0 & 0 & -1 & 1-x\end{vmatrix}$.

K 10.计算 $D_n=\begin{vmatrix}x+1 & x & x & \cdots & x\\ x & x+\frac{1}{2} & x & \cdots & x\\ x & x & x+\frac{1}{3} & \cdots & x\\ \vdots & \vdots & \vdots & & \vdots\\ x & x & x & \cdots & x+\frac{1}{n}\end{vmatrix}$.

K 11.计算 n 阶行列式

$$D_n=\begin{vmatrix}a_1+x_1 & a_2 & \cdots & a_n\\ a_1 & a_2+x_2 & \cdots & a_n\\ \vdots & \vdots & & \vdots\\ a_1 & a_2 & \cdots & a_n+x_n\end{vmatrix},$$

其中 $x_i\neq 0,i=1,2,\cdots,n$.

QK 12.设 $\boldsymbol{A}$ 是 n 阶矩阵,满足 $\boldsymbol{AA}^{\mathrm{T}}=\boldsymbol{E}$($\boldsymbol{E}$ 是 n 阶单位矩阵,$\boldsymbol{A}^{\mathrm{T}}$ 是 $\boldsymbol{A}$ 的转置矩阵),$|\boldsymbol{A}|<0$,求 $|\boldsymbol{A}+\boldsymbol{E}|$.

K 13.设 n 是奇数,将 $1,2,3,\cdots,n^2$ 共 n^2 个数,排成一个 n 阶行列式,使其每行及每列元素的和都相等.证明:该行列式的值是全体元素之和的整数倍.

QK 14.计算行列式 $\begin{vmatrix}a & b & c & d\\ -b & a & -d & c\\ -c & d & a & -b\\ -d & -c & b & a\end{vmatrix}$.

K 15. 计算 $D_n=\begin{vmatrix}0&1&1&\cdots&1&1\\1&0&x&\cdots&x&x\\1&x&0&\cdots&x&x\\\vdots&\vdots&\vdots&&\vdots&\vdots\\1&x&x&\cdots&0&x\\1&x&x&\cdots&x&0\end{vmatrix}$,其中 $n>2$.

QK 16.(1)$\boldsymbol{A},\boldsymbol{B}$ 为 n 阶方阵. 证明:

$$\begin{vmatrix}\boldsymbol{A}&\boldsymbol{B}\\\boldsymbol{B}&\boldsymbol{A}\end{vmatrix}=|\boldsymbol{A}+\boldsymbol{B}||\boldsymbol{A}-\boldsymbol{B}|;$$

(2) 计算 $\begin{vmatrix}1&2&5&6\\3&4&1&3\\5&6&1&2\\1&3&3&4\end{vmatrix}$.

第 2 章 矩 阵

一、选择题

QK 1. 将 3 阶方阵 $\boldsymbol{A}$ 的第 1 行的 2 倍加到第 2 行得矩阵 $\boldsymbol{B}$，将 3 阶方阵 $\boldsymbol{C}$ 的第 3 列的 -3 倍加到第 1 列得矩阵 $\boldsymbol{D}$. 若 $\boldsymbol{BD}=\begin{bmatrix}1&0&0\\0&2&0\\0&0&3\end{bmatrix}$，则 $\boldsymbol{AC}=$（　　）.

(A) $\begin{bmatrix}1&0&0\\2&2&0\\-9&0&3\end{bmatrix}$　　(B) $\begin{bmatrix}1&0&0\\-2&2&0\\9&0&3\end{bmatrix}$

(C) $\begin{bmatrix}-3&0&0\\-6&2&0\\0&0&3\end{bmatrix}$　　(D) $\begin{bmatrix}1&0&0\\-2&2&0\\-1&0&3\end{bmatrix}$

QK 2. 已知 $\begin{bmatrix}1&1&1\\1&2&1\\1&1&1\end{bmatrix}=\begin{bmatrix}1&1\\1&2\\1&1\end{bmatrix}\boldsymbol{A}$，则 $\boldsymbol{A}=$（　　）.

(A) $\begin{bmatrix}0&1&0\\1&0&1\end{bmatrix}$　　(B) $\begin{bmatrix}1&0&1\\0&1&0\end{bmatrix}$

(C) $\begin{bmatrix}1&1&0\\0&0&1\end{bmatrix}$　　(D) $\begin{bmatrix}1&0&1\\0&0&1\end{bmatrix}$

QK 3. 已知 $\boldsymbol{A},\boldsymbol{B}$ 为同阶可逆矩阵，则（　　）.

(A) $(\boldsymbol{A}+\boldsymbol{B})^{-1}=\boldsymbol{A}^{-1}+\boldsymbol{B}^{-1}$　　(B) $(\boldsymbol{AB})^{-1}=\boldsymbol{A}^{-1}\boldsymbol{B}^{-1}$

(C) $(\boldsymbol{A}^{n})^{-1}=(\boldsymbol{A}^{-1})^{n}$　　(D) $(2\boldsymbol{A})^{-1}=2\boldsymbol{A}^{-1}$

QK 4. 设 $\boldsymbol{A}=\begin{bmatrix}1&1&1&1\\0&1&-1&a\\2&3&a&4\\3&5&1&9\end{bmatrix}$，若 $r(\boldsymbol{A}^{*})=1$，则 $a=$（　　）.

(A) 1　　(B) 3　　(C) 1 或 3　　(D) 无法确定

QK 5. 设 $\boldsymbol{A},\boldsymbol{B}$ 都是 n 阶非零矩阵,且 $\boldsymbol{AB}=\boldsymbol{O}$,则 $\boldsymbol{A}$ 和 $\boldsymbol{B}$ 的秩(　　).

(A) 必有一个等于零　　(B) 都小于 n

(C) 一个小于 n,一个等于 n　　(D) 都等于 n

K 6. 设 $\boldsymbol{A}$ 为 4 阶矩阵,其秩 $r(\boldsymbol{A})=3$,那么 $r((\boldsymbol{A}^*)^*)$ 为(　　).

(A)0　　(B)1　　(C)2　　(D)3

QK 7. 设 $\boldsymbol{A}$ 是 n 阶($n\geqslant 2$)可逆矩阵,将 $\boldsymbol{A}$ 的第 1 行的 -1 倍加到第 2 行得 $\boldsymbol{B}$,则(　　).

(A) 将 $\boldsymbol{A}^*$ 的第 1 列的 -1 倍加到第 2 列得 $\boldsymbol{B}^*$

(B) 将 $\boldsymbol{A}^*$ 的第 2 列的 1 倍加到第 1 列得 $\boldsymbol{B}^*$

(C) 将 $\boldsymbol{A}^*$ 的第 1 列的 -1 倍加到第 2 列得 $-\boldsymbol{B}^*$

(D) 将 $\boldsymbol{A}^*$ 的第 2 列的 1 倍加到第 1 列得 $-\boldsymbol{B}^*$

K 8. 已知 $\boldsymbol{A}=\begin{bmatrix}1&1\\0&1\end{bmatrix}$,$\boldsymbol{B}=\begin{bmatrix}1&-1\\0&1\end{bmatrix}$,$\boldsymbol{C},\boldsymbol{D}$ 均为 2 阶矩阵,则(　　).

(A) $\begin{vmatrix}\boldsymbol{A}&\boldsymbol{C}\\\boldsymbol{B}&\boldsymbol{D}\end{vmatrix}=|\boldsymbol{AD}-\boldsymbol{BC}|$

(B) $\begin{vmatrix}\boldsymbol{A}&\boldsymbol{C}\\\boldsymbol{B}&\boldsymbol{D}\end{vmatrix}=|\boldsymbol{A}|\,|\boldsymbol{D}-\boldsymbol{CA}^{-1}\boldsymbol{B}|$

(C) $|\boldsymbol{E}-\boldsymbol{AB}|\neq|\boldsymbol{E}-\boldsymbol{BA}|$

(D) $|\boldsymbol{D}-\boldsymbol{CA}^{-1}\boldsymbol{B}|\,|\boldsymbol{A}|\neq|\boldsymbol{DA}-\boldsymbol{CB}|$

QK 9. 设 $\boldsymbol{A}=\begin{bmatrix}a_{11}&a_{12}&a_{13}\\a_{21}&a_{22}&a_{23}\\a_{31}&a_{32}&a_{33}\end{bmatrix}$,$\boldsymbol{B}=\begin{bmatrix}a_{21}&a_{22}&a_{23}\\a_{11}&a_{12}&a_{13}\\a_{31}+a_{11}&a_{32}+a_{12}&a_{33}+a_{13}\end{bmatrix}$,

$$\boldsymbol{P}_1=\begin{bmatrix}0&1&0\\1&0&0\\0&0&1\end{bmatrix},\boldsymbol{P}_2=\begin{bmatrix}1&0&0\\0&1&0\\1&0&1\end{bmatrix},$$

则必有(　　).

(A)$\boldsymbol{AP}_1\boldsymbol{P}_2=\boldsymbol{B}$　　(B)$\boldsymbol{AP}_2\boldsymbol{P}_1=\boldsymbol{B}$

(C)$\boldsymbol{P}_1\boldsymbol{P}_2\boldsymbol{A}=\boldsymbol{B}$　　(D)$\boldsymbol{P}_2\boldsymbol{P}_1\boldsymbol{A}=\boldsymbol{B}$

K 10. 设 $\boldsymbol{A}=\begin{bmatrix}a_1&b_1&c_1\\a_2&b_2&c_2\\a_3&b_3&c_3\end{bmatrix}$,$\boldsymbol{B}=\begin{bmatrix}c_1&b_1+2a_1&a_1\\c_2&b_2+2a_2&a_2\\c_3&b_3+2a_3&a_3\end{bmatrix}$,$|\boldsymbol{A}|=2$,则 $\boldsymbol{B}^*\boldsymbol{A}=$(　　).

(A) $\begin{bmatrix} 0 & 0 & -2 \\ 0 & -2 & 0 \\ -2 & 4 & 0 \end{bmatrix}$ (B) $\begin{bmatrix} 0 & 0 & 2 \\ 0 & 2 & -4 \\ -2 & 0 & 0 \end{bmatrix}$

(C) $\begin{bmatrix} 0 & 0 & 2 \\ 0 & 2 & 0 \\ 2 & -4 & 0 \end{bmatrix}$ (D) $\begin{bmatrix} 0 & 0 & -2 \\ 0 & -2 & 4 \\ 2 & 0 & 0 \end{bmatrix}$

K 11. 已知矩阵方程 $\boldsymbol{A}=\boldsymbol{BC}$，其中 $\boldsymbol{A}=\begin{bmatrix} 1 & 1 & 1 \\ 1 & -1 & 0 \\ 0 & 1 & 1 \end{bmatrix}$，则 $\boldsymbol{B}$，$\boldsymbol{C}$ 可以是(　　).

(A) $\begin{bmatrix} \frac{1}{\sqrt{2}} & \frac{1}{\sqrt{3}} & -\frac{1}{\sqrt{6}} \\ \frac{1}{\sqrt{2}} & -\frac{1}{\sqrt{3}} & \frac{1}{\sqrt{6}} \\ 0 & \frac{1}{\sqrt{3}} & \frac{2}{\sqrt{6}} \end{bmatrix}$，$\begin{bmatrix} \sqrt{2} & 0 & 0 \\ 0 & \sqrt{3} & 0 \\ \frac{1}{\sqrt{2}} & \frac{2}{\sqrt{3}} & \frac{1}{\sqrt{6}} \end{bmatrix}$

(B) $\begin{bmatrix} \frac{1}{\sqrt{2}} & \frac{1}{\sqrt{3}} & -\frac{1}{\sqrt{6}} \\ \frac{1}{\sqrt{3}} & -\frac{1}{\sqrt{3}} & \frac{1}{\sqrt{3}} \\ \frac{1}{\sqrt{6}} & \frac{1}{\sqrt{3}} & \frac{1}{\sqrt{2}} \end{bmatrix}$，$\begin{bmatrix} \sqrt{2} & 0 & \frac{1}{\sqrt{2}} \\ 0 & \sqrt{3} & \frac{2}{\sqrt{3}} \\ 0 & 0 & \frac{1}{\sqrt{6}} \end{bmatrix}$

(C) $\begin{bmatrix} \frac{1}{\sqrt{2}} & \frac{1}{\sqrt{3}} & -\frac{1}{\sqrt{6}} \\ \frac{1}{\sqrt{3}} & -\frac{1}{\sqrt{3}} & \frac{1}{\sqrt{3}} \\ \frac{1}{\sqrt{6}} & \frac{1}{\sqrt{3}} & \frac{1}{\sqrt{2}} \end{bmatrix}$，$\begin{bmatrix} \sqrt{2} & 0 & 0 \\ 0 & \sqrt{3} & \frac{2}{\sqrt{3}} \\ 0 & 0 & \frac{1}{\sqrt{6}} \end{bmatrix}$

(D) $\begin{bmatrix} \frac{1}{\sqrt{2}} & \frac{1}{\sqrt{3}} & -\frac{1}{\sqrt{6}} \\ \frac{1}{\sqrt{2}} & -\frac{1}{\sqrt{3}} & \frac{1}{\sqrt{6}} \\ 0 & \frac{1}{\sqrt{3}} & \frac{2}{\sqrt{6}} \end{bmatrix}$，$\begin{bmatrix} \sqrt{2} & 0 & \frac{1}{\sqrt{2}} \\ 0 & \sqrt{3} & \frac{2}{\sqrt{3}} \\ 0 & 0 & \frac{1}{\sqrt{6}} \end{bmatrix}$

QK 12. 设 $\boldsymbol{A}$ 是 $n(n \geqslant 2)$ 阶可逆方阵，$\boldsymbol{A}^*$ 是 $\boldsymbol{A}$ 的伴随矩阵，则 $(\boldsymbol{A}^*)^* =$（　　）.

(A) $|\boldsymbol{A}|^{n-1}\boldsymbol{A}$　　(B) $|\boldsymbol{A}|^{n+1}\boldsymbol{A}$

(C) $|\boldsymbol{A}|^{n-2}\boldsymbol{A}$　　(D) $|\boldsymbol{A}|^{n+2}\boldsymbol{A}$

QK 13. 设 $\boldsymbol{A}, \boldsymbol{B}$ 是 n 阶矩阵，则下列结论正确的是（　　）.

(A) $\boldsymbol{AB} = \boldsymbol{O} \Leftrightarrow \boldsymbol{A} = \boldsymbol{O}$ 且 $\boldsymbol{B} = \boldsymbol{O}$

(B) $|\boldsymbol{A}| = 0 \Leftrightarrow \boldsymbol{A} = \boldsymbol{O}$

(C) $|\boldsymbol{AB}| = 0 \Leftrightarrow |\boldsymbol{A}| = 0$ 或 $|\boldsymbol{B}| = 0$

(D) $\boldsymbol{A} = \boldsymbol{E} \Leftrightarrow |\boldsymbol{A}| = 1$

K 14. 设 $\boldsymbol{A}$ 是 n 阶矩阵，则下列说法错误的是（　　）.

(A) 对任意的 n 维列向量 $\boldsymbol{\xi}$，有 $\boldsymbol{A\xi} = \boldsymbol{0}$，则 $\boldsymbol{A} = \boldsymbol{O}$

(B) 对任意的 n 维列向量 $\boldsymbol{\xi}$，有 $\boldsymbol{\xi}^{\mathrm{T}}\boldsymbol{A\xi} = 0$，则 $\boldsymbol{A} = \boldsymbol{O}$

(C) 对任意的 n 阶矩阵 $\boldsymbol{B}$，有 $\boldsymbol{AB} = \boldsymbol{O}$，则 $\boldsymbol{A} = \boldsymbol{O}$

(D) 对任意的 n 阶矩阵 $\boldsymbol{B}$，有 $\boldsymbol{B}^{\mathrm{T}}\boldsymbol{AB} = \boldsymbol{O}$，则 $\boldsymbol{A} = \boldsymbol{O}$

K 15. 设 3 阶矩阵 $\boldsymbol{A}$ 与 $\boldsymbol{B}$ 等价，则下列结论正确的是（　　）.

(A) 存在可逆矩阵 $\boldsymbol{P}$，使得 $\boldsymbol{PA} = \boldsymbol{B}$

(B) 存在可逆矩阵 $\boldsymbol{Q}$，使得 $\boldsymbol{AQ} = \boldsymbol{B}$

(C) 若 $r(\boldsymbol{A}) = 2$，则 $\boldsymbol{A}$ 可经初等行变换化为矩阵 $\boldsymbol{B}$

(D) 若 $r(\boldsymbol{A}) = 3$，则 $\boldsymbol{A}$ 可经初等列变换化为矩阵 $\boldsymbol{B}$

QK 16. 设 $\boldsymbol{A}, \boldsymbol{B}$ 为 n 阶三角矩阵，则下列运算结果仍为三角矩阵的是（　　）.

(A) $\boldsymbol{A} \pm \boldsymbol{B}$　　(B) $\boldsymbol{AB}$

(C) $\boldsymbol{A}^3$　　(D) $\boldsymbol{A}^{\mathrm{T}} + \boldsymbol{B}$

QK 17. 设 $\boldsymbol{A}$ 是 3 阶方阵，将 $\boldsymbol{A}$ 的第 1 列与第 2 列交换得 $\boldsymbol{B}$，再把 $\boldsymbol{B}$ 的第 2 列加到第 3 列得 $\boldsymbol{C}$，则满足 $\boldsymbol{AQ} = \boldsymbol{C}$ 的可逆矩阵 $\boldsymbol{Q}$ 为（　　）.

(A) $\begin{bmatrix} 0 & 1 & 0 \\ 1 & 0 & 0 \\ 1 & 0 & 1 \end{bmatrix}$　　(B) $\begin{bmatrix} 0 & 1 & 0 \\ 1 & 0 & 1 \\ 0 & 0 & 1 \end{bmatrix}$

(C) $\begin{bmatrix} 0 & 1 & 0 \\ 1 & 0 & 0 \\ 0 & 1 & 1 \end{bmatrix}$　　(D) $\begin{bmatrix} 0 & 1 & 1 \\ 1 & 0 & 0 \\ 0 & 0 & 1 \end{bmatrix}$

QK 18. $\boldsymbol{A}$ 为 3 阶矩阵，将 $\boldsymbol{A}$ 的第 2 列加到第 1 列得矩阵 $\boldsymbol{B}$，再交换 $\boldsymbol{B}$ 的第 2 行与第 3 行

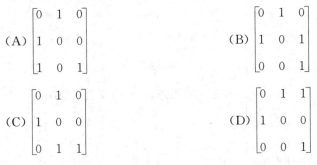

得单位矩阵，记

$$P_1=\begin{bmatrix}1&0&0\\1&1&0\\0&0&1\end{bmatrix},P_2=\begin{bmatrix}1&0&0\\0&0&1\\0&1&0\end{bmatrix},$$

则 $A^{-1}=($ $)$.

(A) P_1P_2　　(B) $P_1^{-1}P_2$

(C) P_2P_1　　(D) $P_2P_1^{-1}$

QK 19. 设 A 是 3 阶实对称矩阵，满足 $A^2+A-2E=O$，且 $r(A-E)=2$，则 $r(A+2E)=$ (　　).

(A) 0　　(B) 1　　(C) 2　　(D) 3

K 20. 设 A 是 3 阶方阵，$A^{\mathrm{T}}A$ 相似于矩阵 $\begin{bmatrix}2&0&3\\0&2&0\\0&0&1\end{bmatrix}$，其中 A^{T} 表示 A 的转置，E 表示 3 阶单位矩阵. 若 $r(5E-A^{\mathrm{T}}A)=k+r(2E-AA^{\mathrm{T}})$，则 k 等于(　　).

(A) 3　　(B) -3　　(C) 2　　(D) -2

QK 21. 设矩阵 $A=\begin{bmatrix}1&0&3\\1&4&5\\0&0&2\end{bmatrix}$，$B=\begin{bmatrix}1&2&1\\3&5&a\\2&5&7\end{bmatrix}$，矩阵 Q 满足 $AQA^*=B$，且 $r(Q)=2$，其中 A^* 是 A 的伴随矩阵，则 $a=($　　$)$.

(A) -1　　(B) 1　　(C) -2　　(D) 2

K 22. 设矩阵 $A=\begin{bmatrix}1&-1&1\\-2&2&1\\1&-1&k\end{bmatrix}$，$r((3E-A)^2)<r(3E-A)$，其中 E 是 3 阶单位矩阵，则常数 $k=($　　$)$.

(A) 3　　(B) 4　　(C) 5　　(D) 6

K 23. 已知矩阵 $A=\begin{bmatrix}1&0&-1\\2&a&1\\1&2&1\end{bmatrix}$，$B$ 是 3 阶矩阵，$r(B)=2$ 且 $r(AB)=1$，则常数 a 及矩阵 $C=\begin{bmatrix}A^*&O\\O&B\end{bmatrix}$ 的秩 $r(C)$ 分别为(　　).

(A)2,3　　(B)3,3　　(C)2,5　　(D)3,5

K　24. 设矩阵 $\boldsymbol{B}=\begin{bmatrix}0&0&0&0\\0&3&0&0\\0&0&-1&2\\0&0&2&2\end{bmatrix}$,矩阵 $\boldsymbol{A}$ 与矩阵 $\boldsymbol{B}$ 相似,则 $r(\boldsymbol{A}-\boldsymbol{E})+r(\boldsymbol{A}-3\boldsymbol{E})=$ (　　).

(A)4　　(B)5　　(C)6　　(D)7

K　25. 已知 $\boldsymbol{Q}=\begin{bmatrix}1&2&3\\2&4&t\\3&6&9\end{bmatrix}$,$\boldsymbol{P}$ 为 3 阶非零矩阵,且满足 $\boldsymbol{PQ}=\boldsymbol{O}$,则(　　).

(A)$t=6$ 时,$\boldsymbol{P}$ 的秩必为 1　　(B)$t=6$ 时,$\boldsymbol{P}$ 的秩必为 2

(C)$t\neq 6$ 时,$\boldsymbol{P}$ 的秩必为 1　　(D)$t\neq 6$ 时,$\boldsymbol{P}$ 的秩必为 2

QK　26. 设 $\boldsymbol{A}$ 为 n 阶可逆矩阵,则下列等式中,不一定成立的是(　　).

(A)$(\boldsymbol{A}+\boldsymbol{A}^{-1})^2=\boldsymbol{A}^2+2\boldsymbol{A}\boldsymbol{A}^{-1}+(\boldsymbol{A}^{-1})^2$

(B)$(\boldsymbol{A}+\boldsymbol{A}^{\mathrm{T}})^2=\boldsymbol{A}^2+2\boldsymbol{A}\boldsymbol{A}^{\mathrm{T}}+(\boldsymbol{A}^{\mathrm{T}})^2$

(C)$(\boldsymbol{A}+\boldsymbol{A}^*)^2=\boldsymbol{A}^2+2\boldsymbol{A}\boldsymbol{A}^*+(\boldsymbol{A}^*)^2$

(D)$(\boldsymbol{A}+\boldsymbol{E})^2=\boldsymbol{A}^2+2\boldsymbol{A}+\boldsymbol{E}$

K　27.(仅数学一)设 xOy 平面上 n 个不同的点为 $M_i(x_i,y_i)$,$i=1,2,\cdots,n(n\geqslant 3)$,记

$$\boldsymbol{A}=\begin{bmatrix}x_1&y_1&1\\x_2&y_2&1\\\vdots&\vdots&\vdots\\x_n&y_n&1\end{bmatrix},$$

则 $M_1,M_2,\cdots,M_n$ 共线的充要条件是 $r(\boldsymbol{A})=$(　　).

(A)1　　(B)2　　(C)3　　(D)4

K　28. 设 $\boldsymbol{A}=\begin{bmatrix}1&2&3\\4&5&6\\7&8&9\end{bmatrix}$,$\boldsymbol{P}=\begin{bmatrix}0&0&1\\0&1&0\\1&0&0\end{bmatrix}$,$\boldsymbol{Q}=\begin{bmatrix}1&0&0\\-1&1&0\\0&0&1\end{bmatrix}$,则 $(\boldsymbol{P}^{-1})^{100}\boldsymbol{A}(\boldsymbol{Q}^{99})^{-1}=$(　　).

(A) $\begin{bmatrix}397&497&597\\4&5&6\\7&8&9\end{bmatrix}$　　(B) $\begin{bmatrix}199&2&3\\499&5&6\\799&8&9\end{bmatrix}$

(C) $\begin{bmatrix} 1 & 2 & 3 \\ 103 & 203 & 303 \\ 7 & 8 & 9 \end{bmatrix}$　　(D) $\begin{bmatrix} 1 & 101 & 3 \\ 4 & 401 & 6 \\ 7 & 701 & 9 \end{bmatrix}$

QK　29. 设 $\boldsymbol{A},\boldsymbol{B}$ 是 n 阶方阵，且 $\boldsymbol{AB}=\boldsymbol{O},\boldsymbol{B}\neq\boldsymbol{O}$，则必有(　　).

(A) $(\boldsymbol{A}+\boldsymbol{B})^2=\boldsymbol{A}^2+\boldsymbol{B}^2$　　(B) $|\boldsymbol{B}|\neq 0$

(C) $|\boldsymbol{B}^*|=0$　　(D) $|\boldsymbol{A}^*|=0$

K　30. (仅数学一) 空间 n 个点 $P_i(x_i,y_i,z_i),i=1,2,\cdots,n,n\geqslant 4$. 矩阵

$$\boldsymbol{A}=\begin{bmatrix} x_1 & y_1 & z_1 & 1 \\ x_2 & y_2 & z_2 & 1 \\ \vdots & \vdots & \vdots & \vdots \\ x_n & y_n & z_n & 1 \end{bmatrix}$$

的秩记为 r，则 n 个点共面的充要条件是(　　).

(A) $r=1$　　(B) $r=2$　　(C) $r=3$　　(D) $1\leqslant r\leqslant 3$

K　31. 设 $\boldsymbol{A},\boldsymbol{B},\boldsymbol{C},\boldsymbol{D}$ 是四个 4 阶矩阵，其中 $\boldsymbol{A},\boldsymbol{D}$ 为非零矩阵，$\boldsymbol{B},\boldsymbol{C}$ 可逆，且满足 $\boldsymbol{ABCD}=\boldsymbol{O}$，若 $r(\boldsymbol{A})+r(\boldsymbol{B})+r(\boldsymbol{C})+r(\boldsymbol{D})=r$，则 r 的取值范围是(　　).

(A) $r<10$　　(B) $10\leqslant r\leqslant 12$　　(C) $12<r<16$　　(D) $r\geqslant 16$

K　32. 设 $\boldsymbol{A}$ 为 n 阶可逆矩阵，$\boldsymbol{\alpha}$ 为 n 维列向量. 记分块矩阵 $\boldsymbol{Q}=\begin{bmatrix} \boldsymbol{A} & \boldsymbol{\alpha} \\ \boldsymbol{\alpha}^{\mathrm{T}} & 1 \end{bmatrix}$，则 $\boldsymbol{Q}$ 可逆的充要条件是(　　).

(A) $\boldsymbol{\alpha}^{\mathrm{T}}\boldsymbol{A}\boldsymbol{\alpha}\neq 1$　　(B) $\boldsymbol{\alpha}^{\mathrm{T}}\boldsymbol{A}\boldsymbol{\alpha}\neq -1$

(C) $\boldsymbol{\alpha}^{\mathrm{T}}\boldsymbol{A}^{-1}\boldsymbol{\alpha}\neq 1$　　(D) $\boldsymbol{\alpha}^{\mathrm{T}}\boldsymbol{A}^{-1}\boldsymbol{\alpha}\neq -1$

K　33. 设 $\boldsymbol{A},\boldsymbol{B}$ 均为 n 阶矩阵，记 $r(\boldsymbol{X})$ 为矩阵 $\boldsymbol{X}$ 的秩，$[\boldsymbol{X}\ \ \boldsymbol{Y}]$ 表示分块矩阵，则(　　).

(A) $r([\boldsymbol{A}\ \ \boldsymbol{AB}])=r(\boldsymbol{A})$

(B) $r([\boldsymbol{A}\ \ \boldsymbol{BA}])=r(\boldsymbol{A})$

(C) $r([\boldsymbol{A}\ \ \boldsymbol{B}])=\max\{r(\boldsymbol{A}),r(\boldsymbol{B})\}$

(D) $r([\boldsymbol{A}\ \ \boldsymbol{B}])=r([\boldsymbol{A}^{\mathrm{T}}\ \ \boldsymbol{B}^{\mathrm{T}}])$

K　34. 已知 n 阶矩阵 $\boldsymbol{A},\boldsymbol{B},\boldsymbol{C}$ 满足 $\boldsymbol{ABC}=\boldsymbol{O}$，$\boldsymbol{E}$ 为 n 阶单位矩阵，记矩阵 $\begin{bmatrix} \boldsymbol{O} & \boldsymbol{A} \\ \boldsymbol{BC} & \boldsymbol{E} \end{bmatrix}$，$\begin{bmatrix} \boldsymbol{AB} & \boldsymbol{C} \\ \boldsymbol{O} & \boldsymbol{E} \end{bmatrix}$，$\begin{bmatrix} \boldsymbol{E} & \boldsymbol{AB} \\ \boldsymbol{AB} & \boldsymbol{O} \end{bmatrix}$ 的秩分别为 r_1,r_2,r_3，则(　　).

(A) $r_1 \leqslant r_2 \leqslant r_3$　　(B) $r_1 \leqslant r_3 \leqslant r_2$

(C) $r_3 \leqslant r_1 \leqslant r_2$　　(D) $r_2 \leqslant r_1 \leqslant r_3$

QK　35. 设 $\boldsymbol{A}, \boldsymbol{B}$ 均为 3 阶可逆矩阵，$\boldsymbol{A}^*, \boldsymbol{B}^*$ 分别为 $\boldsymbol{A}, \boldsymbol{B}$ 的伴随矩阵，则 $\begin{bmatrix} \boldsymbol{O} & \boldsymbol{A} \\ \boldsymbol{B} & \boldsymbol{C} \end{bmatrix}$ 的伴随矩阵为(　　).

(A) $\begin{bmatrix} -\boldsymbol{B}^*\boldsymbol{C}\boldsymbol{A}^* & -|\boldsymbol{A}|\boldsymbol{B}^* \\ |\boldsymbol{B}|\boldsymbol{A}^* & \boldsymbol{O} \end{bmatrix}$　　(B) $\begin{bmatrix} \boldsymbol{B}^*\boldsymbol{C}\boldsymbol{A}^* & -|\boldsymbol{A}|\boldsymbol{B}^* \\ -|\boldsymbol{B}|\boldsymbol{A}^* & \boldsymbol{O} \end{bmatrix}$

(C) $\begin{bmatrix} -\boldsymbol{A}^*\boldsymbol{C}\boldsymbol{B}^* & |\boldsymbol{A}|\boldsymbol{B}^* \\ |\boldsymbol{B}|\boldsymbol{A}^* & \boldsymbol{O} \end{bmatrix}$　　(D) $\begin{bmatrix} \boldsymbol{A}^*\boldsymbol{C}\boldsymbol{B}^* & |\boldsymbol{A}|\boldsymbol{B}^* \\ -|\boldsymbol{B}|\boldsymbol{A}^* & \boldsymbol{O} \end{bmatrix}$

QK　36. 设 $\boldsymbol{A}, \boldsymbol{B}$ 均为 3 阶矩阵，将 $\boldsymbol{A}$ 的第 2 行加到第 3 行得到矩阵 $\boldsymbol{C}$，将 $\boldsymbol{B}$ 的第 1 列的 -3 倍加到第 3 列得到矩阵 $\boldsymbol{D}$，已知 $\boldsymbol{CD} = \begin{bmatrix} 1 & 0 & 0 \\ 0 & -1 & 0 \\ 0 & 1 & 2 \end{bmatrix}$，则 $\boldsymbol{AB} =$(　　).

(A) $\begin{bmatrix} 1 & 0 & 0 \\ 3 & -1 & 2 \\ 0 & 0 & 2 \end{bmatrix}$　　(B) $\begin{bmatrix} 1 & 0 & 0 \\ 0 & -1 & 2 \\ 3 & 0 & 2 \end{bmatrix}$

(C) $\begin{bmatrix} 1 & 3 & 0 \\ 0 & -1 & 0 \\ 0 & 2 & 2 \end{bmatrix}$　　(D) $\begin{bmatrix} 1 & 0 & 3 \\ 0 & -1 & 0 \\ 0 & 2 & 2 \end{bmatrix}$

QK　37. 设 $\boldsymbol{A}, \boldsymbol{B}$ 都是 3 阶矩阵，其中 $\boldsymbol{A} = \begin{bmatrix} 1 & 2 & 1 \\ 3 & 4 & a \\ 1 & 2 & 2 \end{bmatrix}$，$\boldsymbol{AB} - \boldsymbol{A} + \boldsymbol{B} = \boldsymbol{E}$，且 $\boldsymbol{B} \neq \boldsymbol{E}$，$r(\boldsymbol{A} + \boldsymbol{B}) = 3$，则常数 $a =$(　　).

(A) $\dfrac{7}{2}$　　(B) 7　　(C) $\dfrac{13}{2}$　　(D) 13

K　38. 设 $\boldsymbol{A}, \boldsymbol{B}, \boldsymbol{C}$ 均为 n 阶矩阵，$\boldsymbol{E}$ 为单位矩阵，若 $\boldsymbol{B} = \boldsymbol{E} + \boldsymbol{AB}$，$\boldsymbol{C} = \boldsymbol{A} + \boldsymbol{CA}$，则 $\boldsymbol{B} - \boldsymbol{C} =$(　　).

(A) $\boldsymbol{E}$　　(B) $-\boldsymbol{E}$　　(C) $\boldsymbol{A}$　　(D) $-\boldsymbol{A}$

K　39. 设 $\boldsymbol{A}$ 是 3 阶可逆矩阵，把 $\boldsymbol{A}$ 的第 1 列的 2 倍加到第 2 列得到 $\boldsymbol{B}$，$\boldsymbol{A}^*, \boldsymbol{B}^*$ 分别是 $\boldsymbol{A}, \boldsymbol{B}$ 的伴随矩阵，则 $\boldsymbol{B}^*$ 可由(　　).

(A) $\boldsymbol{A}^*$ 的第 1 行的 -2 倍加到第 2 行得到

(B)A^* 的第 2 行的 -2 倍加到第 1 行得到

(C)$-A^*$ 的第 1 行的 -2 倍加到第 2 行得到

(D)$-A^*$ 的第 2 行的 -2 倍加到第 1 行得到

K 40. 下列命题正确的是(　　).

(A) 若 $AB=E$,则 A 必可逆且 $A^{-1}=B$

(B) 若 A,B 均为 n 阶可逆矩阵,则 $A+B$ 必可逆

(C) 若 A,B 均为 n 阶不可逆矩阵,则 $A-B$ 必不可逆

(D) 若 A,B 均为 n 阶不可逆矩阵,则 AB 必不可逆

QK 41. 已知 A 是 n 阶方阵,E 是 n 阶单位矩阵,且 $A^3=E$,则 $\begin{bmatrix} O & -E \\ A & O \end{bmatrix}^{200}=$(　　).

(A) $\begin{bmatrix} A & E \\ O & A \end{bmatrix}$　　(B) $\begin{bmatrix} A & O \\ E & A \end{bmatrix}$

(C) $\begin{bmatrix} A & O \\ O & A \end{bmatrix}$　　(D) $\begin{bmatrix} -A & O \\ O & -A \end{bmatrix}$

K 42. 已知 n 阶矩阵 A 和 n 阶矩阵 B 等价,则必有(　　).

(A)$A+E$ 和 $B+E$ 等价　　(B)A^2 和 B^2 等价

(C)AB 和 BA 等价　　(D)$-2A$ 和 $3B$ 等价

K 43. 设 $m\times n$ 矩阵 A 的 n 个列向量线性无关,则(　　).

(A)$r(A^TA)=n$　　(B)$r(A^TA)<n$

(C)$r(A^TA)>n$　　(D)$r(A^TA)>m$

K 44. 设 A_1,A_2,B_1,B_2 均为 n 阶矩阵,给出以下结论:

① 若 $\begin{bmatrix} A_1 & O \\ O & A_2 \end{bmatrix}$ 相似于 $\begin{bmatrix} B_1 & O \\ O & B_2 \end{bmatrix}$,则 A_1 相似于 B_1,A_2 相似于 B_2;

② 若 A_1 相似于 B_1,A_2 相似于 B_2,则 $\begin{bmatrix} A_1 & O \\ O & A_2 \end{bmatrix}$ 相似于 $\begin{bmatrix} B_1 & O \\ O & B_2 \end{bmatrix}$;

③ 若 $\begin{bmatrix} A_1 & O \\ O & A_2 \end{bmatrix}$ 合同于 $\begin{bmatrix} B_1 & O \\ O & B_2 \end{bmatrix}$,则 A_1 合同于 B_1,A_2 合同于 B_2;

④ 若 A_1 合同于 B_1,A_2 合同于 B_2,则 $\begin{bmatrix} A_2 & O \\ O & A_1 \end{bmatrix}$ 合同于 $\begin{bmatrix} B_1 & O \\ O & B_2 \end{bmatrix}$.

正确结论的个数为(　　).

(A)1 (B)2 (C)3 (D)4

K 45. 设 n 阶实矩阵 $\boldsymbol{A}=(a_{ij})$，A_{ij} 是 a_{ij} 的代数余子式，$|a_{ij}|$，$|A_{ij}|$ 分别表示两个表达式的绝对值，则下列结论不正确的是(　　).

(A) 若 $|\boldsymbol{A}|=1$ 且对任意 i,j 均有 $a_{ij}=-A_{ij}$，则 $\boldsymbol{A}$ 为正交矩阵

(B) 若 $|\boldsymbol{A}|=-1$ 且对任意 i,j 均有 $a_{ij}=-A_{ij}$，则 $\boldsymbol{A}$ 为正交矩阵

(C) 若 $\boldsymbol{A}$ 为正交矩阵且 $|\boldsymbol{A}|=1$，则对任意 i,j，有 $|a_{ij}|=|A_{ij}|$

(D) 若 $\boldsymbol{A}$ 为正交矩阵且 $|\boldsymbol{A}|=-1$，则对任意 i,j，有 $|a_{ij}|=|A_{ij}|$

QK 46. 设 $\boldsymbol{A}=\begin{bmatrix} a & b \\ 0 & c \end{bmatrix}$，其中 a,b,c 为实数，则下列选项中，不能使得 $\boldsymbol{A}^{100}=\boldsymbol{E}$ 的是(　　).

(A) $a=1,b=2,c=-1$ (B) $a=1,b=-2,c=-1$

(C) $a=-1,b=2,c=1$ (D) $a=-1,b=2,c=-1$

K 47. 已知 $\boldsymbol{A}$ 为 n 阶矩阵，$\boldsymbol{E}$ 为 n 阶单位矩阵，记矩阵 $\begin{bmatrix} \boldsymbol{O} & \boldsymbol{A} \\ \boldsymbol{A}^{\mathrm{T}} & \boldsymbol{E} \end{bmatrix}$，$\begin{bmatrix} \boldsymbol{O} & \boldsymbol{A}^{\mathrm{T}}\boldsymbol{A} \\ \boldsymbol{A}^{\mathrm{T}} & \boldsymbol{E} \end{bmatrix}$，$\begin{bmatrix} \boldsymbol{A}^{\mathrm{T}} & \boldsymbol{E} \\ \boldsymbol{A}^{\mathrm{T}}\boldsymbol{A}\boldsymbol{A}^{\mathrm{T}} & \boldsymbol{A}^{\mathrm{T}}\boldsymbol{A} \end{bmatrix}$ 的秩分别为 r_1,r_2,r_3，则(　　).

(A) $r_1=r_2\geqslant r_3$ (B) $r_1=r_2\leqslant r_3$

(C) $r_1=r_3\geqslant r_2$ (D) $r_1=r_3\leqslant r_2$

K 48. 设 $\boldsymbol{A},\boldsymbol{B},\boldsymbol{C}$ 均为 n 阶矩阵，$r(\boldsymbol{AB})\leqslant r(\boldsymbol{BA})$，记 $\begin{bmatrix} \boldsymbol{O} & \boldsymbol{AB} \\ \boldsymbol{B} & \boldsymbol{BC} \end{bmatrix}$，$\begin{bmatrix} \boldsymbol{B} & \boldsymbol{BC} \\ \boldsymbol{AB} & \boldsymbol{O} \end{bmatrix}$，$\begin{bmatrix} \boldsymbol{BA} & \boldsymbol{BAC} \\ \boldsymbol{O} & \boldsymbol{B} \end{bmatrix}$ 的秩分别为 r_1,r_2,r_3，则(　　).

(A) $r_2\leqslant r_3\leqslant r_1$ (B) $r_2\leqslant r_1\leqslant r_3$

(C) $r_1\leqslant r_2\leqslant r_3$ (D) $r_3\leqslant r_2\leqslant r_1$

二、填空题

QK 1. 设 $\begin{bmatrix} k & 1 & 1 \\ 3 & 0 & 1 \\ 0 & 2 & -1 \end{bmatrix}\begin{bmatrix} 3 \\ k \\ -3 \end{bmatrix}=\begin{bmatrix} k \\ 6 \\ 5 \end{bmatrix}$，则 $k=$________.

QK 2. 已知 $\boldsymbol{A}^2-2\boldsymbol{A}+\boldsymbol{E}=\boldsymbol{O}$，则 $(\boldsymbol{A}+\boldsymbol{E})^{-1}=$________.

QK 3. 设 $\boldsymbol{A}$ 是5阶方阵，且 $\boldsymbol{A}^2=\boldsymbol{O}$，则 $r(\boldsymbol{A}^*)=$________.

QK 4. 已知 $\boldsymbol{AB}-\boldsymbol{B}=\boldsymbol{A}$，其中 $\boldsymbol{B}=\begin{bmatrix}1&-2&0\\2&1&0\\0&0&2\end{bmatrix}$，则 $\boldsymbol{A}=$________.

QK 5. 设 $\boldsymbol{B}=\begin{bmatrix}1&2&3\\2&4&6\\3&6&9\end{bmatrix}$，则 $\boldsymbol{B}^n=$________.

K 6. 设 $\boldsymbol{A}$ 是 4×3 矩阵，且 $r(\boldsymbol{A})=2$，而 $\boldsymbol{B}=\begin{bmatrix}1&0&2\\0&2&0\\-1&0&3\end{bmatrix}$，则 $r(\boldsymbol{AB})=$________.

QK 7. 设 $\boldsymbol{B}=\begin{bmatrix}0&1&0&0\\0&0&1&0\\0&0&0&1\\0&0&0&0\end{bmatrix}$，$\boldsymbol{A}=\boldsymbol{E}+\boldsymbol{B}+\boldsymbol{B}^2+\boldsymbol{B}^3$，则 $\boldsymbol{A}^{-1}=$________.

QK 8. 已知 $\boldsymbol{A}=\begin{bmatrix}1&-1\\1&0\end{bmatrix}$，若 $(\boldsymbol{PA})^2=\boldsymbol{PA}$，$\boldsymbol{P}$ 为可逆矩阵，则 $\boldsymbol{P}=$________.

K 9. 设 $\boldsymbol{A},\boldsymbol{B}$ 都是 3 阶矩阵，若 $|\boldsymbol{A}|=-3$，$|\boldsymbol{B}|=4$，$\boldsymbol{C}=\begin{bmatrix}2\boldsymbol{A}^*&(\boldsymbol{AB})^*\\\boldsymbol{O}&\boldsymbol{B}^{-1}\end{bmatrix}$，则 $|\boldsymbol{C}|=$________.

K 10. 设矩阵 $\boldsymbol{A}=\begin{bmatrix}1&2&4\\0&1&5\\0&0&3\end{bmatrix}$，$\boldsymbol{B}=\begin{bmatrix}1&0&0\\3&1&0\\4&5&1\end{bmatrix}$，则 $|\boldsymbol{A}^{-1}\boldsymbol{B}^*-\boldsymbol{A}^*\boldsymbol{B}^{-1}|=$________.

K 11. 设 $\boldsymbol{A}=\begin{bmatrix}0&0&-1\\0&1&0\\1&0&0\end{bmatrix}$，则 $\boldsymbol{A}^{13}=$________.

K 12. 设 $\boldsymbol{A}=\begin{bmatrix}1&1&-1\\0&1&1\\0&0&1\end{bmatrix}$，则 $\boldsymbol{A}^{10}=$________.

QK 13. $\begin{bmatrix}1&0\\-1&1\end{bmatrix}^3\begin{bmatrix}1&2\\-1&3\end{bmatrix}\begin{bmatrix}0&1\\1&0\end{bmatrix}^5=$________.

K 14. 设 2 阶正交矩阵 $\boldsymbol{A}$ 的主对角线元素满足 $a_{11}+2=a_{22}$，则 $\boldsymbol{A}=$________.

QK　15. 已知矩阵 $A=\begin{bmatrix}2 & 1 & -1 & 1\\ -1 & 2 & 1 & 1\\ 1 & 1 & 2 & -1\\ 2 & -1 & 1 & 1\end{bmatrix}$，则 $(A^2-A-2E)(A+E)^{-1}=$________.

K　16. 设 A,Λ,P 为 4 阶矩阵，其中 P 可逆，$\Lambda=\begin{bmatrix}-1 & 0 & 0 & 0\\ 0 & 1 & 0 & 0\\ 0 & 0 & -1 & 0\\ 0 & 0 & 0 & 1\end{bmatrix}$，$A=P^{-1}\Lambda P$，则 $A^{10}=$________.

K　17. 设 A 为实对称矩阵，若 $A^2=O$，则 $A=$________.

QK　18. 设 A 是 3 阶矩阵，满足 $A^2=A$，则 $(A+3E)^{-1}=$________.

QK　19. 设 $A=\begin{bmatrix}1 & 0 & 0 & 0\\ -2 & 3 & 0 & 0\\ 0 & -4 & 5 & 0\\ 0 & 0 & -6 & 7\end{bmatrix}$，$B=(E+A)^{-1}(E-A)$，则 $(E+B)^{-1}=$________.

QK　20. 已知 $A=\begin{bmatrix}0 & 1 & 0\\ 1 & 0 & 0\\ 0 & 0 & 1\end{bmatrix}^5\begin{bmatrix}1 & 0 & 0\\ 0 & 5 & 0\\ 0 & 0 & 3\end{bmatrix}\begin{bmatrix}1 & 0 & 0\\ 0 & 1 & 1\\ 0 & 0 & 1\end{bmatrix}^4$，则 $A^{-1}=$________.

K　21. 设 A 是 3 阶方阵，有 3 个特征值为 0,1,1，且不相似于对角矩阵，则 $r(E-A)+r(A)=$________.

K　22. $E_{12}^2\begin{bmatrix}1 & 2 & 3\\ 4 & 5 & 6\\ 7 & 8 & 9\end{bmatrix}E_{12}^3=$________.

QK　23. 设 $\alpha=[1,2,3]$，$\beta=\left[1,\frac{1}{2},\frac{1}{3}\right]$，$A=\alpha^T\beta$，则 $A^n=$________.

QK　24. 设 $A=\frac{1}{2}\begin{bmatrix}2 & 0 & 0\\ 0 & 0 & 1\\ 0 & 3 & 0\end{bmatrix}$，则 $(A^*)^{-1}=$________.

Q K 25. 设 3 阶方阵 $\boldsymbol{A},\boldsymbol{B}$ 满足关系式 $\boldsymbol{A}^{-1}\boldsymbol{B}\boldsymbol{A}=6\boldsymbol{A}+\boldsymbol{B}\boldsymbol{A}$，且 $\boldsymbol{A}=\begin{bmatrix}\frac{1}{3}&0&0\\0&\frac{1}{4}&0\\0&0&\frac{1}{7}\end{bmatrix}$，则 $\boldsymbol{B}=$ ________.

K 26. 设 $\boldsymbol{A},\boldsymbol{B}$ 均是 n 阶矩阵，满足 $\boldsymbol{AB}=\boldsymbol{A}+\boldsymbol{B}$，则 $r(\boldsymbol{AB}-\boldsymbol{BA}+\boldsymbol{A}-\boldsymbol{E})=$ ________.

K 27. 设 $\boldsymbol{A}=\begin{bmatrix}1&1&-1\\-1&1&1\\1&-1&1\end{bmatrix}$，$\boldsymbol{A}^*\boldsymbol{B}\left(\frac{1}{2}\boldsymbol{A}^*\right)^*=8\boldsymbol{A}^{-1}\boldsymbol{B}+12\boldsymbol{E}$，则矩阵 $\boldsymbol{B}=$ ________.

K 28. 已知 $\boldsymbol{A}$ 是实对称矩阵，$\boldsymbol{A}$ 与 $\boldsymbol{B}$ 相似且 $\boldsymbol{B}=\begin{bmatrix}1&0&0&0\\0&4&0&0\\0&0&2&2\\0&0&2&2\end{bmatrix}$，则 $r(\boldsymbol{A})+r(\boldsymbol{A}-4\boldsymbol{E})+r(\boldsymbol{A}+4\boldsymbol{E})=$ ________.

Q K 29. 已知 $\boldsymbol{ABC}=\boldsymbol{D}$，其中 $\boldsymbol{A}=\begin{bmatrix}1&0&0\\0&1&-1\\0&0&1\end{bmatrix}$，$\boldsymbol{C}=\begin{bmatrix}0&0&1\\0&1&0\\1&0&0\end{bmatrix}$，$\boldsymbol{D}=\begin{bmatrix}1&1&1\\0&2&2\\0&0&3\end{bmatrix}$，则 $\boldsymbol{B}^*=$ ________.

Q K 30. 设 $\boldsymbol{A}=\begin{bmatrix}2&1&1\\1&2&1\\1&1&2\end{bmatrix}$，则 $(\boldsymbol{A}^{-1})^*=$ ________.

Q K 31. 设 $\boldsymbol{A},\boldsymbol{B}$ 均为 3 阶矩阵，$\boldsymbol{E}$ 是 3 阶单位矩阵，已知 $\boldsymbol{AB}=2\boldsymbol{A}+3\boldsymbol{B}$，$\boldsymbol{A}=\begin{bmatrix}9&0&-6\\0&15&0\\0&0&21\end{bmatrix}$，则 $(\boldsymbol{B}-2\boldsymbol{E})^{-1}=$ ________.

K 32. 设 $\boldsymbol{A}=\begin{bmatrix}1&4&0\\8&3&0\\0&0&5\end{bmatrix}$，$\boldsymbol{B}=(\boldsymbol{E}-\boldsymbol{A})(\boldsymbol{E}+\boldsymbol{A})^{-1}$，则 $(\boldsymbol{B}+\boldsymbol{E})^{-1}=$ ________.

K 33. 设 $\boldsymbol{A}=\begin{bmatrix}2&t&0\\1&2&0\\-1&-2&1\end{bmatrix}$，$\boldsymbol{B}=\begin{bmatrix}1&2&-1\\2&1&2\\3&3&1\end{bmatrix}$，若 $\boldsymbol{A},\boldsymbol{B}$ 等价，则参数 t 应满足条件

________.

QK　34 设 $\boldsymbol{A}$ 为奇数阶矩阵，$\boldsymbol{A}\boldsymbol{A}^{\mathrm{T}}=\boldsymbol{A}^{\mathrm{T}}\boldsymbol{A}=\boldsymbol{E}$，$|\boldsymbol{A}|>0$，则 $|\boldsymbol{A}-\boldsymbol{E}|=$________.

K　35. 设 $\boldsymbol{\alpha}=[1,0,1]^{\mathrm{T}}$，$\boldsymbol{A}=\boldsymbol{\alpha}\boldsymbol{\alpha}^{\mathrm{T}}$，$n$ 是正数，则 $|a\boldsymbol{E}-\boldsymbol{A}^{n}|=$________.

QK　36. 设 $\boldsymbol{A}=\begin{bmatrix}1&0&1\\-1&-2&2\\0&2&a\end{bmatrix}$ 和 $\boldsymbol{B}=\begin{bmatrix}1&0&1\\2&-1&0\\4&-1&2\end{bmatrix}$ 是等价矩阵，则 $a=$________.

K　37. 设可逆矩阵 $\boldsymbol{B}=\begin{bmatrix}0&b_1&0&\cdots&0\\0&0&b_2&\cdots&0\\\vdots&\vdots&\vdots&&\vdots\\0&0&0&\cdots&b_{n-1}\\b_n&0&0&\cdots&0\end{bmatrix}$，则 $\boldsymbol{B}^{-1}=$________.

K　38. 设 $\boldsymbol{A}=\begin{bmatrix}1&-1&-1&-1\\-1&1&-1&-1\\-1&-1&1&-1\\-1&-1&-1&1\end{bmatrix}$，$f(x)=1+x+x^2+\cdots+x^{2n+1}$，则 $f(\boldsymbol{A})=$

________.

三、解答题

QK　1. 设 $\boldsymbol{B}=2\boldsymbol{A}-\boldsymbol{E}$，证明：$\boldsymbol{B}^2=\boldsymbol{E}$ 的充要条件是 $\boldsymbol{A}^2=\boldsymbol{A}$.

QK　2. 设矩阵 $\boldsymbol{A}$ 和 $\boldsymbol{B}$ 满足关系式 $\boldsymbol{A}\boldsymbol{B}=\boldsymbol{A}+2\boldsymbol{B}$，其中 $\boldsymbol{A}=\begin{bmatrix}4&2&3\\1&1&0\\-1&2&3\end{bmatrix}$，求矩阵 $\boldsymbol{B}$.

K　3. 设矩阵 $\boldsymbol{A}=\begin{bmatrix}1&0&1\\0&2&0\\1&0&1\end{bmatrix}$，矩阵 $\boldsymbol{X}$ 满足 $\boldsymbol{A}\boldsymbol{X}+\boldsymbol{E}=\boldsymbol{A}^2+\boldsymbol{X}$，其中 $\boldsymbol{E}$ 为3阶单位矩阵，试求出矩阵 $\boldsymbol{X}$.

QK　4. 求与 $\boldsymbol{A}=\begin{bmatrix}1&1\\0&1\end{bmatrix}$ 可交换的全部2阶矩阵.

K　5. 设 n 阶矩阵 $\boldsymbol{A}$，$\boldsymbol{B}$ 满足 $\boldsymbol{A}^2=\boldsymbol{A}$，$\boldsymbol{B}^2=\boldsymbol{B}$，$(\boldsymbol{A}+\boldsymbol{B})^2=\boldsymbol{A}+\boldsymbol{B}$. 证明：$\boldsymbol{A}\boldsymbol{B}=\boldsymbol{O}$.

K　6. 设矩阵 $\boldsymbol{A}=\begin{bmatrix}0&1&0\\-1&1&1\\-1&0&-1\end{bmatrix}$，$\boldsymbol{B}=\begin{bmatrix}1&-1\\2&0\\5&-3\end{bmatrix}$，矩阵 $\boldsymbol{X}$ 满足 $\boldsymbol{X}=\boldsymbol{A}\boldsymbol{X}+\boldsymbol{B}$，求 $\boldsymbol{X}$.

QK 7. 求矩阵 $\boldsymbol{A}=\begin{bmatrix}1&1&1&1\\0&1&-1&b\\2&3&a&4\\3&5&1&7\end{bmatrix}$ 的秩，其中 a,b 为参数.

K 8. 设 3 阶矩阵 $\boldsymbol{A}=\begin{bmatrix}a&b&-3\\2&0&2\\3&2&-1\end{bmatrix}$，$\boldsymbol{B}=\begin{bmatrix}b-1&a&1\\-1&1&0\\0&2&1\end{bmatrix}$，已知 $r(\boldsymbol{AB})<r(\boldsymbol{A})$，$r(\boldsymbol{AB})<r(\boldsymbol{B})$，求 a,b 的值与 $r(\boldsymbol{AB})$.

K 9. 设 $\boldsymbol{M}=\begin{bmatrix}\boldsymbol{A}&\boldsymbol{B}\\\boldsymbol{O}&\boldsymbol{D}\end{bmatrix}$ 可逆，其中 $\boldsymbol{A},\boldsymbol{D}$ 皆为方阵. 求证：$\boldsymbol{A},\boldsymbol{D}$ 可逆，并求 $\boldsymbol{M}^{-1}$.

K 10. $\boldsymbol{A},\boldsymbol{B}$ 均是 n 阶矩阵，且 $\boldsymbol{AB}=\boldsymbol{A}+\boldsymbol{B}$. 证明：$\boldsymbol{A}-\boldsymbol{E}$ 可逆，并求 $(\boldsymbol{A}-\boldsymbol{E})^{-1}$.

K 11. 设 $\boldsymbol{A}$ 是 n 阶可逆矩阵，将 $\boldsymbol{A}$ 的第 i 行和第 j 行对换得到的矩阵记为 $\boldsymbol{B}$. 证明：$\boldsymbol{B}$ 可逆，并推导 $\boldsymbol{A}^{-1}$ 和 $\boldsymbol{B}^{-1}$ 的关系.

QK 12. 设

$$\boldsymbol{A}=\begin{bmatrix}1&1&1&-1\\1&3&x&1\\2&0&3&-4\\3&5&y&-1\end{bmatrix},$$

已知 $r(\boldsymbol{A})=2$，求 x,y 的值.

K 13. 已知 $\boldsymbol{E}_2(3)\boldsymbol{A}\boldsymbol{E}_{12}\boldsymbol{E}_{13}(-1)=\begin{bmatrix}1&0&1\\2&1&4\\-3&2&5\end{bmatrix}$，其中 $\boldsymbol{E}_2(3)$，$\boldsymbol{E}_{12}$，$\boldsymbol{E}_{13}(-1)$ 均为 3 阶初等矩阵，求矩阵 $\boldsymbol{A}$.

K 14. 设 $\boldsymbol{A}$ 为 4 阶可逆矩阵，若将矩阵 $\boldsymbol{A}$ 的第 2，3 列交换位置，再将第 4 列乘 -2 加至第 2 列，得到矩阵 $\boldsymbol{B}$，求 $\boldsymbol{B}^{-1}\boldsymbol{A}$.

QK 15. 设 $\boldsymbol{A}=\begin{bmatrix}5&3\\0&1\end{bmatrix}$，$\boldsymbol{B}=\begin{bmatrix}1&0\\3&3\end{bmatrix}$，$\boldsymbol{C}=\begin{bmatrix}1&1\\-1&-1\end{bmatrix}$，且已知 $a\boldsymbol{A}+b\boldsymbol{B}-c\boldsymbol{C}=\boldsymbol{E}$，$a,b,c$ 为实数. 求 a,b,c.

QK 16. 设 $\boldsymbol{\alpha}=[a_1,a_2,\cdots,a_n]^{\mathrm{T}}\neq\boldsymbol{0}$，$\boldsymbol{\beta}=[b_1,b_2,\cdots,b_n]^{\mathrm{T}}\neq\boldsymbol{0}$，且 $\boldsymbol{\alpha}^{\mathrm{T}}\boldsymbol{\beta}=0$，$\boldsymbol{A}=\boldsymbol{E}+\boldsymbol{\alpha}\boldsymbol{\beta}^{\mathrm{T}}$，试计算：

(1) $|\boldsymbol{A}|$;(2)$\boldsymbol{A}^n$;(3)$\boldsymbol{A}^{-1}$.

K　17. 设 $\boldsymbol{A}$ 为 n 阶可逆矩阵,$\boldsymbol{\alpha}$ 为 n 维列向量,b 为常数. 记分块矩阵

$$\boldsymbol{P}=\begin{bmatrix}\boldsymbol{E} & \boldsymbol{O}\\ -\boldsymbol{\alpha}^{\mathrm{T}}\boldsymbol{A}^{*} & |\boldsymbol{A}|\end{bmatrix},\boldsymbol{Q}=\begin{bmatrix}\boldsymbol{A} & \boldsymbol{\alpha}\\ \boldsymbol{\alpha}^{\mathrm{T}} & b\end{bmatrix},$$

其中 $\boldsymbol{A}^{*}$ 是矩阵 $\boldsymbol{A}$ 的伴随矩阵,$\boldsymbol{E}$ 为 n 阶单位矩阵.

(1) 计算并化简 $\boldsymbol{PQ}$;(2) 证明:矩阵 $\boldsymbol{Q}$ 可逆的充要条件是 $\boldsymbol{\alpha}^{\mathrm{T}}\boldsymbol{A}^{-1}\boldsymbol{\alpha}\neq b$.

K　18. 已知 $\boldsymbol{A}=\begin{bmatrix}3 & 1 & 0 & 0 & 0\\ 0 & 3 & 1 & 0 & 0\\ 0 & 0 & 3 & 0 & 0\\ 0 & 0 & 0 & 3 & -1\\ 0 & 0 & 0 & -9 & 3\end{bmatrix}$,求 $\boldsymbol{A}^n(n\geqslant 3)$.

K　19. 证明:$r(\boldsymbol{A}+\boldsymbol{B})\leqslant r(\boldsymbol{A})+r(\boldsymbol{B})$.

K　20. 证明:$n(n>3)$ 阶非零实方阵 $\boldsymbol{A}$,若它的每个元素等于自己的代数余子式,则 $\boldsymbol{A}$ 是正交矩阵.

K　21. 设 $\boldsymbol{A}$ 是 $m\times n$ 矩阵,证明:存在非零的 $n\times s$ 矩阵 $\boldsymbol{B}$,使得 $\boldsymbol{AB}=\boldsymbol{O}$ 的充要条件是 $r(\boldsymbol{A})<n$.

Q K　22. 已知 3 阶矩阵 $\boldsymbol{A}$ 的逆矩阵为 $\boldsymbol{A}^{-1}=\begin{bmatrix}1 & 1 & 1\\ 1 & 2 & 1\\ 1 & 1 & 3\end{bmatrix}$,试求其伴随矩阵 $\boldsymbol{A}^{*}$ 的逆矩阵.

K　23. 设 $\boldsymbol{A}=\boldsymbol{E}-\boldsymbol{\xi}\boldsymbol{\xi}^{\mathrm{T}}$,$\boldsymbol{\xi}$ 是非零列向量,证明:

(1)$\boldsymbol{A}^2=\boldsymbol{A}$ 的充要条件是 $\boldsymbol{\xi}^{\mathrm{T}}\boldsymbol{\xi}=1$;

(2) 当 $\boldsymbol{\xi}^{\mathrm{T}}\boldsymbol{\xi}=1$ 时,$\boldsymbol{A}$ 不可逆.

K　24. (1) 设 $\boldsymbol{A}$ 是 n 阶方阵,$\boldsymbol{A}=\boldsymbol{O}$ 是否是 $\boldsymbol{A}^2=\boldsymbol{O}$ 的充要条件,说明理由;

(2) 设 $\boldsymbol{A}$ 是 2 阶方阵,证明 $\boldsymbol{A}^3=\boldsymbol{O}$ 的充要条件是 $\boldsymbol{A}^2=\boldsymbol{O}$.

K　25. 设

$$\boldsymbol{A}=\begin{bmatrix}2 & -2 & -4\\ -1 & 3 & 4\\ 1 & -2 & -3\end{bmatrix},$$

问是否存在非单位矩阵 $\boldsymbol{B}$,使得 $\boldsymbol{AB}=\boldsymbol{A}$? 若不存在,请说明理由;若存在,求出所有满足 $\boldsymbol{AB}=\boldsymbol{A}$ 的 $\boldsymbol{B}$.

Q K　26. 设 $\boldsymbol{A},\boldsymbol{B}$ 为 n 阶矩阵,$\boldsymbol{E}$ 为 n 阶单位矩阵.

(1) 计算 $\begin{bmatrix} \boldsymbol{E} & \boldsymbol{E} \\ \boldsymbol{O} & \boldsymbol{E} \end{bmatrix} \begin{bmatrix} \boldsymbol{A} & \boldsymbol{B} \\ \boldsymbol{B} & \boldsymbol{A} \end{bmatrix} \begin{bmatrix} \boldsymbol{E} & -\boldsymbol{E} \\ \boldsymbol{O} & \boldsymbol{E} \end{bmatrix}$;

(2) 利用(1) 的结果证明 $\begin{vmatrix} \boldsymbol{A} & \boldsymbol{B} \\ \boldsymbol{B} & \boldsymbol{A} \end{vmatrix} = |\boldsymbol{A}+\boldsymbol{B}|\,|\boldsymbol{A}-\boldsymbol{B}|$.

K 27. 设 $\boldsymbol{A} = \begin{bmatrix} 0 & a_1 & 0 & \cdots & 0 \\ 0 & 0 & a_2 & \cdots & 0 \\ \vdots & \vdots & \vdots & & \vdots \\ 0 & 0 & 0 & \cdots & a_{n-1} \\ a_n & 0 & 0 & \cdots & 0 \end{bmatrix}_n$ $(a_1a_2\cdots a_n \neq 0, n \geqslant 3)$,求:

(1) 矩阵 $\boldsymbol{A}$ 的所有元素的代数余子式之和;

(2) 矩阵 $\boldsymbol{X}$,使得 $\boldsymbol{AXA}^* = \boldsymbol{A}^* + |\boldsymbol{A}|\boldsymbol{E}$.

QK 28. 设矩阵 $\boldsymbol{B} = \begin{bmatrix} 1 & 2 & -3 & -2 \\ 0 & 1 & 2 & -3 \\ 0 & 0 & 1 & 2 \\ 0 & 0 & 0 & 1 \end{bmatrix}$,$\boldsymbol{C} = \begin{bmatrix} 1 & 2 & 0 & 1 \\ 0 & 1 & 2 & 0 \\ 0 & 0 & 1 & 2 \\ 0 & 0 & 0 & 1 \end{bmatrix}$,矩阵 $\boldsymbol{A}$ 满足 $(2\boldsymbol{E} - \boldsymbol{C}^{-1}\boldsymbol{B})\boldsymbol{A}^{\mathrm{T}} = \boldsymbol{C}^{-1}$,求矩阵 $\boldsymbol{A}$.

K 29. 设 $\boldsymbol{A},\boldsymbol{B},\boldsymbol{C},\boldsymbol{D}$ 为 n 阶矩阵,若 $\boldsymbol{ABCD} = \boldsymbol{E}$,证明:

(1)$\boldsymbol{A},\boldsymbol{B},\boldsymbol{C},\boldsymbol{D}$ 均为可逆矩阵;

(2)$\boldsymbol{BCDA} = \boldsymbol{CDAB} = \boldsymbol{E}$.

K 30. 设 $\boldsymbol{A} = \begin{bmatrix} 1 & 2 \\ 3 & 4 \end{bmatrix}$,$\boldsymbol{X}$ 是 2 阶矩阵.

(1) 求满足 $\boldsymbol{AX} - \boldsymbol{XA} = \boldsymbol{O}$ 的所有 $\boldsymbol{X}$;

(2) 问 $\boldsymbol{AX} - \boldsymbol{XA} = \boldsymbol{E}$ 是否有解?其中 $\boldsymbol{E}$ 是 2 阶单位矩阵,说明理由.

QK 31. 设 $\boldsymbol{A} = \begin{bmatrix} 1 & 0 & -1 \\ 0 & 3 & 0 \\ 2 & 0 & -1 \end{bmatrix}$.

(1) 证明 $\boldsymbol{A}$ 可逆,并用初等行变换法求 $\boldsymbol{A}^{-1}$;

(2) 将 $\boldsymbol{A}^{-1}$ 分解成为若干个初等矩阵的乘积.

QK 32. 设 $\boldsymbol{A}=\begin{bmatrix}1&2&3\\0&1&4\\0&0&1\end{bmatrix}$，求 $\boldsymbol{A}^n$.

K 33. 设 $\boldsymbol{A}=\begin{bmatrix}1&0&0\\1&0&1\\0&1&0\end{bmatrix}$.

(1) 证明：当 $n\geqslant 3$ 时，有 $\boldsymbol{A}^n=\boldsymbol{A}^{n-2}+\boldsymbol{A}^2-\boldsymbol{E}$；

(2) 求 $\boldsymbol{A}^{100}$.

K 34. 已知 n 阶方阵 $\boldsymbol{A}$ 满足矩阵方程 $\boldsymbol{A}^2-3\boldsymbol{A}-2\boldsymbol{E}=\boldsymbol{O}$. 证明：$\boldsymbol{A}$ 可逆，并求出其逆矩阵 $\boldsymbol{A}^{-1}$.

QK 35. 设

$$\boldsymbol{B}=\begin{bmatrix}0&1&0&0\\0&0&1&0\\0&0&0&1\\0&0&0&0\end{bmatrix},$$

证明：$\boldsymbol{A}=\boldsymbol{E}+\boldsymbol{B}$ 可逆，并求 $\boldsymbol{A}^{-1}$.

K 36. 设 $\boldsymbol{A}$ 为 $m\times n$ 矩阵，$\boldsymbol{B}$ 为 $n\times m$ 矩阵，证明：$|\boldsymbol{E}_m-\boldsymbol{AB}|=|\boldsymbol{E}_n-\boldsymbol{BA}|$，其中 $\boldsymbol{E}_k$ 为 k 阶单位矩阵.

K 37. 设 $\boldsymbol{A}$ 是 $s\times n$ 矩阵，$\boldsymbol{B}$ 是 $\boldsymbol{A}$ 的前 m 行构成的 $m\times n$ 矩阵，已知 $\boldsymbol{A}$ 的行向量组的秩为 r. 证明：

$$r(\boldsymbol{B})\geqslant r+m-s.$$

第3章 向量组

一、选择题

QK 1. 向量组 $\boldsymbol{\alpha}_1,\boldsymbol{\alpha}_2,\cdots,\boldsymbol{\alpha}_s(s\geqslant 2)$ 线性相关的充要条件是( ).

(A) 存在一组数 $k_1,k_2,\cdots,k_s$，使得 $k_1\boldsymbol{\alpha}_1+k_2\boldsymbol{\alpha}_2+\cdots+k_s\boldsymbol{\alpha}_s=\mathbf{0}$ 成立

(B) $\boldsymbol{\alpha}_1,\boldsymbol{\alpha}_2,\cdots,\boldsymbol{\alpha}_s$ 中至少有两个向量成比例

(C) $\boldsymbol{\alpha}_1,\boldsymbol{\alpha}_2,\cdots,\boldsymbol{\alpha}_s$ 中至少有一个向量可以被其余 $s-1$ 个向量线性表示

(D) $\boldsymbol{\alpha}_1,\boldsymbol{\alpha}_2,\cdots,\boldsymbol{\alpha}_s$ 中任意一个部分向量组线性相关

K 2. 设 n 维列向量组 $\boldsymbol{\alpha}_1,\boldsymbol{\alpha}_2,\cdots,\boldsymbol{\alpha}_r$ 与同维列向量组 $\boldsymbol{\beta}_1,\boldsymbol{\beta}_2,\cdots,\boldsymbol{\beta}_s$ 等价，则( ).

(A) $r=s$

(B) $r([\boldsymbol{\alpha}_1,\boldsymbol{\alpha}_2,\cdots,\boldsymbol{\alpha}_r])=r([\boldsymbol{\beta}_1,\boldsymbol{\beta}_2,\cdots,\boldsymbol{\beta}_s])$

(C) 两向量组有相同的线性相关性

(D) 矩阵 $[\boldsymbol{\alpha}_1,\boldsymbol{\alpha}_2,\cdots,\boldsymbol{\alpha}_r]$ 与矩阵 $[\boldsymbol{\beta}_1,\boldsymbol{\beta}_2,\cdots,\boldsymbol{\beta}_s]$ 等价

QK 3. 设 $\boldsymbol{x}_1=[1,2,2,-4]^{\mathrm{T}},\boldsymbol{x}_2=[1,k,-1,-4]^{\mathrm{T}},\boldsymbol{x}_3=[-1,-3,1,k+6]^{\mathrm{T}}$，则( ).

(A) 对任意常数 k，$\boldsymbol{x}_1,\boldsymbol{x}_2,\boldsymbol{x}_3$ 线性无关

(B) 当 $k=3$ 时，$\boldsymbol{x}_1,\boldsymbol{x}_2,\boldsymbol{x}_3$ 线性相关

(C) 当 $k=-2$ 时，$\boldsymbol{x}_1,\boldsymbol{x}_2,\boldsymbol{x}_3$ 线性相关

(D) 当 $k\neq 3$ 且 $k\neq -2$ 时，$\boldsymbol{x}_1,\boldsymbol{x}_2,\boldsymbol{x}_3$ 线性无关

K 4. 已知向量组 $\boldsymbol{\alpha},\boldsymbol{\beta},\boldsymbol{\gamma}$ 线性无关，则 $k\neq 1$ 是向量组 $\boldsymbol{\alpha}+k\boldsymbol{\beta},\boldsymbol{\beta}+k\boldsymbol{\gamma},\boldsymbol{\alpha}-\boldsymbol{\gamma}$ 线性无关的( ).

(A) 充要条件　　(B) 充分非必要条件

(C) 必要非充分条件　　(D) 既非充分也非必要条件

QK 5. 若向量组 $\boldsymbol{\alpha}_1=[1,0,2,a]^{\mathrm{T}},\boldsymbol{\alpha}_2=[2,1,a,4]^{\mathrm{T}},\boldsymbol{\alpha}_3=[0,a,5,-6]^{\mathrm{T}}$ 线性相关，则 $a=$( ).

(A) -1　　(B) 3　　(C) -3　　(D) 5

QK 6. 设向量 $\boldsymbol{\alpha}_1=[1,1,2]^{\mathrm{T}},\boldsymbol{\alpha}_2=[2,a,4]^{\mathrm{T}},\boldsymbol{\alpha}_3=[a,3,6]^{\mathrm{T}},\boldsymbol{\alpha}_4=[0,2,2a]^{\mathrm{T}}$，若向量组 $\boldsymbol{\alpha}_1,\boldsymbol{\alpha}_2,\boldsymbol{\alpha}_3,\boldsymbol{\alpha}_4$ 与 $\boldsymbol{\alpha}_1,\boldsymbol{\alpha}_2,\boldsymbol{\alpha}_3$ 不等价，则 $a=$( ).

(A)2　　(B)3　　(C)4　　(D)6

QK　7. 设$\boldsymbol{\alpha}_1=\begin{bmatrix}1\\0\\0\\2\end{bmatrix}$,$\boldsymbol{\alpha}_2=\begin{bmatrix}0\\1\\a\\0\end{bmatrix}$,$\boldsymbol{\alpha}_3=\begin{bmatrix}3\\1\\b\\6\end{bmatrix}$,$\boldsymbol{\alpha}_4=\begin{bmatrix}1\\0\\-1\\2\end{bmatrix}$,其中$a,b$为任意实数,则向量组$\boldsymbol{\alpha}_1,\boldsymbol{\alpha}_2,\boldsymbol{\alpha}_3,\boldsymbol{\alpha}_4$的极大线性无关组为(　　).

(A)$\boldsymbol{\alpha}_1,\boldsymbol{\alpha}_2$　　(B)$\boldsymbol{\alpha}_1,\boldsymbol{\alpha}_2,\boldsymbol{\alpha}_3$

(C)$\boldsymbol{\alpha}_1,\boldsymbol{\alpha}_2,\boldsymbol{\alpha}_4$　　(D)$\boldsymbol{\alpha}_1,\boldsymbol{\alpha}_2,\boldsymbol{\alpha}_3,\boldsymbol{\alpha}_4$

QK　8. 设向量组$\boldsymbol{\alpha}_1,\boldsymbol{\alpha}_2,\boldsymbol{\alpha}_3,\boldsymbol{\alpha}_4$线性相关,而向量组$\boldsymbol{\alpha}_2,\boldsymbol{\alpha}_3,\boldsymbol{\alpha}_4,\boldsymbol{\alpha}_5$线性无关,则(　　).

(A)$\boldsymbol{\alpha}_4$可由$\boldsymbol{\alpha}_1,\boldsymbol{\alpha}_2,\boldsymbol{\alpha}_3$线性表示　　(B)$\boldsymbol{\alpha}_1$可由$\boldsymbol{\alpha}_2,\boldsymbol{\alpha}_3,\boldsymbol{\alpha}_4$线性表示

(C)$\boldsymbol{\alpha}_5$可由$\boldsymbol{\alpha}_1,\boldsymbol{\alpha}_3,\boldsymbol{\alpha}_4$线性表示　　(D)$\boldsymbol{\alpha}_5$可由$\boldsymbol{\alpha}_1,\boldsymbol{\alpha}_2,\boldsymbol{\alpha}_3$线性表示

QK　9. 设$\boldsymbol{\alpha}_1=[1,1,0,-2]^{\mathrm{T}}$,$\boldsymbol{\alpha}_2=[1,k,-2,0]^{\mathrm{T}}$,$\boldsymbol{\alpha}_3=[-1,-3,2,k+4]^{\mathrm{T}}$,则(　　).

(A) 对任意常数k,$\boldsymbol{\alpha}_1,\boldsymbol{\alpha}_2,\boldsymbol{\alpha}_3$线性无关

(B) 当$k=3$时,$\boldsymbol{\alpha}_1,\boldsymbol{\alpha}_2,\boldsymbol{\alpha}_3$线性相关

(C) 当$k=-4$时,$\boldsymbol{\alpha}_1,\boldsymbol{\alpha}_2,\boldsymbol{\alpha}_3$线性相关

(D)$k\neq 3$且$k\neq -4$是$\boldsymbol{\alpha}_1,\boldsymbol{\alpha}_2,\boldsymbol{\alpha}_3$线性无关的充要条件

K　10.(仅数学一)设$\boldsymbol{\beta}_1,\boldsymbol{\beta}_2,\boldsymbol{\beta}_3$是3维向量空间$\mathbf{R}^3$的一个基,则基$\boldsymbol{\beta}_1,2\boldsymbol{\beta}_2,3\boldsymbol{\beta}_3$到基$\boldsymbol{\beta}_1-\boldsymbol{\beta}_2,\boldsymbol{\beta}_2-\boldsymbol{\beta}_3,\boldsymbol{\beta}_3-\boldsymbol{\beta}_1$的过渡矩阵为(　　).

(A)$\begin{bmatrix}0&-2&1\\3&0&-6\\-8&4&0\end{bmatrix}$　　(B)$\begin{bmatrix}1&0&-1\\-\frac{1}{2}&\frac{1}{2}&0\\0&-\frac{1}{3}&\frac{1}{3}\end{bmatrix}$

(C)$\begin{bmatrix}\frac{1}{2}&-\frac{1}{3}&\frac{1}{4}\\0&\frac{1}{2}&-\frac{1}{3}\\-\frac{1}{3}&0&\frac{1}{4}\end{bmatrix}$　　(D)$\begin{bmatrix}\frac{1}{2}&0&-\frac{1}{3}\\-\frac{1}{3}&\frac{1}{2}&0\\\frac{1}{4}&-\frac{1}{3}&\frac{1}{4}\end{bmatrix}$

QK　11.(仅数学一)设向量空间V满足$x_1+x_2+x_3=0,-\infty<x_i<+\infty,i=1,2,3$,则$V$的一个基为(　　).

(A) $\begin{bmatrix}-1\\0\\1\end{bmatrix},\begin{bmatrix}-1\\1\\0\end{bmatrix},\begin{bmatrix}1\\1\\1\end{bmatrix}$　　(B) $\begin{bmatrix}1\\0\\-1\end{bmatrix},\begin{bmatrix}-1\\-1\\0\end{bmatrix}$

(C) $\begin{bmatrix}1\\0\\-1\end{bmatrix},\begin{bmatrix}-1\\-1\\0\end{bmatrix},\begin{bmatrix}1\\1\\1\end{bmatrix}$　　(D) $\begin{bmatrix}-1\\0\\1\end{bmatrix},\begin{bmatrix}-1\\1\\0\end{bmatrix}$

QK 12.(仅数学一)设向量组 $\boldsymbol{\beta}_1,\boldsymbol{\beta}_2,\boldsymbol{\beta}_3$ 是 $\mathbf{R}^3$ 的一个基,$\boldsymbol{x}_1=\boldsymbol{\beta}_1+k\boldsymbol{\beta}_2,\boldsymbol{x}_2=\boldsymbol{\beta}_2-2\boldsymbol{\beta}_3$,$\boldsymbol{x}_3=\boldsymbol{\beta}_1-2\boldsymbol{\beta}_2+3k\boldsymbol{\beta}_3$,已知由 $\boldsymbol{x}_1,\boldsymbol{x}_2,\boldsymbol{x}_3$ 生成的向量空间的维数为 2,则 k 的值等于(　　).

(A)3　　(B)4　　(C)5　　(D)6

QK 13.已知向量组 $\boldsymbol{\alpha}_1=\begin{bmatrix}1\\2\\1\end{bmatrix},\boldsymbol{\alpha}_2=\begin{bmatrix}1\\1\\-1\end{bmatrix},\boldsymbol{\alpha}_3=\begin{bmatrix}1\\4\\3\end{bmatrix}$ 与向量组 $\boldsymbol{\beta}_1=\begin{bmatrix}1\\0\\3\end{bmatrix},\boldsymbol{\beta}_2=\begin{bmatrix}1\\2\\3\end{bmatrix}$,$\boldsymbol{\beta}_3=\begin{bmatrix}1\\-1\\a\end{bmatrix}$.若 $\boldsymbol{\alpha}_1,\boldsymbol{\alpha}_2,\boldsymbol{\alpha}_3$ 不能由 $\boldsymbol{\beta}_1,\boldsymbol{\beta}_2,\boldsymbol{\beta}_3$ 线性表示,则 $a=$(　　).

(A)3　　(B)-3　　(C)2　　(D)-2

QK 14.n 维向量组 $\boldsymbol{\alpha}_1,\boldsymbol{\alpha}_2,\cdots,\boldsymbol{\alpha}_s(3\leqslant s\leqslant n)$ 线性无关的充要条件是(　　).

(A) 存在一组全为零的数 $k_1,k_2,\cdots,k_s$,使 $k_1\boldsymbol{\alpha}_1+k_2\boldsymbol{\alpha}_2+\cdots+k_s\boldsymbol{\alpha}_s=\mathbf{0}$

(B)$\boldsymbol{\alpha}_1,\boldsymbol{\alpha}_2,\cdots,\boldsymbol{\alpha}_s$ 中任意两个向量都线性无关

(C)$\boldsymbol{\alpha}_1,\boldsymbol{\alpha}_2,\cdots,\boldsymbol{\alpha}_s$ 中任意一个向量都不能由其余向量线性表示

(D) 存在一组不全为零的数 $k_1,k_2,\cdots,k_s$,使 $k_1\boldsymbol{\alpha}_1+k_2\boldsymbol{\alpha}_2+\cdots+k_s\boldsymbol{\alpha}_s\neq\mathbf{0}$

QK 15.已知 $\boldsymbol{\alpha}_1=[1,2,3]^{\mathrm{T}},\boldsymbol{\alpha}_2=[-2,1,-1]^{\mathrm{T}}$ 和 $\boldsymbol{\beta}_1=[4,-2,a]^{\mathrm{T}},\boldsymbol{\beta}_2=[7,b,4]^{\mathrm{T}}$ 是等价向量组,则参数 a,b 应分别为(　　).

(A)2,-3　　(B)2,3　　(C)-2,3　　(D)-2,-3

K 16.设 n 维列向量组 $\boldsymbol{\alpha}_1,\boldsymbol{\alpha}_2,\cdots,\boldsymbol{\alpha}_m(m<n)$ 线性无关,则 n 维列向量组 $\boldsymbol{\beta}_1,\boldsymbol{\beta}_2,\cdots,\boldsymbol{\beta}_m$ 线性无关的充分必要条件为(　　).

(A) 向量组 $\boldsymbol{\alpha}_1,\boldsymbol{\alpha}_2,\cdots,\boldsymbol{\alpha}_m$ 可由向量组 $\boldsymbol{\beta}_1,\boldsymbol{\beta}_2,\cdots,\boldsymbol{\beta}_m$ 线性表示

(B) 向量组 $\boldsymbol{\beta}_1,\boldsymbol{\beta}_2,\cdots,\boldsymbol{\beta}_m$ 可由向量组 $\boldsymbol{\alpha}_1,\boldsymbol{\alpha}_2,\cdots,\boldsymbol{\alpha}_m$ 线性表示

(C) 向量组 $\boldsymbol{\alpha}_1,\boldsymbol{\alpha}_2,\cdots,\boldsymbol{\alpha}_m$ 与向量组 $\boldsymbol{\beta}_1,\boldsymbol{\beta}_2,\cdots,\boldsymbol{\beta}_m$ 等价

(D) 矩阵 $\mathbf{A}=[\boldsymbol{\alpha}_1,\boldsymbol{\alpha}_2,\cdots,\boldsymbol{\alpha}_m]$ 与矩阵 $\mathbf{B}=[\boldsymbol{\beta}_1,\boldsymbol{\beta}_2,\cdots,\boldsymbol{\beta}_m]$ 等价

QK　17. 若向量组 $\boldsymbol{\alpha},\boldsymbol{\beta},\boldsymbol{\gamma}$ 线性无关，$\boldsymbol{\alpha},\boldsymbol{\beta},\boldsymbol{\delta}$ 线性相关，则(　　).

(A)$\boldsymbol{\alpha}$ 必可由 $\boldsymbol{\beta},\boldsymbol{\gamma},\boldsymbol{\delta}$ 线性表示　　(B)$\boldsymbol{\beta}$ 必可由 $\boldsymbol{\alpha},\boldsymbol{\gamma},\boldsymbol{\delta}$ 线性表示

(C)$\boldsymbol{\delta}$ 必可由 $\boldsymbol{\alpha},\boldsymbol{\beta},\boldsymbol{\gamma}$ 线性表示　　(D)$\boldsymbol{\delta}$ 必不可由 $\boldsymbol{\alpha},\boldsymbol{\beta},\boldsymbol{\gamma}$ 线性表示

QK　18.(仅数学一) 设 $\boldsymbol{\alpha}_1=[1,0,1]^{\mathrm{T}},\boldsymbol{\alpha}_2=[1,1,-1]^{\mathrm{T}},\boldsymbol{\alpha}_3=[1,-1,1]^{\mathrm{T}}$；$\boldsymbol{\beta}_1=[3,0,1]^{\mathrm{T}},\boldsymbol{\beta}_2=[2,0,0]^{\mathrm{T}},\boldsymbol{\beta}_3=[0,2,-2]^{\mathrm{T}}$ 是 $\mathbf{R}^3$ 的两个基. 若向量 $\boldsymbol{\xi}$ 在基 $\boldsymbol{\beta}_1,\boldsymbol{\beta}_2,\boldsymbol{\beta}_3$ 下的坐标为 $[1,2,0]^{\mathrm{T}}$，则 $\boldsymbol{\xi}$ 在基 $\boldsymbol{\alpha}_1,\boldsymbol{\alpha}_2,\boldsymbol{\alpha}_3$ 下的坐标为(　　).

(A)$[1,3,3]^{\mathrm{T}}$　　(B)$[-1,3,3]^{\mathrm{T}}$

(C)$[-1,-3,3]^{\mathrm{T}}$　　(D)$[-1,3,-3]^{\mathrm{T}}$

K　19. 设 n 维列向量 $\boldsymbol{\alpha}_1,\boldsymbol{\alpha}_2,\boldsymbol{\alpha}_3$ 满足 $\boldsymbol{\alpha}_1-2\boldsymbol{\alpha}_2+3\boldsymbol{\alpha}_3=\mathbf{0}$，对任意的 n 维列向量 $\boldsymbol{\beta}$，向量组 $\boldsymbol{\alpha}_1+a\boldsymbol{\beta},\boldsymbol{\alpha}_2+b\boldsymbol{\beta},\boldsymbol{\alpha}_3$ 线性相关，则参数 a,b 应满足条件(　　).

(A)$a=b$　　(B)$a=-b$　　(C)$a=2b$　　(D)$a=-2b$

K　20. 设 $\boldsymbol{A}$ 是 $m\times n$ 矩阵，将 $\boldsymbol{A}$ 的行及列分块，记成

$$\boldsymbol{A}=\begin{bmatrix}\boldsymbol{\alpha}_1\\\boldsymbol{\alpha}_2\\\vdots\\\boldsymbol{\alpha}_m\end{bmatrix}=[\boldsymbol{\beta}_1,\boldsymbol{\beta}_2,\cdots,\boldsymbol{\beta}_n],$$

对 $\boldsymbol{A}$ 作若干次初等行变换后，记成

$$\boldsymbol{A}=\begin{bmatrix}\boldsymbol{\alpha}_1\\\boldsymbol{\alpha}_2\\\vdots\\\boldsymbol{\alpha}_m\end{bmatrix}\xrightarrow[\text{初等行变换}]{\text{若干次}}\begin{bmatrix}\boldsymbol{\alpha}'_1\\\boldsymbol{\alpha}'_2\\\vdots\\\boldsymbol{\alpha}'_m\end{bmatrix},$$

$$\boldsymbol{A}=[\boldsymbol{\beta}_1,\boldsymbol{\beta}_2,\cdots,\boldsymbol{\beta}_n]\xrightarrow[\text{初等行变换}]{\text{若干次}}[\boldsymbol{\beta}'_1,\boldsymbol{\beta}'_2,\cdots,\boldsymbol{\beta}'_n],$$

则下列结论中错误的是(　　).

(A)$\boldsymbol{\alpha}_1,\boldsymbol{\alpha}_2,\cdots,\boldsymbol{\alpha}_m$ 和 $\boldsymbol{\alpha}'_1,\boldsymbol{\alpha}'_2,\cdots,\boldsymbol{\alpha}'_m$ 有相同的线性相关性

(B)$\boldsymbol{\beta}_1,\boldsymbol{\beta}_2,\cdots,\boldsymbol{\beta}_n$ 和 $\boldsymbol{\beta}'_1,\boldsymbol{\beta}'_2,\cdots,\boldsymbol{\beta}'_n$ 有相同的线性相关性

(C)$\begin{bmatrix}\boldsymbol{\alpha}_{i1}\\\boldsymbol{\alpha}_{i2}\\\vdots\\\boldsymbol{\alpha}_{is}\end{bmatrix}\boldsymbol{x}=\mathbf{0}$ 和 $\begin{bmatrix}\boldsymbol{\alpha}'_{i1}\\\boldsymbol{\alpha}'_{i2}\\\vdots\\\boldsymbol{\alpha}'_{is}\end{bmatrix}\boldsymbol{x}=\mathbf{0}$ 同解($s\leqslant m$)

(D)$[\boldsymbol{\beta}_{i1},\boldsymbol{\beta}_{i2},\cdots,\boldsymbol{\beta}_{is}]\boldsymbol{x}=\boldsymbol{0}$ 和$[\boldsymbol{\beta}'_{i1},\boldsymbol{\beta}'_{i2},\cdots,\boldsymbol{\beta}'_{is}]\boldsymbol{x}=\boldsymbol{0}$ 同解$(s\leqslant n)$

K 21. 设向量组(Ⅰ)$\boldsymbol{\alpha}_1,\boldsymbol{\alpha}_2,\boldsymbol{\alpha}_3,\boldsymbol{\alpha}_4$ 线性无关,则和(Ⅰ)等价的向量组是(　　).

(A)$\boldsymbol{\alpha}_1+\boldsymbol{\alpha}_2,\boldsymbol{\alpha}_2+\boldsymbol{\alpha}_3,\boldsymbol{\alpha}_3+\boldsymbol{\alpha}_4$

(B)$\boldsymbol{\alpha}_1+\boldsymbol{\alpha}_2,\boldsymbol{\alpha}_2+\boldsymbol{\alpha}_3,\boldsymbol{\alpha}_3+\boldsymbol{\alpha}_4,\boldsymbol{\alpha}_4+\boldsymbol{\alpha}_1$

(C)$\boldsymbol{\alpha}_1-\boldsymbol{\alpha}_2,\boldsymbol{\alpha}_2+\boldsymbol{\alpha}_3,\boldsymbol{\alpha}_3-\boldsymbol{\alpha}_4,\boldsymbol{\alpha}_4+\boldsymbol{\alpha}_1$

(D)$\boldsymbol{\alpha}_1,\boldsymbol{\alpha}_1-\boldsymbol{\alpha}_2,\boldsymbol{\alpha}_2-\boldsymbol{\alpha}_3,\boldsymbol{\alpha}_3-\boldsymbol{\alpha}_4,\boldsymbol{\alpha}_4-\boldsymbol{\alpha}_1$

QK 22. 已知 $\boldsymbol{\alpha}_1,\boldsymbol{\alpha}_2,\boldsymbol{\alpha}_3,\boldsymbol{\alpha}_4$ 是 3 维非零列向量,则下列命题中

① 若 $\boldsymbol{\alpha}_4$ 可由 $\boldsymbol{\alpha}_1,\boldsymbol{\alpha}_2,\boldsymbol{\alpha}_3$ 线性表示,则 $\boldsymbol{\alpha}_1,\boldsymbol{\alpha}_2,\boldsymbol{\alpha}_3+\boldsymbol{\alpha}_4$ 线性无关;

② 若 $\boldsymbol{\alpha}_4$ 可由 $\boldsymbol{\alpha}_1,\boldsymbol{\alpha}_2,\boldsymbol{\alpha}_3$ 线性表示,则 $r(\boldsymbol{\alpha}_1+\boldsymbol{\alpha}_2,\boldsymbol{\alpha}_2,\boldsymbol{\alpha}_3)=r(\boldsymbol{\alpha}_1,\boldsymbol{\alpha}_2,\boldsymbol{\alpha}_3,\boldsymbol{\alpha}_4)$;

③ 若 $\boldsymbol{\alpha}_4$ 不能由 $\boldsymbol{\alpha}_1,\boldsymbol{\alpha}_2,\boldsymbol{\alpha}_3$ 线性表示,则 $\boldsymbol{\alpha}_1,\boldsymbol{\alpha}_2,\boldsymbol{\alpha}_3$ 线性相关;

④ 若 $\boldsymbol{\alpha}_4$ 不能由 $\boldsymbol{\alpha}_1,\boldsymbol{\alpha}_2,\boldsymbol{\alpha}_3$ 线性表示,则 $2\leqslant r(\boldsymbol{\alpha}_1,\boldsymbol{\alpha}_2,\boldsymbol{\alpha}_3,\boldsymbol{\alpha}_4)\leqslant 3$.

正确命题的个数为(　　).

(A)1　　(B)2　　(C)3　　(D)4

QK 23. 若向量组$\boldsymbol{\alpha}_1=[1,1,a]^{\mathrm{T}},\boldsymbol{\alpha}_2=[1,a,1]^{\mathrm{T}},\boldsymbol{\alpha}_3=[a,1,1]^{\mathrm{T}}$ 可由向量组$\boldsymbol{\beta}_1=[1,1,a]^{\mathrm{T}},\boldsymbol{\beta}_2=[-2,a,4]^{\mathrm{T}},\boldsymbol{\beta}_3=[-2,a,a]^{\mathrm{T}}$ 线性表示,但向量组$\boldsymbol{\beta}_1,\boldsymbol{\beta}_2,\boldsymbol{\beta}_3$ 不能由向量组$\boldsymbol{\alpha}_1,\boldsymbol{\alpha}_2,\boldsymbol{\alpha}_3$ 线性表示,则$a=$(　　).

(A)-1　　(B)1　　(C)-2　　(D)2

QK 24. 设 $\boldsymbol{A}$ 是$m\times n$ 矩阵,$\boldsymbol{B}$ 是$n\times m$ 矩阵,若满足 $\boldsymbol{AB}=\boldsymbol{E}$,其中 $\boldsymbol{E}$ 是m 阶单位矩阵,则(　　).

(A)$\boldsymbol{A}$ 的列向量组线性无关,$\boldsymbol{B}$ 的行向量组线性无关

(B)$\boldsymbol{A}$ 的列向量组线性无关,$\boldsymbol{B}$ 的列向量组线性无关

(C)$\boldsymbol{A}$ 的行向量组线性无关,$\boldsymbol{B}$ 的列向量组线性无关

(D)$\boldsymbol{A}$ 的行向量组线性无关,$\boldsymbol{B}$ 的行向量组线性无关

K 25. 设 $\boldsymbol{A}$ 是$m\times n$ 矩阵,$r(\boldsymbol{A})=n-1$, $\boldsymbol{\alpha}_1,\boldsymbol{\alpha}_2,\boldsymbol{\alpha}_3$ 是非齐次线性方程组 $\boldsymbol{Ax}=\boldsymbol{b}$ 的三个互不相同的解,则(　　).

(A)$\boldsymbol{\alpha}_1-\boldsymbol{\alpha}_2,\boldsymbol{\alpha}_2-\boldsymbol{\alpha}_3$ 线性无关

(B)$\boldsymbol{\alpha}_1,\boldsymbol{\alpha}_1-\boldsymbol{\alpha}_2,\boldsymbol{\alpha}_1-\boldsymbol{\alpha}_3$ 线性无关

(C)$\boldsymbol{\alpha}_1,\boldsymbol{\alpha}_2,\boldsymbol{\alpha}_2-\boldsymbol{\alpha}_3$ 线性无关

(D)$\boldsymbol{\alpha}_1,\boldsymbol{\alpha}_2-\boldsymbol{\alpha}_3$ 线性无关

QK 26. 设 $\boldsymbol{\alpha}_1=\begin{bmatrix}1\\1\\0\end{bmatrix}$，$\boldsymbol{\alpha}_2=\begin{bmatrix}1\\0\\1\end{bmatrix}$，$\boldsymbol{\alpha}_3=\begin{bmatrix}-1\\0\\0\end{bmatrix}$，记 $\boldsymbol{\beta}_1=\boldsymbol{\alpha}_1$，$\boldsymbol{\beta}_2=\boldsymbol{\alpha}_2-k_1\boldsymbol{\beta}_1$，$\boldsymbol{\beta}_3=\boldsymbol{\alpha}_3-k_2\boldsymbol{\beta}_1-k_3\boldsymbol{\beta}_2$，若 $\boldsymbol{\beta}_1,\boldsymbol{\beta}_2,\boldsymbol{\beta}_3$ 为正交向量组，则 k_1,k_2,k_3 依次为（　　）.

(A) $-\frac{1}{2},\frac{1}{2},-\frac{1}{3}$　　(B) $-\frac{1}{2},\frac{1}{2},\frac{1}{3}$

(C) $\frac{1}{2},\frac{1}{2},\frac{1}{3}$　　(D) $\frac{1}{2},-\frac{1}{2},-\frac{1}{3}$

K 27. 向量组(Ⅰ)$\boldsymbol{\alpha}_1,\boldsymbol{\alpha}_2,\cdots,\boldsymbol{\alpha}_s$，其秩为 r_1，向量组(Ⅱ)$\boldsymbol{\beta}_1,\boldsymbol{\beta}_2,\cdots,\boldsymbol{\beta}_s$，其秩为 r_2，且 $\boldsymbol{\beta}_i(i=1,2,\cdots,s)$ 均可由向量组(Ⅰ)$\boldsymbol{\alpha}_1,\boldsymbol{\alpha}_2,\cdots,\boldsymbol{\alpha}_s$ 线性表出，则必有（　　）.

(A) $\boldsymbol{\alpha}_1+\boldsymbol{\beta}_1,\boldsymbol{\alpha}_2+\boldsymbol{\beta}_2,\cdots,\boldsymbol{\alpha}_s+\boldsymbol{\beta}_s$ 的秩为 r_1+r_2

(B) $\boldsymbol{\alpha}_1-\boldsymbol{\beta}_1,\boldsymbol{\alpha}_2-\boldsymbol{\beta}_2,\cdots,\boldsymbol{\alpha}_s-\boldsymbol{\beta}_s$ 的秩为 r_1-r_2

(C) $\boldsymbol{\alpha}_1,\boldsymbol{\alpha}_2,\cdots,\boldsymbol{\alpha}_s,\boldsymbol{\beta}_1,\boldsymbol{\beta}_2,\cdots,\boldsymbol{\beta}_s$ 的秩为 r_1+r_2

(D) $\boldsymbol{\alpha}_1,\boldsymbol{\alpha}_2,\cdots,\boldsymbol{\alpha}_s,\boldsymbol{\beta}_1,\boldsymbol{\beta}_2,\cdots,\boldsymbol{\beta}_s$ 的秩为 r_1

K 28. 已知 n 维列向量的向量组 $\boldsymbol{\alpha}_1,\boldsymbol{\alpha}_2,\cdots,\boldsymbol{\alpha}_s$ 线性无关，则向量组 $\boldsymbol{\alpha}'_1,\boldsymbol{\alpha}'_2,\cdots,\boldsymbol{\alpha}'_s$ 可能线性相关的是（　　）.

(A) $\boldsymbol{\alpha}'_i(i=1,2,\cdots,s)$ 是 $\boldsymbol{\alpha}_i(i=1,2,\cdots,s)$ 中第 1 个分量加到第 2 个分量得到的向量

(B) $\boldsymbol{\alpha}'_i(i=1,2,\cdots,s)$ 是 $\boldsymbol{\alpha}_i(i=1,2,\cdots,s)$ 中第 1 个分量变成其相反数的向量

(C) $\boldsymbol{\alpha}'_i(i=1,2,\cdots,s)$ 是 $\boldsymbol{\alpha}_i(i=1,2,\cdots,s)$ 中第 1 个分量改为 0 的向量

(D) $\boldsymbol{\alpha}'_i(i=1,2,\cdots,s)$ 是 $\boldsymbol{\alpha}_i(i=1,2,\cdots,s)$ 中第 n 个分量后再增添 1 个分量的向量

QK 29. 对于向量组

$$\boldsymbol{\alpha}_1=\begin{bmatrix}1\\2\\1\\3\end{bmatrix},\ \boldsymbol{\alpha}_2=\begin{bmatrix}1\\-1\\-2\\6\end{bmatrix},\ \boldsymbol{\alpha}_3=\begin{bmatrix}1\\-1\\-3\\7\end{bmatrix},\ \boldsymbol{\alpha}_4=\begin{bmatrix}1\\2\\-1\\a\end{bmatrix},$$

下列结论正确的是（　　）.

(A) 当 $a\neq 5$ 时，$\boldsymbol{\alpha}_1$ 可由向量组 $\boldsymbol{\alpha}_2,\boldsymbol{\alpha}_3,\boldsymbol{\alpha}_4$ 线性表示

(B) 当 $a\neq 5$ 时，$\boldsymbol{\alpha}_4$ 可由向量组 $\boldsymbol{\alpha}_1,\boldsymbol{\alpha}_2,\boldsymbol{\alpha}_3$ 线性表示

(C) 当 $a=5$ 时，$\boldsymbol{\alpha}_1$ 不可由向量组 $\boldsymbol{\alpha}_2,\boldsymbol{\alpha}_3,\boldsymbol{\alpha}_4$ 线性表示

(D) 当 $a=5$ 时，$\boldsymbol{\alpha}_4$ 可由向量组 $\boldsymbol{\alpha}_1,\boldsymbol{\alpha}_2,\boldsymbol{\alpha}_3$ 线性表示

K 30. 设 3 维列向量组 $\boldsymbol{\alpha}_1,\boldsymbol{\alpha}_2,\boldsymbol{\alpha}_3$ 与 $\boldsymbol{\beta}_1,\boldsymbol{\beta}_2,\boldsymbol{\beta}_3$ 等价，记 $\boldsymbol{A}=[\boldsymbol{\alpha}_1,\boldsymbol{\alpha}_2,\boldsymbol{\alpha}_3]$，$\boldsymbol{B}=[\boldsymbol{\beta}_1,\boldsymbol{\beta}_2,$

$\boldsymbol{\beta}_3]$，则下列结论中

①$\boldsymbol{Ax}=\mathbf{0}$ 与 $\boldsymbol{Bx}=\mathbf{0}$ 同解；

②$\boldsymbol{A}^{\mathrm{T}}\boldsymbol{x}=\mathbf{0}$ 与 $\boldsymbol{B}^{\mathrm{T}}\boldsymbol{x}=\mathbf{0}$ 同解；

③ $\begin{bmatrix}\boldsymbol{A}\\ \boldsymbol{B}\end{bmatrix}\boldsymbol{x}=\mathbf{0}$ 与 $\boldsymbol{Ax}=\mathbf{0}$ 同解；

④ $\begin{bmatrix}\boldsymbol{A}^{\mathrm{T}}\\ \boldsymbol{B}^{\mathrm{T}}\end{bmatrix}\boldsymbol{x}=\mathbf{0}$ 与 $\boldsymbol{A}^{\mathrm{T}}\boldsymbol{x}=\mathbf{0}$ 同解.

所有正确结论的序号是(　　).

(A)①②　　(B)①③　　(C)②④　　(D)①②③④

二、填空题

QK 1. 若向量组

$$\boldsymbol{\alpha}_1=[1,1,2]^{\mathrm{T}},\boldsymbol{\alpha}_2=[1,a,3]^{\mathrm{T}},\boldsymbol{\alpha}_3=[2,0,1]^{\mathrm{T}},\boldsymbol{\alpha}_4=[a,2,1]^{\mathrm{T}}$$

线性相关，则 a 为________.

QK 2. 向量组

$$\boldsymbol{\alpha}_1=[1,1,0]^{\mathrm{T}},\boldsymbol{\alpha}_2=[1,0,-1]^{\mathrm{T}},\boldsymbol{\alpha}_3=[0,1,1]^{\mathrm{T}}$$

的一个极大线性无关组是________.

QK 3. 已知 $r(\boldsymbol{\alpha}_1,\boldsymbol{\alpha}_2,\cdots,\boldsymbol{\alpha}_s)=r$，则 $r(\boldsymbol{\alpha}_1,\boldsymbol{\alpha}_1+\boldsymbol{\alpha}_2,\cdots,\boldsymbol{\alpha}_1+\boldsymbol{\alpha}_2+\cdots+\boldsymbol{\alpha}_s)=$________.

K 4. $\boldsymbol{A}=\begin{bmatrix}a_1b_1 & a_1b_2 & \cdots & a_1b_n\\ a_2b_1 & a_2b_2 & \cdots & a_2b_n\\ \vdots & \vdots & & \vdots\\ a_nb_1 & a_nb_2 & \cdots & a_nb_n\end{bmatrix}_n$，其中 $a_i\neq 0,b_i\neq 0,i=1,2,\cdots,n$，则 $r(\boldsymbol{A})=$

________.

QK 5. 设 $\boldsymbol{\alpha}_1=[1,0,-1,2]^{\mathrm{T}},\boldsymbol{\alpha}_2=[2,-1,-2,6]^{\mathrm{T}},\boldsymbol{\alpha}_3=[3,1,t,4]^{\mathrm{T}},\boldsymbol{\beta}=[4,-1,-5,10]^{\mathrm{T}}$，已知 $\boldsymbol{\beta}$ 不能由 $\boldsymbol{\alpha}_1,\boldsymbol{\alpha}_2,\boldsymbol{\alpha}_3$ 线性表示，则 $t=$________.

QK 6. 设向量 $\boldsymbol{\xi}$ 可由 $\boldsymbol{\alpha}_1=[1,2,1]^{\mathrm{T}},\boldsymbol{\alpha}_2=[2,3,3]^{\mathrm{T}}$ 线性表示，也可由 $\boldsymbol{\beta}_1=[-3,-2,-1]^{\mathrm{T}}$，$\boldsymbol{\beta}_2=[-1,0,1]^{\mathrm{T}}$ 线性表示，则 $\boldsymbol{\xi}=$________.

QK 7.(仅数学一) 向量空间 $V=\{(x,y,z)\mid(x,y,z)\in\mathbf{R}^3,x-2z=0\}$ 的一个基为________.

QK 8.(仅数学一) 向量 $\boldsymbol{\beta}=[1,2,3]^{\mathrm{T}}$ 在 $\mathbf{R}^3$ 的一个基 $\boldsymbol{\alpha}_1=[1,-1,2]^{\mathrm{T}},\boldsymbol{\alpha}_2=[1,2,-1]^{\mathrm{T}}$，$\boldsymbol{\alpha}_3=[2,1,-1]^{\mathrm{T}}$ 下的坐标为________.

Q K　9.（仅数学一）由向量 $\boldsymbol{\alpha}_1=[1,0,1]^{\mathrm{T}}$，$\boldsymbol{\alpha}_2=[1,2,3]^{\mathrm{T}}$，$\boldsymbol{\alpha}_3=[2,2,4]^{\mathrm{T}}$ 生成的向量空间 $V=\operatorname{span}\{\boldsymbol{\alpha}_1,\boldsymbol{\alpha}_2,\boldsymbol{\alpha}_3\}=\{k_1\boldsymbol{\alpha}_1+k_2\boldsymbol{\alpha}_2+k_3\boldsymbol{\alpha}_3 \mid k_1,k_2,k_3\in\mathbf{R}\}$，则 V 的一个规范正交基为________.

Q K　10.（仅数学一）设 $\mathbf{R}^3$ 的一个规范正交基为 $\boldsymbol{\alpha}_1,\boldsymbol{\alpha}_2,\boldsymbol{\alpha}_3$，则向量 $\boldsymbol{\beta}$ 在基 $\boldsymbol{\alpha}_1,\boldsymbol{\alpha}_2,\boldsymbol{\alpha}_3$ 下的坐标是________.

K　11.（仅数学一）设 $\mathbf{R}^3$ 中的向量 $\boldsymbol{\xi}$ 在基 $\boldsymbol{\alpha}_1=[1,-2,1]^{\mathrm{T}}$，$\boldsymbol{\alpha}_2=[0,1,1]^{\mathrm{T}}$，$\boldsymbol{\alpha}_3=[3,2,1]^{\mathrm{T}}$ 下的坐标为 $[x_1,x_2,x_3]^{\mathrm{T}}$，而 $\boldsymbol{\xi}$ 在基 $\boldsymbol{\beta}_1,\boldsymbol{\beta}_2,\boldsymbol{\beta}_3$ 下的坐标为 $[y_1,y_2,y_3]^{\mathrm{T}}$，且

$$y_1=x_1-x_2-x_3,\ y_2=-x_1+x_2,\ y_3=x_1+2x_3,$$

则由基 $\boldsymbol{\beta}_1,\boldsymbol{\beta}_2,\boldsymbol{\beta}_3$ 到基 $\boldsymbol{\alpha}_1,\boldsymbol{\alpha}_2,\boldsymbol{\alpha}_3$ 的过渡矩阵 $\boldsymbol{P}=$________.

Q K　12.（仅数学一）设 $\boldsymbol{\alpha}_1,\boldsymbol{\alpha}_2,\cdots,\boldsymbol{\alpha}_{n-1},\boldsymbol{\alpha}_n\ (n>1)$ 是 n 维向量空间 V 的一个基，则由该基到另一个基 $2\boldsymbol{\alpha}_2,3\boldsymbol{\alpha}_3,\cdots,n\boldsymbol{\alpha}_n,\boldsymbol{\alpha}_1$ 的过渡矩阵的行列式为________.

三、解答题

K　1. 设 $\boldsymbol{A}$ 为 n 阶正定矩阵，$\boldsymbol{\alpha}_1,\boldsymbol{\alpha}_2,\cdots,\boldsymbol{\alpha}_n$ 为 n 维非零列向量，且满足 $\boldsymbol{\alpha}_i^{\mathrm{T}}\boldsymbol{A}^{-1}\boldsymbol{\alpha}_j=0\ (i\neq j;i,j=1,2,\cdots,n)$. 试证：向量组 $\boldsymbol{\alpha}_1,\boldsymbol{\alpha}_2,\cdots,\boldsymbol{\alpha}_n$ 线性无关.

Q K　2. 设3维向量组 $\boldsymbol{\alpha}_1=[1,1,0]^{\mathrm{T}}$，$\boldsymbol{\alpha}_2=[5,3,2]^{\mathrm{T}}$，$\boldsymbol{\alpha}_3=[1,3,-1]^{\mathrm{T}}$，$\boldsymbol{\alpha}_4=[-2,2,-3]^{\mathrm{T}}$. 且 $\boldsymbol{A}$ 是3阶矩阵，满足 $\boldsymbol{A\alpha}_1=\boldsymbol{\alpha}_2$，$\boldsymbol{A\alpha}_2=\boldsymbol{\alpha}_3$，$\boldsymbol{A\alpha}_3=\boldsymbol{\alpha}_4$，求 $\boldsymbol{A\alpha}_4$.

K　3. 已知向量组 A：$\boldsymbol{\alpha}_1=[1,1,4]^{\mathrm{T}}$，$\boldsymbol{\alpha}_2=[1,0,4]^{\mathrm{T}}$，$\boldsymbol{\alpha}_3=[1,2,a^2+3]^{\mathrm{T}}$ 和向量组 B：$\boldsymbol{\beta}_1=[1,1,a+3]^{\mathrm{T}}$，$\boldsymbol{\beta}_2=[0,2,1-a]^{\mathrm{T}}$，$\boldsymbol{\beta}_3=[1,3,a^2+3]^{\mathrm{T}}$. 若向量组 A 和向量组 B 等价，求常数 a 的值，并将 $\boldsymbol{\beta}_3$ 用 $\boldsymbol{\alpha}_1,\boldsymbol{\alpha}_2,\boldsymbol{\alpha}_3$ 线性表示.

Q K　4. 设 $\boldsymbol{A}=\begin{bmatrix}1&-1&-1\\-1&1&1\\0&-4&-2\end{bmatrix}$，$\boldsymbol{\alpha}_1=\begin{bmatrix}-1\\1\\-2\end{bmatrix}$，向量 $\boldsymbol{\alpha}_2,\boldsymbol{\alpha}_3$ 满足 $\boldsymbol{A\alpha}_2=\boldsymbol{\alpha}_1$，$\boldsymbol{A}^2\boldsymbol{\alpha}_3=\boldsymbol{\alpha}_1$.

（1）求向量 $\boldsymbol{\alpha}_2,\boldsymbol{\alpha}_3$；

（2）证明 $\boldsymbol{\alpha}_1,\boldsymbol{\alpha}_2,\boldsymbol{\alpha}_3$ 线性无关.

Q K　5. 已知向量组

$$\boldsymbol{\alpha}_1=\begin{bmatrix}a_{11}\\a_{12}\\a_{13}\end{bmatrix},\ \boldsymbol{\alpha}_2=\begin{bmatrix}a_{21}\\a_{22}\\a_{23}\end{bmatrix},\ \boldsymbol{\alpha}_3=\begin{bmatrix}a_{31}\\a_{32}\\a_{33}\end{bmatrix}$$

线性无关，证明：对任意实数 a,b,c，向量组

$$\boldsymbol{\beta}_1=\begin{bmatrix}a_{11}\\a_{12}\\a_{13}\\a\end{bmatrix},\boldsymbol{\beta}_2=\begin{bmatrix}a_{21}\\a_{22}\\a_{23}\\b\end{bmatrix},\boldsymbol{\beta}_3=\begin{bmatrix}a_{31}\\a_{32}\\a_{33}\\c\end{bmatrix}$$

也线性无关.

K 6.(1) 设向量组 A 可由向量组 B 线性表示，且 $r(A)=r(B)$，证明：向量组 A 与向量组 B 等价；

(2) 设有向量 $\boldsymbol{\alpha}_1=[1,-2,0]^{\mathrm{T}},\boldsymbol{\alpha}_2=[1,0,2]^{\mathrm{T}},\boldsymbol{\alpha}_3=[1,2,a]^{\mathrm{T}},\boldsymbol{\beta}_1=[1,2,4]^{\mathrm{T}},\boldsymbol{\beta}_2=[1,0,b]^{\mathrm{T}}$，求：当 a,b 为何值时，向量组 $\boldsymbol{\alpha}_1,\boldsymbol{\alpha}_2,\boldsymbol{\alpha}_3$ 与向量组 $\boldsymbol{\beta}_1,\boldsymbol{\beta}_2$ 等价，并写出此时 $\boldsymbol{\beta}_1,\boldsymbol{\beta}_2$ 由 $\boldsymbol{\alpha}_1,\boldsymbol{\alpha}_2,\boldsymbol{\alpha}_3$ 线性表示的表示式.

QK 7. 证明向量组 $\boldsymbol{\alpha},\boldsymbol{\beta},\boldsymbol{\alpha}+\boldsymbol{\beta}$ 与 $\boldsymbol{\alpha},\boldsymbol{\beta}$ 等价.

QK 8. 已知 $\boldsymbol{A}$ 是 n 阶矩阵，$\boldsymbol{\alpha}_1,\boldsymbol{\alpha}_2,\cdots,\boldsymbol{\alpha}_s$ 是 n 维线性无关向量组，若 $\boldsymbol{A\alpha}_1,\boldsymbol{A\alpha}_2,\cdots,\boldsymbol{A\alpha}_s$ 线性相关. 证明：$\boldsymbol{A}$ 不可逆.

K 9.(仅数学一) 设 $\mathbf{R}^3$ 中两个基 $\boldsymbol{\alpha}_1=[1,1,0]^{\mathrm{T}},\boldsymbol{\alpha}_2=[0,1,1]^{\mathrm{T}},\boldsymbol{\alpha}_3=[1,0,1]^{\mathrm{T}}$；$\boldsymbol{\beta}_1=[1,0,0]^{\mathrm{T}},\boldsymbol{\beta}_2=[1,1,0]^{\mathrm{T}},\boldsymbol{\beta}_3=[1,1,1]^{\mathrm{T}}$.

(1) 求 $\boldsymbol{\beta}_1,\boldsymbol{\beta}_2,\boldsymbol{\beta}_3$ 到 $\boldsymbol{\alpha}_1,\boldsymbol{\alpha}_2,\boldsymbol{\alpha}_3$ 的过渡矩阵；

(2) 已知 $\boldsymbol{\xi}$ 在基 $\boldsymbol{\beta}_1,\boldsymbol{\beta}_2,\boldsymbol{\beta}_3$ 下的坐标为 $[1,0,2]^{\mathrm{T}}$，求 $\boldsymbol{\xi}$ 在基 $\boldsymbol{\alpha}_1,\boldsymbol{\alpha}_2,\boldsymbol{\alpha}_3$ 下的坐标；

(3) 求在上述两个基下有相同坐标的向量.

QK 10. 设向量组 $\boldsymbol{\alpha}_1,\boldsymbol{\alpha}_2,\cdots,\boldsymbol{\alpha}_t$ 是齐次线性方程组 $\boldsymbol{Ax}=\mathbf{0}$ 的一个基础解系，向量 $\boldsymbol{\beta}$ 不是方程组 $\boldsymbol{Ax}=\mathbf{0}$ 的解，即 $\boldsymbol{A\beta}\neq\mathbf{0}$. 试证明：向量组 $\boldsymbol{\beta},\boldsymbol{\beta}+\boldsymbol{\alpha}_1,\boldsymbol{\beta}+\boldsymbol{\alpha}_2,\cdots,\boldsymbol{\beta}+\boldsymbol{\alpha}_t$ 线性无关.

QK 11. 已知 a 是常数，且矩阵 $\boldsymbol{A}=\begin{bmatrix}1&2&a\\1&3&0\\2&7&-a\end{bmatrix}$ 可经初等列变换化为矩阵 $\boldsymbol{B}=\begin{bmatrix}1&a&2\\0&1&1\\-1&1&1\end{bmatrix}$.

(1) 求 a；

(2) 求满足 $\boldsymbol{AP}=\boldsymbol{B}$ 的可逆矩阵 $\boldsymbol{P}$.

K 12. 设向量组 $\boldsymbol{\alpha}_1,\boldsymbol{\alpha}_2,\cdots,\boldsymbol{\alpha}_s\ (s\geqslant 2)$ 线性无关，且

$$\boldsymbol{\beta}_1=\boldsymbol{\alpha}_1+\boldsymbol{\alpha}_2,\boldsymbol{\beta}_2=\boldsymbol{\alpha}_2+\boldsymbol{\alpha}_3,\cdots,\boldsymbol{\beta}_{s-1}=\boldsymbol{\alpha}_{s-1}+\boldsymbol{\alpha}_s,\boldsymbol{\beta}_s=\boldsymbol{\alpha}_s+\boldsymbol{\alpha}_1.$$

讨论向量组 $\boldsymbol{\beta}_1,\boldsymbol{\beta}_2,\cdots,\boldsymbol{\beta}_s$ 的线性相关性.

K　13. 已知向量组 $\boldsymbol{\alpha}_1,\boldsymbol{\alpha}_2,\cdots,\boldsymbol{\alpha}_{s+1}(s>1)$ 线性无关，$\boldsymbol{\beta}_i=\boldsymbol{\alpha}_i+t\boldsymbol{\alpha}_{i+1},i=1,2,\cdots,s$. 证明：向量组 $\boldsymbol{\beta}_1,\boldsymbol{\beta}_2,\cdots,\boldsymbol{\beta}_s$ 线性无关.

QK　14. 已知 $\boldsymbol{\alpha}_1=[1,2,-3,1]^{\mathrm{T}},\boldsymbol{\alpha}_2=[5,-5,a,11]^{\mathrm{T}},\boldsymbol{\alpha}_3=[1,-3,6,3]^{\mathrm{T}},\boldsymbol{\alpha}_4=[2,-1,3,a]^{\mathrm{T}}$. 问：

(1) a 为何值时，向量组 $\boldsymbol{\alpha}_1,\boldsymbol{\alpha}_2,\boldsymbol{\alpha}_3,\boldsymbol{\alpha}_4$ 线性相关；

(2) a 为何值时，向量组 $\boldsymbol{\alpha}_1,\boldsymbol{\alpha}_2,\boldsymbol{\alpha}_3,\boldsymbol{\alpha}_4$ 线性无关；

(3) a 为何值时，$\boldsymbol{\alpha}_4$ 能由 $\boldsymbol{\alpha}_1,\boldsymbol{\alpha}_2,\boldsymbol{\alpha}_3$ 线性表示，并写出它的表示式.

K　15. 设 $\boldsymbol{A}$ 为3阶矩阵，$\lambda_1,\lambda_2,\lambda_3$ 是 $\boldsymbol{A}$ 的3个不同特征值，对应的特征向量为 $\boldsymbol{\alpha}_1,\boldsymbol{\alpha}_2,\boldsymbol{\alpha}_3$，令 $\boldsymbol{\beta}=\boldsymbol{\alpha}_1+\boldsymbol{\alpha}_2+\boldsymbol{\alpha}_3$.

(1) 证明：$\boldsymbol{\beta},\boldsymbol{A\beta},\boldsymbol{A}^2\boldsymbol{\beta}$ 线性无关；

(2) 若 $\boldsymbol{A}^3\boldsymbol{\beta}=\boldsymbol{A\beta}$，求秩 $r(\boldsymbol{A}-\boldsymbol{E})$ 及行列式 $|\boldsymbol{A}+2\boldsymbol{E}|$.

第 4 章 线性方程组

一、选择题

QK 1. 设 $\boldsymbol{A}$ 为 $m\times n$ 的矩阵，秩 $r(\boldsymbol{A})=r$，则线性方程组 $\boldsymbol{Ax}=\boldsymbol{0}$ 有非零解的充要条件是(　　).

(A)$m<n$　　(B)$r<m<n$　　(C)$r<m$　　(D)$r<n$

QK 2. 设 $\boldsymbol{A}$ 为 n 阶实矩阵，则对线性方程组(Ⅰ)$\boldsymbol{Ax}=\boldsymbol{0}$ 和(Ⅱ)$\boldsymbol{A}^{\mathrm{T}}\boldsymbol{Ax}=\boldsymbol{0}$，必有(　　).

(A)(Ⅱ)的解是(Ⅰ)的解，(Ⅰ)的解也是(Ⅱ)的解

(B)(Ⅱ)的解是(Ⅰ)的解，但(Ⅰ)的解不是(Ⅱ)的解

(C)(Ⅰ)的解不是(Ⅱ)的解，(Ⅱ)的解也不是(Ⅰ)的解

(D)(Ⅰ)的解是(Ⅱ)的解，但(Ⅱ)的解不是(Ⅰ)的解

K 3. 设 $\boldsymbol{A}$ 是 $m\times s$ 矩阵，$\boldsymbol{B}$ 是 $s\times n$ 矩阵，则齐次线性方程组 $\boldsymbol{Bx}-\boldsymbol{0}$ 和 $\boldsymbol{ABx}=\boldsymbol{0}$ 是同解方程组的一个充分条件是(　　).

(A)$r(\boldsymbol{A})=m$　　(B)$r(\boldsymbol{A})=s$

(C)$r(\boldsymbol{B})=s$　　(D)$r(\boldsymbol{B})=n$

QK 4. 设 $\boldsymbol{\gamma}_1,\boldsymbol{\gamma}_2$ 是非齐次线性方程组 $\boldsymbol{Ax}=\boldsymbol{b}$ 的两个不同的解，$\boldsymbol{\eta}_1,\boldsymbol{\eta}_2$ 是相应的齐次线性方程组 $\boldsymbol{Ax}=\boldsymbol{0}$ 的基础解系，则 $\boldsymbol{Ax}=\boldsymbol{b}$ 的通解为(　　).

(A)$k_1\boldsymbol{\eta}_1+k_2(\boldsymbol{\gamma}_1-\boldsymbol{\gamma}_2)+\frac{1}{2}(\boldsymbol{\gamma}_1-\boldsymbol{\gamma}_2)$

(B)$k_1\boldsymbol{\eta}_1+k_2(\boldsymbol{\gamma}_1-\boldsymbol{\gamma}_2)+\frac{1}{2}(\boldsymbol{\gamma}_1+\boldsymbol{\gamma}_2)$

(C)$k_1\boldsymbol{\eta}_1+k_2(\boldsymbol{\eta}_1+\boldsymbol{\eta}_2)+\frac{1}{2}(\boldsymbol{\gamma}_1-\boldsymbol{\gamma}_2)$

(D)$k_1\boldsymbol{\eta}_1+k_2(\boldsymbol{\eta}_1-\boldsymbol{\eta}_2)+\frac{1}{2}(\boldsymbol{\gamma}_1+\boldsymbol{\gamma}_2)$

QK 5. 设 $\boldsymbol{A}$ 为 $m\times n$ 矩阵，$\boldsymbol{e}=[1,1,\cdots,1]^{\mathrm{T}}$. 若方程组 $\boldsymbol{Ay}=\boldsymbol{e}$ 有解，则对于(Ⅰ)$\boldsymbol{A}^{\mathrm{T}}\boldsymbol{x}=\boldsymbol{0}$ 与(Ⅱ)$\begin{cases}\boldsymbol{A}^{\mathrm{T}}\boldsymbol{x}=\boldsymbol{0},\\ \boldsymbol{e}^{\mathrm{T}}\boldsymbol{x}=0,\end{cases}$ 说法正确的是(　　).

(A)(Ⅰ)的解都是(Ⅱ)的解，但(Ⅱ)的解未必是(Ⅰ)的解

(B)(Ⅱ)的解都是(Ⅰ)的解,但(Ⅰ)的解未必是(Ⅱ)的解

(C)(Ⅰ)的解不是(Ⅱ)的解,且(Ⅱ)的解也不是(Ⅰ)的解

(D)(Ⅰ)的解都是(Ⅱ)的解,且(Ⅱ)的解也都是(Ⅰ)的解

K　6. 设有三条直线 $l_1: a_1x+b_1y=c_1, l_2: a_2x+b_2y=c_2, l_3: a_3x+b_3y=c_3$,其中 $a_i, b_i, c_i \neq 0 (i=1,2,3)$,记 $\boldsymbol{A}=\begin{bmatrix} a_1 & b_1 \\ a_2 & b_2 \\ a_3 & b_3 \end{bmatrix}$,则 $r(\boldsymbol{A})=2$ 是三条直线相交于一点的(　　).

(A) 充要条件　　(B) 充分非必要条件

(C) 必要非充分条件　　(D) 既非必要也非充分条件

QK　7.(仅数学一)设 $\boldsymbol{A}=\begin{bmatrix} 1 & 1 & 1 & 1 \\ 2 & 0 & 2 & 0 \\ 0 & a & 0 & a \\ 1 & -1 & -1 & 1 \end{bmatrix}$,则线性方程组 $\boldsymbol{Ax}=\boldsymbol{0}$ 的解空间的维数是(　　).

(A) 3　　(B) 2

(C) 1　　(D) 与常数 a 的取值有关

QK　8. 非齐次线性方程组 $\boldsymbol{Ax}=\boldsymbol{b}$ 中未知量个数为 n,方程个数为 m,系数矩阵 $\boldsymbol{A}$ 的秩为 r,则(　　).

(A) $r=m$ 时,方程组 $\boldsymbol{Ax}=\boldsymbol{b}$ 有解

(B) $r=n$ 时,方程组 $\boldsymbol{Ax}=\boldsymbol{b}$ 有唯一解

(C) $m=n$ 时,方程组 $\boldsymbol{Ax}=\boldsymbol{b}$ 有唯一解

(D) $r<n$ 时,方程组 $\boldsymbol{Ax}=\boldsymbol{b}$ 有无穷多解

QK　9. 设有 n 元线性方程组 $\boldsymbol{Ax}=\boldsymbol{0}$ 和 $\boldsymbol{Bx}=\boldsymbol{0}$,则 $r(\boldsymbol{A})=r(\boldsymbol{B})$ 是两线性方程组同解的(　　).

(A) 充要条件　　(B) 充分非必要条件

(C) 必要非充分条件　　(D) 既非必要也非充分条件

QK　10. 若非齐次线性方程组 $\boldsymbol{Ax}=\boldsymbol{b}$ 有两个互不相等的解 $\boldsymbol{\xi}_1, \boldsymbol{\xi}_2$,则方程组(　　).

(A) $\boldsymbol{Ax}=\boldsymbol{b}$ 必有无穷多解

(B) $\boldsymbol{Ax}=\boldsymbol{b}$ 的解不唯一,但未必有无穷多解

(C) $\boldsymbol{Ax}=\boldsymbol{0}$ 有一个基础解系 $\boldsymbol{\xi}_1, \boldsymbol{\xi}_2$

(D)$\boldsymbol{Ax}=\boldsymbol{0}$ 的基础解系至少由两个线性无关解向量组成

QK 11. 已知3阶矩阵$\boldsymbol{A}$的秩$r(\boldsymbol{A})=2$,其伴随矩阵$\boldsymbol{A}^*$可经初等行变换化为矩阵$\boldsymbol{B}$,又设$\boldsymbol{b}$是$\boldsymbol{B}$的一个非零列向量,则(　　).

(A) 方程组 $\boldsymbol{Ax}=\boldsymbol{0}$ 与 $\boldsymbol{Bx}=\boldsymbol{0}$ 同解

(B) 方程组 $\boldsymbol{A}^*\boldsymbol{x}=\boldsymbol{0}$ 与 $\boldsymbol{Bx}=\boldsymbol{0}$ 同解

(C) 方程组 $\boldsymbol{Ax}=\boldsymbol{b}$ 与 $\boldsymbol{Bx}=\boldsymbol{b}$ 同解

(D) 方程组 $\boldsymbol{A}^*\boldsymbol{x}=\boldsymbol{b}$ 与 $\boldsymbol{Bx}=\boldsymbol{b}$ 同解

QK 12. 设$\boldsymbol{A}$是4阶矩阵,向量$\boldsymbol{\alpha},\boldsymbol{\beta}$是齐次线性方程组$(\boldsymbol{A}-\boldsymbol{E})\boldsymbol{x}=\boldsymbol{0}$的一个基础解系,向量$\boldsymbol{\gamma}$是齐次线性方程组$(\boldsymbol{A}+\boldsymbol{E})\boldsymbol{x}=\boldsymbol{0}$的一个基础解系,则齐次线性方程组$(\boldsymbol{A}^2-\boldsymbol{E})\boldsymbol{x}=\boldsymbol{0}$的通解为(　　).

(A)$c_1\boldsymbol{\alpha}+c_2\boldsymbol{\beta}$,其中$c_1,c_2$为任意常数

(B)$c_1\boldsymbol{\alpha}+c_2\boldsymbol{\gamma}$,其中$c_1,c_2$为任意常数

(C)$c_1\boldsymbol{\beta}+c_2\boldsymbol{\gamma}$,其中$c_1,c_2$为任意常数

(D)$c_1\boldsymbol{\alpha}+c_2\boldsymbol{\beta}+c_3\boldsymbol{\gamma}$,其中$c_1,c_2,c_3$为任意常数

K 13. 已知$r(\boldsymbol{A})=r_1$,且方程组$\boldsymbol{Ax}=\boldsymbol{\alpha}$有解,$r(\boldsymbol{B})=r_2$,且$\boldsymbol{By}=\boldsymbol{\beta}$无解,设$\boldsymbol{A}=[\boldsymbol{\alpha}_1,\boldsymbol{\alpha}_2,\cdots,\boldsymbol{\alpha}_n]$,$\boldsymbol{B}=[\boldsymbol{\beta}_1,\boldsymbol{\beta}_2,\cdots,\boldsymbol{\beta}_n]$,且$r(\boldsymbol{\alpha}_1,\boldsymbol{\alpha}_2,\cdots,\boldsymbol{\alpha}_n,\boldsymbol{\alpha},\boldsymbol{\beta}_1,\boldsymbol{\beta}_2,\cdots,\boldsymbol{\beta}_n,\boldsymbol{\beta})=r$,则(　　).

(A)$r=r_1+r_2$　　(B)$r>r_1+r_2$

(C)$r=r_1+r_2+1$　　(D)$r\leqslant r_1+r_2+1$

QK 14. 已知$\boldsymbol{\xi}_1,\boldsymbol{\xi}_2,\cdots,\boldsymbol{\xi}_r(r\geqslant 3)$是$\boldsymbol{Ax}=\boldsymbol{0}$的基础解系,则下列向量组也是$\boldsymbol{Ax}=\boldsymbol{0}$的基础解系的是(　　).

(A)$\boldsymbol{\alpha}_1=-\boldsymbol{\xi}_2-\boldsymbol{\xi}_3-\cdots-\boldsymbol{\xi}_r,\boldsymbol{\alpha}_2=\boldsymbol{\xi}_1-\boldsymbol{\xi}_3-\boldsymbol{\xi}_4-\cdots-\boldsymbol{\xi}_r,\boldsymbol{\alpha}_3=\boldsymbol{\xi}_1+\boldsymbol{\xi}_2-\boldsymbol{\xi}_4-\cdots-\boldsymbol{\xi}_r,\cdots,\boldsymbol{\alpha}_r=\boldsymbol{\xi}_1+\boldsymbol{\xi}_2+\cdots+\boldsymbol{\xi}_{r-1}$

(B)$\boldsymbol{\beta}_1=\boldsymbol{\xi}_2+\boldsymbol{\xi}_3+\cdots+\boldsymbol{\xi}_r,\boldsymbol{\beta}_2=\boldsymbol{\xi}_1+\boldsymbol{\xi}_3+\boldsymbol{\xi}_4+\cdots+\boldsymbol{\xi}_r,\boldsymbol{\beta}_3=\boldsymbol{\xi}_1+\boldsymbol{\xi}_2+\boldsymbol{\xi}_4+\cdots+\boldsymbol{\xi}_r,\cdots,\boldsymbol{\beta}_r=\boldsymbol{\xi}_1+\boldsymbol{\xi}_2+\cdots+\boldsymbol{\xi}_{r-1}$

(C)$\boldsymbol{\xi}_1,\boldsymbol{\xi}_2,\cdots,\boldsymbol{\xi}_r$的一个等价向量组

(D)$\boldsymbol{\xi}_1,\boldsymbol{\xi}_2,\cdots,\boldsymbol{\xi}_r$的一个等秩向量组

K 15. 设$\boldsymbol{A}=[\boldsymbol{\alpha}_1,\boldsymbol{\alpha}_2,\cdots,\boldsymbol{\alpha}_n]$是$s\times n$矩阵,$\boldsymbol{b}$是$s$维非零列向量,以下选项中不能作为$\boldsymbol{Ax}=\boldsymbol{b}$有解的充要条件的是(　　).

(A)$\boldsymbol{b}$可以由向量组$\boldsymbol{\alpha}_1,\boldsymbol{\alpha}_2,\cdots,\boldsymbol{\alpha}_n$线性表示

(B) 向量组$\boldsymbol{\alpha}_1,\boldsymbol{\alpha}_2,\cdots,\boldsymbol{\alpha}_n$与向量组$\boldsymbol{\alpha}_1,\boldsymbol{\alpha}_2,\cdots,\boldsymbol{\alpha}_n,\boldsymbol{b}$等价

(C) 矩阵方程 $\boldsymbol{AX}=[\boldsymbol{A} \mid \boldsymbol{b}]$ 有解.

(D) 向量组 $\boldsymbol{\alpha}_1,\boldsymbol{\alpha}_2,\cdots,\boldsymbol{\alpha}_n,\boldsymbol{b}$ 线性相关

K　16. 设 $\boldsymbol{A}$ 是 $m\times n$ 矩阵, $m<n$, $r(\boldsymbol{A})=m$, 以下选项中错误的是(　　).

(A) 存在 n 阶可逆矩阵 $\boldsymbol{Q}$, 使得 $\boldsymbol{AQ}=[\boldsymbol{E}_m,\boldsymbol{O}]$

(B) 存在 m 阶可逆矩阵 $\boldsymbol{P}$, 使得 $\boldsymbol{PA}=[\boldsymbol{E}_m,\boldsymbol{O}]$

(C) 齐次线性方程组 $\boldsymbol{Ax}=\boldsymbol{0}$ 有零解

(D) 非齐次线性方程组 $\boldsymbol{Ax}=\boldsymbol{b}$ 有无穷多解

QK　17. 线性方程组

$$\begin{cases} bx_1-ax_2=-2ab, \\ -2cx_2+3bx_3=bc, \\ cx_1+ax_3=0, \end{cases}$$

则(　　).

(A) 当 a,b,c 为任意实数时, 方程组均有解

(B) 当 $a=0$ 时, 方程组无解

(C) 当 $b=0$ 时, 方程组无解

(D) 当 $c=0$ 时, 方程组无解

QK　18. 设 $\boldsymbol{\alpha}_1,\boldsymbol{\alpha}_2,\boldsymbol{\alpha}_3$ 均为线性方程组 $\boldsymbol{Ax}=\boldsymbol{b}$ 的解, 则下列向量中

$$\boldsymbol{\alpha}_1-\boldsymbol{\alpha}_2,\boldsymbol{\alpha}_1-2\boldsymbol{\alpha}_2+\boldsymbol{\alpha}_3,\frac{1}{4}(\boldsymbol{\alpha}_1-\boldsymbol{\alpha}_3),\boldsymbol{\alpha}_1+3\boldsymbol{\alpha}_2-4\boldsymbol{\alpha}_3,$$

是导出组 $\boldsymbol{Ax}=\boldsymbol{0}$ 的解向量的个数为(　　).

(A)4　　(B)3　　(C)2　　(D)1

QK　19. 设 $\boldsymbol{A}$ 是秩为 $n-1$ 的 n 阶矩阵, $\boldsymbol{\alpha}_1,\boldsymbol{\alpha}_2$ 是方程组 $\boldsymbol{Ax}=\boldsymbol{0}$ 的两个不同的解向量, 则 $\boldsymbol{Ax}=\boldsymbol{0}$ 的通解必定是(　　).

(A) $\boldsymbol{\alpha}_1+\boldsymbol{\alpha}_2$　　(B) $k\boldsymbol{\alpha}_1$

(C) $k(\boldsymbol{\alpha}_1+\boldsymbol{\alpha}_2)$　　(D) $k(\boldsymbol{\alpha}_1-\boldsymbol{\alpha}_2)$

K　20. 设 $\boldsymbol{A}$ 是 4×5 矩阵, 且 $\boldsymbol{A}$ 的行向量组线性无关, 则下列说法错误的是(　　).

(A) $\boldsymbol{A}^{\mathrm{T}}\boldsymbol{x}=\boldsymbol{0}$ 只有零解

(B) $\boldsymbol{A}^{\mathrm{T}}\boldsymbol{Ax}=\boldsymbol{0}$ 必有无穷多解

(C) 对任意的 $\boldsymbol{b}$, $\boldsymbol{A}^{\mathrm{T}}\boldsymbol{x}=\boldsymbol{b}$ 有唯一解

(D) 对任意的 $\boldsymbol{b}$, $\boldsymbol{Ax}=\boldsymbol{b}$ 有无穷多解

QK　21. 设齐次线性方程组 $\boldsymbol{A}_{2\times 4}\boldsymbol{x}=\boldsymbol{0}$ 的基础解系为

$$\boldsymbol{\xi}_1=[1,3,1,1]^{\mathrm{T}},\boldsymbol{\xi}_2=[1,0,1,-1]^{\mathrm{T}},$$

则方程组$\begin{cases}\boldsymbol{Ax}=\mathbf{0},\\ x_1-x_2+x_3+x_4=0\end{cases}$的通解是($k_1,k_2$ 是任意常数)(　　).

(A)$k_1\boldsymbol{\xi}_1$　　(B)$k_2\boldsymbol{\xi}_2$

(C)$k_1\boldsymbol{\xi}_1-k_2\boldsymbol{\xi}_2$　　(D)$k_1\boldsymbol{\xi}_1+k_2\boldsymbol{\xi}_2$

QK　22. 设 $\boldsymbol{A}$ 是 n 阶矩阵,$\boldsymbol{\alpha}$ 是 n 维列向量. 若 $r\left(\begin{bmatrix}\boldsymbol{A} & \boldsymbol{\alpha}\\ \boldsymbol{\alpha}^{\mathrm{T}} & 0\end{bmatrix}\right)=r(\boldsymbol{A})$,则线性方程组(　　).

(A)$\boldsymbol{Ax}=\boldsymbol{\alpha}$ 必有无穷多解　　(B)$\boldsymbol{Ax}=\boldsymbol{\alpha}$ 必有唯一解

(C)$\begin{bmatrix}\boldsymbol{A} & \boldsymbol{\alpha}\\ \boldsymbol{\alpha}^{\mathrm{T}} & 0\end{bmatrix}\begin{bmatrix}\boldsymbol{x}\\ y\end{bmatrix}=\mathbf{0}$ 仅有零解　　(D)$\begin{bmatrix}\boldsymbol{A} & \boldsymbol{\alpha}\\ \boldsymbol{\alpha}^{\mathrm{T}} & 0\end{bmatrix}\begin{bmatrix}\boldsymbol{x}\\ y\end{bmatrix}=\mathbf{0}$ 必有非零解

K　23. 设 $\boldsymbol{A}^*$ 为3阶非零矩阵,且 $\boldsymbol{A}^*=[\boldsymbol{\alpha}_1,\boldsymbol{\alpha}_2,\boldsymbol{\alpha}_3]$,$\boldsymbol{\alpha}_1=\boldsymbol{\alpha}_3$,$\boldsymbol{\alpha}_2+\boldsymbol{\alpha}_3=\mathbf{0}$,$k,k_1,k_2$ 为任意常数,则$\boldsymbol{Ax}=\mathbf{0}$ 的通解为(　　).

(A)$k(\boldsymbol{\alpha}_1+\boldsymbol{\alpha}_2)$　　(B)$k(\boldsymbol{\alpha}_1+\boldsymbol{\alpha}_3)$

(C)$k_1\boldsymbol{\alpha}_1+k_2\boldsymbol{\alpha}_2$　　(D)$k_1\boldsymbol{\alpha}_2+k_2\boldsymbol{\alpha}_3$

QK　24. 已知 $\boldsymbol{\eta}_1,\boldsymbol{\eta}_2$ 是线性方程组

$$\begin{cases}ax_1+x_2+2x_3=b,\\ x_1+cx_2-x_3=1,\\ 2x_1+x_2-2x_3=-1\end{cases}$$

的两个不同解,k,k_1,k_2 为任意常数,则该线性方程组的通解是(　　).

(A)$(k_1+1)\boldsymbol{\eta}_1+k_2\boldsymbol{\eta}_2$　　(B)$(k_1-1)\boldsymbol{\eta}_1+k_2\boldsymbol{\eta}_2$

(C)$(k+1)\boldsymbol{\eta}_1-k\boldsymbol{\eta}_2$　　(D)$(k-1)\boldsymbol{\eta}_1-k\boldsymbol{\eta}_2$

QK　25. 设 $\boldsymbol{A}$ 是$m\times n$ 实矩阵,则对任意 m 维列向量$\boldsymbol{b}$,线性方程组 $\boldsymbol{A}^{\mathrm{T}}\boldsymbol{Ax}=\boldsymbol{A}^{\mathrm{T}}\boldsymbol{b}$(　　).

(A) 无解　　(B) 有解

(C) 必有唯一解　　(D) 必有无穷多解

K　26. 设 $\boldsymbol{A}$ 与 $\boldsymbol{B}$ 均为 n 阶方阵,则方程组 $\boldsymbol{Ax}=\mathbf{0}$ 与 $\boldsymbol{Bx}=\mathbf{0}$ 有非零公共解的一个充分条件是(　　).

(A)$r(\boldsymbol{A})=r(\boldsymbol{B})$　　(B)$r(\boldsymbol{A})+r(\boldsymbol{B})\leqslant n$

(C)$r(\boldsymbol{A})+r(\boldsymbol{B})<n$　　(D)$n<r(\boldsymbol{A})+r(\boldsymbol{B})<2n$

QK　27. 设方程组 $\begin{cases} x_1 + ax_2 - 2x_3 = 0, \\ x_1 + 2x_2 + x_3 = 1, \\ 2x_1 + 3x_2 + (a+2)x_3 = 3 \end{cases}$ 的系数矩阵为 $\boldsymbol{A}$，自由项为 $\boldsymbol{b}$，若 $\boldsymbol{Ax} = \boldsymbol{b}$ 无解，$\boldsymbol{A}^{\mathrm{T}}\boldsymbol{Ax} = \boldsymbol{A}^{\mathrm{T}}\boldsymbol{b}$ 有解，则 $a =$（　　）.

(A) -1　　(B) 1　　(C) -3　　(D) 3

QK　28. 设 $\boldsymbol{A} = [\boldsymbol{\alpha}_1, \boldsymbol{\alpha}_2, \boldsymbol{\alpha}_3, \boldsymbol{\alpha}_4]$，$\boldsymbol{\alpha}_i (i = 1,2,3,4)$ 是 n 维列向量，已知齐次线性方程组 $\boldsymbol{Ax} = \boldsymbol{0}$ 有基础解系 $\boldsymbol{\xi}_1 = [-2,0,1,0]^{\mathrm{T}}$，$\boldsymbol{\xi}_2 = [1,0,0,1]^{\mathrm{T}}$，则线性无关向量组是（　　）.

(A) $\boldsymbol{\alpha}_1, \boldsymbol{\alpha}_2$　　(B) $\boldsymbol{\alpha}_1, \boldsymbol{\alpha}_3$

(C) $\boldsymbol{\alpha}_1, \boldsymbol{\alpha}_4$　　(D) $\boldsymbol{\alpha}_3, \boldsymbol{\alpha}_4$

K　29. 设 $\boldsymbol{A}$ 为 $(n+1) \times n$ 矩阵，$\boldsymbol{\beta}$ 为 $n+1$ 维列向量，则行列式 $|\boldsymbol{A}, \boldsymbol{\beta}| = 0$ 是方程组 $\boldsymbol{Ax} = \boldsymbol{\beta}$ 有解的（　　）.

(A) 充要条件　　(B) 充分非必要条件

(C) 必要非充分条件　　(D) 既非充分也非必要条件

QK　30. 设 $\boldsymbol{A}$ 为 3 阶矩阵，已知线性方程组 $\boldsymbol{Ax} = \begin{bmatrix} 1 \\ 2 \\ -1 \end{bmatrix}$ 的通解为 $\boldsymbol{x} = \begin{bmatrix} 1 \\ 0 \\ 0 \end{bmatrix} + k_1 \begin{bmatrix} 2 \\ 1 \\ 0 \end{bmatrix} + k_2 \begin{bmatrix} 1 \\ 0 \\ 1 \end{bmatrix}$，其中 k_1, k_2 为任意常数，则齐次线性方程组 $(\boldsymbol{A} + \boldsymbol{A}^{\mathrm{T}})\boldsymbol{x} = \boldsymbol{0}$ 的一个基础解系为（　　）.

(A) $\begin{bmatrix} 1 \\ 0 \\ 1 \end{bmatrix}$　　(B) $\begin{bmatrix} 1 \\ 1 \\ 0 \end{bmatrix}$　　(C) $\begin{bmatrix} 0 \\ 1 \\ 1 \end{bmatrix}$　　(D) $\begin{bmatrix} 1 \\ 1 \\ 1 \end{bmatrix}$

K　31. 设 $\boldsymbol{A}, \boldsymbol{B}$ 均为 3 阶矩阵，$\boldsymbol{\xi}, \boldsymbol{\eta}$ 均为 3 维非零列向量，非齐次线性方程组 $\boldsymbol{Ax} = \boldsymbol{\xi}$ 与 $\boldsymbol{Bx} = \boldsymbol{\eta}$ 均有解，则它们同解的充分必要条件为（　　）.

(A) $\boldsymbol{A}$ 的行向量组与 $\boldsymbol{B}$ 的行向量组等价

(B) $[\boldsymbol{A} \mid \boldsymbol{\xi}]$ 的行向量组与 $[\boldsymbol{B} \mid \boldsymbol{\eta}]$ 的行向量组等价

(C) $\boldsymbol{A}$ 的列向量组与 $\boldsymbol{B}$ 的列向量组等价

(D) $[\boldsymbol{A} \mid \boldsymbol{\xi}]$ 的列向量组与 $[\boldsymbol{B} \mid \boldsymbol{\eta}]$ 的列向量组等价

K　32. 设 $\boldsymbol{A}$ 是 n 阶矩阵，对于齐次线性方程组（Ⅰ）$\boldsymbol{A}^n\boldsymbol{x} = \boldsymbol{0}$ 和（Ⅱ）$\boldsymbol{A}^{n+1}\boldsymbol{x} = \boldsymbol{0}$，现有命题

①(Ⅰ)的解必是(Ⅱ)的解；　　②(Ⅱ)的解必是(Ⅰ)的解；

③(Ⅰ)的解不一定是(Ⅱ)的解；　　④(Ⅱ)的解不一定是(Ⅰ)的解.

其中正确的是(　　).

(A)①④　　(B)①②　　(C)②③　　(D)③④

QK　33.(仅数学一) 设 $P_i(x_i,y_i,z_i)(i=1,2,\cdots,n;n>3)$ 是不重合的点,$\boldsymbol{A}=\begin{bmatrix} x_1 & x_2 & \cdots & x_n \\ y_1 & y_2 & \cdots & y_n \\ z_1 & z_2 & \cdots & z_n \\ 1 & 1 & \cdots & 1 \end{bmatrix}$,若 $P_1,P_2,\cdots,P_n$ 共面,则 $r(\boldsymbol{A})$(　　).

(A) 必为 2　　(B) 为 1 或 2　　(C) 为 2 或 3　　(D) 必为 3

K　34.(仅数学一) 设 $\boldsymbol{\alpha}_i=[a_i,b_i,c_i]^{\mathrm{T}}(i=1,2,3)$ 均为非零列向量,且直线 $\dfrac{x-a_1}{a_2}=\dfrac{y-b_1}{b_2}=\dfrac{z-c_1}{c_2}$ 过点 (a_3,b_3,c_3),则可能是三个平面 $\pi_i:\boldsymbol{\alpha}_i^{\mathrm{T}}\begin{bmatrix} x \\ y \\ z \end{bmatrix}=1(i=1,2,3)$ 的位置关系的所有序号是(　　).

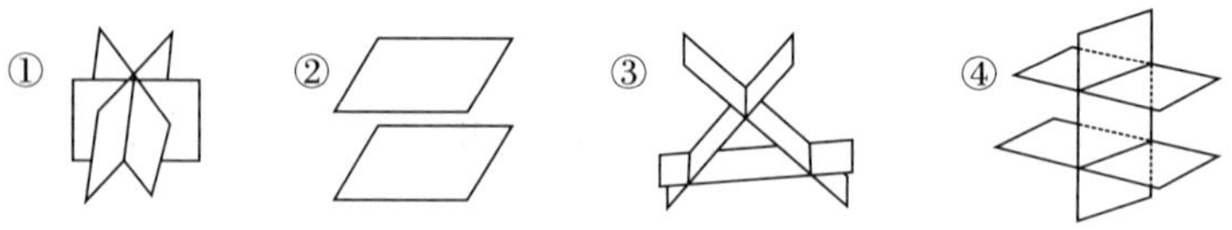

(A)①③　　(B)②③　　(C)②④　　(D)①③④

K　35. 设 $\boldsymbol{A},\boldsymbol{B},\boldsymbol{C}$ 为 n 阶矩阵,则下列说法中,正确的是(　　).

(A) $\begin{bmatrix} \boldsymbol{O} & \boldsymbol{AB} \\ \boldsymbol{BC} & \boldsymbol{B} \end{bmatrix}\boldsymbol{x}=\boldsymbol{0}$ 只有零解

(B) $\begin{bmatrix} \boldsymbol{AB} & \boldsymbol{B} \\ \boldsymbol{CAB} & \boldsymbol{O} \end{bmatrix}\boldsymbol{x}=\boldsymbol{0}$ 只有零解

(C) $\begin{bmatrix} \boldsymbol{O} & \boldsymbol{AB} \\ \boldsymbol{BC} & \boldsymbol{B} \end{bmatrix}\boldsymbol{x}=\boldsymbol{0}$ 与 $\begin{bmatrix} \boldsymbol{ABC} & \boldsymbol{O} \\ \boldsymbol{O} & \boldsymbol{B} \end{bmatrix}\boldsymbol{x}=\boldsymbol{0}$ 同解

(D) $\begin{bmatrix} \boldsymbol{AB} & \boldsymbol{B} \\ \boldsymbol{CAB} & \boldsymbol{O} \end{bmatrix}\boldsymbol{x}=\boldsymbol{0}$ 与 $\begin{bmatrix} \boldsymbol{O} & \boldsymbol{CB} \\ \boldsymbol{AB} & \boldsymbol{B} \end{bmatrix}\boldsymbol{x}=\boldsymbol{0}$ 同解

K　36.(仅数学一) 设 $\boldsymbol{A},\boldsymbol{B}$ 都是 5 阶矩阵,若齐次线性方程组 $\boldsymbol{A}^*\boldsymbol{x}=\boldsymbol{0}$ 只有零解,齐次

线性方程组 $\boldsymbol{B}^*\boldsymbol{x}=\boldsymbol{0}$ 的解空间的维数为 4，则齐次线性方程组 $(\boldsymbol{AB})\boldsymbol{x}=\boldsymbol{0}$ 的解空间的维数为（　　）.

(A)1　　(B)2　　(C)3　　(D)4

二、填空题

QK 1. 已知非齐次线性方程组 $\boldsymbol{Ax}=\boldsymbol{b}$ 的增广矩阵 $\overline{\boldsymbol{A}}$ 经过初等行变换化为

$$\left[\begin{array}{ccc:c}1 & -2 & 3 & -1\\ 0 & -1 & 2 & 2\\ 0 & 0 & \lambda(\lambda-1) & (\lambda-1)(\lambda-2)\end{array}\right],$$

则若要该方程组有解，λ 应取值为________.

QK 2. 设线性方程组

$$\begin{cases}x_1+x_2+ax_3=0,\\ x_1+2x_2+x_3=0,\\ x_1-x_2+ax_3=0\end{cases}$$

与方程 $x_1-2x_2+3x_3=1$ 有公共解，则 $a=$________.

K 3. 已知 n 阶矩阵 $\boldsymbol{A}$ 的各行元素之和均为零，且 $r(\boldsymbol{A})=n-1$，则线性方程组 $\boldsymbol{Ax}=\boldsymbol{0}$ 的通解是________.

QK 4.（仅数学一）设平面 $\pi_1: x+ay=a$，$\pi_2: ax+z=1$，$\pi_3: ay+z=1$，已知这三个平面没有公共交点，则 $a=$________.

QK 5.（仅数学一）设平面 $\pi_1: ax+y+z=1$，$\pi_2: x+ay+z=1$，$\pi_3: x+y+az=-2$ 有无穷多个交点，则 $a=$________.

QK 6. 已知 $\boldsymbol{\alpha}_1,\boldsymbol{\alpha}_2,\boldsymbol{\alpha}_3$ 是线性方程组 $\boldsymbol{Ax}=\boldsymbol{0}$ 的一个基础解系，若向量组 $\boldsymbol{\beta}_1=2\boldsymbol{\alpha}_2-\boldsymbol{\alpha}_3$，$\boldsymbol{\beta}_2=\boldsymbol{\alpha}_1-\boldsymbol{\alpha}_2+\boldsymbol{\alpha}_3$，$\boldsymbol{\beta}_3=\boldsymbol{\alpha}_1+t\boldsymbol{\alpha}_2$ 同为该方程组的一个基础解系，则 t________.

QK 7. 设 $\boldsymbol{A}=\begin{bmatrix}1 & 1 & a\\ 1 & a & 1\\ a & 1 & 1\\ 2 & a+1 & a+3\end{bmatrix}$，$\boldsymbol{B}$ 是 3 阶非零矩阵，且 $\boldsymbol{AB}=\boldsymbol{O}$，则 $\boldsymbol{Ax}=\boldsymbol{0}$ 的通解是________.

QK 8. 方程组 $x_1+x_2+x_3+x_4+x_5=0$ 的一个基础解系是________.

QK 9. 方程组

$$\begin{cases} x_1 - x_2 = 0, \\ x_2 - x_3 = 0, \\ x_3 - x_4 = 0, \\ x_4 - x_1 = 0 \end{cases}$$

的通解是 ________.

QK 10. 方程组

$$\begin{cases} x_1 - x_2 = a_1, \\ x_2 - x_3 = a_2, \\ x_3 - x_4 = a_3, \\ x_4 - x_5 = a_4, \\ x_5 - x_1 = a_5 \end{cases}$$

有解的充要条件是 ________.

QK 11. 若两个 n 元线性方程组 $\boldsymbol{Ax}=\boldsymbol{0}$ 和 $\boldsymbol{Bx}=\boldsymbol{0}$ 有非零公共解，则矩阵 $\begin{bmatrix} \boldsymbol{A} \\ \boldsymbol{B} \end{bmatrix}$ 的秩应满足的条件是________.

QK 12.（仅数学一）平面上三点 $M_1(x_1,y_1)$，$M_2(x_2,y_2)$，$M_3(x_3,y_3)$ 均在直线 $ax+by+c=0$ 上的一个充分必要条件是________.

QK 13. 设线性方程组

$$\begin{cases} x_1 + x_2 + x_3 = b_1, \\ -2x_1 + x_2 - 2x_3 = b_2, \\ -x_2 - x_3 = b_3, \\ 3x_1 + 5x_2 + 7x_3 = b_4 \end{cases}$$

有解，则方程组右端 $\begin{bmatrix} b_1 \\ b_2 \\ b_3 \\ b_4 \end{bmatrix} -$ ________.

QK 14. 设方程组 $\begin{cases} \lambda x_1 + x_2 + x_3 = a, \\ (\lambda - 1)x_2 = 1, \\ x_1 + x_2 + \lambda x_3 = 1 \end{cases}$ 有两个不同解，则该方程组的通解为 ________.

K　15. 设 $\boldsymbol{A}=\begin{bmatrix}a_{11} & a_{12} & a_{13}\\ a_{21} & a_{22} & a_{23}\\ a_{31} & a_{32} & a_{33}\end{bmatrix}$ 为实矩阵，且 $A_{ij}=-a_{ij}$（A_{ij} 为 a_{ij} 的代数余子式），$a_{22}=-1$，$|\boldsymbol{A}|=-1$，则方程组 $\boldsymbol{A}\begin{bmatrix}x_1\\ x_2\\ x_3\end{bmatrix}=\begin{bmatrix}0\\ 2\\ 0\end{bmatrix}$ 的解为________.

QK　16. 若方程组

$$(\text{Ⅰ})\begin{cases}ax_1+x_2+x_3=a^3,\\ (1+a)x_1+(1+a)x_2+2x_3=a(a^2+1)\end{cases}$$

与方程组

$$(\text{Ⅱ})\begin{cases}x_1+x_2+ax_3=a^2,\\ (1+a)x_1+2x_2+(1+a)x_3=1+a^2,\\ (1+a)x_1+(1+a)x_2+2x_3=1+a\end{cases}$$

同解，则 $a=$________.

QK　17. 设 $\boldsymbol{A}=\begin{bmatrix}1 & 1 & 2\\ -1 & 1 & 0\\ 1 & 0 & 1\end{bmatrix}$，$\boldsymbol{B}=\begin{bmatrix}1 & 4 & 0\\ -1 & 0 & -2\\ a & b & c\end{bmatrix}$，且矩阵方程 $\boldsymbol{AX}=\boldsymbol{B}$ 有无穷多解，则 $\boldsymbol{X}=$________.

QK　18. 设方程组(Ⅰ)：

$$\begin{cases}-x_1+3x_2-3x_3=-16, & ①\\ 2x_1-4x_2+5x_3=25, & ②\end{cases}$$

则 $x_1+x_2+x_3=$________.

QK　19. 设线性方程组 $\begin{cases}x_2+ax_3+bx_4=0,\\ -x_1+cx_3+dx_4=0,\\ ax_1+cx_2-ex_4=0,\\ bx_1+dx_2+ex_3=0\end{cases}$ 有非零解，则参数 a,b,c,d,e 应满足条件________.

三、解答题

QK 1.λ 为何值时,方程组

$$\begin{cases}2x_1+\lambda x_2-x_3=1,\\ \lambda x_1-x_2+x_3=2,\\ 4x_1+5x_2-5x_3=-1\end{cases}$$

无解,有唯一解或有无穷多解?并在有无穷多解时写出方程组的通解.

QK 2.设 $\boldsymbol{A}=\begin{bmatrix}1&-2&3&-4\\0&1&-1&1\\1&2&0&-3\\2&1&2&-6\end{bmatrix}$,$\boldsymbol{B}=\begin{bmatrix}1&7&4\\0&-2&-1\\a&2&1\\3&7&b\end{bmatrix}$.若矩阵方程 $\boldsymbol{AX}=\boldsymbol{B}$ 有解,求 a,b 的值,并求该矩阵方程的全部解.

QK 3.求方程组(Ⅰ)$\begin{cases}x_1+x_2+x_3=0,\\ x_1+3x_2+ax_3=0,\\ x_1+3x_2+a^2x_3=0\end{cases}$ 与(Ⅱ)$\begin{cases}x_1+3x_2+x_3=a-1,\\ x_1+x_2+x_3=a^2-a\end{cases}$ 的公共解.

QK 4.设 $\boldsymbol{\alpha}_1=\begin{bmatrix}1\\0\\1\end{bmatrix}$,$\boldsymbol{\alpha}_2=\begin{bmatrix}1\\1\\2\end{bmatrix}$,$\boldsymbol{\alpha}_3=\begin{bmatrix}1\\2\\a\end{bmatrix}$,$\boldsymbol{\beta}_1=\begin{bmatrix}-1\\2\\1\end{bmatrix}$,$\boldsymbol{\beta}_2=\begin{bmatrix}1\\0\\b\end{bmatrix}$,$\boldsymbol{A}=[\boldsymbol{\alpha}_1,\boldsymbol{\alpha}_2,\boldsymbol{\alpha}_3]$,$\boldsymbol{B}=[\boldsymbol{\beta}_1,\boldsymbol{\beta}_2]$.

(1)a,b 为何值时,$\boldsymbol{\beta}_1$,$\boldsymbol{\beta}_2$ 能同时由 $\boldsymbol{\alpha}_1$,$\boldsymbol{\alpha}_2$,$\boldsymbol{\alpha}_3$ 线性表示?若能表示,写出其表示式.

(2)a,b 为何值时,矩阵方程 $\boldsymbol{AX}=\boldsymbol{B}$ 有解?若有解,求出其全部解.

QK 5.设 $\boldsymbol{A}$ 为 3 阶方阵,$\boldsymbol{A}^*$ 为其伴随矩阵,且 $\boldsymbol{A}^*=\begin{bmatrix}1&2&-2\\-1&-2&2\\3&6&-6\end{bmatrix}$.

(1) 确定矩阵 $\boldsymbol{A}^*$ 和 $\boldsymbol{A}$ 的秩;

(2) 讨论线性方程组 $\boldsymbol{Ax}=\boldsymbol{0}$ 的基础解系由多少个线性无关的解向量构成,并给出该方程组的通解.

QK 6.已知线性方程组

$$\begin{cases}x_1+2x_2+x_3=1,\\ 2x_1+3x_2+(a+2)x_3=3,\\ x_1+ax_2-2x_3=0.\end{cases}$$

问 a 满足什么条件时，方程组有唯一解？并给出唯一解.

QK　7. 设线性方程组

$$\begin{cases}x_1+2x_2+x_3-3x_4=1,\\2x_1+x_2+x_3+x_4=4+\lambda,\\x_1+x_2+2x_3+2x_4=2,\\2x_1+3x_2-5x_3-17x_4=5.\end{cases}$$

(1) λ 为何值时，方程组有解；

(2) 在有解的情况下，给出导出组的一个基础解系；

(3) 求出方程组的全部解.

QK　8. 已知 4 阶方阵 $\boldsymbol{A}=[\boldsymbol{\alpha}_1,\boldsymbol{\alpha}_2,\boldsymbol{\alpha}_3,\boldsymbol{\alpha}_4]$，$\boldsymbol{\alpha}_1,\boldsymbol{\alpha}_2,\boldsymbol{\alpha}_3,\boldsymbol{\alpha}_4$ 均为 4 维列向量，其中 $\boldsymbol{\alpha}_2,\boldsymbol{\alpha}_3,\boldsymbol{\alpha}_4$ 线性无关，$\boldsymbol{\alpha}_1=2\boldsymbol{\alpha}_2-\boldsymbol{\alpha}_3$，如果 $\boldsymbol{\beta}=\boldsymbol{\alpha}_1+\boldsymbol{\alpha}_2+\boldsymbol{\alpha}_3+\boldsymbol{\alpha}_4$，求线性方程组 $\boldsymbol{Ax}=\boldsymbol{\beta}$ 的通解.

K　9. 设 $a_1,a_2,\cdots,a_n$ 是互不相同的实数，且

$$\boldsymbol{A}=\begin{bmatrix}1 & a_1 & a_1^2 & \cdots & a_1^{n-1}\\1 & a_2 & a_2^2 & \cdots & a_2^{n-1}\\\vdots & \vdots & \vdots & & \vdots\\1 & a_n & a_n^2 & \cdots & a_n^{n-1}\end{bmatrix},\boldsymbol{x}=\begin{bmatrix}x_1\\x_2\\\vdots\\x_n\end{bmatrix},\boldsymbol{b}=\begin{bmatrix}1\\1\\\vdots\\1\end{bmatrix},$$

求线性方程组 $\boldsymbol{Ax}=\boldsymbol{b}$ 的解.

QK　10. 问 λ 为何值时，线性方程组

$$\begin{cases}x_1+x_3=\lambda,\\4x_1+x_2+2x_3=\lambda+2,\\6x_1+x_2+4x_3=2\lambda+3\end{cases}$$

有解，并求出解的一般形式.

QK　11. 已知 $\boldsymbol{\eta}_1=[-3,2,0]^{\mathrm{T}}$，$\boldsymbol{\eta}_2=[-1,0,-2]^{\mathrm{T}}$ 是线性方程组

$$\begin{cases}ax_1+bx_2+cx_3=2,\\x_1+2x_2-x_3=1,\\2x_1+x_2+x_3=-4\end{cases}$$

的两个解向量，试求方程组的通解，并确定参数 a,b,c.

K　12. 设 $\boldsymbol{\alpha}_0$ 是非齐次线性方程组 $\boldsymbol{Ax}=\boldsymbol{b}$ 的一个解，$\boldsymbol{\beta}_1,\boldsymbol{\beta}_2,\cdots,\boldsymbol{\beta}_{n-r}$ 是其导出组 $\boldsymbol{Ax}=\boldsymbol{0}$ 的一个基础解系. 证明 $\boldsymbol{\eta}_0=\boldsymbol{\alpha}_0,\boldsymbol{\eta}_1=\boldsymbol{\alpha}_0+\boldsymbol{\beta}_1,\boldsymbol{\eta}_2=\boldsymbol{\alpha}_0+\boldsymbol{\beta}_2,\cdots,\boldsymbol{\eta}_{n-r}=\boldsymbol{\alpha}_0+\boldsymbol{\beta}_{n-r}$ 是 $\boldsymbol{Ax}=\boldsymbol{b}$ 的线性无关的解向量，并且 $\boldsymbol{Ax}=\boldsymbol{b}$ 的任一解 $\boldsymbol{\eta}$ 都可以表示为

$$\boldsymbol{\eta}=c_0\boldsymbol{\eta}_0+c_1\boldsymbol{\eta}_1+\cdots+c_{n-r}\boldsymbol{\eta}_{n-r},$$

其中 $c_0+c_1+c_2+\cdots+c_{n-r}=1$.

K 13. 已知齐次线性方程组 $\begin{cases}(a_1+b)x_1+a_2x_2+a_3x_3+\cdots+a_nx_n=0,\\ a_1x_1+(a_2+b)x_2+a_3x_3+\cdots+a_nx_n=0,\\ a_1x_1+a_2x_2+(a_3+b)x_3+\cdots+a_nx_n=0,\\ \cdots\cdots\\ a_1x_1+a_2x_2+a_3x_3+\cdots+(a_n+b)x_n=0,\end{cases}$

其中 $\sum_{i=1}^{n}a_i\neq 0$，试讨论 $a_1,a_2,\cdots,a_n$ 和 b 满足何种关系时，

(1) 方程组仅有零解；

(2) 方程组有非零解，在有非零解时，求此方程组的一个基础解系.

Q K 14. 设线性方程组

$$\begin{cases}x_1+x_2+2x_3-x_4=1,\\ x_1-x_2-2x_3-7x_4=3,\\ x_2+px_3+qx_4=q-3,\\ x_1+x_2+2x_3+(q-2)x_4=q+3.\end{cases}$$

问方程组何时无解、有唯一解、有无穷多解，有无穷多解时，求出其全部解.

Q K 15. $\boldsymbol{A}$ 是 $n\times n$ 矩阵，对任何 n 维列向量 $\boldsymbol{x}$ 都有 $\boldsymbol{Ax}=\boldsymbol{0}$. 证明：$\boldsymbol{A}=\boldsymbol{O}$.

Q K 16. 设三元线性方程组有通解

$$k_1\begin{bmatrix}-1\\3\\2\end{bmatrix}+k_2\begin{bmatrix}2\\-3\\1\end{bmatrix}+\begin{bmatrix}1\\-1\\3\end{bmatrix},$$

求原方程组.

Q K 17. 已知齐次线性方程组(i) 为 $\begin{cases}x_1+x_2-x_3=0,\\ x_2+x_3-x_4=0,\end{cases}$ 齐次线性方程组(ii) 的基础解系为 $\boldsymbol{\xi}_1=[-1,1,2,4]^{\mathrm{T}}$，$\boldsymbol{\xi}_2=[1,0,1,1]^{\mathrm{T}}$.

(1) 求方程组(i) 的基础解系；

(2) 求方程组(i) 与(ii) 的全部非零公共解，并将非零公共解分别由方程组(i)，(ii) 的基础解系线性表示.

Q K 18. 已知 $\boldsymbol{A},\boldsymbol{B}$ 均是 2×4 矩阵，$\boldsymbol{Ax}=\boldsymbol{0}$ 有基础解系 $\boldsymbol{\xi}_1=[1,3,0,2]^{\mathrm{T}}$，$\boldsymbol{\xi}_2=[1,2,-1,3]^{\mathrm{T}}$；$\boldsymbol{Bx}=\boldsymbol{0}$ 有基础解系 $\boldsymbol{\eta}_1=[1,1,2,1]^{\mathrm{T}}$，$\boldsymbol{\eta}_2=[0,-3,1,a+1]^{\mathrm{T}}$.

(1) 求矩阵 $\boldsymbol{A}$；

(2) 求参数 a 的值,使 $\boldsymbol{Ax}=\boldsymbol{0}$ 和 $\boldsymbol{Bx}=\boldsymbol{0}$ 有非零公共解,并求该非零公共解.

K　19. 设 $n(n\geqslant 3)$ 阶矩阵 $\boldsymbol{A}=\begin{bmatrix}1 & a & a & \cdots & a\\ a & 1 & a & \cdots & a\\ a & a & 1 & \cdots & a\\ \vdots & \vdots & \vdots & & \vdots\\ a & a & a & \cdots & 1\end{bmatrix}$,如果 $\boldsymbol{A}$ 的伴随矩阵 $\boldsymbol{A}^*$ 的秩为 1,求 a 的值,并求此时齐次线性方程组 $\boldsymbol{Ax}=\boldsymbol{0}$ 的通解.

K　20. 设 $\boldsymbol{A}=\begin{bmatrix}2 & -1 & 3\\ a & 1 & b\\ 4 & c & 6\end{bmatrix}$,$\boldsymbol{B}$ 是 3 阶方阵,$r(\boldsymbol{B})>1$,且 $\boldsymbol{BA}=\boldsymbol{O}$,求：

(1) $\boldsymbol{A}^n(n\geqslant 1)$；

(2) 齐次线性方程组 $\boldsymbol{Bx}=\boldsymbol{0}$ 的通解.

QK　21. 设 $\boldsymbol{\alpha}_1,\boldsymbol{\alpha}_2,\boldsymbol{\alpha}_3,\boldsymbol{\alpha}_4$ 均为 4 维列向量,记 $\boldsymbol{A}=[\boldsymbol{\alpha}_1,\boldsymbol{\alpha}_2,\boldsymbol{\alpha}_3,\boldsymbol{\alpha}_4]$,$\boldsymbol{B}=[\boldsymbol{\alpha}_1,\boldsymbol{\alpha}_2,\boldsymbol{\alpha}_3]$. 已知非齐次线性方程组 $\boldsymbol{Ax}=\boldsymbol{\beta}$ 的通解为

$$[1,-1,2,1]^{\mathrm{T}}+k_1[1,2,0,1]^{\mathrm{T}}+k_2[-1,1,1,0]^{\mathrm{T}},$$

其中 k_1,k_2 为任意常数.

(1) 证明 $\boldsymbol{\alpha}_1,\boldsymbol{\alpha}_2$ 线性无关；

(2) 求方程组 $\boldsymbol{Bx}=\boldsymbol{\beta}$ 的通解.

QK　22. 设 $\boldsymbol{\alpha}_1,\boldsymbol{\alpha}_2,\boldsymbol{\alpha}_3,\boldsymbol{\alpha}_4$ 为 4 维列向量组,其中 $\boldsymbol{\alpha}_1,\boldsymbol{\alpha}_2,\boldsymbol{\alpha}_3$ 线性无关,$\boldsymbol{\alpha}_4=\boldsymbol{\alpha}_1+\boldsymbol{\alpha}_2+2\boldsymbol{\alpha}_3$. 记 $\boldsymbol{A}=[\boldsymbol{\alpha}_1-\boldsymbol{\alpha}_2,\boldsymbol{\alpha}_2+\boldsymbol{\alpha}_3,-\boldsymbol{\alpha}_1+a\boldsymbol{\alpha}_2+\boldsymbol{\alpha}_3]$,且方程组 $\boldsymbol{Ax}=\boldsymbol{\alpha}_4$ 有无穷多解. 求：

(1) 常数 a 的值；

(2) 方程组 $\boldsymbol{Ax}=\boldsymbol{\alpha}_4$ 的通解.

QK　23. 已知齐次线性方程组(Ⅰ)的基础解系为 $\boldsymbol{\xi}_1=[1,0,1,1]^{\mathrm{T}}$,$\boldsymbol{\xi}_2=[2,1,0,-1]^{\mathrm{T}}$,$\boldsymbol{\xi}_3=[0,2,1,-1]^{\mathrm{T}}$,添加两个方程

$$\begin{cases}x_1+x_2+x_3+x_4=0,\\ x_1+2x_2+2x_4=0\end{cases}$$

后组成齐次线性方程组(Ⅱ),求(Ⅱ)的基础解系.

QK 24. 讨论 a,b 为何值时，方程组

$$\begin{cases} x_1+2x_3+2x_4=6, \\ 2x_1+x_2+3x_3+ax_4=0, \\ 3x_1+ax_3+6x_4=18, \\ 4x_1-x_2+9x_3+13x_4=b \end{cases}$$

无解、有唯一解、有无穷多解. 有解时，求其解.

QK 25. 设 $\boldsymbol{A}$ 是 $m\times n$ 阶实矩阵，证明：(1) $r(\boldsymbol{A}^{\mathrm{T}}\boldsymbol{A})=r(\boldsymbol{A})$；(2) $\boldsymbol{A}^{\mathrm{T}}\boldsymbol{A}\boldsymbol{x}=\boldsymbol{A}^{\mathrm{T}}\boldsymbol{b}$ 一定有解.

K 26. 设 $\boldsymbol{A}_{m\times n}$，$r(\boldsymbol{A})=m$，$\boldsymbol{B}_{n\times(n-m)}$，$r(\boldsymbol{B})=n-m$，且满足关系 $\boldsymbol{AB}=\boldsymbol{O}$. 证明：若 $\boldsymbol{\eta}$ 是齐次线性方程组 $\boldsymbol{Ax}=\boldsymbol{0}$ 的解，则必存在唯一的 $\boldsymbol{\xi}$，使得 $\boldsymbol{B\xi}=\boldsymbol{\eta}$.

第 5 章 特征值与特征向量

一、选择题

QK 1. 已知向量组 $\boldsymbol{\alpha}_1=[1,2,-3]^{\mathrm{T}},\boldsymbol{\alpha}_2=[3,0,-3]^{\mathrm{T}},\boldsymbol{\alpha}_3=[9,6,-15]^{\mathrm{T}}$ 与向量组 $\boldsymbol{\beta}_1=[0,1,-1]^{\mathrm{T}},\boldsymbol{\beta}_2=[3,a,1]^{\mathrm{T}},\boldsymbol{\beta}_3=[1,1,b]^{\mathrm{T}}$ 等价，则 a,b 的值分别为（　　）.

(A) $a=-4,b=2$　　(B) $a=4,b=-2$

(C) $a=-4,b=-2$　　(D) $a=4,b=2$

QK 2. 以下矩阵，与 $\begin{bmatrix}0&1&0&0\\0&0&0&0\\0&0&1&1\\0&0&0&1\end{bmatrix}$ 相似的是（　　）.

(A) $\begin{bmatrix}0&0&1&0\\0&1&0&0\\0&0&0&0\\0&0&0&1\end{bmatrix}$　　(B) $\begin{bmatrix}0&1&0&0\\0&1&0&1\\0&0&0&0\\0&0&0&0\end{bmatrix}$

(C) $\begin{bmatrix}1&0&0&0\\0&0&1&0\\0&0&0&0\\0&0&0&1\end{bmatrix}$　　(D) $\begin{bmatrix}0&1&0&0\\0&0&0&0\\1&0&1&1\\1&-1&0&1\end{bmatrix}$

QK 3. 设 $\boldsymbol{\alpha},\boldsymbol{\beta}$ 为 n 维列向量，$\boldsymbol{P}=[\boldsymbol{\alpha},\boldsymbol{\beta}],\boldsymbol{Q}=[\boldsymbol{\alpha}+\boldsymbol{\beta},2\boldsymbol{\alpha}]$. 若矩阵 $\boldsymbol{A}$ 使得 $\boldsymbol{P}^{\mathrm{T}}\boldsymbol{A}\boldsymbol{P}=\begin{bmatrix}1&0\\0&0\end{bmatrix}$，则 $\boldsymbol{Q}^{\mathrm{T}}\boldsymbol{A}\boldsymbol{Q}=$（　　）.

(A) $\begin{bmatrix}1&4\\4&2\end{bmatrix}$　　(B) $\begin{bmatrix}4&2\\2&1\end{bmatrix}$　　(C) $\begin{bmatrix}1&2\\2&4\end{bmatrix}$　　(D) $\begin{bmatrix}2&1\\1&4\end{bmatrix}$

QK 4. 设 $\boldsymbol{A}$ 为 n 阶矩阵，则下列结论正确的是（　　）.

(A) $\boldsymbol{A}$ 可逆的充分必要条件是其所有特征值非零

(B) $\boldsymbol{A}$ 的秩等于非零特征值的个数

(C) $\boldsymbol{A}$ 和 $\boldsymbol{A}^{\mathrm{T}}$ 有相同的特征值和相同的特征向量

(D)若 $\boldsymbol{A}$ 与同阶矩阵 $\boldsymbol{B}$ 有相同特征值,则两矩阵必相似

QK 5. 设 $\boldsymbol{A}$ 是 n 阶方阵,λ_1 和 λ_2 是 $\boldsymbol{A}$ 的两个不同的特征值,$\boldsymbol{x}_1$ 与 $\boldsymbol{x}_2$ 是分别属于 λ_1 和 λ_2 的特征向量,则(　　).

(A)$\boldsymbol{x}_1+\boldsymbol{x}_2$ 一定不是 $\boldsymbol{A}$ 的特征向量

(B)$\boldsymbol{x}_1+\boldsymbol{x}_2$ 一定是 $\boldsymbol{A}$ 的特征向量

(C) 不能确定 $\boldsymbol{x}_1+\boldsymbol{x}_2$ 是否为 $\boldsymbol{A}$ 的特征向量

(D)$\boldsymbol{x}_1$ 与 $\boldsymbol{x}_2$ 正交

QK 6. 设 $\boldsymbol{A}$ 是 3 阶不可逆矩阵,$\boldsymbol{B}$ 是 3×2 矩阵,$r(\boldsymbol{B})=2$,且 $\boldsymbol{AB}+3\boldsymbol{B}=\boldsymbol{O}$,则行列式 $|\boldsymbol{A}+2\boldsymbol{E}|=$(　　).

(A)0　　(B)2　　(C)3　　(D)6

QK 7. 已知 $\boldsymbol{\xi}_1,\boldsymbol{\xi}_2$ 是方程 $(\lambda\boldsymbol{E}-\boldsymbol{A})\boldsymbol{x}=\boldsymbol{0}$ 的两个不同的解向量,则下列向量中必是 $\boldsymbol{A}$ 的对应于特征值 λ 的特征向量的是(　　).

(A)$\boldsymbol{\xi}_1$　　(B)$\boldsymbol{\xi}_2$

(C)$\boldsymbol{\xi}_1-\boldsymbol{\xi}_2$　　(D)$\boldsymbol{\xi}_1+\boldsymbol{\xi}_2$

QK 8. 设 $\lambda=2$ 是非奇异矩阵 $\boldsymbol{A}$ 的一个特征值,则矩阵 $\left(\frac{1}{3}\boldsymbol{A}^2\right)^{-1}$ 有一特征值等于(　　).

(A) $\frac{4}{3}$　　(B) $\frac{3}{4}$　　(C) $\frac{1}{2}$　　(D) $\frac{1}{4}$

QK 9. 设

$$\boldsymbol{A}=\begin{bmatrix}3 & -4 & 0\\ 4 & -5 & 0\\ a & 2 & -1\end{bmatrix},$$

若 $\boldsymbol{A}$ 的三重特征值 λ 对应两个线性无关的特征向量,则 $a=$(　　).

(A)1　　(B)2　　(C)-1　　(D)-2

QK 10. 设 $\boldsymbol{A}$ 为 3 阶矩阵,$\boldsymbol{P}$ 为 3 阶可逆矩阵,且 $\boldsymbol{P}^{-1}\boldsymbol{AP}=\begin{bmatrix}1 & 0 & 0\\ 0 & 1 & 0\\ 0 & 0 & 2\end{bmatrix}$. 若 $\boldsymbol{P}=[\boldsymbol{\alpha}_1,\boldsymbol{\alpha}_2,\boldsymbol{\alpha}_3]$,$\boldsymbol{Q}=[\boldsymbol{\alpha}_1+\boldsymbol{\alpha}_2,\boldsymbol{\alpha}_2,\boldsymbol{\alpha}_3]$,则 $\boldsymbol{Q}^{-1}\boldsymbol{AQ}=$(　　).

(A) $\begin{bmatrix}1 & 0 & 0\\ 0 & 2 & 0\\ 0 & 0 & 1\end{bmatrix}$　　(B) $\begin{bmatrix}1 & 0 & 0\\ 0 & 1 & 0\\ 0 & 0 & 2\end{bmatrix}$

(C) $\begin{bmatrix}2&0&0\\0&1&0\\0&0&2\end{bmatrix}$　　(D) $\begin{bmatrix}2&0&0\\0&2&0\\0&0&1\end{bmatrix}$

Q K　11. 设矩阵 $\boldsymbol{A}=\begin{bmatrix}1&-2&2\\a&4&b\\-3&-6&8\end{bmatrix}$ 有三个线性无关的特征向量，$\lambda=2$ 是 $\boldsymbol{A}$ 的二重特征值，则(　　).

(A) $a=1,b=-2$　　(B) $a=-1,b=2$

(C) $a=2,b=-1$　　(D) $a=-2,b=1$

Q K　12. 设 $\boldsymbol{A},\boldsymbol{B}$ 是可逆矩阵，且 $\boldsymbol{A}$ 与 $\boldsymbol{B}$ 相似，则下列结论错误的是(　　).

(A) $\boldsymbol{A}^{\mathrm{T}}$ 与 $\boldsymbol{B}^{\mathrm{T}}$ 相似

(B) $\boldsymbol{A}^2+\boldsymbol{A}^{-1}$ 与 $\boldsymbol{B}^2+\boldsymbol{B}^{-1}$ 相似

(C) $\boldsymbol{A}+\boldsymbol{A}^{\mathrm{T}}$ 与 $\boldsymbol{B}+\boldsymbol{B}^{\mathrm{T}}$ 相似

(D) $\boldsymbol{A}^*-\boldsymbol{A}^{-1}$ 与 $\boldsymbol{B}^*-\boldsymbol{B}^{-1}$ 相似

K　13. 设 4 阶实对称矩阵 $\boldsymbol{A}$ 满足 $\boldsymbol{A}^4=\boldsymbol{O}$，则 $r(\boldsymbol{A})=$(　　).

(A) 0　　(B) 0 或 1　　(C) 1 或 2　　(D) 2 或 3

K　14. 设 $\boldsymbol{A}$ 为 2 阶方阵，$\boldsymbol{\alpha}$ 为 2 维非零列向量，且 $\boldsymbol{\alpha}$ 不是 $\boldsymbol{A}$ 的特征向量，$\boldsymbol{P}=[\boldsymbol{\alpha},\boldsymbol{A\alpha}]$，$\boldsymbol{A}^2\boldsymbol{\alpha}+\boldsymbol{A\alpha}-2\boldsymbol{\alpha}=\boldsymbol{0}$，若矩阵 $\boldsymbol{B}$ 满足 $\boldsymbol{AP}=\boldsymbol{PB}$，则 $\boldsymbol{B}=$(　　).

(A) $\begin{bmatrix}-1&0\\1&2\end{bmatrix}$　　(B) $\begin{bmatrix}0&1\\2&-1\end{bmatrix}$

(C) $\begin{bmatrix}-1&1\\0&2\end{bmatrix}$　　(D) $\begin{bmatrix}0&2\\1&-1\end{bmatrix}$

Q K　15. 设 2 阶实对称矩阵 $\boldsymbol{A}$ 的特征值为 λ_1,λ_2，且 $\lambda_1\neq\lambda_2$，$\boldsymbol{\alpha}_1,\boldsymbol{\alpha}_2$ 分别是 $\boldsymbol{A}$ 的对应于 λ_1,λ_2 的单位特征向量，则与矩阵 $\boldsymbol{A}+\boldsymbol{\alpha}_1\boldsymbol{\alpha}_1^{\mathrm{T}}$ 相似的对角矩阵为(　　).

(A) $\begin{bmatrix}\lambda_1&0\\0&\lambda_2\end{bmatrix}$　　(B) $\begin{bmatrix}\lambda_1+1&0\\0&\lambda_2+1\end{bmatrix}$

(C) $\begin{bmatrix}\lambda_1&0\\0&\lambda_2+1\end{bmatrix}$　　(D) $\begin{bmatrix}\lambda_1+1&0\\0&\lambda_2\end{bmatrix}$

Q K　16. 设矩阵 $\boldsymbol{A}=\begin{bmatrix}2&1&1\\1&2&1\\1&1&a\end{bmatrix}$ 可逆，向量 $\boldsymbol{\alpha}=[1,b,1]^{\mathrm{T}}$ 是矩阵 $\boldsymbol{A}^*$ 对应于特征值 λ 的

一个特征向量，$b>0$，则(a,b,λ)为(　　).

(A)$\left(\frac{2}{3},\frac{5}{3},1\right)$　　(B)$\left(\frac{2}{3},\frac{5}{3},4\right)$

(C)$(2,1,1)$　　(D)$(2,2,4)$

QK 17. 设$\boldsymbol{A}$是3阶实对称矩阵，满足$\boldsymbol{A}+\boldsymbol{A}^2+\frac{1}{2}\boldsymbol{A}^3=\boldsymbol{O}$，则关于$\boldsymbol{A}$的秩必有(　　).

(A)$r(\boldsymbol{A})=0$　　(B)$r(\boldsymbol{A})=1$

(C)$r(\boldsymbol{A})=2$　　(D)$r(\boldsymbol{A})=3$

QK 18. 设$\boldsymbol{A}$是n阶实对称矩阵，$\boldsymbol{B}$是n阶可逆矩阵. 已知n维列向量$\boldsymbol{\alpha}$是$\boldsymbol{A}$的属于特征值λ的特征向量，则矩阵$(\boldsymbol{B}^{-1}\boldsymbol{A}\boldsymbol{B})^{\mathrm{T}}$属于特征值$\lambda$的特征向量是(　　).

(A)$\boldsymbol{B}^{-1}\boldsymbol{\alpha}$　　(B)$\boldsymbol{B}^{\mathrm{T}}\boldsymbol{\alpha}$

(C)$\boldsymbol{B}\boldsymbol{\alpha}$　　(D)$(\boldsymbol{B}^{-1})^{\mathrm{T}}\boldsymbol{\alpha}$

QK 19. 设λ_1,λ_2是矩阵$\boldsymbol{A}$的两个特征值，且$\lambda_1\neq\lambda_2$，对应的特征向量分别为$\boldsymbol{\alpha}_1,\boldsymbol{\alpha}_2$，则$\boldsymbol{\alpha}_1,\boldsymbol{A}\boldsymbol{\alpha}_1+\boldsymbol{A}\boldsymbol{\alpha}_2$线性无关的充分必要条件是(　　).

(A)$\lambda_1\neq0$　　(B)$\lambda_1=0$

(C)$\lambda_2\neq0$　　(D)$\lambda_2=0$

QK 20. 设$\boldsymbol{A}=\begin{bmatrix}1&-1&1\\x&4&y\\-3&-3&5\end{bmatrix}$有三个线性无关的特征向量，$\lambda=2$是其二重特征值，则(　　).

(A)$x=y=-2$　　(B)$x=2,y=-2$

(C)$x=y=2$　　(D)$x=1,y=2$

K 21. 设$\boldsymbol{A}$为n阶矩阵，下列命题正确的是(　　).

(A) 若$\boldsymbol{\alpha}$为$\boldsymbol{A}^{\mathrm{T}}$的特征向量，那么$\boldsymbol{\alpha}$为$\boldsymbol{A}$的特征向量

(B) 若$\boldsymbol{\alpha}$为$\boldsymbol{A}^*$的特征向量，那么$\boldsymbol{\alpha}$为$\boldsymbol{A}$的特征向量

(C) 若$\boldsymbol{\alpha}$为$\boldsymbol{A}^2$的特征向量，那么$\boldsymbol{\alpha}$为$\boldsymbol{A}$的特征向量

(D) 若$\boldsymbol{\alpha}$为$2\boldsymbol{A}$的特征向量，那么$\boldsymbol{\alpha}$为$\boldsymbol{A}$的特征向量

QK 22. 设

$$\boldsymbol{A}=\begin{bmatrix}-1&2&3\\2&-1&0\\3&3&1\end{bmatrix},$$

则下列向量中是 $\boldsymbol{A}$ 的特征向量的是(　　).

(A) $\boldsymbol{\xi}_1=[1,2,1]^{\mathrm{T}}$　　(B) $\boldsymbol{\xi}_2=[1,-2,1]^{\mathrm{T}}$

(C) $\boldsymbol{\xi}_3=[2,1,2]^{\mathrm{T}}$　　(D) $\boldsymbol{\xi}_4=[2,1,-2]^{\mathrm{T}}$

QK 23. 下列矩阵中,不能相似于对角矩阵的是(　　).

(A) $\boldsymbol{A}=\begin{bmatrix}1&0&-1\\1&0&-1\\-1&0&1\end{bmatrix}$　　(B) $\boldsymbol{B}=\begin{bmatrix}1&5&-2\\5&1&3\\-2&3&1\end{bmatrix}$

(C) $\boldsymbol{C}=\begin{bmatrix}1&0&1\\0&3&0\\0&0&2\end{bmatrix}$　　(D) $\boldsymbol{D}=\begin{bmatrix}1&0&1\\0&2&0\\0&0&1\end{bmatrix}$

QK 24. 已知 $\boldsymbol{P}^{-1}\boldsymbol{A}\boldsymbol{P}=\begin{bmatrix}1&&\\&-1&\\&&-1\end{bmatrix}$, $\boldsymbol{\alpha}_1$ 是 $\boldsymbol{A}$ 的属于 $\lambda_1=1$ 的特征向量, $\boldsymbol{\alpha}_2,\boldsymbol{\alpha}_3$ 是 $\boldsymbol{A}$ 的属于 $\lambda_2=-1$ 的线性无关的特征向量,则矩阵 $\boldsymbol{P}$ 是(　　).

(A) $[\boldsymbol{\alpha}_2,\boldsymbol{\alpha}_1,\boldsymbol{\alpha}_3]$　　(B) $[\boldsymbol{\alpha}_1,\boldsymbol{\alpha}_2-\boldsymbol{\alpha}_3,\boldsymbol{\alpha}_3-\boldsymbol{\alpha}_1]$

(C) $[3\boldsymbol{\alpha}_1,\boldsymbol{\alpha}_2+\boldsymbol{\alpha}_3,\boldsymbol{\alpha}_2-\boldsymbol{\alpha}_3]$　　(D) $[2\boldsymbol{\alpha}_2,3\boldsymbol{\alpha}_3,\boldsymbol{\alpha}_1]$

QK 25. 设 $\boldsymbol{A}=\begin{bmatrix}a_{11}&a_{12}&a_{13}\\a_{21}&a_{22}&a_{23}\\a_{31}&a_{32}&a_{33}\end{bmatrix}$ 可逆, $\boldsymbol{BA}=\begin{bmatrix}-a_{13}&a_{11}&2a_{12}\\-a_{23}&a_{21}&2a_{22}\\-a_{33}&a_{31}&2a_{32}\end{bmatrix}$, $\boldsymbol{B}$ 是 3 阶矩阵,则 $\boldsymbol{B}$ 相似于(　　).

(A) $\begin{bmatrix}0&1&0\\0&0&-1\\2&0&0\end{bmatrix}$　　(B) $\begin{bmatrix}0&1&0\\0&0&2\\-1&0&0\end{bmatrix}$

(C) $\begin{bmatrix}0&2&0\\0&0&1\\-1&0&0\end{bmatrix}$　　(D) $\begin{bmatrix}-1&0&0\\0&1&0\\0&0&2\end{bmatrix}$

QK 26. 设 $\boldsymbol{\alpha},\boldsymbol{\beta}$ 是 2 阶实矩阵 $\boldsymbol{A}$ 的两个实特征向量, $\|\boldsymbol{\alpha}+\boldsymbol{\beta}\|=\|\boldsymbol{\alpha}-\boldsymbol{\beta}\|$,则矩阵 $\boldsymbol{A}$ 必为(　　).

(A) 正定矩阵　　(B) 实对称矩阵

(C) 正交矩阵　　(D) 单位矩阵

QK 27. 设矩阵 $\boldsymbol{A}$ 满足 $\boldsymbol{A}^3-\boldsymbol{A}^2=\boldsymbol{A}-\boldsymbol{E}$，则(　　).

(A) $\boldsymbol{A}+\boldsymbol{E}$ 与 $\boldsymbol{A}-\boldsymbol{E}$ 都不可逆

(B) $\boldsymbol{A}+\boldsymbol{E}$ 与 $\boldsymbol{A}-\boldsymbol{E}$ 至少有一个可逆

(C) $\boldsymbol{A}+\boldsymbol{E}$ 与 $\boldsymbol{A}-\boldsymbol{E}$ 有且仅有一个可逆

(D) $\boldsymbol{A}+\boldsymbol{E}$ 与 $\boldsymbol{A}-\boldsymbol{E}$ 至多有一个可逆

K 28. 设 $\boldsymbol{\alpha},\boldsymbol{\beta}$ 是 3 维列向量，矩阵 $\boldsymbol{A}=\boldsymbol{\alpha}\boldsymbol{\beta}^{\mathrm{T}}$，若 $\boldsymbol{\alpha}^{\mathrm{T}}\boldsymbol{\beta}=1$，则 $|\boldsymbol{A}^2+\boldsymbol{A}+\boldsymbol{E}|=$(　　).

(A)0　　(B)1　　(C)2　　(D)3

QK 29. 下列矩阵中不可相似对角化的是(　　).

(A) $\begin{bmatrix}1&1&1\\1&2&1\\1&1&-3\end{bmatrix}$　　(B) $\begin{bmatrix}1&0&0\\1&2&0\\1&1&-3\end{bmatrix}$

(C) $\begin{bmatrix}1&1&1\\-1&-1&-1\\-2&-2&-2\end{bmatrix}$　　(D) $\begin{bmatrix}1&1&1\\2&2&2\\-3&-3&-3\end{bmatrix}$

QK 30. 设 $\boldsymbol{A}=\begin{bmatrix}1&0&0&0\\0&0&1&0\\0&1&0&0\\0&0&0&1\end{bmatrix}$，矩阵 $\boldsymbol{B}$ 相似于矩阵 $\boldsymbol{A}$，记 $r(\boldsymbol{B}-\boldsymbol{E})=r_1$，$r(\boldsymbol{B}+\boldsymbol{E})=r_2$，$r(\boldsymbol{B}+2\boldsymbol{E})=r_3$，则(　　).

(A) $r_1<r_2<r_3$　　(B) $r_2<r_1<r_3$

(C) $r_3<r_2<r_1$　　(D) $r_1<r_3<r_2$

QK 31. 设 $\boldsymbol{A}=\begin{bmatrix}2&1\\1&2\end{bmatrix}$，则 $\boldsymbol{A}$ 相似于(　　).

(A) $\begin{bmatrix}2&1\\4&3\end{bmatrix}$　　(B) $\begin{bmatrix}1&3\\0&2\end{bmatrix}$

(C) $\begin{bmatrix}1&0\\-2&3\end{bmatrix}$　　(D) $\begin{bmatrix}-2&1\\1&-2\end{bmatrix}$

QK 32. 设 $\boldsymbol{A},\boldsymbol{B}$ 均是 n 阶实对称可逆矩阵，则不一定存在可逆矩阵 $\boldsymbol{P}$，使下列关系式成立的是(　　).

(A) $\boldsymbol{P}\boldsymbol{A}=\boldsymbol{B}$　　(B) $\boldsymbol{P}^{-1}\boldsymbol{A}\boldsymbol{P}=\boldsymbol{B}$

(C)$\boldsymbol{P}^{-1}\boldsymbol{ABP}=\boldsymbol{BA}$　　(D)$\boldsymbol{P}^{\mathrm{T}}\boldsymbol{A}^2\boldsymbol{P}=\boldsymbol{B}^2$

QK　33. 设 $\boldsymbol{A}$ 是 3 阶方阵，$\boldsymbol{P}$ 是 3 阶可逆矩阵. 使得 $\boldsymbol{P}^{-1}\boldsymbol{AP}=\begin{bmatrix}1&&\\&2&\\&&3\end{bmatrix}$，$\boldsymbol{A}^*$ 是 $\boldsymbol{A}$ 的伴随矩阵，则 $\boldsymbol{P}^{-1}\boldsymbol{A}^*\boldsymbol{P}=$(　　).

(A)$\begin{bmatrix}3&&\\&6&\\&&2\end{bmatrix}$　　(B)$\begin{bmatrix}6&&\\&3&\\&&2\end{bmatrix}$

(C)$\begin{bmatrix}1&&\\&\frac{1}{2}&\\&&\frac{1}{3}\end{bmatrix}$　　(D)$\begin{bmatrix}2&&\\&3&\\&&6\end{bmatrix}$

QK　34. 下列矩阵中不能相似于对角矩阵的是(　　).

(A)$\boldsymbol{A}=\begin{bmatrix}1&1&0\\0&1&0\\0&0&2\end{bmatrix}$　　(B)$\boldsymbol{B}=\begin{bmatrix}1&0&0\\0&1&1\\0&0&2\end{bmatrix}$

(C)$\boldsymbol{C}=\begin{bmatrix}1&1&0\\0&2&1\\0&0&3\end{bmatrix}$　　(D)$\boldsymbol{D}=\begin{bmatrix}1&0&0\\0&1&1\\0&1&2\end{bmatrix}$

QK　35. 设 $\boldsymbol{\alpha}=[1,2,3]^{\mathrm{T}}$，$\boldsymbol{\beta}_1=[0,1,1]^{\mathrm{T}}$，$\boldsymbol{\beta}_2=[-3,2,0]^{\mathrm{T}}$，$\boldsymbol{\beta}_3=[-2,1,1]^{\mathrm{T}}$，$\boldsymbol{\beta}_4=[-3,0,1]^{\mathrm{T}}$，记 $\boldsymbol{A}_i=\boldsymbol{\alpha}\boldsymbol{\beta}_i^{\mathrm{T}}$，$i=1,2,3,4$，则下列矩阵中不能相似于对角矩阵的是(　　).

(A)$\boldsymbol{A}_1$　　(B)$\boldsymbol{A}_2$　　(C)$\boldsymbol{A}_3$　　(D)$\boldsymbol{A}_4$

QK　36. 设 2 阶实对称矩阵 $\boldsymbol{A}$ 有二重特征值 λ，$\boldsymbol{\alpha}_1$，$\boldsymbol{\alpha}_2$ 是 $\boldsymbol{A}$ 对应于特征值 λ 的两个正交的特征向量，且 $(\|\boldsymbol{\alpha}_1\|)^2=k_1$，$(\|\boldsymbol{\alpha}_2\|)^2=k_2$，则 $\boldsymbol{A}+\boldsymbol{\alpha}_1\boldsymbol{\alpha}_1^{\mathrm{T}}$ 相似于对角矩阵(　　).

(A)$\begin{bmatrix}\lambda&0\\0&\lambda\end{bmatrix}$　　(B)$\begin{bmatrix}\lambda+k_1&0\\0&\lambda\end{bmatrix}$

(C)$\begin{bmatrix}\lambda&0\\0&\lambda+k_2\end{bmatrix}$　　(D)$\begin{bmatrix}\lambda+k_1&0\\0&\lambda+k_2\end{bmatrix}$

QK　37. 设 $\boldsymbol{A}$ 为 3 阶矩阵，已知线性方程组 $\boldsymbol{Ax}=\begin{bmatrix}1\\2\\-1\end{bmatrix}$ 的通解为 $\boldsymbol{x}=\begin{bmatrix}1\\0\\0\end{bmatrix}+k_1\begin{bmatrix}-1\\1\\0\end{bmatrix}+$

$k_2\begin{bmatrix}1\\0\\1\end{bmatrix}$,其中 k_1,k_2 为任意常数,则 $\operatorname{tr}((\boldsymbol{A}-\boldsymbol{E})^*)=($　　).

(A)1　　(B)-1　　(C)5　　(D)-5

QK 38. 设 $\boldsymbol{A}=\begin{bmatrix}4&a&0\\-1&0&0\\a&b&2\end{bmatrix}$,若 $\boldsymbol{A}$ 的任意两个特征向量都线性相关,则(　　).

(A)$a=4,b=8$　　(B)$a=4,b\neq 8$

(C)$a\neq 4,b=8$　　(D)$a\neq 4,b\neq 8$

QK 39. 设 $\boldsymbol{A}$ 是 3 阶矩阵,将 $\boldsymbol{A}$ 的第 2 列加到第 3 列得矩阵 $\boldsymbol{B}$,再将 $\boldsymbol{B}$ 的第 3 行的 -1 倍加到第 2 行得 $\begin{bmatrix}1&1&0\\0&2&0\\0&2&a\end{bmatrix}$,其中 a 为常数,则 $\boldsymbol{A}$ 的 3 个特征值为(　　).

(A)$1,2,a$　　(B)$1,2,-2$

(C)$1,-1,2$　　(D)$1,a,-a$

QK 40. 若 $\boldsymbol{A}$ 为 n 阶矩阵,满足 $\boldsymbol{A}^2-\boldsymbol{A}-2\boldsymbol{E}=\boldsymbol{O}$,则(　　).

(A) $\boldsymbol{A}$ 为对称矩阵　　(B) $\boldsymbol{A}=2\boldsymbol{E}$

(C) $\boldsymbol{A}$ 可相似对角化　　(D) $\boldsymbol{A}$ 的特征值必有 2

QK 41. 设 $\boldsymbol{A}$ 为 2 阶实对称矩阵,$\boldsymbol{\alpha},\boldsymbol{\beta}$ 分别为 $\boldsymbol{A}$ 的属于特征值 0,1 的单位特征向量,k 为任意常数,则方程组 $\begin{bmatrix}\boldsymbol{A}\\\boldsymbol{\beta}^{\mathrm{T}}\end{bmatrix}\boldsymbol{x}=\frac{1}{2}\begin{bmatrix}\boldsymbol{\beta}\\1\end{bmatrix}$ 的通解为(　　).

(A)$k\boldsymbol{\alpha}+\frac{1}{2}[\boldsymbol{\beta}-\boldsymbol{\alpha}]$　　(B)$k\boldsymbol{\alpha}+\frac{1}{2}[\boldsymbol{\alpha}-\boldsymbol{\beta}]$

(C)$k\boldsymbol{\alpha}+\boldsymbol{\beta}$　　(D)$k\boldsymbol{\beta}+\boldsymbol{\alpha}$

QK 42. 设 $\boldsymbol{A},\boldsymbol{B},\boldsymbol{C}$ 均为 2 阶矩阵,且 $\boldsymbol{AB}=\boldsymbol{BC}$,若 $r(\boldsymbol{A}+\boldsymbol{E})=1$,$|\boldsymbol{B}+2\boldsymbol{E}|=|\boldsymbol{B}-2\boldsymbol{E}|=0$,则矩阵 $\boldsymbol{C}$ 必有一个特征值为(　　).

(A)-1　　(B)1　　(C)-2　　(D)2

K 43. 已知 3 阶方阵 $\boldsymbol{A}$ 的特征值为 $1,-2,3$,则 $\boldsymbol{A}$ 的行列式 $|\boldsymbol{A}|$ 中元素 a_{11},a_{22},a_{33} 的代数余子式的和 $A_{11}+A_{22}+A_{33}=($　　).

(A)6　　(B)3　　(C)-2　　(D)-5

K　44. 设 $\boldsymbol{A},\boldsymbol{P}$ 都是 n 阶可逆矩阵，$\lambda,\boldsymbol{\xi}$ 分别是 $\boldsymbol{A}$ 的特征值和对应的特征向量，则 $\boldsymbol{P}^{-1}\boldsymbol{A}^*\boldsymbol{P}$ 的特征值和对应的特征向量分别是(　　).

(A) $\dfrac{|\boldsymbol{A}|}{\lambda},\boldsymbol{P}^{-1}\boldsymbol{\xi}$　　(B) $\dfrac{|\boldsymbol{A}|}{\lambda},\boldsymbol{\xi}$

(C) $\dfrac{1}{\lambda},\boldsymbol{P}\boldsymbol{\xi}$　　(D) $\dfrac{1}{\lambda},\boldsymbol{P}^{-1}\boldsymbol{\xi}$

QK　45. 设 $\boldsymbol{A},\boldsymbol{B}$ 均是 n 阶非零矩阵，已知 $\boldsymbol{A}^2=\boldsymbol{A},\boldsymbol{B}^2=\boldsymbol{B}$，且 $\boldsymbol{AB}=\boldsymbol{BA}=\boldsymbol{O}$，则下列3个说法：

①0未必是 $\boldsymbol{A}$ 和 $\boldsymbol{B}$ 的特征值；

②1必是 $\boldsymbol{A}$ 和 $\boldsymbol{B}$ 的特征值；

③ 若 $\boldsymbol{\alpha}$ 是 $\boldsymbol{A}$ 的属于特征值1的特征向量，则 $\boldsymbol{\alpha}$ 必是 $\boldsymbol{B}$ 的属于特征值0的特征向量.

正确说法的个数为(　　).

(A)0　　(B)1　　(C)2　　(D)3

QK　46. 已知3阶实对称矩阵 $\boldsymbol{A}$ 的特征值为 $\lambda_1=-1,\lambda_2=\lambda_3=1,\boldsymbol{\xi}_1=[0,1,1]^{\mathrm{T}}$ 为对应于 $\lambda_1=-1$ 的特征向量，$\boldsymbol{\alpha}$ 是3维列向量. 记 W_1：$\boldsymbol{\alpha}$ 是对应于 $\lambda_2=\lambda_3=1$ 的特征向量；W_2：$\boldsymbol{\alpha}$ 非零且与 $\boldsymbol{\xi}_1$ 正交，则 W_1 是 W_2 的(　　).

(A) 充分非必要条件　　(B) 必要非充分条件

(C) 充要条件　　(D) 既非充分也非必要条件

QK　47. 以下两个矩阵，可用同一可逆矩阵 $\boldsymbol{P}$ 相似对角化的是(　　).

(A) $\begin{bmatrix}1&1\\1&0\end{bmatrix},\begin{bmatrix}0&1\\1&1\end{bmatrix}$　　(B) $\begin{bmatrix}1&1\\1&-1\end{bmatrix},\begin{bmatrix}-1&1\\1&1\end{bmatrix}$

(C) $\begin{bmatrix}0&1\\1&1\end{bmatrix},\begin{bmatrix}-1&1\\1&0\end{bmatrix}$　　(D) $\begin{bmatrix}0&1\\1&-1\end{bmatrix},\begin{bmatrix}-1&1\\1&0\end{bmatrix}$

QK　48. 设 $\boldsymbol{A}$ 是3阶实矩阵，则"$\boldsymbol{A}$ 是实对称矩阵"是"$\boldsymbol{A}$ 有3个相互正交的特征向量"的(　　).

(A) 充分非必要条件　　(B) 必要非充分条件

(C) 充要条件　　(D) 既非充分也非必要条件

K　49. (仅数学一) 设 $\boldsymbol{A}$ 为 n 阶矩阵，则以下不是"$\boldsymbol{A}^{\mathrm{T}}\boldsymbol{A}$ 正定"的充要条件的是(　　).

(A) $\boldsymbol{A}$ 为初等矩阵的乘积

(B) $\boldsymbol{A}$ 为 $\mathbf{R}^n$ 的某两个基之间的过渡矩阵

(C)$\boldsymbol{A}$ 的行向量组线性无关

(D)$\boldsymbol{A}$ 与 n 阶单位矩阵 $\boldsymbol{E}$ 相似

QK 50. 设 $\boldsymbol{A}$ 是 3 阶实对称矩阵，特征值 $\lambda_1=-2,\lambda_2=1,\lambda_3=4$，且 $\boldsymbol{\xi}_1=[1,2,2]^{\mathrm{T}}$ 是 $\lambda_1=-2$ 的特征向量，$\boldsymbol{\alpha}$ 是 3 维非零列向量，则“$\boldsymbol{\alpha}$ 是 $\lambda_2=1$ 或 $\lambda_3=4$ 的特征向量”是“$\boldsymbol{\alpha}$ 与 $\boldsymbol{\xi}_1$ 正交”的(　　).

(A) 充分非必要条件　　(B) 必要非充分条件

(C) 充要条件　　(D) 既非充分也非必要条件

二、填空题

QK 1. 设 $\boldsymbol{A}=\boldsymbol{E}+\boldsymbol{\alpha}\boldsymbol{\beta}^{\mathrm{T}}$，其中 $\boldsymbol{\alpha},\boldsymbol{\beta}$ 均为 n 维列向量，$\boldsymbol{\alpha}^{\mathrm{T}}\boldsymbol{\beta}=3$，则 $|\boldsymbol{A}+2\boldsymbol{E}|=$________.

QK 2. 设 $\boldsymbol{A}=\begin{bmatrix}1 & -1 & 1\\ a & 4 & b\\ -3 & -3 & c\end{bmatrix}$，若 $\boldsymbol{A}$ 有二重特征值 $\lambda=2$，且 $\boldsymbol{A}$ 可相似对角化，则 $a+b+c=$________.

QK 3. 已知 3 阶方阵 $\boldsymbol{A}$ 的特征值为 1,2,3，且 $\boldsymbol{A}$ 相似于 $\boldsymbol{B}$，则矩阵 $\boldsymbol{B}$ 的伴随矩阵 $\boldsymbol{B}^*$ 的迹 $\operatorname{tr}(\boldsymbol{B}^*)=$________.

QK 4. 已知 -2 是 $\boldsymbol{A}=\begin{bmatrix}0 & -2 & -2\\ 2 & x & -2\\ -2 & 2 & b\end{bmatrix}$ 的特征值，其中 $b\neq 0$ 是任意常数，则 $x=$________.

QK 5. 已知 3 阶实对称矩阵 $\boldsymbol{A}$ 有特征值 $\lambda_1=3$，其对应的特征向量为 $\boldsymbol{\xi}_1=[-3,1,1]^{\mathrm{T}}$，且 $r(\boldsymbol{A})=1$，则 $\boldsymbol{A}=$________.

QK 6. 设 $\boldsymbol{A},\boldsymbol{B}$ 是 3 阶矩阵，$\boldsymbol{\alpha},\boldsymbol{\beta}$ 是 3 维非零列向量，已知 $\boldsymbol{A}\sim\boldsymbol{B}$，且 $|\boldsymbol{B}|=0$，$\boldsymbol{A\alpha}=\boldsymbol{\beta}$，$\boldsymbol{A\beta}=\boldsymbol{\alpha}$，则 $|\boldsymbol{A}+4\boldsymbol{B}+2\boldsymbol{AB}+2\boldsymbol{E}|=$________.

K 7. 设 $\boldsymbol{E}$ 是 n 阶单位矩阵，$\boldsymbol{\alpha}=[a_1,a_2,\cdots,a_n]^{\mathrm{T}}\neq\boldsymbol{0}$，$\boldsymbol{A}=\boldsymbol{E}-\dfrac{3}{\boldsymbol{\alpha}^{\mathrm{T}}\boldsymbol{\alpha}}\boldsymbol{\alpha}\boldsymbol{\alpha}^{\mathrm{T}}$，$\boldsymbol{\alpha}$ 是 $\boldsymbol{A}$ 的特征向量，则 $\boldsymbol{A}$ 的对应特征向量 $\boldsymbol{\alpha}$ 的特征值 $\lambda=$________.

QK 8. 设 $\boldsymbol{A}=\begin{bmatrix}a_{11} & a_{12} & a_{13}\\ a_{21} & a_{22} & a_{23}\\ a_{31} & a_{32} & a_{33}\end{bmatrix}$ 是 3 阶可逆矩阵. $\boldsymbol{B}$ 是 3 阶矩阵，且 $\boldsymbol{AB}=$

$\begin{bmatrix} a_{21} & a_{22} & a_{23} \\ 2a_{11} & 2a_{12} & 2a_{13} \\ -a_{31} & -a_{32} & -a_{33} \end{bmatrix}$，则 $\boldsymbol{B} \sim$ ________.

QK　9. 设 2 阶矩阵 $\boldsymbol{A}$ 有特征值 $\lambda_1=1, \lambda_2=-1$. 则 $\boldsymbol{B}=\boldsymbol{A}^3-\boldsymbol{A}^2-\boldsymbol{A}+\boldsymbol{E}=$ ________.

QK　10. 设向量组 $\boldsymbol{\alpha}, \boldsymbol{A\alpha}, \boldsymbol{A}^2\boldsymbol{\alpha}$ 线性无关，其中 $\boldsymbol{A}$ 为 3 阶矩阵，$\boldsymbol{\alpha}$ 为 3 维非零列向量，且 $\boldsymbol{A}^3\boldsymbol{\alpha}=3\boldsymbol{A\alpha}-2\boldsymbol{A}^2\boldsymbol{\alpha}$，则 $\boldsymbol{A}$ 的特征值为________.

QK　11. 设 $\boldsymbol{A}$ 为 2 阶矩阵，$\boldsymbol{\alpha}=\begin{bmatrix}1\\0\end{bmatrix}$ 是方程组 $\boldsymbol{Ax}=\boldsymbol{0}$ 的解，$\boldsymbol{\beta}=\begin{bmatrix}1\\1\end{bmatrix}$ 是方程组 $\boldsymbol{Ax}=\boldsymbol{\beta}$ 的解，则矩阵 $\boldsymbol{A}=$ ________.

K　12. 已知 $\boldsymbol{A}$ 为 2 阶方阵，可逆矩阵 $\boldsymbol{P}=[\boldsymbol{\alpha},\boldsymbol{\beta}]$ 使得 $\boldsymbol{P}^{-1}\boldsymbol{AP}=\begin{bmatrix}1 & 0\\0 & 2\end{bmatrix}$，$\boldsymbol{Q}=[\boldsymbol{\beta},\boldsymbol{\alpha}]$，则 $\boldsymbol{Q}^{-1}\boldsymbol{A}^*\boldsymbol{Q}=$ ________.

QK　13. 若正定矩阵 $\boldsymbol{A}$ 满足 $\boldsymbol{A}^2=\begin{bmatrix}2 & 1\\1 & 2\end{bmatrix}$，则 $\boldsymbol{A}=$ ________.

K　14. 设 3 阶实对称矩阵 $\boldsymbol{A}=\begin{bmatrix} a_{11} & a_{12} & a_{13} \\ a_{12} & a_{22} & a_{23} \\ a_{13} & a_{23} & a_{33} \end{bmatrix}$，$f(x_1,x_2,x_3)=$
$\begin{vmatrix} a_{11}-x_1 & a_{12} & a_{13} \\ a_{12} & a_{22}-x_2 & a_{23} \\ a_{13} & a_{23} & a_{33}-x_3 \end{vmatrix}$，若属于 $\boldsymbol{A}$ 的二重特征值 -1 的特征向量为 $\boldsymbol{\alpha}_1=\begin{bmatrix}-1\\-1\\1\end{bmatrix}$，$\boldsymbol{\alpha}_2=\begin{bmatrix}1\\-2\\-1\end{bmatrix}$，$f(1,1,1)=0$，则 $\boldsymbol{A}=$ ________.

QK　15. 设 $\boldsymbol{A}, \boldsymbol{B}$ 为 3 阶相似矩阵，且 $|2\boldsymbol{E}+\boldsymbol{A}|=0$，$\lambda_1=1, \lambda_2=-1$ 为 $\boldsymbol{B}$ 的两个特征值，则行列式 $|\boldsymbol{A}+2\boldsymbol{AB}|=$ ________.

QK　16. 若 $\boldsymbol{A}$ 为 $n(n \geqslant 2)$ 阶实对称矩阵，且满足 $\boldsymbol{E}-2\boldsymbol{A}+\boldsymbol{A}^2-2\boldsymbol{A}^3=\boldsymbol{O}$，其中 $\boldsymbol{E}$ 为 n 阶单位矩阵，则 $\boldsymbol{A}=$ ________.

QK　17. 设矩阵 $\boldsymbol{Q}=\begin{bmatrix} 1 & 1 & -1 \\ -1 & 0 & 3 \\ 0 & 1 & 1 \end{bmatrix}$，$\boldsymbol{D}=\begin{bmatrix} 1 & & \\ & -1 & \\ & & 2 \end{bmatrix}$，$\boldsymbol{AQ}=\boldsymbol{QD}$，$\boldsymbol{E}$ 是 3 阶单位矩阵，

则 $\boldsymbol{A}^3-3\boldsymbol{A}^2+5\boldsymbol{E}=$________.

QK 18. 设 $\boldsymbol{A}=\begin{bmatrix}a_{11}&a_{12}&a_{13}\\a_{21}&a_{22}&a_{23}\\a_{31}&a_{32}&a_{33}\end{bmatrix}$ 可逆，$\boldsymbol{BA}=\begin{bmatrix}-a_{13}&a_{11}&2a_{12}\\-a_{23}&a_{21}&2a_{22}\\-a_{33}&a_{31}&2a_{32}\end{bmatrix}$，$\boldsymbol{B}$ 是 3 阶矩阵，则 $\boldsymbol{B}\sim$ ________.

QK 19. 设 $\boldsymbol{A}=\begin{bmatrix}0&1\\1&0\end{bmatrix}$，$\boldsymbol{B}=\begin{bmatrix}b&0\\0&-1\end{bmatrix}$，且已知 $\boldsymbol{A}$ 相似于 $\boldsymbol{B}$，则 $b=$________.

K 20. 设 $\boldsymbol{A}$ 是 n 阶实对称矩阵，$\lambda_1,\lambda_2,\cdots,\lambda_n$ 是 $\boldsymbol{A}$ 的 n 个互不相同的特征值，$\boldsymbol{\xi}_1$ 是 $\boldsymbol{A}$ 的对应于 λ_1 的一个单位特征向量，则矩阵 $\boldsymbol{B}=\boldsymbol{A}-\lambda_1\boldsymbol{\xi}_1\boldsymbol{\xi}_1^{\mathrm{T}}$ 的特征值是 ________.

K 21. 设 $\boldsymbol{A}$ 为 4 阶矩阵，$(\boldsymbol{A}-2\boldsymbol{E})\boldsymbol{x}=\boldsymbol{0}$ 的基础解系中只有 2 个解向量，$(\boldsymbol{A}+\boldsymbol{E})\boldsymbol{x}=\boldsymbol{0}$ 的基础解系中只有 1 个解向量，则 $r(\boldsymbol{A}^2-\boldsymbol{A}-2\boldsymbol{E})=$________.

QK 22. 设 $\boldsymbol{A}$ 为 3 阶实对称矩阵，$\boldsymbol{\alpha}=[1,a+1,-a]^{\mathrm{T}}$ 与 $\boldsymbol{\beta}=[a,4,1-a]^{\mathrm{T}}$ 分别是齐次线性方程组 $(\boldsymbol{A}+\boldsymbol{E})\boldsymbol{x}=\boldsymbol{0}$ 与 $(\boldsymbol{A}-\boldsymbol{E})\boldsymbol{x}=\boldsymbol{0}$ 的解，其中 $\boldsymbol{E}$ 为 3 阶单位矩阵，则 $a=$________.

三、解答题

K 1. 设 $\boldsymbol{A}$ 为 3 阶矩阵，$\boldsymbol{\alpha}_1,\boldsymbol{\alpha}_2,\boldsymbol{\alpha}_3$ 为线性无关的 3 维列向量，且满足

$$\boldsymbol{A}\boldsymbol{\alpha}_1=\frac{1}{2}\boldsymbol{\alpha}_1+\frac{2}{3}\boldsymbol{\alpha}_2+\boldsymbol{\alpha}_3,\boldsymbol{A}\boldsymbol{\alpha}_2=\frac{2}{3}\boldsymbol{\alpha}_2+\frac{1}{2}\boldsymbol{\alpha}_3,\boldsymbol{A}\boldsymbol{\alpha}_3=-\frac{1}{6}\boldsymbol{\alpha}_3.$$

(1) 求矩阵 $\boldsymbol{B}$，使得 $\boldsymbol{A}[\boldsymbol{\alpha}_1,\boldsymbol{\alpha}_2,\boldsymbol{\alpha}_3]=[\boldsymbol{\alpha}_1,\boldsymbol{\alpha}_2,\boldsymbol{\alpha}_3]\boldsymbol{B}$；

(2) 根据(1) 中的矩阵 $\boldsymbol{B}$，证明 $\boldsymbol{A}$ 与 $\boldsymbol{B}$ 相似；

(3) 求 $\boldsymbol{A}$ 的特征值并计算 $\lim\limits_{n\to\infty}\boldsymbol{A}^n$.

QK 2. 求矩阵 $\boldsymbol{A}=\begin{bmatrix}-3&-1&2\\0&-1&4\\-1&0&1\end{bmatrix}$ 的实特征值及对应的特征向量.

QK 3. 设 $\boldsymbol{A}=\begin{bmatrix}a&a&a\\a&a&a\\a&a&a\end{bmatrix}$，求 $\boldsymbol{A}$ 的特征值和全部特征向量.

QK 4. 设矩阵 $\boldsymbol{A}=\begin{bmatrix}2&a&2\\5&b&3\\-1&1&-1\end{bmatrix}$，已知 $\lambda_1=1$ 与 $\lambda_2=-1$ 是 $\boldsymbol{A}$ 的特征值，问 $\boldsymbol{A}$ 能否相似对角化？若不能相似对角化，则说明理由；若能相似对角化，则求一个可逆矩阵 $\boldsymbol{P}$，使 $\boldsymbol{P}^{-1}\boldsymbol{AP}$ 为对角矩阵.

Q K　5. 已知 3 维列向量 $\boldsymbol{\xi}$ 不是 $\boldsymbol{A}^2\boldsymbol{x}=\boldsymbol{0}$ 的解，$\boldsymbol{A\xi}$ 是 $\boldsymbol{A}^2\boldsymbol{x}=\boldsymbol{0}$ 的解. 记 $\boldsymbol{P}=[\boldsymbol{\xi},\boldsymbol{A\xi},\boldsymbol{A}^2\boldsymbol{\xi}]$.

(1) 证明 $\boldsymbol{P}$ 可逆.

(2) $\boldsymbol{A}$ 能否相似对角化？若能，求出一个与之相似的对角矩阵；若不能，请说明理由.

Q K　6. 已知矩阵 $\boldsymbol{A}=\begin{bmatrix}1&1&1&1\\1&1&1&1\\2&1&0&-1\\-1&0&1&2\end{bmatrix}$，$\boldsymbol{B}=\begin{bmatrix}1&1\\1&1\\0&1\\1&0\end{bmatrix}$，矩阵 $\boldsymbol{C}$ 满足 $\boldsymbol{A}=\boldsymbol{BC}$.

(1) 求矩阵 $\boldsymbol{C}$；

(2) 计算 $\boldsymbol{A}^{10}$.

K　7. 设有 4 阶方阵 $\boldsymbol{A}$ 满足条件 $|3\boldsymbol{E}+\boldsymbol{A}|=0$，$\boldsymbol{AA}^{\mathrm{T}}=2\boldsymbol{E}$，$|\boldsymbol{A}|<0$，其中 $\boldsymbol{E}$ 是 4 阶单位矩阵. 求方阵 $\boldsymbol{A}$ 的伴随矩阵 $\boldsymbol{A}^*$ 的一个特征值.

Q K　8. 设 $\boldsymbol{A}$ 是 3 阶矩阵，$\boldsymbol{\alpha}_1,\boldsymbol{\alpha}_2,\boldsymbol{\alpha}_3$ 是线性无关的 3 维列向量，且

$$\boldsymbol{A\alpha}_1=-\boldsymbol{\alpha}_1-3\boldsymbol{\alpha}_2-3\boldsymbol{\alpha}_3,\boldsymbol{A\alpha}_2=4\boldsymbol{\alpha}_1+4\boldsymbol{\alpha}_2+\boldsymbol{\alpha}_3,\boldsymbol{A\alpha}_3=-2\boldsymbol{\alpha}_1+3\boldsymbol{\alpha}_3.$$

(1) 求可逆矩阵 $\boldsymbol{P}$，使得 $\boldsymbol{P}^{-1}\boldsymbol{AP}$ 为对角矩阵；

(2) 求 $\boldsymbol{A}^*-6\boldsymbol{E}$ 的秩.

Q K　9. 设 $\boldsymbol{A},\boldsymbol{B}$ 是 3 阶矩阵，$\boldsymbol{AB}=2\boldsymbol{A}-\boldsymbol{B}$，如果 $\lambda_1,\lambda_2,\lambda_3$ 是 $\boldsymbol{A}$ 的 3 个不同特征值. 证明：

(1) $\boldsymbol{AB}=\boldsymbol{BA}$；

(2) 存在可逆矩阵 $\boldsymbol{P}$，使得 $\boldsymbol{P}^{-1}\boldsymbol{AP}$ 与 $\boldsymbol{P}^{-1}\boldsymbol{BP}$ 均为对角矩阵.

K　10. 设 $\boldsymbol{A}$ 是 3 阶方阵，$\boldsymbol{\alpha}$ 是 3 维列向量. 若 $\boldsymbol{\alpha},\boldsymbol{A\alpha},\boldsymbol{A}^2\boldsymbol{\alpha}$ 线性无关，且满足 $\boldsymbol{A}^3\boldsymbol{\alpha}-2\boldsymbol{A}^2\boldsymbol{\alpha}-\boldsymbol{A\alpha}+2\boldsymbol{\alpha}=\boldsymbol{0}$，求：

(1) $\boldsymbol{A}$ 的特征值；

(2) $\boldsymbol{A}$ 的线性无关的特征向量(用 $\boldsymbol{A}$ 与 $\boldsymbol{\alpha}$ 表示).

Q K　11. 已知矩阵 $\boldsymbol{A}=\begin{bmatrix}1&0&-1\\0&1&0\\-2&1&0\end{bmatrix}$ 与 $\boldsymbol{B}=\begin{bmatrix}2&3&3\\2&1&0\\a&b&c\end{bmatrix}$ 相似，求 a,b,c 及可逆矩阵 $\boldsymbol{P}$，使 $\boldsymbol{P}^{-1}\boldsymbol{AP}=\boldsymbol{B}$.

K　12. 设 n 阶实对称矩阵 $\boldsymbol{A}$ 满足

$$\boldsymbol{A}^4+6\boldsymbol{A}^3+9\boldsymbol{A}^2-6\boldsymbol{A}-10\boldsymbol{E}=\boldsymbol{O},$$

求 $\boldsymbol{A}^k$，其中 k 为任意正整数.

Q K　13. 设 a,b,c,d 为常数，其中 $b\neq 0$，矩阵 $\boldsymbol{A}=\begin{bmatrix}a&b\\c&d\end{bmatrix}$ 的二重特征值为 λ，求可逆矩

阵 $\boldsymbol{P}$,使得 $\boldsymbol{P}^{-1}\boldsymbol{A}\boldsymbol{P}=\begin{bmatrix}\lambda & 1\\0 & \lambda\end{bmatrix}$.

QK 14. 设 $\boldsymbol{A}$ 是 n 阶方阵,$2,4,\cdots,2n$ 是 $\boldsymbol{A}$ 的 n 个特征值,$\boldsymbol{E}$ 是 n 阶单位矩阵. 计算行列式 $|\boldsymbol{A}-3\boldsymbol{E}|$ 的值.

K 15. 设 $\boldsymbol{A}$ 是 n 阶实矩阵,有 $\boldsymbol{A}\boldsymbol{\xi}=\lambda\boldsymbol{\xi}$,$\boldsymbol{A}^{\mathrm{T}}\boldsymbol{\eta}=\mu\boldsymbol{\eta}$,其中 λ,μ 是实数,且 $\lambda\neq\mu$,$\boldsymbol{\xi},\boldsymbol{\eta}$ 是 n 维非零向量. 证明:$\boldsymbol{\xi},\boldsymbol{\eta}$ 正交.

QK 16. 设 $\boldsymbol{A}=\begin{bmatrix}8 & -2 & -2\\-2 & 5 & -4\\-2 & -4 & 5\end{bmatrix}$,求实对称矩阵 $\boldsymbol{B}$,使 $\boldsymbol{A}=\boldsymbol{B}^2$.

K 17. 设 $\boldsymbol{A}=\begin{bmatrix}a & a-b & a-b & 0 & 0\\0 & b & b-c & 0 & 0\\0 & 0 & c & 0 & 0\\0 & 0 & 0 & 1 & 1\\0 & 0 & 0 & 1 & 1\end{bmatrix}$,$a,b,c$ 为互异的实数,计算 $\boldsymbol{A}^n$.

QK 18. 设齐次线性方程组 $\begin{cases}ax_1-5x_2+8x_3=0,\\(a+1)x_2+8x_3=0,\\(3a+3)x_2+25x_3=0\end{cases}$ 有无穷多解,$\boldsymbol{A}$ 为 3 阶矩阵且有三个特征值 $1,-1,0$,它们分别对应着特征向量 $\boldsymbol{\xi}_1=[1,2a,-1]^{\mathrm{T}}$,$\boldsymbol{\xi}_2=[a,a+3,a+2]^{\mathrm{T}}$,$\boldsymbol{\xi}_3=[a-2,-1,a+1]^{\mathrm{T}}$. 求:

(1) 常数 a;

(2) $\boldsymbol{A}$.

K 19. 设 $\boldsymbol{A},\boldsymbol{B}$ 是 2 阶矩阵,$|\boldsymbol{A}|<0$,$\boldsymbol{A}^2=\boldsymbol{E}$,且 $\boldsymbol{B}$ 满足 $\boldsymbol{B}^2=\boldsymbol{E}$,$\boldsymbol{A}\boldsymbol{B}=-\boldsymbol{B}\boldsymbol{A}$.

(1) 证明存在 2 阶可逆矩阵 $\boldsymbol{P}_1$,使得 $\boldsymbol{P}_1^{-1}\boldsymbol{A}\boldsymbol{P}_1=\begin{bmatrix}1 & 0\\0 & -1\end{bmatrix}$;

(2) 证明存在 2 阶可逆矩阵 $\boldsymbol{P}$,使得

$$\boldsymbol{P}^{-1}\boldsymbol{A}\boldsymbol{P}=\begin{bmatrix}1 & 0\\0 & -1\end{bmatrix} \text{ 且 } \boldsymbol{P}^{-1}\boldsymbol{B}\boldsymbol{P}=\begin{bmatrix}0 & 1\\1 & 0\end{bmatrix}.$$

QK 20. 设 $\boldsymbol{A},\boldsymbol{P}$ 均为 3 阶矩阵,$\boldsymbol{P}=[\boldsymbol{\gamma}_1,\boldsymbol{\gamma}_2,\boldsymbol{\gamma}_3]$,其中 $\boldsymbol{\gamma}_1,\boldsymbol{\gamma}_2,\boldsymbol{\gamma}_3$ 为 3 维列向量且线性无关,若 $\boldsymbol{A}[\boldsymbol{\gamma}_1,\boldsymbol{\gamma}_2,\boldsymbol{\gamma}_3]=[\boldsymbol{\gamma}_3,\boldsymbol{\gamma}_2,\boldsymbol{\gamma}_1]$.

(1) 证明 $\boldsymbol{A}$ 可相似对角化;

(2) 若 $P=\begin{bmatrix}1&-1&-1\\0&1&0\\0&3&1\end{bmatrix}$，求可逆矩阵 C，使得 $C^{-1}AC=\Lambda$，并写出 Λ.

K　21. 已知 n 阶矩阵 A 的每行元素之和为 a，当 k 是自然数时，求 A^k 的每行元素之和.

K　22. 若 A,B 均为 n 阶矩阵，且 $A^2=A$，$B^2=B$，$r(A)=r(B)$，证明：A,B 必为相似矩阵.

QK　23. 设矩阵

$$A=\begin{bmatrix}0&1&0&0\\1&0&0&0\\0&0&y&1\\0&0&1&2\end{bmatrix}.$$

(1) 已知 A 的一个特征值为 3，试求 y；

(2) 求矩阵 P，使 $(AP)^{\mathrm{T}}(AP)$ 为对角矩阵.

QK　24. 设 A,B 均为 n 阶矩阵，A 有 n 个互不相同的特征值，证明：

(1) 若 $AB=BA$，则 B 相似于对角矩阵；

(2) 若 A 的特征向量也是 B 的特征向量，则 $AB=BA$.

QK　25. 设 3 阶矩阵 A 满足 $|A-E|=|A+E|=|A+2E|=0$，试计算 $|A^*+3E|$.

K　26. 假设 λ 为 n 阶可逆矩阵 A 的一个特征值，证明：

(1) $\dfrac{1}{\lambda}$ 为 A^{-1} 的特征值；

(2) $\dfrac{|A|}{\lambda}$ 为 A 的伴随矩阵 A^* 的特征值.

QK　27. 已知 $\boldsymbol{\alpha}=[1,k,1]^{\mathrm{T}}$ 是 A^{-1} 的特征向量，其中 $A=\begin{bmatrix}2&1&1\\1&2&1\\1&1&2\end{bmatrix}$，求 k 及 $\boldsymbol{\alpha}$ 所对应的特征值.

QK　28. 设实对称矩阵 $A=\begin{bmatrix}a&1&1\\1&a&-1\\1&-1&a\end{bmatrix}$，求可逆矩阵 P，使 $P^{-1}AP$ 为对角矩阵，并计算行列式 $|A-E|$ 的值.

QK　29. 设 $A=\begin{bmatrix}0&0&1\\-2&-1&-2\\1&0&0\end{bmatrix}$，$B=\begin{bmatrix}0&0&1\\0&-1&0\\1&0&0\end{bmatrix}$，$C=\begin{bmatrix}1&0&0\\0&-1&0\\0&1&-1\end{bmatrix}$，问：

(1)$\boldsymbol{A}$ 是否相似于 $\boldsymbol{B}$,说明理由;

(2)$\boldsymbol{A}$ 和 $\boldsymbol{C}$ 是否相似,说明理由.

QK 30. 设 $\boldsymbol{A}$ 为 3 阶方阵,$\boldsymbol{\alpha}_1,\boldsymbol{\alpha}_2,\boldsymbol{\alpha}_3$ 是线性无关的 3 维列向量组,且 $\boldsymbol{A\alpha}_1=\boldsymbol{\alpha}_1+2\boldsymbol{\alpha}_2+2\boldsymbol{\alpha}_3$,$\boldsymbol{A\alpha}_2=2\boldsymbol{\alpha}_1+\boldsymbol{\alpha}_2+2\boldsymbol{\alpha}_3$,$\boldsymbol{A\alpha}_3=2\boldsymbol{\alpha}_1+2\boldsymbol{\alpha}_2+\boldsymbol{\alpha}_3$,求一个可逆矩阵 $\boldsymbol{P}$(其列向量用向量组 $\boldsymbol{\alpha}_1,\boldsymbol{\alpha}_2,\boldsymbol{\alpha}_3$ 线性表示),使得 $\boldsymbol{P}^{-1}\boldsymbol{AP}$ 为对角矩阵,并写出该对角矩阵.

QK 31. 设 $\boldsymbol{A}$ 为 3 阶实对称矩阵,已知 $\boldsymbol{A}$ 的各行元素之和及主对角线元素之和均为 2,且 $\boldsymbol{\alpha}=[2,1,0]^{\mathrm{T}}$ 与 $\boldsymbol{\beta}=[0,1,2]^{\mathrm{T}}$ 是线性方程组 $(\boldsymbol{A}-\boldsymbol{E})\boldsymbol{x}=[1,1,1]^{\mathrm{T}}$ 的两个解,求矩阵 $\boldsymbol{A}$.

QK 32. 设某产品当前的市场占有率为 80%,经调研,正使用该产品的用户中有 80% 仍会继续购买,当前未使用该产品的用户中有 20% 将会购买,设第 n 年时,购买的用户比例为 x_n,不购买的用户比例为 y_n.

(1) 求 $\begin{bmatrix} x_n \\ y_n \end{bmatrix}$ 的表达式;

(2) 按此趋势,求该产品最终的市场占有率.

QK 33. 设 $\boldsymbol{A}$ 为 3 阶矩阵,$\lambda_1,\lambda_2,\lambda_3$ 是 $\boldsymbol{A}$ 的 3 个不同的特征值,其对应的特征向量为 $\boldsymbol{\xi}_1,\boldsymbol{\xi}_2,\boldsymbol{\xi}_3$,$\boldsymbol{\alpha}=\boldsymbol{\xi}_1+\boldsymbol{\xi}_2+\boldsymbol{\xi}_3$,$\boldsymbol{P}=[\boldsymbol{\alpha},\boldsymbol{A\alpha},\boldsymbol{A}^2\boldsymbol{\alpha}]$.

(1) 证明 $\boldsymbol{P}$ 可逆;

(2) 若 $(\boldsymbol{A}^3-\boldsymbol{A})\boldsymbol{\alpha}=\boldsymbol{0}$,求 $|\boldsymbol{A}-3\boldsymbol{E}|$.

QK 34. 设矩阵 $\boldsymbol{A}=\begin{bmatrix} 1 & 1 \\ 1 & 2 \end{bmatrix}$,$\boldsymbol{B}=\begin{bmatrix} 1 & -1 \\ -1 & 1 \end{bmatrix}$.

(1) 证明 $\boldsymbol{A}$ 为正定矩阵;

(2) 求一个可逆矩阵 $\boldsymbol{P}$,使得 $\boldsymbol{P}^{\mathrm{T}}\boldsymbol{AP}$ 与 $\boldsymbol{P}^{\mathrm{T}}\boldsymbol{BP}$ 均为对角矩阵.

QK 35. 已知 $\boldsymbol{A}=\begin{bmatrix} -1 & 0 & 0 \\ -a & 2 & a+3 \\ -a-3 & 0 & a+2 \end{bmatrix}$,$r(\boldsymbol{A}+\boldsymbol{E})=1$.

(1) 求 a 的值;

(2) 计算 $\boldsymbol{A}^{n-1}+\boldsymbol{A}^{n-2}+\cdots+\boldsymbol{A}+\boldsymbol{E}\ (n\geqslant 2)$.

QK 36. 设 $\boldsymbol{A}$ 为 3 阶实对称矩阵,其特征值为 $\lambda_1=0,\lambda_2=\lambda_3=1$,$\boldsymbol{\alpha}_1,\boldsymbol{\alpha}_2$ 是 $\boldsymbol{A}$ 的两个不同的特征向量,且 $\boldsymbol{A}(\boldsymbol{\alpha}_1+\boldsymbol{\alpha}_2)=\boldsymbol{\alpha}_2$.

(1) 证明 $\boldsymbol{A\alpha}_1=\boldsymbol{0}$;

(2) 求线性方程组 $\boldsymbol{Ax}=\boldsymbol{\alpha}_2$ 的通解.

QK 37. 设 $\boldsymbol{A}=\begin{bmatrix}2&0&0\\0&2&1\\0&1&x\end{bmatrix}$ 的一个特征值为 1，求一个正交矩阵 $\boldsymbol{Q}$，使 $(\boldsymbol{AQ})^{\mathrm{T}}(\boldsymbol{AQ})$ 为对角矩阵.

QK 38. 设 3 阶实对称矩阵 $\boldsymbol{A}$ 的各行元素之和均为 3，向量 $\boldsymbol{\alpha}_1=[-1,2,-1]^{\mathrm{T}}$，$\boldsymbol{\alpha}_2=[0,-1,1]^{\mathrm{T}}$ 是方程组 $\boldsymbol{Ax}=\boldsymbol{0}$ 的两个解.

(1) 求 $\boldsymbol{A}$ 的特征值和对应的特征向量；

(2) 求正交矩阵 $\boldsymbol{Q}$ 和对角矩阵 $\boldsymbol{\Lambda}$，使得 $\boldsymbol{Q}^{\mathrm{T}}\boldsymbol{AQ}=\boldsymbol{\Lambda}$.

QK 39. 已知 $\boldsymbol{A}$ 是 3 阶实对称矩阵，且 $\mathrm{tr}(\boldsymbol{A})=-6$，$\boldsymbol{AB}=\boldsymbol{C}$，其中

$$\boldsymbol{B}=\begin{bmatrix}1&1\\2&-1\\1&1\end{bmatrix},\boldsymbol{C}=\begin{bmatrix}0&-12\\0&12\\0&-12\end{bmatrix},$$

求矩阵 $\boldsymbol{A}$.

K 40. 设 3 阶矩阵 $\boldsymbol{A}=[\boldsymbol{\alpha}_1,\boldsymbol{\alpha}_2,\boldsymbol{\alpha}_3]$，已知 $\boldsymbol{A}^2=[\boldsymbol{\alpha}_1,\boldsymbol{\alpha}_2,-3\boldsymbol{\alpha}_1+\boldsymbol{\alpha}_2-2\boldsymbol{\alpha}_3]$，记 $\boldsymbol{A}^{100}=[\boldsymbol{\beta}_1,\boldsymbol{\beta}_2,\boldsymbol{\beta}_3]$，将 $\boldsymbol{\beta}_1,\boldsymbol{\beta}_2,\boldsymbol{\beta}_3$ 写成 $\boldsymbol{\alpha}_1,\boldsymbol{\alpha}_2,\boldsymbol{\alpha}_3$ 的线性组合.

QK 41. 设矩阵 $\boldsymbol{A}=\begin{bmatrix}3&2&2\\2&3&2\\2&2&3\end{bmatrix}$，$\boldsymbol{P}=\begin{bmatrix}0&1&0\\1&0&1\\0&0&1\end{bmatrix}$，且 $\boldsymbol{M}=\boldsymbol{P}^{-1}\boldsymbol{A}^*\boldsymbol{P}$，求 $\boldsymbol{M}$ 的特征值与特征向量.

K 42. 设 $\boldsymbol{A}=\begin{bmatrix}1&-2&1\\-2&1&1\\1&1&-2\end{bmatrix}$，矩阵 $\boldsymbol{B}$ 满足 $\boldsymbol{AB}=\boldsymbol{A}-\boldsymbol{B}$，求可逆矩阵 $\boldsymbol{P}$，使 $\boldsymbol{P}^{-1}(\boldsymbol{AB})\boldsymbol{P}$ 为对角矩阵，并写出该对角矩阵.

QK 43. 设矩阵 $\boldsymbol{A}=\begin{bmatrix}3&2&-2\\-k&-1&k\\4&2&-3\end{bmatrix}$，问 k 为何值时，存在可逆阵 $\boldsymbol{P}$，使得 $\boldsymbol{P}^{-1}\boldsymbol{AP}=\boldsymbol{\Lambda}$，求出 $\boldsymbol{P}$ 及相应的对角阵.

QK 44. 设

$$\boldsymbol{A}=\begin{bmatrix}2&-2&0\\-2&1&-2\\0&-2&0\end{bmatrix},\boldsymbol{B}=\begin{bmatrix}1&-2&-2\\-2&2&0\\-2&0&0\end{bmatrix}.$$

问 $\boldsymbol{A},\boldsymbol{B}$ 是否相似,为什么?

K 45. 设 3 阶实对称矩阵 $\boldsymbol{A}$ 的每行元素之和均为 3,且 $r(\boldsymbol{A})=1,\boldsymbol{\beta}=[-1,2,2]^{\mathrm{T}}$.

(1) 求 $\boldsymbol{A}^n\boldsymbol{\beta}$;

(2) 求 $\left(\boldsymbol{A}-\frac{3}{2}\boldsymbol{E}\right)^{100}$.

QK 46. 若矩阵 $\boldsymbol{A}$ 的伴随矩阵 $\boldsymbol{A}^*=\begin{bmatrix}3&2&-2\\0&-1&0\\a&2&-3\end{bmatrix}$ 相似于矩阵 $\boldsymbol{B}=\begin{bmatrix}-1&0&0\\-2&1&0\\0&0&-1\end{bmatrix}$,其中 $|\boldsymbol{A}|>0$.

(1) 求 a 的值;

(2) 求 $\boldsymbol{A}^{99}$.

QK 47. 已知 $\boldsymbol{A}$ 为 3 阶矩阵,$\boldsymbol{E}$ 为 3 阶单位矩阵,且 $(a\boldsymbol{E}+\boldsymbol{A})^2=\begin{bmatrix}1&0&1\\0&2&0\\1&0&1\end{bmatrix}$,$\mathrm{tr}(\boldsymbol{A})=2\sqrt{2}-3a$,$a$ 为常数.

(1) 求矩阵 $\boldsymbol{A}$;

(2) 若 $\boldsymbol{A}$ 正定,求 a 的取值范围.

QK 48. 设矩阵 $\boldsymbol{A}=\begin{bmatrix}a_{11}&a_{12}&a_{13}\\a_{21}&a_{22}&a_{23}\\a_{31}&a_{32}&a_{33}\end{bmatrix}$ 可逆,3 阶矩阵 $\boldsymbol{B}$ 满足

$$\boldsymbol{BA}=\begin{bmatrix}2a_{11}&a_{11}+a_{12}&a_{11}+a_{13}\\2a_{21}&a_{21}+a_{22}&a_{21}+a_{23}\\2a_{31}&a_{31}+a_{32}&a_{31}+a_{33}\end{bmatrix}.$$

证明:矩阵 $\boldsymbol{B}$ 可相似对角化,并求一个可逆矩阵 $\boldsymbol{P}$(用 $\boldsymbol{A}$ 的元素表示)及对角矩阵 $\boldsymbol{\Lambda}$,使 $\boldsymbol{P}^{-1}\boldsymbol{BP}=\boldsymbol{\Lambda}$.

QK 49. 设 $\boldsymbol{A},\boldsymbol{B}$ 是 n 阶方阵,证明:$\boldsymbol{AB},\boldsymbol{BA}$ 有相同的特征值.

QK 50. (1) 设 $\lambda_1,\lambda_2,\cdots,\lambda_n$ 是 n 阶矩阵 $\boldsymbol{A}$ 的互异特征值,$\boldsymbol{\alpha}_1,\boldsymbol{\alpha}_2,\cdots,\boldsymbol{\alpha}_n$ 是 $\boldsymbol{A}$ 的分别对应于这些特征值的特征向量,证明 $\boldsymbol{\alpha}_1,\boldsymbol{\alpha}_2,\cdots,\boldsymbol{\alpha}_n$ 线性无关;

(2) 设 $\boldsymbol{A},\boldsymbol{B}$ 为 n 阶方阵,$|\boldsymbol{B}|\neq 0$,若方程 $|\boldsymbol{A}-\lambda\boldsymbol{B}|=0$ 的全部根 $\lambda_1,\lambda_2,\cdots,\lambda_n$ 互异,$\boldsymbol{\alpha}_i$ 分别是方程组 $(\boldsymbol{A}-\lambda_i\boldsymbol{B})\boldsymbol{x}=\boldsymbol{0}$ 的非零解,$i=1,2,\cdots,n$. 证明 $\boldsymbol{\alpha}_1,\boldsymbol{\alpha}_2,\cdots,\boldsymbol{\alpha}_n$ 线性无关.

QK　51. 设 $\boldsymbol{A}$ 是 $n(n>2)$ 阶矩阵，$\boldsymbol{\alpha}_1,\boldsymbol{\alpha}_2,\cdots,\boldsymbol{\alpha}_n$ 是 n 维列向量组，且 $\boldsymbol{A}\boldsymbol{\alpha}_1=\boldsymbol{\alpha}_2,\boldsymbol{A}\boldsymbol{\alpha}_2=\boldsymbol{\alpha}_3,\cdots,\boldsymbol{A}\boldsymbol{\alpha}_{n-1}=\boldsymbol{\alpha}_n,\boldsymbol{A}\boldsymbol{\alpha}_n=\boldsymbol{0},\boldsymbol{\alpha}_n\neq\boldsymbol{0}$.

(1) 证明 $\boldsymbol{\alpha}_1,\boldsymbol{\alpha}_2,\cdots,\boldsymbol{\alpha}_n$ 线性无关；

(2) $\boldsymbol{A}$ 能否相似对角化，说明理由.

K　52. 设 $\boldsymbol{A}=\begin{bmatrix}2&0&0\\0&2&1\\0&1&2\end{bmatrix}$，矩阵 $\boldsymbol{B}$ 满足 $\boldsymbol{AB}=\boldsymbol{A}-\boldsymbol{B}$，求可逆矩阵 $\boldsymbol{P}$，使 $\boldsymbol{P}^{-1}\boldsymbol{AP}$ 与 $\boldsymbol{P}^{-1}\boldsymbol{BP}$ 均为对角矩阵，并写出这两个对角矩阵.

QK　53. 已知 3 阶矩阵 $\boldsymbol{A}$ 满足 $|\boldsymbol{A}-\boldsymbol{E}|=|\boldsymbol{A}-2\boldsymbol{E}|=|\boldsymbol{A}+\boldsymbol{E}|=a$，其中 $\boldsymbol{E}$ 为 3 阶单位矩阵.

(1) 当 $a=0$ 时，求行列式 $|\boldsymbol{A}+3\boldsymbol{E}|$ 的值；

(2) 当 $a=2$ 时，求行列式 $|\boldsymbol{A}+3\boldsymbol{E}|$ 的值.

K　54. 若任一 n 维非零列向量都是 n 阶矩阵 $\boldsymbol{A}$ 的特征向量，证明 $\boldsymbol{A}$ 是数量矩阵.

K　55. 设 $\boldsymbol{A}$ 是 n 阶矩阵，满足 $\boldsymbol{A}^2=\boldsymbol{A}$，且 $r(\boldsymbol{A})=r(0<r\leqslant n)$. 证明：

$$\boldsymbol{A}\sim\begin{bmatrix}\boldsymbol{E}_r&\boldsymbol{O}\\\boldsymbol{O}&\boldsymbol{O}\end{bmatrix}.$$

其中 $\boldsymbol{E}_r$ 是 r 阶单位阵.

K　56. 设 $a_0,a_1,\cdots,a_{n-1}$ 是 n 个实数，方阵

$$\boldsymbol{A}=\begin{bmatrix}0&1&0&\cdots&0&0\\0&0&1&\cdots&0&0\\\vdots&\vdots&\vdots&&\vdots&\vdots\\0&0&0&\cdots&0&1\\-a_0&-a_1&-a_2&\cdots&-a_{n-2}&-a_{n-1}\end{bmatrix}_n.$$

(1) 若 λ 是 $\boldsymbol{A}$ 的特征值，证明：$\boldsymbol{\xi}=[1,\lambda,\lambda^2,\cdots,\lambda^{n-1}]^{\mathrm{T}}$ 是 $\boldsymbol{A}$ 的对应于特征值 λ 的特征向量；

(2) 若 $\boldsymbol{A}$ 有 n 个互异的特征值 $\lambda_1,\lambda_2,\cdots,\lambda_n$，求可逆阵 $\boldsymbol{P}$，使 $\boldsymbol{P}^{-1}\boldsymbol{AP}=\boldsymbol{\Lambda}$.

QK　57. 设 $\boldsymbol{A}$ 是 3 阶矩阵，$\lambda_1,\lambda_2,\lambda_3$ 是 $\boldsymbol{A}$ 的 3 个不同特征值，对应的特征向量分别为 $\boldsymbol{\alpha}_1,\boldsymbol{\alpha}_2,\boldsymbol{\alpha}_3$，令 $\boldsymbol{\beta}=\boldsymbol{\alpha}_1+\boldsymbol{\alpha}_2+\boldsymbol{\alpha}_3$.

(1) 证明 $\boldsymbol{\beta}=\boldsymbol{\alpha}_1+\boldsymbol{\alpha}_2+\boldsymbol{\alpha}_3$ 不是 $\boldsymbol{A}$ 的特征向量；

(2) 证明 $\boldsymbol{\beta},\boldsymbol{A\beta},\boldsymbol{A}^2\boldsymbol{\beta}$ 线性无关;

(3) 若 $\boldsymbol{A}^3\boldsymbol{\beta}=2\boldsymbol{A\beta}$,求 $\boldsymbol{A}$ 的特征值;

(4) 在(3) 的基础上证明 $\boldsymbol{A\beta}$ 和 $\boldsymbol{A}^2\boldsymbol{\beta}$ 是方程组

$$(\boldsymbol{A}^2-2\boldsymbol{E})\boldsymbol{x}=\boldsymbol{0}$$

的基础解系.

第 6 章 二次型

一、选择题

QK 1. $f(x_1,x_2,x_3)=x_1x_2+x_1x_3-3x_2x_3$ 的规范形为(　　).

(A)$z_1^2+z_2^2-3z_3^2$　　(B)$z_1^2+z_2^2-z_3^2$

(C)$z_1^2+z_2^2+z_3^2$　　(D)$z_1^2-z_2^2-z_3^2$.

K 2.(仅数学一)设二次曲面 $5x_1^2+5x_2^2+ax_3^2-2x_1x_2+6x_1x_3-6x_2x_3=1$ 为柱面方程,则参数 a 应为(　　).

(A)1　　(B)2　　(C)3　　(D)4

QK 3. 下列二次型中,正定二次型是(　　).

(A)$f_1(x_1,x_2,x_3,x_4)=(x_1-x_2)^2+(x_2-x_3)^2+(x_3-x_4)^2+(x_4-x_1)^2$

(B)$f_2(x_1,x_2,x_3,x_4)=(x_1+x_2)^2+(x_2+x_3)^2+(x_3+x_4)^2+(x_4+x_1)^2$

(C)$f_3(x_1,x_2,x_3,x_4)=(x_1-x_2)^2+(x_2+x_3)^2+(x_3-x_4)^2+(x_4+x_1)^2$

(D)$f_4(x_1,x_2,x_3,x_4)=(x_1-x_2)^2+(x_2+x_3)^2+(x_3+x_4)^2+(x_4+x_1)^2$

K 4. 设矩阵 $\boldsymbol{A}=\begin{bmatrix}1&1\\1&1\end{bmatrix}$,与 $\boldsymbol{A}$ 合同但不相似的矩阵为(　　).

(A)$\begin{bmatrix}1&0\\0&0\end{bmatrix}$　　(B)$\begin{bmatrix}2&0\\0&0\end{bmatrix}$

(C)$\begin{bmatrix}0&1\\1&0\end{bmatrix}$　　(D)$\begin{bmatrix}-1&-1\\-1&-1\end{bmatrix}$

K 5. 二次型 $f(x_1,x_2,x_3)=\sum\limits_{i=1}^{3}x_i^2+\sum\limits_{1\leqslant i<j\leqslant 3}2ax_ix_j$ 正定的充要条件为(　　).

(A)$a>0$　　(B)$0<a<1$

(C)$-1<a<1$　　(D)$-\dfrac{1}{2}<a<1$

QK 6. 若 $f(x_1,x_2,x_3)=(ax_1+2x_2-3x_3)^2+(x_2-2x_3)^2+(x_1+ax_2-x_3)^2$ 是正定二次型,则 a 的取值范围是(　　).

(A)$a\neq 1$　　(B)$a\neq -\dfrac{1}{2}$

(C)$a \neq 1$ 或 $a \neq -\frac{1}{2}$　　(D)$a \neq 1$ 且 $a \neq -\frac{1}{2}$

K　7. 设 $\boldsymbol{A}$ 为 3 阶实对称矩阵，将 $\boldsymbol{A}$ 的第 1 行元素乘 2 得到矩阵 $\boldsymbol{B}$，再将矩阵 $\boldsymbol{B}$ 的第 1 列元素乘 2 得到矩阵 $\boldsymbol{C}$，若矩阵 $\boldsymbol{A}$ 可逆，则矩阵 $\boldsymbol{A}^{-1}$ 与矩阵 $\boldsymbol{C}^{-1}$(　　).

(A) 合同但不相似　　(B) 相似但不合同

(C) 合同且相似　　(D) 不合同也不相似

QK　8. $f(x_1,x_2,x_3)=-2x_1x_2-2x_1x_3+6x_2x_3$ 的正惯性指数为(　　).

(A)3　　(B)2　　(C)1　　(D)0

K　9. 实二次型 $f(x_1,x_2,\cdots,x_n)$ 的秩为 r，符号差为 s，且 f 和 $-f$ 合同，则有(　　).

(A)r 是偶数，$s=1$　　(B)r 是奇数，$s=1$

(C)r 是偶数，$s=0$　　(D)r 是奇数，$s=0$

K　10. 设 $\boldsymbol{A}=\boldsymbol{E}-2\boldsymbol{x}\boldsymbol{x}^{\mathrm{T}}$，其中 $\boldsymbol{x}=[x_1,x_2,\cdots,x_n]^{\mathrm{T}}$，且 $\boldsymbol{x}^{\mathrm{T}}\boldsymbol{x}=1$，则 $\boldsymbol{A}$ 不是(　　).

(A) 对矩称阵　　(B) 可逆矩阵　　(C) 正交矩阵　　(D) 正定矩阵

QK　11. 已知 $f(x_1,x_2,x_3)=\boldsymbol{x}^{\mathrm{T}}\boldsymbol{A}\boldsymbol{x}$ 经正交变换 $\boldsymbol{x}=\boldsymbol{Q}\boldsymbol{y}$ 化为 $g(y_1,y_2,y_3)=y_1^2+2y_2^2+ay_3^2(a\neq 0)$，且 $\boldsymbol{Q}^{-1}\boldsymbol{A}^*\boldsymbol{Q}=\begin{pmatrix}1 & & \\ & \frac{1}{2} & \\ & & \frac{1}{a}\end{pmatrix}$，其中 $\boldsymbol{A}^*$ 是 $\boldsymbol{A}$ 的伴随矩阵，则对任意 $\boldsymbol{x}\neq\boldsymbol{0}$，有(　　).

(A)$f(x_1,x_2,x_3)>0$　　(B)$f(x_1,x_2,x_3)\geqslant 0$

(C)$f(x_1,x_2,x_3)<0$　　(D)$f(x_1,x_2,x_3)\leqslant 0$

QK　12. 设 $\boldsymbol{A}$ 为 3 阶实对称矩阵，$\boldsymbol{A}^2+2\boldsymbol{A}=\boldsymbol{O}$，$r(\boldsymbol{A})=2$，且 $\boldsymbol{A}+k\boldsymbol{E}$ 为正定矩阵，其中 $\boldsymbol{E}$ 为 3 阶单位矩阵，则 k 应满足的条件是(　　).

(A)$k>0$　　(B)$k\geqslant 0$　　(C)$k>2$　　(D)$k\geqslant 2$

K　13. 设 $\boldsymbol{A}$，$\boldsymbol{B}$ 是 n 阶实对称可逆矩阵，则存在 n 阶可逆阵 $\boldsymbol{P}$，使得下列关系式

①$\boldsymbol{PA}=\boldsymbol{B}$；　②$\boldsymbol{P}^{-1}\boldsymbol{ABP}=\boldsymbol{BA}$；　③$\boldsymbol{P}^{-1}\boldsymbol{AP}=\boldsymbol{B}$；　④$\boldsymbol{P}^{\mathrm{T}}\boldsymbol{A}^2\boldsymbol{P}=\boldsymbol{B}^2$

成立的个数是(　　).

(A)1　　(B)2　　(C)3　　(D)4

K　14. 有 3 组二次型

①$f(x_1,x_2,x_3)=x_1^2+4x_1x_2+x_2^2+x_3^2$，$g(y_1,y_2,y_3)=y_1^2+y_2^2+2y_2y_3+y_3^2$；

②$f(x_1,x_2,x_3)=\lambda_1x_1^2+\lambda_2x_2^2+\lambda_3x_3^2,g(y_1,y_2,y_3)=\lambda_3y_1^2+\lambda_1y_2^2+\lambda_2y_3^2$;

③$f(x_1,x_2,x_3)=x_1^2+x_2^2+x_3^2,g(y_1,y_2,y_3)=y_2^2+2y_1y_3$.

二次型矩阵彼此合同的有(　　).

(A)0 组　　(B)1 组　　(C)2 组　　(D)3 组

QK　15. 矩阵 $\boldsymbol{A}=\begin{bmatrix}1&2&2\\2&1&2\\2&2&1\end{bmatrix}$ 与矩阵 $\boldsymbol{B}=\begin{bmatrix}5&0&0\\0&-5&0\\0&0&-1\end{bmatrix}$(　　).

(A) 相似且合同　　(B) 相似但不合同

(C) 合同但不相似　　(D) 既不相似也不合同

QK　16. 设二次型 $f(x_1,x_2,x_3)=(a_1x_1-x_2)^2+(a_2x_2-x_3)^2+(a_3x_3-x_1)^2$,则当二次型 $f(x_1,x_2,x_3)$ 正定时,参数 a_1,a_2,a_3 满足(　　).

(A)$a_1a_2a_3=1$　　(B)$a_1a_2a_3\neq 1$

(C)$a_1a_2a_3=-1$　　(D)$a_1a_2a_3\neq -1$

QK　17. 下列矩阵中与 $\boldsymbol{A}=\begin{bmatrix}1&1&0\\1&0&0\\0&0&1\end{bmatrix}$ 合同的矩阵是(　　).

(A) $\begin{bmatrix}1&0&0\\0&1&0\\0&0&1\end{bmatrix}$　　(B) $\begin{bmatrix}1&0&0\\0&1&0\\0&0&-1\end{bmatrix}$

(C) $\begin{bmatrix}1&0&0\\0&-1&0\\0&0&-1\end{bmatrix}$　　(D) $\begin{bmatrix}-1&0&0\\0&-1&0\\0&0&-1\end{bmatrix}$

QK　18. 设 $f(x_1,x_2,x_3)=x_1^2+4x_2^2+4x_3^2-4x_1x_2+4x_1x_3-8x_2x_3$,则 $f(x_1,x_2,x_3)$ 的规范形是(　　).

(A)$z_1^2+z_2^2+z_3^2$　　(B)$z_1^2+z_2^2-z_3^2$

(C)$z_1^2-z_2^2$　　(D)z_1^2

K　19. 设二次型 $f(x_1,x_2,x_3)=(x_1+2x_2+x_3)^2+[-x_1+(a-4)x_2+2x_3]^2+(2x_1+x_2+ax_3)^2$ 正定,则参数 a 的取值范围是(　　).

(A)$a=2$　　(B)$a=-7$

(C)$a>0$　　(D) 任意实数

K 20. 设 $\boldsymbol{A}$ 为 $n(n>1)$ 阶方阵，$i,j=1,2,\cdots,n,i\neq j$，互换 $\boldsymbol{A}$ 的第 i 行与第 j 行得到矩阵 $\boldsymbol{B}$，再互换 $\boldsymbol{B}$ 的第 i 列与第 j 列得到矩阵 $\boldsymbol{C}$，则 $\boldsymbol{A}$ 与 $\boldsymbol{C}$(　　).

(A) 等价，相似且合同　　(B) 等价，合同但不相似

(C) 合同，相似但不等价　　(D) 等价，相似但不合同

Q K 21. 已知二次型 $f(x_1,x_2,x_3)$ 在正交变换 $\boldsymbol{x}=\boldsymbol{Q}\boldsymbol{y}$ 下化为 $y_1^2-y_2^2$，其中 $\boldsymbol{Q}=[\boldsymbol{e}_1,\boldsymbol{e}_2,\boldsymbol{e}_3]$. 若 $\boldsymbol{P}=[\boldsymbol{e}_2,-\boldsymbol{e}_3,\boldsymbol{e}_1]$，则 $f(x_1,x_2,x_3)$ 在变换 $\boldsymbol{x}=\boldsymbol{P}\boldsymbol{z}$ 下化为(　　).

(A) $z_1^2+z_2^2+z_3^2$　　(B) $z_1^2-z_2^2+z_3^2$

(C) $-z_1^2+z_3^2$　　(D) $-z_1^2-z_3^2$

K 22. 设 $\boldsymbol{A}=(a_{ij})_{n\times n}$，则二次型 $f(x_1,x_2,\cdots,x_n)=\sum\limits_{i=1}^{n}(a_{i1}x_1+a_{i2}x_2+\cdots+a_{in}x_n)^2$ 的矩阵是(　　).

(A) $\boldsymbol{A}^2$　　(B) $\boldsymbol{A}+\boldsymbol{A}^{\mathrm{T}}$

(C) $\boldsymbol{A}^{\mathrm{T}}\boldsymbol{A}$　　(D) $\boldsymbol{A}\boldsymbol{A}^{\mathrm{T}}$

K 23. 设 $\boldsymbol{A}$ 为 3 阶实对称矩阵，A_{ij} 是 $\boldsymbol{A}$ 中元素 a_{ij} 的代数余子式，$i,j=1,2,3$，$\boldsymbol{x}=[x_1,x_2,x_3]^{\mathrm{T}}$，$\boldsymbol{y}=[y_1,y_2,y_3]^{\mathrm{T}}$，若 $f(x_1,x_2,x_3)=\boldsymbol{x}^{\mathrm{T}}\boldsymbol{A}\boldsymbol{x}$ 经正交变换 $\boldsymbol{x}=\boldsymbol{P}\boldsymbol{y}$ 化为 $3y_1^2-2y_2^2+y_3^2$，则 $g(x_1,x_2,x_3)=\sum\limits_{i=1}^{3}\sum\limits_{j=1}^{3}\dfrac{A_{ij}}{|\boldsymbol{A}|}x_ix_j$ 经可逆变换 $\boldsymbol{x}=\boldsymbol{Q}\boldsymbol{y}$ 可化为规范形(　　).

(A) $y_1^2+y_2^2+y_3^2$　　(B) $y_1^2+y_2^2-y_3^2$

(C) $-y_1^2+y_2^2-y_3^2$　　(D) $-y_1^2-y_2^2-y_3^2$

K 24. 设 3 阶矩阵 $\boldsymbol{A}$ 的列向量组为 $\boldsymbol{\alpha}_1,\boldsymbol{\alpha}_2,\boldsymbol{\alpha}_3$，行向量组为 $\boldsymbol{\beta}_1,\boldsymbol{\beta}_2,\boldsymbol{\beta}_3$，即 $\boldsymbol{A}=[\boldsymbol{\alpha}_1,\boldsymbol{\alpha}_2,\boldsymbol{\alpha}_3]=\begin{bmatrix}\boldsymbol{\beta}_1\\\boldsymbol{\beta}_2\\\boldsymbol{\beta}_3\end{bmatrix}$，若 $\boldsymbol{B}=[-\boldsymbol{\alpha}_1,\boldsymbol{\alpha}_2,-\boldsymbol{\alpha}_3]$ 与 $\boldsymbol{C}=\begin{bmatrix}-\boldsymbol{\beta}_1\\\boldsymbol{\beta}_2\\-\boldsymbol{\beta}_3\end{bmatrix}$ 均是对称矩阵，则 $\boldsymbol{B}$ 与 $\boldsymbol{C}$(　　).

(A) 相似但不合同　　(B) 合同但不相似

(C) 不相似也不合同　　(D) 相似且合同

Q K 25. 设 3 阶实对称矩阵 $\boldsymbol{A}$ 的各行元素之和均为 2，其主对角线元素之和为 5，秩 $r(\boldsymbol{A})=2$，则二次型 $f(x_1,x_2,x_3)=\boldsymbol{x}^{\mathrm{T}}\boldsymbol{A}\boldsymbol{x}$ 满足条件 $x_1^2+x_2^2+x_3^2=1$ 的最大值为(　　).

(A) $\dfrac{1}{5}$　　(B) $\dfrac{1}{2}$　　(C) 2　　(D) 3

K 26. (仅数学一) $f(x_1,x_2,x_3)=-2x_1x_2-2x_1x_3+6x_2x_3=0$ 是(　　).

(A) 柱面　　(B) 单叶双曲面

(C) 双叶双曲面　　　　(D) 锥面

K　27.(仅数学一) $f(x_1,x_2,x_3)=x_1x_2+x_1x_3-3x_2x_3=1$ 表示(　　).

(A) 椭球面　　　　(B) 双曲柱面

(C) 双叶双曲面　　　　(D) 单叶双曲面

QK　28.已知三元二次型表示为 $f(\boldsymbol{x})=\boldsymbol{x}^{\mathrm{T}}\begin{bmatrix}1&1&0\\0&1&1\\0&0&1\end{bmatrix}\boldsymbol{x}$,则 f 的规范形为(　　).

(A) $y_1^2-y_2^2+y_3^2$　　　　(B) $y_1^2+y_2^2+y_3^2$

(C) $-y_1^2-y_2^2-y_3^2$　　　　(D) $y_1^2-y_2^2-y_3^2$

QK　29.设 $\boldsymbol{A}=\begin{bmatrix}1&1&0\\1&1&0\\0&0&-2\end{bmatrix}$,则 $\boldsymbol{A}$ 合同于(　　).

(A) $\begin{bmatrix}1&0&0\\0&1&0\\0&0&1\end{bmatrix}$　　　　(B) $\begin{bmatrix}1&0&0\\0&1&0\\0&0&-1\end{bmatrix}$

(C) $\begin{bmatrix}1&0&0\\0&-1&1\\0&1&-1\end{bmatrix}$　　　　(D) $\begin{bmatrix}1&1&0\\1&1&0\\0&0&2\end{bmatrix}$

QK　30.三元二次型 $f(x_1,x_2,x_3)=(x_1+3x_2+ax_3)(x_1+5x_2+bx_3)$ 的正惯性指数 p(　　).

(A) 与 a 有关,与 b 无关　　　　(B) 与 a 无关,与 b 有关

(C) 与 a,b 均有关　　　　(D) 与 a,b 均无关

QK　31.若二次型 $f(x_1,x_2,x_3)=[x_1,x_2,x_3]\begin{bmatrix}1&-2&1\\0&a&-2\\1&0&1\end{bmatrix}\begin{bmatrix}x_1\\x_2\\x_3\end{bmatrix}$ 的秩为1,则二次型 $g(x_1,x_2,x_3)=ax_1^2+ax_2^2+ax_3^2+2x_1x_2+2x_1x_3$ 的规范形为(　　).

(A) $y_1^2+y_2^2$　　　　(B) $y_1^2-y_2^2-y_3^2$

(C) $y_1^2+y_2^2-y_3^2$　　　　(D) $y_1^2+y_2^2+y_3^2$

K　32.(仅数学一) 以下二次曲线表示椭圆的是(　　).

(A) $x^2+4xy+2y^2=1$　　　　(B) $x^2-4xy+2y^2=1$

(C)$x^2+2xy+4y^2=1$　　(D)$x^2-2xy+y^2=1$

K　33.(仅数学一)二次曲面 $yz+zx-xy=1$ 为(　　).

(A)椭球面　　(B)单叶双曲面

(C)双叶双曲面　　(D)锥面

K　34.(仅数学一)若方程 $a(x^2+y^2+z^2)+4(xy+yz+zx)=1$ 的图形是双叶双曲面,则常数 a 的取值范围为(　　).

(A)$a<-4$　　(B)$-4<a<2$

(C)$-2<a<4$　　(D)$a<2$

K　35.设二次型 $f(x_1,x_2,x_3)=x_1^2-2x_2^2+3x_3^2-4x_1x_2$,$g(y_1,y_2,y_3)=ay_2^2-6y_1y_3$,若存在可逆线性变换将 f 化为 g,但不存在正交变换将 f 化为 g,则 a 的取值范围是(　　).

(A)$a<0$ 且 $a\neq-3$　　(B)$a<0$ 且 $a\neq-2$

(C)$a>0$ 且 $a\neq3$　　(D)$a>0$ 且 $a\neq2$

K　36.已知 $\boldsymbol{A},\boldsymbol{B}$ 均为 n 阶正定矩阵,则(　　).

(A)$\boldsymbol{AB}$ 是正定矩阵　　(B)$\boldsymbol{AB}$ 与 $\boldsymbol{E}$ 相似

(C)$\boldsymbol{AB}$ 是对称矩阵　　(D)$\boldsymbol{AB}$ 的特征值全为正数

K　37.(仅数学一)二次曲面$(x-3y+z)(x+2y-z)+z^2=1$ 的图形是(　　).

(A)单叶双曲面　　(B)双叶双曲面

(C)椭球面　　(D)柱面

二、填空题

QK　1.设二次型 $f(x_1,x_2,x_3)=\boldsymbol{x}^{\mathrm{T}}\boldsymbol{Ax}$ 的正惯性指数为1,又矩阵 $\boldsymbol{A}$ 满足 $\boldsymbol{A}^2-2\boldsymbol{A}=3\boldsymbol{E}$,则此二次型的规范形是________.

QK　2.已知二次型 $f(x_1,x_2,x_3)=(x_1-x_2+x_3)^2+(x_2-ax_3)^2+(ax_3+x_1)^2$ 的秩为2,则 $a=$________.

QK　3.二次型 $f(x_1,x_2,x_3,x_4)=(x_1+x_2)^2+(x_2+x_3)^2+(x_3+x_4)^2+(x_4+x_1)^2$ 的秩为________.

QK　4.已知二次型 $f(x_1,x_2,x_3)=(1-a)x_1^2+(1-a)x_2^2+2x_3^2+2(1+a)x_1x_2$ 的秩为2,则 $f(x_1,x_2,x_3)=0$ 的通解为________.

QK　5.设二次型 $f(x_1,x_2,x_3)=(x_1+x_2+x_3)^2+(x_1-x_2-2x_3)^2+(x_1-x_2+ax_3)^2$ 的秩等于2,则 $a=$________.

QK　6. 若二次型

$$f(x_1,x_2,x_3)=x_1^2+ax_2^2+x_3^2+2x_1x_2-2x_2x_3-2ax_1x_3$$

的正、负惯性指数都是 1，则 $a=$________.

K　7. 设 $\boldsymbol{A}=\begin{bmatrix}1&0&1\\0&2&0\\1&0&1\end{bmatrix}$，$\boldsymbol{B}=k\boldsymbol{E}-\boldsymbol{A}$，若 $\boldsymbol{B}$ 为正定矩阵，则 k 的取值范围为________.

QK　8. 设二次型 $f(x_1,x_2,x_3)=(x_1+x_2)^2+(x_2+kx_3)^2+(x_3+x_1)^2$ 的秩为 2，则该二次型经正交变换所得的标准形为________.

K　9. 设实二次型 $f(x_1,x_2,x_3)=\boldsymbol{x}^{\mathrm{T}}\boldsymbol{A}\boldsymbol{x}$ 经正交变换化成的标准形为 $f=2y_1^2-y_2^2-y_3^2$，$\boldsymbol{A}^*$ 是 $\boldsymbol{A}$ 的伴随矩阵，且向量 $\boldsymbol{\alpha}=[1,1,-1]^{\mathrm{T}}$ 满足 $\boldsymbol{A}^*\boldsymbol{\alpha}=\boldsymbol{\alpha}$，则二次型 $f(x_1,x_2,x_3)=$________.

K　10. 二次型 $f(x_1,x_2,x_3)=\sum\limits_{1\leqslant i,j\leqslant 3}|i-j|x_ix_j$ 的规范形为________.

K　11.（仅数学一）设 $f(x_1,x_2,x_3)=x_1^2+x_2^2+x_3^2+2ax_1x_2+2ax_1x_3+2ax_2x_3$ 的正、负惯性指数分别为 $p=2,q=0$，则 $f(x_1,x_2,x_3)=1$ 在点 $(0,1,1)$ 处的切平面方程为________.

QK　12. 若 $f(x_1,x_2,x_3)=x_1^2+2ax_1x_2-2x_1x_3+x_2^2+4x_2x_3+5x_3^2$ 的规范形为 $y_1^2+y_2^2+y_3^2$，则 a 的取值范围为________.

K　13. 已知 $\boldsymbol{\alpha}_1=\begin{bmatrix}1\\2\end{bmatrix}$，$\boldsymbol{\alpha}_2=\begin{bmatrix}a\\1\end{bmatrix}$，$\boldsymbol{x}=\begin{bmatrix}x_1\\x_2\end{bmatrix}$，若二次型 $f(x_1,x_2)=\sum\limits_{i=1}^{2}(\boldsymbol{\alpha}_i,\boldsymbol{x})^2$ 正定，其中 $(\boldsymbol{\alpha}_i,\boldsymbol{x})$ 表示向量 $\boldsymbol{\alpha}_i,\boldsymbol{x}$ 的内积，则 a 的取值范围是________.

K　14. 已知 $\boldsymbol{A}=\begin{bmatrix}1&1&0\\1&2&-1\\0&-1&-4\end{bmatrix}$，$\boldsymbol{\Lambda}=\begin{bmatrix}1&0&0\\0&1&0\\0&0&-5\end{bmatrix}$，若有可逆矩阵 $\boldsymbol{C}$，使 $\boldsymbol{C}^{\mathrm{T}}\boldsymbol{A}\boldsymbol{C}=\boldsymbol{\Lambda}$，则 $\boldsymbol{C}=$________.

QK　15. 若可逆矩阵 $\boldsymbol{D}$ 满足 $\boldsymbol{D}^{\mathrm{T}}\boldsymbol{D}=\begin{bmatrix}1&-1&1\\-1&2&-3\\1&-3&6\end{bmatrix}$，则 $\boldsymbol{D}=$________.

K　16. 设 $\boldsymbol{A}$ 是 3 阶实对称矩阵，$\lambda_1=\lambda_2=3$ 是 $\boldsymbol{A}$ 的二重特征值，$\boldsymbol{\alpha}_1=[1,1,0]^{\mathrm{T}}$，$\boldsymbol{\alpha}_2=[2,1,1]^{\mathrm{T}}$，$\boldsymbol{\alpha}_3=[1,-1,2]^{\mathrm{T}}$ 都是 $\boldsymbol{A}$ 的属于特征值 3 的特征向量. 又设二次型 $f(\boldsymbol{x})=\boldsymbol{x}^{\mathrm{T}}\boldsymbol{A}\boldsymbol{x}$ 的符号差为 2，则矩阵 $\boldsymbol{A}=$________.

K 17. 设 $f(x_1,x_2,\cdots,x_n)=\boldsymbol{x}^{\mathrm{T}}\boldsymbol{A}\boldsymbol{x}$ 为实二次型，$\boldsymbol{A}=\boldsymbol{A}^{\mathrm{T}}$，$f$ 的秩为 r，符号差为 s，若存在可逆矩阵 $\boldsymbol{C}$，使 $\boldsymbol{C}^{\mathrm{T}}\boldsymbol{A}\boldsymbol{C}=-\boldsymbol{A}$，则 $(-1)^r+s=$________.

三、解答题

QK 1. 已知二次型 $f(x_1,x_2,x_3)=x_1^2+x_2^2+ax_3^2-2x_1x_3$ 的正惯性指数为 2，负惯性指数为 0，求：

(1) a 的值；

(2) 用正交变换将二次型 f 化为标准形，并求所用的正交变换.

K 2. 设 $\boldsymbol{A}$ 为 n 阶矩阵，证明二次型 $f(x_1,x_2,\cdots,x_n)=\boldsymbol{x}^{\mathrm{T}}\boldsymbol{A}^{\mathrm{T}}\boldsymbol{A}\boldsymbol{x}$ 正定的充要条件是 $r(\boldsymbol{A})=n$.

QK 3. 已知 $f(x_1,x_2,x_3)=5x_1^2+5x_2^2+cx_3^2-2x_1x_2+6x_1x_3-6x_2x_3$ 的秩为 2. 确定常数 c 的值，并求正交变换 $\boldsymbol{x}=\boldsymbol{Q}\boldsymbol{y}$，化二次型 f 为标准形.

QK 4. 设实对称矩阵 $\boldsymbol{A}=\begin{bmatrix}0&-1&4\\-1&3&-1\\4&-1&0\end{bmatrix}$，求使得二次型 $f_1(x_1,x_2,x_3)=\boldsymbol{x}^{\mathrm{T}}\boldsymbol{A}\boldsymbol{x}$ 与 $f_2(x_1,x_2,x_3)=\boldsymbol{x}^{\mathrm{T}}\boldsymbol{A}^*\boldsymbol{x}$ 都化为标准形的正交变换 $\boldsymbol{x}=\boldsymbol{Q}\boldsymbol{y}$，并写出它们的标准形.

QK 5. 设 $\boldsymbol{A}$ 为 3 阶实对称矩阵，且有可逆矩阵 $\boldsymbol{P}=\begin{bmatrix}1&-1&b\\1&a&0\\1&0&1\end{bmatrix}$ 满足 $\boldsymbol{P}^{-1}\boldsymbol{A}\boldsymbol{P}=\begin{bmatrix}5&0&0\\0&-1&0\\0&0&-1\end{bmatrix}$，求：

(1) 二次型 $\boldsymbol{x}^{\mathrm{T}}\boldsymbol{A}\boldsymbol{x}$ 的规范形及二次型 $\boldsymbol{x}^{\mathrm{T}}\boldsymbol{A}^*\boldsymbol{x}$ 的标准形；

(2) $(\boldsymbol{A}^*)^{-1}$.

K 6. (1) 设二次型 $f(x_1,x_2)=\boldsymbol{x}^{\mathrm{T}}\boldsymbol{A}\boldsymbol{x}$，$g(x_1,x_2)=\boldsymbol{x}^{\mathrm{T}}\boldsymbol{B}\boldsymbol{x}$，其中 $\boldsymbol{A},\boldsymbol{B}$ 均为 2 阶实对称矩阵，且 $\boldsymbol{B}$ 可逆. 若 $f(x_1,x_2)$ 与 $g(x_1,x_2)$ 均可经可逆线性变换 $\boldsymbol{x}=\boldsymbol{P}\boldsymbol{y}$ 化为标准形，证明方程 $|\boldsymbol{A}-\lambda\boldsymbol{B}|=0$ 的根均为实数；

(2) 证明二次型 $f_1(x_1,x_2)=x_1^2+2x_1x_2$ 与 $g_1(x_1,x_2)=2x_1x_2+x_2^2$ 不可经同一可逆线性变换化为标准形.

QK 7. 已知三元二次型 $f(x_1,x_2,x_3)=\boldsymbol{x}^{\mathrm{T}}\boldsymbol{A}\boldsymbol{x}$，其中

$$A=\begin{bmatrix}1&2b&0\\0&a&1\\2&1&1\end{bmatrix},x=(x_1,x_2,x_3)^{\mathrm{T}}.$$

若该二次型可由正交变换 $x=Qy$ 化为 $y_1^2+4y_2^2$,求:

(1) a,b 的值;

(2) 正交矩阵 Q.

K　8. 设二次型 $f(x_1,x_2,x_3)=x^{\mathrm{T}}A^*x$ 可用正交变换化为标准形 $f=2y_1^2-2y_2^2-y_3^2$,其中 A^* 是 3 阶实对称矩阵 A 的伴随矩阵.

(1) 求秩 $r(A^*+2E)$,其中 E 是 3 阶单位矩阵;

(2) 已知二次型 $g(x_1,x_2,x_3)=x^{\mathrm{T}}Ax$ 的正惯性指数为 2,求行列式 $|A+2E|$.

QK　9. 求二次型 $f(x_1,x_2,x_3)=4x_2^2-3x_3^2+4x_1x_2-4x_1x_3+8x_2x_3$ 的标准形和规范形,并写出所作的可逆线性变换.

K　10. 设 A 为 n 阶实反对称矩阵,证明:$E-A^2$ 为正定矩阵.

K　11. 设 3 阶实对称矩阵

$$A=\begin{bmatrix}a_1+a_2+a_3&a_2+a_3&a_3\\a_2+a_3&a_2+a_3&a_3\\a_3&a_3&a_3\end{bmatrix},B=\begin{bmatrix}k_3a_1&0&0\\0&k_2a_2&0\\0&0&k_1a_3\end{bmatrix},$$

其中 k_1,k_2,k_3 为大于 0 的任意常数. 证明 A 与 B 合同,并求出可逆矩阵 C,使得 $C^{\mathrm{T}}AC=B$.

K　12. (1) 设 A 是 n 阶正定矩阵,证明存在 n 阶正定矩阵 B,使得 $A=B^2$;

(2) 设 $A=\begin{bmatrix}2&1&0\\1&2&0\\0&0&4\end{bmatrix}$,求 3 阶矩阵 B,使得 $A=B^2$.

QK　13. 已知二次型 $f(x_1,x_2,x_3)=(1-a)x_1^2+(1-a)x_2^2+2x_3^2+2(1+a)x_1x_2$,其二次型矩阵 A 满足 $r(A^{\mathrm{T}}A)=2$.

(1) 求 a 的值;

(2) 求正交变换 $x=Qy$,把 $f(x_1,x_2,x_3)$ 化成标准形;

(3) 求方程 $f(x_1,x_2,x_3)=0$ 的解.

QK　14. 二次型 $f(x_1,x_2,x_3)=x_1^2-x_2x_3$ 经正交变换 $x=Qy$ 化为二次型

$$g(y_1,y_2,y_3)=y_1y_2+ay_3^2.$$

(1) 求 a 的值;

(2) 求正交矩阵 $\boldsymbol{Q}$.

QK 15. 已知 $\boldsymbol{A}=\begin{bmatrix}3&2&1\\2&2&1\\1&1&1\end{bmatrix}$, $\boldsymbol{\Lambda}=\begin{bmatrix}2&0&0\\0&3&0\\0&0&1\end{bmatrix}$, 求可逆矩阵 $\boldsymbol{C}$, 使得 $\boldsymbol{C}^{\mathrm{T}}\boldsymbol{A}\boldsymbol{C}=\boldsymbol{\Lambda}$.

K 16. 已知二次型 $f(x_1,x_2,x_3)=x_1^2+ax_2^2+bx_3^2+4x_1x_2+4x_1x_3+2cx_2x_3$ 经正交变换 $\boldsymbol{x}=\boldsymbol{Q}\boldsymbol{y}$ 可化为标准形 $-y_1^2-y_2^2+5y_3^2$, 求:

(1) 常数 a,b,c 的值;

(2) 所用正交变换.

K 17. 已知 3 维列向量 $\boldsymbol{\xi}_1$ 是 3 阶实对称矩阵 $\boldsymbol{A}$ 的属于特征值 1 的特征向量, $|\boldsymbol{A}+\boldsymbol{E}|=0$, $|\boldsymbol{A}|=1$, $\boldsymbol{\eta}$ 是 3 维非零列向量, $(\boldsymbol{\xi}_1,\boldsymbol{\eta})=0$.

(1) 证明 $\boldsymbol{\eta}$ 是 $\boldsymbol{A}$ 的特征向量;

(2) 记 $\boldsymbol{\alpha}=\dfrac{\boldsymbol{\xi}_1}{\|\boldsymbol{\xi}_1\|}=\begin{bmatrix}a_1\\a_2\\a_3\end{bmatrix}$, $\boldsymbol{\beta}=\dfrac{\boldsymbol{\eta}}{\|\boldsymbol{\eta}\|}=\begin{bmatrix}b_1\\b_2\\b_3\end{bmatrix}$, 证明二次型

$$f(x_1,x_2,x_3)=(a_1x_1+a_2x_2+a_3x_3)^2-(b_1x_1+b_2x_2+b_3x_3)^2$$

在正交变换下的标准形为 $y_1^2-y_2^2$.

QK 18. (仅数学一) 设矩阵 $\boldsymbol{A}=\begin{bmatrix}1&1&a\\1&a&1\\a&1&1\end{bmatrix}$, 向量 $\boldsymbol{\beta}=\begin{bmatrix}1\\1\\a\end{bmatrix}$, 若齐次线性方程组 $\boldsymbol{A}\boldsymbol{x}=\boldsymbol{0}$ 的解空间的维数为 1.

(1) 求常数 a 的值及非齐次线性方程组 $\boldsymbol{A}\boldsymbol{x}=\boldsymbol{\beta}$ 的解;

(2) 求一个正交变换 $\boldsymbol{x}=\boldsymbol{Q}\boldsymbol{y}$, 将二次型 $f(\boldsymbol{x})=\boldsymbol{x}^{\mathrm{T}}\boldsymbol{A}\boldsymbol{x}$ 化为标准形, 并写出该标准形.

K 19. 设 $\boldsymbol{\alpha}$ 为 3 维实单位列向量, 求:

(1) 齐次线性方程组 $(\boldsymbol{E}-\boldsymbol{\alpha}\boldsymbol{\alpha}^{\mathrm{T}})\boldsymbol{x}=\boldsymbol{0}$ 的通解;

(2) 矩阵方程 $(\boldsymbol{E}-\boldsymbol{\alpha}\boldsymbol{\alpha}^{\mathrm{T}})\boldsymbol{X}=\boldsymbol{O}_{3\times3}$ 的全部解;

(3) 二次型 $f(\boldsymbol{x})=\boldsymbol{x}^{\mathrm{T}}(\boldsymbol{E}-\boldsymbol{\alpha}\boldsymbol{\alpha}^{\mathrm{T}})\boldsymbol{x}$ 的秩与正惯性指数.

K 20. 已知二次型 $f(x_1,x_2,x_3)=ax_1^2+ax_2^2+ax_3^2+2x_1x_2+2x_1x_3-2x_2x_3$ 对应的矩阵为 $\boldsymbol{A}$, 且其在正交变换 $\boldsymbol{x}=\boldsymbol{Q}\boldsymbol{y}$ 下的标准形为 $y_1^2+y_2^2-2y_3^2$.

(1) 求 a 的值和正交矩阵 $\boldsymbol{Q}$;

(2) 设矩阵 $B=\begin{bmatrix}1&0&0\\c&b&0\\-1&-1&1\end{bmatrix}$，若矩阵 A 与 B 相似，求 b,c 的值，在此情形下，是否存在正交矩阵 P，使 $P^{\mathrm{T}}AP=B$，若存在，求 P，若不存在，请说明理由.

K　21.(仅数学一) 设二次曲面 S：$x^2-y^2+z^2-2xy-2yz-2xz+8x+4y-4z=-4$.

(1) 求正交变换 $\begin{bmatrix}x\\y\\z\end{bmatrix}=Q\begin{bmatrix}x'\\y'\\z'\end{bmatrix}$，化二次型 $f(x,y,z)=x^2-y^2+z^2-2xy-2yz-2xz$ 为标准形；

(2) 化二次曲面 S 为标准形，并指出 S 是何种曲面.

K　22. 设二次型 $f(x_1,x_2,x_3)=x_1^2+x_2^2+2x_3^2-2x_1x_3$，$g(x_1,x_2,x_3)=x_1^2+2x_3^2-2x_1x_2-2x_1x_3$.

(1) 求一个可逆矩阵 C，使得 $f(x_1,x_2,x_3)$ 可用合同变换 $x=Cy$ 化为标准形；

(2) 记 $g(x_1,x_2,x_3)$ 的矩阵为 B，求正交矩阵 Q，使得 $Q^{\mathrm{T}}(C^{\mathrm{T}}BC)Q$ 为对角矩阵；

(3) 求一个可逆矩阵 T，使得在合同变换 $x=Ty$ 下可将 $f(x_1,x_2,x_3)$ 与 $g(x_1,x_2,x_3)$ 同时化为标准形.

QK　23. 设二次型 $f(x_1,x_2,x_3)$ 的矩阵为 A，已知 $|A+E|=0$，$AB-2B=O$，其中 $B=\begin{bmatrix}-1&-1&-1\\1&0&2\\0&1&-1\end{bmatrix}$. 求一个正交变换 $x=Qy$，将二次型 $f(x_1,x_2,x_3)$ 化为标准形，并求矩阵 A.

K　24. 设三元二次型 $f=x^{\mathrm{T}}Ax$ 的二次型矩阵 A 的特征值为 $\lambda_1=\lambda_2=1$，$\lambda_3=-1$，$\xi_3=[0,1,1]^{\mathrm{T}}$ 为对应于 $\lambda_3=-1$ 的特征向量.

(1) 若 3 维非零列向量 α 与 ξ_3 正交，证明 α 是对应于 $\lambda_1=\lambda_2=1$ 的特征向量；

(2) 求 $f=x^{\mathrm{T}}Ax$ 的表达式.

QK　25. 已知二次型

$$f(x_1,x_2,x_3)=4x_2^2-3x_3^2+4x_1x_2-4x_1x_3+8x_2x_3.$$

(1) 写出二次型 f 的矩阵表达式；

(2) 用正交变换把二次型 f 化为标准形，并写出相应的正交矩阵.

K　26. 设实矩阵 $A=\begin{bmatrix}4&2\\a&-3\end{bmatrix}$，$B=\begin{bmatrix}2&2\\2&b\end{bmatrix}$，其中 b 为正整数.

(1) 若存在可逆矩阵 $\boldsymbol{P}$,使得 $\boldsymbol{P}^{\mathrm{T}}\boldsymbol{A}\boldsymbol{P}=\boldsymbol{B}$,求出此时 a,b 的值与矩阵 $\boldsymbol{P}$.

(2) 对于(1)中的 a,b,是否存在正交矩阵 $\boldsymbol{Q}$,使得 $\boldsymbol{Q}^{\mathrm{T}}\boldsymbol{A}\boldsymbol{Q}=\boldsymbol{B}$? 若存在,求出 $\boldsymbol{Q}$;若不存在,说明理由.

QK 27. 已知二次型 $f(x_1,x_2,x_3)=[x_1,x_2,x_3]\begin{bmatrix}1&-4&6\\0&a&-12\\0&0&b\end{bmatrix}\begin{bmatrix}x_1\\x_2\\x_3\end{bmatrix}$ 的规范形为 $f=z_1^2$.

(1) 求常数 a,b 的值;

(2) 求一个正交变换 $\boldsymbol{x}=\boldsymbol{Q}\boldsymbol{y}$,将二次型 $f(x_1,x_2,x_3)$ 化为标准形.

K 28. 已知矩阵 $\boldsymbol{A}=\begin{bmatrix}2&2&0\\8&2&0\\0&a&6\end{bmatrix}$ 可相似对角化.

(1) 求常数 a 的值;

(2) 求正交变换 $\boldsymbol{x}=\boldsymbol{P}\boldsymbol{y}$,使得二次型 $f=\boldsymbol{x}^{\mathrm{T}}\boldsymbol{A}\boldsymbol{x}$ 化为标准形(其中 $\boldsymbol{x}=[x_1,x_2,x_3]^{\mathrm{T}}$, $\boldsymbol{y}=[y_1,y_2,y_3]^{\mathrm{T}}$),并写出标准形.

K 29. 设二次型 $f(x_1,x_2,x_3)=ax_1^2+ax_2^2+(a-1)x_3^2+2x_1x_3-2x_2x_3$ 的正惯性指数 $p=2$,负惯性指数 $q=0$,且可用可逆线性变换 $\boldsymbol{x}=\boldsymbol{C}\boldsymbol{y}$ 将其化为二次型 $g(y_1,y_2,y_3)=2y_1^2+9y_2^2+3y_3^2+8y_1y_2-4y_1y_3-10y_2y_3$.

(1) 求常数 a;

(2) 求可逆线性变换的矩阵 $\boldsymbol{C}$.

QK 30. 设 $f(x_1,x_2,x_3)=[x_1+(a-2)x_2-2x_3]^2+(x_1+ax_2+x_3)^2+[x_1+ax_2+(a-2)x_3]^2$. 求:

(1) 方程 $f(x_1,x_2,x_3)=0$ 的解;

(2) 二次型 $f(x_1,x_2,x_3)$ 的规范形.

K 31. 设矩阵 $\boldsymbol{A}=\begin{bmatrix}1&0&1\\0&-2&0\\1&0&a\end{bmatrix}$ 与矩阵 $\boldsymbol{B}=\begin{bmatrix}1&2&1\\2&-5&2\\1&2&1\end{bmatrix}$ 合同,求 a,并求可逆矩阵 $\boldsymbol{P}$,使得 $\boldsymbol{P}^{\mathrm{T}}\boldsymbol{A}\boldsymbol{P}=\boldsymbol{B}$.

K 32. 若可逆线性变换 $\boldsymbol{x}=\boldsymbol{P}\boldsymbol{y}$ 可将二次型 $f(x_1,x_2)=x_1^2+2x_2^2+2x_1x_2$ 化为规范形 $y_1^2+y_2^2$,同时将二次型 $g(x_1,x_2)=-x_1^2+2x_2^2+2x_1x_2$ 化为标准形 $k_1y_1^2+k_2y_2^2$,求可

逆矩阵 $\boldsymbol{P}$ 及 k_1,k_2 的值.

K　33. 已知实矩阵 $\boldsymbol{A}=\begin{bmatrix}2&2\\2&a\end{bmatrix}$，$\boldsymbol{B}=\begin{bmatrix}4&b\\3&1\end{bmatrix}$，$a$ 为正整数. 若存在可逆矩阵 $\boldsymbol{C}$，使得 $\boldsymbol{C}^{\mathrm{T}}\boldsymbol{AC}=\boldsymbol{B}$.

(1) 求 a,b 的值；

(2) 求矩阵 $\boldsymbol{C}$.

K　34. 设 $\boldsymbol{\alpha},\boldsymbol{\beta},\boldsymbol{\gamma}$ 为3维列向量，二次型 $f(x_1,x_2,x_3)=\boldsymbol{x}^{\mathrm{T}}(\boldsymbol{\alpha\alpha}^{\mathrm{T}}+\boldsymbol{\beta\beta}^{\mathrm{T}}+\boldsymbol{\gamma\gamma}^{\mathrm{T}})\boldsymbol{x}$.

(1) 若 $\boldsymbol{\alpha},\boldsymbol{\beta},\boldsymbol{\gamma}$ 线性无关，证明 f 为正定二次型；

(2) 若 $\boldsymbol{\alpha}=\begin{bmatrix}1\\-1\\0\end{bmatrix}$，$\boldsymbol{\beta}=\begin{bmatrix}1\\1\\2\end{bmatrix}$，$\boldsymbol{\gamma}=\begin{bmatrix}1\\0\\a\end{bmatrix}$，求 $f(x_1,x_2,x_3)=0$ 的解，并求二次型的规范形.

K　35.（仅数学一）已知二次型 $f(x_1,x_2,x_3)=x_1^2+x_2^2+ax_3^2-2x_1x_3$，且二次曲面 $f(x_1,x_2,x_3)=1$ 是柱面.

(1) 求 a 的值；

(2) 用正交变换将二次型 f 化为标准形，并求所用的正交变换；

(3) 求此柱面母线的方向向量.

K　36. 已知矩阵 $\boldsymbol{A}=\begin{bmatrix}2&-2&0\\-2&1&-2\\0&-2&0\end{bmatrix}$，$\boldsymbol{\beta}=\begin{bmatrix}-2\\0\\0\end{bmatrix}$，$\boldsymbol{A\eta}+\boldsymbol{\beta}=\boldsymbol{0}$，$\boldsymbol{\eta}$ 为3维列向量.

(1) 求 $\boldsymbol{\eta}$；

(2) 求正交矩阵 $\boldsymbol{P}$，使 $\boldsymbol{P}^{\mathrm{T}}\boldsymbol{AP}=\boldsymbol{\Lambda}$；

(3)（仅数学一）令 $\boldsymbol{x}=\boldsymbol{Py}+\boldsymbol{\eta}$，其中 $\boldsymbol{x}=[x,y,z]^{\mathrm{T}}$，$\boldsymbol{y}=[x_1,y_1,z_1]^{\mathrm{T}}$，化简二次曲面方程 $2x^2+y^2-4xy-4yz-4x-5=0$，并说明它表示什么曲面.

K　37. 设二次型 $f(x_1,x_2,x_3)=\boldsymbol{x}^{\mathrm{T}}\boldsymbol{Ax}$（$\boldsymbol{A}$ 是3阶实对称矩阵）经正交变换 $\boldsymbol{x}=\boldsymbol{Qy}$ 化为标准形 $2y_1^2-y_2^2-y_3^2$. 又设 $\boldsymbol{A}^*\boldsymbol{\alpha}=\boldsymbol{\alpha}$，其中 $\boldsymbol{A}^*$ 是 $\boldsymbol{A}$ 的伴随矩阵，$\boldsymbol{\alpha}=[1,1,-1]^{\mathrm{T}}$.

(1) 求正交矩阵 $\boldsymbol{Q}$；

(2) 求 $f(x_1,x_2,x_3)$ 的表达式；

(3) 用配方法将 $f(x_1,x_2,x_3)$ 化为标准形，写出标准形和配方法对应的可逆线性变换.

K　38. (1) 设二次型 $f(x,y,z)=2x^2+y^2-4xy-4yz$，用正交变换 $\boldsymbol{x}=\boldsymbol{Qy}$ 将其化为标准形，并写出 $\boldsymbol{Q}$；

(2) 求函数 $g(x,y,z)=\dfrac{2x^2+y^2-4xy-4yz}{x^2+y^2+z^2}(x^2+y^2+z^2\neq 0)$ 的最大值，并求出

一个最大值点.

QK 39. 设二次型 $f(x_1,x_2,x_3)=\boldsymbol{x}^{\mathrm{T}}\begin{bmatrix}1&0&6\\4&4&4\\0&8&9\end{bmatrix}\boldsymbol{x}$，其中 $\boldsymbol{x}=\begin{bmatrix}x_1\\x_2\\x_3\end{bmatrix}$.

(1) 用正交变换 $\boldsymbol{x}=\boldsymbol{Q}\boldsymbol{y}$ 将其化为标准形，并求出 $\boldsymbol{Q}$；

(2) 求 $g(x_1,x_2,x_3)=\dfrac{f(x_1,x_2,x_3)}{x_1^2+x_2^2+x_3^2}$ 的最大值，并求出一个最大值点，其中 $x_1^2+x_2^2+x_3^2\neq 0$.

K 40. 已知 $\boldsymbol{A}$ 是 $m\times n$ 矩阵，$m<n$. 证明：$\boldsymbol{A}\boldsymbol{A}^{\mathrm{T}}$ 是对称阵，并且 $\boldsymbol{A}\boldsymbol{A}^{\mathrm{T}}$ 正定的充要条件是 $r(\boldsymbol{A})=m$.

K 41. 证明：实对称矩阵 $\boldsymbol{A}$ 可逆的充分必要条件为存在实矩阵 $\boldsymbol{B}$，使得 $\boldsymbol{A}\boldsymbol{B}+\boldsymbol{B}^{\mathrm{T}}\boldsymbol{A}$ 正定.

三、概率论与数理统计（仅数学一、数学三）

第 1 章 随机事件与概率

一、选择题

QK 1. 设 $P[A \mid (A \cup BC)] = \frac{1}{2}$，$P(B) = P(C) = \frac{1}{2}$，其中 A，B 互不相容，B，C 相互独立，则 $P(A) = ($　　$)$.

(A) 1　　(B) $\frac{3}{4}$　　(C) $\frac{1}{2}$　　(D) $\frac{1}{4}$

QK 2. 设 A，B 为两个事件，且 $P(A) = \frac{2}{3}$，$P(B) = \frac{1}{2}$，$P(AB) = \frac{1}{3}$，则 A 与 B 之间的关系是(　　).

(A) A 包含 B　　(B) A 与 B 相互独立

(C) A 与 B 相互对立　　(D) A 与 B 互不相容

QK 3. 已知做某种试验成功的概率为 $\frac{6}{7}$，重复试验直到成功为止，则试验次数为 3 的概率为(　　).

(A) $\left(\frac{1}{7}\right)^3$　　(B) $\left(\frac{1}{7}\right)^2 \frac{6}{7}$　　(C) $\frac{1}{7}\left(\frac{6}{7}\right)^2$　　(D) $\left(\frac{6}{7}\right)^2$

QK 4. 设 A 与 B 是两个随机事件，$P(B) = 0.6$ 且 $P(A \mid B) = 0.5$，则 $P(A \cup \bar{B}) =$ (　　).

(A) 0.1　　(B) 0.3　　(C) 0.5　　(D) 0.7

QK 5. 设 A，B 为两个事件，若 $P(A)$，$P(B) > 0$，则下列一定正确的是(　　).

(A) $P(A + B) \geqslant P(A) + P(B)$　　(B) $P(A - B) \geqslant P(A) - P(B)$

(C) $P(A \mid B) \geqslant P(A)$　　(D) $P(AB) \geqslant \min\{P(A), P(B)\}$

QK 6. 对任意事件 A，B，下列结论正确的是(　　).

(A) $P(A)P(B) \geqslant P(A \cup B)P(AB)$

(B) $P(A) + P(B) \leqslant 2P(AB)$

(C) $P(A) + P(AB) \geqslant P(A \cup B)$

(D) $P(A) + P(B) \leqslant P(A \cup B)P(AB)$

QK 7. 设 A，B 为随机事件，且 $0 < P(B) < 1$. 下列命题中为假命题的是(　　).

(A) 若 $P(A \mid B) > P(A)$,则 $P(\overline{A} \mid \overline{B}) > P(\overline{A})$

(B) 若 $P(A \mid B) = P(A)$,则 $P(A \mid \overline{B}) = P(A)$

(C) 若 $P(A \mid B) > P(A \mid \overline{B})$,则 $P(A \mid B) > P(A)$

(D) 若 $P(A \mid A \cup B) > P(\overline{A} \mid A \cup B)$,则 $P(A) > P(B)$

QK 8. 设事件 A 与 B 互不相容,则(　　).

(A) $P(\overline{AB}) = 0$　　(B) $P(AB) = P(A)P(B)$

(C) $P(A) = 1 - P(B)$　　(D) $P(\overline{A} \cup \overline{B}) = 1$

QK 9. 设 A,B,C 为三个随机事件,且 $P(A \cup B) = P(A) + P(B)$,$0 < P(C) < 1$,则下列结论中不一定正确的是(　　).

(A) $P(A \cup B | C) = P(A | C) + P(B | C)$

(B) $P(A \cup B | \overline{C}) = P(A | \overline{C}) + P(B | \overline{C})$

(C) $P(AC \cup BC) = P(AC) + P(BC)$

(D) A,B 互不相容

QK 10. 某人向同一目标独立重复射击,每次命中目标的概率为 $p(0 < p < 1)$,则此人第 5 次射击恰好第 2 次命中目标的概率为(　　).

(A) $4p(1-p)^3$　　(B) $24p(1-p)^3$　　(C) $4p^2(1-p)^3$　　(D) $24p^2(1-p)^3$

QK 11. 假设事件 A 和 B 满足 $1 > P(B) > 0$,$P(A) > 0$,且 $P(B \mid A) = 1$,则(　　).

(A) $P(A \mid B) = 1$　　(B) $P(\overline{A} \mid B) = 1$

(C) $P(A \mid \overline{B}) = 0$　　(D) $P(\overline{A} \mid \overline{B}) = 0$

QK 12. 设某人每次射击命中的概率都为 $p(0 < p < 1)$,则他第 8 次射击恰好是第 4 次命中的概率为(　　).

(A) $35p^3(1-p)^4$　　(B) $35p^4(1-p)^3$

(C) $35p^4(1-p)^4$　　(D) $35p^5(1-p)^3$

QK 13. 对于任意事件 A,$P(A) = P(\overline{A})$ 是 $P(A) = \frac{1}{4} + [P(A)]^2$ 的(　　).

(A) 充分非必要条件　　(B) 必要非充分条件

(C) 充要条件　　(D) 既非充分也非必要条件

QK 14. 射击三次,事件 $A_i(i = 1,2,3)$ 表示第 i 次命中目标,则下列事件中表示至少命中一次的事件是(　　).

(A) $(A_1 \cup A_2 \cup A_3) - A_1A_2 - A_1A_3 - A_2A_3 \cup (A_1A_2A_3)$

(B) $A_1 \cup (A_2 - A_1) \cup (A_3 - A_1 - A_2)$

(C)$A_1\overline{A_2}\,\overline{A_3}\cup\overline{A_1}A_2\overline{A_3}\cup\overline{A_1}\,\overline{A_2}A_3$

(D)$\Omega-\overline{A_1A_2A_3}$

QK　15. 设口袋中有 10 个球，其中 6 个红球、4 个白球，每次不放回地从中任取一个，取两次，若取出的两个球中至少有 1 个是白球，则两个都是白球的概率为(　　).

(A) $\frac{1}{3}$　　(B) $\frac{1}{4}$　　(C) $\frac{1}{5}$　　(D) $\frac{1}{6}$

QK　16. 设 X,Y 为连续型随机变量，$P\{X\leqslant 0\}=\frac{1}{4}$，$P\{Y\leqslant 0\}=\frac{1}{2}$，$P\{\max\{X,Y\}>0\}=\frac{3}{4}$，则 $P\{XY\leqslant 0\}=$(　　).

(A) $\frac{1}{4}$　　(B) $\frac{1}{3}$　　(C) $\frac{1}{2}$　　(D) $\frac{3}{4}$

QK　17. 设 A,B,C 是三个随机事件，$P(ABC)=0$，且 $0<P(A),P(B),P(C)<1$，则(　　).

(A)$P(ABC)=P(A)P(B)P(C)$

(B)$P(A\cup B\cup C)=P(A)+P(B)+P(C)$

(C)$P(A\cup B|C)=P(A|C)+P(B|C)$

(D)$P(A\cup B|\overline{C})=P(A|\overline{C})+P(B|\overline{C})$

QK　18. 设 A,B 是随机事件且满足 $P(A|B)=P(B|A)=\frac{2}{3}$，$P(\overline{A})=\frac{3}{4}$，则(　　).

(A)A,B 不独立且 $P(A\cup B)=\frac{1}{3}$

(B)A,B 不独立且 $P(A\cup B)=\frac{2}{3}$

(C)A,B 独立且 $P(A\cup B)=\frac{1}{4}$

(D)A,B 独立且 $P(A\cup B)=\frac{3}{4}$

QK　19. 设 10 件产品中有 4 件不合格品，从中任取两件，已知所取两件产品中有一件是不合格品，则另一件也是不合格品的概率是(　　).

(A) $\frac{1}{2}$　　(B) $\frac{2}{3}$　　(C) $\frac{1}{5}$　　(D) $\frac{2}{5}$

QK　20. 设 A,B 为任意两个事件，若 $P(B)>0$，则下列结论正确的是(　　).

(A)$P(A\mid A\cup B)=P(A\mid B)$　　(B)$P(A\mid A\cup B)<P(A\mid B)$

(C) $P(A \mid A \cup B) > P(A \mid B)$ (D) $P(A \mid A \cup B) \geqslant P(A \mid B)$

K 21. 一盒中有 N 张奖券，中奖奖券张数 X 为随机变量，若 X 的数学期望为 n，则从该盒中抽一张奖券为中奖奖券的概率为( ).

(A) $\dfrac{X}{N}$ (B) XN (C) $\dfrac{n}{N}$ (D) nN

QK 22. 设 A,B 为样本空间 Ω 上的对立随机事件，则 $P(B \mid A\bar{B} \cup AB \cup \bar{A}B)=$( ).

(A) 1 (B) $P(B)$ (C) $P(B \mid \bar{A})$ (D) $P(B \mid A)$

QK 23. 设 X 服从指数分布 $E(\lambda)$，对任意实数 $s,t>0$，下列结论不正确的是( ).

(A) $P\{X>t\}=\mathrm{e}^{-\lambda t}$

(B) $P\{X>s+t \mid X>s\}=\mathrm{e}^{-\lambda t}$

(C) $P\{X<s+t \mid X>s\}=1-\mathrm{e}^{-\lambda t}$

(D) $P\{X<s+t \mid X<s\}=1-\mathrm{e}^{-\lambda t}$

QK 24. 对于下列命题：

① 若事件 A,B 相互独立，且 B,C 相互独立，则 A,C 相互独立；

② 若事件 A,B 相互独立，且 $C \subset A, D \subset B$，则 C,D 相互独立.

说法正确的是( ).

(A) ① 正确，②不正确 (B) ②正确，①不正确

(C) ①②都正确 (D) ①②都不正确

QK 25. 设 $P(A)=\dfrac{2}{5}, P(B)=\dfrac{3}{5}$，则 $P(B \mid \bar{A})$ 的最小值为( ).

(A) $\dfrac{1}{4}$ (B) $\dfrac{1}{3}$ (C) $\dfrac{1}{2}$ (D) 1

QK 26. 设 A,B,C 为三个事件，A 与 B 独立，$P(C)=0$，则 $\bar{A},\bar{B},\bar{C}$( ).

(A) 必相互独立

(B) 两两独立但不一定相互独立

(C) 不一定两两独立

(D) 必不两两独立

QK 27. 平面上的一质点从原点出发，每次走一个单位，只有向上、向右两种走法，且向上走的概率为 $p(0<p<1)$，现质点走到了点(3,2)，则这 5 步按照：右，上，右，上，右的方式走的概率为( ).

(A) $\frac{3}{20}$　　(B) $\frac{1}{13}$　　(C) $\frac{1}{20}$　　(D) $\frac{1}{10}$

K　28. 设三个随机事件 A,B,C 两两独立且 $P(A)=P(B)=P(C)$，ABC 为不可能事件，则 $P(\overline{A}\,\overline{B}\,\overline{C})$ 的最小值为(　　).

(A) $\frac{1}{16}$　　(B) $\frac{1}{8}$　　(C) $\frac{1}{4}$　　(D) $\frac{1}{2}$

二、填空题

QK　1. 一批产品共有 10 个正品和 2 个次品，任意抽取两次，每次抽一个，抽出后不再放回，则第二次抽出的是次品的概率为 ________.

QK　2. 设对于事件 A,B,C 有 $P(A)=P(B)=P(C)=\frac{1}{4}$，$P(AB)=P(BC)=0$，$P(AC)=\frac{1}{8}$，则 A,B,C 三个事件至少出现一个的概率为 ________.

QK　3. 一射手对同一目标独立地进行四次射击，若至少命中一次的概率为 $\frac{80}{81}$，则该射手的命中率为 ________.

QK　4. 设事件 A,B 满足 $P(A|B)=P(B|A)=\frac{1}{3}$，$P(A-B)=\frac{1}{6}$，则 $P(\overline{A}\overline{B})=$ ________.

QK　5. 设 A,B,C 是 3 个随机事件，其中 A 与 B 相互独立，A 与 C 互不相容，$P(A)=\frac{1}{2}$，$P(B)=\frac{1}{3}$，$P(C)=\frac{1}{4}$，$P(B|C)=\frac{1}{8}$，则 $P(C|A\cup B)=$ ________.

QK　6. 有 5 封信投入 4 个信箱，则有一个信箱有 3 封信的概率为________.

QK　7. 已知随机事件 A,B 满足条件 $AB=\overline{A}\ \overline{B}$，且 $P(A)=\frac{1}{3}$，则 $P(\overline{B})=$ ________.

QK　8. 设 10 张彩票中有 3 张有奖，现已卖出 1 张，在余下的 9 张彩票中任取 2 张发现均没有奖，则已经卖出的那张彩票有奖的概率为 ________.

QK　9. 在区间(0,1)中随机地取两个数，则事件“两数之和小于 $\frac{6}{5}$”的概率为 ________.

QK　10. 已知 $P(\overline{B}|A)=\frac{1}{3}$，$P(B|\overline{A})=\frac{4}{7}$，$P(AB)=\frac{1}{5}$，则 $P(\overline{A}\,\overline{B})=$ ________.

QK　11. 设随机事件 A,B 满足 $P(A|\overline{B})+P(\overline{A}|B)=1$ 且 $P(A\overline{B})=P(\overline{A}B)=\frac{1}{4}$，则 $P(AB|A\cup B)=$ ________.

QK 12. 现有两个报警系统 A 和 B，每个报警系统单独使用时，系统 A 有效的概率为 0.9，系统 B 有效的概率也为 0.9. 在 A 失灵的条件下，B 失灵的概率为 0.2，则在 B 失灵的条件下，A 有效的概率为 ________.

QK 13. 某单位员工中有 90% 的人是基民(购买基金)，80% 的人是炒股的股民，已知在是股民的前提条件下，还是基民的人所占的比例至少是________.

QK 14. 设两个相互独立的事件 A 与 B 至少有一个发生的概率为 $\frac{8}{9}$，A 发生 B 不发生的概率与 B 发生 A 不发生的概率相等，则 $P(A)=$ ________.

QK 15. 已知每次试验“成功”的概率为 p，现进行 n 次独立试验，则在没有全部“失败”的条件下，“成功”不止一次的概率为 ________.

QK 16. 某枪手进行独立重复射击，已知在 3 次射击中至少有 1 次命中目标的概率为 0.973，则直到第 5 次射击才第 2 次命中目标的概率为 ________.

K 17. 设有两批数量相同的零件，已知有一批产品全部合格，另一批产品有 25% 不合格，从这两批产品中任取 1 只，经检验是正品，放回原处，并从原所在批次中再取 1 只，则这只产品是次品的概率为 ________.

K 18. 已知甲、乙两袋中装有同种球，其中甲袋中装有 10 个红球和 10 个白球，乙袋中装有 10 个红球. 从甲袋中一次性取 10 个球放入乙袋，则从乙袋中任取一球是白球的概率为 ________.

三、解答题

QK 1. 随机地取两个正数 x 和 y，这两个数中的每一个都不超过 1，试求 x 与 y 之和不超过 1，积不小于 0.09 的概率.

QK 2. 某彩票每周开奖一次，每次提供十万分之一的中奖机会，且各周开奖是相互独立的. 某彩民每周买一次彩票，坚持十年(每年 52 周)，那么他从未中奖的可能性是多少？

QK 3. 在电视剧《乡村爱情》中，谢广坤家中生了一对龙凤胎，专业上叫异性双胞胎. 假设男孩的出生率为 51%，同性双胞胎是异性双胞胎的 3 倍，已知一双胞胎第一个是男孩，试求第二个也是男孩的概率.

QK 4. 10 件产品中有 5 件一级品、3 件二级品、2 件次品，无放回地抽取，求取到二级品之前取到一级品的概率.

QK 5. 甲、乙两人射击，甲击中目标的概率为 80%，乙击中目标的概率为 70%，两人同时射击，两人是否击中目标相互独立，求：

(1) 甲、乙两人都击中的概率;

(2) 甲、乙两人至少有一人击中的概率;

(3) 甲、乙两人恰有一人击中的概率;

(4) 甲、乙两人都没有击中的概率.

QK　6. 在 10 到 99 的所有两位数中,任取一个数,求这个数能被 2 或 3 整除的概率.

QK　7. 甲袋中有 3 个白球、2 个黑球,乙袋中有 4 个白球、4 个黑球,现从甲袋中任取 2 球放入乙袋,再从乙袋中任取一球,求该球是白球的概率.

QK　8. 设 X,Y 为随机变量,且 $P\{X\geqslant 0,Y\geqslant 0\}=\dfrac{3}{7}$,$P\{X\geqslant 0\}=P\{Y\geqslant 0\}=\dfrac{4}{7}$,求下列事件的概率:(1)$A=\{\max\{X,Y\}\geqslant 0\}$;(2)$B=\{\max\{X,Y\}\geqslant 0,\min\{X,Y\}<0\}$.

K　9. 设昆虫产 k 个卵的概率为 $p_k=\dfrac{\lambda^k}{k!}\mathrm{e}^{-\lambda}$,又设一个虫卵能孵化成昆虫的概率为 p,若卵的孵化是相互独立的,问此昆虫的下一代有 L 条的概率是多少?

K　10. 盒子中有 n 个球,其编号分别为 $1,2,\cdots,n$,先从盒子中任取一个球,如果是 1 号球则放回盒子中去,否则就不放回盒子中;然后,再任取一个球,若第二次取到的是 $k(1\leqslant k\leqslant n)$ 号球,求第一次取到 1 号球的概率.

K　11. 甲、乙两人比赛射击,每个射击回合中取胜者得 1 分,假设每个射击回合中,甲胜的概率为 α,乙胜的概率为 $\beta(\alpha+\beta=1)$,比赛进行到一人比另一人多 2 分为止,多 2 分者最终获胜. 求甲、乙最终获胜的概率. 比赛是否有可能无限地一直进行下去?

第2章 一维随机变量及其分布

一、选择题

QK 1. 设随机变量 X 服从正态分布 $N(\mu,\sigma^2)$，则随着 σ 增加，$P\{|X-\mu|<1\}$(　　).

(A) 增加　　(B) 减少　　(C) 不变　　(D) 变化不确定

QK 2. 若随机变量 X 服从正态分布 $N(2,\sigma^2)$，且 $P\{2<X<4\}=0.3$，则 $P\{X<0\}=$(　　).

(A)0.2　　(B)0.3　　(C)0.5　　(D)0.7

QK 3. 设 X_1,X_2 为相互独立的连续型随机变量，分布函数分别为 $F_1(x),F_2(x)$，则一定是某一随机变量的分布函数的为(　　).

(A)$F_1(x)+F_2(x)$　　(B)$F_1(x)-F_2(x)$

(C)$F_1(x)F_2(x)$　　(D)$F_1(x)/F_2(x)$

QK 4. 设 X 是随机变量，s,t 是正数，m,n 是正整数.

① 若 $X\sim G(p)$，则 $P\{X>m+n\mid X>m\}$ 与 m 无关；

② 若 $X\sim P\{X=k\}=\dfrac{1}{k(k+1)},k=1,2,\cdots$，则 $P\{X\geqslant 2n\mid X\geqslant n\}$ 与 n 无关；

③ 若 $X\sim E(\lambda)$，则 $P\{X>s+t\mid X>s\}$ 与 s 无关；

④ 若 X 的概率密度 $f(x)=\begin{cases}\dfrac{1}{x^2}, & x>1,\\ 0, & 其他,\end{cases}$ 则当 $t>1$ 时，$P\{X\geqslant 2t\mid X\geqslant t\}$ 与 t 无关.

上述结论中正确的个数是(　　).

(A)1　　(B)2　　(C)3　　(D)4

QK 5. 设随机变量 $X\sim E(1)$，$Y=[X+1]$，其中$[\cdot]$表示取整符号，则 Y 服从(　　).

(A) 参数为 e^{-1} 的几何分布

(B) 参数为 $1-e^{-1}$ 的几何分布

(C) 参数为 e^{-1} 的泊松分布

(D) 参数为 $1-e^{-1}$ 的泊松分布

QK 6. 设随机变量 X 的概率密度 $f(x)\neq 1(x\in\mathbf{R})$，则 X 不可能服从(　　).

(A)$N(1,1)$　　(B)$N(0,2)$　　(C)$E(2)$　　(D)$U(-1,1)$

QK　7. 设随机变量 X 的概率密度为 $f(x)=\begin{cases}\dfrac{1}{2}\cos\dfrac{x}{2}, & 0<x<\pi,\\ 0, & \text{其他},\end{cases}$ Y 表示对 X 的 4 次独立重复观察中观测值大于 $\dfrac{\pi}{3}$ 的次数，则能使 $P\{Y=k\}$ 最大的 k 是(　　).

(A)1　　(B)2　　(C)3　　(D)4

QK　8. 设随机变量 $X\sim N(0,1)$，$Y=X+|X|$，则 $P\{Y>1\}=$(　　)(答案用标准正态分布的分布函数 $\Phi(x)$ 表示).

(A)$\Phi\left(\dfrac{1}{2}\right)$　　(B)$1-\Phi\left(\dfrac{1}{2}\right)$　　(C)$\Phi(1)$　　(D)$1-\Phi(1)$

QK　9. 若随机变量 X 存在正概率点，即存在一点 a，使得 $P\{X=a\}>0$，则 X 为(　　).

(A) 连续型随机变量　　(B) 离散型随机变量

(C) 非连续型随机变量　　(D) 非离散型随机变量

QK　10. 设随机变量 X 的概率密度为 $f_X(x)=\begin{cases}\dfrac{1}{2}x, & 0\leqslant x\leqslant 2,\\ 0, & \text{其他},\end{cases}$ 随机变量 $Y=X^2$ 的概率密度记为 $f_Y(y)$，则 $f_Y(2)=$(　　).

(A) $\dfrac{1}{4}$　　(B) $\dfrac{1}{2}$　　(C) $\dfrac{1}{\sqrt{2}}$　　(D) $\dfrac{1}{2\sqrt{2}}$

QK　11. 设随机变量 $X\sim N(0,1)$，$Y=X+|X|$，Y 的分布函数为 $F_Y(y)$，则 $F_Y(y)$ 的间断点个数是(　　).

(A)0　　(B)1　　(C)2　　(D)3

QK　12. 设随机变量 X 的概率密度为 $f(x)=\dfrac{1}{\pi(1+x^2)}$，则 $Y=2X$ 的概率密度为(　　).

(A) $\dfrac{1}{\pi(1+4y^2)}$　　(B) $\dfrac{1}{\pi(4+y)^2}$

(C) $\dfrac{2}{\pi(4+y^2)}$　　(D) $\dfrac{2}{\pi(1+y^2)}$

QK　13. 设随机变量 X 服从区间 $[-2,2]$ 上的均匀分布，$Y=\min\{X,1\}$，则 Y 的分布函数在 $(-\infty,+\infty)$ 内(　　).

(A) 有且仅有一个间断点　　(B) 有两个间断点

(C) 至多有一个间断点　　(D) 没有间断点

QK　14. 设随机变量 X 服从参数为 $\lambda(\lambda>0)$ 的泊松分布，p_1,p_2,p_3 分别是 X 取整数、偶数与奇数的概率，则(　　).

(A) $p_1=p_2=p_3$　　(B) $p_1=p_2>p_3$

(C) $p_1>p_2=p_3$　　(D) $p_1>p_2>p_3$

QK　15. 设随机变量 X 服从正态分布 $N(0,1)$，对给定的 $\alpha(0<\alpha<1)$，数 u_α 满足 $P\{X>u_\alpha\}=\alpha$，若 $P\{|X|<x\}=\alpha$，则 $x=($　　).

(A) $u_{\frac{\alpha}{2}}$　　(B) $u_{1-\frac{\alpha}{2}}$　　(C) $u_{\frac{1-\alpha}{2}}$　　(D) $u_{1-\alpha}$

QK　16. 已知 $F(x),G(x)$ 分别是某个随机变量的分布函数，下列函数中不一定为某个随机变量分布函数的是(　　).

(A) $0.4F(x)+0.6G(x)$　　(B) $F(x)G(x)$

(C) $F(x^3)$　　(D) $2F(x)-G(x)$

QK　17. 设连续型随机变量 X_1,X_2 的概率密度分别为 $f_1(x),f_2(x)$，其分布函数分别为 $F_1(x),F_2(x)$，记 $g_1(x)=f_1(x)F_2(x)+f_2(x)F_1(x)$，$g_2(x)=f_1(x)F_1(x)+f_2(x)F_2(x)$，$g_3(x)=\dfrac{1}{2}[f_1(x)+f_2(x)]$，$g_4(x)=\sqrt{f_1(x)f_2(x)}$，则 $g_1(x),g_2(x),g_3(x),g_4(x)$ 这 4 个函数中一定能作为概率密度的共有(　　).

(A) 1 个　　(B) 2 个　　(C) 3 个　　(D) 4 个

QK　18. 设 $F_1(x)$ 和 $F_2(x)$ 分别为随机变量 X_1,X_2 的分布函数，且存在点 x_0 使得 $F_1(x_0)>F_2(x_0)$. 若 $X_i\sim B(1,p_i)(0<p_i<1)$，$i=1,2$，则必有(　　).

(A) $p_1=p_2$　　(B) $p_1+p_2=1$

(C) $p_1<p_2$　　(D) $p_1>p_2$

K　19. 设随机变量 $X\sim U(0,1)$，$\Phi(x)$ 是标准正态分布的分布函数，$\Phi^{-1}(x)$ 是 $\Phi(x)$ 的反函数，则 $Y=\Phi^{-1}(X)$ 的分布为(　　).

(A) $U(0,1)$　　(B) $N(0,1)$

(C) $t(1)$　　(D) $\chi^2(1)$

K　20. 已知随机变量 $U\sim U(0,1)$，找一个单调递增连续函数 $g(x)$，使得 $X=g(U)$ 具有概率密度 $f(x)=\begin{cases}(\alpha+1)x^\alpha, & 0\leqslant x\leqslant 1,\\ 0, & \text{其他},\end{cases}$ 这里 $\alpha>-1$ 为常数，则 $g(U)=($　　).

(A) $U^{\frac{1}{\alpha}}$　　(B) $U^{\frac{1}{\alpha+1}}$

(C) U^{α}　　　　(D) $U^{\alpha+1}$

K　21. 设随机变量 X 服从(0,1)上的均匀分布，则 $Y=-\ln X$ 服从(　　).

(A) 几何分布　　　　(B) 标准正态分布

(C) t 分布　　　　(D) 指数分布

QK　22. 设连续型随机变量 X 的概率密度为 $f(x)$，且 $f(x)=f(-x)$，$F(x)$ 是 X 的分布函数，则对于任意实数 α，有(　　).

(A) $F(-\alpha)=1-\int_0^{\alpha} f(x)\mathrm{d}x$　　　　(B) $F(-\alpha)=-F(\alpha)$

(C) $F(-\alpha)=\frac{1}{2}-\int_0^{\alpha} f(x)\mathrm{d}x$　　　　(D) $F(-\alpha)=2F(\alpha)-1$

QK　23. 设随机变量 X 的概率分布为 $P\{X=k\}=a\frac{1+\mathrm{e}^{-1}}{k!}$，$k=0,1,2,\cdots$，则常数 $a=$(　　).

(A) $\frac{1}{\mathrm{e}-1}$　　　　(B) $\frac{1}{\mathrm{e}+1}$

(C) $\frac{\mathrm{e}}{\mathrm{e}-1}$　　　　(D) $\frac{\mathrm{e}}{\mathrm{e}+1}$

QK　24. 设随机变量 $X\sim N(\mu,\sigma^2)$，$F(x)$ 为其分布函数，$\mu>0$，则对于任意实数 a，有(　　).

(A) $F(-a)+F(a)>1$　　　　(B) $F(-a)+F(a)=1$

(C) $F(-a)+F(a)<1$　　　　(D) $F(\mu-a)+F(\mu+a)=\frac{\sqrt{2}}{2}$

K　25. 设随机变量 $X\sim U[-1,1]$，函数 $y=g(x)=\begin{cases}\sqrt{x}, & 0\leqslant x\leqslant 1,\\ 0, & -1\leqslant x<0,\end{cases}$ 则 $Y=g(X)$ 的分布函数的间断点个数为(　　).

(A) 0　　(B) 1　　(C) 2　　(D) 3

QK　26. 设连续型随机变量 X_1,X_2 的分布函数为 $F_1(x),F_2(x)$，概率密度为 $f_1(x)$，$f_2(x)$. 若随机变量 X 的分布函数为 $F(x)=aF_1(x)+bF_2(x)$ (a,b 为常数)，X 的概率密度为 $f(x)$，则下列不一定正确的是(　　).

(A) $a+b=1$　　　　(B) $f(x)=af_1(x)+bf_2(x)$

(C) $EX=aEX_1+bEX_2$　　　　(D) $X=aX_1+bX_2$

K　27. 设随机变量 X_1,X_2,X_3,X_4 相互独立且均服从 0—1 分布：$P\{X_i=1\}=p$，

$P\{X_i=0\}=1-p(i=1,2,3,4;0<p<1)$,已知2阶行列式$\begin{vmatrix} X_1 & X_2 \\ X_3 & X_4 \end{vmatrix}$的值大于零的概率等于$\frac{1}{4}$,则$p=$(　　).

(A) $\frac{1}{3}$　　(B) $\frac{1}{2}$　　(C) $\frac{1}{\sqrt{3}}$　　(D) $\frac{1}{\sqrt{2}}$

K　28. 设随机变量X,Y相互独立,且$X\sim E(a),Y\sim E(b)(a>0,b>0,a\neq b)$,则服从$E(a+b)$的随机变量是(　　).

(A) $X+Y$　　(B) XY　　(C) $\max\{X,Y\}$　　(D) $\min\{X,Y\}$

K　29. 设随机变量X的概率密度为$f(x)=\begin{cases} \frac{x}{12}, & 1<x<5, \\ 0, & \text{其他}, \end{cases}$则函数$\varphi(x)=\frac{x^2-3x+X}{x^3-3x^2+X}$有3个间断点的概率为(　　).

(A) $\frac{5}{8}$　　(B) $\frac{3}{8}$　　(C) $\frac{3}{4}$　　(D) $\frac{2}{3}$

二、填空题

QK　1. 设X是区间$[0,1]$上的连续型随机变量,已知$P\{X\leqslant 0.3\}=0.8$,且$Y=1-X$,若有$P\{Y\leqslant c\}=0.2$,则常数$c=$________.

QK　2. 设随机变量X的分布函数为$F(x)=\begin{cases} 0, & x\leqslant 0, \\ A\sin x+B, & 0<x\leqslant \frac{\pi}{2}, \\ 1, & x>\frac{\pi}{2}. \end{cases}$则$A,B$的值依次为________.

QK　3. 将一枚硬币重复掷五次,则正面、反面都至少出现两次的概率为________.

QK　4. 设随机变量X的分布律为$P\{X=k\}=\frac{1}{a^k},k=1,2,\cdots$,则事件“$X$可以被3整除”发生的概率为________.

QK　5. 设随机变量X服从正态分布$N(\mu,\sigma^2)(\sigma>0)$,且一元二次方程$y^2+4y+X=0$无实根的概率为$\frac{1}{2}$,则$\mu=$________.

QK　6. 设某地电压为服从正态分布$N(220,20^2)$的随机变量,某种元件在电压不超过

200 V时损坏的概率为0.05，在电压超过200 V但不超过240 V时损坏的概率为0.1，在电压超过240 V时损坏的概率为0.15.若电路中共有3个该种元件，每个元件是否损坏是相互独立的，且至少要有2个元件损坏电路才发生故障，则电路发生故障的概率为________.

QK 7.设随机变量 X 服从正态分布，其概率密度为

$$f(x)=k\mathrm{e}^{-x^2+2x-1}\ (-\infty<x<+\infty),$$

则常数 $k=$________.

QK 8.已知随机变量 X,Y 相互独立，且均服从参数为0.1的指数分布，则 $P\{\max\{X,Y\}\geqslant 10,\min\{X,Y\}\leqslant 10\}=$________.

QK 9.设随机变量 X 的概率密度为 $f_X(x)=\dfrac{1}{\pi(1+x^2)}$，$-\infty<x<+\infty$，令 $Y=\arctan X$，则 $f_Y(y)=$________.

K 10.设随机变量 $X\sim U(0,1)$，则随机变量 $Y=X^{\ln X}$ 的概率密度 $f_Y(y)=$________.

K 11.设通过点 $A(0,1)$ 任意作直线与 x 轴正向相交所成的角为 $\theta(0<\theta<\pi)$，如图所示，则直线在 x 轴上的截距 X 的概率密度为________.

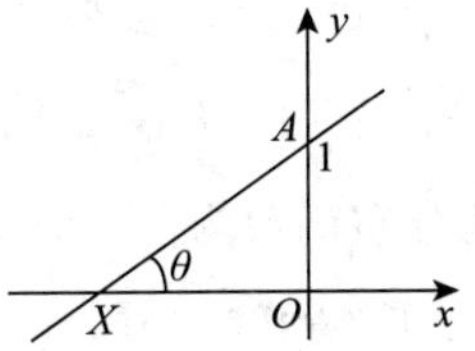

K 12.市场上某产品由甲、乙两厂各生产 $\dfrac{1}{2}$，已知甲厂和乙厂的产品指标分别服从分布函数 $F_1(x)$ 和 $F_2(x)$，现从市场上任取一件产品，则其产品指标服从的分布函数为________.

QK 13.设随机变量 X 的概率密度为

$$f(x)=\begin{cases}ax, & 2<x<4,\\ \dfrac{1}{4}, & -5<x\leqslant -3,\\ 0, & \text{其他},\end{cases}$$

则方程 $3x^3-X^2x+6=0$ 有正实根的概率为________.

QK 14.设随机变量 X 服从参数为 $\sqrt{6}$ 的泊松分布，则当 $P\{X=n\}$ 最大时，$n=$________.

三、解答题

QK 1. 一汽车沿一街道行驶，需通过三个设有红绿信号灯的路口，每个信号灯为红或绿与其他信号灯为红或绿相互独立，且每一信号灯红绿两种信号显示的概率均为$\frac{1}{2}$，以 X 表示该汽车首次遇到红灯前已通过的路口的个数，求 X 的概率分布.

QK 2. 设某种元件的使用寿命 T 的分布函数为

$$F(t)=\begin{cases}1-e^{-\left(\frac{t}{\theta}\right)^m}, & t\geqslant 0,\\ 0, & \text{其他},\end{cases}$$

其中 θ,m 为大于零的参数. 求概率 $P\{T>t\}$ 与 $P\{T>s+t \mid T>s\}$，其中 $s>0,t>0$.

QK 3. 已知随机变量 X 的分布函数为

$$F(x)=\begin{cases}0, & x<-1,\\ \frac{1}{2}, & -1\leqslant x<0,\\ \frac{5}{7}, & 0\leqslant x<2,\\ 1, & x\geqslant 2,\end{cases}$$

求 X 的分布律，并计算 $P\{X<0\}$，$P\{X=1\}$，$P\{-1<X<3\}$，$P\{-2\leqslant X<1 \mid X<2\}$.

QK 4. 设连续型随机变量 X 的分布函数为

$$F(x)=\begin{cases}1-(1+x)e^{-x}, & x\geqslant 0,\\ 0, & x<0.\end{cases}$$

求：(1) X 的概率密度；

(2) $P\{|X|\leqslant 1\}$，$P\{X>2\}$，$P\{1<X\leqslant 2\}$.

QK 5. 设连续型随机变量 X 的概率密度 $f(x)$ 为偶函数，证明：随机变量 $-X$ 与 X 有相同的概率密度.

QK 6. 向半径为 r 的圆内随机抛一点，求此点到圆心之距离 X 的分布函数 $F(x)$，并求 $P\left\{X>\frac{2r}{3}\right\}$.

QK 7. 令随机变量 $Y=g(X)=\frac{1}{2}[1+(-1)^X]$.

(1) 若随机变量 X 的概率分布为

X	1	2	3	4
p	0.1	0.2	0.3	0.4

求 Y 的概率分布；

(2) 若 $X \sim B(n,p)$，求 X 取值为偶数时的概率 $P\{X$ 为偶数$\}$.

QK 8. 甲、乙两人进行射箭比赛，约定甲先射，若射不中，乙射，乙若射不中再由甲射，以此类推，谁先射中谁获胜，比赛终止. 已知甲、乙射中的概率分别为 0.4 和 0.6. 若记 $\{Y=1\}$ 为甲获胜，记 $\{Y=0\}$ 为乙获胜，求 Y 的概率分布.

QK 9. 设随机变量 X 的分布函数为 $F(x)=\begin{cases}0, & x<0,\\ \frac{1}{2}x, & 0\leqslant x<1,\\ 1, & x\geqslant 1.\end{cases}$ 求：

(1) $P\{X=0\}$，$P\{X=1\}$；

(2) EX；

(3) $Y=F(X)$ 的分布函数.

QK 10. 设 X 是离散型随机变量，其分布函数为

$$F(x)=\begin{cases}0, & x<-2,\\ 0.2, & -2\leqslant x<-1,\\ 0.35, & -1\leqslant x<0,\\ 0.6, & 0\leqslant x<1,\\ 1, & x\geqslant 1.\end{cases}$$

令 $Y=|X+1|$，求随机变量 Y 的分布律.

K 11. 设在某时段进入某景区游览的游客人数服从参数 $\lambda=30$ 的泊松分布，每位游客乘坐观光缆车的概率均为 0.6，且每位游客是否乘坐观光缆车是相互独立的. 求进入该景区的游客乘坐观光缆车人数的概率分布及数学期望与方差.

K 12. 抛一均匀硬币，若正面向上，则在区间 $[0,1)$ 上任取一数 X；若反面向上，则在区间 $[2,4)$ 上任取一数 X，求 X 的分布函数.

QK 13. 设随机变量 X 的概率密度为

$$f(x)=\begin{cases}x, & 0\leqslant x<1,\\ 2-x, & 1\leqslant x<2,\\ 0, & \text{其他},\end{cases}$$

求 X 的分布函数.

QK 14.设随机变量 X 的概率密度为 $f_X(x)=\begin{cases}\frac{1}{4}, & -2<x<0,\\ \frac{1}{6}, & 0\leqslant x<3,\\ 0, & \text{其他},\end{cases}$ 令 $Y=X^4$,求:

(1)Y 的概率密度 $f_Y(y)$;

(2)$P\left\{X\leqslant -\frac{1}{2},Y\leqslant 1\right\}$.

K 15.某混合物的酒精含量百分比 X 是随机变量,概率密度为

$$f(x)=\begin{cases}2.5(1-x), & 0.1\leqslant x\leqslant 0.9,\\ 0, & \text{其他}.\end{cases}$$

此混合物每升的成本为10元,售价为50元或100元.若 $0.3<X<0.5$,则售价以概率0.8为100元;否则以概率0.3为100元.以 Y 表示每升的利润,求:

(1)X 的分布函数 $F_X(x)$;

(2)Y 的概率分布和分布函数 $F_Y(y)$;

(3)EY.

QK 16.设 X 与 Y 是独立同分布的随机变量,均服从参数为 $p(0<p<1)$ 的几何分布,求 $Z=\max\{X,Y\}$ 的概率分布.

QK 17.设二次方程 $x^2-Xx+Y=0$ 的两个根相互独立,且都在(0,2)上服从均匀分布,分别求 X 与 Y 的概率密度.

K 18.设随机变量 X 满足不等式 $1\leqslant X\leqslant 4$,且 $P\{X=1\}=\frac{1}{4}$,$P\{X=4\}=\frac{1}{3}$,在区间(1,4)内服从均匀分布.求 X 的分布函数.

K 19.设随机变量 X 的绝对值不大于1,$P\{X=-1\}=\frac{1}{8}$,$P\{X=1\}=\frac{1}{4}$.在事件 $\{-1<X<1\}$ 发生的条件下,X 在(−1,1)内任一子区间上取值的条件概率与该子区间长度成正比,求 X 的分布函数 $F(x)$.

K 20.设随机变量 X 的概率密度为

$$f(x)=\begin{cases}\frac{2x}{\pi^2}, & 0<x<\pi,\\ 0, & \text{其他},\end{cases}$$

求 $Y=\sin X$ 的概率密度.

第3章 多维随机变量及其分布

一、选择题

QK 1.设X_1,X_2相互独立,$X_1 \sim \begin{pmatrix} 1 & 0 \\ \frac{1}{2} & \frac{1}{2} \end{pmatrix}$,$X_2 \sim N(0,1)$,$Y=2X_1X_2-X_2$,则$Y$的分布函数为(　　).

(A)$\Phi(y)$　　(B)$1-\Phi(y)$　　(C)$\Phi(2y)$　　(D)$1-\Phi(2y)$

QK 2.设随机变量X与Y相互独立,且都在$[0,1]$上服从均匀分布,则(　　).

(A)(X,Y)是服从均匀分布的二维随机变量

(B)$Z=X+Y$是服从均匀分布的随机变量

(C)$Z=X-Y$是服从均匀分布的随机变量

(D)$Z=X^2$是服从均匀分布的随机变量

QK 3.设随机变量X,Y相互独立,且分别服从参数为3和2的泊松分布,则$P\{X+Y=0\}=$(　　).

(A)e^{-5}　　(B)e^{-3}　　(C)e^{-2}　　(D)e^{-1}

QK 4.设二维随机变量(X,Y)服从区域D上的均匀分布,其中$D=\{(x,y)\mid -1 \leqslant x \leqslant 1, 0 \leqslant y \leqslant 1\}$,则关于$t$的方程$t^2+2Xt+Y=0$无实数根的概率为(　　).

(A)$\frac{1}{3}$　　(B)$\frac{1}{2}$　　(C)$\frac{2}{3}$　　(D)$\frac{3}{4}$

QK 5.设随机变量X和Y独立同分布,且X的分布函数为$F(x)$,则$Z=\min\{X,Y\}$的分布函数为(　　).

(A)$F^2(z)$　　(B)$F(x)F(y)$

(C)$1-[1-F(z)]^2$　　(D)$[1-F(x)][1-F(y)]$

QK 6.设二维随机变量(X,Y)服从二维正态分布$N(0,1;1,1;0)$,$\Phi(x)$为标准正态分布的分布函数,则$P\{XY<0\}=$(　　).

(A)$\frac{1}{4}$　　(B)$\frac{1}{2}$　　(C)$\Phi(1)$　　(D)$1-\Phi(1)$

QK 7. 设随机变量 X,Y 独立同分布，$P\{X=k\}=\frac{1}{a^k}, k=1,2,\cdots$，则 $P\{X>Y\}=$（　　）.

(A) $\frac{1}{2}$　　(B) $\frac{1}{2a}$　　(C) $\frac{1}{3}$　　(D) $\frac{1}{3a}$

QK 8. 设随机变量 (X,Y) 服从单位圆 $D=\{(x,y)\mid x^2+y^2\leqslant 1\}$ 上的均匀分布，则关于 Y 的边缘分布 $F_Y(y)$ 与 Y 关于 X 的条件分布 $F_{Y|X}(y\mid x)$，有（　　）.

(A) $F_Y(y)$ 不满足均匀分布，$F_{Y|X}(y\mid x)$ 满足均匀分布

(B) $F_Y(y)$ 满足均匀分布，$F_{Y|X}(y\mid x)$ 不满足均匀分布

(C) 二者均满足均匀分布

(D) 二者均不满足均匀分布

QK 9. 设 X_1,X_2 是来自标准正态总体的简单随机样本，则 $Y=\frac{X_1}{X_2}$ 的概率密度 $f_Y(y)=$（　　）.

(A) $\frac{1}{\pi(1+y^2)}$　　(B) $\frac{1}{\pi(1+y)}$

(C) $\frac{1}{1+y^2}$　　(D) $\frac{1}{\pi}$

QK 10. 设随机变量 X,Y 相互独立且均服从参数为 1 的指数分布，则（　　）.

(A) $P\{X=Y\}=1$　　(B) $P\{X<Y\}=0$

(C) $P\{X=Y\}=0$　　(D) $P\{X+Y<0\}=\frac{1}{2}$

QK 11. 设随机变量 X 与 Y 有相同的概率分布

$$\begin{pmatrix} -1 & 0 & 1 \\ \frac{1}{5} & \frac{3}{5} & \frac{1}{5} \end{pmatrix},$$

并且满足 $P\{XY=0\}=1$，则 $P\{X=Y\}=$（　　）.

(A) 0　　(B) $\frac{1}{5}$　　(C) $\frac{1}{2}$　　(D) 1

QK 12. 设随机变量 X,Y 相互独立，且均服从标准正态分布 $N(0,1)$，则方程 $x^2+2Xx+Y^2=0$ 有实根的概率为（　　）.

(A) 1　　(B) $\frac{1}{2}$　　(C) $\frac{1}{3}$　　(D) $\frac{1}{4}$

QK 13. 设二维随机变量 (X,Y) 的概率分布为

X \ Y	-1	1
0	$\frac{1}{15}$	p
1	q	$\frac{1}{5}$
2	$\frac{1}{5}$	$\frac{3}{10}$

若 X 与 Y 相互独立，则 $(p,q)=($　　$)$.

(A) $\left(\frac{2}{10},\frac{1}{15}\right)$　　(B) $\left(\frac{1}{15},\frac{2}{10}\right)$

(C) $\left(\frac{1}{10},\frac{2}{15}\right)$　　(D) $\left(\frac{2}{15},\frac{1}{10}\right)$

K 14. 随机变量 (X,Y) 的概率分布如下，

X \ Y	y_1	y_2
x_1	p_{11}	p_{12}
x_2	p_{21}	p_{22}

下列命题中是 X 与 Y 独立的充要条件的为(　　).

(A) $\begin{vmatrix} p_{11} & p_{12} \\ p_{21} & p_{22} \end{vmatrix} \neq 0$　　(B) $r\left(\begin{bmatrix} p_{11} & p_{12} \\ p_{21} & p_{22} \end{bmatrix}\right)=1$

(C) $\frac{p_{11}}{p_{21}} \neq \frac{p_{12}}{p_{22}}$　　(D) $p_{ij} \neq 0(i,j=1,2)$

QK 15. 设 $P\{X \leqslant 1, Y \leqslant 1\}=\frac{2}{5}$，$P\{X \leqslant 1\}=P\{Y \leqslant 1\}=\frac{3}{5}$，则 $P\{\min\{X,Y\} \leqslant 1\}=$ (　　).

(A) $\frac{4}{5}$　　(B) $\frac{9}{25}$　　(C) $\frac{3}{5}$　　(D) $\frac{2}{5}$

QK 16. 设连续型随机变量 X,Y 相互独立，其概率密度和分布函数分别为 $f(x),F(x)$ 和 $g(x),G(x)$. 若对任意 x，有 $F(x) \leqslant G(x)$，则(　　).

(A) $P\{X \leqslant Y\}=\frac{1}{2}$　　(B) $P\{X \leqslant Y\} \geqslant \frac{1}{2}$

(C) $P\{X \leqslant Y\} \leqslant \frac{1}{2}$　　(D) $P\{X \leqslant Y\}=1$

QK 17.已知二维随机变量(X,Y)的概率分布为

$X \backslash Y$	0	1
0	a	0.4
1	0.1	b

若随机事件$\{X=0\}$与$\{X+Y=1\}$相互独立,令

$$U=\max\{X,Y\},V=\min\{X,Y\},$$

则$P\{U+V=1\}=($　　$)$.

(A)0.1　　(B)0.3　　(C)0.5　　(D)0.7

QK 18.设随机变量X与Y相互独立,且$X\sim N(\mu_1,\sigma_1^2)$,$Y\sim N(\mu_2,\sigma_2^2)$,若$P\{X>Y\}<\frac{1}{2}$,则(　　).

(A)$\mu_1<\mu_2$　　(B)$\mu_1>\mu_2$

(C)$\sigma_1<\sigma_2$　　(D)$\sigma_1>\sigma_2$

QK 19.设随机变量X与Y相互独立,且都服从参数为λ的指数分布,则下列随机变量中服从参数为2λ的指数分布的是(　　).

(A)$X+Y$　　(B)$X-Y$

(C)$\max\{X,Y\}$　　(D)$\min\{X,Y\}$

QK 20.设随机变量X,Y相互独立,且$X\sim U(-2,4)$,$Y\sim\begin{pmatrix}-2 & 2\\ \frac{3}{4} & \frac{1}{4}\end{pmatrix}$,则$P\{XY>2\}=$(　　).

(A)$\frac{1}{6}$　　(B)$\frac{1}{4}$　　(C)$\frac{1}{3}$　　(D)$\frac{1}{2}$

K 21.设二维随机变量(X,Y)的概率密度为

$$f(x,y)=\begin{cases}\frac{1}{4}, & -1\leqslant x<1,0\leqslant y<2,\\ 0, & \text{其他},\end{cases}$$

则二次型$g(x_1,x_2,x_3)=x_1^2+2x_2^2+Yx_3^2+2x_1x_2+2Xx_1x_3$正定的概率为(　　).

(A)$\frac{2}{3}$　　(B)$\frac{1}{2}$　　(C)$\frac{1}{3}$　　(D)$\frac{1}{4}$

QK 22.设随机变量X与Y同分布,可能的取值均为$-1,0,1$,若$P\{|XY|=1\}=0$,$P\{X=Y\}=0$,则$P\{|X+Y|=1\}=$(　　).

(A)0　　(B) $\frac{1}{4}$　　(C) $\frac{1}{2}$　　(D)1

K　23. 设 (X,Y) 是二维连续型随机变量，下列各式都有意义，若 X 与 Y 独立，则下列式子中必成立的个数为(　　).

①$E(XY)=EX\cdot EY$；

②$f_{X|Y}(x|y)=f_X(x)$；

③$P\{X>x,Y>y\}=1-F_X(x)F_Y(y)$；

④令 $Z=X+Y$，则 $F_Z(z)=\int_{-\infty}^{+\infty}F_X(z-y)f_Y(y)\mathrm{d}y$.

(A)1　　(B)2　　(C)3　　(D)4

二、填空题

QK　1. 已知二维随机变量 (X_1,X_2) 的分布律和边缘分布律为

$X_1 \backslash X_2$	0	1	2	$p_{i\cdot}$
0	$\frac{1}{9}$	$\frac{2}{9}$	$\frac{1}{9}$	$\frac{4}{9}$
1	$\frac{2}{9}$	$\frac{2}{9}$	0	$\frac{4}{9}$
2	$\frac{1}{9}$	0	0	$\frac{1}{9}$
$p_{\cdot j}$	$\frac{4}{9}$	$\frac{4}{9}$	$\frac{1}{9}$	1

则在 $X_2=1$ 的条件下，X_1 的条件分布律为________.

QK　2. 设二维随机变量 (X,Y) 在区域 $D=\left\{(x,y)\,\middle|\,1\leqslant x\leqslant \mathrm{e}^2,0\leqslant y\leqslant \frac{1}{x}\right\}$ 上服从均匀分布，则 (X,Y) 关于 X 的边缘概率密度 $f_X(x)$ 在点 $x=\mathrm{e}$ 处的值为________.

QK　3. 设二维随机变量 (X,Y) 的概率密度为

$$f(x,y)=\begin{cases}4xy\mathrm{e}^{-(x^2+y^2)}, & x>0,y>0,\\ 0, & \text{其他},\end{cases}$$

则当 $x>0$ 时，$f_{Y|X}(y\mid x)=$________.

QK　4. 设随机变量 X 服从区间 $[-3,2]$ 上的均匀分布，令 $Y=\begin{cases}-1, & X\leqslant -1,\\ 1, & X>-1,\end{cases}$

$Z=\begin{cases}-1, & X\leqslant 1,\\ 1, & X>1,\end{cases}$ 则 $P\{Y+Z=0\}=$________.

QK　5. 设随机变量 $X\sim U(0,1)$，$Y\sim E(1)$，且 X 与 Y 相互独立，则 $P\{Y\leqslant X\}=$
________.

QK 6. 设 $X_1,X_2,\cdots,X_n$ 是来自总体 X 的简单随机样本，$Y=\max\limits_{2\leqslant i\leqslant n}\{X_i\}$，已知 X 的概率密度为 $f(x)=\begin{cases}e^{-x}, & x>0,\\ 0, & x\leqslant 0,\end{cases}$ 则 $P\{X_1Y-Y\leqslant 0\}=$________.

QK 7. 已知随机变量 X 和 Y 的分布律为

$$X\sim\begin{pmatrix}0 & 1\\ \frac{1}{4} & \frac{3}{4}\end{pmatrix},Y\sim\begin{pmatrix}0 & 1\\ \frac{1}{2} & \frac{1}{2}\end{pmatrix},$$

且 $P\{XY=1\}=\frac{1}{2}$，则 (X,Y) 的分布律为________.

QK 8. 设随机变量 X,Y,Z 相互独立且都服从参数为 $\lambda=2$ 的指数分布，$U=\max\{X,Y,Z\}$，则 $P\{U<1\}=$________.

QK 9. 设二维随机变量 (X,Y) 在 $G=\left\{(x,y)\,\middle|\,-\frac{1}{2}<x<0,0<y<2x+1\right\}$ 上服从均匀分布，则条件概率 $P\left\{-\frac{1}{4}<X<0\,\middle|\,\frac{1}{2}<Y\leqslant 1\right\}=$________.

QK 10. 设随机变量 X 与 Y 的分布律为

X	0	1
p	$\frac{1}{4}$	$\frac{3}{4}$

，

Y	0	1
p	$\frac{1}{2}$	$\frac{1}{2}$

且相关系数 $\rho_{XY}=\frac{\sqrt{3}}{3}$，则 (X,Y) 的分布律为________.

QK 11. 设二维随机变量 (X,Y) 的概率密度为 $f(x,y)=\begin{cases}\frac{1}{\pi}, & x^2+y^2<1,\\ 0, & 其他,\end{cases}$ $F(x,y)$ 为其分布函数，则 $F(1,1)-F(1,0)-F(0,1)+F(0,0)=$________.

QK 12. 设随机变量 X 在 $[0,2]$ 上服从均匀分布，Y 服从参数 $\lambda=2$ 的指数分布，且 X,Y 相互独立，则关于 a 的方程 $a^2+Xa+Y=0$ 有实根的概率为________(答案用标准正态分布的分布函数 $\Phi(x)$ 表示).

K 13. 已知随机变量 X 服从参数为 1 的泊松分布，$Y\sim\begin{pmatrix}-1 & 1\\ \frac{1}{3} & \frac{2}{3}\end{pmatrix}$，且 X 与 Y 相互独立. 若 n 维列向量组 $\boldsymbol{\alpha}_1,\boldsymbol{\alpha}_2,\boldsymbol{\alpha}_3$ 线性无关，则 $\boldsymbol{\alpha}_1+\boldsymbol{\alpha}_2,\boldsymbol{\alpha}_2+2\boldsymbol{\alpha}_3,X\boldsymbol{\alpha}_3+Y\boldsymbol{\alpha}_1$ 也线性无关的概率为________.

K　14. 设随机变量 X 服从 $[-3,3]$ 上的均匀分布，$Y=X^2$，$F(x,y)$ 为 X 与 Y 的联合分布函数，则 $F(1,4)=$________.

K　15. 设 $X \sim B\left(3,\frac{1}{3}\right)$，$Y$ 服从 $(0,3)$ 上的均匀分布，X 与 Y 相互独立，则行列式

$\begin{vmatrix} X & X-1 & 1 \\ 0 & Y & -2 \\ 1 & 0 & 1 \end{vmatrix} > 0$ 的概率为________.

QK　16. 设随机变量 X 与 Y 相互独立，且都服从参数为 1 的指数分布，则随机变量 $Z=\frac{Y}{X}$ 的概率密度为________.

QK　17. 设二维随机变量 (X,Y) 服从二维正态分布，且 $X \sim N(0,3)$，$Y \sim N(0,4)$，相关系数 $\rho_{XY}=-\frac{1}{4}$，则 (X,Y) 的概率密度 $f(x,y)$ 为________.

K　18. 已知随机变量 X_1,X_2,X_3 独立同分布于 $f_i(x)=\begin{cases} 2e^{-2x}, & x>0, \\ 0, & x \leqslant 0, \end{cases}$ $i=1,2,3$. 记 $X=\max\{\min\{X_1,X_2\},X_3\}$，则当 $x>0$ 时，X 的分布函数 $F(x)=$________.

三、解答题

QK　1. 已知随机变量 X_1 与 X_2 的概率分布如下：

$$X_1 \sim \begin{pmatrix} -1 & 0 & 1 \\ \frac{1}{4} & \frac{1}{2} & \frac{1}{4} \end{pmatrix}, X_2 \sim \begin{pmatrix} 0 & 1 \\ \frac{1}{2} & \frac{1}{2} \end{pmatrix},$$

而且 $P\{X_1X_2=0\}=1$.

(1) 求 X_1 与 X_2 的联合分布；

(2) 问 X_1 与 X_2 是否独立？为什么？

QK　2. 设袋中有 5 个球，其中有 2 个红球、3 个白球，每次从袋中任意抽取 1 个，抽取两次，定义随机变量 X,Y 如下：

$$X=\begin{cases} 1, & \text{第一次抽取的是红球}, \\ 0, & \text{第一次抽取的是白球}; \end{cases} \quad Y=\begin{cases} 1, & \text{第二次抽取的是红球}, \\ 0, & \text{第二次抽取的是白球}. \end{cases}$$

若采取无放回抽取，求：

(1) (X,Y) 的分布律和边缘分布律；

(2) $P\{X \geqslant Y\}$.

QK　3. 设二维随机变量 (X,Y) 的概率密度为

$$f(x,y)=\begin{cases}\dfrac{1}{4}(y-x)e^{-y}, & |x|<y<+\infty,\\ 0, & \text{其他}.\end{cases}$$

求:(1)(X,Y) 分别关于 X,Y 的边缘概率密度;

(2) 在条件 $X=x$ 下随机变量 Y 的条件概率密度.

QK 4. 设随机变量 Y 服从参数为 $\lambda=1$ 的指数分布,随机变量

$$X_k=\begin{cases}0, & Y\leqslant k,\\ 1, & Y>k\end{cases}\quad(k=1,2).$$

求:(1) 二维随机变量 (X_1,X_2) 的概率分布;

(2) 随机变量 $Z=X_1-X_2$ 的概率分布.

QK 5. 设 $D=\{(x,y)\mid 0\leqslant y\leqslant 1,-y\leqslant x\leqslant y\}$,二维随机变量 (X,Y) 服从 D 上的均匀分布.求:

(1) (X,Y) 分别关于 X,Y 的边缘概率密度;

(2) 随机变量 $Z=X-Y$ 的概率密度.

QK 6. 设随机变量 X,Y 相互独立,且 X,Y 的概率密度分别为

$$f_X(x)=\begin{cases}1, & 0<x<1,\\ 0, & \text{其他},\end{cases}\qquad f_Y(y)=\begin{cases}e^{ay}, & y>0,\\ 0, & \text{其他}.\end{cases}$$

令 $Z=2X+aY$.

(1) 求 a 的值;

(2) 求 Z 的概率密度.

QK 7. 设随机变量 X,Y,Z 相互独立,且均服从区间 $(0,1)$ 上的均匀分布,令 $U=YZ$,求:

(1)U 的概率密度;

(2) 概率 $P\{X\geqslant YZ\}$.

QK 8. 设随机变量 (X,Y) 的概率密度为

$$f(x,y)=\begin{cases}2e^{-(x+2y)}, & x>0,y>0,\\ 0, & \text{其他},\end{cases}$$

求 $Z=X+2Y$ 的分布函数 $F_Z(z)$.

QK 9. 设二维随机变量 (X,Y) 的概率密度为 $f(x,y)=\begin{cases}1, & |y|<x,0<x<1,\\ 0, & \text{其他}.\end{cases}$ 求:

(1) 条件概率 $P\left\{X>\dfrac{1}{2}\,\middle|\,Y>0\right\}$;

(2)$Z=X+Y$ 的概率密度 $f_Z(z)$.

QK　10. 已知二维随机变量(X,Y)的概率密度为

$$f(x,y)=\begin{cases}2e^{-(x+y)}, & 0<x<y,\\ 0, & 其他,\end{cases}$$

求(X,Y)的分布函数 $F(x,y)$.

K　11. 设 X 的概率密度为 $f_X(x)=\begin{cases}2x, & 0<x<1,\\ 0, & 其他,\end{cases}$ 在给定 $X=x(0<x<1)$ 的条件下,$Y\sim U(-x,x)$.

(1) 求(X,Y)的概率密度 $f(x,y)$;

(2) 若$[Y]$表示不超过 Y 的最大整数,求 $W=X+[Y]$ 的分布函数.

QK　12. 已知随机变量 X 在区间$(0,1)$上服从均匀分布,在 $X=x(0<x<1)$ 的条件下,随机变量 Y 在区间$(0,x)$上服从均匀分布. 求:

(1)Y 的概率密度 $f_Y(y)$;

(2)X 与 Y 的相关系数 ρ_{XY}.

QK　13. 已知二维随机变量(X,Y)在以点$(0,0)$,$(1,-1)$,$(1,1)$为顶点的三角形区域上服从均匀分布.

(1) 求边缘概率密度 $f_X(x)$,$f_Y(y)$ 及条件概率密度 $f_{X|Y}(x\mid y)$,$f_{Y|X}(y\mid x)$,并判断 X 与 Y 是否相互独立;

(2) 计算概率 $P\left\{X>\frac{1}{2}\middle|Y>0\right\}$,$P\left\{X>\frac{1}{2}\middle|Y>\frac{1}{4}\right\}$.

QK　14. 已知随机变量 X 的概率分布为 $P\{X=i\}=\frac{1}{4}(i=1,2,3,4)$,及 $X=i$ 的条件下 Y 的条件分布 $P\{Y=j\mid X=i\}=\frac{1}{5-i}(j=i,i+1,\cdots,4)$. 求:

(1)X 和 Y 的联合分布律;

(2) 在 $Y=3$ 的条件下 X 的条件分布.

QK　15. 设二维随机变量(X,Y)的概率密度为

$$f(x,y)=\begin{cases}Ae^{-2x}, & x\geqslant 0,0\leqslant y\leqslant 1,\\ 0, & 其他.\end{cases}$$

求:(1) 常数 A;

(2)(X,Y)的分布函数.

QK 16.设二维随机变量(X,Y)的概率密度为

$$f(x,y)=\begin{cases}Ax+By, & 0\leqslant x\leqslant 1,0\leqslant y\leqslant 1-x,\\ 0, & \text{其他},\end{cases}$$

且$P\{Y>X\}=\frac{5}{12}$,记$Z=\min\{X,Y\}$,求:

(1) 常数A,B的值;

(2) Z的概率密度.

K 17.设随机变量X,Y相互独立且同分布,X的概率分布为$P\{X=k\}=\frac{1}{3}(k=1,2,3)$,$Z\sim U[0,1]$且$Z$与$X,Y$相互独立,$V=\min\{X,Y\}$,$T=Z+V$.求:

(1)V的概率分布;

(2)T的分布函数.

K 18.设ξ,η为独立同分布的随机变量,$U=\min\{\xi,\eta\}$,$V=\max\{\xi,\eta\}$.已知ξ的分布函数与概率密度分别为$F(x)$和$f(x)$.

(1) 求二维随机变量(U,V)的概率密度$g(u,v)$;

(2) 设$F(x)=\begin{cases}1-e^{-\lambda x}, & x>0,\\ 0, & x\leqslant 0,\end{cases}$其中$\lambda>0$,求$P\{U+V\leqslant 1\}$.

K 19.设随机变量X与Y相互独立,证明X^2与Y^2也相互独立.

QK 20.设二维连续型随机变量(X,Y)的概率密度为

$$f(x,y)=\begin{cases}Ce^{-(x+y)}, & x>0,y>0,\\ 0, & \text{其他}.\end{cases}$$

求:(1)C的值;

(2)(X,Y)的分布函数;

(3)(X,Y)落在区域G内的概率,其中$G=\{(x,y)\mid 0\leqslant x\leqslant 1,0\leqslant y\leqslant 2-2x\}$.

QK 21.设随机变量X与Y相互独立,都服从均匀分布$U(0,1)$.求$Z=|X-Y|$的概率密度及$P\left\{-\frac{1}{2}<X-Y<\frac{1}{2}\right\}$.

K 22.设系统L是由两个相互独立的子系统L_1,L_2联接而得,其联接方式分别为(1)并联;(2)串联.设L_1,L_2的寿命X,Y分别服从参数为$\alpha>0,\beta>0$,且$\alpha\neq\beta$的指数分布,求分别在上述两种联接方式下,系统L的寿命Z的概率密度.

QK　23. 设二维随机变量 (X,Y) 的概率密度

$$f(x,y)=\begin{cases}3y, & 0<x<y,0<y<1,\\ 0, & \text{其他}.\end{cases}$$

求随机变量 $Z=X-2Y$ 的概率密度 $f_Z(z)$.

K　24. 设二维随机变量 (X,Y) 在区域 $D=\{(x,y)\mid 0<x<1,x^2<y<\sqrt{x}\}$ 上服从均匀分布，令 $U=\begin{cases}1, & X\leqslant Y,\\ 0, & X>Y.\end{cases}$

(1) 写出 (X,Y) 的概率密度.

(2) U 与 X 是否相互独立？说明理由.

(3) 求 $Z=U+X$ 的分布函数 $F_Z(z)$.

K　25. 设随机变量 (X,Y) 服从区域 $D=\{(x,y)\mid 0\leqslant x\leqslant 1,1-\sqrt{2x-x^2}\leqslant y\leqslant\sqrt{1-x^2}\}$ 上的均匀分布，记 $Z=\begin{cases}1, & X+Y>1,\\ 0, & X+Y\leqslant 1,\end{cases}$ $U=XZ$ 的分布函数为 $F_U(u)$.

(1) 证明 X 与 Z 不独立；

(2) 计算 $F_U\left(\frac{1}{2}\right)$ 的值.

K　26. 设二维随机变量 (X,Y) 的概率密度为

$$f(x,y)=\begin{cases}4xy, & 0<x<1,0<y<1,\\ 0, & \text{其他},\end{cases}$$

求二维随机变量 (X^2,Y^2) 的概率密度.

K　27. 设二维随机变量 (X,Y) 的概率密度为 $f(x,y)=\begin{cases}\dfrac{1+xy}{4}, & |x|\leqslant 1,|y|\leqslant 1,\\ 0, & \text{其他}.\end{cases}$

(1) 判断 X 与 Y 是否独立？

(2) 判断 $|X|$ 与 $|Y|$ 是否独立？

(3) 记 $Z=X+Y$，求 Z 的概率密度 $f_Z(z)$.

第 4 章 随机变量的数字特征

一、选择题

QK 1.独立重复抛掷一枚均匀硬币两次,记

$$X_i = \begin{cases} 1, & 出现正面, \\ 0, & 出现反面, \end{cases} \quad i=1,2,$$

则 X_1+X_2 与 X_1-X_2(　　).

(A) 独立,不相关　　(B) 不独立,不相关

(C) 独立,相关　　(D) 不独立,相关

QK 2.一袋中有 6 个正品 4 个次品,按下列方式抽样:每次取 1 个,取后放回,共取 $n(n \leqslant 10)$ 次,其中次品个数记为X;一次性取出 $n(n \leqslant 10)$ 个,其中次品个数记为 Y,则下列结论正确的是(　　).

(A)$EX > EY$　　(B)$EX < EY$

(C)$EX = EY$　　(D)n 不同,EX,EY 大小不同

QK 3.若X,Y的标准化变量$X^* = \dfrac{X-EX}{\sqrt{DX}}$,$Y^* = \dfrac{Y-EY}{\sqrt{DY}}$,则$\mathrm{Cov}(X^*,Y^*)=$(　　).

(A)0　　(B)$\mathrm{Cov}(X,Y)$

(C)$\dfrac{\mathrm{Cov}(X,Y)}{DX \cdot DY}$　　(D)ρ_{XY}

QK 4. 设随机变量 X 服从参数为 $\lambda(\lambda > 0)$ 的指数分布,若 $P\{X > DX\} = (P\{X > EX\})^3$,则 $\lambda =$(　　).

(A)3　　(B) $\dfrac{3}{2}$　　(C) $\dfrac{2}{3}$　　(D) $\dfrac{1}{3}$

QK 5.设 $D=\{(x,y) \mid 0 \leqslant x \leqslant 1, 0 \leqslant y \leqslant 1\}$,二维随机变量$(X,Y)$ 服从 D 上的均匀分布,$Z=\min\{X,Y\}$,则 $EZ=$(　　).

(A) $\dfrac{1}{2}$　　(B) $\dfrac{1}{3}$　　(C) $\dfrac{1}{4}$　　(D) $\dfrac{1}{6}$

QK 6. 设随机变量 $X \sim N(1,1)$,$Y \sim N(-1,1)$,且 X,Y 相互独立,则下列结论不正确的是(　　).

(A)(X,Y) 服从二维正态分布　　(B)$2X+Y$ 服从正态分布

(C)$P\{2X+Y>1\}=\frac{1}{2}$　　(D)$2X+Y$ 与 $X+2Y$ 相互独立

QK　7. 设 $EX=\frac{1}{2}$, $DX=\frac{1}{4}$, 令 $p=P\{-1<X<2\}$, 则由切比雪夫不等式得(　　).

(A)$p\leqslant\frac{1}{9}$　　(B)$p\geqslant\frac{1}{9}$　　(C)$p\leqslant\frac{8}{9}$　　(D)$p\geqslant\frac{8}{9}$

QK　8. 将 2 个红球和 1 个白球随机放入 3 个盒子中,每个盒子可放任意多个球,记 X 为没有红球的盒子个数,则 $EX=$(　　).

(A) $\frac{17}{9}$　　(B) $\frac{4}{9}$　　(C) $\frac{3}{4}$　　(D) $\frac{4}{3}$

QK　9. 设 X 服从参数为 1 的泊松分布,则 $E\left(\frac{1}{X+1}\right)=$(　　).

(A) $\frac{1}{e}$　　(B)$1-\frac{1}{e}$　　(C) $\frac{2}{e}$　　(D)$1+\frac{1}{e}$

QK　10. 设 X 为非负连续型随机变量,其 k 阶矩存在,$k=1,2,\cdots$,概率密度记为 $f(x)$,分布函数记为 $F(x)$,则 $\int_0^{+\infty}[1-F(x)]\mathrm{d}x=$(　　).

(A)1　　(B)$E(X^2)$　　(C)DX　　(D)EX

QK　11. 设随机变量 X 和 Y 相互独立,且方差 DX, DY, $D(XY)$ 存在,则下列结论正确的是(　　).

(A)$D(XY)\geqslant DXDY$　　(B)$D(XY)=DXDY$

(C)$D(XY)\leqslant DXDY$　　(D)$D(XY)=0$

QK　12. 在区域 $D=\{(x,y)\mid x^2+y^2\leqslant 1\}$ 上任意投掷一点,用 (X,Y) 表示该点的坐标,设该点落在 D 内任一小区域内的概率与该小区域的面积成正比,则(　　).

(A)X 与 Y 不相关且不相互独立　　(B)X 与 Y 不相关且相互独立

(C)X 与 Y 相互独立且相关　　(D)X 与 Y 不相互独立且相关

QK　13. 设随机变量 X 服从参数为 $\frac{3}{4}$ 的 0—1 分布,随机变量 Y 服从参数为 $\frac{1}{4}$ 的 0—1 分布,且 $P\{X=0,Y=0\}=\frac{1}{8}$,则 $E(XY)=$(　　).

(A) $\frac{1}{8}$　　(B) $\frac{1}{4}$　　(C) $\frac{3}{8}$　　(D) $\frac{1}{2}$

QK　14. 设连续型随机变量 X 的概率密度非零区域为$[-1,1]$,则下列不一定成立的是(　　).

(A)$|EX|\leqslant 1$　(B)$E(X^2)\leqslant 1$　(C)$DX\leqslant 1$　(D)$EX=0$

QK　15. 设 X,Y 均服从标准正态分布 $N(0,1)$，相关系数 $\rho_{XY}=\frac{1}{2}$，令 $Z_1=aX,Z_2=bX+cY$，若 $D(Z_1)=D(Z_2)=1$，且 Z_1 与 Z_2 不相关，则 a,b,c 的取值不可以是（　　）.

(A)$a=1,b=\frac{1}{\sqrt{3}},c=-\frac{2}{\sqrt{3}}$

(B)$a=1,b=-\frac{1}{\sqrt{3}},c=\frac{2}{\sqrt{3}}$

(C)$a=-1,b=\frac{1}{\sqrt{3}},c=-\frac{2}{\sqrt{3}}$

(D)$a=-1,b=-\frac{1}{\sqrt{3}},c=-\frac{2}{\sqrt{3}}$

QK　16. 已知在独立重复试验中，事件 A 发生的概率为 $p(0<p<1)$，不发生的概率为 $1-p$. 记 Y 为事件 A 首次发生时前面的试验次数，则 $EY=$（　　）.

(A)$(1-p)^2$　(B)$p(1-p)$　(C)$\frac{p}{1-p}$　(D)$\frac{1-p}{p}$

QK　17. 设二维随机变量 (X,Y) 具有概率密度

$$f(x,y)=\begin{cases}\frac{1+xy}{4}, & |x|<1,|y|<1,\\ 0, & \text{其他},\end{cases}$$

则（　　）.

(A)X 与 Y 相互独立，X^2 与 Y^2 也相互独立

(B)X 与 Y 相互独立，X^2 与 Y^2 不相互独立

(C)X 与 Y 不相互独立，X^2 与 Y^2 相互独立

(D)X 与 Y 不相互独立，X^2 与 Y^2 也不相互独立

K　18. 在 $\triangle ABC$ 的两边 AB,AC 上各任取一点 P,Q，则四边形 $PBCQ$ 的面积的数学期望等于 $\triangle ABC$ 面积的（　　）.

(A)$\frac{2}{3}$　(B)$\frac{3}{4}$　(C)$\frac{4}{5}$　(D)$\frac{1}{2}$

QK　19. 随机试验 E 有三种两两不相容的结果 A_1,A_2,A_3，且三种结果发生的概率均为 $\frac{1}{3}$. 将试验 E 独立重复做 2 次，X 表示 2 次试验中结果 A_1 发生的次数，Y 表示 2 次试验中结果 A_2 发生的次数，则 X 与 Y 的相关系数为（　　）.

(A) $-\frac{1}{2}$　　(B) $-\frac{1}{3}$　　(C) $\frac{1}{3}$　　(D) $\frac{1}{2}$

K　20. 设 X,Y 为随机变量，且 $X\sim N(1,9)$，$Y\sim N(1,4)$，若 X 与 Y 相互独立，X_1,X_2,X_3 与 Y_1,Y_2,Y_3,Y_4 分别为来自总体 X 和 Y 的简单随机样本，$\overline{X}$ 与 $\overline{Y}$ 为其样本均值，则 $E(|\overline{X}-\overline{Y}|)=$（　　）.

(A) $\frac{2\sqrt{2}}{\sqrt{\pi}}$　　(B) $\frac{1}{\sqrt{\pi}}$　　(C) $\frac{\sqrt{2}}{\sqrt{\pi}}$　　(D) $\frac{2}{\sqrt{\pi}}$

K　21. 已知随机变量 X 的概率密度为 $f(x)(-\infty<x<+\infty)$，且 $E(|X|)=a\neq 1$，则当 $x\to+\infty$ 时，$1-\int_{-\infty}^{x}f(t)\mathrm{d}t$ 是 $\frac{1}{x}$ 的（　　）.

(A) 低阶无穷小　　(B) 高阶无穷小

(C) 同阶但不等价无穷小　　(D) 等价无穷小

QK　22. 设随机变量 X 的概率密度为 $f(x)=\begin{cases}\cos x, & 0\leqslant x\leqslant\frac{\pi}{2},\\ 0, & 其他.\end{cases}$ 若 $Y=X^2$，则 $DY=$（　　）.

(A) $20-2\pi^2$　　(B) $4\pi^2-20$

(C) $28-2\pi^2$　　(D) $4\pi^2-28$

QK　23. 已知 (X,Y) 在下述各区域上服从二维均匀分布，则 X 与 Y 不独立且不相关的是（　　）.

(A)
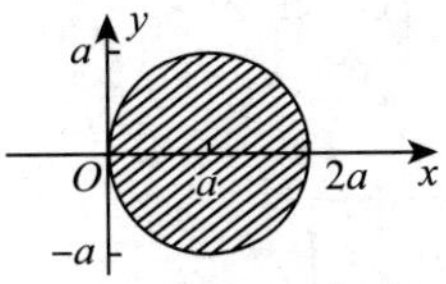

(B)
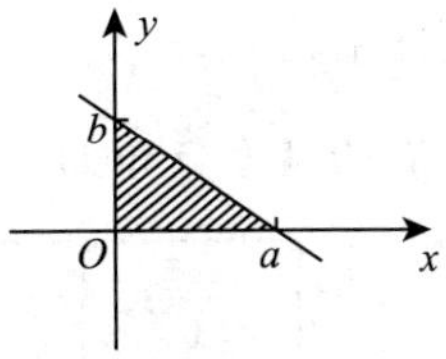

(C)
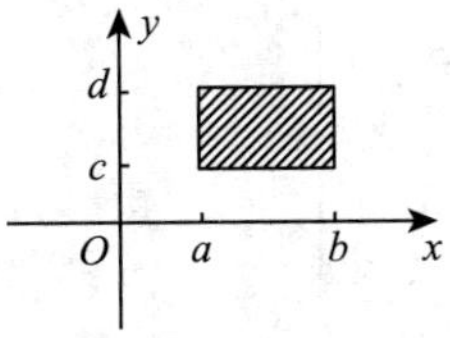

(D)
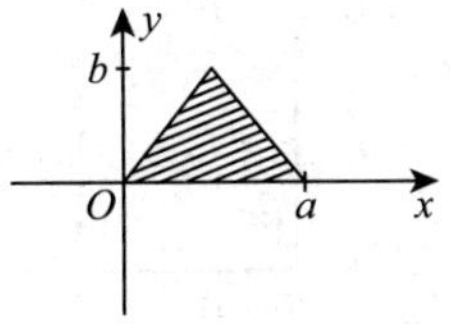

QK　24. 设随机变量 $X\sim\begin{pmatrix}0 & 1\\ \frac{1}{2} & \frac{1}{2}\end{pmatrix}$，$Y\sim\begin{pmatrix}-1 & 0 & 1\\ \frac{1}{3} & \frac{1}{3} & \frac{1}{3}\end{pmatrix}$，且 $P\{X=1,Y=1\}=P\{X=1,Y=-1\}$，则 X 与 Y（　　）.

(A) 必不相关　　(B) 必独立

(C) 必不独立　　(D) 必相关

QK 25. 设圆的半径 X 服从区间 $(0,1)$ 上的均匀分布，其周长与面积分别记为 Y 与 Z，则 $\mathrm{Cov}(Y,Z)=($　　$)$.

(A) $\frac{1}{12}\pi^2$　　(B) $\frac{1}{6}\pi^2$　　(C) $\frac{1}{3}\pi^2$　　(D) $\frac{1}{2}\pi^2$

QK 26. 设随机变量 X 的分布律为 $P\{X=n+1\}=\frac{1}{3}\cdot P\{X=n\}(n=1,2,\cdots)$，则 $EX=$ (　　).

(A) $\frac{2}{3}$　　(B) $\frac{3}{2}$　　(C) $\frac{1}{3}$　　(D) 3

QK 27. 设 a 为区间 $(0,1)$ 上一个定点，随机变量 X 服从 $(0,1)$ 上的均匀分布. 以 Y 表示点 X 到 a 的距离，当 X 与 Y 不相关时，$a=($　　$)$.

(A) 0.1　　(B) 0.3　　(C) 0.5　　(D) 0.7

QK 28. 设随机变量 $X_i(i=1,2)$ 同分布

X_i	-1	0	1
p	$\frac{1}{4}$	$\frac{1}{2}$	$\frac{1}{4}$

且满足 $P\{X_1X_2=0\}=1$，则 X_1 与 X_2 (　　).

(A) 独立且不相关　　(B) 独立且相关

(C) 不独立且相关　　(D) 不独立且不相关

QK 29. 设总体 X 的概率分布如下：

X	-1	0	1
p	$\frac{1}{4}$	$\frac{1}{2}$	$\frac{1}{4}$

从总体中抽取 n 个简单随机样本，N_1 表示 n 个样本中取到 -1 的个数，N_2 表示 n 个样本中取到 0 的个数，N_3 表示 n 个样本中取到 1 的个数，则 N_1 与 N_2 的相关系数为(　　).

(A) $-\frac{\sqrt{3}}{3}$　　(B) $\frac{\sqrt{3}}{3}$　　(C) -1　　(D) 1

QK 30. 设总体 (X,Y) 服从 $N(0,0;1,2;1)$，(X_1,Y_1)，(X_2,Y_2) 是来自总体 (X,Y) 的

简单随机样本，$\overline{X}=\dfrac{X_1+X_2}{2}$，$\overline{Y}=\dfrac{Y_1+Y_2}{2}$，则 $E[(\overline{X}-\overline{Y})^2]=(\quad)$.

(A) $\dfrac{3}{2}$　　(B) $\dfrac{3}{2}-\sqrt{2}$

(C) $\dfrac{3}{2}-\dfrac{\sqrt{2}}{2}$　　(D) $\dfrac{3}{2}+\dfrac{\sqrt{2}}{2}$

K　31. 设两个随机事件 A 与 B，两个随机变量 X,Y 如下：

$$X=\begin{cases}1, & A\text{ 发生},\\ 0, & A\text{ 不发生},\end{cases}\quad Y=\begin{cases}1, & B\text{ 发生},\\ 0, & B\text{ 不发生},\end{cases}$$

若 X 与 Y 不相关且 $P(A)=P(B)=p$，则下列命题正确的是(　　).

(A) 事件 A 与 B 不独立，随机变量 X 与 Y 独立

(B) 事件 A 与 B 独立，随机变量 X 与 Y 不独立

(C) 事件 A 与 B 不独立，随机变量 X 与 Y 不独立

(D) 事件 A 与 B 独立，随机变量 X 与 Y 独立

Q K　32. 在线段[0,1]上任取 3 个点，则最远两点距离的数学期望为(　　).

(A)1　　(B) $\dfrac{3}{4}$　　(C) $\dfrac{2}{3}$　　(D) $\dfrac{1}{2}$

K　33. 设随机变量 $X\sim U[0,2\pi]$，记 $Y=\cos X$，$Z=\sin X$，则(　　).

(A)X 与 Z 相关，Y 与 Z 不相关

(B)X 与 Y 相关，X 与 Z 不相关

(C)Y 与 Z 独立，X 与 Z 不独立

(D)Y 与 Z 独立，Y^2 与 Z^2 不独立

K　34. 设随机变量 X,Y 的二阶矩 $E(X^2)$，$E(Y^2)$ 均存在，则(　　).

(A)$[\mathrm{Cov}^2(X,Y)]^{\frac{1}{2}}>\sqrt{DX}\cdot\sqrt{DY}$

(B)$|EX|>[E(X^2)]^{\frac{1}{2}}$

(C)$[E(X^2)]^{\frac{1}{2}}[E(Y^2)]^{\frac{1}{2}}\geqslant|E(XY)|$

(D)$[E(|X+Y|^2)]^{\frac{1}{2}}\geqslant[E(X^2)]^{\frac{1}{2}}+[E(Y^2)]^{\frac{1}{2}}$

K　35. 设 A,B 为两个事件，$0<P(A)<1$，$0<P(B)<1$，且 A,B 不相容. 记随机变量 $X=\begin{cases}1, & A\text{ 发生},\\ 0, & A\text{ 不发生},\end{cases}$ $Y=\begin{cases}1, & B\text{ 发生},\\ 0, & B\text{ 不发生},\end{cases}$ 则以下结论不正确的是(　　).

(A)$E(XY)<EXEY$　　(B)$D(XY)>DXDY$

(C)$D(X-Y)>DX+DY$　　(D)$D(X+Y)<DX+DY$

QK 36. 某人对某一目标进行独立重复射击，直到命中与未命中两个结果都出现为止. 设每次射击命中目标的概率均为 p，X 表示射击次数. 若 $EX=3$，则 $p=$(　　).

(A) $\frac{1}{4}$　(B) $\frac{2}{3}$　(C) $\frac{1}{2}$　(D) $\frac{1}{3}$

K 37. 一个均匀的四面体，有三面分别染上红、白、黑三种颜色，第四面同时染上这三种颜色. 投掷此四面体，观察底面的颜色. 设

$$X=\begin{cases}1, & \text{底面有红色},\\0, & \text{底面没有红色},\end{cases}\quad Y=\begin{cases}1, & \text{底面有白色},\\0, & \text{底面没有白色},\end{cases}\quad Z=\begin{cases}1, & \text{底面有黑色},\\0, & \text{底面没有黑色},\end{cases}$$

则下列选项中正确的是(　　).

(A)X,Y,Z 相互独立　(B)X,Y,Z 两两独立

(C)XY 与 Z 不相关　(D)XY 与 Z 独立

QK 38. 设 $X_1,X_2,\cdots,X_{10}$ 为来自总体 X 的简单随机样本，EX 与 DX 都存在，且 $\overline{X}=\frac{1}{10}\sum_{i=1}^{10}X_i$，若 $E(X_1\overline{X})=35$，$D(X_1-\overline{X})=90$，则 $E(X^2)=$(　　).

(A)100　(B)125　(C)150　(D)175

QK 39. 设 X,Y 是两个随机变量，$EX=2$，$EY=-1$，$DX=9$，$DY=16$，且 X,Y 的相关系数为 $\rho=-\frac{1}{2}$，已知由切比雪夫不等式可得 $P\{|X+Y-1|<10\}\geqslant k$，则 k 的值等于(　　).

(A) $\frac{9}{16}$　(B) $\frac{3}{4}$　(C) $\frac{21}{25}$　(D) $\frac{87}{100}$

QK 40. 设随机变量 X,Y 相互独立，$X\sim B\left(12,\frac{1}{3}\right)$，$Y\sim P(2)$，记 $U=\max\{X,Y\}$，$V=\min\{X,Y\}$，则 $E[(U-1)(V-1)]=$(　　).

(A)1　(B)2　(C)3　(D)4

QK 41. 从 1,2,3,4 中任取一数记为 X，再从 $1,2,\cdots,X$ 中任取一数记为 Y，则 $EY=$(　　).

(A) $\frac{5}{4}$　(B) $\frac{4}{3}$　(C) $\frac{3}{2}$　(D) $\frac{7}{4}$

二、填空题

QK　1. 设随机变量 X 和 Y 均服从 $B\left(1,\frac{1}{2}\right)$，且 $D(X+Y)=1$，则 X 与 Y 的相关系数 $\rho=$ ________.

QK　2. 设随机变量 X 的概率密度为 $f(x)=\begin{cases}\frac{3}{8}x^2, & 0<x<2,\\ 0, & \text{其他},\end{cases}$ 则 $E\left(\frac{1}{X^2}\right)$ 为 ________.

QK　3. 设随机变量 Y 服从参数为 1 的指数分布，记

$$X_k=\begin{cases}0, & Y\leqslant k,\\ 1, & Y>k,\end{cases}\quad k=1,2,$$

则 $E(X_1+X_2)$ 为________.

QK　4. 设二维随机变量 (X,Y) 的概率密度为

$$f(x,y)=\begin{cases}\frac{1}{8}(x+y), & 0\leqslant x\leqslant 2, 0\leqslant y\leqslant 2,\\ 0, & \text{其他},\end{cases}$$

则随机变量 $U=X+2Y, V=-X$ 的协方差 $\mathrm{Cov}(U,V)$ 为________.

QK　5. 设随机变量 X 服从参数为 $\lambda=2$ 的泊松分布，则 $P\{X>DX\}=$ ________.

QK　6. 设随机变量 X 的概率密度为 $f(x)=\begin{cases}2x, & 0<x<1,\\ 0, & \text{其他},\end{cases}$ $F(x)$ 为 X 的分布函数，EX 为 X 的数学期望，则 $P\{F(X)>EX\}=$ ________.

QK　7. 设随机变量 X,Y 相互独立，且 $X\sim N(0,2), Y\sim N(0,3)$，则 $D(X^2+Y^2)=$ ________.

QK　8. 设 X 服从参数为 1 的指数分布，其分布函数为 $F(x)$，则 $E[F^2(X)+X^2]=$ ________.

QK　9. 设随机变量 $X\sim U[-1,3]$，$Y=\begin{cases}-1, & X\leqslant 0,\\ 1, & X>0,\end{cases}$ 则 $DY=$ ________.

QK　10. 设随机变量 X 的分布函数 $F(x)=\frac{1}{5}\Phi(x)+\frac{4}{5}\Phi\left(\frac{x-1}{2}\right)$，其中 $\Phi(x)$ 为标准正态分布函数，则 $EX=$ ________.

QK　11. 设随机变量 X 和 Y 的相关系数为 0.9，若 $Z=X-0.4$，则 Y 与 Z 的相关系数为 ________.

QK 12. 已知随机变量 X 在(1,2)上服从均匀分布，在 $X=x$ 条件下 Y 服从参数为 x 的指数分布，则 $E(XY^2)=$________.

QK 13. 设随机变量 X 的概率密度为 $f(x)=\dfrac{1}{\pi(1+x^2)}(-\infty<x<+\infty)$，$Y=\min\{|X|,1\}$，则 $EY=$________.

QK 14. 设 X 和 Y 相互独立，且 (X,Y) 的分布律为

Y \ X	0	2	4
1	a	$\frac{1}{24}$	$\frac{1}{12}$
3	$\frac{3}{8}$	$\frac{1}{8}$	b

则 $E(XY)=$________.

QK 15. 假设一设备在任何长为 t 的时间段内发生故障的次数 $N(t)$ 服从参数为 λt 的泊松分布($\lambda>0$)，设两次故障之间时间间隔为 T，则 $ET=$________.

QK 16. 设随机变量 X 服从参数为 $\lambda(\lambda>0)$ 的指数分布，则 X 落在数学期望 EX 和方差 DX 之间的概率应为________.

QK 17. 对 40 个人的血液进行化验时，将每 4 个人并为一组化验一次，如果合格，则 4 个人只化验一次，若不合格，再对这组 4 个人逐个进行化验，共化验 5 次. 若 40 个人中每人血液不合格率为 $p(0<p<1)$，则化验次数的数学期望为________.

QK 18. 设随机变量 X_1,X_2,X_3 相互独立，且 $X_1\sim B\left(4,\dfrac{1}{2}\right)$，$X_2\sim B\left(6,\dfrac{1}{3}\right)$，$X_3\sim B\left(6,\dfrac{1}{5}\right)$，则 $E[X_1(X_1+X_2-X_3)]$ 为________.

QK 19. 设随机变量 X 的期望与方差都存在，且 $E(X^2)=0$，则 $P\{X=0\}=$________.

QK 20. 若 (X,Y) 服从二维正态分布 $N(1,2;1,4;0.5)$，则 $\mathrm{Cov}\left(X-1,\dfrac{Y-2}{2}\right)=$________.

K 21.（仅数学三）有一笔风险资金要投资甲、乙两种证券. 记随机变量 X,Y 为投资甲、乙的收益，投资组合收益为 $aX+(1-a)Y$(其中 $0<a<1$). 若 $DX=1,DY=4$，二者相关系数为 -0.5. 当投资组合收益的方差达到最小时，$a=$________.

QK 22. 设随机变量 X 的分布函数为 $\Phi[2(x+1)]$，$\Phi(x)$ 为标准正态分布的分布函数，

则 $EX+E(X^2)=$ ________.

K　23. 在区间[0,1]上任取一点，将其分为两个区间，留下其中任一区间记其长度为 X，再从留下的区间上任取一点，将其分为两个区间，并取其中任一区间，记其长度为 Y，则 $E(Y)=$ ________.

K　24. 设 $(X,Y)\sim f(x,y)=\frac{1}{2\sqrt{2}\pi}e^{-\frac{x^2+2y^2}{4}}$，$-\infty<x,y<+\infty$，$Z=X^2-Y^2$，则 $EZ=$ ________.

K　25. 已知 (X,Y) 服从 $N(0,0;\sigma^2,\sigma^2;0)$，$\sigma>0$，若 $D(|X-Y|)=1-\frac{2}{\pi}$，则 $\sigma=$ ________.

QK　26. 抛掷一枚均匀的硬币，直到正、反面均出现为止，则抛掷次数 X 的数学期望为 ________.

K　27. 设总体 X 的分布函数 $F(x)$ 是严格单调增加的连续函数，X_1，X_2 为总体 X 的简单随机样本，记 $Y=\frac{1}{2}\sum_{i=1}^{2}\ln F(X_i)$，则 $P\left\{F(X)<EY+\frac{3}{2}\right\}=$ ________.

QK　28. 设随机变量 X 服从正态分布，且概率密度为 $f(x)=Ae^{-\frac{x^2}{2}+Bx}(-\infty<x<+\infty)$，其中 A，B 为常数，已知 $EX=DX$，则 $E(Xe^{-2X})=$ ________.

QK　29. 若连续型随机变量 X 服从参数为 1 的指数分布，令随机变量 $Y=[X+1]$，其中 $[\cdot]$ 表示取整符号，则 $EY=$ ________.

QK　30. 对某一目标连续射击直至命中 3 次为止. 设每次射击的命中率为 $\frac{3}{5}$，共消耗的子弹数为 X，则 $DX=$ ________.

QK　31. 设 $f_1(x)$ 为标准正态分布的概率密度，$f_2(x)$ 为 $[-1,1]$ 上均匀分布的概率密度. 若随机变量 X 的概率密度为 $f(x)=\begin{cases}af_1(x), & x>0,\\ bf_2(x), & x\leqslant 0\end{cases}$ $(a>0,b>0)$，且 $P\{X>0\}=\frac{1}{4}$，则 $E(X^2)=$ ________.

QK　32. 设随机变量 X 服从正态分布 $N(0,4)$，随机变量 Y 服从参数 $\lambda=\frac{1}{2}$ 的指数分布，$\mathrm{Cov}(X,Y)=-1$. 令 $Z=X-aY$，若 $\mathrm{Cov}(X,Z)=\mathrm{Cov}(Y,Z)$，则常数 a 的值为 ________.

QK　33. 设二维随机变量 (X,Y) 的分布律为

Y \ X	-1	0	1
-5	0	$\frac{1}{9}$	$\frac{1}{3}$
-1	$\frac{1}{9}$	0	$\frac{2}{9}$
1	$\frac{1}{9}$	$\frac{1}{9}$	0

则 X 与 Y 的协方差 $\mathrm{Cov}(X,Y)$ 为________.

QK 34. 二维正态分布一般表示为 $N(\mu_1,\mu_2;\sigma_1^2,\sigma_2^2;\rho)$，设 $(X,Y)\sim N(1,1;4,9;0.5)$，令 $Z=2X-Y$，则 Z 与 Y 的相关系数为________.

K 35. 设二维随机变量 $(X,Y)\sim N\left(0,0;\frac{1}{25},\frac{1}{25};0\right)$，则 $D(|3X-4Y|)=$________.

三、解答题

QK 1. 设 (X,Y) 的概率密度为

$$f(x,y)=\begin{cases}e^{-(x+y)}, & x\geqslant 0,y\geqslant 0,\\0, & \text{其他},\end{cases}$$

判断 X,Y 是否独立，并说明理由.

QK 2. 设随机变量 U 在 $[-2,2]$ 上服从均匀分布，记随机变量

$$X=\begin{cases}-1, & U\leqslant -1,\\1, & U>-1,\end{cases}\quad Y=\begin{cases}-1, & U\leqslant 1,\\1, & U>1.\end{cases}$$

求：(1) $\mathrm{Cov}(X,Y)$，并判定 X 与 Y 的独立性；

(2) $D[X(1+Y)]$.

QK 3. 设随机变量 X 在 $(0,3)$ 内随机取值，而随机变量 Y 在 $(X,3)$ 内随机取值，求协方差 $\mathrm{Cov}(X,Y)$.

K 4. 在长为 L 的线段上任取两点，求两点距离的期望和方差.

QK 5. 将长度为 1 的铁丝沿其上任一点折成两段，较短的一段长度记为 X，并以这两段作为矩形的两条边，记矩形面积为 Z，求：

(1) X 的概率密度；

(2) EZ.

QK 6. 设试验成功的概率为 $\frac{3}{4}$，失败的概率为 $\frac{1}{4}$，独立重复试验直到成功两次为止，试

求试验次数的数学期望.

K　7. 设 $X \sim U(-1,1)$, $Y=|X|$, 令 $Z_1=\begin{cases}1, & X>0,\\ 0, & X\leqslant 0,\end{cases}$ $Z_2=\begin{cases}1, & X>\frac{1}{2},\\ 0, & X\leqslant\frac{1}{2}.\end{cases}$

(1) 求 Y, Z_1 的分布函数；

(2) 判断 Y 与 Z_1 是否独立,并给出理由；

(3) 求 $\mathrm{Cov}(Y, Z_2)$,判断 Y 与 Z_2 是否独立.

K　8. 设随机变量 X 的概率密度为 $f_X(x)=\begin{cases}2x, & 0<x<1,\\ 0, & \text{其他},\end{cases}$ 在给定 $X=x$ 的条件下,随机变量 Y 在 $(-x, x)$ 上服从均匀分布.

(1) 令 $Z=X-Y$,求 $f_Z(z)$；

(2) $[Y]$ 表示对随机变量 Y 取整,求 $W=X+[Y]$ 的分布函数；

(3) 求 $E(X[Y])$.

QK　9. 某人在超市里买了 10 节甲厂生产的电池,又买了 5 节乙厂生产的电池. 这两种电池的寿命(以 h(小时) 计) 分别服从参数为 $\frac{1}{20}$ 和 $\frac{1}{40}$ 的指数分布. 他任取一节装在相机里.

(1) 求此电池寿命 X 的概率密度；

(2) 求 EX；

(3) 若用了 40 h 电池仍有电,求还可以再用 20 h 以上的概率.

QK　10. 假设你是参加某卫视“相亲节目”的男嘉宾,现有 n 位女嘉宾在你面前自左到右排在一条直线上,每两位相邻的女嘉宾的距离为 a(m). 假设每位女嘉宾举手时你必须和她去握手,每位女嘉宾举手的概率均为 $\frac{1}{n}$,且相互独立,若 Z 表示你和一位女嘉宾握手后到另一位举手的女嘉宾处所走的路程,求 EZ.

QK　11. 设有三个编号为 1,2,3 的球与三个编号为 1,2,3 的盒子,现将三个球分别放入三个盒子中,记随机变量 X 为球的编号与盒子的编号匹配的个数.

(1) 求 X 的概率分布；

(2) 记 $X_i=\begin{cases}1, & \text{第 } i \text{ 号球放入 } i \text{ 号盒子},\\ 0, & \text{第 } i \text{ 号球放入其他盒子},\end{cases}$ $i=1,2,3$,求 $D(X_1+X_2+X_3)$.

QK　12. 设随机变量 $X \sim N(0,1)$, $Y=X+|X|$. 求:(1) $F_Y(y)$；(2) EY.
(分布函数用标准正态分布的分布函数 $\Phi(x)$ 表示)

QK 13.若(X,Y)的概率分布如下：

X \ Y	-1	0	1
-1	a	0.1	0
0	0	b	0.2
1	0.2	0.1	c

且$P\{X+Y\leqslant 0\}=0.6$，$P\{Y\leqslant 0\mid X=0\}=0.5$.

(1) 求a,b,c的值；

(2)X与Y独立吗？相关吗？并求其相关系数；

(3) 求$X+Y$的概率分布.

K 14.设总体X服从标准正态分布$N(0,1)$，现取两个简单随机样本X_1,X_2，为使所取数据具有全面性，若X_1取自$(-\infty,0]$，则令$Y=|X_2|$；若X_1取自$(0,+\infty)$，则令$Y=-|X_2|$.

(1) 求Y的概率密度；

(2) 计算$P\{Y=X_2\}$的值；

(3) 讨论Y,X_2的独立性与不相关性.

QK 15.设点(X,Y)在以$(0,0)$，$(1,0)$，$(0,1)$为顶点的三角形内服从均匀分布，求X与Y的相关系数.

QK 16.设$X\sim U\left[\frac{1}{2},\frac{5}{2}\right]$，若$[x]$表示不超过$x$的最大整数，求：

(1)$D([X])$；

(2)$D(X-[X])$.

QK 17.设随机变量X与Y同分布，且$P\{|X|=|Y|\}=0$.已知X的概率分布为

X	-1	0	1
p	$\frac{1}{4}$	$\frac{1}{2}$	$\frac{1}{4}$

(1) 求X与Y的联合概率分布，并计算$P\{|X+Y|=1\}$；

(2) 求X与Y的协方差与相关系数，并讨论X与Y的相关性与独立性；

(3) 求$D(2X-3Y)$.

QK 18.设随机变量X,Y的概率分布分别为

X	0	1
p	$\frac{1}{4}$	$\frac{3}{4}$

Y	0	1
p	$\frac{1}{2}$	$\frac{1}{2}$

且 $\mathrm{Cov}(X,Y)=\frac{1}{8}$，求：

(1) X 与 Y 的联合概率分布；

(2) Y 在 $X=1$ 条件下的条件分布；

(3) $E(|X-Y|)$.

K　19. 在 x 轴上的闭区间 $[-1,1]$ 上及 y 轴上的闭区间 $[0,1]$ 上分别任取一点，求这两点距离的平方的数学期望与方差.

K　20. 设二维随机变量 (X,Y) 的概率密度为

$$f(x,y)=\begin{cases}6x^2y, & 0\leqslant x\leqslant 1,0\leqslant y\leqslant 1,\\ 0, & \text{其他},\end{cases}$$

$Z=\max\{X,Y\}$，求 $\mathrm{Cov}(X+Y,Z)$.

K　21. 设随机变量 X 与 Y 相互独立，X 的分布列为 $\begin{pmatrix}-1 & 0 & 1\\ p & p & 1-2p\end{pmatrix}$，$Y$ 服从参数为 1 的指数分布，令 $Z=XY$，若 Y 与 Z 既不相关，也不独立，求：

(1) Z 的概率密度；

(2) p 的值.

Q K　22.（仅数学三）一商店经销某种商品，每周进货量 X 与顾客对该种商品的需求量 Y 是相互独立的随机变量，且都服从区间 $[10,20]$ 上的均匀分布. 商店每售出一单位商品可得利润1 000元；若需求量超过了进货量，商店可从其他商店调剂供应，这时每单位商品获利润 500 元，试计算此商店经销该种商品每周所得利润的期望值.

Q K　23. 已知随机变量 X 与 Y 的部分联合分布律、边缘分布律如表所示.

X \ Y	0	1	2	$P\{X=x_i\}=p_{i\cdot}$
0		$\frac{1}{8}$		
1	$\frac{1}{8}$	c	d	
$P\{Y=y_j\}=p_{\cdot j}$		a	b	1

且 $P\{X=1 \mid Y=1\}=\frac{1}{4}, P\{XY=0\}=\frac{19}{24}, EY=\frac{3}{2}$. 求：

(1)a,b,c,d；

(2)$P\{\min\{X,Y\}<1\}$；

(3)$\mathrm{Cov}(X,Y)$.

QK 24.(仅数学三) 设每年国际市场对我国某种出口商品的需求量是随机变量 X（单位：t），它服从$[2\ 000,4\ 000]$上的均匀分布. 设每售出 1 t 这种商品，可获利 3 万元，但假如销售不出则面临囤积库房，每吨需保养费 1 万元. 问需要组织多少货源可使期望收益最大？

QK 25. 设 X 为连续型随机变量，其概率密度为

$$f(x)=\begin{cases}\dfrac{2}{\pi(1+x^2)}, & x\geqslant 0,\\ 0, & x<0.\end{cases}$$

求 $D(\min\{|X|,1\})$.

K 26. 设随机变量 X 服从参数为 $\lambda=1$ 的指数分布，$Y_1=2\mathrm{e}^{-X}-X, Y_2=\mathrm{e}^{-X}+\frac{1}{2}X$. 判断 Y_1 与 Y_2 是否相互独立.

K 27. 设随机变量 $X_{ij}(i,j=1,2,3)$ 独立同分布，且

$$X_{ij}\sim\begin{pmatrix}0 & 1\\ \dfrac{2}{3} & \dfrac{1}{3}\end{pmatrix},$$

记 $X=\begin{vmatrix}X_{11} & X_{12} & X_{13}\\ X_{21} & X_{22} & X_{23}\\ X_{31} & X_{32} & X_{33}\end{vmatrix}$，求 EX.

K 28. 设二维随机变量(X,Y) 的概率密度为

$$f(x,y)=\begin{cases}2-x-y, & 0<x<1, 0<y<1,\\ 0, & \text{其他}.\end{cases}$$

求：(1)$D(XY)$；

(2)$\mathrm{Cov}(3X+Y, X-2Y)$.

K 29. 把一枚骰子独立地投掷 n 次，记 1 点出现的次数为随机变量 X，6 点出现的次数为随机变量Y，另记 $X_i=\begin{cases}1, & \text{第 } i \text{ 次投掷，出现 1 点},\\ 0, & \text{其他},\end{cases}$ $Y_j=\begin{cases}1, & \text{第 } j \text{ 次投掷，出现 6 点},\\ 0, & \text{其他},\end{cases}$ $i,j=1,2,\cdots,n$.

(1) 求 EX, DX；

(2) 分别求 $i \neq j$ 和 $i = j$ 时 $E(X_i Y_j)$ 的值；

(3) 求 X 与 Y 的相关系数.

K 30. 设 A, B 为两个随机事件，且 $P(A)=\frac{1}{4}, P(B)=\frac{1}{6}, P(A \mid B)=\frac{1}{2}$.

令 $X=\begin{cases}1, & A\text{ 发生}, \\ 0, & A\text{ 不发生},\end{cases}$ $Y=\begin{cases}1, & B\text{ 发生}, \\ 0, & B\text{ 不发生},\end{cases}$ 用 N_{ij} 表示 N 次试验中事件 $\{X=x, Y=y\}$ 发生的次数，$x, y=0,1$，记 $N_{i\cdot}=\sum_{j=1}^{2} N_{ij}, N_{\cdot j}=\sum_{i=1}^{2} N_{ij}, N=\sum_{i=1}^{2} \sum_{j=1}^{2} N_{ij}(i, j=1,2)$，下表为两因素的"四格表".

X \ Y	1	0	
1	N_{11}	N_{12}	$N_{1\cdot}$
0	N_{21}	N_{22}	$N_{2\cdot}$
	$N_{\cdot 1}$	$N_{\cdot 2}$	N

(1) 若 $N_{1\cdot}=30$，求 N_{11} 的方差.

(2) 若 $N_{1\cdot}, N_{2\cdot}, N_{\cdot 1}, N_{\cdot 2}$ 都给定，则 $N_{11}, N_{12}, N_{21}, N_{22}$ 中有几个随机变量？当 $N_{1\cdot}=10, N_{2\cdot}=30, N_{\cdot 1}=20, N_{\cdot 2}=20$ 时，求 $E(N_{11})$.

(3) 若 X 与 Y 不相关，则 X 与 Y 独立吗？

K 31. 在上半单位圆周 $y=\sqrt{1-x^2}$ 上任取两点 M, N，记扇形 OMN 的面积为 S_1，三角形 OMN 的面积为 S_2，求 $\operatorname{Cov}(S_1, S_2)$.

第5章 大数定律与中心极限定理

一、选择题

QK 1. 设总体 X 服从参数为1的泊松分布，$X_1,X_2,\cdots,X_n$ 为来自总体 X 的简单随机样本. 记 $\upsilon_n(1)$ 为 n 个观测值中不大于1的个数，则当 n 充分大时，$\frac{\upsilon_n(1)}{n}$ 依概率收敛于(　　).

(A) $\frac{1}{e}$　　(B) $\frac{2}{e}$　　(C) $1-\frac{1}{e}$　　(D) $1-\frac{2}{e}$

QK 2. 设随机变量序列 $X_1,X_2,\cdots,X_n,\cdots$ 相互独立同分布，X_n 的概率密度是 $f(x)$，则下列 $f(x)$ 中，不能满足辛钦大数定律条件的是(　　).

(A) $f(x)=\begin{cases}0, & x<0,\\ \frac{1}{4}x, & 0\leqslant x<2,\\ \frac{1}{x^2}, & x\geqslant 2\end{cases}$

(B) $f(x)=\begin{cases}x+1, & -1\leqslant x<0,\\ 1-x, & 0\leqslant x<1,\\ 0, & \text{其他}\end{cases}$

(C) $f(x)=\begin{cases}\cos x, & 0\leqslant x<\frac{\pi}{2},\\ 0, & \text{其他}\end{cases}$

(D) $f(x)=\begin{cases}\sin x, & 0\leqslant x<\frac{\pi}{2},\\ 0, & \text{其他}\end{cases}$

QK 3. 设总体 X 服从参数为 $\lambda(\lambda>0)$ 的泊松分布，$X_1,X_2,\cdots,X_n$ 为来自总体 X 的简单随机样本，且对任意的正数 ε，有 $\lim\limits_{n\to\infty}P\left\{\left|\frac{1}{n}\sum_{i=1}^{n}X_i^2-2\right|<\varepsilon\right\}=1$，则 $D(|X-DX|)=$ (　　).

(A) $1-\frac{2}{e}$　　(B) $1+\frac{2}{e}$　　(C) $1-\frac{4}{e^2}$　　(D) $1+\frac{4}{e^2}$

QK 4. 设 $Z\sim N(0,1)$，令 $X=\mu+\sigma Z$，$X_1,X_2,\cdots,X_n$ 为来自总体 X 的简单随机样本，

则当 $n \to \infty$ 时，$Y_n = \frac{1}{n}\sum_{i=1}^{n} X_i^3$ 依概率收敛于(　　).

(A)μ^3　　(B) σ^3　　(C)$\mu^3 + 3\mu\sigma^2$　　(D)$\mu^3 + 3\mu^2\sigma^3$

QK　5. 设随机变量 $X_1, X_2, \cdots, X_n, \cdots$ 是相互独立的随机变量序列，在下列条件下，X_1^2，$X_2^2, \cdots, X_n^2, \cdots$ 满足独立同分布中心极限定理的是(　　).

(A)$P\{X_i = m\} = p^m q^{1-m}, m = 0, 1, 0 < p = 1 - q < 1$

(B)$P\{X_i \leqslant x\} = \int_{-\infty}^{x} \frac{1}{\pi(1+t^2)} \mathrm{d}t$

(C)$P\{|X_i| = m\} = \frac{c}{m^2}, m = 1, 2, \cdots$，常数 $c = \left(\sum_{m=1}^{\infty} \frac{1}{m^2}\right)^{-1}$

(D)X_i 服从参数为 i 的指数分布

QK　6. 设 $X_1, X_2, \cdots, X_n$ 是来自总体 $X \sim \begin{pmatrix} 0 & 1 & 2 & 3 \\ \frac{1}{16} & \frac{3}{8} & \frac{1}{16} & \frac{1}{2} \end{pmatrix}$ 的简单随机样本，若取值为 2 的样本个数 K 满足 $\lim\limits_{n\to\infty} P\left\{\frac{K-a}{b} \leqslant x\right\} = \Phi(x)$，其中 $\Phi(x)$ 为标准正态分布函数，则 a，b 分别是(　　).

(A) $\frac{1}{16}, \frac{\sqrt{15}}{16}$　　(B) $\frac{n}{16}, \frac{\sqrt{15n}}{16}$　　(C) $\frac{1}{16}, \frac{\sqrt{15n}}{16}$　　(D) $\frac{n}{16}, \frac{\sqrt{15}}{16}$

QK　7. 设总体 X 服从 $(0,1)$ 上的均匀分布，$X_1, X_2, \cdots, X_{16}$ 是来自总体 X 的简单随机样本. 根据中心极限定理，$P\left\{\prod_{i=1}^{16} X_i \leqslant \mathrm{e}^{-15}\right\}$ 约为(　　).

(A)$\Phi(0)$　　(B)$\Phi\left(\frac{1}{4}\right)$　　(C)$\Phi\left(\frac{1}{2}\right)$　　(D)$\Phi(1)$

QK　8. 设随机变量 $X_1, X_2, \cdots, X_n, \cdots$ 相互独立且都服从 $U[1,4]$，$\Phi(x)$ 是标准正态分布的分布函数，则 $\lim\limits_{n\to\infty} P\left\{\frac{2\sum_{i=1}^{n} X_i - 5n}{\sqrt{n}} \leqslant x\right\} = $(　　).

(A)$\Phi(x)$　　(B)$\Phi(\sqrt{3}x)$　　(C)$\Phi\left(\frac{x}{\sqrt{3}}\right)$　　(D)$\Phi\left(\frac{2x}{\sqrt{3}}\right)$

K　9. 设 X 的概率密度为 $f_X(x) = \begin{cases} \frac{1}{2}, & -1 \leqslant x \leqslant 0, \\ \frac{1}{4}, & 0 < x < 2, \\ 0, & 其他, \end{cases}$ 且 $Y = \begin{cases} 1, & X \leqslant 0, \\ 2, & X > 0, \end{cases}$ 则

$E[D(X \mid Y)]=($　　$)$.

(A) $\frac{1}{24}$　　(B) $\frac{5}{24}$　　(C) $\frac{7}{24}$　　(D) $\frac{9}{24}$

二、填空题

QK 1. 有一大批量产品，其正品率为 0.8，从中有放回地重复抽取 n 批产品样品，每批 10 件，若 $X_k(k=1,2,\cdots,n)$ 表示第 k 批产品的正品数，则当 $n\to\infty$ 时，$\frac{1}{n}\sum_{k=1}^{n}X_k$ 依概率收敛于________.

QK 2. 已知产品的废品率 $p=0.005$，则 10 000 件产品中废品数不大于 70 的概率为________.（$\Phi(2.84)=0.997\ 7$）

QK 3. 设总体 X 服从参数为 2 的指数分布，$X_1,X_2,\cdots,X_n$ 为来自总体 X 的简单随机样本，则 $Y_n=\frac{1}{n}\sum_{i=1}^{n}X_i^2$ 依概率收敛于________.

QK 4. 设 $X_1,X_2,\cdots,X_n$ 是来自总体 X 的简单随机样本，X 服从$[-\pi,\pi]$上的均匀分布，记 $Y_k=\cos(kX_k)$，$k=1,2,\cdots,n$，则 $\frac{1}{n}\sum_{k=1}^{n}Y_k^2$ 依概率收敛于________.

K 5. 设随机变量 $X\sim N(0,1)$，在 $X=x$ 的条件下，总体 $Y\sim N(x,1)$，记 $Y_1,Y_2,\cdots,Y_n$ 为取自总体 Y 的简单随机样本，则当 $n\to\infty$ 时，$\frac{1}{n}\sum_{i=1}^{n}Y_i^2$ 依概率收敛于________.

QK 6. 一本书共有 100 万个印刷符号，在排版时每个符号被排错的概率为 0.000 1，校对时每个排版错误被改正的概率为 0.9，则校对后错误不超过 15 个的概率为________.（$\Phi(1.58)=0.942\ 9$）

QK 7. 设连续型随机变量 $X_1,X_2,\cdots,X_{40}$ 相互独立同分布，且概率密度为

$$f(x)=\begin{cases}2x, & 0\leqslant x<1,\\ 0, & \text{其他},\end{cases}$$

记 $Y=\sum_{i=1}^{40}X_i$，则依中心极限定理，$\frac{Y-\mu}{\sigma}$ 近似服从 $N(0,1)$，其中 μ 和 σ 分别取值为________.

QK 8. 某保险公司接受了 10 000 辆汽车的保险，每辆汽车每年的保费为 1.2 万元. 若汽车丢失，则车主获得赔偿 100 万元. 设汽车的丢失率为 0.006，对于此项业务，利用中心极限定理，则保险公司一年所获利润不少于 6 000 万元的概率为________.

QK 9. 设随机变量 $X_1,X_2,\cdots,X_{2n}$ 相互独立，且均服从二项分布 $B\left(1,\frac{1}{2}\right)$，若根据中

心极限定理，有

$$\lim_{n\to\infty}P\left\{a\sum_{i=1}^{n}(X_{2i}-X_{2i-1})\leqslant\sqrt{n}x\right\}=\Phi(x)(a>0),$$

其中 $\Phi(x)$ 为标准正态分布函数，则 $a=$______.

三、解答题

K　1. 设 $X_1,X_2,\cdots,X_n$ 相互独立且均服从标准正态分布 $N(0,1)$，求当 $n\to\infty$ 时，$Y_n=\frac{1}{n}\sum_{i=1}^{n}X_i^k$（$k$ 为正奇数）依概率收敛于何值？

K　2. 某计算机系统有 100 个终端，每个终端有 20% 的时间在使用，若各个终端使用与否相互独立，求有 10 个或更多个终端在使用的概率.（$\Phi(2.5)=0.9938$）

QK　3. 用切比雪夫不等式确定，掷一均质硬币时，需掷多少次，才能保证“正面”出现的频率在 0.4 至 0.6 之间的概率不小于 0.9.

第 6 章 数理统计

一、选择题

QK 1. 设随机变量 $X \sim N(0,4)$，若 $X_1, X_2, \cdots, X_n (n>2)$ 是来自总体 X 的简单随机样本，则(　　).

(A) $\frac{1}{2n}\left(\sum_{i=1}^{n} X_i\right)^2 \sim \chi^2(1)$　　(B) $\frac{1}{16}\sum_{i=1}^{n} X_i^2 \sim \chi^2(n)$

(C) $\sqrt{\frac{(n-1)X_n^2}{\sum_{i=1}^{n-1} X_i^2}} \sim t(n-1)$　　(D) $\frac{(n-1)X_1^2}{\sum_{i=2}^{n} X_i^2} \sim F(1,n-1)$

QK 2. 设总体 X 的概率密度为 $f(x;\sigma)=\begin{cases}\frac{2x}{\sigma}e^{-\frac{x^2}{\sigma}}, & x>0, \\ 0, & 其他,\end{cases}$ 其中 σ 为大于零的未知参数，已知 $X_1, X_2, \cdots, X_n$ 是来自总体 X 的简单随机样本，则 σ 的最大似然估计量为(　　).

(A) $\hat{\sigma}=\frac{1}{n-1}\sum_{i=1}^{n} X_i$　　(B) $\hat{\sigma}=\frac{1}{n-1}\sum_{i=1}^{n} X_i^2$

(C) $\hat{\sigma}=\frac{1}{n}\sum_{i=1}^{n} X_i$　　(D) $\hat{\sigma}=\frac{1}{n}\sum_{i=1}^{n} X_i^2$

QK 3. 设总体 X 服从参数为 p 的几何分布，$X_1, X_2, \cdots, X_n$ 为来自总体 X 的简单随机样本，$\overline{X}$ 为样本均值. 若 $Y=a\overline{X}+b\overline{X}^2$ (a,b 为常数) 的数学期望为 $\frac{1}{p^2}$，则 $a+b=$(　　).

(A) -1　　(B) 0　　(C) 1　　(D) 2

QK 4. 设总体 X 的数学期望 $EX=0$，方差 $DX=\sigma^2$，而 $X_1, X_2, \cdots, X_n (n>2)$ 是来自总体 X 的简单随机样本，$\overline{X}=\frac{1}{n}\sum_{i=1}^{n} X_i$，$S^2=\frac{1}{n-1}\sum_{i=1}^{n}(X_i-\overline{X})^2$，则下列统计量的数学期望为 σ^2 的是(　　).

(A) $n\overline{X}^2+S^2$　　(B) $\frac{1}{2}(n\overline{X}^2+S^2)$

(C) $\frac{1}{3}(n\overline{X}^2+S^2)$　　(D) $\frac{1}{4}(n\overline{X}^2+S^2)$

QK 5. 设 X_1, X_2 是取自正态总体 $X \sim N(1,1)$ 的简单随机样本，则 $\frac{X_1-1}{|1-X_2|}$ 服从(　　).

(A) $N(1,1)$ (B) $\chi^2(1)$ (C) $F(1,1)$ (D) $t(1)$

QK 6. 设总体 X 服从参数为 λ 的指数分布，$X_1,X_2,\cdots,X_n$ 是取自总体 X 的一个简单随机样本，$\overline{X}$ 为样本均值，则参数 λ 的矩估计量为(　　).

(A) $\dfrac{1}{2\overline{X}}$ (B) $\dfrac{1}{\overline{X}}$

(C) $\overline{X}$ (D) $\dfrac{1}{2}\overline{X}$

QK 7.（仅数学一）设 $\hat{\theta}_1=\hat{\theta}_1(X_1,X_2,\cdots,X_n)$，$\hat{\theta}_2=\hat{\theta}_2(X_1,X_2,\cdots,X_n)$ 是未知参数 θ 的两个估计量，则 $D\hat{\theta}_1<D\hat{\theta}_2$ 是 $\hat{\theta}_1$ 比 $\hat{\theta}_2$ 更有效的(　　).

(A) 必要非充分条件 (B) 充分非必要条件

(C) 充要条件 (D) 既非充分也非必要条件

QK 8.（仅数学一）设 X_1,X_2,X_3 取自存在有限数学期望 μ 和方差 σ^2 的总体 X，则下列统计量中不为总体 X 数学期望 μ 的无偏估计量的是(　　).

(A) $\hat{\mu}_1=\dfrac{1}{5}X_1+\dfrac{3}{10}X_2+\dfrac{1}{2}X_3$ (B) $\hat{\mu}_2=\dfrac{1}{3}X_1+\dfrac{1}{4}X_2+\dfrac{5}{12}X_3$

(C) $\hat{\mu}_3=\dfrac{1}{4}X_1+\dfrac{1}{4}X_2+\dfrac{1}{4}X_3$ (D) $\hat{\mu}_4=\dfrac{1}{3}X_1+\dfrac{3}{4}X_2-\dfrac{1}{12}X_3$

QK 9.（仅数学一）设一批零件的长度 X 服从正态分布 $N(\mu,\sigma^2)$，其中 σ^2 未知，μ 未知. 现从中随机抽取 15 个零件，测得样本均值为 $\bar{x}$，样本方差为 s^2，则当置信度为 0.90 时，判断 μ 是否大于 μ_0 的接受条件为(　　).

(A) $\bar{x}\geqslant\mu_0-\dfrac{s}{\sqrt{15}}t_{0.05}(14)$ (B) $\bar{x}\geqslant\mu_0-\dfrac{s}{\sqrt{15}}t_{0.10}(15)$

(C) $\bar{x}\geqslant\mu_0+\dfrac{s}{\sqrt{15}}t_{0.10}(14)$ (D) $\bar{x}\geqslant\mu_0+\dfrac{s}{\sqrt{15}}t_{0.05}(15)$

QK 10. 设 $X_1,X_2,\cdots,X_{10}$ 是来自正态总体 $X\sim N(0,\sigma^2)(\sigma>0)$ 的简单随机样本，记 $Y^2=\dfrac{1}{9}\sum\limits_{i=2}^{10}X_i^2$，则(　　).

(A) $X_1^2\sim\chi^2(1)$ (B) $Y^2\sim\chi^2(9)$

(C) $\dfrac{X_1}{|Y|}\sim t(9)$ (D) $\dfrac{X_1^2}{Y^2}\sim F(9,1)$

QK 11. 设 $X\sim B\left(1,\dfrac{1}{2}\right)$，$X_1,X_2,X_3$ 为来自总体 X 的简单随机样本，$\overline{X}$ 为样本均值，

则 $P\left\{\overline{X}>\frac{1}{3}\right\}=(\quad)$.

(A) $\frac{3}{8}$　　(B) $\frac{1}{2}$　　(C) $\frac{5}{8}$　　(D) $\frac{7}{8}$

QK　12. 设 $X_1,X_2,\cdots,X_n$ 是来自总体 $N(0,1)$ 的简单随机样本，记 $\overline{X}=\frac{1}{n}\sum_{i=1}^{n}X_i$，$S^2=\frac{1}{n-1}\sum_{i=1}^{n}(X_i-\overline{X})^2$，$T=(\overline{X}+1)(S^2+1)$，则 ET 的值为(　　).

(A)0　　(B)1　　(C)2　　(D)4

QK　13. 已知总体 $X\sim N(\mu_1,4)$，$Y\sim N(\mu_2,5)$，X 与 Y 相互独立，$X_1,\cdots,X_8$ 和 $Y_1,\cdots,Y_{10}$ 是分别来自总体 X 和 Y 的两组简单随机样本，S_X^2 与 S_Y^2 分别为两组样本的样本方差，则(　　).

(A) $\frac{2S_X^2}{5S_Y^2}\sim F(7,9)$　　(B) $\frac{5S_X^2}{2S_Y^2}\sim F(7,9)$

(C) $\frac{4S_X^2}{5S_Y^2}\sim F(7,9)$　　(D) $\frac{5S_X^2}{4S_Y^2}\sim F(7,9)$

QK　14. 设随机变量 $X\sim F(n,n)$，记 $p_1=P\{X\geqslant 1\}$，$p_2=P\{X\leqslant 1\}$，则(　　).

(A) $p_1<p_2$　　(B) $p_1>p_2$

(C) $p_1=p_2$　　(D) p_1,p_2 大小无法比较

QK　15. 设总体 X 的概率密度为

$$f(x;\lambda)=\begin{cases}\lambda^2 x\mathrm{e}^{-\lambda x}, & x>0,\\ 0, & x\leqslant 0,\end{cases}$$

其中参数 $\lambda(\lambda>0)$ 未知，$X_1,X_2,\cdots,X_n$ 是取自总体 X 的一个简单随机样本，则参数 λ 的矩估计量为(　　).

(A) $\frac{2}{\overline{X}}$　　(B) $\frac{1}{2\overline{X}}$　　(C) $\frac{\overline{X}}{2}$　　(D) $2\overline{X}$

QK　16.(仅数学一) 设总体 $X\sim N(\mu,\sigma^2)$，其中 μ 与 $\sigma(\sigma>0)$ 均未知，对于 X 的一个简单随机样本 $X_1,X_2,\cdots,X_n$，若求 σ^2 的置信区间，则选用的统计量服从(　　).

(A) $\chi^2(n-1)$　　(B) $\chi^2(n)$　　(C) $t(n-1)$　　(D) $t(n)$

QK　17.(仅数学一) 设总体 $X\sim N(\mu,2^2)$，其中 μ 为未知参数，$X_1,X_2,\cdots,X_9$ 是来自总体 X 的简单随机样本，记关于 μ 的置信度为 0.95 的置信区间长度为 L，则 L 的数学期望 $EL=(\quad)$.

(A) $\frac{2}{3}z_{0.025}$　　(B) $\frac{4}{3}z_{0.025}$　　(C) $\frac{2}{3}z_{0.05}$　　(D) $\frac{4}{3}z_{0.05}$

QK　18.(仅数学一)设总体 X 中的未知参数 θ 有两个相互独立的无偏估计量 $\hat{\theta}_1$ 与 $\hat{\theta}_2$，且 $D\hat{\theta}_2 = 2D\hat{\theta}_1$，记 $\hat{\theta} = a\hat{\theta}_1 + b\hat{\theta}_2$，则以下使得 $\hat{\theta}$ 最有效的是(　　).

(A)$a = \frac{1}{3}, b = \frac{1}{3}$　　(B)$a = \frac{2}{3}, b = \frac{1}{3}$

(C)$a = \frac{1}{3}, b = \frac{2}{3}$　　(D)$a = \frac{2}{3}, b = \frac{2}{3}$

QK　19.(仅数学一)设总体 $X \sim N(\mu, \sigma^2)$，其中 $\mu, \sigma(\sigma > 0)$ 均未知，对于假设检验问题：$H_0: \sigma^2 \leqslant 8, H_1: \sigma^2 > 8$，给定显著性水平 $\alpha = 0.05$，对于一个容量为25的样本，计算得样本方差 $s^2 = 14$，已知 $\chi^2_{0.05}(24) = 36.415$，则检验结果为(　　).

(A) 接受 H_0，可能会犯第一类错误　　(B) 接受 H_0，可能会犯第二类错误

(C) 拒绝 H_0，可能会犯第一类错误　　(D) 拒绝 H_0，可能会犯第二类错误

QK　20.已知随机变量 X 和 Y 均服从正态分布 $N(0,1)$，则(　　).

(A)$X^2 + Y^2$ 服从 $\chi^2(2)$ 分布

(B)$X - Y$ 服从 $N(0,2)$ 分布

(C) $\frac{X^2}{Y^2}$ 服从 $F(1,1)$ 分布

(D)$(X, -Y)$ 不一定服从正态分布

QK　21.设 X_1, X_2, X_3, X_4 取自总体 $X \sim N(\mu, \sigma^2)$ 的简单随机样本，则统计量

$$Q = \frac{X_1 - X_2}{|X_3 + X_4 - 2\mu|}$$

服从(　　).

(A)$N(0,1)$　　(B)$t(1)$　　(C)$\chi^2(1)$　　(D)$F(1,1)$

QK　22.设随机变量 X, Y，且(X, Y)的概率密度为 $f(x, y) = \frac{1}{4\pi}e^{-\frac{x^2}{2} - \frac{(y-1)^2}{8}}$，则 $\frac{4X^2}{(Y-1)^2}$ 服从(　　).

(A)$\chi^2(2)$　　(B)$t(1)$　　(C)$N(0, 2^2)$　　(D)$F(1,1)$

QK　23.设随机变量 X 与 Y 相互独立，且都服从正态分布 $N(0,4)$.若 X_1, X_2, X_3, X_4 是来自总体 X 的简单随机样本，Y_1, Y_2, Y_3, Y_4 是来自总体 Y 的简单随机样本，则下列选项中服从自由度为 4 的 t 分布的统计量为(　　).

(A) $\frac{X_1 + X_2 + X_3 + X_4}{\sqrt{Y_1^2 + Y_2^2 + Y_3^2 + Y_4^2}}$　　(B) $\frac{X_1 + X_2 + X_3 + X_4}{2\sqrt{Y_1^2 + Y_2^2 + Y_3^2 + Y_4^2}}$

(C) $\frac{2(X_1+X_2+X_3+X_4)}{\sqrt{Y_1^2+Y_2^2+Y_3^2+Y_4^2}}$ (D) $\frac{X_1+X_2+X_3+X_4}{4\sqrt{Y_1^2+Y_2^2+Y_3^2+Y_4^2}}$

QK 24. 设 $X_1,X_2,\cdots,X_8;Y_1,Y_2,\cdots,Y_{10}$ 分别为取自两个正态总体 $X\sim N(0,2^2)$，$Y\sim N(0,5)$ 的简单随机样本，$\overline{X}=\frac{1}{8}\sum_{i=1}^{8}X_i$，则下列结论中正确的是(　　).

(A) $\frac{1}{8}(X_1^2+X_2^2+\cdots+X_8^2)\sim\chi^2(8)$

(B) $\frac{1}{5}(Y_1^2+Y_2^2+\cdots+Y_{10}^2)\sim\chi^2(10)$

(C) $\frac{\overline{X}+1}{2Y_1}\sim t(1)$

(D) $\frac{\sum_{i=1}^{10}Y_i^2\Big/50}{\sum_{i=1}^{8}X_i^2\Big/32}\sim F(10,8)$

QK 25.(仅数学一)设 X_1,X_2,X_3 取自存在有限数学期望 μ 和方差 σ^2 的总体 X，则下列期望的估计量中最有效的是(　　).

(A) $\hat{\mu}_1=\frac{1}{5}X_1+\frac{3}{10}X_2+\frac{1}{2}X_3$ (B) $\hat{\mu}_2=\frac{1}{4}X_1+\frac{1}{4}X_2+\frac{1}{4}X_3$

(C) $\hat{\mu}_3=\frac{1}{5}X_1+\frac{3}{5}X_2+\frac{1}{5}X_3$ (D) $\hat{\mu}_4=\frac{1}{3}X_1+\frac{1}{3}X_2+\frac{1}{3}X_3$

QK 26.(仅数学一)若总体 $X\sim N(0,\sigma^2)$，对于总体 X 的一个容量为 n 的简单随机样本 $X_1,X_2,\cdots,X_n$，欲检验 $H_0:\sigma^2=4$，$H_1:\sigma^2\neq4$，则应选用统计量(　　).

(A) $\frac{(n-1)S^2}{4}$ (B) $\frac{\sqrt{n}\ \overline{X}}{2}$

(C) $\frac{1}{4}\sum_{i=1}^{n}X_i^2$ (D) $\frac{\sqrt{n}}{S}\overline{X}$

QK 27. 设 n 为正整数，随机变量 $X\sim t(n)$，$Y\sim F(1,n)$，常数 c 满足 $P\{X>c\}=\frac{2}{5}$，则 $P\{Y\leqslant c^2\}=$(　　).

(A) $\frac{1}{5}$ (B) $\frac{2}{5}$ (C) $\frac{3}{5}$ (D) $\frac{4}{5}$

QK 28. 设 $X_1,X_2,\cdots,X_n(n\geqslant2)$ 为来自标准正态总体 X 的简单随机样本，记 $\overline{X}=\frac{1}{n}\sum_{i=1}^{n}X_i$，$S^2=\frac{1}{n-1}\sum_{i=1}^{n}(X_i-\overline{X})^2$，$Y=\overline{X}-S$，则 $E(Y^2)=$(　　).

(A) $1+\frac{1}{n}$　　(B) $1-\frac{1}{n}$　　(C) $1-\frac{1}{n-1}$　　(D) $1+\frac{1}{n-1}$

K　29. 设某种电子器件的寿命(以 h(小时) 计) T 服从参数为 λ 的指数分布,其中 $\lambda>0$ 未知. 从这批器件中任取 $n(n\geqslant 2)$ 只,并在时刻 $t=0$ 时投入独立寿命试验,试验进行到预定时间 T_0 结束,此时有 $k(0<k<n)$ 只器件失效,则 λ 的最大似然估计量 $\hat{\lambda}$ 为(　　).

(A) $\frac{1}{T_0}\ln\frac{n-k}{n}$　　(B) $\frac{1}{T_0}\ln\frac{n}{n-k}$

(C) $\frac{1}{T_0}e^{nT_0}$　　(D) $\frac{1}{T_0}e^{-nT_0}$

QK　30. 设 $X_1,X_2,\cdots,X_6$ 是来自正态总体 $N(\mu,\sigma^2)(\sigma>0)$ 的简单随机样本, $Y_1=\frac{1}{4}\sum_{i=1}^{4}X_i$, $Y_2=\frac{X_5+X_6}{2}$, $Z^2=\sum_{i=1}^{4}(X_i-Y_1)^2$,而 $T=k\,\frac{Y_1-Y_2}{Z}(k>0)$. 若 $T\sim t(n)$,则(　　).

(A) $k=\frac{1}{2},n=3$　　(B) $k=\frac{1}{2},n=4$

(C) $k=2,n=3$　　(D) $k=2,n=4$

QK　31. 设总体 X 服从正态分布 $N(\mu,\sigma^2)(\sigma>0)$, $X_1,X_2,\cdots,X_n(n>1)$ 是取自总体的简单随机样本,样本均值为 $\overline{X}$,如果 $P\{|X-\mu|<a\}=P\{|\overline{X}-\mu|<b\}$,则比值 $\frac{a}{b}$(　　).

(A) 与 σ 及 n 都有关　　(B) 与 σ 及 n 都无关

(C) 与 σ 无关,与 n 有关　　(D) 与 σ 有关,与 n 无关

QK　32. 设总体 X 的概率密度为 $f(x)=\begin{cases}\lambda e^{-\lambda x}, & x>0,\\ 0, & x\leqslant 0,\end{cases}$ 参数 $\lambda>0$,又记 Z 服从自由度为 2 的 χ^2 分布,其概率密度为 $f_Z(z)=\begin{cases}\frac{1}{2}e^{-\frac{z}{2}}, & z>0,\\ 0, & z\leqslant 0,\end{cases}$ 且已知 $X_1,X_2,\cdots,X_n$ 为 X 的简单随机样本,则统计量 $2n\lambda\overline{X}$ 服从的分布是(　　).

(A) $\chi^2(n)$　　(B) $\chi^2(2n)$　　(C) $t(n)$　　(D) $t(2n)$

K　33. (仅数学一) 设总体 $X\sim N(\mu,9)$, $X_1,X_2,\cdots,X_9$ 为来自总体 X 的一个简单随机样本,其样本均值为 $\overline{x}=10.5$,检验假设 $H_0:\mu=10$, $H_1:\mu\neq 10$,检验的显著性水平 $\alpha=0.05$,则下列判断正确的是(　　). ($\Phi(0.5)=0.69$, $\Phi(1.96)=0.975$, $\Phi(2)=0.98$)

(A) 不能拒绝 H_0, $p=0.01$　　(B) 不能拒绝 H_0, $p=0.62$

(C) 拒绝 H_0,$p=0.01$　　(D) 拒绝 H_0,$p=0.62$

QK 34. 设总体 X 和 Y 相互独立,且都服从正态分布 $N(0,\sigma^2)(\sigma>0)$,$X_1,X_2,\cdots,X_n$ 和 $Y_1,Y_2,\cdots,Y_n$ 分别是来自总体 X 和 Y 且容量都为 n 的两个简单随机样本,样本均值、样本方差分别为 $\overline{X},S_X^2$ 和 $\overline{Y},S_Y^2$,则(　　).

(A) $\overline{X}-\overline{Y}\sim N(0,\sigma^2)$　　(B) $S_X^2+S_Y^2\sim\chi^2(2n-2)$

(C) $\dfrac{\overline{X}-\overline{Y}}{\sqrt{S_X^2+S_Y^2}}\sim t(2n-2)$　　(D) $\dfrac{S_X^2}{S_Y^2}\sim F(n-1,n-1)$

QK 35. 设随机变量 X_1,X_2,X_3,X_4 相互独立且都服从标准正态分布 $N(0,1)$,已知 $Y=\dfrac{X_1^2+X_2^2}{X_3^2+X_4^2}$,对给定的 $\alpha(0<\alpha<1)$,数 y_α 满足 $P\{Y>y_\alpha\}=\alpha$,则有(　　).

(A) $y_\alpha y_{1-\alpha}=1$　　(B) $y_\alpha y_{1-\frac{\alpha}{2}}=1$

(C) $y_\alpha y_{1-\alpha}=\dfrac{1}{2}$　　(D) $y_\alpha y_{1-\frac{\alpha}{2}}=\dfrac{1}{2}$

QK 36. 设总体 X 的概率分布为 $P\{X=x\}=(x-1)p^2(1-p)^{x-2}$,$x=2,3,\cdots$,$p$ 为参数且 $0<p<1$.现有来自总体 X 的简单随机样本的观测值 5,3,6,2,6,则 p 的矩估计值为(　　).

(A) $\sqrt{\dfrac{5}{11}}$　　(B) $\sqrt{\dfrac{5}{22}}$　　(C) $\dfrac{5}{11}$　　(D) $\dfrac{5}{22}$

QK 37. 已知总体 X 服从标准正态分布,X_1,X_2 是来自总体 X 的简单随机样本.记 $Y=X_1^2+X_2^2$,$F(y)$ 是 Y 的分布函数,给出以下结论:

①$Y\sim E\left(\dfrac{1}{2}\right)$;②$Y\sim\chi^2(2)$;③$E[F(Y)]=\dfrac{1}{2}$;④ $\dfrac{Y}{2X_1^2}\sim F(2,1)$.

正确结论的个数为(　　).

(A) 1　　(B) 2　　(C) 3　　(D) 4

QK 38. (仅数学一) 设假设检验中的显著性水平为 α,则以下选项,概率为 $1-\alpha$ 的是(　　).

(A) 原假设 H_0 成立,经检验被接受

(B) 原假设 H_0 成立,经检验被拒绝

(C) 原假设 H_0 不成立,经检验被接受

(D) 原假设 H_0 不成立,经检验被拒绝

QK 39. (仅数学一) 设参数 θ 的区间估计的显著性水平为 0.1,现独立重复抽样 100 次

得到100个置信区间$I_i(i=1,2,\cdots,100)$，则(　　).

(A)θ值落入任一I_i的概率为0.9

(B)θ值落入任一I_i的概率为0.1

(C)约有10个区间包含θ值

(D)约有90个区间包含θ值

QK　40.(仅数学一)设总体X的分布律为$P\{X=x\}=\theta^{-\frac{x-2}{3}}(1-\theta)^{\frac{x+1}{3}}$，$x=-1,2$，$0<\theta<1$为未知参数，$X_1,X_2$为来自总体$X$的简单随机样本，则$\theta$的最大似然估计量及其无偏性为(　　).

(A)$\hat{\theta}=\frac{1}{3}-\frac{1}{3}\sum_{i=1}^{2}X_i$，无偏　　(B)$\hat{\theta}=\frac{1}{3}-\frac{2}{3}\sum_{i=1}^{2}X_i$，有偏

(C)$\hat{\theta}=\frac{2}{3}-\frac{1}{6}\sum_{i=1}^{2}X_i$，无偏　　(D)$\hat{\theta}=\frac{2}{3}-\frac{1}{3}\sum_{i=1}^{2}X_i$，有偏

QK　41.设X_1,X_2,X_3,X_4是来自总体$N(0,1)$的简单随机样本，且$Y=\frac{a}{2}\sum_{i=1}^{4}X_i^2+aX_1X_2+aX_3X_4$服从参数为$n$的$\chi^2$分布，则$(n,a)=$(　　).

(A)(1,1)　　(B)(1,2)　　(C)(2,1)　　(D)(2,2)

QK　42.设$X\sim P(\lambda)$，其中$\lambda>0$是未知参数，$x_1,x_2,\cdots,x_n$是总体X的一组样本值，$\overline{x}=\frac{1}{n}\sum_{i=1}^{n}x_i$，则$P\{X=0\}$的最大似然估计值为(　　).

(A)$e^{-\frac{1}{\overline{x}}}$　　(B)$\frac{1}{n}\sum_{i=1}^{n}\ln x_i$

(C)$\frac{1}{\ln\overline{x}}$　　(D)$e^{-\overline{x}}$

QK　43.(仅数学一)设总体$X\sim U[0,\theta]$ $(\theta>0)$，$X_1,X_2,\cdots,X_n$是来自总体X的一个简单随机样本，记$X_{\max}=\max\{X_1,X_2,\cdots,X_n\}$.要使$aX_{\max}$成为$\theta$的无偏估计量，则应取$a=$(　　).

(A)$\frac{n}{n+1}$　　(B)$\frac{n+1}{n}$　　(C)$\frac{n}{n-1}$　　(D)$\frac{n-1}{n}$

QK　44.(仅数学一)设自动装袋机装出的每袋产品质量服从正态分布，规定每袋标准质量为a.为了检验自动装袋机的运行是否正常，现对产品进行抽样检查.取原假设$H_0:\mu=a$，备择假设$H_1:\mu\neq a$，显著性水平$\alpha=0.05$，则下列命题中正确的是(　　).

(A)若机器运行正常，则检验的结果也认为机器运行正常的概率为0.95

(B)若机器运行不正常，则检验的结果也认为机器运行不正常的概率为0.95

(C) 若检验的结果认为机器运行正常，则机器确实运行正常的概率为 0.95

(D) 若检验的结果认为机器运行不正常，则机器确实运行不正常的概率为 0.95

K 45.（仅数学一）设 $X_1,X_2,\cdots,X_n$ 是来自总体 X 的简单随机样本，$\overline{X}$ 为样本均值，$EX=\theta$. 检验 $H_0:\theta=0;H_1:\theta\neq 0$，且拒绝域 $W_1=\{|\overline{X}|>1\}$ 和 $W_2=\{|\overline{X}|>2\}$ 分别对应显著性水平 α_1 和 α_2，则（　　）.

(A) $\alpha_1=\alpha_2$　　(B) $\alpha_1>\alpha_2$

(C) $\alpha_1<\alpha_2$　　(D) α_1 和 α_2 的大小关系不确定

K 46.（仅数学一）设 X_1,X_2 是来自正态总体 $N(\mu,1)$ 的简单随机样本，并设原假设 $H_0:\mu=2$，备择假设 $H_1:\mu=4$，若拒绝域为 $W=\{\overline{X}>3\}$，$\overline{X}=\frac{1}{2}\sum\limits_{i=1}^{2}X_i$，记 α,β 分别为犯第一类错误和第二类错误的概率，则（　　）.

(A) $\alpha=\beta=1-\Phi(\sqrt{2})$　　(B) $\alpha=1-\Phi(\sqrt{2}),\beta=\Phi(\sqrt{2})$

(C) $\alpha=\Phi(\sqrt{2}),\beta=1-\Phi(\sqrt{2})$　　(D) $\alpha=\beta=\Phi(\sqrt{2})$

QK 47. 设总体 $X\sim f(x;\theta)=\begin{cases}\frac{x}{\theta}e^{-\frac{x^2}{2\theta}}, & x>0,\\ 0, & x\leqslant 0,\end{cases}$ $\theta>0$ 未知，$X_1,X_2,\cdots,X_n$ 为来自总体 X 的简单随机样本，$\overline{X}$ 为样本均值，记 $\hat{\theta}_m$ 与 $\hat{\theta}_L$ 分别是 θ 的矩估计量和最大似然估计量，则（　　）.

(A) $\hat{\theta}_m=\frac{2}{\pi}\overline{X}^2,E\hat{\theta}_m=\theta$　　(B) $\hat{\theta}_m=\frac{1}{\pi}\overline{X}^2,E\hat{\theta}_m=\theta$

(C) $\hat{\theta}_L=\frac{1}{n}\sum\limits_{i=1}^{n}X_i^2,E\hat{\theta}_L=\theta$　　(D) $\hat{\theta}_L=\frac{1}{2n}\sum\limits_{i=1}^{n}X_i^2,E\hat{\theta}_L=\theta$

K 48.（仅数学一）设 $X_1,X_2,\cdots,X_{25}$ 是来自总体 $N(\mu,\sigma^2)(\sigma>0)$ 的简单随机样本，$\Phi(x)$ 表示标准正态分布函数，考虑假设检验问题：$H_0:\mu\leqslant 10,H_1:\mu>10$，若该检验问题的拒绝域为 $W=\{\overline{X}>20\}$，其中 $\overline{X}=\frac{1}{25}\sum\limits_{i=1}^{25}X_i$，则当 $\mu=20.5$ 时，该检验犯第二类错误的概率为 $1-\Phi\left(\frac{1}{2}\right)$，则 $\sigma=$（　　）.

(A) 5　　(B) 6　　(C) 7　　(D) 8

QK 49. 设 $\overline{X}$ 和 S^2 为取自总体 $X\sim N(\mu,\sigma^2)$ 的简单随机样本 $X_1,X_2,\cdots,X_n$ 的样本均值和样本方差，$Y\sim N(\mu,\sigma^2)$，$X_1,X_2,\cdots,X_n,Y$ 独立，则 $\frac{Y-\overline{X}}{S\sqrt{n+1}}\sqrt{n}$ 服从分布（　　）.

(A)$t(n-1)$　　(B)$t(n)$　　(C)$t(n+1)$　　(D)$t(n+2)$

QK　50.(仅数学一) 设 $X_1,X_2,\cdots,X_n$ 为来自总体 X 的简单随机样本,若 $EX=\mu$,$DX=\sigma^2$,则(　　).

(A) 当 μ 已知时,$\frac{1}{n-1}\sum_{i=1}^{n}(X_i-\mu)^2$ 可作为 σ^2 的无偏估计

(B) 当 μ 已知时,$\frac{1}{n}\sum_{i=1}^{n}(X_i-\mu)^2$ 可作为 σ^2 的无偏估计

(C) 当 μ 未知时,$\frac{1}{n-1}\sum_{i=1}^{n}(X_i-\mu)^2$ 可作为 σ^2 的无偏估计

(D) 当 μ 未知时,$\frac{1}{n}\sum_{i=1}^{n}(X_i-\mu)^2$ 可作为 σ^2 的无偏估计

K　51.(仅数学一) 设总体 X 服从参数为 $\lambda(\lambda>0)$ 的泊松分布,取容量为 1 的简单随机样本 X_1,其样本值 $x_1=3$,则 $e^{-2\lambda}$ 的无偏估计量与无偏估计值分别为(　　).

(A)e^{-2X_1},e^{-6}　　(B)e^{-X_1},e^{-3}

(C)1,1　　(D)$(-1)^{X_1}$,-1

K　52.(仅数学一) 为检验某硬币是否均匀,作假设检验:H_0:正面向上的概率 $p=\frac{1}{2}$,H_1:正面向上的概率 $p\neq\frac{1}{2}$. 现独立重复掷硬币 n 次,记 $X_i=\begin{cases}1, & \text{第 } i \text{ 次正面向上},\\ 0, & \text{第 } i \text{ 次反面向上},\end{cases}$ $i=1,2,\cdots,n$,$\overline{X}=\frac{1}{n}\sum_{i=1}^{n}X_i$,$z_\alpha$ 为标准正态分布的上 α 分位数,α 为显著性水平. 当 n 充分大时,该检验的拒绝域 $W=$(　　).

(A)$\left\{\left|\dfrac{\overline{X}-\frac{1}{2}}{\sqrt{\frac{1}{4n}}}\right|>z_{\frac{\alpha}{2}}\right\}$　　(B)$\left\{\left|\dfrac{\overline{X}-\frac{1}{4}}{\sqrt{\frac{1}{2n}}}\right|>z_{\frac{\alpha}{2}}\right\}$

(C)$\left\{\left|\dfrac{\overline{X}-\frac{1}{2}}{\sqrt{\frac{1}{4n}}}\right|>z_{\alpha}\right\}$　　(D)$\left\{\left|\dfrac{\overline{X}-\frac{1}{4}}{\sqrt{\frac{1}{2n}}}\right|>z_{\alpha}\right\}$

K　53.(仅数学一) 在单个正态总体均值的假设检验中,若方差未知,当显著性水平为 α,样本容量为 n 时对应的拒绝域记为 $W(\alpha,n)$,下列说法:

① 若 $\alpha=0.01$,则当 $n_1=10,n_2=15$ 时,$W(\alpha,n_1)\subset W(\alpha,n_2)$;

② 若 $\alpha=0.01$,则当 $n_1=10,n_2=15$ 时,$W(\alpha,n_1)\supset W(\alpha,n_2)$;

③ 若 $n=10$,则当 $\alpha_1=0.005,\alpha_2=0.01$ 时,$W(\alpha_1,n)\subset W(\alpha_2,n)$;

④ 若 $n=15$,则当 $\alpha_1=0.005,\alpha_2=0.01$ 时,$W(\alpha_1,n)\supset W(\alpha_2,n)$.

其中正确的是(　　).

(A)①③　　(B)①④　　(C)②③　　(D)②④

K　54.(仅数学一)设总体 $X\sim N(\mu,\sigma^2)(\sigma>0)$,$\sigma^2$ 是未知参数,样本容量为 n,置信度为0.95,$\overline{X}$ 为样本均值,S 为样本标准差,则以下不是总体期望 μ 的置信区间的是(　　).

(A) $\left(\overline{X}-\dfrac{S}{\sqrt{n}}t_{0.01}(n-1),\overline{X}-\dfrac{S}{\sqrt{n}}t_{0.96}(n-1)\right)$

(B) $\left(\overline{X}+\dfrac{S}{\sqrt{n}}t_{0.99}(n-1),\overline{X}+\dfrac{S}{\sqrt{n}}t_{0.04}(n-1)\right)$

(C) $\left(\overline{X}-\dfrac{S}{\sqrt{n}}t_{0.025}(n-1),\overline{X}+\dfrac{S}{\sqrt{n}}t_{0.025}(n-1)\right)$

(D) $\left(\overline{X}+\dfrac{S}{\sqrt{n}}t_{0.025}(n-1),\overline{X}+\dfrac{S}{\sqrt{n}}t_{0.975}(n-1)\right)$

K　55.设 $X_1,X_2,\cdots,X_n$ 独立同分布 $N(\mu,\sigma^2)(\sigma>0)$,令 $\overline{X}=\dfrac{1}{n}\sum\limits_{i=1}^{n}X_i,V_i=X_i-\overline{X}$,$i=1,2,\cdots,n$,则 $Z_k=\dfrac{(k+1)V_k+V_{k+1}+\cdots+V_{n-1}}{\sigma\sqrt{k(k+1)}}(k=1,2,\cdots,n-1)$ 服从的分布为(　　).

(A)$t(n-1)$　　(B)$N(0,1)$　　(C)$\chi^2(1)$　　(D)$F(1,1)$

K　56.设总体(X,Y)服从二维正态分布,$(X_1,Y_1),(X_2,Y_2),\cdots,(X_n,Y_n)$ 是来自总体(X,Y)的简单随机样本,$\overline{X}=\dfrac{1}{n}\sum\limits_{i=1}^{n}X_i,\overline{Y}=\dfrac{1}{n}\sum\limits_{i=1}^{n}Y_i$,则 DX 与 $\mathrm{Cov}(X,Y)$ 的矩估计量依次为(　　).

(A) $\dfrac{1}{n}\sum\limits_{i=1}^{n}X_i^2-\overline{X}^2,\dfrac{1}{n}\sum\limits_{i=1}^{n}(X_i^2-\overline{X}^2)(Y_i^2-\overline{Y}^2)$

(B) $\dfrac{1}{n-1}\sum\limits_{i=1}^{n}(X_i-\overline{X})^2,\dfrac{1}{n-1}\sum\limits_{i=1}^{n}(X_i^2-\overline{X}^2)Y_i^2$

(C) $\dfrac{1}{n}\sum\limits_{i=1}^{n}X_i^2-\overline{X}^2,\dfrac{1}{n}\sum\limits_{i=1}^{n}(X_i-\overline{X})Y_i$

(D) $\dfrac{1}{n-1}\sum\limits_{i=1}^{n}(X_i-\overline{X})^2,\dfrac{1}{n-1}\sum\limits_{i=1}^{n}(X_i-\overline{X})(Y_i-\overline{Y})$

K　57.(仅数学一)设某高校学生身高 X 服从正态分布 $N(\mu,\sigma^2)$,其中 σ^2 未知,对同一批样本数据,下列关于平均身高 μ 的置信区间与假设检验陈述错误的是(　　).

(A) 对假设检验问题 $H_0:\mu=165$ cm，$H_1:\mu\neq165$ cm，若在显著性水平 $\alpha=0.05$ 下拒绝 H_0，则在显著性水平 $\alpha=0.1$ 下必定拒绝 H_0

(B) 显著性水平 α 的意义是在 H_0 为真时，由样本数据拒绝 H_0 的最大概率

(C) 对于区间估计，当置信水平 $1-\alpha$ 变大时，μ 的置信区间长度变长

(D) 当 $\alpha=0.05$ 时，若由样本数据得到 μ 的置信区间为(165,168) cm，则此区间覆盖参数 μ 的置信水平为 $1-\alpha=95\%$

K　58. 设总体 X 在 (a,b) 上服从均匀分布，其中 a,b 为未知参数，若对于 X 的一组样本观测值 $x_1,x_2,\cdots,x_{10}$，a,b 的矩估计值分别为 $\hat{a}=2.6$，$\hat{b}=6.2$，则该样本的样本方差为(　　).

(A)0.972　　(B)1.08　　(C)1.2　　(D)1.8

二、填空题

QK　1. 设 X_1 是来自正态总体 $X\sim N(0,\sigma^2)(\sigma>0)$ 的一个简单随机样本，x_1 为其样本值. 若 σ 的矩估计量为 $\hat{\sigma}$，则 $E(\hat{\sigma}^2)=$________.

QK　2. 设 X_1,X_2,X_3,X_4 是来自正态总体 $X\sim N(\mu,\sigma^2)(\sigma>0)$ 的样本，则统计量

$$Y=\frac{X_3-X_4}{\sqrt{(X_1-\mu)^2+(X_2-\mu)^2}}$$

服从的分布是________.

QK　3. 设二维总体 (X,Y) 的概率密度为 $f(x,y;\lambda)=\begin{cases}\dfrac{1}{\lambda^2}\mathrm{e}^{-\frac{x+y}{\lambda}}, & x>0,y>0,\\ 0, & \text{其他},\end{cases}$ λ 为大于0的参数，$(X_1,Y_1),(X_2,Y_2),\cdots,(X_n,Y_n)$ 为来自总体的简单随机样本，则 λ 的最大似然估计量为________.

QK　4.（仅数学一）已知一批零件的长度 X（单位：cm）服从正态分布 $N(\mu,1)$，从中随机地抽取 16 个零件，得到长度的平均值为 40 cm，则 μ 的置信水平为 0.95 的置信区间是________.（$\Phi(1.96)=0.975$，$\Phi(1.64)=0.95$）

QK　5. 设 $Y\sim\chi^2(200)$，则由中心极限定理得 $P\{Y\leqslant200\}$ 近似等于________.

QK　6. 已知总体 X 的分布函数为

$$F(x;\beta)=\begin{cases}1-\left(\dfrac{1}{x}\right)^{\beta}, & x>1,\\ 0, & x\leqslant1,\end{cases}$$

其中参数 $\beta>1$，$X_1,X_2,\cdots,X_n$ 为来自总体 X 的一个简单随机样本，设 $x_1,x_2,\cdots,x_n$ 为样

本值,则似然函数为________.

QK 7. 设总体 $X \sim N(\mu,\sigma^2)(\sigma>0)$,其中 μ,σ^2 是未知参数,$X_1,X_2,\cdots,X_n$ 是取自总体 X 的一个简单随机样本,设 $x_1,x_2,\cdots,x_n$ 为样本观测值,则样本的似然函数为________.

QK 8. 已知某种电器元件的使用寿命 T(单位:h) 服从指数分布,其概率密度为

$$f(t)=\begin{cases}\dfrac{C}{\theta}e^{-\frac{t-\mu}{\theta}}, & t\geqslant\mu,\\ 0, & \text{其他},\end{cases}$$

其中 μ,θ 为未知参数,$\theta>0$. 设 $T_1,T_2,\cdots,T_n$ 是来自总体 T 的简单随机样本,$\overline{T}$ 为样本均值,则 μ 的矩估计量为________.

QK 9. 设总体 X 服从均匀分布,其概率密度 $f(x;\theta)=\begin{cases}\dfrac{1}{\theta}, & 0<x\leqslant\theta,\\ 0, & \text{其他},\end{cases}$ 其中 θ 为未知参数,$X_1,X_2,\cdots,X_n$ 为来自总体 X 的简单随机样本,则总体方差 DX 的最大似然估计量为________.

QK 10.(仅数学一)设总体 X 的方差为1,根据来自 X 的容量为100的简单随机样本测得样本均值为 5,则 X 的数学期望的置信度近似等于 0.95 的置信区间为________.($\Phi(1.96)=0.975,\Phi(1.64)=0.95$)

QK 11.(仅数学一)设总体 $X\sim N(\mu,8)$,$X_1,X_2,\cdots,X_{36}$ 是来自 X 的简单随机样本,$\overline{X}$ 是样本均值.如果$(\overline{X}-1,\overline{X}+1)$ 是未知参数 μ 的置信区间,则置信水平为________($\Phi(2.12)=0.983$).

QK 12. 设某个试验有三种可能结果,其发生的概率分别为 $p_1=\lambda^2,p_2=(1-\lambda)^2,p_3=2\lambda(1-\lambda)$,其中参数 λ 未知,$0<\lambda<1$. 现做了 n 次独立重复试验,观测到三种结果发生的次数分别为 $n_1,n_2,n_3(n_1+n_2+n_3=n)$,则 λ 的最大似然估计值为________.

K 13. 设 $X_1,X_2,\cdots,X_n$ 是来自总体 $X\sim N(1,\sigma^2)(\sigma>0)$ 的简单随机样本,σ^2 未知,记 σ^2 的最大似然估计量为 $\hat{\sigma}^2$,则 $D(\hat{\sigma}^2)=$________.

QK 14. 设总体 X 服从区间$(-\theta,\theta)(\theta>0)$上的均匀分布,$X_1,X_2,\cdots,X_n$ 为来自总体 X 的简单随机样本,则参数 θ 的矩估计量 $\hat{\theta}=$________.

QK 15.(仅数学一)设总体 $X\sim\begin{pmatrix}1 & 2 & 3\\ \theta^2 & 2\theta(1-\theta) & (1-\theta)^2\end{pmatrix}$,作检验 $H_0:\theta=0.1(H_1:\theta=0.9)$. 抽取 3 个样本,取拒绝域 W 为$\{X_1=1,X_2=1,X_3=1\}$,则犯第二类错误的概率为________.

QK 16. 设总体 X 服从分布 $P\{X=k\}=p^k(1-p)^{1-k}, k=0,1, 0<p<1$. $X_1,X_2,\cdots,X_n$ 是来自总体 X 的简单随机样本，记 $Y_1=\max\limits_{1\leqslant i\leqslant n}\{X_i\}, Y_2=\min\limits_{1\leqslant i\leqslant n}\{X_i\}, Y_3=Y_1-Y_2$，则 $EY_3=$ ________.

QK 17. 设 $X_1,X_2,\cdots,X_n(n>2)$ 为取自正态总体 $X\sim N(0,1)$ 的简单随机样本，记 $\overline{X}=\dfrac{1}{n}\sum\limits_{i=1}^{n}X_i, Y_i=X_i-\overline{X}(i=1,2,\cdots,n)$，则 $DY_i=$ ________.

QK 18. 设随机变量 $(X,Y)\sim N(0,0;1,4;0)$，则 $D(X^2-2Y^2)=$ ________.

QK 19. 设 $F\sim F(20,30)$，则在 $\alpha=0.95$ 的条件下其上侧分位数为 ________. $(F_{0.05}(30,20)=2.04, F_{0.05}(20,30)=1.93)$

K 20. 设 $X_1,X_2,\cdots,X_n$ 是来自总体 X 的简单随机样本，$\overline{X}$ 为样本均值，$X\sim N(\mu,\sigma^2)(\sigma>0)$，$\mu,\sigma^2$ 为未知参数，Y 服从参数为 σ 的指数分布，并记 $\theta=P\{Y>1\}$，则 θ 的最大似然估计量 $\hat{\theta}=$ ________.

QK 21.（仅数学一）设总体 X 服从正态分布 $N(\mu,1)$，对于 X 的一个简单随机样本 $X_1,X_2,\cdots,X_n$，要使 μ 的置信水平为 0.95 的置信区间长度不超过 0.56，则样本容量 n 至少为 ________. $(\Phi(1.96)=0.975)$

QK 22.（仅数学一）独立地测量一个物理量，记每次测量的结果为 $X=\mu+\varepsilon$，其中 μ 是物理量的真值，ε 是测量产生的随机误差，且已知每次测量产生的随机误差都服从区间 $(-1,1)$ 上的均匀分布. 如果取 n 次测量结果的算术平均值 $\overline{X}=\dfrac{1}{n}\sum\limits_{i=1}^{n}X_i$ 作为真值 μ 的近似值，若用中心极限定理且要求 $|\overline{X}-\mu|<\dfrac{1}{6}$ 的概率大于等于 0.954 4，则测量的次数最少为 ________.

$(\Phi(1)=0.841\ 3, \Phi(1.5)=0.933\ 2, \Phi(2)=0.977\ 2)$

QK 23. 设总体 X 的概率密度为 $f(x)=\dfrac{1}{2}\mathrm{e}^{-|x-\mu|}(-\infty<x<+\infty)$，其中 μ 未知，利用来自总体 X 的样本值 1 000, 1 100, 1 200 可求得 μ 的最大似然估计值为 ________.

K 24. 已知总体 X 的分布律为

$$P\{X=k\}=-\frac{1}{k}\cdot\frac{p^k}{\ln(1-p)}(0<p<1), k=1,2,\cdots.$$

$X_1,X_2,\cdots,X_n(n\geqslant 2)$ 为来自总体 X 的简单随机样本，则 p 的矩估计为 ________.

QK 25. 设 $X_1,X_2,\cdots,X_n$ 为来自标准正态总体的简单随机样本，$\overline{X}$ 和 S^2 分别为样本均值和样本方差，已知 $D(\overline{X}-kS^2)=\dfrac{3n-1}{n(n-1)}$，则 $k=$ ________.

QK 26. 设 $X_1,X_2,\cdots,X_{2n}$ 是取自总体 $N(0,2^2)$ 的简单随机样本，令 $\overline{X}=\frac{1}{2n}\sum_{k=1}^{2n}X_k$，则 $D\left[\sum_{k=1}^{n}(X_{2k-1}+X_{2k}-2\overline{X})^2\right]=$________.

K 27. 设总体 X 的概率密度 $f(x)=\begin{cases}\mu x, & 0\leqslant x<1,\\ \theta x, & 1\leqslant x\leqslant 2,\\ 0, & \text{其他},\end{cases}$ μ,θ 为未知参数且 $\mu>0$，$\theta>0$，$Y=e^X$，X 的样本观测值为 0.1，0.9，1.2，1.2，则 $P\{Y<4\}$ 的最大似然估计值为________.

三、解答题

QK 1.（仅数学三）设 5，1，1，3，2，3 是来自总体 X 的简单随机样本值，求总体 X 的经验分布函数 $F_6(x)$.

QK 2.（仅数学三）从总体 X 中抽取样本容量为 10 的样本 $X_1,X_2,\cdots,X_{10}$，其观测值为

$$3.2,2.5,-4,2.5,0,3,2,2.5,4,2,$$

求总体 X 的经验分布函数.

QK 3.（仅数学三）设 2，1，5，2，1，3，1 是来自总体 X 的简单随机样本值，求总体 X 的经验分布函数.

QK 4. 设某种手机每天的销售量 X（单位：万台）的概率分布为

$$X\sim\begin{pmatrix}10 & 15 & 20\\ \theta^2 & \theta(1-\theta) & 1-\theta\end{pmatrix},$$

其中 $0<\theta<1$，为未知参数，且每天的退货率为 5%，现有一周的销售量：15，10，10，15，20，20，15.

(1) 求 θ 的最大似然估计值 $\hat{\theta}$；

(2) 记 Y 为每天的退货量，根据(1)中的 $\hat{\theta}$，求 EY.

QK 5. 设 $X_1,X_2,\cdots,X_n$ 为总体 X 的一个样本，设 $EX=\mu$，$DX=\sigma^2$，试确定常数 C，使 $\overline{X}^2-CS^2$ 的期望为 μ^2（其中 $\overline{X}$，S^2 分别为样本 $X_1,X_2,\cdots,X_n$ 的样本均值和样本方差）.

QK 6. 设总体 X 服从 $N(0,9)$，$X_1,X_2,\cdots,X_{10}$ 是来自总体 X 的简单随机样本，$\overline{X}$ 为样本均值，S 为样本标准差，A_2 为样本二阶原点矩，求：

(1) $E[(\overline{X}S)^2]$；

(2) $E(A_2)$ 与 $D(A_2)$.

K　7. 设总体 X 的概率密度为 $f(x)=\begin{cases}\dfrac{\alpha x^{\alpha-1}}{\beta^{\alpha}}, & 0<x<\beta,\\ 0, & \text{其他},\end{cases}$ 其中 α,β 均未知且大于零，$X_1,X_2,\cdots,X_n$ 为来自总体 X 的简单随机样本，求 α,β 的矩估计量.

K　8. 设总体 X 的概率密度为 $f(x)=\begin{cases}\alpha^{-\beta x}\beta\ln\alpha, & x>0,\\ 0, & x\leqslant 0,\end{cases}$ 其中参数 $\alpha>1,\beta>0$，$X_1,X_2,\cdots,X_n$ 为来自总体 X 的简单随机样本.

(1) 当 $\beta=1$ 时，求 α 的矩估计量；

(2) 当 $\alpha=2$ 时，求 β 的最大似然估计量.

QK　9. 设 $X\sim N(0,\sigma^2)(\sigma>0)$，$X_1,X_2,X_3,X_4,X_5$ 为来自总体 X 的简单随机样本，$\overline{X}=\dfrac{1}{3}\sum\limits_{i=1}^{3}X_i$，$Z=\dfrac{\sqrt{6}\ \overline{X}}{|X_4-X_5|}$.

(1) 证明：$Z\sim t(1)$，$Z^2\sim F(1,1)$.

(2) 设 $S^2=\dfrac{1}{2}\sum\limits_{i=1}^{3}(X_i-\overline{X})^2$，若 $S^2\sim\chi^2(2)$，求 σ.

K　10. 设总体 X 的概率密度为 $f(x)=\begin{cases}\dfrac{1}{\sqrt{2\pi}\sigma x}e^{-\frac{(\ln x-\mu)^2}{2\sigma^2}}, & x>0,\\ 0, & x\leqslant 0,\end{cases}$ 其中 μ,σ 均为未知参数，且 $\sigma>0$，$X_1,X_2,\cdots,X_n$ 为来自总体 X 的简单随机样本.

(1) 求 μ 与 σ^2 的最大似然估计量；

(2)（仅数学一）证明 μ 的最大似然估计量是 μ 的无偏估计量.

QK　11. 设总体 X 的概率密度为

$$f(x;\theta)=\begin{cases}\dfrac{1}{2\theta}, & 0<x<\theta,\\ \dfrac{1}{2(1-\theta)}, & \theta\leqslant x<1,\\ 0, & \text{其他},\end{cases}$$

其中，参数 $\theta(0<\theta<1)$ 未知，$X_1,X_2,\cdots,X_n$ 是来自总体 X 的简单随机样本，$\overline{X}$ 是样本均值.

(1) 求参数 θ 的矩估计量 $\hat{\theta}$；

(2)（仅数学一）判断 $4\overline{X}^2$ 是否为 θ^2 的无偏估计量.

K 12. 设总体 X 的概率密度为 $f(x)=\begin{cases}4e^{-4(x-\theta)}, & x>\theta,\\ 0, & x\leqslant\theta,\end{cases}$ 其中 θ 为未知参数，且 $\theta>0$，$X_1,X_2,\cdots,X_n$ 为来自总体 X 的简单随机样本，记 $Z=\min\{X_1,X_2,\cdots,X_n\}$.

(1) 求 Z 的分布函数；

(2)（仅数学一）若把 Z 作为 θ 的估计量，它是否为无偏估计量？

K 13. 设 0.55，1.25，0.80，2.00 是来自总体 X 的简单随机样本值，已知 $Y=3X-1$ 服从正态分布 $N(\mu,1)$.

(1) 求 X 的数学期望 EX（记 $EX=b$）；

(2)（仅数学一）求 μ 的置信水平为 0.95 的置信区间；

(3)（仅数学一）利用上述结果求 b 的置信水平为 0.95 的置信区间.（$\Phi(1.96)=0.975$，$\Phi(1.64)=0.95$）

K 14. 口袋里有 N 个大小相同、重量相等的球，每个球上写上号码 k，$k=1,2,\cdots,N$，从中任取一个球，设其号码为 X，又 $X_1,X_2,\cdots,X_n$ 为取自总体 X 的简单随机样本，$\overline{X}$ 为样本 $X_1,X_2,\cdots,X_n$ 的均值，将 $E\overline{X}$，$D\overline{X}$ 表示为 N 的函数.

K 15.（仅数学一）设总体 X 的概率密度为

$$f(x;\theta)=\begin{cases}\dfrac{\theta}{x^2}, & x\geqslant\theta,\\ 0, & x<\theta,\end{cases}$$

其中 $\theta>0$ 为未知参数，$X_1,X_2,\cdots,X_n(n>1)$ 为来自总体 X 的简单随机样本，$X_{(1)}=\min\{X_1,X_2,\cdots,X_n\}$.

(1) 求 θ 的最大似然估计量 $\hat{\theta}$，并求常数 a，使得 $a\hat{\theta}$ 为 θ 的无偏估计；

(2) 对于原假设 $H_0:\theta=2$ 与备择假设 $H_1:\theta>2$，若 H_0 的拒绝域为 $V=\{X_{(1)}\geqslant 3\}$，求犯第一类错误的概率 α.

K 16. 设总体 X 的概率密度为

$$f(x;\theta)=\begin{cases}\dfrac{\theta}{x^2}, & x\geqslant\theta,\\ 0, & x<\theta,\end{cases}$$

其中 $\theta>0$ 为未知参数，$X_1,X_2,\cdots,X_n(n>1)$ 为来自总体 X 的简单随机样本，$X_{(1)}=\min\{X_1,X_2,\cdots,X_n\}$.

(1) 求 θ 的最大似然估计量 $\hat{\theta}$，并求 $E\hat{\theta}$；

(2) 若存在常数 $b>0$，使得 $P\{bX_{(1)}<\theta<X_{(1)}\}=1-\alpha$，$0<\alpha<1$，求 b 的值.

K 17. 若 $Y=\ln X$ 服从正态分布 $N(\mu,\sigma^2)$，称产品寿命 X 服从对数正态分布. 设 X_1，

$X_2,\cdots,X_n$ 是取自总体 X 的简单随机样本，令 $Y_i=\ln X_i(i=1,2,\cdots,n)$，$Y_1,Y_2,\cdots,Y_n$ 相互独立且均服从正态分布 $N(0,\sigma^2)(\sigma>0)$，其中 σ^2 未知. 求：

(1)X 的概率密度；

(2)σ^2 的矩估计量；

(3)σ^2 的最大似然估计量.

QK　18. 进行独立重复试验，每次试验成功的概率为 $p(0<p<1)$，以 X 表示第二次成功以前失败的次数，以 $X_1,X_2,\cdots,X_n$ 为来自总体 X 的简单随机样本，求未知参数 p 的矩估计量和最大似然估计量.

QK　19. 设 $X_1,X_2,\cdots,X_n$ 为总体 X 的一个样本，$\overline{X}=\frac{1}{n}\sum_{i=1}^{n}X_i$，$S^2=\frac{1}{n-1}\sum_{i=1}^{n}(X_i-\overline{X})^2$，已知 $EX=\mu$，$DX=\sigma^2<+\infty$，求 $E\overline{X}$，$D\overline{X}$ 和 $E(S^2)$.

QK　20. 设总体 X 服从参数为 N 和 $p(0<p<1)$ 的二项分布，$X_1,X_2,\cdots,X_n$ 为取自 X 的样本，求参数 N 和 p 的矩估计量.

K　21. 考虑一个基因问题，这个问题中一个基因有 2 个不同的染色体，一个给定的总体中的每一个个体都必须有三种可能基因类型中的一种. 如果从父母那里继承染色体是独立的，且每对父母将每一染色体传给子女的概率是相同的，那么三种不同基因类型的概率 p_1,p_2 和 p_3 可以用以下形式表示：$p_1=\theta^2$，$p_2=2\theta(1-\theta)$，$p_3=(1-\theta)^2$，其中参数 $0<\theta<1$ 未知. 基于一个随机样本中拥有每种基因个体的观察值 N_1,N_2,N_3，总的样本容量为 n. 某次测试中，$N_1=10$，$N_2=50$，$N_3=40$.

(1) 可以利用事件出现的频率估计事件发生的概率，求 θ 的估计值，请问估计值是否唯一？

(2) 求 θ 的最大似然估计值.

QK　22. 设总体 X 的分布函数为 $F(x;\theta)=\begin{cases}0, & x<0,\\ x^{\theta+1}, & 0\leqslant x<1,\\ 1, & x\geqslant 1\end{cases}$ $(\theta>-1)$，$X_1,X_2,\cdots,X_n$ 为来自总体 X 的一个简单随机样本，求 θ 的矩估计量及最大似然估计量.

QK　23. 设总体 X 服从 $(0,\theta]$ 上的均匀分布，$\theta>0$，$X_1,X_2,\cdots,X_n$ 为来自总体 X 的简单随机样本.

(1) 求 θ 的最大似然估计量 $\hat{\theta}$；

(2) 求 $Z=\frac{\hat{\theta}}{\theta}$ 的分布函数；

(3) 若 $P\{\hat{\theta}<\theta<\theta_0\}=1-\alpha, 0<\alpha<1$,求 θ_0.

QK 24.设总体 $X\sim U[\theta_0,\theta_0+\theta]$,其中 θ_0 是已知常数,$\theta(\theta>0)$ 是未知参数,X_1,$X_2,\cdots,X_n$ 是来自总体 X 的简单随机样本,求:

(1)θ 的矩估计量 $\hat{\theta}_1$ 及 $E\hat{\theta}_1$;

(2)θ 的最大似然估计量 $\hat{\theta}_2$ 及 $E\hat{\theta}_2$.

QK 25.(仅数学一)设总体 X 的概率分布为

X	1	2	3
p	$1-\theta$	$\theta-\theta^2$	θ^2

其中参数 $\theta\in(0,1)$ 未知.以 N_i 表示来自总体 X 的简单随机样本(样本容量为 n)中等于 i 的个数($i=1,2,3$).求常数 a_1,a_2,a_3,使 $T=\sum\limits_{i=1}^{3}a_iN_i$ 为 θ 的无偏估计量,并求 T 的方差.

QK 26.设总体 X 的分布函数

$$F(x)=\begin{cases}0, & x<0,\\ \theta, & 0\leqslant x<1,\\ 1\quad 2\theta, & 1\leqslant x<\dfrac{3}{2},\\ 1, & x\geqslant\dfrac{3}{2},\end{cases}$$

$X_1,X_2,\cdots,X_n$ 是来自总体 X 的简单随机样本.

(1)(仅数学一)求 θ 的矩估计量 $\hat{\theta}_M$,并验证其是否有无偏性、一致性;

(2) 若 n 个样本中有 n_1 个观测值为 1,n_2 个观测值为 0,求 θ 的最大似然估计值 $\hat{\theta}_L$.

QK 27.设 X_1,X_2 是来自总体 X 的简单随机样本,且

$$\overline{X}=\frac{1}{2}\sum_{i=1}^{2}X_i, S_2^2=\sum_{i=1}^{2}(X_i-\overline{X})^2, Y=\sqrt{X_1X_2}.$$

(1) 若 X 服从参数为 $\dfrac{1}{2}$ 的指数分布,求 EY;

(2) 若 $X\sim N(\mu,\sigma^2)$,求 $E[(\overline{X}S_2^2)^2]$.

QK 28.设总体 X 的概率密度为 $f(x)=\begin{cases}3(x-\theta)^2, & \theta<x\leqslant\theta+1,\\ 0, & 其他,\end{cases}$ 其中 θ 是未知参数,$X_1,X_2,\cdots,X_n$ 为来自总体 X 的简单随机样本,求:

(1)θ 的矩估计量;

(2)θ 的最大似然估计量.

QK　29. 设总体 X 的概率密度为 $f(x;\theta)=\begin{cases}2\mathrm{e}^{-2(x-\theta)}, & x\geqslant\theta,\\ 0, & x<\theta,\end{cases}$ 其中 $\theta>0$ 为未知参数,$X_1,X_2,\cdots,X_n$ 为来自总体 X 的一个简单随机样本,求 θ 的矩估计量及最大似然估计量.

QK　30. 设总体 $X\sim U[\theta,2\theta]$,其中 $\theta>0$ 是未知参数,$X_1,X_2,\cdots,X_n$ 是来自总体 X 的一个简单随机样本,$\overline{X}$ 为样本均值.

(1) 求参数 θ 的矩估计量 $\hat{\theta}_1$;

(2) 求参数 θ 的最大似然估计量 $\hat{\theta}_2$,并求 $E\hat{\theta}_2$.

QK　31. 设 $X_1,X_2,\cdots,X_n$ 是来自正态总体 $X\sim N(0,\sigma^2)(\sigma>0)$ 的一个简单随机样本,S^2 为样本方差.

(1) 求 σ^2 的最大似然估计量 $\hat{\sigma}^2$,并求出 $E(\hat{\sigma}^2)$;

(2) 比较 $D(\hat{\sigma}^2)$ 与 $D(S^2)$ 的大小.

QK　32. 设总体 X 的概率密度为

$$f(x;\theta)=\begin{cases}\theta, & 0<x<1,\\ 1-\theta, & 1\leqslant x<2,\\ 0, & \text{其他},\end{cases}$$

其中 $\theta(0<\theta<1)$ 是未知参数. $X_1,X_2,\cdots,X_n$ 为来自总体 X 的简单随机样本,记 N 为样本值 $x_1,x_2,\cdots,x_n$ 中小于 1 的个数. 求:

(1)θ 的矩估计量 $\hat{\theta}_M$ 及 $E\hat{\theta}_M$;

(2)θ 的最大似然估计量 $\hat{\theta}_L$ 及 $E\hat{\theta}_L$.

QK　33. 设 $X_1,X_2,\cdots,X_n(n\geqslant 2)$ 是总体 $X\sim N(0,\sigma^2)(\sigma>0)$ 的一个简单随机样本,$\overline{X}$,S^2 分别为其样本均值和样本方差,记

$$T=\overline{X}^2+\left(1-\frac{1}{n}\right)S^2,Y_i=X_i-\overline{X}(i=1,2,\cdots,n).$$

求:(1)ET;(2)DT;(3)$D(Y_1+Y_n)$.

QK　34. 设 $X_1,X_2,\cdots,X_n$ 为来自总体 X 的一个简单随机样本,X 的概率密度为

$$f(x;\theta)=\begin{cases}\mathrm{e}^{-(x-\theta)}, & x>\theta,\\ 0, & \text{其他}.\end{cases}$$

(1) 求 θ 的矩估计量 $\hat{\theta}_1$,并求 $E\hat{\theta}_1$,$D\hat{\theta}_1$;

(2) 求 θ 的最大似然估计量 $\hat{\theta}_2$,并求 $E\hat{\theta}_2$,$D\hat{\theta}_2$.

K 35. 设总体 X 的概率密度为

$$f(x;\alpha,\beta)=\begin{cases}\dfrac{\alpha\beta^{\alpha}}{x^{\alpha+1}}, & x\geqslant\beta,\\ 0, & x<\beta,\end{cases}$$

α,β 均大于 0，$X_1,X_2,\cdots,X_n$ 为总体 X 的简单随机样本.

(1) 求 α,β 的最大似然估计量 $\hat{\alpha},\hat{\beta}$；

(2) $\forall\varepsilon>0$，是否存在常数 a，使得 $\lim\limits_{n\to\infty}P\{|\hat{\beta}-a|\geqslant\varepsilon\}=0$？

(3) 求 $E(\ln X_1)$.

QK 36. 设容量为 n 的简单随机样本取自总体 $X\sim N(3.4,6^2)$，且样本均值在区间 $(1.4,5.4)$ 内的概率不小于 0.95，问样本容量 n 至少应取多大？（$\Phi(1.96)=0.975$）

QK 37. 设总体 X 的概率密度

$$f(x;\theta)=\begin{cases}1, & \theta-\dfrac{1}{2}\leqslant x\leqslant\theta+\dfrac{1}{2},\\ 0, & \text{其他},\end{cases}$$

其中 $-\infty<\theta<+\infty$. $X_1,X_2,\cdots,X_n$ 为取自总体 X 的简单随机样本，并记 $X_{(1)}=\min\{X_1,X_2,\cdots,X_n\}$，$X_{(n)}=\max\{X_1,X_2,\cdots,X_n\}$.

(1) 求参数 θ 的矩估计量 $\hat{\theta}_M$ 和最大似然估计量 $\hat{\theta}_L$；

(2) 求 $\dfrac{X_{(1)}+X_{(n)}}{2}$ 的期望.

QK 38. 设总体 $X\sim\begin{pmatrix}0 & 1 & 2\\ \dfrac{\theta}{4N} & \dfrac{\theta}{2N} & \dfrac{4N-3\theta}{4N}\end{pmatrix}$，其中 N 已知，$\theta(\theta>0)$ 未知，设 $X_1,X_2,\cdots,X_n$ 是来自总体 X 的简单随机样本，取到 0 的个数为 n_0，取到 1 的个数为 n_1，取到 2 的个数为 n_2，即 $n_0+n_1+n_2=n$.

(1) 求 θ 的矩估计量 $\hat{\theta}_1$ 和最大似然估计量 $\hat{\theta}_2$；

(2) 求 $\hat{\theta}_1$ 和 $\hat{\theta}_2$ 的数学期望；

(3) 求 $\hat{\theta}_1$ 和 $\hat{\theta}_2$ 的方差.

K 39. 设随机变量 X 与 Y 相互独立，且分别服从正态分布 $N(\mu,\sigma^2)$ 与 $N(\mu,2\sigma^2)$，其中 σ 是未知参数且 $\sigma>0$. 记 $Z=X-Y$.

(1) 求 Z 的概率密度 $f(z;\sigma^2)$；

(2) 设 $Z_1,Z_2,\cdots,Z_n$ 为来自总体 Z 的简单随机样本，求 σ^2 的最大似然估计量 $\hat{\sigma}^2$；

(3) 是否存在实数 a，使得对任意的 $\varepsilon > 0$，都有 $\lim\limits_{n\to\infty} P\{|\hat{\sigma}^2 - a| \geqslant \varepsilon\} = 0$？

K　40. 设随机变量 X 的概率密度为 $f(x)=\begin{cases}\lambda e^{-\lambda(x+2)}, & x \geqslant -2,\\ 0, & x < -2,\end{cases}$ 其中 $\lambda > 0$. 令 $Y=[X]$，这里 $[x]$ 表示不超过 x 的最大整数. 又设 $Y_1, Y_2, \cdots, Y_n$ 是来自总体 Y 的简单随机样本.

(1) 求 Y 的分布律；

(2) 求 λ 的最大似然估计量 $\hat{\lambda}_L$.

K　41. 设连续型总体 X 的分布函数为

$$F(x;\theta)=\begin{cases}1-e^{-\frac{x}{\theta}}, & x \geqslant 0,\\ 0, & \text{其他},\end{cases}$$

其中 $\theta(\theta > 0)$ 为未知参数，$X_1, X_2, \cdots, X_n$ 为来自总体 X 的简单随机样本.

(1) 求 θ 的最大似然估计量；

(2)(仅数学一) 若假设检验：$H_0: \theta = 1, H_1: \theta = 2$，从总体中抽取简单随机样本 X_1, X_2，拒绝域为 $W=\{X_1 + X_2 \leqslant 1\}$，求犯第一类错误的概率.

K　42. 设二维随机变量 $(X, Y) \sim N(0,0;1,1;\rho)$，若 $E[(X-Y)^2]=1$.

(1) 求 ρ；

(2) 证明在 $Y=y$ 的条件下，X 的条件概率密度为 $f_{X|Y}(x|y)=\sqrt{\dfrac{2}{3\pi}}e^{-\frac{4x^2-4xy+y^2}{6}}$，$x \in \mathbf{R}$，$y \in \mathbf{R}$；

(3) 若 $X_1, X_2, \cdots, X_n$ 是来自(2) 中总体 X 的简单随机样本，求 Y 的最大似然估计量.

K　43. (仅数学一) 设有一批产品，为估计其次品率 $p(0 < p < 1)$，随机抽取一样本 $X_1, X_2, \cdots, X_n$，其中

$$X_i=\begin{cases}1, & \text{第 } i \text{ 次取得次品},\\ 0, & \text{第 } i \text{ 次取得合格品},\end{cases} \quad i=1,2,\cdots,n.$$

证明 $\hat{p}=\overline{X}=\dfrac{1}{n}\sum\limits_{i=1}^{n}X_i$ 是 p 的无偏估计量，并讨论该统计量的一致性.

K　44. (仅数学一) 设 $Y=\ln X \sim N(\mu, 1)$，0.8，1.25，2，0.5 是来自总体 X 的简单随机样本值，已知 $\Phi(1.96)=0.975$.

(1) 求 μ 的置信度为 0.95 的置信区间；

(2) 记 $EX=\nu$，求 ν 的置信度为 0.95 的置信区间.

K　45. (仅数学一) 设 $X_1, X_2, \cdots, X_{100}$ 为取自总体 X 的一个简单随机样本，X 服从参

数为 $\lambda(\lambda>0,\lambda$ 未知) 的指数分布.

(1) 求 λ 的置信水平为 0.95 的置信区间;

(2) 若由样本值 $x_1,x_2,\cdots,x_{100}$ 算得 $\overline{x}=\frac{1}{100}\sum_{i=1}^{100}x_i=8$,求相应的 λ 的置信水平为 0.95 的置信区间.($\Phi(1.96)=0.975,\Phi(1.64)=0.95$)

K 46. 设 X_1,X_2 为来自总体 $X\sim U[0,2\theta]$ 的简单随机样本,Y_1,Y_2,Y_3 为来自总体 $Y\sim U[0,4\theta]$ 的简单随机样本,且两样本相互独立,其中 $\theta(\theta>0)$ 是未知参数.利用样本 X_1,X_2,Y_1,Y_2,Y_3,求 θ 的最大似然估计量 $\hat{\theta}$,并求 $D\hat{\theta}$.

K 47. 设某元件的使用寿命 T 的分布函数 $F(t)$ 满足微分方程 $F'(t)+\frac{2t}{\theta^2}[F(t)-1]=0,t\geqslant 0,\theta$ 为大于 0 的常数,$F(0)=0$, 且该元件性能 $Q(\theta)=\theta^2\left(\frac{\ln\theta}{2}-\frac{3}{4}\right)+\theta$.任取 n 个此种元件做寿命试验,测得值分别为 $t_1,t_2,\cdots,t_n$.

(1) 求 θ 的最大似然估计值 $\hat{\theta}$;

(2) 求该元件性能 Q 的最大似然估计值 $\hat{Q}$.

四、答案速查

习题详细版解析可扫码查看

或在“启航考研”小程序→张宇刷题→题源大全板块进行刷题练习

高等数学

第 1 章 函数极限与连续

一、选择题

1 (D)	2 (B)	3 (B)	4 (B)	5 (C)
6 (C)	7 (D)	8 (D)	9 (B)	10 (C)
11 (A)	12 (D)	13 (D)	14 (A)	15 (B)
16 (C)	17 (A)	18 (A)	19 (D)	20 (B)
21 (B)	22 (A)	23 (B)	24 (A)	25 (D)
26 (A)	27 (D)	28 (D)	29 (C)	30 (A)
31 (D)	32 (A)	33 (C)	34 (C)	35 (C)
36 (B)	37 (C)	38 (A)	39 (A)	40 (D)
41 (D)	42 (A)	43 (B)	44 (C)	45 (C)
46 (C)	47 (C)	48 (C)	49 (D)	50 (A)
51 (B)	52 (D)	53 (D)	54 (B)	55 (C)
56 (C)	57 (C)	58 (B)	59 (A)	60 (C)
61 (A)	62 (B)	63 (B)	64 (D)	65 (A)
66 (B)	67 (B)	68 (A)	69 (D)	70 (C)
71 (A)	72 (A)	73 (B)	74 (B)	75 (D)
76 (D)	77 (D)	78 (C)	79 (D)	80 (C)
81 (D)	82 (A)	83 (A)	84 (B)	85 (A)
86 (B)	87 (B)	88 (C)	89 (C)	90 (B)
91 (A)	92 (B)	93 (A)	94 (A)	95 (A)
96 (B)	97 (C)	98 (B)	99 (D)	100 (C)
101 (C)	102 (C)	103 (C)	104 (A)	105 (B)

106 (D)　107 (B)　108 (C)　109 (B)　110 (A)

111 (B)　112 (A)　113 (D)　114 (B)

二、填空题

1 $\frac{1}{2}$　2 e^{6}　3 $-\frac{\sqrt{2}}{6}$　4 $-\frac{1}{6}$　5 e^{6}

6 na　7 $\frac{1}{3}$;1　8 $e^{\frac{1}{100}x^{2}}$　9 e^{-2}　10 $\frac{1}{3}$

11 $\begin{cases} 3x+3, & x \geqslant -\frac{1}{3}, \\ 3x, & -1 \leqslant x < -\frac{1}{3}, \\ x-2, & x < -1 \end{cases}$　12 -1　13 ∞　14 0

15 $\frac{1}{2}$　16 $e^{\frac{1}{2}}$　17 $1-\frac{1}{e}$　18 $-\frac{4}{\pi}$　19 e^{2e}

20 $e^{\frac{1}{6}}$　21 5　22 $1+\frac{x^{2}}{2}$　23 -1　24 2

25 $\frac{1}{3}$　26 1　27 2　28 0　29 2

30 $\frac{3}{2}$　31 $-\frac{2}{3}$　32 $-\frac{1}{3}$　33 $-\frac{5}{2}$　34 $-\frac{3}{2}$

35 $4\sqrt{2}$　36 e^{2}　37 $-\frac{3}{2}$　38 -2;2　39 1

40 e^{2}　41 ln 2　42 -3　43 $-\frac{2}{9}$;2　44 2

45 $-\frac{1}{2}$　46 $\frac{1}{3}$　47 5　48 0　49 $\frac{\sqrt{3}}{6}$

50 $\frac{1}{2}$　51 $\frac{8}{3}$;3　52 -1　53 5,$\frac{1}{4^{5}}$　54 $\sqrt{2}$

55 $\frac{1}{2}$　56 $e^{-\pi}$　57 $x=-1$　58 $\frac{1}{2}$　59 $\frac{1}{15}$

60 6　61 $\frac{1}{\sqrt{e}}$　62 1　63 2

三、解答题

1 $\frac{1}{3}$　2 (1) 一阶;(2) $\frac{1}{3}$ 阶;(3) $\frac{1}{2}$ 阶

3 $f[g(x)]=\begin{cases}1, & -1<x<0,\\ e^x, & 0\leqslant x<1\end{cases}$

4 (1) $\frac{1}{n}$;(2)2;(3) $\frac{1}{16}$;(4)e^2;(5)e^{-2};(6)$e^{-\frac{1}{2}}$;(7)1

5 $a=1,b=-4$ 6 $a=2,b=3$ 7 1 8 $\frac{1}{6}$ 9 $\frac{1}{2}$ 10 1

11 2 12 1 13 $\frac{e}{2}$ 14 $e^{\frac{1}{3}}$ 15 1 16 e^{-2} 17 2 18 $-\frac{1}{8}$

19 $-\frac{1}{2}$ 20 $\frac{3}{2}$ 21 $y=\ln(x+\sqrt{x^2+1}),x\in\mathbf{R}$ 22 $\frac{1}{6}$ 23 $-\frac{1}{2}$

24 $\frac{1}{e}$ 25 e 26 $\frac{e}{2}-\frac{1}{2e}$ 27 (1)$a=\frac{1}{2}$;(2)$k=1$ 28 证明略

29 12 30 0 31 $k=3,c=\frac{1}{6}$ 32 $a=1,b=\frac{1}{6}$

33 (1) $\frac{1}{8}$;(2)1;(3)$(\ln a)^2$;(4) $-\frac{1}{3}$;(5)$e^{-\frac{1}{3}}$;(6)24

34 五阶 35 不正确,分段函数可能是初等函数,也可能不是初等函数

36 $f(x)$ 的连续区间为$(-\infty,0)\cup(0,1)\cup(1,+\infty)$,$x=0$ 是无穷间断点,$x=1$ 是跳跃间断点 37 $x=0$ 为跳跃间断点,$x=1$ 为无穷间断点

38 $\frac{1}{3}$ 39 $\frac{1}{e^2}$ 40 $\frac{4}{3}$ 41 $-\frac{3}{2}$ 42 $\frac{2}{9}$ 43 1 44 $+\infty$

45 $A\ln a$ 46 $-\frac{1}{12}$ 47 $\frac{2}{n!}$ 48 按无穷小的阶从低到高的顺序为α,γ,β

49 当$\alpha>0$且$\beta=-1$时,$g(x)$在$x=0$处连续;当$\alpha>0$且$\beta\neq-1$时,$x=0$是$g(x)$的跳跃间断点;当$\alpha\leqslant 0$时,$x=0$是$g(x)$的振荡间断点

50 $x=0$是函数$F(x)$的跳跃间断点,$x=1$是函数$F(x)$的振荡间断点,$x=-\frac{\pi}{2}$是函数$F(x)$的可去间断点,$x_k=-k\pi-\frac{\pi}{2}(k=1,2,\cdots)$是函数$F(x)$的无穷间断点

51 $f[g(x)]=\begin{cases}(2e^x-1)^2-1, & x\leqslant -\ln 2,\\ \ln(2e^x-1), & -\ln 2<x\leqslant 0,\\ (x^2-1)^2-1, & 0<x\leqslant 1,\\ \ln(x^2-1), & x>1\end{cases}$

52 $f(x)=\frac{x-\arctan(x-1)-1}{(x-1)^3}-\frac{2}{3}x^2e^{x-1}$ 53 $-\frac{1}{2}$

54 证明略，$A=-\frac{e}{2}$，$B=\frac{11}{24}e$　55 $A=e$，$B=-\frac{e}{2}$，$C=\frac{11e}{24}$，$D=-\frac{7e}{16}$

56 $\frac{3}{2}$　57 当 $x=0$ 时，原式 $=1$；当 $x\neq 0$ 时，原式 $=\frac{\sin x}{x}$　58 $e^{-(a+b)}$　59 $\frac{\pi}{6}$

60 $\frac{1}{6}$　61 $\frac{1}{6}$　62 $\frac{1}{3}$　63 $\frac{3}{2}e$　64 1　65 2　66 $\sqrt[n]{a_1a_2\cdots a_n}$

67 (1)$e^{-\frac{1}{2}}$；(2)$\cos 3$；(3)$e^{\frac{3}{2}}$；(4)2；(5)$\frac{1}{2}$　68 $a=0$，$b=1$　69 $b=2$　70 1

71 $\frac{3}{2}$　72 $\frac{a^2}{2}$　73 证明略

74 $1<a<2$　75 $x=1$ 是 $f(x)$ 的可去间断点，$x=0$ 是 $f(x)$ 的跳跃间断点，$x=-1$ 是 $f(x)$ 的无穷间断点　76 $e^{\frac{2}{3}}$　77 $a=-8$，$b=6$，$c=1$　78 $a=1$，$b=-1$

79 $a=-\frac{\sqrt{\pi}}{4}$，$b=1$　80 1　81 1　82 证明略　83 $a=-1$ 时，$f(x)$ 在 $x=0$ 处连续；$a=-2$ 时，$x=0$ 为 $f(x)$ 的可去间断点　84 $-\frac{1}{6}$

85 $a=b=1$　86 (1)0；(2)2；(3)$-\frac{1}{3}$；(4)$-\frac{1}{4}$；(5)$-\frac{1}{6}$

87 $x=0$ 为可去间断点，$x=-1$，$x=1$ 为跳跃间断点　88 $x=0$ 为可去间断点，$x=-1$ 为跳跃间断点　89 (1)$a=2$；(2)$a=-1$；(3)$a\neq-1$ 且 $a\neq 2$　90 0

91 $-\frac{1}{12}$　92 当 $\alpha=5$ 时，$I=\frac{8}{5}$，此时 $k=\frac{1}{5}$；当 $\alpha>5$ 时，$I=0$，此时 $k=\frac{1}{\alpha}$

93 (1) $\frac{1}{1-2a}$；(2) $\frac{1}{2}$；(3) $\frac{1}{2}$；(4)e；(5)1　94 e　95 $e^{\frac{1}{2}}$　96 $-\frac{2}{9}$　97 $\frac{1}{2}$

98 证明略　99 $-\frac{4}{9}$　100 证明略　101 证明略　102 (1) 当 $c=\sqrt{ab}$ 时，$A(x)$ 在 $x=0$ 处连续；(2) $\lim\limits_{x\to+\infty}A(x)\geqslant A(1)\geqslant\lim\limits_{x\to 0}A(x)\geqslant A(-1)\geqslant\lim\limits_{x\to-\infty}A(x)$

103 (1)$k=\frac{1}{2}$；(2)$c=\frac{1}{2}$　104 证明略

105 $f'(x)=\begin{cases}\dfrac{xg'(x)-g(x)+(x+1)e^{-x}}{x^2}, & x\neq 0,\\ \dfrac{1}{2}[g''(0)-1], & x=0,\end{cases}$　$f'(x)$ 在 $(-\infty,+\infty)$ 内连续

106 $e^{\frac{(\ln a)^2}{2}-\frac{(\ln b)^2}{2}}$　107 6　108 $\frac{2}{3}$　109 $\frac{3}{2}$　110 证明略

111 $x=0$ 是跳跃间断点，$x=1$ 是可去间断点，$x=\frac{1}{2}$ 是无穷间断点

112 (1) 证明略；(2) $f(x)=\begin{cases} x, & x\in\left[-\frac{\pi}{2},\frac{\pi}{2}\right), \\ \pi-x, & x\in\left[\frac{\pi}{2},\frac{3}{2}\pi\right) \end{cases}$

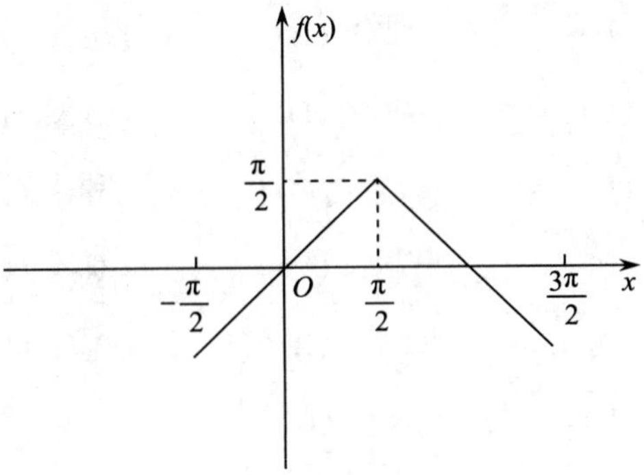

113 $\frac{\pi}{4}$　**114** $a=\frac{10}{3},b=-10,c=10$　**115** $A=\frac{1}{3},B=-\frac{2}{3},C=\frac{1}{6}$

116 $\frac{4}{3}$　**117** $f(0)=0,f'(0)=0,f''(0)=4,\lim\limits_{x\to0}\left[1+\frac{f(x)}{x}\right]^{\frac{1}{x}}=e^2$

118 连续区间为$(-\infty,1)\cup(1,+\infty)$，$x=1$ 为间断点，$f(1^-)=0,f(1^+)=+\infty$

119 $a=\ln 3,b=1$

第 2 章 数列极限

一、选择题

1 (B)　2 (B)　3 (B)　4 (A)　5 (A)

6 (B)　7 (B)　8 (D)　9 (B)　10 (C)

11 (A)　12 (D)　13 (C)　14 (A)　15 (A)

16 (A)　17 (B)　18 (C)　19 (C)　20 (C)

21 (C)　22 (A)　23 (B)　24 (D)　25 (A)

26 (C)　27 (B)　28 (C)

二、填空题

1 $-\ln a$　2 $-\frac{e}{2}$　3 2　4 $\frac{1}{a}$

5 $\begin{cases}\cos x, & x\in\left[0,\frac{\pi}{4}\right),\\ \sin x, & x\in\left[\frac{\pi}{4},\frac{\pi}{2}\right]\end{cases}$　6 $\begin{cases}x^3, & x>1,\\ 1, & -1\leqslant x\leqslant 1,\\ -x^3, & x<-1\end{cases}$

7 2　8 $\frac{1-\ln x}{x^2}$　9 $\ln x$　10 2　11 $e^{-\frac{1}{3}}$

12 $\frac{1}{6}$　13 $e^{\frac{1}{4}}$　14 $0;r-r^2$　15 $\ln 2-\frac{1}{2}$　16 $\frac{\sqrt{5}-1}{2}$

三、解答题

1 证明略，$\lim\limits_{n\to\infty}x_n=2$　2 证明略，$\lim\limits_{n\to\infty}x_n=\sqrt{c}$　3 e^{-2}　4 $\frac{1}{2}$

5 (1)$b_n=\left(-\frac{1}{2}\right)^n$;(2)$\sum\limits_{k=1}^{n}b_k=\frac{1}{3}\left[\left(-\frac{1}{2}\right)^n-1\right]$，$\lim\limits_{n\to\infty}a_n=\frac{3}{2}$　6 $\frac{1}{3}$

7 $\sqrt{2}-1$　8 $\sqrt{2}$　9 证明略　10 证明略　11 (1) 证明略;(2) 证明略，$a=-1$;(3) $\frac{1}{2}$;(4) 证明略　12 $\frac{1+\sqrt{5}}{2}$　13 在题设两种情况下，$\{x_ny_n\}$ 的敛散性都不能确定　14 $\sqrt[4]{a}$　15 $\frac{1}{2}$　16 证明略，$\lim\limits_{n\to\infty}a_n=1$　17 (1) $-\frac{1}{2}$;(2)$e^{\frac{1}{2}}$

18 证明略　19 证明略　20 证明略，$\lim\limits_{n\to\infty}x_n=(2\ 023)^{\frac{1}{2\ 023}}$　21 证明略

22 证明略,$\lim\limits_{n\to\infty}a_n=\frac{\sqrt{5}-1}{2}$ 23 $\frac{1}{6}$ 24 证明略,$\lim\limits_{n\to\infty}x_n=\sqrt{2}$

25 证明略 26 证明略 27 0 28 证明略

29 (1) 证明略;(2) $\frac{1}{2}$ 30 (1) 证明略,$\lim\limits_{n\to\infty}x_n=0$;(2) $-\frac{1}{3}$ 31 $\frac{1}{2}$

32 (1) 证明略;(2)$\lim\limits_{n\to\infty}na_n^2=\frac{\pi}{2}$ 33 (1) 证明略;(2) 证明略,$\lim\limits_{n\to\infty}x_n=0$

34 (1)1;(2) 证明略,$\lim\limits_{n\to\infty}x_n=1$ 35 证明略 36 证明略

37 证明略,$\lim\limits_{n\to\infty}x_n=0$ 38 (1) 证明略;(2)$1-\frac{1}{e}$;(3) 证明略

39 (1) 证明略;(2) 证明略;(3)$\lim\limits_{n\to\infty}x_n=1$ 40 (1) 证明略;(2)$\lim\limits_{n\to\infty}x_n=\frac{\pi}{2}$

41 (1) 证明略,$\lim\limits_{n\to\infty}x_n=0$;(2) $-\frac{2}{f''(0)}$ 42 (1) 证明略;(2) $\frac{1}{4}$

43 (1) 证明略;(2) 证明略,$\lim\limits_{n\to\infty}x_n=0$ 44 证明略 45 (1) 证明略;(2) 证明略,$\lim\limits_{n\to\infty}x_n=0$ 46 (1) 证明略;(2) $\frac{1}{2}$ 47 (1)$a_n=\frac{2n}{2n+1}\cdot\frac{2n-2}{2n-1}\cdot\cdots\cdot\frac{4}{5}\cdot a_1$,其中$a_1=\frac{4}{3}$;(2) 证明略 48 $e^{-\frac{1}{2}}$ 49 证明略,$\lim\limits_{n\to\infty}x_n=2$ 50 证明略 51 证明略,$\lim\limits_{n\to\infty}x_n=0$ 52 0 53 证明略 54 (1) 补充定义 $f_1(0)=f_0(0)$;(2) 证明略;(3) 证明略 55 证明略 56 证明略,$\lim\limits_{n\to\infty}x_n=3$ 57 证明略 58 证明略

59 (1) 证明略;(2) -1 60 3 61 (1) 证明略;(2)$\ln 2$ 62 证明略

第3章 一元函数微分学的概念

一、选择题

1 (B)	2 (D)	3 (C)	4 (B)	5 (B)
6 (D)	7 (B)	8 (B)	9 (B)	10 (D)
11 (D)	12 (C)	13 (D)	14 (D)	15 (D)
16 (C)	17 (D)	18 (C)	19 (C)	20 (B)
21 (A)	22 (D)	23 (C)	24 (A)	25 (C)
26 (C)	27 (D)	28 (B)	29 (D)	30 (A)
31 (B)	32 (D)	33 (D)	34 (D)	35 (A)
36 (C)	37 (C)	38 (D)	39 (C)	40 (D)
41 (D)	42 (B)	43 (A)	44 (C)	45 (B)
46 (D)	47 (D)	48 (D)	49 (A)	50 (B)
51 (B)	52 (C)	53 (C)	54 (D)	55 (A)
56 (D)				

二、填空题

1 0	2 4	3 $-\frac{1}{2}$	4 $2e(1-e)$	5 -2
6 0	7 $-\frac{1}{2}$	8 $\frac{3}{2}a$	9 2	10 $-\frac{1}{9}$
11 1	12 -2	13 $\frac{1}{3}$	14 2	15 $\frac{f'(0)}{f(0)}$
16 e^3	17 1	18 $\frac{f''(a)}{2[f'(a)]^2}$		

三、解答题

1 $\frac{1}{10}$　2 证明略　3 证明略　4 $a=1,b=0$

5 0,理由略　6 $-\frac{4}{7}$　7 $\sqrt{a}$　8 证明略

9 (1)$kx(x+2)(x+4)$;(2)$-\frac{1}{2}$　10 证明略

11 $f(x)$ 在 $x=0$ 处可导，$f'(x)$ 在 $x=0$ 处连续　**12** (1)1；(2)0　**13** 证明略

14 证明略　**15** $f(x)=\tan(ax)(a>0)$

16 $\varphi'(x)=\begin{cases}\dfrac{f'(x)}{x-1}-\dfrac{f(x)}{(x-1)^2}, & x\neq 1,\\ \dfrac{f''(1)}{2}, & x=1,\end{cases}$ $\varphi'(x)$ 在 $x=1$ 处连续

17 $2C$　**18** (1) 证明略；(2) $g'(x)=\begin{cases}2xf'(x^2), & x>0,\\ 0, & x=0,\\ -2xf'(-x^2), & x<0\end{cases}$　**19** 0

20 (1)0；(2) 可导，$f'(x)=\begin{cases}\dfrac{x[g'(x)+e^{-x}]-[g(x)-e^{-x}]}{x^2}, & x\neq 0,\\ \dfrac{g''(0)-1}{2}, & x=0\end{cases}$

21 (1) $g'(x)=\begin{cases}\dfrac{xf'(x)-f(x)}{x^2}, & x\neq 0,\\ \dfrac{f''(0)}{2}, & x=0;\end{cases}$ (2) 连续

22 $f(x)$ 在 $x=0$ 处连续，$f(x)$ 在 $x=0$ 处可导，$f'(x)$ 在 $x=0$ 处也连续

23 $e^{\frac{f'(a)}{f(a)}}$　**24** 2

25 (1) $g(x)=\begin{cases}-\sqrt{\dfrac{1-x}{2}}, & x<-1,\\ \sqrt[3]{x}, & -1\leqslant x\leqslant 8,\\ \dfrac{x+16}{12}, & x>8;\end{cases}$ (2) $g(x)$ 的不可导点为 $x=0$ 和 $x=-1$

26 (1) $f'(4)=\dfrac{13}{6}$，$g'(4)=\dfrac{3}{2}$；(2) $-\dfrac{13}{9}$　**27** 证明略　**28** $f'(x_0)$

29 ①$\alpha>0$；②$\alpha>1$；③$\alpha>2$；④$\alpha>3$　**30** 证明略，$f'(0)=3$

第4章 一元函数微分学的计算

一、选择题

1 (B)	2 (D)	3 (B)	4 (D)	5 (B)
6 (B)	7 (C)	8 (D)	9 (B)	10 (B)
11 (D)	12 (A)	13 (B)	14 (B)	15 (A)
16 (B)	17 (C)	18 (B)	19 (D)	20 (D)
21 (C)	22 (D)	23 (B)	24 (D)	25 (A)
26 (A)	27 (D)	28 (C)	29 (A)	30 (D)
31 (B)	32 (D)	33 (A)		

二、填空题

1 $\frac{1}{2}\mathrm{d}x$　2 $(2t+1)\mathrm{e}^{2t}$　3 $-\frac{\ln 3}{1+3^x}\mathrm{d}x$　4 $\frac{1}{3}$　5 $(1+2x)\mathrm{e}^{2x}$

6 -4　7 $\frac{1}{\mathrm{e}}(-1)^{n-1}(n-1)!$　8 -1　9 $-\frac{1}{\mathrm{e}}$　10 $-\frac{1}{2\mathrm{e}}\cos\frac{1}{\mathrm{e}}$

11 -1　12 $2x\cos x-x^2\sin x$　13 $\frac{y-2xy\cos(x^2y)}{x^2\cos(x^2y)-x}\mathrm{d}x$　14 $\mathrm{e}^{2f(x)}$

15 100　16 $\mathrm{d}x$　17 $\mathrm{e}^x(x+n-1)$　18 -1

19 $-\frac{n!}{2^{n-2}(n-2)}$　20 $\frac{1}{2}(x-1)^2(x+2)-1$　21 $\frac{4\ln 2}{4-\sqrt{2}\pi}$

22 $\frac{2\,019!}{2\,014!}6^{2\,014}$　23 $\begin{cases}(-1)^{\frac{n-1}{2}}(n-1)!, & n\text{ 为奇数},\\ 0, & n\text{ 为偶数}\end{cases}$　24 $\frac{3}{4}$　25 $7^n n!$

26 $-\frac{1}{x^2}\mathrm{e}^{\tan\frac{1}{x}}\left(\tan\frac{1}{x}\sec\frac{1}{x}+\cos\frac{1}{x}\right)$　27 $-\frac{1}{2}$　28 -6　29 3　30 0

31 $\frac{y\sin(xy)-\mathrm{e}^{x+y}}{\mathrm{e}^{x+y}-x\sin(xy)}$　32 $(n+1)!\,n(-2)^{n-1}$　33 0　34 2

35 $4^{n-1}\cos\left(4x+\frac{n}{2}\pi\right)$　36 $-\frac{2}{3}$　37 -1　38 $24t^2+32t^6$

39 $\frac{1}{2}x^2+x-\ln(x^2-x+1)-\frac{2}{\sqrt{3}}\arctan\frac{2x-1}{\sqrt{3}}+C$

40 3　41 $-9!$　42 $(-1)^{n+1}\cdot n!$

43 $\dfrac{x^2}{1-x}\sqrt[3]{\dfrac{2+x}{(2-x)^2}}\left[\dfrac{2}{x}+\dfrac{1}{1-x}+\dfrac{1}{3(2+x)}+\dfrac{2}{3(2-x)}\right]+\cos x$

44 2　45 $-\dfrac{1}{4}$　46 $\dfrac{1}{2}f''(a)$　47 $\dfrac{2e^2-3e}{4}$　48 0　49 $5^n n!$

50 $n!$　51 e　52 $-99!$

53 $(-1)^n\cdot(n-2)!\left[\dfrac{2}{x^{n-1}}-\dfrac{1}{(x-1)^{n-1}}-\dfrac{1}{(x+1)^{n-1}}\right]$

54 $(-2)^n(n-2)!\left[\dfrac{1}{(2x-1)^{n-1}}+\dfrac{1}{(2x+1)^{n-1}}\right]$

55 $-\dfrac{1}{10\ 100}$　56 2

三、解答题

1 $-\dfrac{1}{\sqrt{2}}$　2 $\dfrac{2}{x\sqrt{1+x^2}}$

3 $a^{a^x}\cdot\ln a\cdot a^x\ln a+a^{x^x}\cdot\ln a\cdot x^x(\ln x+1)+a^{x^a}\cdot\ln a\cdot ax^{a-1}$

4 $e^{f(x)}\cdot f'(x)f(e^x)+e^{f(x)}\cdot f'(e^x)e^x$

5 $f'(\ln x)\cdot\dfrac{1}{x}\cdot e^{f(x)}+f(\ln x)\cdot e^{f(x)}\cdot f'(x)$

6 $\sqrt{2}$　7 $\dfrac{dy}{dx}=2xe^{x^2},\dfrac{dy}{d(x^2)}=e^{x^2},\dfrac{d^2y}{dx^2}=2(1+2x^2)e^{x^2}$　8 $\dfrac{1}{8}$

9 $\dfrac{dy}{dx}=\dfrac{y-x}{y+x},\dfrac{d^2y}{dx^2}=-\dfrac{2(x^2+y^2)}{(x+y)^3}$

10 $\dfrac{\sin x}{(2+\cos x)^3}$　11 2　12 0

13 $\begin{cases}(-1)^{k+1}\cdot\dfrac{(4k+2)!}{(2k+1)!}, & n=4k+2,\\ 0, & n\neq 4k+2\end{cases}(k=0,1,\cdots)$

14 $n(n-1)$

15 (1) $\dfrac{dy}{dx}=-\dfrac{\sin t}{2t},\dfrac{d^2y}{dx^2}=\dfrac{\sin t-t\cos t}{4t^3}$;(2) $\lim\limits_{x\to 1^+}\dfrac{dy}{dx}=-\dfrac{1}{2},\lim\limits_{x\to 1^+}\dfrac{d^2y}{dx^2}=\dfrac{1}{12}$

16 $\left.\dfrac{dy}{dx}\right|_{t=0}=3,\left.\dfrac{d^2y}{dx^2}\right|_{t=0}=21$　17 证明略

18 (1) $\dfrac{\cos(2x)-4\cos x+3}{2x}$;(2)5　19 证明略

20 $\begin{cases} e^{3x\ln x}[9(\ln x+1)^2+3x^{-1}], & x>0, \\ 0, & x<0 \end{cases}$

21 (1) $\frac{1}{2}$;(2) 证明略 **22** 10 **23** $3^{\frac{9}{2}}\cdot 2^6$

24 (1) 证明略;(2) $\frac{1}{2}[3^{20}\sin(3x)-\sin x]$

25 $\frac{1}{n+2}(n=1,2,\cdots)$ **26** (1) 证明略;(2)0

27 $\frac{y[(t-x)(\ln x+1)+1]}{x-2t}$ **28** 证明略

29 $-x\sqrt[4]{(1+x^4)^3}$

30 $-\frac{1}{2}[\tan(2x)]^{\cot\frac{x}{2}}\cdot\left\{\csc^2\frac{x}{2}\cdot\ln[\tan(2x)]-8\cot\frac{x}{2}\cdot\csc(4x)\right\}$

31 n^2 **32** $2^{50}\left[-x^2\sin(2x)+50x\cos(2x)+\frac{1\,225}{2}\sin(2x)\right]$ **33** 5×2^{11}

34 $-\frac{2x\sin(x^2+y^2)+2xy-e^x}{x^2+2y\sin(x^2+y^2)}$ **35** 证明略

36 $8\cdot\frac{(-1)^n\cdot n!}{(x-2)^{n+1}}-\frac{(-1)^n\cdot n!}{(x-1)^{n+1}}(n>1)$ **37** $-2^n\cos\left(2x+\frac{n\pi}{2}\right)$

38 $(\sqrt{2})^n e^x\sin\left(x+\frac{n}{4}\pi\right)$ **39** $y^{(n)}(0)=\begin{cases} 0, & n=2k-1, \\ \frac{(-1)^k}{2k+1}, & n=2k \end{cases}\quad(k=1,2,3,\cdots)$

40 $2+\frac{1}{x^2}$ **41** $\frac{x+y}{x-y}$ **42** $y'(0)=e-e^4,y''(0)=e^3(3e^3-4)$

43 $\begin{cases} f'\left(x^3\sin\frac{1}{x}\right)\left(3x^2\sin\frac{1}{x}-x\cos\frac{1}{x}\right), & x\neq 0, \\ 0, & x=0 \end{cases}$

44 $f[f'(x)]=256x^2,\{f[f(x)]\}'=256x^3$ **45** $\frac{3}{4}\pi$

46 $-g'(\sin y)\cdot\cos y\cdot\frac{b^2x}{a^2y}dx$ **47** $-2^n(n-1)!$ **48** $-\frac{5}{2}$

49 $\frac{x}{(x+1)^3}$ **50** $\frac{(y^2-e^t)(1+t^2)}{2(1-ty)}$ **51** $n!(2^n-1)(n\geqslant 1)$

52 证明略 **53** $\frac{\sqrt{2}n!}{2}$ **54** $\frac{(-1)^n n!}{3}[2(x-2)^{-n-1}+(x+1)^{-n-1}]$

55 $\sqrt{2}$ **56** 0 **57** $\frac{\mathrm{d}u}{\mathrm{d}x}=\left[\varphi'(x)+\frac{2y}{1+\mathrm{e}^y}\right]f'$, $\frac{\mathrm{d}^2u}{\mathrm{d}x^2}=\left[\varphi'(x)+\frac{2y}{1+\mathrm{e}^y}\right]^2f''+\left[\varphi''(x)+\frac{2}{(1+\mathrm{e}^y)^2}-\frac{2y\mathrm{e}^y}{(1+\mathrm{e}^y)^3}\right]f'$ **58** 证明略

59 $(-1)^n n!\left[\frac{(x-a)^{-n-1}}{(a-b)(a-c)}+\frac{(x-b)^{-n-1}}{(b-a)(b-c)}+\frac{(x-c)^{-n-1}}{(c-a)(c-b)}\right]$

60 $\frac{1}{3}$ **61** $f(0)=0$，$f(x)$ 在 $x=0$ 处可导，$f'(0)=-1$ **62** 证明略

63 $(-1)^{n+1}[(2n-1)!!]^2$

64 (1) 证明略；(2) $\begin{cases}0, & n=2k \text{ 且 } k=0,1,2,\cdots,\\ 1, & n=1,\\ [(2k-1)!!]^2, & n=2k+1 \text{ 且 } k=1,2,\cdots\end{cases}$

65 $2\mathrm{e}^{-x^2}$ **66** $4^{n-1}\cos\left(4x+\frac{n}{2}\pi\right)$ **67** $a=\frac{4}{15}$，$b=\frac{3}{5}$，$n=7$

68 当 $\lambda\leqslant 1$ 时，$f'(0)$ 不存在；当 $\lambda>1$ 时，$f'_+(0)=f'_-(0)=0$；

当 $x>0$ 时，$f'(x)=\lambda x^{\lambda-1}\sin\frac{1}{x}-x^{\lambda-2}\cos\frac{1}{x}$；当 $x<0$ 时，$f'(x)=0$；$f'(x)$ 连续时，$\lambda>2$

第5章 一元函数微分学的应用(一)——几何应用

一、选择题

1 (A)	2 (C)	3 (D)	4 (C)	5 (D)
6 (B)	7 (A)	8 (B)	9 (A)	10 (C)
11 (A)	12 (D)	13 (A)	14 (D)	15 (B)
16 (C)	17 (D)	18 (A)	19 (C)	20 (B)
21 (B)	22 (A)	23 (C)	24 (A)	25 (B)
26 (B)	27 (C)	28 (A)	29 (A)	30 (D)
31 (D)	32 (C)	33 (B)	34 (C)	35 (B)
36 (C)	37 (B)	38 (B)	39 (C)	40 (D)
41 (B)	42 (C)	43 (D)	44 (C)	45 (A)
46 (C)	47 (B)	48 (A)	49 (A)	50 (C)
51 (D)	52 (C)	53 (B)	54 (B)	55 (B)
56 (B)	57 (A)	58 (C)	59 (A)	60 (C)
61 (C)	62 (B)	63 (C)	64 (A)	65 (D)
66 (A)	67 (D)	68 (A)	69 (B)	70 (D)
71 (C)	72 (D)	73 (B)	74 (D)	75 (C)
76 (D)	77 (A)	78 (A)	79 (D)	80 (D)
81 (D)	82 (C)	83 (C)	84 (D)	85 (C)
86 (B)	87 (A)	88 (D)	89 (B)	90 (C)
91 (B)				

二、填空题

1 $(0,+\infty)$　2 $y=1$　3 $\frac{3}{2}x+\frac{1}{2}-\frac{\pi}{4}$　4 $[0,400]$　5 $(0,5)$

6 $y=\frac{2}{5}$　7 $y=2x+1$　8 $\frac{1}{6}$　9 $2x+y-1=0$　10 $\sqrt{2}$

11 $y=\sqrt{3}x-1$　12 $y=x-2$　13 $y=2x-1$　14 $\left[\frac{8}{3}\sqrt{2},+\infty\right)$

15 $\left[-\frac{1}{2},+\infty\right)$ 16 $\frac{1}{2}(e^{-\frac{\pi}{2}}+1)$ 17 $y=x-1$ 18 2 19 $\left(e,1-\frac{4}{e}\right)$

20 $(1,0),\left(\frac{3}{2},\frac{3}{2\sqrt[3]{2}}\right)$ 21 $\frac{3\sqrt{2}}{2}$ 22 $\frac{3\pi}{2}+2$ 23 $\frac{4}{9}\sqrt{3}$ 24 $\frac{2}{3}$ 25 $\frac{\sqrt{2}}{4}$

26 $\frac{5}{\sqrt{2}}$ 27 $(-1,1)$ 28 $(2,-20)$ 29 3 30 2 31 $y=x$

32 $x=1$ 33 $1,-3,-24,16$ 34 $(-\infty,-e)$ 35 1 36 $y=\frac{3}{2}x$

37 $\frac{1}{\sqrt{e}}$ 38 2 39 $\frac{\sqrt{2}}{2}$ 40 2 41 $x=0,x=\frac{1}{e},y=1$

42 $\frac{1}{(1+2x^2)^{\frac{3}{2}}},1$ 43 $y=x$ 44 $y=\frac{1}{6}x-\frac{1}{3}$ 45 $(x-1)^2+(y+1)^2=2$

46 $\left(0,\frac{\sqrt{\pi}}{2}\right);\sqrt{2}$ 47 4 48 $-\frac{1}{3}$ 49 -4 50 8

51 $x^2+y^2-4x=0$ 52 $\frac{27}{2}$ 53 $y=x-1$ 54 $2\sqrt{2}$

55 $y=-2x+\frac{3}{4}$ 56 $f(x)=x^4-2x^3+x^2$ 57 $\frac{2e(2e-3)}{(4+e^2)^{3/2}}$ 58 $y=\sqrt{\pi}x$

59 $y=-\frac{1}{2}x$ 60 $\frac{2}{e}$ 61 $\sqrt{2}$ 62 2 63 -2 64 $(0,1)$ 65 $\frac{3}{2\sqrt{2}a}$

三、解答题

1 $\left.\frac{dS}{dt}\right|_{r=50}=2\ 000\pi\ \text{cm}^2/\text{s},\left.\frac{dV}{dt}\right|_{r=50}=50\ 000\pi\ \text{cm}^3/\text{s}$ 2 e^{-1}

3 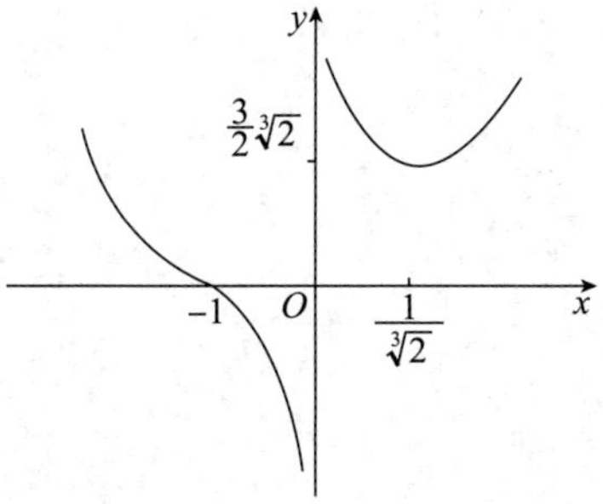

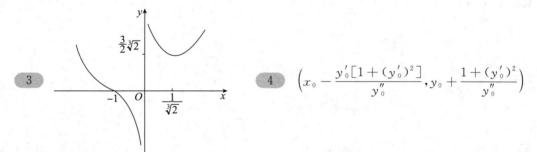

4 $\left(x_0-\frac{y_0'[1+(y_0')^2]}{y_0''},y_0+\frac{1+(y_0')^2}{y_0''}\right)$

5 $\frac{1}{e}$ 6 $a=-1,b=3$

7 围成圆的一段长为$\frac{\pi a}{\pi+4}$,围成正方形的一段长为$\frac{4a}{\pi+4}$

8 $y=-\frac{1}{\pi}(x-1)+\frac{\pi}{4}$

9 极小值为 $y(1)=0$,极大值为 $y(-1)=1$

10 凸

11 单调递减区间为 $(-\infty,0)$,单调递增区间为 $(0,+\infty)$,有极小值 $f(0)=0$;凸区间为 $(-\infty,-1)$ 及 $(1,+\infty)$,凹区间为 $(-1,1)$,且有拐点 $(1,\ln 2)$,$(-1,\ln 2)$

12 (1) 单调递增区间为 $\left(-\infty,-\dfrac{1}{2}\right)$ 和 $(1,+\infty)$,单调递减区间为 $\left(-\dfrac{1}{2},0\right)$ 和 $(0,1)$;

凸区间为 $\left(-\infty,-\dfrac{1}{5}\right)$,凹区间为 $\left(-\dfrac{1}{5},0\right)$ 和 $(0,+\infty)$;

(2) 斜渐近线为 $y=x+\dfrac{3}{2}$,铅直渐近线为 $x=0$

13 $\dfrac{\pi}{e^2}$ 14 $a=-4$,极小值点

15 14 16 当 $0<x<1$ 时,$\dfrac{x^2-1}{2x}<\ln x<\dfrac{x^2-1}{x^2+1}$;当 $x>1$ 时,$\dfrac{x^2-1}{x^2+1}<\ln x<\dfrac{x^2-1}{2x}$ 17 $a=1$ 18 极大值为 $f(0)=1$ 19 $a=1,b=-\dfrac{2}{3}$

20 (1) $y(x)$ 在 $x=0$ 处取得极大值,理由略;(2) 证明略 21 e^{-1} 22 arctan 3

23 $\mathrm{d}f(x)\Big|_{x=2}=2\mathrm{d}x$,$2x-y=3$

24 极大值是 $f(-1)=e^{-2}$ 与 $f(1)=1$;极小值是 $f(0)=0$

25 (1)0;(2) $f_{\max}=f(0)=1$ 26 $(0,0)$ 27 $(-10,54)$

28 (1)1;(2) $y=-\dfrac{1}{2}x^2+\dfrac{\pi}{2}x+1-\dfrac{\pi^2}{8}$

29 $\left(\dfrac{\sqrt{2}}{2},-\dfrac{1}{2}\ln 2\right)$,$\begin{cases}a=-1,\\ b=2\sqrt{2},\\ c=-\dfrac{1}{2}(\ln 2+3)\end{cases}$

30 ① 当 $\dfrac{1}{e}<k<4\sqrt{e}$ 时,方程无实根;

② 当 $k<0$ 时,方程有且仅有一个实根;

③ 当 $k=0$ 或 $\dfrac{1}{e}$ 或 $4\sqrt{e}$ 时,方程有且仅有一个实根;

④ 当 $0<k<\dfrac{1}{e}$ 时,方程恰有 2 个不同实根;

⑤ 当 $k>4\sqrt{e}$ 时，方程恰有 2 个不同实根

31 ①$b=0$ 时无实根；②$b<0$ 时，有且仅有一个实根；③ 当 $b>e\ln a$ 时，有两个实根；④ 当 $0<b<e\ln a$ 时，方程无实根；⑤ 当 $b=e\ln a$ 时，有唯一实根

32 $y_{极小}=1-a$，$y_{极大}=1+a$

33 (1)$y=e^{-a}$；(2) 证明略　**34** $k\geqslant\frac{1}{2}(\sqrt{2}+1)$　**35** 只有两个不等的实根

36 $\sqrt[3]{3}$　**37** $y=2(x-6)$　**38** 证明略

39 极大值为 $y\left(2k\pi+\frac{\pi}{4}\right)=\frac{\sqrt{2}}{2}e^{2k\pi+\frac{\pi}{4}}$，$k=0,\pm1,\pm2,\cdots$；

极小值为 $y\left(2k\pi+\frac{5\pi}{4}\right)=-\frac{\sqrt{2}}{2}e^{2k\pi+\frac{5\pi}{4}}$，$k=0,\pm1,\pm2,\cdots$

40 $\frac{2}{3\sqrt{3}}$，$\left[x+\frac{1}{2}(3+\ln 2)\right]^2+(y-2\sqrt{2})^2=\frac{27}{4}$

41 $y-\frac{1}{\sqrt{a}}=-\frac{1}{2\sqrt{a^3}}(x-a)$，$S=\frac{9}{4}\sqrt{a}$. 当切点沿 x 轴正向趋于无穷时，有 $\lim\limits_{a\to+\infty}S=+\infty$；当切点沿 y 轴正向趋于无穷时，有 $\lim\limits_{a\to0^+}S=0$

42 证明略　**43** 证明略　**44** $4x+y+4=0$

45 $y=x+\frac{1}{2}$，$y=-x-\frac{3}{2}$ 和 $y=2x-3$　**46** $y=\sqrt{3}x+\frac{2}{3}$

47 切线方程 $x-y-\frac{3\sqrt{3}}{4}+\frac{5}{4}=0$，法线方程 $x+y-\frac{\sqrt{3}}{4}+\frac{1}{4}=0$

48 $x=0$ 是函数 $f(x)$ 的极大值点，$x=-1$ 是函数 $f(x)$ 的极小值点

49 $(1,+\infty)$　**50** (1)$a=1$，$b=2$；(2) 凸区间为 $\left(0,\frac{\ln 2}{2}\right)$，凹区间为 $\left(\frac{\ln 2}{2},+\infty\right)$，$\left(\frac{\ln 2}{2},2-\ln^2 2\right)$ 为曲线 $y=f(x)$ 的拐点

51 (1) 证明略；(2) 有，水平渐近线为 $y=1$　**52** $y=1$

53 切线方程为 $x+y=0$；$\lim\limits_{n\to\infty}nf\left(\frac{2}{n}\right)=-2$　**54** 证明略

55 $\left[-\frac{\sqrt{2}}{2}e^{-\frac{5}{4}\pi},\frac{\sqrt{2}}{2}e^{-\frac{\pi}{4}}\right]$

56 ① 当 n 为正奇数时，$f(x)$ 在 $(-\infty,n)$ 上单调递增，在 $(n,+\infty)$ 上单调递减，最大值 $n^n e^{-n}$；

② 当 n 为正偶数时，$f(x)$ 在 $(-\infty,0)$ 上单调递减，在 $(0,n)$ 上单调递增，在 $(n,+\infty)$ 上单调递减，最小值 0

57 $\left(\frac{16}{3},\frac{256}{9}\right)$　58 $\frac{1+e}{e}\sqrt{\ln\frac{2e}{1+e}}$　59 $-e^{-1}-2$

60 极小值　61 $y=7x+3$ 与 $y=3x+3$

62 $y=2x+1$　63 极小值为 0

64 (1) $f'(x)=\frac{x-1}{1+x^2}$；(2) $f(1)=\frac{1}{2}\ln 2-\frac{\pi}{4}$ 是函数 $f(x)$ 的极小值

65 $\left(0,\frac{1}{e}\right)$ 是函数的单调减少区间，$(-\infty,0)$，$\left(\frac{1}{e},+\infty\right)$ 是函数的单调增加区间，极小值为 $f\left(\frac{1}{e}\right)=e^{-\frac{2}{e}}$，极大值为 $f(0)=2$

66 极大值为 $f\left(-\frac{1}{\sqrt{2}}\right)=-4\sqrt{2}$，极小值为 $f\left(\frac{1}{\sqrt{2}}\right)=4\sqrt{2}$

67 $y=\frac{\pi}{2}x-1+\frac{\pi}{2}$

68 $f_n\left(\frac{1}{n}\right)=\frac{1}{n^n e^n}$ 为函数的最大值，$f_n(0)=0$ 是函数的最小值，$\lim\limits_{n\to\infty}f_n(x)=0$

69 当 $a<-e^{-1}$ 或 $a=0$ 时，无交点；当 $a=-e^{-1}$ 时，有唯一交点（切点）；当 $-e^{-1}<a<0$ 时，有两个交点；当 $a>0$ 时，有唯一交点

70 $y=-2e^2x+e^2$　71 $-\frac{1}{2}$　72 $y=x-1$

73 $\sqrt{\frac{40}{\pi+4}}\approx 2.367$ 米　74 当半径为 $\frac{2p}{3}$，高为 $\frac{p}{3}$ 时，圆柱体体积最大

75 (1) $f(0)=\frac{1}{2}$，$f(-1)=1$；(2) 单调递增区间为 $(-\infty,-1)$，单调递减区间为 $(-1,+\infty)$，$f(x)$ 的极大值是 $f(-1)=1$

76 $f(0)=e^2$，$y-e^2=-2e^2x$

77 $x=-\frac{1}{2}$，$y=2\ln 2\cdot x+\frac{1}{4}\ln 2+1$，$y=-2\ln 2\cdot x-\frac{1}{4}\ln 2-1$

78 证明略　79 $f'\left(-\frac{1}{2}\right)=-\frac{3}{2}$　80 $y=\sqrt{\pi}x$

第 6 章 一元函数微分学的应用(二)——中值定理、微分等式与微分不等式

一、选择题

1 (A)　2 (C)　3 (B)　4 (C)　5 (C)

6 (B)　7 (B)　8 (C)　9 (D)　10 (C)

11 (C)　12 (C)　13 (D)　14 (A)　15 (A)

16 (D)　17 (A)　18 (B)　19 (D)　20 (C)

21 (D)　22 (D)　23 (B)　24 (B)　25 (A)

26 (B)　27 (A)　28 (A)　29 (C)　30 (D)

31 (C)　32 (B)　33 (C)　34 (C)　35 (A)

36 (B)　37 (C)　38 (A)　39 (C)　40 (C)

41 (D)　42 (B)　43 (C)

二、填空题

1 正　2 (0,1)　3 $\frac{1}{2}$　4 $x-\frac{2}{3}x^3$　5 2

6 $-A\sin b$　7 $(-1)^n(2n)!$　8 1　9 $n-1$　10 $\frac{1}{2}$

11 $k=\mathrm{e}$ 或 $k<0$　12 0　13 1　14 $\frac{1}{\sqrt{3}}$

15 $\frac{\sqrt{3}}{3}$　16 $\frac{1}{\sqrt{3}}$

三、解答题

1 $\frac{1}{\sqrt{3}}$　2 证明略　3 证明略　4 证明略　5 证明略　6 证明略

7 证明略,两根分别位于(1,2)与(2,3)内　8 证明略　9 证明略

10 (1) $\sin x=x-\frac{\sin\xi}{2}x^2$($\xi$ 介于 0,x 之间);(2) 证明略　11 证明略

12 $y=\ln 2+\sum_{k=1}^{n}\frac{(-1)^{k-1}(x-2)^k}{k\cdot 2^k}+\frac{(-1)^n(x-2)^{n+1}}{(n+1)[\theta(x-2)+2]^{n+1}}$,其中 $\theta\in(0,1)$

13 证明略　14 证明略　15 证明略　16 证明略　17 证明略

18 证明略　19 证明略　20 证明略　21 证明略

22 (1) 证明略；(2) 证明略，$\lim\limits_{n\to\infty}x_n=1$　23 证明略　24 当 $a<\frac{3\sqrt{3}}{16}$ 时，方程有两实根；当 $a=\frac{3\sqrt{3}}{16}$ 时，方程有唯一实根；当 $a>\frac{3\sqrt{3}}{16}$ 时，方程无实根　25 (1) 证明略；(2) $\xi=\frac{a+b}{2}$，证明略　26 证明略　27 证明略　28 证明略　29 $\frac{1}{6}$

30 证明略　31 证明略　32 证明略　33 证明略　34 证明略

35 证明略　36 $\frac{1}{2}<k<1$　37 $\frac{1}{2}$　38 证明略

39 (1) 证明略；(2) 证明略，$\lim\limits_{x\to 0}x_n=\xi$　40 (1) 证明略；(2) 证明略，$\lim\limits_{n\to\infty}x_n=\xi$

41 证明略　42 证明略　43 证明略　44 证明略　45 证明略

46 证明略　47 证明略　48 证明略　49 罗尔定理：设函数 $f(x)$ 在 $[a,b]$ 上连续，在 (a,b) 内可导，且 $f(a)=f(b)$，则至少存在一点 $\xi\in(a,b)$ 使 $f'(\xi)=0$，证明略

50 证明略　51 证明略　52 当 $r=\frac{1}{2}$ 时，方程有 1 个根；当 $\frac{1}{2}<r<1$ 时，方程有且仅有两个根　53 证明略　54 证明略　55 证明略　56 证明略

57 证明略　58 证明略　59 证明略　60 证明略　61 证明略

62 (1) 证明略；(2) $\frac{1}{2}$　63 证明略　64 (1) 证明略；(2) $\eta=\frac{1}{4}+\frac{1}{2}[\sqrt{x(x+1)}-x]$，值域为 $\left(\frac{1}{4},\frac{1}{2}\right)$　65 拉格朗日中值定理：设函数 $f(x)$ 在 $[a,b]$ 上连续，在 (a,b) 内可导，则至少存在一点 $\xi\in(a,b)$，使 $f(b)-f(a)=f'(\xi)(b-a)$，证明略

66 证明略　67 证明略　68 证明略　69 证明略　70 证明略

71 证明略　72 $\frac{\pi}{4}\leqslant k<1$　73 证明略　74 证明略　75 证明略

76 证明略　77 证明略　78 证明略　79 证明略　80 证明略

81 当 $4<a<5$ 时，方程有三个不同的实根；当 $a=5$ 或 $a=4$ 时，方程有两个不同的实根；当 $a>5$ 或 $a<4$ 时，方程有一个实根　82 证明略　83 证明略　84 3 个交点

85 (1) $a=1$；(2) 当 $x\to 0$ 时，$g(x)=1-\frac{1}{3}x^2-\frac{1}{4}x^3+o(x^3)$　86 证明略

87 证明略　88 证明略　89 $1-\frac{\pi}{4}\leqslant k<\frac{1}{3}$　90 $\frac{1}{2}<k<1$

91 证明略 92 证明略 93 证明略

94 若 $a \leqslant 0$，两曲线存在唯一公共点；若 $0 < a < 1$，两曲线有 2 个公共点；若 $a = 1$，两曲线存在唯一公共点；若 $a > 1$，两曲线无公共点

95 证明略 96 证明略 97 证明略

98 当 $b > \frac{a}{e}(a > 0)$ 时，方程无实根；当 $b = \frac{a}{e}(a > 0)$ 时，方程有一个实根；当 $0 < b < \frac{a}{e}(a > 0)$ 时，方程有两个不同的实根；当 $b \leqslant 0$ 时，方程有一个实根

99 证明略

100 当 $0 < x < \frac{\pi}{4}$ 时，$(\sin x)^{\cos x} < (\cos x)^{\sin x}$；当 $x = \frac{\pi}{4}$ 时，$(\sin x)^{\cos x} = (\cos x)^{\sin x}$；当 $\frac{\pi}{4} < x < \frac{\pi}{2}$ 时，$(\sin x)^{\cos x} > (\cos x)^{\sin x}$

101 证明略 102 不存在不动点，理由略 103 证明略 104 证明略

105 证明略 106 $e^{\pi} > \pi^{e}$，证明略 107 证明略 108 证明略 109 证明略

110 证明略 111 证明略 112 证明略 113 证明略 114 证明略，当且仅当 $x = 1 + \ln y$ 时等号成立 115 证明略 116 证明略 117 证明略 118 证明略

119 2 个零点 120 证明略 121 证明略 122 证明略 123 证明略

124 证明略 125 证明略 126 证明略 127 证明略 128 (1) 证明略；(2) $\frac{c}{2}$ 129 $\frac{1}{4}$ 130 证明略 131 证明略 132 证明略 133 最大的数 α 为 $\frac{1}{\ln 2} - 1$，最小的数 β 为 $\frac{1}{2}$ 134 证明略 135 证明略 136 证明略 137 证明略

138 证明略

第7章 一元函数微分学的应用(三)——物理应用与经济应用

一、选择题

1 (A)　2 (A)　3 (C)　4 (D)　5 (C)

6 (A)　7 (B)　8 (A)

二、填空题

1 144π　2 $\frac{20}{3}-\frac{2}{3}Q$　3 60元/件　4 -0.2

5 -0.6　6 $\frac{95}{6\sqrt{10}}$ cm/s　7 82 cm/s　8 -1

9 45元　10 -140　11 $\frac{2}{5}a$ 万元　12 101元

13 $\left(\frac{k_2}{2k_1},\frac{k_0k_2}{2k_1}-\frac{k_2^4}{16k_1^3}\right)$　14 $-P(1+\ln P)$　15 $5+\frac{4}{\ln 2}$

三、解答题

1 (1)$a=180,b=20$;(2)$k=\frac{1}{90}$

2 需求弹性$\eta(3)=-1,\eta(4)=-\frac{4}{3},\eta(5)=-\frac{5}{3}$,分别表示:

价格P从3上涨(或下跌)1%,需求Q相应减少(或增加)1%;

价格P从4上涨(或下跌)1%,需求Q约相应减少(或增加)1.33%;

价格P从5上涨(或下跌)1%,需求Q约相应减少(或增加)1.67%.

收益弹性$r(3)=0,r(4)=-\frac{1}{3},r(5)=-\frac{2}{3}$,分别表示:

价格P从3上涨(或下跌)1%,收益R保持不变;

价格P从4上涨(或下跌)1%,收益R约相应减少(或增加)0.33%;

价格P从5上涨(或下跌)1%,收益R约相应减少(或增加)0.67%

3 $\varepsilon(P)=\frac{5P}{4+5P},\varepsilon(6)=\frac{15}{17}$,表示价格$P$从6上涨(或下跌)1%,供给$Q$约相应增加(或减少)0.88%　4 25;$L(25)=1\ 251$百元　5 (1)$\eta=-2$;(2)2 500,4 000万元

6 $\frac{1}{\pi}$m/min　7 $\frac{16}{25}$ cm/min　8 $v\Big|_{t=0}=5\omega,a\Big|_{t=0}=5\omega^2$

9 $v=4\sqrt{\left(\frac{\pi}{2}\right)^3+\frac{\pi}{2}}$, $a=2\sqrt{\pi^4+21\pi^2+4}$　10 (1)8π m^3;(2) $\frac{1}{\pi}$ m/min

11 16 年,97.71 百万元　12 3.2 百台,5.4 万元

13 $v=60$ km/h　14 6 s　15 (1) 证明略;(2)9.8 ℃/h

16 11 件,$\frac{1\ 999}{3}$元　17 $x=25+\frac{5}{2}t$　18 54,$\frac{1}{2}$,13

19 (1) 证明略;(2)$\eta\Big|_{p=6}=\frac{7}{13}\approx 0.54$,当 $p=6$ 时,若价格上涨 1%,则总收益将增加 0.54%

20 (1) $\frac{\pi a^3}{2}$ m^3, $\frac{(5\sqrt{5}-1)\pi a^2}{6}$ m^2;(2) $\frac{2Q}{\pi a^2}$ m/s

21 (1)$\xi=x-\frac{x}{\sqrt{4x^2+1}}$, $\eta=x^2+\frac{1}{2\sqrt{4x^2+1}}$;(2) $\frac{V_0}{2x}$

22 $h=\sqrt{3}b$　23 111,2,11

24 (1)$T=730\ln 22$ 天;(2)$T=730\ln 20$ 天

25 (1)990 件,4 800 000 元;(2)$-\frac{p}{10\ 000-p}$;(3) 增加 1%

26 $\frac{1}{25r^2}$, $t=\frac{1}{25\times 0.06^2}\approx 11$ 年

27 (1)$x=\frac{9-t}{4}$;(2)$t=4.5$

28 证明略

第 8 章 一元函数积分学的概念与性质

一、选择题

1 (A)	2 (B)	3 (A)	4 (C)	5 (D)
6 (B)	7 (C)	8 (D)	9 (A)	10 (B)
11 (B)	12 (B)	13 (A)	14 (A)	15 (C)
16 (A)	17 (C)	18 (C)	19 (A)	20 (D)
21 (C)	22 (B)	23 (C)	24 (A)	25 (D)
26 (D)	27 (C)	28 (C)	29 (B)	30 (A)
31 (D)	32 (C)	33 (B)	34 (A)	35 (A)
36 (C)	37 (B)	38 (B)	39 (D)	40 (A)
41 (B)	42 (B)	43 (D)	44 (D)	45 (B)
46 (C)	47 (A)	48 (B)	49 (C)	50 (D)
51 (A)	52 (C)	53 (D)	54 (D)	55 (B)
56 (A)	57 (D)	58 (B)	59 (A)	60 (D)
61 (D)	62 (D)	63 (D)	64 (B)	65 (C)
66 (C)	67 (D)	68 (D)	69 (C)	70 (A)
71 (A)	72 (D)	73 (C)	74 (C)	75 (B)
76 (C)	77 (C)	78 (B)	79 (D)	80 (A)
81 (C)	82 (C)	83 (D)	84 (B)	85 (C)
86 (D)	87 (C)			

二、填空题

1 $x+1$　2 x^x+C　3 $F(t)+C$　4 $2\sqrt{x}+C$　5 0

6 $\sin^2\int_0^x f(u)\mathrm{d}u$　7 $2\sqrt{2}-2$　8 $\ln 2$　9 $x\sin x+\cos x+C$

10 $\frac{1}{4x}-\frac{1}{4(x+2)}-\frac{1}{2(x+2)^2}$　11 $\frac{\pi}{\sqrt{3}}$　12 $k<1$　13 $3-2\ln 2$　14 0

15 $2(2\ln 2-1)$　16 $4\mathrm{e}^{-1}$　17 $a>0$，b 任意　18 $\frac{\pi}{4}$　19 $\frac{2-\pi}{4+\pi}$

20 $2e^{\frac{\pi}{2}-2}$　21 $\left(e^{-\frac{3}{2}},\frac{3}{2}e^{-3}\right)$

三、解答题

1 发散　2 $\frac{2}{\pi}$　3 证明略　4 (1) 证明略;(2) $\frac{1}{2}$　5 证明略

6 $f(x)=3x-\frac{3}{2}\sqrt{1-x^2}$ 或 $f(x)=3x-3\sqrt{1-x^2}$

7 证明略　8 (1) 证明略;(2) $-\ln(\ln 2)\cdot(\ln 2)^{\frac{1}{\ln(\ln 2)}}$　9 $\frac{3}{2}$

10 当 $k>1$ 时,原积分为$\frac{(\ln 2)^{1-k}}{k-1}$;当 $k\leqslant 1$ 时,原积分发散

11 $f(x)=\frac{1}{\sqrt{2x}(1+x)}$　12 (1) 证明略;(2)ln 2　13 证明略　14 证明略

15 收敛　16 1

17 $\frac{1}{2}$　18 $\frac{1}{4}\ln a$　19 $\frac{1}{3}$　20 $f(x)=x^3+\frac{1}{4-\pi}\sqrt{1-x^2}$

21 $f(x)=6x+6x^2$　22 $f(x)=Ce^{-x}$

23 $$f'(x)=\begin{cases}\dfrac{x\ln x-x+1}{x(\ln x)^2}, & x>0,x\neq 1,\\ \dfrac{-x\ln(-x)+x+1}{x[\ln(-x)]^2}, & x<0,x\neq -1,\\ \dfrac{1}{2}, & x=1,\\ -\dfrac{1}{2}, & x=-1\end{cases}$$

24 $f'(0)=-1$　25 ln 2

26 $I_1>I_2$　27 $2\ln 2-2$　28 $\frac{\pi}{2}+\ln(1+\sqrt{2})$　29 $I_1\leqslant I_2\leqslant I_3$

30 收敛　31 p 的取值范围是(1,2)

32 (1)$f(x)=\int_0^x e^{-t^2}dt$;(2)(0,0)

第9章 一元函数积分学的计算

一、选择题

1 (A)	2 (A)	3 (A)	4 (B)	5 (D)
6 (C)	7 (C)	8 (D)	9 (B)	10 (B)
11 (A)	12 (C)	13 (C)	14 (A)	15 (C)
16 (B)	17 (D)	18 (B)	19 (B)	20 (C)
21 (C)	22 (C)	23 (B)	24 (A)	25 (C)
26 (D)	27 (B)	28 (A)	29 (B)	30 (D)
31 (B)	32 (D)	33 (B)	34 (A)	35 (A)

二、填空题

1 $[e^2,+\infty)$　2 1　3 $\frac{5}{6}$　4 1　5 1

6 $\ln 3$　7 $\frac{1}{2}(e\sin 1-e\cos 1+1)$　8 $2\ln(1+\sqrt{2})$　9 $\frac{\pi^3}{12}$

10 $\ln|x|+C$　11 $\frac{1}{x}f(\ln x)+\frac{1}{x^2}f\left(\frac{1}{x}\right)$　12 -2π　13 4　14 π

15 $\frac{\pi}{4}$　16 π　17 $\frac{3}{16}\pi$　18 -1　19 $-\frac{2\sqrt{3}}{9}\pi$

20 $\frac{1}{2}[\sqrt{2}+\ln(\sqrt{2}+1)]$　21 $\frac{1}{9}(1-2\sqrt{2})$　22 e　23 $\frac{\pi}{2}-\arcsin\frac{\sqrt{5}}{3}+\ln 3$

24 1　25 4　26 $\frac{\pi}{6}$　27 $-\frac{1}{4}$　28 $16e-44$　29 1　30 3

31 $\frac{1}{4}$　32 $\arctan x-\frac{1}{x}+C$　33 4　34 $\begin{cases}x, & x\leqslant 0,\\ e^x-1, & x>0\end{cases}$

35 $\frac{e^x}{1+x^2}+C$　36 (1)1;(2) $\frac{3}{4}\pi$

37 $-\frac{1}{2(1+x^2)}\ln(x+\sqrt{1+x^2})+\frac{x}{2\sqrt{1+x^2}}+C$

38 $\frac{1}{2\sqrt{e}}\left(\arctan\sqrt{e}-\arctan\frac{1}{\sqrt{e}}\right)$　39 $\frac{9\pi}{2}$

40 $-2\cos x^2+C(x\neq 0)$ 41 $\left(1-\frac{\sqrt{2}}{2}\right)\pi$ 42 $\sqrt{x}-1(x>0)$

43 $\frac{1}{2}\ln^2(\tan x)+C$ 44 $-\frac{1}{2}\ln^2\left(\frac{x+1}{x}\right)+C$

45 $\frac{1}{3}(\sqrt{2}-1)$ 46 $14e^{-\frac{1}{6}}-12$ 47 $\frac{1}{2(\ln 3-\ln 2)}\ln\left|\frac{3^x-2^x}{3^x+2^x}\right|+C$

48 $\frac{2}{3}(\ln x-2)\sqrt{1+\ln x}+C$ 49 $\frac{1}{\sqrt{2}}\arctan\frac{\tan x}{\sqrt{2}}-\frac{1}{\sqrt{2}}\arctan\frac{1}{\sqrt{2}}$ 50 0

51 $-\frac{1}{a}\ln\left|\frac{a+\sqrt{a^2-x^2}}{x}\right|+C$ 52 $\sqrt{2}\ln\left|\csc\frac{x}{2}-\cot\frac{x}{2}\right|+C$

53 $\frac{2}{e}$ 54 2；$\frac{1}{2}\ln 3$ 55 $\frac{5\sqrt{2}}{12}$ 56 (1) $\arcsin\frac{x-2}{2}+C$；(2) $\frac{1}{5}\cos^5 x-\frac{1}{3}\cos^3 x+C$；(3)$\ln(x^2-6x+13)+C$；(4) $\frac{1}{3}\tan^3 x+2\tan x-\frac{1}{\tan x}+C$；(5)$-\cot x+\frac{3}{2\sin^2 x}+C$；(6)$-\sqrt{1-x^2}+\frac{1}{3}(1-x^2)^{\frac{3}{2}}+C$；(7)$2(1-x)^{\frac{1}{2}}+C$；(8)$\arctan e^x+C$

57 $\frac{4}{9}+\frac{1}{2}\ln 3-\frac{2}{9}\ln 2$ 58 $\frac{\pi}{4}$ 59 $\frac{35}{8}\pi a^4$ 60 $\ln(3+2\sqrt{2})+\pi$ 61 π

62 $-3\sqrt{\pi}$ 63 $\frac{35}{64}\pi^2$ 64 $-\frac{1}{6}$ 65 $\frac{\pi}{8}\ln 2$ 66 $\sqrt{2}\pi$ 67 $(1+e^{-1})^{\frac{3}{2}}-1$

68 0 69 $\frac{x^3}{3}\arctan x+\frac{x^2}{3}-\frac{1}{3}\ln(1+x^2)+C$ 70 $\frac{5}{64}\pi^2$

71 $-\frac{3}{2}\sqrt[3]{\frac{x+1}{x-1}}+C$ 72 4 73 $\frac{1}{2}x^2-3x+\ln|x|+C$ 74 $\frac{4}{15}(\sqrt{2}+1)$

75 $2e^{-2}$ 76 $\frac{\pi}{12}$ 77 e^{-3} 78 $\frac{1}{\ln 2}+\frac{1}{(\ln 2)^2}$ 79 $\frac{(-1)^n}{3^{n+1}}n!$

80 $-4\ln 3$ 81 $-\frac{1}{4}$ 82 $\ln 7$ 83 $\frac{32}{3}$ 84 $\frac{5}{3}$ 85 $\left(\frac{\pi}{2}\right)^3$

三、解答题

1 $\frac{\pi}{2}-\frac{2}{3}$ 2 $\frac{3\pi}{2}$ 3 $(1-e^{-1})^2 e^{-2n}$

4 (1)$-\cot x\cdot\ln(\sin x)-\cot x-x+C$；

(2) $\frac{1}{2}\ln(x^2-6x+13)+4\arctan\frac{x-3}{2}+C$；(3) $\frac{\pi}{8}$

5 5 6 $e^{-x}(x^2+x+1)+C$ 7 $\frac{\pi}{12}-\frac{1}{6}(1-\ln 2)$ 为极大值，0 为极小值

8 $\frac{\pi}{8}+\frac{1}{4}\ln 2$ **9** $F(x)=\sqrt{2\arctan(\sin x)+\pi}$

10 $\frac{\pi}{6\sqrt{3}}$ **11** $-\frac{1}{2}$ **12** (1) $\frac{2}{\pi}$;(2) 没有斜渐近线,理由略

13 (1) $f(x)$ 为奇函数;(2)1 **14** $\frac{x}{2}-\frac{1}{2}\ln|\sin x+\cos x|+C$ **15** $\ln(1+e)$

16 $g(x)=\begin{cases}\frac{x^3}{6}+\frac{x}{2}, & 0\leqslant x<1,\\ \frac{x^2}{6}-\frac{x}{3}+\frac{5}{6}, & 1\leqslant x\leqslant 2;\end{cases}$ $g(x)$ 在$[0,2]$上连续,$g(x)$ 在 $x=1$ 处不可导,在$[0,1)$ 与$(1,2]$ 上可导

17 $\frac{1}{2}\ln(x^2-6x+13)+4\arctan\frac{x-3}{2}+C$ **18** $\frac{4}{15}$

19 $\frac{1}{x}\sin x+C_1$ **20** $-\frac{e^{-2x}}{x}+C$ **21** $\ln\frac{\pi}{4}$ **22** $-\frac{\ln x}{\sqrt{x^2-1}}-\arcsin\frac{1}{x}+C$ 或 $-\frac{\ln x}{\sqrt{x^2-1}}+\arccos\frac{1}{x}+C$ **23** $\frac{5\sqrt{2}}{4}\pi$ **24** $\frac{1}{2}(x^2+1)\arctan x-\frac{1}{2}x+C$

25 $\frac{1}{6}(e-2)$ **26** $\frac{\pi}{8}-\frac{1}{4}\ln 2$ **27** $\frac{\sqrt{3}}{2}+\ln(2-\sqrt{3})$ **28** $\frac{1}{2}(\sqrt{3}-1)$

29 $\frac{15}{2}\pi$ **30** $\ln|x|+\frac{1}{x^2+1}+C$ **31** $-\ln(e^x+1)+\frac{1}{2}\ln(e^x+2)+\frac{1}{2}x+C$

32 $g_{\max}=\frac{7}{3},g_{\min}=\frac{1}{12}$ **33** $x=2$ **34** $2e^{-1}f(0)+2$ **35** $\frac{3}{4}e^2+\frac{1}{4}e^{-2}$

36 (1) 证明略;(2) $\frac{1}{2}$ **37** 证明略 **38** (1) 证明略;(2) $f(x)=\frac{x}{1+\cos^2 x}+\frac{\pi^2}{2}$

39 (1) 证明略;(2) $\frac{5}{32}\pi$ **40** $\frac{\pi}{4}$

41 $\begin{cases}\frac{1}{3}-\frac{3}{2}x+2x^2, & x\leqslant 0 \text{ 或 } x\geqslant 1,\\ \frac{1}{3}-\frac{3}{2}x+2x^2+\frac{1}{3}x^3, & 0<x\leqslant\frac{1}{2},\\ -\frac{1}{3}+\frac{3}{2}x-2x^2+\frac{5}{3}x^3, & \frac{1}{2}<x<1\end{cases}$

42 $\frac{\pi}{4}-\frac{1}{2}$

43 $\int f(x)\mathrm{d}x=\begin{cases}2x+C_1, & x>1,\\ \dfrac{x^2}{2}+C_2, & 0\leqslant x\leqslant 1,\\ -\cos x+1+C_2, & x<0,\end{cases}$ 其中 C_1 和 C_2 是两个相互独立的任意常数

44 $a\arcsin\dfrac{x}{a}-(a^2-x^2)^{\frac{1}{2}}+C$ 45 $\arcsin x-\dfrac{x}{1+\sqrt{1-x^2}}+C$

46 $\dfrac{\sqrt{2}}{8}\ln\dfrac{x^2+\sqrt{2}x+1}{x^2-\sqrt{2}x+1}+\dfrac{\sqrt{2}}{4}\arctan\dfrac{x^2-1}{\sqrt{2}x}+C$

47 $-\dfrac{2}{\sqrt{3}}\arctan\dfrac{2\cot\dfrac{x}{2}+1}{\sqrt{3}}+C$

48 $\dfrac{1}{2}\tan x\sec x-\dfrac{1}{2}\ln|\sec x+\tan x|+C$

49 $\dfrac{1}{2}\arcsin\dfrac{2x}{3}+\dfrac{1}{4}\sqrt{9-4x^2}+C$

50 $(x^5-20x^3+3x^2+118x-1)\sin x+(5x^4-60x^2+6x+118)\cos x+C$

51 $\ln\left|\dfrac{\sqrt{1-x}-\sqrt{1+x}}{\sqrt{1-x}+\sqrt{1+x}}\right|+2\arctan\sqrt{\dfrac{1-x}{1+x}}+C$

52 (1) $-\dfrac{1}{3}\sqrt{1-x^2}(x^2+2)\arccos x-\dfrac{1}{9}x(x^2+6)+C$；(2) $\dfrac{x}{x-\ln x}+C$

53 $\mathrm{e}^{-1}-1$ 54 证明略 55 $2\ln 6+4$ 56 $\dfrac{1}{24}\ln\dfrac{x^6}{x^6+4}+C$

57 $\dfrac{15}{32}-\dfrac{1}{2}\ln 2$ 58 $2-\mathrm{e}$ 59 $(-1)^n\dfrac{2^{n+1}n!}{(2n+1)!!}$

60 $\dfrac{\sqrt{3}\pi}{2\pi}$ 61 (1) 证明略，$I_{2n}=\dfrac{1}{2n-1}-\dfrac{1}{2n-3}+\dfrac{1}{2n-5}-\dfrac{1}{2n-7}+\cdots+(-1)^n\dfrac{\pi}{4}$，

$I_{2n+1}=\dfrac{1}{2n}-\dfrac{1}{2n-2}+\dfrac{1}{2n-4}-\dfrac{1}{2n-6}+\cdots+(-1)^n\dfrac{\ln 2}{2}$，其中 $n=0,1,2,\cdots$；(2) 证明略

62 (1) $\dfrac{1}{8}[\arcsin x-x\sqrt{1-x^2}(1-2x^2)]+C$；(2) $\arctan\dfrac{x}{\sqrt{1+x^2}}+C$；

(3) $2\sqrt{x}\arcsin\sqrt{x}+2\sqrt{1-x}+C$；(4) $x\arccos x-\sqrt{1-x^2}+C$；

(5) $-\dfrac{1}{\mathrm{e}^x}\arctan \mathrm{e}^x+\ln\dfrac{\mathrm{e}^x}{\sqrt{1+\mathrm{e}^{2x}}}+C$；(6) $-\dfrac{1}{2}\ln\dfrac{x^2+1}{x^2+x+1}+\dfrac{\sqrt{3}}{3}\arctan\dfrac{2x+1}{\sqrt{3}}+C$；

(7) $\ln|x+2|-\ln|x+1|-\dfrac{1}{x+1}+C_1$；(8) $\dfrac{1}{2}(\mathrm{e}^{\frac{\pi}{2}}-1)$；(9) $\dfrac{1}{3}\ln 2$；

(10) $\ln 3-2+\sqrt{3}$；(11) $\frac{1}{9}\ln 2$；(12) $-\frac{3}{4}$；(13) $\frac{\pi}{\sqrt{2}}\ln(\sqrt{2}+1)$；(14) $\frac{\pi}{2}-1$；

(15) $\frac{2}{\sqrt{3}}\arctan\left(\frac{1}{\sqrt{3}}\tan\frac{x}{2}\right)+C$；(16) 1；(17) $\frac{2}{3}\ln\left|(\sqrt{x+2}+2)^2(\sqrt{x+2}-1)\right|+C$；

(18) $\frac{3\pi}{64}$；(19) $2\arcsin\frac{x}{2}-\frac{x\sqrt{4-x^2}}{2}+C$；(20) $\frac{8\sqrt{2}}{\pi}$；(21) $\frac{\pi}{4}$；(22) $-(2x+1)^{-1}+\frac{1}{2}(2x+1)^{-2}+C$；(23) $-\frac{1}{96(x-1)^{96}}-\frac{3}{97(x-1)^{97}}-\frac{3}{98(x-1)^{98}}-\frac{1}{99(x-1)^{99}}+C$；

(24) $1-\ln 2$；(25) $\frac{1}{5}(\ln|\sin\theta-2\cos\theta|-2\theta)+C$；(26) $-\frac{e^{-2x}}{x}+C$；

(27) $\frac{x\sin x}{1+\cos x}+C$

63 (1) $F(x)=\begin{cases}1-(e-1)x, & x\leqslant 0,\\ 2e^x-(e+1)x-1, & 0<x<1,\\ (e-1)x-1, & x\geqslant 1;\end{cases}$ (2) $F_{\min}(x)=e-(e+1)\ln\frac{e+1}{2}$，$F_{\max}(x)=2e-1$

64 $\frac{1}{\sqrt{2}}\arctan\sqrt{2}+\sqrt{2}\arctan\frac{1}{\sqrt{2}}$　**65** $\frac{\pi}{4}$

66 (1) 证明略；(2) $f'(x)=\begin{cases}\frac{(1+x)\ln^2(1+x)-x^2}{x^2(1+x)\ln^2(1+x)}, & x\neq 0,\\ -\frac{1}{12}, & x=0,\end{cases}$ $f(x)$ 在区间 (a,b) 内为严格单调减少

67 $\ln 2\ln 3$　**68** $\frac{1}{2}\ln^2 x-\frac{2\ln x}{x-1}+2\ln\left|\frac{x-1}{x}\right|+C_1$　**69** $\ln\left|\frac{e^{2x}-e^{-2x}}{4}\right|+C$

70 $\ln(x+\sqrt{1+x^2})\left[\frac{2x}{\sqrt{1+x^2}}-\ln(x+\sqrt{1+x^2})\right]+C$　**71** $4e^2-4$

72 (1) $\frac{3}{4}\sin x+\frac{1}{12}\sin 3x+C$. (2) $-\cos x+\frac{1}{3}\cos^3 x+C$. (3) $\ln\left|\tan\left(\frac{x}{2}+\frac{\pi}{4}\right)\right|+C$.
(4) $\frac{1}{2}\left[\sec x\tan x+\ln\left|\tan\left(\frac{x}{2}+\frac{\pi}{4}\right)\right|\right]+C$. (5) $\frac{1}{2a}\ln\left|\frac{a+x}{a-x}\right|+C$. (6) $-\frac{1}{2a}\ln\left|\frac{a+x}{a-x}\right|+C$.
(7) $\frac{1}{a}\arctan\frac{x}{a}+C$. (8) $\frac{1}{a}\arctan\frac{x+b}{a}+C$. (9) $\frac{1}{2a}\ln\left|\frac{x+a+b}{-x+a-b}\right|+C$.
(10) $-\frac{1}{2a}\ln\left|\frac{x+a+b}{-x+a-b}\right|+C$. (11) $\ln|x+\sqrt{x^2-a^2}|+C$. (12) $\arcsin\frac{x}{a}+C$.
(13) $\ln(\sqrt{x^2+a^2}+x)+C$. (14) $-\frac{1}{2}\csc x\cot x+\frac{1}{2}\ln|\csc x-\cot x|+C$.

(15) $\tan x - x + C$. (16) $\frac{1}{2}\tan^2 x + \ln|\cos x| + C$. (17) $\frac{\tan^3 x}{3} - \tan x + x + C$.

(18) $-\frac{\csc^2 x}{2} + \ln|\csc x| + C$. (19) $\ln\frac{\left(1+\tan\frac{x}{2}\right)^2}{1+\tan^2\frac{x}{2}} + C$. (20) $\frac{1}{ab}\arctan\left(\frac{a}{b}\tan x\right) + C$.

(21) $\frac{1}{2}\ln|\tan x| + C$. (22) $\frac{1}{4}\ln\frac{1+\sin 2x}{1-\sin 2x} + C$.

(23) 当 $a<b$ 时,原式 $=-\frac{1}{\sqrt{b^2-a^2}}\ln\left|\frac{\tan\frac{x}{2}-\sqrt{\frac{a+b}{b-a}}}{\tan\frac{x}{2}+\sqrt{\frac{a+b}{b-a}}}\right| + C$;

当 $a=b$ 时,原式 $=\frac{1}{a}\tan\frac{x}{2} + C$;当 $a>b$ 时,原式 $=\frac{2}{\sqrt{a^2-b^2}}\arctan\left(\sqrt{\frac{a-b}{a+b}}\tan\frac{x}{2}\right) + C$.

(24) 当 $a<b$ 时,原式 $=\frac{1}{\sqrt{b^2-a^2}}\ln\left|\frac{a\tan\frac{x}{2}+b-\sqrt{b^2-a^2}}{a\tan\frac{x}{2}+b+\sqrt{b^2-a^2}}\right| + C$;

当 $a=b$ 时,原式 $=-\frac{2}{a\left(1+\tan\frac{x}{2}\right)} + C$;

当 $a>b$ 时,原式 $=\frac{2}{\sqrt{a^2-b^2}}\arctan\left(\frac{a}{\sqrt{a^2-b^2}}\tan\frac{x}{2}+\frac{b}{\sqrt{a^2-b^2}}\right) + C$

73 $x\ln\left(1+\sqrt{\frac{1+x}{x}}\right) + \frac{1}{2}\ln(\sqrt{1+x}+\sqrt{x}) - \frac{\sqrt{x}}{2(\sqrt{1+x}+\sqrt{x})} + C$

74 $\frac{1}{2}e^{2x}\arctan\sqrt{e^x-1} - \frac{1}{6}(e^x+2)\sqrt{e^x-1} + C$ 75 $I_{\max} = \frac{3}{4}e^2 + \frac{1}{4}e^{-2}$

76 $f(x)=\begin{cases}\frac{4}{3}x^3 - x^2 + \frac{1}{3}, & 0<x\leqslant 1,\\ x^2-\frac{1}{3}, & x>1,\end{cases}$ 最小值为 $f\left(\frac{1}{2}\right)=\frac{1}{4}$

77 $F(x)=\begin{cases}1-\cos x, & 0\leqslant x\leqslant \pi,\\ 2, & x>\pi\end{cases}$ 78 $a=1, b=-\frac{\pi}{2}, c=1$

79 最小值为 $\left(\frac{3}{\ln 3}\right)^2$ 80 $2\sqrt{\sin^2+1} - 2\ln(\sin^2 x+2) + C$

81 $\frac{1}{8}\tan^2\frac{x}{2} + \frac{1}{4}\ln\left|\tan\frac{x}{2}\right| + C$

82 0 83 $4\sqrt{2}$ 84 $\frac{\pi}{6}$ 85 $-\frac{45}{16}\pi^2$ 86 证明略

87 $\frac{\pi}{2}$　88 $-\cot x \cdot \ln(\sin x)-\cot x-x+C$　89 $\frac{\pi}{4}$

90 $\ln(1+x)+2x\ln(1+x)-x$　91 $\frac{1}{6}-\frac{1}{4}\ln 3$

92 (1) 证明略，$1+\frac{1}{3}+\frac{1}{5}+\cdots+\frac{1}{2n-1}$；(2) 证明略　93 $\frac{11}{12}\pi+\frac{1}{2}\ln 2$

94 $f(x)=\frac{1}{5}(e^{2x}-e^{-2x})+\frac{1}{5}\sin x$　95 (1) 证明略；(2) $\frac{26}{15}$　96 $\ln\frac{b+1}{a+1}$

97 $\int f(x)dx=\begin{cases}\frac{[1+(e-1)x]\ln[1+(e-1)x]}{e-1}-x+C, & -\frac{1}{e-1}<x<0,\\ \frac{1}{2}x^2+C, & 0\leqslant x\leqslant 1,\\ \frac{[1+(e-1)x]\ln[1+(e-1)x]}{e-1}-x+\frac{e-3}{2(e-1)}+C, & 1<x<+\infty,\end{cases}$　过程略

98 $\varphi'''(x)=2e^{-x^2}$　99 $4n^2\pi$　100 证明略　101 $\frac{(-1)^n n!}{(n+1)^{n+1}}$

102 (1) 证明略；(2) $\frac{\pi}{4}$

第 10 章 一元函数积分学的应用(一)——几何应用

一、选择题

1 (D)　2 (D)　3 (B)　4 (A)　5 (D)

6 (C)　7 (B)　8 (A)　9 (B)　10 (C)

11 (D)　12 (C)　13 (B)　14 (B)　15 (A)

16 (B)　17 (D)　18 (A)　19 (D)　20 (C)

21 (B)　22 (D)　23 (B)　24 (B)　25 (B)

26 (C)　27 (B)　28 (D)　29 (C)　30 (A)

31 (B)　32 (B)　33 (A)　34 (B)　35 (D)

36 (B)　37 (B)　38 (B)　39 (B)

二、填空题

1 $\frac{16}{15}\pi$　2 $\frac{\pi}{4}$　3 $y=x$　4 $\frac{9}{2}$　5 $\frac{1}{7}\pi$

6 $\frac{1}{e-1}$　7 1　8 $\frac{\pi}{2}-\arctan 2$　9 $\frac{1}{6}$

10 $\left(\frac{3}{e}-1\right)\pi$　11 $\frac{1\,024}{21}\pi$　12 $\frac{9}{4}$　13 24　14 4

15 2　16 $\frac{1}{e+1}$　17 2　18 $\frac{\pi^2}{2}$　19 $\frac{\pi}{4}\ln 2$

20 $\frac{15+\ln 2}{4}$　21 $\left(0,\frac{3}{2}\right)$　22 $\frac{\pi^2}{2}$　23 $\ln 3-\frac{1}{2}$　24 $\frac{3}{4}$

25 $\frac{8}{3}\pi^2-4\sqrt{3}\pi$　26 4　27 $\frac{4}{3}\sqrt{2}-\frac{2}{3}$　28 $4\pi^2 Rr$　29 $\frac{14}{3}\pi$

30 $6\pi+\frac{4\sqrt{3}}{3}\pi^2$　31 $1-\frac{\sqrt{2}}{2}$　32 $\frac{5}{4}$　33 2　34 $-\frac{2}{\pi}$　35 $\frac{1}{3\pi}$

36 $\frac{\pi}{4}+\frac{1}{2}$　37 $-\frac{1}{4}(e-1)$　38 $16\pi\left(3\sqrt{3}-\frac{4}{3}\pi\right)$　39 $\frac{1}{2}\pi(1+e^{-\pi})$

40 $\frac{3}{8}(3+\sqrt{2})-\frac{3}{16}\pi$　41 $2\pi a^2(2-\sqrt{2})$　42 $\frac{2}{3}\pi+\frac{\sqrt{3}}{2}$　43 $\frac{2}{\pi}$　44 $40\pi^2$

45 4 **46** $\frac{\pi}{6}$ **47** $\ln\frac{2\sqrt{3}+3}{3}$ **48** $\sqrt{2}(e-1)$ **49** $\frac{17}{12}$ **50** 4

51 $x^{\frac{1}{n}}$

三、解答题

1 $\frac{3}{5}\pi$ **2** 2 **3** $\frac{3}{8}\pi^3$ **4** $\frac{3}{4}\pi$ **5** $\frac{1}{6}$ **6** 3π **7** $\frac{4}{3}a^2\pi^3$

8 $\frac{\pi}{6}+\frac{1}{2}-\frac{\sqrt{3}}{2}$ **9** $\frac{32}{105}\pi a^3$ **10** $a=\sqrt[3]{\frac{1}{2}}$ **11** $y=2x-1,\frac{1}{30}\pi$

12 $2,9\pi$ **13** $a=\sqrt{\frac{7}{6}}$ **14** π **15** $\frac{31\pi}{5},\frac{\pi}{2}$ **16** $5\pi^2a^3,\frac{64}{3}\pi a^2$

17 $2\pi\left(\frac{5}{3}-\frac{\pi}{2}\right),2\sqrt{2}\pi\left(2-\frac{\pi}{2}\right)$ **18** $16\pi^2a^2$ **19** $\frac{2\sqrt{2}}{5}\pi(1+2e^{\pi})$

20 $\frac{8}{3}\pi a^3$ **21** 12π **22** $t=1$ **23** $\frac{10}{3}+\frac{3}{2}\ln 3$

24 (1)$A(t)=\frac{1}{12}\left(t+\frac{1}{4t}\right)^3(t>0)$;(2) 最小值为 $A\left(\frac{1}{2}\right)=\frac{1}{12}$ **25** $\frac{1}{2}$

26 (1)$S(t)=\begin{cases}0, & t<-1,\\ \frac{1}{3}+t+\frac{2}{3}(-t)^{\frac{3}{2}}, & -1\leqslant t<0,\\ 1-\frac{2}{3}(1-t)^{\frac{3}{2}}, & 0\leqslant t<1,\\ 1, & t\geqslant 1;\end{cases}$

(2)$S(t)$ 在$[-1,1]$上满足拉格朗日中值定理的条件,理由略

27 (1) 曲线 L 的方程为 $x=\frac{3\sqrt{2y}}{8}$ 或 $y=\frac{32}{9}x^2$;

(2) 曲线 L 的方程为 $x=\frac{\sqrt{y}}{2}$ 或 $y=4x^2$

28 当 $a=\frac{2}{\pi}$ 时,旋转体体积最小;当 $a=0$ 时,旋转体体积最大

29 6 **30** $\left(\frac{2}{3}\pi-\frac{\sqrt{3}}{2},\frac{3}{2}\right),\left(\frac{4\pi}{3}+\frac{\sqrt{3}}{2},\frac{3}{2}\right)$ **31** $\frac{5}{12}+\ln\frac{3}{2}$ **32** 4

33 证明略 **34** $\left(\frac{5}{8},0\right)$ **35** $\frac{\pi}{30\sqrt{2}}$ **36** $\frac{\sqrt{2}}{2}+\frac{1}{2}\ln(\sqrt{2}+1)$

37 $k=1-\frac{1}{\ln(\ln 2)},S_{\min}=-\ln(\ln 2)\cdot(\ln 2)^{\frac{1}{\ln(\ln 2)}}$ **38** $\frac{521}{1\,372}$

39 (1)$S(x)=\frac{4}{3}-x-\frac{1}{3}x^3$;(2)$P\left(\frac{1}{\sqrt{3}},\frac{4}{3}\right)$ **40** (1)4;(2) 证明略 **41** $\frac{\sqrt{2}}{60}\pi$

42 $\frac{4\pi-3\sqrt{3}}{8\pi+3\sqrt{3}}$ **43** $y=\frac{x}{2}+\frac{1}{2}$ **44** $f(x)=\frac{3}{2}ax^2+(4-a)x,a=-5$

45 $a=-3,b=5,c=0$ **46** (1) $\frac{1}{2}\ln 2-\frac{1}{4}$;(2)$2\pi\left(\frac{5}{6}-\frac{\pi}{4}\right)$ **47** (1) $\frac{3\pi a^2}{8}$;

(2)$6a$;(3) $\frac{32}{105}\pi a^3,\frac{12}{5}\pi a^2$ **48** $\left(\frac{\pi}{8}-\frac{1}{3}\right)\pi$ **49** (1)$\left(\frac{3}{2}\pi-4\right)a^2$;(2) $\frac{\pi}{3}a^3$

50 $a=-\sqrt{\frac{1}{\sqrt{3}+\pi}},b=-\sqrt{\frac{3}{\sqrt{3}+\pi}}$ **51** (1)(1,1);(2) $\frac{4}{3}\pi,\frac{46}{15}\pi$

52 $\frac{1}{12}$ **53** 证明略 **54** 4 **55** $\frac{\pi}{2(1-e^{-\pi})}$ **56** $\sqrt{\frac{2}{\pi}}$

57 $\frac{4}{3}\pi a^3,\left[\frac{\ln(\sqrt{2}+\sqrt{3})}{\sqrt{2}}+\sqrt{3}+3\right]\pi a^2$ **58** 证明略 **59** $\left(\frac{1}{2},\frac{e+1}{2\sqrt{e}}\right)$

60 (1) $\frac{\sqrt{3}\pi}{4}\ln^2 3-\sqrt{3}\pi\ln 3+2\sqrt{3}\pi-2\pi$;(2)$2-\sqrt{2}+\ln\frac{\sqrt{3}+\sqrt{6}}{3}$

61 $\frac{1}{3}$ **62** 证明略 **63** $2\pi^2a^2b$ **64** $3a^3\pi^2$

65 (1)$f(x)=\begin{cases}x, & x\leqslant 0,\\ 2\left(e^{\frac{x}{2}}-1\right), & x>0;\end{cases}$ (2)$4e^{\frac{1}{2}}-\frac{13}{2}$

66 (1) $\frac{1}{2}$;(2) $\sqrt{2}e^{-\frac{\pi}{4}}-1$ **67** $\left(\frac{3\sqrt{3}}{2},\frac{1}{2}\right)$

68 $f(x)=-4x^3+3x+1$

69 (1)$2\pi^2\rho a^2$;(2) 上、下两个小圆的半径分别为$\frac{7-\sqrt{19}}{6}R$ 与$\frac{\sqrt{19}-1}{6}R$

70 (1)4;(2)8;(3) $\frac{5}{2}\pi^2$

71 (1) $\frac{\pi}{2}\cdot\frac{a}{a^2+1}$;(2)$a=1,A=\frac{\pi}{2}\left[\sqrt{6}+\ln(\sqrt{2}+\sqrt{3})\right]$

72 (1)$\left(3,\frac{1}{2}\ln 3\right)$;(2) $\frac{e-3}{e^2}$

第 11 章 一元函数积分学的应用(二)——积分等式与积分不等式

一、选择题

1 (C)　2 (B)　3 (B)　4 (B)　5 (A)

6 (D)　7 (C)　8 (A)　9 (C)　10 (C)

11 (C)　12 (A)

二、填空题

1 $e^{-x}\sin x$

三、解答题

1 证明略　2 证明略　3 e^{-1}　4 证明略　5 证明略　6 证明略

7 (1) 证明略;(2) 证明略;(3) $\frac{\pi^2}{4}$　8 证明略　9 证明略　10 证明略

11 证明略　12 $\frac{e^2+1}{2(e^2-1)}$　13 证明略　14 证明略　15 (1) 证明略;(2) $\frac{\pi}{2}$

16 (1) 证明略;(2) $\frac{1}{2}$　17 证明略　18 证明略　19 证明略　20 证明略

21 证明略　22 证明略　23 证明略　24 证明略　25 证明略

26 证明略　27 证明略　28 证明略

29 (1) $f(x)=f'(0)x+\frac{f''(\xi)}{2}x^2$,其中 ξ 介于 0 与 x 之间;(2) 证明略　30 证明略

31 证明略　32 证明略　33 证明略　34 证明略　35 证明略　36 $-\frac{2}{3}$

37 证明略　38 证明略　39 证明略　40 证明略　41 证明略

42 (1) 证明略;(2) 不存在,理由略　43 (1) $f(x)=\begin{cases} x, & x\in\left[0,\frac{\pi}{2}\right), \\ \pi-x, & x\in\left[\frac{\pi}{2},\pi\right]; \end{cases}$ (2) $\frac{\pi}{4}$

44 证明略　45 证明略　46 (1) 证明略,$k=\frac{1}{T}\int_0^T f(t)\mathrm{d}t$;(2) $\frac{1}{T}\int_0^T f(t)\mathrm{d}t$;(3) $\frac{1}{2}$

47 证明略　48 证明略　49 证明略　50 1　51 (1) 证明略;(2) $\frac{\sqrt{3}}{3}$

第 12 章 一元函数积分学的应用(三)——物理应用与经济应用

一、选择题

1 (D)　2 (B)　3 (B)　4 (C)　5 (B)　6 (C)

二、填空题

1 12 m/s　2 $\frac{2G}{a(a+1)}$　3 $R'(Q)=\sqrt{\frac{100-Q}{2}}-\frac{Q}{2\sqrt{2}\sqrt{100-Q}}$

4 $\frac{a}{2}x^2+bx+c_0$　5 $1\,500\cdot 3^{-P}$　6 $\frac{2}{3}v_0$

7 $\frac{\sqrt{2}km_0m}{2a^2}$，$k$ 为引力系数　8 $2^{\frac{1}{5}}$

9 $10-\frac{1}{100}Q$　10 $-\frac{\sqrt{2}}{2}G\rho$

三、解答题

1 5.77×10^7 J　2 5π cm³/s　3 3.171×10^5 J

4 (1)$C(Q)=\frac{Q^3}{3}-\frac{5}{2}Q^2+50Q+150$；(2)10，$\frac{800}{3}$ 万元

5 -30 万元　6 $\frac{9}{40}\rho g\pi$　7 180　8 1.646 4 N

9 (1)0.1 m/min；(2)π J　10 $f(z)=4e^{\frac{\pi}{6}z}$

11 (1)2.291×10^5 人；(2)$1.160\,2\times10^6$ 人　12 $\frac{4}{3}\rho g\pi$　13 2.24×10^6 J

14 2　15 (1)$\frac{\pi^2}{4}-\frac{\pi}{2}\ln 2$；(2)$\frac{\pi}{2}(1-\ln 2)$　16 (1)$4\pi\rho g$ J；(2)73.25%

17 (1)$V=8y\sqrt{1-y^2}+8\arcsin y+4\pi$；(2)0.01 m/min；(3)$8\pi$ J　18 $\frac{2km\rho}{R}\sin\frac{\varphi}{2}$

19 (1)ρg；(2)$\frac{\sqrt{3}}{10}\rho g$　20 (1)$S(t)=\frac{1}{2t}+\left(\frac{S_0}{t_0}-\frac{1}{2t_0^2}\right)t$；(2)$\frac{t_0}{\sqrt{2t_0S_0-1}}$

21 $\sqrt{2}-1$ cm　22 (1)$m=m_0e^{-\frac{Q}{V}t}$；(2)$\frac{V}{Q}\ln 2$ min　23 4，$3+7e^{-4}$

24 (1)$\frac{\pi a^3}{2Q}$ s；(2)$\frac{1}{6}\rho g\pi a^4$ J　25 20 件，17.15 万元/件

26 $\dfrac{1}{(\pi+2\sqrt{2})^2}$ m/s **27** (1) $\dfrac{\pi}{3}$;(2) $\dfrac{9}{8}$;(3) $\dfrac{4}{5}\rho$ J

28 (1) $\dfrac{GM}{l}\left(\dfrac{1}{a}-\dfrac{1}{l+a}\right)$;(2) $\dfrac{GM}{l}\ln\dfrac{l_2(l+l_1)}{l_1(l+l_2)}$

29 $Y_t=\dfrac{\beta}{1-\alpha}+C\,[1+\gamma(1-\alpha)]^t$

第 13 章 多元函数微分学

一、选择题

1 (B)	2 (A)	3 (A)	4 (C)	5 (A)
6 (C)	7 (B)	8 (A)	9 (D)	10 (B)
11 (A)	12 (C)	13 (A)	14 (C)	15 (B)
16 (D)	17 (D)	18 (B)	19 (C)	20 (B)
21 (C)	22 (A)	23 (D)	24 (C)	25 (B)
26 (B)	27 (C)	28 (C)	29 (D)	30 (C)
31 (A)	32 (B)	33 (A)	34 (C)	35 (C)
36 (D)	37 (D)	38 (C)	39 (C)	40 (B)
41 (B)	42 (B)	43 (A)	44 (D)	45 (B)
46 (D)	47 (B)	48 (C)	49 (A)	50 (D)
51 (C)	52 (A)	53 (C)	54 (D)	55 (B)
56 (C)	57 (A)	58 (A)	59 (B)	60 (B)
61 (D)	62 (B)	63 (C)	64 (D)	65 (B)
66 (D)	67 (A)	68 (C)	69 (D)	70 (B)
71 (D)	72 (B)	73 (D)	74 (D)	75 (C)
76 (A)	77 (A)	78 (D)	79 (D)	80 (C)
81 (A)	82 (D)	83 (B)	84 (A)	85 (C)
86 (D)	87 (C)	88 (C)	89 (C)	90 (B)
91 (A)	92 (B)	93 (C)	94 (C)	95 (D)
96 (B)	97 (B)	98 (B)		

二、填空题

1 $3\mathrm{d}x-\mathrm{d}y$ 2 $(x+5)(y^2+11y+25)\mathrm{e}^{x+y}$ 3 0

4 $\{(x,y,z)\mid\sqrt{x^2+y^2}\leqslant|z|$,且 $z\neq0\}$ 5 $-\sin\theta$ 6 $\dfrac{2xy-\varphi'}{1+\varphi'}$

7 $\frac{\pi}{2}dx$ 8 $2y^3\cdot x^{y^2}\cdot(1+\ln x)f'(x^{y^2})+yf(x^{y^2})$ 9 $2e^{x-y}$ 10 $2dx$

11 $-edx+edy$ 12 -2 13 $\frac{3}{2}x^2-xy+4$ 14 -2 15 0.4

16 $-\sqrt{e}dx+2\sqrt{e}dy$ 17 $n\cdot(-1)^{n-1}$ 18 $1+x+2y+x^2$ 19 -1

20 38 21 $(\sin t)^{\tan t}(1+\sec^2 t\ln\sin t)$ 22 $-\frac{1}{2}$ 23 $\frac{y}{\sin x}+\frac{x}{\sin y}$

24 c 25 $e^{\sin xy}\cos xy(ydx+xdy)$ 26 $12x^2-8y^2$ 27 1

28 $4(dx-dy)$ 29 $\cos(xy)-xy\sin(xy)$ 30 4 31 $-\frac{e}{2}$

32 $\frac{1}{3}dx+\frac{2}{3}dy$ 33 $\frac{1-x}{x^2}e^{ay}\sin(\ln x)$ 34 $\frac{3}{8}$ 35 $\frac{1}{2}$

36 $2xf+2xy(f'_1\cdot x^2+f'_2\cdot e^{x^2y}\cdot x^2)$ 37 -2 38 $\sqrt{\frac{x^4+y^4+z^4}{x^2+y^2+z^2}}$ 39 20

40 $a\geqslant 0,b=2a$ 41 $[-1+(-1)^n]\cdot n!$ 42 $\frac{z}{y^2}$ 43 $\frac{\sqrt{2}}{4}$ 44 $\frac{1}{5}$

45 -1 46 $k\geqslant 1$ 47 $4e$ 48 $2\ln 2-\frac{1}{2}$ 49 $\frac{1}{4}$ 50 -4 51 0

52 $x+2y-5=0$ 53 $-2x\frac{\partial^2 z}{\partial u^2}+xy(f')^2\frac{\partial^2 z}{\partial v^2}$ 54 $\frac{1}{r^3}f'\left(\frac{1}{r}\right)+\frac{1}{r^4}f''\left(\frac{1}{r}\right)$

55 4 56 12 57 $19+20(x-1)-(y+1)+\frac{1}{2!}[14(x-1)^2-4(x-1)(y+1)]$;

$\frac{1}{3!}[6(x-1)^3+12(x-1)(y+1)^2-6(y+1)^3]$ 58 -1;0 59 $\frac{1}{3!}e^{\xi}[\ln(1+\eta)x^3+$

$\frac{3}{1+\eta}x^2y-\frac{3}{(1+\eta)^2}xy^2+\frac{2}{(1+\eta)^3}y^3]$,$\xi$在0与$x$之间,$\eta$在0与$y$之间 60 6

61 $-\frac{z}{y^2}$ 62 2 63 $\frac{5}{9}$ 64 $\frac{1}{2}\sin 2x+C$ 65 $dx-\sqrt{2}dy$

66 $-\frac{1}{x^2}F'_1-\frac{y}{x^3}F''_{11}+\left(2-\frac{2y^2}{x^2}\right)F''_{12}+4xyF''_{22}$ 67 $\frac{y^2-1}{z^3}$

68 -2 69 -4 70 $-2dx-3dy$ 71 1 72 4

73 2;-2;$x^2y^3-y^2\sin x+y+C$

74 $1+y+\frac{1}{2}\left[\frac{2}{e}(x-e)y+y^2\right]$ 75 $\frac{y}{x}dx^2+2(\ln x+1)dxdy$

三、解答题

1 (1) $\frac{a-1}{e\ln a}$；(2) 证明略

2 (1) $\left[(-1)^n\frac{1}{x^{n+1}}+\frac{1}{(1-x)^{n+1}}\right]n!$；(2) $y^2\left[(-1)^n\frac{1}{x^{n+1}}+\frac{1}{(1-x)^{n+1}}\right]n!$

3 $\frac{z\ln a}{\sqrt{x^2-y^2}}(x\mathrm{d}x-y\mathrm{d}y)$　4 $p_1=80,p_2=120$，最大利润为 605

5 $2f'_x(a,b)$　6 $\mathrm{e}^{x+y+z}[(1+x)yz\mathrm{d}x+(1+y)xz\mathrm{d}y+(1+z)xy\mathrm{d}z]$　7 0

8 极大值为 -9　9 极大值为 1

10 甲产品生产 120 件，乙产品生产 80 件，最大利润为 520 千元

11 (1) $6x^2+y,x+\frac{2}{3}y$；(2) 边际成本分别为 $620,\frac{70}{3}$，当乙种产品的产量保持在 20 个单位水平时，甲产品产量从 10 个单位增加到 11 个单位时，总成本增加 620 个单位. 而当甲种产品的产量保持在 10 个单位水平，乙产品产量从 20 个单位增加到 21 个单位时，总成本增加 $\frac{70}{3}$ 个单位

12 两种型号的机床分别生产 5 台和 3 台，最小成本为 28 万元

13 (1) 连续；(2) $a=-1,\mathrm{d}f\big|_{(0,0)}=0$

14 (1) 连续，理由略；(2) 偏导存在且 $f'_x(0,0)=1,f'_y(0,0)=1$；(3) 不可微，理由略

15 $-2\sin^2 1$　16 $f(1,1)=-4$ 是极小值，$f(-1,-1)=4$ 是极大值

17 极小值为 $f(6,-18)=-108$　18 (1) 0；(2) 不存在　19 2

20 极小值为 $-\frac{1}{\mathrm{e}}$　21 $-\frac{y}{x^2}f''\left(\frac{y}{x}\right)-\frac{x}{y^2}f''\left(\frac{x}{y}\right)$

22 最大值为 $5\sqrt{5}$，最小值为 $-5\sqrt{5}$　23 极小值为 $27a^3$　24 -4

25 (1) 证明略；(2) $2x^2+6y^2=9$　26 $f_{\max}=7+3\sqrt{3},f_{\min}=-\frac{1}{8}$

27 (1) 连续，理由略；(2) 存在，理由略；(3) 不可微，理由略　28 0

29 $f(x)=\frac{1}{25}\mathrm{e}^{5x}-\frac{11}{5}x-\frac{1}{25}$　30 $x=2\,500,y=3\,750$，生产量最高值为 54 216

31 点 $\left(1-\frac{\sqrt{6}}{6},1-\frac{\sqrt{6}}{6},1+\frac{\sqrt{6}}{3}\right)$ 处，W 最大为 $\frac{1}{18}(9+\sqrt{6})$；点 $\left(1+\frac{\sqrt{6}}{6},1+\frac{\sqrt{6}}{6},1-\frac{\sqrt{6}}{3}\right)$ 处，W 最小为 $\frac{1}{18}(9-\sqrt{6})$

32 证明略　33 证明略　34 (1)$z=2-(x^2+y^2)$;(2)$\left(\frac{\sqrt{2}}{2},\frac{\sqrt{2}}{2},1\right)$;(3) $\frac{45}{4}$

35 极大值和极小值分别为$\frac{\sqrt{3}}{a}$ 和 $-\frac{\sqrt{3}}{a}$

36 极小值 $\varphi(0,0)=0$,没有极大值,没有最大值与最小值,理由略

37 (1)$x=y=z=\frac{b}{3}$;(2) 每次用水量都为$\frac{b}{n}$,$c_0 e^{-\frac{b}{a}}$　38 证明略

39 甲种原料投入 8 t 和乙种原料投入 4 t

40 (1) 销售量分别是 $Q_1=4(4-t)$,$Q_2=8-t$ 时,两种商品相应的价格分别是$P_1=3+\frac{t}{2}$ 万元和 $P_2=6+\frac{t}{2}$ 万元;(2)$t=\frac{12}{5}$

41 (1)$f(x)=\ln x+1$;(2)$-\dfrac{F'_1 e^{x+y}(1+x)+F'_2\cdot\frac{1}{x}-2x}{F'_1 e^{x+y}\cdot x+F'_2\cdot\frac{1}{y}-2y}$

42 $P_A=33$ 万元 / 件,$P_B=14$ 万元 / 件

43 $a=1$

44
$$p_1=\frac{4c-2kc(d-a)-k(b+d)(b-c)+b+d}{4ac-(b+d)^2},$$
$$p_2=\frac{2a-2ka(b-c)-k(b+d)(d-a)+2b+2d}{4ac-(b+d)^2}$$

45 $x_1=6\left(\frac{p_1\beta}{p_2\alpha}\right)^{-\beta}$,$x_2=6\left(\frac{p_1\beta}{p_2\alpha}\right)^{\alpha}$　46 $-2f''+xg''_{uv}+xyg''_{vv}+g'_v$

47 最小值 $m=1-\sqrt{5}$,最大值 $M=1+\sqrt{5}$　48 $\frac{8abc}{3\sqrt{3}}$　49 $\ln(3\sqrt{3}R^5)$,证明略

50 极小值　51 $\frac{\partial^2 z}{\partial u^2}+\frac{\partial^2 z}{\partial v^2}=0$

52 $\begin{cases}a=\frac{1}{3},\\ b=1,\end{cases}$ $z=\Phi(x+y)+\psi\left(x+\frac{1}{3}y\right)$ 或$\begin{cases}a=1,\\ b=\frac{1}{3},\end{cases}$ $z=\Phi\left(x+\frac{1}{3}y\right)+\psi(x+y)$

53 (1)$F'_{u_0}\cdot\frac{1}{z_0-c}(x-x_0)+F'_{v_0}\cdot\frac{1}{z_0-c}(y-y_0)+\left\{F'_{u_0}\cdot\left[-\frac{x_0-a}{(z_0-c)^2}\right]+F'_{v_0}\cdot\left[-\frac{y_0-b}{(z_0-c)^2}\right]\right\}(z-z_0)=0$;(2) 证明略

54 $12+\sqrt{3}$　55 $\left(\frac{2S}{3a},\frac{2S}{3b},\frac{2S}{3c}\right)$,$\frac{8S^3}{27abc}$

56 $y^2\cdot(-1)^{n-1}\cdot(n-1)!\left[\dfrac{1}{(x+1)^n}+\dfrac{1}{(x-1)^n}\right]$

57 $a(1+b)$ **58** $\sqrt{6}\pi$ **59** $-6x\sin y$ **60** $\dfrac{\partial f}{\partial x}-\dfrac{y}{x}\dfrac{\partial f}{\partial y}+\sin x^2\dfrac{\partial f}{\partial z}$

61 $\left(\dfrac{2\sqrt{6}}{3},\dfrac{\sqrt{3}}{3}\right)$ **62** $2xy$ **63** (1)$f(x)=\dfrac{x}{2}\ln x$;(2) $\dfrac{1}{8},\dfrac{\pi}{54}$

64 极小值为$-\dfrac{1}{64}$ **65** $\dfrac{1}{\pi+4+3\sqrt{3}}$ **66** (1)$2y-1$;(2) 取得极大值,$f(0,0)=0$

67 投入50单位劳动力及250单位资本 **68** $\dfrac{f''_{11}(f'_2)^2-2f'_1f'_2f''_{12}+f''_{22}(f'_1)^2}{(f'_1+f'_2)^3}$

69 (1)$b=1,a=1$;(2) 极小值为$\dfrac{1}{2}-2\ln 2$

70 最近点为$(1,1,1)$,最远点为$(-5,-5,5)$

71 最大值为1,最小值为$\dfrac{\sqrt{5}}{3}$

72 (1)$f(x,y)=e^{2x}(x+2y+y^2)$;(2) 极小值为 $f\left(\dfrac{1}{2},-1\right)=-\dfrac{e}{2}$

73 $\max\limits_{(x,y)\in D}f(x,y)=2+2\sqrt{2}$, $\min\limits_{(x,y)\in D}f(x,y)=-4$ **74** $\dfrac{\pi}{8}$ **75** $a=0$或-1

76 最大值是$\dfrac{\sqrt{2}}{3}$,最小值是$\dfrac{1}{6}$

77 (1)$z=f(x,y)=e^{\frac{x^2+y^2}{2}}$;(2) 极小值为0,极大值为$\dfrac{1}{e}$

78 (1)$du=\left(\dfrac{y^2}{2}-x-\dfrac{1}{2}\right)dx+xy\,dy$;(2) 极大值点$\left(-\dfrac{1}{2},0\right)$

79 $(1,1)$ **80** 证明略 **81** 最大值为$\dfrac{1}{3}$,最小值为-4

82 $\dfrac{dy}{dx}=-\dfrac{x(1+6z)}{2y(1+3z)},\dfrac{dz}{dx}=\dfrac{x}{1+3z}$

83 取极小值 **84** 最大值为18,最小值为0 **85** 证明略 **86** $(-1,-1,2)$

87 $z=C_1\arctan\dfrac{y}{x}+C_2,x>0$

88 $q_1=3.5$千件,$q_2=12.5$千件 **89** $(0,1)$

90 $\begin{cases}x_0=\dfrac{\alpha S}{a(\alpha+\beta)},\\ y_0=\dfrac{\beta S}{b(\alpha+\beta)},\end{cases}$ 最大产量为 $l\left[\dfrac{\alpha S}{a(\alpha+\beta)}\right]^{\alpha}\left[\dfrac{\beta S}{b(\alpha+\beta)}\right]^{\beta}$ **91** 1

92 最小值为$\sqrt{6}$,最大值为$6\sqrt{2}$　93 最大值为 6,最小值为 2

94 (1)$\left(\frac{\partial u}{\partial r}\right)^2+\frac{1}{r^2}\left(\frac{\partial u}{\partial \theta}\right)^2$;(2) $\frac{\partial^2 u}{\partial r^2}+\frac{1}{r}\frac{\partial u}{\partial r}+\frac{1}{r^2}\frac{\partial^2 u}{\partial \theta^2}$

95 (1) 投入电台广告费0.75万元,报纸广告费1.25万元时,利润最大;(2) 广告费1.5万元全部用于报纸广告

96 $a=-\frac{k}{2},b=\frac{k}{2}$　97 极大值和最大值均为 4,最小值为 -64

98 $\frac{\mathrm{d}u}{\mathrm{d}x}=f'_x+f'_y\cos x-\frac{f'_z}{\varphi'_3}(2x\varphi'_1+\mathrm{e}^{\sin x}\cos x\varphi'_2)$

99 证明略　100 $\frac{1}{1+x\mathrm{e}^z}[(1-\mathrm{e}^z)\mathrm{d}x+\mathrm{d}y]$　101 证明略

102 $f(u)=\frac{5}{3}-\frac{7}{4}\mathrm{e}^{-u}+\frac{1}{12}\mathrm{e}^{3u}$　103 $2a^2-b^2>0$ 且 $a>0$,理由略

104 最大值为 6,最小值为 0　105 $z(1,2)=3$ 为极小值,$z(-1,-2)=-3$ 为极大值

106 z　107 $f'_1[x,f(x,x)]+f'_2[x,f(x,x)]\cdot[f'_1(x,x)+f'_2(x,x)]$

108 $\frac{\partial f}{\partial x}+\frac{y^2}{1-xy}\frac{\partial f}{\partial y}+\frac{z}{xz-x}\frac{\partial f}{\partial z}$

109 (1) 极小值为 $-\frac{25}{4}$;(2) 最小值为 0,最大值为 50;(3) 最小值为 $-\frac{25}{4}$,最大值为 50

110 长半轴长为$\sqrt{\frac{11+\sqrt{13}}{6}}$,短半轴长为$\sqrt{\frac{11-\sqrt{13}}{6}}$　111 证明略

112 (1)$4\frac{\partial^2 z}{\partial u^2}=1$;(2) $\frac{1}{8}(x+y)^2+C_1(x-y)\cdot(x+y)+C_2(x-y)$,其中$C_1(v)$与$C_2(v)$为 v 的具有二阶连续导数的任意函数

113 (1) $\frac{\partial u}{\partial \theta}$;(2) $\frac{y-x}{\sqrt{x^2+y^2}}+\varphi(\sqrt{x^2+y^2})$,$x^2+y^2\neq 0$,其中 $\varphi(r)$ 为 r 的任意可微函数

114 (1) 证明略;(2)$f(u)=\ln u$　115 $z=4$ 为极小值,$z=-4$ 为极大值

116 最大值为 25,最小值为 9

117 (1)$f(x)=\ln x+1(x\in[1,+\infty))$;(2) $\frac{\mathrm{d}y}{\mathrm{d}x}=\frac{2x-F'_1\cdot\mathrm{e}^{x+y}(1+x)-F'_2\cdot\frac{1}{x}}{F'_1\cdot x\mathrm{e}^{x+y}+F'_2\cdot\frac{1}{y}-2y}$

118 切点坐标为$\left(\frac{a^{\frac{4}{3}}}{(a^{\frac{2}{3}}+b^{\frac{2}{3}}+c^{\frac{2}{3}})^{\frac{1}{2}}},\frac{b^{\frac{4}{3}}}{(a^{\frac{2}{3}}+b^{\frac{2}{3}}+c^{\frac{2}{3}})^{\frac{1}{2}}},\frac{c^{\frac{4}{3}}}{(a^{\frac{2}{3}}+b^{\frac{2}{3}}+c^{\frac{2}{3}})^{\frac{1}{2}}}\right)$,最小值为

$(a^{\frac{2}{3}}+b^{\frac{2}{3}}+c^{\frac{2}{3}})^{\frac{3}{2}}$

119 (1) $\frac{1}{2}$;(2) 无最大值,理由略 **120** $a=\frac{\sqrt{6}}{2}, b=\frac{3\sqrt{2}}{2}$ **121** 证明略

122 $g(x,y)=\begin{cases}\frac{1}{x}\left[\frac{1}{4}(e^{xy}+e^{-xy})-\frac{1}{2}(xy\sin xy+\cos xy)\right], & x\neq 0,\\ 0, & x=0\end{cases}$

123 证明略 **124** $\frac{\partial w}{\partial v}=0$ **125** 证明略

126 (1) 必要条件;(2) 必要条件;(3) 必要条件;(4) 必要条件;(5) 必要条件;(6) 既非充分也非必要条件;(7) 充分条件

127 (1)① 存在;② 连续;③ 存在;④ 不可微.(2)① 存在;② 连续;③ 存在;④ 可微

128 证明略 **129** $f(x,y)=xe^{xy}$

第 14 章 二重积分

一、选择题

1 (C)	2 (B)	3 (C)	4 (D)	5 (A)
6 (B)	7 (D)	8 (C)	9 (B)	10 (A)
11 (C)	12 (D)	13 (D)	14 (B)	15 (A)
16 (C)	17 (D)	18 (B)	19 (B)	20 (C)
21 (A)	22 (D)	23 (A)	24 (C)	25 (D)
26 (A)	27 (A)	28 (D)	29 (B)	30 (B)
31 (C)	32 (B)	33 (B)	34 (C)	35 (C)
36 (C)	37 (A)	38 (A)	39 (C)	40 (C)
41 (D)	42 (B)	43 (C)	44 (B)	45 (D)
46 (C)	47 (A)	48 (B)	49 (D)	50 (C)
51 (D)	52 (C)	53 (B)	54 (C)	55 (A)
56 (B)	57 (C)	58 (B)		

二、填空题

1 负号　2 $\iint\limits_D \mathrm{d}\sigma$，其中 $D=\{(x,y)\mid \mathrm{e}^y\leqslant x\leqslant \mathrm{e}+1-y,0\leqslant y\leqslant 1\}$；$\frac{3}{2}$

3 0　4 $\frac{1}{2}$　5 $\frac{2}{9}[(1+t^{\frac{3}{2}})^{\frac{3}{2}}-1]$　6 $\frac{4}{27}$　7 0

8 $\ln\cos 1$　9 $\frac{22}{15}$　10 $\frac{1}{6}-\frac{1}{3\mathrm{e}}$　11 1　12 $3\sqrt{6}\,\pi$

13 $\int_0^1 \mathrm{d}y\int_{1-\sqrt{2y-y^2}}^{1} f(x,y)\mathrm{d}x+\int_1^2 \mathrm{d}y\int_0^{2-y} f(x,y)\mathrm{d}x$　14 $\int_0^1 xf(x)\mathrm{d}x$　15 $\left(0,\frac{7}{3}\right)$

16 $\frac{153}{20}$　17 $\frac{\pi}{2}(\mathrm{e}^2+1)$　18 0　19 $-\pi$　20 $\int_0^2 \mathrm{d}x\int_{\sqrt{2x-x^2}}^{\sqrt{4-x^2}} f(x^2+y^2)\mathrm{d}y$

21 $\int_0^{\frac{\pi}{2}} \mathrm{d}\theta\int_0^{\cos\theta} f(r\cos\theta,r\sin\theta)r\,\mathrm{d}r$　22 $\frac{1}{2}v_0$　23 $2\ln 2$ 万人 /km^2

24 $\frac{\pi}{4}-\frac{1}{3}$　25 $\int_0^a \mathrm{e}^{m(a-x)}f(x)(a-x)\mathrm{d}x$　26 $\frac{1}{3}(\sqrt{2}-1)$　27 0　28 $\frac{2}{13}$

29 $\frac{8}{3}$　30 $\int_{-2}^{0}dx\int_{0}^{1+\frac{x}{2}}f(x,y)dy$　31 $\frac{1}{5}\left(1-\frac{\sqrt{2}}{8}\right)$　32 $\frac{5}{16}\pi$　33 $(e-1)^2$

34 $\frac{1-\cos 1}{2}$　35 $\frac{1}{2}(e-1)$　36 $\frac{\pi}{8}-\frac{1}{4}\ln 2$　37 $2-\sqrt{2}\arctan\sqrt{2}$

38 $-\frac{\sqrt{6}}{3}\pi$　39 $\frac{1}{4}(1-\sqrt{2})$　40 $\frac{1}{8}$　41 $\frac{1}{6}$　42 $f(0,0)$

43 $\int_{1}^{e}dy\int_{\frac{1}{2}\ln y}^{\ln y}f(x,y)dx+\int_{e}^{e^2}dy\int_{\frac{1}{2}\ln y}^{1}f(x,y)dx$　44 128π　45 $2\pi-\frac{16}{9}$

46 $(t-1)f(t)$　47 $-\pi(e^{\pi}-e^{\frac{1}{\pi}})$　48 π　49 $\frac{1}{2}\sin 1$　50 $\left(0,\frac{4}{\pi}\right)$

51 $\frac{1}{2}$　52 $\frac{3}{8}e-\frac{\sqrt{e}}{2}$　53 4π　54 $\frac{3}{8}\pi$

三、解答题

1 $\frac{\pi}{2}\ln 2$　2 $\frac{8}{\pi^3}\left(\frac{\pi}{2}+1\right)$　3 $\frac{3}{4}\pi$

4 $\int_{-1}^{0}dy\int_{-2\arcsin y}^{\pi}f(x,y)dx+\int_{0}^{1}dy\int_{\arcsin y}^{\pi-\arcsin y}f(x,y)dx$

5 $f(x,y)=x+\frac{1}{2}y$　6 $\frac{14}{3}\pi$　7 $\frac{2}{3}-\frac{\pi}{2}$　8 $\frac{5}{3}+\frac{\pi}{2}$　9 90

10 $\int_{-1}^{0}dy\int_{-2\sqrt{1+y}}^{2\sqrt{1+y}}f(x,y)dx+\int_{0}^{8}dy\int_{-2\sqrt{1+y}}^{2-y}f(x,y)dx$

11 $\int_{0}^{1}dx\int_{1-x}^{1}f(x,y)dy+\int_{1}^{2}dx\int_{\sqrt{x-1}}^{1}f(x,y)dy$

12 (1) $\frac{\pi}{2}$;(2)96π　13 $\sqrt{3}$　14 $\frac{\pi}{16}(\pi-2)$　15 $\frac{2}{15}\left(\pi+\frac{256-147\sqrt{3}}{5}\right)$

16 $\frac{2}{3}$　17 $\frac{\sqrt{2}}{30}$　18 $\frac{1}{6}(e^9-1)$　19 $\frac{2}{9}(2\sqrt{2}-1)$　20 $\frac{1}{12}(1-\cos 1)$

21 $\frac{14\sqrt{2}-7}{9}$　22 (1) $\frac{9\pi}{4}$;(2) $\frac{1}{3}[\sqrt{2}+\ln(1+\sqrt{2})]$;(3)$4-\frac{\pi}{2}$;(4) $\frac{16}{9}(3\pi-2)$

23 $\frac{3\sqrt{3}}{2}+\frac{4}{3}\pi$　24 $\frac{\sqrt{2}+1}{3}$　25 $(-\infty,2e]$　26 4π

27 $\frac{\pi}{4}-1-\frac{1}{4}\arccos\frac{1}{4}+\frac{\sqrt{15}}{4}$　28 $\left(\frac{12-\pi^2}{3(4-\pi)},\frac{\pi}{6(4-\pi)}\right)$

29 $\frac{\pi}{6}-\frac{\sqrt{3}}{8}$　30 $\frac{a^4}{64}(3\pi-8)$　31 $\frac{704}{105}-\frac{3}{4}\pi$　32 1　33 $\frac{9}{4}\pi$

34 证明略　35 $\int_{0}^{\frac{1}{2}}dy\int_{\sqrt{2y}}^{1}f(x,y)dx+\int_{0}^{2\sqrt{2}}dy\int_{1}^{\sqrt{9-y^2}}f(x,y)dx$

36 $\int_0^1 dx\int_{x-x^2}^{\sqrt{1-x^2}} f(x,y)dy$ **37** $\frac{26}{3}$ **38** $\sqrt{2}-1$ **39** $\frac{1}{2}(\sqrt{e}-1)$

40 $2(e^2-e-1)$ **41** $\frac{8}{3}\pi$

42 (1)$\int_0^4 dx\int_x^{2\sqrt{x}} f(x,y)dy$ 或$\int_0^4 dy\int_{\frac{y^2}{4}}^{y} f(x,y)dx$；

(2)$\int_0^{\pi} dx\int_0^{\sin x} f(x,y)dy$ 或$\int_0^1 dy\int_{\arcsin y}^{\pi-\arcsin y} f(x,y)dx$；

(3)$\int_0^2 dx\int_{-1-\sqrt{2x-x^2}}^{-1+\sqrt{2x-x^2}} f(x,y)dy$ 或$\int_{-2}^0 dy\int_{1-\sqrt{-2y-y^2}}^{1+\sqrt{-2y-y^2}} f(x,y)dx$

43 $\frac{\sqrt{3}}{8}(1+\pi)$ **44** $1-\frac{\pi}{2}$ **45** $\frac{\pi}{3}-\frac{4}{9}$ **46** 0 **47** $\frac{\pi^2}{32}$ **48** $\frac{5}{6}$

49 $\pi\left(1-\frac{1}{e}\right)$ **50** $\frac{(e-1)^2}{8}$ **51** $2-\frac{\pi}{2}$ **52** $15\left(\frac{3}{8}\pi-1\right)$ **53** $\frac{7\sqrt{3}}{8}+\frac{4}{3}\pi$

54 $\frac{1}{3}$ **55** $\frac{3\pi}{8}-\frac{5}{6}$ **56** $\frac{7}{4}\pi-4$ **57** $\frac{1}{2}-\frac{\pi}{8}$ **58** $\frac{\pi}{6}-\frac{\sqrt{3}}{8}+\frac{5}{48}$

59 $\frac{3}{2}$ **60** $\frac{1}{2}$ **61** $(1,0)$ **62** (1)$f(x)=\sqrt{2x-x^2}$；(2)$\frac{10}{3}$ **63** $\frac{7}{4}\pi a^4$

64 $\frac{\pi}{4}(\ln 3-3)+\frac{7}{2}$ **65** $a^3-\frac{a^3}{8}\pi$ **66** A **67** $\ln^2 2$ **68** $\frac{\pi}{4}+\frac{1}{3}$

69 $\frac{80}{3}+\pi$ **70** $\frac{1}{4}a^3b\pi+ab^3\pi+10ab\pi$ **71** $\frac{1}{2}(e-1)$

72 (1)$\ln 2-2+\frac{\pi}{2}$；(2)$2\ln 2-4+\pi$ **73** $\frac{35}{12}\pi a^4$ **74** $\frac{11a^4}{16}$

75 (1)$2\ln 2+\frac{3}{2}$；(2) 证明略 **76** $\int_1^2 dy\int_{\sqrt{2y-y^2}}^{\sqrt{4-y^2}} f(x,y)dx$ **77** $\left(\pi a,\frac{5}{6}a\right)$

78 $\frac{1}{3}(2\sqrt{2}-1)$ **79** $I_1\leqslant I_2$，理由略 **80** (1)$a+b$；(2)0

81 $\frac{2}{3}\pi+\frac{3}{4}\sqrt{3}$ **82** $\frac{3}{8}\pi-1$ **83** $\frac{\pi}{8}+\frac{\pi^2}{32}$ **84** $\frac{\pi}{4}+\frac{20}{3}$

85 $\frac{7}{3}(\sqrt{3}-1)\left(e^{\sqrt{3}}+\frac{1}{\sqrt{3}}e^{\frac{1}{\sqrt{3}}}\right)$ **86** $-\frac{2}{21}$ **87** $\frac{\pi}{4}(\cos 1-\cos 4)$

88 $\frac{5}{2}\pi-\frac{5}{3}$ **89** $\frac{3}{2\sqrt{2}}(e-1)$ **90** $\frac{1}{2}\ln 2$

91 (1) $\frac{\partial z}{\partial x}=-\frac{zF'_u+F'_v}{xF'_u-yF'_v}$，$\frac{\partial z}{\partial y}=\frac{F'_u+zF'_v}{xF'_u-yF'_v}$；(2)$2\pi$

92 $\frac{\pi}{4}-\frac{4}{3}$ **93** $\frac{1}{2}(e^2-2e)$ **94** $4(\sqrt{2}-1)+2\sqrt{2}\ln(1+\sqrt{2})$

95 $\frac{\pi}{4}(2\ln 2-1)$ 96 $I=[f(b,d)+f(a,c)]-[f(a,d)+f(b,c)],I\leqslant 2(M-m)$

97 $I(t)=\frac{2e^3+1}{9}-\frac{e^2+1}{2}t+t^2$，最小值$\frac{2e^3+1}{9}-\left(\frac{e^2+1}{4}\right)^2$

98 $\frac{5}{24}-\frac{\pi}{4}$ 99 $10\pi+\frac{428}{105}$ 100 (1) $\frac{\pi}{4}+\frac{20}{3}$；(2) 证明略 101 $\frac{\pi}{3}+2\sqrt{2}-\frac{4}{3}$

102 证明略 103 证明略 104 (1) $\frac{\sqrt{2}}{2}\pi-\sqrt{2}\arctan\frac{\sqrt{2}}{2}$；(2) 证明略

105 (1) $-a$；(2) 证明略 106 9π 107 (1) $\frac{\sqrt{\pi}}{2}$；(2) $\frac{\sqrt{\pi}}{2\sqrt{1-x}}$

108 证明略 109 $\frac{2}{3}\pi+\frac{3}{4}\sqrt{3}$ 110 证明略 111 证明略

112 $\frac{3}{2(ad-bc)}\left(e^{\frac{d}{b}}-e^{\frac{c}{a}}\right)$ 113 -4

第 15 章 微分方程

一、选择题

1 (C)	2 (A)	3 (A)	4 (D)	5 (C)
6 (C)	7 (B)	8 (D)	9 (D)	10 (D)
11 (C)	12 (B)	13 (D)	14 (B)	15 (C)
16 (A)	17 (D)	18 (D)	19 (A)	20 (D)
21 (D)	22 (D)	23 (C)	24 (B)	25 (B)
26 (B)	27 (C)	28 (B)	29 (C)	30 (A)
31 (D)	32 (D)	33 (B)	34 (D)	35 (C)
36 (B)	37 (B)	38 (A)	39 (A)	40 (C)
41 (A)	42 (B)	43 (D)	44 (A)	45 (D)
46 (B)	47 (D)	48 (C)	49 (A)	50 (A)
51 (B)	52 (B)	53 (C)	54 (A)	55 (D)
56 (A)	57 (A)	58 (D)	59 (A)	

二、填空题

1 $y=C_1\left(x+\frac{x^3}{3}\right)+C_2$,其中 C_1,C_2 为任意常数

2 $(x+C)\cos x$,其中 C 为任意常数

3 $3x^2+xy=C$,其中 C 为任意常数

4 $y=C_1+C_2x+C_3x^2+C_4e^{-3x}$,其中 C_1,C_2,C_3,C_4 为任意常数

5 $ye^{\frac{x}{y}}=C$,其中 C 为任意常数

6 $y^*=x(ax^2+bx+c)+dxe^{2x}$

7 $\frac{1}{\sqrt{2}}\arctan\frac{\tan y}{\sqrt{2}}=x+C$,其中 C 为任意常数

8 $y'''-2y''+5y'=0$　9 $y'-2y=2x-2x^2$

10 $\arctan\frac{y}{x}+\frac{1}{2}\ln(x^2+y^2)=C$,其中 C 为任意常数

11 $x=y^2+y$　12 $e^{\frac{2}{e}}$　13 $y''+y'=0$　14 $(-1,-2e^{-1})$

15 $C\cos e^{-x}+e^{-x}$,其中 C 为任意常数

16 $y'''-y=0$　17 $y_x=\frac{1}{2^x}(x+1)$　18 $y_x=\frac{1}{3}x^3-\frac{1}{2}x^2+\frac{1}{6}x+1$

19 $y_x=C+(x-2)2^x$,其中 C 为任意常数

20 $y_{t+1}-y_t=t$　21 $e^y=\frac{1}{2}(\sin x-\cos x)+\frac{3}{2}e^{-x}$

22 $y_x=C\left(\frac{1}{2}\right)^x+1$,其中 C 为任意常数

23 $\frac{1}{4}$　24 $y=\ln[x(\ln|x|+C)]$,其中 C 为任意常数

25 $y=\frac{C_1}{x}+\frac{C_2}{x^2}$,其中 C_1,C_2 为任意常数

26 $y=Cxe^x$,其中 C 为任意常数　27 $y=\frac{x}{1-\ln x^2}$

28 $y=C_1e^{3x}+C_2e^x+\frac{1}{8}e^{-x}$,其中 C_1,C_2 为任意常数

29 $\tan y=C(e^x-1)^3$,其中 C 为任意常数　30 $y_x=5^x-\frac{3}{4}$　31 e^x-e^{-x}

32 $\frac{3}{7}$　33 $x=\frac{1}{1+y^2}\left(\frac{1}{3}y^3+C\right)$,其中 C 为任意常数

34 -1　35 $x(x+C)$,其中 C 为任意常数　36 不一定　37 1

38 $C_1e^x+C_2e^{-3x}+\left(\frac{1}{8}x^2-\frac{1}{16}x\right)e^x$,其中 C_1,C_2 为任意常数

39 $\ln y=C\sin x$ 或 $y=e^{C\sin x}$,其中 C 为任意常数

40 $y=\frac{1}{x}(C-\cos x)$,其中 C 为任意常数

41 $Cx+2$,其中 C 为任意常数

42 $\frac{1}{2}e^x(\sin x-\cos x)+C$,其中 C 为任意常数

43 $(1,e^{-2})$　44 $\left(-\infty,\frac{1}{2}\right]$　45 $28-\frac{\pi}{8}$　46 $\frac{x}{1-\ln x}(x>0)$

47 $2x\tan(x-2)$　48 $x^2+4xy-5y^2+5=0$　49 $\frac{10}{9}e^{-2x}+\frac{8}{9}e^x+\frac{1}{3}xe^x$

50 $y=\left(\frac{x^3}{3}+1\right)e^{-2x}$　51 $x=-\frac{y^2}{2(y+1)}+\frac{5}{y+1}$

52 $y=x\ln(x+\sqrt{1+x^2})-\sqrt{1+x^2}+C_1x+C_2$，其中 C_1,C_2 为任意常数

53 $y^*=x(ax^2+bx+c)$　54 $x\sin\left(\frac{\pi}{6}+\ln x\right)$　55 $y^{(4)}-2y'''+5y''=0$

56 $\frac{1}{\sqrt{3e^{x^2}+x^2+1}}$　57 $y^{(4)}-2y'''+2y''-2y'+y=0$　58 $\frac{7}{9}$　59 $\frac{e-1}{e}$

60 $1-e^{-2x}$　61 $\frac{1}{x[2-(\ln x)^2]}$　62 $\frac{(x^2-12)^2}{2}$　63 $-\frac{1}{2}$

64 $C(x)=\frac{1}{a}x^2+a$　65 $\frac{\sin(\sqrt{2}\ln x)}{x}$　66 $y=\frac{1}{\sqrt{1+e^{x^2}}}$

67 $y_t=\frac{1}{5}\cdot 2^t-\frac{1}{5}\cos\frac{\pi t}{2}-\frac{2}{5}\sin\frac{\pi t}{2}$　68 $y_x=C\left(-\frac{1}{3}\right)^x$，其中 C 为任意常数

69 $\frac{3x^2}{(1+x^6)^{\frac{3}{2}}}$　70 $2\sqrt{x}$　71 $y=\sqrt{x\arcsin\frac{\sqrt{2}}{4}x}$　72 $-\sqrt{1-2x}$

73 $2;-\frac{1}{2}$　74 $\frac{3+\cos^2x}{3-\cos^2x}$

75 $y=C_1x^5+C_2x^3+C_3x^2+C_4x+C_5$，其中 C_1,C_2,C_3,C_4,C_5 为任意常数

76 $2x\tan(x-2)$　77 $e^x\left(\frac{4}{5}\sin 2x+\frac{2}{5}\cos 2x\right)+C$，其中 C 为任意常数

78 axe^x　79 $y''-2y'+y=2e^x$　80 $y=xe^{1-x}$　81 $y'''-3y''=0$

82 e^{-x}　83 $y=\sin x-\sin(2x)+\sin(3x)$

84 $y_x=C\left(-\frac{1}{2}\right)^x+\frac{2}{5}\left(\frac{1}{3}\right)^x$，其中 C 为任意常数　85 $x\ln x\ (x>0)$

86 $y_{t+1}-2y_t=2^t$　87 π　88 $x-ye^y=Cy$，其中 C 为任意常数

89 $y=x-\frac{\ln(1+x^2)}{2\arctan x}-\frac{\pi}{4\arctan x}$　90 $y=2e^{2x}+e^{-x}+xe^x$

91 $\sin x+\cos x, x\in\left(-\frac{\pi}{2},\frac{\pi}{2}\right)$　92 $y=\frac{1}{4}\cos(2x)+\frac{1}{2}\sin(2x)+\frac{1}{2}x^2-\frac{1}{4}$

93 $C_1x^2+\left(C_2-\frac{1}{9}\ln x-\frac{1}{6}\ln^2x\right)\frac{1}{x}$，其中 C_1,C_2 为任意常数

94 $C(-4)^t+\left[\frac{5}{2e+8}t-\frac{10e}{(2e+8)^2}\right]e^t$，其中 C 为任意常数　95 $-\frac{1}{x+1}$

96 $y=e^x[(C_1+C_2x)\cos 2x+(C_3+C_4x)\sin 2x]$，其中 C_1,C_2,C_3,C_4 为任意常数

97 $y''+\frac{-x^2+2}{x^2-2x}y'+\frac{2x-2}{x^2-2x}y=0$

三、解答题

1 $p=\left(p_0-\frac{b+d}{a+c}\right)e^{-k(a+c)t}+\frac{b+d}{a+c}$ 2 (1)$y=e^{\frac{1}{x}}(2x-1)$;(2)$y=2x+1$

3 $P(x)=e^{2x}+2e^{6x}+5$ 4 $G=e^{\frac{I^2}{2}}(kI+G_0)$

5 (1)$y_t=A(-5)^t+\frac{5}{12}\left(t-\frac{1}{6}\right)$($A$ 为任意常数);

(2)$y_t=A\left(\frac{1}{2}\right)^t+3t\left(\frac{1}{2}\right)^t$($A$ 为任意常数)

6 $f(x)=4x^2-4x^3$ 7 $\frac{3}{4}-\frac{1}{4e^2}$ 8 $4n$

9 $f(x)=-2e^{-x}\cos x+e^{-x}$

10 $y(x)=e^{-x}\left[\frac{(-1)^{n-1}}{n}\left(\frac{x}{3}\right)^n+C\right]$,其中 C 为任意常数

11 $y^2-xy-x^2=Cx^{-1}$ 或 $xy^2-x^2y-x^3=C$,其中 C 为任意常数

12 证明略

13 $y=\frac{x}{e^x}$ 14 2 15 $f(x)=e^{x^2}-1$ 16 $f(u)=e^u-e^{-u}$

17 $f(x)=\frac{2}{3e^{-x}-e^x}$ 18 证明略 19 $x=e^{-p^3}$ 20 $y''-2y'+y=4e^{-x}$

21 (1)$\Delta y_x=-4x-2,\Delta^2y_x=-4$;(2)$\Delta y_x=(2x+3)\cdot 3^x,\Delta^2y_x=(4x+12)\cdot 3^x$

22 (1)$f(x)=\frac{x+2}{x^3}(x\neq 0)$;(2)$\frac{\pi}{240}$ 23 $f(x)=\exp\left\{\frac{1}{8}(2\ln^2x+2x^2\ln x-x^2+1)\right\}$

24 $\frac{dN}{dt}=a(K-N)+b(K-N)N,N(0)=0,N=\frac{aKe^{(a+bK)t}-aK}{ae^{(a+bK)t}+bK}$

25 (1)$\left(\frac{D_0}{S_0}\right)^{\frac{1}{5}}$;(2)$P(t)=\left[\frac{D_0}{S_0}(1-e^{-5kS_0t})+P_0^5e^{-5kS_0t}\right]^{\frac{1}{5}}$;(3)$\left(\frac{D_0}{S_0}\right)^{\frac{1}{5}}$

26 11 h 27 (1)$y_x=2+3x$;(2)$y_x=\frac{161}{125}\cdot(-4)^x+\frac{2}{5}x^2+\frac{1}{25}x-\frac{36}{125}$

28 (1)$t=-\frac{2}{k}\sqrt{y}+C$,其中 C 为任意常数;(2)60 min

29 $y=C_1\ln x+C_2$,其中 C_1,C_2 为任意常数

30 $x=a\ln\frac{a+\sqrt{a^2-y^2}}{y}-\sqrt{a^2-y^2}$

31 $x+ye^{\frac{x}{y}}=C$,其中 C 为非零常数

32 $y=(C_1+C_2t)\mathrm{e}^t+C_3\cos 2t+C_4\sin 2t$,其中 C_1,C_2,C_3,C_4 为任意常数

33 $y=\mathrm{e}^{-x}(C_1\cos x+C_2\sin x)+\mathrm{e}^{-x}+\frac{1}{2}x\mathrm{e}^{-x}\sin x$,其中 C_1,C_2 为任意常数

34 $y=\begin{cases}C_1\mathrm{e}^x+C_2\mathrm{e}^{-x}+\frac{1}{2}x\mathrm{e}^x, & x\geqslant 0,\\ \left(C_1+\frac{1}{2}\right)\mathrm{e}^x+\left(C_2-\frac{1}{2}\right)\mathrm{e}^{-x}-\frac{1}{2}x\mathrm{e}^{-x}, & x<0\end{cases}$(其中 C_1,C_2 为任意常数)

35 $y=(C_1+C_2\mathrm{e}^x)\mathrm{e}^{\mathrm{e}^x}+\mathrm{e}^x+2$,其中 C_1,C_2 为任意常数

36 当 $a\neq 1$ 时,通解为 $y_t=Ca^t+\frac{2}{1-a}t-\frac{1+a}{(1-a)^2}$,其中 C 为任意常数;

当 $a=1$ 时,通解为 $y_t=t^2+C$,其中 C 为任意常数

37 $y=\left[\frac{1}{2}(\mathrm{e}^x-\mathrm{e}^{-x})-x\right]C$,其中 C 为任意非零常数

38 $y=-\frac{1}{3}x^2+C\sqrt{|x|}$,其中 C 为任意常数

39 $y=\frac{2}{3}x^{\frac{3}{2}}+\frac{1}{3}$

40 通解为 $y\equiv 0$;或 $\pm x+C_2=-\frac{1}{\sqrt{C_1}}\ln\left[\frac{\sqrt{C_1}}{y}+\sqrt{1+\left(\frac{\sqrt{C_1}}{y}\right)^2}\right]$,其中 $C_1>0$;或 $\pm x+C_2=-y^{-1}$;或 $\pm x+C_2=-\frac{1}{\sqrt{-C_1}}\arcsin\frac{\sqrt{-C_1}}{y}$,其中$C_1<0$

41 (1)$y=\frac{1}{4}-x^2$;(2)$Y=-\frac{\sqrt{3}}{3}X+\frac{1}{3}$

42 (1)$f(x)=x^2\ln|x|+\widetilde{C}_1x^2+C_2,x\neq 0$,其中 $\widetilde{C}_1$ 与 C_2 为任意常数;(2) 解在 $x=0$ 处不连续,补充定义 $f(0)=C_2,f'(0)=0,f''(0)$ 不存在,过程略

43 当 $\lambda\neq 0$ 时,通解为 $y=C_1+C_2\mathrm{e}^{-\lambda x}+x\left(\frac{1}{\lambda}x+\frac{\lambda-2}{\lambda^2}\right)$,其中 C_1,C_2 为任意常数;

当 $\lambda=0$ 时,通解为 $y=\frac{1}{3}x^3+\frac{1}{2}x^2+C_3x+C_4$,其中 C_3,C_4 为任意常数

44 原方程为 $y''-\frac{x+2}{x}y'+\frac{x+2}{x^2}y=2x$,通解为 $y=C_1x+C_2x\mathrm{e}^x-2x^2(x>0)$,其中 C_1,C_2 为任意常数

45 $y_x=\left(C+\frac{x}{8}-\frac{x^2}{8}\right)(-4)^x$,其中 C 为任意常数

46 $f(x)=\frac{2}{5}\cos x+\frac{1}{5}\sin x$

47 当$\left|\frac{\mathrm{d}y}{\mathrm{d}x}\right|=1$时，$y=\pm x+C$，其中$C$为任意常数；当$\left|\frac{\mathrm{d}y}{\mathrm{d}x}\right|>1$时，通解为$\frac{1}{C_1}\ln(C_1 y+\sqrt{C_1^2 y^2+1})=\pm x+C_2$；当$\frac{\mathrm{d}y}{\mathrm{d}x}>1$时，取正号，当$\frac{\mathrm{d}y}{\mathrm{d}x}<-1$时，取负号，其中$C_1$为任意非零常数，$C_2$为任意常数；当$\left|\frac{\mathrm{d}y}{\mathrm{d}x}\right|<1$时，通解为$\frac{1}{C_1}\arcsin C_1 y=\pm x+C'_2$或$y=\frac{1}{C_1}\sin(C'_3\pm C_1 x)(C_1C'_2=C'_3)$，当$0<\frac{\mathrm{d}y}{\mathrm{d}x}<1$时，取正号，当$-1<\frac{\mathrm{d}y}{\mathrm{d}x}<0$时，取负号，其中$C_1$为任意非零常数，$C'_2$，$C'_3$为任意常数

48 $y-\ln(1+\mathrm{e}^y)=x-\ln 2$

49 (1) 过程略；(2) $y(t)=\mathrm{e}^{-t}(C_1\cos 2t+C_2\sin 2t)+(2t-1)\mathrm{e}^t$，其中$C_1$，$C_2$为任意常数

50 (1) $f'(x)=-\frac{\mathrm{e}^{-x}}{1+x}\ (x\geqslant 0)$；(2) 证明略

51 $\frac{\mathrm{d}^2 y}{\mathrm{d}t^2}+y=\cos t$，$y=\frac{1}{\sqrt{1+x^2}}\left(1+x+\frac{1}{2}x\arctan x\right)$

52 $\begin{cases} z=75-x^2-2y^2, \\ y=\frac{1}{5}x^2 \end{cases}$

53 $y(x)=C_1(1+x)+C_2(1+x)^2+C_3(1+x)^3$，其中$C_1$，$C_2$，$C_3$为任意常数

54 $f(t)=(4\pi t^2+1)\mathrm{e}^{4\pi t^2}$

55 $y=-\ln\left(-x-\frac{1}{2}\sqrt{-2x}\right)$，定义区间为$\left(-\infty,-\frac{1}{2}\right)$

56 (1) 证明略；(2) $f(x)=2x\ln x\ (x>0)$；(3) $f(\mathrm{e}^{-1})=-2\mathrm{e}^{-1}$是极小值

57 (1) $f(x)=\ln x$，$x\in(0,+\infty)$；(2) $\frac{\pi}{16}$ **58** $y=x-\frac{75}{124}x^2$ **59** $50\ln 2$分钟

60 (1) $t\frac{\mathrm{d}z}{\mathrm{d}t}-z=t^2$；(2) $y=-\ln^2 x+C_3(\ln x+1)+C_4 x$，其中$C_3$，$C_4$为任意常数

61 (1) $y=\frac{1}{x^2}(2\mathrm{e}^x-2x+C)$，其中$C$为任意常数；(2) $y=\frac{2\mathrm{e}^x-2x-2}{x^2}(x\neq 0)$，$\lim\limits_{x\to 0}y=1$

62 $f(x)=\begin{cases} \frac{x\mathrm{e}^x-\mathrm{e}^x+1}{x}, & x>0, \\ 0, & x=0, \end{cases}$ 证明略

63 (1) $y=-\frac{x}{2}-\frac{1}{2x}+(y_1+1)\mathrm{e}^{-1}\frac{\mathrm{e}^{x^2}}{x}$；(2) $y_1=-1$，$y=-\frac{x}{2}$

64 $f(x)=\dfrac{x+1}{\sqrt{2xe^{x}+1}}$,证明略　**65** $y(x)=\dfrac{x^{2}}{4}+1$

66 $\dfrac{1}{x}=y^{3}+\dfrac{C}{y^{2}}$,其中 C 为任意常数

67 $\dfrac{27}{16}\pi$　**68** π　**69** $f(x)=\dfrac{\pi}{2}\cos x+\dfrac{1}{2}\sin x-\dfrac{1}{2}x\cos x$

70 $(e^{x}+e^{-x}+xe^{-x})\sin x+C$($C$ 为任意常数)

71 $y(0)=1$ 是极大值,$y(2)=0$ 是极小值

72 $A=\dfrac{1}{2},V=\dfrac{4\pi}{9}$　**73** $\dfrac{d^{2}x}{dy^{2}}-x=e^{y}+y^{2}$,通解为 $x=C_{1}e^{y}+C_{2}e^{-y}+\dfrac{1}{2}ye^{y}-y^{2}-2$,其中 C_1,C_2 为任意常数

74 $x=4(100+2t)-4\times10^{5}(100+2t)^{-\frac{3}{2}}$,318.5 克

75 (1)$f(x)=2-\dfrac{1}{2}(e^{x}+e^{-x}),x\geqslant0$;(2) $\dfrac{3}{16}\pi(1+\ln 2)^{3}-\pi\left[\dfrac{9}{2}\ln(2+\sqrt{3})-3\sqrt{3}\right]$

76 (1)$y''-y=\sin x,y(x)=e^{x}-e^{-x}-\dfrac{1}{2}\sin x$;

(2)$(\pi^{3}+2\pi)(e^{\pi}-e^{-\pi})-2\pi^{2}(e^{\pi}+e^{-\pi})+\pi^{2}$

77 $x^{2}y'=(1-2x)y,y=\dfrac{1}{x^{2}}e^{\frac{x-1}{x}}$　**78** $\ln x=\sin\dfrac{y}{x}$　**79** $\dfrac{5}{3}$

80 $f(x)=-\dfrac{5}{4}e^{-x}+\dfrac{1}{4}e^{3x}-x+1$

81 $y(x)=\begin{cases}\sqrt{\pi^{2}-x^{2}}, & -\pi<x<0,\\ \pi\cos x+\sin x-x, & 0\leqslant x<\pi\end{cases}$

82 $y=\dfrac{1}{2}[(\sqrt{2}+1)e^{x}-(\sqrt{2}-1)e^{-x}]$

83 $y=\dfrac{x^{2}}{4}-\dfrac{1}{2}\ln x-\dfrac{1}{4}$　**84** (1)$y=\ln(t+\sqrt{1+t^{2}})$;(2)$-\sqrt{2}$　**85** $\dfrac{e^{3}-7}{12(e-1)}$

86 $\dfrac{1}{4}$　**87** $R=\sqrt[4]{10x^{2}-x^{3}}(0\leqslant x\leqslant10)$　**88** (1)$x(t)=\dfrac{N}{1+Ce^{-kNt}}$($C$ 为任意正常数);(2) 当销售量达到最大需求量 N 的一半时,产品最为畅销

89 0　**90** $y(e^{\frac{3}{2}})=e^{3}$ 为最小值　**91** (1)$f(x)=\dfrac{1}{2}(\sin x-\cos x)$;(2) $\dfrac{\pi^{2}}{4}$

92 $f(x)=\dfrac{1}{2}(x+1)e^{x}-\dfrac{1}{2}\cos x$　**93** (1)$y(t)=\dfrac{2\,000}{3}(1-e^{-\frac{t}{40}})$;(2)40ln 2 min

94 $y=-6x+3e^{x}-3e^{-x}$ 95 $y(x)=\dfrac{a}{1+(a-1)e^{\sqrt{2}ax}}$

96 $y_1=-\dfrac{1}{2}e^{x+\frac{\pi}{2}}\sin 2x, y_2=-e^{\frac{\pi}{2}-x}\sin x$ 97 $y=Cx^2$(C 为任意非零常数)

98 $y=-xe^{x}+x+2$ 99 $y=-x^2-1+e^{x^2-1}$

100 $f(x)=\dfrac{1}{3}\ln x+1, x>0$ 101 $f(x)=\dfrac{e^{x}+e^{-x}}{2}(-\infty<x<+\infty)$

102 $y=C_1e^{x}+C_2e^{-x}+xe^{x}$,其中 C_1,C_2 为任意常数

103 $f(x)=\cos x-\sin x$ 104 $y=\dfrac{e^{ax}+e^{-ax}}{2a}$

105 $y(x)=\dfrac{e^{\frac{4}{x}-4}}{12x^2}-\dfrac{1}{4x^2}, x\in[1,+\infty)$ 106 证明略 107 证明略

108 (1) 证明略;(2) 当 $k>1$ 时,甲将在点 $\left(1,\dfrac{k}{k^2-1}\right)$ 处追上乙

109 (1) $y(x)=\dfrac{e^{x}+e^{-x}}{2}$;(2) $(0,0)$

110 $$y=\begin{cases} x-\sin x, & x\leqslant\dfrac{\pi}{2}, \\ \left(1-\dfrac{\pi}{2}\right)\cos 2x-\dfrac{1}{2}\sin 2x, & x>\dfrac{\pi}{2} \end{cases}$$

111 (1) $f(x)=x+\dfrac{2}{x^2}(x>0)$;(2) 单调递减区间为 $(0,\sqrt[3]{4})$,单调递增区间为 $(\sqrt[3]{4},+\infty)$,极小值为 $f(\sqrt[3]{4})=\dfrac{3}{\sqrt[3]{2}}$;(3) $\dfrac{2\sqrt{2}}{3}\pi$ 112 证明略

113 (1) 通解 $y=\dfrac{1}{x^2}(2xe^{x}-2e^{x}-x^2+C)$, $y_0(x)=\dfrac{2xe^{x}-2e^{x}-x^2+2}{x^2}$, $\lim\limits_{x\to 0}y_0(x)=0$;

(2) $$y_0(x)=\begin{cases} \dfrac{2xe^{x}-2e^{x}-x^2+2}{x^2}, & x\neq 0, \\ 0, & x=0, \end{cases} \quad y'_0(x)=\begin{cases} \dfrac{2x^2e^{x}-4xe^{x}+4e^{x}-4}{x^3}, & x\neq 0, \\ \dfrac{2}{3}, & x=0, \end{cases}$$

证明略

114 (1) $x^2y'(x)+2xy(x)+4y(x)+1$;(2) $y(x)=\dfrac{e^{\frac{4}{x}-4}}{12x^2}-\dfrac{1}{4x^2}, x\in(0,+\infty)$

115 $y=\dfrac{1}{2}\left(Cx^2-\dfrac{1}{C}\right)$,其中 $C>0$, $y=\dfrac{1}{2}(x^2-1)$

116 $y=\ln(x^2+C_1)+\frac{4}{\sqrt{C_1}}\arctan\frac{x}{\sqrt{C_1}}+C_2$（$C_1$ 为任意正常数）；或 $y=2\ln|x|-\frac{4}{x}+C_3$；或 $y=\ln|x^2+C_1|+\frac{2}{\sqrt{-C_1}}\ln\left|\frac{x-\sqrt{-C_1}}{x+\sqrt{-C_1}}\right|+C_4$（$C_1$ 为任意负常数）

117 $\frac{(-2)^{n-1}n!}{(2x+1)^{n+1}}$　**118** $f(x)=cx^{1+\sqrt{2}}\ (c>0)$

119 (1) $\frac{\mathrm{d}y}{\mathrm{d}x}=\frac{1}{\frac{\mathrm{d}x}{\mathrm{d}y}},\frac{\mathrm{d}^2y}{\mathrm{d}x^2}=-\frac{\frac{\mathrm{d}^2x}{\mathrm{d}y^2}}{\left(\frac{\mathrm{d}x}{\mathrm{d}y}\right)^3}$；(2) $x=\mathrm{e}^y-\frac{2}{9}\mathrm{e}^{-3y}+\frac{1}{3}y+\frac{2}{9}$

第 16 章 无穷级数(仅数学一、数学三)

一、选择题

1 (B)	2 (A)	3 (B)	4 (D)	5 (D)
6 (C)	7 (D)	8 (D)	9 (D)	10 (B)
11 (D)	12 (A)	13 (C)	14 (B)	15 (C)
16 (A)	17 (A)	18 (A)	19 (A)	20 (A)
21 (B)	22 (D)	23 (C)	24 (A)	25 (A)
26 (A)	27 (C)	28 (B)	29 (B)	30 (B)
31 (C)	32 (D)	33 (B)	34 (A)	35 (C)
36 (C)	37 (A)	38 (D)	39 (D)	40 (C)
41 (D)	42 (A)	43 (B)	44 (D)	45 (B)
46 (A)	47 (B)	48 (D)	49 (D)	50 (B)
51 (A)	52 (A)	53 (D)	54 (C)	55 (B)
56 (B)	57 (A)	58 (B)	59 (C)	60 (A)
61 (B)	62 (D)	63 (B)	64 (D)	65 (B)
66 (A)	67 (D)	68 (B)	69 (D)	70 (A)
71 (D)	72 (A)	73 (C)	74 (A)	75 (B)
76 (D)	77 (C)	78 (A)		

二、填空题

1 $\frac{\pi^2-5}{2}$　2 e　3 a　4 $p>1;0<p\leqslant 1;p\leqslant 0$　5 发散

6 有界(或有上界)　7 发散　8 $\frac{2}{3}\pi$　9 $(-3,3]$　10 $\left(-\frac{1}{2},\frac{1}{2}\right)$

11 $(-1,+\infty)$　12 $\ln(1+\sqrt{x})$　13 $\frac{x}{1-x}+e^x-1$　14 $\frac{x^2 2^x}{2^x-1}$

15 3e　16 $\frac{2}{e^2}-2$　17 -1　18 $\frac{1}{4}$　19 $(0,6]$　20 $\frac{1}{(1+x)^2}$

21 0　22 $\sum\limits_{n=0}^{\infty}(-1)^n(x-1)^n,0<x<2$　23 $\frac{\pi^2}{2}$　24 $[1,3)$　25 1

26 3　27 $\frac{1}{2}$　28 5　29 $(1-\sqrt{2},1+\sqrt{2})$　30 -1　31 3

32 $-2\ln 2+1$　33 $(-1,1]$　34 $\ln 3+\sum_{n=1}^{\infty}\frac{(-1)^{n-1}}{n3^n}x^n,-3<x\leqslant 3$

35 $\frac{1}{2}\sum_{n=0}^{\infty}(-1)^n\left[\frac{1}{(2n)!}\left(x+\frac{\pi}{3}\right)^{2n}+\frac{\sqrt{3}}{(2n+1)!}\left(x+\frac{\pi}{3}\right)^{2n+1}\right],-\infty<x<+\infty$

36 $\frac{1}{r}$　37 $\frac{1}{4}\cos\frac{1}{\sqrt{2}}+\frac{\sqrt{2}}{4}\sin\frac{1}{\sqrt{2}}$　38 1　39 $(2,+\infty)$　40 0　41 $\frac{1}{4}\ln 3$

42 1　43 $\frac{x^2+2}{(x^2-2)^2}(-\sqrt{2}<x<\sqrt{2})$　44 $\frac{1}{5}\sum_{n=0}^{\infty}\left[\frac{1}{3^{n+1}}+\frac{(-1)^n}{2^{n+1}}\right]x^n;(-2,2)$

45 10　46 0　47 3

三、解答题

1 证明略　2 定义域为$(0,+\infty)$,证明略

3 (1) 证明略;(2) $y(x)=e^{-x^2},-\infty<x<+\infty$

4 $a_n=(-1)^{n+1}\left[(n+1)-\frac{1}{2^{n+1}}\right]$　5 收敛　6 $1-\ln 2$

7 (1) $a_n=\frac{n-1}{2n(n+1)}$;

(2) 收敛域为$[-1,1)$,和函数 $S(x)=\begin{cases}-1+\frac{x-2}{2x}\ln(1-x), & x\in[-1,1),x\neq 0,\\ 0, & x=0\end{cases}$

8 $\sum_{n=0}^{\infty}(-1)^n2^{n+1}(2n+1)\left(x-\frac{1}{2}\right)^n(0<x<1)$　9 $\sum_{n=1}^{\infty}\left(1-\frac{1}{2^n}\right)x^{n-1},x\in(-1,1)$

10 $\frac{1}{2}x^{\frac{3}{4}}\left(\frac{1}{2}\ln\frac{1+x^{\frac{1}{4}}}{1-x^{\frac{1}{4}}}+\arctan x^{\frac{1}{4}}\right),0\leqslant x<1$

11 (1) 证明略. (2) 当 $p>1$ 时,级数$\sum_{n=3}^{\infty}a_n$ 收敛;当 $0<p\leqslant 1$ 时,级数$\sum_{n=3}^{\infty}a_n$ 发散,理由略

12 (1) $y(x)=e^{-x}\left[\frac{(-1)^{n-1}}{n}\left(\frac{x}{3}\right)^n+C\right]$,其中 C 为任意常数;

(2) $\sum_{n=1}^{\infty}a_n(x)=e^{-x}\ln\left(1+\frac{x}{3}\right),x\in(-3,3]$

13 (1) 证明略;(2) 2　14 (1) $S(n)=\frac{1}{\ln^2 n}(n\geqslant 2)$;(2) 证明略

15 证明略　16 收敛　17 证明略

18 收敛半径 $R=\frac{5}{2}$，收敛区间为 $\left(-\frac{5}{2},\frac{5}{2}\right)$，收敛域为 $\left[-\frac{5}{2},\frac{5}{2}\right)$

19 $\frac{\sqrt{2}}{2}\left[\left(x-\frac{\pi}{4}\right)-\frac{1}{3!}\left(x-\frac{\pi}{4}\right)^3+\frac{1}{5!}\left(x-\frac{\pi}{4}\right)^5-\cdots+1-\frac{1}{2!}\left(x-\frac{\pi}{4}\right)^2+\frac{1}{4!}\left(x-\frac{\pi}{4}\right)^4-\cdots\right]\ (-\infty<x<+\infty)$ **20** (1)$a=-1$；(2)$y(x)=\frac{1}{2}\mathrm{e}^{-x}+\frac{1}{2}\mathrm{e}^{x}+1$

21 4 **22** (1) 证明略；(2)$4(1-\ln 2)$ **23** 证明略 **24** (1) $\frac{1}{2^{n-1}}$；(2) $\frac{16}{9}$

25 $S(x)=\mathrm{e}^{x+\frac{x^2}{2}},x\in(-\infty,+\infty)$ **26** (1) $\frac{1}{p+1}$；(2) 证明略 **27** $\cos\frac{1}{2}-2\sin\frac{1}{2}$

28 $\sum\limits_{n=0}^{\infty}a_nx^n$ 的收敛半径 $|b|$，当 $b>0$ 时，收敛域为 $[-b,b)$，当 $b<0$ 时，收敛域为 $(b,-b]$，$\sum\limits_{n=0}^{\infty}(n+1)a_{n+1}x^n$ 和 $\sum\limits_{n=1}^{\infty}\frac{a_{n-1}}{n}x^n$ 的收敛半径都是 $|b|$

29 $f(x)=\sum\limits_{n=1}^{\infty}\frac{1}{(2n-1)(2n+1)}\cos(2nx),0\leqslant x\leqslant\pi$，$\sum\limits_{n=1}^{\infty}\frac{(-1)^n}{4n^2-1}=\frac{1}{2}-\frac{\pi}{4}$

30 $\sum\limits_{n=1}^{\infty}u_n$ 条件收敛，$\sum\limits_{n=1}^{\infty}u_n^2$ 发散 **31** $-\frac{1}{5}\sum\limits_{n=0}^{\infty}\left[\frac{1}{3^{n+1}}+\frac{(-1)^n}{2^{n+1}}\right](x-1)^n,x\in(-1,3)$

32 (1) $\frac{1}{2\sqrt{2}}\sum\limits_{n=0}^{\infty}\left[\frac{(-1)^n}{(\sqrt{2}+1)^{n+1}}+\frac{1}{(\sqrt{2}-1)^{n+1}}\right]x^n$，$|x|<\sqrt{2}-1$；

(2) $\sum\limits_{n=0}^{\infty}\frac{n!}{f^{(n)}(0)}$ 收敛，$\sum\limits_{n=0}^{\infty}\frac{f^{(n)}(0)}{n!}$ 发散

33 (1) $\frac{1}{2}(\mathrm{e}^x+\mathrm{e}^{-x})\ (-\infty<x<+\infty)$；(2)4；

(3) 收敛域为 $(-1,1)$，$S(x)=\frac{1}{2}\ln\frac{1+x}{1-x},x\in(-1,1)$

34 收敛域为 $(-1,1]$，

$$S(x)=\begin{cases}\dfrac{\frac{1}{3}\ln(1+x^3)-\frac{1}{2}\ln(x^2-x+1)+\frac{1}{\sqrt{3}}\arctan\frac{2x-1}{\sqrt{3}}+\frac{\pi}{6\sqrt{3}}}{x}, & -1<x\leqslant 1,x\neq 0,\\ 1, & x=0,\end{cases}$$

$\sum\limits_{n=0}^{\infty}\frac{(-1)^n}{3n+1}=\frac{1}{3}\ln 2+\frac{\pi}{3\sqrt{3}}$

35 收敛域为 $(-1,1)$，$S(x)=\begin{cases}\frac{1}{2x}\ln\frac{1+x}{1-x}-\frac{1}{1-x^2}, & |x|\in(0,1),\\ 0, & x=0\end{cases}$

36 $f(x)=\frac{\pi}{4}x+\sum_{n=0}^{\infty}\frac{(-1)^n x^{2n+2}}{(2n+1)(2n+2)}(-1\leqslant x<1)$, $a_n=\frac{(-1)^n}{(2n+1)(2n+2)}$

37 1　**38** 收敛　**39** (1) $y(x)=(x-1)^2$；(2) 证明略

40 $a_0=\ln 2$, $a_n=\frac{1}{n}\left[\frac{(-1)^{n+1}}{2^n}+1\right]+(-1)^{n+1}(n+1)(n\geqslant 1)$

41 (1) $y_n(x)=(n+1)(n+3)x^n$；(2) 收敛域为 $(-1,1)$, $S(x)=2(1-x)^{-3}+(1-x)^{-2}-3, x\in(-1,1)$

42 收敛域为 $[-1,1]$, $S(x)=\begin{cases}\frac{1}{x}\arctan x+\frac{\sqrt{2}}{x}\ln\left|\frac{x+\sqrt{2}}{x-\sqrt{2}}\right|, & 0<|x|\leqslant 1,\\ 3, & x=0\end{cases}$

43 (1) $a_n=\frac{(-1)^n}{3^{n+1}}n!, n=0,1,2,\cdots$；(2) $\frac{1}{4}$

44 证明略, $S(x)=2\left(\frac{1}{\sqrt{1-x}}-1\right), |x|<1$　**45** 证明略

46 收敛域为 $(-2,0)$, $S(x)=-\frac{(x+1)(x+2)}{x^3}$　**47** $-\frac{\pi}{16}$

48 (1) $a_n=4n, n=1,2,\cdots$；(2) $S(x)=\frac{1}{4}x^{\frac{3}{4}}\ln\frac{1+x^{\frac{1}{4}}}{1-x^{\frac{1}{4}}}+\frac{1}{2}x^{\frac{3}{4}}\arctan x^{\frac{1}{4}}, 0\leqslant x<1$

49 (1) $a_n(x)=x^n(1-x)^2(0\leqslant x\leqslant 1)$；(2) 收敛

50 (1) $f(x)=-1+e^{-x}$；(2) $a>1$

51 (1) $a_n=(-4)^n+1$；

(2) 收敛域为 $[-1,1]$, $S(x)=\begin{cases}\frac{\arctan x}{x}+\frac{1}{x}\ln\frac{2+x}{2-x}, & 0<|x|\leqslant 1,\\ 2, & x=0\end{cases}$

52 收敛域为 $[-1,1]$, $S(x)=\begin{cases}(1-x)\ln(1-x)+x, & x\in[-1,1),\\ 1, & x=1,\end{cases}$ $\sum_{n=2}^{\infty}\frac{1}{2^n n(n-1)}=-\frac{1}{2}\ln 2+\frac{1}{2}$

53 (1) $\frac{\pi}{2}-\frac{4}{\pi}\sum_{n=1}^{\infty}\frac{\cos(2n-1)x}{(2n-1)^2}(-\pi\leqslant x\leqslant\pi)$；(2) $\frac{\pi^2}{8}$　**54** $y(x)=\frac{1}{\sqrt[6]{1-x}}$

55 证明略, $\frac{\pi^2}{12}$　**56** (1) 单调递增区间为 $(0,+\infty)$, $f'_+(0)=\frac{1}{2}$；(2) 证明略

57 $S(x)=\left(\frac{x^2}{4}+\frac{x}{2}+1\right)e^{\frac{x}{2}}(-\infty<x<+\infty)$, $\int_{-\infty}^{0}S(x)\mathrm{d}x=4$

58 收敛域为$\left(-\frac{1}{4},\frac{1}{4}\right)$，$S(x)=-\frac{1}{2}\ln(1-16x^2)+\frac{1}{2}\ln\frac{1+2x}{1-2x}\left(-\frac{1}{4}<x<\frac{1}{4}\right)$

59 证明略，$S(x)=1-2x+\frac{7}{2}x^2-\frac{7}{6}\frac{4x^3+3x^4}{(1+x)^2}(|x|<1)$

60 (1)$a_n=3+\frac{(-1)^n}{2^{n+1}}(n=0,1,2,\cdots)$；(2)$-\frac{1}{3}$

61 $f(x)=\frac{11}{12}+\frac{1}{\pi^2}\sum_{n=1}^{\infty}\frac{(-1)^{n+1}}{n^2}\cos(2n\pi x)$ 62 证明略，$\frac{\pi^3}{32}$

63 (1)$a_n=\frac{2n}{2n+1}\cdot\frac{2n-2}{2n-1}\cdot\cdots\cdot\frac{4}{5}\cdot\frac{4}{3}$；(2) 收敛半径$R=1$，收敛区间为$(-1,1)$

64 收敛半径$R=1$，收敛区间为$(-1,1)$，在$x=-1$处条件收敛，$x=1$处发散

65 (1) 收敛；(2) 收敛；(3) 发散 66 证明略

67 $\sum_{n=1}^{\infty}f_n(x)=-e^x\ln(1-x)$，$-1\leqslant x<1$ 68 证明略

69 $S(0)=0$，$S(x)=\frac{1}{3}\left(1+\frac{\sqrt{|x|}}{2}\ln\frac{1+\sqrt{|x|}}{1-\sqrt{|x|}}-\frac{1}{2x}\ln\frac{1+x}{1-x}-\sqrt{|x|}\arctan\sqrt{|x|}\right)$

$(x\neq 0,|x|<1)$

70 (1)$2\sqrt{2}n(n=1,2,\cdots)$；

$$(2)S(x)=\begin{cases}-\sqrt{2}\left[\frac{1+x^2}{x}\ln(1-x)+1+\frac{x}{2}\right], & -1\leqslant x<1,\text{且 }x\neq 0,\\ 0, & x=0\end{cases}$$

71 $f(x)=1+2\sum_{n=1}^{\infty}\frac{(-1)^n}{1-4n^2}x^{2n}$，$x\in[-1,1]$，$\frac{\pi}{4}-\frac{1}{2}$

72 (1)$S(x)=\frac{5}{2}e^x+\frac{3}{2}e^{-x}$，$-\infty<x<+\infty$；(2) 极小值为$\sqrt{15}$

73 (1) 证明略；(2) 证明略，收敛域为$[-1,1)$

74 (1) 证明略；(2) 收敛半径为1，收敛区间为$(-1,1)$，收敛域为$[-1,1)$

75 6π 76 证明略 77 证明略 78 证明略，$-\frac{1}{8}-\frac{1}{2}\ln\frac{3}{4}$ 79 证明略

80 (1) 收敛半径$R=1$，收敛区间为$(-1,1)$，收敛域为$[-1,1]$，

$$S(x)=\begin{cases}-\frac{x}{2}\arctan x-\frac{1}{2x}\arctan x+\frac{1}{2}, & |x|\leqslant 1,x\neq 0,\\ 0, & x=0;\end{cases}\quad (2)\ \frac{1}{2}-\frac{\pi}{4}$$

81 $\arctan\frac{x-1}{x-3}=-\frac{\pi}{4}-\sum_{n=0}^{\infty}\frac{(-1)^n}{2n+1}(x-2)^{2n+1}$，$1<x<3$ 82 $(-2,6)$

83 收敛域为$[-3,3)$，$S(x)=\begin{cases}-\dfrac{1}{3x}+\dfrac{\ln 3-\ln(3-x)}{x^2}, & x\in[-3,0)\cup(0,3),\\ \dfrac{1}{18}, & x=0\end{cases}$

84 在 $x_1=\sqrt{3}$ 处绝对收敛，在 $x_2=3$ 处发散　**85** 0　**86** $\dfrac{3}{2}<a<2$

87 收敛半径为$\sqrt{3}$，收敛区间为$(-\sqrt{3},\sqrt{3})$

88 $\dfrac{\pi}{4}+\sum\limits_{n=0}^{\infty}\dfrac{(-1)^n}{2n+1}x^{2n+1}(-1\leqslant x<1)$　**89** $\sum\limits_{n=1}^{\infty}\dfrac{(-1)^{n+1}}{n\pi}\sin(2n\pi x)$

90 $x\ln(1+x^2)-2x^2\arctan x(-1\leqslant x\leqslant 1)$　**91** 5

92 $\sum\limits_{n=0}^{\infty}\dfrac{(-1)^n(n+3)}{2^{n+2}}(x-3)^n(1<x<5)$　**93** 证明略

94 (1)$f(x)=\dfrac{1}{2}e^{-x}\sin 2x$；(2) $\dfrac{1}{8}$

95 (1)$S(x)=x\sin x(-\infty<x<+\infty)$；(2)$2\sin 1+\cos 1$

96 $f(x)=2+x$，$g(x)=2-x$，$\dfrac{f(x)}{g(x)}=\dfrac{1}{3}+\sum\limits_{n=1}^{\infty}\dfrac{4}{3^{n+1}}(x+1)^n(-4<x<2)$

97 $-\dfrac{\pi}{4}+\dfrac{2}{\pi}\sum\limits_{n=1}^{\infty}\dfrac{1}{(2n-1)^2}\cos(2n-1)x+\sum\limits_{n=1}^{\infty}\dfrac{(-1)^{n+1}}{n}\sin(nx)$

98 (1) 收敛域为$[-1,1]$，$S(x)=\begin{cases}\dfrac{2-x}{2x}+\dfrac{(1-x)\ln(1-x)}{x^2}, & -1\leqslant x<0,\ 0<x<1,\\ 0, & x=0,\\ \dfrac{1}{2}, & x=1;\end{cases}$

(2)$1-3\ln\dfrac{3}{2}$

99 证明略　**100** $S_1=\dfrac{1}{2}$，$S_2=1-\ln 2$　**101** (1) 证明略；(2) $\dfrac{\pi^2}{12}-\dfrac{\ln^2 2}{2}$

102 收敛域为$[-1,3)$，$S(x)=-\dfrac{1}{6}(x-1)-\ln(3-x)-\ln(2+x)+\ln 6$，$x\in[-1,3)$

103 (1) 证明略；(2) 收敛半径为$+\infty$，收敛区间与收敛域均为$(-\infty,+\infty)$，和函数为$\dfrac{1}{5}e^{4x}-\dfrac{1}{5}e^{-x}$

104 $S(x)=\dfrac{\pi^2}{3}+\sum\limits_{n=1}^{\infty}4\cdot(-1)^n\cdot\dfrac{1}{n^2}\cos nx(-\pi\leqslant x\leqslant\pi)$，$\dfrac{\pi^2}{6}$　**105** $\dfrac{1}{2}-\dfrac{3}{8}\ln 3$

106 $y=a\left[1-\frac{4x^3}{3\cdot 2}+\frac{4^2x^6}{6\cdot 5\cdot 3\cdot 2}+\cdots+\frac{(-1)^k4^kx^{3k}}{(3k)(3k-1)(3k-3)(3k-4)\cdots 3\cdot 2}+\cdots\right]+$ $b\left[x-\frac{4x^4}{4\cdot 3}+\frac{4^2x^7}{7\cdot 6\cdot 4\cdot 3}+\cdots+\frac{(-1)^k4^kx^{3k+1}}{(3k+1)(3k)(3k-2)(3k-3)\cdots 4\cdot 3}+\cdots\right]$,收敛区间为$(-\infty,+\infty)$

107 证明略　**108** 证明略　**109** 收敛半径 $R=+\infty$　**110** 证明略

111 证明略,$\frac{15}{2}(x+1)^{\frac{2}{3}}-\frac{9}{2}(|x|<1)$

112 $\sum\limits_{n=0}^{\infty}\left[\frac{(-1)^n}{4^{n+1}}+\frac{n+1}{2^{n+2}}\right](x-1)^n(-1<x<3)$

113 (1)$a_n(x)=(1-x)\ln^n(1+x),x>0$;(2) 收敛

114 $\frac{1}{2}-\ln 2$　**115** 证明略

116 (1) 证明略;(2)$f(x)=\sum\limits_{n=0}^{\infty}\frac{2^n}{(2n+1)!!}x^{2n+1},x\in(-\infty,+\infty)$

117 证明略,和函数为$\frac{1}{1-x-x^2},|x|<\frac{1}{2},a_n=\frac{1}{\sqrt{5}}\left[(-1)^{n-1}\left(\frac{2}{1+\sqrt{5}}\right)^n+\left(\frac{2}{-1+\sqrt{5}}\right)^n\right]$

118 条件收敛　**119** (1)$y(0)=0,y'(0)=0$,证明略;(2)$2\arcsin^2x(|x|\leqslant 1),\frac{\pi^2}{18}$

120 证明略

121 (1)$a_n=\frac{2(2n)!!}{(2n+1)!!}$;(2) 收敛半径 $R=1$,收敛区间为$(-1,1)$,收敛域为$[-1,1)$

122 (1) $-\frac{\pi}{4}+\sum\limits_{n=0}^{\infty}\frac{(-1)^n}{2n+1}(x-1)^{2n+1}$,收敛域为$[0,2]$;

(2) 不是,$-\frac{\pi}{4}+\sum\limits_{n=0}^{\infty}\frac{(-1)^n}{2n+1}(x-1)^{2n+1}=\begin{cases}\arctan\left(1-\frac{2}{x}\right), & 0<x\leqslant 2,\\ -\frac{\pi}{2}, & x=0,\end{cases}$ 理由略

123 (1) 收敛半径 $R=\frac{1}{4}$,收敛区间为$\left(-\frac{1}{4},\frac{1}{4}\right)$,$S(x)=\frac{1-2x}{1-3x-4x^2},-\frac{1}{4}<x<\frac{1}{4}$;(2) 证明略　**124** (1) 证明略;(2)$S=2$　**125** $[-2,0]$

第 17 章 多元函数积分学的预备知识(仅数学一)

一、选择题

1 (C) 2 (C) 3 (A) 4 (C) 5 (C)

6 (B) 7 (C) 8 (D) 9 (A) 10 (B)

11 (C) 12 (B) 13 (C) 14 (B) 15 (C)

16 (C) 17 (D) 18 (C) 19 (D) 20 (C)

21 (C) 22 (D) 23 (B) 24 (C) 25 (A)

26 (A) 27 (B) 28 (B) 29 (C) 30 (A)

31 (C) 32 (C) 33 (D) 34 (D) 35 (A)

36 (D) 37 (B) 38 (C)

二、填空题

1 1 2 $\frac{x-1}{2}=\frac{y-2}{-1}=\frac{z+1}{3}$ 3 $2x-y=0$ 4 6 5 2

6 -2 7 $2x+y-4=0$ 8 $(1,-1,3)$ 9 $z=1$ 或 $z-2x-2y+1=0$

10 $2x+y-z=0$ 11 2 12 $-\boldsymbol{k}$ 13 $\frac{x-0}{2}=\frac{y-1}{1}=\frac{z-1}{2}$

14 $\frac{x-1}{1}=\frac{y-1}{-2}=\frac{z-1}{1}$ 15 $x+3z-3f(0,0)=0$ 16 $(0,\mathrm{e},2)$ 17 $\sqrt{66}$

18 $-\boldsymbol{i}+2\boldsymbol{k}$ 19 $\sqrt{5}$ 20 $-\sqrt{2}$ 21 2 22 $y^2+z^2=x-2$ 23 $\pm\sqrt{5}$

24 $-\frac{2\sqrt{2}}{3}\mathrm{d}x-\frac{\sqrt{2}}{3}\mathrm{d}y$ 25 $\frac{5}{4}\pi$ 26 -4 27 1

28 $5x+3y-z-1=0$ 29 $\frac{\sqrt{6}}{2}$ 30 $2\sqrt{7}$ 31 -6

32 $5x-y-z-3=0$ 或 $x+y-z-1=0$ 33 $\begin{cases}x+y=2a,\\ z=a\end{cases}$ 34 $\frac{\sqrt{5}}{5}$

35 $\sqrt{43}$ 36 2 37 -1 或 5 38 $\frac{5}{4}$ 39 $\frac{13}{\sqrt{41}}$ 40 $\mathbf{0}$

41 $\left(-\frac{5}{3},\frac{2}{3},\frac{2}{3}\right)$ 42 $\frac{1}{2}$ 43 $\left(\frac{7}{5},\frac{6}{5},\frac{1}{5}\right)$ 44 4 45 $\left(\frac{1}{3},-\frac{2}{3},\frac{5}{3}\right)$

46 $x+y\pm\sqrt{2}z-1=0$ 47 0 48 $\frac{\sqrt{2}}{4}$ 49 $\sqrt{10}$

50 $\frac{x-2}{7}=\frac{y-1}{5}=\frac{z-1}{-1}$ 51 $\frac{11}{3}$ 52 5 53 $\frac{18}{35}$ 54 $-\frac{46}{3}$

55 $\frac{x-1}{-1}=\frac{y+1}{-1}=\frac{z-1}{2}$（由于直线方程可以有多种形式，故其他形式的答案从略）

56 $x^2+y^2-z^2+4z-4=0$ 57 $\frac{\pi}{6}$ 58 $x-y+z=0$

59 $x-3y-2z=0$ 60 $\frac{x-1}{0}=\frac{y+1}{1}=\frac{z-2}{-2}$ 61 $4x+y-z=0$

62 $f'(z_0)g'(y_0)(x-x_0)+(y-y_0)+g'(y_0)(z-z_0)=0$ 63 $-4k\sqrt{x^2+y^2+z^2}$

三、解答题

1 $x+y+z-6=0$ 2 $a=\sqrt{5},b=\sqrt{5}$ 3 $\begin{cases}3x-y+3z=5,\\x-3y-2z+1=0\end{cases}$

4 $\pm\frac{1}{\sqrt{26}}(-4,1,3)$ 5 $34x-30y-38z+93=0$ 或 $134x-180y+262z-107=0$

6 (1) $\begin{cases}x-3y-2z+1=0,\\x-y+2z-1=0;\end{cases}$ (2) $4x^2+4z^2-17y^2+2y-1=0$

7 $P(2,0),\max\left\{\frac{\partial u}{\partial l}\right\}=\sqrt{194}$ 8 $\begin{cases}x-y+3z+8=0,\\x-2y-z+7=0\end{cases}$

9 充要条件是 $c^2C^2-a^2A^2-b^2B^2>0$，当存在时，必是存在两个不同的切平面与平面 P 平行，既不存在唯一一个，也不存在多于两个与平面 P 平行的切平面

10 $\left.\frac{\mathrm{d}f}{\mathrm{d}\boldsymbol{\tau}}\right|_{(0,0)}$ 最大与最小时 α 分别为 0 和 π 11 $(z-y)^2=(z-x)(z-1)$

12 $\frac{\sqrt{15}}{6}$ 13 $\left(\frac{2}{\sqrt{6}},-\frac{1}{\sqrt{6}},0\right)$

14 (1) 连续，理由略；(2) 方向导数存在且为 0；(3) 可微且 $\mathrm{d}f=0$ 15 $\begin{cases}3x+2y=7,\\z=0\end{cases}$

16 (1) $\frac{1}{x^2+y^2+z^2}(x,y,z)$；(2) $\frac{1}{x^2+y^2+z^2}$；(3) $\mathbf{0}$

17 $2x-4y-z-5=0,8x+2y-z-17=0$

18 $x^2+y^2-13z^2-4x-6y-18z+3=0$

19 4 20 30 21 $2x+2y-3z=0$ 22 $7x+4y+3z-4=0$ 23 $\frac{3}{2}\sqrt{2}$

24 梯度为 $3\boldsymbol{i}-4\boldsymbol{j}$，最大方向导数为 5 **25** $x+2z=7$ 和 $x+4y+6z=21$

26 (1) 切线方程为$\dfrac{x-1}{1}=\dfrac{y+2}{0}=\dfrac{z-1}{-1}$，法平面方程为 $x-z=0$；(2)$2x+y+2z-4=0$

27 (1)$z(x,y)=y(x+1)\mathrm{e}^{-x}+C_0$($C_0$ 为任意常数)；(2) 无极值，理由略

28 $\left(\dfrac{1}{2},-\dfrac{3}{10},0\right)$ **29** $a=6,b=24,c=-8$

30 (1)$\alpha=\dfrac{\pi}{4}$ 时，$\dfrac{\partial f}{\partial \boldsymbol{l}}$ 最大；(2)$\alpha=\dfrac{5}{4}\pi$ 时，$\dfrac{\partial f}{\partial \boldsymbol{l}}$ 最小；(3)$\alpha=\dfrac{3}{4}\pi$ 或 $\alpha=\dfrac{7}{4}\pi$ 时，$\dfrac{\partial f}{\partial \boldsymbol{l}}=0$

31 在点 $P_0(1,-2)$ 处沿 $-2\boldsymbol{i}+16\boldsymbol{j}$ 方向 $u(x,y)$ 升高最快；从 $P_0(1,-2)$ 处出发沿着路径 $y=-2x^4$，$u(x,y)$ 升高最快

32 (1)$(-2,1,1)$；(2) 沿梯度 $\mathbf{grad}\, u\Big|_{(2,0,1)}=(7,0,0)$ 方向，u 的变化率最大，为 7；(3) 平面 $z=1$ 上的任一点

第 18 章 多元函数积分学(仅数学一)

一、选择题

1 (B)　2 (B)　3 (A)　4 (C)　5 (D)

6 (B)　7 (B)　8 (C)　9 (A)　10 (D)

11 (B)　12 (A)　13 (B)　14 (D)　15 (B)

16 (B)　17 (A)　18 (A)　19 (D)　20 (C)

21 (C)　22 (B)　23 (D)　24 (C)　25 (B)

26 (A)　27 (D)　28 (A)　29 (B)　30 (D)

31 (C)　32 (D)　33 (D)　34 (C)　35 (A)

36 (D)　37 (B)　38 (C)　39 (C)　40 (C)

41 (B)

二、填空题

1 $\frac{\sqrt{3}}{2}(1-e^{-2})$　2 5　3 $\frac{3}{4}$　4 $\sqrt{2}\pi$　5 $\frac{\sqrt{2}}{2}\pi$　6 $\frac{\pi}{5}$

7 $\frac{2\sqrt{2}-1}{3}$　8 $\frac{5}{4}\pi a^3$　9 π　10 $-\frac{\sqrt{2}}{4}\pi$　11 $-\frac{\pi}{2}-3$　12 2π

13 $-\pi+\ln 3$　14 $\left(0,0,\frac{1}{2}\right)$　15 $\frac{81\pi}{2}$　16 $\frac{\pi}{4}$　17 $2\pi a^2\sqrt{a^2+b^2}$

18 $12\sqrt{3}\pi$　19 $\pi a^3 h$　20 $\frac{2\pi(2\sqrt{2}-1)}{3}$　21 $\frac{\sqrt{6}\pi}{6}$　22 $\frac{4}{3}$　23 $-\frac{3\pi}{2}$

24 $\frac{12}{5}\pi R^3$　25 $3x^2$　26 $\frac{13}{6}$　27 8π　28 2π　29 $\frac{2}{3}\pi R^3$　30 $37A$

31 $\frac{\pi R^3}{\sqrt{(A+1)(B+1)}}$　32 $\frac{16\pi}{3}$　33 $\frac{\pi}{2}a^3$　34 $\pi\left(\frac{14}{3}-\frac{8\sqrt{2}}{3}\right)$　35 $\frac{4}{5}\pi$

36 $\frac{\pi}{2}\int_a^b f^4(x)\mathrm{d}x$　37 $\frac{\pi}{2}\int_{-1}^{1}(1-x^2)^2 f(x)\mathrm{d}x$　38 $\frac{\pi}{8}$　39 $\frac{125\sqrt{5}-1}{420}$

40 $x^2y+e^x\sin y=C$,其中 C 为任意常数　41 $\frac{\sqrt{2}}{16}\pi$　42 $-\pi$　43 $\frac{\pi}{2}$

44 $\frac{5\pi}{32}$　45 2　46 144π　47 $\frac{1}{2}\sin\frac{1}{2}$　48 $\frac{\pi}{2}\left(1+\frac{\sqrt{2}}{2}\right)$　49 $\frac{8}{3}$

50 $x^y=C$,其中 C 为任意正常数　51 $-\frac{5}{4}\pi$　52 $\frac{1}{2}(e^x-e^{-x})$　53 e

54 $\frac{1}{5}r^2+Cr^{-3}$(C 为任意常数)　55 $\frac{\pi}{2e}$　56 $\frac{1}{6}$

三、解答题

1 $\frac{1\,024}{3}\pi$　2 $-\pi a^2$　3 $\frac{1}{2}(1-\cos 1)$　4 $\frac{4\pi}{15}$　5 $15a$　6 πa^3

7 0　8 $\frac{2\sqrt{6}}{9}\pi(2R^3+R^2)$　9 $\frac{14\pi}{3}$　10 $-\frac{1}{3}\pi$　11 $\frac{5}{7}$

12 $\frac{4\pi}{15}abc(a^2+b^2+c^2)$　13 $125\sqrt{2}\pi$　14 $\frac{717}{7}$

15 $xy^3-\frac{3}{2}x^2y^2-x^3y+\frac{1}{3}y^3=C$,其中 C 为任意常数

16 $\pi+\arctan\frac{3}{2}$　17 2π　18 $\frac{4\pi}{5}abc$

19 (1)$f(x)=x-1+e^{-x}$;(2) $\frac{1}{2}x^2y^2+xy+ye^{-x}-y-\frac{1}{2}-e^{-1}$

20 $\frac{4}{15}(2\sqrt{2}-1)\pi R^5$　21 $\frac{32}{3}$　22 -2π　23 $f(x)=x^2+\frac{3\pi}{4-2\pi}$

24 (1)$f(x)=\frac{1}{4}(e^x-e^{-x})+\frac{1}{2}xe^x$,$g(x)=-\frac{1}{4}(e^x-e^{-x})+\frac{1}{2}xe^x$;(2) $\frac{1}{4}(7e-e^{-1})$

25 (1)$f(x)=\begin{cases}-\frac{1}{2}(x^3+x\ln x), & x>0,\\ 0, & x=0;\end{cases}$(2) $-4\ln 2+2$　26 证明略

27 $\frac{\sqrt{2}}{2}R$　28 $\frac{3}{4\pi}(e^{\frac{4}{3}\pi}-1)$　29 $\frac{1}{4}e^a(8+\pi a)-2$　30 $2\pi-12$　31 $5\pi a^2$

32 $\pi+1$　33 证明略　34 (1)$g(x)=-\frac{1}{4}e^{2x}$;(2) $\frac{1}{2}e^2$　35 8π

36 -60π　37 $\frac{1}{2}$　38 (1)3;(2) $\frac{7}{3}a^3(2-\sqrt{2})\pi$　39 -2π

40 $\frac{6}{5}e^3-\frac{6}{5}e^{-2}+e^{-1}$　41 $\frac{1}{2}-\frac{\sqrt{2}}{4}\pi$　42 $4\pi abc$

43 (1)0;(2)$x=\frac{1}{2}y^2(1-y)$;(3) $\frac{1}{3}$　44 $\boldsymbol{F}=\left(0,0,\frac{a}{2}\pi G\rho\right)$,其中 G 为引力常量

45 $\frac{3\sqrt{3}}{4}\pi a^2$　46 $\frac{6}{5}$　47 $\ln 2$　48 $2\pi a(a^2+1)$　49 $\frac{28\pi}{3}$　50 $-\frac{\pi}{4}R^3$

51 $\frac{2\pi}{5}(a+b+c)-\pi$　52 $\frac{1}{4}$　53 $\frac{56}{15}\pi R^5+28\pi R^3$　54 $\frac{9-4\sqrt{3}}{36}\pi^2$

55 $\frac{8\sqrt{2}+16}{15}\pi$　56 $\frac{\pi}{4}$　57 $\frac{45\pi}{16}$　58 $\frac{\sqrt{2}}{64}\pi^2a^3$

59 $4\pi R^2d^2+\frac{4\pi}{3}(a^2+b^2+c^2)R^4$　60 $4\sqrt{61}$　61 -1　62 $-\frac{1}{2}\pi a^3$

63 (1)L 的方程为 $\frac{x-0}{x_1-0}=\frac{y-0}{y_1-0}=\frac{z-1}{-1}$，$\Sigma$ 的方程为 $x^2+2x(1-z)+y^2=0$，$0\leqslant z\leqslant 1$；(2)π

64 (1) $\frac{\pi}{2}$；(2) $-\sqrt{2}\pi$　65 -2π　66 0　67 -24　68 (1)e；(2) $\frac{1}{2}\pi e$

69 极小值为 -3　70 (1)$a=1,b=1$；(2)$\bar{z}=\frac{7}{3}$　71 $\frac{3\pi}{2}$

72 (1) 证明略；(2)$I_{\max}=\frac{4\pi}{15}$　73 (1)$x^2+y^2-z^2=1(0\leqslant z\leqslant 1)$；(2) $-\frac{3}{2}\pi$

74 $\pi\left(\frac{3}{2}e^4-\frac{29}{2}e^2+2e\right)$　75 (1)$a=2$；(2)$u(x,y,z)=y^2z+xz^2+\frac{1}{3}z^3+1$

76 0　77 (1)$y^2=xz$，$|y|\leqslant 1,0\leqslant x\leqslant 1,0\leqslant z\leqslant x$；(2) $\frac{2}{9}$

78 $\lambda=-1,u(x,y)=-\arctan\frac{y}{x^2}+C$　79 $\frac{\pi(2-\sqrt{2})}{5}$

80 (1)$\begin{cases}2x^2+y^2=1,\\z=1-x;\end{cases}$ (2) $-\sqrt{2}\pi$　81 $\frac{5\pi}{32}$　82 2π

83 (1)$\left(0,0,-\frac{a}{6}\right)$；(2)$\left(0,0,-\frac{(3-\sqrt{2})a}{3(2+\sqrt{2})}\right)$　84 $2\pi e^2$

85 $-\frac{8}{3\sqrt{3}}\pi$　86 当 $R=\frac{4}{3}a$ 时，动球夹在定球内部的表面积 S 最大，最大值为 $\frac{32}{27}\pi a^2$

87 证明略　88 (1)$f(x)=x-1+e^{-x}$；(2)$u(x,y)=\frac{1}{2}(xy)^2+xy+ye^{-x}-y+C$

89 $\frac{1}{8}$　90 $\frac{2}{15}\pi abc^3$　91 $\frac{4}{5}\pi$　92 9π　93 2π　94 0

95 $\frac{\pi}{2}$　96 $f(x,y,z)=xy+\frac{1}{4(2\sqrt{3}-1)}z$　97 $\frac{11}{4}\pi$

98 $-\frac{26}{45}\pi$　99 $\frac{\pi}{8}$　100 (1)2π；(2)2π

101 (1)$V=\dfrac{(4-z)^3}{24xy}$,最小值为 $V\Big|_{\left(\frac{\sqrt{2}}{2},\frac{\sqrt{2}}{2},1\right)}=\dfrac{9}{4}$;(2) $-\dfrac{1}{4}$ **102** $t=\dfrac{1}{3}$,$I_{\min}=-\dfrac{5}{27}$

103 (1) 证明略;(2) $\dfrac{24}{\sqrt[3]{2}-1}$ 小时 **104** $\dfrac{28}{45}$ **105** $\dfrac{1}{2}-\dfrac{\sqrt{2}}{4}\pi$ **106** $\dfrac{5\sqrt{5}-1}{12}$

107 $f(x,y)=\sin y+2x-\sin x^2-2x^2\cos x^2$

108 (1)$f(x)=-x^2-2$,$g(x)=-2x$;(2)7 **109** $\dfrac{\pi}{6}$

110 (1)L 的方程$\dfrac{x-0}{x_1-0}=\dfrac{y-1}{y_1-1}=\dfrac{z-1}{-1}$,$\Sigma$ 的方程为 $x^2+(y-z)^2=(1-z)^2(0\leqslant z\leqslant 1)$;

(2)$\left(0,\dfrac{1}{4},\dfrac{1}{4}\right)$

111 (1)$a=1$,$b=2$;(2) $\dfrac{\pi}{12}(5\sqrt{5}-1)$

112 0 **113** (1) $\dfrac{24}{x_0y_0z_0}$;(2) 当 $x_0=\dfrac{\sqrt{2}}{\sqrt{3}}$,$y_0=\dfrac{2}{\sqrt{3}}$,$z_0=\sqrt{2}$ 时,I 取得最小值

114 $(2+\ln 2)\sqrt{5}$ **115** $3\sqrt{2}\pi$ **116** (1)2;(2) $\dfrac{6}{5}$;(3)$\boldsymbol{F}=\dfrac{km}{\sqrt{3}}(\boldsymbol{i}-\boldsymbol{j}+2\sqrt{2}\boldsymbol{k})$

线性代数

第1章 行列式

一、选择题

1 (B)　2 (B)　3 (B)　4 (B)　5 (D)

6 (B)　7 (B)　8 (D)　9 (B)　10 (B)

11 (D)　12 (D)　13 (D)　14 (C)　15 (C)

16 (A)　17 (A)　18 (B)　19 (D)　20 (C)

21 (D)　22 (C)　23 (B)　24 (C)　25 (A)

26 (B)

二、填空题

1 1　2 $10(a-3)$　3 520　4 $n!\left(1-\sum_{i=2}^{n}\frac{1}{i}\right)$

5 16　6 $(a_1a_4-b_1b_4)(a_2a_3-b_2b_3)$　7 $(-1)^{n-1}(n-1)$

8 2　9 $(-1)^{n-1}6^n$　10 $\boldsymbol{E}+\boldsymbol{A}+\boldsymbol{A}^2+\cdots+\boldsymbol{A}^9$

11 $(-1)^{\frac{n(n+1)}{2}}n!\ (n-1)!\ \cdots 2!$　12 0　13 $x_1x_2x_3x_4\left(1+\sum_{i=1}^{4}\frac{a}{x_i}\right)$

14 $2^{n+1}-2$　15 $b^n+a_1b^{n-1}+a_2b^{n-2}+\cdots+a_{n-1}b+a_n$　16 -15

17 -1　18 $2n$　19 $4!$　20 2^r

21 $2^{n^2-n}\cdot 5^{n-1}$　22 $\frac{5^{n+1}-1}{4}$　23 $(2-n)2^{n-1}a$　24 $\frac{64}{3}$　25 $\frac{935}{6}$

26 $\frac{n(n+3)}{2}$　27 $(-1)^n$

三、解答题

1 x^5+y^5　2 x^2y^2　3 证明略　4 证明略

5 $(-1)^{n-1}x^{n-1}\left(\sum_{i=1}^{n}a_i-x\right)$

6 $a_0x^n+a_1x^{n-1}+a_2x^{n-2}+\cdots+a_n$,其中 $D_1=a_0$

7 $a_1a_2\cdots a_n\left(1+\sum_{i=1}^{n}\frac{i}{a_i}\right)$

8 证明略

9 $-x^5+x^4-x^3+x^2-x+1$

10 $\frac{1}{n!}\left[1+\frac{n(n+1)}{2}x\right]$

11 $\left(1+\sum_{i=1}^{n}\frac{a_i}{x_i}\right)x_1x_2\cdots x_n$

12 0

13 证明略

14 $(a^2+b^2+c^2+d^2)^2$

15 $(-1)^{n-1}(n-1)x^{n-2}$

16 (1) 证明略;(2)40

第 2 章 矩 阵

一、选择题

1 (B)	2 (B)	3 (C)	4 (C)	5 (B)
6 (A)	7 (B)	8 (A)	9 (C)	10 (A)
11 (D)	12 (C)	13 (C)	14 (B)	15 (D)
16 (C)	17 (D)	18 (A)	19 (B)	20 (C)
21 (C)	22 (A)	23 (B)	24 (C)	25 (C)
26 (B)	27 (B)	28 (B)	29 (D)	30 (D)
31 (B)	32 (C)	33 (A)	34 (B)	35 (B)
36 (D)	37 (C)	38 (A)	39 (B)	40 (D)
41 (C)	42 (D)	43 (A)	44 (B)	45 (A)
46 (D)	47 (A)	48 (B)		

二、填空题

1 1　2 $\frac{1}{4}(3\boldsymbol{E}-\boldsymbol{A})$　3 0　4 $\begin{bmatrix} 1 & \frac{1}{2} & 0 \\ -\frac{1}{2} & 1 & 0 \\ 0 & 0 & 2 \end{bmatrix}$　5 $14^{n-1}\begin{bmatrix} 1 & 2 & 3 \\ 2 & 4 & 6 \\ 3 & 6 & 9 \end{bmatrix}$

6 2　7 $\begin{bmatrix} 1 & -1 & 0 & 0 \\ 0 & 1 & -1 & 0 \\ 0 & 0 & 1 & -1 \\ 0 & 0 & 0 & 1 \end{bmatrix}$　8 $\begin{bmatrix} 0 & 1 \\ -1 & 1 \end{bmatrix}$　9 18　10 $-\frac{8}{3}$

11 $\begin{bmatrix} 0 & 0 & -1 \\ 0 & 1 & 0 \\ 1 & 0 & 0 \end{bmatrix}$　12 $\begin{bmatrix} 1 & 10 & 35 \\ 0 & 1 & 10 \\ 0 & 0 & 1 \end{bmatrix}$　13 $\begin{bmatrix} 2 & 1 \\ -3 & -4 \end{bmatrix}$　14 $\begin{bmatrix} -1 & 0 \\ 0 & 1 \end{bmatrix}$

15 $\begin{bmatrix} 0 & 1 & -1 & 1 \\ -1 & 0 & 1 & 1 \\ 1 & 1 & 0 & -1 \\ 2 & -1 & 1 & -1 \end{bmatrix}$　16 $\boldsymbol{E}$　17 $\boldsymbol{O}$　18 $-\frac{1}{12}(\boldsymbol{A}-4\boldsymbol{E})$

19 $\begin{bmatrix}1&0&0&0\\-1&2&0&0\\0&-2&3&0\\0&0&-3&4\end{bmatrix}$ 20 $\begin{bmatrix}0&1&0\\\frac{1}{5}&0&-\frac{4}{3}\\0&0&\frac{1}{3}\end{bmatrix}$ 21 4 22 $\begin{bmatrix}2&1&3\\5&4&6\\8&7&9\end{bmatrix}$

23 $3^{n-1}\begin{bmatrix}1&\frac{1}{2}&\frac{1}{3}\\2&1&\frac{2}{3}\\3&\frac{3}{2}&1\end{bmatrix}$ 24 $-\frac{2}{3}\begin{bmatrix}2&0&0\\0&0&1\\0&3&0\end{bmatrix}$ 25 $\begin{bmatrix}3&&\\&2&\\&&1\end{bmatrix}$ 26 n

27 $-3\begin{bmatrix}0&1&0\\0&0&1\\1&0&0\end{bmatrix}$ 28 9 29 $\begin{bmatrix}0&0&-2\\0&-3&5\\-6&3&-3\end{bmatrix}$ 30 $\frac{1}{4}\begin{bmatrix}2&1&1\\1&2&1\\1&1&2\end{bmatrix}$

31 $\begin{bmatrix}1&0&-1\\0&2&0\\0&0&3\end{bmatrix}$ 32 $\begin{bmatrix}1&2&0\\4&2&0\\0&0&3\end{bmatrix}$ 33 $t=4$ 34 0 35 $a^2(a-2^n)$

36 -3 37 $\begin{bmatrix}0&0&\cdots&0&\frac{1}{b_n}\\\frac{1}{b_1}&0&\cdots&0&0\\0&\frac{1}{b_2}&\cdots&0&0\\\vdots&\vdots&&\vdots&\vdots\\0&0&\cdots&\frac{1}{b_{n-1}}&0\end{bmatrix}$ 38 $\frac{4^{n+1}-1}{3}\begin{bmatrix}2&-1&-1&-1\\-1&2&-1&-1\\-1&-1&2&-1\\-1&-1&-1&2\end{bmatrix}$或

$\frac{4^{n+1}-1}{3}(\boldsymbol{E}+\boldsymbol{A})$

三、解答题

1 证明略 2 $\begin{bmatrix}3&-8&-6\\2&-9&-6\\-2&12&9\end{bmatrix}$ 3 $\begin{bmatrix}2&0&1\\0&3&0\\1&0&2\end{bmatrix}$

4 $\begin{bmatrix}x_1&x_2\\0&x_1\end{bmatrix}$，其中 x_1,x_2 是任意常数 5 证明略 6 $\begin{bmatrix}3&-1\\2&0\\1&-1\end{bmatrix}$

7 ① 当 $a\neq1$ 且 $b\neq2$ 时，$r(\boldsymbol{A})=4$；② 当 $a\neq1$ 且 $b=2$ 时，$r(\boldsymbol{A})=3$；③ 当 $a=1$ 且 $b\neq2$ 时，$r(\boldsymbol{A})=3$；④ 当 $a=1$ 且 $b=2$ 时，$r(\boldsymbol{A})=2$ **8** $\begin{cases}a=1,\\b=2,\end{cases}$ $r(\boldsymbol{AB})=1$ **9** 证明略，$\boldsymbol{M}^{-1}=\begin{bmatrix}\boldsymbol{A}^{-1} & -\boldsymbol{A}^{-1}\boldsymbol{BD}^{-1}\\ \boldsymbol{O} & \boldsymbol{D}^{-1}\end{bmatrix}$ **10** 证明略，$(\boldsymbol{A}-\boldsymbol{E})^{-1}=\boldsymbol{B}-\boldsymbol{E}$ **11** 证明略，$\boldsymbol{B}^{-1}$ 可由 $\boldsymbol{A}^{-1}$ 交换第 i 列与第 j 列之后得到 **12** $x=0,y=2$ **13** $\begin{bmatrix}0 & 1 & 2\\ \frac{1}{3} & \frac{2}{3} & 2\\ 2 & -3 & 2\end{bmatrix}$

14 $\begin{bmatrix}1&0&0&0\\0&0&1&0\\0&1&0&0\\0&0&2&1\end{bmatrix}$ **15** $a=1,b=-1,c=3$ **16** (1)1；(2) $\boldsymbol{E}+n\boldsymbol{\alpha\beta}^{\mathrm{T}}$；(3)$\boldsymbol{E}-\boldsymbol{\alpha\beta}^{\mathrm{T}}$

17 (1)$\boldsymbol{PQ}=\begin{bmatrix}\boldsymbol{A} & \boldsymbol{\alpha}\\ \boldsymbol{0} & |\boldsymbol{A}|(b-\boldsymbol{\alpha}^{\mathrm{T}}\boldsymbol{A}^{-1}\boldsymbol{\alpha})\end{bmatrix}$；(2) 证明略

18 $\begin{bmatrix}3^n & \mathrm{C}_n^1 3^{n-1} & \mathrm{C}_n^2 3^{n-2} & 0 & 0\\ 0 & 3^n & \mathrm{C}_n^1 3^{n-1} & 0 & 0\\ 0 & 0 & 3^n & 0 & 0\\ 0 & 0 & 0 & 3\cdot 6^{n-1} & -6^{n-1}\\ 0 & 0 & 0 & -9\cdot 6^{n-1} & 3\cdot 6^{n-1}\end{bmatrix}$ **19** 证明略 **20** 证明略

21 证明略 **22** $\begin{bmatrix}5 & -2 & -1\\ -2 & 2 & 0\\ -1 & 0 & 1\end{bmatrix}$ **23** 证明略

24 (1) 不是，理由略；(2) 证明略

25 存在 $\boldsymbol{B}(\boldsymbol{B}\neq\boldsymbol{E})$，使得$\boldsymbol{AB}=\boldsymbol{A}$成立，$\boldsymbol{B}=\begin{bmatrix}1+k_1 & k_2 & k_3\\ -k_1 & 1-k_2 & -k_3\\ k_1 & k_2 & 1+k_3\end{bmatrix}$($k_1,k_2,k_3$ 为不全为零的任意常数)

26 (1) $\begin{bmatrix}\boldsymbol{A}+\boldsymbol{B} & \boldsymbol{O}\\ \boldsymbol{B} & \boldsymbol{A}-\boldsymbol{B}\end{bmatrix}$；(2) 证明略

27 (1)$(-1)^{n+1}\prod_{i=1}^{n}a_i\sum_{k=1}^{n}a_k^{-1}$；(2)$\begin{bmatrix}1 & 0 & \cdots & 0 & a_n^{-1}\\ a_1^{-1} & 1 & \cdots & 0 & 0\\ 0 & a_2^{-1} & \cdots & 0 & 0\\ \vdots & \vdots & & \vdots & \vdots\\ 0 & 0 & \cdots & a_{n-1}^{-1} & 1\end{bmatrix}$

28 $\begin{bmatrix}1 & 0 & 0 & 0\\ -2 & 1 & 0 & 0\\ 1 & -2 & 1 & 0\\ 0 & 1 & -2 & 1\end{bmatrix}$ 29 证明略

30 (1) $\begin{bmatrix}K-3L & 2L\\ 3L & K\end{bmatrix}$，其中 K，L 是任意常数；(2) 无解，理由略

31 (1) 证明略，$\boldsymbol{A}^{-1}=\begin{bmatrix}-1 & 0 & 1\\ 0 & \frac{1}{3} & 0\\ -2 & 0 & 1\end{bmatrix}$；(2)$\boldsymbol{A}^{-1}=\begin{bmatrix}1 & & \\ & \frac{1}{3} & \\ & & 1\end{bmatrix}\begin{bmatrix}1 & 0 & 1\\ 0 & 1 & 0\\ 0 & 0 & 1\end{bmatrix}\begin{bmatrix}1 & 0 & 0\\ 0 & 1 & 0\\ -2 & 0 & 1\end{bmatrix}$

32 $\begin{bmatrix}1 & 2n & 4n^2-n\\ 0 & 1 & 4n\\ 0 & 0 & 1\end{bmatrix}$ 33 (1) 证明略；(2)$\begin{bmatrix}1 & 0 & 0\\ 50 & 1 & 0\\ 50 & 0 & 1\end{bmatrix}$

34 证明略，$\boldsymbol{A}^{-1}=\dfrac{\boldsymbol{A}-3\boldsymbol{E}}{2}$ 35 证明略，$\boldsymbol{A}^{-1}=\begin{bmatrix}1 & -1 & 1 & -1\\ 0 & 1 & -1 & 1\\ 0 & 0 & 1 & -1\\ 0 & 0 & 0 & 1\end{bmatrix}$

36 证明略 37 证明略

第 3 章 向量组

一、选择题

1 (C)　2 (B)　3 (A)　4 (C)　5 (A)

6 (B)　7 (C)　8 (B)　9 (A)　10 (B)

11 (D)　12 (B)　13 (A)　14 (C)　15 (A)

16 (D)　17 (C)　18 (A)　19 (C)　20 (C)

21 (D)　22 (C)　23 (B)　24 (C)　25 (D)

26 (D)　27 (D)　28 (C)　29 (D)　30 (C)

二、填空题

1 任意常数　2 $\boldsymbol{\alpha}_1,\boldsymbol{\alpha}_2$　3 r　4 1　5 -3

6 $k[3,4,5]^{\mathrm{T}}$,其中 k 为任意常数　7 $\begin{bmatrix}0\\1\\0\end{bmatrix},\begin{bmatrix}2\\0\\1\end{bmatrix}$　8 $[2,3,-2]^{\mathrm{T}}$

9 $\frac{1}{\sqrt{2}}\begin{bmatrix}1\\0\\1\end{bmatrix},\frac{1}{\sqrt{6}}\begin{bmatrix}-1\\2\\1\end{bmatrix}$　10 $[(\boldsymbol{\alpha}_1,\boldsymbol{\beta}),(\boldsymbol{\alpha}_2,\boldsymbol{\beta}),(\boldsymbol{\alpha}_3,\boldsymbol{\beta})]^{\mathrm{T}}$

11 $\begin{bmatrix}1&-1&-1\\-1&1&0\\1&0&2\end{bmatrix}$　12 $(-1)^{n+1}n!$

三、解答题

1 证明略　2 $\begin{bmatrix}7\\5\\2\end{bmatrix}$

3 $a=1$ 或 $a\neq\pm1$,当 $a=1$ 时,$\boldsymbol{\beta}_3=(3-2k)\boldsymbol{\alpha}_1+(-2+k)\boldsymbol{\alpha}_2+k\boldsymbol{\alpha}_3$($k$ 为任意常数);当 $a\neq\pm1$ 时,$\boldsymbol{\beta}_3=\boldsymbol{\alpha}_1-\boldsymbol{\alpha}_2+\boldsymbol{\alpha}_3$

4 (1)$\boldsymbol{\alpha}_2=\begin{bmatrix}0\\0\\1\end{bmatrix}+k_1\begin{bmatrix}1\\-1\\2\end{bmatrix}$,其中 k_1 为任意常数,$\boldsymbol{\alpha}_3=\begin{bmatrix}-\frac{1}{2}\\0\\0\end{bmatrix}+k_2\begin{bmatrix}-1\\1\\0\end{bmatrix}+k_3\begin{bmatrix}0\\0\\1\end{bmatrix}$,其中

k_2,k_3 为任意常数;(2) 证明略 5 证明略 6 (1) 证明略;(2)$a=4$ 且 $b=2$,$\boldsymbol{\beta}_1=(-1+k)\boldsymbol{\alpha}_1+(2-2k)\boldsymbol{\alpha}_2+k\boldsymbol{\alpha}_3$($k$ 为任意常数),$\boldsymbol{\beta}_2=m\boldsymbol{\alpha}_1+(1-2m)\boldsymbol{\alpha}_2+m\boldsymbol{\alpha}_3$($m$ 为任意常数) 7 证明略 8 证明略 9 (1) $\begin{bmatrix}0&-1&1\\1&0&-1\\0&1&1\end{bmatrix}$;(2) $\frac{1}{2}\begin{bmatrix}3\\1\\3\end{bmatrix}$;(3)$k\begin{bmatrix}2\\1\\1\end{bmatrix}$,其中 k 是任意常数 10 证明略

11 (1)2;(2) $\begin{bmatrix}3-6k_1&4-6k_2&4-6k_3\\-1+2k_1&-1+2k_2&-1+2k_3\\k_1&k_2&k_3\end{bmatrix}$,其中 k_1,k_2,k_3 为任意常数,且 $k_2\neq k_3$

12 当 s 为奇数时,线性无关,当 s 为偶数时,线性相关 13 证明略 14 (1)$a=4$ 或 $a=12$;(2)$a\neq 4$ 且 $a\neq 12$;(3)$a=4$,$\boldsymbol{\alpha}_4=\boldsymbol{\alpha}_1+\boldsymbol{\alpha}_3$

15 (1) 证明略;(2)$r(\boldsymbol{A}-\boldsymbol{E})=2$,$|\boldsymbol{A}+2\boldsymbol{E}|=6$

第 4 章 线性方程组

一、选择题

1 (D)　2 (A)　3 (B)　4 (D)　5 (D)

6 (C)　7 (C)　8 (A)　9 (C)　10 (A)

11 (B)　12 (D)　13 (D)　14 (B)　15 (D)

16 (B)　17 (A)　18 (A)　19 (D)　20 (C)

21 (A)　22 (D)　23 (B)　24 (C)　25 (B)

26 (C)　27 (A)　28 (A)　29 (C)　30 (A)

31 (B)　32 (B)　33 (C)　34 (B)　35 (D)

36 (A)

二、填空题

1 非零常数　2 1　3 $k[1,1,\cdots,1]^{\mathrm{T}}$,其中 k 为任意常数　4 -1

5 -2　6 $\neq 1$　7 $k[-1,1,0]^{\mathrm{T}}$,其中 k 为任意常数　8 $\boldsymbol{\xi}_1=[1,-1,0,0,0]^{\mathrm{T}},\boldsymbol{\xi}_2=[1,0,-1,0,0]^{\mathrm{T}},\boldsymbol{\xi}_3=[1,0,0,-1,0]^{\mathrm{T}},\boldsymbol{\xi}_4=[1,0,0,0,-1]^{\mathrm{T}}$

9 $k[1,1,1,1]^{\mathrm{T}}$,其中 k 为任意常数　10 $\sum_{i=1}^{5}a_i=0$　11 $r\left(\begin{bmatrix}\boldsymbol{A}\\\boldsymbol{B}\end{bmatrix}\right)<n$

12 $\begin{vmatrix}x_1 & y_1 & 1\\x_2 & y_2 & 1\\x_3 & y_3 & 1\end{vmatrix}=0$　13 $k_1\begin{bmatrix}1\\-2\\0\\3\end{bmatrix}+k_2\begin{bmatrix}1\\1\\-1\\5\end{bmatrix}+k_3\begin{bmatrix}1\\-2\\-1\\7\end{bmatrix}$,其中 k_1,k_2,k_3 为任意常数

14 $\left[\frac{3}{2},-\frac{1}{2},0\right]^{\mathrm{T}}+k[1,0,1]^{\mathrm{T}}$,其中 k 为任意常数　15 $\begin{bmatrix}0\\-2\\0\end{bmatrix}$　16 1

17 $\begin{bmatrix}1-k_1 & 2-k_2 & 1-k_3\\-k_1 & 2-k_2 & -1-k_3\\k_1 & k_2 & k_3\end{bmatrix}$,其中 k_1,k_2,k_3 为任意常数　18 2

19 $ad-bc-e=0$

三、解答题

1　当 $\lambda=-\frac{4}{5}$ 时，方程组无解；当 $\lambda\neq 1$ 且 $\lambda\neq-\frac{4}{5}$ 时，方程组有唯一解；当 $\lambda=1$ 时，方程组有无穷多解，通解为 $\boldsymbol{x}=k\begin{bmatrix}0\\1\\1\end{bmatrix}+\begin{bmatrix}1\\0\\1\end{bmatrix}$，其中 k 为任意常数

2　$a=2,b=4$，全部解为 $\boldsymbol{X}=\begin{bmatrix}-k_1 & -k_2 & 1-k_3\\ 1+2k_1 & 1+2k_2 & 2k_3\\ 1+3k_1 & 3+3k_2 & 1+3k_3\\ k_1 & k_2 & k_3\end{bmatrix}$，其中 k_1,k_2,k_3 为任意常数

3　当 $a=0$ 时，公共解为 $\left[\frac{3}{2},-\frac{1}{2},-1\right]^{\mathrm{T}}$；

当 $a=1$ 时，公共解为 $k[-1,0,1]^{\mathrm{T}}$，其中 k 为任意常数

4　(1) 当 $a\neq 3$，b 为任意常数时，$\boldsymbol{\beta}_1,\boldsymbol{\beta}_2$ 均可由 $\boldsymbol{\alpha}_1,\boldsymbol{\alpha}_2,\boldsymbol{\alpha}_3$ 线性表示，且表示法唯一，

$$\boldsymbol{\beta}_1=-3\boldsymbol{\alpha}_1+2\boldsymbol{\alpha}_2,\boldsymbol{\beta}_2=\left(1+\frac{b-1}{a-3}\right)\boldsymbol{\alpha}_1-\frac{2(b-1)}{a-3}\boldsymbol{\alpha}_2+\frac{b-1}{a-3}\boldsymbol{\alpha}_3;$$

当 $a=3,b=1$ 时，$\boldsymbol{\beta}_1,\boldsymbol{\beta}_2$ 均可由 $\boldsymbol{\alpha}_1,\boldsymbol{\alpha}_2,\boldsymbol{\alpha}_3$ 线性表示且表示法有无穷多种，

$\boldsymbol{\beta}_1=(k_1-3)\boldsymbol{\alpha}_1-2(k_1-1)\boldsymbol{\alpha}_2+k_1\boldsymbol{\alpha}_3$，其中 k_1 为任意常数，

$\boldsymbol{\beta}_2=(k_2+1)\boldsymbol{\alpha}_1-2k_2\boldsymbol{\alpha}_2+k_2\boldsymbol{\alpha}_3$，其中 k_2 为任意常数.

(2) 当 $a\neq 3$，b 为任意常数时，$\boldsymbol{AX}=\boldsymbol{B}$ 有唯一解，且

$$\boldsymbol{X}=\begin{bmatrix}-3 & 1+\frac{b-1}{a-3}\\ 2 & \frac{-2(b-1)}{a-3}\\ 0 & \frac{b-1}{a-3}\end{bmatrix};$$

当 $a=3,b=1$ 时，$\boldsymbol{AX}=\boldsymbol{B}$ 有无穷多解，且

$$\boldsymbol{X}=\begin{bmatrix}k_1-3 & k_2+1\\ -2k_1+2 & -2k_2\\ k_1 & k_2\end{bmatrix}，其中 k_1,k_2 为任意常数$$

5　(1) $r(\boldsymbol{A}^*)=1,r(\boldsymbol{A})=2$；

(2) 基础解系由 1 个线性无关的解向量构成. 通解为 $k[1,-1,3]^{\mathrm{T}}$，其中 k 为任意常数

6 当 $a \neq -1$ 且 $a \neq 3$ 时，方程组有唯一解；

方程组的解为 $x_1=\dfrac{a+2}{a+1}, x_2=-\dfrac{1}{a+1}, x_3=\dfrac{1}{a+1}$

7 (1) $\lambda=2$；(2) $[-1,3,-2,1]^{\mathrm{T}}$；

(3) $k[-1,3,-2,1]^{\mathrm{T}}+\left[\dfrac{15}{4},-\dfrac{5}{4},-\dfrac{1}{4},0\right]^{\mathrm{T}}$，其中 k 为任意常数

8 $k[1,-2,1,0]^{\mathrm{T}}+[1,1,1,1]^{\mathrm{T}}$ 或 $k[1,-2,1,0]^{\mathrm{T}}+[0,3,0,1]$（其中 k 为任意常数）

9 $\boldsymbol{x}=[1,0,0,\cdots,0]^{\mathrm{T}}$ 10 $\lambda=1$，通解为 $\boldsymbol{x}=k\begin{bmatrix}-1\\2\\1\end{bmatrix}+\begin{bmatrix}1\\-1\\0\end{bmatrix}$，$k$ 为任意常数

11 方程组的通解为 $k[-1,1,1]^{\mathrm{T}}+[-3,2,0]^{\mathrm{T}}$，其中 k 为任意常数，$a=-2-2c$，$b=-2-3c$，c 为任意常数 12 证明略 13 (1) $b\neq 0$ 且 $b+\sum\limits_{i=1}^{n}a_i\neq 0$. (2) $b=0$ 或 $b+\sum\limits_{i=1}^{n}a_i=0$ 时，方程组有非零解，当 $b=0$ 时，方程组的一个基础解系为

$$\boldsymbol{\alpha}_1=\left[-\frac{a_2}{a_1},1,0,\cdots,0\right]^{\mathrm{T}},\boldsymbol{\alpha}_2=\left[-\frac{a_3}{a_1},0,1,\cdots,0\right]^{\mathrm{T}},\cdots,\boldsymbol{\alpha}_{n-1}=\left[-\frac{a_n}{a_1},0,0,\cdots,1\right]^{\mathrm{T}};$$

当 $b=-\sum\limits_{i=1}^{n}a_i$ 时，方程组的一个基础解系为 $\boldsymbol{\alpha}=[1,1,\cdots,1]^{\mathrm{T}}$

14 当 $q=1$，p 任意时或 $p=2$，$q\neq 4$ 时，方程组无解；当 $q\neq 1$，$p\neq 2$ 时，方程组有唯一解；当 $p=2$，且 $q=4$ 时，方程组有无穷多解，通解为 $k[0,-2,1,0]^{\mathrm{T}}+[10,-7,0,2]^{\mathrm{T}}$，其中 k 为任意常数 15 证明略 16 $9x_1+5x_2-3x_3=-5$

17 (1) $\boldsymbol{\eta}_1=[2,-1,1,0]^{\mathrm{T}}$，$\boldsymbol{\eta}_2=[-1,1,0,1]^{\mathrm{T}}$；

(2) 方程组(i)，(ii) 的非零公共解是 $k[1,0,1,1]^{\mathrm{T}}$，其中 k 为任意非零常数，方程组(i)，(ii) 的非零公共解分别由方程组(i)，(ii) 的基础解系线性表示为

$$k(\boldsymbol{\eta}_1+\boldsymbol{\eta}_2) \text{ 和 } 0\boldsymbol{\xi}_1+k\boldsymbol{\xi}_2$$

18 (1) $\boldsymbol{A}=\begin{bmatrix}3k_1 & -k_1 & k_1 & 0\\ -5k_2 & k_2 & 0 & k_2\end{bmatrix}$，其中 k_1,k_2 是任意非零常数；

(2) $a=-1$，非零公共解为 $k[1,4,1,1,]^{\mathrm{T}}$，其中 k 是非零常数

19 $a=\dfrac{1}{1-n}$，通解为 $\boldsymbol{x}=k[1,1,\cdots,1]^{\mathrm{T}}$，其中 k 为任意常数

20 (1) $\boldsymbol{A}^n=9^{n-1}\begin{bmatrix}2 & -1 & 3\\ -2 & 1 & -3\\ 4 & -2 & 6\end{bmatrix}(n\geqslant 1)$；(2) 通解为 $\boldsymbol{x}=k\begin{bmatrix}1\\-1\\2\end{bmatrix}$，其中 k 为任意常数

21 (1) 证明略;(2) $\boldsymbol{x}=\begin{bmatrix}2\\-5\\0\end{bmatrix}+k\begin{bmatrix}-1\\1\\1\end{bmatrix}$,其中 k 为任意常数

22 (1) $a=2$;(2) $k[1,-1,1]^{\mathrm{T}}+[1,2,0]^{\mathrm{T}}$,其中 k 是任意常数

23 基础解系为 $\boldsymbol{\zeta}_1=[-4,-3,2,5]^{\mathrm{T}},\boldsymbol{\zeta}_2=[2,-1,-1,0]^{\mathrm{T}}$

24 当 $a=-1,b\neq 36$ 时,方程组无解.

当 $a\neq-1$ 且 $a\neq 6$,b 任意时,方程组有唯一解,唯一解为

$$x_1=6-\frac{2(b-36)}{a+1},x_2=-12-\frac{(a-4)(b-36)}{a+1},x_3=0,x_4=\frac{b-36}{a+1}.$$

当 $a=-1,b=36$ 时或 $a=6$,b 任意时,方程组有无穷多解:

当 $a=-1,b=36$ 时,通解为 $k_1\begin{bmatrix}-2\\5\\0\\1\end{bmatrix}+\begin{bmatrix}6\\-12\\0\\0\end{bmatrix}$,其中 k_1 是任意常数;

当 $a=6$,b 任意时,通解为 $k_2\begin{bmatrix}-2\\1\\1\\0\end{bmatrix}+\begin{bmatrix}\frac{114-2b}{7}\\-\frac{(12+2b)}{7}\\0\\\frac{b-36}{7}\end{bmatrix}$,其中 k_2 是任意常数

25 证明略　26 证明略

第 5 章 特征值与特征向量

一、选择题

1 (C)	2 (D)	3 (C)	4 (A)	5 (A)
6 (B)	7 (C)	8 (B)	9 (D)	10 (B)
11 (A)	12 (C)	13 (A)	14 (D)	15 (D)
16 (C)	17 (A)	18 (B)	19 (C)	20 (B)
21 (D)	22 (B)	23 (D)	24 (C)	25 (B)
26 (B)	27 (D)	28 (D)	29 (D)	30 (A)
31 (C)	32 (B)	33 (B)	34 (A)	35 (D)
36 (B)	37 (D)	38 (B)	39 (A)	40 (C)
41 (A)	42 (A)	43 (D)	44 (A)	45 (C)
46 (C)	47 (C)	48 (C)	49 (D)	50 (A)

二、填空题

1 $2 \cdot 3^n$　2 5　3 11　4 -4　5 $\begin{bmatrix} \frac{27}{11} & -\frac{9}{11} & -\frac{9}{11} \\ -\frac{9}{11} & \frac{3}{11} & \frac{3}{11} \\ -\frac{9}{11} & \frac{3}{11} & \frac{3}{11} \end{bmatrix}$　6 -18

7 -2　8 $\begin{bmatrix} 0 & 1 & 0 \\ 2 & 0 & 0 \\ 0 & 0 & -1 \end{bmatrix}$　9 $\boldsymbol{O}$　10 $0,1,-3$　11 $\begin{bmatrix} 0 & 1 \\ 0 & 1 \end{bmatrix}$

12 $\begin{bmatrix} 1 & 0 \\ 0 & 2 \end{bmatrix}$　13 $\begin{bmatrix} \frac{\sqrt{3}+1}{2} & \frac{\sqrt{3}-1}{2} \\ \frac{\sqrt{3}-1}{2} & \frac{\sqrt{3}+1}{2} \end{bmatrix}$　14 $\begin{bmatrix} 0 & 0 & 1 \\ 0 & -1 & 0 \\ 1 & 0 & 0 \end{bmatrix}$　15 18　16 $\frac{1}{2}\boldsymbol{E}$

17 $\begin{bmatrix} 7 & 4 & -6 \\ -6 & -3 & 6 \\ 0 & 0 & 1 \end{bmatrix}$　18 $\begin{bmatrix} 0 & 1 & 0 \\ 0 & 0 & 2 \\ -1 & 0 & 0 \end{bmatrix}$　19 1　20 $0,\lambda_2,\lambda_3,\cdots,\lambda_n$

21 1 **22** -2

三、解答题

1 (1)$\boldsymbol{B}=\begin{bmatrix}\frac{1}{2}&0&0\\ \frac{2}{3}&\frac{2}{3}&0\\ 1&\frac{1}{2}&-\frac{1}{6}\end{bmatrix}$;(2) 证明略;(3)$\boldsymbol{A}$ 的特征值为$\frac{1}{2},\frac{2}{3},-\frac{1}{6}$,$\lim\limits_{n\to\infty}\boldsymbol{A}^n=\boldsymbol{O}$

2 实特征值 $\lambda=1$,其对应的特征向量 $\boldsymbol{x}=k\begin{bmatrix}0\\2\\1\end{bmatrix}$,其中 k 为不为零的常数

3 若 $a=0$,其特征值为 0(三重),对应特征向量为任意 3 维列向量;

若 $a\neq 0$,特征值为 $\lambda=0$(二重),$\lambda=3a$,

$\lambda=3a$ 的全部特征向量为 $c\begin{bmatrix}1\\1\\1\end{bmatrix}$,其中 c 为任意非零常数;

$\lambda=0$ 的全部特征向量为 $c_1\begin{bmatrix}-1\\1\\0\end{bmatrix}+c_2\begin{bmatrix}-1\\0\\1\end{bmatrix}$,其中 c_1,c_2 为不同时为零的任意常数

4 $\boldsymbol{A}$ 可相似对角化,$\boldsymbol{P}=\begin{bmatrix}5&-1&-1\\7&-1&-2\\1&1&1\end{bmatrix}$

5 (1) 证明略;(2)$\boldsymbol{A}$ 不可相似对角化,理由略

6 (1)$\boldsymbol{C}=\begin{bmatrix}-1&0&1&2\\2&1&0&-1\end{bmatrix}$;(2)$\boldsymbol{A}^{10}=\begin{bmatrix}3^9&3^9&3^9&3^9\\3^9&3^9&3^9&3^9\\3^9+1&3^9&3^9-1&3^9-2\\-1&0&1&2\end{bmatrix}$ **7** $\frac{4}{3}$

8 (1)$\boldsymbol{P}=[\boldsymbol{\alpha}_1+\boldsymbol{\alpha}_2+\boldsymbol{\alpha}_3,2\boldsymbol{\alpha}_1+3\boldsymbol{\alpha}_2+3\boldsymbol{\alpha}_3,\boldsymbol{\alpha}_1+3\boldsymbol{\alpha}_2+4\boldsymbol{\alpha}_3]$;(2)2

9 证明略

10 (1) $-1,1,2$;

(2)$\boldsymbol{A}$ 的对应于特征值 -1 的全部特征向量为 $2k_1\boldsymbol{\alpha}-3k_1\boldsymbol{A}\boldsymbol{\alpha}+k_1\boldsymbol{A}^2\boldsymbol{\alpha}$;

$\boldsymbol{A}$ 的对应于特征值 1 的全部特征向量为 $-2k_2\boldsymbol{\alpha}-k_2\boldsymbol{A\alpha}+k_2\boldsymbol{A}^2\boldsymbol{\alpha}$；

$\boldsymbol{A}$ 的对应于特征值2的全部特征向量为 $-k_3\boldsymbol{\alpha}+k_3\boldsymbol{A}^2\boldsymbol{\alpha}$，其中 k_1,k_2,k_3 为任意非零常数

11 $a=-2,b=-2,c=-1,\boldsymbol{P}=\begin{bmatrix}-1&-2&-3\\-4&-4&-6\\-1&-3&-3\end{bmatrix}$

12 当 k 为偶数时，$\boldsymbol{A}^k=\boldsymbol{E}$；当 k 为奇数时，$\boldsymbol{A}^k=\boldsymbol{A}$

13 $\boldsymbol{P}=\begin{bmatrix}k_1b&k_2b\\\frac{1}{2}k_1(d-a)&k_1+\frac{1}{2}k_2(d-a)\end{bmatrix}$，其中 $k_1\neq0,k_2$ 为任意常数

14 $|\boldsymbol{A}-3\boldsymbol{E}|=-(2n-3)!!$　15 证明略

16 $\boldsymbol{B}=\pm\frac{1}{3}\begin{bmatrix}8&-2&-2\\-2&5&-4\\-2&-4&5\end{bmatrix}$　17 $\boldsymbol{A}^n=\begin{bmatrix}a^n&a^n-b^n&a^n-b^n&0&0\\0&b^n&b^n-c^n&0&0\\0&0&c^n&0&0\\0&0&0&2^{n-1}&2^{n-1}\\0&0&0&2^{n-1}&2^{n-1}\end{bmatrix}$

18 (1)$a=0$；(2)$\boldsymbol{A}=\begin{bmatrix}-5&4&-6\\3&-3&3\\7&-6&8\end{bmatrix}$　19 证明略

20 (1) 证明略；(2)$\boldsymbol{C}=\begin{bmatrix}0&-1&2\\0&1&0\\1&3&-1\end{bmatrix}$，$\boldsymbol{\Lambda}=\begin{bmatrix}1&&\\&1&\\&&-1\end{bmatrix}$　21 a^k

22 证明略　23 (1)$y=2$；(2)$\boldsymbol{P}=\begin{bmatrix}1&0&0&0\\0&1&0&0\\0&0&-\frac{1}{\sqrt{2}}&\frac{1}{\sqrt{2}}\\0&0&\frac{1}{\sqrt{2}}&\frac{1}{\sqrt{2}}\end{bmatrix}$

24 证明略　25 $|\boldsymbol{A}^*+3\boldsymbol{E}|=10$　26 证明略

27 当 $k=1$ 时，$\boldsymbol{\alpha}=[1,1,1]^{\mathrm{T}},\mu=4$；当 $k=-2$ 时，$\boldsymbol{\alpha}=[1,-2,1]^{\mathrm{T}},\mu=1$

28 $\boldsymbol{P}=\begin{bmatrix}1&1&-1\\1&0&1\\0&1&1\end{bmatrix}$，$|\boldsymbol{A}-\boldsymbol{E}|=a^2(a-3)$

29 (1)$\boldsymbol{A}\sim\boldsymbol{B}\sim\boldsymbol{\Lambda}=\begin{bmatrix}-1&&\\&-1&\\&&1\end{bmatrix}$,理由略;(2)$\boldsymbol{A}$ 与 $\boldsymbol{C}$ 不相似,理由略

30 $\boldsymbol{P}=[\boldsymbol{\alpha}_1+\boldsymbol{\alpha}_2+\boldsymbol{\alpha}_3,-\boldsymbol{\alpha}_1+\boldsymbol{\alpha}_2,-\boldsymbol{\alpha}_1+\boldsymbol{\alpha}_3]$, $\begin{bmatrix}5&0&0\\0&-1&0\\0&0&-1\end{bmatrix}$ 31 $\begin{bmatrix}1&1&0\\1&0&1\\0&1&1\end{bmatrix}$

32 (1) $\begin{bmatrix}x_n\\y_n\end{bmatrix}=\begin{bmatrix}\frac{1}{2}\left(\frac{3}{5}\right)^{n+1}+\frac{1}{2}\\-\frac{1}{2}\left(\frac{3}{5}\right)^{n+1}+\frac{1}{2}\end{bmatrix}$;(2)50%

33 (1) 证明略;(2) $|\boldsymbol{A}-3\boldsymbol{E}|=-24$ 34 (1) 证明略;(2)$\boldsymbol{P}=\begin{bmatrix}\frac{1}{\sqrt{5}}&\frac{3}{\sqrt{5}}\\\frac{1}{\sqrt{5}}&-\frac{2}{\sqrt{5}}\end{bmatrix}$

35 (1)-3;

(2)$\boldsymbol{A}^{n-1}+\boldsymbol{A}^{n-2}+\cdots+\boldsymbol{A}+\boldsymbol{E}=\begin{bmatrix}\frac{1}{2}-\frac{1}{2}(-1)^n&0&0\\\frac{1}{2}(-1)^n+2^n-\frac{3}{2}&2^n-1&0\\0&0&\frac{1}{2}-\frac{1}{2}(-1)^n\end{bmatrix}$

36 (1) 证明略;(2)$\boldsymbol{x}=\boldsymbol{\alpha}_2+k\boldsymbol{\alpha}_1$,其中 k 为任意常数

37 $\boldsymbol{Q}=\begin{bmatrix}0&1&0\\-\frac{1}{\sqrt{2}}&0&\frac{1}{\sqrt{2}}\\\frac{1}{\sqrt{2}}&0&\frac{1}{\sqrt{2}}\end{bmatrix}$

38 (1)$\boldsymbol{\alpha}_1=[-1,2,-1]^{\mathrm{T}}$,$\boldsymbol{\alpha}_2=[0,-1,1]^{\mathrm{T}}$ 是 $\boldsymbol{A}$ 的属于特征值 0 的两个线性无关的特征向量;

$\boldsymbol{\alpha}_3=[1,1,1]^{\mathrm{T}}$ 是 $\boldsymbol{A}$ 的属于特征值 3 的特征向量;

(2)$Q=\begin{bmatrix}-\frac{1}{\sqrt6} & -\frac{1}{\sqrt2} & \frac{1}{\sqrt3}\\ \frac{2}{\sqrt6} & 0 & \frac{1}{\sqrt3}\\ -\frac{1}{\sqrt6} & \frac{1}{\sqrt2} & \frac{1}{\sqrt3}\end{bmatrix}$，$\Lambda=\begin{bmatrix}0&0&0\\0&0&0\\0&0&3\end{bmatrix}$

39 $A=\begin{bmatrix}-1&4&-7\\4&-4&4\\-7&4&-1\end{bmatrix}$

40 $\boldsymbol\beta_1=\boldsymbol\alpha_1,\boldsymbol\beta_2=\boldsymbol\alpha_2,\boldsymbol\beta_3=(-1-2^{99})\boldsymbol\alpha_1+\frac{1}{3}(1+2^{99})\boldsymbol\alpha_2-2^{99}\boldsymbol\alpha_3$

41 属于特征值1的全体特征向量为$k_1[0,1,1]^T$，其中k_1为非零常数；属于特征值7的全体特征向量为$k_2[1,-1,0]^T+k_3[-1,-1,1]^T$，其中$k_2,k_3$为不全为零的常数

42 $P=\begin{bmatrix}1&1&1\\1&1&-1\\-2&1&0\end{bmatrix}$，对角矩阵为$\begin{bmatrix}-\frac{9}{2}&0&0\\0&0&0\\0&0&\frac{9}{4}\end{bmatrix}$

43 $k=0,P=\begin{bmatrix}-1&0&1\\2&1&0\\0&1&1\end{bmatrix}$，对角矩阵为$\begin{bmatrix}-1&&\\&-1&\\&&1\end{bmatrix}$　44 $A\sim B$，理由略

45 (1)$A^n\boldsymbol\beta=[3^n,3^n,3^n]^T$；(2) $\left(\frac{3}{2}\right)^{100}E$　46 (1)$a=4$；(2)$A^{99}=\begin{bmatrix}3&2&-2\\0&-1&0\\4&2&-3\end{bmatrix}$

47 (1)$A=\begin{bmatrix}\frac{\sqrt2}{2}-a&0&\frac{\sqrt2}{2}\\0&\sqrt2-a&0\\\frac{\sqrt2}{2}&0&\frac{\sqrt2}{2}-a\end{bmatrix}$；(2)$a<0$

48 证明略，$P=\begin{bmatrix}a_{11}&a_{11}-a_{12}&a_{11}-a_{13}\\a_{21}&a_{21}-a_{22}&a_{21}-a_{23}\\a_{31}&a_{31}-a_{32}&a_{31}-a_{33}\end{bmatrix}$，$\Lambda=\begin{bmatrix}2&0&0\\0&1&0\\0&0&1\end{bmatrix}$　49 证明略

50 证明略　51 (1) 证明略；(2)A不能相似对角化，理由略

52 $\boldsymbol{P}=\begin{bmatrix}0 & 1 & 0\\ -1 & 0 & 1\\ 1 & 0 & 1\end{bmatrix}$，$\boldsymbol{P}^{-1}\boldsymbol{A}\boldsymbol{P}=\begin{bmatrix}1 & 0 & 0\\ 0 & 2 & 0\\ 0 & 0 & 3\end{bmatrix}$，$\boldsymbol{P}^{-1}\boldsymbol{B}\boldsymbol{P}=\begin{bmatrix}\frac{1}{2} & 0 & 0\\ 0 & \frac{2}{3} & 0\\ 0 & 0 & \frac{3}{4}\end{bmatrix}$

53 (1) 当 $a=0$ 时，$|\boldsymbol{A}+3\boldsymbol{E}|=40$；(2) 当 $a=2$ 时，$|\boldsymbol{A}+3\boldsymbol{E}|=42$

54 证明略　55 证明略

56 (1) 证明略；(2)$\boldsymbol{P}=[\boldsymbol{\xi}_1,\boldsymbol{\xi}_2,\cdots,\boldsymbol{\xi}_n]$，其中 $\boldsymbol{\xi}_i=[1,\lambda_i,\lambda_i^2,\cdots,\lambda_i^{n-1}]^{\mathrm{T}}$，$i=1,2,\cdots,n$

57 (1) 证明略；(2) 证明略；(3)$\boldsymbol{A}$ 的特征值 $\lambda_1=0$，$\lambda_2=\sqrt{2}$，$\lambda_3=-\sqrt{2}$；(4) 证明略

第 6 章 二次型

一、选择题

1 (B) 2 (C) 3 (D) 4 (A) 5 (D)

6 (D) 7 (A) 8 (C) 9 (C) 10 (D)

11 (A) 12 (C) 13 (C) 14 (B) 15 (C)

16 (B) 17 (B) 18 (D) 19 (D) 20 (A)

21 (C) 22 (C) 23 (B) 24 (D) 25 (D)

26 (D) 27 (D) 28 (B) 29 (C) 30 (D)

31 (C) 32 (C) 33 (B) 34 (B) 35 (D)

36 (D) 37 (A)

二、填空题

1 $y_1^2-y_2^2-y_3^2$ 2 $\frac{1}{2}$ 3 3 4 $\boldsymbol{x}=[k,-k,0]^{\mathrm{T}}$，$k$ 为任意常数

5 -2 6 -2 7 $k>2$ 8 $f=3y_1^2+3y_2^2$ 9 $2x_1x_2-2x_1x_3-2x_2x_3$ 10 $y_1^2-y_2^2-y_3^2$ 11 $-2x_1+x_2+x_3-2=0$ 12 $-\frac{4}{5}<a<0$

13 $a\neq\frac{1}{2}$ 14 $\begin{bmatrix}1&-1&-1\\0&1&1\\0&0&1\end{bmatrix}$ 15 $\begin{bmatrix}1&-1&1\\0&1&-2\\0&0&1\end{bmatrix}$ 16 $\begin{bmatrix}2&1&1\\1&2&-1\\1&-1&2\end{bmatrix}$

17 1

三、解答题

1 (1)$a=1$；(2)$\boldsymbol{Q}=\begin{bmatrix}\frac{\sqrt{2}}{2}&0&\frac{\sqrt{2}}{2}\\0&1&0\\\frac{\sqrt{2}}{2}&0&-\frac{\sqrt{2}}{2}\end{bmatrix}$，$f=y_2^2+2y_3^2$

2 证明略

3 $c=3, \boldsymbol{Q}=\begin{bmatrix} -\frac{1}{\sqrt{6}} & \frac{1}{\sqrt{2}} & \frac{1}{\sqrt{3}} \\ \frac{1}{\sqrt{6}} & \frac{1}{\sqrt{2}} & -\frac{1}{\sqrt{3}} \\ \frac{2}{\sqrt{6}} & 0 & \frac{1}{\sqrt{3}} \end{bmatrix}, f=4y_2^2+9y_3^2$

4 $\boldsymbol{Q}=\begin{bmatrix} -\frac{1}{\sqrt{2}} & \frac{1}{\sqrt{6}} & \frac{1}{\sqrt{3}} \\ 0 & \frac{2}{\sqrt{6}} & -\frac{1}{\sqrt{3}} \\ \frac{1}{\sqrt{2}} & \frac{1}{\sqrt{6}} & \frac{1}{\sqrt{3}} \end{bmatrix}, f_1=-4y_1^2+2y_2^2+5y_3^2, f_2=10y_1^2-20y_2^2-8y_3^2$

5 (1)$f=z_1^2-z_2^2-z_3^2, f=y_1^2-5y_2^2-5y_3^2$；(2)$\begin{bmatrix} \frac{1}{5} & \frac{2}{5} & \frac{2}{5} \\ \frac{2}{5} & \frac{1}{5} & \frac{2}{5} \\ \frac{2}{5} & \frac{2}{5} & \frac{1}{5} \end{bmatrix}$

6 证明略　7 (1)$a=3, b=1$；(2)$\boldsymbol{Q}=\begin{bmatrix} \frac{1}{\sqrt{3}} & \frac{1}{\sqrt{6}} & -\frac{1}{\sqrt{2}} \\ -\frac{1}{\sqrt{3}} & \frac{2}{\sqrt{6}} & 0 \\ \frac{1}{\sqrt{3}} & \frac{1}{\sqrt{6}} & \frac{1}{\sqrt{2}} \end{bmatrix}$

8 (1) 2;(2)12

9 作可逆线性变换 $\boldsymbol{x}=\begin{bmatrix} 0 & 1 & -4 \\ \frac{1}{2} & -\frac{1}{2} & 1 \\ 0 & 0 & 1 \end{bmatrix}\begin{bmatrix} y_1 \\ y_2 \\ y_3 \end{bmatrix}$得二次型的标准形 $f=y_1^2+y_2^2+9y_3^2$ 或

作可逆线性变换 $\boldsymbol{x}=\begin{bmatrix} \frac{2}{\sqrt{5}} & \frac{1}{\sqrt{30}} & \frac{1}{\sqrt{6}} \\ 0 & \frac{5}{\sqrt{30}} & -\frac{1}{\sqrt{6}} \\ -\frac{1}{\sqrt{5}} & \frac{2}{\sqrt{30}} & \frac{2}{\sqrt{6}} \end{bmatrix}\begin{bmatrix} y_1 \\ y_2 \\ y_3 \end{bmatrix}$得二次型的标准形 $f=y_1^2+6y_2^2-6y_3^2$；作

可逆线性变换 $\boldsymbol{x}=\begin{bmatrix}0 & -\frac{4}{3} & 1\\ \frac{1}{2} & \frac{1}{3} & -\frac{1}{2}\\ 0 & \frac{1}{3} & 0\end{bmatrix}\begin{bmatrix}z_1\\ z_2\\ z_3\end{bmatrix}$ 或 $\boldsymbol{x}=\begin{bmatrix}\frac{2}{\sqrt{5}} & \frac{1}{6\sqrt{5}} & \frac{1}{6}\\ 0 & \frac{\sqrt{5}}{6} & -\frac{1}{6}\\ -\frac{1}{\sqrt{5}} & \frac{1}{3\sqrt{5}} & \frac{1}{3}\end{bmatrix}\begin{bmatrix}z_1\\ z_2\\ z_3\end{bmatrix}$ 得二次型的规范形 $f=z_1^2+z_2^2-z_3^2$ **10** 证明略 **11** 证明略，$\boldsymbol{C}=\begin{bmatrix}\sqrt{k_3} & 0 & 0\\ -\sqrt{k_3} & \sqrt{k_2} & 0\\ 0 & -\sqrt{k_2} & \sqrt{k_1}\end{bmatrix}$

12 (1) 证明略；(2) $\begin{bmatrix}\frac{1}{2}+\frac{\sqrt{3}}{2} & -\frac{1}{2}+\frac{\sqrt{3}}{2} & 0\\ -\frac{1}{2}+\frac{\sqrt{3}}{2} & \frac{1}{2}+\frac{\sqrt{3}}{2} & 0\\ 0 & 0 & 2\end{bmatrix}$

13 (1)0；(2)$\boldsymbol{Q}=\begin{bmatrix}\frac{1}{\sqrt{2}} & 0 & -\frac{1}{\sqrt{2}}\\ \frac{1}{\sqrt{2}} & 0 & \frac{1}{\sqrt{2}}\\ 0 & 1 & 0\end{bmatrix}$，$f(x_1,x_2,x_3)=2y_1^2+2y_2^2$；(3)$k\begin{bmatrix}-1\\ 1\\ 0\end{bmatrix}$（$k$ 为任意常数）

14 (1)1；(2)$\begin{bmatrix}0 & 0 & 1\\ -1 & 0 & 0\\ 0 & 1 & 0\end{bmatrix}$ **15** $\begin{bmatrix}\sqrt{2} & 0 & 0\\ -\sqrt{2} & \sqrt{3} & 0\\ 0 & -\sqrt{3} & 1\end{bmatrix}$ 或 $\begin{bmatrix}\frac{\sqrt{2}}{\sqrt{3}} & -\sqrt{2} & 0\\ 0 & \frac{3}{\sqrt{2}} & -\frac{\sqrt{2}}{2}\\ 0 & 0 & \sqrt{2}\end{bmatrix}$

16 (1)$a=1,b=1,c=2$；(2)$\boldsymbol{x}=\begin{bmatrix}-\frac{1}{\sqrt{2}} & -\frac{1}{\sqrt{6}} & \frac{1}{\sqrt{3}}\\ \frac{1}{\sqrt{2}} & -\frac{1}{\sqrt{6}} & \frac{1}{\sqrt{3}}\\ 0 & \frac{2}{\sqrt{6}} & \frac{1}{\sqrt{3}}\end{bmatrix}\begin{bmatrix}y_1\\ y_2\\ y_3\end{bmatrix}$

17 证明略 **18** (1) -2，$k\begin{bmatrix}1\\ 1\\ 1\end{bmatrix}+\begin{bmatrix}1\\ 0\\ 0\end{bmatrix}$（$k$ 为任意常数）；

(2) 作正交变换 $\boldsymbol{x}=\begin{bmatrix}-\frac{1}{\sqrt{2}} & \frac{1}{\sqrt{6}} & \frac{1}{\sqrt{3}}\\ 0 & -\frac{2}{\sqrt{6}} & \frac{1}{\sqrt{3}}\\ \frac{1}{\sqrt{2}} & \frac{1}{\sqrt{6}} & \frac{1}{\sqrt{3}}\end{bmatrix}\begin{bmatrix}y_1\\ y_2\\ y_3\end{bmatrix}$ 得二次型的标准形 $f=3y_1^2-3y_2^2$

19 (1)$k\boldsymbol{\alpha}$(k 为任意常数);(2) $[k\boldsymbol{\alpha},l\boldsymbol{\alpha},m\boldsymbol{\alpha}]$($k,l,m$ 为任意常数);(3)2,2

20 (1)0,$\boldsymbol{Q}=\begin{bmatrix}\frac{\sqrt{2}}{2} & \frac{\sqrt{6}}{6} & \frac{\sqrt{3}}{3}\\ 0 & \frac{\sqrt{6}}{3} & -\frac{\sqrt{3}}{3}\\ \frac{\sqrt{2}}{2} & -\frac{\sqrt{6}}{6} & -\frac{\sqrt{3}}{3}\end{bmatrix}$;(2)$b=-2,c=-3$,$\boldsymbol{P}$ 不存在,理由略

21 (1) 作正交变换 $\begin{bmatrix}x\\ y\\ z\end{bmatrix}=\begin{bmatrix}\frac{1}{\sqrt{3}} & \frac{1}{\sqrt{2}} & \frac{1}{\sqrt{6}}\\ \frac{-1}{\sqrt{3}} & 0 & \frac{2}{\sqrt{6}}\\ \frac{1}{\sqrt{3}} & \frac{-1}{\sqrt{2}} & \frac{1}{\sqrt{6}}\end{bmatrix}\begin{bmatrix}x'\\ y'\\ z'\end{bmatrix}$ 得二次型的标准形 $f=(x')^2+2(y')^2-2(z')^2$;(2) $\frac{(x'')^2}{2}+(y'')^2-(z'')^2=1$,单叶双曲面

22 (1)$\boldsymbol{C}=\begin{bmatrix}1 & 0 & 1\\ 0 & 1 & 0\\ 0 & 0 & 1\end{bmatrix}$;(2)$\boldsymbol{Q}=\begin{bmatrix}\frac{1}{\sqrt{2}} & \frac{1}{\sqrt{3}} & \frac{1}{\sqrt{6}}\\ 0 & -\frac{1}{\sqrt{3}} & \frac{2}{\sqrt{6}}\\ -\frac{1}{\sqrt{2}} & \frac{1}{\sqrt{3}} & \frac{1}{\sqrt{6}}\end{bmatrix}$;(3)$\boldsymbol{T}=\begin{bmatrix}0 & \frac{2}{\sqrt{3}} & \frac{2}{\sqrt{6}}\\ 0 & -\frac{1}{\sqrt{3}} & \frac{2}{\sqrt{6}}\\ -\frac{1}{\sqrt{2}} & \frac{1}{\sqrt{3}} & \frac{1}{\sqrt{6}}\end{bmatrix}$

23 作正交变换 $\boldsymbol{x}=\begin{bmatrix}-\frac{1}{\sqrt{2}} & -\frac{1}{\sqrt{6}} & \frac{1}{\sqrt{3}}\\ \frac{1}{\sqrt{2}} & -\frac{1}{\sqrt{6}} & \frac{1}{\sqrt{3}}\\ 0 & \frac{2}{\sqrt{6}} & \frac{1}{\sqrt{3}}\end{bmatrix}\begin{bmatrix}y_1\\ y_2\\ y_3\end{bmatrix}$ 得二次型的标准形 $f=2y_1^2+2y_2^2-y_3^2$;

$$\begin{bmatrix}1 & -1 & -1\\ -1 & 1 & -1\\ -1 & -1 & 1\end{bmatrix}$$

24 (1) 证明略;(2) $f = x_1^2 - 2x_2x_3$

25 (1) $f = \boldsymbol{x}^{\mathrm{T}}\begin{bmatrix}0 & 2 & -2\\ 2 & 4 & 4\\ -2 & 4 & -3\end{bmatrix}\boldsymbol{x}$;

(2) 作正交变换 $\boldsymbol{x} = \begin{bmatrix}\frac{1}{\sqrt{6}} & -\frac{2}{\sqrt{5}} & \frac{1}{\sqrt{30}}\\ -\frac{1}{\sqrt{6}} & 0 & \frac{5}{\sqrt{30}}\\ \frac{2}{\sqrt{6}} & \frac{1}{\sqrt{5}} & \frac{2}{\sqrt{30}}\end{bmatrix}\boldsymbol{y}$ 得二次型的标准形 $f = -6y_1^2 + y_2^2 + 6y_3^2$

26 (1) $a = 2, b = 1, \boldsymbol{P} = \begin{bmatrix}\frac{\sqrt{2}}{2} & \frac{2\sqrt{2}-1}{4}\\ 0 & \frac{1}{2}\end{bmatrix}$;(2) 不存在,理由略

27 (1) $a = 4, b = 9$;(2) 作正交变换 $\boldsymbol{x} = \begin{bmatrix}\frac{1}{\sqrt{14}} & \frac{2}{\sqrt{5}} & -\frac{3}{\sqrt{70}}\\ -\frac{2}{\sqrt{14}} & \frac{1}{\sqrt{5}} & \frac{6}{\sqrt{70}}\\ \frac{3}{\sqrt{14}} & 0 & \frac{5}{\sqrt{70}}\end{bmatrix}\boldsymbol{y}$ 得二次型的标准形 $f = 14y_1^2$

28 (1) 0;(2) 作正交变换 $\boldsymbol{x} = \begin{bmatrix}\frac{1}{\sqrt{2}} & 0 & \frac{1}{\sqrt{2}}\\ -\frac{1}{\sqrt{2}} & 0 & \frac{1}{\sqrt{2}}\\ 0 & 1 & 0\end{bmatrix}\boldsymbol{y}$ 得二次型的标准形 $f = -3y_1^2 + 6y_2^2 + 7y_3^2$

29 (1) 2;(2) $\boldsymbol{C} = \begin{bmatrix}1 & 2 & -\frac{3}{2}\\ 0 & \frac{\sqrt{2}}{2} & \frac{1}{2} - \frac{\sqrt{2}}{2}\\ 0 & 0 & 1\end{bmatrix}$

30 (1) 当 $a\neq 3$ 时，解为 $\begin{bmatrix}0\\0\\0\end{bmatrix}$；当 $a=3$ 时，解为 $k\begin{bmatrix}7\\-3\\2\end{bmatrix}$（$k$ 为任意常数）；(2) $f=z_1^2+z_2^2$

31 1，$\boldsymbol{P}=\begin{bmatrix}1&2&0\\0&\frac{3\sqrt{2}}{2}&0\\0&0&1\end{bmatrix}$ 32 $\boldsymbol{P}=\begin{bmatrix}\sqrt{2}&0\\-\frac{1}{\sqrt{2}}&\frac{1}{\sqrt{2}}\end{bmatrix}$，$k_1=-3$，$k_2=1$

33 (1) $a=1$，$b=3$；(2) $\boldsymbol{C}=\begin{bmatrix}\sqrt{2}&\frac{3\sqrt{2}-2\sqrt{5}}{4}\\0&\frac{\sqrt{5}}{2}\end{bmatrix}$

34 (1) 证明略.(2) 当 $a\neq -1$ 时，解为 $\begin{bmatrix}0\\0\\0\end{bmatrix}$，规范形为 $z_1^2+z_2^2+z_3^2$；当 $a=-1$ 时，解为 $x_1=x_2=x_3=k$（k 为任意常数），规范形为 $z_1^2+z_2^2$

35 (1)1；(2) 作正交变换 $\boldsymbol{x}=\begin{bmatrix}\frac{\sqrt{2}}{2}&0&\frac{\sqrt{2}}{2}\\0&1&0\\\frac{\sqrt{2}}{2}&0&-\frac{\sqrt{2}}{2}\end{bmatrix}\boldsymbol{y}$ 得二次型的标准形 $f=y_2^2+2y_3^2$；(3) $\begin{bmatrix}\frac{\sqrt{2}}{2}\\0\\\frac{\sqrt{2}}{2}\end{bmatrix}$ 36 (1) $\boldsymbol{\eta}=[1,0,-1]^{\mathrm{T}}$；(2) $\boldsymbol{P}=\frac{1}{3}\begin{bmatrix}1&-2&2\\2&-1&-2\\2&2&1\end{bmatrix}$；(3) $-2x_1^2+y_1^2+4z_1^2=7$，单叶双曲面

37 (1) $\boldsymbol{Q}=\begin{bmatrix}\frac{1}{\sqrt{3}}&\frac{1}{\sqrt{2}}&\frac{1}{\sqrt{6}}\\\frac{1}{\sqrt{3}}&-\frac{1}{\sqrt{2}}&\frac{1}{\sqrt{6}}\\-\frac{1}{\sqrt{3}}&0&\frac{2}{\sqrt{6}}\end{bmatrix}$；(2) $f=2x_1x_2-2x_1x_3-2x_2x_3$；(3) 作可逆线性变换

$\boldsymbol{x}=\begin{bmatrix}1 & 1 & 1\\1 & -1 & 1\\0 & 0 & 1\end{bmatrix}\boldsymbol{z}$ 得二次型的标准形为 $f=2z_1^2-2z_2^2-2z_3^2$

38 (1) $f(x,y,z)=-2u^2+v^2+4w^2$, $\boldsymbol{Q}=\begin{bmatrix}\frac{1}{3} & \frac{2}{3} & \frac{2}{3}\\\frac{2}{3} & \frac{1}{3} & -\frac{2}{3}\\\frac{2}{3} & -\frac{2}{3} & \frac{1}{3}\end{bmatrix}$; (2) $4,\left(\frac{2}{3},-\frac{2}{3},\frac{1}{3}\right)$

39 (1) $f(x_1,x_2,x_3)=14y_3^2$, $\boldsymbol{Q}=\begin{bmatrix}-\frac{2}{\sqrt{5}} & -\frac{3}{\sqrt{70}} & \frac{1}{\sqrt{14}}\\\frac{1}{\sqrt{5}} & -\frac{6}{\sqrt{70}} & \frac{2}{\sqrt{14}}\\0 & \frac{5}{\sqrt{70}} & \frac{3}{\sqrt{14}}\end{bmatrix}$; (2) $14,\left(\frac{1}{\sqrt{14}},\frac{2}{\sqrt{14}},\frac{3}{\sqrt{14}}\right)$

40 证明略　**41** 证明略

概率论与数理统计(仅数学一、数学三)

第1章 随机事件与概率

一、选择题

1 (D)　2 (B)　3 (B)　4 (D)　5 (B)

6 (A)　7 (D)　8 (D)　9 (D)　10 (C)

11 (C)　12 (C)　13 (C)　14 (B)　15 (C)

16 (A)　17 (C)　18 (A)　19 (C)　20 (D)

21 (C)　22 (B)　23 (D)　24 (D)　25 (B)

26 (A)　27 (D)　28 (C)

二、填空题

1 $\frac{1}{6}$　2 $\frac{5}{8}$　3 $\frac{2}{3}$　4 $\frac{7}{12}$　5 $\frac{3}{64}$

6 $\frac{45}{128}$　7 $\frac{1}{3}$　8 $\frac{3}{8}$　9 $\frac{17}{25}$　10 $\frac{3}{10}$

11 $\frac{1}{3}$　12 0.8　13 0.875　14 $\frac{2}{3}$

15 $1-\frac{np(1-p)^{n-1}}{1-(1-p)^n}$　16 0.052 92　17 $\frac{3}{28}$　18 $\frac{1}{4}$

三、解答题

1 0.2　2 0.994 8　3 $\frac{77}{102}$　4 $\frac{5}{8}$

5 (1)0.56;(2)0.94;(3)0.38;(4)0.06　6 $\frac{2}{3}$　7 $\frac{13}{25}$

8 (1) $\frac{5}{7}$;(2) $\frac{2}{7}$　9 $\frac{(\lambda p)^L}{L!}e^{-\lambda p}$　10 当 $k=1$ 时,$\frac{1}{n+1}$;当 $k\neq 1$ 时,$\frac{n-1}{n^2-n-1}$　11 甲获胜概率$\frac{\alpha^2}{1-2\alpha\beta}$,乙获胜概率$\frac{\beta^2}{1-2\alpha\beta}$,比赛不会无限地一直进行下去

第 2 章 一维随机变量及其分布

一、选择题

1 (B)　2 (A)　3 (C)　4 (D)　5 (B)

6 (C)　7 (B)　8 (B)　9 (C)　10 (A)

11 (B)　12 (C)　13 (A)　14 (D)　15 (C)

16 (D)　17 (C)　18 (C)　19 (B)　20 (B)

21 (D)　22 (C)　23 (B)　24 (C)　25 (B)

26 (D)　27 (D)　28 (D)　29 (A)

二、填空题

1 0.7　2 1;0　3 $\frac{5}{8}$　4 $\frac{1}{7}$　5 4

6 0.028　7 $\frac{1}{\sqrt{\pi}}$　8 $2e^{-1}-2e^{-2}$　9 $\begin{cases}\frac{1}{\pi}, & -\frac{\pi}{2}<y<\frac{\pi}{2},\\ 0, & 其他\end{cases}$

10 $\begin{cases}e^{-\sqrt{\ln y}}\cdot\frac{1}{2\sqrt{\ln y}}\cdot\frac{1}{y}, & y>1,\\ 0, & 其他\end{cases}$　11 $f_X(x)=\frac{1}{\pi(1+x^2)},-\infty<x<+\infty$

12 $\frac{1}{2}[F_1(x)+F_2(x)]$　13 $\frac{19}{24}$　14 2

三、解答题

1

X	0	1	2	3
p	$\frac{1}{2}$	$\frac{1}{4}$	$\frac{1}{8}$	$\frac{1}{8}$

2 $e^{-\frac{t^m}{\theta^m}}$, $e^{-\frac{(s+t)^m-s^m}{\theta^m}}$

3

X	-1	0	2
p	$\frac{1}{2}$	$\frac{3}{14}$	$\frac{2}{7}$

$\frac{1}{2}$, 0, $\frac{1}{2}$, 1

4 (1)$f(x)=\begin{cases} xe^{-x}, & x>0, \\ 0, & x\leqslant 0; \end{cases}$ (2)$1-2e^{-1}, 3e^{-2}, 2e^{-1}-3e^{-2}$

5 证明略

6 $F(x)=\begin{cases} 0, & x<0, \\ \dfrac{x^2}{r^2}, & 0\leqslant x<r, \\ 1, & x\geqslant r, \end{cases}$ $\dfrac{5}{9}$

7 (1)

Y	0	1
p	0.4	0.6

(2) $\dfrac{1}{2}[1+(1-2p)^n]$

8 $Y\sim\begin{pmatrix} 0 & 1 \\ \dfrac{9}{19} & \dfrac{10}{19} \end{pmatrix}$

9 (1)$0,\dfrac{1}{2}$;(2) $\dfrac{3}{4}$;(3)$F_Y(y)=\begin{cases} 0, & y<0, \\ y, & 0\leqslant y<\dfrac{1}{2}, \\ \dfrac{1}{2}, & \dfrac{1}{2}\leqslant y<1, \\ 1, & y\geqslant 1 \end{cases}$

10

Y	0	1	2
p	0.15	0.45	0.4

11 $P(18)$,18,18

12 $F(x)=\begin{cases} 0, & x<0, \\ \dfrac{1}{2}x, & 0\leqslant x<1, \\ \dfrac{1}{2}, & 1\leqslant x<2, \\ \dfrac{1}{4}x, & 2\leqslant x<4, \\ 1, & x\geqslant 4 \end{cases}$

13 $F(x)=\begin{cases}0, & x<0,\\ \frac{x^2}{2}, & 0\leqslant x<1,\\ -\frac{x^2}{2}+2x-1, & 1\leqslant x<2,\\ 1, & x\geqslant 2\end{cases}$

14 (1)$f_Y(y)=\begin{cases}\frac{5}{48}y^{-\frac{3}{4}}, & 0\leqslant y<16,\\ \frac{1}{24}y^{-\frac{3}{4}}, & 16\leqslant y<81,\\ 0, & 其他;\end{cases}$ (2) $\frac{1}{8}$

15 (1)$F_X(x)=\begin{cases}0, & x<0.1,\\ \frac{5}{4}[0.81-(1-x)^2], & 0.1\leqslant x<0.9,\\ 1, & x\geqslant 0.9;\end{cases}$

(2)

Y	40	90
p	0.55	0.45

$F_Y(y)=\begin{cases}0, & y<40,\\ 0.55, & 40\leqslant y<90,\\ 1, & y\geqslant 90;\end{cases}$

(3)62.5

16 $P\{Z=k\}=pq^{k-1}(2-q^k-q^{k-1})(q=1-p;k=1,2,\cdots)$

17 $f_X(x)=\begin{cases}\frac{1}{4}x, & 0\leqslant x<2,\\ \frac{1}{4}(4-x), & 2\leqslant x\leqslant 4,\\ 0, & 其他,\end{cases}$ $f_Y(y)=\begin{cases}\frac{1}{4}(2\ln 2-\ln y), & 0<y<4,\\ 0, & 其他\end{cases}$

18 $F(x)=\begin{cases}0, & x<1,\\ \frac{1}{9}+\frac{5}{36}x, & 1\leqslant x<4,\\ 1, & x\geqslant 4\end{cases}$

19 $F(x)=\begin{cases}0, & x<-1, \\ \dfrac{5x+7}{16}, & -1\leqslant x<1, \\ 1, & x\geqslant 1\end{cases}$

20 $f_Y(y)=\begin{cases}\dfrac{2}{\pi\sqrt{1-y^2}}, & 0<y<1, \\ 0, & \text{其他}\end{cases}$

第3章 多维随机变量及其分布

一、选择题

1 (A)　2 (A)　3 (A)　4 (C)　5 (C)

6 (B)　7 (C)　8 (A)　9 (A)　10 (C)

11 (B)　12 (B)　13 (C)　14 (B)　15 (A)

16 (C)　17 (C)　18 (A)　19 (D)　20 (B)

21 (A)　22 (D)　23 (C)

二、填空题

1 $\begin{pmatrix} 0 & 1 & 2 \\ \frac{1}{2} & \frac{1}{2} & 0 \end{pmatrix}$　2 $\frac{1}{2\mathrm{e}}$　3 $\begin{cases} 2y\mathrm{e}^{-y^2}, & y>0, \\ 0, & \text{其他} \end{cases}$

4 $\frac{2}{5}$　5 e^{-1}　6 $1-\frac{1}{\mathrm{e}}$

7

X \ Y	0	1	$p_{i\cdot}$
0	$\frac{1}{4}$	0	$\frac{1}{4}$
1	$\frac{1}{4}$	$\frac{1}{2}$	$\frac{3}{4}$
$p_{\cdot j}$	$\frac{1}{2}$	$\frac{1}{2}$	1

8 $(1-\mathrm{e}^{-2})^3$　9 1

10

X \ Y	0	1
0	$\frac{1}{4}$	0
1	$\frac{1}{4}$	$\frac{1}{2}$

11 $\frac{1}{4}$　12 $\frac{4+\sqrt{2\pi}}{4}-\frac{\sqrt{2\pi}}{2}\Phi(2)$　13 $1-\frac{1}{6\mathrm{e}}$　14 $\frac{1}{2}$

15 $\frac{23}{81}$　16 $f_Z(z)=\begin{cases} \frac{1}{(1+z)^2}, & z>0, \\ 0, & \text{其他} \end{cases}$

17 $\frac{\sqrt{5}}{15\pi}\exp\left\{-\frac{8}{15}\left(\frac{x^2}{3}+\frac{xy}{4\sqrt{3}}+\frac{y^2}{4}\right)\right\}$　　**18** $1-e^{-2x}-e^{-4x}+e^{-6x}$

三、解答题

1 (1)

X_1 \ X_2	0	1	$p_{i\cdot}$
-1	$\frac{1}{4}$	0	$\frac{1}{4}$
0	0	$\frac{1}{2}$	$\frac{1}{2}$
1	$\frac{1}{4}$	0	$\frac{1}{4}$
$p_{\cdot j}$	$\frac{1}{2}$	$\frac{1}{2}$	1

(2) 不独立，理由略

2 (1) (X,Y) 的分布律为

X \ Y	0	1
0	$\frac{3}{10}$	$\frac{3}{10}$
1	$\frac{3}{10}$	$\frac{1}{10}$

边缘分布律为

$$X\sim\begin{pmatrix}0 & 1\\ \frac{3}{5} & \frac{2}{5}\end{pmatrix},Y\sim\begin{pmatrix}0 & 1\\ \frac{3}{5} & \frac{2}{5}\end{pmatrix};$$

(2) $\frac{7}{10}$

3 (1) 关于 X 的边缘概率密度为 $f_X(x)=\begin{cases}\left(\frac{1}{4}-\frac{1}{2}x\right)e^x, & x<0,\\ \frac{1}{4}e^{-x}, & x\geqslant 0,\end{cases}$ 关于 Y 的边缘概率密度为 $f_Y(y)=\begin{cases}\frac{1}{2}y^2e^{-y}, & y\geqslant 0,\\ 0, & y<0;\end{cases}$

(2) 当 $x<0$ 时，

$$f_{Y|X}(y|x)=\begin{cases}\frac{(y-x)e^{-x-y}}{1-2x}, & -x<y<+\infty,\\ 0, & \text{其他};\end{cases}$$

当 $x\geqslant 0$ 时，

$$f_{Y|X}(y|x)=\begin{cases}(y-x)e^{x-y}, & x<y<+\infty,\\ 0, & 其他\end{cases}$$

4 (1)

X_1 \ X_2	0	1	$p_{i\cdot}$
0	$1-e^{-1}$	0	$1-e^{-1}$
1	$e^{-1}-e^{-2}$	e^{-2}	e^{-1}
$p_{\cdot j}$	$1-e^{-2}$	e^{-2}	1

(2) $\begin{pmatrix}0 & 1\\ 1-e^{-1}+e^{-2} & e^{-1}-e^{-2}\end{pmatrix}$

5 (1)关于 X 的边缘概率密度为 $f_X(x)=\begin{cases}1+x, & -1\leqslant x\leqslant 0,\\ 1-x, & 0<x\leqslant 1,\\ 0, & 其他,\end{cases}$ 关于 Y 的边缘概率密度为 $f_Y(y)=\begin{cases}2y, & 0\leqslant y\leqslant 1,\\ 0, & 其他;\end{cases}$ (2) $f_Z(z)=\begin{cases}\frac{1}{2}z+1, & -2\leqslant z<0,\\ 0, & 其他\end{cases}$

6 (1) $a=-1$;(2) $f_Z(z)=\begin{cases}\frac{1}{2}(1-e^{-2})e^{z}, & z<0,\\ \frac{1}{2}(1-e^{z-2}), & 0\leqslant z<2,\\ 0, & 其他\end{cases}$

7 (1) $f_U(u)=\begin{cases}-\ln u, & 0<u<1,\\ 0, & 其他;\end{cases}$ (2) $\frac{3}{4}$

8 $F_Z(z)=\begin{cases}0, & z\leqslant 0,\\ 1-e^{-z}-ze^{-z}, & z>0\end{cases}$

9 (1) $\frac{3}{4}$;(2) $f_Z(z)=\begin{cases}1-\frac{z}{2}, & 0<z<2,\\ 0, & 其他\end{cases}$

10 $F(x,y)=\begin{cases}0, & x<0 或 y<0,\\ 1-2e^{-y}+e^{-2y}, & 0\leqslant y<x,\\ 1-2e^{-y}-e^{-2x}+2e^{-(x+y)}, & 0\leqslant x\leqslant y\end{cases}$

11 (1) $f(x,y)=\begin{cases}1, & 0<x<1 且 -x<y<x,\\ 0, & 其他;\end{cases}$

(2) $F_W(w)=\begin{cases}0, & w<-1,\\ \dfrac{1}{2}(w+1)^2, & -1\leqslant w<0,\\ \dfrac{1}{2}+\dfrac{1}{2}w^2, & 0\leqslant w<1,\\ 1, & w\geqslant 1\end{cases}$

12 (1) $f_Y(y)=\begin{cases}-\ln y, & 0<y<1,\\ 0, & \text{其他};\end{cases}$ (2) $\sqrt{\dfrac{3}{7}}$

13 (1) $f_X(x)=\begin{cases}2x, & 0\leqslant x\leqslant 1,\\ 0, & \text{其他},\end{cases}$ $f_Y(y)=\begin{cases}1-|y|, & |y|\leqslant 1,\\ 0, & \text{其他},\end{cases}$

$f_{X|Y}(x\mid y)=\begin{cases}\dfrac{1}{1-|y|}, & |y|<x\leqslant 1,\\ 0, & \text{其他},\end{cases}$

$f_{Y|X}(y\mid x)=\begin{cases}\dfrac{1}{2x}, & |y|<x\leqslant 1,\\ 0, & \text{其他},\end{cases}$ X 与 Y 不独立；(2) $\dfrac{3}{4},\dfrac{2}{3}$

14 (1)

X \ Y	1	2	3	4	$p_{i\cdot}$
1	$\frac{1}{16}$	$\frac{1}{16}$	$\frac{1}{16}$	$\frac{1}{16}$	$\frac{1}{4}$
2	0	$\frac{1}{12}$	$\frac{1}{12}$	$\frac{1}{12}$	$\frac{1}{4}$
3	0	0	$\frac{1}{8}$	$\frac{1}{8}$	$\frac{1}{4}$
4	0	0	0	$\frac{1}{4}$	$\frac{1}{4}$
$p_{\cdot j}$	$\frac{1}{16}$	$\frac{7}{48}$	$\frac{13}{48}$	$\frac{25}{48}$	1

(2)

X	1	2	3
$P\{X=i\mid Y=3\}$	$\frac{3}{13}$	$\frac{4}{13}$	$\frac{6}{13}$

15 (1)$A=2$;(2)$F(x,y)=\begin{cases}0, & x<0\text{ 或 }y<0,\\ y(1-\mathrm{e}^{-2x}), & x\geqslant 0,0\leqslant y<1,\\ 1-\mathrm{e}^{-2x}, & x\geqslant 0,y\geqslant 1\end{cases}$

16 (1)$A=4,B=2$;(2)$f_Z(z)=\begin{cases}3-12z^2, & 0<z<\dfrac{1}{2},\\ 0, & \text{其他}\end{cases}$

17 (1)

V	1	2	3
p	$\frac{5}{9}$	$\frac{1}{3}$	$\frac{1}{9}$

(2)$F_T(t)=\begin{cases}0, & t<1,\\ \dfrac{5}{9}t-\dfrac{5}{9}, & 1\leqslant t<2,\\ \dfrac{1}{3}t-\dfrac{1}{9}, & 2\leqslant t<3,\\ \dfrac{1}{9}t+\dfrac{5}{9}, & 3\leqslant t<4,\\ 1, & t\geqslant 4\end{cases}$

18 (1)$g(u,v)=\begin{cases}2f(u)f(v), & u<v,\\ 0, & \text{其他;}\end{cases}(2)1-(1+\lambda)\mathrm{e}^{-\lambda}$

19 证明略

20 (1)$C=1$;(2)$F(x,y)=\begin{cases}(1-\mathrm{e}^{-x})(1-\mathrm{e}^{-y}), & x>0,y>0,\\ 0, & \text{其他;}\end{cases}$(3) $(1-\mathrm{e}^{-1})^2$

21 $f_Z(z)=\begin{cases}2(1-z), & 0<z<1,\\ 0, & \text{其他,}\end{cases}$ $P\left\{-\dfrac{1}{2}<X-Y<\dfrac{1}{2}\right\}=\dfrac{3}{4}$

22 (1) 并联时,$f_Z(z)=\begin{cases}\alpha\mathrm{e}^{-\alpha z}+\beta\mathrm{e}^{-\beta z}-(\alpha+\beta)\mathrm{e}^{-(\alpha+\beta)z}, & z>0,\\ 0, & z\leqslant 0;\end{cases}$

(2) 串联时,$f_Z(z)=\begin{cases}(\alpha+\beta)\mathrm{e}^{-(\alpha+\beta)z}, & z>0,\\ 0, & z\leqslant 0\end{cases}$

23 $f_Z(z)=\begin{cases}\dfrac{3}{2}-\dfrac{3}{8}z^2, & -2\leqslant z<-1,\\ \dfrac{9}{8}z^2, & -1\leqslant z<0,\\ 0, & \text{其他}\end{cases}$

24 (1) $f(x,y)=\begin{cases}3, & (x,y)\in D,\\ 0, & \text{其他};\end{cases}$ (2) 不相互独立,理由略;

(3) $F_Z(z)=\begin{cases}0, & z<0,\\ \dfrac{3}{2}z^2-z^3, & 0\leqslant z<1,\\ \dfrac{1}{2}+2(z-1)^{\frac{3}{2}}-\dfrac{3}{2}(z-1)^2, & 1\leqslant z<2,\\ 1, & z\geqslant 2\end{cases}$

25 (1) 证明略;(2) $\dfrac{8\pi+3\sqrt{3}-21}{12(\pi-2)}$

26 $f_1(u,v)=\begin{cases}1, & 0<u<1, 0<v<1,\\ 0, & \text{其他}\end{cases}$

27 (1) 不独立;(2) 相互独立;(3) $f_Z(z)=\begin{cases}\dfrac{1}{3}-\dfrac{|z|^3}{24}, & |z|\leqslant 2,\\ 0, & \text{其他}\end{cases}$

第 4 章 随机变量的数字特征

一、选择题

1 (B)　2 (C)　3 (D)　4 (D)　5 (B)

6 (D)　7 (D)　8 (D)　9 (B)　10 (D)

11 (A)　12 (A)　13 (A)　14 (D)　15 (D)

16 (D)　17 (C)　18 (B)　19 (A)　20 (A)

21 (B)　22 (A)　23 (A)　24 (A)　25 (B)

26 (B)　27 (C)　28 (D)　29 (A)　30 (B)

31 (D)　32 (D)　33 (A)　34 (C)　35 (B)

36 (C)　37 (B)　38 (B)　39 (D)　40 (C)

41 (D)

二、填空题

1 1　2 $\frac{3}{4}$　3 $\frac{e+1}{e^2}$　4 $-\frac{1}{4}$　5 $1-5e^{-2}$

6 $\frac{1}{3}$　7 26　8 $\frac{7}{3}$　9 $\frac{3}{4}$　10 $\frac{4}{5}$

11 0.9　12 $2\ln 2$　13 $\frac{\ln 2}{\pi}+\frac{1}{2}$　14 $\frac{25}{6}$　15 $\frac{1}{\lambda}$

16 $|e^{-1}-e^{-\frac{1}{\lambda}}|$　17 $50-40(1-p)^4$　18 $\frac{33}{5}$　19 1

20 0.5　21 $\frac{5}{7}$　22 $\frac{1}{4}$　23 $\frac{1}{4}$　24 1

25 $\frac{\sqrt{2}}{2}$　26 3　27 $\frac{1}{2}$　28 -1　29 $\frac{e}{e-1}$

30 $\frac{10}{3}$　31 $\frac{1}{2}$　32 -1　33 $-\frac{10}{9}$　34 $-\frac{1}{\sqrt{13}}$

35 $1-\frac{2}{\pi}$

三、解答题

1 X,Y 独立，理由略

2 (1) $\frac{1}{4}$,X 与 Y 不独立;(2) $\frac{3}{4}$

3 $\frac{3}{8}$　**4** 期望为$\frac{L}{3}$,方差为$\frac{L^2}{18}$

5 (1)$f_X(x)=\begin{cases}2, & 0<x<\frac{1}{2},\\ 0, & 其他;\end{cases}$(2) $\frac{1}{6}$　**6** $\frac{8}{3}$

7 (1)$F_Y(y)=\begin{cases}0, & y<0,\\ y, & 0\leqslant y<1,\\ 1, & y\geqslant 1,\end{cases}$ $F_{Z_1}(z)=\begin{cases}0, & z<0,\\ \frac{1}{2}, & 0\leqslant z<1,\\ 1, & z\geqslant 1;\end{cases}(2)Y$ 与 Z_1 独立,理由略;

(3) $\frac{1}{16}$,Y 与 Z_2 不独立

8 (1)$f_Z(z)=\begin{cases}1-\frac{z}{2}, & 0<z<2,\\ 0, & 其他;\end{cases}$

(2)$F_W(w)=\begin{cases}0, & w<-1,\\ \frac{1}{2}(w+1)^2, & -1\leqslant w<0,\\ \frac{1}{2}+\frac{1}{2}w^2, & 0\leqslant w<1,\\ 1, & w\geqslant 1;\end{cases}$(3) $-\frac{1}{3}$

9 (1)$f_X(x)=\begin{cases}\frac{1}{30}e^{-\frac{x}{20}}+\frac{1}{120}e^{-\frac{x}{40}}, & x>0,\\ 0, & 其他;\end{cases}(2)EX=\frac{80}{3}$;(3) $\dfrac{\frac{2}{3}e^{-3}+\frac{1}{3}e^{-\frac{3}{2}}}{\frac{2}{3}e^{-2}+\frac{1}{3}e^{-1}}$

10 $\frac{(n^2-1)}{3n}a$

11 (1)

X	0	1	3
p	$\frac{1}{3}$	$\frac{1}{2}$	$\frac{1}{6}$

(2)1

12 (1)$F_Y(y)=\begin{cases}\Phi\left(\frac{y}{2}\right), & y\geqslant 0,\\ 0, & y<0;\end{cases}$(2) $\sqrt{\frac{2}{\pi}}$

13 (1)$a=0.1,b=0.2,c=0.1$;(2)X 与 Y 不独立,X 与 Y 不相关,$\rho_{XY}=0$;

(3)

$X+Y$	-2	-1	0	1	2
p	0.1	0.1	0.4	0.3	0.1

14 (1)$f_Y(y)=\frac{1}{\sqrt{2\pi}}e^{-\frac{y^2}{2}},-\infty<y<+\infty$;(2) $\frac{1}{2}$;(3)Y 与 X_2 不相关,Y 与 X_2 不独立

15 $-\frac{1}{2}$　　16 (1) $\frac{1}{2}$;(2) $\frac{1}{12}$

17 (1)

X \ Y	-1	0	1
-1	0	$\frac{1}{4}$	0
0	$\frac{1}{4}$	0	$\frac{1}{4}$
1	0	$\frac{1}{4}$	0

$P\{|X+Y|=1\}=1$;(2)$\mathrm{Cov}(x,y)=0,\rho_{XY}=0$,$X$ 与 Y 不相关,X 与 Y 不独立;(3) $\frac{13}{2}$

18 (1)

X \ Y	0	1
0	$\frac{1}{4}$	0
1	$\frac{1}{4}$	$\frac{1}{2}$

(2)$P\{Y=0|X=1\}=\frac{1}{3},P\{Y=1|X=1\}=\frac{2}{3}$;(3) $\frac{1}{4}$

19 数学期望为$\frac{2}{3}$,方差为$\frac{8}{45}$　　20 $\frac{17}{504}$

21 (1)$f_Z(z)=\begin{cases}(1-2p)e^{-z}, & z\geqslant 0,\\ pe^{z}, & z<0;\end{cases}$(2) $\frac{1}{3}$

22 14 166.67 元　　23 (1)$a=\frac{1}{6},b=\frac{2}{3},c=\frac{1}{24},d=\frac{1}{6}$;(2) $\frac{19}{24}$;(3) $-\frac{1}{8}$

24 每年进货量为 3 500 t 时期望收益最大

25 $\frac{2}{\pi}-\left(\frac{1}{\pi}\ln 2+\frac{1}{2}\right)^2$ **26** Y_1 与 Y_2 不独立，理由略

27 0 **28** (1) $\frac{1}{36}$；(2) $\frac{1}{9}$ **29** (1)$EX=\frac{n}{6}$，$DX=\frac{5n}{36}$；(2) 当 $i\neq j$ 时，$E(X_iY_j)=\frac{1}{36}$，当 $i=j$ 时，$E(X_iY_j)=0$；(3) $-\frac{1}{5}$ **30** (1) $\frac{20}{3}$；(2)N_{11}，N_{12}，N_{21}，N_{22} 中只有一个随机变量，$E(N_{11})=5$；(3)X 与 Y 独立，理由略 **31** $\frac{2}{\pi^2}-\frac{1}{6}$

第5章 大数定律与中心极限定理

一、选择题

1 (B)　2 (A)　3 (C)　4 (C)　5 (A)

6 (B)　7 (B)　8 (C)　9 (B)

二、填空题

1 8　2 0.997 7　3 $\frac{1}{2}$　4 $\frac{1}{2}$　5 2

6 0.942 9　7 $\frac{80}{3},\frac{2\sqrt{5}}{3}$　8 0.5　9 $\sqrt{2}$

三、解答题

1 0　2 0.993 8　3 大于等于250

第6章 数理统计

一、选择题

1 (D)　2 (D)　3 (C)　4 (B)　5 (D)

6 (B)　7 (A)　8 (C)　9 (C)　10 (C)

11 (B)　12 (C)　13 (D)　14 (C)　15 (A)

16 (A)　17 (B)　18 (B)　19 (C)　20 (D)

21 (B)　22 (D)　23 (A)　24 (B)　25 (D)

26 (C)　27 (A)　28 (A)　29 (B)　30 (C)

31 (C)　32 (B)　33 (B)　34 (D)　35 (A)

36 (C)　37 (C)　38 (A)　39 (D)　40 (C)

41 (C)　42 (D)　43 (B)　44 (A)　45 (B)

46 (A)　47 (D)　48 (A)　49 (A)　50 (B)

51 (D)　52 (A)　53 (A)　54 (D)　55 (B)

56 (C)　57 (D)　58 (C)

二、填空题

1 σ^2　2 $t(2)$　3 $\frac{1}{2n}\sum_{i=1}^{n}(X_i+Y_i)$　4 (39.51,40.49)

5 $\frac{1}{2}$　6 $L(\beta)=\begin{cases}\frac{\beta^n}{(x_1x_2\cdots x_n)^{\beta+1}}, & x_1,x_2,\cdots,x_n>1,\\ 0, & \text{其他}\end{cases}$

7 $L(\mu,\sigma^2)=(2\pi)^{-\frac{n}{2}}\sigma^{-n}e^{-\frac{1}{2\sigma^2}\sum_{i=1}^{n}(x_i-\mu)^2}, -\infty<x_i<+\infty, i=1,2,\cdots,n$

8 $\overline{T}-\sqrt{\frac{1}{n}\sum_{i=1}^{n}(T_i-\overline{T})^2}$　9 $\frac{1}{12}(\max_{1\leqslant i\leqslant n}\{X_i\})^2$

10 (4.804,5.196)　11 0.966　12 $\frac{2n_1+n_3}{2n}$　13 $\frac{2}{n}\sigma^4$

14 $\sqrt{\frac{3}{n}\sum_{i=1}^{n}X_i^2}$　15 $1-(0.9)^6$　16 $1-p^n-(1-p)^n$

17 $1-\frac{1}{n}$　18 130　19 0.490 2　20 $\exp\left\{-\sqrt{\frac{1}{n}\sum_{i=1}^{n}(X_i-\overline{X})^2}\right\}$

21 49　22 48　23 1 100　24 $1-\frac{\sum_{i=1}^{n}X_i}{\sum_{i=1}^{n}X_i^2}$　25 ± 1

26 $128(n-1)$　27 $\frac{1}{3}+\frac{2}{3}\ln^2 2$

三、解答题

1 $F_6(x)=\begin{cases}0, & x<1,\\ \frac{1}{3}, & 1\leqslant x<2,\\ \frac{1}{2}, & 2\leqslant x<3,\\ \frac{5}{6}, & 3\leqslant x<5,\\ 1, & x\geqslant 5\end{cases}$

2 $F_{10}(x)=\begin{cases}0, & x<-4,\\ \frac{1}{10}, & -4\leqslant x<0,\\ \frac{1}{5}, & 0\leqslant x<2,\\ \frac{2}{5}, & 2\leqslant x<2.5,\\ \frac{7}{10}, & 2.5\leqslant x<3,\\ \frac{4}{5}, & 3\leqslant x<3.2,\\ \frac{9}{10}, & 3.2\leqslant x<4,\\ 1, & x\geqslant 4\end{cases}$

3 $F_7(x)=\begin{cases}0, & x<1,\\ \dfrac{3}{7}, & 1\leqslant x<2,\\ \dfrac{5}{7}, & 2\leqslant x<3,\\ \dfrac{6}{7}, & 3\leqslant x<5,\\ 1, & x\geqslant 5\end{cases}$

4 (1) $\dfrac{7}{12}$;(2) $\dfrac{443}{576}$　　5 $\dfrac{1}{n}$　　6 (1) $\dfrac{81}{10}$;(2)9,16.2

7 $\hat{\alpha}=\sqrt{\dfrac{A_2}{A_2-A_1^2}}-1,\hat{\beta}=\dfrac{A_1\sqrt{A_2}}{\sqrt{A_2}-\sqrt{A_2-A_1^2}}$,其中 $A_1=\dfrac{1}{n}\sum\limits_{i=1}^{n}X_i,A_2=\dfrac{1}{n}\sum\limits_{i=1}^{n}X_i^2$

8 (1)$\hat{\alpha}=\mathrm{e}^{\frac{1}{\overline{X}}}$,其中 $\overline{X}=\dfrac{\sum\limits_{i=1}^{n}X_i}{n}$;(2)$\hat{\beta}=\dfrac{1}{\overline{X}\ln 2}$,其中 $\overline{X}=\dfrac{1}{n}\sum\limits_{i=1}^{n}X_i$

9 (1) 证明略;(2) $\sqrt{2}$

10 (1)$\hat{\mu}=\dfrac{1}{n}\sum\limits_{i=1}^{n}\ln X_i,\hat{\sigma}^2=\dfrac{1}{n}\sum\limits_{i=1}^{n}\left(\ln X_i-\dfrac{1}{n}\sum\limits_{i=1}^{n}\ln X_i\right)^2$;(2) 证明略

11 (1)$2\overline{X}-\dfrac{1}{2}$,其中 $\overline{X}=\dfrac{1}{n}\sum\limits_{i=1}^{n}X_i$;(2) 不是,理由略

12 (1)$F_Z(x)=\begin{cases}1-\mathrm{e}^{-4n(x-\theta)}, & x>\theta,\\ 0, & x\leqslant\theta;\end{cases}$(2) 不是,理由略

13 (1) $\dfrac{1}{3}(\mu+1)$;(2)(1.47,3.43);(3)(0.82,1.48)

14 $E\overline{X}=\dfrac{N+1}{2},D\overline{X}=\dfrac{1}{12n}(N+1)(N-1)$

15 (1) $\hat{\theta}=\min\{X_1,X_2,\cdots,X_n\},a=\dfrac{n-1}{n}$;(2)$\left(\dfrac{2}{3}\right)^n$

16 (1)$\hat{\theta}=\min\{X_1,X_2,\cdots,X_n\},E\hat{\theta}=\dfrac{n}{n-1}\theta$;(2) $\sqrt[n]{\alpha}$

17 (1)$f_X(x)=\begin{cases}\dfrac{1}{\sqrt{2\pi}\sigma x}\mathrm{e}^{-\frac{(\ln x)^2}{2\sigma^2}}, & x>0,\\ 0, & \text{其他};\end{cases}$

(2)$2\ln\overline{X}$,其中 $\overline{X}=\dfrac{1}{n}\sum\limits_{i=1}^{n}X_i$;(3)$\hat{\sigma}^2=\dfrac{1}{n}\sum\limits_{i=1}^{n}(\ln X_i)^2$

18 $\hat{p}_{矩}=\dfrac{2}{2+\dfrac{1}{n}\sum\limits_{i=1}^{n}X_i}$，$\hat{p}_{最}=\dfrac{2n}{2n+\sum\limits_{i=1}^{n}X_i}$

19 $E\overline{X}=\mu$，$D\overline{X}=\dfrac{\sigma^2}{n}$，$E(S^2)=\sigma^2$

20 $\hat{N}=\dfrac{\dfrac{1}{n}\sum\limits_{i=1}^{n}X_i}{\hat{p}}$，$\hat{p}=1-\dfrac{\dfrac{1}{n}\sum\limits_{i=1}^{n}X_i^2-\left(\dfrac{1}{n}\sum\limits_{i=1}^{n}X_i\right)^2}{\dfrac{1}{n}\sum\limits_{i=1}^{n}X_i}$

21 (1)θ 的估计值可为 $\hat{\theta}_1=\sqrt{0.1}$，$\hat{\theta}_3=1-\sqrt{0.4}$，不唯一；(2)0.35

22 $\hat{\theta}=\dfrac{2\overline{X}-1}{1-\overline{X}}$，其中 $\overline{X}=\dfrac{1}{n}\sum\limits_{i=1}^{n}X_i$，$\hat{\theta}_{最}=-1-\dfrac{n}{\sum\limits_{i=1}^{n}\ln X_i}$

23 (1)$\hat{\theta}=\max\{X_1,X_2,\cdots,X_n\}$；(2)$F_Z(z)=\begin{cases}0, & z<0,\\ z^n, & 0\leqslant z<1,\\ 1, & z\geqslant 1;\end{cases}$(3) $\dfrac{X_{(n)}}{\sqrt[n]{\alpha}}$，其中 $X_{(n)}=\max\{X_1,X_2,\cdots,X_n\}$

24 (1)$\hat{\theta}_1=2(\overline{X}-\hat{\theta}_0)$，$E\hat{\theta}_1=\theta$；(2)$\hat{\theta}_2=\max\{X_1,X_2,\cdots,X_n\}-\theta_0$，$E\hat{\theta}_2=\dfrac{n}{n+1}\theta$

25 $a_1=0$，$a_2=a_3=\dfrac{1}{n}$，$DT=\dfrac{(1-\theta)\theta}{n}$

26 (1)$\hat{\theta}_M=\dfrac{2}{3}\left(\dfrac{1}{n}\sum\limits_{i=1}^{n}X_i^2-1\right)$，具有无偏性与一致性，证明略；(2)$\hat{\theta}_L=\dfrac{1}{3}-\dfrac{n_1}{3n}$

27 (1)$EY=\dfrac{\pi}{2}$；(2)$3\sigma^4\left(\dfrac{1}{2}\sigma^2+\mu^2\right)$

28 (1)$\hat{\theta}_{矩}=\overline{X}-\dfrac{3}{4}$，其中 $\overline{X}=\dfrac{1}{n}\sum\limits_{i=1}^{n}X_i$；(2)$\hat{\theta}_{最}=\max\{X_1,X_2,\cdots,X_n\}-1$

29 $\hat{\theta}_{矩}=\overline{X}-\dfrac{1}{2}$，其中 $\overline{X}=\dfrac{1}{n}\sum\limits_{i=1}^{n}X_i$，$\hat{\theta}_{最}=\min\{X_1,X_2,\cdots,X_n\}$

30 (1)$\hat{\theta}_1=\dfrac{2}{3}\overline{X}$；(2)$\hat{\theta}_2=\dfrac{1}{2}X_{(n)}$，其中 $X_{(n)}=\max\{X_1,X_2,\cdots,X_n\}$，$E\,\hat{\theta}_2=\dfrac{2n+1}{2(n+1)}\theta$

31 (1)$\hat{\sigma}^2=\dfrac{1}{n}\sum\limits_{i=1}^{n}X_i^2$，$E(\hat{\sigma}^2)=\sigma^2$；(2)$D(\hat{\sigma}^2)<D(S^2)$

32 (1)$\hat{\theta}_M=\dfrac{3}{2}-\overline{X}$，其中 $\overline{X}=\dfrac{1}{n}\sum\limits_{i=1}^{n}X_i$，$E\hat{\theta}_M=\theta$；(2)$\hat{\theta}_L=\dfrac{N}{n}$，$E\hat{\theta}_L=\theta$

33 (1)σ^2；(2) $\dfrac{2\sigma^4}{n}$；(3) $\dfrac{2n-4}{n}\sigma^2$

34 (1)$\hat{\theta}_1=\overline{X}-1$,其中$\overline{X}=\dfrac{1}{n}\sum\limits_{i=1}^{n}X_i$,$E\hat{\theta}_1=\theta$,$D\hat{\theta}_1=\dfrac{1}{n}$;(2)$\hat{\theta}_2=\min\{X_1,X_2,\cdots,X_n\}$,$E\hat{\theta}_2=\dfrac{1}{n}+\theta$,$D\hat{\theta}_2=\dfrac{1}{n^2}$

35 (1)$\hat{\beta}=\min\limits_{1\leqslant i\leqslant n}\{X_i\}$,$\hat{\alpha}=\dfrac{1}{\dfrac{1}{n}\sum\limits_{i=1}^{n}\ln\dfrac{X_i}{X_{(1)}}}$,其中$X_{(1)}=\min\limits_{1\leqslant i\leqslant n}\{X_i\}$;(2)存在,$a=\beta$;(3)$\ln\beta+\dfrac{1}{\alpha}$

36 35

37 (1)$\hat{\theta}_M=\overline{X}$,满足$X_{(n)}-\dfrac{1}{2}\leqslant\hat{\theta}_L\leqslant X_{(1)}+\dfrac{1}{2}$的统计量均为$\theta$的最大似然估计量$\hat{\theta}_L$;(2)$\dfrac{E(X_{(1)}+X_{(n)})}{2}=\theta$

38 (1)$\hat{\theta}_1=\dfrac{N}{n}(2n_0+n_1)$,$\hat{\theta}_2=\dfrac{4N}{3n}(n_0+n_1)$;(2)$E\hat{\theta}_1=\theta$,$E\hat{\theta}_2=\theta$;(3)$D\hat{\theta}_1=\dfrac{\theta}{2n}(3N-2\theta)$,$D\hat{\theta}_2=\dfrac{\theta}{3n}(4N-3\theta)$

39 (1)$f(z;\sigma^2)=\dfrac{1}{\sqrt{6\pi\sigma^2}}\mathrm{e}^{-\frac{z^2}{6\sigma^2}}$,$-\infty<z<+\infty$;(2)$\hat{\sigma}^2=\dfrac{1}{3n}\sum\limits_{i=1}^{n}Z_i^2$;(3)存在,$a=\sigma^2$

40 (1)$k<-2$或$k\notin\mathbf{Z}$时,$p_k=P\{Y=k\}=0$;$k\geqslant-2$且$k\in\mathbf{Z}$时,$p_k=(1-\mathrm{e}^{-\lambda})\mathrm{e}^{-\lambda(k+2)}$.

(2)$\hat{\lambda}_L=\ln\dfrac{\overline{Y}+3}{\overline{Y}+2}$,其中$\overline{Y}=\dfrac{1}{n}\sum\limits_{i=1}^{n}Y_i$

41 (1)$\hat{\theta}=\dfrac{1}{n}\sum\limits_{i=1}^{n}X_i$;(2)$1-\dfrac{2}{\mathrm{e}}$　**42** (1)$\rho=\dfrac{1}{2}$;(2)证明略;(3)$\hat{Y}=\dfrac{2}{n}\sum\limits_{i=1}^{n}X_i$

43 证明略,$\hat{p}$是p的相合估计量　**44** (1)$(-0.98,0.98)$;(2)$(\mathrm{e}^{-0.48},\mathrm{e}^{1.48})$

45 (1)$\left(\dfrac{0.804}{\overline{X}},\dfrac{1.196}{\overline{X}}\right)$;(2)$(0.100\,5,0.149\,5)$

46 $\hat{\theta}=\max\left\{\dfrac{X_1}{2},\dfrac{X_2}{2},\dfrac{Y_1}{4},\dfrac{Y_2}{4},\dfrac{Y_3}{4}\right\}$,$\dfrac{5}{252}\theta^2$

47 (1)$\hat{\theta}=\sqrt{\dfrac{1}{n}\sum\limits_{i=1}^{n}t_i^2}$;(2)$\hat{Q}=\dfrac{1}{n}\sum\limits_{i=1}^{n}t_i^2\left[\dfrac{1}{4}\ln\left(\dfrac{1}{n}\sum\limits_{i=1}^{n}t_i^2\right)-\dfrac{3}{4}\right]+\sqrt{\dfrac{1}{n}\sum\limits_{i=1}^{n}t_i^2}$